过程控制工程基础

主编 汤 伟

CONTROL ENGINEERING

图书在版编目(CIP)数据

过程控制工程基础 / 汤伟编著. —西安 :西安交通大学出版社,2024.4

ISBN 978-7-5693-3159-2

Ⅰ.①过… Ⅱ.①汤… Ⅲ.①过程控制 Ⅳ.①TP273

中国国家版本馆CIP数据核字(2023)第053674号

书　　名 过程控制工程基础
GUOCHENG KONGZHI GONGCHENG JICHU
编　　著 汤　伟
责任编辑 郭鹏飞
责任校对 李　佳
封面设计 任加盟

出版发行 西安交通大学出版社
(西安市兴庆南路1号　邮政编码710048)
网　　址 http://www.xjtupress.com
电　　话 (029)82668357　82667874(市场营销中心)
(029)82668315(总编办)
传　　真 (029)82668280
印　　刷 西安日报社印务中心

开　　本 787 mm×1092 mm　1/16　**印张** 37.875　**字数** 899千字
版次印次 2024年4月第1版　2024年4月第1次印刷
书　　号 ISBN 978-7-5693-3159-2
定　　价 98.00元

如发现印装质量问题,请与本社市场营销中心联系。
订购热线:(029)82665248　(029)82667874
投稿热线:(029)82668818
读者信箱:465094271@qq.com

前 言

过程控制是工业自动化的重要分支,近半个世纪以来工业过程控制获得了惊人的发展,无论是在结构复杂的大规模工业生产过程中,还是在传统工业过程改造中,过程控制技术对于流程工业节能、环保、提质、增效、降本、降耗等均发挥着十分显著的作用。近 20 年来,我国出版了多本过程控制方面的教材,核心内容一般都包含建模、简单控制算法、复杂控制算法、计算机控制系统等四个部分。

目前,世界已进入信息化时代。我国在实现工业现代化的过程中,必须坚持以信息化带动工业化,以工业化促进信息化,走新型工业化的道路。过程控制理论与技术的发展,必将在我国实现工业化和现代化的进程中,发挥十分重要的"支撑"和"桥梁"作用,对我国提出的"碳达峰、碳中和"及"中国制造 2025"等国家战略目标的实现也将起到重要的推动作用。专业工程教育认证的深入推进、新工科专业的诞生及人工智能的发展,对自动化类专业性教材在自动化、信息化、网络化和智能化等方面提出了新的要求,通识课程需要加强,实践课程需要增加,新的课程需要引入,但总学分不能增加,甚至还要压缩。因此,只有对传统课程进行整合、凝练和革新才能达到上述要求。

为此,本书将按照专业工程教育认证和新工科建设的要求,以过程控制三要素(传感器、执行器和控制器)为主线,将自动化仪表、集散控制系统(Distributed Control System,DCS)、过程控制、计算机控制、电气控制等五门课程整合在一起,编写一本适合于自动化类高校学生选用的过程控制基础性教材。全书主干部分由如下 8 章内容构成:绪论、工业过程数学模型、常规过程参数的检测及仪表、过程控制执行器、简单过程控制器设计、复杂过程控制器设计、先进过程控制系统、过程控制工程的实施。

第 1 章绪论,主要讲述过程控制理论及过程控制技术的发展概况,过程控制的特点、任务和要求,过程控制系统的组成分类与性能指标,以及教材的结构与教学安排。这一章是本书的总纲，使读者对过程控制的过去和未来、本书的全貌和学习方法有一个概括性的了解。

第2章讲述工业过程数学建模方面的内容，主要介绍了过程建模的基本概念及数学模型分类、过程模型的机理建模方法、实验建模方法及机理和实验混合建模方法。为了方便不同专业的读者能比较容易地读懂本部分内容，本章还对数学建模用到的数学基础——拉氏变换与传递函数做了概括性介绍，以供读者查阅。

第3章讲述工业生产过程常规过程参数的检测原理和测量仪表。涉及的主要测量仪表有温度测量仪表、压力测量仪表、物位测量仪表、流量测量仪表、浓度测量仪表，以及COD、pH值、电导率等常用水质检测仪表。针对不能或难以在线测量的过程参量，本章还介绍了软测量技术及软测量仪表。另外，本部分还讲述了测量误差及仪表的性能指标、仪表的量程和零点迁移方法等内容。本章内容是对自动化仪表课程内容的浓缩，属于过程控制三要素中传感器部分的内容。

第4章讲述过程控制三要素中执行器部分的内容，包括自控阀门和电机两类执行器，主要介绍执行器的特性及控制方法。对于阀门类执行器，主要讲述了阀门的调节机构和流通特性、气动开关阀门和调节阀门的执行机构、电动调节阀门的执行机构、过程控制阀门的选用和控制方法。对于电机类执行器，主要讲述了过程控制工程中常用电机（如直流电机、三相异步电机、单相异步电机、伺服电机）的运行原理及工作特性、交直流电机控制常用的低压电器（如接触器、继电器、主令器、熔断器和低压开关电器等）、三相异步电机的控制方法和电机的选用方法。本章内容是对运动控制、电气控制等课程内容的浓缩。

第5章讲述简单过程控制器的设计方法，主要内容包括数字控制器设计的基本方法和PID系列控制器的设计。其中，PID系列控制器设计是本章的重点，内容涉及理想PID控制器设计、改进型PID控制器以及PID控制器的参数整定方法。本章内容是本课程的重点，同第6章一起，构成了传统过程控制课程的核心内容，因此是学习者务必熟练掌握的基本内容。

第6章讲述复杂过程控制器的设计方法，在阐明复杂过程控制算法的作用与特征之后，重点讲述了前馈反馈控制、时滞过程控制、解耦控制、比值控制、串级控制、均匀控制、分程控制、选择控制、双重控制等9种复杂过程控制器的设计思想、控制算法推导过程和控制器设计注意事项等内容。同第 5 章一样，也是要求学习者务必熟练掌握的基本内容。

第 7 章讲述先进过程控制系统方面的基本知识，主要内容包括集散控制系统、现场总线控制系统（Fieldbus Control System，FCS）、计算机集成过程系统（Computer Integrated Process System，CIPS）、工业 4.0 和信息物理系统（Cyber Physical System，CPS）等四块内容。其中 DCS 是要求学习者必须熟练掌握的基本内容，务必深入领会 DCS 分散控制和集中管理的本质特征和实现方法。另外三块内容的编写目的是扩大读者的知识面和视野，增进读者对最先进控制系统的了解和认识，属于选读或选学内容。

第 8 章讲述过程控制工程的实施技术，介绍了工艺设计对过程控制的影响、被控变量操作变量和测量变量的选择原则、控制系统设计和安全仪表系统设计的基本步骤、计算机控制系统的信号输入输出设计、OPC（OLE for Process Control）技术和控制系统的抗干扰问题。本章的作用是画龙点睛，加深学生对全书理论知识的理解和掌握，为学习者未来从事相关工作打基础。

本书可作为工科高校电类大学生的专业课教材，也可作为非电类研究生学习的参考教材。教师在讲授本教材时，建议以第 2 章、第 5 章、第 6 章和第 7 章的部分内容为主，作重点讲述，其余章节作为参考资料，方便学生阅读。对于学习自动化仪表课程的读者而言，若选用本教材，则第 3 章和第 4 章内容是学习和阅读的重点，其他章节可作为参考资料。对于学习计算机过程控制系统课程的读者而言，若选用本教材，则第 7 章和第 8 章内容是学习和阅读的重点，其他章节也将是非常好的参考资料。

上述 8 章内容中，除第 3 章内容由姜丽波老师编写外，其他各章节由汤伟教授编写。全书由汤伟教授统稿，王孟效教授主审，李艳教授负责全书的校稿。另外，在本书的编写过程中，编者学习和参考了许多优秀教材的写作方法和内容，如刘焕彬教授主编的《轻化工过程自动化与信息化》、王锦标教授主编的《计算机控制系统》、汤天浩教授主编的《电机与拖动基础》，等等。他们精炼且实用的教材内容和严谨且科学的写作风格使编者受益匪浅。这里，编者对各位大师的辛勤付出表示最诚挚的感谢，并致以最崇高的敬意！

为了顺应专业工程教育认证和新工科建设的时代发展要求，将多门传统课程整合在一起进行本教材的编写，对编者而言，尚属首次尝试；考虑到流程工业自动化、信息化、网络化和智能化的科技发展十分迅速，而且它们在工业生产过程中的应用也日新月异；加之编者知识水平有限，因此本书一定存在许多不足甚至错误之处，敬请读者批评指正。

作　者

2022.9 于西安

目　录

第1章　绪　　论

在工业应用领域，通常把内部相互连接的单元设备组成的整体以及所发生的物理或化学变化定义为过程。如造纸过程、冶金过程、制药过程、酿酒过程等，都是由特定的单元设备按照特定的工艺组合在一起的，目的就是为了实现特定的功能，如造纸、冶金、制药、酿酒。

过程控制是研究生产过程中的一些物理量，如温度、压力、流量、液位（或物位）、成分、物性或其组合等的控制问题的一门综合性学科，通常是指石油、化工、电力、冶金、轻工、纺织、建材、原子能等工业部门生产过程的自动化，即过程自动化学科。通俗地讲，过程控制就是对生产过程中的一些中间物理量，如上面提及的温度、压力、流量、液位等进行控制，以生产出合格的目标产品，并达到节能环保、提质增效、降本降耗等目的。

过程控制技术，亦即过程自动化技术，是指研究用机器装置（仪表、PLC、工控机等）对生产过程或其他过程进行自动控制和信息处理，以延伸和扩展人的器官功能的综合科学技术，即实现自动化的方法和技术。它是控制理论中发展最早、最重要的分支之一。自动化技术和计算机的发展正在迅速提高生产过程的自动化程度。实现生产过程自动化，能提高产量，保证质量，减少原材料和能量的消耗，降低生产成本，改善劳动条件，确保生产安全，提高市场竞争力，同时获得良好经济效益和社会效益。因此生产过程自动化成为现代技术的主要趋势。从 20 世纪 90 年代初开始，自动化技术快速发展，并获得了惊人的成就，其已成为国家高科技技术的重要分支。

过程控制系统是利用过程控制技术实现对生产过程中的控制量进行自动调节，从而使得被控量接近设定值或保持在设定范围内的一种自动控制系统。其主要任务是保持过程一直处于期望的运行工况，既安全又经济，且满足生态环境和产品质量的要求。为适应生产对控制的要求愈来愈高的趋势，必须将高新技术充分地应用到生产过程的控制中去。因此可以说，过程控制是控制理论、工艺知识、电子技术、计算机技术、信息技术、图像技术和仪器仪表等理论与方法相结合而构成的一门综合性非常强的应用科学。

本章将以控制理论和过程控制技术的发展历程为主线，讲述过程控制的特点、目标和任务，讲解过程控制系统的组成、分类与性能指标，并简要介绍本书的章节结构和教学安排。

1.1　控制理论及过程控制技术的发展概况

自动化技术的发展与生产过程自身的发展休戚相关，是一个从简单形式到复杂形式，从局部自动化到全局自动化，从低级智能到高级智能的发展过程。自动化技术的基础是自动控制理论，而自动控制理论是人类在征服自然，改造自然的斗争中形成和发展的。控制理论的发展历程标示着人类社会化大生产由机械化时代进入电气化时代，并走向自动化、信息化和智能自动化时代。

1.1.1 控制理论的产生和发展

20 世纪 20 年代，布莱克、奈奎斯特和波德等人在贝尔实验室做的一系列工作奠定了经典控制理论的基础。尤其是第二次世界大战期间新武器的研制和战后经济的恢复与发展，极大地激发了人们对控制理论的研究热情，使古典控制理论日趋成熟，并获得许多应用成果。控制理论从形成发展至今，已经历了近 100 年的发展历程，可分为四个发展阶段：第一阶段是以 20 世纪 40 年代兴起的自动控制原理为标志，称为经典控制理论阶段；第二阶段以 20 世纪 60 年代兴起的状态空间法为标志，称为现代控制理论阶段；第三阶段是 20 世纪 70 年代兴起的大系统控制理论；第四阶段是 20 世纪 80 年代兴起的智能控制理论阶段。各阶段的主要特征对比见表 1－1－1。

表 1－1－1 自动控制理论四个发展阶段主要特征对照表

发展阶段	第一阶段	第二阶段	第三阶段	第四阶段
理论名称	经典控制理论	现代控制理论	大系统控制理论	智能控制理论
形成时间	20 世纪 40 年代	20 世纪 60 年代	20 世纪 70 年代	20 世纪 80 年代
研究对象	单因素 SISO	多因素 MIMO	众多因素 Large Scale	多层次 Multi Layered
理论分支	(1)时域分析理论(Routh 和 Hurwitz 稳定性判据)； (2)频域分析理论(Ny－quist 稳定性判据和 Bode 图判据)； (3)根轨迹理论； (4)采样控制系统理论	(1)基于 LS 的系统辨识； (2)基于 Pontryagin 极小值原理和 Belman 动态规划的最优控制； (3)基于 Kalman 滤波的 LQG 最佳估计	(1)分解与协调； (2)多级递阶优化与控制	(1)专家系统； (2)模糊控制； (3)人工神经网络； (4)学习控制； (5)人工智能
分析方法	时域法(拉氏变换) 频率法(傅里叶变换) 根轨迹法	矩阵理论 状态空间分析法	多级递阶算法	智能算子

1. 第一阶段——经典控制理论

经典控制理论研究的主要对象多为线性定常系统，主要解决单输入单输出问题，研究方法主要采用以传递函数、频率特性、根轨迹为基础的频域分析法。它的控制思想是对机器进行“控制”使之稳定运行，采用“反馈”的方式使一个系统按照人们的要求精确地工作，最终实现系统按指定目标运行。其控制目标是保持生产的平稳和安全，属于局部自动化的范畴。在设计过程中，一般是将复杂的生产过程人为地分解为若干个简单的单输入单输出(SISO)过程进行控制。

经典控制理论推动了当时自动化技术的发展与应用，至今在工业技术领域中依然应用广泛，虽然带有明显的依靠手工和经验进行分析和综合的色彩。当时，也出现了一些如串级、前馈补偿等十分有效的复杂系统，相应的控制仪表也由基地式发展到单元组合式。但总体说来，自动化水平还处于低级阶段。

2. 第二阶段——现代控制理论

20 世纪 60 年代的 10 年是工业自动化发展的第二个阶段。在 20 世纪 50 年代末，生产过程迅速向着大型化、连续化的方向发展，工业生产过程中的非线性、耦合性和时变性等特点十分突出，原有的简单控制系统已经不能满足要求，自动控制面临着工业生产的严重挑战。然而，在这个时候为适应空间探索的需要而发展起来的现代控制理论已经产生，并在某些尖端技术领域取得惊人的成就。它以状态空间分析为基础，主要内容包括以最小二乘法为基础的系统辨识、以极大值原理和动态规划为主要方法的最优控制和以卡尔曼滤波理论为核心的最佳估计等三个部分。现代控制理论在分析和综合系统时，已经从外部现象深入到揭示系统内在的规律性，从局部控制进入到在一定意义下的全局最优，而且在结构上已从单环扩展到适应环、学习环等。这种方法把系统描述为两个具有适当阶次的矩阵，许多控制问题都可归结为这几个矩阵或它们所代表的映射应具有的要求和满足的关系。

这样，控制系统的一些分析和综合问题经过转化就成为比较纯化的数学问题，特别是线性代数问题，从而吸引了大批数学工作者从事这一领域的研究，并在空间技术方面取得了巨大成功。可以说，现代控制理论是人类对控制技术在认识上的一种质的飞跃，为实现高水平的自动化奠定了理论基础。

同时，计算机的发展与普及为现代控制理论的应用开辟了道路，为实现工业自动化提供了十分重要的技术手段。在 20 世纪 60 年代中期，出现了用数字计算机代替模拟调节器的直接数字控制(Direct Digital Control，DDC)和由计算机确定模拟调节器或 DDC 回路最优设定值的监督控制(Supervisory Computer Control，SCC)。

为了扩大现代控制理论的应用范围，相继产生和发展了系统辨识与参数估计、随机控制、自适应控制及鲁棒控制等各种理论分支，控制理论的内容越来越丰富。

尽管现代控制理论在航空、航天、制导等空间技术上取得了成功应用，但在复杂的过程控制领域却难以推广，存在着理论与应用上的很大差距。这主要是由于生产过程机理复杂，建模困难，性能指标不易确定，控制策略十分缺乏等诸多因素，使得现代控制理论一时难以用于生产过程控制。尽管如此，在这一阶段，无论是现代控制理论的移植应用，还是在计算机引入工业过程方面，都有了良好的开端和有益尝试。

3. 传统(常规)控制理论的共同特点

经典控制理论与现代控制理论被统称为传统(或常规)的控制理论。传统控制理论的共同特点是，各种理论与方法都是建立在对象的数学模型基础上的，或者说，传统控制理论的前提条件是必须能够在常规控制理论指定的框架下，用数学公式严格地表述出被控制对象的动态行为。对象的数学模型可以基于微积分理论，线性代数或矢量分析。因此，我们可以把常规控制理论方法概括地称为“基于数学模型的方法”(Mathematical Model Based Techniques)。

传统控制理论对能够得到准确数学表述的对象可以进行有效的控制，最适用于以设备参数为对象的控制系统的设计问题。而在应用于以过程任务（或追求目标）为对象的控制时，传统控制理论遇到的最大困难是不确定性问题：系统模型的不确定性和环境本身的不确定性。随着科学技术的进步和工业生产的发展，人们发现，许多现代军事和工业领域所涉及的被控过程和对象都难以建立精确的数学模型，甚至根本无法建立数学模型。即使有些对象和过程可以建立数学模型，但由于模型极其复杂，难以实现实时的、高性能的有效控制。因此，基于数学模型的传统控制理论面临着强有力的挑战。

4. 第三、第四阶段——大系统理论和智能控制理论

在传统控制理论形成和发展进程中，特别是在传统控制理论遇到困难时，人们已经开始注意到开辟控制理论的新途径：避开数学模型，直接用机器模仿工程技术人员的操作经验，实现对复杂过程的有效控制，从而孕育了新一代控制理论——智能控制理论。在 20 世纪 70 年代中后期，工业自动化的发展表现出两个明显的特点，标志着工业自动化进入了第三个及后续的第四个阶段。

第一个特点是 20 世纪 70 年代初已开始出现的适合于工业自动化的控制计算机商品系列。大规模集成电路制造的成功和微处理器的问世，使计算机的功能丰富多彩，可靠性大为提高，而价格却大幅度下降。尤其是工业用控制机，在采用了冗余技术、软硬件自诊断功能等措施后，其可靠性已提高到基本上能够满足工业控制要求的程度。20 世纪 70 年代中期，针对工业生产规模大、过程参数和控制回路多的特点，利用计算机的高可靠性和灵活性特点，发展了一种所谓“集中管理，分散控制”的分布式控制系统（Distributed Control System，DCS），又称集散型控制系统。它是集计算机技术、控制技术、通信技术和图形显示技术（即 4C 技术）于一体的计算机控制系统。其一经问世，就受到工业界的青睐，为实现高水平的自动化提供了强有力的技术工具，给生产过程自动化的发展带来了深远影响。到了 20 世纪 90 年代，总线通信技术的发展导致现场总线控制系统（Fieldbus Control System，FCS）的产生并迅速投入应用。当前，过程控制系统处于 DCS 和 FCS 并存的状态。从 20 世纪 70 年代开始，工业生产自动化已进入了计算机时代。

第二个特点是 20 世纪 70 年代末控制理论和其他学科分支相互交叉，相互渗透，向着纵深方向发展，从而开始形成了所谓的第三代和第四代控制理论，即大系统理论和智能控制理论。大系统理论是用控制和信息的观点，研究各种大系统的结构方案、总体设计中的分解方法和协调等问题的技术基础理论，它是控制理论在广度上的开拓；智能控制是在常规控制理论基础上，吸收人工智能、运筹学、计算机科学、模糊数学、实验心理学、生理学等其他学科中的新思想、新方法，对更广阔的对象（过程）实现期望控制，研究和模拟人类智能活动及其控制和信息传递过程的规律，研制具有某些仿人智能的工程控制与信息处理系统，是控制理论在深度上的挖掘。可以说，智能控制的核心是如何设计和开发能够模拟人类智能的机器，使控制系统达到更高的目标。工业机器人的研制和成功应用，是智能控制时代到来的重要标志。

对于复杂工业过程，如反应过程、冶炼过程、抄纸过程和生化过程等，本身机理十分复杂,还没有被人们充分认识,且常常受到众多随机因素的干扰和影响,因而难以建立精确的数学模型,以满足闭环最优控制的要求。同时,这类过程控制策略也有待进一步研究。目前已有的策略要么过于复杂,难以实行在线控制;要么过于粗糙,不能满足高水平的控制要求。解决这类问题的重要途径之一就是采用将人工智能、控制理论和运筹学三者相结合的智能控制。当前,智能控制已有了实际应用。

5. 传统控制理论与第三代、第四代控制理论的关系

第三代和第四代控制理论是传统控制理论的继承和发扬。常规控制理论中的“反馈”和“信息”这两个基本概念,在大系统理论和智能控制理论中仍然占有重要地位,并且更加突出了信息处理的重要性。智能控制系统并不排斥传统控制理论的应用,恰恰相反,在分级递阶结构的大系统和智能控制系统中,面向生产的执行级,更强调采用传统控制理论进行设计。这是因为在这一级的被控对象(或过程)通常具有精确的数学模型,成熟的传统控制理论可以对其实现高精度的控制。

工业生产实际提出的以优质、高产、低消耗为目标的控制要求,从客观上促进了第三代和第四代控制理论的形成和发展。在现代控制理论中,诸如非线性系统、分布参数系统、随机控制、容错控制和鲁棒控制等也在理论上及实践中得到了发展。在这个阶段,工业自动化正发生着巨大变革,它已突破了局部控制的模式,进入到全局控制;其既包含了若干子系统的闭环控制,又有大系统协调控制、最优控制以及决策管理,即控制管理一体化的新模式。如适合工厂、企业总体控制和管理的管理信息系统(Management Information System, MIS)、管理执行系统(Management Executive System, MES)和企业资源规划(Enterprise Resource Planning, ERP)等。它们的出现将使工业自动化系统在大量获取生产过程和市场信息的基础上,科学地安排调度生产,充分发挥设备的生产能力,最终达到优质、高产、低消耗的控制目标。

1.1.2 过程控制技术的发展

从以机器装置代替人类劳动的角度来讲,过程控制技术(即过程自动化技术)的发展经历了早期自动化、中期自动化和现代自动化三大历程。

(1)早期自动化:用传输机等机器代替人的体力劳动,即机械化。

(2)中期自动化:利用反馈技术对机器设备进行自动控制,即电气化。这个时期,由于生产的发展,机械设备的增多,人们控制机器设备的任务日益加重。为了减轻控制机器设备的负担,人们研制出用自动控制器去控制机器和生产过程。

(3)现代自动化:利用计算机或微处理器代替人类的脑力劳动,即信息化和智能化。20世纪60年代以来,人们为了减轻脑力劳动,开始应用计算机来控制和管理生产过程及其他过程,这时,自动化不仅是指利用机器装置减轻或代替人的体力劳动,而且包括应用机器装置减轻或代替人的脑力劳动,即实现信息处理的自动化。

纵观控制理论的发展历程及与过程控制技术的结合,自动化技术在工业中的应用大致可以分为四个阶段,各阶段技术特征详细对比见表1-1-2。

表 1-1-2 自动化技术四个发展阶段主要特征对照表

发展阶段	第一阶段	第二阶段	第三阶段	第四阶段
阶段名称	单参数检测	局部自动化	综合自动化	全厂自动化
形成时间	1950 年以前	1950—1960 年	1960—1980 年	1980 年至今
典型特征	在设备附近安装基本参数测量仪表,人工现场操作,部分带有简单报警和控制装置	对单机(简单过程)主要参数进行自动控制,使用大型电子显示仪表和气动仪表	应用电动或气动单元组合仪表实现多参数自动控制,在控制室或仪表盘前进行监视和操作	采用高度集中的中央控制装置,进入 CIPS 时代,实现企业管控一体化
对应控制系统	基地式仪表控制系统	单元组合仪表控制系统,直接数字控制系统 DDC	计算机控制系统(DDC、DCS)	管控一体综合自动化系统(DCS、FCS、CIPS)
控制算法	无控制,在线检测变送,现场显示	PID、串级、比值、前馈、分程、选择等	PID+多种复杂控制算法	先进控制算法、优化控制算法、智能控制算法

1. 第一阶段——单参数检测阶段

时间节点:1950 年以前。在这一阶段,以人工现场操作,在设备附近安装基本参数(温度、压力、流量、液位等)的测量仪表为标志,有的还带有简单的报警和控制装置。操作人员通过检测仪表可以了解主要设备的运行情况,以便在必要时采取措施,保证产品质量,维持生产安全。

2. 第二阶段——局部自动化(单机自动化)阶段

时间节点:1950—1960 年。这一阶段的重要标志是对单机(或简单过程)的主要参数进行自动控制,以大型电子显示仪表和气动仪表为代表。

在这一阶段,典型的系统有两类:一类是图 1-1-1 所示的数据采集系统(Data Acquiration System,DAS),通过各类传感器从工业现场采集过程参数,经过 A/D 转换或光电隔离后,送往计算机用于显示、打印或报警;另一类是图 1-1-2 所示的直接数字控制系统(DDC),它不但具备 DAS 系统的所有功能,而且还具有回路控制功能,从计算机发出的控制信号经 D/A 转换或光电隔离后,送往工业现场的执行器,指挥执行器动作。

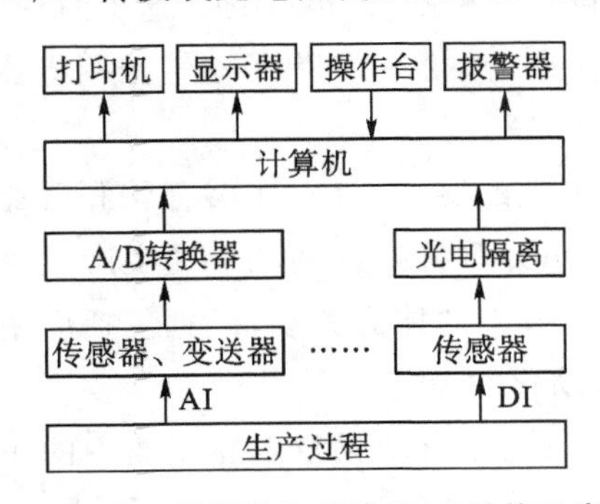

图 1-1-1 数据采集系统 DAS 结构示意图

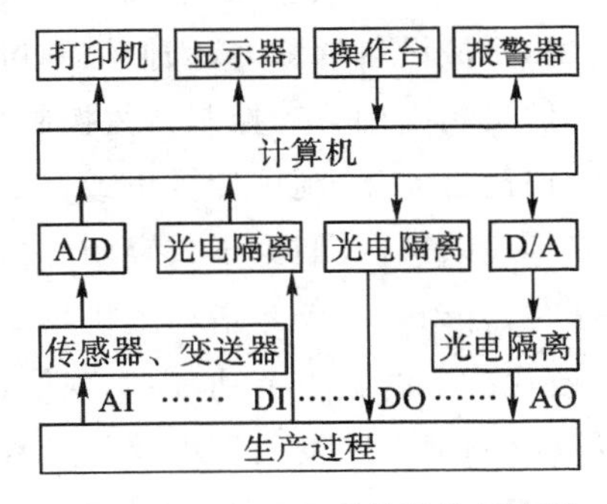

图 1-1-2 DDC 系统结构示意图

3. 第三阶段——综合自动化阶段

时间节点：1960—1980 年。在这一阶段，将几台单机或整个车间的主机根据工艺过程连接起来，应用电动或气动单元组合仪表实现多参数的自动控制。操作人员可以在控制室或仪表盘前方便地监视和处理生产问题。但是开机、停机、事故处理以及附属设备的操作等还要人工去完成。

在这一阶段，采用的典型控制系统就是如图 1-1-3 所示的集散控制系统(DCS)。它由若干台微处理器或计算机分别承担部分任务，并通过高速数据通道把各个分散点的信息集中起来，进行集中的监视和操作，并实现复杂的控制和优化。其中，生产现场层和过程控制层完成生产现场的分散控制，操作监控层完成生产过程的集中管理。

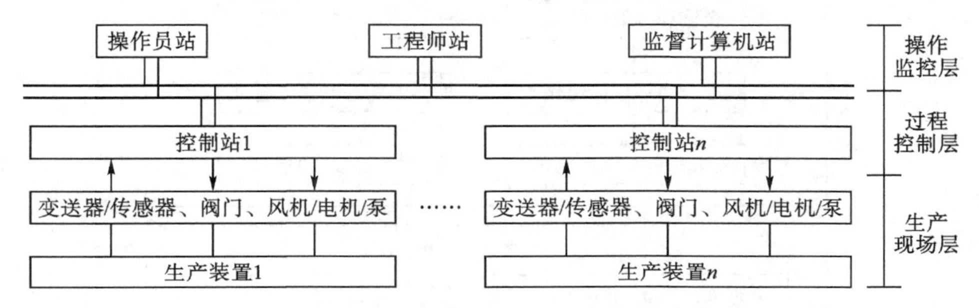

图 1-1-3 集散控制系统(DCS)结构示意图

4. 第四阶段——全厂自动化阶段

时间节点：1980 年至今。这是综合自动化的更高形式，采用高度集中的中央控制装置，突出标志是工业计算机的应用，进入所谓计算机集成过程系统(Computer Integrated Process Systems, CIPS)的时代。现场检测仪表的数据全部送入计算机，由计算机对参数进行自动控制，能自动开机、停机，预报和处理生产的异常状态。20 世纪 90 年代以来，生产自动化与电子商务、现场总线技术相结合，出现了所谓工业信息化技术(Industrial Information Technology)，实现企业管理和生产控制全厂自动化和信息化，使整个企业的生产和管理保持在高效率、低消耗、安全可靠的最佳状态之中。

在这一阶段，控制系统的典型代表就是如图 1-1-4 所示的 CIPS，它集常规控制、先进控制、过程优化、生产调度、企业管理、经营决策等功能于一体，对生产经营进行科学的分析、评价和预测，对生产计划和经营策略及时进行调整，以适应多变的市场要求。它是经营系统、技术系统、组织系统的集成，具备高质量、高效益、高柔性等特点。典型的 CIPS 包含过程控制系统(Process Control System, PCS)、制造执行系统(Manufacturing Excution System, MES)和经营计划系统(Business Planning System, BPS)三层结构。其中，PCS 层是实现以产品质量和工艺要求为指标的先进控制技术，MES 层是执行以生产综合指标为目标的生产过程优化运行、优化控制与优化管理技术，BPS 层是实施以财务分析决策为核心的整体资源优化技术。三层之间由基于知识链的具有 BPS/MES/PCS 三层结构的现代制造系统集成技术来加以综合集成，使之成为一个协调统一的整体。

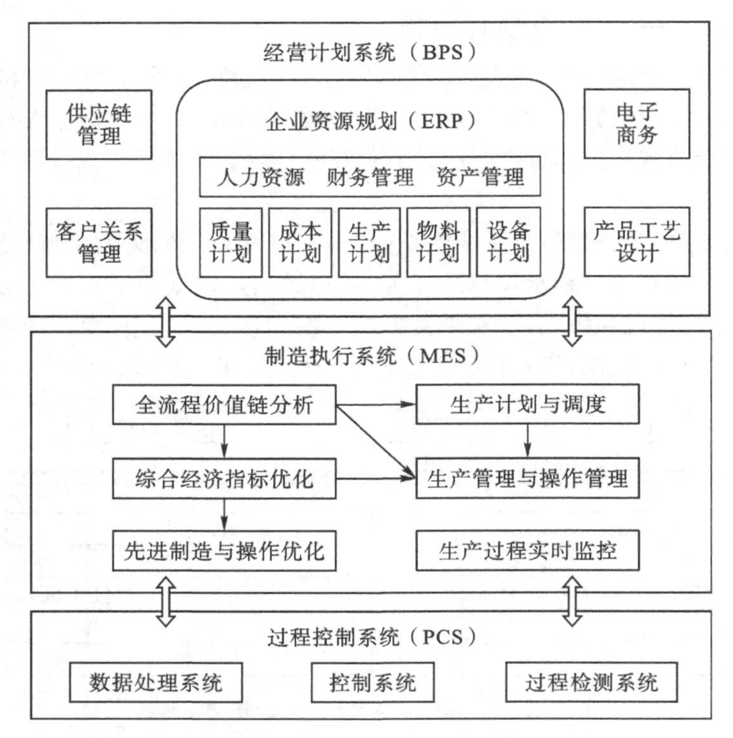

图 1-1-4 CIPS 体系结构示意图

1.1.3 小结与展望

从工业自动化的发展进程，可以得到如下结论。

1. 工业自动化的发展与工业生产过程本身的发展有着极为密切的联系

工业生产本身的发展，诸如工艺流程的变革，设备的更新换代，生产规模的不断扩大等促进了自动化的进程；而工业自动化在控制理论和技术工具方面的新成就又保证了现代工业生产在安全平稳的前提下“卡边”运行，充分发挥设备的潜力，提高生产率，获取最大限度的经济和社会效益。

2. 对生产装置实施先进过程控制已经成为发展主流

先进过程控制（Advanced Process Control，APC）是指一类在动态环境中，基于过程数学模型、借助充分计算能力，为工厂获得最大利润而实施的运行和控制技术策略。这种新的控制策略实施后，系统可运行在最佳工况，实现“卡边”生产。常用的先进过程控制策略主要有：多变量预测控制、推断控制及软测量技术、自适应控制、鲁棒控制、智能控制（专家控制、模糊控制、神经网络控制、学习控制）等，尤其智能控制已成为开发和应用的热点。

智能控制（Intelligent Control，IC）是人工智能（Artificial Intelligence，AI）和自动控制相结合的产物。而人工智能是指智能机器所执行的与人类智能有关的功能，如判断、推理、证明、识别、感知、理解、设计、思考、规划、学习、问题求解等思维活动。人工智能的内容很广泛，如知识表示、问题求解、语言理解、机器学习、模式识别、定理证明、机器视觉、逻辑推理、人工神经网络、专家系统、智能控制、智能调度和决策、自动程序设计、机器人学等都是人工智能的研究和应用领域。在过程控制中,人工智能所起到的作用主要表现为基层控制、过程建模、操作优化、故障检测、计划调度和经营决策等。

3. 过程优化得到迅速发展

连续过程工业的一个重要特点是上游装置的部分产品是下游装置的原料,生产过程存在装置间的物流分配、物料平衡、能量平衡等一系列问题。因此,通过过程优化可获得良好的经济效益和社会效益。在过程操作优化中,常采用的是稳态优化,即采用稳态数学模型,通过优化计算,获得最佳的工艺变量(参数)设定值,以获得最大的经济效益。稳态优化可分为离线优化和在线优化。其中,离线优化是利用稳态模型,在约束条件下求取目标函数的最优值,获得最优的工艺变量值,为生产提供操作指导;在线优化是指周期性地完成模型计算、模型修正、参数修正,并将最优变量值直接送到控制器作为受控参量的设定值。

不过,无论过程控制理论和技术如何发展,“稳”“准”“快”依然是对过程控制系统的基本要求。其中“准”强调的是控制系统的精度问题,它也受传感器精度的限制。开发高精度检测仪表(包括软测量和数据处理技术)是实现高性能控制的基础。同时,一些有效的复杂控制策略需要获知更多的过程信息,这也需要一些新的不同测量机制的传感器。

4. 控制理论和实践的结合问题依然是过程控制界必须着力解决的现实问题

面对现代控制理论与工程实际间存在的“脱节”现象,控制工程师需要学习和使用高级过程控制理论;控制理论研究者也应知道什么是工业真正需要的理论,并且研究怎样使其理想化的理论在存在大量约束的工业过程中发挥良好的控制作用。这是一个持久的问题,无法回避的问题。另外,传统的、经典的控制技术的商业化和系统化问题也是一个很有经济价值的研究课题。从这种意义上讲,DCS、FCS、CIPS是过程控制赖以存在和发展的载体。

5. 工业自动化已经进入信息化时代

信息时代的特点之一就是学科和技术的交叉与融合,实际问题的解决几乎没有不涉及多学科的理论与方法。例如,解决造纸、石化、冶金等过程工业中的控制问题,需要对工艺实质的透彻分析与掌握,需要对海量数据的处理与挖掘,需要现代控制理论和非线性理论的发展与运用,需要专家知识的总结提炼,需要计算机技术的支持等,因而涉及相关工艺学、信息学、控制理论、人工智能以及计算机科学与通信技术等知识。但是,遗憾的是,无论是计算机网络等技术,还是各种先进理论,当前都难以满足实际的需求,缺乏行之有效的控制与管理方法。因此,加强控制理论与生产实际的密切结合,注意引入各种相关学科,逐步形成系统的既简练又实用的控制与管理的理论和方法,是今后过程控制的主要研究内容。

6. 故障预报与诊断受到各方普遍关注

故障预报与诊断技术(Fault Estimation and Diagnosis Technology)是发展于20世纪中叶的一门综合性科学技术,是指对系统的异常状态的检测、异常状态原因的识别以及包括异常状态预报在内的各种技术的总称,它的开发涉及多门学科,如现代控制理论、可靠性理论、数理统计、模糊集理论、信号处理、模式识别、人工智能等。经过十几年的迅速发展,故障预报与诊断技术已经出现了基于各种不同原理的故障诊断方法。主要可分为时域诊断方法和频域诊断方法,具体包括基于知识的方法、基于解析模型的方法、基于信号处理的方法。

随着现代工业及科学技术的迅速发展，生产设备日趋大型化、高速化、自动化和智能化，系统的安全性、可靠性和有效性日益重要并越来越复杂，故障预报与诊断技术也越来越受到人们的重视。尤其是工业4.0和中国制造2025概念的提出，这一技术显得尤为重要，数字孪生、压缩感知、边缘计算等技术应运而生。当前，故障预报与诊断技术的主要任务是提高故障的正确检测率、降低故障的漏报率和误报率。

1.2 过程控制的特点、目标和任务

1.2.1 过程控制的特点

如前所述，过程控制通常指对流程工业中温度、压力、流量、液位（或物料）、成分、物性（通常称为6大参数）等参数的控制。与过程控制相比，还有一类控制叫运动控制。它以电机为控制对象，以位移、速度、加速度等为控制目标，控制电机的启停和运转速度，如数控机床控制、造纸机传动控制、传送带控制等。这两类控制系统虽然基于相同的控制理论，但因被控对象的性质、特征、控制要求等的不同，带来了控制思路、控制策略和方法上的区别。相对于运动控制，过程控制有如下特点。

1. 过程控制是对流程工业生产过程的自动控制

流程工业生产过程包括连续生产过程和间歇生产过程两大类型。其中，连续生产过程是指整个生产过程是连续不间断进行的，一方面原料连续供应，另一方面产品源源不断地输出，例如，造纸工业中纸张的抄造、电力工业中电能的生产，石化工业中油品的生产等。间歇生产过程是指生产过程的原料或者产品是一批一批地加入或输出的，所以又称为批量生产，例如，造纸工业的置换蒸煮制浆过程和蒸球制浆过程、土霉素和金霉素等抗菌素的生产过程等。间歇过程的特点是生产产品数量小，品种繁多，在生产过程中需要不断地切换操作。

2. 过程控制系统由传感器、执行器和控制器组成

传感器、执行器和控制器是过程控制系统的3个要素。这里的传感器泛指过程控制中用到的各种检测仪表，包括电动仪表和气动仪表，模拟仪表和智能仪表，相当于眼睛；执行器包括自动控制阀门（包括各类气动阀、电动阀和液动阀）和电机（包括各类风机、泵），相当于手；控制器包括微处理器（如单片机、嵌入式微处理器等）、工控机、可编程逻辑控制器（PLC）、DPU（冗余处理单元）等，相当于大脑。过程控制系统的设计就是根据工业过程的特性和工艺要求，通过选用传感器、执行器和控制器构成控制系统，再通过控制器（算法）参数的整定，实现对生产过程的最佳控制。

3. 被控过程多种多样，机理复杂

在现代工业生产过程中，工业过程很复杂。由于生产规模大小不同，工艺要求各异，产品品种多样，因此过程控制中的被控过程是多种多样的。诸如造纸工业中的制浆设备、造纸机、水处理设备；石油化工过程中的精馏塔、化学反应器、流体传输设备；热工过程中的锅炉、热交换器；冶金过程中的转炉、平炉等。它们的动态特性多数具有大惯性、大滞后、耦合、时变非线性等特性。有些机理复杂（如发酵、生化过程等）的过程至今尚未被人们所认识，所以

很难用当前的过程辨识方法建立其精确的数学模型，设计能适应各种过程的控制系统并非易事。

4. 被控过程多属慢过程，且多为参量控制

由于被控过程具有大惯性、大滞后等特性，意味着被控过程多为慢过程。另外，在石油、化工、电力、冶金、轻工、建材、制药等工业生产过程中往往采用一些物理量和化学量(如温度、压力、流量、液位、成分、pH 等)来表征其生产过程是否正常，需要对上述过程参数进行自动检测和自动控制，故过程控制多半为参量控制。

5. 过程控制方案十分丰富

过程控制系统的设计是以被控过程的特性为依据的。随着现代工业生产的迅速发展，工艺条件越来越复杂，因此，对过程控制的要求越来越高，过程控制方案十分丰富。本书将过程控制器的设计分成简单控制器设计(主要包括数字控制器设计的一般方法和 PID 控制器设计)和复杂控制器设计(主要包括比值控制、前馈-反馈控制、串级控制、Smith 预估器、解耦控制、分程控制、选择性控制等)两个模块来介绍，并且用一个模块专门介绍这些控制器的实现载体——过程控制系统，主要介绍 DCS、FCS、CIPS 及工业 4.0 的体系架构。至于先进控制器设计(主要包括内模控制、自适应控制、推断控制、预测控制、模糊控制、神经网络控制等)，限于篇幅，本书不再涉及。

6. 定值控制是过程控制的主要形式

尽管过程控制方案多种多样，但过程控制的主要目的是消除或减小外界干扰对被控量的影响，使被控量能稳定控制在给定值上，使工业生产能实现优质、高产和低消耗的目标。这些目标通过定值控制一般都能实现，因此，定值控制是过程控制最常用的一种控制形式。

1.2.2　过程控制的目标和任务

生产过程是指物料经过若干加工步骤而成为产品的过程。该过程中通常会发生物理化学反应、生化反应、物质能量的转换与传递等，或者说生产过程表现为物流变化的过程。伴随物流变化的信息包括体现物流性质(物理特性和化学成分)的信息和操作条件(温度、压力、流量、液位或物位、成分、物性)的信息。

生产过程控制的总目标，就是在可能获得的原料和能源条件下，以最经济的途径将原物料加工成预期的合格产品。为此，过程控制的任务是在充分了解生产过程的工艺流程和动静态特性的基础上，应用相关理论对系统进行分析与综合，以生产过程中物流变化信息量作为被控量，选用适宜的技术手段，实现生产过程的控制目标。具体而言，过程控制的任务有三：①生产过程的工艺流程确定后，设计出满足工艺要求的控制方案；②在控制方案确定后，如何使控制系统能够正常运行，并发挥其功能；③若控制系统已经存在，对已有控制系统进行分析，发现存在的不足并加以改进。

传统的过程控制通常是指针对上述温度、压力等 6 大参数的控制问题。但进入 20 世纪 90 年代后，随着工业的发展和相关科学技术的进步，过程控制已经发展到多变量控制，控制的目标再也不局限为这 6 大参数，已经把生产中最关心的诸如产品质量、工艺要求、废弃物排放等作为控制指标来进行控制。因此，工业生产对过程控制的要求是多方面的，但生产过程控制的总目标具体表现为工业生产对过程控制的“三性”要求，即安全性、经济性和稳定性。

安全性是指在整个生产过程中，确保人身和设备的安全，这是最重要的也是最基本的要求。通常是采用参数越限报警、事故报警和连锁保护等措施加以保证。当前，由于工业企业发展到高度连续化和大型化，运行的约束条件不断增多，各种限制更为苛刻，因而其安全性被提到更高的高度。为此，提出了在线故障预测和诊断，可预测维修等要求，以进一步提高运行的安全性。另外，随着环境污染日趋严重，生态平衡屡遭破坏，现代企业必须把符合国家制定的环境保护法视为生产安全性的重要组成部分，保证各种三废排放指标在允许范围内。

经济性，指在生产同样质量和数量产品所消耗的能量和原材料最少，需要花费的各项生产和管理的开支最少，也就是要求生产成本最低而生产效率最高。近年来，随着市场竞争加剧和世界能源的匮乏，经济性已受到过去从未有过的重视。生产过程局部或整体最优化问题已经提上议事日程，成为急需解决的迫切任务。

稳定性是指系统具有跟踪负荷需求、抑制外部扰动、保持生产过程长期稳定运行的能力。由于工业生产环境不是固定不变的，如原材料成分改变或品质波动、反应器中催化剂活性的衰减、换热器传热面沾污，还有市场需求量的起落等都是客观存在的，它们都会或多或少地影响生产过程的平稳性。尽管简单控制系统稳定性的判断方法已很成熟，但对大型、复杂大系统稳定性的分析却困难得多。控制系统具有良好的稳定性，这也是安全性的重要保障条件。

随着生产的发展和过程控制内容的变化，安全性、经济性和稳定性的具体内容也在不断改变，要求也越来越高。为了满足上述三项要求，在理论和实践上都还有许多课题有待研究。

值得指出的是，为适应当前工业生产对控制的要求愈来愈高的趋势，必须充分注意现代控制技术在过程控制中的应用，其中过程模型化的研究起着举足轻重的作用，因为现代控制技术的应用在很大程度上取决于对过程静态和动态特性认识和掌握的广度和深度。因此可以说，过程控制是控制理论、生产工艺、计算机技术和仪器仪表等知识相结合的一门综合性应用学科。

1.3 过程控制系统的组成、分类与性能指标

1.3.1 过程控制系统的组成

过程控制系统是指自动控制系统的被控量是温度、压力、流量、液位、成分、黏度、湿度、pH 值等这样一些过程变量的系统。它是对生产过程及其工艺装备进行测量与控制的自动化技术工具的总称，是过程控制理论和技术得以实施的载体。

一个简单的单回路过程控制系统组成框图如图 1－3－1 所示，由被控过程、传感器、执行器和控制器四大部分组成。也就是说，这四部分是最基本的组成单元。如果形象地以人来做比喻，其中被控过程就像是身体，是被控主体；控制器就像大脑，是控制全身的总指挥

部;传感器就如人的感官系统,用以测量和感知外界的变化情况,并将情况上报指挥部;而执行器就如人的手脚,用来执行控制指令,对被控主体进行控制。

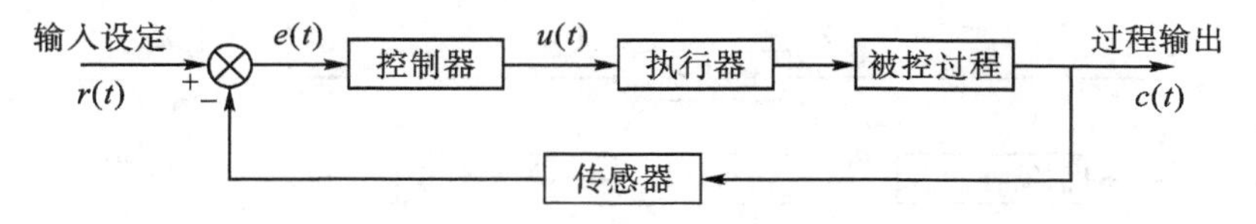

图 1-3-1　单回路过程控制系统组成框图

图 1-3-1 所示的简单控制系统的工作过程可描述如下:将过程设定值 $r(t)$ 与过程输出检测值 $c(t)$ 进行比较,产生偏差 $e(t)$;将 $e(t)$ 送给控制器,按照一定的控制算法进行控制运算,输出控制量 $u(t)$,送给执行器(如调节阀);执行器接受控制器送来的控制信息来调节被控量,从而达到预期的控制目标。过程的输出信号通过传感器,反馈到控制器的输入端,构成闭环控制系统。

上面讨论的是简单控制系统,但由于实际被控过程是复杂的,往往只采用简单控制系统难以奏效,因而在此基础上发展了更为复杂的控制系统。例如,多回路系统、多变量系统,甚至发展到带有协调器的多个多变量控制系统等。然而,无论怎样变化,在各种不同的复杂控制系统中,总能提炼出简单控制系统的构架。换句话说,简单控制系统是过程控制的基础,它体现着反馈控制的本质。

1.3.2　过程控制系统的分类

过程控制系统的分类方法很多,分类方法不同,系统名称也随之不同。按被控参数的名称来分,有温度、压力、流量、液位、成分、pH 等控制系统;按控制系统完成的功能来分,有比值、均匀、分程和选择等控制系统;按调节器的控制规律来分,有比例、比例积分、比例微分、比例积分微分等控制系统;按被控量的多少来分,有单变量和多变量控制系统。但最基本的分类方法有两种:按过程控制系统的结构特点分类及按给定值信号的特点分类。

1. 按过程控制系统的结构特点分类

按过程控制系统的结构特点来分类,可以分为反馈控制系统、前馈控制系统和前馈-反馈控制系统。

1)反馈控制系统

反馈控制系统是过程控制系统中最基本的一种控制结构形式,结构框图如图 1-3-1 所示。它根据系统被控量的偏差进行工作,偏差值是控制的依据,最后达到消除或减小偏差的目的。不过,系统的反馈信号也可能有多个,从而可以构成多个闭合回路,称其为多回路反馈控制系统。

2)前馈控制系统

前馈控制系统在原理上完全不同于反馈控制系统。它以不变性原理为理论基础,直接根据扰动量的大小进行工作,扰动是控制的依据。由于它没有被控量的反馈,所以也称开环控制系统。

图 1-3-2 为前馈控制系统的结构框图。扰动 $d(t)$ 是引起被控量 $c(t)$ 变化的原因,前

馈补偿器根据扰动量 $d(t)$ 进行工作，可及时克服 $d(t)$ 对 $c(t)$ 的影响。但是，由于前馈控制是一种开环控制，最终不能保证控制的精度，因此，在过程控制实践中是不能单独应用的。

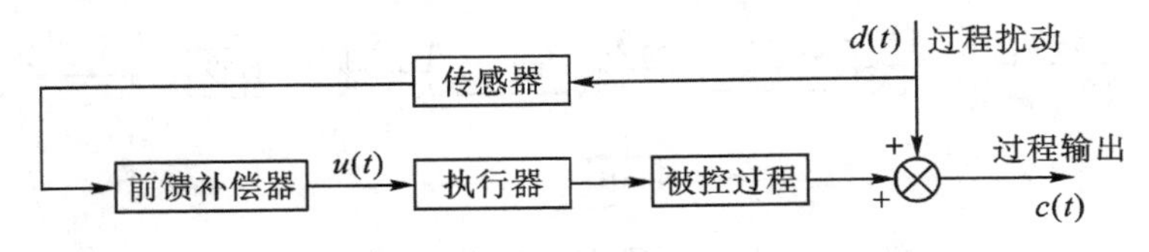

图 1-3-2　前馈控制系统组成框图

3)前馈-反馈控制系统

在工业生产过程中，引起被控参数变化的扰动是多种多样的。开环前馈控制的最主要的优点是能针对主要扰动及时迅速地克服其对被控参数的影响，其余次要扰动可利用反馈控制予以克服，使控制系统在稳态时能准确地使被控量控制在给定值上。在过程控制实践中，常常将两者结合起来使用，以充分利用开环前馈与反馈控制两者的优点。在反馈控制系统中引入前馈控制，从而构成如图 1-3-3 所示的前馈-反馈控制系统，可大大提高控制质量，因而得到广泛应用。

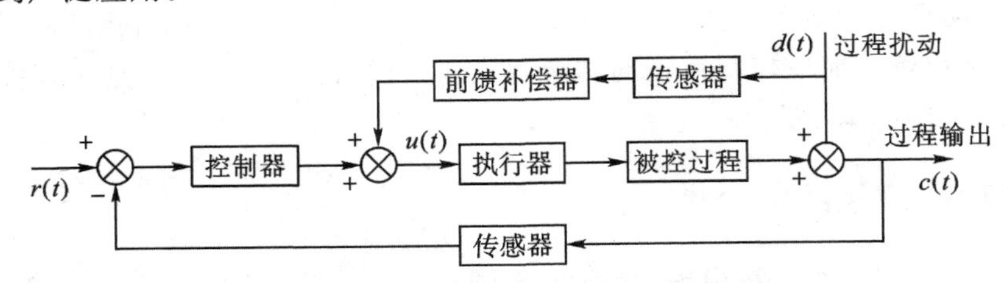

图 1-3-3　前馈-反馈控制系统组成框图

2. 按给定值信号的特点分类

按给定值信号的特点来分类，可以分为定值控制系统、随动控制系统和程序控制系统。

1)定值控制系统

定值控制系统就是系统被控量的设定值保持在规定值不变，或在小范围附近不变。它是过程控制中应用最多的一种控制系统，这是因为在工业生产过程中大多要求系统被控量的设定值保持在某一定值，或在某很小范围内不变。例如造纸过程中的浆池液位控制系统、纸浆浓度和流量控制系统、蒸汽压力控制系统等均为定值控制系统。对于定值控制系统而言，由于设定值的变化为零，即 $\Delta r(t)=0$，因此引起被控量变化的是扰动信号，所以从这个角度讲定值控制系统的输入信号是扰动信号。

2)随动控制系统

随动控制系统是一种被控量的设定值随时间任意变化的控制系统，也叫伺服控制系统。其主要作用是克服一切扰动，使被控量快速跟随设定值而变化。例如在加热炉燃烧过程的自动控制中，生产工艺要求空气量跟随燃料量的变化而成比例地变化，而燃料量是随生产负荷而变化的，其变化规律是不确定的。随动控制系统就要使空气量跟随燃料量的变化自动控制空气量的大小，达到加热炉的最佳燃烧。其实，串级控制的内环和比值控制的从回路都是随动控制系统。

3)程序控制系统

程序控制系统是被控量的设定值按预定的时间程序变化工作的,控制的目的就是使系统被控量按工艺要求规定的程序自动变化。例如同期作业的加热设备(机械、冶金工业中的热处理炉)、造纸工业中的蒸球和蒸煮锅等,一般工艺要求加热升温、保温和逐次降温等程序,设定值就按此程序自动地变化,控制系统按此给定程序自动工作,达到程序控制的目的。

同随动控制系统相比,程序控制系统的设定值变化是有规律的或者是事先设定好的,而随动控制系统的设定值变化是无规律的、任意的。

1.3.3 过程控制系统的性能指标

1. 过程控制系统的稳态和动态

既然过程控制系统是用来保证生产过程的稳定性、经济性和安全性,那么如何来评价控制系统的优劣呢?也就是说,系统的性能评价指标应该是什么呢?在讨论之前,先来看看过程控制系统的运行状态。

运行中的控制系统有两种状态:稳态和动态(也称暂态)。所谓稳态,是指此时系统没有受到任何外来干扰,同时设定值保持不变,因而被控变量不会随时间而变化,整个系统处于稳定平衡的工况。动态也叫暂态,是指当系统受到外来干扰的影响或者设定值发生了改变,使得原来的稳态遭到破坏,系统中各组成部分的输入输出量都相继发生变化,被控变量也将偏离原来的稳态值而随时间变化,这时就称系统处于动态过程。经过一段调整时间后,如果系统是稳定的,被控变量将会重新回到稳态值,或者到达新的设定值,即系统又恢复到稳定平衡工况。

由于被控对象总是不断受到各种外来干扰的影响,因此,系统所处的稳态是相对的、暂时的,而动态则是绝对的、永恒的。也就是说,系统经常处于动态过程,而设置控制系统的目的也正是为了对付这种动态的情况。这种从一个稳态到达另一个稳态的历程称为过渡过程。

显然,要评价一个过程控制系统的工作质量,只看稳态是不够的,主要应该考核它在动态过程中被控变量随时间变化的情况是否满足生产过程的要求。当然,不同的控制要求,应有不同的评价指标。一般而言,一个控制系统的评价指标可以分为两大类,即单项控制性能指标和误差积分性能指标。

2. 单项控制性能指标

评价控制系统的性能指标应根据工业生产过程对控制的要求来制定,这种要求 可概括为稳定性、准确性和快速性,即通常所谓的“稳”“准”“快”。这三方面的要求在时域上体现为若干性能指标。

图 1-3-4 描述了一个闭环控制系统在设定值做阶跃变化下的被控变量的输出响应。该曲线的形态可以用如下单项性能指标来描述:残余偏差、最大动态偏差、超调量、衰减比、衰减率、上升时间、峰值时间、调整时间。其中,残余偏差属于稳态性能指标,其他指标都属于暂态性能指标。下面分别讨论这些评价指标。

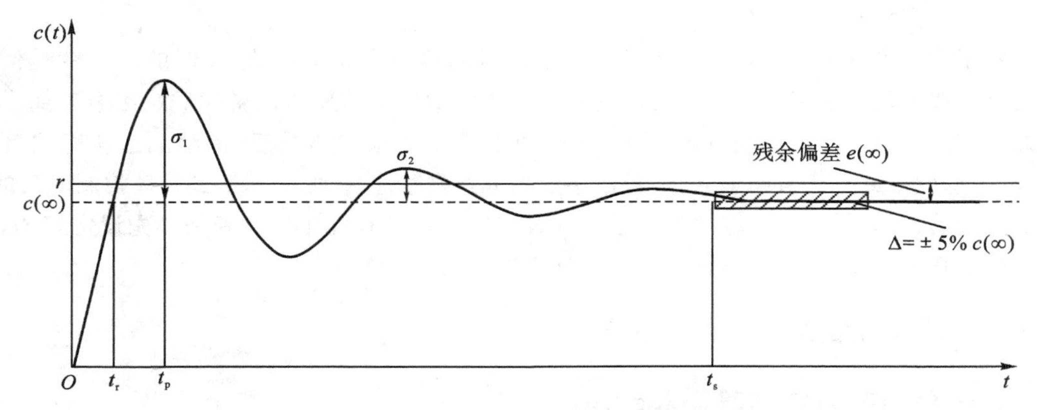

图 1-3-4　闭环控制系统在阶跃输入信号作用下的输出响应

(1)残余偏差。残余偏差也叫稳态偏差,简称残差或余差($e(\infty)$),是指过渡过程结束后,被控变量新的稳态值 $c(\infty)$ 与设定值 r 之间的差值,即 $e(\infty)=r-c(\infty)$,它是衡量控制系统稳态准确性的指标。需要指出的是,残余偏差是由闭环系统的结构和参数决定的,与干扰无关。例如,如果控制器含有积分环节,在单位阶跃输入信号作用下,残余偏差将为零,即稳态无残差;如果控制器为比例控制器,则在单位阶跃输入信号作用下,残差将不为零,$e(\infty)=\frac{1}{1+K_pK}$。其中,$K_p$ 和 K 分别为比例增益和被控过程开环增益。理论上,只有 $K_p=\infty$时,$e(\infty)=0$,但事实上闭环系统此时可能会出现不稳定。

(2)最大动态偏差和超调量。最大动态偏差是指设定值发生阶跃变化下,过渡过程第一个波峰超过其新稳态值的幅度,如图 1-3-4 所示中的 σ_1。最大动态偏差占被控变量稳态值的百分数称为超调量($\sigma=\frac{\sigma_1}{c(\infty)}\times 100\%$)。相比而言,最大动态偏差更能直接反映在被控变量的生产运行记录曲线上,因此它是控制系统动态稳定性的一种衡量指标。

(3)衰减比和衰减率。它们是衡量一个振荡过程衰减程度的指标,衰减比(n)是阶跃响应曲线上两个相邻的同向波峰值之比,即衰减比 $n=\sigma_1/\sigma_2$。衡量振荡过程衰减程度的另一种指标是衰减率(ψ),它是指每经过一个周期以后,波动幅度衰减的百分数,即衰减率 $\psi=(\sigma_1-\sigma_2)/\sigma_1$。$n=4:1$ 就相当于衰减率 $\psi=0.75$。为了保证控制系统有一定的稳定裕度,在过程控制中一般要求衰减比为 4∶1 到 10∶1,这相当于衰减率为 75%～90%。这样,大约经过两个周期以后系统就趋于稳态,看不出振荡了。

如果闭环系统为二阶振荡环节,则 σ 和 n 之间存在定量关系,即 $n=1/\sigma^2$。

(4)上升时间和峰值时间。上升时间(t_r)是指从过渡过程开始到第一次到达稳态值所需的时间,它用来反映控制系统的快速性。峰值时间(t_p)是指从过渡过程开始到达到第一个峰值所需的时间。

(5)调整时间。调整时间(t_s)是从过渡过程开始到结束所需的时间。理论上它需要无限长的时间,但一般认为当被控变量进入其稳态值的±5%或±3%范围内时,就认为过渡过程结束,这时所需的时间就是 t_s。调整时间是衡量控制系统快速性的一个指标。

对于二阶系统 $C(s)=\frac{K\omega_0^2}{s^2+2\zeta\omega_0 s+\omega_0^2}R(s)$,对应的暂态性能指标计算式如下:最大动态

偏差，$\sigma_1 = K\left(1 + e^{\frac{\pi\zeta}{\sqrt{1-\zeta^2}}}\right)$；超调量，$\sigma = e^{-\frac{\pi\zeta}{\sqrt{1-\zeta^2}}}$；衰减比，$n = e^{\frac{2\pi\zeta}{\sqrt{1-\zeta^2}}}$；调节时间，$t_s = \frac{\ln(0.05\sqrt{1-\zeta^2})}{\zeta\omega_0} \approx \frac{3}{\zeta\omega_0}$；峰值时间，$t_p = \frac{\pi}{\omega_0\sqrt{1-\zeta^2}}$；工作频率（振荡频率），$\beta = \omega_0\sqrt{1-\zeta^2}$。

3. 误差积分性能指标

根据实际的需要，还有一种误差积分指标，可以用来衡量控制系统性能的优良程度，它是过渡过程中被控变量偏离其新稳态值的误差沿时间轴的积分。注意，这里暂且也用 $e(t)$ 来表示这种偏差，但其与 1.3.1 节中所说的误差是不同的。如果不特指是在讨论积分性能指标，一般 $e(t)$ 都是指误差 $e(t)=r(t)-c(t)$。

无论是偏差幅度大还是时间拖长，都会使误差积分增大，因此它是一类综合指标，希望它愈小愈好。误差积分有几种不同的形式，常用的有以下 5 种形式。

(1) 误差积分(IE)：$IE = \int_0^\infty e(t)\mathrm{d}t$；

(2) 绝对误差积分(IAE)：$IAE = \int_0^\infty |e(t)|\mathrm{d}t$；

(3) 平方误差积分(ISE)：$ISE = \int_0^\infty e^2(t)\mathrm{d}t$；

(4) 时间与绝对误差乘积积分(ITAE)：$ITAE = \int_0^\infty t|e(t)|\mathrm{d}t$；

(5) 时间与平方误差乘积积分(ITSE)：$ITSE = \int_0^\infty te^2(t)\mathrm{d}t$。

以上各式中，$e(t)=c(t)-c(\infty)$，如图 1-3-4 所示。

采用不同的积分公式，意味着估计整个过渡过程优良程度时的侧重点不同。例如 ISE 着重于抑制过渡过程中的大误差，而 ITAE 和 ITSE 则着重惩罚过渡过程拖得过长。人们可以根据生产过程的要求，特别是结合经济效益的考虑加以选用。

误差积分指标有一个缺点，它不能保证控制系统具有合适的衰减率，这是人们首先关注的。特别是，一个等幅振荡过程是人们不能接受的，然而它的 IE 却等于零。如果用来评价过程的控制性能，显然极不合理，因此 IE 指标很少使用。为此，通常的做法是首先保证衰减率的要求，如果系统仍然还有灵活余地的话，再考虑使误差积分为最小。

1.4 本书结构与教学安排

本书围绕过程控制的三要素（传感器、执行器和控制器）开展课程内容的编排和编写，共含 8 章内容。各章主要内容及内在逻辑关系如图 1-4-1 所示。

第 1 章为绪论，主要讲述与过程控制相关的概念，控制理论的发展历程，过程控制技术的发展历程，过程控制的特点、目标、任务，过程控制系统的组成、分类与性能指标等内容，这一章是本书的总纲，目的是为过程控制画像，使读者对过程控制的过去和未来、本书的全貌和学习方法有一个概括性的了解，留下整体印象。

第 2 章为过程建模，以水槽为主要对象，讲述工业过程数学建模方面的内容，主要介绍过程建模的基本概念及数学模型分类、过程模型的机理建模方法、实验建模方法及机理和实验混合建模方法。为了方便不同专业的读者能比较容易地读懂本部分内容,本章还对数学建模用到的数学基础——拉氏变换与传递函数做了概括性介绍,以供读者查阅。

第 3 章和第 4 章讲述了过程控制实践常用的自动化仪表(传感器)和执行器工作原理、动作特性和使用方法等相关知识,这两章内容涵盖了自动化仪表和电气控制的核心知识点,第 3 章是对自动化仪表课程内容的浓缩,第 4 章是对电气控制课程内容的浓缩,读者通过阅读这两章内容可以理解和掌握过程控制系统的"眼睛"(传感器)和"手"(执行器)。

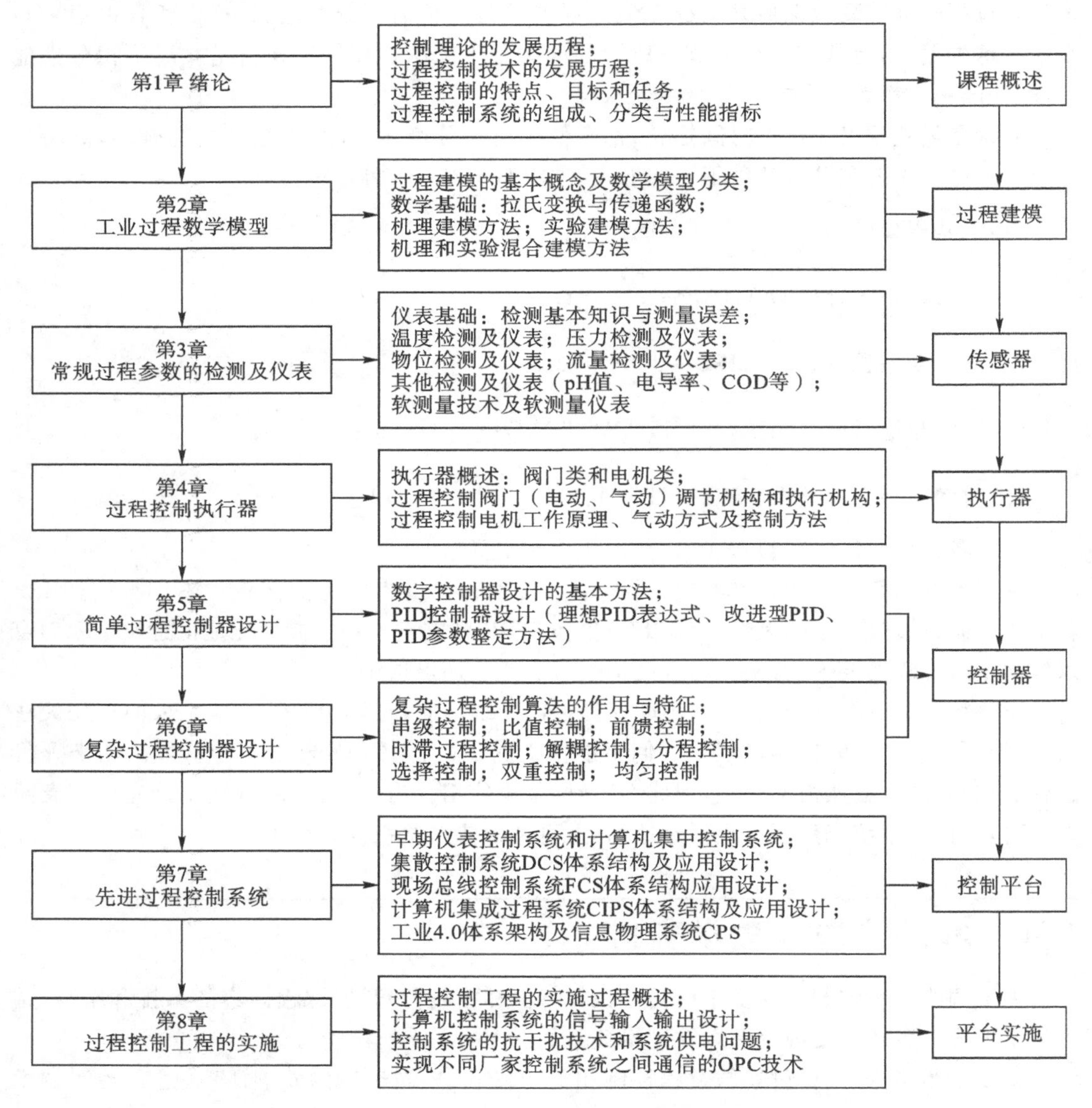

图 1-4-1 本书主要内容及内在逻辑关系示意图

第 5 章和第 6 章是本书的重点内容,也是传统的过程控制教程的核心内容,是读者务必熟练掌握的基本内容,主要讲述了过程控制工程中常用的简单过程控制器和复杂过程控制器的基本控制思想和设计方法,相当于过程控制系统的"大脑"(控制器)。第 5 章在讲述

PID控制器设计之前，首先讲述了直接数字控制器DDC设计的基本方法，阐明数字控制器在物理上可实现的基本条件，为后续传统PID控制器常称之为“理想”PID控制器的缘由解释做铺垫。第6章几乎囊括了机械类和电气类本科生需要熟悉和掌握的所有复杂过程控制算法，内容比较多，建议读者根据自己的需求进行选择性学习。

第7章讲述了过程控制工程的实施平台——计算机过程控制系统，主要内容既涉及当前广泛使用的集散控制系统DCS和现场总线控制系统FCS，还包括未来的发展方向——计算机集成过程系统CIPS和工业4.0。只有将第5章和第6章讲述的控制算法(即控制器)放在一个合适的实施平台上，通过传感器获取现场原始信号，并把控制器发出的控制信号送给执行器去执行，才能实现对生产过程的有效控制。需要强调的是DCS是要求读者必须熟练掌握的基本内容，务必深入领会DCS分散控制和集中管理的本质和实现方法。另外三块内容的编写目的是扩大读者的知识面和视野，增进读者对最先进控制系统的了解和认识。

第8章讲述了计算机控制系统实施过程方面的技术知识，是对第7章先进过程控制系统所讲述内容的完善和补充，只是第7章稍偏理论一些，而第8章更偏向于工程实际，对读者从事过程控制系统集成与开发方面的工作很有帮助。本章主要涉及过程控制工程的一般实施步骤介绍、计算机控制系统的信号输入输出设计、控制系统的抗干扰技术和供电技术、实现不同厂家控制系统之间通信的OPC技术等内容。本章的作用是画龙点睛，加深学生对全书理论知识的理解和掌握，为读者未来从事相关工作打基础。

本书适用于前期学习过积分变换(工程数学知识)和自动控制原理(专业基础知识)的机械类和电气类的本科生和专科生学习。对于化工及其他非机电大类的读者，建议先自学积分变换工程数学知识(本书第2章有部分内容涉及)之后再选修本教程。

思考题与习题

1. 试简述过程控制的发展概况及各个阶段的主要特点。

2. 与其他自动控制相比，过程控制有哪些主要特点？为什么说过程控制的控制过程多属慢过程？

3. 什么是过程控制系统？其基本分类方法有哪几种？

4. 对于一个常规过程控制回路，其三要素是什么？试述各要素的基本功能。

5. 对于一个过程控制系统，其性能评价指标有哪些？

6. 试述过程控制的未来发展趋势。

第2章　工业过程数学模型

对生产过程进行有效控制，了解和熟悉过程特性是前提和基础。数学模型就是过程特性的数学描述。一个完整的过程控制系统由过程控制装置和被控过程两部分组成，控制系统设计的是否成功与被控过程数学模型建立的准确与否密切相关。被控过程的数学模型是确定控制方案、分析质量指标、设计控制系统、整定控制器参数等的重要依据。许多复杂及高级过程控制算法，如前馈控制、多变量解耦控制、最优控制等不但依赖于过程的数学模型，而且对过程数学模型的精度要求也比较高。因此，研究过程建模对实现生产过程自动化具有十分重要的意义。本章在介绍过程建模的一些基本概念、模型分类和数学基础之后，对机理建模和实验建模进行了深入细致的介绍。

2.1　过程建模的基本概念及数学模型分类

2.1.1　过程建模的基本概念

在上一章中已经介绍了过程和过程控制等基本概念，这里再介绍模型、物理模型和数学模型等基本概念。

模型是指对某一实际问题或客观事物或规律进行抽象后的一种形式化表达方式。任何模型一般都可由目标、变量和关系等三个部分来组成。在编制和使用模型时，首先要有明确的目标，即模型的用途是什么？只有明确了模型的目标，才能进一步确定影响这种目标的各种重要变量，进而把各变量加以归纳、综合，并确定各变量之间的关系。

一个理想化的物理系统就称为物理模型。物理模型是对实体的物理抽象，往往依据抓住主要矛盾、忽略次要因素的原则来对实体进行模型化。物理模型可比实体小，如高铁模型、楼群模型；也可以比实体大，如DNA模型、微生物模型；也可以同实体等尺寸，如昆虫模型等。从外观上来看，物理模型与实体原型往往是相似的，通过物理模型可以想象出实体的原貌。

数学模型是物理模型的数学描述，或者说是描述一个物理过程运动规律的数学表达式。数学模型是对物理实体本质特征的刻画，通过数学模型不再能够想象出其物理实体的原貌，两个完全不同的物理实体可以有相同的数学模型。

在过程控制中，被控过程的特性通常用其输出变量（因变量）与输入变量（自变量）之间的数学关系式来表述。这种用于表述过程输出变量与输入变量之间关系的数学表达式就称为被控过程的数学模型。应用相关知识对实际过程进行抽象,提炼出自变量与因变量之间的数学关系的过程称为过程建模。

要对规模庞大、结构复杂的生产过程进行自动控制、最优化设计方面的研究与开发,首先要建立其数学模型。归纳起来,进行过程建模的主要目的有如下四个方面。

1. 设计过程控制系统和整定控制器参数

在过程控制系统的分析、设计和整定时,是以被控过程的数学模型为依据的。数学模型是极其重要的基础资料。控制系统的设计任务就是依据被控过程的数学模型,按照控制要求来设计控制器。例如,前馈控制系统就是根据被控过程的数学模型进行前馈补偿器设计,能否实现完全补偿取决于过程数学模型的精度。

2. 指导设计生产工艺设备

通过对生产工艺设备数学模型的分析和仿真,可以确定有关因素对整个被控过程动态特性的影响(例如锅炉受热面的布置、管径大小、介质参数的选择等对整个锅炉出口汽温、气压等动态特性的影响),从而提出对生产设备结构设计的合理要求和建议。

3. 进行仿真试验研究

在实现生产过程自动化的过程中,往往需要对一些复杂庞大的设备进行某些试验研究。例如某单元机组及其控制系统能承受多大的冲击电负荷,当冲击电负荷过大时会造成什么后果。对于这种破坏性的试验,往往不允许在实际设备上进行,而只要根据过程的数学模型,通过计算机进行仿真试验研究,就不需要建立小型的物理模型,从而可以节省时间和经费。过程建模是虚拟仿真的基础。

4. 培训运行操作人员

在过程控制实践中,对于一些复杂的生产操作过程,例如大型电站机组的运行等,都应该事先对操作人员进行实际操作培训。随着计算机仿真技术的发展,先建立这些复杂生产过程的数学模型(不需要建小型物理模型),而后通过仿真使之成为活的模型。在这样的模型上,教练员可以安全、方便、多快好省地对运行操作人员进行培训。

在过程控制实践中,欲建立一个好的数学模型,需要掌握好如下三类主要的信息源。

1. 要确定明确的输入量与输出量

因为一个生产过程可以有很多个研究对象,这些研究对象将规定建模过程的方向。只有确定了输出量,目标才得以明确。而影响研究对象的输出量发生变化的输入信号也可能有多个,通常选一个可控性良好、对输出量影响最大的一个输入信号作为输入量,而其余的输入信号则为干扰量。

2. 要有先验知识

在建模中,所研究的对象是工业生产中的各种装置和设备,如换热器、工业窑炉、蒸汽锅炉、精馏塔、反应器等。而被控过程内部所进行的物理、化学过程可以是各色各样的,但它们必定符合已经发现了的许多定理、原理及模型。因此在建模中必须掌握被建模过程所要用到的先验知识 。

3. 试验数据

在进行建模时,关于被控过程的信息也能通过对其进行试验和测量而获得，合适的定量观测和实验是验证模型或建模的重要依据。

2.1.2 过程数学模型的分类

过程的数学模型有两种:非参数数学模型和参数化数学模型。其中非参数数学模型是用图表或曲线来表达的数学模型。例如实验数据表格、阶跃响应曲线、脉冲响应曲线、频率特性曲线、伯德图等;参数化数学模型是用数学方程式或函数表示的数学模型,如微分方程、差分方程、传递函数、脉冲响应函数、状态方程等。同时,这两种数学模型是可以相互转化的,例如根据被控过程的阶跃响应曲线可以通过作图法得到其传递函数数学模型。

过程数学模型的分类方法很多,常见的有动态数学模型与静态数学模型、连续数学模型与离散数学模型、定常数学模型与时变数学模型、集中参数数学模型与分布参数数学模型等。图 2-1-1 是数学模型的分类树示意图,描述了常用数学模型的基本分类。当然,分布参数模型、随机性模型、非线性模型、时变模型、非参数模型等还有它们自己更细的分类,限于篇幅,不再赘述。

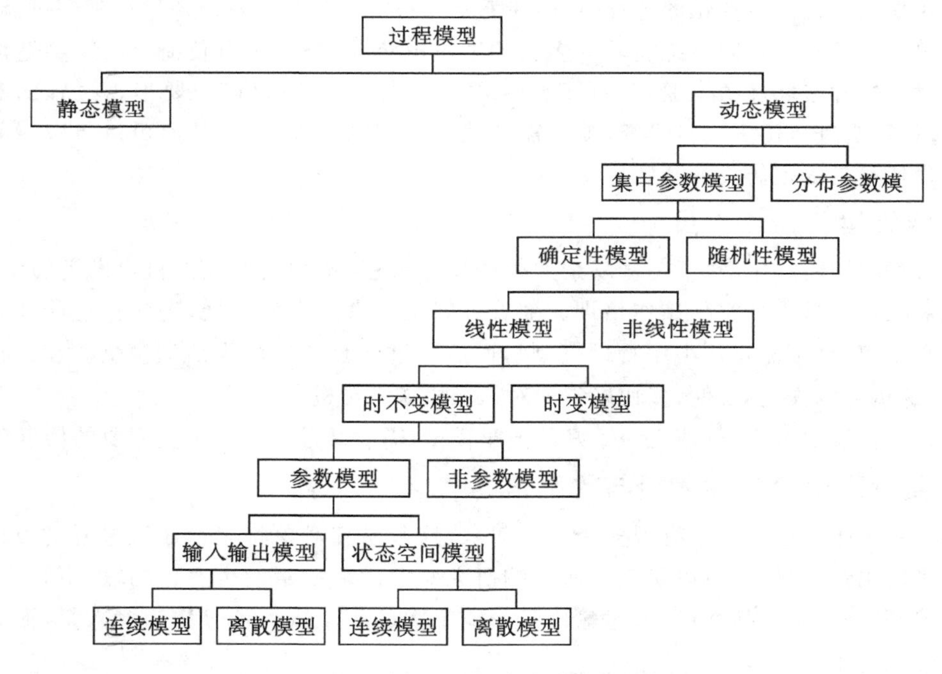

图 2-1-1 被控过程数学模型分类树示意图

一般说来,过程的特性可从静态(或称稳态)和动态两方面来考察。前者指的是过程在输入和输出变量达到平稳状态下的行为,后者指的是输出变量和状态变量在输入作用下的动态变化过程情况。可以认为动态特性是在静态特性基础上的发展,静态特性是动态特性达到平稳状态时的特例。而过程的动态数学模型就是表示输出变量与输入变量之间动态关系的数学描述。

根据过程动态特性和静态特性的不同，又可以把过程分为自衡过程和非自衡过程。有些被控对象当原有的物质能量平衡关系遭到破坏后，无须人或仪器的干预，依靠过程自身能力，能够自动稳定在新的水平上，这种过程称为自衡过程。一些受控过程，当原有的物质能量平衡关系遭到破坏后，过程输出将以固定的速度一直变化下去，而不会自动地在新的水平上恢复平衡，这种过程称为积分过程。一些受控过程，当原有的物质能量平衡关系遭到破坏后，过程输出在很短的时间里就会发生很大的变化，且不会自动地在新的水平上恢复平衡，这种过程称为不稳定过程。其中，积分过程和不稳定过程统称为非自衡过程，其共同特点是"过程在输入量作用下，其平衡状态被破坏后，没有人或仪器干预，依靠过程自身能力，不能恢复其平衡状态"。图 2-1-2 描述了自衡过程、积分过程和不稳定过程在单位阶跃输入信号作用下的输出响应曲线。可以看出，对于自衡过程而言，静态数学模型就是一个比例环节，即过程的开环增益。

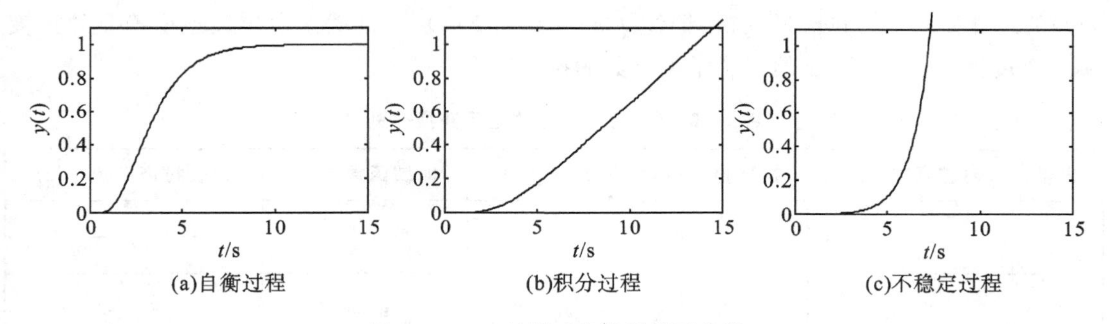

图 2-1-2　被控对象数学模型分类

至于各类数学模型的具体定义，限于篇幅，这里不再赘述，感兴趣的读者请参阅相关书籍。

2.2　拉氏变换与传递函数

如前所述，被控对象的数学模型可以采用多种形式来描述。就过程控制器设计而言，需要的数学表达式有微分方程、差分方程、传递函数和脉冲传递函数等。其中，传递函数描述是由微分方程经过拉普拉斯变换得到的。对于连续过程控制系统而言，其控制系统分析与设计的数学基础是拉普拉斯变换（Laplace Transformation，简称拉氏变换），被控对象的数学模型描述是传递函数。对于离散控制系统（或数字控制系统）而言，其控制系统分析与设计的数学基础是 Z 变换，被控对象的数学模型描述是脉冲传递函数，这部分知识将在第 5 章中介绍。

本节对拉氏变换的基本概念、性质和计算方法进行简要介绍，作为连续过程建模的数学基础，以方便读者查阅。

2.2.1 拉氏变换

1. 拉氏变换及拉氏逆变换的定义

设函数 $f(t)$ 在 $t \geqslant 0$ 时有定义，而且积分 $\int_0^{+\infty} f(t)\mathrm{e}^{-st}\mathrm{d}t$（$s$ 为一复参量）在 s 的某一域内收敛，令

$$F(s)=L[f(t)]=\int_0^{+\infty} f(t)\mathrm{e}^{-st}\mathrm{d}t \tag{2-2-1}$$

则称 $F(s)$ 为 $f(t)$ 的拉氏变换。其中，$L[f(t)]$ 为对 $f(t)$ 进行拉氏变换，$f(t)$ 为原函数，即实变域的函数，$F(s)$ 为象函数，即复变域的函数。

可以看出，拉氏变换的实质是把实变量的时间 t 函数 $f(t)$ 变换成复变量 s 的函数 $F(s)$。经拉氏变换后，$f(t)$ 与 $F(s)$ 之间存在单值对应关系。

既然由原函数 $f(t)$ 求象函数 $F(s)$ 的运算称之为拉氏变换，那么由象函数 $F(s)$ 求原函数 $f(t)$ 的运算便称之为拉氏逆变换，记作 $f(t)=L^{-1}[F(s)]$。也就是说拉氏逆变换是拉氏变换的逆过程。表 2-2-1 给出了常见函数的拉氏变换。

表 2-2-1 常见函数的拉氏变换一览表

序号	时域函数 $f(t)$	拉普拉斯变换 $F(s)$	序号	时域函数 $f(t)$	拉普拉斯变换 $F(s)$
1	$\delta(t)$	1	7	$a^{t/T}$	$\frac{1}{s-(1/T)\ln a}$
2	$1(t)$	$\frac{1}{s}$	8	$\sin\omega t$	$\frac{\omega}{s^2+\omega^2}$
3	t	$\frac{1}{s^2}$	9	$\cos\omega t$	$\frac{s}{s^2+\omega^2}$
4	$\frac{t^2}{2}$	$\frac{1}{s^3}$	10	$1-\mathrm{e}^{-at}$	$\frac{a}{s(s+a)}$
5	e^{-at}	$\frac{1}{s+a}$	11	$\mathrm{e}^{-at}\sin\omega t$	$\frac{\omega}{(s+a)^2+\omega^2}$
6	$t\mathrm{e}^{-at}$	$\frac{1}{(s+a)^2}$	12	$\mathrm{e}^{-at}\cos\omega t$	$\frac{s+a}{(s+a)^2+\omega^2}$

2. 拉氏变换的性质及运算规则

令 $L[f(t)]=F(s)$，假设在 $t=0$ 时，初始条件 $f(0)=0$，则拉氏变换的性质和运算规则如表 2-2-2 所示。

表 2-2-2 拉氏变换性质和运算规则

序号	性 质	公 式
1	线性性质	$L[af_1(t)+bf_2(t)]=aF_1(s)+bF_2(s)$，($a$、$b$ 为常数)
2	微分性质	$L[f'(t)]=sF(s)-f(0)$；$L[f^{(n)}(t)]=s^nF(s)-s^{n-1}f(0)-s^{n-2}f'(0)-\cdots-f^{(n-1)}(0)$

续表

序号	性质	公式
3	积分性质	$L\left[\int_0^t f(t)\mathrm{d}t\right]=\frac{F(s)}{s}$；$L\left[\int_0^t \mathrm{d}t\int_0^t \mathrm{d}t\cdots\int_0^t f(t)\mathrm{d}t\right]=\frac{F(s)}{s^n}$，($n$ 次积分)
4	位移性质	$L[\mathrm{e}^{\alpha t}f(t)]=F(s-\alpha)$，($\alpha$ 为常数)
5	迟延性质	$L[f(t-L)]=\mathrm{e}^{-Ls}F(s)$，($L$ 为常数)
6	初值定理	$f(0)=\lim\limits_{t\to 0}f(t)=\lim\limits_{s\to\infty}sF(s)$
7	终值定理	$f(\infty)=\lim\limits_{t\to\infty}f(t)=\lim\limits_{s\to 0}sF(s)$

3. 用拉氏变换求解线性微分方程

采用拉氏变换求解线性微分方程的基本步骤可分如下三步。

第一步　对线性微分方程两边求拉氏变换；

第二步　根据拉氏变换运算法则，对 $F(s)$ 表达式进行代数运算，整理成有理分式；

第三步　查表 2-2-1，求出拉氏变换式的反变换式，即时间函数式，即为该微分方程的解。

例 2-2-1　对于一阶微分方程初始条件 $t=0$ 时，输出 $c(t)=0$，求解该微分方程

$$T\frac{\mathrm{d}c(t)}{\mathrm{d}t}+c(t)=Kr(t) \tag{2-2-2}$$

解　假设输入信号为单位阶跃信号，即 $r(t)=1(t)$，对式(2-2-2)两侧取拉氏变换，并整理得

$$C(s)=\frac{K}{s(Ts+1)}=K\left(\frac{1}{s}-\frac{1}{s+1/T}\right) \tag{2-2-3}$$

查表 2-2-1 得式(2-2-3)的解为 $c(t)=K(1-\mathrm{e}^{-t/T})$。

由上例可见，拉氏变换是一种非常简便的线性微分方程的求解方法。在自动控制理论中，用拉氏变换和传递函数，往往不必求解各环节的微分方程，可以用更简便的方法(如传递函数)来分阶段研究被控过程或控制系统的性质。

2.2.2　传递函数

1. 传递函数的定义

对于一个线性(或线性化)的过程，当初始条件为零时，过程输出信号的拉氏变换和输入信号的拉氏变换之比定义为该过程的传递函数。在过程控制系统的分析研究中，常采用传递函数来描述各环节的输入/输出关系及过程的动态特性。传递函数不仅可以表达过程的动态特性，还可以用来研究过程结构改变或参数变化对过程动态特性的影响。

设过程在输入信号 $r(t)$ 的作用下的输出信号为 $c(t)$，且过程的初始状态 $r(0)=c(0)=0$，对应的拉氏变换分别为 $R(s)$ 和 $C(s)$。令过程的传递函数为 $G(s)$，则根据传递函数的上述定义可知

$$G(s)=\frac{L[c(t)]}{L[r(t)]}=\frac{C(s)}{R(s)} \tag{2-2-4}$$

利用传递函数可方便地表示和求出过程的特性。对于上例 2-2-1，根据式(2-2-3)，可以很方便地得到其传递函数

$$G(s)=\frac{C(s)}{R(s)}=\frac{K}{Ts+1} \tag{2-2-5}$$

为一典型的惯性环节(一阶过程)。反过来，对于式(2-2-4)，对其进行整理，得

$$TsC(s)+C(s)=KR(s) \tag{2-2-6}$$

对式(2-2-6)两边同时取拉氏逆变换，很容易得到微分方程(2-2-2)。表 2-2-3 给出了典型环节的数学模型及其对应的传递函数。

表 2-2-3　典型环节的数学模型及传递函数一览表

典型环节	过渡过程曲线	动态方程	传递函数
比例环节	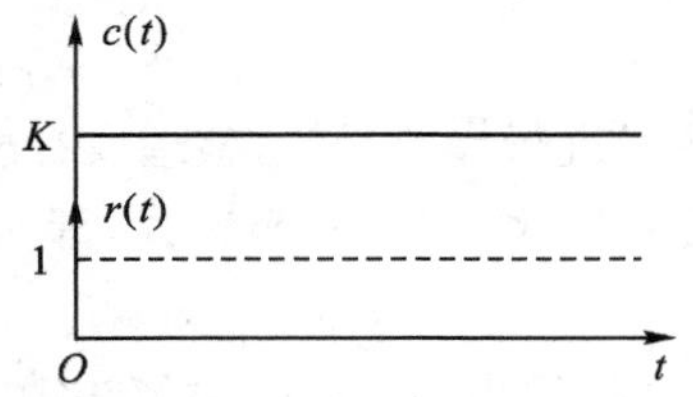 $c(t)$, K, $r(t)$, 1, O, t	$c(t)=Kr(t)$	$G(S)=K$
一阶惯性环节	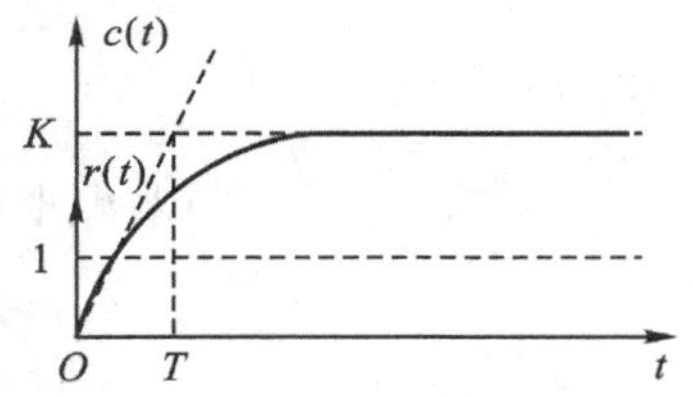 $c(t)$, K, $r(t)$, 1, O, T, t	$T\frac{dc(t)}{dt}+c(t)=Kr(t)$	$G(S)=\frac{K}{TS+1}$
二阶振荡环节	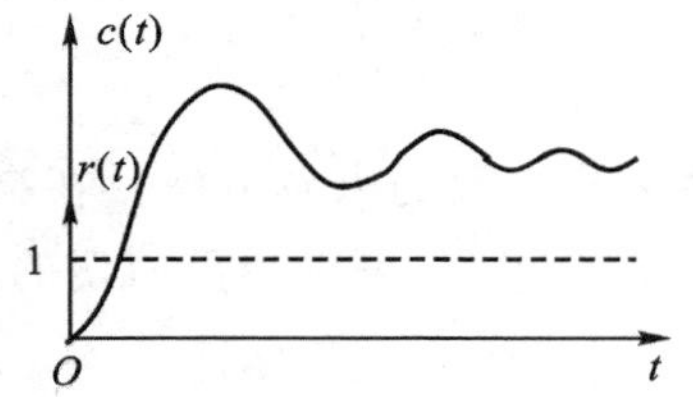 $c(t)$, $r(t)$, 1, O, t	$T^2\frac{d^2c(t)}{dt^2}+2\xi T\frac{dc(t)}{dt}+c(t)=Kr(t)$	$G(S)=\frac{K}{T^2S^2+2\xi TS+1}$
积分环节	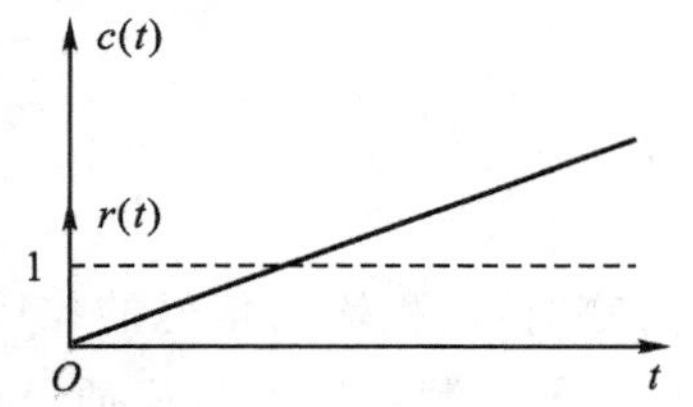 $c(t)$, $r(t)$, 1, O, t	$c(t)=K\int_0^t r(t)dt$	$G(s)=\frac{K}{s}$
微分环节	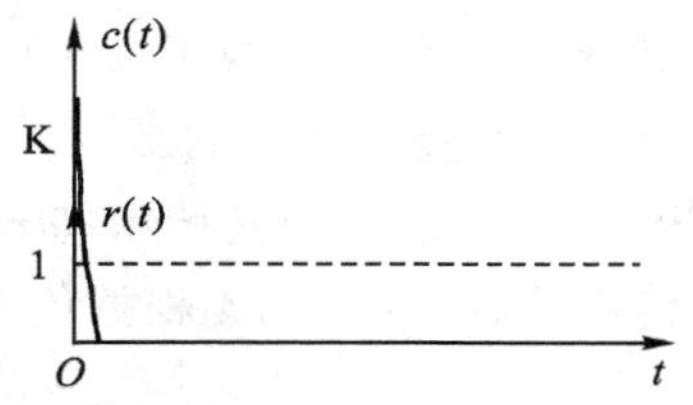 $c(t)$, K, $r(t)$, 1, O, t	$c(t)=K\frac{dr(t)}{dt}$	$G(s)=Ks$

续表

典型环节	过渡过程曲线	动态方程	传递函数
滞后(延迟)环节	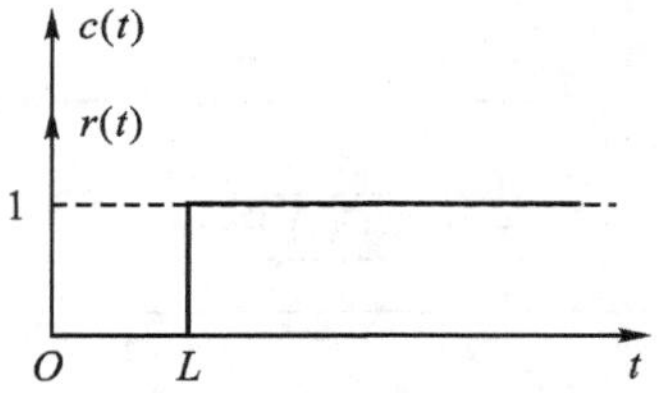 $c(t)$ $r(t)$ 1 O L t	$c(t)=r(t-L)$	$G(s)=e^{-Ls}$

2. 传递函数的性质

一个生产过程通过结构分解，往往都可以分解成一个或多个如表 2－2－3 所列的典型环节的串联、并联或反馈连接，这个系统的传递函数也可由各组成环节的传递函数通过一定运算法则来求得。为查阅方便，这里给出了常见的连接方式，以及变换前后传递函数的变化情况，具体见表 2－2－4。

表 2－2－4　不同连接方式的传递函数一览表

连接方式	变换前连接框图	变换后连接框图
环节串联	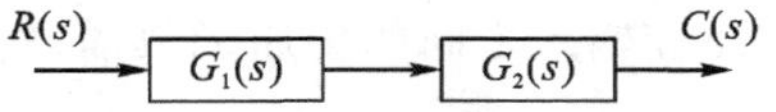 $R(s)$ $G_1(s)$ $G_2(s)$ $C(s)$	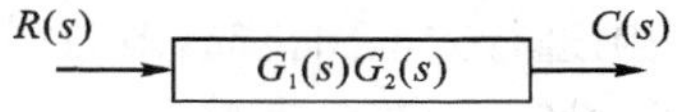 $R(s)$ $G_1(s)G_2(s)$ $C(s)$
环节并联	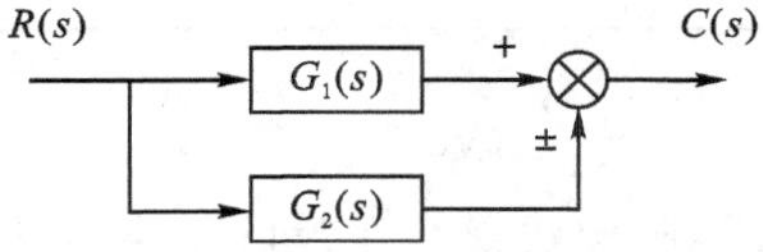 $R(s)$ $G_1(s)$ $G_2(s)$ + ± $C(s)$	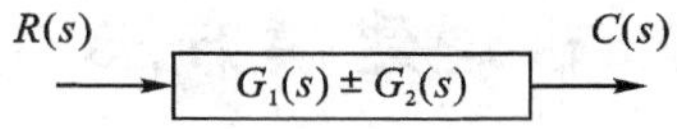 $R(s)$ $G_1(s)\pm G_2(s)$ $C(s)$
负反馈连接	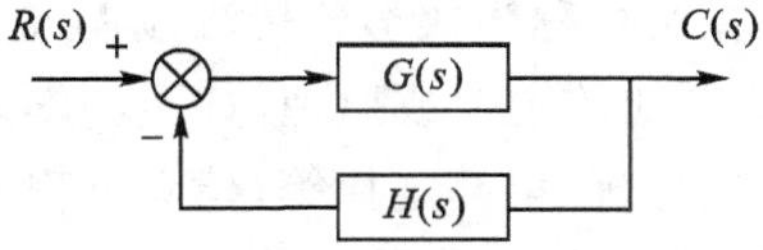 $R(s)$ + − $G(s)$ $H(s)$ $C(s)$	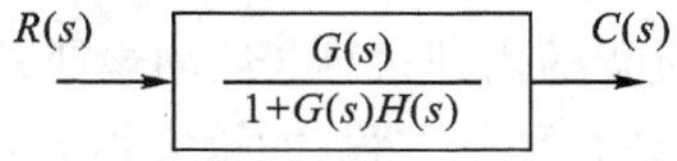 $R(s)$ $\frac{G(s)}{1+G(s)H(s)}$ $C(s)$
正反馈连接	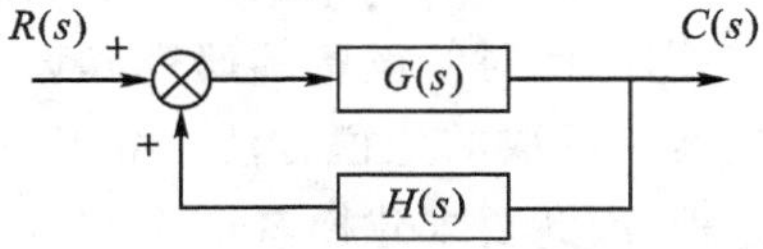 $R(s)$ + + $G(s)$ $H(s)$ $C(s)$	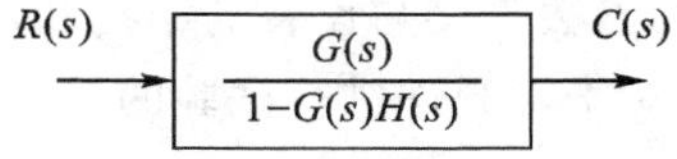 $R(s)$ $\frac{G(s)}{1-G(s)H(s)}$ $C(s)$
取出点前移	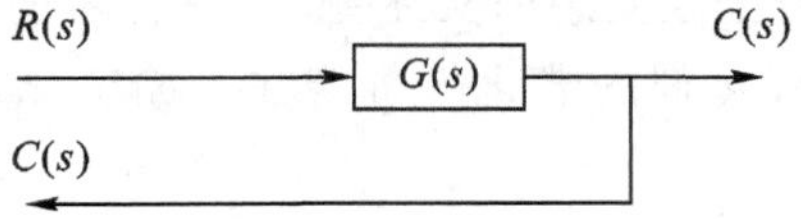 $R(s)$ $G(s)$ $C(s)$ $C(s)$	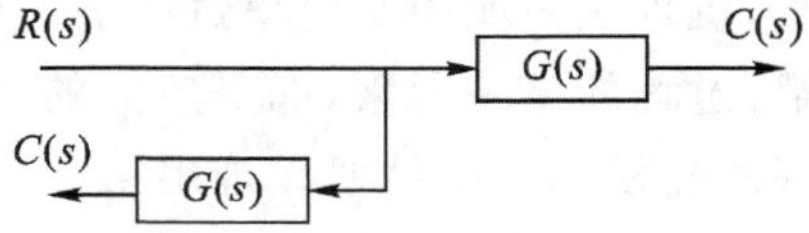 $R(s)$ $G(s)$ $C(s)$ $C(s)$ $G(s)$
取出点后移	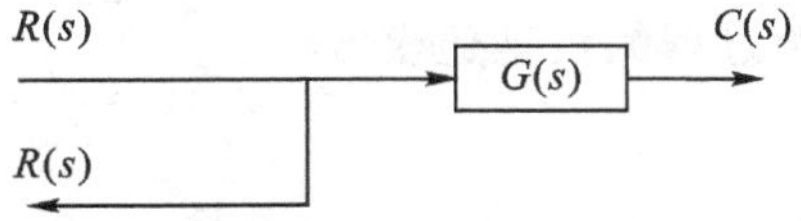 $R(s)$ $G(s)$ $C(s)$ $R(s)$	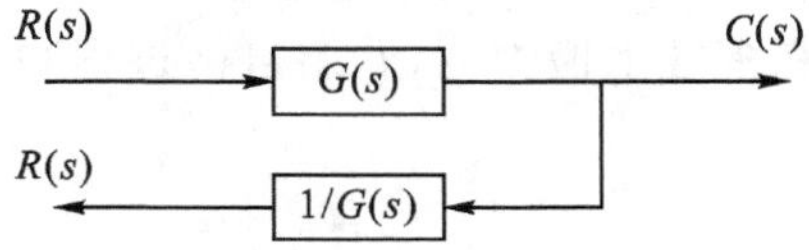 $R(s)$ $G(s)$ $C(s)$ $R(s)$ $1/G(s)$

续表

连接方式	变换前连接框图	变换后连接框图
汇合点前移	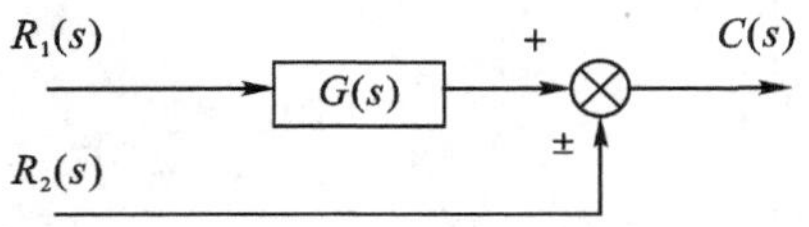 $R_1(s)$ $G(s)$ + $C(s)$ ± $R_2(s)$	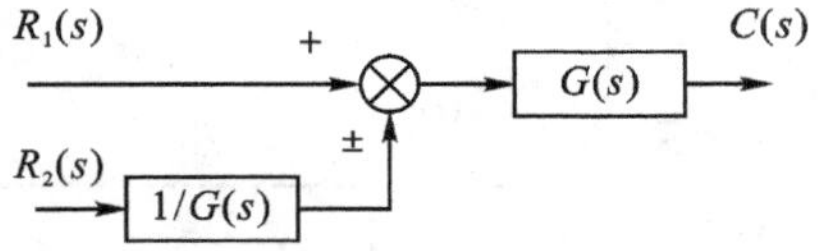 $R_1(s)$ + $C(s)$ $G(s)$ ± $R_2(s)$ $1/G(s)$
汇合点后移	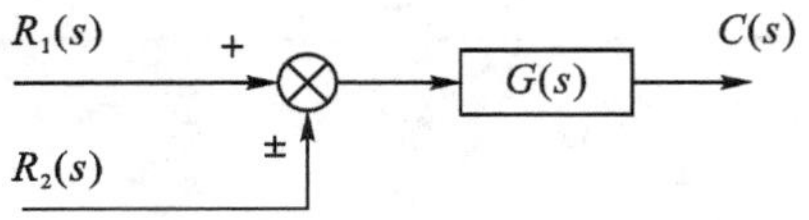 $R_1(s)$ + $G(s)$ $C(s)$ ± $R_2(s)$	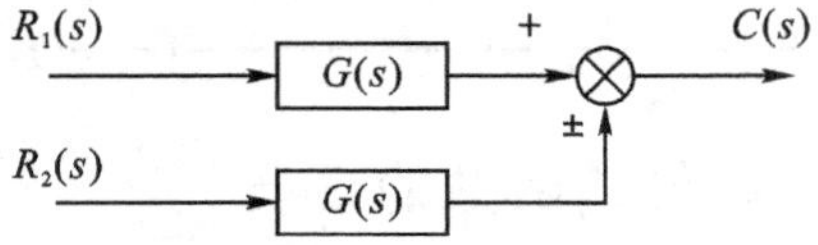 $R_1(s)$ $G(s)$ + $C(s)$ ± $R_2(s)$ $G(s)$
汇合点变位	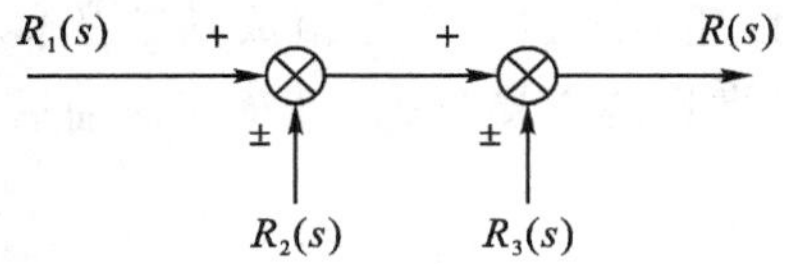 $R_1(s)$ + + $R(s)$ ± ± $R_2(s)$ $R_3(s)$	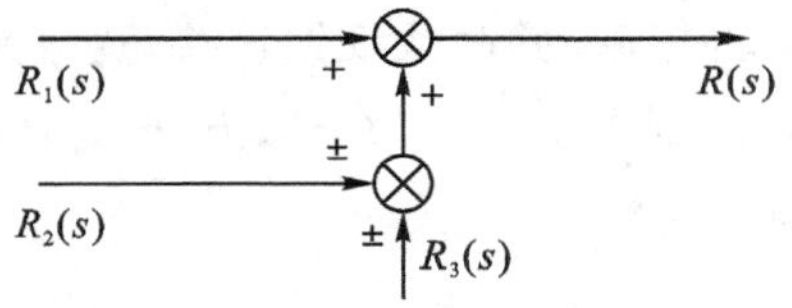 $R_1(s)$ + + $R(s)$ ± $R_2(s)$ ± $R_3(s)$

表 2-2-4　既描述了传递函数的变换法则，又描述了传递函数的性质。变换的原则是变换前后信号的等量关系保持不变。当一个过程或系统的机构比较复杂时，可以根据上述变换法则进行方框图化简，最后得到关于输出和输入之间的传递函数描述，即过程或系统的传递函数形式的数学模型。

2.3　机理建模方法

如前所述，获取被控过程数学模型的过程叫做建模。建模的基本方法有三种：机理法、实验法和机理实验混合法。其中，机理法建模又可称为数学分析法建模或理论法建模，它是根据过程的内部机理（运动规律），运用一些已知的定律或原理，如生物学定律、化学动力学原理、物料平衡方程、能量守恒方程、传热传质原理、电路定律等，建立过程的数学模型。

机理法建模的最大特点是当生产设备还处于设计阶段时就能建立其数学模型。由于该模型的参数直接与设备的结构和性能参数有关，因此对新设备的研究和设计具有重要意义。另外，对于不允许进行试验的场合，机理法是唯一可取的建模方法。由于机理法建模主要是基于分析过程的结构及其内部的物理化学过程，因此要求建模者应有相应学科的基本知识。通常，机理法只能用于简单过程的建模。对于较复杂的实际生产过程，因过程机理并非完全了解，过程的某些因素，如受热面的积垢、催化剂的老化等可能在不断变化，难以精确描述，机理法建模的局限性便显现出来。

过程控制实践中，通过机理法得到的数学模型往往还需要通过试验验证。本节将以单容和多容水槽为例，介绍自衡过程和非自衡过程的机理建模方法。

2.3.1　自衡过程机理建模方法

1. 自衡单容过程建模

所谓自衡单容过程，是指只有一个储蓄容量的具有自平衡能力的过程。常见的单容水槽和 $R-C$ 网络都可以构成单容过程。

例 2-3-1　自衡单容水槽的机理建模

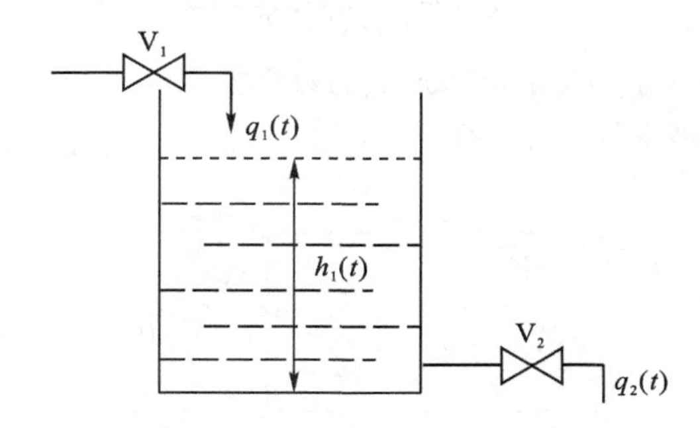

图 2-3-1　自衡单容过程示意图

已知：对于图 2-3-1 所示的单容过程，设阀门 V_1 和 V_2 的进水流量分别为 $q_1(t)$ 和 $q_2(t)$，水槽液面高度为 $h(t)$，截面积为 A，假设 $q_2(t)$ 与 $h(t)$ 成正比，与 V_2 的液阻 R_2 成反比。

求：以 $q_1(t)$ 为输入、以 $h(t)$ 为输出的自衡单容过程以传递函描述的数学模型。

解　令进水量为 $Q_1(t)$，出水量为 $Q_2(t)$，则根据物料平衡原理可得：

$$Q_1(t)-Q_2(t)=A\Delta h(t) \tag{2-3-1}$$

上述式(2-3-1)两边同时除以 Δt 得：

$$\frac{Q_1(t)}{\Delta t}-\frac{Q_2(t)}{\Delta t}=\frac{A\Delta h(t)}{\Delta t} \tag{2-3-2}$$

根据流量 $q(t)$ 的定义，单位时间流过某一截面的流体的体积可知：$q_1(t)=\dfrac{Q_1(t)}{\Delta t}$，$q_2(t)=\dfrac{Q_2(t)}{\Delta t}$。那么式(2-3-2)可写成：

$$q_1(t)-q_2(t)=A\frac{\Delta h(t)}{\Delta t} \tag{2-3-3}$$

根据假设条件：假设 $q_2(t)$ 与 $h(t)$ 成正比，与 V2 的液阻 R_2 成反比，即 $q_2(t)=\dfrac{h(t)}{R_2}$，代入式(2-3-3)并整理得

$$A\frac{\Delta h(t)}{\Delta t}+\frac{h(t)}{R_2}=q_1(t) \tag{2-3-4}$$

令 $\Delta\to 0$，则根据极限的定义可知：

$$A\frac{\mathrm{d}h(t)}{\mathrm{d}t}+\frac{h(t)}{R_2}=q_1(t) \tag{2-3-5}$$

则式(2-3-5)就是自衡单容水槽微分方程形式的数学模型。然而，我们需要的是以传递函

数形式表示的数学模型。为此，假设初始条件为零，即 $h(0)=0, q_1(0)=0$，并令 $L[h(s)]=H(s), L[q_1(s)]=Q_1(s)$，对式(2-3-5)两边取拉氏变换，$AsH(s)-h(0)+\frac{H(s)}{R_2}=Q_1(s)$。进一步整理得

$$(R_2As+1)H(s)=R_2Q_1(s) \tag{2-3-6}$$

令对象传递函数为 $G(s)$，$T=R_2A, K=R_2$，则式(2-3-6)可写成：

$$G(s)=\frac{H(s)}{Q_1(s)}=\frac{K}{Ts+1} \tag{2-3-7}$$

式(2-3-7)即为自衡单容水槽传递函数形式的数学模型。

例 2-3-2　$R-C$ 网络的机理建模

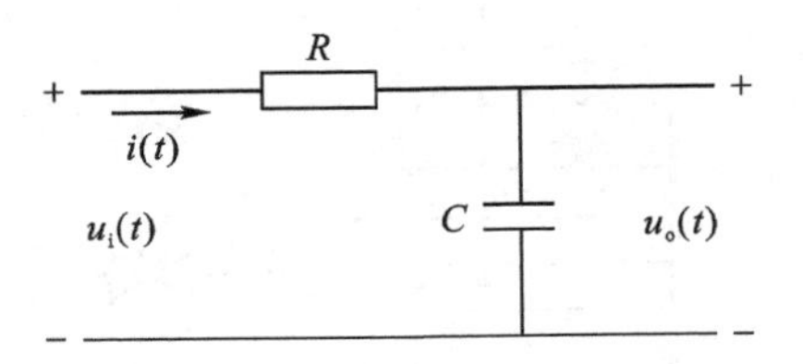

图 2-3-2　$R-C$ 阻容网络

已知：对于图 2-3-2 所示的 $R-C$ 阻容网络，设输入信号为电压 $u_i(t)$，输出信号为电压 $u_o(t)$。

求：以 $u_i(t)$ 为输入变量、以 $u_o(t)$ 为输出变量的 $R-C$ 阻容网络的以传递函数描述的数学模型。

解　令回路电流为 $i(t)$，根据 KVL 定律可知：

$$u_i(t)=Ri(t)+u_o(t) \tag{2-3-8}$$

由电容的性质可知：$i(t)=C\frac{du_o(t)}{dt}$，代入式(2-3-8)并整理得

$$RC\frac{du_o(t)}{dt}+u_o(t)=u_i(t) \tag{2-3-9}$$

式(2-3-9)即为 $R-C$ 网络微分方程形式的数学模型。同样地，假设初始条件为零，令 $T=RC$，对式(2-3-9)两边同时取拉氏变换并整理得：

$$G(s)=\frac{U_o(s)}{U_i(s)}=\frac{1}{Ts+1} \tag{2-3-10}$$

式(2-3-10)即为自衡单容水槽的传递函数形式的数学模型。

通过例 2-3-1 和例 2-3-2，我们可以得到如下结论。

(1)尽管单容水槽和 $R-C$ 网络是两个完全不同的对象，但是二者却具有相同的数学模型。

(2)由 $T=R_2A$ 和 $T=RC$ 可以看出，水槽截面积 A 和电容器的电容 C 有相同的物理含义，流体的液阻 R_2 和电阻 R 也有相同的物理含义。截面积越大，液面波动就越慢；电容越大，充放电时间就越长。

(3)数学模型刻画的或者表述的是事物的本质特征，不同的物理过程完全可以具有相同的数学模型，这也是我们可以通过 MATLAB 仿真来认识被控过程固有特性的理论依据，从

而也反衬了建模的重要性。

既然自衡单容水槽和 $R-C$ 网络具有相同的传递函数数学模型，因此就具有相同的输入输出响应。假设过程输入为单位阶跃输入 $r(t)=1(t)$，带入式(2-3-7)或式(2-3-10)得(注：式(2-3-10)是式(2-3-7)当 $K=1$ 时的特例)

$$C(s)=G(s)R(s)=\frac{K}{s(Ts+1)}=K\left[\frac{1}{s}-\frac{1}{s+1/T}\right] \tag{2-3-11}$$

对式(2-3-11)两边取拉氏逆变换便可得到过程的单位阶跃输出函数

$$c(t)=K(1-\mathrm{e}^{-\frac{1}{T}t}) \tag{2-3-12}$$

对应的单位阶跃响应曲线如图 2-3-3 所示。其中，K 为过程的开环放大倍数，即过程达到稳态时的开环增益，T 为过程的惯性时间常数，反映过程的响应速度。T 越小，惯性越小，响应速度就越快。图 2-3-3 中的斜线为响应曲线中的最大斜率切线，通过作图可以求出惯性时间常数 T 和开环增益 K。

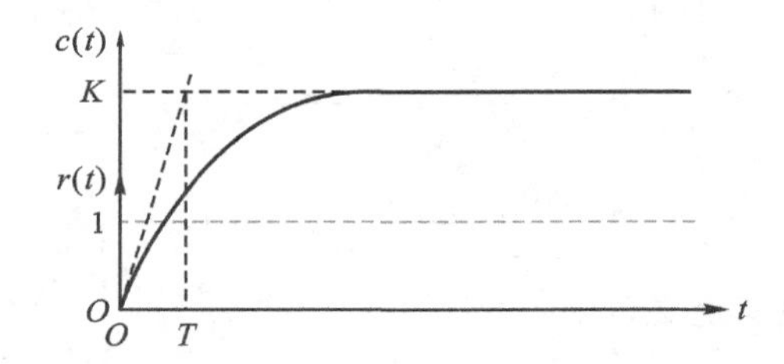

图 2-3-3　一阶自衡过程单位阶跃响应曲线

2. 自衡双容过程建模

自衡双容过程，是指含有两个储蓄容量的具有自平衡能力的过程。类似地，可以通过双容水槽和 $R-C$ 网络进行构造。下面以自衡双容水槽为例介绍双容过程的机理建模。

例 2-3-3　自衡双容水槽的机理建模

已知：对于图 2-3-4 所示的自衡双容过程，设阀门 V_1、V_2 和 V_3 的进水流量分别为 $q_1(t)$、$q_2(t)$和 $q_3(t)$，水槽 1 和水槽 2 的液面高度分别为 $h_1(t)$和 $h_2(t)$，截面积分别为 A_1 和 A_2。假设 $q_2(t)$与 $h_1(t)$成正比，与 V_2 的液阻 R_2 成反比；$q_3(t)$与 $h_2(t)$成正比，与 V_3 的液阻 R_3 成反比。

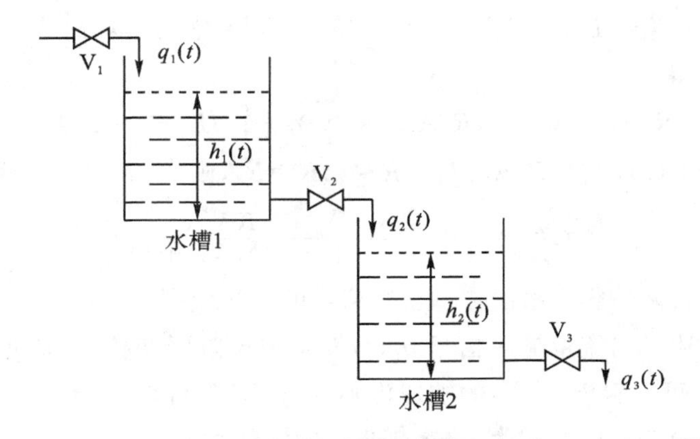

图 2-3-4　自衡双容过程示意图

求：以 $q_1(t)$ 为输入、以 $h_2(t)$ 为输出的自衡双容过程的以传递函数描述的数学模型。

解 由自衡单容水槽的机理建模过程可得

$$q_1(t)-q_2(t)=A_1\frac{\Delta h_1(t)}{\Delta t} \tag{2-3-13}$$

$$q_2(t)-q_3(t)=A_2\frac{\Delta h_2(t)}{\Delta t} \tag{2-3-14}$$

根据假设条件：$q_2(t)$ 与 $h_1(t)$ 成正比，与 V2 的阻力 R_2 成反比；$q_3(t)$ 与 $h_2(t)$ 成正比，与 V3 的阻力 R_3 成反比，即

$$q_2(t)=\frac{h_1(t)}{R_2} \tag{2-3-15}$$

$$q_3(t)=\frac{h_2(t)}{R_3} \tag{2-3-16}$$

将式(2-3-15)和式(2-3-16)分别代入式(2-3-13)和式(2-3-14)并整理得

$$A_1\frac{\Delta h_1(t)}{\Delta t}+\frac{h_1(t)}{R_2}=q_1(t) \tag{2-3-17}$$

$$A_2\frac{\Delta h_2(t)}{\Delta t}+\frac{h_2(t)}{R_3}=q_2(t) \tag{2-3-18}$$

令 $\Delta\to0$，则根据极限的定义可知

$$A_1\frac{\mathrm{d}h_1(t)}{\mathrm{d}t}+\frac{h_1(t)}{R_2}=\mathrm{q}_1(t) \tag{2-3-19}$$

$$A_2\frac{\mathrm{d}h_2(t)}{\mathrm{d}t}+\frac{h_2(t)}{R_3}=q_2(t) \tag{2-3-20}$$

将式(2-3-15)带入式(2-3-20)并整理得

$$h_1(s)=R_2A_2\frac{\mathrm{d}h_2(t)}{\mathrm{d}t}+\frac{R_2}{R_3}h_2(t) \tag{2-3-21}$$

将式(2-3-21)带入式(2-3-19)得

$$R_2A_1R_3A_2\frac{\mathrm{d}^2h_2(t)}{\mathrm{d}t^2}+(R_2A_1+R_3A_2)\frac{\mathrm{d}h_2(t)}{\mathrm{d}t}+h_2(t)=R_3q_1(t) \tag{2-3-22}$$

则式(2-3-22)就是双容水槽微分方程形式的数学模型。同样，假设初始条件为零，即 $h_2(0)=0$，$q_1(0)=0$，并令 $L[h_2(s)]=H_2(s)$，$L[q_1(s)]=Q_1(s)$，对式(2-3-22)两边取拉氏变换并进一步整理得

$$[R_2A_1R_3A_2s^2+(R_2A_1+R_3A_2)s+1]H_2(s)=R_3Q_1(s) \tag{2-3-23}$$

令对象传递函数为 $G(s)$，$T_1=R_2A_1$，$T_2=R_3A_2$，$K=R_3$，则式(2-3-23)可写成

$$G(s)=\frac{H_2(s)}{Q_1(s)}=\frac{K}{(T_1s+1)(T_2s+1)} \tag{2-3-24}$$

式(2-3-24)即为自衡单容水槽的传递函数形式的数学模型。

图 2-3-5 描述了当流量输入信号 $q_1(t)$ 发生单位阶跃变化时，流量输出信号 $q_2(t)$ 和 $q_3(t)$ 的响应情况。可以看出，$q_3(t)$ 的响应滞后于 $q_2(t)$。可以预测，水槽串联的越多，最后一级的流量输出响应滞后就会越大，将表现出大时滞特性。

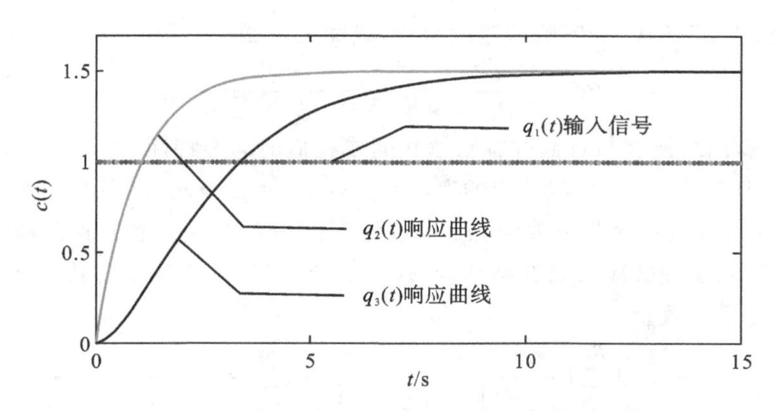

图 2-3-5　自衡双容过程单位阶跃响应曲线

例 2-3-4　二阶 $R-C$ 网络的机理建模

已知：对于图 2-3-6 所示的二阶 $R-C$ 阻容网络，设输入信号为电压 $u_i(t)$，输出信号为电压 $u_o(t)$。

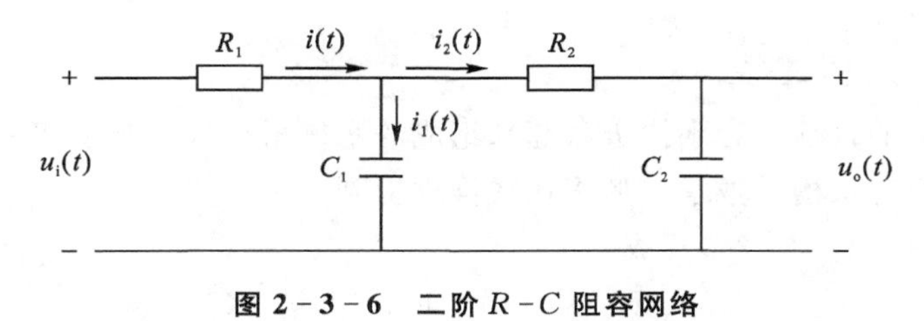

图 2-3-6　二阶 $R-C$ 阻容网络

求：以 $u_i(t)$ 为输入变量、以 $u_o(t)$ 为输出变量的二阶 $R-C$ 阻容网络的传递函数数学模型。

解　由电容的性质知：$i_c(t)=C\dfrac{\mathrm{d}u_c(t)}{\mathrm{d}t}$。为了简化计算，我们通过拉氏变换将微积分运算变成代数运算。为此，令初始条件为零，可得 $I_c(s)=CsU_c(s)$，$U_c(s)=\dfrac{1}{Cs}I_c(s)$。令图 2-3-6 中的节点电流分别为 $i(t)$、$i_1(t)$ 和 $i_2(t)$，根据节点电流定律 KCL 和回路电压定律 KVL 可得

$$I(s)=I_1(s)+I_2(s) \tag{2-3-25}$$

$$U_I(s)=R_1 I(s)+\frac{1}{C_1 s}I_1(s) \tag{2-3-26}$$

$$U_o(s)+R_2 I_2(s)-\frac{1}{C_1 s}I_1(s)=0 \tag{2-3-27}$$

$$I_2(s)=C_2 sU_o(s) \tag{2-3-28}$$

整理式(2-3-25)至式(2-3-28)，消去中间变量 $I(s)$，$I_1(s)$，$I_1(s)$ 得

$$U_I(s)=[(R_1C_1s+1)(R_2C_2s+1)+R_1C_2s]U_o(s) \tag{2-3-29}$$

所以二阶 $R-C$ 阻容网络的传递函数数学模型为

$$G(s)=\frac{U_o(s)}{U_I(s)}=\frac{1}{(R_1C_1s+1)(R_2C_2s+1)+R_1C_2s} \tag{2-3-30}$$

如果 R_1C_2 足够小，即 $R_1C_2\approx0$（响应速度很快，级间无关联）时，则式(2-3-30)就可写成

$$G(s)=\frac{U_o(s)}{U_I(s)}=\frac{1}{(R_1C_1s+1)(R_2C_2s+1)} \tag{2-3-31}$$

这时，二阶 $R-C$ 网络便有与自衡双容水槽相同或相似的动态特性。

但是，通常情况下，由于负载效应的存在，即 $R_1C_2\neq0$。为此，需要在图 2-3-6 中的两个 $R-C$ 网络之间串接一个隔离放大器 K，如图 2-3-7 所示。由于放大器的输入阻抗很大，输出阻抗很小，负载效应可以忽略不计，这时二阶 $R-C$ 网络的动态特性便与自衡双容水槽的动态特性完全一致。

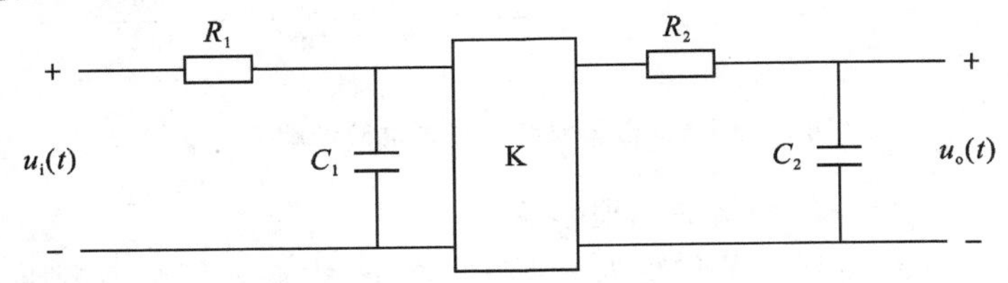

图 2-3-7 无负载效应的二阶 $R-C$ 阻容网络

3. 自衡多容过程建模

三容及其以上的自衡单容水槽级联起来组成的水槽系统称为自衡多容水槽。其数学模型可以通过自衡双容水槽的数学模型表达式推理得到。

分析：如果将式(2-3-24)写成

$$G(s)=\frac{H_2(s)}{Q_1(s)}=\frac{1}{(T_1s+1)}\cdot\frac{K}{(T_2s+1)} \tag{2-3-32}$$

可以看出：式(2-3-32)是两个单容水槽数学模型的串联表达式。也就是说，两个单容水槽串联以后，总的传递函数是各单容水槽传递函数的乘积，但总的放大倍数是最后一级单容水槽的液阻 R_{n+1}。

于是，我们可以推理得到自衡三容水槽的总传递函数数学模型为

$$G(s)=\frac{H_3(s)}{Q_1(s)}=\frac{K}{(T_1s+1)(T_2s+1)(T_3s+1)}\text{，其中 } K=R_4,T_3=R_4A_3 \tag{2-3-33}$$

同理，n 个自衡单容水槽的总传递函数数学模型为

$$G(s)=\frac{H_3(s)}{Q_1(s)}=\frac{K}{(T_1s+1)(T_2s+1)\cdots(T_ns+1)}\text{，其中 } K=R_{n+1},T_n=R_{n+1}A_n \tag{2-3-34}$$

如果每个自衡单容水槽完全相同，即 $A_1=A_2=\cdots=A_n$，$R_2=R_3=\cdots=R_{n+1}$，即 $T_2=T_3=\cdots=T_n=T$，则由式(2-3-34)可知，n 个相同自衡单容水槽级联一起的总传递函数数学模型为

$$G(s)=\frac{H_3(s)}{Q_1(s)}=\frac{K}{(Ts+1)^n} \tag{2-3-35}$$

于是，我们可以得到如下推论。

(1)单容水槽为一阶过程，双容级联水槽为二阶过程，n 个单容水槽级联为 n 阶过程；

(2)如果 n 个单容水槽并联，由叠加原理可知，总传递函数数学模型是各单容水槽传递函数之和，即 $G(s)=\dfrac{H(s)}{Q(s)}=\dfrac{K_1}{(T_1s+1)}+\dfrac{K_2}{(T_2s+1)}+\cdots+\dfrac{K_n}{(T_ns+1)}$，自然也构成了一个 n 阶过程。

4. 时滞过程的机理建模

在化工、轻化、冶金等过程控制系统中广泛存在着时滞现象，例如皮带运输机的物料传输过程，管道输送过程及物料在管道中的混合过程等。时滞是传输时间和计算次数的直接反映，是指物料或信号在传输或传递上存在的时间上的延迟。下面以图 2-3-8 为例来介绍时滞过程的建模。

例 2-3-5　一阶时滞自衡单容过程的机理建模

已知：对于图 2-3-8 所示的时滞单容过程，设阀门 V_1 和 V_2 的进水流量分别为 $q_1(t)$ 和 $q_2(t)$，水槽液面高度为 $h(t)$，截面积为 A，阀门 V_1 距离进水口之间的距离为 $s(t)$，水流速度为 $v(t)$，假设 $q_2(t)$ 与 $h(t)$ 成正比，与 V_2 的阻力 R_2 成反比。

求：以 $q_1(t)$ 为输入、以 $h(t)$ 为输出的单容过程的以传递函数描述的数学模型。

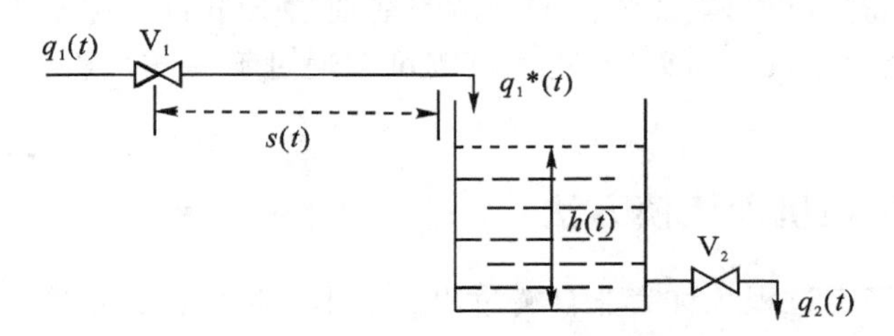

图 2-3-8　时滞单容过程示意图

解　若以 $q_1^*(t)$ 为输入、以 $h(t)$ 为输出，则水槽的微分方程形式的数学模型为

$$A\frac{\mathrm{d}h(t)}{\mathrm{d}t}+\frac{h(t)}{R_2}=q_1^*(t) \tag{2-3-36}$$

因为阀门 V_1 距离进水口之间的距离为 $s(t)$，水流速度为 $v(t)$，则当阀门 V_1 动作时，进水口处 $q_1(t)$ 的变化需要经历 $L=\dfrac{s(t)}{v(t)}$ 时间才能反映给 $q_1^*(t)$，也就是说

$$q_1^*(t)=q_1(t-L) \tag{2-3-37}$$

将式(2-3-37)带入到式(2-3-36)得

$$A\frac{\mathrm{d}h(t)}{\mathrm{d}t}+\frac{h(t)}{R_2}=q_1(t-L) \tag{2-3-38}$$

则式(2-3-38)就是时滞自衡单容水槽微分方程形式的数学模型。

同样地，令初始条件为零，对式(2-3-38)两边取拉氏变换并整理得 $(R_2As+1)H(s)=R_2\mathrm{e}^{-Ls}Q_1(s)$，即

$$G(s)=\frac{H(s)}{Q_1(s)}=\frac{K}{Ts+1}\mathrm{e}^{-Ls},T=R_2A,K=R_2 \tag{2-3-39}$$

式(2-3-39)即为时滞自衡单容水槽的传递函数形式的数学模型，也就是我们通常说的一阶过程加纯滞后过程(First Order Plus Dead Time，FOPDT)。

图 2-3-9 给出了 FOPDT 过程的单位阶跃响应曲线。同一阶过程相比，其响应曲线的形状完全相同，只是在时间上滞后了 L。时滞常常是导致实际控制系统品质恶化甚至不稳定的主要因素。时滞的存在，将显著增大控制的难度。L 越大，系统就越难以控制。

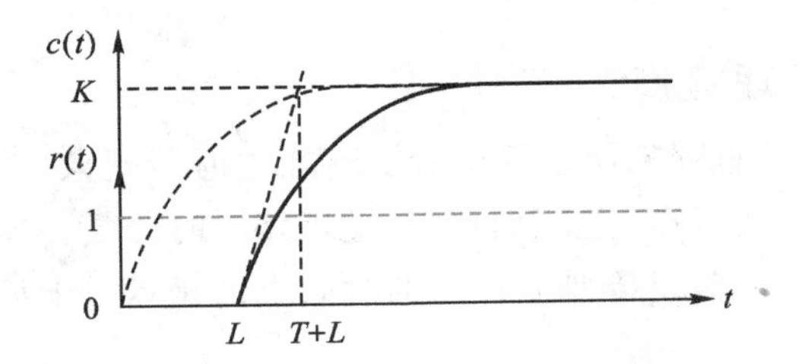

图 2-3-9 一阶时滞过程单位阶跃响应曲线

同理，对于时滞自衡双容水槽，其传递函数形式的数学模型为

$$G(s)=\frac{H(s)}{Q_1(s)}=\frac{K}{(T_1s+1)(T_2s+1)}e^{-Ls} \tag{2-3-40}$$

也就是我们通常说的二阶过程加纯滞后过程（Second Order Plus Dead Time，SOPDT）。

对于一个自衡高阶过程，其数学模型一般都能通过 FOPDT 或 SOPDT 来逼近，过程的级数越高，时滞就越大。具体的逼近/建模过程可以通过下一节即将介绍的图解法/实验法来进行。

2.3.2 非自衡过程机理建模方法

积分过程和不稳定过程统称为非自衡过程。本小节将以积分单容水槽和积分双容水槽为例介绍非自衡过程的机理建模。

例 2-3-6 非自衡单容水槽机理建模

已知：对于图 2-3-10 所示的非自衡单容过程，设阀门 V_1 和计量泵 P_1 的进水流量分别为 $q_1(t)$和 $q_2(t)$，水槽液面高度为 $h(t)$，截面积为 A，假设 $q_2(t)$不随 $h(t)$变化而变化，即 $q_2(t)=C$。

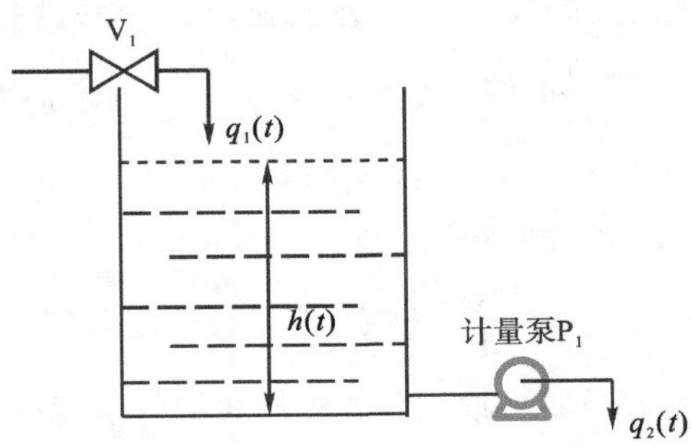

图 2-3-10 非自衡单容过程示意图

求：以 $q_1(t)$为输入、以 $h(t)$为输出的单容过程的传递函数数学模型。

解 比较图 2-3-10 和图 2-3-1，可以发现，二者的区别是将图 2-3-1 中的出水阀门 V_2 更换成了计量泵 P_1。对于一个理想的计量泵而言，其特点是流量输出是一个常数，不随泵入口压力的变化而变化。因此，可以借鉴自衡单容水槽的建模过程来推导积分单容水槽的机理数学模型。

由自衡单容水槽的机理建模过程可得

$$q_1(t)-q_2(t)=A\frac{\Delta h(t)}{\Delta t} \tag{2-3-41}$$

据式(2-3-41)可推理得

$$q_1(t_0)-q_2(t_0)=A\frac{\Delta h(t_0)}{\Delta t} \tag{2-3-42}$$

根据假设条件：$q_2(t)$不随$h(t)$变化而变化，即$q_2(t)=C$，由式(2-3-41)和式(2-3-42)得

$$q_1(t)-q_1(t_0)=A\frac{\Delta h(t)-\Delta h(t_0)}{\Delta t} \tag{2-3-43}$$

假设初始条件为零，即$q_1(t)|_{t=t_0}=0$，$h(t)|_{t=t_0}=0$，则$\Delta h(t)|_{t=t_0}=0$，于是有

$$q_1(t)=A\frac{\Delta h(t)}{\Delta t} \tag{2-3-44}$$

令$\Delta\to 0$，则根据极限的定义可知

$$A\frac{\mathrm{d}h(t)}{\mathrm{d}t}=q_1(t) \tag{2-3-45}$$

则式(2-3-45)就是非自衡单容水槽微分方程形式的数学模型。再假设初始条件为零，即$h(0)=0$，$q_1(0)=0$，并令$L[h(s)]=H(s)$，$L[q_1(s)]=Q_1(s)$，对式(2-3-45)两边取拉氏变换得$AsH(s)-h(0)=Q_1(s)$。进一步整理得

$$AsH(s)=Q_1(s) \tag{2-3-46}$$

令对象传递函数为$G(s)$，$T=A$，则式(2-3-46)可写成

$$G(s)=\frac{H(s)}{Q_1(s)}=\frac{1}{Ts} \tag{2-3-47}$$

式(2-3-47)即为非自衡单容水槽的传递函数形式的数学模型。其中$T=A$为对象积分时间常数，T越小，即水槽的截面积越小，积分作用就越强，很小的流量波动就会导致比较明显的液位波动，这同我们的感观认识是一样的。

图2-3-11描述了积分过程的单位阶跃响应曲线。可以看出，只要输入信号存在(不为零)，那么输出信号将一直增大(被积分)，系统不再能回到原平衡状态，或者稳定在新的平衡状态。因此，对像积分过程这样的非自衡过程的控制，首先需要通过镇定控制器设计，将过程稳定下来，即由非自衡过程变成自衡过程，然后再通过反馈控制器设计，来调节闭环系统的性能指标。因此，对非自衡过程的控制，要比对自衡过程的控制复杂得多。

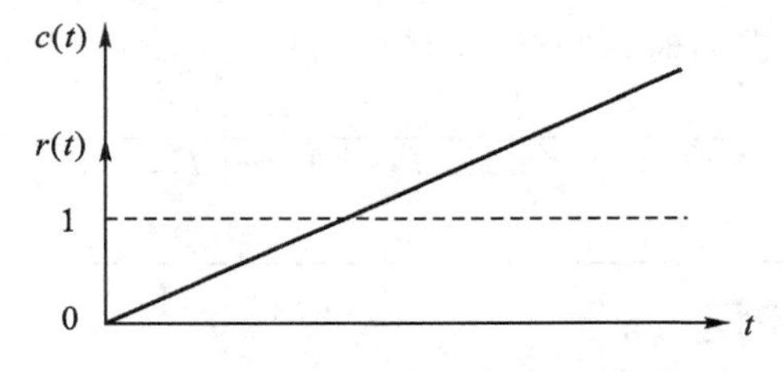

图2-3-11　积分过程单位阶跃响应曲线

例 2-3-7 非自衡双容水槽机理建模

已知：对于图 2-3-12 所示双容水槽，设阀门 V_1、V_2 和计量泵 P_3 的进水流量分别为 $q_1(t)$、$q_2(t)$ 和 $q_3(t)$，水槽 1 和水槽 2 的液面高度分别为 $h_1(t)$ 和 $h_2(t)$，截面积分别为 A_1 和 A_2，阀门 V_2 的液阻为 R_2。假设 $q_3(t)$ 不随 $h(t)$ 变化而变化，即 $q_3(t)=C$。

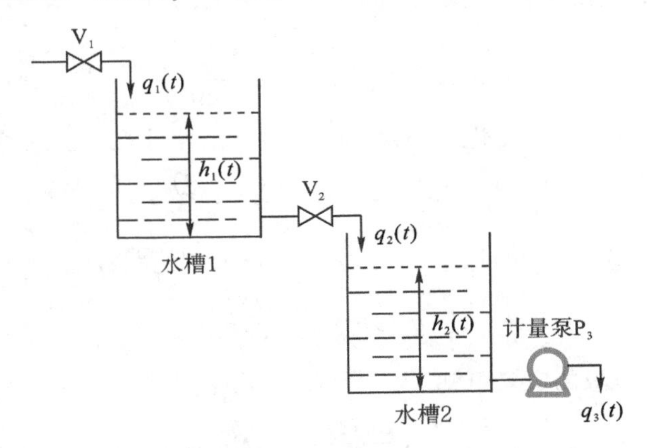

图 2-3-12 非自衡双容过程示意图

求：以 $q_1(t)$ 为输入、以 $h_2(t)$ 为输出的双容过程的以传递函数描述的数学模型。

解 通过观察分析可知，对象由一个自衡单容水槽和一个非自衡单容水槽级联组成，根据水槽级联的性质可知：双容水槽总传递函数是各单容水槽传递函数的乘积，即：

$$G(s)=\frac{H_2(s)}{Q_1(s)}=G_1(s)G_2(s)=\frac{K}{T_1s+1}\cdot\frac{1}{T_2s}=\frac{K}{T_2s(T_1s+1)} \tag{2-3-48}$$

其中，$T_1=R_2A_1$，$K=R_2$，$T_2=A_2$。

可以推理，如果有 $n-1$ 个自衡单容水槽和 1 个非自衡单容水槽级联，那么总的传递函数数学模型为

$$\begin{aligned}G(s)&=\frac{H_n(s)}{Q_1(s)}=G_1(s)G_2(s)\cdots G_{n-1}(s)G_n(s)=\frac{K}{T_1s+1}\cdot\frac{1}{T_2s+1}\cdots\frac{1}{T_{n-1}s+1}\cdot\frac{1}{T_ns}\\&=\frac{K}{T_ns(T_1s+1)(T_2s+1)\cdots(T_{n-1}s+1)}\end{aligned} \tag{2-3-49}$$

其中，$T_i=R_{i+1}A_i$，$K=R_n$，$T_n=A_n$，$i=1,2,\cdots,n-1$。

同理，当无自衡单容过程具有纯滞后时，则其传递函数为

$$G(s)=\frac{1}{T_is}e^{-Ls} \tag{2-3-50}$$

当无自衡多容过程具有纯滞后时，则其数学模型为

$$G(s)=\frac{K}{T_ns(T_1s+1)(T_2s+1)\cdots(T_{n-1}s+1)}e^{-Ls} \tag{2-3-51}$$

2.4 实验建模方法

上一节介绍的机理建模法具有较大的普遍性，数学模型推导过程非常清晰，因此也称为理论建模法。但是，这种方法存在如下缺点：①只能适应于简单过程的建模，对比较复杂的

过程有较大的局限性；②有许多过程的机理尚不清楚，因此无法建立模型；③在建模过程中，对研究的对象常常要提出为了简化模型的假定，而这些假定往往不一定符合实际情况，或者有些因素可能在生产过程中不断变化，难以精确描述。为了克服机理建模法的困难，本节将介绍用实验法辨识过程特性，进而建立过程数学模型，以适应复杂对象的建模。

2.4.1　实验建模法的概念和分类

实验建模法是在实际的生产过程（设备）中，根据过程输入、输出的实验数据或曲线，通过过程辨识与参数估计的方法，或者根据图解的方法，来建立被控过程的数学模型。与机理建模法相比，实验建模法的主要特点是不需要深入了解过程的机理，但是，必须设计一个合理的实验，以获得过程所含的最大信息量。然而，在过程控制实践中，这一点儿做起来却往往非常困难。所以，在实际使用时，这两种方法经常是混合使用，如先通过机理分析确定模型的结构形式，再通过实验数据来确定模型中各系数的大小。

根据施加信号的不同要求，实验建模法又可分为加专门信号的方法和不加专门信号的方法两种。前者是在实验过程中专门改变对所研究过程的输入量，通过对其输出量进行数据处理来获取过程的数学模型；后者是利用过程在正常操作时所记录的信号进行统计分析，来求得过程的数学模型。一般来说，后一种方法只能定性地反映过程的数学模型，所得模型参数的精度较差。所以，为了能得到精度较高的数学模型，应采用加专门信号的实验法。

对于加专门信号的实验法，根据对所得数据或响应曲线的处理手段的不同，又可以分为图解法和过程辨识法两种。前者是对被控过程施加典型信号（如阶跃信号），从而获得过程的响应曲线（如单位阶跃响应曲线），然后通过作图来获得过程数学模型的参数；后者是通过实验来获得一定数量的实验数据，运用数学工具（如最小二乘法）对实验数据进行处理，即过程辨识，进而得到过程数学模型的参数。

产生专门信号的发生器多种多样，通常可分为非周期时域信号，如阶跃信号、脉冲信号等；周期频域信号，如正弦波、梯形波等；非周期随机信号，如白噪声、伪随机信号、周期性信号等4类。它们各自的特点比较见表2-4-1。

表2-4-1　4类辨识方法的特点比较一览表

<table>
<tr><th colspan="2">信号类型</th><th>需要设备</th><th>辨识精确度</th><th>对工艺影响</th><th>辨识时间</th><th>计算工作量</th><th>其他</th></tr>
<tr><td rowspan="2">非周期时域信号</td><td>阶跃信号</td><td>不需专用设备</td><td>尚好</td><td>大</td><td>短</td><td>小，可手工计算</td><td>会受干扰，可能会进入非线性区域</td></tr>
<tr><td>脉冲信号</td><td>不需专用设备</td><td>低</td><td>较小</td><td>短</td><td>小，可手工计算</td><td>会受干扰，如参数不回原值，误差较大</td></tr>
<tr><td>周期频域信号</td><td>正弦波信号</td><td>需要专用设备</td><td>低频部分好</td><td>尚小</td><td>长</td><td>中等</td><td></td></tr>
</table>

续表

信号类型		需要设备	辨识精确度	对工艺影响	辨识时间	计算工作量	其他
非周期随机信号	白噪声或其他随机函数	需要专用设备	尚好	小	较长	大,用计算机	
	日常工作记录	不需专用设备	较低	无	长	大,用计算机	
周期性信号	准随机双值信号(p. r. b. s)	数字计算机或专用设备	较低	较小	中	大,用计算机	

通常,把用机理分析法建立过程教学模型的方法称为“白箱”法,用实验测试法建立过程数学模型的方法称为“黑箱”法,把理论建模与实验建模两种方法混合起来建立过程数学模型的方法称为“灰箱”法。把机理已知部分用理论建模的方法,机理未知部分采用实验方法,充分发挥两种方法各自优点,因此用“灰箱”法建立的模型又叫做理论-实验模型。建立理论-实验模型通常应用过程辨识的方法。

结合表 2-4-1 中描述的各种专门实验信号对生产过程的影响和辨识精度等因素,下面以阶跃响应曲线的图解建模法和以最小二乘法为数据处理工具的过程辨识建模法为例来介绍实验法的建模过程。

2.4.2　图解建模法

这里以阶跃响应曲线法来介绍图解法的建模过程。

1. 过程阶跃响应曲线的获取

通过阶跃响应曲线建立过程数学模型的基本步骤:①使被控过程的输入量作阶跃变化(如使调节阀的开度改变 10%),测定其输出量随时间变化的曲线,得到过程的阶跃响应曲线;②根据阶跃响应曲线的形状,选择一合适的传递函数形式的数学模型;③通过作图,并辅助以简单的计算,得到数学模型的模型参数。

为了能得到可靠的测试结果,实验时必须注意如下几点:①合理选择阶跃信号值,一般取阶跃信号值为正常输入信号的 5%~15%,以不影响正常生产为准;②在施加专门输入信号之前,被控过程必须处于相对稳定的运行状态;③实验时应在相同的实验条件下重复做几次测试,需获得两次以上比较接近的测试数据,以减少干扰的影响;④在实验时应在阶跃信号作正、反方向变化时分别测取其响应曲线,以求取过程的真实特性。

被控过程的阶跃响应曲线能比较直观地反映过程的动态特性,由于它直接来自原始的记录曲线,无须转换,实验比较简单,且从响应曲线中也易于直接求出其对应的传递函数,因此阶跃输入信号是图解法首选的输入信号。但有时生产现场运行条件受到限制,不允许被控过程的被控参数有较大幅度变化,或无法测出一条完整的阶跃响应曲线,则可改用矩形脉冲作为输入信号,得到脉冲响应后,再将其换成一条阶跃响应曲线。

具体的实验设计及曲线转换方法如下：在稳定状态下，将调节阀的开度先开大或关小10%左右，持续一定时间，再关小或开大同样的开度，获得过程的矩形脉冲响应曲线，然后再通过作图法得到过程的阶跃响应曲线，具体作图方法如图 2-4-1 所示。

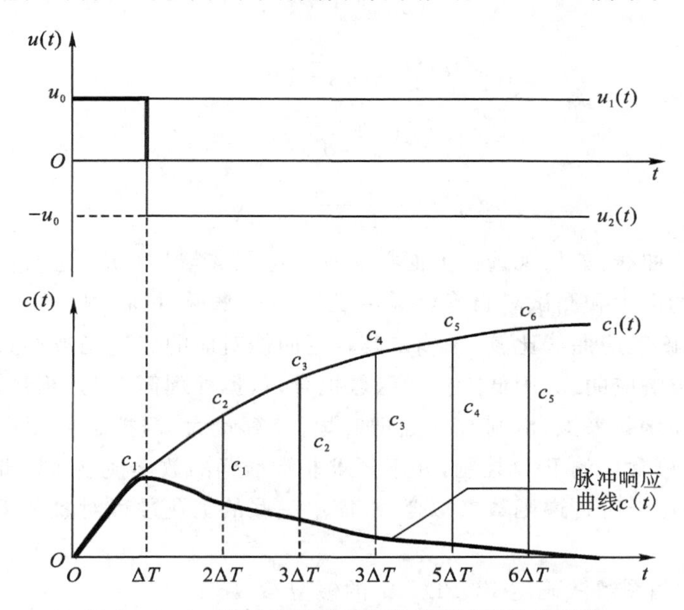

图 2-4-1　通过脉冲响应曲线获得阶跃响应曲线

从图中可看出

$$u(t)=u_1(t)-u_2(t)=u_1(t)-u_1(t-\Delta T) \tag{2-4-1}$$

其中 $u_1(t)$和 $u_2(t)$为两个幅值相等、符号相反、出现时间相差 ΔT 的阶跃输入信号。那么其输出响应曲线便可理解为两条曲线形状一样、方向相反、出现时间相差 ΔT 的阶跃响应曲线的合成曲线，即

$$c(t)=c_1(t)-c_2(t)=c_1(t)-c_1(t-\Delta T) \tag{2-4-2}$$

因此，可以按照图 2-4-1 中所描述的作图方法根据过程的脉冲响应曲线获得其阶跃响应曲线。具体作法：将时间轴按 ΔT 分成 n 等份，在 $0\sim\Delta T$ 区间，阶跃响应曲线与矩形脉冲响应曲线重合，即 $c_1(t)=c(t)$，$0<t\leqslant\Delta T$。在 $\Delta T\sim 2\Delta T$ 区间，阶跃响应曲线是当前矩形脉冲响应曲线与上一时刻阶跃响应曲线的叠加，即 $c_1(t)=c(t)+c_1(t-\Delta T)$，$\Delta T<t\leqslant 2\Delta T$。依次类推，最后得到完整的阶跃响应曲线 $c_1(t)$。

2. 数学模型参数的确定

如何将实验所获得的各种不同响应曲线进行处理，以便用一些简单的典型微分方程或传递函数来近似表达，既适合工程应用，又有足够的精度。这就是数据处理要解决的问题。

用测试法建立被控过程的数学模型，首要的问题就是选定模型的结构。理论上讲，工业过程的传递函数可以取为各种形式，但常见的形式仅有几种。对于自衡过程，有一阶过程串联加纯滞后 FOPDT、二阶过程串联加纯滞后 SOPDT 及一些极点相同的高阶过程加纯滞后；对于非自衡过程，有积分过程加纯滞后及积分和一阶过程串联加纯滞后。为方便计，重写其传递函数表达式如下：

$$G_p(s)=\frac{K}{Ts+1}e^{-Ls} \tag{2-4-3}$$

$$G_p(s)=\frac{K}{(T_1s+1)(T_2s+1)}e^{-Ls} \tag{2-4-4}$$

$$G_p(s)=\frac{K}{(Ts+1)^2}e^{-Ls} \tag{2-4-5}$$

$$G_p(s)=\frac{1}{T_is}e^{-Ls} \tag{2-4-6}$$

$$G_p(s)=\frac{1}{T_is(Ts+1)}e^{-Ls} \tag{2-4-7}$$

根据阶跃响应曲线，如何来选择上面哪一种传递函数与其对应，这与测试者对被控过程的验前知识掌握的多少和测试者自身经验有关。一般来说，可将测试的阶跃响应曲线与标准的一阶、二阶阶跃响应曲线比较，来确定其相近曲线对应的传递函数形式作为其数据处理的模型。对同一条响应曲线，用低阶传递函数拟合，数据处理简单，计算量也小，但准确程度较低。用高阶传递函数来拟合，则数据处理麻烦，计算量大，但拟合精度也较高。所幸的是闭环控制，尤其是最常用的 PID 控制，并不要求非常准确的数学模型。因此在满足精度要求的情况下，尽量使用低阶传递函数来拟合，故简单一些的工业过程对象采用一阶和二阶传递函数拟合为多。

例 2-4-1　用图解法确定 FOPDT 中的模型参数

设阶跃输入幅值为 Δu，则 K 可按下式求取

$$K=\frac{c(\infty)-c(0)}{\Delta u} \tag{2-4-8}$$

稳态响应曲线稳态值的水平延长线与纵轴的交点数值为 $c(\infty)$（对应着归一化处理后的开环放大倍数 K），响应曲线的最大切线与横轴的交点即为纯滞后时间常数 L，最大切线与稳态响应曲线稳态值水平延长线的交点在横轴上的投影点数值与 L 的差值即为过程的惯性时间常数 T。这样，FOPDT 过程数学模型的三个参数便可通过作图法全部确定，具体见图 2-4-2。

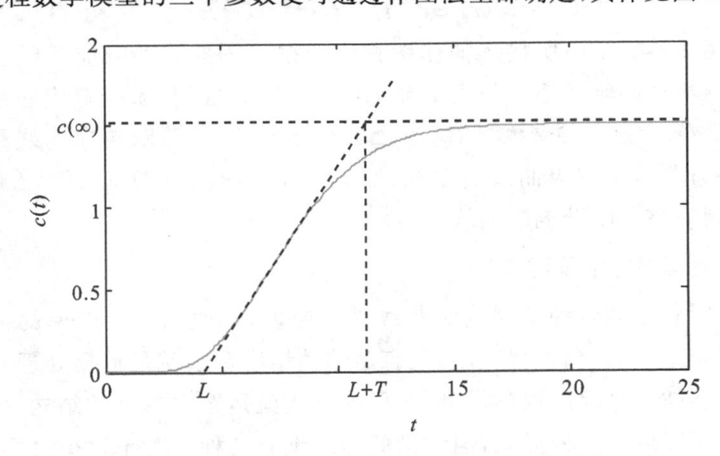

图 2-4-2　FOPDT 过程数学模型参数的图解确定方法

由于上述切线的画法存在较大的随意性，使得 T 和 L 的数值变化也较大，这里也可以通过两点计算法来确定 T 和 L。假设输入为单位阶跃输入（即经过归一化处理），则其单位

阶跃输出响应为 $c(t)=K(1-e^{-\frac{t-L}{T}})$。令 $c^*(t)=\frac{c(t)}{c(\infty)}=\frac{c(t)}{K}$，则有

$$c^*(t)=1-e^{-\frac{t-L}{T}} \tag{2-4-9}$$

在 $c^*(t)$ 曲线上选取不同的时间 t_1、t_2，满足 $t_2>t_1>L$，对应的函数值 $c^*(t_1)$ 和 $c^*(t_2)$ 分别为

$$c^*(t_1)=1-e^{-\frac{t_1-L}{T}} \tag{2-4-10}$$

$$c^*(t_2)=1-e^{-\frac{t_2-L}{T}} \tag{2-4-11}$$

对式(2-4-10)和式(2-4-11)分别取对数并整理得

$$-\frac{t_1-L}{T}=\ln[1-c^*(t_1)] \tag{2-4-12}$$

$$-\frac{t_2-L}{T}=\ln[1-c^*(t_2)] \tag{2-4-13}$$

联立式(2-4-12)和式(2-4-13)求解可得

$$T=\frac{t_2-t_1}{\ln[1-c^*(t_1)]-\ln[1-c^*(t_2)]} \tag{2-4-14}$$

$$L=\frac{t_2\ln[1-c^*(t_1)]-t_1\ln[1-c^*(t_2)]}{\ln[1-c^*(t_1)]-\ln[1-c^*(t_2)]} \tag{2-4-15}$$

为了计算方便，取 $c^*(t_1)=0.39$，$c^*(t_2)=0.63$，代入式(2-4-14)和式(2-4-15)得

$$T=2(t_2-t_1),L=2t_1-t_2 \tag{2-4-16}$$

为了测试按照式(2-4-16)得到的模型参数的准确性，可以另取两个时刻的数值进行校验。一般取 $c^*(t_3)=0.55$ 和 $c^*(t_4)=0.87$，对应的计算公式为

$$T=\frac{5}{6}(t_4-t_3),L=\frac{1}{3}(5t_3-2t_4) \tag{2-4-17}$$

尽管式(2-4-3)所描述的 FOPDT 是过程控制中使用最普遍的数学模型之一，但它们并不是一种有代表意义的模型，在实际应用过程中常常给人以误导。原因之一是一般自衡工业过程的阶跃响应曲线是 S 形的，而式(2-4-3)所代表的数学模型的阶跃响应曲线不具有 S 形(见图 2-4-3)。而式(2-4-4)所描述的 SOPDT 数学模型的阶跃响应曲线便具有 S 形。

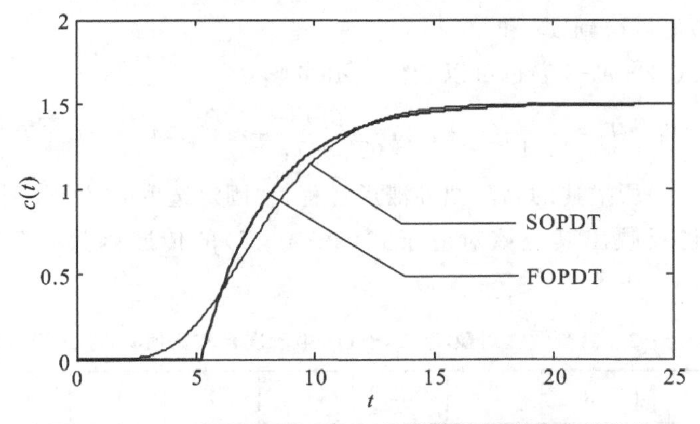

图 2-4-3　FOPDT 和 SOPDT 模型阶跃响应曲线比较

例 2-4-2 用图解法确定 SOPDT 中的模型参数

增益 K 仍可按式(2-4-8)计算，纯滞后时间常数 L 可根据阶跃响应曲线脱离起始的毫无反应的阶段开始出现变化的时刻来确定，见图 2-4-4。然后截去纯延迟部分，并化为无量纲形式的阶跃响应 $c^*(t)$。

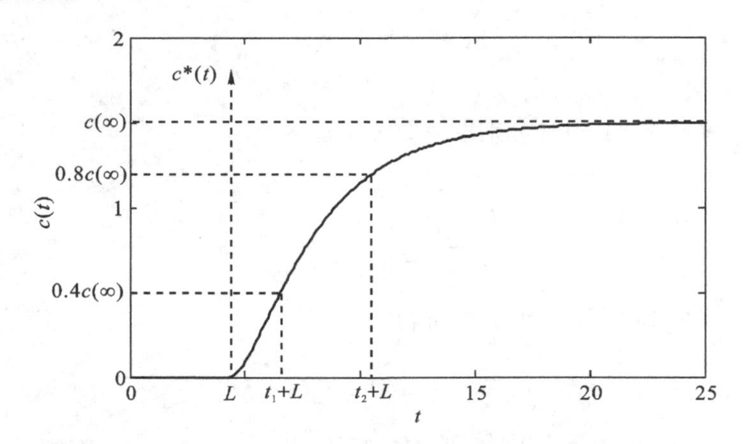

图 2-4-4 SOPDT **过程数学模型参数的图解确定方法**

式(2-4-4)截去纯延迟并化为无量纲形式后，所对应的传递函数形式为

$$G_p^*(s)=\frac{1}{(T_1s+1)(T_2s+1)},(T_1\geqslant T_2) \tag{2-4-18}$$

对应的单位阶跃响应为 $c^*(t)=1-\dfrac{T_2}{T_2-T_1}e^{-\frac{t}{T_2}}-\dfrac{T_1}{T_1-T_2}e^{-\frac{t}{T_1}}$ 或

$$1-c^*(t)=\frac{T_1}{T_1-T_2}e^{-\frac{t}{T_1}}-\frac{T_2}{T_1-T_2}e^{-\frac{t}{T_2}} \tag{2-4-19}$$

根据式(2-4-19)，可以利用图 2-4-4 中响应曲线上的两个数据点$[t_1,c^*(t_1)]$和$[t_2,c^*(t_2)]$来确定参数 T_1 和 T_2。一般可取 $c^*(t)$分别为 0.4 和 0.8，再从曲线上定出 t_1 和 t_2，如图 2-4-4 所示，即可得如下联立方程：

$$\frac{T_1}{T_1-T_2}e^{-\frac{t_1}{T_1}}-\frac{T_2}{T_1-T_2}e^{-\frac{t_1}{T_2}}=0.6;\frac{T_1}{T_1-T_2}e^{-\frac{t_2}{T_1}}-\frac{T_2}{T_1-T_2}e^{-\frac{t_2}{T_2}}=0.2 \tag{2-4-20}$$

求解式(2-4-20)便可得到 T_1 和 T_2。

为求解方便，式(2-4-20)也可以近似表示如下

$$T_1+T_2\approx\frac{1}{2.16}(t_1+t_2);\frac{T_1T_2}{(T_1+T_2)^2}\approx\left(1.74\frac{t_1}{t_2}-0.55\right) \tag{2-4-21}$$

对于式(2-4-5)所描述的高阶惯性滞后过程，在固定选取 $c^*(t)$分别为 0.4 和 0.8 后，对应的 t_1 和 t_2 能够反映出其应该对应于式(2-4-5)的传递函数的阶次 n，其关系见表 2-4-2。

表 2-4-2 高阶惯性对象 $1/(Ts+1)^n$ 中阶次 n 与比值 t_1/t_2 之间的关系

n	1	2	3	4	5	6	7	8	10	12	14
t_1/t_2	0.32	0.46	0.53	0.58	0.62	0.65	0.67	0.685	0.71	0.735	0.75

式(2－4－5)中的时间常数 T 可由下式求得

$$nT \approx \frac{t_1+t_2}{2.16} \tag{2-4-22}$$

例 2－4－3　用图解法确定积分惯性时滞过程中的模型参数

式(2－4－7)所描述的积分惯性时滞过程的阶跃响应曲线如图 2－4－5 所示，曲线由纯延时段(OA 段)、惯性段(弧 AB)和积分段(斜线 BC)等三部分组成。作响应曲线稳态上升部分过拐点 B 的切线交于时间轴于一点，令切线与时间轴的夹角为 θ。那么，在图 2－4－5 中，从 0 时刻开始到 $c(t)\neq 0$ 时刻的 A 点为纯滞后时间 L，过拐点 B 的切线与时间轴的交点处对应的时间为 $L+T$，而积分时间常数可由式(2－4－23)计算得到。

$$T_i = \frac{\Delta u}{\tan(\theta)} \tag{2-4-23}$$

其中，Δu 为阶跃输入信号的幅值。

对于式(2－4－6)所描述的积分时滞过程，其阶跃响应曲线不具有图 2－4－5 中的弧 AB 段，模型参数的图解法过程同上述过程类似，这里不再赘述。

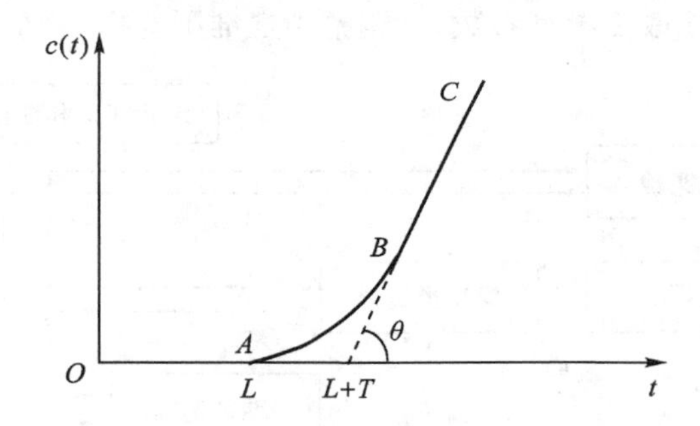

图 2－4－5　积分惯性时滞过程数学模型参数的图解确定方法

2.4.3　过程辨识建模法

过程控制实践中，人们常把由测试数据直接求取模型的途径称为系统辨识(也叫过程辨识)，而把在已定模型结构的基础上，通过测试数据来确定模型参数的方法称为参数估计。也有人将二者统称之为系统辨识，而把参数估计作为其中的一个步骤。过程辨识的核心内容是：以在测试过程中所获得的输入输出数据为基础，从一组给定(已知)的数学模型类中选定一个在某种准则下与所测过程等价的过程模型作为所测过程的数学模型。

1. 过程辨识建模法的基本步骤

作为一种建模方法，过程辨识具有三大要素：①能测量出过程的输入输出数据；②要有已知的过程数学模型类集作类比；③按等价规则确定过程数学模型中的参数。辨识建模属于一种实验统计方法，所得的过程模型只是与实际过程外特性等价的一种近似模型。

为此，过程辨识的基本步骤如下①实验设计与辨识实验；②模型结构辨识与选择；③模型参数估计；④模型检验。其中，实验设计包括实际装置及输入输出变量数据的取样及采集，图 2－4－6 描述了过程辨识的基本实验装置。

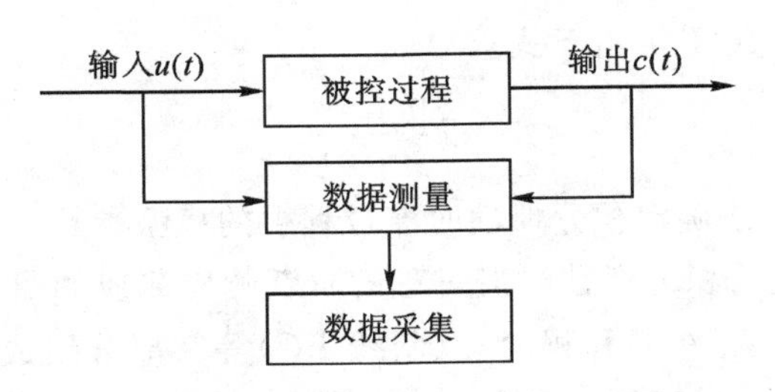

图 2-4-6 过程辨识的基本实验装置

图 2-4-7 描述了过程辨识的一般流程。通过设计辨识实验，测量记录一系列关于过程输入和输出变量的变化值，然后进行模型结构和模型参数的辨识。对于模型结构的辨识，可根据对过程的已知知识，假定一种模型，如一阶模型或二阶模型，也可以用测得数据绘出过程的动态特性曲线，根据曲线特征选择一种相类似的模型。模型结构选定后，可以采用前面讲述的作图法或下面即将讲述的最小二乘法等方法对模型参数进行估计。最后对模型进行检验，看与实验过程的误差是否在允许范围内。如果误差过大，则要反复进行辨识实验和分析，或改变模型结构，或改变模型参数，或调整判定准则选择，直至达到要求为止。

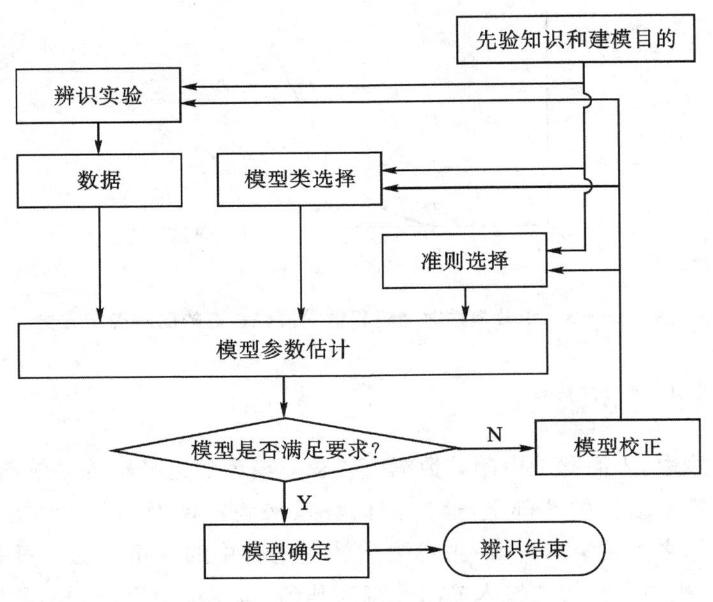

图 2-4-7 过程辨识的一般流程

2. 用最小二乘法辨识过程的数学模型结构和参数

对于通过极小化模型与过程之间的误差准则函数来确定模型参数的辨识方法，根据所依据的基本原理可分为最小二乘法、梯度校正法、极大似然法三种类型。其中最小二乘法(Least Square Method, LS)是利用最小二乘原理，通过极小化广义误差的平方和函数来确定过程数学模型的参数。LS 是高斯为完成行星运行轨道预测工作首先提出来的一种实验数据处理方法，此后便成为根据实验数据估计参数的主要手段。高斯认为：未知量的最可能的值是这样一个数值，它使各次实际观测值和计算值之间的差值的平方乘以度量其精确度的数值以后的和为最小。

LS的优点：易于理解，且不需要严谨的统计知识，甚至在其他方法已无法使用的情况下，仍可提供解答。LS既可以用于动态系统，又可以用于静态系统；既可以用于线性系统，又可以用于非线性系统；既可以用于离线估计，又可以用于在线估计。由LS获得的估算值，有着最佳的统计特性，它们具有一致性、无偏性和有效性。

前述机理建模法和图解建模法针对的是连续时间模型，如微分方程或传递函数等，LS建模法针对的是离散时间模型，如差分方程或脉冲传递函数等。用LS辨识过程数学模型的基本步骤如下：①根据对过程的认识或经验，假设被辨识过程的数学模型结构，并将其转化成差分方程的形式；②利用图2-4-6中的过程辨识装置，给输入信号$u(t)$加一个已知数值的变化量，用计算机测量和记录在各个采样周期时的$u(k)$和$c(k)$值；③用最小二乘法对所测数据进行回归，求出(估计)差分模型中的最佳模型参数值，最佳参数值的判断准则：所求得差分方程的均方误差为极小值；④检验模型的准确度，常用均方误差的平方根值σ(均方根差)去判断所得模型的准确度，若σ值比较大，即误差较大，表明该模型不能很好地反映过程的实际特性(一般可断定所选定的模型阶次过低，应采用较高阶的模型)，应改进模型结构，重新用最小二乘法去确定模型参数，选用σ较小者为过程的模型。

下面以一个单输入单输出n阶线性定常过程为例，给出LS进行模型参数辨识的基本推导过程。令某单输入单输出n阶线性定常过程的脉冲传递函数为

$$G(z)=\frac{C(z)}{U(z)}=\frac{b_0+b_1z^{-1}+\cdots+b_mz^{-m}}{1+a_1z^{-1}+\cdots+a_nz^{-n}},m\leqslant n \tag{2-4-24}$$

则其对应的差分方程为

$$c(k)+a_1c(k-1)+\cdots+a_nc(k-n)=b_0u(k)+b_1u(k-1)+\cdots+b_mu(k-m) \tag{2-4-25}$$

上两式中，k为当前采样时刻，$u(k)$为过程输入序列，$c(k)$为过程输出序列，$a_i(i=1,\cdots,n)$和$b_j(j=0,\cdots,m)$为过程模型待辨识参数，n为模型阶次。工程实践中，考虑到过程输出常常会受到噪声(负载扰动或测量噪声)污染，所以式(2-4-25)可以写成

$$c(k)=-a_1c(k-1)-\cdots-a_nc(k-n)+b_0u(k)+b_1u(k-1)+\cdots+b_mu(k-m)+e(k) \tag{2-4-26}$$

其中，$e(k)$为因噪声而导致的模型残差。

为了估计上述$n+m+1$个待辨识参数，需要通过辨识实验获取$N+n(N\geqslant n+m+1)$组输入输出序列，一方面使得式(2-4-26)中的初始值数据全部被更新，另一方面以便构成如下N个观察方程

$$\begin{cases}c(n+1)=-a_1c(n)-\cdots-a_nc(1)+b_0u(n+1)+b_1u(n)+\cdots+b_mu(n-m+1)+e(n+1)\\c(n+2)=-a_1c(n+1)-\cdots-a_nc(2)+b_0u(n+2)+b_1u(n+1)+\cdots+b_mu(n-m+2)+e(n+2)\\\cdots\cdots\\c(n+N)=-a_1c(n+N-1)-\cdots-a_nc(N)+b_0u(n+N)+b_1u(n+N-1)+\cdots+b_mu(n-m+N)+e(n+N)\end{cases} \tag{2-4-27}$$

将此观察方程组写成如下矩阵形式

$$\boldsymbol{C}(N)=\boldsymbol{U}(N)\boldsymbol{\theta}(N)+\mathbf{e}(N) \tag{2-4-28}$$

或者简写为

$$\boldsymbol{C}=\boldsymbol{U}\boldsymbol{\theta}+\boldsymbol{e} \tag{2-4-29}$$

式中，$\boldsymbol{C}(N)$表示输出向量；$\boldsymbol{U}(N)$表示输入向量；$\boldsymbol{\theta}(N)$表示过程模型待辨识参数向量；$\boldsymbol{e}(N)$表示模型残差向量。这些向量的具体形式如下

$$\boldsymbol{U}(N)=\begin{bmatrix}\boldsymbol{U}^{\mathrm{T}}(n+1)\\ \boldsymbol{U}^{\mathrm{T}}(n+2)\\ \cdots\cdots\\ \boldsymbol{U}^{\mathrm{T}}(n+N)\end{bmatrix}=$$

$$\begin{bmatrix}-c(n) & -c(n-1) & \cdots & -c(1) & u(n+1) & u(n) & \cdots & u(n-m+1)\\ -c(n+1) & -c(n) & \cdots & -c(2) & u(n+2) & u(n+1) & \cdots & u(n-m+2)\\ \cdots & \cdots & \cdots & \cdots & \cdots & \cdots & \cdots & \cdots\\ -c(n+N-1) & -c(n+N-2) & \cdots & -c(N) & u(n+N) & u(n+N-1) & \cdots & u(n-m+N)\end{bmatrix}$$

$$\boldsymbol{C}(N)=\begin{bmatrix}c(n+1)\\ c(n+2)\\ \cdots\cdots\\ c(n+N)\end{bmatrix},\mathbf{e}(N)=\begin{bmatrix}e(n+1)\\ e(n+2)\\ \cdots\cdots\\ e(n+N)\end{bmatrix},\boldsymbol{\theta}(N)=\begin{bmatrix}a_1\\ \cdots\\ a_n\\ b_0\\ \cdots\\ b_m\end{bmatrix}。$$

令目标函数为

$$J(\theta)=\sum_{k=n+1}^{n+N}\boldsymbol{e}^2(k)=\boldsymbol{e}^{\mathrm{T}}\boldsymbol{e} \tag{2-4-30}$$

将式(2-4-29)带入式(2-4-30)得

$$J(\theta)=(\boldsymbol{C}-\boldsymbol{U}\boldsymbol{\theta})^{\mathrm{T}}(\boldsymbol{C}-\boldsymbol{U}\boldsymbol{\theta}) \tag{2-4-31}$$

极小化目标函数 $\min J(\theta)$，即对式 (2-4-31)两边取偏导得

$\dfrac{\partial J}{\partial\boldsymbol{\theta}}=\dfrac{\partial J}{\partial\boldsymbol{\theta}}[(\boldsymbol{C}-\boldsymbol{U}\boldsymbol{\theta})^{\mathrm{T}}(\boldsymbol{C}-\boldsymbol{U}\boldsymbol{\theta})]=-2\boldsymbol{U}^{\mathrm{T}}(\boldsymbol{C}-\boldsymbol{U}\boldsymbol{\theta})=0$，即 $\boldsymbol{U}^{\mathrm{T}}\boldsymbol{U}\theta=\boldsymbol{U}^{\mathrm{T}}\boldsymbol{C}$，所以参数最佳估计值为

$$\hat{\boldsymbol{\theta}}=(\boldsymbol{U}^{\mathrm{T}}\boldsymbol{U})^{-1}\boldsymbol{U}^{\mathrm{T}}\boldsymbol{C} \tag{2-4-32}$$

只要矩阵 $\boldsymbol{U}^{\mathrm{T}}\boldsymbol{U}$ 为非奇异矩阵，那么式(2-4-32)便有解。

例 2-4-4 用 LS 辨识夹套式冷却器数学模型的结构和参数

某连续搅拌式贮槽，槽内热量被流经槽外夹套的冷却水移去。设被控制变量为槽内物料温度 $T(z)$，控制变量为冷却水流量 $F(z)$。试建立由 $F(z)\to T(z)$的过程模型。

解 (1)假定模型。由于夹套冷却器是一个多容过程，可假定其数学模型为

$$G_p(s)=\frac{K}{(T_1s+1)(T_2s+1)} \tag{2-4-33}$$

是一无纯滞后的二阶模型。当采用计算机进行辨识时，应包含零阶保持器，故过程的离散模

型可写为

$$G(z)=\frac{T(z)}{F(z)}=Z[G_h(s)G_p(s)]=Z[\frac{1-e^{-T_s s}}{s}\cdot\frac{K}{(T_1 s+1)(T_2 s+1)}]=\frac{b_1 z^{-1}+b_2 z^{-2}}{1-a_1 z^{-1}-a_2 z^{-2}} \tag{2-4-34}$$

其中，$a_1=c_1+c_2$，$a_2=-c_1c_2$，$b_1=\frac{K[T_2-T_1+T_1c_1-T_2c_2]}{T_2-T_1}$，$b_2=\frac{K[(T_2-T_1)c_1c_2+T_1c_2-T_2c_1]}{T_2-T_1}$，$c_1=e^{-\frac{T_s}{T_1}}$，$c_2=e^{-\frac{T_s}{T_2}}$，$T_s$ 为采样周期。若令 $c=T$，$u=F$，则由式(2-4-34)可得过程的离散模型为

$$c(k)=a_1c(k-1)+a_2c(k-2)+b_1u(k-1)+b_2u(k-2) \tag{2-4-35}$$

(2)参数估计。过程参数 a_1、a_2、b_1 和 b_2 取决于过程的 T_1、T_2 和 K 值。假定过程初始状态为稳态 $c(0)$ 和 $u(0)$。当冷却水流量作单位阶跃变化时，可测得液体温度 $u(k)(k=1, 2, \cdots, N)$，而 $u(k)=1(k=1, 2, \cdots, N)$。用最小二乘估计求下列极小值

$$J=\frac{1}{N}\sum_{k=1}^{N}[c(k)-a_1c(k-1)-a_2c(k-1)-b_1u(k-1)-b_2u(k-1)]^2 \tag{2-4-36}$$

式(2-4-36)中，当 $k<0$ 时，取 $c(k)=c(0)$ 和 $u(k)=u(0)$，由下列最优化必要条件

$$\frac{\partial J}{\partial a_1}=\frac{\partial J}{\partial a_2}=\frac{\partial J}{\partial b_1}=\frac{\partial J}{\partial b_2}=0$$

可解出未知参数 a_1、a_2、b_1 和 b_2。

(3)实验模型的适应性。在冷却器工作期间，由于结垢等原因会使模型参数变化，上述辨识步骤可在冷却器工作期间反复进行，从而不断修正过程模型。

(4)实验数据。假设过程的初始状态为稳态，施加采样值如表2-4-3所示，输入信号后，记录不同时刻的输出值，如表2-4-3所示。注意，输入及输出信号已用增量形式表示，时间小于零时为稳态值，其值为零。

表2-4-3　过程辨识记录数据

取样点(k)	输入值 $u(k)$	输出值 $c(k)$	取样点(k)	输入值 $u(k)$	输出值 $c(k)$
$k<0$	0.0	0.0	8	0.0	0.430
0	1.0	0.0	9	0.0	0.361
1	0.6	0.5	10	0.0	0.302
2	0.3	0.9	11	0.0	0.253
3	0.1	0.91	12	0.0	0.212
4	0.0	0.866	13	0.0	0.178
5	0.0	0.732	14	0.0	0.149
6	0.0	0.612	15	0.0	0.125
7	0.0	0.513			

如果先假定被控过程数学模型为一阶模型，则

$$c(k)=a_1c(k-1)+b_1u(k-1) \tag{2-4-37}$$

线性回归分析可求得参数 a_1 和 b_1 值，它使均方误差极小：

$$J=\frac{1}{15}\sum_{k=1}^{15}[c(k)-a_1c(k-1)-b_1u(k-1)]^2$$

a_1 和 b_1 的最优值必须满足极小值的必要条件为

$$\frac{\partial J}{\partial a_1}=\sum_{k=1}^{15}2[c(k)-a_1c(k-1)-b_1u(k-1)](-c(k-1))=0,$$

$$\frac{\partial J}{\partial u_1}=\sum_{k=1}^{15}2[c(k)-a_1c(k-1)-b_1u(k-1)](-u(k-1))=0。$$

利用表 2-4-3 中的数值计算 $c(k)$、$c(k-1)$ 和 $u(k-1)$，其中 $k=1, 2, \cdots, 15$。解上述两式可求得 $a_1=0.86$，$b_1=0.57$。经计算，其辨识均方根误差为 $\sigma=0.00161$。该值相当接近于零，故一阶模型已有一定精度。

若假定被控过程数学模型为二阶模型，并可用式(2-4-35)表示，则最小二乘法的目标函数变为

$$J=\frac{1}{15}\sum_{k=1}^{15}[c(k)-a_1c(k-1)-a_2c(k-1)-b_1u(k-1)-b_2u(k-1)]^2$$

按上述步骤，求解必要条件为 $\frac{\partial J}{\partial a_1}=\frac{\partial J}{\partial a_2}=\frac{\partial J}{\partial b_1}=\frac{\partial J}{\partial b_2}=0$，可解得 $a_1=0.6$，$a_2=0.2$，$b_1=0.5$，$b_2=0.3$，$\sigma=0$。于是，过程模型为

$$c(k)=0.6c(k-1)+0.2c(k-2)+0.5u(k-1)+0.3u(k-2) \tag{2-4-38}$$

通过两种方法对比可知，用二阶模型描述该过程更为精确。

2.5 机理-实验混合建模方法

有些过程是由几个环节组成的，其中只有某些环节可以用机理分析法求得其数学模型，另一些环节则要用实验法去辨识其数学模型。对这类过程可以在分别得到组成环节的数学模型后，用其传递函数联接的方式求得过程的数学模型。这种方法称为机理和实验混合建模方法，简称机理-实验法。

下面以间歇蒸煮锅系统为例，来阐述机理-实验法的建模过程。

例 2-4-5　试求图 2-4-8 所示间歇蒸煮锅系统的热力数学模型

分析：从图 2-4-8 可以看出，间歇蒸煮系统由加热器和蒸煮锅两个部分组成。加热器的热力数学模型可以从化工原理求出其机理模型，而蒸煮锅热力过程关系到蒸煮锅内液体和固体(如木片)的热力过程，而且体积大，蒸煮液流动过程复杂，因此难以求得理论模型，需要用实验法求得。

图 2-4-8 中的间歇蒸煮系统热力过程可以用图 2-4-9 所示的方块图来表示。图 2-4-9 中，$G(s)$ 为加热器热力方程的传递函数，$P(s)$ 为蒸煮锅热力方程的传递函数。$T_s(s)$ 为蒸煮锅内蒸煮液温度(蒸煮温度)，$T_e(s)$ 为出加热器进蒸煮锅的蒸煮液温度，$Q(s)$ 为进入加

热器的蒸汽流量。

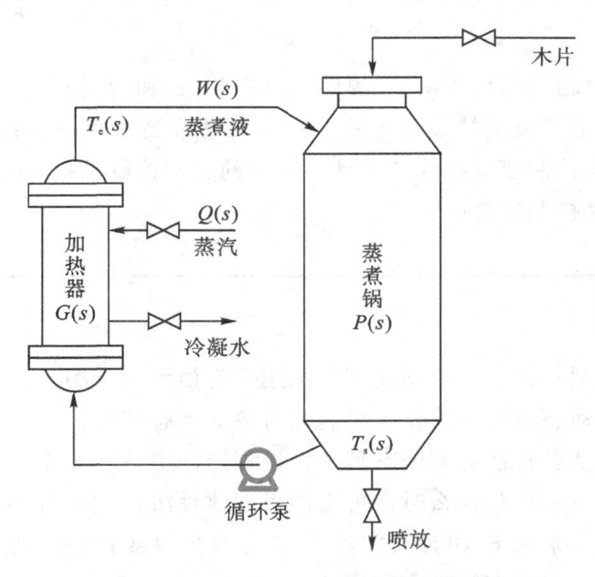

图 2-4-8 间歇蒸煮锅系统示意图

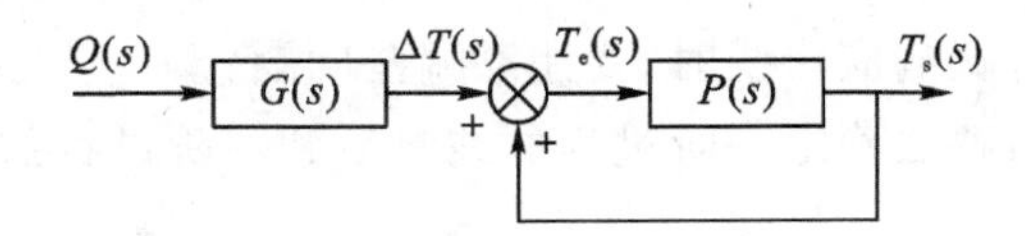

图 2-4-9 间歇蒸煮锅的热力方块图

由化工原理知，加热器换热的热力学方程(机理模型)为 $\Delta HQ(s)=C_f W(s)\Delta T(s)$。其中，$\Delta H$ 为蒸汽的热焓，C_f 为蒸煮液的比热，$W(s)$为通过换热器的蒸煮液的流量，$\Delta T(s)=T_e(s)-T_s(s)$是温度为 $T_s(s)$蒸煮液经过换热器加热后增加的温度。于是，以 $Q(s)$为输入、$\Delta T(s)$为输出的加热器的传递函数 $G(s)$的表达式为

$$G(s)=\frac{\Delta T(s)}{Q(s)}=\frac{\Delta H}{C_f W(s)} \tag{2-4-39}$$

可是，蒸煮锅是一个复杂的热力过程，其数学模型难以用机理法得到。通过实验和过程辨识方法得知，其数学模型可用一阶纯滞后过程来逼近，具体的传递函数为

$$P(s)=\frac{T_s(s)}{T_e(s)}=\frac{1}{\frac{1}{K}s+1}\mathrm{e}^{-Ls},L=\frac{K_T}{C_f W}-\frac{1}{K} \tag{2-4-40}$$

式中，K 为蒸煮锅内物料的传热系数；K_T 为蒸煮锅内物料的总热容量；L 为纯滞后时间，与蒸煮锅物料的传热系数 K、总热容量 K_T、蒸煮液比热 C_f 和蒸煮液的循环流量 $W(s)$有关。

令间歇蒸煮系统的总体传递函数为 $\Phi(s)$，则由图 2-4-9 可知

$$\Phi(s)=\frac{T_s(s)}{Q(s)}=G(s)\frac{P(s)}{1-P(s)} \tag{2-4-41}$$

将式(2-4-39)和式(2-4-40)代入式(2-4-41)便可得到图 2-4-7 所示的间歇蒸煮热力系统的数学模型为

$$\Phi(s)=\frac{T_s(s)}{Q(s)}=\frac{\Delta H e^{-Ls}}{C_f W(1+\frac{1}{K}s-e^{-Ls})}, L=\frac{K_T}{C_f W}-\frac{1}{K} \quad (2-4-42)$$

本章介绍了用“白箱”法(机理法)、“黑箱”法(实验法)和“灰箱”法(机理-实验法)建立过程数学模型的方法和数学模型的表达形式。一个自动控制系统由被控过程及变送器、控制器、执行器等三种基本控制装置组成。设计一个好的自动控制系统,不但要了解被控过程的特性,而且要了解自动控制装置的特性。

思考题与习题

1. 什么是物理模型？什么是数学模型？试述数学模型的作用。

2. 什么是对象的动态特性？为什么要研究对象的动态特性？

3. 通常描述对象动态特性的方法有哪些？过程控制中被控对象动态特性有哪些特点？

4. 什么叫作机理建模法？什么时候可采用机理建模法？什么时候采用实验辨识法？

5. 单容对象的放大系数 K 和时间常数 T 各与哪些因素有关？试从物理概念上加以说明,并解释 K、T 的大小对动态特性有何影响？

6. 对象的纯滞后时间产生的原因是什么？

7. 在测定被控对象阶跃响应曲线时,要注意哪些问题？

8. 试举例阐述通过图解法确定一阶过程加纯滞后和一阶过程加纯滞后模型参数的一般过程。

9. 试述最小二乘参数辨识方法的基本原理,给出其进行参数估计的推导过程。

第3章　常规过程参数的检测及仪表

过程控制的三要素是传感器、执行器和控制器。如果把执行器和控制器分别比作人的手和大脑，那么传感器就是人的眼睛。过程控制系统中使用的传感器通常称为过程自动化仪表，其测量精度直接决定着控制系统的控制精度。在过程控制实践中，为了组成经济、实用、可靠的过程控制系统，必须进行正确的传感器、执行器和控制器的选型。因此，掌握传感器的测量原理和使用特点非常重要。本章主要讲述测量误差及仪表性能指标、常规过程参数（如温度、压力、液位、流量、成分等）的检测原理及测量仪表。

3.1　检测仪表与测量误差

3.1.1　检测的概念

所谓检测，就是对被控过程的一些过程参量，如温度、压力、液位、流量、成分等进行的定性检查和定量测量。检测的目的是获取过程变量值的信息，为过程监测和控制服务。

检测元件又称为敏感元件、传感器，它直接响应过程变量，并将其转化成一个与之成对应关系的输出信号。这些输出信号包括位移、电压、电流、电阻、频率、气压等。如热电偶测温时，将被测温度转化为热电势信号；热电阻测温时，将被测温度转化为电阻信号；节流装置测流量时，将被测流量的变化转化为压差信号。

由于检测元件的输出信号种类繁多，且信号较弱不易察觉，一般都需要将其经过变送处理，转换成标准统一的电气信号（如 4～20 mA 直流电流信号、20 kPa～100 kPa 气压信号），然后送往显示仪表进行指示或记录工艺变量，或同时送往控制器对被控变量进行控制。这种对传感信号进行变送处理的元件称为变送器。

我们将传感器、变送器和显示装置的集合体称之为检测仪表，或自动化仪表。对于检测仪表而言，传感、变送与显示可以是三个独立部分，也可以只用到其中两个部分。例如热电偶测温所得毫伏信号可以不通过变送器，直接送到电子电位差计显示。因此，有时，我们也将传感器（检测元件）称为一次仪表，将变送器和显示装置称为二次仪表。当然传感、变送与显示可以有机地结合在一起成为一体，例如单圈弹簧管压力计。

检测技术是指为了准确获取被测参量信息而发展起来的一系列传感和变送技术，主要包括被检测信息的获取、转换、显示以及测量数据的处理等内容。为了精确获得被测过程的参量信息，检测技术在实施的过程中通常要考虑如下全过程：按照被测对象的特点，选用合适的测量仪器与实验方法；通过测量及数据的处理和误差分析，准确得到被测量的数值；为提高测量精度，改进测量方法及测量仪器；为生产过程的自动化等提供可靠依据。

检测技术的发展是推动信息技术发展的基础，离开检测技术这一基本环节，就不能构成自动控制系统，再好的信息网络技术也无法用于生产过程。检测技术在理论和方法上与物理、化学、生物学、材料科学、光学、电子学以及信息科学密切相关。随着生产规模的不断扩大，检测技术日趋复杂，已经成为一门实用性和综合性很强的新兴学科。

3.1.2 工业过程检测的特点及要求

自动化仪表作为人类认识客观世界的重要手段和工具，应用领域十分广泛，工业过程是其最重要的应用领域之一。一般而言，工业过程检测具有如下特点。

1. 被测对象形态多样

被测对象有气态、液态、固态介质及其混合体，也有的被测对象具有特殊性质，如强腐蚀、强辐射、高温、高压、深冷、真空、高黏度、高速运动等。

2. 被测参数性质多样

被测参数有温度、压力、流量、液位等热工量，也有各种机械量、电工量、化学量、生物量，还有某些工业过程要求检测的特殊参数，如纸浆的打浆度、浓度、白度、硬度、得率、黑液波美度等。

3. 被测变量的变化范围宽

如被测温度可以是 1000 ℃以上的高温，也可以是 0 ℃以下的低温甚至超低温。

4. 检测方式多种多样

检测方式既有离线检测，又有在线检测；既有单参数检测，又有多参数同时检测；还有每隔一段时间对不同参数的巡回检测等。

5. 检测环境比较恶劣

在工业生产过程中，存在着许多不利于检测的影响因素，如电源电压波动，温度、压力变化，以及在工作现场存在水汽、烟雾、粉尘、辐射、振动等，因此要求检测仪表具有较强的抗干扰能力和相应的防护措施。

针对工业过程检测的上述特点，要求自动化仪表不但具有良好的静态特性和动态特性，而且要对不同的被测对象和测量要求采用不同的测量原理和测量手段。一般而言，过程控制对自动化仪表有以下三条基本的要求：①测量值要正确反映被控变量的值，误差不超过规定的范围；②在环境条件下能长期工作，保证测量值的可靠性；③测量值必须迅速反映被控变量的变化，即动态响应迅速。

上述第一条要求与仪表的精确度等级和量程有关，并与使用、安装仪表正确与否有关；第二条要求与仪表的类型、元件材质以及防护措施等有关；第三条要求与传感器的动态特性有关。

3.1.3　检测仪表的分类与组成

1. 检测仪表的分类

检测仪表可按以下方法进行分类：按被测量分类、按测量原理分类、按输出信号分类，以及按结构和功能特点分类。

(1)按被测量分类：可分为温度检测仪表、压力检测仪表、流量检测仪表、物位检测仪表、机械量检测仪表以及过程分析仪表等。

(2)按测量原理分类：可分为电容式、电磁式、压电式、光电式、超声波式、核辐射式检测仪表等。

(3)按输出信号分类：可分为输出模拟信号的模拟式仪表、输出数字信号的数字式仪表，以及输出开关信号的检测开关(如振动式物位开关、接近开关)等。

(4)按结构和功能特点分类：按照测量结果是否就地显示，可分为测量与显示功能集一身的一体化仪表和将测量结果转换为标准输出信号并远传至控制室集中显示的单元组合仪表。

按照仪表是否含有微处理器，可分为不带有微处理器的常规仪表和以微处理器为核心的微机化仪表。后者的集成度越来越高，功能越来越强，部分仪表已具有一定的人工智能，常被称为智能化仪表。

目前，又出现了“虚拟仪器”的概念。所谓“虚拟仪器”，即在标准计算机的基础上加一组软件或(和)硬件，使用者操作这台计算机，便可充分利用计算机技术来实现和扩展传统仪表的功能。这套以软件为主体的系统能够享用普通计算机的各种计算、显示和通信功能。在基本硬件确定之后，就可以通过改变软件的方法来适应不同的需求，实现不同的功能。虚拟仪器彻底打破了传统仪表只能由生产厂家定义，用户无法改变的局面，用户可以自己设计、自己定义，通过软件的改变来更新自己的仪表或检测系统，以改变传统仪表功能单一或有些功能用不上的缺陷，从而节省开发、维护费用，减少开发专用检测仪表的时间。

2. 开环测量仪表和闭环测量仪表

检测仪表的类型不同，构成方式也不尽相同，组成环节也不完全一样。通常，检测仪表由原始敏感环节(传感器或检出元件)、变量转换与控制环节、数据传输环节、显示环节、数据处理环节等组成。检测仪表内各组成环节，可以构成一个开环测量系统，也可以构成闭环测量系统。

开环测量系统是由一系列环节串联而成，其特点是信号只沿着从输入到输出的一个方向(正向)流动，如图3-1-1所示。其中K_1、K_2、…、K_n表示各环节的特性，一般为比例特性，X_i和X_o分别表示被测的输入信号和输出信号。

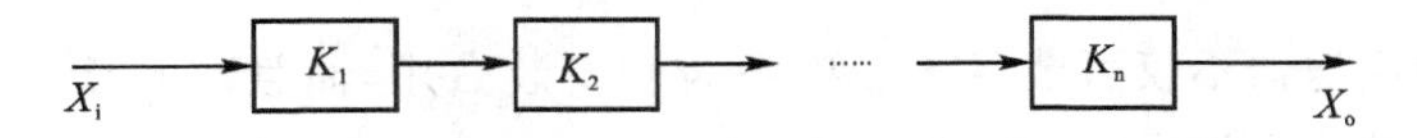

图3-1-1　开环测量系统的构成框图

一般较常见的检测仪表大多为开环测量系统。例如，如图 3－1－2 所示的温度检测仪表，以被测温度为输入信号，以毫伏计指针的偏移作为输出信号的响应，信号在该系统内仅沿着正向流动。

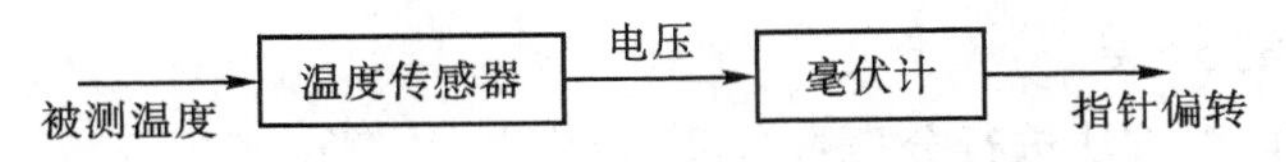

图 3－1－2　温度开环检测系统的构成框图

闭环测量系统的构成方式如图 3－1－3 所示，其特点是除了信号传输的前向通路外，还有一个反馈通道，即采用了负反馈的工作原理，其中 K_1、K_2、…、K_n 表示前向通道各环节的特性，F_1、F_2、…、F_n 表示反馈通道各环节的特性。在采用零值法进行测量的自动平衡式显示仪表中，各组成环节即构成一个闭环测量系统。

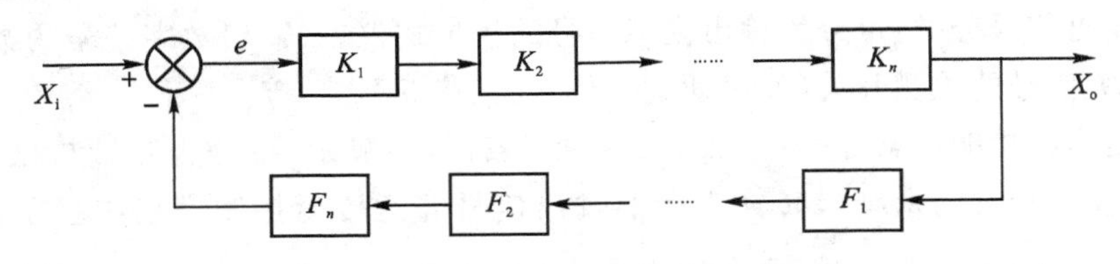

图 3－1－3　闭环测量系统的构成框图

3. 变送器与控制室间的信号传输接线方式

传感器和变送器往往位于工业现场，其传输信号需要送至控制室，而它们的供电又来自控制室。变送器的信号传输和供电方式通常有如下两种：四线制传输和二线制传输。

(1)四线制传输。供电电源和输出信号分别用两根导线传输，如图 3－1－4(a)所示。图中的变送器称为四线制变送器。由于电源与信号分别传送，因此对电流信号的零点及元器件的功耗无严格要求。四线制仪表可采用 220 V 交流供电或 24 V 直流供电。

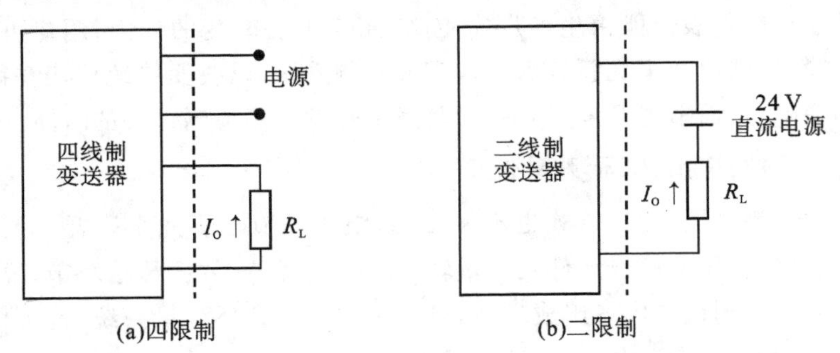

图 3－1－4　四线制和二线制变送器的接线原理图

(2)二线制传输。变送器与控制柜之间仅用两根导线传输，如图 3－1－4(b)所示。这两根导线既是电源线，又是信号线。图中的变送器称为两线制变送器。两线制仪表一般采用 24V 直流供电。

采用两线制变送器不仅可节省大量电缆线和安装费用，而且有利于安全防爆。因此这种变送器得到了较快的发展。

要实现两线制变送器，必须采用活零点的电流信号。由于电源线和信号线公用，电源供给变送器的功率是通过信号电流提供的。在变送器输出电流为下限值时，应保证它内部的半导体器件仍能正常工作。因此，信号电流的下限值不能过低。国际统一电流信号采用 4～20 mA(直流)，为制作两线制变送器创造了条件。

现在，除少量现场变送器采用四线制接线方式外，大多数现场变送采用两线制，因此，该类变送器在与显示、控制等仪表及数字系统采集模块连接时，要注意给现场变送器馈电。例如现在许多智能数字仪表都可以带 24 V 直流馈电，西门子 S7-300PLC 模拟量输入模块，选用两线制时，可由模块直接给现场变送器馈电。如果接收仪表不能给现场变送器馈电，一般要通过加装配电器或带有配电功能的隔离栅来实现馈电。

随着现场总线系统的发展，许多现场仪表都发展成智能仪表，除了能够输出 4～20 mA(直流)模拟信号外，也能提供具有特定总线协议的数字信号，如 HART、Profibus、CAN 等通信协议数字信号，可直接与支持相应协议的上位智能装置连接。

3.1.4　检测仪表的品质指标

根据工业过程检测的特点和需要，对检测仪表的品质有多种要求，现将较常用的品质指标加以介绍。

1. 灵敏度

灵敏度是指检测仪表在到达稳态后，输出增量与输入增量之比，即

$$K=\frac{\Delta Y}{\Delta X} \tag{3-1-1}$$

式中，K 为灵敏度；ΔY 为输出变量 Y 的增量；ΔX 为输入变量 X 的增量。

对于带有指针和刻度盘的仪表，灵敏度亦可直观地理解为单位输入变量所引起的指针偏转角度或位移量。当仪表具有线性特性时，其灵敏度 K 为常数，如图 3-1-5(a)所示。反之，当仪表具有非线性特性时，其灵敏度将随着输入变量的变化而改变，如图 3-1-5(b)所示。

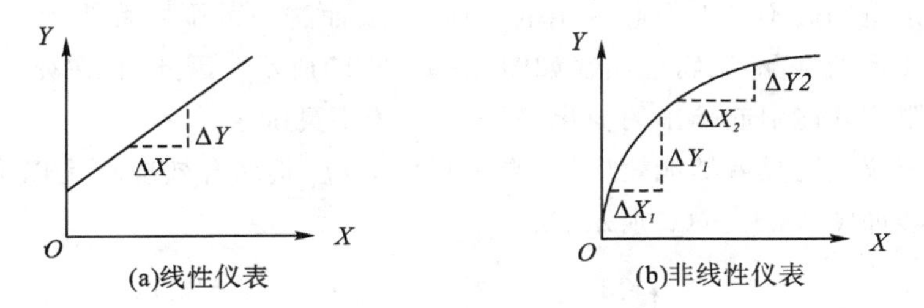

图 3-1-5　仪表的灵敏度

2. 线性度

在通常情况下，总是希望仪表具有线性特性，亦即其特性曲线最好为直线。但是，在对仪表进行校准时常常发现，那些理论上应具有线性特性的仪表，由于各种因素的影响，其实际特性曲线往往偏离了理论上的规定特性曲线(直线)。在检测技术中，采用线性度这一概念来描述仪表的校准曲线与规定直线之间的吻合程度，如图 3-1-6 所示。在规定条件下系统校准曲线与拟合直线间最大偏差与满量程输出值的百分比称为线性度，用公式表达为

$\delta_L = \frac{\Delta Y_{max}}{Y_{F.S}} \times 100\%$，下标 F.S 表示满量程。

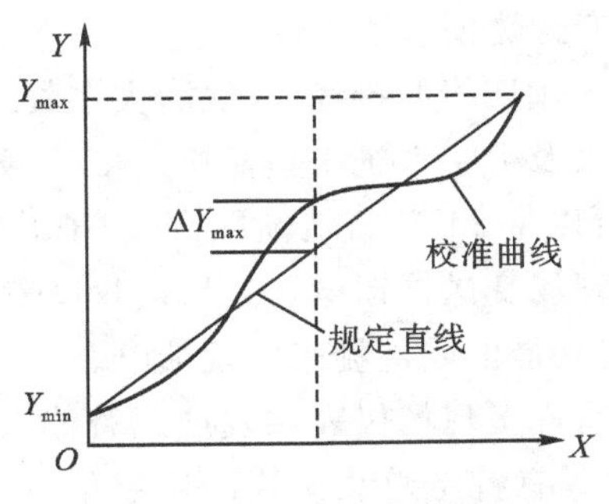

图 3-1-6 仪表的线性度

3. 分辨率

分辨率反映仪表能响应与分辨输入量微小变化的能力，又称分辨能力。当输入变量从某个任意值（非零值）开始缓慢增加，直至可以观测到输出变量的变化时为止的输入变量的增量即为仪表的分辨率。对于数字式仪表，分辨率是指数字显示器的最后一位有效数字增加一个字时相应示值的改变量，即相当于一个分度值。

4. 滞环、死区和回差

仪表内部的某些元件具有储能效应，例如弹性变形、磁滞现象等，其作用使得仪表检验所得的实际上升曲线和实际下降曲线常出现不重合的情况，从而使得仪表的特性曲线形成环状，如图 3-1-7(a)所示。该种现象即称为滞环。显然在出现滞环现象时，仪表的同一输入值常对应多个输出值，并出现误差。

仪表内部的某些元件具有死区效应，例如传动机构的摩擦和间隙等，其作用亦可使得仪表检验所得的实际上升曲线和实际下降曲线常出现不重合的情况。这种死区效应使得仪表输入在小到一定范围后不足以引起输出的任何变化，而这一范围则称为死区。考虑仪表特性曲线呈线性关系的情况，其特性曲线如图 3-1-7(b)所示。因此，存在死区的仪表要求输入值大于某一限度才能引起输出的变化，死区也称为不灵敏区。

也可能某个仪表既具有储能效应，也具有死区效应，其综合效应将是以上两者的综合。典型的特性曲线如图 3-1-7(c)所示。

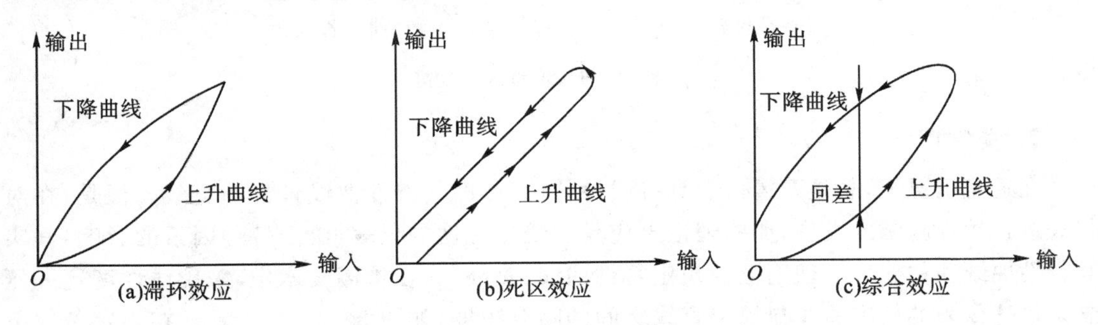

图 3-1-7 仪表内部固有的滞环和死区效应

在以上各种情况下，实际上升曲线和实际下降曲线间都存在差值，其最大的差值称为回差，亦称变差，或来回变差。

5. 重复性

在同一工作条件下，同方向连续多次对同一输入值进行测量所得的多个输出值之间相互一致的程度称为仪表的重复性，它不包括滞环和死区。例如，在图3-1-8中列出了在同一工作条件下测出的仪表的3条实际上升曲线，其重复性就是指这三条曲线在同一输入值处的离散程度。实际上，某种仪表的重复性常选用上升曲线的最大离散程度和下降曲线的最大离散程度中的最大值来表示，是衡量仪表不受随机因素影响的能力。

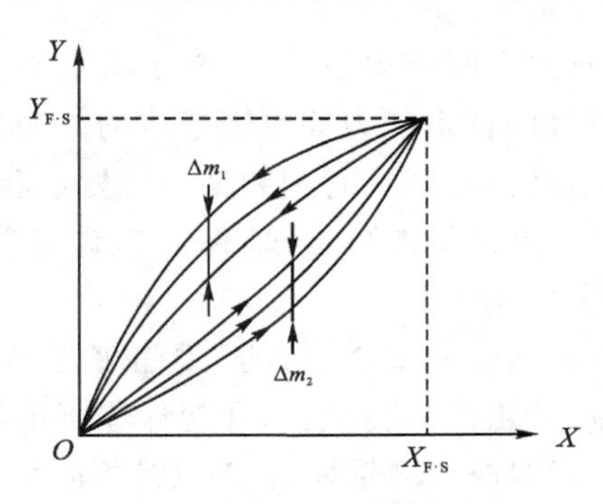

图3-1-8 仪表的重复性

6. 精确度

被测量的测量结果与(约定)真值间的一致程度称为精确度。仪表按精确度高低划分成若干精确度等级，见表3-1-1。根据测量要求，选择适当的精确度等级是检测仪表选用的重要环节。

表3-1-1 常见工业仪表精度等级一览表

精度等级	0.1	0.2	0.5	1.0	1.5	2.0	2.5	5.0
允许误差/%	0.1	0.2	0.5	1.0	1.5	2.0	2.5	5.0
引用误差/%	≤0.1	≤0.2	≤0.5	≤1.0	≤1.5	≤2.0	-≤2.5	≤5.0

7. 漂移

漂移是指在一段时间内，仪表的输入-输出关系所出现的非所期望的逐渐变化，这种变化不是由于受外界影响产生的，通常是由于仪表弹性元件的失效、电子元件的老化等原因所造成的。

在规定的参比工作条件下，对一个恒定的输入在规定时间内的输出变化，称为“点漂”。发生在仪表测量范围下限值上的点漂，称为始点漂移。当下限值为零时的始点漂移又称为零点漂移，简称零漂。

8. 长期稳定性

长期稳定性是仪表在规定时间(一般为较长时间)内保持不超过允许误差范围的能力。

9. 动态特性

动态特性是指被测量随时间迅速变化时，仪表输出追随被测量变化的特性。它可以用微分方程和传递函数来描述，但通常以典型输入信号（如阶跃信号、正弦信号等）所产生的相应输出（即阶跃响应、频率响应等）来表示。

3.1.5 测量误差及误差表征

1. 测量误差的定义和分类

1）测量误差的定义

测量误差是指测量值与真值之间的偏差，它反映了测量质量的好坏，是由于测量方法、检测装置、环境因素以及测量者的认识能力等原因造成的。测量值是指所用检测系统或仪表检测被测量的显示值。真值是指在某一时刻和某一位置或状态下，某物理量的效应体现的客观值或实际值。一般说来，真值是未知的（理论真值、计量学约定值、标准器相对真值这3种情况除外），所以误差也是未知的。

研究测量误差，其意义可归纳为如下3个方面：①正确认识误差的性质，分析误差产生的原因，以便消除或减小误差；②正确处理数据，合理计算所得结果，以便在一定条件下，得到更接近于真值的数据；③正确组成检测系统，合理设计检测系统或选用测量仪表和正确的检测方法，以便在最经济的条件下，得到最理想的测量结果。

2）测量误差的分类

在测量过程中，测量误差按其产生的原因不同，可以分为3类：系统误差、随机误差和疏忽误差。

（1）系统误差。系统误差是指在同一条件下，多次测量同一被测参数时，测量结果的误差大小与符号均保持不变或在条件变化时按某一确定规律变化的误差。它是由于测量过程中仪表使用不当或测量时外界条件变化等原因引起的。

必须指出，单纯地增加测量次数无法减少系统误差对测量结果的影响，但在找出产生误差的原因之后，便可通过对测量结果引入适当的修正值加以消除。系统误差决定测量结果的准确性。

（2）随机误差。随机误差是指在相同条件下，对某一参数进行重复测量时，测量结果的误差大小与符号均不固定，且无一定规律的误差。产生随机误差的原因很复杂，其是由许多微小变化的复杂因素共同作用的结果。

对单次测量来说，随机误差是没有任何规律的，既不可预测，也无法控制，但对于一系列重复测量结果来说，它的分布服从统计规律。因此，可以取多次测量结果的算术平均值作为最终的测量结果，以算术平均值均方根误差的2～3倍作为随机误差的置信区间，相应的概率作为置信概率，可减小误差对测量结果的影响。随机误差决定测量结果的精密度。

（3）疏忽误差。疏忽误差是指测量结果显著偏离被测量的实际值所对应的误差。其产生主要原因是工作人员在读取或记录测量数据时的疏忽大意造成的，带有这类误差的测量结果毫无意义，因此应加强责任感，细心工作，避免发生这类误差。

2. 测量误差的表征方法

1)绝对误差、相对误差和引用误差

测量误差的表示方法有多种，其含义、用途各异，通常可用绝对误差、相对误差和引用误差来表征。

(1)绝对误差。被测量的测量值 x 与其真值 R 之间的代数差 Δ，称为绝对误差，即

$$\Delta=x-R \tag{3-1-2}$$

绝对误差一般只适用于标准量具或标准仪表的校准。在标准量具或标准仪表的校准工作中实际使用的是“修正值”。修正值与绝对误差大小相等，符号相反。其实际含义是真值等于测量值加上修正值，即

$$\text{真值}=\text{测量值}+\text{修正值} \tag{3-1-3}$$

采用绝对误差表示测量误差，不能确切地说明测量质量的好坏。例如，温度测量的绝对误差 $\Delta=\pm1$ ℃，测量 1400 ℃的钢水，这一测量精度难以达到；若测量人的体温，这种测量结果，将会达到荒谬的程度。

(2)相对误差。绝对误差与被测量的真值之比，称为相对误差。因测量值与真值很接近，工程上常用测量值代替真值来计算相对误差，常用百分比来表示。其定义为

$$\delta=\frac{\Delta}{R}\times100\%\approx\frac{\Delta}{x}\times100\% \tag{3-1-4}$$

式中，δ 表示相对误差。

例如，测量温度的绝对误差为±1 ℃，水的沸点温度真值为 100 ℃，测量的相对误差为 $\delta=\frac{1}{100}\times100\%=1\%$。

(3)引用误差。仪表指示值的绝对误差 Δ 与仪表量程 B 之比值，称为仪表示值的引用误差，常以百分数表示，亦称相对百分误差，记为

$$\delta_{\mathrm{m}}=\frac{\Delta}{B}\times100\% \tag{3-1-5}$$

式中，δ_{m} 表示引用误差。

2)准确度、精密度和精确度

为了表征系统误差和随机误差的大小，这里再介绍 3 个概念：准确度、精密度和精确度。

测量的准确度又称正确度，用来描述测量结果中系统误差大小的程度。系统误差愈小，则测量的准确度愈高，测量结果偏离真值的程度愈小。测量的精密度描述测量结果中随机误差大小的程度。随机误差愈小，精密度愈高，说明各次测量结果的重复性愈好。

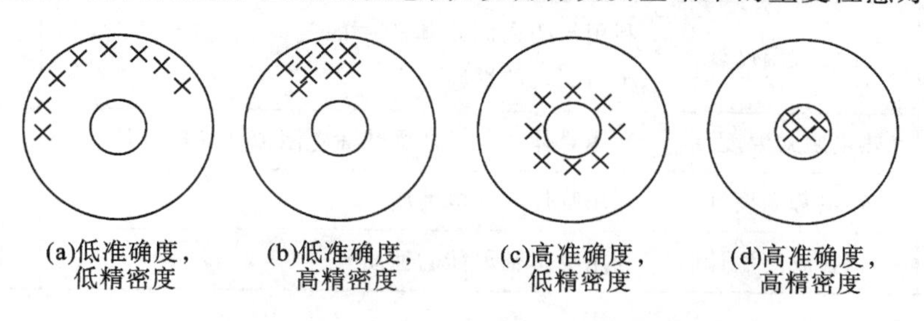

图 3-1-9　准确度与精密度的区别示意图

准确度和精密度是两个不同的概念，使用时不得混淆。图 3-1-9 形象地描述了准确度与精密度的区别。图中，圆心代表被测量的真值，符号“×”表示各次测量结果。由图可见，精密度高的测量不一定具有高准确度。因此，只有消除了系统误差之后，才可能获得正确的测量结果。一个既“精密”又“准确”的测量称为“精确”测量，并用精确度来描述。

精确度所反映的是被测量的测量结果与(约定)真值间的一致程度。精确度高，说明系统误差与随机误差都小。

3.2 温度检测及仪表

温度是表征物体冷热程度的物理量，是各种工业生产和科学实验中最普遍、最重要的控制参数，在现代化农业和医学中也是非常重要的参数。然而，温度不能直接测量，只能借助于冷热不同物体之间的热交换，以及物体的某些物理性质随冷热程度不同而变化的特性来加以间接测量。本节在讲解温度检测常用方法的基础上，重点介绍工业上常用的热电偶温度测量仪表及热电阻温度测量仪表。

3.2.1 温度测量原理及常用检测仪表

1. 温度测量原理

众所周知，任意两个冷热程度不同的物体相互接触，必然会发生热交换，热量将由受热程度高的物体传递到受热程度低的物体，直到两个物体间的冷热程度完全相同，即达到热平衡状态。温度测量就是基于热交换原理而实现的。选择某一物体同被测物体相接触，从而进行热交换，当两者达到热平衡状态时，选择物体与被测物体温度相等。于是，可以通过测量选择物体的某一物理量(如液体的体积、导体的电量等)，便可以定量地表征被测物体的温度数值。以上就是接触法测温原理。也可以利用热辐射原理，来进行非接触测温。

被测物体的温度分布范围非常广，有的处于接近绝对零度的低温，有的处于几千摄氏度的高温。如此宽的测量范围，需用各种不同的测温方法和测温仪表。表 3-2-1 给出了常用的温度测量方法和对应的测量仪表。

表 3-2-1 常用温度测量方法及测量仪表一览表

测量方式	温度计种类	测温原理	测温范围/℃
接触式	膨胀式温度计	利用液体或固体受热时产生热膨胀的原理	－100～＋600
	压力式温度计	利用封闭在固定体积中的气体、液体受热时，其压力变化的性质	0～＋300
	热电阻式温度计	利用导体或半导体受热后电阻值变化的性质	－200～＋600
	热电势温度计	利用物体的热电性质	－200～＋1800
非接触式	辐射式高温计	利用物体辐射能的性质	700～＋3500

按照不同的分类方法，温度测量仪表的名称不同。按测量方式分，可分为接触式温度计

与非接触式温度计。前者的测温元件直接与被测介质相接触,这样可以使被测介质与测温元件进行充分的热交换,而达到测温目的;后者的测温元件与被测介质不接触,通过辐射或对流实现热交换来达到测温的目的。

若按工作原理分,可分为膨胀式温度计、压力式温度计、热电偶温度计、热电阻温度计和辐射高温计;按测量范围分,常把测量 600 ℃以上的测温仪表叫高温计,把测量 600 ℃以下的测温仪表叫温度计;按用途分,可分为标准仪表、实用仪表等。

2. 常用温度检测仪表

温度检测仪表通常称作温度计。下面简要介绍几种常用温度计。

1)膨胀式温度计

膨胀式温度计是基于某些物体受热时体积膨胀的特性而制成的。玻璃管温度计属于液体膨胀式温度计,双金属温度计属于固体膨胀式温度计。

对于双金属温度计,其感温元件是叠焊在一起的两片线膨胀系数不同的金属片。双金属片制成螺旋形感温元件,外加金属保护套管。双金属片受热后,由于两金属片的膨胀长度不同而产生弯曲,如图 3-2-1 所示。当温度变化时,螺旋形感温元件的自由端便围绕着中心轴旋转,同时带动指针在刻度盘上指示相应的温度数值。温度越高,产生的线膨胀长度差就越大,引起弯曲的角度就越大。

图 3-2-2 是一种双金属温度信号器工作原理示意图。当温度变化时,双金属片 1 产生弯曲,且触点与调节螺钉相接触,使电路接通,信号灯 4 便点亮。如以继电器代替信号灯,便可以用来控制热源(如电热丝)而成为两位式温度控制器。温度的控制范围可通过改变调节螺钉 2 与双金属片 1 之间的距离来调整。若以电铃代替信号灯,便可以作为另一种双金属温度信号报警器。

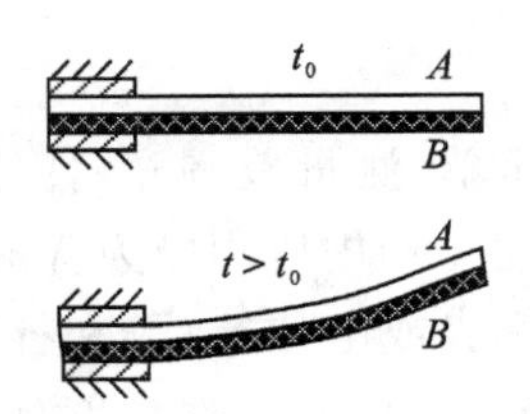

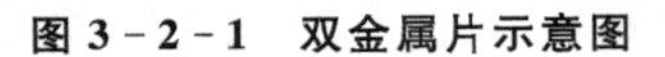

图 3-2-1　双金属片示意图

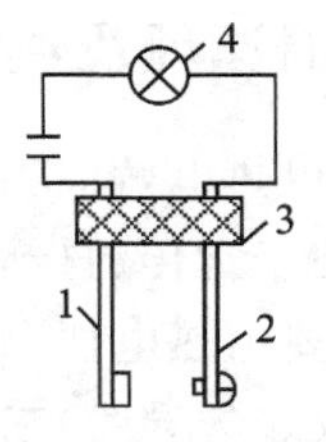

1—双金属片;2—调节螺钉;3—绝缘子;4—信号灯。

图 3-2-2　双金属温度信号器

2)压力式温度计

应用压力随温度的变化来测温的仪表叫压力式温度计。它是根据在封闭系统中的液体、气体或低沸点液体的饱和蒸汽受热后体积膨胀或压力变化这一原理而制成的,并用压力计来测量这种变化,从而测得温度。

压力式温度计的构造如图 3-2-3 所示。它主要由温包、毛细管和弹簧管三部分组成。

温包是直接与被测介质相接触来感受温度变化的元件,因此要求它具有高的强度、小的膨胀系数、高的热导率以及抗腐蚀等性能。根据所充的工作物质和被测介质的不同,温包可用铜合金、钢或不锈钢来制造。

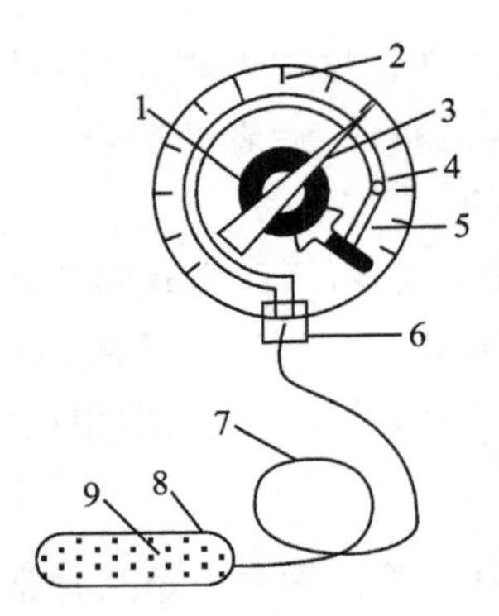

1—传动机构;2—刻度盘;3—指针;4—弹簧管;5—连杆;6—接头;7—毛细管;8—温包;9—工作物质。

图 3-2-3 压力式温度计结构原理图

毛细管是用铜或钢等材料冷拉成的无缝圆管,用来传递压力的变化。其外径为 1.2～5.0 mm,内径为 0.15～0.5 mm。毛细管的直径越小,长度越长,则传递压力的滞后现象就愈严重。也就是说,温度计对被测温度的反应越迟钝。然而,在同样的长度下毛细管越细,仪表的精度就越高。毛细管容易被破坏、折断,因此必须加以保护。对不经常弯曲的毛细管可用金属软管做保护套管。

弹簧管(或盘簧管)是一种简单耐用的测压敏感元件,常用的还有膜盒、波纹管等。

3)辐射式高温计

辐射式高温计是基于物体热辐射作用来测量温度的仪表。目前,它已被广泛地用来测量高于 800 ℃的温度。

在过程控制实践中,使用最多的是利用热电偶和热电阻这两种感温元件来测量温度,分别叫做热电偶温度计和热电阻温度计。下面将详细介绍这两种温度计的工作原理和使用方法。

3.2.2 热电偶测温原理及热电偶温度计

热电偶温度计是以热电效应为基础的测温仪表。其结构简单、测量范围宽、使用方便、测温准确可靠,信号便于远传、自动记录和集中控制,因而在工业生产中应用极为普遍。

热电偶温度计主要由热电偶(感温元件)、测量仪表(动圈仪表或电位差计)和补偿导线(连接热电偶和测量仪表的导线)三部分组成。图 3-2-4 是最简单的热电偶温度计测温系统示意图。

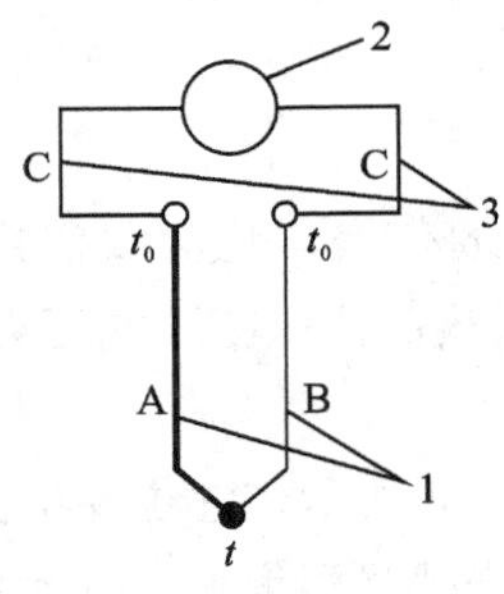

1—热电偶;2—测量仪表;3—导线。

图 3-2-4 热电偶温度计测温系统示意图

1. 热电偶测温原理

热电偶是利用热电原理制成的一种工业上最常用的测温元件。它由两种不同材料的导体 A 和 B 焊接而成，如图 3-2-5 所示。焊接的一端插入被测介质中，感受到被测温度，称为热电偶的工作端或热端，另一端与导线连接，称为冷端或自由端（参比端）。导体 A 和 B 称为热电极。

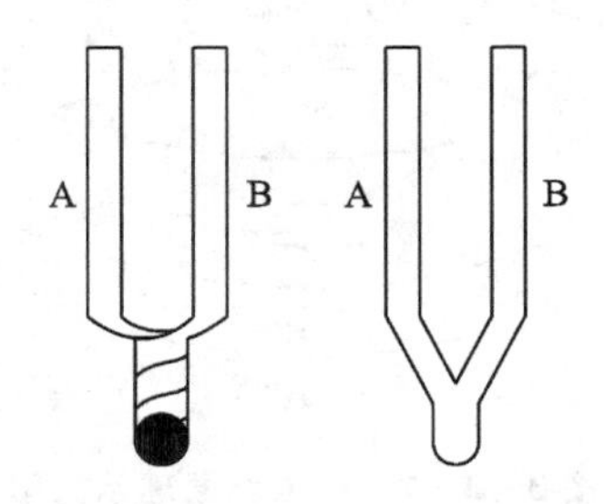

图 3-2-5　热电偶结构示意图

对于两种不同的金属，它们的自由电子密度是不同的。也就是说，两金属中每单位体积内的自由电子数不同。假设金属 A 中的自由电子密度大于金属 B 中的自由电子密度，则其压强也大于金属 B。正因为这样，当两种金属相接触时，在它们的交界处，电子从 A 扩散到 B 多于从 B 扩散到 A。而原来自由电子处于金属 A 这个统一体时，统一体是呈中性、不带电的，而当自由电子越过接触面迁移后，金属 A 就因失去电子而带正电，金属 B 则因得到电子而带负电（见图 3-2-6）。

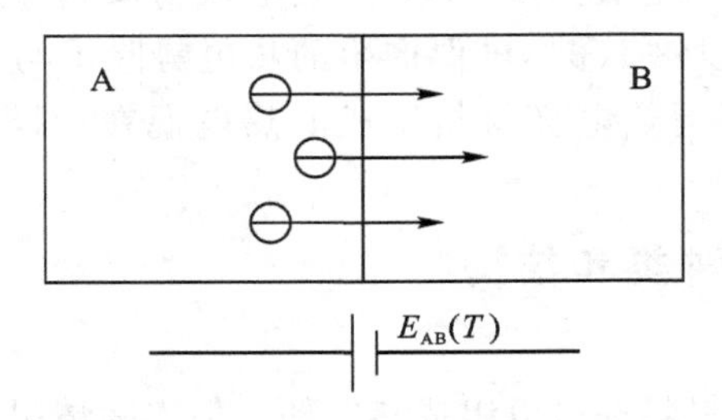

图 3-2-6　接触电势的形成过程

由于电子密度的不平衡而引起扩散运动，扩散的结果产生了静电场，静电场的存在又成为扩散运动的阻力。起初，扩散运动占优势，随着扩散的进行，静电场的作用就加强，反而使电子沿反方向运动，当二者达到动态平衡时，在接触区形成一个稳定的电位差，即接触电势。接触电势仅和两金属的材料及接触点的温度有关。温度越高，金属中的自由电子就越活跃，由 A 迁移到 B 的自由电子就越多，致使接触面处所产生的电场强度增加，因而接触电动势也增高。在热电偶材料确定后，电动势的大小只与温度有关，故称为热电势，记作 $e_{AB}(t)$，注脚 A 表示正极金属，注脚 B 表示负极金属。

若把导体的另一端也闭合，形成闭合回路，则在两接点处就形成了两个方向相反的热电势，如图 3-2-7 所示。图 3-2-7(a)表示两金属的接点温度不同，设 $t>t_0$，由于两金属的接点温度不同，就产生了两个大小不等、方向相反的热电势 $e_{AB}(t)$ 和 $e_{AB}(t_0)$。值得注意的是，对于同一金属 A（或 B），由于其两端温度不同，自由电子具有的动能不同，也会产生一个

相应的电动势 $e_A(t,t_0)$ 和 $e_B(t,t_0)$，这个电动势称为温差电势。但由于温差电势远小于接触热电势，因此常常把它忽略不计。这样，就可以用图 3-2-7(b)作为图 3-2-7(a)的等效电路，R_1、R_2 为热偶丝的等效电阻，在此闭合回路中总的热电势 $E(t,t_0)$ 应为

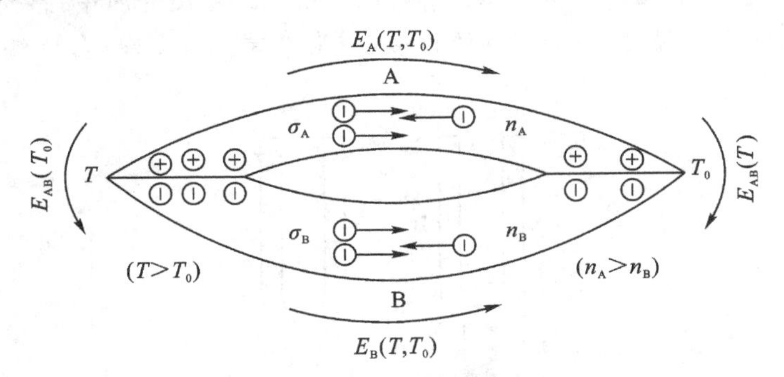

图 3-2-7　热电偶原理示意图

$$E(t,t_0)=e_{AB}(t)-e_{AB}(t_0)=e_{AB}(t)+e_{BA}(t_0) \tag{3-2-1}$$

也就是说，热电势 $E(t,t_0)$ 等于热电偶两接点热电势的代数和。当 A、B 材料固定后，热电势是接点温度 t 和 t_0 的函数之差。如果一端温度 t_0 保持不变，即 $e_{AB}(t_0)$ 为常数，则热电势 $E(t,t_0)$ 就成了温度 t 的单值函数，而和热电偶的长短及直径无关。这样，只要测出热电势的大小，就能判断测温点温度的高低，这就是热电现象测温原理。

由以上分析可得到如下结论：①如果组成热电偶回路的两种导体材料相同，则无论两接点温度如何，闭合回路的总热电势为零；②如果热电偶两接点温度相同，即使两导体材料不同，闭合回路的总热电势也为零；③热电偶产生的热电势除了与两接点处的温度有关外，还与热电极的材料有关，即不同热电极材料制成的热电偶在相同温度下产生的热电势是不同的。

2. 热电偶温度计的种类和结构

1)常用热电偶的种类

理论上，任意两种金属材料都可以组成热电偶。但实际情况并非如此，对它们需要进行严格的选择。热电偶电极材料应满足如下要求。

①温度每增加 1 ℃时所能产生的热电势要大，而且热电势与温度应尽可能呈线性关系；②物理稳定性要高，即在测温范围内其热电性质不随时间而变化，以保证与其配套使用的温度计测量的准确性；③化学稳定性要高，即在高温下不被氧化和腐蚀；④材料组织要均匀，要有韧性，便于加工成丝；⑤复现性好(用同种成分材料制成的热电偶，其热电特性均相同的性质称为复现性)，这样便于成批生产，而且在应用上也可保证良好的互换性。

但是，要全面满足以上要求是有困难的。目前国际上公认的较好的热电偶电极材料只有几种，这些材料是经过精选而且标准化的，它们分别被应用在各温度范围内，且测量效果良好。

工业上最常用的已标准化的热电偶有如下 4 种：铂铑$_{30}$-铂铑$_6$热电偶、铂铑$_{10}$-铂热电偶、镍铬-镍硅(镍铬-镍铝)热电偶和镍铬-考铜热电偶。各种热电偶热电势与温度的一一对应关系均可从标准数据表中查到，这种表称为热电偶的分度表。此外，用于各种特殊用途的热

电偶还有很多。如红外线接收热电偶，用于 2000 ℃高温测量的钨铼热电偶，用于超低温测量的镍铬-金铁热电偶，非金属热电偶等。我国已定型生产的几种热电偶及性能列表也在表 3-2-2 中。

表 3-2-2　工业热电偶分类及性能比较一览表

名　称	分度号	电极材料		测量范围/℃	适用气氛	稳定性
		正极	负极			
铂铑$_{30}$-铂铑$_{6}$	B	铂铑$_{30}$	铂铑$_{6}$	200～1800	O、N	<1500 ℃，优；>1500 ℃，良
铂铑$_{13}$-铂	R	铂铑$_{13}$	铂	−40～1600	O、N	<1400 ℃，优；>1400 ℃，良
铂铑$_{10}$-铂	S	铂铑$_{10}$	铂			
镍铬-镍硅(铝)	K	镍铬	镍硅(铝)	−270～300	O、N	中等
镍铬硅-镍硅	N	镍铬硅	镍硅	−270～260	O、N、R	良
镍铬-康铜	E	镍铬	康铜	−270～000	O、N	中等
铁-康铜	J	铁	康铜	−40～760	O、N、R、V	<500 ℃，良；>1400 ℃，差
铜-康铜	T	铜	康铜	−270～350	O、N、R、V	−170～200 ℃，优
钨铼$_{3}$-钨铼$_{25}$	WR$_{e}$3-WR$_{e}$25	钨铼$_{3}$	钨铼$_{25}$	0～2300	N、R、V	中等
钨铼$_{5}$-钨铼$_{26}$	WR$_{e}$5-WR$_{e}$26	钨铼$_{5}$	钨铼$_{26}$			

注释：适用气氛一列中，O 为氧化气氛，N 为中性气氛，R 为还原气氛，V 为真空。

2)热电偶的结构

热电偶广泛应用于各种条件下的温度测量。根据其用途和安装位置不同，热电偶的外形也是极不相同的。按结构型式可分为普通型、铠装型、表面型和快速型四种结构类型。

(1)普通型热电偶。普通型热电偶由热电极、绝缘管、保护套管和接线盒等主要部分组成，如图 3-2-8 所示。

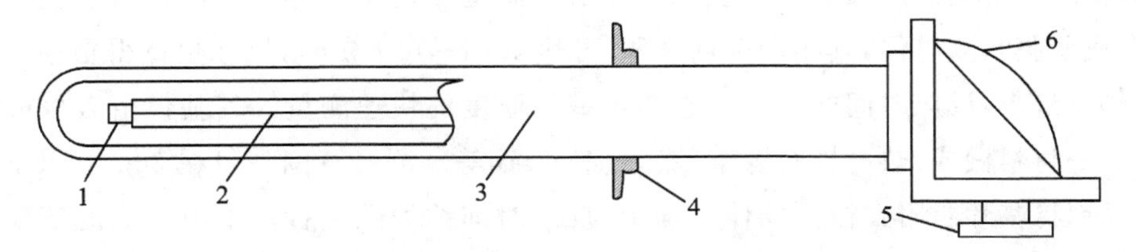

1—热电极；2—瓷绝缘套管；3—不锈钢套管；4—安装固定件；5—引线口；6—接线盒。

图 3-2-8　普通热电偶的结构示意图

热电极是组成热电偶的两根热偶丝，正负热电极的材料见表 3-2-2。热电极的直径由材料的价格、机械强度、电导率以及热电偶的用途和测量范围等决定。贵金属的热电极大多采用直径为 0.3～0.65 mm 的细丝，普通金属电极丝的直径一般为 0.5～3.2 mm。其长度由安装条件及插入深度而定，一般为 350～2000 mm。

瓷绝缘套管（又称绝缘子）用于防止两根热电极短路，材料的选用由使用温度范围而定。它的结构型式通常有单孔管、双孔管及四孔管等。

保护套管套在热电极、绝缘子的外边，其作用是保护热电极不受化学腐蚀和机械损伤。保护套管材料的选择一般根据测温范围、插入深度以及测温的时间常数等因素来决定。对保护套管材料的要求是耐高温、耐腐蚀、能承受温度的剧变、有良好的气密性和具有高的热导系数。其结构一般有螺纹式和法兰式两种。

接线盒通常用铝合金制成，供热电极和补偿导线连接之用，一般分为普通式和密封式两种。为了防止灰尘和有害气体进入热电偶保护套管内，接线盒的出线孔和盖子均用垫片和垫圈加以密封。接线盒内用于连接热电极和补偿导线的螺丝必须固紧，以免产生较大的接触电阻而影响测量的准确度。

(2)铠装热电偶。铠装热电偶由金属套管、绝缘材料（氧化镁粉）、热电偶丝一起经过复合拉伸成型，然后将端部偶丝焊接成光滑球状结构。工作端有露头型、接壳型、绝缘型三种。其外径为 1～8 mm，还可小到 0.2 mm，长度可为 50 m。

铠装热电偶具有反应速度快、使用方便、可弯曲、气密性好、耐震、耐高压等优点，是目前使用较多并正在推广的一种结构，其结构示意图如图 3-2-9 所示。

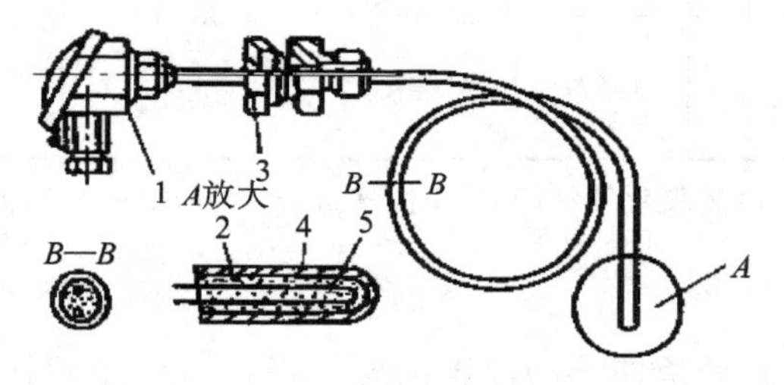

1—接线盒；2—绝缘材料；3—安装用的固定螺母；4—金属管；5—热电极。

图 3-2-9　铠装热电偶结构组成示意图

(3)薄膜热电偶。用真空蒸镀或化学涂层等制造工艺将两种热电极材料蒸镀到绝缘基板上，形成薄膜状热电偶，其热端接点极薄（可达 0.01～0.1 μm），尺寸也做得很小。因此热接点的热容量小，反应时间非常短。它适于壁面温度的快速测量。其基板由云母或浸渍酚醛塑料片等材料做成，热电极有镍铬-镍硅、铜-康铜等。测温范围一般在 300 ℃以下。使用时用胶黏剂将基片黏附在被测物体表面上，反应时间约为数毫秒。中国制成的薄膜式热电偶形状如图 3-2-10 所示。

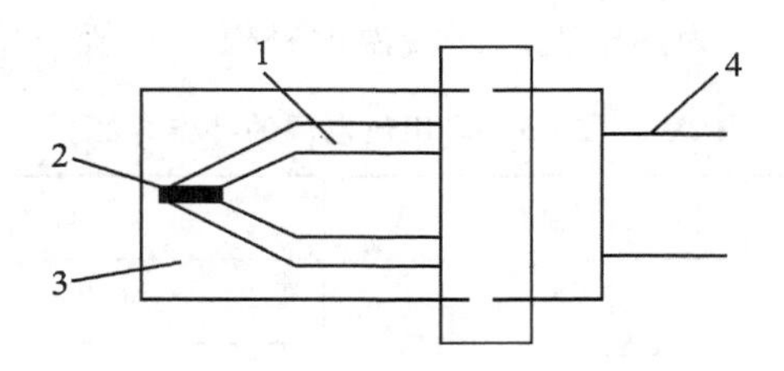

1—热电极；2—热结点；3—绝缘基板；4—引出线。

图3-2-10 薄膜热电偶结构组成示意图

热电偶的结构型式可根据它的用途和安装位置来确定。在选择热电偶时，要注意如下4个方面的问题：热电极的材料，保护套管的结构、材料及耐压强度，保护套管的插入深度。

3. 热电偶温度计的补偿问题

1)补偿导线的选用

由热电偶测温原理可知，只有当热电偶冷端温度保持不变时，热电势才是被测温度的单值函数。但在实际应用时，由于热电偶的工作端（热端）与冷端离得很近，而且冷端又暴露在空气中，容易受到周围环境温度波动的影响，因而冷端温度难以保持恒定。

为了使热电偶的冷端温度保持恒定，当然可以把热电偶做得很长，使冷端远离工作端，但是，这样做要多消耗许多贵重的金属材料，很不经济。解决这个问题的方法是采用一种专用导线，将热电偶的冷端延伸出来，如图3-2-11所示。这种专用导线称为"补偿导线"。它也是由两种不同性质的金属材料制成，在一定温度范围内（0～100 ℃）与所连接的热电偶具有相同的热电特性，其材料又是廉价金属。不同热电偶所用的补偿导线也不同，对于镍铬-考铜等一类用廉价金属制成的热电偶，则可用其本身材料作补偿导线。

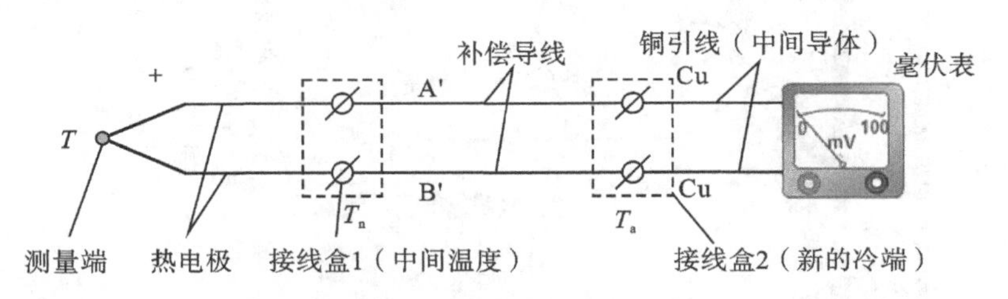

图3-2-11 补偿导线接线示意图

在使用热电偶补偿导线时，要注意型号相配，极性不能接错，热电偶与补偿导线连接端所处的温度不应超过100 ℃。各种型号热电偶所配用的补偿导线的材料见表3-2-3。

2)冷端温度的补偿

采用补偿导线后，把热电偶的冷端从温度较高和不稳定的地方，延伸到温度较低和比较稳定的操作室内，但冷端温度还不是0 ℃。而工业上常用的各种热电偶的温度-热电势关系曲线是在冷端温度保持为0 ℃的情况下得到的，与它配套使用的仪表也是根据这一关系曲线进行刻度的。由于操作室的温度往往高于0 ℃，而且是不恒定的，这时，热电偶所产生的热电势必然偏小。且测量值也随着冷端温度变化而变化，这样测量结果就会产生误差。因此，在应用热电偶测温时，只有将冷端温度保持为0 ℃，或者是进行一定的修正才能得出准确的测量结果。这样做，就称为热电偶的冷端温度补偿。一般采用如下几种方法。

表 3-2-3 常用热电偶的补偿导线

配用热电偶类型	代号[①]	色标		允许误差/%			
				100 ℃		200 ℃	
		正极	负极	A 级	B 级	A 级	B 级
S,R	SC	红	绿	3	5	5	
K	KC		蓝	1.5	2.5		—
	KX		黑	1.5	2.5	1.5	2.5
N	NC		浅灰	1.5	2.5	—	
	NX		深灰	1.5	2.5	1.5	2.5
E	EX		棕	1.5	2.5	1.5	2.5
J	JX		紫	1.5	2.5	1.5	2.5
T	TX		白	0.5	1.0	0.5	1.0

注释:代号第二字母的含义是:C 表示补偿型,X 表示延长型

(1)冷端温度保持为 0 ℃的方法。保持冷端温度为 0 ℃的方法如图 3-2-12 所示。把热电偶的两个冷端分别插入盛有绝缘油的试管中,然后放入装有冰水混合物的容器中,这种方法多数用在实验室中。

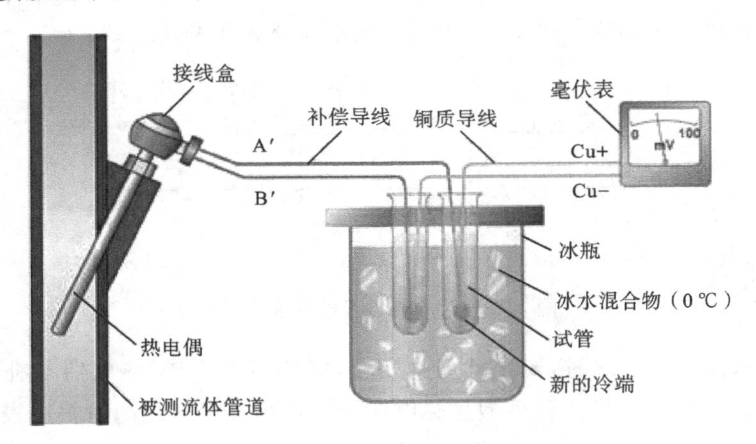

图 3-2-12 冰浴法接线原理示意图

(2)冷端温度修正方法。由于在实际生产中冷端温度往往不是 0 ℃,而是某一温度 t_1,这便引起测量误差,必须对冷端温度进行修正。

假设设备的实际温度为 t,其冷端温度为 t_1,这时测得的热电势为 $E(t,t_1)$。为求得实际 t 的温度,可利用下式进行修正,即

$$E(t,0)=E(t,t_1)+E(t_1,0) \tag{3-2-2}$$

又因为 $E(t,t_1)=E(t,0)-E(t_1,0)$，所以冷端温度的修正方法是把测得的热电势 $E(t,t_1)$ 加上热端为室温 t_1、冷端为 0 ℃时的热电偶的热电势 $E(t_1,0)$，才能得到实际温度下的热电势 $E(t,0)$。

值得注意的是，由于热电偶所产生的热电势与温度之间的关系都是非线性的(当然各种热电偶的非线性程度不同)，因此在自由端的温度不为零时，将所测得热电势对应的温度值加上自由端的温度，并不等于实际的被测温度。实际热电势与温度之间的非线性程度越严重，则误差就越大。

另外，用计算的方法来修正冷端温度只适用于实验室或临时测温，在连续测量中显然是不实用的。

(3)校正仪表零点法。一般而言，仪表未工作时，其指针应指在零位上，即机械零点。若采用测温元件为热电偶时，要使测温时指示值不偏低，可预先将仪表指针调整到相当于室温的数值上。这是因为将补偿导线一直引入到显示仪表的输入端，这时仪表的输入接线端子所处的室温就是该热电偶的冷端温度。此法比较简单，故在工业上也经常应用。但必须明确指出，这种方法由于室温也在经常变化，所以只能在要求不太高的测温场合下应用。

(4)补偿电桥法。补偿电桥法是利用不平衡电桥产生的电势，来补偿热电偶因冷端温度变化而引起的热电势变化值，如图 3-2-13 所示。

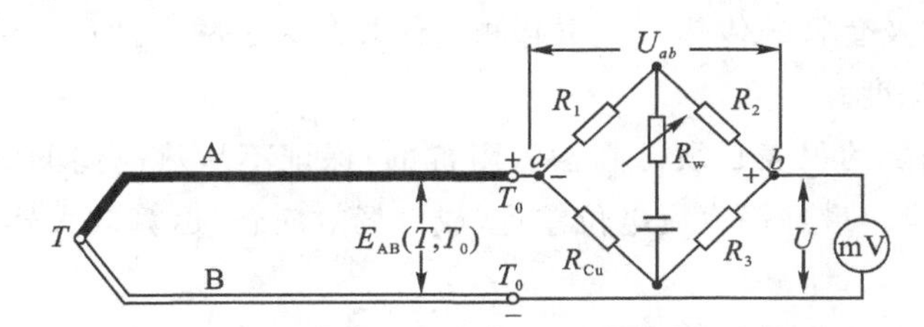

图 3-2-13 具有补偿电桥的热电偶测温线路

不平衡电桥(又称补偿电桥或冷端温度补偿器)由 R_1、R_2、R_3(锰钢丝绕制)和 R_{Cu}(铜丝绕制)四个桥臂和电源所组成，串联在热电偶测量回路中，为了使热电偶的冷端与电阻 R_{Cu} 感受相同的温度，所以必须把 R_{Cu} 与热电偶的冷端放在一起。电桥通常在 20 ℃时处于平衡，即 $R_1=R_2=R_3=R_{Cu}^{20}$。此时，对角线 a、b 两点电位相等，即 $U_{ab}=0$，电桥对仪表的读数无影响。

当周围环境高于 20 ℃时，热电偶因自由端温度升高而使热电势减弱。而与此同时，电桥中 R_1、R_2、R_3 的电阻值不随温度而变化，铜电阻 R_{Cu} 却随温度增加而增加，于是电桥不再平衡。这时，可使 a 点电位高于 b 点电位，在对角线 a、b 间输出一个不平衡电压 U_{ab}，并与热电偶的热电势相叠加，一起送入测量仪表。如适当选择桥臂电阻和电流的数值，可使电桥产生的不平衡电压 U_{ab} 正好补偿由于冷端温度变化而引起的热电势变化值，仪表即可指示出正确的温度值。

应当指出，由于电桥是在 20 ℃时平衡的，所以采用这种补偿电桥时须把仪表的机械零位预先调到 20 ℃处。如果补偿电桥是在 0 ℃时平衡设计的，则仪表零位应调在 0 ℃处。

3)热电偶的串并联

特殊情况下，热电偶可以串联或并联，但只限同一对材质构成的多个热电偶，并且其冷端应在同一温度下。主要用途如下：

(1)同极性串联,增强信号。例如,辐射高温计里,用多个热电偶串联,其热端皆为同一温度 t,冷热皆为 t_0,总热电动势为单个热电偶时的很多倍。

(2)同极性串联,测多个测点的平均温度。例如,喷气发动机燃烧室的温度,多个测点的信号串联之后信号加强了,但各个热电偶的电动势不一定相等,总热电动势反映的是平均温度。

(3)反极性串联,测温差。例如,空调系统以某个测点的温度为标准,其他测点靠温差反映空调效果。又如热水的供热量由流量及温差相乘而求得。

(4)时间常数不等的两热电偶反极性串联,测温度变化速度。当温度恒定不变时总热电动势为零,变化越快输出的信号越大,在精密金属零件热处理工艺中很有用处。

(5)同极性并联,测平均温度。但是要求各热电偶的电阻及时间常数也应相等。

要注意的是,串联或并联都不允许有短路或断路的热电偶,否则会引起严重的误差。在单支热电偶使用中,短路或断路都会使信号完全消失,比较容易被发现。在串联或并联多个热电偶的情况下,局部短路或断路不一定会使总输出电势消失,就难以引起注意了。

4. 热电偶温度计的使用要点

在选用和使用热电偶时,以下 3 点需要注意。

(1)热电偶导体及套管的传热可能引起测温误差。为了减少此种影响,应注意热电偶在被测介质中的插入深度。

(2)与热电偶相配的仪表必须是高输入阻抗的,保证不从热电偶取电流,否则测出的是端电压而不是电动势。最好用直流电位差计,或由场效应管、运算放大器等元器件构成的电路与热电偶相配合。

(3)应注意寄生电动势引起的误差。因为热电势很小,如果导线、接线端子、切换开关等处金属材料不同而有接触电动势,或由于温度分布不平均而有温差电势,都会对测量结果有影响。

特别要注意的是多个温度巡回检测用的切换开关。若用有触点的开关,当触点表面有酸性或碱性污垢时,其寄生电动势决不能忽视。目前含有微处理器的多路温度巡检仪表常用舌簧管开关,虽然舌簧管里有触点,但不会被污染,所以寄生电动势较小。此外,为了进一步减小寄生电动势,往往在热电偶的两根引线上都装有舌簧管开关,同时通断,使寄生电动势彼此抵消。

3.2.3 热电阻测温原理及热电阻温度计

热电偶一般适用于测量 500 ℃以上的较高温度,对于在 500 ℃以下的中、低温,利用热电偶进行测量就不太合适。首先,在中、低温区热电偶输出的热电势很小(几十至几百 μV),对电位差计的放大器和抗干扰措施要求很高,否则就会导致测量不准确,仪表维修也很困难;其次,在较低的温度区域,因热电势数值很小,冷端温度和环境温度的变化所引起的相对误差相对突出,且不易得到完全补偿。所以在中、低温区,一般是使用热电阻来进行温度的测量。

1. 热电阻测温原理

热电阻温度计是利用金属导体的电阻值随温度变化而变化的特性来进行温度测量的。其电阻值与温度的关系为

$$R_t=R_{t_0}[1+\alpha(t-t_0)] \tag{3-2-3}$$

$$\Delta R_t=\alpha R_{t_0}\cdot\Delta t \tag{3-2-4}$$

式中，R_t 为温度为 t 时的电阻值；R_{t_0} 为温度为 t_0（通常为 0 ℃）时的电阻值；α 为电阻温度系数；Δt 为温度的变化值；ΔR_t 为电阻值的变化量。可见，由于温度的变化，导致了金属导体电阻的变化。这样只要设法测出电阻值的变化，就可达到温度测量的目的。

由以上分析可知，热电阻温度计的测温原理与热电偶不同。热电阻温度计是把温度的变化通过测温元件（热电阻）转换为电阻值的变化来测量温度的，而热电偶温度计则把温度的变化通过测温元件（热电偶）转化为热电势的变化进行的。

热电阻温度计适用于测量－200 ℃～＋500 ℃的液体、气体、蒸汽及固体表面的温度。它与热电偶温度计一样，有远传、自动记录和实现多点测量等优点。另外，热电阻的输出信号大，测量准确。

2. 热电阻温度计的种类和结构

1）工业常用热电阻

虽然大多数金属导体的电阻值都随温度的变化而变化，但是它们并不都能作为热电阻来使用。作为热电阻的材料一般要求：①电阻温度系数、电阻率要大；②热容量要小；③在整个测温范围内，应具有稳定的物理、化学性质和良好的复现性；④电阻值随温度的变化关系最好呈线性关系。

寻找完全符合上述要求的热电阻材料实际上是很困难的，当前应用最广泛的热电阻材料是铂和铜。

（1）铂电阻（WZP 型）。金属铂易于提纯，在氧化性介质中，甚至在高温下其物理、化学性质都非常稳定。但在还原性介质中，特别是在高温下很容易被沾污，使铂丝变脆，并会改变其电阻与温度间的关系。因此，要特别注意保护。

在－200～850 ℃的温度范围内，铂热电阻与温度的关系为

$$R_t=\begin{cases}R_0[1+At+Bt^2], & t\geqslant 0\\ R_0[1+At+Bt^2+Ct^3(t-100)], & t<0\end{cases} \tag{3-2-5}$$

式中，R_0 为温度为 0 ℃时的电阻值；$A=3.908\,3\times10^{-3}$℃$^{-1}$，$B=-5.775\times10^{-7}$℃$^{-2}$，$C=-4.183\times10^{-12}$℃$^{-4}$，A、B、C 均由实验求得。

在使用过程中，为消除环境温度的影响，铂热电阻至测量仪表（电桥）的连接导线往往采用三线制。要确定 R_t-t 的关系时，首先要确定 R_0 的大小，不同的 R_0，则 R_t-t 的关系也不同。这种 R_t-t 的关系称为分度表，用分度号表示。例如，工业上常用的铂电阻有两种，一种是 $R_0=10\ \Omega$，对应的分度号为 Pt10；另一种是 $R_0=100\ \Omega$，对应的分度号为 Pt100。

铂的纯度常以 R_{100}/R_0（R_{100}、R_0 称为名义电阻）来表示，其中 R_{100} 代表 100 ℃时铂电阻

的电阻值。纯度越高，此比值也越大。作为基准仪器的铂电阻，其 R_{100}/R_0 的比值不得小于 1.3925。一般工业上用铂电阻温度计对铂丝纯度的要求是 R_{100}/R_0 不得小于 1.385。

(2)铜电阻(WZC 型)。金属铜易加工提纯，价格便宜。它的电阻温度系数很大，且电阻与温度呈线性关系，在测温范围为 −40 ℃～150 ℃，具有很好的稳定性。其缺点是温度超过 150 ℃后易被氧化，且氧化后会失去良好的线性特性。另外，由于铜的电阻率小(一般为 $0.017\ \Omega\cdot mm^2/m$)，为了绕得一定的电阻值，铜电阻丝必须细，长度也要长，这样就使得铜电阻体较大，机械强度也随之降低。

在 −40 ℃～150 ℃，铜电阻与温度的关系是线性的，即

$$R_t=R_0[1+\alpha(t-t_0)] \tag{3-2-6}$$

式中，α 为铜的电阻温度系数($\alpha=4.25\times10^{-3}/℃$)，其他符号同式(3-2-5)。

工业上用的铜电阻有两种，一种是 $R_0=50\ \Omega$，对应的分度号为 Cu50；另一种是 $R_0=100\ \Omega$，对应的分度号为 Cu100，其电阻比 $R_{100}/R_0=1.428$。

2)热电阻的接线方式

热电阻温度计是由热电阻(感温元件)、显示仪表(不平衡电桥或平衡电桥)以及连接导线组成。值得注意的是，工业热电阻安装在测量现场，其引线电阻对测量结果有较大影响。热电阻的接线方式有二线制、三线制和四线制三种，如图 3-2-14 所示。

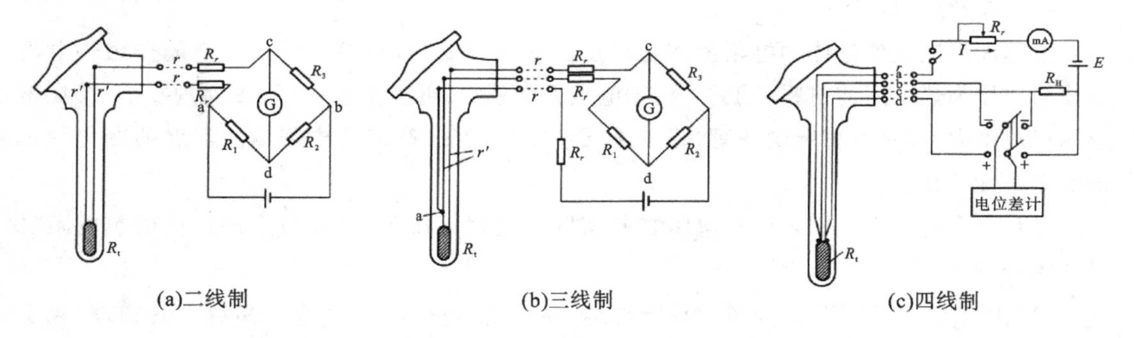

图 3-2-14 热电阻接线方式

二线制方式是在热电阻两端各连一根导线，这种接线方式简单、费用低，但是引线电阻随环境温度的变化会带来附加误差。只有当引线电阻 r 与元件电阻值 R 满足 $2r/R\leqslant10^{-3}$ 时，引线电阻的影响才可以忽略。三线制方式是在热电阻的一端连接两根导线，另一端连接一根导线。当热电阻与测量电桥配用时，分别将引线接入两个桥臂，可以较好地消除引线电阻的影响，提高测量精度，工业热电阻测温多用此种接法。四线制方式是在热电阻两端各连两根导线，其中两根引线为热电阻提供恒流源，在热电阻上产生的压降通过另外两根引线接入电势测量仪表进行测量，当电势测量端的电流很小时，可以完全消除引线电阻的影响，这种接线方式主要用于高精度的温度测量。

3)热电阻的结构类型

热电阻的结构型式有普通型、铠装型和薄膜型三种。

(1)普通型热电阻。普通型热电阻主要由电阻体、保护套管和接线盒等主要部件所组

成,如图 3-2-15 所示。其中保护套管和接线盒与热电偶的基本相同。下面就介绍一下电阻体的结构。

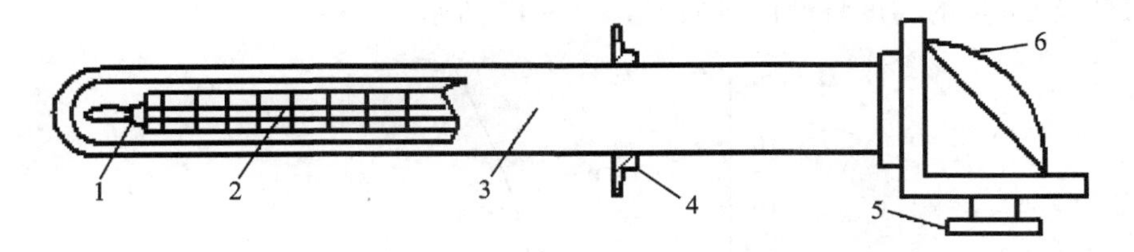

1—电阻体;2—瓷绝缘套管;3—不锈钢套管;4—安装固定件;5—引线口;6—接线盒。

图 3-2-15　热电阻的结构示意图

采用双线无感绕法将电阻丝绕制在具有一定形状的支架上,这个整体便称为电阻体。电阻体要求做得体积小,而且受热膨胀时,电阻丝应该不产生附加应力。目前,用来绕制电阻丝的支架一般有三种构造形式:平板形(见图 3-2-16)、圆柱形和螺旋形。一般地说,平板支架作为铂电阻体的支架,圆柱形支架作为铜电阻体的支架,而螺旋形支架是作为标准或实验室用的铂电阻体的支架。

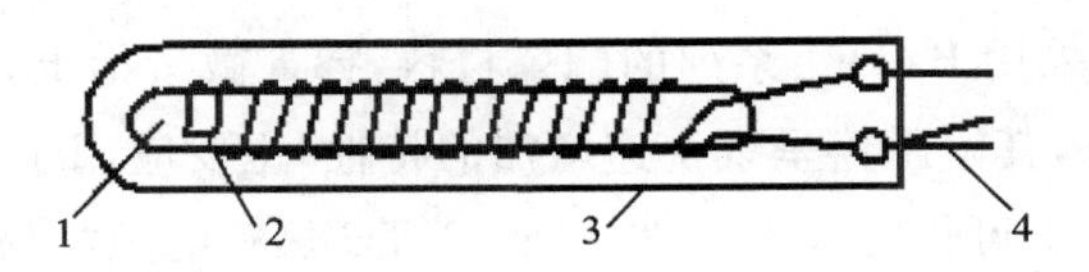

1—芯柱;2—电阻丝;3—保护膜;4—引线端。

图 3-2-16　热电阻的绕线示意图

(2)铠装热电阻。铠装热电阻将电阻体预先拉制成型并与绝缘材料和保护套管连成一体。这种热电阻热惰性小,响应速度快,耐振,抗冲击,具有良好的机械性能。可在有振动的场合和恶劣环境中使用,适用于高压设备测温。因为引线部分具有一定的柔韧性,也适用于安装在结构复杂的设备上进行测温,此种热电阻使用寿命比较长。

(3)薄膜热电阻。薄膜热电阻一般用陶瓷材料做基底,采用溅射工艺成膜,经过光刻、腐蚀工艺形成图案,再经焊接引线、胶封、校正电阻等工序,最后在电阻表面涂保护层而成。这种热电阻的体积很小、热惯性也小、灵敏度高,主要用于平面物体的表面温度和动态温度的检测。

4)半导体热电阻

半导体热电阻又称为热敏电阻。常用来制造热敏电阻的材料为锰、镍、铜、钛和镁等的氧化物。将这些材料按一定比例混合,经成形高温烧结而成热敏电阻。

它与金属热电阻相比,有如下特点:①电阻温度系数大、灵敏度高,比一般金属电阻大10～100倍;②结构简单、体积小,可以测量点温度;③电阻率高、热惯性小,适宜动态测量;④阻值与温度变化呈非线性关系;⑤稳定性和互换性较差。

按照半导体电阻随温度变化的特性,分为三种类型,即正温度系数热敏电阻(Positive

Temperature Coefficient,PTC);负温度系数热敏电阻(Negative Temperature Coefficient,NTC);(应用最普遍)临界温度系数热敏电阻(Critical Temperature Resistors,CTR)。PTC、NTC及CTR的温度特性曲线如图3-2-17所示。

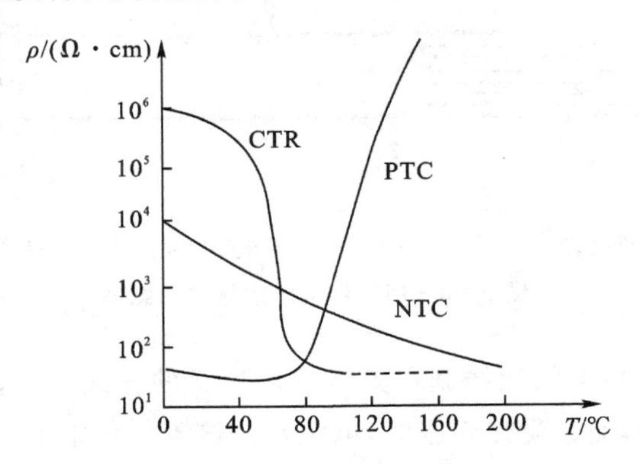

图3-2-17 热敏电阻三种类型特性

显然,在工作温度范围内,PTC具有电阻值随温度升高而升高的特性;NTC具有电阻值随温度升高而显著减小的特性;CTR具有在某一特定温度点,电阻值发生突变的特性。其中,PTC热敏电阻主要采用$BaTiO_3$系列的陶瓷材料,掺入微量稀土元素使之半导体化制成。当温度超过某一数值时,其电阻值呈现快速增加的特性,主要应用于各种电气设备的过热保护、发热源的定温控制,也可作为限流元件使用。NTC热敏电阻材料多为Fe、Ni、Co、Mn等过渡金属氧化物,具有随温度升高电阻值减小的负温度系数特性,特别适用于-100~300 ℃测温。在点温、表面温度、温差等测量中得到广泛应用,同时也广泛应用在自动控制及电子线路的热补偿线路中。CTR热敏电阻采用以VO_2为代表的半导瓷材料,在某一温度点附近电阻值发生突变,在温度仅几度的狭窄范围内,其阻值突变3~4个数量级。该温度点称为临界温度点。其主要用作温度开关,温度报警等。

3.2.4 测温元件的安装

接触式测温仪表的测量精度主要由测温(感温)元件决定的,即使正确选择了测温元件和二次仪表,但如果测温元件的安装方式不合适,测量精度依然得不到保证。工业上,一般按照下列要求进行测温元件的安装。

1. 测温元件的安装要求

(1)在测量管道流体介质温度时,应保证测温元件与流体充分接触,以减少测量误差。因此,选择有代表性的测温点位置,检测元件要有足够的插入深度,测温点应处在管道中心位置,并应迎着流动方向插入,至少须与被测介质正交(成90°),且流速最大。一般而言,热电偶、铂电阻、铜电阻保护套管的末端应分别越过流束中心线5~10 mm、50~70 mm、25~30 mm。如图3-2-18所示。

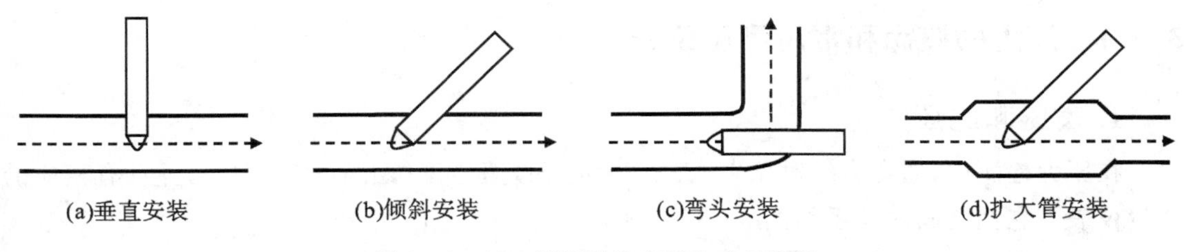

图 3－2－18　测温元件安装方式示意图

(2)热电偶或热电阻接线盒的出线孔应朝下，以免积水及灰尘等造成接触不良，防止引入干扰信号。

(3)检测元件应避开热辐射强烈影响处，要密封安装孔，避免被测介质逸出或冷空气吸入而引入误差。

(4)若工艺管道过小(直径小于 80 mm)，安装测温元件处应接装扩大管，如图 2－1－18(d)所示。

(5)热电偶、热电阻的接线盘面盖应向上，以避免雨水或其他液体、脏物进入接线盒中影响测量。

(6)为了防止热量散失，测温元件应插在有保温层的管道或设备处。

(7)测温元件安装在负压管道中时，必须保证其密封性，以防外界冷空气进入，使读数降低。

2. 布线要求

(1)按照规定的型号配用热电偶的补偿导线，注意热电偶的正、负极与补偿导线的正、负极相连接，不要接错。

(2)热电阻的线路电阻一定要符合所配二次仪表的要求。

(3)为了保护连接导线与补偿导线不受外来的机械损伤，应把连接导线或补偿导线穿入钢管内或走槽板。

(4)导线应尽量避免有接头，应有良好的绝缘，禁止与交流输电线合用一根穿线管，以免引起感应。

(5)导线应尽量避开交流动力电线。

(6)补偿导线不应有中间接头，否则应加装接线盒，最好与其他导线分开敷设。

3.3　压力检测及仪表

工业生产中，所谓“压力”实质上就是物理学里的“压强”，是指流体(气体或液体)均匀垂直地作用于单位面积上的力。在过程控制工程实践中，压力是重要的操作参数之一，经常会遇到压力和真空度的测量，其中包括比大气压力高很多的高压、超高压和比大气压力低很多的真空度的测量。此外，压力测量的意义还不局限于它自身，其他一些参数的测量，如物位、流量等往往是通过测量压力或差压来进行的，即测出了压力或差压，便可确定物位或流量。

3.3.1 压力的概念和常用测压仪表

1. 表压和绝压

在压力检测中，通常有绝对压力、表压力、负压或真空度等几种表示方法，并且有相应的测量仪表。它们之间的关系如图 3-3-1 所示。

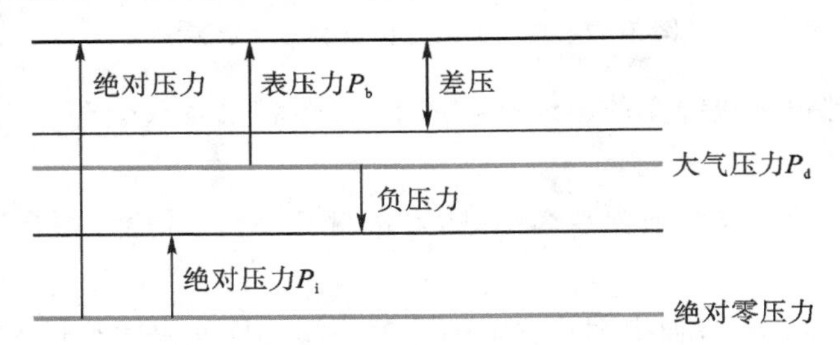

图 3-3-1 不同压力计示法之间的关系

(1)绝对压力：介质作用在容器表面上的实际压力，用符号 P_i 表示。

(2)大气压力：由表面空气柱重量形成的压力，它随地理纬度、海拔高度及气象条件而变化，用符号 P_d 表示。标准大气压为 1.01×10^5 Pa。

(3)表压力：高于大气压的绝对压力与大气压力之差，用符号 P_b 表示。即

$$P_b=P_i-P_d \tag{3-3-1}$$

工程技术上一般所说的压力都是指表压力，为了简单起见，只用小写的 p，省去代表表压力的下角标 b。当 p 为负值时，就是真空度。

(4)真空度：大气压与低于大气压的绝对压力之差的绝对值，其表压力为负值(负压力)，用符号 P_z 表示。即

$$P_z=P_d-P_i \tag{3-3-2}$$

(5)差压：差压是指设备中两处的压力之差。生产过程中有时直接以差压作为工艺参数，差压测量还可以作为流量和物位测量的间接手段。

过程控制实践中，常采用大气压(atm)、巴(bar)或 MPa 作为压力的单位。1 个大气压通常也称作 1 千克力(kgf)。它们之间的换算关系为 1 atm=1 kgf=0.1 MPa ≈1 bar。

2. 常用测压仪表

测量压力或真空度的仪表很多，按其转换原理的不同，大致可分为如下四类：液柱式压力计、弹性式压力计、电气式压力计和活塞式压力计。

(1)液柱式压力计。液柱式压力计常用于测量气体压力。它根据流体静力学原理，将被测压力转换成液柱高度进行测量。按其结构形式的不同，有 U 形管压力计、单管压力计和斜管压力计等。这类压力计结构简单、使用方便，但其精度受工作液体的毛细管作用、密度及视差等因素的影响，测量范围较窄，占用空间较大，不够紧凑，安装姿势必须垂直，使得安装条件受到限制。近年来，液柱式测压仪表在工业上的应用已日益减少，但是因其简单、灵敏、精确，在科学实验中仍较常见，一般用来测量较低压力、真空度或压力差。

(2)弹性式压力计。弹性式压力计是工业生产过程中使用最为普遍的测压仪表。它将被测压力转换成弹性元件变形的位移进行测量。尤其是弹簧管压力计,历史悠久,应用广泛。此外还有波纹管压力计及膜式压力计等。

(3)电气式压力计。电气式压力计通过机械和电气元件将被测压力转换成电量(如电压、电流、频率等)来进行测量的仪表,例如各种压力传感器和压力变送器。

(4)活塞式压力计。活塞式压力计根据水压机液体传送压力的原理,将被测压力转换成活塞上所加平衡砝码的质量来进行测量。其测量精度很高,允许误差可小到 0.05%~0.02%。但结构较复杂,价格较贵。一般作为标准压力测量仪器,来检验其他类型的压力计。

3.3.2　弹性式压力计

弹性式压力计是利用各种形式的弹性元件,在被测介质的作用下,使弹性元件受压后产生弹性形变的原理而制成的测压仪表。这种仪表具有结构简单、使用可靠、读数清晰、牢固可靠、价格低廉、测量范围宽以及有足够的精度等优点。若增加附加装置,如记录机构、电气变换装置、控制元件等,则可以实现压力的记录、远传、信号报警、自动控制等。弹性式压力计可以用来测量几百帕到数千兆帕范围内的压力,因此在工业上是应用最为广泛的一种压力测量仪表。

1. 弹性元件

弹性元件是一种简易可靠的测压敏感元性,它不仅是弹性式压力计的测压元件,也经常用来作为气动单元组合仪表的基本组成元件。当测压范围不同时,所用的弹性元件也不一样,常用的几种弹性元件的结构如图 3-3-2 所示。

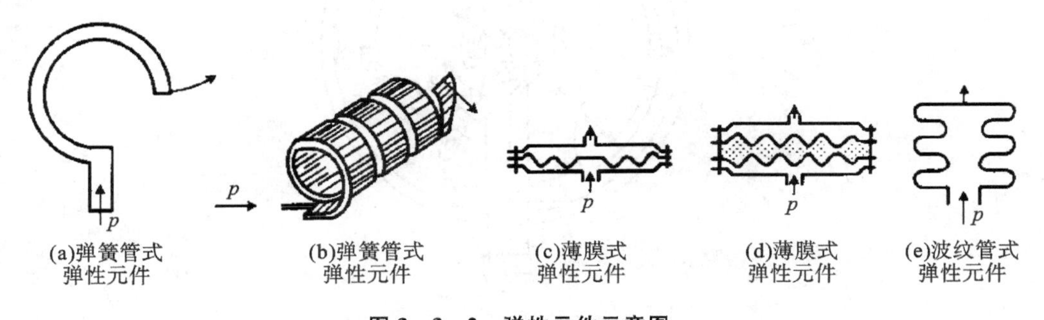

图 3-3-2　弹性元件示意图

(1)弹簧管式弹性元件。弹簧管式弹性元件的测压范围较宽,可测量高达 1000 MPa 的压力。单圈弹簧管是弯成圆弧形的金属管,其截面做成扁圆形或椭圆形,如图 3-3-2(a)所示。当通入压力 p 后,它的自由端就会产生位移。这种单圈弹簧管自由端位移较小,因此能测量较高的压力。为了增加自由端的位移,可以制成多圈弹簧管,如图 3-3-2(b)所示。

(2)薄膜式弹性元件。薄膜式弹性元件根据其结构不同还可以分为膜片式和膜盒式等。它的测压范围较弹簧管式要小。图 3-3-2(c)为膜片式弹性元件,它是由金属或非金属材料做成的具有弹性的一张膜片(有平膜片与波纹膜片两种形式),在压力作用下能产生变形。有时也可以由两张金属膜片沿周口对焊起来,成一薄壁盒子,内充液体(例如硅油),称为膜盒，如图 3-3-2(d)所示。

(3)波纹管式弹性元件。波纹管式弹性元件是一个周围为波纹状的薄壁金属筒体，如图 3-3-2(e)所示。这种弹性元件易于变形，而且位移很大。常用于微压与低压的测量(一般不超过 1 MPa)。

2. 弹簧管压力计

弹簧管压力计的测量范围非常广，品种规格繁多。按其所使用的测压元件不同，有单圈弹簧管压力计与多圈弹簧管压力计；按用途不同，除普通弹簧管压力计外，还有耐腐蚀的氨用压力计、禁油的氧气压力计等。它们的外形与结构基本上是相同的，只是所用的材料有所不同。

弹簧管压力计的结构原理如图 3-3-3 所示。弹簧管 1 是压力计的测量元件，图中给出的是单圈弹簧管，是一根弯成 270°圆弧的椭圆截面的空心金属管。管子的自由端 B 封闭，管子的另一端固定在接头 9 上。当通入被测的压力 p 后，由于椭圆形截面在压力 p 的作用下，将趋于圆形，而弯成圆弧形的弹簧管也随之产生向外挺直的扩张变形。由于变形，使弹簧管的自由端 B 产生位移。输入压力 p 越大，产生的变形也越大。由于输入压力与弹簧管自由端 B 的位移成正比，所以只要测得 B 点的位移量，就能反映压力 p 的大小。这就是弹簧管压力计的基本测量原理。

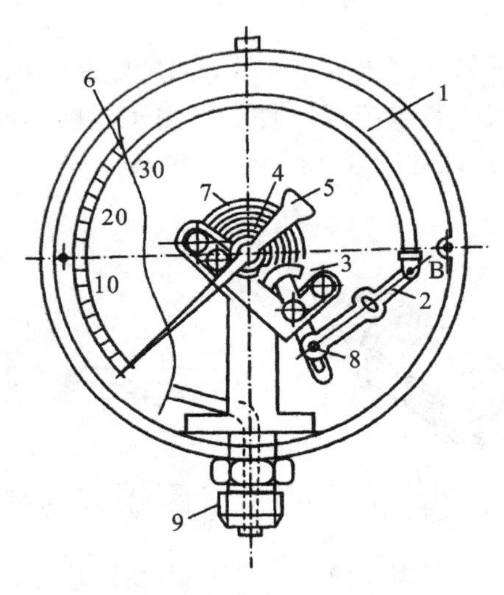

1—弹簧管；2—拉杆；3—扇形齿轮；4—中心齿轮；5—指针；6—面板；7—游丝；8—调整螺钉；9—接头。

图 3-3-3 弹簧管压力计示意图

弹簧管自由端 B 的位移量一般很小，直接显示有困难，所以必须通过放大机构才能指示出来。具体的放大过程如下：弹簧管自由端 B 的位移通过拉杆 2 使扇形齿轮 3 作逆时针偏转，于是指针 5 通过同轴的中心齿轮 4 的带动而作顺时针偏转，在面板 6 的刻度标尺上显示出被测压力 p 的数值。由于弹簧管自由端的位移与被测压力之间具有正比关系，因此弹簧管压力计的刻度标尺是线性的。

游丝 7 用来克服因扇形齿轮和中心齿轮间的传动间隙而产生的仪表变差。改变调整螺钉 8 的位置(即改变机械传动的放大系数),可以实现压力计量程的调整。

3. 电接点信号压力计

在化工生产过程中,常常需要把压力控制在某一范围内,即当压力低于或高于给定范围时,就会破坏正常工艺条件,甚至可能发生事故。这时就应采用带有报警或控制触点的压力计。如果将普通弹簧管压力计稍加变化,便可成为电接点信号压力计,它能在压力偏离给定范围时,及时发出信号,以提醒操作人员注意或通过中间继电器实现压力的自动控制。

图 3-3-4 是电接点信号压力计的结构和工作原理示意图。压力计指针上有动触点 2,表盘上另有两根可调节的指针,上面分别有静触点 1 和 4。当压力超过上限给定数值(此数值由静触点 4 的指针位置确定)时,动触点 2 和静触点 4 接触,红色信号灯 5 的电路被接通,使红灯发亮。若压力低到下限给定数值时,动触点 2 与静触点 1 接触,接通了绿色信号灯 3 的电路。静触点 1、4 的位置可根据需要灵活调节。

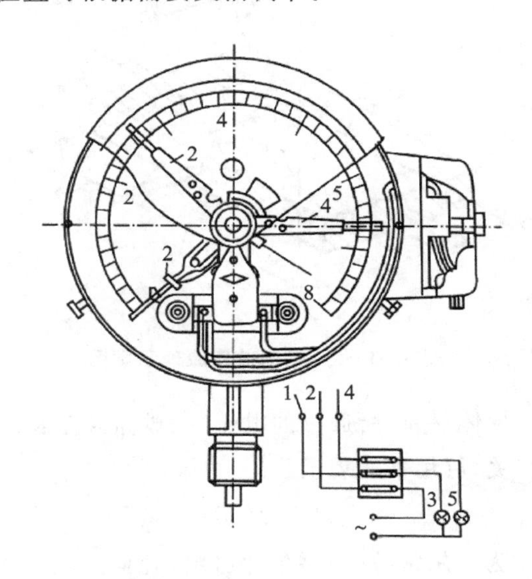

1、4—静触点;2—动触点;3—绿灯;5—红灯。

图 3-3-4　电接点信号压力计示意图

3.3.3　电气式压力计

电气式压力计是一种能将压力转换成电信号进行传输及显示的仪表。这种仪表的测量范围较广,分别可测 7×10^{-5} Pa～5×10^{2} MPa 的压力,允许误差可至 0.2%。由于可以远距离传送信号,所以在工业生产过程中可以实现压力的自动控制和报警。

电气式压力计一般由压力传感器、测量电路和信号处理装置组成。常用的信号处理装置有指示仪、记录仪以及控制器、微处理器等。

压力传感器的作用是把压力信号检测出来,并转换成电信号进行输出,当输出的电信号能够被进一步变换为标准信号时,压力传感器又称为压力变送器。下面简单介绍霍尔片式、应变片式、压阻式压力传感器和力平衡式、电容式压力变送器。

1. 霍尔片式压力传感器

霍尔片式压力传感器是根据霍尔效应制成的，即利用霍尔元件将由压力所引起的弹性元件的位移转换成霍尔电势，从而实现压力的测量。

霍尔片为一半导体材料（如锗）制成的薄片，如图 3－3－5 所示。在霍尔片的 Z 轴方向加一磁感应强度为 B 的恒定磁场，在 Y 轴方向加一外电场（接入直流稳压电源），便有恒定电流沿 Y 轴方向通过。电子在霍尔片中运动（逆 Y 轴方向运动）时，由于受电磁力的作用，使电子的运动轨道发生偏移，造成霍尔片的一个端面上有电子积累，另一个端面上的正电荷过剩。于是在霍尔片的 X 轴方向上出现电位差，称为霍尔电势，这样一种物理现象就称为“霍尔效应”。

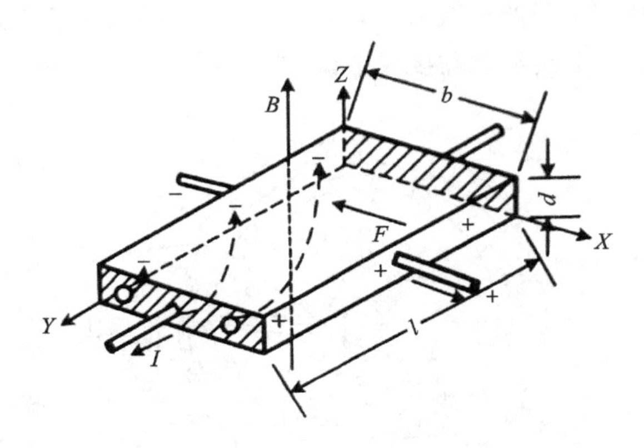

图 3－3－5 霍尔效应原理示意图

霍尔电势的大小与半导体材料、所通过的电流（一般称为控制电流）、磁感应强度以及霍尔片的几何尺寸等因素有关，可用下式表示

$$U_{\mathrm{H}}=R_{\mathrm{H}}BI \tag{3-3-3}$$

式中，U_{H} 为霍尔电势；R_{H} 为霍尔常数，与霍尔片材料、几何形状有关；B 为磁感应强度；I 为通过的电流。

由式（3－3－3）可知，霍尔电势与磁感应强度和电流成正比，提高 B 和 I 值可增大霍尔电势 U_{H}。但两者都有一定限度，一般 I 为 3～20 mA，B 约为几千高斯，所得的霍尔电势 U_{H} 约为几十毫伏数量级。必须指出，导体也有霍尔效应，不过它们的霍尔电势远比半导体的霍尔电势小得多。如果选定了霍尔元件，并使电流保持恒定，则在非均匀磁场中，霍尔元件所处的位置不同，所受到的磁感应强度也将不同，这样就可得到与位移成比例的霍尔电势。实现位移一电势的线性转换。

将霍尔元件与弹簧管配合，就组成了霍尔片式弹簧管压力传感器，如图 3－3－6 所示。被测压力由弹簧管 1 的固定端引入，弹簧管的自由端与霍尔片 3 相连接，在霍尔片的上、下方垂直安放两对磁极，使霍尔片处于两对磁极形成的非均匀磁场中。霍尔片的四个端面引出四根导线，其中与磁钢 2 相平行的两根导线和直流稳压电源相连接，另两根导线用来输出信号。

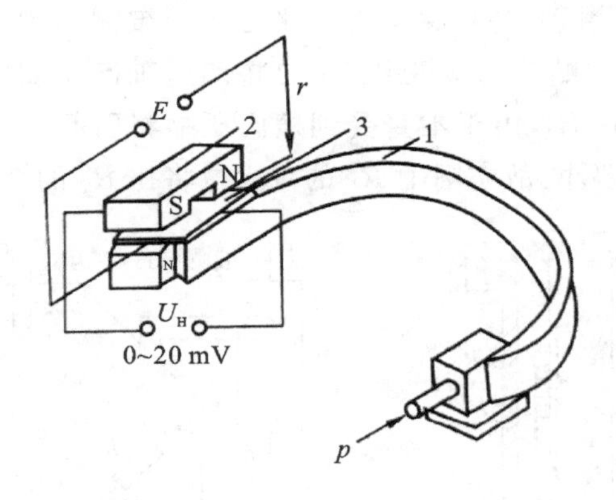

1—弹簧管；2—磁钢；3—霍尔片。

图 3-3-6　霍尔片式压力传感器

磁极极靴间的磁感应强度 B，由于极靴的特殊几何形状而形成线性不均匀的分布情况，如图 3-3-7 所示。

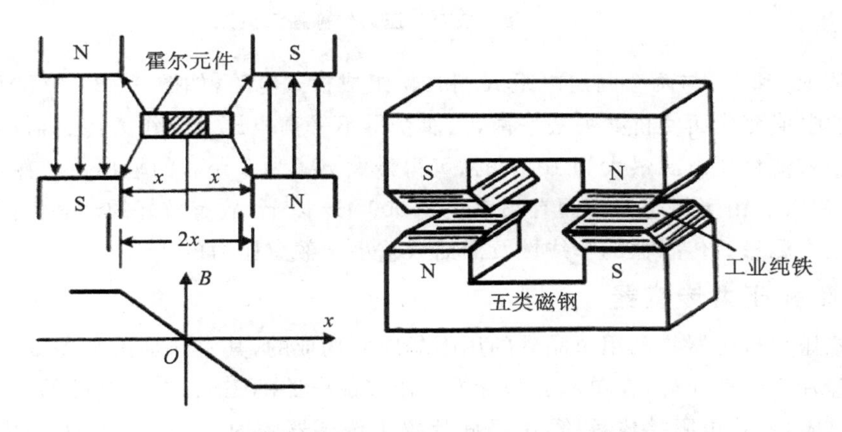

图 3-3-7　极靴间磁感应强度的分布示意图

当被测压力引入后，在被测压力作用下，弹簧管自由端产生位移，因而改变了霍尔片在非均匀磁场中的位置，使所产生的霍尔电势与被测压力成比例。利用这一电势即可实现远距离显示和自动控制。

2. 应变片式压力传感器

应变片式压力传感器是基于电阻应变效应原理而制成的一种压力传感器。电阻应变片有金属应变片（金属丝或金属箔）和半导体应变片两类。被测压力使应变片产生应变。当应变片产生压缩应变时，其阻值减小；当应变片产生拉伸应变时，其阻值增加。应变片阻值的变化，再通过桥式电路获得相应的毫伏级电势输出，并用毫伏计或其他记录仪表显示出被测压力，从而组成应变片式压力计。

图 3-3-8 是一种应变片式压力传感器的原理图。应变筒 1 的上端与外壳 2 固定在一起，下端与不锈钢密封膜片 3 紧密接触，两片康铜丝应变片 R_1 和 R_2 用特殊胶合剂贴紧。在应变筒的外壁。R_1 沿应变筒轴向贴放，作为测量片；R_2 沿径向贴放，作为温度补偿片。应变

片与筒体之间不发生相对滑动，并且保持电气绝缘。当被测压力 p 作用于膜片而使应变筒作轴向受压变形时，沿轴向贴放的应变片 R_1 也将产生轴向压缩应变 ε_1，于是 R_1 的阻值变小；而沿径向贴放的应变片 R_2，由于本身受到横向压缩将引起纵向拉伸应变 ε_2，于是 R_2 阻值变大。但由于 ε_2 比 ε_1 要小，故实际上 R_1 的减少量将比 R_2 的增大量大。

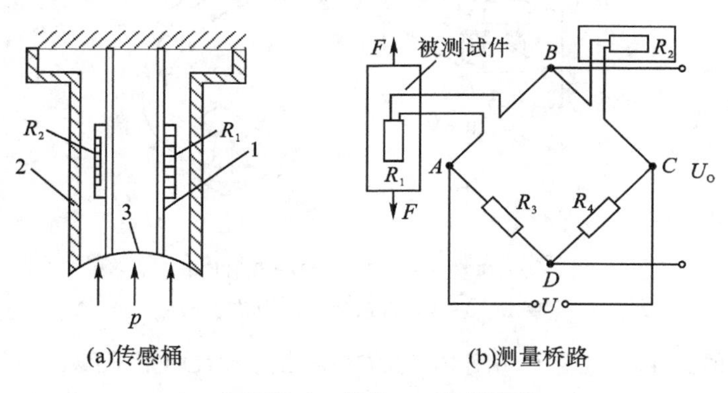

(a)传感桶　　(b)测量桥路

1—应变筒；2—外壳；3—密封膜片。

图 3-3-8　应变片压力传感器示意图

应变片 R_1 和 R_2 与两个固定电阻 R_3 和 R_4 组成桥式电路，如图 3-3-8(b)所示。由于 R_1 和 R_2 的阻值变化而使桥路失去平衡，从而获得不平衡电压 ΔU 作为传感器的输出信号，在桥路供给直流稳压电源最大为 10 V 时，可得最大 ΔU 为 5 mV 的输出。传感器的被测压力可达 25 MPa。由于传感器的固有频率在 25000 Hz 以上，故有较好的动态性能，适用于快速变化的压力测量。传感器的非线性及滞后误差小于额定压力的 1%。

3. 压阻式压力传感器

压阻式压力传感器是利用单晶硅的压阻效应而构成的，其工作原理如图 3-3-9 所示。采用单晶硅片为弹性元件，在单晶硅膜片上利用集成电路的工艺，在单晶硅的特定方向扩散一组等值电阻，并将电阻接成桥路，单晶硅片置于传感器腔内。当压力发生变化时，单晶硅产生应变，使直接扩散在上面的应变电阻产生与被测压力成比例的变化，再由桥式电路获相应的电压输出信号。

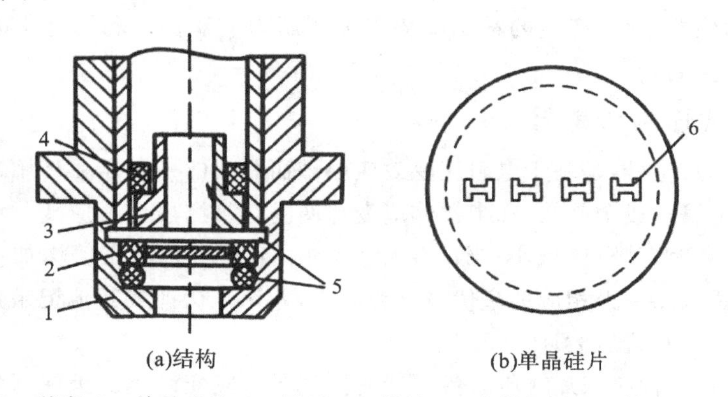

(a)结构　　(b)单晶硅片

1—基座；2—单晶硅片；3—导环；4—螺母；5—密封垫圈；6—等效电阻。

图 3-3-9　压阻式压力传感器

压阻式压力传感器具有精度高、工作可靠、频率响应高、迟滞小、尺寸小、重量轻、结构简单等特点，可以在恶劣环境条件下工作，便于实现显示数字化。压阻式压力传感器不仅可以用来测量压力，若稍加改变，还可以用来测量差压、高度、速度、加速度等参数。

4. 力矩平衡式压力变送器

力矩平衡式压力变送器是一种典型的自平衡检测仪表，它利用负反馈的工作原理来克服元件材料、加工工艺等不利因素的影响，使仪表具有较高的测量精度（一般为 0.5 级），其具有工作稳定可靠、线性好、不灵敏区小等优点。下面以 DDZ－Ⅲ型电动力矩平衡压力变送器为例加以介绍。

DDZ－Ⅲ型系列为直流 24 V 供电，输出 420 mA 直流电，两线制，属本安型。图 3－3－10 是 DDZ－Ⅲ型电动力矩平衡压力变送器的结构示意图。

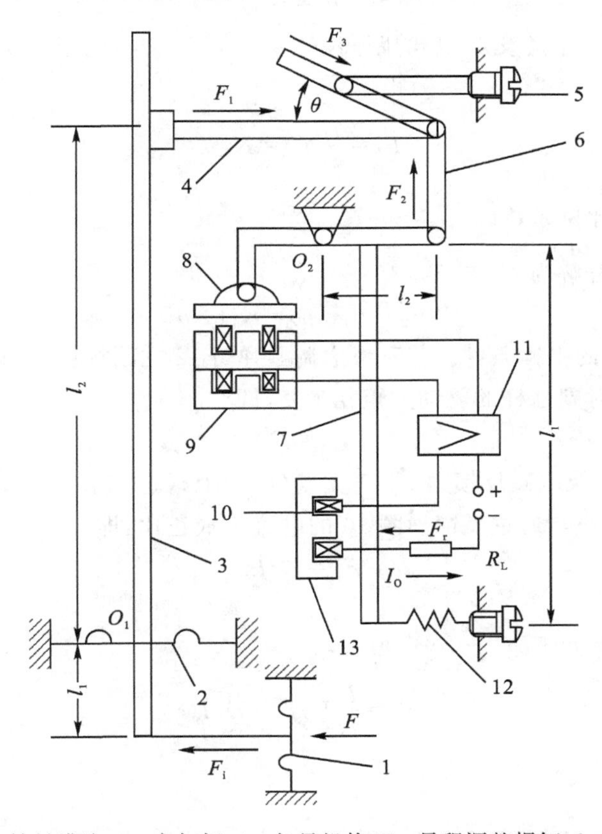

1—测量膜片；2—轴封膜片；3—主杠杆；4—矢量机构；5—量程调整螺钉；6—连杆；7—副杠杆；8—检测片(衔铁)；9—差动变压器；10—反馈动圈；11—放大器；12—调零弹簧；13—永久磁钢。

图 3－3－10　电动力矩平衡压力变送器示意图

被测压力 p 作用在测量膜片 1 上，通过膜片的有效面积转变成集中力 F_i

$$F_i = fp \tag{3-3-4}$$

式中，f 为膜片的有效面积。

集中力 F_i 作用在主杠杆 3 的下端，使主杠杆以轴封膜片 2 为支点偏转，并将集中力 F_i

转换成对矢量机构 4 的作用力 F_1，矢量机构以量程调整螺钉 5 为轴，将水平向右的力 F_1 分解成连杆 6 向上的力 F_2 和矢量角方向的力 F_3（消耗在支点上）。分力 F_2 使副杠杆 7 以 O_2 为支点逆时针转动，使与副杠杆刚性连接的检测片（衔铁）8 靠近差动变压器 9，从而改变差动变压器原、副边绕组的磁耦合，使差动变压器副边绕组输出电压改变，经检测放大器 11 放大后转变成直流电流 I_o，此电流流过反馈动圈 10 时，产生电磁反馈力 F_f 施加于副杠杆的下端，使副杠杆以 O_2 为支点顺时针转动。当反馈力矩与在 F_2 作用下副杠杆的驱动力矩互相平衡时，检测放大器有一个确定的对应输出电流 I_o，它与被测压力 p 成正比。

该变送器是按力矩平衡原理工作的。根据主、副杠杆的平衡条件可以推导出被测压力 p 与输出信号 I_o 的关系。

当主杠杆平衡时有

$$F_i l_1 = F_1 l_2 \tag{3-3-5}$$

式中，l_1、l_2 分别为 F_i、F_1 离支点 O_1 的距离。

将式(3-3-4)代入式(3-3-5)得

$$F_1 = \frac{l_1}{l_2} f p = K_1 p \tag{3-3-6}$$

式中，$K_1 = \frac{l_1}{l_2} f$ 为一比例系数。

矢量机构将 F_1 分解为 F_2 与 F_3，有

$$F_2 = F_1 \tan\theta = K_1 \tan\theta \tag{3-3-7}$$

再来考虑副杠杆的平衡条件。若不考虑调零弹簧 12 在副杠杆上形成的恒定力矩时，电磁反馈力矩应与 F_2 对副杠杆的驱动力矩相平衡，即

$$F_2 l_3 = F_f l_4 \tag{3-3-8}$$

式中，l_3、l_4 分别为 F_2 及电磁反馈力 F_f 离支点 O_2 的距离。

电磁反馈力的大小与通过反馈动圈 10 的电流 I_o 成正比，即

$$F_f = K_2 I_o \tag{3-3-9}$$

式中，K_2 为比例系数。

将式(3-3-9)代入式(3-3-8)，得

$$F_2 = \frac{l_4}{l_3} K_2 I_o = K_3 I_o \tag{3-3-10}$$

式中，$K_3 = \frac{l_4}{l_3} K_2$。

联立式(3-3-7)与式(3-3-10)，得

$$I_o = K p \tan\theta \tag{3-3-11}$$

式中，$K = \frac{K_1}{K_3}$ 为转换比例系数。

当变送器的结构及电磁特性确定后，K 为一常数。式(3-3-11)说明当矢量机构的角度 θ 确定后，变送器的输出电流 I_o 与输入压力 p 成对应关系。

如图 3-3-10 所示，调节量程调整螺钉 5，可改变矢量机构的夹角 θ，从而能连续改变两杠杆间的传动比，也就是能调整变送器的量程。通常，矢量角 θ 可以在 4°和 15°之间调整，

$\tan\theta$ 变化约 4 倍，因而相应的量程也可以改变 4 倍。调节弹簧 12 的张力，可起到调整零点的作用。

如果将以上压力变送器的测压弹性元件稍加改变，就可以用来连续测量差压或绝对压力。

5. 电容式压力(差压)变送器

电容式压力(差压)变送器先将压力的变化转换为电容量的变化，然后进行压力测量，是一种开环检测仪表，具有结构简单、过载能力强、可靠性好，测量精度高、体积小、重量轻、使用方便等一系列优点。20 世纪 70 年代初，由美国最先投放市场，目前已成为最受欢迎的压力、差压变送器。其输出信号也是标准的 4～20 mA(直流)电流信号。

在工业生产过程中，差压变送器的应用数量多于压力变送器，因此，以下按差压变送器进行测量原理的介绍。其实二者的原理和结构基本相同。

图 3－3－11 是电容式差压变送器的测量元件结构图。将左右对称的不锈钢底座的外侧加工成环状波纹沟槽，并焊上波纹隔离膜片 5。基座内侧有玻璃层 3，基座和玻璃层中央有孔道相通。玻璃层内表面磨成凹球面，球面上镶有金属膜，此金属膜层有导线通往外部，构成电容的左右固定极板 1。在两个固定极板之间是弹性材料制成的测量膜片 2，作为电容的中央动极板。在测量膜片两侧的空腔中充满硅油 4。

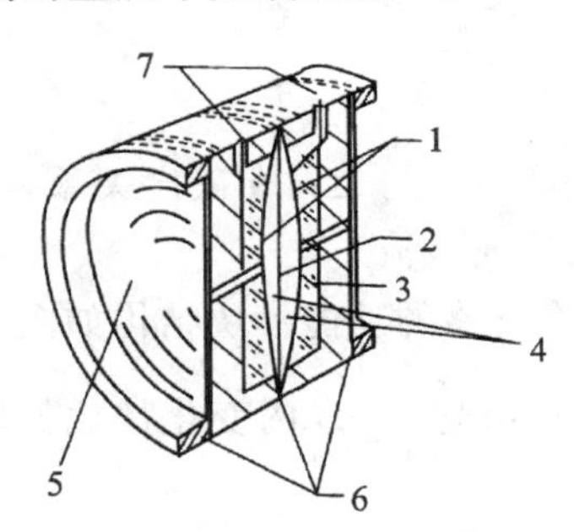

1—固定极板；2—测量膜片；3—玻璃层；4—硅油；5—隔离膜片；6—焊接密封；7—引出线。

图 3－3－11　电容差压变送器测量元件结构图

当被测压力 p_1、p_2 分别施加于左右两侧的隔离膜片时，通过硅油将差压传递到测量膜片上，使其向压力小的一侧弯曲变形，引起中央动极板与两边固定极板间的距离发生变化，因而两电极的电容量不再相等，而是一个增大、另一个减小，电容的变化量通过引线传至测量电路，通过测量电路的检测和放大，输出一个 4～20 mA 的直流电信号。

下面以 1151 系列电容式变送器为例简单介绍其转换原理。图 3－3－12 是电容式变送器的原理图。

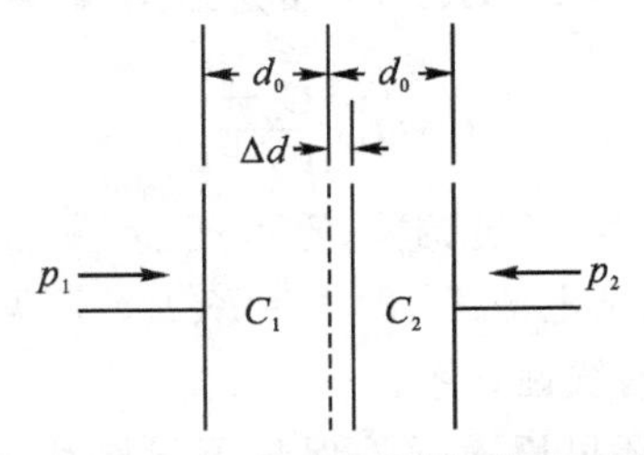

图 3－3－12　电容变送器测量原理图

假设测量膜片在差压 Δp 的作用下移动距离为 Δd，由于位移量很小，可近似认为 Δp 与 Δd 成比例变化，即

$$\Delta d = K_1 \Delta p = K_1 (p_1 - p_2) \tag{3-3-12}$$

式中，K_1 为比例系数。

这样可动电极（测量膜片）与左、右固定极板间距离由原来的 d_0 变为 $d_0 + \Delta d$ 和 $d_0 - \Delta d$，根据平板电容原理有

$$C_{10} = C_{20} = \frac{\varepsilon A}{d_0} \tag{3-3-13}$$

式中，ε 为介电常数；A 为极板面积。当 $p_1 > p_2$ 时，中间极板向右移动 Δd，此时左边电容 C_1 的极板间距增加 Δd，而右边电容 C_2 的极板间距则减少 Δd，各自的电容容量分别为

$$C_1 = \frac{\varepsilon A}{d_0 + \Delta d} \tag{3-3-14}$$

$$C_2 = \frac{\varepsilon A}{d_0 - \Delta d} \tag{3-3-15}$$

联立式(3-3-14)和式(3-3-15)可得出差压 Δp 与差动电容 C_1、C_2 的关系如下

$$\frac{C_2 - C_1}{C_2 + C_1} = \frac{\Delta d}{d_0} = \frac{\varepsilon A}{d_0} K_1 \Delta p = K_2 \Delta p \tag{3-3-16}$$

式中，$K_2 = K_1 \dfrac{\varepsilon A}{d_0}$ 是一个常数。

由式(3-3-16)可知，电容 C_1、C_2 与 Δp 成正比关系，因此利用转换电路就可将 $(C_2 - C_1)$ 与 $(C_2 + C_1)$ 的比值转换为电压或电流。

1511 系列电容式变送器转换电路的功能模块结构如图 3-3-13 所示。其中解调器、振荡器和控制放大器的作用是将电容比 $\dfrac{C_2 - C_1}{C_2 + C_1}$ 的变化按比例转换成测量电流 I_s，于是此线性关系可表示为

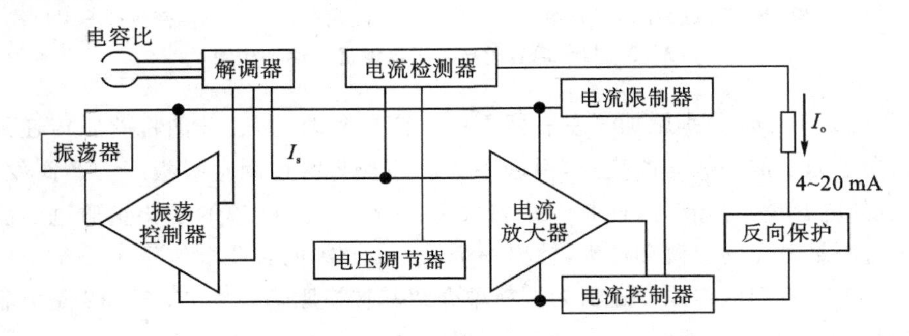

图 3-3-13　1151 电容变送器功能模块结构图

$$I_s = K_3 \frac{C_2 - C_1}{C_2 + C_1} \tag{3-3-17}$$

随后测量电流 I_s 送入电流放大器，经过调零、零点迁移、量程迁移、阻尼调整、输出限流等处理后，最终转换成 4～20 mA 输出电流 I_o，即 $I_o = K_4 I_s$。可见电容式变送器的整机输出电流 I_o 与输入压差 Δp 之间有良好的线性关系。

电容式差压变送器的结构还可以有效地保护测量膜片，当差压过大并超过允许测量范

围时，测量膜片将平滑地贴靠在玻璃凹球面上，因此不易损坏，过载后的恢复特性很好，这样大大提高了过载承受能力。与力矩平衡式相比，电容式没有杠杆传动机构，因而尺寸紧凑，密封性与抗震性好，测量精度相应提高，可达0.2级。

3.3.4　智能型压力变送器

随着集成电路的广泛应用，其性能不断提高，成本大幅度降低，使得微处理器在各个领域中的应用十分普遍。智能型压力或差压变送器就是在普通压力或差压变送器的基础上增加微处理器电路而形成的智能检测仪表。例如，用带有温度补偿的电容变送器与微处理器相结合，构成精度为0.1级的压力或差压变送器，其量程范围为100：1，时间常数在0～36 s可调，通过手持终端（通信器），可对1500 m之内的现场变送器进行工作参数的设定、量程调整、零点调整以及向变送器写入信息数据。

智能型变送器的特点是可进行远程通信。利用手持终端，可对现场变送器进行各种运行参数的选择和标定。精确度高，使用与维护方便，通过编制各种程序，使变送器具有自修正、自补偿、自诊断及错误方式报警等多种功能，提高了变送器的精确度，简化了调整、校准与维护过程，促使变送器与计算机、控制系统直接对话。

图3-3-14为美国费希尔-罗斯蒙特公司（Fisher-Rosemount）的3051C型差压变送器，包括变送器和手操器。变送器由传感膜头和电子线路板组成。

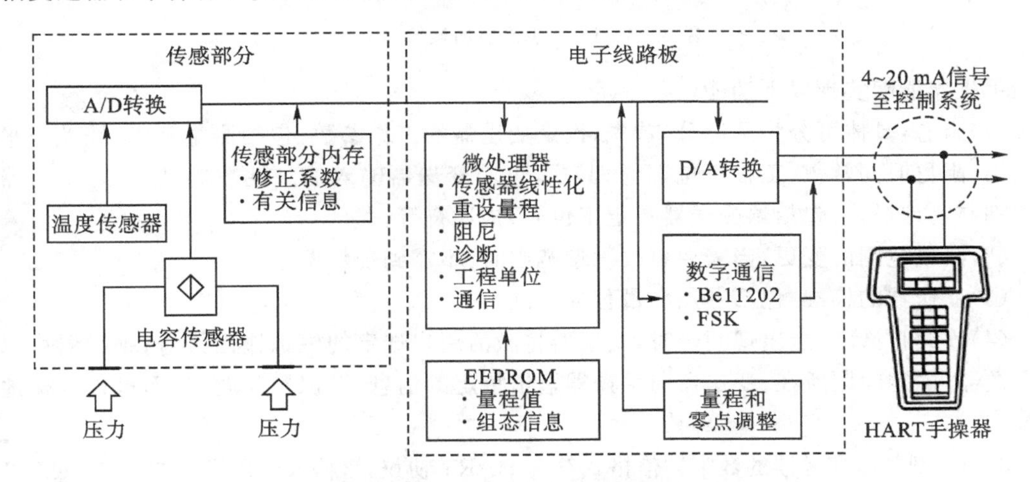

图3-3-14　3051C型差压变送器方框图

被测介质压力通过电容传感器转换为与之成正比的差动电容信号。传感膜头还同时进行温度的测量，用于补偿温度变化的影响。上述电容和温度信号通过A/D转换器转换为数字信号，输入到电子线路板模块。电子线路板模块接收来自传感部分的数字输入信号和修正系数，然后对信号加以修正与线性化。电子线路板模块的输出部分将数字信号转换成4～20 mA（直流）电流信号，并与手操器进行通信。

变送器内装有非易失性存储器（EEPROM），不需另装电池就可长期保存组态数据。当遇到意外停电，其中数据仍然保存，所以恢复供电之后，变送器能立即工作。在工厂的特性化过程中，所有的传感器都经受了整个工作范围内的压力与温度循环测试。根据测试数据所得到的修正系数，都储存在传感膜头的内存中，从而可保证变送器在运行过程中能精确地进行信号修正。

3051C 型差压变送器所用的手持通信器为 275 型，其上带有键盘及液晶显示器。它可以接在现场变送器的信号端子上，就地设定或检测，也可以在远离现场的控制室中，接在某个变送器的信号线上进行远程设定及检测。为了便于通信，信号回路必须有不小于 250 Ω 的负载电阻。其连接示意图如图 3－3－15 所示。

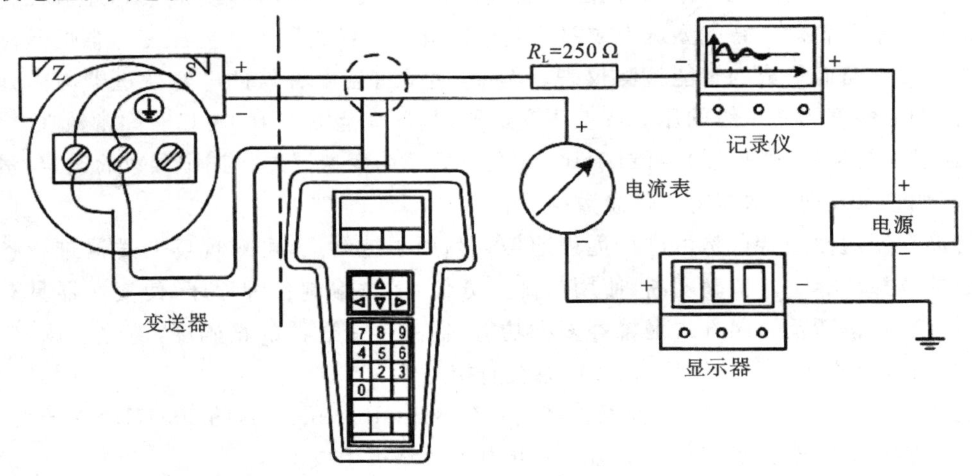

图 3－3－15　手操器的连接示意图

手操器能够实现以下功能。

(1)组态：具体可分为两部分，首先，设定变送器的工作参数，包括测量范围、线性或平方根输出、阻尼时间常数、工程单位选择；其次，可向变送器输入信息性数据，以便对变送器进行识别与物理描述，包括给变送器指定工位号、描述符等。

(2)测量范围的变更：当需要更改测量范围时，不需到现场调整。

(3)变送器的校准：包括零点和量程的校准。

(4)连续自诊断：当出现问题时，变送器将激活用户选定的模拟输出报警；手操器可以询问变送器，确定问题所在；变送器向手操器输出特定的信息，以识别问题，从而可以快速地进行维修。

3051C 型差压变送器的数字通信格式符合 HART 协议，该协议使用了工业标准 Bell202 频移调制(FSK)技术，即通过在 4～20 mA(直流)输出信号上叠加高频信号来完成远程通信。罗斯蒙特公司采用这一技术，能在不影响回路完整性的情况下实现同时通信和输出。

由于智能型差压变送器有好的总体性能及长期稳定工作能力，所以每 5 年才需校验一次。智能型差压变送器与手操器结合使用，可远离生产现场，尤其是危险或不易到达的地方，给变送器的运行和维护带来了极大的方便。

3.3.5　压力计的选用、安装与校验

压力计的选用与安装正确与否关系到测量结果的精确性和仪表的使用寿命，是仪表使用过程中的一个十分重要的环节。

1. 压力计的选用

压力计的选用应根据使用要求，针对具体情况做具体分析。在满足工艺要求的前提下，应本着节约的原则全面综合地考虑，一般应考虑以下几个方面的问题。

1）仪表类型的选用

仪表类型的选用必须满足工艺生产的要求。例如，是否需要远传、自动记录或报警；被测介质的性质（如被测介质的温度高低、黏度大小、腐蚀性、脏污程度、是否易燃易爆等）是否对仪表提出特殊要求，现场环境条件（如湿度、温度、磁场强度、振动等）对仪表类型的要求等。因此根据工艺要求正确地选用仪表类型是保证仪表正常工作及安全生产的重要前提。

例如，普通压力计的弹簧管多采用铜合金（高压的采用合金钢），而氨用压力计弹簧管的材料却都采用碳钢，不允许采用铜合金。因为氨对铜的腐蚀性极强，所以普通压力计用于氨压力测量时很快就会损坏。

再如，氧气压力计与普通压力计在结构和材质方面可以完全一样，只是氧气压力计禁油。因为油进入氧气系统易引起爆炸。所以氧气压力计在校验时，不能像普通压力计那样采用变压器油作为工作介质，并且氧气压力计在存放中要严格避免接触油污。如果必须采用现有的带油污的压力计测量氧气压力时，使用前必须用四氯化碳反复清洗，认真检查直到无油污时为止。

2）仪表测量范围的确定

为了保证弹性元件能在弹性变形的安全范围内可靠工作，在选择压力计量程时，必须根据被测压力的大小和压力变化的快慢，留有足够的余地。因此，压力计的上限值应该高于工艺生产中可能的最大压力值。根据"化工自控设计技术规定"，在测量稳定压力时，最大工作压力不应超过测量上限值的 2/3；测量脉动压力时，最大工作压力不应超过测量上限值的 1/2；测量高压时，最大工作压力不应超过测量上限值的 3/5。一般被测压力的最小值应不低于仪表测量上限值的 1/3，从而保证仪表的输出量与输入量之间的线性关系，提高仪表测量结果的精确度和灵敏度。

根据被测参数的最大值和最小值计算出仪表的上、下限后，不能以此数值直接作为仪表的测量范围。我们在选用仪表的标尺上限值时，应在国家规定的标准系列中选取。我国的压力计测量范围标准系列有−0.1～0.06 MPa、0.15 MPa；0～1 MPa、1.6 MPa、2.5 MPa、4 MPa、6 MPa、10×10^n MPa（其中 n 为自然整数，可为正、负值）。

例 3-3-1　就地测量某储气罐压力，气罐的最大压力为 0.5 MPa，要求最大测量误差 ≤0.02 MPa，请选择一压力计的测量范围。

解　一般可选用弹簧管式压力计。由于所测压力的变化较为平稳，所以被测最大压力不应超过仪表测量上限值的 2/3，即 $P=\frac{0.5}{2/3}=0.75$ MPa。但在标准系列中无 0.75 MPa 的测量范围，我们应该选大于而且接近于 0.75 MPa 的值。因此所选测量范围为 0～1 MPa。

3）仪表精度级的选取

根据工艺生产允许的最大绝对误差和选定的仪表量程，计算出仪表允许的最大引用误差 δ_{max}，在国家规定的精度等级中确定仪表的精度。一般来说，所选用的仪表越精密，则测量结果越精确、可靠。但不能认为选用的仪表精度越高越好，因为越精密的仪表，一般价格越贵，操作和维护越费事。因此，在满足工艺要求的前提下，应尽可能选用精度较低、价廉耐用的仪表。

下面通过一个例子来说明压力计的选用。

例 3-3-2 某台往复式压缩机的出口压力范围为25～28 MPa，测量误差不得大于1 MPa。工艺上要求就地观察，并能实现高低限报警，试正确选用一台压力计，指出型号、精度与测量范围。

解 由于往复式压缩机的出口压力脉动较大，所以选择仪表的上限值为

$$p_1 = p_{max} \times 2 = 28 \times 2 = 56\ \text{MPa}$$

根据就地显示及能进行高低限报警的要求，由常用压力仪表选型标准手册，可查得选用YX—150型电接点压力计，测量范围为0～60 MPa。

由于(25/60)>(1/3)，故被测压力的最小值不低于满量程的1/3，这是允许的。另外，根据测量误差的要求，可算得允许误差为：$\pm\frac{1}{60}\times 100\% = \pm 1.67\%$。所以，精度等级为1.5级的仪表完全可以满足误差要求。

至此，可以确定，选择的压力计为YX－150型电接点压力计，测量范围为0～60 MPa，精度等级为1.5级。(Y代表压力，X代表电接点，型号后面的数字表示表面直径尺寸mm)。

2. 压力计的安装

压力计的安装正确与否，直接影响到测量结果的准确性和压力计的使用寿命。

1)测压点的选择

所选择的测压点应能反映被测压力的真实大小。为此必须注意以下几点：

(1)要选在被测介质直线流动的管段部分，不要选在管路拐弯、分叉、死角或其他易形成漩涡的地方。

(2)测量流动介质的压力时，应使取压点与流动方向垂直，取压管内端面与生产设备连接处的内壁应保持平齐，不应有凸出物或毛刺。

(3)测量液体压力时，取压点应在管道下部，使导压管内不积存气体；测量气体压力时，取压点应在管道上方，使导压管内不积存液体。

2)导压管敷设

(1)导压管粗细要合适，一般内径为6～10 mm，长度应尽可能短，最长不得超过50 m，以减少压力指示的迟缓；如超过50 m，应选用能远距离传送的压力计。

(2)导压管水平安装时应保证有1∶10～1∶20的倾斜度，以利于积存于其中之液体(或气体)的排出。

(3)当被测介质易冷凝或冻结时，必须加设保温伴热管线。

(4)取压口到压力计之间应装有切断阀，以备检修压力计时使用，切断阀应装设在靠近取压口的地方。

3)压力计的安装

压力计在安装时，应注意如下几个方面：

(1)压力计应安装在易观察和检修的地方，安装地点应力求避免振动和高温影响。

(2)测量蒸汽压力时，应加装凝液管，以防止高温蒸汽直接与测压元件接触，如图3-3-16

(a);对于有腐蚀性介质的压力测量,应加装有中性介质的隔离罐,如图3-3-16(b)表示了被测介质密度ρ_2大于和小于隔离液密度ρ_1的两种情况。总之,针对被测介质的不同性质(高温、低温、腐蚀、脏污、结晶、沉淀、黏稠等),要采取相应的防热、防腐、防冻、防堵等措施。

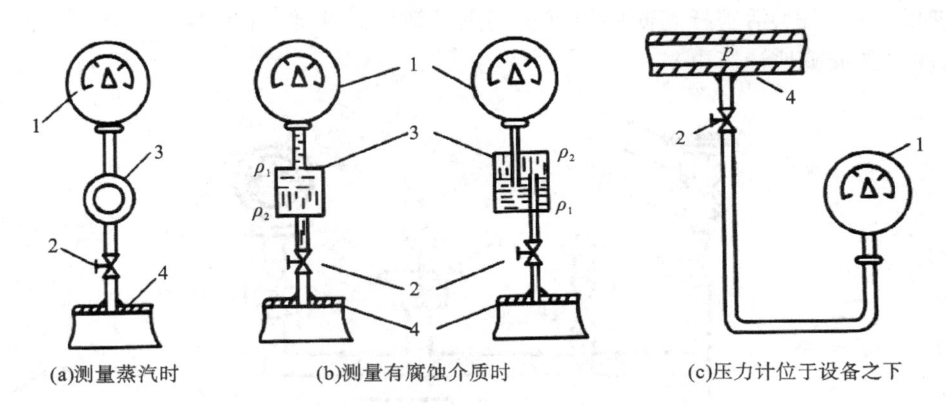

1—压力计;2—切断阀门;3—凝液管;4—取压容器。

图3-3-16　压力计安装示意图

(3)当被测压力较小,而压力计与取压口又不在同一高度时,如图3-3-16(c)所示,对由此高度而引起的测量误差应按$\Delta p=\pm H\rho g$进行修正。式中H为高度差,ρ为导压管中介质的密度,g为重力加速度。

(4)压力计的连接处,应根据被测压力的高低和介质性质,选择适当的材料,作为密封垫片,以防泄漏。一般低于80 ℃及2 MPa时,用牛皮或橡胶垫片;在450 ℃及5 MPa以下用石棉或铝垫片,温度及压力更高时用退火紫铜或铝垫片。但测量氧气时,不能使用浸油垫片和有机化合物垫片,测量乙炔、氨介质压力时,不得使用铜垫片。

(5)为安全起见,测量高压的压力计除选用有通气孔的外,安装时表壳应向墙壁或无人通过之处,以防发生意外。

3. 压力计的校验

压力计在长期的使用中,会因弹性元件疲劳、传动机构磨损及化学腐蚀等造成测量误差。所以有必要对仪表定期进行校验,新仪表在安装使用前也应校验,以更恰当地估计仪表指示值的可靠程度。

1)校验原理

校验工作是将被校仪表与标准仪表处在相同条件下的比较过程。标准仪表的选择原则是:当被校仪表的允许绝对误差为$\alpha_{允}$时,标准仪表的允许绝对误差不得超过$\frac{1}{3}\alpha_{允}$(最好不超过$\frac{1}{5}\alpha_{允}$)。这样可以认为标准仪表的读数就是真实值。另外为防止标准仪表超程损坏,标准仪表的测量范围应比被校仪表大一个档次。对所得结果进行比较,若被校仪表的精确度等级高于仪表标明的等级,则仪表合格,否则应检修、更换或降级使用。

2)校验仪器-活塞式压力计

活塞式压力计的结构原理示意图如图3-3-17所示。在一个密闭的容器内充满变压器油(6 MPa 以下)或蓖麻油(6 MPa 以上),转动手轮使活塞向前推进,对油产生一个压力,这个压力在密闭的系统内向各个方向传递,所以进入标准仪表、被校仪表和标准器的压力都是相等的。因此,利用比较的方法便可得出被校仪表的绝对误差。标准器由活塞和砝码构成,活塞的有效面积、活塞杆和砝码的重量都是已知的。这样,标准器的标准压力值就可根据压力的定义准确地计算出来。

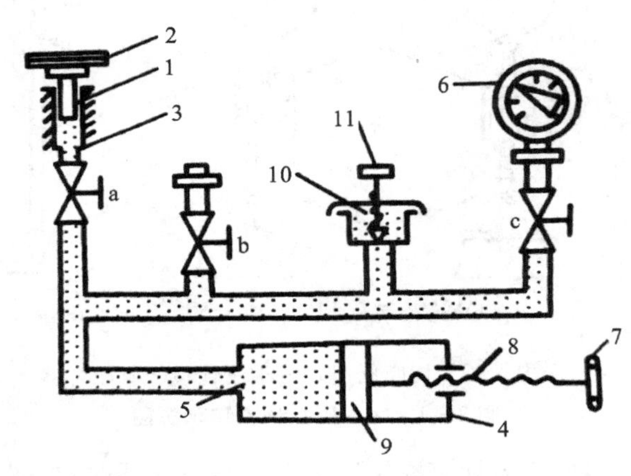

1—测量活塞;2—砝码;3—活塞筒;4—螺旋压力发生器;5—工作液;6—被校压力计;7—手轮;8—丝杆;9—工作活塞;10—油杯;11—进油阀;a、b、c—切断阀。

图 3-3-17　活塞式压力计

活塞式压力计的精确度有 0.05、0.2 级等。高精确度的活塞式压力计可用来校验标准弹簧管压力计、变送器等。在校验时,为了减少活塞与活塞之间的静摩擦力的影响,用手轻轻拨转手轮,使活塞旋转。另外,使用时要保持活塞处于垂直位置,这点可通过调整仪器底座螺钉,使底座上的水准泡处于中心位置来满足。如被校压力计的精确度不高,则可不用砝码校验,而采用被校仪表与标准仪表比较的方法校验,这时要关闭进油阀。

3)校验内容

校验分为现场校验和实验室校验。校验内容包括指示值误差、变差和线性调整。具体步骤:首先在被校表量程范围内均匀地确定几个被校点(一般为 5～6 个,一定有测量的下限和上限值),然后由小到大(上行程)逐点比较标准表的指示值,直到最大值。再推进一点点,使指针稍超过最大值,再进行由大到小(下行程)的校验。这样反复 2～3 次,最后依各项技术指标的定义进行计算、确定仪表是否合格。

3.4　物位检测及仪表

常用的物位仪表包括液位计、料位计和界面计。在容器中液体介质的高低叫液位,容器中固体或颗粒状物质的堆积高度叫料位。测量液位的仪表叫液位计,测量料位的仪表叫料位计,而测量两种密度不同且不相溶的液体介质的分界面的仪表叫界面计。

通过物位的测量,可以正确获知容器设备中所储物质的体积或质量;监视或控制容器内的介质物位,使它保持在工艺要求的高度,或对它的上、下限位置进行报警,以及根据物位来连续监视或控制容器中流入与流出物料的平衡。所以，一般测量物位有两个目的：一是对物位测量的绝对值要求非常准确，借以确定容器或储存库中的原料、辅料、半成品或成品的数量；二是对物位测量的相对值要求非常准确，要能迅速正确反映某一特定水准面上的物料相对变化，用以连续控制生产工艺过程，即利用物位仪表进行监视和控制。

物位测量仪表的种类很多，按其工作原理主要有以下几种类型。

(1)直读式物位仪表：主要有玻璃管液位计、玻璃板液位计等。

(2)差压式物位仪表：利用液柱或物料堆积对某固定点产生静压力的原理制成，可分为压力式和差压式两种类型。

(3)浮力式物位仪表：利用浮子高度随液位变化而改变或液体对浸沉于液体中的浮子(或称沉筒)的浮力随液位高度而变化的原理制成，可分为浮子带钢丝绳(或钢带)的、浮球带杠杆的和沉筒式几种。

(4)电磁式物位仪表：把物位的变化转换为一些电量的变化，通过测出这些电量的变化来测知物位，可分为电阻式(即电极式)、电容式和电感式等。还有利用压磁效应工作的物位仪表。

(5)核辐射式物位仪表：利用核辐射透过物料时，其强度随物质层的厚度而变化的原理制成，目前应用较多的是 γ 射线。

(6)声波式物位仪表：由于物位的变化引起声阻抗的变化、声波的遮断和声波反射距离的不同，测出这些变化就可测知物位。根据其工作原理分为声波遮断式、反射式和阻尼式三种类型。

(7)光学式物位仪表：利用物位对光波的遮断和反射原理制成，它利用的光源可以是普通白炽灯光或激光等。

下面重点介绍差压式液位计，并简单介绍几种其他类型的物位测量仪表。

3.4.1 差压式液位变送器

利用差压或压力变送器可以很方便地测量液位，且能输出标准的电流或气压信号。有关变送器的原理及结构已在前文中做了介绍，此处只着重讨论其应用。

1. 工作原理

差压式液位变送器，是利用容器内的液位改变时，由液柱产生的静压也相应变化的原理而工作的，如图 3-4-1 所示。

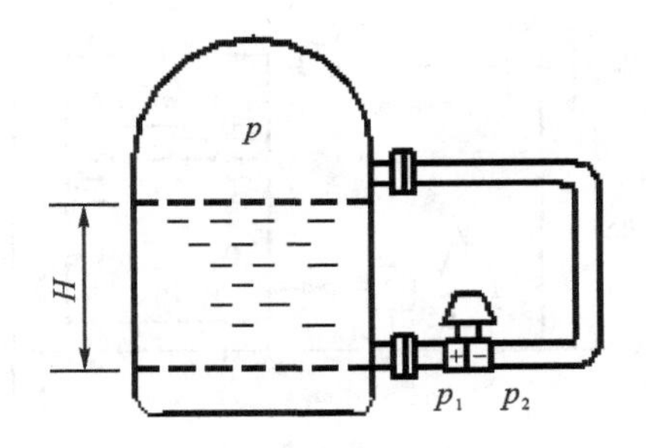

图 3-4-1 差压液位变送器原理图

将差压变送器的一端接液相，另一端接气相。设容器上部空间为干燥气体，其压力为p，则

$$p_1=p+\rho gH \tag{3-4-1}$$

$$p_2=p \tag{3-4-2}$$

因此可得

$$\Delta p=p_1-p_2=\rho gH \tag{3-4-3}$$

式中，H为液位高度；ρ为介质密度；g为重力加速度；p_1、p_2分别为差压变送器正、负压室的压力。通常，被测介质的密度是已知的。差压变送器测得的差压与液位高度成正比。这样就把测量液位高度转换为测量差压的问题。

当被测容器是敞口时，即气相压力为大气压，只需将差压变送器的负压室通大气即可。若不需要远传信号，也可以在容器底部安装压力计，如图3-4-2所示，根据压力p与液位H成正比的关系，可直接在压力计上按液位进行刻度。

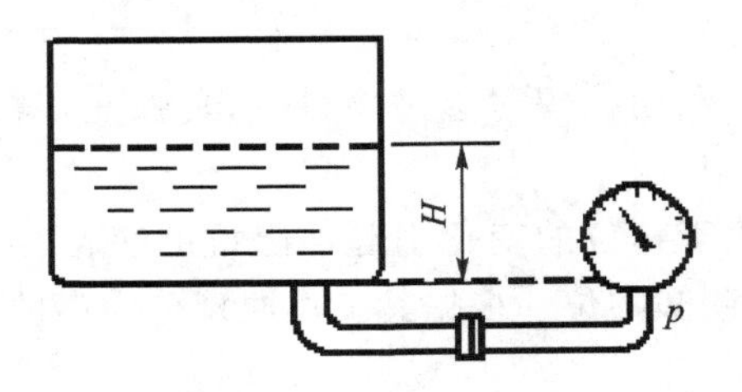

图3-4-2　压力计式液位计

2. 零点迁移问题

在使用差压变送器测量液位时，一般来说，其压差Δp与液位高度H之间有式(3-4-3)所描述的关系，这就属于一般的"无迁移"情况。当$H=0$时，作用在正、负压室的压力相等。

但是在实际应用中，往往H与Δp之间的对应关系不是那么简单。例如图3-4-3所示，为防止容器内液体和气体进入变送器而造成管线堵塞或腐蚀，并保持负压室的液柱高度恒定，在变送器正、负压室与取压点之间分别装有隔离罐，并充以隔离液。若被测介质密度为ρ_1，隔离液密度为ρ_2(通常$\rho_2>\rho_1$)，这时正、负压室的压力分别为

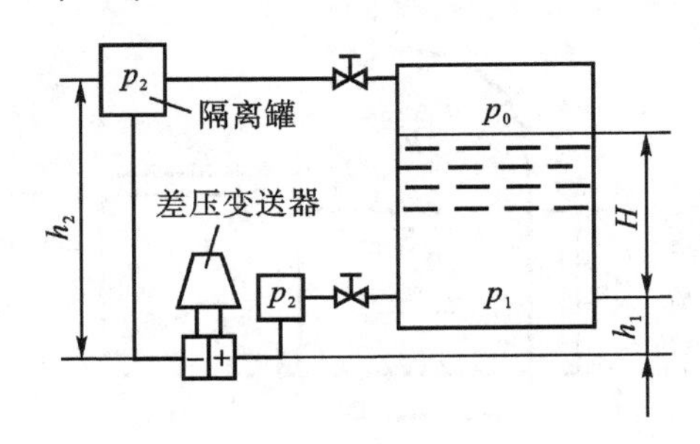

图3-4-3　差压变送器测量液位示意图(负迁移位)

$$p_1=\rho_2 g h_1+\rho_1 g H+p_0 \qquad (3-4-4)$$

$$p_2=h_2\rho_2 g+p_0 \qquad (3-4-5)$$

正、负压室间的压差为 $p_1-p_2=\rho_1 g H+\rho_2 g h_1-\rho_2 g h_2$，即

$$\Delta p=\rho_1 g H-\rho_2 g(h_2-h_1) \qquad (3-4-6)$$

式中，Δp 为变送器正、负压室的压差；H 为被测液位的高度；h_1 为正压室隔离罐液位到变送器的高度；h_2 为负压室隔离罐液位到变送器的高度。

比较式(3-4-6)和式(3-4-3)可知压差减少了 $\rho_2 g(h_2-h_1)$ 一项。也就是说，当 $H=0$ 时，$\Delta p=-\rho_2 g(h_2-h_1)$，对比无迁移情况，相当于在负压室多了一项压力，其固定数值为 $\rho_2 g(h_2-h_1)$。

假定采用的是DDZ—Ⅲ型差压变送器，其输出范围为4～20 mA的直流电流信号。在无迁移时，$H=0$，$\Delta p=0$，这时变送器的输出 $I_o=4$ mA；$H=H_{max}$，$\Delta p=\Delta p_{max}$，这时变送器的输出 $I_o=20$ mA。但是有迁移时，根据式(3-4-6)可知，由于有固定差压的存在，从理论上讲，当 $H=0$ 时，变送器的输入小于0，其输出必定小于4 mA；当 $H=H_{max}$ 时，变送器的输入小于 Δp_{max}，其输出必定小于20 mA。为了使仪表的输出能正确反映出液位的数值，也就是使液位的零值与满量程能与变送器输出的上、下限值相对应，必须设法抵消固定压差 $\rho_2 g(h_2-h_1)$ 的作用，使得当 $H=0$ 时，变送器的输出仍然回到4 mA，而当 $H=H_{max}$ 时，变送器的输出仍为20 mA。采用零点迁移的办法就能够达到此目的，即调整仪表上的迁移弹簧，以抵消固定压差 $\rho_2 g(h_2-h_1)$ 的作用。

这里迁移弹簧的作用，其实质是改变变送器的零点。迁移和调零都是使变送器输出的起始值与被测量起始点相对应，只不过零点调整量通常较小，而零点迁移量则比较大。

迁移同时改变了测量范围的上、下限，相当于测量范围的平移，它不改变量程的大小。例如，某差压变送器的测量范围为0～0.5 MPa，当压差由0变化到0.5 MPa时，变送器的输出将由4 mA变化到20 mA，这是无迁移的情况，如图3-4-4中曲线 a 所示。

当有迁移时，假定固定压差为

$$\rho_2 g(h_2-h_1)=0.2\ \text{MPa}$$

那么 $H=0$ 时，根据式(3-4-6)有 $\Delta p=-\rho_2 g(h_2-h_1)=-0.2$ MPa，这时变送器的输出应为4 mA；H 为最大时，$\Delta p=\rho_1 g H-\rho_2 g(h_2-h_1)=0.5-0.2=0.3$ MPa，这时变送器输出应为20 mA，如图3-4-4中曲线 b 所示。也就是说，Δp 从 -0.2 MPa变化到0.3 MPa时，变送器的输出应从4 mA变化到20 mA。它维持原来的量程(0.5 MPa)大小不变，只是向负方向迁移了一个固定压差值($\rho_2 g(h_2-h_1)=0.2$ MPa)。这种情况称之为负迁移。

由于工作条件的不同，有时会出现正迁移(见图3-4-5)的情况，当 $H=0$ 时，正压室多了一项附加压力 $\rho g h$，或者说 $H=0$ 时，$\Delta p=\rho g h$，这时变送器输出应为4 mA，此时变送器输出和输入压差之间的关系曲线如同图3-4-4中曲线 c 所示。

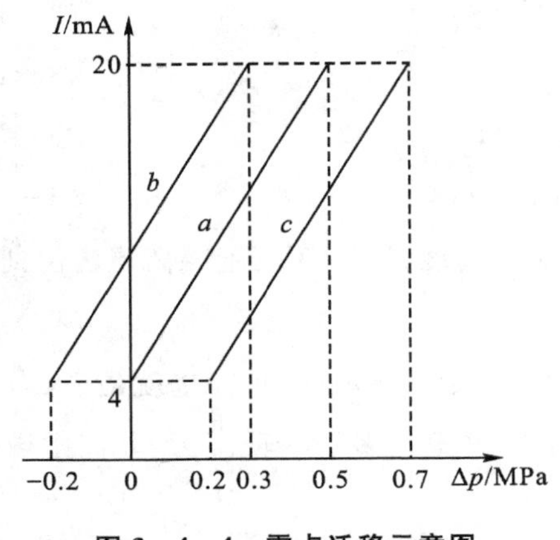

图 3-4-4 零点迁移示意图

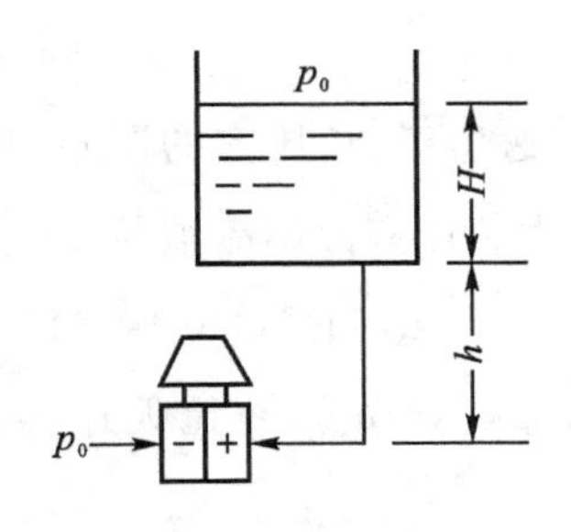

图 3-4-5 正迁移示意图

3. 用法兰式差压变送器测量液位

为了解决测量具有腐蚀性或含有结晶颗粒以及黏度大、易凝固等液体液位时所导致的引压管线被腐蚀、被堵塞的问题，应使用如图 3-4-6 所示的在导压管入口处加隔离膜盒的法兰式差压变送器。作为敏感元件的测量头 1(金属膜盒)，经毛细管 2 与变送器 3 的测量室相通。在膜盒、毛细管和测量室所组成的封闭系统内充有硅油，作为传压介质，并使被测介质不进入毛细管与变送器，以免堵塞。

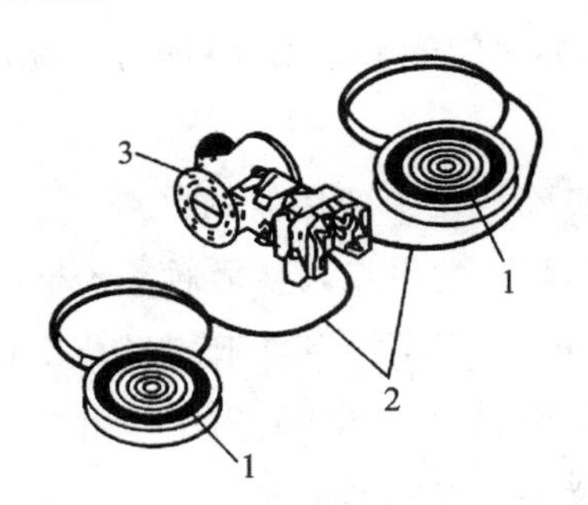

1—法兰；2—毛细管；3—变送器。

图 3-4-6 双法兰式差压变送器

法兰式差压变送器按其结构形式又可分为单法兰式及双法兰式两种。容器与变送器间只需一个法兰将管路接通的称为单法兰差压变送器，而对于上端和大气隔绝的闭口容器，因大多情况下上部空间压力与大气压力不相等，必须采用两个法兰分别将液相和气相压力导至差压变送器，如图 3-4-7 所示，这就是双法兰差压变送器。

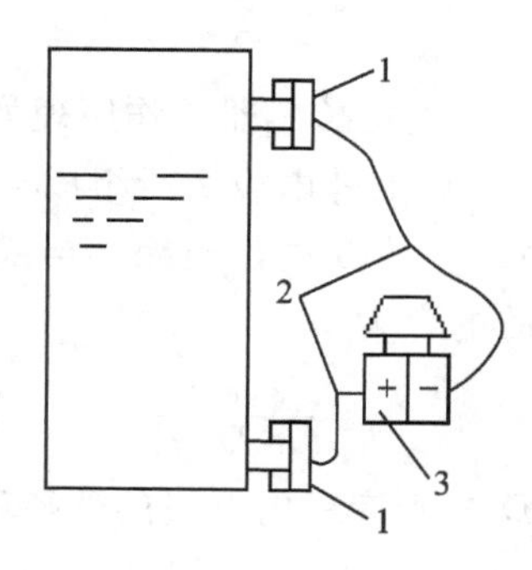

1—法兰式测量头；2—毛细管；3—变送器。

图3-4-7　双法兰式差压变送器测量液位示意图

3.4.2　电容式物位传感器

1. 测量原理

在电容器的极板之间，充以不同介质时，电容量的大小也有所不同。因此，可通过测量电容量的变化来检测液位、料位和两种不同液体的分界面。

图3-4-8是由两个同轴圆柱极板1，2组成的电容器，在两圆筒间充以介电常数为ε的介质时，则两圆筒间的电容量表达式为

$$C=\frac{2\pi\varepsilon L}{\ln(D/d)} \tag{3-4-7}$$

式中，L为两极板相互遮盖部分的长度，d和D分别为圆筒形电容器内电极的外径和外电极的内径，ε为中间介质的介电常数。

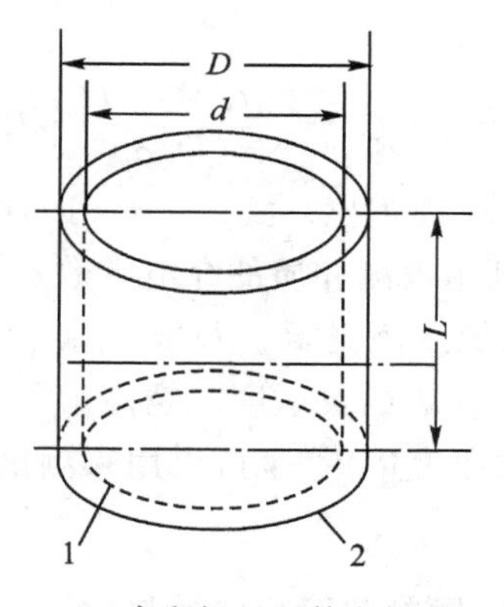

1—内电极；2—外电极。

图3-4-8　电容器组成示意图

所以，当d和D一定时，电容量C的大小与极板的长度L和介质的介电常数ε的乘积成比例。这样，将电容传感器(探头)插入被测物料中，电极浸入物料中的深度随物位高低变化而变化，这必然引起其电容量的变化，从而可检测出物位的高低。

2. 液位的检测

对非导电介质液位测量的电容式液位传感器工作原理如图 3－4－9 所示。它由内电极 1 和一个与它相绝缘的同轴金属套筒做的外电极 2 所组成。外电极 2 上开有很多小孔 4，能使介质流进电极之间，内外电极用绝缘体 3 进行绝缘。当液位为零时，仪表调整零点（或在某一起始液位调零也可），其零点的电容为

$$C_0=\frac{2\pi\varepsilon_0 L}{\ln(D/d)} \tag{3-4-8}$$

式中，ε_0 为空气的介电常数；d 和 D 分别表示内电极的外径和外电极的内径。

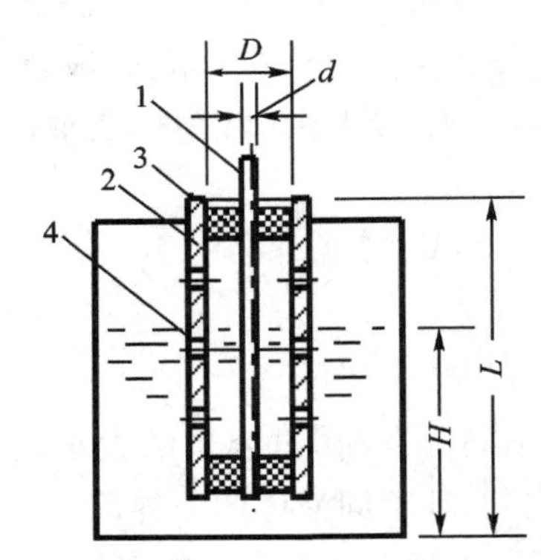

1—内电极；2—外电极；3—绝缘体；4—流通小孔。

图 3－4－9　非导电介质的液位测量原理示意图

当液位上升为 H 时，电容量变为

$$C=\frac{2\pi\varepsilon H}{\ln(D/d)}+\frac{2\pi\varepsilon_0(L-H)}{\ln(D/d)} \tag{3-4-9}$$

电容量的变化为

$$C_X=C-C_0=\frac{2\pi(\varepsilon-\varepsilon_0)H}{\ln(D/d)}=K_iH \tag{3-4-10}$$

因此，电容量的变化与液位高度 H 成正比。式(3－4－10)中的 K_i 为比例系数。K_i 中包含 $(\varepsilon-\varepsilon_0)$，也就是说，这个方法是利用被测介质的介电常数 ε 与空气介电常数 ε_0 不等的原理工作的。$(\varepsilon-\varepsilon_0)$ 值越大，仪表的灵敏度就越高。D/d 实际上与电容器两极间的距离有关，D 与 d 越接近，即两极间距离越小，仪表的灵敏度就越高。

电容式液位计在结构上稍加改变以后，也可以用来测量导电介质的液位。

3. 料位的检测

用电容法可以测量固体块状、颗粒状及粉状的料位。

由于固体间磨损较大，容易“滞留”，所以一般不用双电极式电极。可用电极棒及容器壁组成电容器的两极来测量非导电固体料位。

图 3－4－10 所示为用金属电极棒插入容器来测量料位的示意图。它的电容量变化与料位升降的关系为

$$C_X=\frac{2\pi(\varepsilon-\varepsilon_0)H}{\ln(D/d)} \tag{3-4-11}$$

式中，D 和 d 分别为容器的内径和电极的外径；ε 和 ε_0 分别为物料和空气的介电常数。

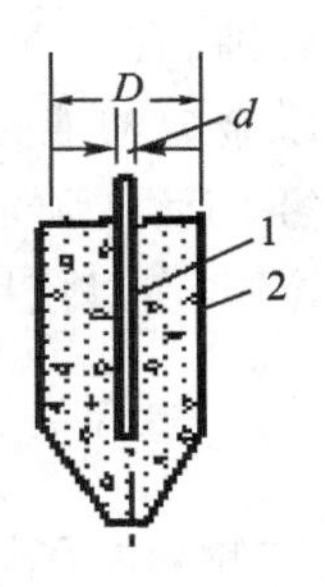

1—金属棒内电极；2—容器壁。

图 3-4-10　料位检测原理示意图

电容物位计的传感部分结构简单、使用方便。但由于电容变化量不大，要精确测量，就需借助较复杂的电子线路才能实现。此外，还应注意介质浓度、温度变化时，其介电常数要发生变化这一因素，以便及时调整仪表，达到预期的测量目的。

3.4.3　核辐射物位计

放射性同位素的辐射线射入一定厚度的介质时，部分粒子因克服阻力与碰撞动能消耗被吸收，另一部分粒子则透过介质。射线的透射强度随着通过介质层厚度的增加而减弱。入射强度为 I_0 的放射源，随介质厚度增加其强度呈指数规律衰减，其关系为

$$I=I_0\mathrm{e}^{-\mu H} \tag{3-4-12}$$

式中，μ 为介质对放射线的吸收系数；H 为介质层的厚度；I 为穿过介质后的射线强度。

不同介质吸收射线的能力是不一样的。一般说来，固体吸收能力最强，液体次之，气体则最弱。当放射源已经选定，被测的介质不变时，则 I_0 与 μ 都是常数，根据式(3-4-12)，只要测定通过介质后的射线强度 I，介质的厚度 H 就知道了。介质层的厚度，在这里指的是液位或料位的高度。

核辐射物位计的测量原理示意图如图 3-4-11 所示。辐射源 1 射出强度为 I_0 的射线，接收器 2 用来检测透过介质后的射线强度 I，再配以显示仪表就可以指示物位的高低了。

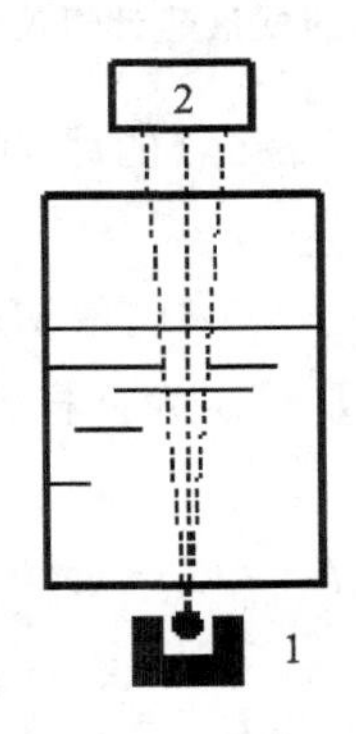

1—辐射源；2—接收器。

图 3-4-11　核辐射物位计测量原理示意图

这种物位仪表由于核辐射线的突出特点，能够透过钢板等各种物质，因而可以完全不接触被测物质，适用于高温、高压容器，强腐蚀、有剧毒、有爆炸性、黏滞性、易结晶或沸腾状态的介质的物位测量，还可以测量高温熔融金属的液位。由于核辐射线特性不受温度、湿度、压力、电磁场等影响，所以可在高温、烟雾、尘埃、强光及强电磁场等环境下工作。但由于放射线对人体有害，它的剂量要加以严格控制，所以使用范围受到一定限制。

3.4.4 称重式液罐计量仪

在石油、化工生产中，有许多大型贮罐，由于高度与直径都很大，即使液位变化 1～2 mm，都会有几百公斤到几吨的差别，所以要求液位的测量很精确。同时，液体（例如油品）的密度会随温度发生较大的变化，而大型容器由于体积很大，各处温度很不均匀，因此即使液位（即体积）测得很准，也反映不了罐中真实的质量储量。利用称重式液罐计量仪，就可解决上述问题。

称重仪是根据天平平衡原理设计的，它的原理如图 3-4-12 所示。罐顶压力 p_1 与罐底压力 p_2 分别引至下波纹管 1 和上波纹管 2。两波纹管的有效面积 A 相等，差压引入两波纹管，产生总的作用力，作用于杠杆系统，使杠杆失去平衡，于是通过发信器和控制器，接通电机线路，使可逆电机旋转，并通过丝杠 6 带动砝码 5 移动，直至由砝码作用于杠杆的力矩与测量力（由差压引起）作用于杠杆的力矩平衡时，电机才停止转动。

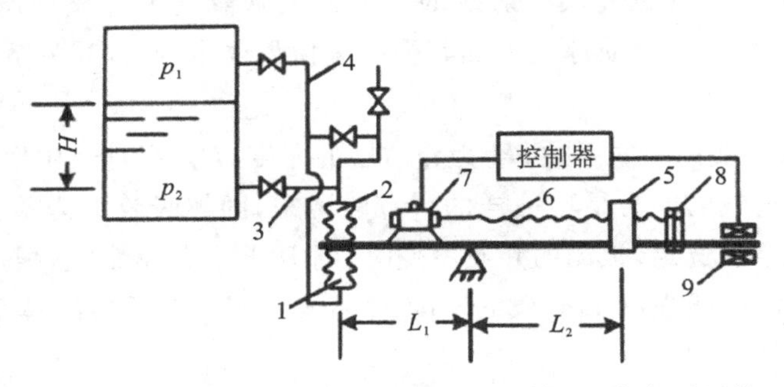

—下波纹管；2—上波纹管；3—液相引压管；4—气相引压管；
5—砝码；6—丝杠；7—可逆电机；8—编码盘；9—发信器。

图 3-4-12 称重式液罐计量仪测量原理示意图

下面推导在杠杆系统平衡时，砝码离支点的距离 L_2 与液罐中总的质量储量之间的关系。杠杆平衡时，有

$$(p_2-p_1)AL_1=MgL_2 \tag{3-4-13}$$

式中，M 为砝码质量；g 为重力加速度；L_1、L_2 为杠杆臂长；A 为纹波管有效面积。

由于

$$p_2-p_1=\rho gH \tag{3-4-14}$$

将式(3-4-14)代入式(3-4-13)，得

$$L_2=\frac{AL_1}{M}\rho H=K\rho H \tag{3-4-15}$$

式中，ρ 为被测介质密度；K 为仪表常数。

如果液罐是均匀截面，其截面积为 A_1，于是液罐内总的液体储量 M_0 为

$$M_0=\rho A_1 H \tag{3-4-16}$$

即

$$\rho H=\frac{M_0}{A_1} \tag{3-4-17}$$

将式(3-4-17)代入式(3-4-15)得

$$L_2=K\frac{M_0}{A_1} \tag{3-4-18}$$

因此，砝码离支点的距离 L_2 与液罐单位面积储量成正比。如果液罐的横截面积 A_1 为常数，则可得

$$L_2=K_i M_0 \tag{3-4-19}$$

式中，$K_i=\frac{K}{A_1}=\frac{AL_1}{A_1 M}$。由此可见，$L_2$ 与液罐内介质的总质量储量 M_0 成比例，而与介质密度 ρ 无关。

如果储罐横截面积随高度而变化，一般是预先制好表格，根据砝码位移量 L_2 就可以查得储存液体的质量。

由于砝码移动距离与丝杠转动圈数成比例，丝杠转动时，经减速带动编码盘 8 转动，因此编码盘的位置与砝码位置是对应的，编码盘发出编码信号到显示仪表，经译码和逻辑运算后用数字显示出来。

由于称重仪是按天平平衡原理工作的，因此具有很高的精度和灵敏度。当罐内液体受组分、温度等影响，密度变化时，并不影响仪表的测量精度。该仪表可以用数字直接显示，并便于与计算机联用，进行数据处理或进行控制。

3.5　流量检测及仪表

在过程控制实践中，为了正确、有效地进行生产操作和控制，经常需要测量生产过程中各种介质(液体、气体和蒸汽等)的流量，以便为生产操作和控制提供依据。同时，为了进行经济核算，经常需要知道在一段时间(一班、一天等)内流过的介质总量。随着自动化水平的不断提高，流量测量和控制已由原来的保证稳定运行朝着最优化控制过渡。

3.5.1　流量的定义及流量仪表分类

一般所讲的流量是指流经管道(或设备)某一截面的流体数量。随着工艺要求不同，它的测量又可分为瞬时流量和累积流量。

1. 瞬时流量

瞬时流量是指单位时间内流经管道(或设备)某一有效截面的流体数量。它可以分别用体积流量和质量流量来表示。

1)体积流量

单位时间内流过某一有效截面的流体的体积，可用 Q 表示为

$$Q=vA \tag{3-5-1}$$

式中，v 表示某一有效截面处的平均流速；A 表示流体通过的有效截面积。常用的单位有立方米每时(m^3/h)、升每时(L/h)、升每分(L/min)等。

2)质量流量

单位时间内流经某一有效截面的流体的质量，常用 M 表示。若流体的密度是 ρ，则体积流量与质量流量之间的关系为

$$M=Q\rho=vA\rho \tag{3-5-2}$$

常用的单位为 t/h、kg/h、kg/s 等。

2. 累积流量(总量)

累积流量(总量)是指在某段时间内流经某一有效截面的流体数量的总和。其总和可以用体积总量 Q_Σ 和质量总量 M_Σ 来表示，常用的单位分别为 m^3、L、t、kg 等。

$$Q_\Sigma=\int_0^t Q\mathrm{d}t;\qquad M_\Sigma=\int_0^t M\mathrm{d}t \tag{3-5-3}$$

式中，t 为时间。

测量流体流量的仪表一般叫流量计；测量流体总量的仪表常称为计量表。然而两者并不是截然划分的，在流量计上配以累积机构，也可以读出总量。

3. 流量测量仪表的分类

测量流量的方法很多，其测量原理和所采用的仪表结构形式各不相同。目前有许多流量测量的分类方法，这里根据计量方式的不同，分为速度式流量计、容积式流量计和质量式流量计。

1)速度式流量计

这是一种以测量流体在管道内的流速作为测量依据来计算流量的仪表。因为如果已知被测流体的流通截面积 A，那么只要测出该流体的流速 v，即可求得流体的体积流量 $Q=vA$。基于这种原理的速度式流量测量仪表可分为两种工作方式：一种是直接测量流体流速的流量测量仪表，例如电磁流量计、超声波流量计等，其特点是不必在管道内设置检测元件，因而不会改变流体的流动状态，也不会产生压力损失，更不存在管道堵塞等问题；另一种是通过设置在管道内的检测变换元件(如孔板、浮子等)，将被测流体的流速按一定的函数关系变换成压差、位移、转速、频率等信号，由此来间接地测量流量，主要产品有差压式流量计、浮子流量计、涡轮流量计、涡街流量计、靶式流量计等。

2)容积式流量计

这是一种以单位时间内所排出流体的固定容积的数目作为测量依据来计算流量的仪表。例如椭圆齿轮流量计、活塞式流量计、腰轮流量计、圆盘流量计等。

3)质量式流量计

这是一种以测量流体流过的质量 M 为依据的流量计。根据质量流量与体积流量之间的关系(式 3-5-2)，采用速度式(或容积式)流量测量仪表先测出体积流量(或体积总量)，再乘以被测流体的密度，即可求得质量流量(或质量总量)。基于这种原理来间接测量质量流量的仪表称为推导式(间接式)质量流量计。由于介质密度会随压力、温度的变化而有所变化，因此工业上普遍应用的推导式质量流量计通常采取了温度、压力的自动补偿措施。

为了使被测质量流量的数值不受流体的压力、温度、黏度等变化的影响，一种直接测量流体质量流量的直接式质量流量计正在发展之中。例如，热式质量、角动量式、陀螺式和科里奥利力式等。其中，热式质量流量计已在工业中得到了应用。

3.5.2　差压式流量计

差压式(也称节流式)流量计是基于流体流动的节流原理，利用流体流经节流装置时产生的压力差而实现流量测量的。它是目前过程控制实践中测量流量最成熟、最常用的方法之一。通常是由能将被测流量转换成压差信号的节流装置和能将此压差转换成对应的流量值显示出来的差压计以及显示仪表所组成。在单元组合仪表中，由节流装置产生的压差信号，经常通过差压变送器转换成相应的标准信号(电的或气的)，以供显示、记录或控制用。

1. 节流现象与流量基本方程式

1)节流现象

流体在有节流装置的管道中流动时，在节流装置前后的管壁处，流体的静压力产生差异的现象称为节流现象。

节流装置包括节流件和取压装置，节流件是能使管道中的流体产生局部收缩的元件，应用最广泛的是孔板，其次是喷嘴、文丘里管等。下面以孔板为例说明节流现象。

具有一定能量的流体，才可能在管道中形成流动状态。流动流体的能量有两种形式：动能和静压能。由于流体有流动速度而具有动能，又由于流体有压力而具有静压能。这两种形式的能量在一定的条件下可以互相转化。但是，根据能量守恒定律，流体所具有的静压能和动能，再加上克服流动阻力的能量损失，在没有外加能量的情况下，其总和是不变的。

图 3 - 5 - 1 表示在孔板前后流体的速度与压力的分布情况。流体在管道截面Ⅰ前，以一定的流速 v_1 流动，此时静压力为 p_1'。在接近节流装置时，由于遇到节流装置的阻挡，使靠近管壁处的流体受到节流装置的阻挡作用最大，因而使一部分动能转换为静压能，出现了节流装置入口端面靠近管壁处的流体静压力升高，并且大于管道中心处的压力，即在节流装置入口端面处产生一径向压差。这一径向压差使流体产生径向附加速度，从而使靠近管壁处的流体质点的流向就与管道中心轴线相倾斜，形成了流束的收缩运动。由于惯性作用，流束的最小截面并不在孔板的孔处，而是经过孔板后仍继续收缩，到截面Ⅱ处达到最小，这时流速最大，达到 v_2，随后流束又逐渐扩大，至截面Ⅲ后完全复原，流速便降低到原来的数值，即 $v_3=v_1$。

由于节流装置造成流束的局部收缩，使流体的流速发生变化，即动能发生变化。与此同时，表征流体静压能的静压力也要变化。在Ⅰ截面，流体具有静压力 p_1'，到达截面Ⅱ处，流速增加到最大值，静压力就降低到最小值 p_2'，而后静压力又随着流束的恢复而逐渐恢复。由于在孔板端面处，流通截面突然缩小与扩大，使流体形成局部涡流，要消耗一部分能量，同时流体流经孔板时，要克服摩擦力，所以流体的静压力不能恢复到原来的数值 p_1'，而产生了压力损失 $\delta_p=p_1'-p_3'$。

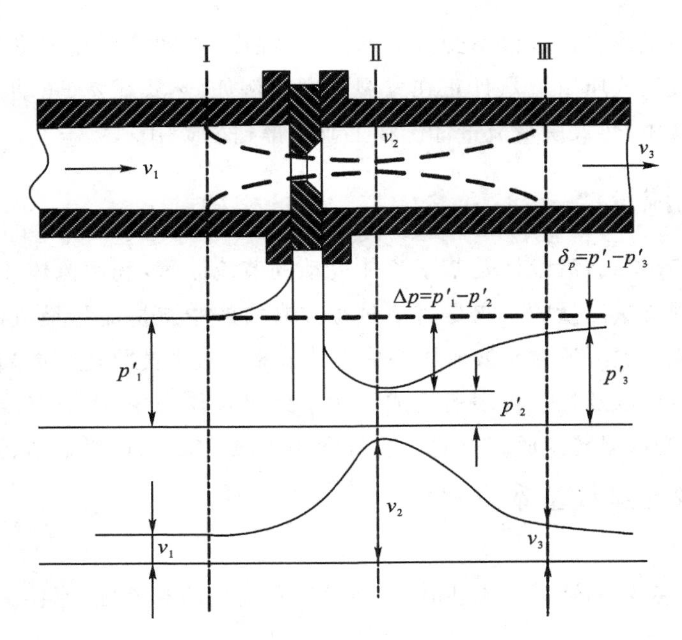

图 3-5-1 孔板装置及压力、流速分布示意图

节流装置前流体压力较高，称为正压，常以“+”标志；节流装置后流体压力较低，称为负压(注意不要与真空混淆)，常以“-”标志。节流装置前后压差的大小与流量有关。管道中流动的流体流量越大，在节流装置前后产生的压差也越大，我们只要测出孔板前后两侧压差的大小，即可表示流量的大小，这就是节流装置测量流量的基本原理。

值得注意的是：要准确地测量出截面Ⅰ与截面Ⅱ处的压力 p_1' 和 p_2' 是有困难的，这是因为产生最低静压力 p_2' 的截面Ⅱ的位置随着流速的不同会改变的，事先根本无法确定。因此实际上是在孔板前后的管壁上选择两个固定的取压点，来测量流体在节流装置前后的压力变化(即压差)。因而所测得的压差与流量之间的关系与测压点及测压方式的选择是紧密相关的。

2)流量基本方程式

流量基本方程式是阐明流量与压差之间定量关系的基本流量公式，它是根据流体力学中的伯努利方程和流体连续性方程式推导而来的，即

$$Q=\alpha\varepsilon F_0\sqrt{\frac{2}{\rho_1}\Delta p} \tag{3-5-4}$$

$$M=\alpha\varepsilon F_0\sqrt{2\rho_1\Delta p} \tag{3-5-5}$$

式中，α 为流量系数，与节流装置的结构形式、取压方式、孔口截面积与管道截面积之比 m、雷诺数 Re、孔口边缘锐度、管壁粗糙度等因素有关；ε 为膨胀校正系数，与孔板前后压力的相对变化量、介质的等熵指数、孔口截面积与管道截面积之比等因素有关。应用时可查阅有关手册而得。但对不可压缩的液体来说，常取 $\varepsilon=1$；F_0 为节流装置的开孔截面积；Δp 为节流装置前后实际测得的压力差；ρ_1 为节流装置前的流体密度。

由流量基本方程式可以看出，要知道流量与压差的确切关系，关键在于 α 的取值。α 是一个受许多因素影响的综合性参数，对于标准节流装置，其值可从有关手册中查出；对于非

标准节流装置，其值要由实验方法确定。所以，在进行节流装置的设计计算时，是针对特定条件，选择一个 α 值来计算的。计算的结果只能应用在一定条件下。一旦条件改变（例如节流装置形式、尺寸、取压方式、工艺条件等等的改变），就不能随意套用，必须另行计算。例如，按小负荷情况下计算的孔板，用来测量大负荷时流体的流量，就会引起较大的误差，必须加以必要的修正。

由流量基本方程式还可以看出，流量与压力差 Δp 的平方根成正比。所以，用这种流量计测量流量时，如果不加开方器，流量标尺刻度是不均匀的。起始部分的刻度很密，后来逐渐变疏。因此，在用差压法测量流量时，被测流量值不宜接近仪表的下限值，否则误差将会很大。

2. 标准节流装置

1）标准节流元件

差压式流量计由于使用历史长久，已经积累了丰富的实践经验和完整的实验资料，因此，国内外已把最常用的节流装置孔板、喷嘴、文丘里管等标准化，并称为“标准节流装置”。标准化的具体内容包括节流装置的结构、尺寸、加工要求、取压方法、使用条件等。例如，标准孔板对尺寸和公差、光洁度等都有详细规定。如图 3-5-2 所示，其中 d/D 应在 0.2～0.8；最小孔应不小于 12.5 mm；直孔部分的厚度 $h=(0.005\sim0.02)D$；总厚度 $H<0.05D$；锥面的斜角 $\alpha=30°\sim45°$等，需要时可参阅设计手册。

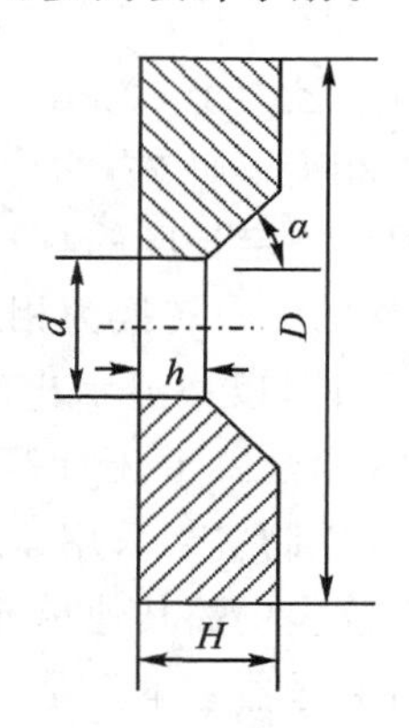

图 3-5-2　孔板断面示意图

2）取压方式

由流量基本方程式可知，节流元件前后的压差（p_1-p_2）是计算流量的关键数据，因此取压方法相当重要。我国规定的标准节流装置取压方法有两种：角接取压法和法兰取压法。标准孔板可以采用角接取压法和法兰取压法，而标准喷嘴只规定有角接取压方式。

所谓角接取压法，就是在孔板（或喷嘴）前后两端面与管壁的夹角处取压。角接取压方法可以通过环室或单独钻孔结构来实现。环室取压结构如图 3-5-3(a)所示，它是在管道 1 的直线段处，利用左右对称的环室 2 将孔板 3 夹在中间，环室与孔板端面间留有狭窄的缝隙，再由导压管将环室内的压力 p_1 和 p_2 引出。单独钻孔结构则是在前后夹紧环 4 上直接钻孔将压力引出，如图 3-5-3(b)所示。对于孔板，环室取压用于工作压力即管道中流体的压力在 6.4 MPa 以下，管道直径 D 在 50～520 mm；而单独钻孔取压用于工作压力在

2.5 MPa 以下,D 在 50～1000 mm。

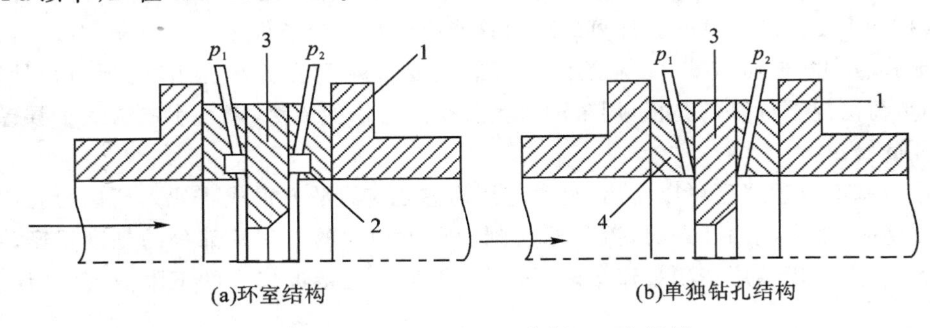

1—管道法兰;2—环室;3—孔板;4—夹紧环。

图 3-5-3 角接取压方式示意图

采用环室取压法能得到较好的测量精度,但是加工制造和安装要求严格,如果由于加工和现场安装条件的限制,而达不到预定的要求时,其测量精度仍难保证。所以,在现场使用时,为了加工和安装方便,有时不用环室而用单独钻孔取压,特别是对大口径管道。

标准孔板应用广泛,它具有结构简单、安装方便的特点,适用于大流量的测量。孔板最大的缺点是流体经过孔板后压力损失大,当工艺管道上不允许有较大的压力损失时,便不宜采用。标准喷嘴和标准文丘里管的压力损失较孔板小,但结构比较复杂,不易加工。实际上,在一般场合下,仍多采用孔板。

标准节流装置仅适用于测量管道直径大于 50 mm,雷诺数在10^4～10^5 以上的流体,而且流体应当清洁,完全充满管道,不发生相变。此外,为保证流体在节流装置前后为稳定的流动状态,在节流装置的上、下游必须配置一定长度的直管段。

另外,节流装置将管道中流体流量的大小转换为相应的差压大小,但这个差压信号还必须由导压管引出,并传递到相应的差压计,以便显示出流量的数值。差压计有很多种型式,例如 U 形管差压计、双波纹管差压计、膜盒式差压计等,但这些仪表均为就地指示型仪表。事实上,工业生产过程中的流量测量及控制多半采用差压变送器,将差压信号转换为统一的标准信号,以利于远传,并与单元组合仪表中的其他单元相连接,这样便于集中显示及控制。差压变送器的结构和工作原理与压力变送器基本上是一样的,在前面介绍的力矩平衡式、电容式差压变送器都能使用。

3. 差压式流量计的测量误差

差压式流量计的应用非常广泛。但是,在实际应用现场,往往具有比较大的测量误差,有的甚至高达 10%～20%。应当指出,造成这么大误差的实际原因完全是由于使用不当引起的,而不是仪表本身的测量误差。特别是在采用差压式流量计作为工艺生产过程中物料计量、经济核算和测取物料核算数据时,这一矛盾显得更为突出。然而,在只要求流量相对值的场合下,对流量指示值与真实值之间的偏差往往不注意,但事实上误差却是客观存在的。因此,必须引起注意的是,不仅需要合理的选型、准确的设计计算和加工制造,更要注意正确的安装、维护和符合使用条件等,才能保证差压式流量计有足够的测量精度。

造成差压式流量计测量误差的主要原因可总结如下。

1)被测流体工作状态的变动

如果实际使用时被测流体的工作状态(温度、压力、湿度等)以及相应的流体重度、黏度、雷诺数等参数数值与设计计算时有所变动,则会造成原来由差压计算得到的流量值与实际的流量值之间有较大的误差。为了消除这种误差,必须按新的工艺条件重新进行设计计算,或者将所测的数值加以必要的修正。

2)节流装置安装不正确

节流装置安装不正确,也是引起差压式流量计测量误差的重要原因之一。在安装节流装置时,特别要注意节流装置的安装方向。一般地说,节流装置露出部分所标注的“+”号一侧,应当是流体的入口方向。当用孔板作为节流装置时,应使流体从孔板 90°锐口的一侧流入。

另外,节流装置除了必须按相应的规程正确安装外,在使用中,要保持节流装置的清洁。如在节流装置处有沉淀、结焦、堵塞等现象,也会引起较大的测量误差,必须及时清洗。

3)孔板入口边缘的磨损

节流装置在使用过程中,特别是在被测介质夹杂有固体颗粒等机械物情况下,或者有化学腐蚀物质,都会造成节流装置的几何形状和尺寸的变化。对于使用广泛的孔板来说,它的入口边缘的尖锐度会由于冲击、磨损和腐蚀而变钝。这样,在相等数量的流体经过时所产生的压差 Δp 将变小,从而引起仪表指示值偏低。故应及时检查、维修,必要时应换用新的孔板。

4)导压管安装不正确,或有堵塞、渗漏现象

导压管要正确安装,防止堵塞与渗漏,否则会引起较大的测量误差。对于不同的被测介质,导压管的安装亦有不同的要求,下面结合几类具体情况来讨论。

(1)测量液体的流量时,应该使两根导压管内都充满同样的液体而无气泡,以使两根导压管内的液体密度相等。这样,由两根导压管内液柱所附加在差压计正、负压室的压力可以互相抵消。为了使导压管内没有气泡,必须做到以下几点。

①取压点应该位于节流装置的下半部,与水平线夹角 α 应为 0°～45°,如图 3-5-4 所示。如果从底部引出,液体中夹带的固体杂质会沉积在引压管内,引起堵塞,亦属不宜。

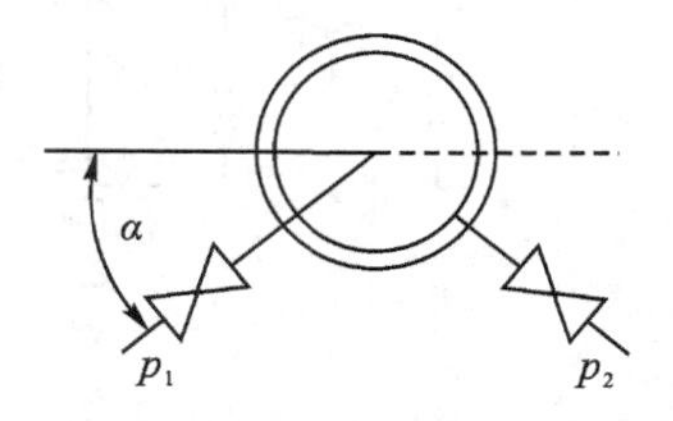

图 3-5-4　测量液体流量时的取压点位置

②引压导管最好垂直向下,如条件不许可,导压管亦应下倾一定的坡度(至少 1∶2～1∶10),使气泡易于排出。

③在引压导管的管路中,应有排气的装置。如果差压计只能装在节流装置之上时,则须加装储气罐,如图 3-5-5 所示中的储气罐 6 与放空阀 3。这样,即使有少量气泡,对差压 Δp 的测量仍无影响。

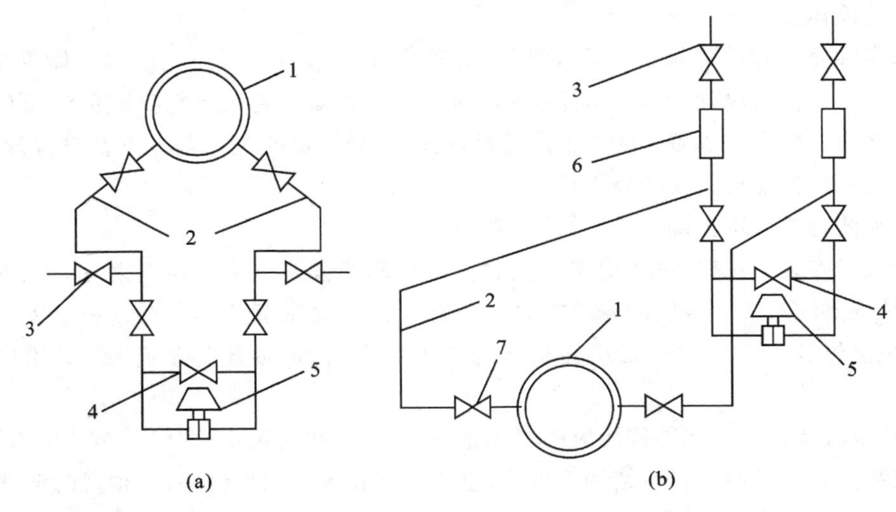

1—节流装置；2—引压导管；3—放空阀；4—平衡阀；5—差压变送器；6—储气罐；7—切断阀。

图 3－5－5　测量液体流量时的连接示意图

(2)测量气体流量时，主要应防止被测气体中存在的凝结水进入并沉积在信号管路中，造成两信号管路中介质密度不等而引起的误差。为保持两根导管内流体的密度相等，在引压导管的连接方式上会有所不同，具体措施如下。

①取压点应在节流装置的上半部。

②引压导管最好垂直向上，至少亦应向上倾斜一定的坡度，以使引压导管中不滞留液体。

③如果差压计必须装在节流装置之下，则须加装贮液罐和排放阀，如图 3－5－6 所示。

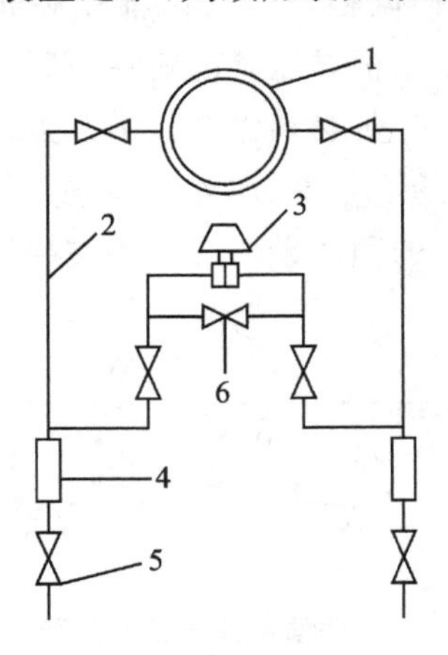

1—节流装置；2—引压导管；3—变送器；4—贮液罐；5—排放阀；6—平衡阀。

图 3－5－6　测量气体流量时的连接图

(3)测量蒸汽的流量时，要实现上述的基本原则，必须解决蒸汽冷凝液的等液位问题，以消除冷凝液液位的高低对测量精度的影响。最常用的接法如图 3－5－7 所示。取压点从节流装置的水平位置接出，并分别安装凝液罐 2。这样，两根导压管内都充满了冷凝液，而且液位一样高，从而实现差压 Δp 的准确测量。自凝液罐至差压计的接法与测量液体流量时相同。

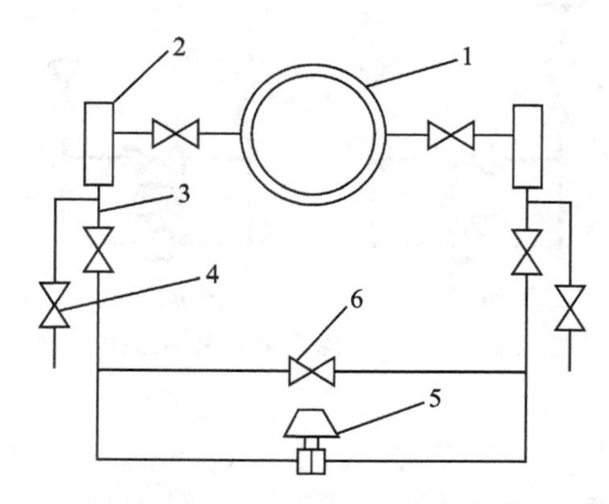

1—节流装置；2—凝液罐；3—引压导管；4—排放阀；5—变送器；6—平衡阀。

图 3-5-7 测量蒸汽流量时的连接图

5)差压计安装或使用不正确

差压计或差压变送器安装或使用不正确也会引起测量误差。由引压导管接至差压计或差压变送器前，必须安装切断阀 1、2 和平衡阀 3，构成三阀组，如图 3-5-8 所示。我们知道，差压计是用来测量差压 Δp 的，但如果两切断阀不能同时开闭时，就会造成差压计单向受很大的静压力，有时会使仪表产生附加误差，严重时会损坏仪表。为了防止差压计单向承受很大的静压力，必须正确使用平衡阀。即在启用差压计时，应先开平衡阀 3，使正、负压室连通，受压相同，然后再打开切断阀 1、2，最后再关闭平衡阀 3，差压计即可投入运行。差压计需要停用时，应先打开平衡阀，然后再关闭切断阀 1、2。

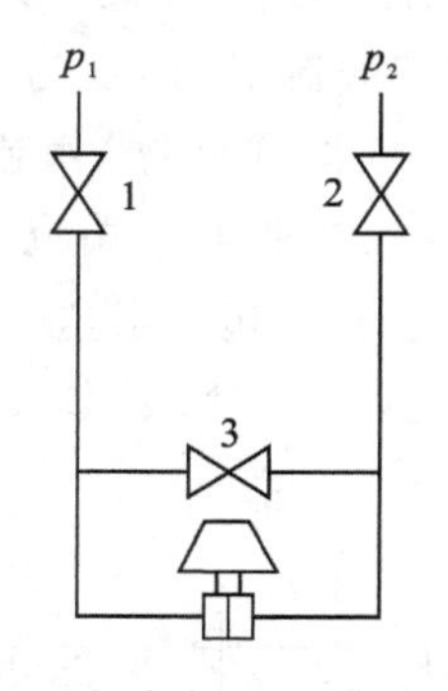

1、2—切断阀；3—平衡阀。

图 3-5-8 差压计阀组安装示意图

当切断阀 1、2 关闭时，打开平衡阀 3，便可进行仪表的零点校验。

测量腐蚀性（或因易凝固不适宜直接进入差压计）的介质流量时，必须采取隔离措施。最常用的方法是用某种与被测介质互不相溶且不起化学变化的中性液体作为隔离液，同时起传递压力的作用。当隔离液的密度 ρ_1' 大于或小于被测介质密度 ρ_1 时，隔离罐分别采用如图 3-5-9 所示的两种形式。

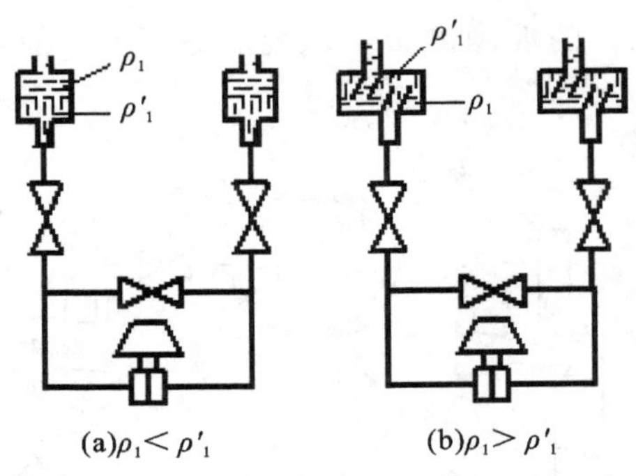

(a)$\rho_1 < \rho'_1$ (b)$\rho_1 > \rho'_1$

图 3-5-9 隔离罐的两种形式

3.5.3 浮子流量计

在工业生产中经常遇到小流量的测量，因其流体的流速低，这就要求测量仪表有较高的灵敏度，才能保证一定的精度。节流装置对管径小于 50 mm、雷诺数低的流体的测量精度是不高的。而浮子流量计则特别适宜于测量管径 50 mm 以下管道的流量，测量的流量可小到每小时几升。

1. 工作原理

浮子流量计(也称转子流量计)与前述差压式流量计工作原理不同。差压式流量计是在节流面积(如孔板流通面积)不变的条件下，以差压变化来反映流量的大小；而浮子流量计却是在压降不变的条件下，利用节流面积的变化来测量流量的大小，即浮子流量计采用的是恒压降、变节流面积的流量测量方法。

指示式浮子流量计的基本结构如图 3-5-10 所示，它基本上由两个部分组成，一个是由下往上逐渐扩大的锥形管(通常用玻璃制成，锥度为 40′～3°)；另一个是放在锥形管内可自由运动的浮子。工作时，被测流体(气体或液体)由锥形管下端进入，沿着锥形管向上运动，流过浮子与锥形管之间的环隙，再从锥形管上端流出。当流体流过锥形管时，位于锥形管中的浮子便受到一个向上的力，使浮子浮起。当这个力正好等于浸没在流体里的浮子重力(即等于浮子重量减去流体对浮子的浮力)时，则作用在浮子上的上下两个力达到平衡，此时浮子就停浮在一定的高度上。

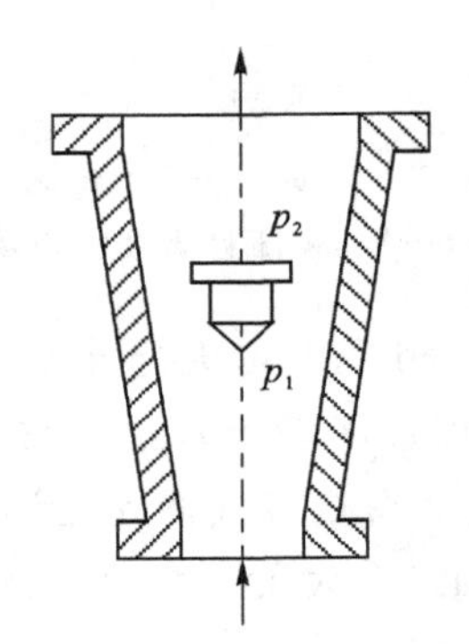

图 3-5-10 浮子流量计基本结构示意图

假如被测流体的流量突然由小变大时，作用在浮子上的向上的力就加大。因为浮子在流体中受的重力是不变的，即作用在浮子上的向下的力是不变的，所以浮子就上升。由于浮子在锥形管中位置的升高，造成浮子与锥形管间的环隙增大，即流通面积增大。随着环隙的增大，流过此环隙的流体流速变慢。因而，流体作用在浮子上的向上的力也就变小。当流体作用在浮子上的力再次等于浮子在流体中的重力时，浮子又稳定在一个新的高度上。这样，浮子在锥形管中的平衡位置的高低与被测介质的流量大小相对应。如果在锥形管外沿其高度刻上对应的流量值，那么根据浮子平衡位置的高低就可以直接读出流量的大小。这就是浮子流量计测量流量的基本原理。

浮子流量计中浮子的平衡条件是

$$V(\rho_t-\rho_f)g=(p_1-p_2)A \tag{3-5-6}$$

式中，V 为浮子的体积；ρ_t 为浮子材料的密度；ρ_f 为被测流体的密度；p_1、p_2 分别为浮子前后流体的压力；A 为浮子的最大横截面积；g 为重力加速度。

由于在测量过程中，V、ρ_t、ρ_f、A、g 均为常数，所以由式(3-5-6)可知，(p_1-p_2)也应为常数。这就是说，在浮子流量计中，流体的压降是固定不变的。所以，浮子流量计是以定压降、变节流面积来测量流量的。这正好与差压法测量流量的情况相反。

由式(3-5-6)可得

$$\Delta p=p_1-p_2=\frac{(\rho_t-\rho_f)gV}{A} \tag{3-5-7}$$

在差压 Δp 一定的情况下，流过浮子流量计的流量和浮子与锥形管间环隙面积 F_0 有关。由于锥形管由下往上逐渐扩大，所以 F_0 是与浮子浮起的高度 h 有关的。这样，根据浮子浮起的高度就可以判断被测介质的流量大小，可用下式表示

$$Q=\Phi h\sqrt{\frac{2}{\rho_f}\cdot\Delta p} \tag{3-5-8}$$

或

$$M=\Phi h\sqrt{2\rho_f\Delta p} \tag{3-5-9}$$

式中，Φ 为仪表常数；h 为浮子浮起的高度。

将式(3-5-7)代入以上两式可得

$$Q=\Phi h\sqrt{\frac{2gV(\rho_t-\rho_f)}{\rho_f A}} \tag{3-5-10}$$

$$M=\Phi h\sqrt{\frac{2gV(\rho_t-\rho_f)\rho_f}{A}} \tag{3-5-11}$$

2. 电远传式浮子流量计

上述指示式浮子流量计，只适用于就地指示。电远传式浮子流量计可以将反映流量大小的浮子高度 h 转换为电信号，适合于远传，进行显示或记录。

LZD 系列电远传式浮子流量计主要由流量变送及电动显示两部分组成。

1)流量变送部分

LZD 系列电远传式浮子流量计是用差动变压器进行流量变送的。

差动变压器的结构与原理如图 3-5-11 所示。它由铁芯、线圈以及骨架组成。线圈骨架分成长度相等的两段,初级线圈均匀地密绕在骨架的内层,并使两个线圈同相串联相接;次级线圈分别均匀地密绕在两段骨架的外层,并将两个线圈反相串联相接。

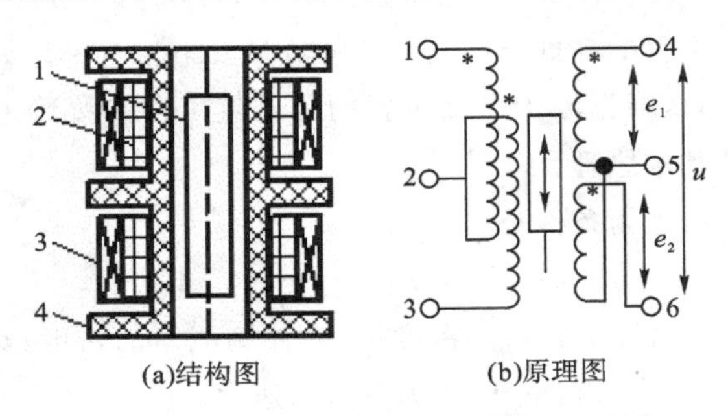

(a)结构图　　(b)原理图

1—铁心;2—初级线圈;3—次级线圈;4—骨架。

图 3-5-11　差动变压器的结构和工作原理示意图

当铁芯处在差动变压器两段线圈的中间位置时,初级激磁线圈激励的磁力线穿过上、下两个次级线圈的数目相同,因而两个匝数相等的次级线圈中产生的感应电势 e_1、e_2 相等。由于两个次级线圈系反相串接,所以 e_1、e_2 相互抵消,从而输出端 4、6 之间总电势为零,即 $u=e_1-e_2=0$。

当铁芯向上移动时,由于铁芯改变了两段线圈中初、次级的耦合情况,使通过上段线圈的磁力线数目增加,通过下段线圈的磁力线数目减少,因而上段次级线圈产生的感应电势比下段次级线圈产生的感应电势大,即 $e_1>e_2$,于是 4、6 两端输出的总电势 $u=e_1-e_2>0$。当铁芯向下移动时,情况与上移正好相反,即输出的总电势 $u=e_1-e_2<0$。无论哪种情况,都把这个输出的总电势称为不平衡电势,它的大小和相位由铁芯相对于线圈中心移动的距离和方向来决定。

若将浮子流量计的浮子与差动变压器的铁芯连接起来,使浮子随流量变化的运动带动铁芯一起运动,于是就可以将流量的大小转换成输出感应电势的大小。这就是电远传浮子流量计的转换原理。

2)电动显示部分

LZD 系列电远传浮子流量计的原理图如图 3-5-12 所示。当被测介质流量变化时,引起浮子停浮的高度发生变化,浮子通过连杆带动发送的差动变压器 T_1 中的铁芯上下移动。当流量增加时,铁芯向上移动,变压器 T_1 的次级绕组输出一不平衡电势,进入电子放大器。放大后的信号一方面通过可逆电机带动显示机构动作;另一方面通过凸轮带动接收的差动变压器 T_2 中的铁芯也向上移动。使 T_2 的次级绕组也产生一个不平衡电势。由于 T_1、T_2 的次级绕组是反向串接的,因此由 T_2 产生的不平衡电势去抵消 T_1 产生的不平衡电势,一直到进入放大器的电压为零后,T_2 中的铁芯便停留在相应的位置上,这时显示机构的指示值便可以表示被测流量的大小。

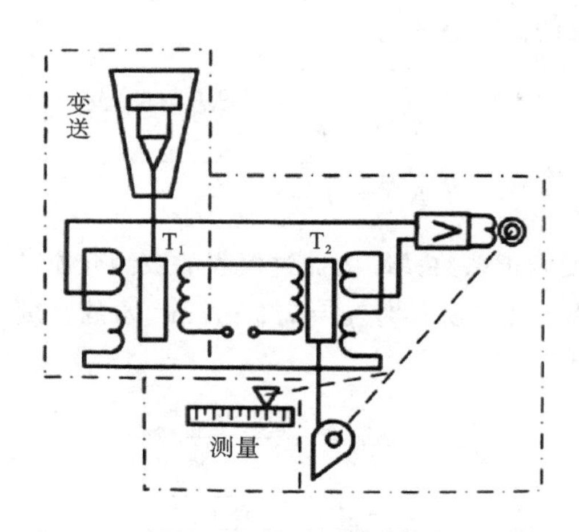

图3-5-12　LZD系列电远传浮子流量计工作原理示意图

3. 浮子流量计的指示值修正

浮子流量计是一种非标准化仪表，在大多数情况下，可按照实际被测介质进行刻度。但仪表厂为了便于成批生产，是在工业基准状态(20 ℃，0.10133 MPa)下用水或空气进行刻度的，即浮子流量计的流量标尺上的刻度值，对用于测量液体来讲是代表20 ℃时水的流量值，对用于测量气体来讲则是代表20 ℃，0.10133 MPa压力下空气的流量值。所以，在实际使用时，如果被测介质的密度和工作状态不同，则必须对流量指示值按照实际被测介质的密度、温度、压力等参数的具体情况进行修正。

1)液体流量测量时的修正

测量液体的浮子流量计，由于制造厂是在常温(20 ℃)下用水标定的，根据式(3-5-11)可写为

$$Q_0=\Phi h\sqrt{\frac{2g(\rho_t-\rho_w)V}{\rho_w A}} \tag{3-5-12}$$

式中，Q_0为用水标定时的刻度流量；ρ_w为水的密度。其他符号同式(3-5-11)。

如果使用时被测介质不是水，则由于密度的不同必须对流量刻度进行修正或重新标定。对一般液体介质来说，当温度和压力改变时，对密度影响不大。如果被测介质的黏度与水的黏度相差不大(不超过0.03 Pa·s)，可近似认为Φ是常数，则有

$$Q_f=\Phi h\sqrt{\frac{2g(\rho_t-\rho_f)V}{\rho_f A}} \tag{3-5-13}$$

式中，Q_f为密度为ρ_f的被测介质实际流量。

将式(3-5-12)与式(3-5-13)相除，整理后得

$$Q_0=\sqrt{\frac{(\rho_t-\rho_w)\rho_f}{(\rho_t-\rho_f)\rho_w}}\cdot Q_f=K_Q\cdot Q_f \tag{3-5-14}$$

$$K_Q=\sqrt{\frac{(\rho_t-\rho_w)\rho_f}{(\rho_t-\rho_f)\rho_w}} \tag{3-5-15}$$

式中，K_Q为体积流量密度修正系数。

同理可导得质量流量的修正公式为

$$M_0=\sqrt{\frac{\rho_t-\rho_w}{(\rho_t-\rho_f)\rho_f\rho_w}}M_f=K_M M_f \tag{3-5-16}$$

$$K_M=\sqrt{\frac{\rho_t-\rho_w}{(\rho_t-\rho_f)\rho_f\rho_w}} \tag{3-5-17}$$

式中，K_M 为质量流量密度修正系数；M_f 为流过仪表的被测介质的实际质量流量。

当采用耐酸不锈钢作为浮子材料时，$\rho_t=7.9\ g/cm^3$，水的密度 $\rho_w=1\ g/cm^3$，代入式(3-5-15)与式(3-5-17)得

$$K_Q=\sqrt{\frac{6.9\rho_f}{7.9-\rho_f}} \tag{3-5-18}$$

$$K_M=\sqrt{\frac{6.9}{(7.9-\rho_f)\rho_f}} \tag{3-5-19}$$

当介质密度 ρ_f 变化时，密度修正系数 K_Q、K_M 的数值见表 3-5-1。

表 3-5-1　密度修正系数表

ρ_f	K_Q	K_M	ρ_f	K_Q	K_M	ρ_f	K_Q	K_M
0.40	0.670	1.516	0.95	0.971	1.022	1.50	1.272	0.847
0.45	0.646	1.435	1.00	1.000	1.000	1.55	1.297	0.837
0.50	0.683	1.365	1.05	1.028	0.979	1.60	1.323	0.827
0.55	0.719	1.307	1.10	1.056	0.960	1.65	1.351	0.818
0.60	0.754	1.256	1.15	1.084	0.943	1.70	1.376	0.809
0.65	0.787	1.211	1.20	1.111	0.927	1.75	1.401	0.800
0.70	0.819	1.170	1.25	1.139	0.911	1.80	1.427	0.792
0.75	0.851	1.134	1.30	1.165	0.897	1.85	1.453	0.785
0.80	0.882	1.102	1.35	1.193	0.884	1.90	1.477	0.778
0.85	0.912	1.073	1.40	1.220	0.872	1.95	1.504	0.771
0.90	0.944	1.046	1.45	1.245	0.859	2.00	1.529	0.764

下面举例说明上述修正公式的应用。

例 3-5-1　现用一只以水标定的浮子流量计来测量苯的流量，已知浮子材料为不锈钢，其密度为 $\rho_t=7.9\ g/cm^3$，苯的密度为 $\rho_f=0.83\ g/cm^3$。试问流量计读数为 3.6 L/s 时，苯的实际流量是多少？

解　由式(3-3-18)计算或由表 3-5-1 可查得 $K_Q=0.9$。将此值代入式(3-3-14)得

$$Q_f=\frac{1}{K_Q}Q_0=\frac{1}{0.9}\times 3.6=4.0\ L/s$$

即苯的实际流量为 4.0 L/s。

2)气体流量测量时的修正

对于气体介质流量值的修正,除了被测介质的密度不同以外,被测介质的工作压力和温度的影响也非常大,因此对密度、工作压力和温度均需进行修正。

浮子流量计用来测量气体时,制造厂是在工业基准状态(293 K,0.10133 MPa 绝对压力)下用空气进行标定的。对于非空气介质,在不同于上述工业基准状态下测量时,要进行修正。

当已知仪表显示刻度 Q_0,要计算实际的工作介质流量时,可按下式修正:

$$Q_1=\sqrt{\frac{\rho_0}{\rho_1}}\sqrt{\frac{p_1}{p_0}}\sqrt{\frac{T_0}{T_1}}Q_0=\frac{1}{K_\rho}\frac{1}{K_P}\frac{1}{K_T}Q_0 \tag{3-5-20}$$

式中,Q_1 为被测介质的流量(Nm^3/h);ρ_1 为被测介质在标准状态下的密度(kg/Nm^3);ρ_0 为标定用介质空气在标准状态下的密度(1.293 kg/Nm^3);p_1 为被测介质的绝对压力(MPa);p_0 为工业基准状态下的绝对压力(0.10133 MPa);T_0 为工业基准状态下的绝对温度(293 K);T_1 为被测介质的绝对温度(K);Q_0 为按标准状态刻度的显示流量值(Nm^3/h);K_ρ 为密度修正系数;K_p 为压力修正系数;K_T 为温度修正系数。

值得注意的是,由式(3-5-20)计算得到的 Q_1 是被测介质在单位时间(小时)内流过浮子流量计的标准状态下的容积数(标准立方米),而不是被测介质在实际工作状态下的容积流量。这是因为气体计量时,一般用标准立方米计,而不用实际工作状态下的容积数来计。

下面也用具体例子来说明式(3-5-20)的应用。

例 3-5-2　某厂用浮子流量计来测量温度为 27 ℃,表压为 0.16 MPa 的空气流量,问浮子流量计读数为 38 Nm^3/h 时,空气的实际流量是多少?

解　已知 $Q_0=38\ Nm^3/h$,$p_1=0.16+0.10133=0.26133$ MPa,$T_1=27+273=300$ K,$T_0=293$ K,$p_0=0.10133$ MPa,$\rho_1=\rho_0=1.293\ kg/Nm^3$。将上列数据代入式 $Q_1=\sqrt{\frac{\rho_0}{\rho_1}}\sqrt{\frac{p_1}{p_0}}\sqrt{\frac{T_0}{T_1}}Q_0=\frac{1}{K_\rho}\frac{1}{K_P}\frac{1}{K_T}Q_0$ 可得

$$Q_1=\sqrt{\frac{1.293}{1.293}}\times\sqrt{\frac{0.26133}{0.10133}}\times\sqrt{\frac{293}{300}}\times 38\ Nm^3/h\approx 60.3\ Nm^3/h$$

即这时空气的流量为 60.3 Nm^3/h。

3)蒸汽流量测量时的换算

浮子流量计用来测量水蒸气流量时,若将蒸汽流量换算为水流量,可按式(3-5-16)计算。若浮子材料为不锈钢,$\rho_t=7.9\ g/cm^3$,则有

$$Q_0=\sqrt{\frac{\rho_t-\rho_w}{(\rho_t-\rho_f)\rho_f\cdot\rho_w}}M_f=\sqrt{\frac{7.9-1}{7.9-\rho_f}}\sqrt{\frac{1000}{\rho_f}}M_f \tag{3-5-21}$$

当 $\rho_f\ll\rho_t$ 时,可算得

$$Q_0=29.56\sqrt{\frac{1}{\rho_f}}M_f \tag{3-5-22}$$

式中,Q_0 为水流量(L/h);ρ_f 为蒸汽密度(kg/m^3);M_f 为蒸汽流量(kg/h)。

由上式可以看出，若已知某饱和蒸汽（温度不超过 200 ℃）流量值时，可从上式换算成相应的水流量值，然后按浮子流量计规格选择合适口径的仪表。

4. 浮子流量计安装注意事项

正确地安装与使用流量计是保证测量精度、防止出现故障和避免损坏仪表的重要环节，在安装浮子流量计时应注意以下几点。

（1）浮子流量计必须垂直安装，流体必须自下而上地通过锥形管。

（2）仪表应安装在没有振动并便于维修的地方。在生产管线上安装时，应加装与仪表并联的旁路管道，以便在检修仪表时不影响生产的正常进行。在仪表启动时，应先由旁路运行，待仪表前后管道内均充满液体时再将仪表投入使用并关断旁路，以避免仪表因受冲击而损坏。安装前应冲洗管道，以防管道内残存的杂质进入仪表而影响正常工作。

（3）安装玻璃管式浮子流量计时，应将其上、下管道固定牢靠，切不可让仪表来承受管道重量。当被测流体温度高于 70 ℃时，应加装保护罩，以防止仪表的玻璃管遇冷炸裂。

（4）在拆装金属管式浮子流量计时，须注意保护浮子连杆的露出部分。对于电远传式金属管浮子流量计，在仪表安装连线完成之后，须仔细检查无误后方可接通电源投入运行。

3.5.4 椭圆齿轮流量计

椭圆齿轮流量计属于容积式流量计的一种。它对被测流体的黏度变化不敏感，特别适合于测量高黏度的流体（例如重油、聚乙烯醇、树脂等），甚至糊状物的流量。

1. 工作原理

椭圆齿轮流量计的工作原理如图 3－5－13 所示。它的测量部分是由两个相互啮合的椭圆形齿轮 A 和 B、轴及壳体组成。椭圆齿轮与壳体之间形成测量室。

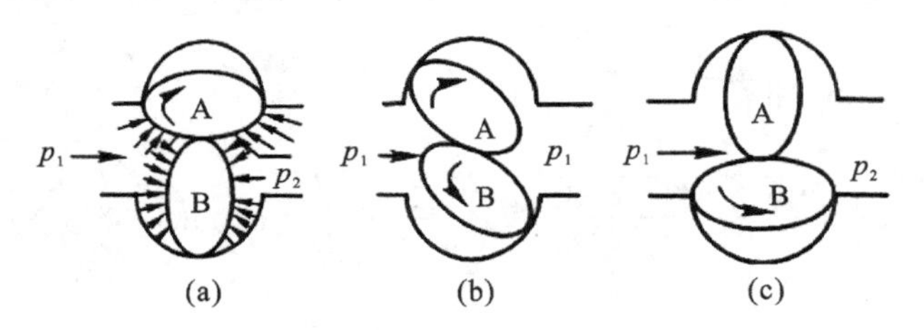

图 3－5－13 椭圆齿轮流量计工作原理示意图

当流体流过椭圆齿轮流量计时，由于要克服阻力将会引起压力损失，从而使进口侧压力 p_1 大于出口侧压力 p_2，在此压差的作用下，产生作用力矩使椭圆齿轮连续转动。在图 3－5－13(a)所示的位置时，由于 $p_1>p_2$，在 p_1 和 p_2 的作用下所产生的合力使齿轮 A 顺时针方向转动。这时 A 为主动轮，B 为从动轮。在图 3－5－13(b)所示的中间位置时，根据力的分析可知，此时 A 轮与 B 轮均为主动轮。当继续转至 3－5－13(c)所示位置时，p_1 和 p_2 作用在 A 轮上的合力矩为零，作用在 B 轮上的合力矩使 B 轮作逆时针方向转动，并把已吸入的半月形容积内的介质排出出口，这时 B 轮为主动轮，A 轮为从动轮，与图 3－5－13(a)所示情况刚好相反。如此循环往复，A 轮和 B 轮互相交替地由一个带动另一个转动，并把被测介质以半月形容积为单位一次一次地由进口排至出口。

图 3-5-13(a)、(b)、(c)仅仅描述了椭圆齿轮转动 1/4 周的情况，而其所排出的被测介质为一个半月形容积。所以，椭圆齿轮每转一周所排出的被测介质的体积量为一个半月形容积的 4 倍。故通过椭圆齿轮流量计的体积流量 Q 为

$$Q=4nV_0 \tag{3-5-23}$$

式中，n 为椭圆齿轮每秒旋转的转数，V_0 为半月形测量室容积，容积的计算可参考相关手册。

由式(3-5-23)可知，在椭圆齿轮流量计的半月形容积 V_0 已定的条件下，只要测出椭圆齿轮每秒旋转的转数 n，便可知道被测介质的流量。

椭圆齿轮流量计的流量信号(即转数 n)的显示，有就地显示和远传显示两种。配以一定的传动机构及计算机构，就可记录或指示被测介质的总量。就地显示是将椭圆齿轮流量计某个齿轮的转动通过磁耦合方式、经一套减速齿轮传动，传递给仪表指针及计算机构，指示被测流体的体积流量和累积流量；而远传式可采用脉冲信号形式传送。

椭圆齿轮流量计适合于中、小流量测量，测量范围为 3～540 L/h，口径为 10～250 mm。

2. 使用特点

由于椭圆齿轮流量计是基于容积式测量原理的，与流体的黏度等性质无关。因此，特别适用于高黏度介质的流量测量。测量精度较高，压力损失较小，安装使用也较方便。但是，在使用时要特别注意被测介质中不能含有固体颗粒，更不能夹杂机械物，否则会引起齿轮磨损以至损坏。为此，椭圆齿轮流量计的入口端必须加装过滤器。另外，被测介质温度有一定范围，温度过高，就有使齿轮发生卡死的可能。

椭圆齿轮流量计的结构复杂，加工制造较为困难，因而成本较高。如果因使用不当或使用时间过久，发生泄漏现象，就会引起较大的测量误差。

3.5.5　涡轮流量计

在流体流动的管道内，安装一个可以自由转动的叶轮，当流体通过叶轮时，流体的动能使叶轮旋转。流体的流速越高，动能就越大，叶轮转速也就越高。在规定的流量范围和一定的流体黏度下，转速与流速成线性关系。因此，测出叶轮的转速或转数，就可确定流过管道的流体流量或总量。日常生活中使用的某些自来水表、油量计等，都是利用这种原理制成的，这种仪表称为速度式仪表。涡轮流量计正是利用相同的原理，在结构上加以改进后制成的。

图 3-5-14 是涡轮流量计的结构示意图，它主要由涡轮、导流器、磁电感应转换器、前置放大器和外壳等几部分组成。涡轮 1 是用高导磁系数的不锈钢材料制成，叶轮芯上装有螺旋形叶片，流体作用于叶片上使之转动。导流器 2 是用以稳定流体的流向和支承叶轮的。磁电感应转换器 3 是由线圈和磁钢组成，用以将叶轮的转速转换成相应的电信号，以供给前置放大器 5 进行放大。整个涡轮流量计安装在外壳 4 上，外壳 4 是由非导磁的不锈钢制成，两端与流体管道相连接。

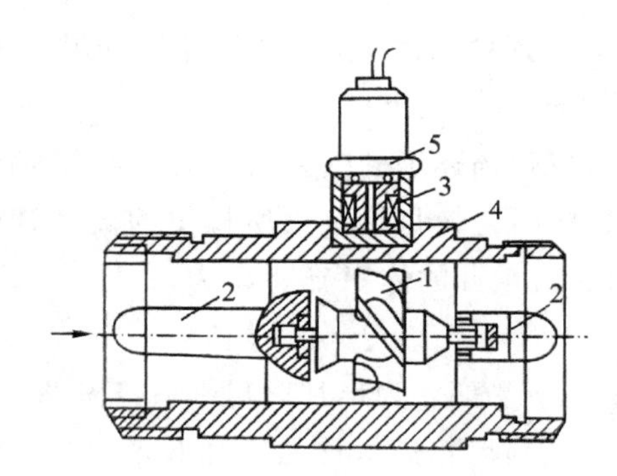

1—涡轮；2—导流器；3—磁电感应转换器；4—外壳；5—前置放大器。

图 3-5-14 涡轮流量计结构示意图

涡轮流量计的工作过程如下：当流体通过涡轮叶片与管道之间的间隙时，由于叶片前后的压差产生的力推动叶片，使涡轮旋转。在涡轮旋转的同时，高导磁性的涡轮就周期性地扫过磁钢，使磁路的磁阻发生周期性的变化，线圈中的磁通量也跟着发生周期性的变化，线圈中便感应出交流电信号。交流电信号的频率与涡轮的转速成正比，也即与流量成正比。这个电信号经前置放大器放大后，送往电子计数器或电子频率计，以累积或指示流量。

涡轮流量计安装方便，磁电感应转换器与叶片间不需密封和齿轮传动机构，因而测量精度高，可耐高压，静压可达 50 MPa。由于基于磁电感应转换原理，故反应快，可测脉动流量。输出信号为电频率信号，便于远传，不受干扰。

涡轮流量计的涡轮容易磨损，被测介质中不应带机械杂质，否则会影响测量精度和损坏机件。因此，一般应加过滤器。安装时，必须保证前后有一定的直管段，以使流向比较稳定。一般入口直管段的长度取管道内径的 10 倍以上，出口取 5 倍以上。

3.5.6 电磁流量计

当被测介质是具有导电性的液体介质时，可以应用电磁感应的方法来测量流量。电磁流量计的特点是能够测量酸、碱、盐溶液以及含有固体颗粒（例如泥浆）或纤维液体的流量。

电磁流量计通常由变送器和转换器两部分组成。被测介质的流量经变送器变换成感应电势后，再经转换器把电势信号转换成统一标准信号（4～20 mA）输出，以便进行指示、记录或与电动单元组合仪表配套使用。

1. 工作原理

电磁流量计变送部分的工作原理示意图如图 3-5-15 所示。在一段用非导磁材料制成的管道外面，安装有一对磁极 N 和 S，用以产生磁场。当导电液体流过管道时，因流体切割磁力线而产生了感应电势（根据发电机原理）。此感应电势由与磁极成垂直方向的两个电极引出。当磁感应强度不变，管道直径一定时，这个感应电势的大小仅与流体的流速有关，而与其他因素无关。将这个感应电势经过放大、转换、传送给显示仪表，就能在显示仪表上读出流量来。

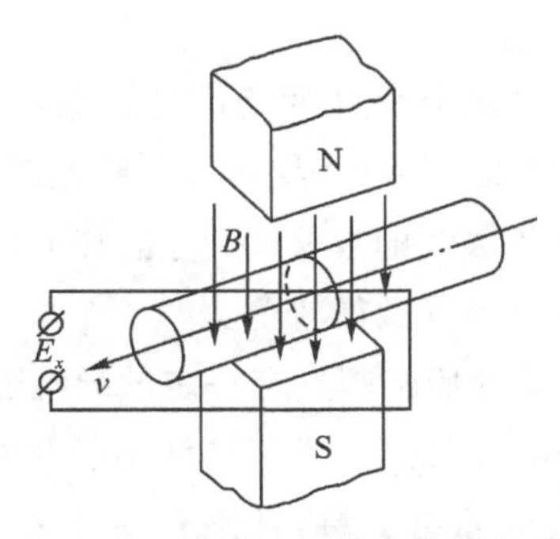

图3-5-15 电磁流量计变送原理示意图

感应电势的方向可由右手定则来判断，其大小由下式决定

$$E_x = K'BDv \tag{3-5-24}$$

式中，E_x 为感应电势；K'为比例系数；B 为磁感应强度；D 为管道直径，即垂直切割磁力线的导体长度；v 为垂直于磁力线方向的液体流速。

体积流量 Q 与流速 v 之间的关系为

$$Q = \frac{1}{4}\pi D^2 v \tag{3-5-25}$$

将式(3-5-25)代入式(3-5-24)得

$$E_x = \frac{4K'BQ}{\pi D} = KQ \tag{3-5-26}$$

式中，$K = \frac{4K'B}{\pi D}$ (3-5-27)

K 称为仪表常数，在磁感应强度 B，管道直径 D 确定不变后，K 就是一个常数，这时感应电势的大小与体积流量之间具有线性关系，因而仪表具有均匀刻度。

为了避免磁力线被测量导管的管壁短路，并使测量导管在磁场中尽可能地降低涡流损耗，测量导管应由非导磁的高阻材料制成。

2. 电磁流量计的特点和注意事项

1）电磁流量计的特点

(1)测量导管内无可动部件或突出于管道内部的部件，几乎没有压力损失，也不会发生堵塞现象，并可以测量含有颗粒、悬浮物等流体的流量，例如纸浆、矿浆和煤粉浆的流量，这是电磁流量计的突出特点。由于电磁流量计的衬里和电极是防腐的，可以用来测量腐蚀性介质的流量。

(2)电磁流量计输出电流与流量间具有线性关系，并且不受液体的物理性质(温度、压力、黏度等)的影响，特别是不受黏度的影响，这是一般流量计所达不到的。

(3)电磁流量计的测量范围很宽，对于同一台电磁流量计，可达 1∶100，精度为 1%～1.5%。

(4)电磁流量计无机械惯性，反应灵敏，可以测量脉动流量。

2)电磁流量计的局限性与不足

(1)工作温度和工作压力。电磁流量计的最高工作温度取决于管道及衬里的材料发生膨胀、形变和质变的温度,因具体仪表而有所不同,一般低于 120 ℃。最高工作压力取决于管道强度、电极部分的密封情况及法兰的规格,一般为 1.6×10^5～2.5×10^5 Pa,由于管壁太厚会增加涡流压力损失,所以测量导管做得较薄。

(2)被测流体的导电率。被测介质必须具有一定的导电性能。一般要求导电率为10^{-4}～10^{-1} s/cm,最低不小于 50 μs/cm。因此,电磁流量计不能测量气体、蒸汽和石油制品等非导电流体的流量。对于导电介质,从理论上讲,凡是相对于磁场流动时,都会产生感应电势。实际上,电极间内阻的增加,要受到传输线的分布电容、放大器的输入阻抗以及测量精度的限制。

(3)流速和流速分布。电磁流量计也是速度式仪表,感应电势与平均流速成比例。而这个平均流速是以各点流速对称于管道中心的条件下求出的。因此,流体在管道中流动时,截面上各点流速分布情况对仪表示值有很大的影响。对一般工业上常用的圆形管道点电极的变送器而言,如果破坏了流速相对于导管中心轴线的对称分布,电磁流量计就不能正常工作。因此在电磁流量计的前后,必须有足够的直管段,以消除各种局部阻力对流速分布对称性的影响。

流速的下限一般为 50 cm/s,由于存在零点漂移,在流速为零时,并不一定没有输出电流,因此在低流速工作时应注意检查仪表的零点。由于电磁流量计的总增益是有一定限度的,因而为了得到一定的输出信号,流速下限是有一定限度的。

3)电磁流量计使用应注意的问题

(1)变送器的安装位置,要选择在任何时候测量导管内都能充满液体,以防止由于测量导管内没有液体而指针不在零点所引起的错觉。最好是垂直安装,以便减小由于液体流过在电极上出现气泡造成的误差,如图 3－5－16(a)所示。

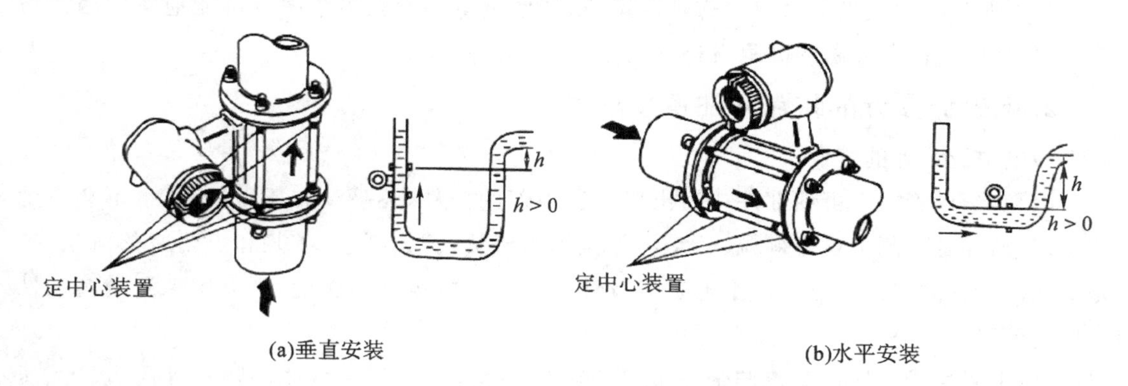

图 3－5－16　电磁流量计的安装示意图

(2)电磁流量计的信号比较微弱,在满量程时只有 2.5～8.0 mV,流量很小时,输出仅有几微伏,外界略有干扰就能影响测量的精度。因此,变送器的外壳、屏蔽线、测量导管以及变送器两端的管道都要接地,并且要求单独设置接地点,绝对不要连接在电机、电器等公用的地线或上下水道上。转换部分已通过电缆线接地，切勿再行接地，以免因地电位的不同而引入干扰。

(3)变送器的安装地点要远离一切磁源(例如大功率电机、变压器等)，不能有振动。

(4)变送器和二次仪表必须使用电源的同一相线，否则由于检测信号和反馈信号相位差120°，使仪表不能正常工作。

使用经验表明，即使变送器接地良好，当变送器附近的电力设备有较强的漏地电流，或在安装变送器的管道上存在较大的杂散电流，或进行电焊，都将引起干扰电势的增加，进而影响仪表正常运行。

此外，如果变送器因使用太久而在导管内壁沉积垢层时，也会影响测量精度。尤其是垢层电阻过小将导致电极短路，表现为流量信号愈来愈小，甚至骤然下降。测量线路中电极短路，除上述导管内壁附着垢层造成以外，还可能是导管内绝缘衬被破坏；或是由于变送器长期在酸、碱、盐雾较浓的场所工作，一段时期后，信号插座被腐蚀，绝缘层被破坏而造成流量检测精度下降，甚至错误。所以，使用中必须注意维护。

3.5.7　涡街流量计

涡街流量计又称漩涡流量计，可以用来测量各种管道中的液体、气体和蒸汽的流量，是目前工业控制、能源计量及节能管理中常用的新型流量仪表。

1. 工作原理

涡街流量计是利用有规则的漩涡剥离现象来测量流体流量的仪表。在流体中垂直插入一个非流线型的柱状物(圆柱或三角柱)作为漩涡发生体，如图 3-5-17 所示。当雷诺数达到一定数值时，会在柱状物的下游处产生两列平行状，并且上下交替出现的漩涡，因为这些漩涡有如街道旁的路灯，故有“涡街”之称，又因为此现象首先被卡曼(Karman)发现，也称作“卡曼涡街”。当两列漩涡之间的距离 h 和同列的两漩涡之间的距离 l 之比等于 0.281 时，则所产生的涡街是稳定的。

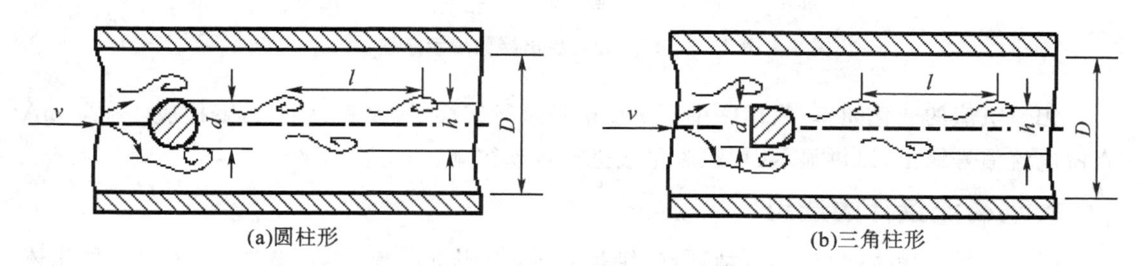

图 3-5-17　卡曼涡街流量计工作原理示意图

由圆柱体形成的卡曼漩涡，其单侧漩涡产生的频率为

$$f=St\cdot\frac{v}{d} \tag{3-5-28}$$

式中，f 为单侧漩涡产生的频率(Hz)；v 为流体平均流速(m/s)；d 为圆柱体直径(m)；St 为

斯特劳哈尔(*Strouhal*)系数(当雷诺数 $Re=5\times10^2\sim15\times10^4$ 时,$St=0.2$)。

由上式可知,当 St 近似为常数时,漩涡产生的频率 f 与流体的平均流速 v 成正比,测得 f 即可求得体积流量 Q。

检测漩涡频率有许多种方法,例如热敏检测法、电容检测法、应力检测法、超声检测法等,这些方法都是利用漩涡的局部压力、密度、流速等的变化作用于敏感元件,产生周期性的电信号,再经放大整形,得到方波脉冲。图 3-5-18 所示的是一种热敏检测法。它采用铂电阻丝作为漩涡频率的转换元件,在圆柱形发生体上有一段空腔(检测器),被隔墙分成两部分。在隔墙中央有一小孔,小孔上装有一根被加热了的细铂丝。在产生漩涡的一侧,流速降低,静压升高,于是在有漩涡的一侧和无漩涡的一侧之间产生静压差。流体从空腔上的导压孔进入,从未产生漩涡的一侧流出。流体在空腔内流动时将铂丝上的热量带走,铂丝温度下降,导致其电阻值减小。由于漩涡是交替地出现在柱状物的两侧,所以铂热电阻丝阻值的变化也是交替的,且阻值变化的频率与漩涡产生的频率相对应,故可通过测量铂丝阻值变化的频率来推算流量。

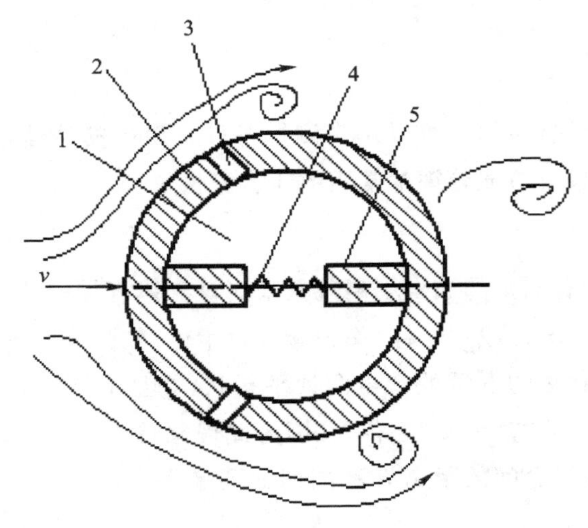

1—空腔;2—圆柱棒;3—导压孔;4—铂电阻丝;5—隔墙。

图 3-5-18 圆柱检出器原理示意图

铂丝阻值的变化频率,采用一个不平衡电桥进行转换、放大和整形,再变换成 4～20 mA 直流电流信号输出,以供显示、累积流量或进行自动控制。

2. 涡街流量计的选用

涡街流量计结构简单,无可动部件,维护容易,使用寿命长,压力损失小,适用多种流体进行容积计量,如液体包括工业用水、排水、高温液体、化学液体、石油产品;气体包括天然气、城市煤气、压缩空气等各种气体,以及饱和蒸汽和过热蒸汽等。特别适用于大口径管道流量的检测。

由于它的计量精度不受流体压力、黏度、密度等影响,因而精度高,可达 $\pm(0.5\%\sim1\%)$,测量范围宽广。

涡街流量计的口径，如VA型为25～300 mm，可以根据被测液体的密度和黏度，查表确定各种口径仪表对应的最大和最小流量，对于气体和蒸汽则根据其压力和温度来查表确定。

涡街流量计有水平和垂直两种安装方式。由于速度式流量测量仪表的测量精度受管道内流体速度分布规律变化的影响较大，因此要求在流量计进出口都安装直管段，一般在进口端有15D(D为管道口径)长度，在出口端为5D。如果进口端前，弯管头是圆弧形的，则直管段长度应增加到23D以上；如果弯头是直角形的，则进口端前直管段长度甚至要求增长到40D以上。

3.5.8　超声波流量计

超声波在流体中的传播速度与流体的流动速度有关。若向管道内的被测流体发射超声波(顺流发射和逆流发射)，超声波在固定距离内的传播时间以及所接收到的信号相位、频率等均与流体的流速有关。因此，只要测量出超声波顺流与逆流传播的时间差、相位差或频率差，即可求得被测流体的流速进而得到流体的流量。超声波测量流量的方法可以是传播速度差法(时间差法、相位差法或频率差法)，也可以采用多普勒效应的原理或利用声束偏移法。

如图3-5-19所示，在与管道轴线成θ角的方向上对称放置了两个完全相同的超声波换能器K_1和K_2，通过电子切换开关的控制，它们交替地作为超声脉冲发生器与接收器。设静止流体中的超声波传播速度为C，被测流体的流速为v，则由K_1顺流发射的超声脉冲在距离L内的传播时间为

$$t_1=\frac{L}{C+v\cdot\cos\theta} \tag{3-5-29}$$

而由K_2逆流发射的超声脉冲通过距离L的传播时间为

$$t_2=\frac{L}{C-v\cdot\cos\theta} \tag{3-5-30}$$

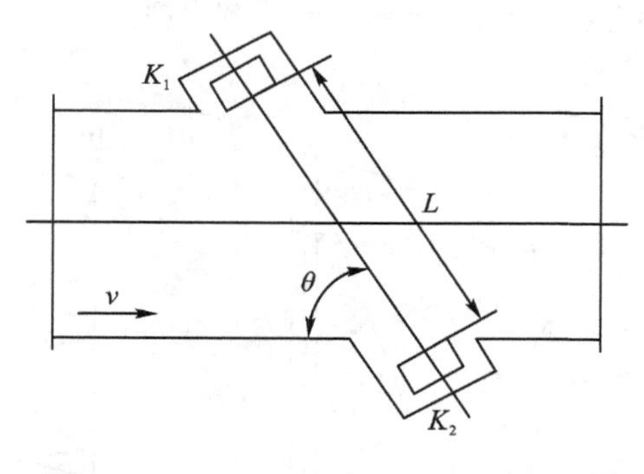

图3-5-19　时间差法测量原理示意图

在一般情况下，被测流体的流速远小于液体中的声速，即$v\ll C$，故可近似认为

$$\Delta t=t_2-t_1\approx\frac{2Lv\cos\theta}{C^2} \tag{3-5-31}$$

$$v=\frac{C^2}{2L\cdot\cos\theta}\Delta t \tag{3-5-32}$$

由此可知，只要测出时间差 Δt，即可求得流体的流速。

应当指出的是，流体中的声速 C 与被测介质的性质及温度有关。所以，在必要时应采取适当的补偿措施，才能保证测量精度。

超声波流量计是一种非接触式的流量测量仪表，在被测流体中不插入任何元件，因而不会影响流体的流动状态，也不会造成压力损失。这对于被测介质具有毒性或腐蚀性的场合，以及要求卫生标准较高的饮料等生产过程具有特殊意义。

3.5.9 质量流量计

前面介绍的各种流量计均为测量体积流量的仪表，一般来说可以满足流量测量的要求。但是，有时人们更关心的是流过流体的质量。这是因为物料平衡、热平衡以及储存、经济核算等都需要知道介质的质量。所以，在测量工作中，常常要将已测出的体积流量乘以介质的密度，换算成质量流量。由于介质密度受温度、压力、黏度等许多因素的影响，气体尤为突出，这些因素往往会给测量结果带来较大的误差。质量流量计能够直接得到质量流量，这就能从根本上提高测量精度，省去了繁琐的换算和修正。

质量流量计大致可分为两大类：一类是直接式质量流量计，即直接检测流体的质量流量；另一类是间接式或推导式质量流量计，这类流量计是通过体积流量计和密度计的组合来测量质量流量。

1. 直接式质量流量计

直接式质量流量计的形式很多，有量热式、角动量式、差压式以及科氏力式等。下面介绍其中的科氏力流量变送器。

如图 3－5－20(a)所示，当一根管子绕着原点旋转时，让一个质点从原点通过管子向外端流动，即质点的线速度由零逐渐加大，也就是说质点被赋予能量，随之产生的反作用力 F_c（即惯性力）将使管子的旋转速度减缓，即管子运动发生滞后。

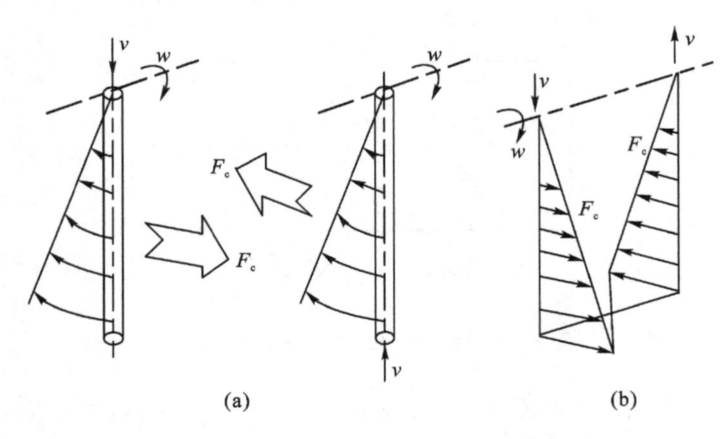

图 3－5－20 科氏力作用原理示意图

相反，让一个质点从外端通过管子向原点流动，即质点的线速度由大逐渐减小趋向于零，也就是说质点的能量被释放出来，随之而产生的反作用力 F_c 将使管子的旋转速度加快，即管子运动发生超前。

这种能使旋转着的管子运动速度发生超前或滞后的力 F_c 就称为科里奥利(Coriolis)力，简称科氏力。

通过实验演示可以证明科氏力的作用。将绕着同一根轴线以同相位旋转的两根相同的管子外端用同样的管子连接起来，如图 3－5－20(b)所示。当管子内没有流体流过时，连接管与轴线是平行的，而当管子内有流体流过时，由于科氏力的作用，两根旋转管发生相位差(质点流出侧相位领先于流入侧)，连接管就不再与轴线平行。总之，管子的相位差大小取决于管子变形的大小，而管子变形的大小仅仅取决于流经管子的流体质量的大小。这就是科氏力质量流量计的原理，它正是利用相位差来反映质量流量的。

然而，不断旋转着的管子只能在实验室里做模型，而不能用于实际生产现场。在实际应用中，是将管子的圆周运动轨迹切割下来一段圆弧，使管子在圆弧里反复摆动，即将单向旋转运动变成双向振动，则连接管在没有流量时为平行振动，而在有流量时就变成反复扭动。要实现管子振动是非常方便的，即用激磁电流进行激励。而在管子两端利用电磁感应分别取得正弦信号 1 和 2，两个正弦信号相位差的大小就直接反映出质量流量的大小，如图 3－5－21 所示。

科氏力流量计由传感器和转换器两部分组成，传感器将流体的流动转换为机械振动，转换器将振动转换为与质量流量有关的电信号，以实现流量测量。流量计所用的测量管道(振动管)有 U 形、环形(双环、多环)、直管形(单直、双直)及螺旋形等几种形状，但基本原理相同。常见的 U 形管科氏力质量流量计的基本结构如图 3－5－22 所示。流量计的测量管道是两根平行的 U 形管(也可以是一根)，驱动 U 形管产生垂直于管道角运动的驱动器是由激振线圈和永久磁铁组成的。位于 U 形管的两个直管管端的两个检测器用于监控驱动器的振动情况和检测管端的位移情况，检测出两个振动管之间的振动时间差(Δt)，以便通过转换器(二次仪表)给出流经传感器的质量流量。

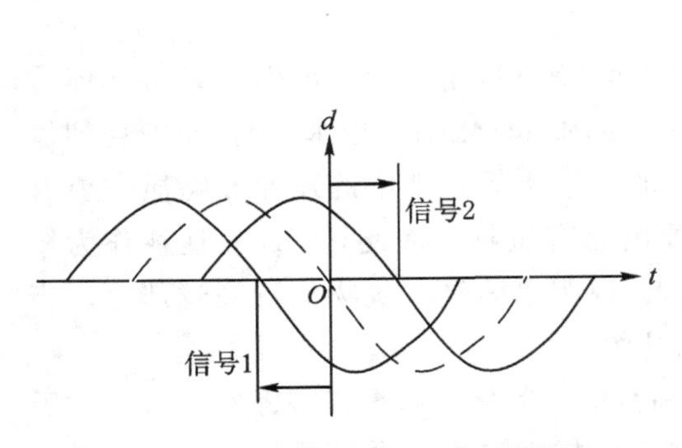

图 3－5－21　管子两端的信号示意图

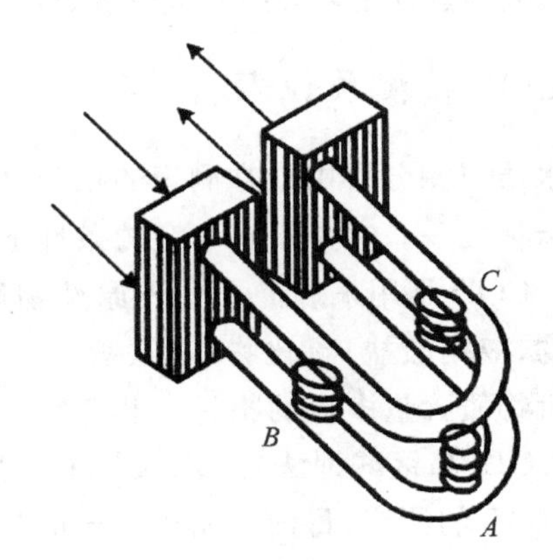

图 3－5－22　双管弯管型科氏力流量计结构示意图

2. 间接式质量流量计

这类仪表是由测量体积流量的仪表与测量密度的仪表配合，再用运算器将两表的测量结果加以适当的运算，间接得出质量流量。

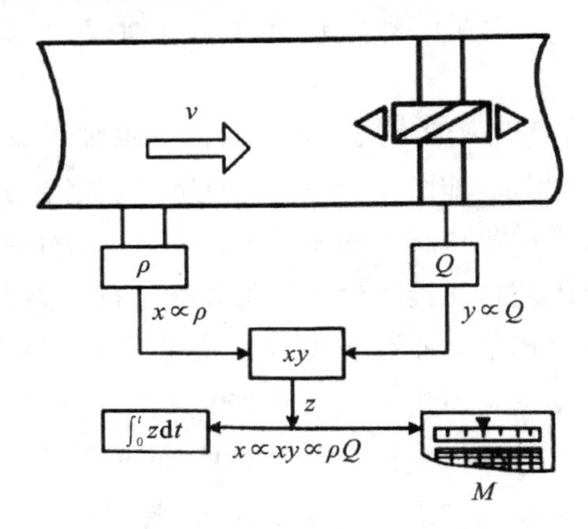

图 3-5-23 涡轮流量计与密度计配合

如测量体积流量 Q 的仪表与密度计配合，这种测量方法如图 3-5-23 所示。测量体积流量的仪表可采用涡轮流量计、电磁流量计、容积式流量计和旋涡流量计等。涡轮流量计的输出信号 y 正比于 Q，密度计的输出信号 x 正比于 ρ，通过运算器进行乘法运算，即得质量流量。也就是说

$$xy=K\rho Q \tag{3-5-33}$$

式中，K 为系数。

3.6 其他参数的检测及仪表

前面讲述了温度、压力、物位、流量等常用过程参数的测量原理及仪表，随着社会环保力度的加大，工业生产过程废水处理问题备受关注。因此，对废水水质检测也尤为重要。本小节主要介绍废水处理过程密切关注的水质参数，如 COD、pH 值和电导率的测量原理和仪表。

3.6.1 COD 检测及仪表

作为水质监测分析中最常测定的项目，COD(Chemical Oxygen Demand)是评价水体污染的重要指标之一。它是指在一定的条件下，采用一定的强氧化剂处理水样时，所消耗的氧化剂的量。COD 是用来表征水中还原性物质多少的一个指标。水中的还原性物质主要有各种有机物、亚硝酸盐、硫化物、亚铁盐等。但主要的是有机物。因此，COD 又往往作为衡量水中有机物质含量多少的指标。化学需氧量越大，说明水体受有机物的污染越严重。当水体中的 COD(高锰酸钾法)>5 mg/L 时，水质已开始变差。

对于 COD 的测定，目前应用最普遍的是酸性高锰酸钾氧化法和重铬酸钾氧化法。对于高锰酸钾法，其氧化率较低，但比较简便，适用于测定水样中有机物含量的相对比值。对于重铬酸钾法，其氧化率高，再现性好，适用于测定水样中有机物的总量。

1. 化学法 COD 测定

1)测定原理

COD 自动测定仪主要由试样采集器、试样计量器、氧化剂溶液计量器、氧化反应器、反应终点测定装置、数据显示仪、试验溶液排出装置、清洗装置以及程序控制装置等部分组成,其核心部件是氧化反应器和反应终点测定装置。其中,反应终点的测定采用电化学分析法及分光光度法,但主要利用电化学分析法。

COD 化学法测定的基本原理如下:水样在一定条件下,以氧化 1 L 水样中还原性物质所消耗的氧化剂的量为基准,折算成每升水样全部被氧化后需要的氧的毫克数,以 mg/L 来表示。为此,在测定时,首先需要在水样中加入已知量的重铬酸钾溶液,并在强酸介质下以银盐作催化剂,经沸腾回流后,用硫酸亚铁铵滴定水样中未被还原的重铬酸钾,由消耗的硫酸亚铁铵的量换算成消耗氧的质量浓度,即根据硫酸亚铁铵溶液用量计算出水样中 COD 的量。仪器工作的具体流程如图 3-6-1 所示。

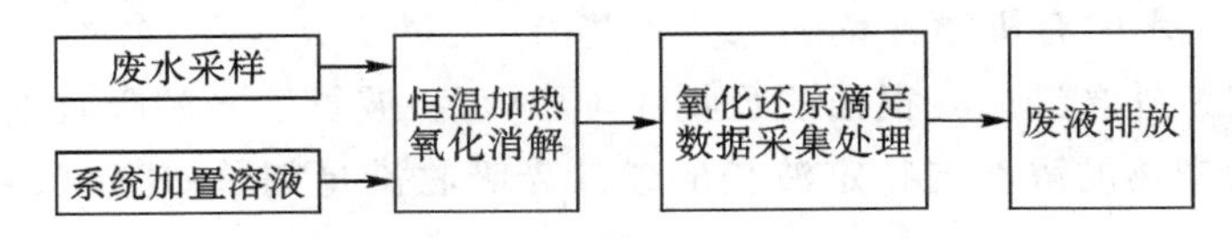

图 3-6-1 化学法测定 COD 的仪器工作流程

(1)废水采样用离心泵或潜水泵作一级抽提,用蠕动泵作二级提升,进行 20 mL 定量采集。

(2)仪器加入溶液,运用全气动方式将各种腐蚀性较强的溶液分别压到定量瓶中,按国标法(GB/119142—1989),依一定程序用气动方式将定量后的各种溶液和水样压入消解瓶中。

(3)水样与加入的 $K_2Cr_2O_7$、H_2SO_4 等溶液在恒温(如 170 ℃)电热板上加热氧化消解,回流以风冷和水冷相结合方式完成。

(4)加入试亚铁灵指示剂,然后再用硫酸亚铁铵对消解后的溶液进行氧化还原滴定,由计算机控制的精密注射泵完成氧化还原滴定的数据计量,由光电信号准确测得滴定终点。

(5)废液由特制的耐酸玻璃电磁阀排放,用蒸馏水清洗管路后,返回初始状态进行下一循环操作过程。

整个检测过程按国家标准在计算机控制下自动完成,采集的数据经处理后,由计算机将结果显示、打印、存储,从而完成工业废水 COD 的自动检测。

2)注意事项

COD 自动测定装置间歇地对流动的检测溶液进行取样并自动测定,该过程由相当复杂的分析程序构成,如检测溶液的自动输送、计量、稀释、各种试剂溶液的计量、输送液的注入、自动的氧化反应、反应终点的自动检测、COD 数据的自动显示以及反应槽等的自动清洗等。因此,在使用的过程中需要注意如下事项。

(1)COD 测定装置内部设置有检测水槽,因为检测水样有水垢及微生物附着,在试样计量前需要通过旁通管通水清洗。

(2)检测水的采集、计量和输送大致有两种方法:

①利用自然水压的溢流计量法。试样槽内经常变化的检测水经电磁阀被导入检测水计

量管，从溢流口溢流出来。用计时器确定电磁阀的开启时间，利用自然压力向反应槽送液，同时将稀释水经计量后送入反应槽内，测试完成后必须彻底清除上一次测定用的检测水。

②加压输送—溢流计量法。试样经过滤后方可使用，在向检测水槽送入加压空气的同时，打开试样计量管上、下部的隔膜空气阀，试样返回原处。利用计时器(时间继电器)设定电磁阀的开启时间。一旦送入加压空气，经过计量的试样就立即被送入反应槽，同样，稀释水也在计量后送入反应槽内。

在COD的测定中，常用的试剂有重铬酸钾、硫酸银(催化剂使用直链脂肪族化合物氧化更充分)和浓硫酸等。由于在线检测设备的生产厂家不同，其消解方法也不完全相同，因此使用的试剂也就不完全一样，具体要根据所选用的COD检测设备要求而准备，一般厂家都有标准试剂提供。

2. 光谱法COD测定

1)测定原理

COD值是表征水中有机物含量的综合性指标，大量研究表明，各种有机物都有自己的吸收光谱，尤其在紫外光谱区有很强的吸收性，但对每一波长下光的吸收度是不一样的。然而，在水中有机污染物的浓度与特定波长的紫外光吸收满足朗伯-比尔(Lambert - Beer)定律，用公式表示为

$$I=I_0 e^{-KCL} \tag{3-6-1}$$

转换后得

$$A=\ln\frac{I_0}{I}=KCL \tag{3-6-2}$$

式中，A为吸光度值；I_0为入射紫外光强；I为吸收后的光强；C为物质浓度；L为测定池的长度；K为吸收常数。

对于一个特定的测定池，其长度L是不变的。吸收常数K与很多因素有关，包括入射光波长、温度、溶剂性质及待测物质的性质等。在污水样品检测中，溶剂通常就是水，当测量波长一定时，K值可认为是被测物质的特征常数。

朗伯-比尔定律同样适用于彼此不相互作用的多组分溶液，吸光度具有加合性，即溶液对某一波长光的吸收等于溶液中各个组分对该波长光的吸收之和。当然，朗伯-比尔并非在所有情况下均成立，当待测物质浓度过大时，将产生偏离，此时，可以将溶液稀释后再进行测定。

由上述分析可知，通过测定水中有机物吸收前后紫外光强度的变化，并运用化学计量学相关知识，可以计算出水样中的有机污染物浓度。

2)光谱法COD在线测定仪的性能

紫外吸收光谱法COD测定技术采用的是物理方法，即在朗伯-比尔定律的基础上利用吸光度与COD浓度之间的关系求得COD浓度。与传统的化学法相比，具有如下优点：操作维护简单、故障率低、无须添加化学试剂、无二次污染、测试时间短(响应时间一般在1 min以内)、可以实现真正的在线监测。因此，与传统的COD测定方法相比，紫外吸收法具有明显的优势，是一种能够在连续监测领域广泛应用的技术。图3-6-2是一款采用光谱电极法在线测定水样COD的测量仪表，具有免试剂、快速准确的优点，测量信号可以通过有线和

无线两种方式传输。

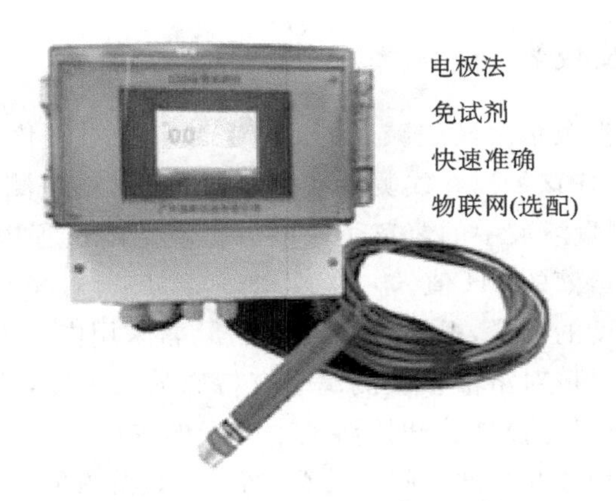

图3-6-2 光谱电极法COD测定仪

3)其他COD在线测定方法

针对标准法测定COD的不足,研发了一些新方法,如相关系数法、电化学法、分光光度法等其他快速测定法。

(1)相关系数法。相关系数法就是在一定条件下测定出水样的总有机碳(TOC)值,然后找出TOC与COD的关系,由此来预报溶液的COD,达到缩短测定时间和快速检测的目的。相关系数法简化了分析测试的时间,减少了工作量,提高了工作效率,但是这些经验性的公式适用范围窄,而且其测试时间还是较长,不能满足对水处理过程的调控需要。

(2)分光光度法。分光光度法,又称比色法,其测定COD的原理为在强酸性介质(如浓H_2SO_4)水样中的还原性物质(主要是有机物)被$K_2Cr_2O_7$氧化,当水体清洁(CODCr≤150 mg/L)时,可通过在420 nm波长处比色测定反应瓶中剩余的Cr^{6+}的量;当CODCr>150 mg/L时,可通过在620 nm波长处比色测定反应瓶中生成的Cr^{3+}的量。分光光度法因其简便、快速、准确而在水质监测中应用广泛。美国HACH(哈希)公司推出的45600型COD反应器和DR-2010型分光光度仪联合使用测定地表水和工业废水的技术,与GB法具有较好的可比性,基本符合本地区日常CODCr测定要求。该测定方法简单,节省了大量回流水,试剂用量少,能够减少二次污染,同时仪器体积小,携带方便,不仅能用于实验室内水样批量测定,还适合于现场监测,可向在线自动监测方向发展,以适应我国水体排污总量控制监测的要求。

(3)连续流动分析法。连续流动分析法与标准回流法都是以重铬酸钾在酸性环境下以硫酸银为催化剂氧化水中还原性物质,其不同之处是连续流动分析法反应试剂和水样是连续地进入反应和检测系统的,用均匀的空气泡将每段溶液分隔开,在150 ℃恒温加热反应后溶液进入检测系统,测定标准系列和水样在420 nm波长时的透光率,从而计算出水样的COD值。

连续流动分析法又称为流动注射法,该分析技术可运用于水样中COD值的测定,其分析速度快、频率高、进样量少、精密度高,适于大批量样品连续测定。连续流动分析技术对环境水样中的COD值进行大批量快速测定的实验结果显示,该方法具有良好的准确性和重现性，对标准样品分析的准确度在98%以上。

3.6.2 pH值检测及仪表

许多工业生产中都涉及水溶液酸碱度的测定。酸碱度对氧化、还原、结晶、吸附和沉淀等过程都有重要的影响，应该加以在线测量和控制。酸度计就是测量溶液酸碱度的仪表，酸度计又称pH计，用于测量溶液中的氢离子浓度。工业生产过程中的工业酸度计可自动连续地检测工艺过程中水溶液的pH值。

对于电解质溶液浓度的测量，根据其电化学性质，常采用电极电位法和电导法。电极电位法是利用某些特制的电极对溶液中被测离子有特殊的敏感性，从而产生与离子浓度有关的电极电位，通过测量电极电位来获知该溶液中离子的浓度。电导法是利用电解质溶液的电导率与溶液中离子的种类和浓度之间的关系，通过测量溶液的电导率来获知溶液的浓度。其中电极电位法在溶液pH值和某些特殊离子浓度测量与控制中，有着重要的地位。

1. 电极电位法测量浓度的基本原理

电极法测量溶液浓度是基于溶液的电化学性质，而电极电位和原电池的概念又是浓度测量的基础。

1)电极电位

根据电化学理论，当把金属电极放在它的盐溶液中时，由于游离电荷和原子在其接触表面上的重新排布，而产生所谓的双电层现象，其结果是在电极与溶液的界面间形成一个电位差，称之为电极电位。例如，图3－6－3所示的金属棒插入水中，一些金属原子将变成离子进入水中，使得金属表面因失去离子而带负电，靠近金属表面的水层因获得金属离子而带正电，两者间形成电位差。

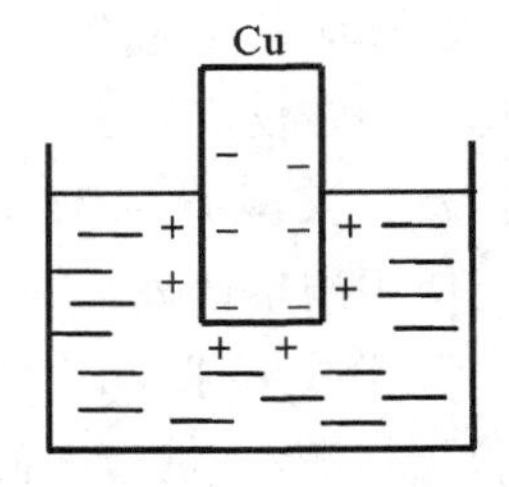

图3－6－3　电极电位原理

不同材料的电极插入不同的溶液中所产生的电极电位也不相同。电极电位的大小可用奈恩斯特(Nernst)方程式表示

$$E=E_0+\frac{RT}{nF}\ln[A] \tag{3-6-3}$$

式中，E为电极电位；E_0为电极的标准电位；R为气体常数($8.315\ \mathrm{J\cdot K^{-1}\cdot mol^{-1}}$)；$T$为热力学温度(K)；$F$为法拉第常数($96500\ ℃\cdot \mathrm{mol^{-1}}$)；$n$为被测离子的原子价数；$[A]$为被测离子的活度。

当溶液的浓度不高时，可用溶液中离子的浓度代替上式中的活度。因此金属电极的电极电位可表示为

$$E = E_0 + \frac{RT}{nF}\ln[M^{n+}] \qquad (3-6-4)$$

式中，$[M^{n+}]$为金属离子 M^{n+} 的浓度。

除了金属电极可以产生电极电位外，非金属和气体电极也能在溶液中产生电极电位。例如，氢电极的电极电位为

$$E = E_0 + \frac{RT}{nF}\ln[\mathrm{H}^{+}] \qquad (3-6-5)$$

式中，$[\mathrm{H}^{+}]$为溶液中氢离子的浓度。

上述公式中的标准电位 E_0 是指温度为 25 ℃时，电极插入具有同名离子的溶液中，而溶液中的离子浓度为 1 g 当量时的电极电位。氢电极的标准电位规定为“零”。其他电极的标准电位都是以氢电极电位为基准的相对值，故亦称氢标电极电位。各种电极的标准电位 E_0 一般已通过实验测定，其数值可从有关手册中查得。

电极电位的绝对值无法由实验直接测定，而只能通过测定两个电极之间的电位差来相对测量，即要由两个电极构成化学原电池。

2)原电池的电动势

若将两个电极分别插入具有同名离子的溶液中，并在两种溶液中间用薄膜隔开，即可构成化学原电池。例如，将锌棒插入 $ZnSO_4$ 溶液中，将铜棒插入 $CuSO_4$ 溶液中，两者之间用隔膜隔开，即构成一化学原电池，如图 3-6-4 所示。

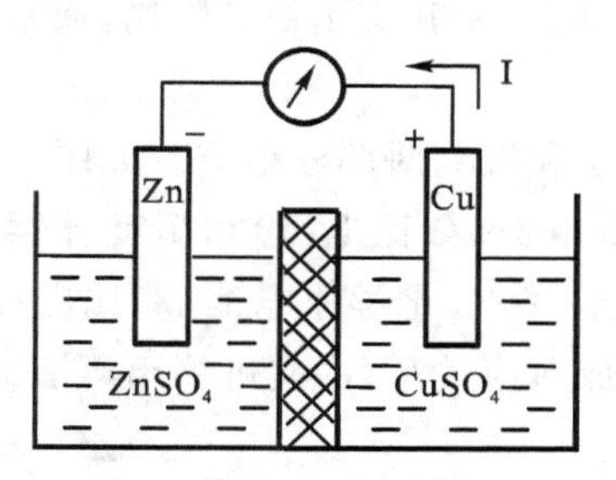

图 3-6-4　原电池的构成

由于锌比铜易于氧化，故易析出 Zn^{2+} 离子进入溶液，而使锌棒带负电，并使左侧溶液中锌离子浓度增大。Zn^{2+} 离子可通过隔膜渗透到右侧的 $CuSO_4$ 溶液中去，活泼的 Zn^{2+} 将 $CuSO_4$ 溶液中的 Cu^{2+} 置换出来形成 $ZnSO_4$，被置换出来的 Cu^{2+} 夺取铜棒上的电子而析出铜原子，从而使铜棒相对于锌棒形成正电位，两电极之间形成的电位差大小与溶液的浓度有关。电极反应式如下

$$\mathrm{Zn} + \mathrm{Cu}^{+} \rightleftharpoons \mathrm{Zn}^{+} + \mathrm{Cu}$$

电极表达式为

$$\underset{E_1}{\mathrm{Zn}\,|\,\mathrm{ZnSO_4}} \;\|\; \underset{E_2}{\mathrm{Cu}\,|\,\mathrm{CuSO_4}}$$

式中，单竖线“|”表示电极与溶液间形成的界面，E_1 和 E_2 表示电极电位，双竖线“‖”表示两种溶液间的隔膜，它与溶液间产生的电极电位极小，可忽略不计。所以，该原电池的电动势可计算如下：

$$E=E_2-E_1=(E_{0Cu}-E_{0Zn})+\frac{RT}{2F}\{\ln[Cu^{2+}]-\ln[Zn^{2+}]\} \tag{3-6-6}$$

式中，标准电极电位 E_{0Cu} 与 E_{0Zn} 均为固定值，可见原电池的电动势 E 是离子浓度的函数。

根据上述原理，可以选择两种电极，其中一个电极电位是已知的且恒定，称其为参比电极；另一个电极对溶液中被测离子具有高度的选择性，其电极电位随被测溶液离子浓度的变化而变化，称其为工作电极或测量电极。显然，测得两电极之间的电位差便可知被测离子的浓度。这就是电极法测量溶液浓度的基本原理。

在测量溶液的氢离子浓度时，可选择氢电极作为参比电极和测量电极。而在测量某些特殊离子浓度时，根据对被测离子的选择性，可选用某种离子选择电极作为测量电极。例如，在造纸工业中，应用 S^- 选择电极分析蒸煮液或碱回收和燃烧炉中烟气中的含硫量；利用 Na^+ 选择电极去测量生产过程中的钠损失等等。

2. pH 值的测量原理及 pH 计

酸、碱、盐水溶液的酸碱度统一用氢离子浓度表示。由于氢离子浓度的绝对值很小，例如纯水的$[H^+]$为 10^{-7}[mol/L]，所以常将溶液中氢离子浓度，取以 10 为底的负对数，定义为 pH 值，即 $pH=-\lg[H^+]$。pH＝7 为中性，pH＞7 为碱性，pH＜7 为酸性。pH 值的测量即为$[H^+]$的测量。

根据溶液离子浓度的测量原理，可采用氢电极测量 pH 值，并且能达到很高的精度。但由于氢电极本身结构存在一些缺点，使其应用受到限制，通常主要用于科研实验中。

1）工业玻璃 pH 计

工业玻璃 pH 计主要由发送和检测两部分组成。如图 3－6－3 所示。其中发送部分内装有玻璃电极（测量电极）、甘汞电极（参比电极）和温度补偿铂电阻。当被测溶液流经发送部分时，电极和被测溶液就形成了一个化学原电池，参比电极和工作电极之间产生电势，其电势大小与被测溶液的 pH 值成对应关系，由此可测出溶液的 pH 值。

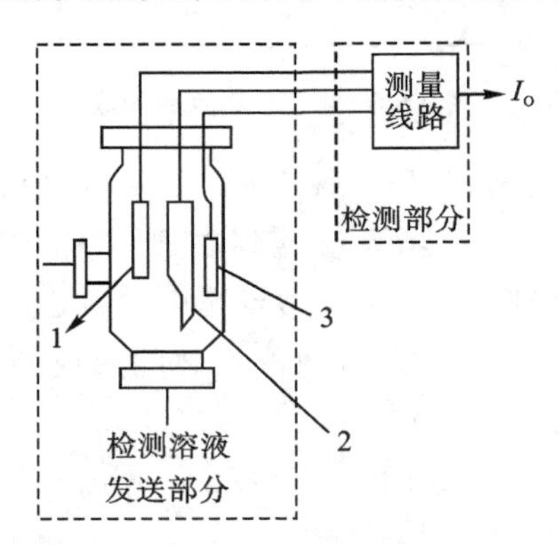

1—工作电极；2—参比电极；3—温度补偿铂电阻。

图 3－6－5 工业玻璃 pH 计结构组成示意图

（1）参比电极。在工业 pH 计中，常用甘汞电极作为参比电极，如图 3－6－6 所示。甘汞电极由内外两根玻璃管组成，内玻璃管的上部装汞 2，电极引出线 1 插入其中，汞的下面装有甘汞 6（难溶性氯化亚汞 Hg_2Cl_2），内管的下部用纤维棉 5 堵住；在内外玻璃管之间充有饱和

KCl 溶液 7 作为盐桥，当甘汞电极插入待测溶液时，KCl 溶液可通过外管下端的多孔陶瓷芯 4 渗透到待测溶液中，从而构成导电通路。

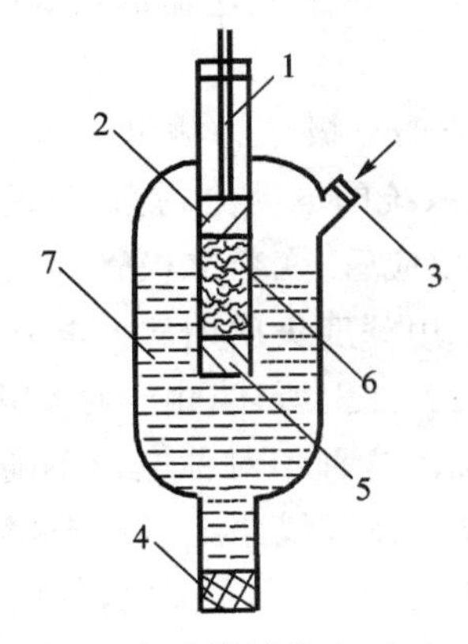

1—电极引线；2—汞；3—KCl 溶液注入口；4—陶瓷砂芯；
5—纤维棉；6—甘汞糊；7—盐桥溶液(KCl)。

图 3-6-6　甘汞电极

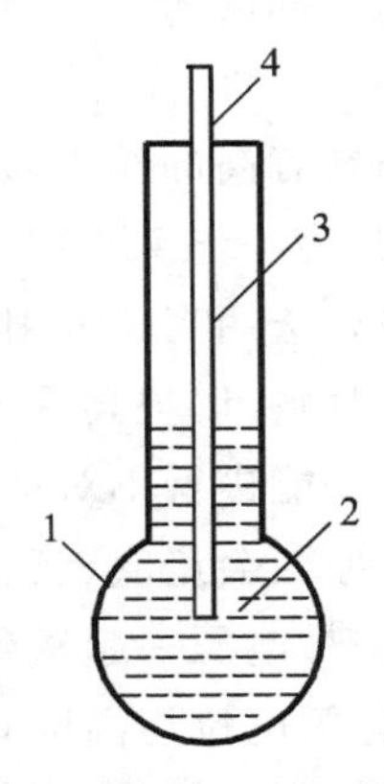

1—玻璃膜球泡；2—内部溶液(HCl)；
3—内参比电极；4—电极引线。

图 3-6-7　玻璃电极

甘汞的电极电位为

$$E=E_0+\frac{RT}{F}\ln[\mathrm{Cl}^-] \tag{3-6-7}$$

显然，甘汞的电极电位与氯离子的浓度有关。当 KCl 的浓度一定时，甘汞电极具有恒定的电位，而与被测溶液的 pH 值无关。由于 KCl 溶液在不断地渗漏，必须定时或连续地予以补充。甘汞电极结构简单，电位稳定，但易受温度变化的影响。在温度较高时，可用银一氯化银电极作为参比电极，但价格较贵。

(2)测量电极。pH 发送部分中的测量电极常用玻璃电极，其结构如图 3-6-7 所示。它由银一氯化银构成的内参比电极 3 和阳离子响应性的敏感玻璃膜球泡做成的外电极 1 组成。在玻璃膜球泡内充有 pH_0 值恒定的标准缓冲溶液 2，内参比电极插入该标准溶液中，内参比电极又充当电极引出线。测量时，玻璃膜球泡的外表面与待测溶液接触，玻璃电极的电极电位为

$$E=E_0+2.303\frac{RT}{F}(\mathrm{pH}_x-\mathrm{pH}_0) \tag{3-6-8}$$

由此可见，玻璃电极的电极电位 E 既是待测溶液 pH_x 的函数，又是标准缓冲溶液 pH_0 的函数。由于内部标准缓冲溶液的 pH_0 值恒定，因此借助一只外参比电极(如甘汞电极)测得电位差，即可知被测溶液的 pH_x。

在实际应用中，可根据待测溶液的 pH_x 值的变化范围来选择合适的 pH_0 值，以改变玻璃电极的初始电位，从而确定合适的测量范围。工业用的玻璃电极常有 $\mathrm{pH}_0=0$ 和 $\mathrm{pH}_0=7$ 两种规格，可供选用。当 $\mathrm{pH}_0=\mathrm{pH}_x$ 时，玻璃球膜两侧的电位差应为零，但实际上仍存在一个不对称电位，可通过测量线路予以补偿。

实际上，玻璃电极是一种对氢离子具有高度选择性的测量电极。因此，其测量精度较高，不受溶液中氧化剂、还原剂存在的影响，达到平衡快，操作简便。其缺点是容易损坏，且

测量范围一般限定在 pH＝2～10。

(3)测量电路框图及转换器工作原理。发送器输出电位差由测量电路进行转换放大等处理后即可输出标准的电流信号,供显示及控制所用。由于发送器的特殊性,对测量电路要求较高。

测量电路要有高的输入阻抗。这是因为采用玻璃电极作为测量电极,而玻璃电极本身内阻很高(通常为 10～150 MΩ),为准确测量电极系统的电动势,就必须提高测量电路的输入阻抗。一般要选用高输入阻抗的放大元件(如场效应管、变容二极管等)作为前置放大;选用适当的绝缘材料,以提高输入端的绝缘性能;并采用深度负反馈放大电路等。

测量电路要能进行不对称电位补偿和温度补偿。如上所述,由于玻璃电极的材质、厚度和加工工艺等原因会造成玻璃电极存在不对称电位。这种不对称电位不随待测溶液 pH 值变化,但要与信号电压一起送到后级电路,因此必须从测量线路上考虑补偿,另外,从奈恩斯特方程可知,电极电位与温度有关,电极转换系数 ζ 与温度 T 成正比,所以温度变化所造成的测量误差也必须补偿。

此外,由于放大电路具有较高的输入阻抗,因此对各种干扰信号比较敏感,在测量电路中还应考虑消除各种干扰信号的措施,以及克服信号多级放大带来的“零点漂移”。

图 3－6－8 是以参量放大器(其关键元件为变容二极管)为前置级的测量电路组成方框图,图 3－6－9 描述了国产 PHG－21 型 pH 计转换器的工作原理,它由参数振荡放大器、中间放大器,整流和功率放大器,反馈环节和定位补偿电路组成。

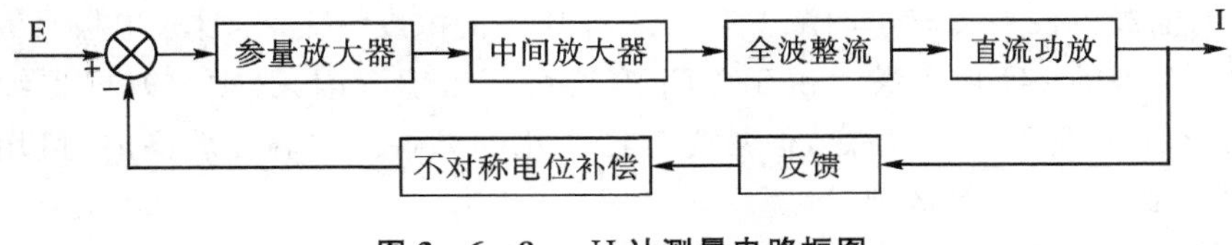

图 3－6－8　pH 计测量电路框图

pH 值转换器的作用是把发送器测得的电极电位转换成统一的 4～20 mA 电信号。当 pH 值在 0～14 内变化时,电极电位的变化值为 826 mV,这是个变化缓慢的直流电压信号。同时,玻璃电极的内阻很高(可达 10^9 Ω)。电极电位的这两个特点决定了 pH 转换器必须采用调制式放大方式,以解决缓慢直流信号的放大和转换问题,同时必须采用有前置放大级和深度负反馈电路,以增大转换电器的输入阻抗和稳定性。

参数振荡放大器起前置放大、阻抗变换和自激振荡调制的作用。高阻抗的变电容二极管 D_1 和 D_2 及电感 L_1 和 L_2 组成一个桥路的四个桥臂。变电容二极管的极间电容随外加电压的变化而变化。当 pH 发送器的电极电位 E 加到 D_1,D_2 时,其电容量都相应变化,引起桥路不平衡度的变化。桥路输出端(AB 端)便有信号输出并经过 C_1,L 电路输入信号至放大器 A_1,经 A_1 放大后的信号又通过 L_3,L_1 和 L_2 送回至桥路,产生自激振荡。因此参量振荡放大器把具有内阻很高的变化缓慢的电极电位 E 变成了交流信号。此交流信号经变压器耦合到中间放大器 A_2,放大后的交流信号,经二极管桥式整流器变成直流信号,再经放大器 A_3(功率放大)送至显示仪表和反馈电位器 W_2。由 W_2 得到的电压 E_f 经 R_{23}、R_3、R_4 反馈至变电容二极管上。由于电路总的放大倍数很高,输入与输出的关系只由反馈电路的特性来决定,而反馈电路只由电阻网络组成，所以整个放大器的线性和稳定性较好。

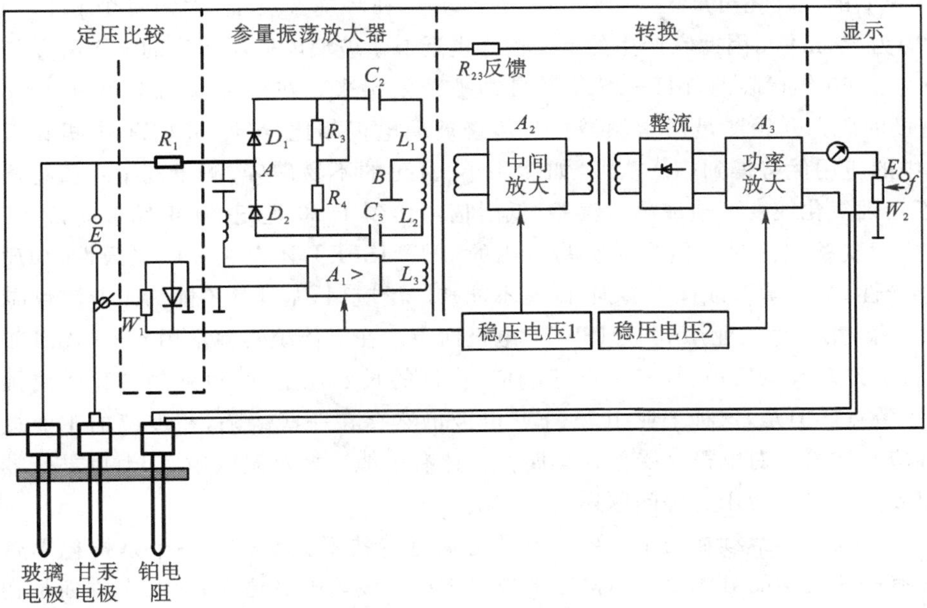

图3-6-9 PHG-21型pH计转换器工作原理示意图

温度补偿的铂电阻并联在反馈电位器W_2上。当溶液温度增加时，铂电阻值随之增加，使反馈电阻值也跟着增加，即反电压E_f增加。进而指示值减少，以达到补偿的目的。

定位调校是用调节电位器W_1来得到一个外加电位U_a，以抵消发送器电极电位的“不对称电位”。“不对称电位”是由于电极本身或外界沾污等因素引起的，使测量值与真实值产生较大的误差。所以定位调校实际上是转换器零点的调校。

由于转换器的输入阻抗很大，因此在发送器与转换器之间的联接导线要尽量短，并且必须有良好的绝缘和屏蔽，发送器和转换器应有良好的接地。

2)工业用离子敏感场效应晶体管(ISFET)pH计

pH值测量普遍存在于有水或其他水性溶液参与的工业应用中。在20世纪60年代晚期，离子敏感场效应晶体管(ISFET)首次作为玻璃电极的替代物被用于pH值的测量，之前玻璃电极一直是主要的测量工具。然而，当时这项技术仅局限于实验室和医学领域应用。到了20世纪90年代，随着技术的进一步完善，离子敏感场效应晶体管pH探头得以成功应用于工业过程。近年来，改良后的工业用ISFET包装，使得电极可以成功应用于更广泛的工业测量领域，并发挥重要的功效。

(1)测量原理及发展历程。场效应晶体管(FET)是一种电压控制的电流源，它由电源、漏(板)和闸门等三部分组成。闸门用于调节电场，发出源到漏的信号。在一个离子敏感场效应晶体管内，闸门是随离子变化的，离子浓度改变，闸门的电压也随之调整。不同于一般场效应使用的金属闸门，它是用一层绝缘材料将电源和漏(板)隔开。这个绝缘层直接接触到过程溶液，这样溶液本身就充当闸门的作用，并与一个电导性“对电极”和一个参比电极相联接。

离子敏感场效应晶体管(ISFET)测量 pH 时,其绝缘层被设计成仅对氢离子敏感。pH-ISFET 的设计还可产生 Nernstian 电压响应(在环境温度下,大约每个 pH 单位改变,电压响应为 59 mV),因此它产生的 pH 信号也近似于玻璃电极所产生的 pH 信号。

20 世纪 60 年代晚期,pH-ISFET 最初被开发出来。在接下来的十年里,对 pH-ISFET 电极的研究开始涉足医学领域。与传统玻璃电极相比,pH-ISFET 电极在医学和实验领域中的应用优势得到广泛认可,如体积小、真正的不易破碎、测量高 pH 值物质时无钠误差、不会因氧化或变形造成测量误差、低阻信号。到了 20 世纪 80 年代末期,ISFET 电极开始应用于实验室测量。但当时实验室用的 pH-ISFET 还存在一些局限性,如质轻而易漂、有感光性,抗化学腐蚀性不够强,因此不能被广泛应用,尤其是不能为工业测量应用。

1992 年,第一个工业用 pH-ISFET 电极面市。在对传统实验室用 pH-ISFET 电极的性能进行了许多改良后,它具有了迅速响应、优良的长效稳定性、较强的抗化学腐蚀性和无感光性等特点。但是,这种工业用 ISFET 电极仍然存在一些缺陷,在连续的工业过程使用时,场效应晶体管和对电极会受到化学腐蚀。还有电缆连接对湿度敏感、温度补偿器位置不合理,以及生产过程费用高等问题还需要解决。

pH-ISFET 还继续在两个主要的性能方面进行技术更新。第一个是抗化学腐蚀性方面,仍然有一些化学品对场效应晶体管造成损坏比对玻璃电极更大;第二个方面是在工业用 pH-ISFET 电极结合参比电极使用时的技术要求。因为 ISFET 电极仅能用于测量,因此它需要与一个传统的参比电极一同使用。目前工业用 pH-ISFET 电极只能与带氯化钾(KCL)凝胶填充,单液接的碱性银质或氯化银(Ag/AgCl)质地参比电极一同使用。如果与其他更高级的参比电极一同使用,就需要再改进工业用 ISFET 电极的性能,以适应更广泛的领域应用要求。

(2)工业用离子敏感场效应晶体管 pH 电极和玻璃 pH 电极的对比。在实际应用中,工业用 ISFET 电极具有许多玻璃电极不具备的优点。工业用 ISFET 电极的响应速度比玻璃电极快 10 倍,而且响应速度不会随电极寿命而改变。新的玻璃电极的响应速度相当好(5～10 s),但随着电极的使用,响应速度就会明显变慢。

在一般操作过程中,玻璃电极的测量精度会受到玻璃连续增加的高阻影响,同时玻璃高阻也会导致玻璃电极发生漏电和电感等问题。在玻璃电极附近放有一个前置放大器,用来在漏电或电感时对电极进行补充。而测量精度的问题是所有玻璃电极固有的问题,很难解决。然而 ISFET 电极的设计却免除了所有这些问题,场效应晶体管 FET 的特性使其具有稳定的测量性能,FET 本身就可以放大 pH 值信号到可以有效避免漏电或电感的问题。ISFET 仅对氢离子浓度改变响应,测量过程也不会受任何影响打断。在高 pH 值物质中时,玻璃电极会发生阳离子误差(通常被称作钠误差),而在非常低 pH 值物质中,又会产生酸误差。

工业 pH-ISFET 电极具有迅速响应、长期稳定性、高精度和材料坚固等优点。工业 pH-ISFET 电极独特的增强性能可以取代玻璃电极应用于多数工业过程中,并且 ISFET 技术还将不断完善。

霍尼韦尔公司推出的 Durafet Ⅱ pH 电极可以顺利地取代许多已知 pH 测量应用的玻璃电极。它采用固态 ISFET 技术,带有最新的前置放大器组件,不仅增强了系统稳定性,而且提高了电极的工作效率和稳定性。一体化温度补偿器紧邻过程安装，还带有 100 Ω 和 1000 Ω 热电偶选项，实时温度响应保证了 pH 值的测量精度和响应速度。Durafet Ⅱ电极可与长度分别为 12 英尺、20 英尺、30 英尺、40 英尺和 50 英尺的快速接头电缆联接，可降低安装和维护时间，电缆和电极间有一个防水型快速接头，便于电极更换。

3.6.3　电导率的检测及仪表

在流程工业中利用电导分析法可连续检测水的质量。例如在制浆造纸工业检测蒸煮液加热器和碱回收黑液蒸发器中的冷凝水是否污染，从而决定是否把它送回锅炉使用；连续地检测洗浆机滤液（黑液）的电导率进而控制洗涤水的用量，使洗涤效果达到最佳；连续地检测和控制药液制备（例如碱液和明矾液的稀释）过程中的药液浓度；利用电导滴定法，连续地测量蒸煮液的浓度，为蒸煮过程中 H 因子的控制提供重要参数。

上述水质检测的主要设备是电导率检测仪，或者称为工业电导仪。它是以测量溶液浓度的电化学性质为基础，通过测量溶液的电导率而间接得知溶液的浓度，既可用来分析一般的电解质溶液，如酸、碱、盐等溶液的浓度，又可用来分析气体的浓度。当工业电导仪用以分析酸、碱溶液的浓度时，常称为浓度计；用以测量水及蒸气中含盐的浓度时，常称为盐量计。当用以分析气体浓度时，需首先使气体溶于溶液中，或者为某电导液吸收，再通过测量溶液或电导液的电导率，从而间接得知被分析气体的浓度。

1. 溶液的电导与电导率

在电解质溶液中，存在带正电荷和带负电荷的离子。当插入一对电极，并通以电流时，发现电解质溶液同样可以导电。其导电机理是溶液中离子在外电场作用下，分别向两个电极移动，完成电荷的传递。所以电解质溶液又称为液体导体。电解质溶液与金属导体一样遵守欧姆定律，溶液的电阻也可用下式表示

$$R=\rho\frac{l}{A} \tag{3-6-9}$$

式中，R 为溶液的电阻（Ω）；l 为导体的长度，即电极间的距离（m）；ρ 为溶液的电阻率（Ω·m）；A 为导体的横截面积，即测量电极的有效面积（m^2）。

显然，电解质溶液导电能力的强弱由离子数决定，即主要取决于溶液的浓度，表现为电阻值的不同。不过，在液体中常常引用电导和电导率这一概念，而很少用电阻和电阻率。这是因为对于金属导体，其电阻温度系数是正的，而液体的电阻温度系数是负的，为了运算上的方便和一致性，液体的导电特性用电导和电导率来表示。溶液的电导为

$$G=k\frac{A}{l} \tag{3-6-10}$$

式中，G 为溶液的电导（S 或 Ω^{-1}）；k 为溶液的电导率（$S\cdot cm^{-1}$ 或 $\Omega^{-1}\cdot cm^{-1}$）。

电导率表示两个相距 1 cm、截面积 1 cm^2 的平行电极间电解质溶液的电导，它仅仅表明 1 cm^3 电解质溶液的导电能力。

2. 电导率与溶液浓度的关系

电导率的大小既取决于溶液的性质，又取决于溶液的浓度。即对同一种溶液，浓度不同时，其导电性能不同。为了比较电解质的导电能力，引入摩尔电导率的概念。摩尔电导率

Λ_m 是指将含 1 mol 电解质溶液置于相距为 1 cm 的电导池的两个平行电极之间所具有的电导率。浓度不同，所含 1 mol 电解质的体积也不同。若电解质浓度为 c_m（mol/L），则 $\Lambda_m = k\dfrac{1000}{c_m}$ 或者 $k=\dfrac{\Lambda_m c_m}{1000}$。这是电解质溶液的摩尔电导率与浓度的关系。因此，将上式代入式(3－6－10)可得溶液的电导表达式为

$$G=\frac{\Lambda_m c_m}{1000}\times\frac{A}{l}=K\frac{\Lambda_m c_m}{1000} \tag{3-6-11}$$

式中，$K=\dfrac{A}{l}$ 为电极常数，与电极几何尺寸和距离有关。对于一定的电极来说，K 是一个常数。通常把它的倒数称为电导池常数。

由式(3－6－11)可知，当电解质溶液的摩尔电导率 Λ_m 为常数时，两电极间电导 G（或电阻 R）仅与溶液浓度 c_m 有关。所以若测得两极间的电导 G（或电阻 R），其对应的溶液浓度 c_m 便能知道。但必须指出，只有很稀释的溶液，摩尔电导率才可能认为是常数；浓度稍高时，摩尔电导率与浓度关系呈非线性和双值关系，这时，式(3－6－11)不再成立。

浓度在较大范围内，几种电解质溶液的浓度与电导率关系曲线（温度为 20 ℃）如图 3－6－10 所示。不难看出，用电导法测量浓度，其范围是受到限制的，只能测量低浓度和高浓度部分，中间一段浓度与电导率间不是单值函数关系，所以不能用电导法进行测量。

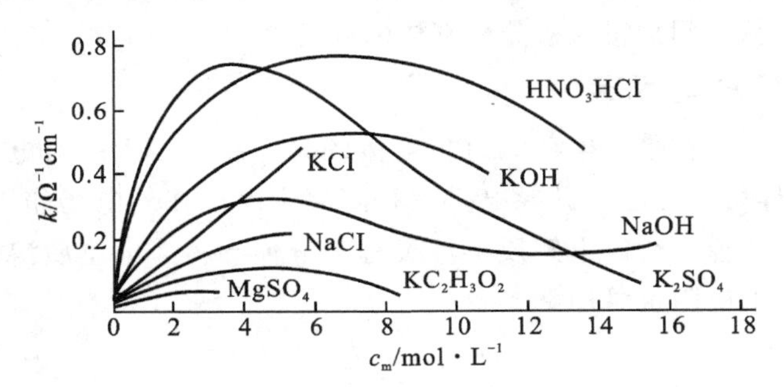

图 3－6－10　溶液浓度与电导率关系曲线

3. 溶液电导的测量方法

由前所述，只要测出溶液的电导率就可获知溶液的浓度。在实际测量中，都是通过测量两个电极之间的电阻来求取溶液的电导率，进而获得溶液的浓度。溶液电阻要比金属电阻测量复杂得多，只能采用交流电源供电的方法，因为直流电会使溶液发生电解；使电极发生极化作用，给测量带来误差。但是采用交流电源，结果会使溶液呈现为电容特性。另外，相对金属来说，溶液的电阻更容易受温度的影响。目前常用的测量方法有分压测量法和电桥测量法。

国产 DDS－11 型电导仪和 DDD－32A 型工业电导仪都是利用分压法来测量溶液电阻 R_X 的，如图 3－6－11 所示。振荡器提供 50 Hz（或 1 000Hz）的电压为 E 的电源，采用交流电的原因是为了防止电极极化。这个电压加到被测的溶液电阻 R_X 与量程电阻 R_m 组成的串联电路中。溶液的电导越大，即 R_X 越小，则 R_m 获得的电压 E_m 就越大，其关系为

$$E_m=\frac{R_m}{R_m+R_X}E \tag{3-6-12}$$

将 E_m 送至交流放大器放大，再经整流而获得直流信号送至显示仪表。

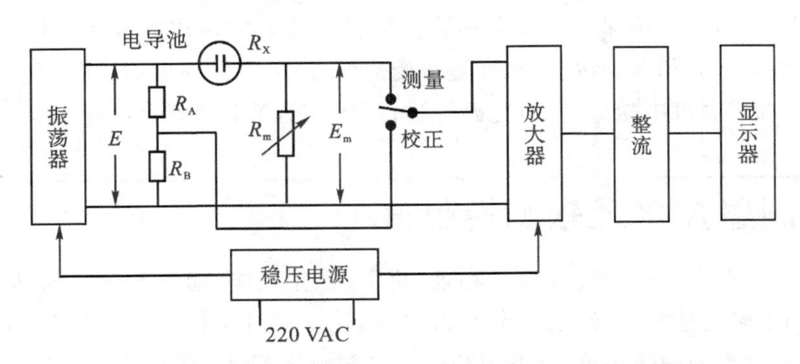

图 3-6-11　基于分压法的电导仪工作原理示意图

也有用电桥平衡法去测量溶液电阻的电导仪。它是把被测溶液的电阻 R_X 作为桥路中的一个待测桥臂。溶液电导率改变时，电阻 R_X 也随之改变，破坏了电桥的平衡，从而得出与电导成比例的测量信号。

由于电解质溶液的电导率随温度的增高而增加，所以对精密测量或在生产线上连续检测时，要进行温度补偿。

3.6.4　分析仪表及其应用场合

对于溶液 COD、pH 值和电导率的检测，既有在线测量仪表，也有离线分析仪表。分析仪表是仪器仪表一个重要组成部分，它用来检定、测量物质的组成和特性，研究物质的结构。分析仪表有实验室用仪表和工业用自动分析仪表两种基本形式。前者用于实验室的定性和定量分析，一般能给出比较准确的结果，通常由人工取样，进行间断分析。而后者用于工业流程上，完全能自动分析，即自动取样，连续分析，并随时指示或记录出分析的结果。

工业分析仪表又称为在线分析仪表或过程分析仪表，主要应用于以下几个方面。

1)工艺监督

在生产流程中，合理地选用分析仪表能准确、迅速地分析出参与生产过程的有关物质成分，可以及时地控制和调节，达到最佳生产过程的条件，从而实现稳定生产和提高生产效率。如连续分析进氨合成塔气体的组成，根据分析结果及时调节和控制气体中氢和氮的含量，使两者之间保持最佳比值，从而获得最佳的氨合成率。

2)节约能源

目前，工业分析仪表越来越多地应用在锅炉等燃烧系统，用来监视燃烧过程，降低能耗、节约燃料。如实时分析燃烧后烟气中成分(如二氧化碳和氧的含量)是判断燃烧状况、监视锅炉经济运行的主要手段。

3)污染监测

对生产中排放物进行分析，使其中的有害成分不超过环保规定的指标值。如化工生产中排放出来的污水、残渣和烟气，这些都会对大气和水源等造成污染，所以对排放物及时进行分析和处理十分必要。

4)安全生产

在工业生产中,必须确保生产安全和防止设备事故。如锅炉给水和蒸汽中含盐量及二氧化硅等,会形成水垢和腐蚀设备,从而造成受热面过热、降低强度而引起不安全问题,这就需要对锅炉给水或蒸汽中盐量、二氧化硅等进行分析,确保锅炉安全运行。

3.7 软测量技术及软测量仪表

众所周知,工业生产过程往往涉及物理、化学、生化反应,物质及能量的转换和传递,系统的复杂性和不确定性常常导致过程参数难以检测。如打浆过程的打浆度、聚合反应的平均分子量、发酵过程的菌体浓度、化学反应过程的转化率等,由于机理复杂不能直接测量,或者测量仪表价格昂贵测量代价巨大,这时就不能采用反馈原理实现对这些参数的稳定控制。

但是,如果引起不可测过程参数变化的扰动是可测的,即能获得扰动通道的数学模型,这时就可以应用前馈控制方法来完全补偿过程扰动对不可测过程参数的影响,使之保持在设定值上。然而,如果扰动变量也是不可直接测量的,就无法采用前馈控制方法对扰动进行补偿,近年来发展起来的软测量技术(Soft Measurement Technology)便能解决这一问题。通过软测量技术实现对一些无法或难以直接测量的关键过程参量的在线估计,然后将主导变量的估计值作为反馈量,设计控制器对主导变量进行实时控制。本小节主要介绍软测量的基本原理,软测量数学模型的建立、实施和维护等方面的基本知识。

3.7.1 软测量技术基本原理

1. 软测量技术的基本思想

在过程控制界,存在这样的一类过程控制变量:由于技术或经济原因,目前尚难以或无法通过传感器进行检测,但它们却与产品的质量密切相关,是需加以严格控制的过程参数。为此,工业上一般采用两种方法:①间接质量指标控制方法,该方法首先需要一些假设和限制条件,因此存在较大的局限性,且精度不高;②在线分析仪直接测量法,该方法一次性设备投资大,维护保养复杂,且具有较大的测量滞后,对提高控制质量带来相当大的困难。

为了解决上述问题,逐步形成了所谓的软测量技术(也叫软仪表技术,Soft Sensing Technology)。其基本思想:根据某种最优准则,选择一组既与主导变量有密切联系又容易检测的二次变量,通过构造某种数学关系,实现对主导变量的估计。软测量技术是对测量工具的延伸,是对传统测量手段的一个有力补充,是人们依靠间接知识对硬件仪表不可测量参数的估计。在硬件无法完成测量任务的情况下,软测量技术可以在一定程度上起到替代的作用。软测量技术除了能“测量”主导变量外,还可估计一些反映过程特性的工艺参数。软测量的使用可以为提高生产效益,保证产品质量提供有力的手段。

软测量技术最基本的理论基础是模型辨识和推理控制,研究的目标是解决在实际生产中不能直接检测但又非常重要的变量和参数的估计问题。在以软测量仪表的估计值作为反馈信号的控制系统中,控制器与软测量仪表的设计是分离的,这给设计者带来了极大的方便,是过程控制研究的一个重要方向。随着计算机技术及通信技术的发展,使得在采用单元组合仪表时，由于价格贵、成本高、维护量大而较难实施的软测量技术，在采用微处理器的智能仪表或在 DCS 中便能很方便地实现。软测量模型也由线性模型、机理模型发展到基于“黑箱”的神经网络模型。

软测量技术主要包括软测量建模方法、模型实时演算的工程化实施技术及模型自校正(模型维护)技术，核心是软测量模型，如图 3-7-1 所示。

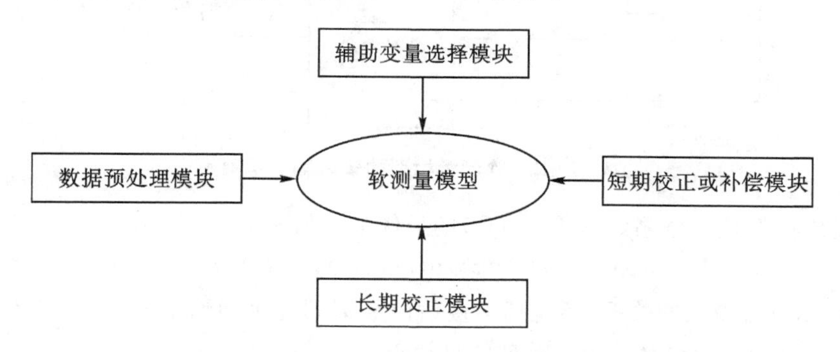

图 3-7-1　软测量技术的功能模块

软测量技术的特点决定了它不是一项完全的理论工作，其成效完全取决于实际应用的结果，它的发展是由理论到实践的往返摸索前进的过程。显然，实现软测量的基本途径就是构造一个数学模型。

2. 软测量技术的应用特点

软测量技术所估计的过程变量是数学模型的输出变量，它和模型的输入变量(即可检测的过程变量)应具有如下特点。

(1)在一定的工况条件下，采用检测得到的过程变量能通过数学模型的运算得到该过程变量的估计值，该估计值应具有工艺过程所允许的精度。

(2)能通过一定的其他检测手段对该过程变量进行检测，用于对数学模型正确性的评估，并根据它与估计值的偏差来确定数学模型是否应进行修正。

(3)采用直接检测该过程变量的自动化仪表价格昂贵或维护困难。

(4)检测所得到的过程变量应具有下列特性：①灵敏性，模型输出变量能快速响应；②精确性，各输入变量应具有一定的精度，使模型的精度不会由于引入这些输入变量而造成较大的误差或滞后等负面影响；③鲁棒性，所构成的估计器对数学模型的误差不敏感等；④合理性，这些过程变量对被估计的过程变量有较大的影响，而且它们的变化较大，从工艺分析来看，这些过程变量对估计值的影响不能被忽略；⑤特异性，对过程输出以外的干扰不敏感。

(5)在使用软测量技术时，能检测到的过程变量的检测位置对模型的动态特性也有一定影响，在选择检测点的位置时应予以考虑。

3.7.2　软测量数学模型

软测量模型的建立是软测量技术的核心。软测量模型不同于一般意义下的数学模型，它强调的是通过二次变量来获得对主导变量的最佳估计，而不像一般的数学模型主要反映的是输出与输入之间的动态或稳态关系。软测量模型的基本结构示意图如图 3-7-2 所示。

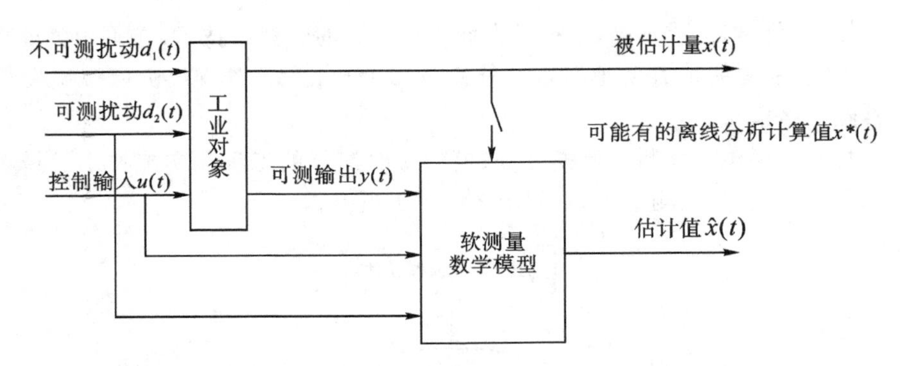

图 3-7-2 软测量模型的输入输出示意图

软测量建模就是由可测数据得到 $x(t)$ 的最优估计值 $\hat{x}(t)$

$$\hat{x}(t)=f(d_2(t),u(t),y(t),x^*(t),t) \tag{3-7-1}$$

它不仅反映 $\hat{x}(t)$ 与输入的关系，还包括了被估计量 $x(t)$ 与可测输出 $y(t)$（二次变量）之间的联系。离线采样值 $x^*(t)$ 常被用于模型的自校正。

1. 常用的软测量建模方法

建立软测量模型的方法很多，根据人们对过程的认识程度，可以分为基于机理分析的建模方法、基于数据驱动的建模方法，以及机理和数据驱动相结合的混合建模方法。

1）基于机理分析的建模方法

在全面深刻了解生产过程的工艺机理后，根据物料平衡、能量平衡等定律，通过列写有关的平衡方程式，直接找出主导变量 $x(t)$ 与可测变量之间的定量关系，以数学的形式表达出来。此法所建立的模型的性能最优越、最精确，能处理动态、静态、非线性等各种对象。但建模的代价较高，难度大，且不适用于机理尚不完全清楚的工业过程。

与其他方法建立的模型相比，机理模型的可解释性强、外推性能好，是最理想的软测量模型。但是机理模型也有如下不足。

（1）模型具有专用性，不同的对象，其机理模型无论模型结构还是模型参数都千差万别，模型的可移植性较差。

（2）机理建模过程要花很多的人力、物力，从反映本征动力学和各种设备模型的确立、实际装置传热性质效果的表征到大量参数（从实验室设备到实际装置）的估计，每一步都很困难。

（3）当模型复杂时求解困难，机理模型一般是由代数方程组、微分方程组，甚至偏微分方程组组成的，当模型结构较大时，其求解过程的计算量很大，收敛慢，难以满足在线实时估计的要求。

可见，由于实际被测对象的复杂性，基于机理分析研究方法建模非常困难，需要与其他方法配合使用。

2）基于数据驱动的建模方法

对于机理尚不清楚的对象，可以采用基于数据驱动的建模方法建立软测量模型。该方法从历史的输入、输出数据中提取有用信息，构建主导变量与辅助变量之间的数学关系。这类方法是基于数据的统计建模技术，建模时将过程看作一个黑箱，通过输入、输出数据建立与过程外特性等价的模型。其优点：不需要研究对象的内部规律，无须了解太多的过程知识，只需获得足够多的数据，即可建立对象的软测量模型。

根据对象是否存在非线性，该建模方法又分为线性回归方法、人工神经网络方法和模糊建模方法等。由于这些方法已经超出大学本科生的学习范畴，感兴趣的读者可以查阅相关文献，这里不再赘述。

总体说来，软测量技术的分类一般都是依据软测量模型的建立方法。建模的方法多种多样，且各种方法互有交叉，目前又有相互融合的趋势，因此很难有妥当而全面的分类方法。目前常见的有机理建模、回归分析、状态估计、模式识别、人工神经网络、模糊数学、过程层析成像、相关分析和现代非线性信息处理技术等9种。相对而言，前6种软测量技术的研究较为深入，在过程控制和检测中已有许多成功的应用，后3种软测量技术限于技术发展水平，在过程控制中目前应用较少。

2. 影响软测量模型性能的因素

软测量模型性能的好坏受多处因素制约，主要包括建模方法的选择、辅助变量的选择和数据处理等。

1）建模方法的选择

前面提到软测量建模方法各有优缺点，到底选择哪种方法应视具体过程而定。如果有可能，在离线建模阶段，最好使用多种方法来建立软测量模型，然后从模型的精度、复杂程度、建模所用时间和可靠性等因素进行综合考虑，最终得到一个简单有效的软测量模型。

2）辅助变量的选择

辅助变量的选择对软测量非常重要，因为不可测的主导变量需要由这些辅助变量推理出来。辅助变量的选择在软测量模型建立过程中同样起着重要的作用，包括变量的类型、变量的数目及测量点位置的选择3个方面。

变量类型的选择范围必须是过程中容易测量的变量集，选择方法往往从间接质量指标出发。变量数目必须满足精简原则，即尽可能用最少数目的变量获得足够精度的模型。在软测量中，最优辅助变量数目是很难确定的问题，因此在实际应用时要根据系统的机理和需要确定最小数目，然后结合具体过程增加辅助变量数目。测量点位置的选择非常关键，因为它是辅助变量的来源。检测点的选取可以采用奇异值分解的方法确定，也可以采用工业控制仿真软件确定。这些确定的检测点需要在实际应用中加以调整。检测点的选择受到过程工艺知识、动态特性，以及受噪声的影响程度的制约。

3）数据处理

在软测量应用的实践中，必须采集大量的数据，并对这些数据进行处理。这些数据包含用于软测量建模的数据和对模型校验及辅助变量的测量采集的数据等。由于各种环境干扰和测量误差等原因，必须通过一些统计和变换的方法对这些数据进行处理，以使所建立的软测量模型，以及对主变量的估计值更准确，使误差尽可能减小。

数据处理包括换算和数据误差处理。换算不仅直接影响着过程模型的精度和非线性映射能力，而且影响着数值优化算法的运行效果。数据误差包括随机误差和过失误差，随机误差的处理一般首先剔除跳变信号，然后采用递推数字滤波的方法解决；而过失误差采用及时侦破、剔除和校正的方法解决，同时硬件上的冗余也是一种办法。下面重点介绍数据变换和误差处理。

(1)数据变换。数据变换包括标度、转换和权函数三个方面。由于数据变换影响着过程模型的精度和非线性映射能力,以及数值优化算法的运行结果,所以对工业过程中常出现的在数据上相关几个数量级的测量数据,应利用合适的因子进行标度,这样可以改善算法的精度和稳定性。转换包括直接转换和寻找新变量代替原变量两方面,通过转换可有效降低原过程的非线性特性(如进行对数转换)。权函数可实现对变量动态特性的补偿。

(2)误差处理。在基于软仪表的先进控制与优化系统中,融合了大量的现场数据,任一数据的失效都可能导致系统整体性能下降,甚至完全失效。因此,对输入数据进行误差处理是不可缺少的一步。误差分为随机误差和过失误差,前者受随机因素的影响,如操作过程的微小波动或检测信号的噪声等;后者包括仪表的系统偏差(如堵塞、校正不准和基准漂移等)、测量设备失灵(如热电偶结碳而产生绝热等),以及不完全或不正确的过程模型(泄漏、热损失和非定态等)。

对于随机误差剔除跳变信号处,常采用数字滤波法,如高通滤波、低通滤波和滑动平均值滤波等。随着系统精度要求的提高,又提出了数据协调技术,其实现方法有主元分析法、正交分解法等。

过失误差出现的概率虽很小,但它的存在会严重恶化数据的品质,可能导致软测量甚至整个过程优化的失效。因此,及时侦破、剔除和校正这类数据是误差处理的首要任务。常用方法有统计假设检验法(如残差分析法、校正量分析法)和贝叶斯方法等,这些方法在理论和应用之间尚存在相当的差距。对于特别重要的过程变量,还可采用硬件冗余的方法,以提高安全性。如可用相似的检测元件,或采用不同的检测原理,对同一变量进行检测。

3. 软测量模型的自校正及维护

工业实际装置在运行过程中,随着操作条件的变化,其过程特性和工作点不可避免地要发生变化和漂移。如果软测量模型不做修正,软测量精度会逐渐下降。通常采用在线自校正和不定期更新的两级学习机制。

1)在线自校正

根据被估计变量的离线测量值与软测量估计值的误差,对软测量模型进行在线修正,使软测量仪表能跟踪系统特性的缓慢变化,提高静态软测量仪表的自适应能力。

软测量模型的在线校正包括模型结构的优化和模型参数的修正两方面。通常对软仪表的在线校正仅修正模型的参数,具体的方法有自适应法、增量法和多时标法等。对模型结构的优化(修正)较为复杂,它需要大量的样本数据和较长的时间。为解决软仪表模型结构在线校正和实时性两方面的矛盾,已提出基于短期学习和长期学习思想的校正方法,人工神经网络技术在该领域大有可为。此外还有人提出了分布式神经网络局部学习的方法,以减轻点校正对全局的影响。

软测量模型校正需考虑校正数据的获取问题以及校正样本数据与过程数据之间在时序上的匹配等问题。在可以方便地获取较多校正数据的情况下,模型的校正一般不会有太大的困难。但在校正数据难以获取的情况下(例如需人工离线取样分析的场合),模型的校正较为困难,此时模型校正采用何种方法是一个很值得考究的问题。

最简便的在线自校正算法为常数项修正法,基本思想是,取软测量模型为

$$\hat{x}=f(d_2,u,y)+\Delta x,\Delta x=\beta(x^*-\hat{x}) \quad (3-7-2)$$

若 $\Delta x>\Delta_{max}$，则 $\Delta x=\Delta_{max}$；若 $\Delta x<\Delta_{min}$，则 $\Delta x=\Delta_{min}$。其中，Δ_{max}、Δ_{min}分别为每次修正的上、下限幅值，β为自适应因子，用于调节模型自校正的强度。

对于线性模型，也可采用带遗忘因子的最小二乘法直接在线修正模型参数。

2)模型更新

当过程特性发生较大变化，软测量仪表做在线学习也无法保证预估精度时，必须利用软测量仪表运算所累积的历史数据进行模型更新。常用的方法是人工干预下的软测量模型离线重构，即调整模型结构，重新估计模型参数，或根据新的样本数据训练 ANN，使模型适应新的工况。

为实现软测量模型长周期自动更新，可以设计一个软测量仪表评价软件模块，由它做出是否需要更新模型的决策，并调用离线的模型更新软件。该软件利用模型误差（离线分析值与估计值之差）历史数据的统计值来描述模型的精度。设第 k 次离线测量值对应的模型误差为 $e(k)$，$\varepsilon>0$ 为允许的模型误差。统计 N 次模型误差，发现有 m 个超限的误差，即 $|e(k_i)|>\varepsilon,i=1,2,\cdots,m$，则模型精度为$\frac{100m}{N}\%$。当模型精度逐渐下降到某个预定值，便可作为更新模型的判决。

3.7.3　软测量仪表的工程化设计及实现

软测量技术是实用性很强的应用技术，它以软测量模型在线运算并给出准确的估计值为目标。因此，软测量仪表的设计必须满足工程应用的简易性、有效性和可靠性的要求。设计的基本步骤包括：辅助变量的初选、现场数据的采集与处理、辅助变量的精选、软测量模型的结构选择、模型参数的估计、软测量模型的实施、在线数据预处理。

1)辅助变量的初选

根据工艺机理分析（如物料、能量平衡关系），在可测变量集合中初步选择所有与被估计变量有关的原始辅助变量，这些变量中部分可能是相关变量。

2)现场数据的采集与处理

采集被估计变量和原始辅助变量的历史数据，数据数量越多越好。现场数据必须经过显著误差检测和数据协调，以保证数据的准确性。由于软测量一般为静态估计，需要采集装置平稳运行时的数据，并注意纯滞后的影响。

3)辅助变量的精选

辅助变量的精选即输入数据降维。通过机理分析，可以在原始辅助变量中找出相关的变量，选择响应灵敏、测量精度高的变量为最终的辅助变量。更为有效的方法是主元分析法，即利用现场的历史数据做统计分析计算，将原始辅助变量与被测变量之间的关联序排序，实现变量精选。

4)软测量模型的结构选择

根据工艺特点选择模型的类型，如线性、非线性和混合型等。对于非线性系统，若历史数据反映出系统工作在多个典型的稳态工作点，是选用单个复杂的非线性模型，还是建立多个典型的线性模型，需通过分析比较，然后进行选择。

5)模型参数的估计

线性模型一般采用最小二乘法(LS)便可估计出模型参数。对于人工神经网络(ANN)模型,需要利用样本数据对网络进行训练。反向传播(BP)算法是最常用的 ANN 学习算法。为了检验模型的有效性,一般将历史数据集中分为两部分:一部分用于参数估计,另一部分用于模型检验。若检验表明模型达到了预定精度,即可将模型投入使用。

6)软测量模型的实施

实现图 3-7-2 所示的软测量模型,常用的软件平台有单片机的汇编程序、嵌入式的混合编程、工业 PC 的高级语言、DCS 的运算模块组态、PLC 的可编程语言。在软测量模型的选择时,应考虑到模型的复杂性和可实现性。

7)在线数据的预处理

作为辅助变量的在线测量数据,必须经过去噪滤波、显著误差检测及数据校正,方可作为软测量仪表的输入变量。该预处理模块工程实施时所需的计算机资源较多,应予以特别重视。

一般而言,软测量技术的开发、实施流程如图 3-7-3 所示。图中,在实践中实现软测量是指将离线得到的软测量模型和数据采集及预处理模块、模型校正模块以软件的形式嵌入到控制系统中。可以考虑设计安全报警模块和易于操作的用户界面。软测量效果评价是指在软测量运行期间,采集软测量对象的实际值和模型估计值,根据比较结果评价该软测量模型是否满足工艺要求。通过以上步骤设计、实施的软测量器的计算结果与实际的离线测量值之间可能仍有较大误差,还需进一步校正。

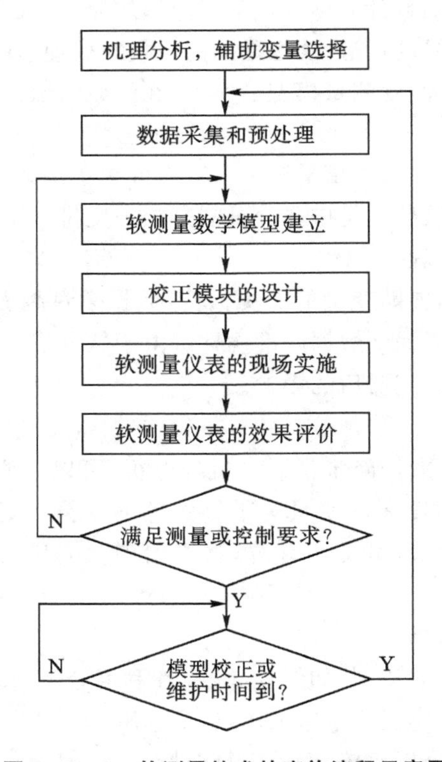

图 3-7-3　软测量技术的实施流程示意图

3.7.4 软测量技术的工程应用举例

下面以造纸过程打浆度软测量为例来介绍软测量技术的应用。打浆度是评价纸张滤水性能的经验指标,造纸企业通常以打浆度来综合反映打浆质量。而打浆质量不仅与纸浆纤维的切断和帚化程度有关,还受纸浆 pH 值、进浆流量 F、进浆浓度 C、进浆压力 P、打浆前后的纸浆温度差 ΔT、打浆设备数量 n、浆料种类(如木浆、草浆、苇浆等)K_{jz}、打浆用水种类(如清水、白水等)K_{sh}、循环或连续打浆 K_{xh}、打浆设备种类(如:双盘、大锥度精浆机等)K_{sb} 等过程因素影响。因此,我们可以把衡量打浆度 SR 的关系式表示为

$$SR=f(F, C, P, \Delta T, \sum_{i=1}^{n} W_i, K_{jz}, K_{sh}, K_{xh}, K_{sb}, SR_0) \tag{3-7-3}$$

在实际测量中,影响打浆度的主要因素有进入打浆设备的绝干浆量、打浆设备的数量、消耗的电功率等。通过实验和综合分析,选定以打浆浓度、流量和磨浆机电功率为二次参量,对打浆度进行软测量。采用机理分析法来建立打浆度软测量数学模型,采用线性回归分析法来进行模型参数的辨识,图 3-7-4 为打浆度软测量及打浆度控制原理示意图。

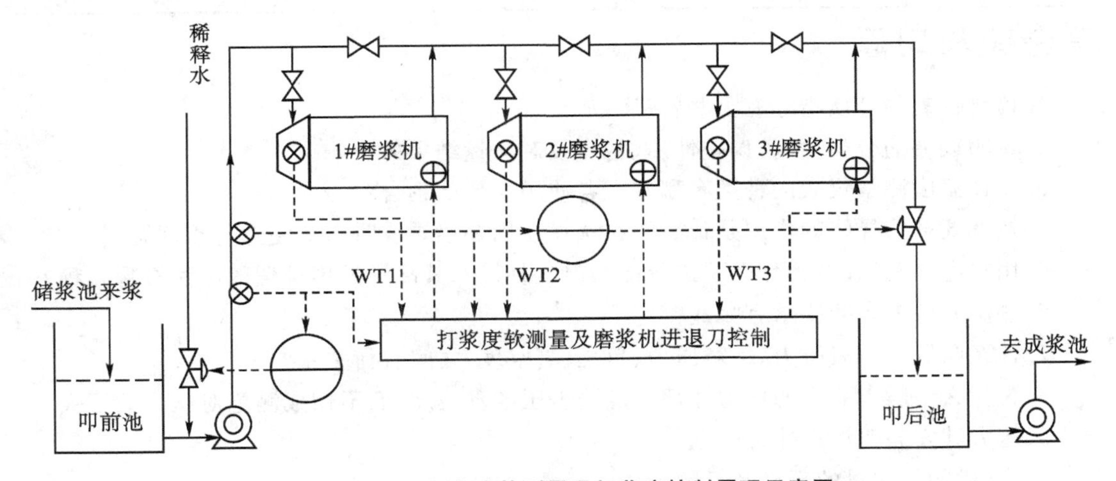

图 3-7-4 打浆度软测量及打浆度控制原理示意图

根据比边缘负荷理论或比表面负荷理论,结合式(3-7-3),可以得到如下关系式

$$SR=K\frac{\sum_{i=1}^{n} W_i}{F\times C}+SR_0 \tag{3-7-4}$$

式中,SR 为打浆后浆的叩解度;SR_0 为打浆前浆的叩解度;$\sum_{i=1}^{n} W_i$ 为打浆过程消耗的功率;F 为进磨浆机浆流量;C 为进磨浆机浆浓度;$F\times C$ 表示进磨浆机的绝干浆量;n 为串联的打浆设备的数量;K 为系数,主要由物理量的量纲来决定,但由于测量误差和过程时变非线性等因素的影响,往往还需要对 K 值进行修正。

基于软测量式(3-7-4),只要测得纸浆流量、浓度及打浆设备消耗的电功率,即可求得打浆度。因此,式(3-7-4)即为打浆度的在线软测量模型,问题的关键是怎样获得系数 K 和初始叩解度 SR_0。为此,可以采取前面介绍的方法来获取 K 和 SR_0。这样,在工程实践

中，通过在线测量过程参量 C、F 和 $\sum_{i=1}^{n} W_i$，就能获得打浆度的在线软测量数值。通过控制盘磨的进退刀就可以控制打浆度，具体的控制原理框图如图 3－7－5 所示。

打浆度的准确测量为造纸过程的优化提供了依据，对提高纸张质量和节省能源都有重要的理论意义和应用价值。

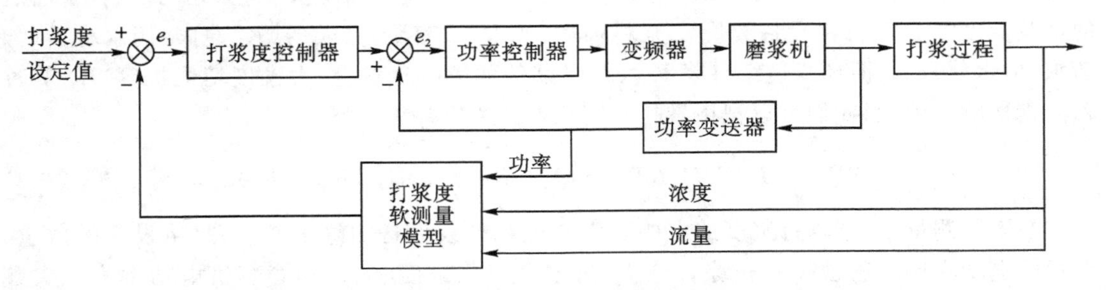

图 3－7－5 打浆度串级反馈控制原理示意图

思考题与习题

1. 检测仪表的品质指标有哪些？

2. 说明误差的分类，各类误差性质、特点及对测量结果的影响。

3. 试述温度测量仪表的种类有哪些？各使用在什么场合？

4. 热电偶补偿导线的作用是什么？在选择使用补偿导线时需要注意什么问题？

5. 用热电偶测温时，为什么要进行冷端温度补偿？其冷端温度补偿的方法有哪几种？

6. 测温元件的安装要求有哪些？

7. 什么叫压力？表压力、绝对压力、负压（真空度）之间有何关系？

8. 为什么一般工业上的压力计都做成测表压或真空度，而不做成测绝对压力的形式？

9. 压力计安装要注意什么问题？

10. 试述物位测量的意义及目的。

11. 差压式液位变送器的工作原理是什么？当测量有压容器的液位时，差压变送器的负压室为什么一定要与容器的气相相连接？

12. 什么是液位测量时的零点迁移问题？怎样进行迁移？其实质是什么？

13. 体积流量、质量流量、瞬时流量、累积流量的含义各是什么？

14. 试述差压式流量计测量流量的原理。并说明哪些因素对差压式流量计的流量测量有影响？

15. 什么叫标准节流装置？

16. 椭圆齿轮流量计的基本工作原理及特点是什么？

17. 电磁流量计的工作原理是什么？它对被测介质有什么要求？

18. 简述化学法 COD 测定原理。

19. 试述电极电位法测量浓度的基本原理。

20. 什么是软测量技术？试述在工程实际中该技术的实施过程。

第4章　过程控制执行器

一个完整的过程控制回路由被控过程、传感器、控制器和执行器等四部分组成。其中，执行器的作用是将控制器送来的控制信号转换成执行动作，用来操纵进入被控过程中的能量或流量，从而将被控变量（如流量、温度、液位、压力、浓度、成分等）维持在所要求的数值上或一定的范围内，使生产过程能够按照预定的工艺要求正常运行。

过程控制工程中最常用的执行器可分为两大类，即阀门和电机。对于阀门而言，当前常用的有气动阀门和电动阀门；对于电机而言，常用的有三相异步电机、伺服电机和步进电机。本章主要介绍不同类型阀门的调节机构、流通特性、气动和电动阀门的执行机构以及阀门的选用和控制方法，介绍过程控制实践中常用电机的工作原理、起动和调速方法，以及电机的选用。

4.1　过程控制执行器的类型

过程控制工程中最常用的执行器可分为两大类：阀门类和电机类（见图4-1-1）。

(a)气动调节阀

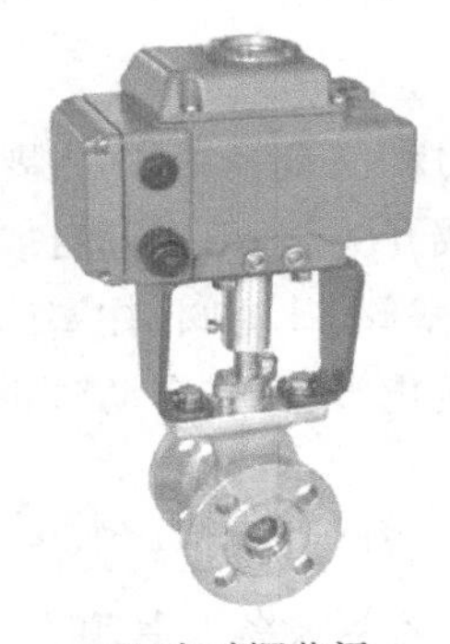

(b)电动调节阀

(c)电机

图4-1-1　执行器(调节阀门及电机)

阀门（Valve）是管路流体输送系统中的控制部件，控制流体的流动或停止，用来改变通路断面和介质（气体、液体、粉末）的流动方向，具有导流、截止、节流、止回、分流或溢流卸压等功能。过程控制中所述的电机是指电动机（Electric machinery），俗称“马达”（Motor），是一种依据电磁感应定律实现电能转换或传递的电磁装置，其主要作用是产生驱动力矩，为用电器或各种机械提供动力源。

4.1.1 阀门的分类

用于流体控制的阀门，从简单的截止阀到复杂的自动控制用阀门，其品种和规格繁多，可用于控制水、蒸汽、油品、气体、泥浆、腐蚀性介质、液态金属、放射性流体等各种类型流体的流动。阀门的公称通径从极微小的仪表用阀到通径达 10 m 的工业管路用阀，变化巨大。阀门的工作压力可从 0.0013 MPa 到 1000 MPa 的超高压，工作温度从 −269 ℃的超低温到 1430 ℃的高温。阀门的控制可采用多种驱动方式，如手动、电动、液动、气动、涡轮、电磁动、电磁液动、电液动、气液动、正齿轮驱动、伞齿轮驱动等，可根据压力、温度或流量等传感信号的大小按预定的要求动作，也可不依赖传感信号而进行简单的开启或关闭，依靠驱动或自动机构使启闭件作升降、滑移、旋摆或回转运动，从而改变流道面积的大小，实现控制功能。

阀门的用途广泛，种类繁多，分类方法也非常多。根据不同的分类方法，有不同的名称，并赋予不同的功能。

1. 按驱动方式分类

(1)自动阀：不需要外力驱动，依靠介质(液体、气体)本身的能力而自行动作；如安全阀、减压阀、疏水阀、止回阀、自动调节阀等。

(2)动力驱动阀：利用各种动力源进行驱动，常用动力源包括压缩空气、电和液压油。其中，气动阀借助压缩空气进行驱动，电动阀借助电力进行驱动，液动阀借助水、油等液体压力进行驱动。此外还有以上几种驱动方式的组合，如气-电动阀等。

(3)手动阀：借助手轮、手柄、杠杆、链轮等设备由人力来操纵阀门动作。当阀门启闭力矩较大时，可在手轮和阀杆之间设置齿轮或蜗轮减速器。必要时，也可以利用万向接头及传动轴进行远距离操作。

其中，气动阀和电动阀是过程控制系统中常用的两种自动控制阀门。

2. 按用途分类

(1)调节用阀：用来调节介质的压力和流量等参数，主要包括调节阀、节流阀和减压阀。

(2)截断用阀：截断阀又称闭路阀或开关阀，用来开启或关闭管路中的介质流动，主要包括闸阀、球阀、碟阀、截止阀、隔膜阀、旋塞阀、球塞阀、柱塞阀、针型仪表阀等。

(3)止回阀：止回阀又称单向阀或逆止阀，用来自动防止管路中的介质倒流，水泵吸水管的底阀也属于止回阀类。

(4)安全用阀：在管路或装置中的介质压力超过规定值时，用来排放多余的介质，保证管路系统及设备运行安全，常安装于锅炉、容器设备及管道上，如安全阀、事故阀。

(5)分流用阀：用来改变介质流向，分配、分离或混合管路中的介质，如三通旋塞、分配阀、滑阀等。

(6)减压用阀：用于自动降低管道及设备内介质压力，当介质经过阀瓣的间隙时，产生阻力造成压力损失，达到减压目的。

(7)其他特殊用阀：如疏水阀、放空阀(排气阀)、排污阀等，如疏水阀用于蒸汽管道上自动排除冷凝水，防止蒸汽损失或泄漏；排气阀用于排除管道中多余气体，提高管路使用效率，降低能耗，往往安装在制高点或弯头等处，广泛应用于锅炉、空调、石油天然气、给排水管道中。

3. 按公称压力分类

(1)真空阀:指工作压力低于标准大气压的阀门;

(2)低压阀:指公称压力 PN≤1.6 MPa 的阀门;

(3)中压阀:指公称压力 PN 为 2.5 MPa、4.0 MPa、6.4 MPa 的阀门;

(4)高压阀:指公称压力 10 MPa≤PN≤80 MPa 的阀门;

(5)超高压阀:指公称压力 PN≥100 MPa 的阀门。

4. 按工作温度分类

(1)超低温阀:用于介质工作温度 $T<-100$ ℃的阀门;

(2)低温阀:用于介质工作温度 -100 ℃$\leqslant T\leqslant -29$ ℃的阀门;

(3)常温阀:用于介质工作温度 -29 ℃$<T<120$ ℃的阀门;

(4)中温阀:用于介质工作温度 120 ℃$\leqslant T\leqslant$425 ℃的阀门;

(5)高温阀:用于介质工作温度 $T>450$ ℃的阀门。

5. 按公称通径分类

(1)小通径阀:公称通径 DN≤40 mm 的阀门;

(2)中通径阀:公称通径 50 mm≤DN≤300 mm 的阀门;

(3)大通径阀:公称通径 350 mm≤DN≤1200 mm 的阀门;

(4)特大通径阀:公称通径 DN≥1400 mm 的阀门。

6. 按结构特征分类

(1)截门阀:关闭件沿着阀座中心移动;

(2)闸门形:关闭件沿着垂直阀座中心移动;

(3)旋塞阀:关闭件是柱塞或球,围绕本身的中心线旋转;

(4)旋启阀:关闭件围绕阀座外的轴旋转;

(5)蝶阀:关闭件的圆盘,围绕阀座内的轴旋转;

(6)滑阀:关闭件在垂直于通道的方向滑动。

7. 按连接方法分类

(1)螺纹连接阀门:阀体带有内螺纹或外螺纹,与管道螺纹连接;

(2)法兰连接阀门:阀体带有法兰,与管道法兰连接;

(3)焊接连接阀门:阀体带有焊接坡口,与管道焊接连接;

(4)卡箍连接阀门:阀体带有夹口,与管道夹箍连接;

(5)卡套连接阀门:与管道采用卡套连接;

(6)对夹连接阀门:用螺栓直接将阀门及两头管道穿夹在一起的连接形式。

8. 按阀体材料分类

(1)金属材料阀门:其阀体等零件由金属材料制成,如铸铁阀、碳钢阀、合金钢阀、铜合金阀、铝合金阀、铅合金阀、钛合金阀、蒙乃尔合金阀等;

(2)非金属材料阀门:其阀体等零件由非金属材料制成,如塑料阀、陶阀、搪阀、玻璃钢阀等;

(3)金属阀体衬里阀门:阀体外形为金属,内部凡与介质接触的主要表面均做衬里处理,如衬胶阀、衬塑料阀、衬陶阀等。

4.1.2 电机的分类

电能的生产、变换、传输、分配、使用和控制等,都必须利用电机作为能量转化或信号变换的机电装置。通常意义上的电机指旋转电机,包括发电机和电动机两种。其中发电机是一种把机械能转化为电能的机电装置,电动机则是一种把电能转化为机械能的机电装置。人们所用到的电力能源,除少量太阳能外,基本都是由发电机产生的,而社会总电能的 60% 以上都是被电动机所消耗。

不过,过程控制中所述的电机专指电动机,它主要由一个用以产生磁场的定子绕组和一个用以产生转矩的转子绕组及其他附件组成。对于交流电机,在定子绕组旋转磁场的作用下产生转矩,驱动转子转动,将电能转化成机械能;对于直流电动机,定子的励磁磁场固定,在转子绕组中通换向的直流电流,产生电磁转矩,驱动转子转动,将电能转化为机械能。

同阀门一样,电机的应用广泛,种类繁多,分类方法也非常多。根据不同的分类方法,有不同的名称,工作原理也有所不同。但不管是哪种电机,电、磁、力是其工作的三个重要因素。图 4-1-2 对电机进行了综合分类,其中将变压器也作为电机的一种列了进来,尽管它不能进行机-电能量或信号的转换(只能进行能量或信号的传递),但其工作原理也是基于电磁感应和磁动势平衡基础之上的,可以看作是一种转子静止的交流电动机,电流互感器和电压互感器也分别是用于大电流和高电压测量的特殊变压器。测速发电机和旋转变压器相当于转速测量传感器,用来检测电机转子实际转速。

对于旋转电机,更加详细具体的分类描述如下。

1. 按工作电源分类

按工作电源分类,电机可分为直流电机和交流电机。其中,直流电机按结构及工作原理可分为无刷直流电机和有刷直流电机;有刷直流电机可分为永磁直流电机和电磁直流电机;永磁直流电机分为稀土永磁直流电机、铁氧体永磁直流电机和铝镍钴永磁直流电机;电磁直流电机分为串励直流电机、并励直流电机、他励直流电机和复励直流电机;交流电机还可分为单相电机和三相电机。

2. 按结构及工作原理分类

按结构及工作原理分类,电机可分为直流电机、异步电机和同步电机。其中,同步电机可分为永磁同步电机、磁阻同步电机和磁滞同步电机;异步电机可分为感应电机和交流换向器电机;感应电机可分为三相异步电机、单相异步电机和罩极异步电机等;交流换向器电机可分为单相串励电机、交直两用电机和推斥电机。

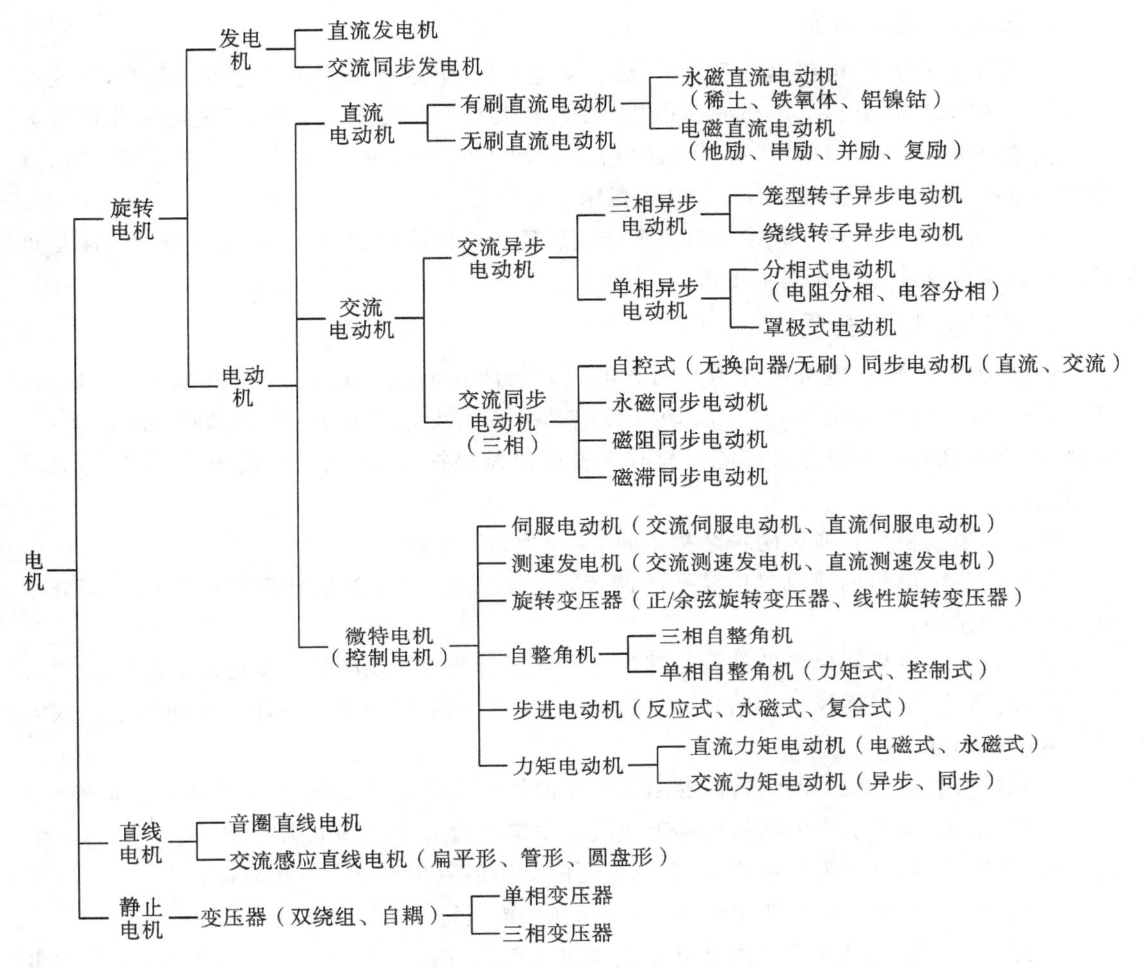

图 4－1－2　常用电机综合分类图

3. 按起动与运行方式分类

按起动与运行方式分类，电机可分为电容起动式单相异步电机、电容运转式单相异步电机、电容起动运转式单相异步电机和分相式单相异步电机。

4. 按用途分类

按用途分类，电机可分为驱动用电机和控制用电机。其中，驱动用电机又分为电动工具（如钻孔、抛光、磨光、开槽、切割、扩孔等工具）用电机、家电（如洗衣机、电风扇、电冰箱、空调器、录音机、录像机、影碟机、吸尘器、照相机、电吹风、电动剃须刀等）用电机、其他通用小型机械设备（如各种小型机床、小型机械、医疗器械、电子仪器等）用电机；控制用电机又分为步进电机和伺服电机等。

5. 按转子结构分类

按转子结构分类，电机可分为笼型感应电机（旧标准称为鼠笼型异步电机）和绕线转子感应电机（旧标准称为绕线型异步电机）。

6. 按运转速度分类

按运转速度分类，电机可分为高速电机、低速电机、恒速电机和调速电机。其中，低速电机又可分为齿轮减速电机、电磁减速电机、力矩电机和爪极同步电机等；调速电机除可分为有级恒速电机、无级恒速电机、有级变速电机和无级变速电机外，还可分为电磁调速电机、直流调速电机、PWM 变频调速电机和开关磁阻调速电机。

通常，异步电机的转子转速总是略低于旋转磁场的同步转速，同步电机的转子转速与负载大小无关而始终保持为同步转速。

7. 按防护型式分类

按防护型式分类，电机可分为开启式电机和封闭式电机。其中，开启式电机（如 IP11、IP22）除必要的支撑结构外，对于转动及带电部分没有专门的保护；封闭式电机（如 IP44、IP54）机壳内部的转动部分及带电部分有必要的机械保护，以防止意外接触，但并不明显地妨碍通风。

防护式电动机按其通风防护结构不同，又分为如下几种。

(1)网罩式：电机的通风口用穿孔的遮盖物遮盖起来，使电机的转动部分及带电部分不能与外物相接触。

(2)防滴式：电机通风口的结构能够防止垂直下落的液体或固体直接进入电机内部。

(3)防溅式：电机通风口的结构可以防止与垂直接成 100°角范围内任何方向的液体或固体进入电机内部。

(4)封闭式：电机机壳的结构能够阻止机壳内外空气的自由交换，但并不要求完全密封。

(5)防水式：电机机壳的结构能够阻止具有一定压力的水进入电机内部。

(6)水密式：当电机浸在水中时，电机机壳的结构能阻止水进入电机内部。

(7)潜水式：电机在额定的水压下，能长期在水中运行。

(8)隔爆式：电机机壳的结构足以阻止电机内部的气体爆炸传递到电机外部，而引起电机外部的燃烧性气体的爆炸。

8. 按通风冷却方式分类

按通风冷却方式分类，电机可分为自冷式、自扇冷式等如下 8 种。

(1)自冷式：电机仅依靠表面的辐射和空气的自然流动获得冷却。

(2)自扇冷式：电机由本身驱动的风扇，供给冷却空气以冷却电机表面或其内部。

(3)他扇冷式：供给冷却空气的风扇不是由电机本身驱动，而是独立驱动的。

(4)管道通风式：冷却空气不是直接由电机外部进入电机或直接由电机内部排出，而是经过管道引入或排出电机，管道通风的风机可以是自扇冷式或他扇冷式。

(5)液体冷却式：电机用液体冷却。

(6)闭路循环气体冷却式：冷却电机的介质循环在包括电机和冷却器之间的封闭回路里，冷却介质经过电机时吸收热量，经过冷却器时放出热量。

(7)表面冷却式：冷却介质不经过电机导体内部。

(8)内部冷却式：冷却介质经过电机导体内部。

9. 按安装结构型式分类

电机安装型式通常用代号表示。代号采用国际安装的缩写字母 IM 表示，IM 后的第一位表示安装类型代号，用字母表示，其中 B 表示卧式安装，V 表示立式安装；其后的第二位表示特征代号，用阿拉伯数字表示。

例如，IMB5 型表示机座无底座，端盖上有大凸缘，轴伸在凸缘端。安装型式有 B3、BB3、B5、B35、BB5、BB35、V1、V5、V6 等。

10. 按绝缘等级分类

按绝缘等级分类，电机可分为 Y、A、E、B、F、H 和 C 等 7 个绝缘等级，各等级的具体参数指标见表 4-1-1。

表 4-1-1 电机绝缘等级及温度指标一览

绝缘等级	Y	A	E	B	F	H	C
工作极限温度/℃	90	105	120	130	155	180	＞180
温升/℃	50	60	75	80	100	125	

11. 按额定工作制分类

按额定工作制分类，电机可分为连续、短时、断续工作制等 10 种类型，分别用 S1－S10 来表示。常用的类型是 S1－S3，具体如下。

(1)连续工作制(S1)：电机可在铭牌规定的额定条件下长期运行。

(2)短时工作制(S2)：电机可在铭牌规定的额定条件下短时运行，短时运行的持续时间标准有 10 min、30 min、60 min、90 min 等四种。

(3)断续周期工作制(S3)：电机只能在铭牌规定的额定条件下断续周期性使用，每一周期由一段恒定负载运行时间和一段断电停机时间组成，一般规定一周期为 10 min，负载持续率(FC＝工作时间/周期)规定有 15％、25％、40％、60％四种。

S4－S10 也都属于几种不同条件的断续运行工作制。

4.2 阀门的调节机构和流通特性

4.2.1 过程控制用自动阀门概述

过程控制工程中常用的控制阀有调节阀和开关阀。采用调节阀的目的是调节介质的压力和流量等参数，因此阀门的开度(或介质流通截面积)可以连续调节，故称调节阀；采用开关阀的目的是开启或关闭管路中的介质流动，因此阀门的开度不可调，只有全开和全关两个状态，故称开关阀。根据阀门驱动能源的不同可分为气动、电动和液动三大类，其中气动阀和电动阀使用最广。

作为过程控制中最常用的一类执行器，控制阀一般由执行机构(又称驱动机构)和调节机构(即阀门)两部分构成(见图 4-2-1)。执行机构的作用是接受从控制器发出的控制信号并根据控制信号的大小发出相应的机械位移。调节机构实际上是一个阀门，其阀杆与执行机构相接。调节机构的阀体与被调介质直接接触，在执行机构机械位移的推动下改变阀门中阀芯与阀座之间的流通截面积，达到调节被控变量的目的。根据阀芯动作的不同，阀杆可做上下平动(称之为直行程阀门)，也可以做旋转运动(称之为角行程阀门)。对于直行程阀门，阀杆的行程根据阀门口径的不同，行程范围一般为16～100 mm。对于角行程阀门，球阀的球芯转角一般是0～90°，蝶阀的蝶板转角为0～70°。

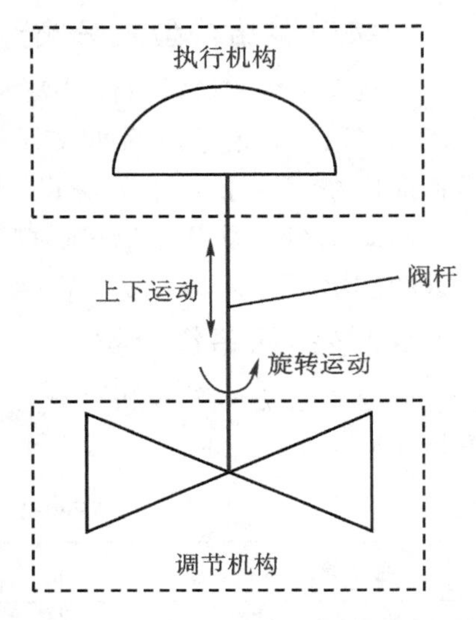

图 4-2-1 调节阀的基本构成示意图

例如，图4-2-2为气动薄膜调节阀的结构简图，执行机构按照控制信号的大小产生相应的输出力，带动阀杆移动。阀体直接与介质接触，通过改变阀芯与阀座间的节流面积调节流体介质的流量。为改善调节阀的性能，在其执行机构上装有阀门定位器，见图4-2-2左边部分。阀门定位器与调节阀配套使用，组成闭环系统，利用反馈原理提高阀的灵敏度，并实现阀的准确定位。

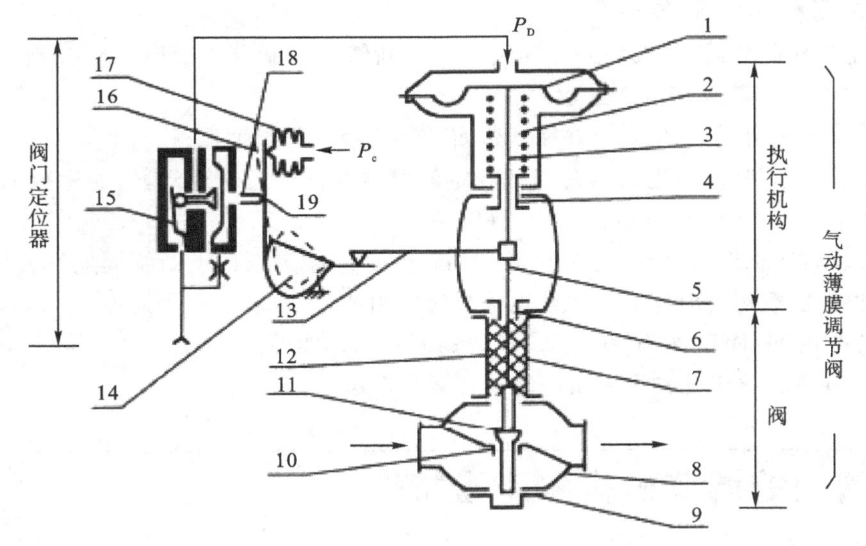

1—波纹膜片；2—压缩弹簧；3—推杆；4—调节件；5—阀杆；6—压板；7—上阀盖；8—阀体；9—下阀盖；10—阀座；11—阀芯；12—填料；13—反馈连杆；14—反馈凸轮；15—气动放大器；16—托板；17—波纹管；18—喷嘴；19—挡板。

图 4-2-2 气动薄膜调节阀的结构简图

本节主要介绍气动和电动调节阀的调节机构、流量系数和流通特性，后面3节将分别介绍气动和电动阀门的执行机构、阀门选用和控制方法。

4.2.2　过程控制阀门的调节机构

控制阀调节机构的种类很多，根据阀芯动作型式，可分为直行程式和角行程式两大类。直行程的有直通单座阀、直通双座阀、套筒调节阀、角型阀、三通阀、隔膜阀等，角行程式的有蝶阀、V 型球阀和 O 型球阀等。尽管调节机构的结构和特性各异，但其工作原理是相同的，都由阀体、阀座、阀芯和阀杆等部件组成。阀杆两端分别与阀芯和执行机构相连接。当执行机构带动阀杆移动或转动时，阀芯与阀座之间的流通截面积（或称阀门开度）发生变化，从而使通过阀门的流量相应变化，达到调节流量的目的。这里重点介绍常用调节阀调节机构的特点及应用。由于普通开关阀（如闸阀）调节机构的结构相对简单，请读者自行查阅相关文献。对于电磁（开关）阀，将在后面气动控制阀门执行机构中一并介绍。

1. 单座调节阀

直通单座调节阀阀体内只有一个阀芯和阀座，如图 4-2-3 所示。其优点是阀门关闭时泄漏量小，稳定性较好。缺点是流体作用在阀芯上的不平衡推力较大，阀芯的口径越大或两端的压差越大，则不平衡推力就越大。这时须选用大推力的气动执行机构或配用阀门定位器。直通单座调节阀适用于管道直径不大、低压差和要求阀的泄漏量较小的场合。

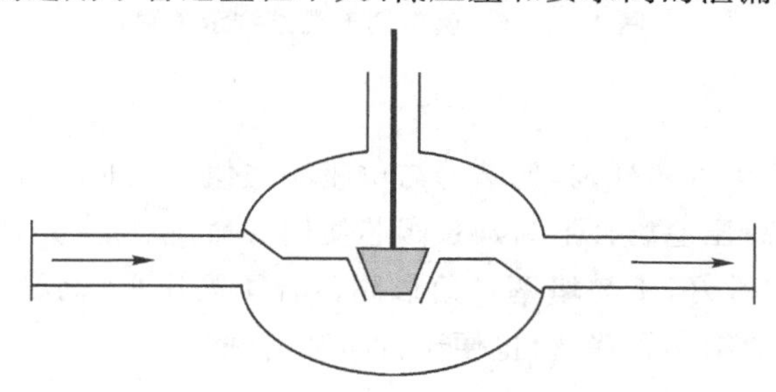

图 4-2-3　直通单座调节阀结构示意图

2. 双座调节阀

直通双座调节阀的阀体内有两个阀芯和阀座，如图 4-2-4 所示。液体从一侧进入，经过上下阀芯汇合在一起后从另一侧流出。由于采用双导向结构，流体作用在上、下两阀芯上的不平衡推力方向相反，大小却近似相等，所以不平衡推力小，允许压差大，因而流通能力比单座阀大。但因上下阀芯不易保证同时关闭，所以阀门关闭时泄漏量较大。因此，双座阀适合于大管道、大流量、高压差，允许泄漏较大的场合，在化工生产中得到广泛的应用。但阀体流路较复杂，不适用于高黏度、含纤维和固体颗粒的液体介质的调节。

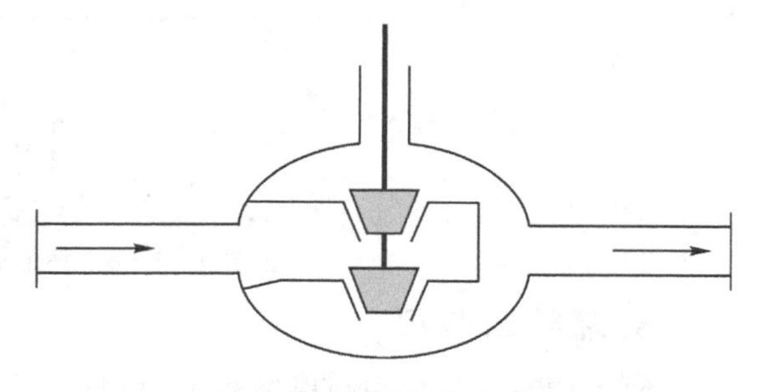

图 4-2-4　直通双座调节阀结构示意图

一般阀门为单座阀，但双座阀所需的推动力较小，动作灵敏。

3. 套筒调节阀

套筒调节阀可以看做在单座阀的阀芯部位加了个圆柱形套筒，又称笼子，把阀芯罩住，利用套筒导向，阀芯可在套筒内上下移动，如图 4－2－5 所示。套筒上开有一定形状的窗口（节流孔），套筒移动时就改变了节流孔的面积，从而实现流量调节。套筒节流孔的作用：①对阀芯进行导向，舒缓阀芯震动，减小噪声；②形成一级减压功能。因此，套筒阀的工作压力比单座阀高，震动和噪声小，密封性能好，兼有单座阀和双座阀的部分优点。当套筒阀调节阀芯和套筒配合准确时，使用压力更高，调节性能更好，平衡式阀芯可以有效减小执行机构的尺寸，在大压差的工况下性能优越。但是，同单座阀和双座阀相比，套筒阀的流通能力相对较小。

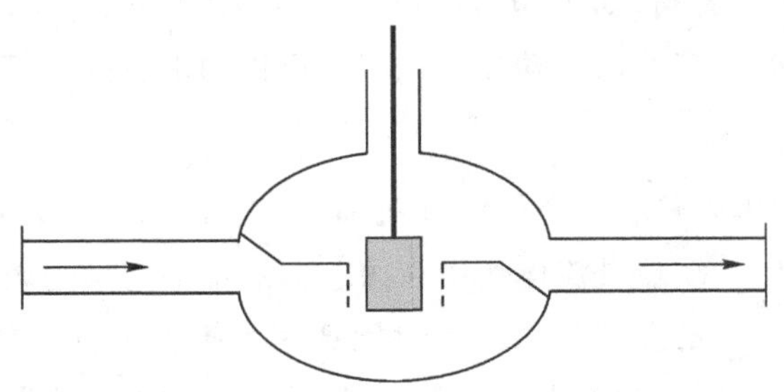

图 4－2－5　套筒调节阀结构示意图

4. 角形调节阀

角形调节阀除阀体为直角外，其他结构与单座阀类似，如图 4－2－6 所示。角形阀流向一般为底进侧出，但在高压差场合下为延长阀芯使用寿命，也可采用侧进底出。它的特点是流路简单、阻力小、稳定性好、不易堵塞。角形阀适合于高压差、高黏度、含有悬浮物和颗粒物质流体的调节，可避免结焦和堵塞，也便于自净和清洗。

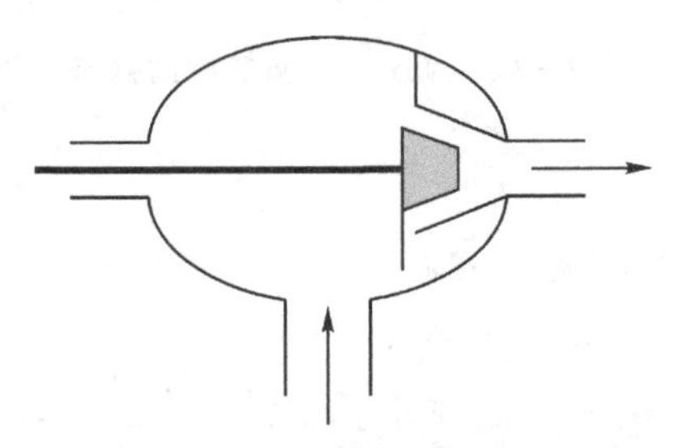

图 4－2－6　角形调节阀结构示意图

5. 隔膜调节阀

隔膜调节阀是由用耐腐蚀衬里的阀体和耐腐蚀的隔膜代替阀芯和阀座组件，由隔膜产生位移起调节作用，如图 4－2－7 所示。它的特点是结构简单，流路阻力小，流通能力较同口径其他阀大，无泄漏量，耐腐蚀性能好。隔膜阀适用于强酸强碱等强腐蚀性介质，要求泄漏量极小、高黏度及悬浮颗粒流体的调节。但由于隔膜和衬里的耐压、耐温的限制，一般工作在 1 MPa 压力以下，温度低于 150 ℃。

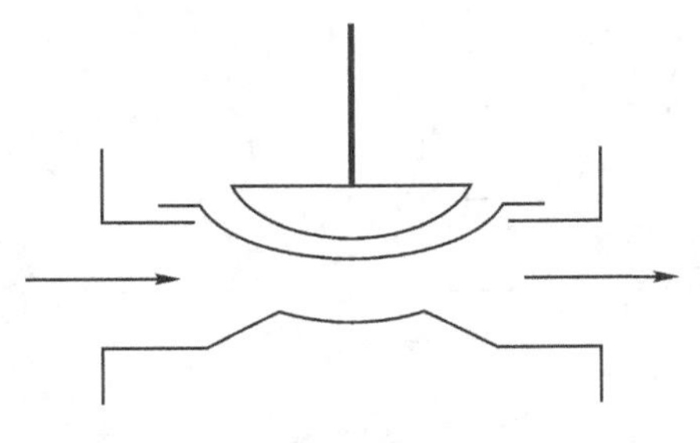

图4-2-7　隔膜调节阀结构示意图

6. 蝶阀

蝶阀又称翻板阀，主要由阀体、阀板、曲柄、轴、轴承座等组成，如图4-2-8所示。它的特点是结构简单，流路阻力小，转角小于70°时流量特性好(近似等百分比特性)，具有自清洗作用，但泄漏量大。蝶阀广泛用于各种液体、气体、蒸汽及含有悬浮物颗粒和浓浊浆状流体，特别适用于大口径、大流量、允许泄漏量大、低压差的场合。

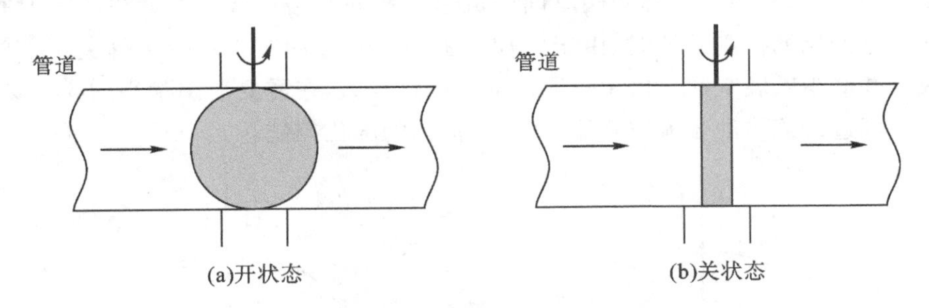

图4-2-8　蝶阀结构示意图

7. 球阀

球阀按结构不同分为V形球阀和O形球阀两种。球阀的阀体内腔为空圆球形，其中所装的圆球体作为阀芯。阀芯球体做成V形缺口时称为V形球阀，如图4-2-9所示。转动球体阀芯，V形缺口与阀体之间形成的流体流通面积随之改变，达到调节流量的目的。

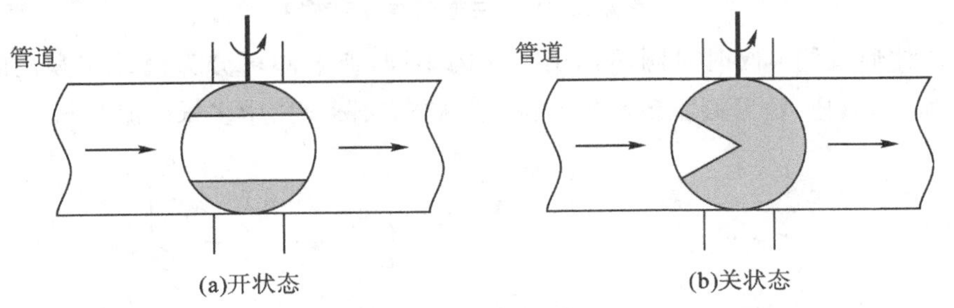

图4-2-9　V形调节球阀结构示意图

阀芯球体做成O形缺口(圆孔)时称为O形球阀，如图4-2-10所示。球阀在改变流通面积时具有剪切作用，适用于纸浆等含有纤维、固体颗粒悬浮液的调节。V形球阀多用于纸浆的定量调节，O形球阀多用于蒸汽、密封水或冲洗水等允许泄漏量小的场合。

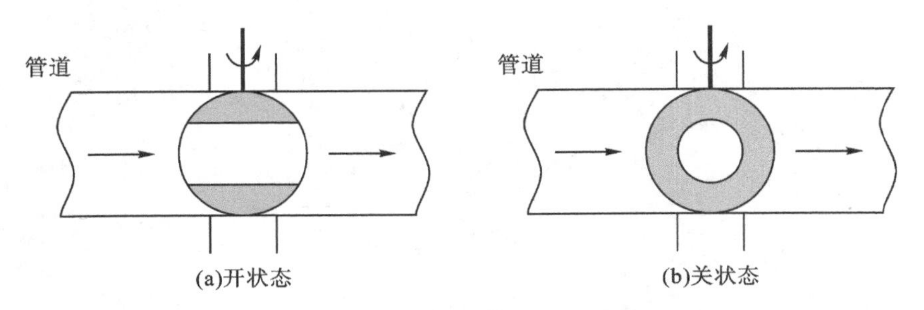

图 4-2-10　O 形调节球阀结构示意图

8. 三通阀

三通调节阀有两个阀芯和阀座,结构与双座阀类似。按流体的作用方式,三通阀可分为合流阀和分流阀两类,如图 4-2-11 所示。合流阀有两个入口,从一个出口流出;分流阀有一个流体入口,经分流成两股流体从两个出口流出。合流阀的结构与分流阀的结构类似。与双座阀不同,三通阀的一个阀芯与阀座间的流通面积增加时,另一个阀芯与阀座间的流通面积减少,而双座阀的两个阀芯和阀座间的流通面积同时增加或同时减少。三通阀在用于需要流体进行配比的控制系统时,由于它代替了一个气开调节阀和一个气关调节阀,因此,可降低成本并减少安装空间。由于三通阀的泄漏量较大,在需要泄漏量小的应用场合,可采用两个调节阀进行流体的分流或合流,或进行流体的配比控制。

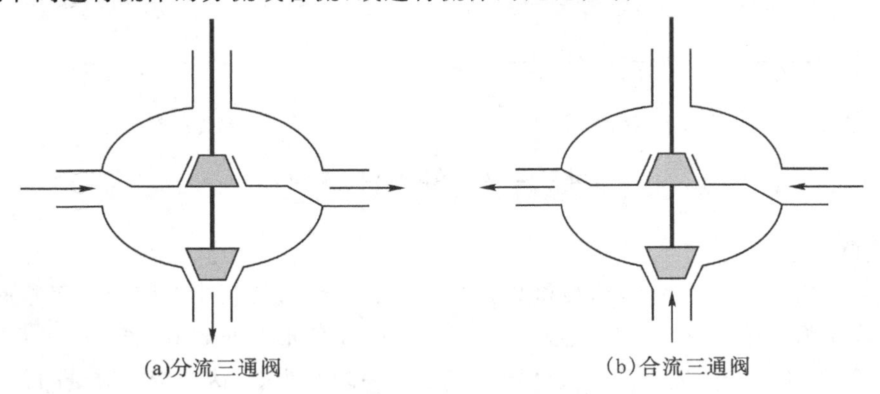

图 4-2-11　三通阀结构示意图

根据流体通过调节阀时对阀芯作用方向的不同,调节阀可分为流开阀和流闭阀,如图 4-2-12 所示。其中,流开阀稳定性好,有利于调节,实际应用中多采用流开阀。

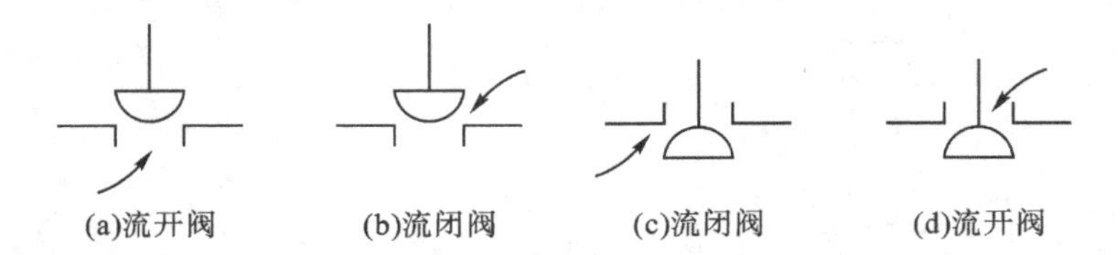

图 4-2-12　两种不同流向的调节阀

阀芯有正装和反装两种形式。阀芯下移,阀芯与阀座间的流通截面积减小的称为正装阀;相反,阀芯下移,阀芯与阀座间的流通截面积增大的称为反装阀。对于图 4-2-13(a)所示的双导向正装阀，只要将阀杆与阀芯下端连接处相接，即为反装阀，如图 4－2－13(b)所示。公称直径 D_g＜25 mm 的调节阀为单导向式，只有正装阀。

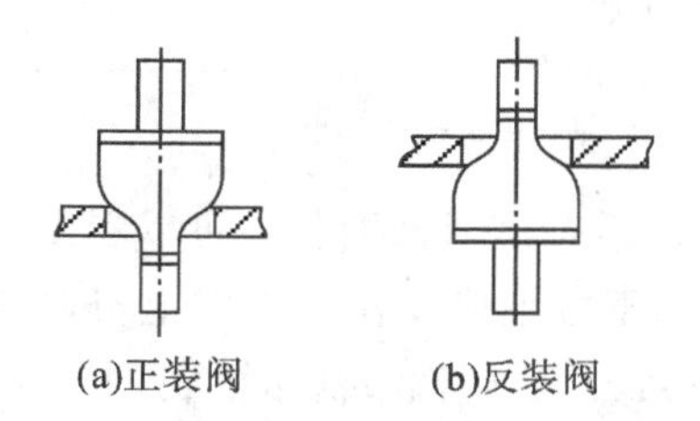

图 4－2－13　调节阀阀芯的正装与反装

对于气动调节阀而言，又可分为气开、气关两种作用方式。所谓气开式，即信号压力 $P>$ 0.02 MPa 时，阀开始打开，也就是说"有气"时阀开；气关式则相反，信号压力增大阀反而关小。因此，根据执行机构正、反作用型式及阀芯的正装、反装，实现气动调节阀气开、气关作用方式可有四种不同的组合，如图 4－2－14 所示。

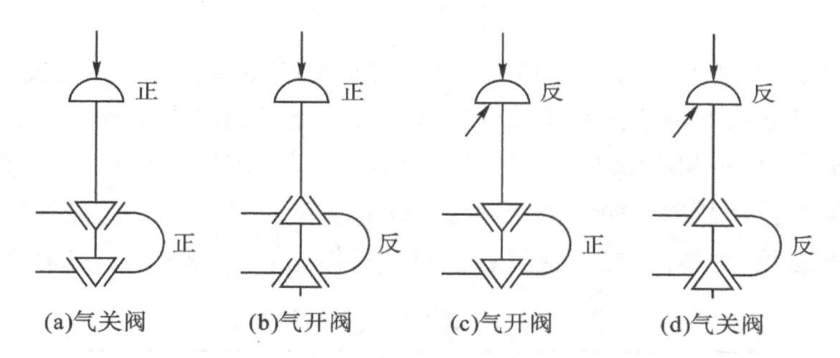

图 4－2－14　气动调节阀的气开、气关组合方式

4.2.3　阀门调节机构的流量系数和流通特性

因为开关阀只涉及密闭性问题，不涉及流量系数和流通特性，所以这部分内容仅围绕调节阀展开介绍。

1. 调节阀流量系数的定义

调节阀流量系数用来表征调节阀在某些特定条件下单位时间内通过的流体的体积或重量，是反映调节阀口径大小的一个重要参数，通常用符号 C 表示，具体定义：温度为 5～10 ℃的水，在给定行程下，阀两端压差为 100 kPa，密度为 1.0 g/cm^3 时，每小时流经调节阀水量的立方米数。

由于调节阀是一个局部阻力可变的节流元件，当流体通过调节阀时，其两端的压力损失为 $\Delta p=p_1-p_2\rightarrow\rho gh$。其中，$\Delta p$ 为压力损失，p_1、p_2 为调节阀前、后压力，ρ 为流体密度，g 为重力加速度，h 为压差 Δp 所能支撑的液柱高度。对于不可压缩流体（如低黏度液体），由能量守恒定律可知，高度为 h 的流体所蕴含的势能及可转化的动能满足关系 $mgh=\frac{1}{2}m\omega^2\zeta_V$，其中，$m$ 为液柱的质量，ω 为流体平均速度，ζ_V 为调节阀阻力系数。因此有

$$h=\frac{p_1-p_2}{\rho g}=\zeta_V\frac{\omega^2}{2g} \tag{4-2-1}$$

根据流体体积流量的定义可知

$$Q=F\omega=\sqrt{2}F\sqrt{\frac{p_1-p_2}{\rho\zeta_V}} \tag{4-2-2}$$

式中，Q 为流体体积流量；F 为调节阀流通截面积。可以看出，当$(p_1-p_2)/\rho$ 不变时，调节阀的体积流量 Q 与阻力系数 ζ_V 的平方根成反比。事实上，调节阀就是根据输入信号的大小，通过改变阀芯行程来改变阻力系数，达到调节流量的目的。

根据流量系数 C 的定义，令式(4-2-2)中的 $p_1-p_2=100$ kPa，$\rho=1.0$ g/cm^3，代入式(4-2-2)可得

$$C=10\sqrt{2}\frac{F}{\sqrt{\zeta_V}} \tag{4-2-3}$$

将式(4-2-3)除以式(4-2-2)并整理得

$$C=10Q\sqrt{\frac{\rho}{p_1-p_2}} \tag{4-2-4}$$

可以看出，流量系数 C 不仅与流通截面积 F(或阀门公称直径 D_g)有关，而且还与阻力系数 ζ_V 有关；同类结构的调节阀在相同的开度下具有相近的阻力系数，因此口径越大，流量系数也随之增大；而口径相同类型不同的调节阀，阻力系数不同，因而流量系数就各不一样。

阀全开时的流量系数称为额定流量系数，以 C_{100} 表示，表征了阀门的流通能力，作为每种调节阀的基本参数，由阀门制造厂提供给用户，具体见表 4-2-1(以低黏度液体为例)。

表 4-2-1 调节阀流量系数 C_{100}

公称直径 D_g/mm		19.05(3/4 英寸)					20					25
阀座直径 d_g/mm		3	4	5	6	7	8	10	12	15	20	25
额定流量系数 C_{100}	单座阀	0.08	0.12	0.20	0.32	0.50	0.80	1.2	2.0	3.2	5.0	8
	双座阀											10
阀座直径 d_g/mm		32	40	50	60	80	100	125	150	200	250	300
额定流量系数 C_{100}	单座阀	12	20	32	56	80	120	200	280	450		
	双座阀	16	25	40	63	100	160	250	400	630	1000	1600

例如，一台额定流量系数为 56 的调节阀，表示阀全开且其两端的压差为 100 kPa 时，每小时最多能通过 56 m^3 的水量。

2. 调节阀流量系数的计算公式

流量系数 C 值的计算是选择调节阀口径最主要的理论依据。在上面的流量系数 C 计算式的推导过程中，认为调节阀节流处压力是由 p_1 直接下降到 p_2，而实际上压力存在恢复过程，不同结构的控制阀的恢复情况是不同的。阻力越小的阀，其恢复现象越严重，也越偏离式(4-2-3)或式(4-2-4)所描述的压力曲线，使得使用式(4-2-4)计算的结果与实际情

况产生较大误差。为此，引入一个表征压力恢复程度的系数 F_L 对式(4-2-4)进行修正，并引入阻塞流的概念。

在考虑到阻塞流和压力恢复系数 F_L 时，液体、气体和蒸汽三类常用流体的流量系数的计算公式见表4-2-2。对于两相混合流体，可采用美国仪表学会推荐的有效比容法计算流量系数 C 值。

需要说明的是，表4-2-2中的计算公式仅适用于牛顿型不可压缩流体（如低黏度液体）和可压缩流体（气体、蒸汽）。所谓牛顿型流体是指其切向速度正比于切应力的流体。关于牛顿型不可压缩流体和可压缩流体的均匀混合流体的计算公式可参看其他有关文献。

表4-2-2 液体、气体和蒸汽三类常用流体的流量系数C值的计算公式一览表

流体	流动工况	判别式	C值计算公式
液体	非阻塞流	$\Delta p<F_L^2(p_1-F_F p_v)$	$C=10Q_L\sqrt{\rho_L/(p_1-p_2)}$
	阻塞流	$\Delta p\geqslant F_L^2(p_1-F_F p_v)$	$C=10Q_L\sqrt{\rho_L/(F_L^2(p_1-F_F p_v))}$
气体	非阻塞流	$x<F_K x_T$	$C=\frac{Q_g}{5.19p_1Y}\sqrt{\frac{T_1\rho_H Z}{x}}$
	阻塞流	$x\geqslant F_K x_T$	$C=\frac{Q_g}{2.9p_1}\sqrt{\frac{T_1\rho_H Z}{kx_T}}$
蒸汽	非阻塞流	$x<F_K x_T$	$C=\frac{W_s}{3.16Y}\sqrt{\frac{1}{xp_1\rho_s}}$
	阻塞流	$x\geqslant F_K x_T$	$C=\frac{W_s}{1.78}\sqrt{\frac{1}{kx_T p_1\rho_s}}$

注：表中，Q_L 为液体体积流量(m^3/h)；p_1、p_2 为阀前后绝对压力(kPa)；p_v 为阀入口温度下液体饱和蒸汽压(kPa)；ρ_L 为液体密度(g/cm^3)；F_L 为压力恢复系数；F_F 为液体临界压力比系数；ρ_H 为气体密度（标准状态：273 K，100 kPa）(kg/m^3)；Q_g 为标准气体体积流量(m^3/h)；T_1 为阀入口处流体温度(K)；x 为压力比，$(p_1-p_2)/p_1$；Y 为膨胀系数；Z 为气体压缩系数；k 为气体绝热指数（等熵指数）；F_K 为比热比系数；x_T 为临界压差比；W_s 为蒸汽质量流量(kg/h)；ρ_s 为阀入口压力、温度下的蒸汽密度(kg/m^3)。

由表4-2-2可知，对不同性质的流体，以及同一流体在不同的流动工况条件下，流量系数 C 要采用不同的计算公式。下面分别介绍表4-2-2中各种计算公式的使用范围和条件。

1)阻塞流对流量系数 C 的影响

所谓阻塞流，是指当阀前压力 p_1 保持恒定而逐步降低阀后压力 p_2 时，流经调节阀的流量会增加到一个最大极限值 Q_{max}，此时若再继续降低 p_2，流量也不再增加，此极限流量称为阻塞流。如图4-2-15所示，当阀压降大于 $\sqrt{p_{cr}}$ 时，就会出现阻塞流。当出现阻塞流时，调节阀的流量与阀前后压降 $\Delta p=p_1-p_2$ 之间的关系不再遵循式(4-2-4)的规律。此时，如果再按式(4-2-4)计算流量，其值会大大超过阻塞流时的最大流量 Q_{max}。因此，在计算 C 值时，首先要确定调节阀是否处于阻塞流情况。

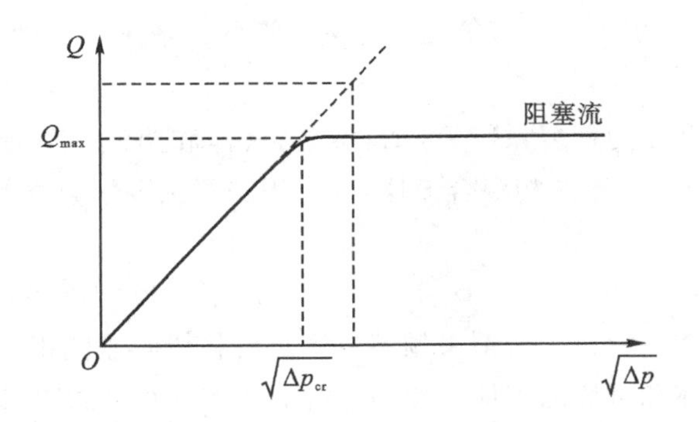

图 4-2-15 p_1 恒定时 Q 与 $\sqrt{\Delta p}$ 之间的关系

(1)对于不可压缩液体，其压力在阀内变化情况如图 4-2-16 所示。图中阀前静压为 p_1，通过阀芯后流束断面积最小，成为缩流，此处流速最大而静压 p_{vc} 最低，以后流束断面逐渐扩大，流速减缓，压力逐渐上升到阀后压力 p_2，这种压力回升现象称为压力恢复。

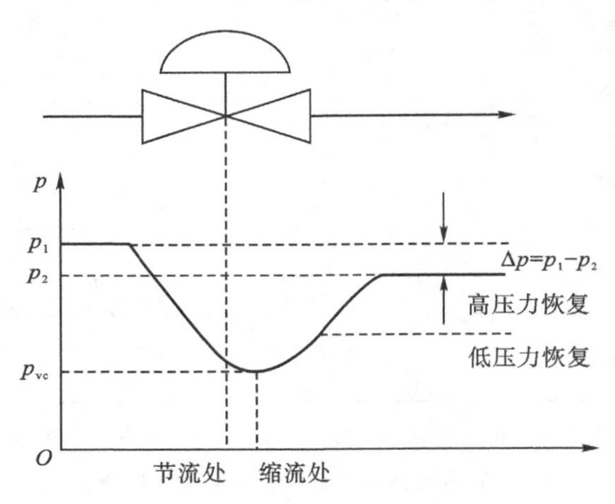

图 4-2-16 调节阀内流体压力梯度图

当液体在缩流处的压力 p_{vc} 小于入口温度下流体介质饱和蒸汽压力时，部分液体发生相变，形成气泡，产生闪蒸。继续降低 p_{vc}，流体便形成阻塞流。产生阻塞流时的 p_{vc} 值用 p_{vcr} 表示。该值与液体介质的物理性质有关，有

$$p_{vcr}=F_F p_v \tag{4-2-5}$$

式中，F_F 为液体临界压力比系数，它是 p_v 与液体临界压力 p_c 之比的函数，可由式

$$F_F=0.96-0.28\sqrt{p_v/p_c} \tag{4-2-6}$$

近似确定。

不同结构的阀，压力恢复程度不同；阀的开度不同，压力恢复程度也不同。阀全开时的压力恢复程度用压力恢复系数 F_L 表示。

在非阻塞流工况下，压力恢复系数 F_L 为

$$F_L=\sqrt{\frac{\Delta p}{\Delta p_{vc}}}=\sqrt{\frac{p_1-p_2}{p_1-p_{vc}}} \tag{4-2-7}$$

在阻塞流工况下，压力恢复系数 F_L 为

$$F_L=\sqrt{\frac{\Delta p_{max}}{\Delta p_{vcr}}}=\sqrt{\frac{(p_1-p_2)_{max}}{p_1-p_{vcr}}}=\sqrt{\frac{(p_1-p_2)_{max}}{p_1-F_F p_v}} \tag{4-2-8}$$

或

$$\Delta p_{max}=F_L^2(p_1-F_F p_v) \tag{4-2-9}$$

实验表明，对于一个给定的调节阀，F_L 为一个固定常数。它只与阀结构、流路形式有关，而与阀口径大小无关。表 4-2-3 给出了常用调节阀的 F_L 值。

在非阻塞流和阻塞流两种情况下，不可压缩液体流量系数 C 的计算公式见表 4-2-2。

(2)对于气体、蒸汽等可压缩流体，引入一个系数 x 称为压差比，$x=\Delta p/p_1$。大量实验表明，若以空气为实验流体，对于一个给定的调节阀，产生阻塞流时其压差比达到某一极限值，称其为临界压差比 x_T。x_T 值只取决于调节阀的结构，即流路形式。常用调节阀的 x_T 值见表 4-2-3。

表 4-2-3　常用调节阀的 F_L、x_T、F_P 值

调节阀形式		单座阀					双座阀		角形阀				球阀		蝶阀	
阀内组件		柱塞形		套筒形		V形	柱塞形	V形	套筒形		柱塞形		标准O形	开孔口	90°全开	60°全开
流向		流开	流闭	流开	流闭	任意	任意	任意	流向	流开	流向	流开	任意	任意	任意	任意
F_L		0.90	0.80	0.90	0.80	0.90	0.85	0.90	0.85	0.80	0.90	0.80	0.55	0.57	0.55	0.68
x_T		0.72	0.55	0.75	0.70	0.75	0.70	0.75	0.65	0.60	0.72	0.65	0.15	0.25	0.20	0.38
F_P	$D/D_g=1.25$	0.99	0.99	0.98	0.97	0.99	0.98	0.98	0.99	0.99	0.97	0.96	0.92	0.94	0.92	0.97
	$D/D_g=1.50$	0.97	0.97	0.95	0.94	0.98	0.96	0.96	0.97	0.97	0.93	0.91	0.83	0.87	0.83	0.93
	$D/D_g=2.00$	0.95	0.95	0.92	0.90	0.96	0.93	0.94	0.94	0.94	0.89	0.85	0.74	0.80	0.74	0.89

对于空气以外的其他可压缩流体，产生阻塞流的临界条件为

$$x=F_K x_T \tag{4-2-10}$$

式中，F_K 为比热比系数，其定义为可压缩流体绝热指数 k 与空气绝热指数 k_{air}($k_{air}=1.4$)之比。

在非阻塞流和阻塞流两种情况下，气体和蒸汽等可压缩流体流量系数 C 的计算公式见表 4-2-2。

2)气体(蒸汽)流量系数 C 的修正

气体、蒸汽等可压缩流体，在调节阀内其体积由于压力降低而膨胀，其密度也随之减小。利用式(4-2-4)计算气体的流量系数，不论是代入阀前气体密度还是阀后气体密度，都会引起较大误差，必须对气体这种可压缩效应进行必要的修正。国际上目前推荐的是膨胀系数修正法，其实质就是引入一个膨胀系数 Y 以修正气体密度的变化。Y 等于在同样雷诺数

条件下，气体流量系数与液体流量系数的比值，它可按式(4-2-11)计算。

$$Y=1-\frac{x}{3F_{K}x_{T}} \tag{4-2-11}$$

此外，在各种压力、温度下实际气体密度与按理想气体状态方程求得的理想气体密度存在偏差。为衡量偏差程度大小，引入压缩系数 Z，它可由式(4-2-12)确定。

$$Z=\frac{p_1}{\rho_1 RT_1} \tag{4-2-12}$$

式中，R 为气体常数；ρ_1 为阀门入口处气体密度。

常用气体压缩系数 Z 已根据实验结果绘制成曲线，读者可直接查阅有关手册。经过修正后的气体和蒸汽等可压缩流体流量系数 C 的计算公式见表 4-2-2。

3)低雷诺数对流量系数 C 的修正

流量系数 C 是在流体湍流条件下测得的。雷诺数 Re 是判断流体在管道内流动状态的一个无量纲数。当 $Re>3500$ 后，流体处于湍流情况，可按式(4-2-4)计算 C，但当 $Re<2300$ 时，流体已处于层流状态，其流量与阀压降呈线性关系，而不再遵循式(4-2-4)。因此，必须对低雷诺数流体的 C 值加以修正。修正后的流量系数 C^* 可按式(4-2-13)计算。

$$C^*=\frac{C}{F_R} \tag{4-2-13}$$

式中，C 为按表 4-2-2 所给公式求得的流量系数；F_R 为雷诺数修正系数，可根据 Re 由图 4-2-17 查得。

雷诺数 Re 可根据调节阀的结构由以下公式求得：

(1)对于直通单座阀、套筒阀、球阀等只有一个流路的调节阀，雷诺数

$$Re=70700\frac{Q_L}{\gamma\sqrt{C}} \tag{4-2-14}$$

(2)对于直通双座阀、蝶阀、偏心旋转阀等具有两个平行流路的调节阀，雷诺数

$$Re=49490\frac{Q_L}{\gamma\sqrt{C}} \tag{4-2-15}$$

式中，γ 为液体介质的运动黏度，单位为10^{-6} m²/s。

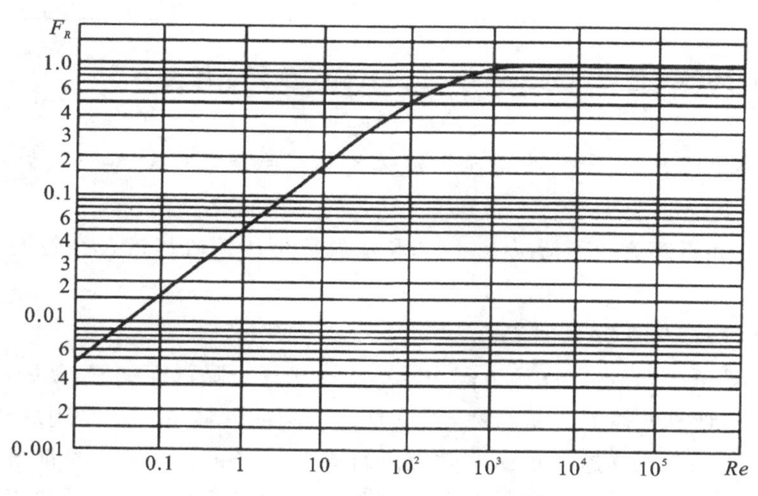

图 4-2-17 雷诺数修正系数 F_R

由图 4-2-17 可以看出，在工程计算中，当 $Re>3500$ 时，$F_R\ll1$，此时，对表 4-2-2 中流量系数 C 不需要作低雷诺数修正，只有雷诺数 $Re<3500$ 时，才考虑进行低雷诺数修正。

需要指出的是，在工程应用中，气体流体的流速一般都比较高，相应的雷诺数也比较大，一般都大于 3500。因此，对于气体或蒸汽一般都不必考虑进行低雷诺数修正问题。

4)管件形状对流量系数 C 的影响

调节阀流量系数 C 的计算公式有一定的前提条件，即调节阀的公称直径 D_g 必须与管道直径 D 相同，而且管道要保证有一定的直管段，如图 4-2-18 所示。

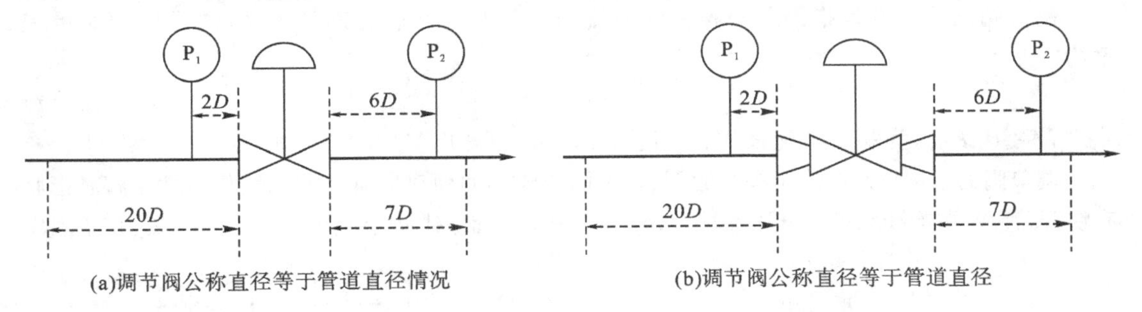

图 4-2-18 流量系数标准试验接管方式结构图

如果调节阀实际配管状况不满足上述条件，特别是在调节阀公称直径小于管道直径，阀两端装有渐缩器、渐扩器或三通等过渡管件情况下，由于这些过渡管件上的压力损失，使加在阀两端的阀压降减小，从而使阀实际流量系数减小。因此，必须对未考虑附接管件计算所得的流量系数加以修正。管件形状修正后的流量系数 C^* 可按下式计算

$$C^*=\frac{C}{F_P} \tag{4-2-16}$$

式中，C 为按表 4-2-2 所给公式求得的流量系数；F_P 为管件形状修正系数，它与调节阀上下游阻力系数，阀门入口、出口处伯努利系数有关。有关管件形状修正系数 F_P，见表 4-2-3。

从表 4-2-3 可以看出，当管道直径 D 与调节阀公称直径 D_g 之比 D/D_g 在 1.25～2.0 时，各种调节阀的管件形状修正系数 F_P 多数都大于 0.90，此外，调节阀在制造时 C 值本身也存在误差。为了简化计算，除了在阻塞流的情况需要进行管件形状修正外，对于非阻塞流情况，只有球阀、90°全开蝶阀等少数调节阀，当 $D/D_g\geq1.5$ 时，才进行管件形状修正。

3. 调节阀的结构特性

调节阀总是安装在工艺管道上的，其信号关系如图 4-2-19 所示。

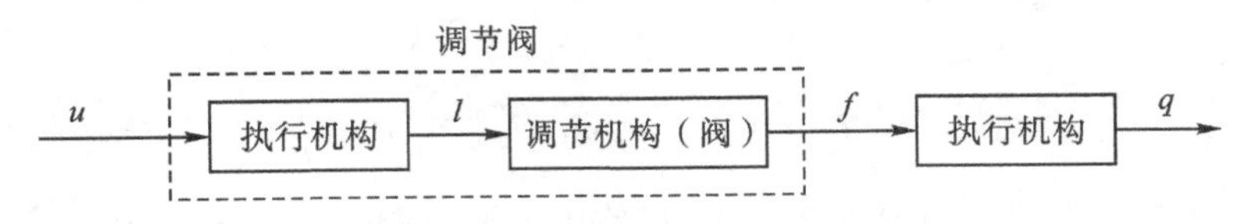

图 4-2-19 调节阀与管道连接方框图

调节阀的静态特性为 $K_V=\mathrm{d}q/\mathrm{d}u$，其中，$u$ 是控制器输出的控制信号；$q=Q/Q_{100}$，为相对流量，即调节阀在某一开度下流量 Q 与全开时流量 Q_{100} 之比。$f=F/F_{100}$，为相对节流面

积，即调节阀在某一开度下节流面积 F 与全开时节流面积 F_{100} 之比；$l=L/L_{100}$，为相对开度，即调节阀在某一开度下行程 L 与全开时行程 L_{100} 之比。调节阀的动态特性为 $G_V=q(s)/u(s)=K_V/(T_V s+1)$，其中 T_V 为调节阀的时间常数，一般很小，可以忽略，但在如流量控制这样的快速过程中，T_V 有时不能忽略。

因为执行机构静态时输出 l(阀门的相对开度)与 u 成比例关系，所以调节阀的静态特性又称调节阀的流量特性，即 $q=f(l)$，它主要取决于阀的结构特性和工艺配管情况。下面分别论述调节阀的结构特性。

调节阀结构特性是指阀芯与阀座间节流面积与阀门开度之间的关系，通常用相对量表示为

$$f=\varphi(l) \tag{4-2-17}$$

式中，$f=F/F_{100}$，为相对节流面积；$l=L/L_{100}$，为相对开度。

调节阀的结构特性取决于阀芯的形状，不同的阀芯曲面对应着不同的结构特性。阀芯形状有快开、直线、抛物线和等百分比 4 种，如图 4-2-20 所示，对应的结构特性如图 4-2-21 所示。

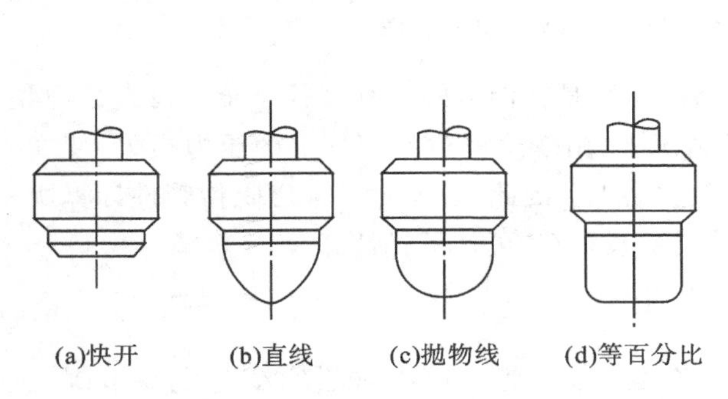

图 4-2-20 阀芯曲面形状

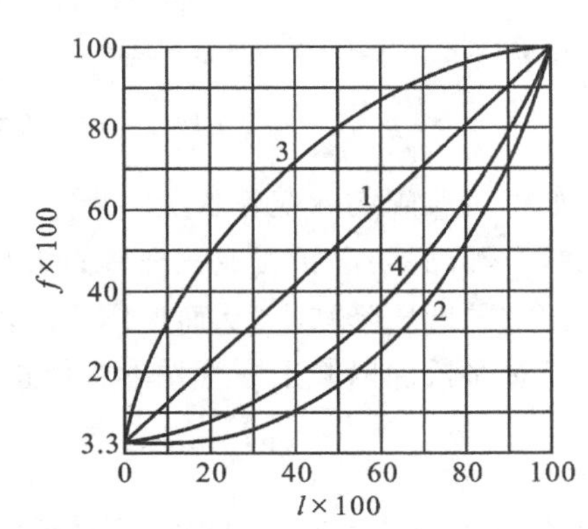

1—直线；2—等百分比；3—快开；4—抛物线。

图 4-2-21 调节阀结构特性曲线(R=30)

1)直线结构特性

直线结构特性是指调节阀的节流面积 f 与阀的开度 l 成直线关系，用相对量表示，即有

$$\frac{\mathrm{d}f}{\mathrm{d}l}=k \tag{4-2-18}$$

对式(4-2-18)积分可得

$$f=kl+f_0 \tag{4-2-19}$$

式中，k、f_0 为常数。令边界条件为 $L=0$ 时，$F=F_0$；$L=L_{100}$ 时，$F=F_{100}$。将此边界条件代入式(4-2-19)可得

$$f=\frac{1}{R}((R-1)l+1)=\left(1-\frac{1}{R}\right)l+\frac{1}{R} \tag{4-2-20}$$

式中，$R=F_{100}/F_0$，称为调节阀的可调范围，目前国产调节阀一般取 $R=30$。

从式(4-2-20)或图 4-2-21 可以看出，各种调节阀全关时的 f_0 均为 $1/R$，即 $1/30=3.33\%$，也就是当 $l=0\%$时，$f=3.3\%$。

同时，由式(4-2-20)可知，这种结构特性的斜率在全行程范围内是一个常数，即调节

阀的相对节流面积与相对开度呈直线关系，如图 4-2-21 中直线 1 所示。不论阀杆原来在什么位置，只要阀芯位移变化量相同，则节流面积变化量也总是相同的。也就是说，对于同样大的阀芯位移，小开度时的节流面积相对变化大，大开度时的节流面积相对变化小。因此，这种结构特性的缺点是它在小开度时调节灵敏度过高，而在大开度时调节又不够灵敏，不宜应用于负荷变化大的场合。

2)等百分比(对数)结构特性

等百分比(对数)结构特性是指在任意开度下，单位行程变化所引起的节流面积变化都与各该节流面积本身成正比关系，用相对量表示时，即有

$$\frac{\mathrm{d}f}{\mathrm{d}l}=kf \tag{4-2-21}$$

对式(4-2-21)积分并代入前述边界条件可得

$$f=R^{(l-1)} \tag{4-2-22}$$

可见，f 与 l 之间呈对数关系，如图 4-2-21 所示中的曲线 2。因此这种特性又称为对数特性。这种特性的调节阀，小开度时节流面积变化平缓，大开度时节流面积变化加快，可保证在各种开度下的调节灵敏度都一样。

3)快开结构特性

快开结构特性调节阀的特点是结构特别简单，阀芯的最大有效行程为 $d_g/4$(d_g 为阀座直径)。其特性如图 4-2-21 中的曲线 3 所示。特性方程为

$$f=1-\left(1-\frac{1}{R}\right)(1-l)^2 \tag{4-2-23}$$

从调节灵敏度看，这种特性比线性结构还要差，因此很少用作调节阀。

4)抛物线结构特性

抛物线结构特性是指阀的节流面积与开度呈抛物线关系。其特性方程为

$$f=\frac{1}{R}(1+(\sqrt{R}-1))^2 \tag{4-2-24}$$

它的特性很接近等百分比特性，如图 4-2-21 中的曲线 4 所示。

5)调节阀的流量特性

调节阀的流量特性是指流体流过阀门的流量 q 与阀门开度 l 之间的关系，可用相对量表示为

$$q=\psi(l) \tag{4-2-25}$$

式中，$l=L/L_{100}$，为相对开度；$q=Q/Q_{100}$，为相对流量，即调节阀在某一开度下流量 Q 与全开时流量 Q_{100} 之比。

值得注意的是，调节阀一旦制成以后，它的结构特性就确定不变了。但流过调节阀的流量不仅和阀的开度有关，而且还与阀前后的压差和它所在的整个管路系统的工作情况有关。为便于分析，先考虑阀前后压差固定情况下阀的流量特性(称为理想流量特性)，再讨论阀在管路中工作时的实际情况(称为工作流量特性)。

1)理想流量特性

在调节阀前后压差固定($\Delta p=p_1-p_2=$常数)的情况下得到的流量特性称为理想流量特性。假设调节阀的流量系数 C 与节流面积 f 呈线性关系，即

$$C=C_{100}f \tag{4-2-26}$$

由式(4－2－4)可知,通过调节阀的流量为

$$Q=0.1C\sqrt{\frac{\Delta p}{\rho}}=0.1C_{100}f\sqrt{\frac{\Delta p}{\rho}} \tag{4-2-27}$$

调节阀全开时,$f=1$,$Q=Q_{100}$,式(4－2－27)变为

$$Q_{100}=0.1C_{100}\sqrt{\frac{\Delta p}{\rho}} \tag{4-2-28}$$

当 Δp＝常数时,由式(4－2－27)除以式(4－2－28)并整理得

$$q=f \tag{4-2-29}$$

即若调节阀流量系数与节流面积呈线性关系,那么调节阀的结构特性就是理想流量特性。但实际上,由于 C 与 f 的关系并不是严格线性的,因此前述结论只是大致正确的。

2)工作流量特性

调节阀在实际使用的情况下,其流量与开度之间的关系称为调节阀的工作流量特性。根据调节阀所在的管道情况,可以分阀与管道串联和并联两种管系来讨论。

(1)串联管系调节阀的工作流量特性。图 4－2－22 表示调节阀与工艺设备串联工作时的情况,此时阀上的压降 Δp 只是管道系统总压降 $\sum \Delta p$ 的一部分。由于设备和管道上的压力损失 $\sum \Delta p_e$ 与通过的流量 Q 呈平方关系,当总压降 $\sum \Delta p$ 一定时,随着阀门开度增大,管道流量增加,调节阀上压降 Δp 将逐渐减小,如图 4－2－23 所示。这样,在相同的阀芯位移下,现在的流量要比调节阀上压降保持不变的理想情况小。

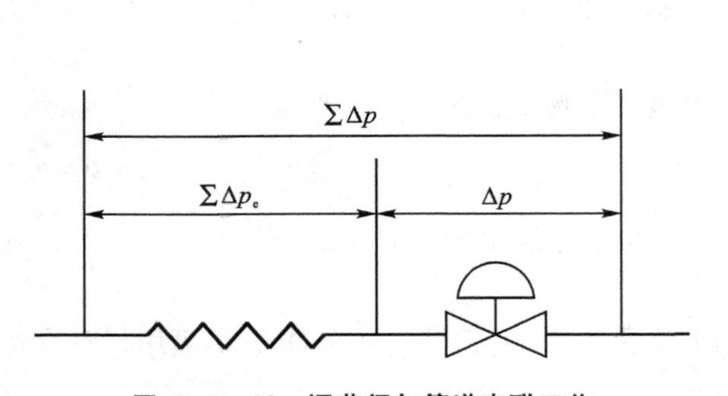

图 4－2－22　调节阀与管道串联工作

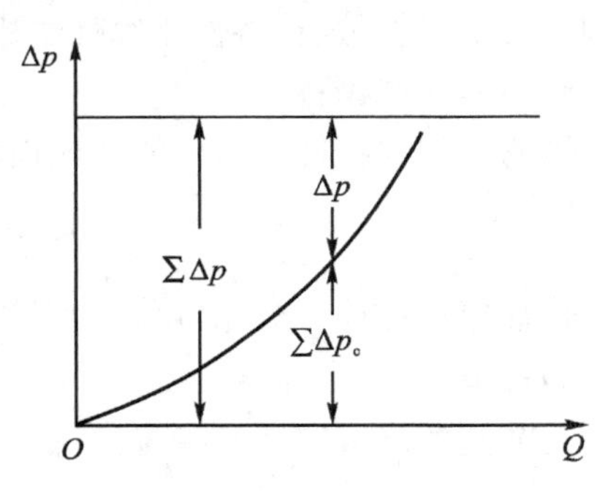

图 4－2－23　串联管系调节阀上压降变化

若以 S_{100} 表示调节阀全开时的压降 Δp_{100} 与系统总压降 $\sum \Delta p$ 之比,并称之为全开阀阻比,即

$$S_{100}=\frac{\Delta p_{100}}{\sum \Delta p}=\frac{\Delta p_{100}}{\Delta p_{100}+\sum \Delta p_e} \tag{4-2-30}$$

阀阻比 S_{100} 是表示串联管系中配管状况的一个重要参数。

由式(4－2－27)可知

$$Q^2=0.01C_{100}^2 f^2\frac{\Delta p}{\rho} \tag{4-2-31}$$

如果与调节阀相类似,引入管道系统流量系数 C_e 的概念。它代表单位压降下通过管道的流

体的体积流量。考虑到管道流通面积固定（$f_e=1$），则其上流量与压降间的关系为

$$Q^2=0.01C_e^2\frac{\sum\Delta p_e}{\rho} \tag{4-2-32}$$

由式（4-2-31）和式（4-2-32），并考虑到 $\sum\Delta p=\Delta p+\sum\Delta p_e$ 可得

$$\Delta p=\sum\Delta p\bigg/\left(\frac{C_{100}^2}{C_e^2}f^2+1\right) \tag{4-2-33}$$

当调节阀全开时（$f=1$），其上压差为 $\Delta p_{100}=\sum\Delta p/(\frac{C_{100}^2}{C_e^2}+1)$。因此

$$S_{100}=\frac{C_e^2}{C_{100}^2+C_e^2} \tag{4-2-34}$$

这样就得到调节阀上的压降、相对节流面积与 S_{100} 值之间的关系，即

$$\Delta p=\sum\Delta p\bigg/\left[\left(\frac{1}{S_{100}}-1\right)f^2+1\right] \tag{4-2-35}$$

最后，可以得到串联管系中调节阀的相对流量为

$$q=\frac{Q}{Q_{100}}=f\sqrt{1\bigg/\left[\left(\frac{1}{S_{100}}-1\right)f^2+1\right]} \tag{4-2-36}$$

式中，Q_{100} 为理想情况下 $\sum\Delta p_e=0$ 时阀全开时的流量。以 $f=\varphi(l)$ 代入式（4-2-36）可得如图 4-2-24 所示的以 Q_{100} 为参比值的调节阀的工作流量特性。

对于直线结构特性的调节阀，由于串联管道阻力的影响，直线的理想流量特性畸变成一组斜率越来越小的曲线，如图 4-2-24（a）所示。随着 S_{100} 值的减小，流量特性将畸变为快开特性，以至开度到达 50%～70%时，流量已接近其全开时的数值。对于等百分比结构特性的调节阀，情况相似，如图 4-2-24（b）所示。随着 S_{100} 值减小，流量特性将畸变为直线特性。

由此可见，阀门的实际流量特性，向着大开度时斜率下降的方向畸变，即直线阀的实际流量特性向着快开阀特性畸变；而等百分比阀的实际流量特性向着直线阀特性畸变。

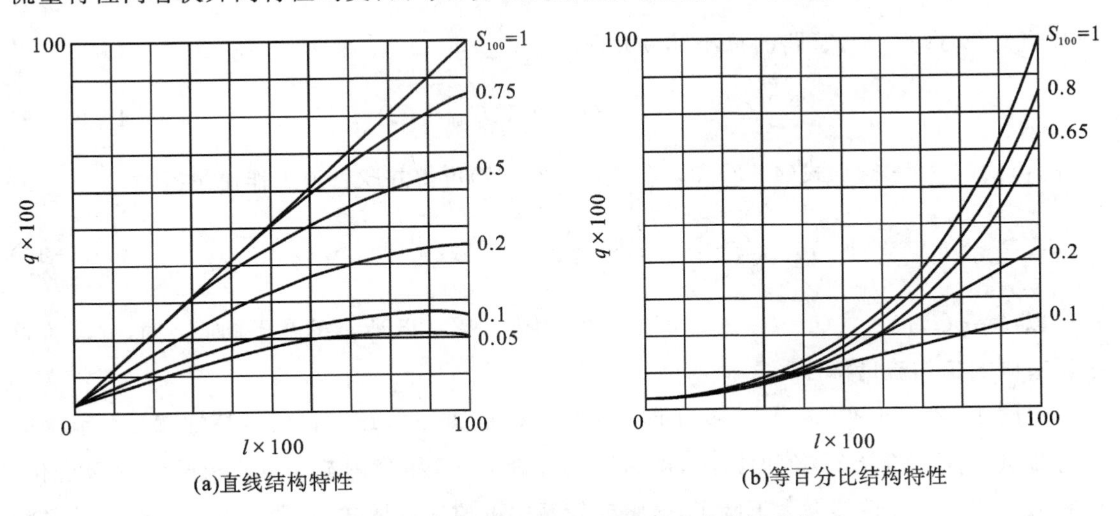

(a)直线结构特性　　(b)等百分比结构特性

图 4-2-24　串联管系中调节阀的工作流量特性

在实际使用中，S_{100}值一般不希望低于0.3～0.5。S_{100}很小就意味着调节阀上的压降在整个管道系统总压降中所占比重甚小，无足轻重，所以它在较大开度下调节流量的作用也就很不灵敏。

(2)并联管系调节阀的工作流量特性。在实际使用中，调节阀一般都装有旁路阀，以备手动操作和维护调节阀之用。生产量提高或其他原因使介质流量不能满足工艺生产要求时，可以把旁路打开一些，以满足生产所需。图4－2－25所示描述的是并联管系中调节阀的工作情况。

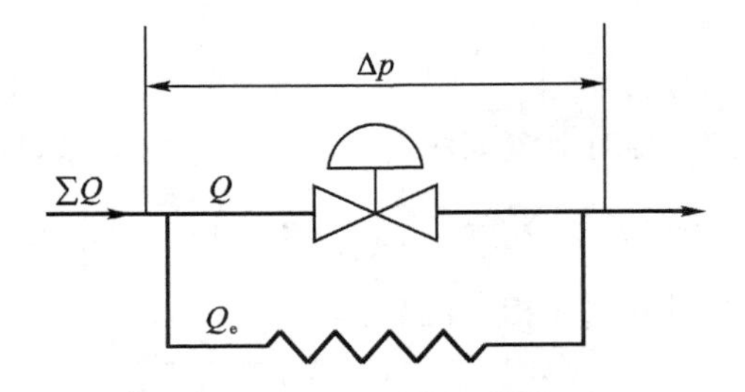

图4－2－25 调节阀与管道并联工作

令S'_{100}为并联管系中调节阀全开流量Q_{100}与总管最大流量$\sum Q_{max}$之比，称S'_{100}为阀全开流量比。即

$$S'_{100}=\frac{Q_{100}}{\sum Q_{max}}=\frac{C_{100}}{C_{100}+C_e} \tag{4-2-37}$$

阀全开流量比S'_{100}是表征并联管系配管状况的一个重要参数。由于并联管路的总流量是调节阀流量与旁路流量之和，即

$$\sum Q=Q+Q_e=0.1C_{100}f\sqrt{\frac{\Delta p}{\rho}}+0.1C_e\sqrt{\frac{\Delta p}{\rho}} \tag{4-2-38}$$

调节阀全开时($f=1$)，管路的总流量最大，有

$$\sum Q_{max}=Q_{100}+Q_e=0.1(C_{100}+C_e)\sqrt{\frac{\Delta p}{\rho}} \tag{4-2-39}$$

这样，由式(4－2－38)、式(4－2－39)和式(4－2－37)可得并联管道工作流量特性

$$q=\frac{\sum Q}{\sum Q_{max}}=\frac{C_{100}f+C_e}{C_{100}+C_e}=S'_{100}f+(1-S'_{100}) \tag{4-2-40}$$

以$f=\varphi(l)$代入式(4－2－40)，可以得到如图4－2－26所示的在不同S'_{100}时，并联管道中调节阀的工作流量特性。

由图4－2－26可见，当$S'_{100}=1$时，即旁路关闭，并联管道工作流量特性就是调节阀的理想流量特性。随着S'_{100}值的减小，即旁路阀逐渐开大，尽管调节阀本身流量特性无变化，但管道系统的可控性却大大下降了，这将使管系中可控的流量减小，严重时甚至会使并联管系中调节阀失去控制作用。因此，在过程控制实践中，一般不希望阀门与管道并联工作。

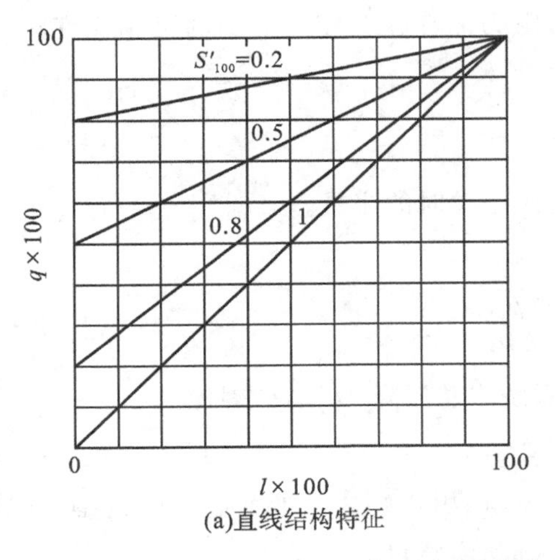

(a)直线结构特征

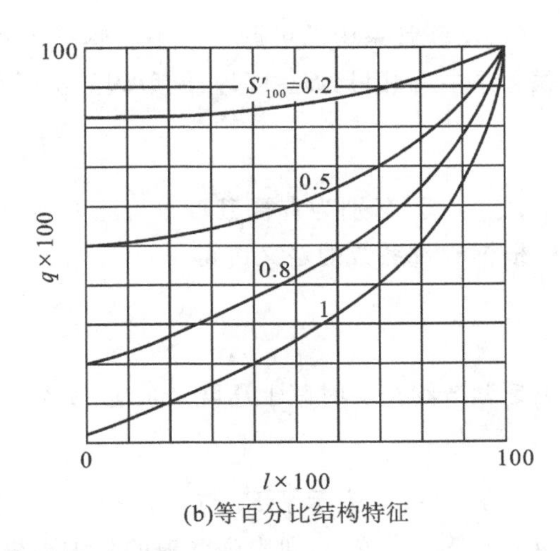

(b)等百分比结构特征

图 4-2-26　并联管系中调节阀的工作流量特性

5. 调节阀的可调比

调节阀的可调比是反映调节阀特性的一个重要参数，是选择调节阀是否合适的指标之一。

1)理想可调比

调节阀的理想可调比 R_i 是指在阀门压降恒定的情况下，它能控制的最大流量 Q_{100} 与最小流量 Q_0 之比，即

$$R_i=\frac{Q_{100}}{Q_0} \tag{4-2-41}$$

式中，Q_0 为阀门压降在恒定的情况下可控制流量的下限值，通常是 Q_{100} 的 2%～4%。它不同于阀门的泄流量。泄流量是由于阀门不能真正关死造成的，一般为 Q_{100} 的 0.01%～0.1%，难以控制。

在调节阀压降恒定情况下，有

$$R_i=\frac{Q_{100}}{Q_0}=\frac{C_{100}\sqrt{\Delta p/\rho}}{C_0\sqrt{\Delta p/\rho}}=\frac{C_{100}}{C_0} \tag{4-2-42}$$

式中，C_0 为阀门全关时的流量系数；C_{100} 为阀全开时的流量系数。由式(4-2-26)可得 $C_0=C_{100}f_0=C_{100}(F_0/F_{100})$，将此式代入式(4-2-42)中可得

$$R_i=\frac{C_{100}}{C_0}=\frac{F_{100}}{F_0}=R \tag{4-2-43}$$

式中，R 即为调节阀的可调范围。

由此可见，调节阀的理想可调比 R_i 等于调节阀的可调范围 R。从使用的角度来看，理想可调比越大越好。但由于最小节流面积 F_0 受阀芯结构设计和加工的限制，不可能做得太小。

2)实际可调比

在控制工程实践中，调节阀前后的压降是随管道阻力的变化而变化的。此时，调节阀实际控制的最大流量和最小流量之比称为实际可调比。

(1)串联管系中的可调比。串联管系中管道阻力的存在会使调节阀的可调比变小。在串联管系中(阀阻比 $S_{100}<1$),调节阀的实际可调比 R_s 为

$$R_s=\frac{Q_{r100}}{Q_{r0}} \tag{4-2-44}$$

式中,Q_{r100}、Q_{r0} 分别为有管道阻力情况下阀门全开、全关时的流量。

根据流量系数的定义可得

$$R_s=\frac{C_{100}}{C_0}\sqrt{\frac{\Delta p_{100}}{\Delta p_0}} \tag{4-2-45}$$

考虑到调节阀全关时其上压降 Δp_0 近似为管道系统中总压降 $\sum \Delta p$,因此

$$R_s=R_i\sqrt{S_{100}} \tag{4-2-46}$$

图 4-2-27 表示了 R_s 与 S_{100} 之间的关系。可见,串联管系中调节阀实际可调比降低。当阀阻比 S_{100} 值越小,即串联管道的阻力损失越大时,实际可调比就越小。

(2)并联管系中的可调比。与串联管系情况相类似,并联管系中调节阀的实际可调比 R_p 可定义为

$$R_p=\frac{\sum Q_{max}}{Q_0+Q_e} \tag{4-2-47}$$

式中,Q_0 为调节阀所控制的最小流量;Q_e 为并联管系的旁路流量;$\sum Q_{max}$ 为总管最大流量。

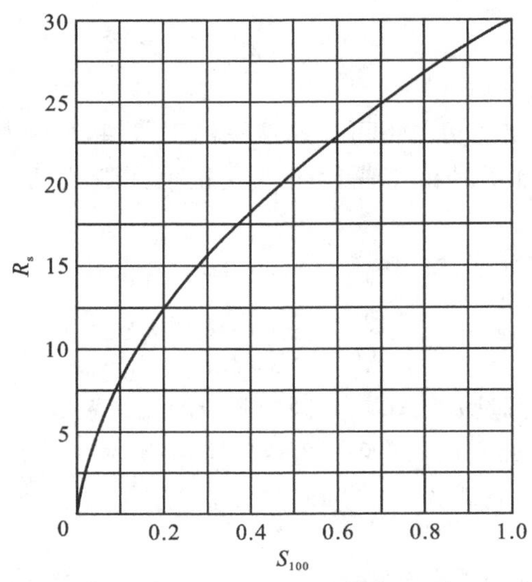

图 4-2-27　串联管系中调节阀的实际可调比与 S_{100} 之间的关系

同理,可推导出 R_p 的计算式如下

$$R_p=\frac{R_i}{R_i-(R_i-1)S'_{100}} \tag{4-2-48}$$

图 4-2-28 为 R_p 与 S'_{100} 之间的关系。由图可见,随阀全开流量比 S'_{100} 值减小,R_p 急剧下降。因此打开旁路,调节阀的控制效果很差。实际使用时,一般要求 $S'_{100}>0.8$。也就是

说，旁路流量只占管道总流量的百分之十几。

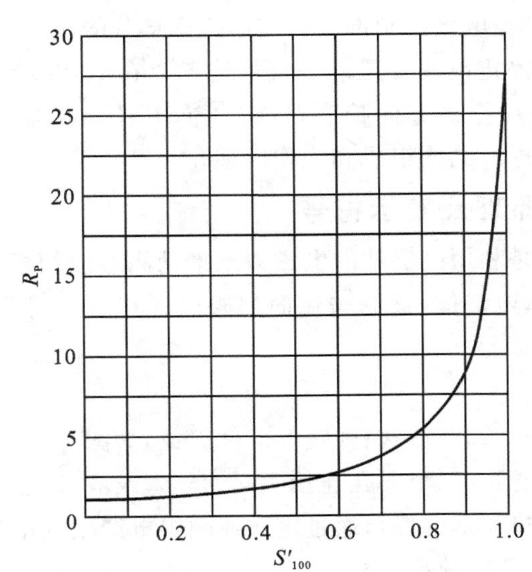

图4-2-28　并联管系中调节阀的实际可调比与S'_{100}之间的关系

实际使用的调节阀既有旁路又有串联设备，因此它的理想流量特性畸变，管道系统可调比下降更严重，调节阀甚至起不了调节作用。表4-2-4对调节阀在串、并联管系的工作情况做了比较。

表4-2-4　串、并联管系中调节阀工作情况比较

使用场合	流量特性	可调比	最大流量	静态增益
串联管系	畸变严重	降低较小	减小	小开度时减小　大开度时增大
并联管系	畸变较轻	降低较大	增大	均减小

4.3　阀门的执行机构

执行机构是一种能提供直线或旋转运动的驱动装置，它利用液体、气体、电力或其他能源为动力源，在某种控制信号的作用下，通过气缸、电机或其他装置产生驱动作用。过程控制阀门的执行机构的动力源主要有气动、电动、液动三种，但前两种特别常见。液动执行机构输出推动力远高于气动和电动阀门执行机构，但其工作需要外部的液压系统支持，一次性投资大，一般只用于需要大推力的特殊场合。本节阐述气动阀门执行机构的结构组成、工作原理和特性

4.3.1　气动开关阀门的执行机构

既然过程控制阀门有开关阀和调节阀之分，对应的执行机构也有开关阀执行机构和调节阀执行机构之别。气动控制阀门中，电-气转化组件将电信号转化为气动信号，电信号输

入控制了气动输出。对于气动开关阀而言，最常用的电-气转换组件是电磁阀(Solenoid Actuated Valve)。电磁阀既是电气控制部分和气动执行部分的接口，也是和气源系统的接口。电磁阀接受命令去释放、停止或改变压缩空气的流向。在电-气动控制中，电磁阀可以实现的功能有"气动执行组件动作的方向控制，ON/OFF 开关量控制，OR/NOT/AND 逻辑控制。"下面介绍电磁阀的分类、结构组成和工作原理。

1. 电磁阀的工作原理及表示符号

顾名思义，电磁阀就是利用电磁铁的电磁力来推动阀芯或阀杆移动，控制阀门的打开与关闭，从而改变流体(气体或液体)通断与流向的阀门。其结构简单，使用方便，在过程控制工程中得到广泛应用。

1)电磁阀的工作原理

电磁阀通常由电磁铁、阀芯、活塞、弹簧等部件组成，如图 4－3－1 所示。电磁阀里有密闭的腔，在不同位置开有通孔，每个通孔连接不同的气管或液管，腔中间是活塞，两端或一端是电磁铁(分别称为双电控和单电控)，通过电磁线圈得电产生的电磁力来驱动活塞移动，从而来开启或关闭不同的气孔或液孔。

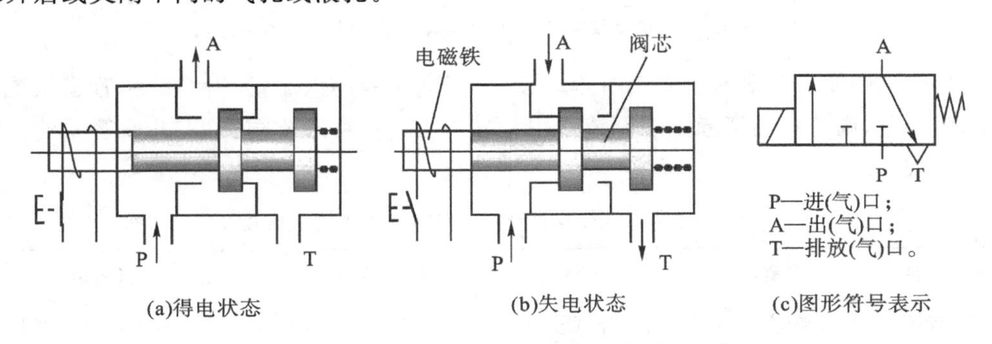

图 4－3－1　电磁阀的基本组成及工作原理示意图

对于图 4－3－1 中所描述的(两位三通)电磁阀，当电磁铁处于失电状态时，电磁阀处于常位态，排放口 T 与出口(工作口)A 连通，流体(如压缩空气)被阻断，对应的气动开关阀可能被关闭(如常闭型)；当电磁铁处于得电状态时，电磁铁得电产生电磁力，推动阀芯动作，迫使固定在阀芯上的活塞关闭排放口 T 与出口 A 之间的通道，且使进口 P 与出口 A 连通，这时流体通过，对应的气动开关阀可能被打开。当电磁阀电磁线圈失电时，电磁力随即消失，在弹簧的复位作用下，电磁阀便返回常位态。因此气动开关阀的开关动作是通过控制电磁阀电磁线圈得、失电来实现的。电磁线圈上可以通 24 V 直流电，也可以通 220 V 交流电。

2)电磁阀的表示符号

电磁阀的工作可以用"位"和"通"来描述。"位"是指电磁阀的阀芯所处的不同的工作位置，如开位置和关位置；"通"指电磁阀的阀体上设置的通道口数量，如两通、三通等。其符号描述如图 4－3－1(c)所示，由方框、箭头、"⊥"或"⊤"和字符构成。具体说明如下：

(1)用方框表示阀的工作位置，每个方块表示电磁阀的一种工作位置，即"位"，有几个方框就表示有几"位"，图 4－3－1 中的"得电"和"失电"就是两个不同的工作位置。

(2)一般电磁阀都有两个或两个以上的工作位置，其中一个为常态位，即阀芯在失电(未受到操纵力)时所处的位置。对于利用弹簧复位的二位阀,以靠近弹簧的方框内的通路状态为其常态位;对于三位阀,图形符号中的中位是常态位。绘制系统图时,油路/气路一般应连接在电磁阀的常态位上。

(3)方框内的箭头表示对应的两个接口处于连通状态(但箭头的方向不一定表示流体的实际方向,仅仅表示连通状态),符号"┴"或"┬"表示该接口不通,其中一个方框外部连接的接口数有几个,就表示几"通"。

(4)一般流体的进口端用字母 P 表示,排放口用 R、S、T 或 O 等字母表示,而阀门与执行元件连接的接口(出口或工作口)用 A、B 等字母表示。

2. 电磁阀的分类

在过程控制实践中,从用途的角度而言,电磁阀可以分为两个大类:执行器式电磁阀和开关元件式电磁阀(见图 4-3-2)。

(a)执行器式电磁阀

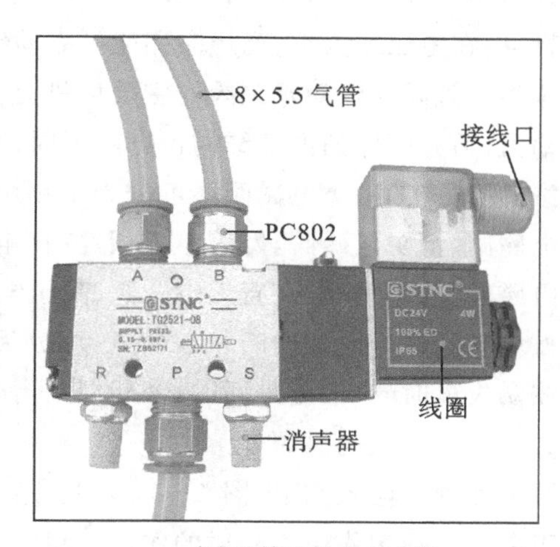

(b)开关元件式电磁阀

图 4-3-2　执行器式电磁阀和开关元件式电磁阀

执行器式本身就是一只开关类阀门,同电动和气动开关阀门相比,口径小(通径一般不大于 DN32),要求流通介质不含杂质或含杂质量非常少,介质黏度低;开关元件式电磁阀只是气动或液动开关阀门执行机构的一个辅助开关部件,接受控制器发出的控制信号,控制开关流体(如压缩空气)的流向,从而达到控制开关执行器(如气动开关阀)开关动作的目的。开关元件式电磁阀才是本节要讲述的气动开关阀门执行机构用电磁阀。

1)执行器式电磁阀

执行器式电磁阀本身就是一只阀门[见图 4-3-2(a)],只有全开和全关两个状态,状态的转换依靠电磁铁的电磁力和弹簧的弹力来共同完成。这类电磁阀从原理上可分为直动式电磁阀、先导式电磁阀和分步直动式电磁阀。

而从阀瓣结构和材料上的不同及原理上的区别又可分为六个分支小类:直动膜片结构、先导膜片结构、分步直动膜片结构、直动活塞结构、先导活塞结构、分步直动活塞结构。

(1)直动式电磁阀。通电时,电磁阀线圈产生电磁力把关闭件从阀座上提起,阀门打开;断电时,电磁力消失,弹簧力把关闭件压在阀座上,阀门关闭。

特点:在真空、负压、零压时能正常工作,但通径一般不超过 25 mm。

(2)先导式电磁阀。原理:通电时,电磁力把先导孔打开,上腔室压力迅速下降,在关闭件周围形成上低下高的压差,流体压力推动关闭件向上移动,阀门打开;断电时,弹簧力把先导孔关闭,入口压力通过旁通孔迅速进入上腔室,在关闭件周围形成下低上高的压差,流体压力推动关闭件向下移动,关闭阀门。

特点:流体压力范围上限较高,可任意安装(需定制),但必须满足流体压差条件。

(3)分步直动式电磁阀。它是一种直动和先导式相结合的原理,当入口与出口没有压差(≤0.05 MPa)时,通电后,电磁力直接把先导小阀和主阀关闭件依次向上提起,阀门打开;当入口与出口达到启动压差时(>0.05 MPa),通电后,电磁力先打开先导小阀,主阀下腔压力上升,上腔压力下降,从而利用压差把主阀向上推开,阀门打开;断电时,先导阀利用弹簧力或介质压力推动关闭件,向下移动,使阀门关闭。

特点:在零压或真空、高压时亦能可靠动作,但功率较大,要求竖直安装。

这类电磁阀与电动开关阀的主要区别是前者以电磁铁来产生驱动力,后者以电机来产生驱动力,另外阀体的内部结构也有所不同,流通系数小,最大公称直径也比电动阀小得多。

按功能分类,这类电磁阀还可分为水用电磁阀、蒸汽电磁阀、制冷电磁阀、低温电磁阀、燃气电磁阀、消防电磁阀、氨用电磁阀、气体电磁阀、液体电磁阀、微型电磁阀、脉冲电磁阀、液压电磁阀、油用电磁阀、直流电磁阀、高压电磁阀、防爆电磁阀等。

按电磁阀失电时的通断状态分类,可分为常开式电磁阀和常闭式电磁阀。常闭型是指电磁线圈失电时气/液路是断的,常开型是指电磁线圈失电时气/液路是通的。

2)开关元件式电磁阀

开关元件式电磁阀[见图 4-3-2(b)]作为气动或液动开关阀的一个开关部件,不但能起到阻断和接通工作流体介质的作用,而且还可以改变工作流体的流向,达到准确控制阀体开关动作的目的。这类电磁阀有时也称作电磁控制换向阀(Solenoid Actuated Directional Control Valve),是电磁阀家族中最重要的成员。其工作原理是利用电磁线圈产生的电磁力的作用,推动阀芯切换,实现气流的换向。

(1)常见开关元件式电磁阀。按电磁控制部分对换向阀推动方式的不同,可将电磁阀分为直动式电磁阀和先导式电磁阀。同执行器式电磁阀类似,直动式电磁阀直接利用电磁力推动阀芯换向,而先导式换向阀则利用电磁先导阀输出的先导气压推动阀芯换向。

这类电磁阀常用的有两位两通电磁阀、两位三通电磁阀、两位四通电磁阀、两位五通电磁阀、三位三通电磁阀、三位四通电磁阀、三位五通电磁阀等。各电磁阀进气口、出气口和排气口数量见表 4-3-1。

表 4-3-1 常用开关元件式电磁阀位数和通路数分布一览表

序号	电磁阀名称	位 数	进(气)口数	出(气)口数	排放(气)口数
1	两位两通	2	1	1	0
2	两位三通	2	1	1	1

续表

序号	电磁阀名称	位 数	进(气)口数	出(气)口数	排放(气)口数
3	两位四通	2	1	2	1
4	两位五通	2	1	2	2
5	三位三通	3	1	1	1
6	三位四通	3	1	2	1
7	三位五通	3	1	2	2

这类电磁阀按照电磁线圈的数量分类,可分为单控(含一个电磁线圈)电磁阀和双控(含两个电磁线圈)电磁阀,如图 4-3-3 所示。单控电磁阀为两位阀,一个是失电时在弹簧作用下的位置,另一个则是得电时在电磁力作用下的位置,其工作就像单作用气缸一样,带弹簧复位,得电一拉(线圈励磁),失电一推(弹簧复位)的工作方式。双控电磁阀一般为三位阀,无信号时为中间位置,哪端有信号,活塞到哪里,管路导通,失电后活塞又回中间位置,其工作就像双作用气缸一样,不带弹簧复位,两个线圈只能有一个励磁,一推一拉的工作方式。

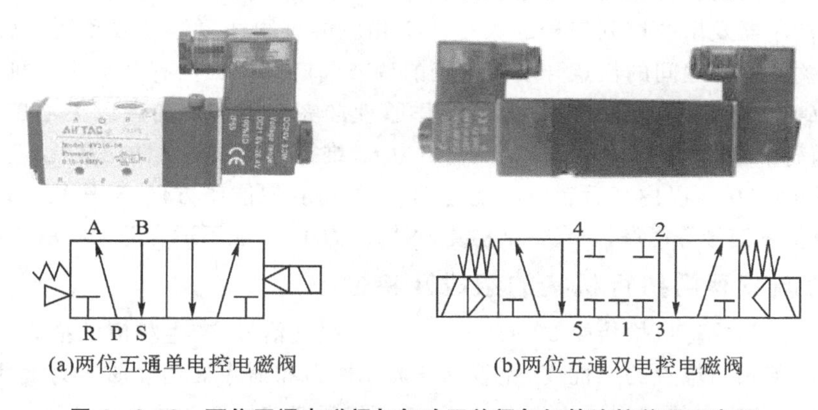

(a)两位五通单电控电磁阀 (b)两位五通双电控电磁阀

图 4-3-3 两位互通电磁阀与气动开关阀气缸的连接关系示意图

②两位五通电磁阀。在气动开关阀动作控制的执行元件中,两位五通电磁阀是使用最多的一类电磁阀。其外形结构和通口分布情况如图 4-3-3(b)所示,包括 1 个常态位和 1 个非常态位,1 个进气口、2 个出气口和 2 个排气口。

图 4-3-4 为两位五通电磁阀与气动开关阀气缸的连接示意图。其中,P 点为总进气孔;R 和 S 为排气孔,这两个孔一般会安装消声器来减小声音;A 和 B 是出气口。可以看出,电磁阀为一个常闭阀(而气动开关阀是常闭阀还是常开阀由其阀芯与阀座之间的位置关系确定)。电磁阀未通电前,B 孔是一直处于通路状态的,气一直接通的,而 A 孔处于排气状态。电磁阀通电之后,B 孔通气,而 A 孔处于排气状态。这样,开关阀气缸内的活塞就随着电磁阀线圈的得电和失电而来回移动,活塞带动阀杆做直线平移运动,从而打开或关闭阀门。

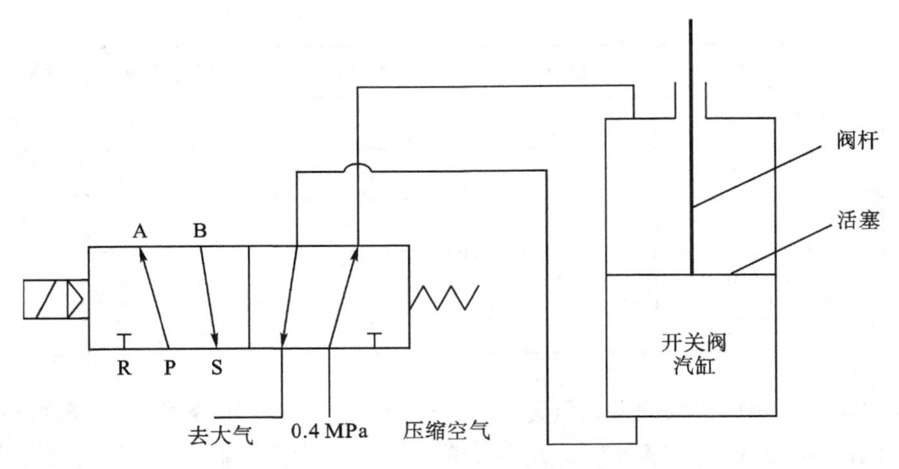

图 4-3-4　单电控和双电控式电磁阀

4.3.2　气动调节阀门的执行机构

同气动开关阀门执行机构相比，气动调节阀门执行机构不但能使阀门全开或全关，而且还能根据从控制器发出的控制信号的大小产生相应的直线往复运动或角度回转运动，使得阀门处于全关和全开之间的任意开度。常用的调节阀门执行机构有气动执行机构和电动执行机构。尽管二者的功能相同，但结构和动作原理却完全不同。前者以无油压缩空气为动力，具有结构简单、重量轻、动作可靠稳定、输出力大、维护方便和防火防爆等优点，缺点是滞后大、不适宜远传(150 m 以内)；后者以电能为动力，具有获取能源方便、动作快、信号传递速度快、可远距离传输信号等优点，缺点是结构复杂、输出力小、一般不适合防火防爆的场合。

1. 气动调节阀门执行机构的组成及特性

气动调节阀门执行机构接受 20 kPa～100 kPa 的气信号，产生相应的推力，驱动调节阀动作。为了改善阀门位置的线性度，克服阀杆的摩擦力和消除被调介质压力变化等的影响，提高动作速度，常配套使用气动阀门定位器，使阀门位置能按调节信号实现正确的定位。

气动调节阀门执行机构有正作用和反作用两种形式，还可分为有弹簧和无弹簧两种，有弹簧的气动执行机构较之无弹簧的气动执行机构输出推力小、价格低。气动执行机构还有薄膜式、活塞式、拨叉式和齿轮齿条式四种。其中，薄膜式行程较小，只能直接带动阀杆；活塞式行程长，用于要求有较大推力的场合；拨叉式具有扭矩大、空间小、扭矩曲线更符合阀门的扭矩曲线等特点，常用在大扭矩阀门上；齿轮齿条式有结构简单、动作平稳可靠且安全防爆等优点，应用于发电厂、化工、炼油等对安全要求较高的生产过程。

薄膜式和活塞式执行机构应用比较广泛。其中，薄膜式执行机构使用弹性膜片将输入气压转变为推杆的推力，通过推杆使阀芯产生相应的位移，改变阀的开度；活塞式执行机构以气缸内的活塞输出推力，由于气缸允许压力较高，可获得较大的推力，并容易制成长行程执行机构。

薄膜式执行机构由膜盖、膜片、弹簧和推杆、阀杆等部件组成，如图 4-3-5 所示，气源压力最大值为 500 kPa。从控制器发出的控制信号(压力信号 P_m)进入薄膜室时，此时压力乘以膜片的有效面积得到推力，使推杆移动，弹簧受压，直到弹簧产生的反作用力与薄膜上的推力平衡为止。推杆的位移(L)即为执行机构的输出。信号压力越大，推力越大，推杆的位移(即弹簧的压缩量)也越大。推杆的位移范围就是执行机构的行程。推杆从零走到全行程，阀门就从全开(或全关)到全关(或全开)。

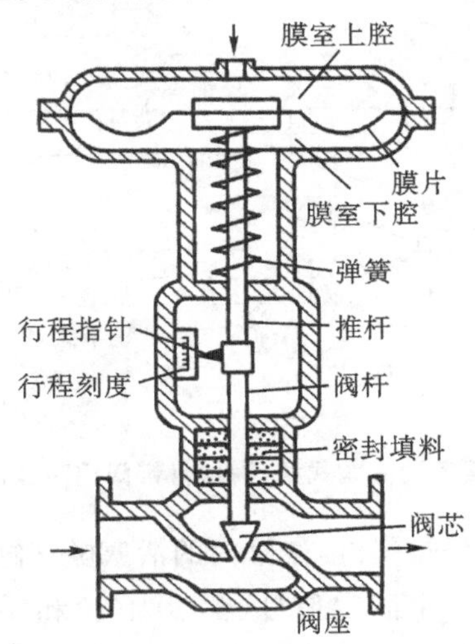

图 4-3-5 气动薄膜式调节阀执行机构示意图

当气动薄膜执行机构处于平衡状态时，有如下力平衡方程式成立

$$P_m A_m = C_s L \tag{4-3-1}$$

$$\frac{L}{P_m} = \frac{A_m}{C_s} = K \tag{4-3-2}$$

式中，P_m 为进入膜头气室内气体控制信号的压力；A_m 为薄膜的有效面积；L 为弹簧的位移，即执行机构的输出位移；C_s 为弹簧的刚度；K 为执行机构的放大系数。式(4-3-2)描述了气动薄膜执行机构的静态特性。在静(稳)态时，L 和 P_m 之间成正比例关系。在实际运行中，由于薄膜有效面积和弹簧刚度的变化，以及推杆与填料之间存在摩擦，会使执行机构产生非线性偏差和正反行程变差。这时，配用阀门定位器可以减小这种偏差和变差。

在考察气动薄膜执行机构的动态特性时，可以把膜头室看作一个气容，把导气管看成有一定阻力的气阻，组成阻容环节(即一阶环节)，膜头室内压力 P_m 和控制器输出压力 P_o 之间的关系可用式(4-3-3)表示

$$\frac{P_m}{P_o} = \frac{1}{TS+1} \tag{4-3-3}$$

综合式(4-3-2)和式(4-3-3)可得气动薄膜执行机构的动态特性为

$$\frac{L}{P_o} = \frac{K}{TS+1} \tag{4-3-4}$$

式中，T 为时间常数，其大小与膜头室大小和信号气管长短粗细有关，一般为数秒到数十秒。由式可见气动薄膜执行机构的输出(推杆位移 L)与输入(控制器的控制信号 P_o)之间的动态特性为一阶环节。

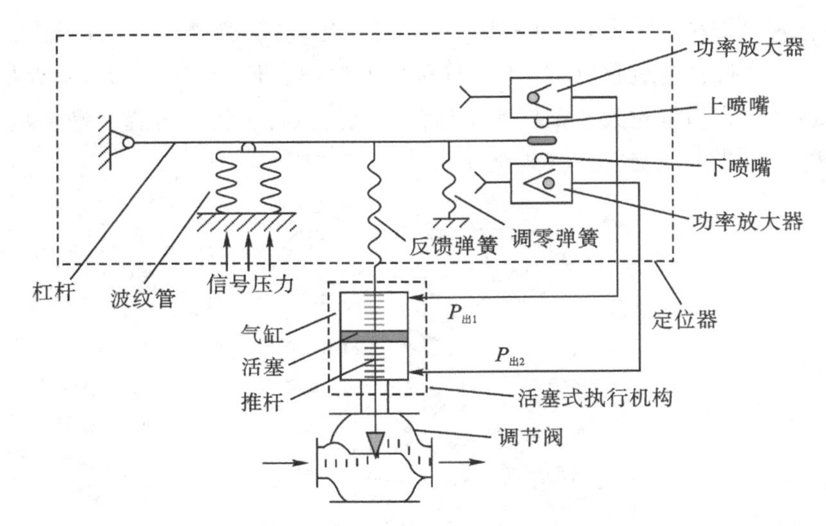

图 4-3-6 无弹簧气动活塞式执行机构(带阀门定位器)工作原理示意图

活塞式执行机构的主要部件是气缸,气缸内的活塞随气缸两侧压差的变化而移动(见图 4-3-6)。两侧可以分别输入一个固定信号(含通大气)和一个变动信号,或两侧都输入变动信号。它的输出特性有比例式及两位式两种。两位式是根据输入执行机构活塞两侧的操作压力的大小,活塞从高压侧推向低压侧,使推杆从一个极端位置移到另一极端位置。比例式是在两位式基础上加有阀门定位器,使推杆位移与信号压力成比例关系。

活塞式执行机构属于强力气动执行机构,可接受的气源压力最大值为 700 kPa,且无弹簧抵消推力。与气动薄膜执行机构相比,在同样行程条件下,它具有更大的输出推力,特别适合于高静压、高差压、大口径场合。

此外,还有一种长行程执行机构,其结构原理与活塞式执行机构基本相同,它具有行程长、输出力矩大的特点,输出转角位移为 90°,直线位移为 40～200 mm,适用于输出大角位移和大力矩的场合。

2. 电-气阀门定位器

一般控制气源的装置有电磁阀和阀门定位器。前者用于气动开关阀,控制开关阀的全开和全关;后者用于气动调节阀,实现调节作用。

阀门定位器按其结构形式和工作原理可以分成气动阀门定位器和电-气阀门定位器两种。在控制工程实践中,电与气两种信号常常混合使用,这样可以取长补短,组成电-气复合控制系统。所以存在多种电-气转换器及气-电转换器,把电信号[4～20 mA(直流)]与气信号 20～100 kPa 进行相互转换。常用的电-气阀门定位器就具有电-气转换和气动阀门定位器两种功能。

1)电-气转换器工作原理

电-气转换器的结构原理图如图 4-3-7 所示,它是按力矩平衡原理工作的。

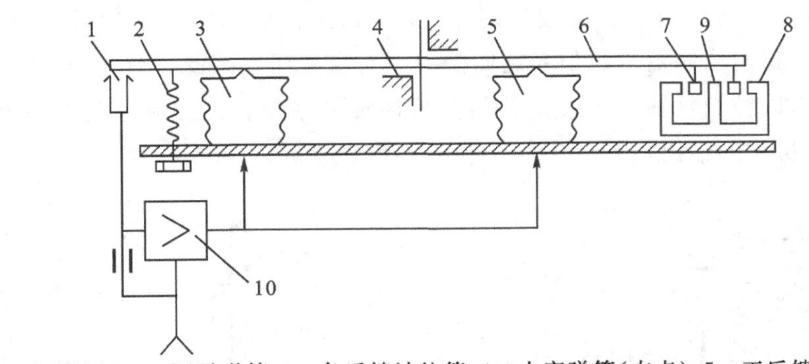

1—喷嘴挡板；2—调零弹簧；3—负反馈波纹管；4—十字弹簧(支点)；5—正反馈波纹管；
6—杠杆；7—测量线圈；8—磁钢；9—铁心；10—气动功率放大器。

图4-3-7 电-气转换器结构原理示意图

当直流电流信号[4～20 mA(直流)]通过测量线圈7时，在磁场的作用下，线圈将受到向上的电磁力的作用，将电流信号转换成力信号。该力作用在杠杆6上，使杠杆绕支点4做逆时针转动，使杠杆左端的挡板靠近喷嘴1，从而使喷嘴的背压升高，再经气动功率放大器10放大后，输出20～100 kPa标准气信号。该信号一方面作为输出信号，另一方面送入反馈波纹管3和管5，形成反馈力。正、负两个波纹管所形成的综合反馈力为负反馈力，该力将使杠杆绕支点按顺时针转动，当电磁力所形成的输入力矩与综合反馈力所形成的反馈力矩平衡时，即杠杆系统平衡时，挡板与喷嘴之间的距离将固定，输出气压信号将稳定在一个定值上，并与当前的输入电流信号对应，实现电流-气压信号的转换。

2)气动阀门定位器工作原理

在气动薄膜调节阀中，阀杆的位移是由薄膜上的气压推力与弹簧反作用力平衡来确定的，阀门定位器接受控制器的输出信号后，去控制气动执行器。当气动执行器动作时，阀杆的位移又通过机械装置负反馈到气动阀门定位器，因此定位器和执行器组成了一个闭环回路(见图4-3-8)。阀门定位器能够增加执行机构的输出功率，减少调节信号的传递滞后，加快阀杆的移动速度，能提高信号与阀位间的线性度，克服阀杆的摩擦力和消除不平衡力的影响，从而保证调节阀的正确定位。

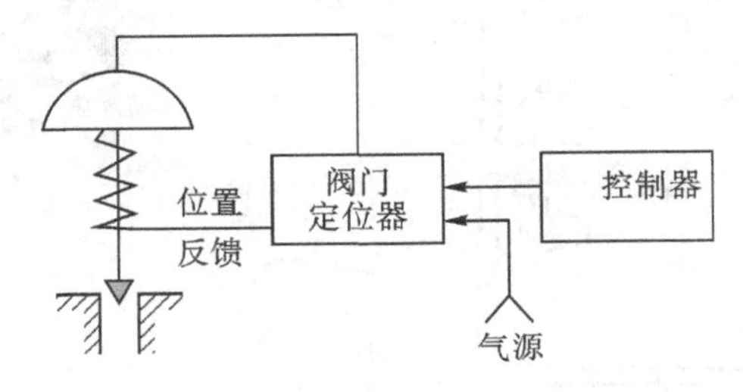

图4-3-8 阀门定位器与气动执行机构之间的连接关系示意图

气动阀门定位器是气动执行机构的附件，同电-气转换器类似，也是按力矩平衡原理工作的，如图4-3-9所示。它将阀杆位移信号作为输入的反馈测量信号，以控制器输出信号作为设定信号，进行比较，当两者有偏差时，改变其到执行机构的输出信号，使执行机构动作，建立了阀杆位移与控制器输出信号之间的一一对应关系。因此，阀门定位器组成以阀杆位移为测量信号，以控制器输出为设定信号的反馈控制系统。该控制系统的控制变量是阀门定位器去执行机构的输出信号。

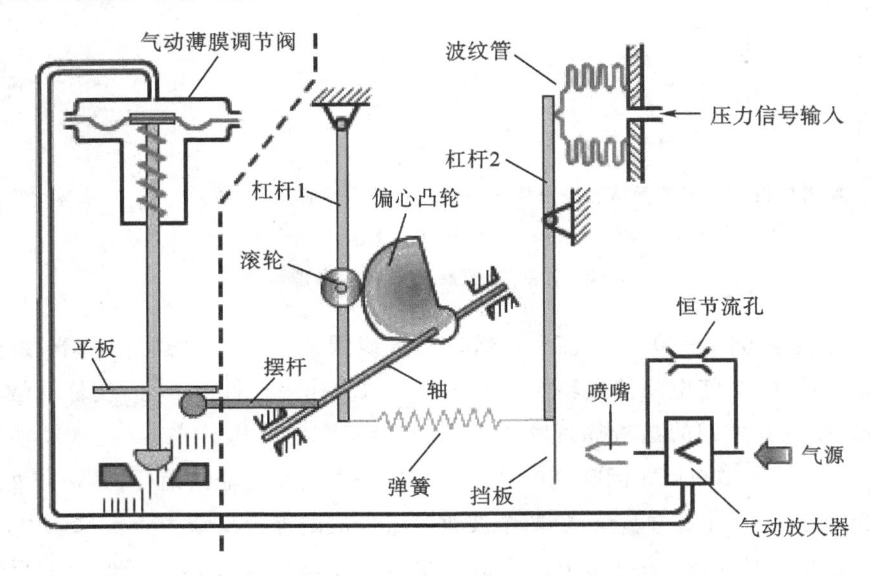

图 4-3-9　阀门定位器结构原理示意图

3）电-气阀门定位器

电-气阀门定位器可将控制器输出的 4～20 mA（直流）信号转换成气压信号去操作气动执行机构。电-气阀门定位器结构及工作原理示意图如图 4-3-10 所示。

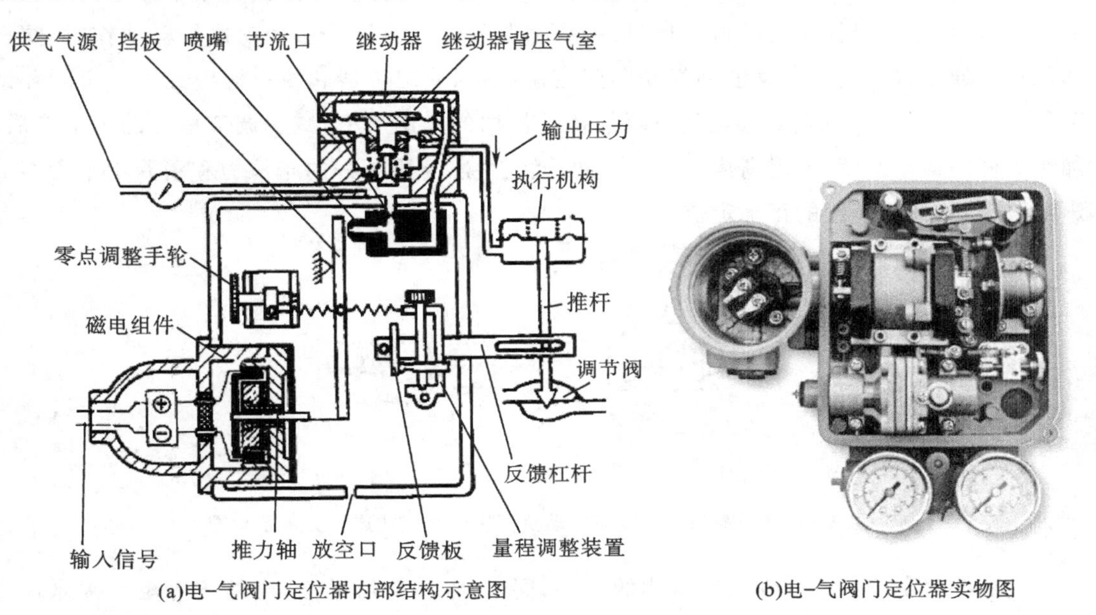

(a)电-气阀门定位器内部结构示意图　　(b)电-气阀门定位器实物图

图 4-3-10　电-气阀门定位器结构及工作原理示意图

输入信号电流通入力矩线圈时，线圈与永久磁钢作用后对杠杆产生一个力矩，于是挡板靠近喷嘴，经放大器放大后，送入薄膜气室，使阀门推杆向下移动，并带动反馈杆绕其支点向下转动，连在同一轴上的反馈凸轮也作顺时针方向转动，通过滚轮使小杠杆绕其支点偏转，拉伸反馈弹簧。当反馈弹簧对小杠杆的拉力与力矩马达作用在杠杆上的力相等时，两者力矩平衡，阀门定位器达到平衡状态，此时，一定的输入信号电流就对应于气动薄膜调节阀一定的阀门位置。

4.3.3　电动调节阀门的执行机构

电动调节阀门执行机构的核心部件是异步电机或伺服电机，它以电为动力，将控制信号转换成力或力矩，带动减速机构，产生直线往复运动或角度回转运动，驱动阀门动作。根据配用的调节阀机构的不同，电动执行机构的输出方式有直行程、角行程和多转式三种类型。其中，直行程电动执行机构的输出轴输出各种大小不同的直线位移，通常用来推动单座、双座、三通、套筒等形式的调节阀；角行程电动执行机构的输出轴输出角位移，转动角度范围小于 360°，通常用来推动蝶阀、球阀、偏心旋转阀等转角式调节阀；多转式电动执行机构的输出轴输出各种大小不等的有效因素，通常用来推动闸阀、截止阀、刀闸阀等大口径阀门。

同气动过程控制阀门一样，电动过程也有开关阀和调节阀之分。但是，无论是电动开关阀门还是电动调节阀门，其执行机构组成几乎完全相同，区别在于：电动开关阀门的执行机构在接到从控制器发送来的开阀或关阀信号后，不断地向电机控制器发送开阀或关阀电平信号，直到阀门全开或全关为止；电动调节阀门会根据控制器发送出来的信号大小向电机控制器发送相应数量的开阀或关阀电平信号，以使阀门处于期望开度。因此，本节只介绍电动调节阀门执行机构的相关知识。

但是，尽管电动调节阀门执行机构的类型很多，但它们的构成及工作原理却完全相同，直行程与角行程的区别仅是减速器不同，均接受来自控制器的电输入信号[4～20 mA(直流)或脉冲序列]，成比例地转换成电动执行机构相应的输出轴角位移或直线位移，去带动阀门、挡板等动作，实现自动控制的目的。

1. 电动调节阀门执行机构的基本组成

无论是以单相或三相异步电机为驱动部件的电动阀门执行机构，还是以伺服电机为驱动部件的电动阀门执行机构，其主要都包括电机、减速机构、保护装置和手操部件等，如图 4-3-11 所示，各主要部件介绍如下。

1)电机

电动阀门执行机构采用的电机是特种单相或三相异步电机或交流伺服电机，具有高起动力矩、低起动电流和较小的转动惯量，因而有较好的伺服特性。在电机定子内部装有热敏开关，当电机出现异常过热(内部温度超过 130 ℃)时该开关将控制电机的电路断开以保护电机和执行机构，当电机冷却以后开关恢复接通，电路恢复工作。为了克服惯性惰走，调节型电动执行机构的电机控制电路均设计有电制动功能。

2)减速机构

角行程执行机构采用行星减速加蜗轮蜗杆传动机构，既有较高的机械效率，又具有机械自锁特性；直行程执行机构的减速器由多转执行机构减速器配接丝杆螺母传动装置组成。

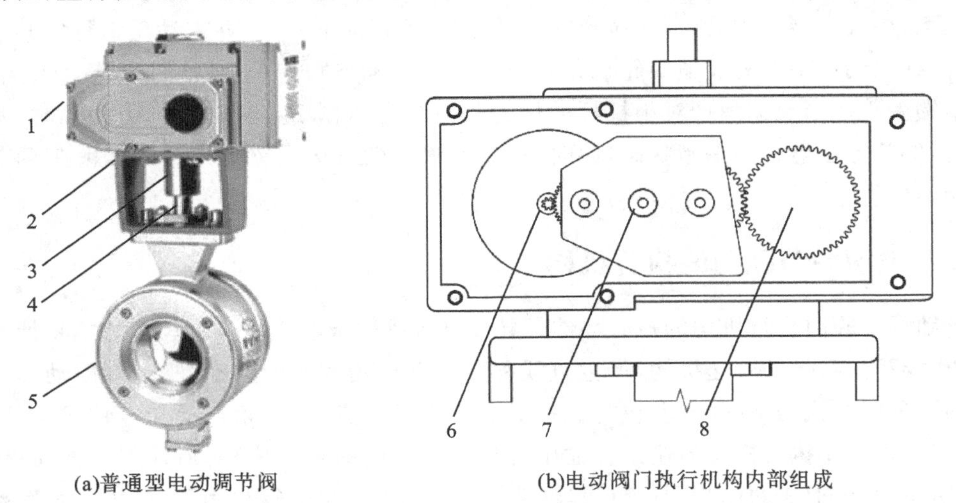

(a)普通型电动调节阀　　(b)电动阀门执行机构内部组成

1—执行机构；2—承接法兰；3—联轴器；4—阀轴；5—调节机构(阀)；
6—电机；7—齿轮减速箱；8—蜗轮蜗杆减速机构。

图 4-3-11　普通型电动调节阀及其执行机构内部组成示意图

3)保护装置

保护装置主要包括机械限位装置和力矩行程限制装置。

(1)机械限位装置：主要用于故障时以及防止手动操作时超过极限位置保护。角行程电动执行机构的机械限位采用内置扇形蜗轮限位结构，外形体积小，限位可靠；直行程电动执行机构的机械限位采用内置挡块型限位结构，可十分有效地保护阀座、阀杆和阀芯。

(2)力矩行程限制装置：它是一个设置在减速器内的标准单元，由过力矩保护机构、行程控制机构(电气限位)、位置传感器及接线端子等组成。

①过力矩保护机构：内行星齿轮在传递力矩时产生的偏转拨动嵌装在齿轮外圈的摆杆，摆杆的两端各装有一个测力压缩弹簧作为正、反向力矩的传感元件，当输出力矩超过设定限制力矩时，内齿轮的偏转使摆杆触动力矩微动开关，切断控制电路使电动机停转。调整力矩限制弹簧的压缩量即可调整力矩的限定值。该保护具有记忆功能，当该保护动作以后，在排除机械力矩故障后，执行机构断电或信号瞬间反向一下即可恢复(即记忆解除)正常工作。

②行程控制机构：由凸轮组和微动开关组成。凸轮组通过齿轮减速装置与减速器传动轴相连，通过调整分别作用于正、反向微动开关(即行程限位开关)的凸轮板的位置，便可限定执行机构的行程。该电气限位的范围在出厂时已经调好，一般情况下不能随便调整，以免损坏机构。

③位置传感器：采用高精度、长寿命的导电塑料电位器作为位置传感元件，它与凸轮组同轴连接，将电位器随输出轴行程变化的电阻值送入控制板的比较放大电路，并由它发出一个 4～20 mA(直流)电流信号或 0～10 V(直流)的电压信号。

4)手轮

在故障状态和调试过程中，可通过转动手轮来实现手动就地操作。

电动阀门执行机构内部组件(角行程为例)之间的连接关系示意图如图 4-3-12 所示。电机输出主轴与齿轮减速机构的小齿轮(主动齿轮)的轮轴相连接，大齿轮(从动齿轮)的轮轴与蜗杆相连接，而蜗轮的主轴与阀门调节机构的阀杆相连接，这样就将电机的快速转动转化成阀杆的回转运动。

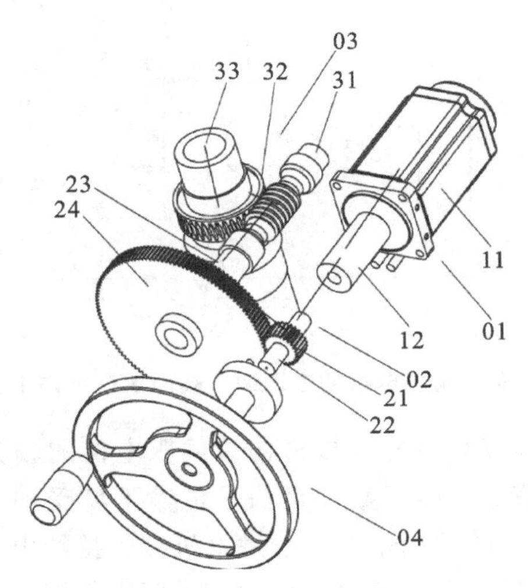

01—电机；02—齿轮减速机构；03—蜗轮蜗杆减速机构；04—手轮；11—电机本体；12—电机输出轴；21—小齿轮；22—小齿轮轴；23—大齿轮轴；24—大齿轮；31—蜗杆；32—蜗轮；33—传动轴。

图 4-3-12　角行程电动阀门执行机构内部部件之间连接关系示意图

2. 基于异步电动机的电动调节阀门执行机构的工作原理

普通型电动调节阀门执行机构(如 ZJKV 型)多采用单相或三相异步电机作为驱动部件，其中大口径阀门采用三相异步电机，以增大驱动力矩。其基本工作原理[见图 4-3-11(b)]：异步电动机接收控制器发送的正转通电信号或反转通电信号，产生正向或反向转动，电机轴通过齿轮连接到执行器减速箱，再经过执行器内部的涡轮蜗杆减速器减速增力，将电动机的多转旋转运动转换为执行器输出轴 0～90°的角位移旋转运动，执行机构的输出轴再经过联轴器连接到调节机构(阀)的阀轴上，从而改变阀芯的节流面积。这种阀门通常称为“四开关”阀门，即接受控制器发送来的正反转脉冲信号，执行相应的动作，正、反脉冲由两路数字量输出 DO 发出，阀门全开、全关状态由两路数字量输入 DI 采集。执行精度通常是 1/80～1/100，即连续发送 80～100 个正、反脉冲，阀门便从全关到全开、或由全开到全关状态。阀门在全行程的基本误差约为 2.5%，能够满足大多数过程控制场合的精度需要。

3. 基于伺服电机或步进电机的电动调节阀门执行机构的工作原理

对于执行精度要求较高的特殊场合，如造纸机的定量控制、化工药剂配比控制等，常采用以伺服电机或步进电机为驱动部件的执行机构。同普通型电动调节阀门执行机构相比，动作控制引入了位置反馈(如 MD 系列)。

基于伺服电机的电动调节阀门执行机构的工作原理如图 4-3-13 所示：来自控制器的控制输入信号 I_i 进入伺服放大器，在伺服放大器内将输入信号 I_i 与位置反馈信号 I_f 进行比较，所得偏差信号($\Delta I = I_i - I_f$)经伺服放大器放大后，驱使伺服电机转动，然后再经减速器减速，带动输出轴改变转角 θ。当比较后差值为正时，伺服电机正转，输出转角增大；当差值为负时，伺服电机反转，输出转角减小。位置传感器将输出转角位移转换成位置反馈信号 I_f 回送到伺服放大器的输入端。当反馈信号 I_f 与输入信号 I_i 相平衡，即 $\Delta I=0$ 时，执行机构伺服电机停止转动，输出轴的转角 θ 就稳定在与从控制器送来的输入信号 I_i 相对应的位置上。

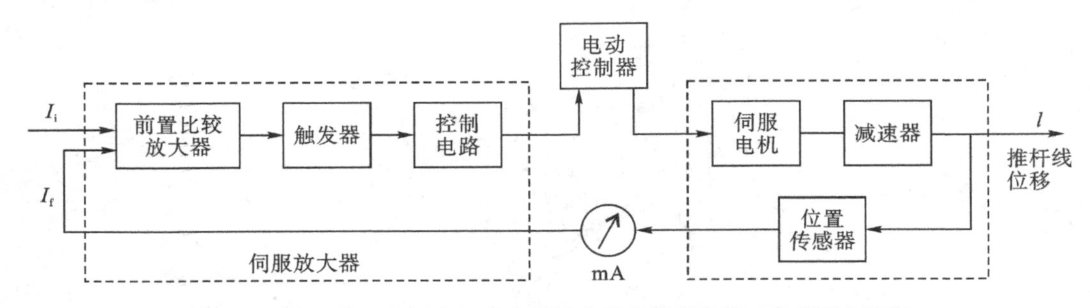

图 4-3-13 基于伺服电机的电动调节阀门执行机构工作原理示意图

基于步进电机的电动调节阀门的机械机构与伺服电机的较为相似，区别是步进电机接收的控制信号仅为数字量信号。由于数字量信号传输不易受到干扰，且不存在模拟量信号的分辨率问题，所以具有更高的控制精度。步进电机接收持续电平时间信号和脉冲信号，根据系统的工艺要求，进行选择。电平信号和脉冲信号区别如图 4-3-14 所示。

在脉冲持续模式下，上位控制系统发来的是脉冲控制信号。上位控制系统发送一个控制脉冲，阀门控制器向步进驱动器也发送一个脉冲，步进驱动器接收到的脉冲与上位控制系统发送来的脉冲同步，在这种模式下，步进电机的转角与脉冲宽度无关，控制器仅仅辨识上位控制系统的脉冲上升沿和下降沿，将同步脉冲信号传送给步进驱动器。

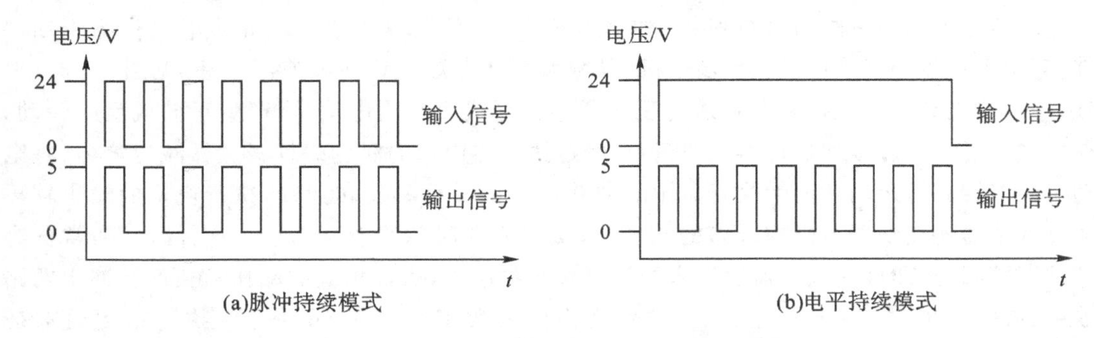

图 4-3-14 电平信号和脉冲控制信号示意图

电平持续模式下，上位控制系统发来的是电平控制信号。当正转电平有效时，阀门控制器持续地向步进驱动器发送正转脉冲，阀门持续向开打的方向旋转，电平消失时，阀门立即停止转动。反转电平有效时阀门旋转方向相反。多数上位控制系统使用的是电平持续控制模式，把高精度阀门当作普通的电动阀门来控制，较符合阀门的控制逻辑。在使用时通过“脉冲控制使能”和“电平控制使能”端子选择输入信号的模式。

为了追求更高的控制精度，可以使用带有闭环位置控制的步进电机、或将伺服电机设置为脉冲控制模式，以克服步进电机在负载较重条件下、起步及减速阶段可能发生的丢步问题。

同时，这类电动阀门的执行机构往往都实现了智能化，控制输入信号可以是 4～20 mA(直流)模拟量信号，也可以是像普通型电动调节阀门执行机构那样的脉冲信号。它们的执行精度都比较高，以输入脉冲信号计，国产执行机构的运转精度可达 1/2000～1/5000，进口设备可高达 1/15000。

4. 电动调节阀门执行机构的静态和动态特性

由以上对基于伺服电机的电动阀门执行机构工作原理的分析可知，理想情况下执行机构输出轴转角(角位移)与输入信号之间成一一对应的比例关系

$$\theta = K I_i \tag{4-3-5}$$

式(4-3-5)表示电动执行机构的静态特性，具有良好的线性度。式中 K 为电动执行机构的静态放大系数，当输入信号为 4～20 mA 时，$K=5.63°/\text{mA}$ 。

同气动执行机构类似，电动执行机构的动态特性为一阶环节，其传递函数为

$$G_V(s) = \frac{\theta(s)}{I_i(s)} = \frac{K_f}{TS+1} \tag{4-3-6}$$

式中，K_f 为电动执行机构的等效放大系数；T 为其等效时间常数。

4.4　过程控制阀门的选用与控制方法

4.4.1　过程控制阀门的选用

1. 阀门选用应考虑的因素

过程控制阀门在选型中，通常要考虑如下几点：

(1)根据现场条件，选择执行机构的驱动形式；

(2)根据工艺条件，选择合适的调节阀的结构形式和材质；

(3)根据工艺对象的特点，选择合理的流量特性；

(4)根据工艺参数，计算出流量系数，选择合理的阀门口径。

对于开关阀，若采用压缩空气驱动，一般配用电磁阀来控制阀门的全开或全关；若采用交流或直流电驱动，一般采用开关型电动执行器来控制阀门的全开或全关。阀门的管径一般与管道的管径一致，阀门的结构形式和材质由应用场合确定。

因开关阀的选用考虑因素比较简单，这里主要阐述调节阀的选用问题。

2. 调节阀的选用问题

1)调节阀驱动方式的选择

由于气动、电动、液动这三种驱动方式的执行机构在工作性能、造价、使用方便性等方面各有优点，要根据不同的工作场合选择执行机构的驱动方式。

气动执行机构最适宜应用在普通工作场合，工作介质清洁，环境适应性好，易于维护，执行精度不高却能满足日常控制需要，防火防爆性能好，因此在发电、化工、石油等对安全性要求较高的生产行业有着比较普遍的应用。

电动执行机构的输出推力比较大，控制精度高，结构相对紧凑，性价比较高，因此在很多场所得到大量使用。但由于电动执行机构安全防爆性能不高，因此不能彻底替代另两种执行机构，对于大口径阀门，需要的输出转矩大，价格也高。

液动执行机构多为机电一体化结构，推力大、防爆性能好，但缺点是体积大、重量高，因此应用范围只局限在一些大型工作场合。

2)调节阀结构形式的选择

不同结构的调节阀有各自的特点，适应不同的需要。在选用时，要注意：①工艺介质的种类，腐蚀性和黏性；②流体介质的温度、压力(入口和出口压力)、比重；流经阀门的最大、最小流量，正常流量及正常流量时阀上的压降。

在一般情况下，应优先选用直通单、双座调节阀。直通单座阀一般适用于泄漏量要求小和阀前后压降较小的场合；直通双座阀一般适用于对泄漏量要求不严和阀前后压降较大的场合，但不适用于高黏度或含悬浮颗粒的流体。对于高黏度或含悬浮物的流体，气-液混相或易闪蒸的液体，以及要求直角配管的场合，可选用角形阀。

对于浓浊浆液和含悬浮颗粒的流体及在大口径、大流量和低压降的场合，可选择蝶阀。三通调节阀既可用于混合两种流体，又可以将一种流体分为两股，多用于换热器的温度控制系统。隔膜阀具有结构简单、流道阻力小、流通能力大、无外漏等优点，广泛用于高黏度、含悬浮颗粒、纤维及有毒的流体。

此外，根据需要还可选用波纹管密封阀，低噪声阀、自力式调节阀等。对于特殊工艺生产过程，还需选用专用调节阀。

3)调节阀开关形式的选择

在调节阀气开与气关形式的选择上，应根据具体生产工艺的要求，主要考虑当气源供气中断或调节阀出现故障时，阀门的阀位(全开或全关)应使生产处于安全状态。例如，进入工艺设备的流体易燃易爆，为防止爆炸，调节阀应选气开式。如果流体容易结晶，调节阀应选气关式，以防堵塞。

通常，选择调节阀气开、气关形式的原则是不使物料进入或流出设备(或装置)。一般要从生产安全、产品质量保证、原料/成品/动力损耗的降低、工作介质特点等方面进行综合考虑。但当以上选择原则出现矛盾时，要把工艺生产安全放在首位。

4)调节阀流量特性的选择

目前国产调节阀流量特性有直线、等百分比和快开三种。它们基本上能满足绝大多数控制系统的要求。快开特性适用于双位控制和程序控制系统。调节阀阀流量特性的选择实际上是指直线和等百分比特性的选择。

选择方法大致可归结为理论计算方法和经验法两类。但是，这些方法都较复杂，工程设计多采用经验准则，即从控制系统特性、负荷变化和阀阻比 S 值大小三个方面综合考虑，选择调节阀流量特性。

(1)从改善控制系统控制质量考虑。线性控制回路的总增益，在控制系统整个操作范围内应保持不变。通常，传感器的转换系数和已整定好的控制器的增益是一个常数。但有的被控对象特性却往往具有非线性特性。例如，对象静态增益随操作条件、负荷大小而变化。因此，可以适当选择调节阀特性，以其放大系数的变化补偿对象增益的变化，使控制系统总增益恒定或近似不变，从而改善和提高系统的控制质量。例如，对于增益随负荷增大而变小的被控对象应选择放大系数随负荷增加而变大的调节阀特性。如匹配得当，就可以得到总增益不随负荷变化的系统特性。等百分比特性调节阀正好满足上述要求，因而得到广泛采用。

(2)从配管状况(S_{100}值大小)考虑。调节阀总是与设备、管道串联使用，其工作流量特性不同于理想流量特性，必须首先根据被控对象特性选择希望的工作流量特性，然后考虑工艺配管状况，最后确定阀门的流量特性。表 4－4－1 可供选用时参考。

表 4－4－1　配管状况与阀门工作流量特性关系

配管状况	$0.6 \leqslant S_{100} < 1$		$0.3 \leqslant S_{100} < 0.6$		$S_{100} < 0.3$
阀门工作流量特性	直线	等百分比	直线	等百分比	不适宜控制
阀门理想流量特性	直线	等百分比	等百分比	等百分比	

由表 4－4－1 可以看出，当阀阻比 $0.6 \leqslant S_{100} < 1$ 时，调节阀理想流量特性与希望的工作流量特性基本一致；但在阀阻比 $0.3 \leqslant S_{100} < 0.6$ 时，如果希望的工作流量特性为直线型，则考虑配管状况(S_{100}值大小)后，应选择理想流量特性为等百分比特性的调节阀。

对于被控对象特性尚不十分清楚的情况，建议参考表 4－4－2 的选择原则，确定调节阀流量特性。

表 4－4－2　调节阀理想流量特性选择原则

	直线特性	等百分比特性
$S_n = \dfrac{\Delta p_n}{\sum \Delta p} > 0.75$	①液位定值控制系统 ②主要扰动为设定值的流量温度控制系统	①流量、压力、温度定值控制系统 ②主要扰动为设定值的压力控制系统
$S_n = \dfrac{\Delta p_n}{\sum \Delta p} \leqslant 0.75$		各种控制系统

注：Δp_n 为正常流量时的阀门压降；$\sum \Delta p$ 为管道系统总压降，S_n 为正常阀阻比。

5)调节阀口径的确定

调节阀口径的选择非常重要，直接影响工艺生产的正常运行、控制质量及生产的经济效果。选择口径过小，则调节阀最大开度下达不到工艺生产所需的最大流量；选择口径过大，则正常流量下调节阀总是工作在小开度下，阀门的调节特性不好，严重时可导致系统不稳定。另外，还会增加设备投资，造成资金浪费。因此必须根据工艺参数认真计算口径，选择合适的调节阀。

目前选定调节阀口径的通用方法是流通能力法(简称 C 值法)。因此调节阀口径的选择实质上就是根据特定的工艺条件(即给定的介质流量、阀门前后的压差及介质的物性参数)进行流量系数 C 值的计算，然后再按 C 值选择调节阀的口径，使得通过调节阀的流量满足工艺要求的最大流量且留有一定的裕量。

该方法首先利用给定的条件和参数，计算出最大流量系数 C_{max}，并对其进行圆整；然后根据圆整后的额定流量系数 C_{100} 的值，查表 4－2－1 决定阀门的口径（公称直径 D_g 和阀座直径 d_g）；最后再对选定的阀门进行开度和可调比验算。调节阀口径选定的具体步骤如下。

（1）确定计算流量系数需要的主要数据。为了计算出流量系数 C 的值，必须首先确定所需的各项参数，如正常流量 Q_n、正常阀压降 Δp_n、正常阀阻比 S_n、最大流量 Q_{max} 和最小流量 Q_0、流体密度 ρ 及其他修正系数等。

Q_n 是工艺装置在额定工况下稳定运行时流经调节阀的流量，用来计算阀门的正常流量系数 C_n。Q_{max} 是计算最大流量系数 C_{max} 的一个重要参数，它通常为工艺装置运行中可能出现的最大稳定流量的 1.15～1.5 倍。最大流量与正常流量之比 $n=Q_{max}/Q_n$ 不应小于 1.25。当然，也可由工艺装置的最大生产能力直接确定 Q_{max}。

Δp_n 是指正常流量时调节阀两端的压降。阀压降 Δp 的确定关系到阀径计算选定的正确性、控制特性的好坏和设备动力消耗的经济性。阀压降对于简单的压力、液位控制系统较容易确定，对复杂的控制系统必须使用计算机求得或用实验确定。当没有条件仔细计算阀压降 Δp 时，也可以根据工艺管道的直径 D 来估算阀门的公称直径 D_g，一般可等于或小于管道直径 D 的 0.5～0.75 倍。但这时工艺管道内流体的流速最好不要超过表 4－4－3 所示范围。

表 4－4－3　管道内流体的正常流速

流体名称	流速 v/(m/s)
液体	[1,2)
低压气体	[2,10)
中压气体	[10,20)
低压蒸汽	[20,40)
中压蒸汽	[40,60)
高压蒸汽	[60,80]

S_n 则为正常阀压降与管道系统总压降之比，即 $S_n=\Delta p_n/\sum\Delta p$。

（2）求调节阀应具有的最大流量系数 C_{max}。如果工艺能提供最大流量 Q_{max} 和在计算最大流量时的阀压降 Δp_{max} 等数据时，则可直接按表 4－2－2 中的公式计算最大流量系数 C_{max} 的值。

如果工艺提供的流量为正常流量 Q_n 和在正常流量条件时阀压降 Δp_n 等数据时，则根据表 4－2－2 中的公式计算得到的流量系数 C 即为正常流量系数 C_n 的值。它与 C_{max} 的关系如下

$$C_{max}=mC_n \tag{4-4-1}$$

式中，m 为流量系数放大倍数，它由下式确定

$$m=n\sqrt{S_n/S_{max}} \tag{4-4-2}$$

其中 S_{max} 为计算最大流量时的阀组比，$n=Q_{max}/Q_n$。

对于调节阀上下游均有恒压点的场合

$$S_{max}=1-n^2(1-S_n) \tag{4-4-3}$$

对于装在风机或离心泵出口的调节阀，其下游有恒压点的场合

$$S_{max}=\left[1-\frac{\Delta h}{\sum \Delta p}\right]-n^2(1-S_n) \tag{4-4-4}$$

式中，Δh 为流量由正常流量增大到计算最大流量时风机或泵出口压力的变化值。

(3)对最大流量系数 C_{max} 进行圆整确定额定流量系数 C_{100}。根据选定的调节阀类型，在该系列调节阀的各额定流量系数中，选取不小于并最接近最大流量系数 C_{max} 的一个作为选定的额定流量系数，即 C_{100}。

(4)选定调节阀的口径。根据与上述选定的额定流量系数 C_{100} 值，利用表 4-2-1 确定与其相对应的调节阀的公称直径 D_g 和阀座直径 d_g。

(5)验算调节阀的相对开度。由于在选定 C_{100} 值时是根据标准系列进行圆整后确定的，故需要对计算时的最大流量 Q_{max} 进行开度验算。调节阀工作时其相对开度 l 应处于表 4-4-4 所示范围。

表 4-4-4　调节阀相对开度范围

	阀门相对开度 l/%	
阀门特性	直线特性	等百分比特性
最大流量	80	90
最小流量	10	30

阀门的最小开度不能太小，否则流体对阀芯、阀座冲蚀严重，容易损坏阀芯，致使特性变坏，甚至调节失灵；最大开度也不能过小，否则会将调节范围缩小，使得阀门口径偏大，调节特性变差，不经济。

对于直线特性调节阀，其相对开度 l 的验算公式为

$$l\approx C/C_{100} \tag{4-4-5}$$

对于等百分比特性的调节阀，其相对开度 l 的验算公式为

$$l=1+\frac{1}{\lg R}\lg\frac{C}{C_{100}} \tag{4-2-6}$$

式中，R 为调节阀的可调范围，目前国产阀一般为 30，也有 50 的，但很少使用。

(6)验算调节阀的可调比。串联管系中工作的调节阀可以通过式(4-2-46)，即 $R_s=R_i\sqrt{S_{100}}$，验算其可调比。其中，对于调节阀上下游均有恒压点的场合

$$S_{100}=\frac{1}{1+\left(\frac{C_{100}}{C_n}\right)^2\left(\frac{1}{S_n}-1\right)} \tag{4-2-7}$$

对于装在风机或离心泵出口的调节阀，其下游有恒压点的场合

$$S_{100}=\frac{1-\dfrac{\Delta h}{\sum\Delta p}}{1+\left(\dfrac{C_{100}}{C_{n}}\right)^{2}\left(\dfrac{1}{S_{n}}-1\right)} \tag{4-2-8}$$

3. 过程控制阀门口径计算流程框图即计算举例

鉴于调节阀口径计算的工作量大且繁琐，所以可以通过编程来计算。具体的编程流程框图见图 4-4-1(液体介质)和图 4-4-2(气体介质)。

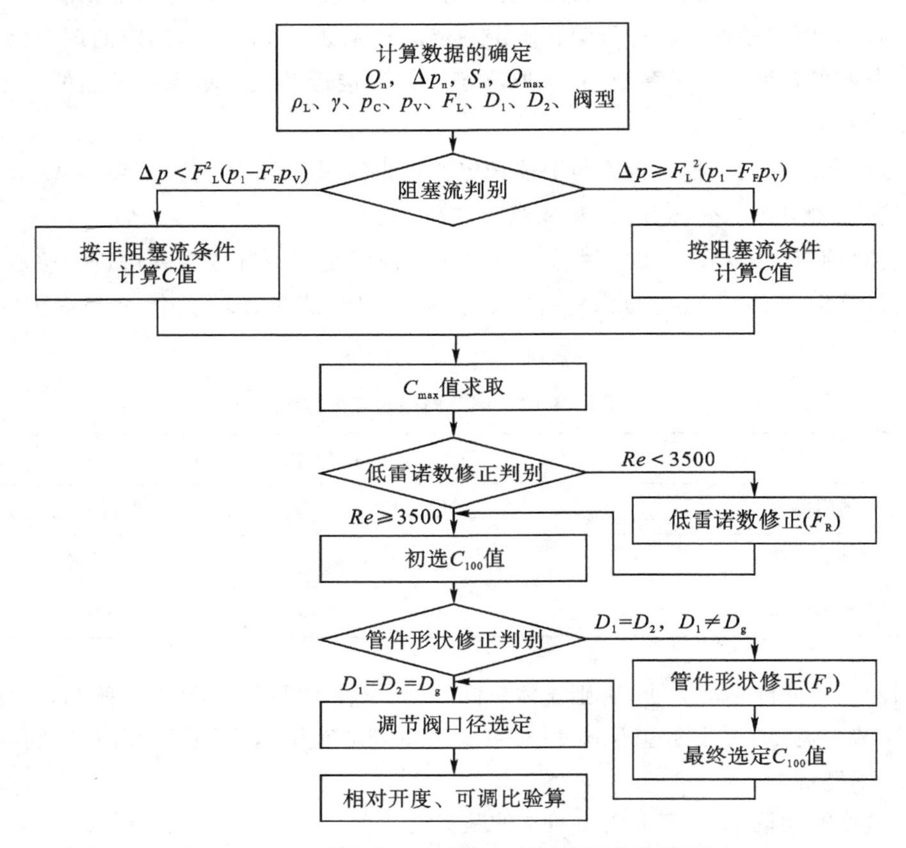

图 4-4-1 液体介质调节阀口径计算程序流程框图

注释：图 4-4-1 中涉及的变量说明如下。

(1)Q_{max}——最大体积流量(m^3/h)或 W_{max}——质量流量(kg/h)；

(2)Q_n——正常体积流量(m^3/h)或 W_n——质量流量(kg/h)；

(3)Δp_n——常情况下阀压降(kPa)；

(4)p_1——阀前绝对压力(kPa)；

(5)S_n——正常阀阻比；

(6)ρ_L——液体密度(g/cm^3)；

(7)γ——液体的运动黏度(m^2/s)；

(8)p_c——介质的临界压力(kPa)；

(9) p_v——阀入口温度下介质饱和蒸汽压力(kPa)；

(10) F_L——压力恢复系数；

(11) D_1、D_2——阀上、下游管道直径(mm)。

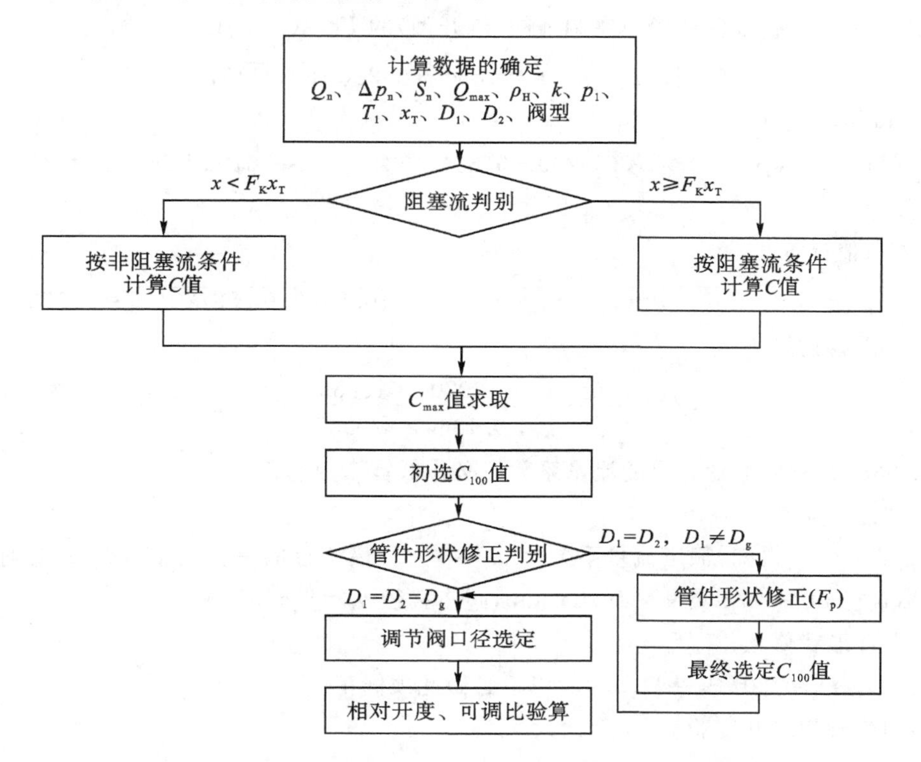

图 4-4-2　气体介质调节阀口径计算程序流程框图

注释：图 4-4-2 中涉及到的变量说明如下。

(1) Q_{max}、Q_n——最大、正常体积流量(m^3/h)；

(2) Δp_n——正常情况下阀压降(kPa)；

(3) p_1——阀前绝对压力(kPa)；

(4) S_n——正常阀阻比；

(5) ρ_H、ρ_s——标准状态下(273 K，100 kPa)气体、蒸汽密度(kg/m^3)；

(6) Z——气体压缩系数；

(7) k——气体绝热指数(等熵指数)；

(8) x_T——临界压差比；

(9) T_1——介质入口温度(K)；

(10) D_1、D_2——阀上、下游管道直径(mm)。

下面通过两个计算案例来说明阀门口径的计算过程。

案例 4-4-1　某控制系统拟选用一台直线特性气动直通单座调节阀(流开型)。

已知：流体为液氨，最大计算流量条件下的数据为 $p_1=26200$ kPa，$\Delta p=24500$ kPa，$Q_L=$

10.86 m^3/h，$\rho_L=0.58\ g/cm^3$，$\gamma=0.1964\times10\sim6\ m^2/s$，$D_1=D_2=20$ mm。

计算：由液体理化数据手册查得 $p_c=11378$ kPa，$p_v=1621$ kPa。

(1)阻塞流判别

由表 4-2-3 查得柱塞形单座调节阀(流开型)的 $F_L=0.9$，则

$$F_F=0.96-0.28\sqrt{p_v/p_c}=0.96-0.28\sqrt{1621/11378}=0.85$$

产生阻塞流最小压降

$$\Delta p_{cr}=F_L^2(p_1-F_F p_v)=0.9^2\times(26200-0.85\times1621)\ \text{kPa}=20106\ \text{kPa}<\Delta p=24500\ \text{kPa}$$

故为阻塞流。

(2)C_{max}值计算

$$C_{max}=10Q_L\sqrt{\rho_L/(F_L^2(p_1-F_F p_v))}=10\times10.86\times\sqrt{0.58/20106}=0.583$$

(3)低雷诺数修正

$$Re=70700\frac{Q_L}{\gamma\sqrt{C_{max}}}=\frac{70700\times10.86}{0.1964\times\sqrt{0.583}}=5.12\times10^6$$

由于 $Re>3500$，故以上计算出的流量系数不必作低雷诺数修正。

(4)初选 C_{100} 值

查表 4-2-1 得知，额定流量系数比 0.583 大且最接近的一个为 $C_{100}=0.8$，对应的单座阀公称直径 $D_g=3/4$ 英寸 $=19.05$ mm，阀座直径 $d_g=8$ mm。

(5)管件形状修正

因为 $D_1/D_g=20/19=1.05$，所以不必做此项修正。

(6)调节阀相对开度验算

调节阀为直线特性，最大流量时的相对开度 $l_{max}\approx\dfrac{C_{max}}{C_{100}}=\dfrac{0.583}{0.8}\approx73\%<80\%$，可满足要求。

(7)调节阀可调比验算

由于没有提出 Q_{max}/Q_{min} 的要求，对调节阀的可调比不做验算。

案例 4-4-2 某蒸汽厂选择气动单座调节阀(流开型)。

已知：流体为过热蒸汽，正常流量条件下的数据为 $p_1=1500$ kPa，$\Delta p=100$ kPa，$T_1=368$ ℃，$W_s=400$ kg/h，$\rho_s=5.09\ kg/m^3$，$S_n=0.48$，$n=1.25$，$D_1=D_2=50$ mm，$Q_{max}/Q_{min}=10$。

计算：由气体理化数据手册查得 $k=1.29$。

(1)阻塞流判别

由表 4-2-3 查得柱塞形单座调节阀(流开型)的 $x_T=0.72$，则 $F_K=\dfrac{k}{1.4}=\dfrac{1.29}{1.4}=0.92$，$F_K x_T=0.92\times0.72=0.66$，$x=\Delta p/p_1=100/1500=0.067$。因为 $x<F_K x_T$，故为非阻塞流。

(2)C_n 值计算

$$Y=1-\frac{x}{3F_K x_T}=1-\frac{0.067}{3\times0.66}=0.97,$$

$$C_n=\frac{W_s}{3.16Y}\sqrt{\frac{1}{xp_1\rho_s}}=\frac{400}{3.16\times0.97}\times\sqrt{\frac{1}{0.067\times1500\times5.09}}=5.77。$$

(3) C_{max}值计算

$S_{max}=1-n^2(1-S_n)=1-1.25^2\times(1-0.48)=0.1875$，$m=n\sqrt{S_n/S_{max}}=1.25\times\sqrt{0.48/0.1875}=2$，$C_{max}=mC_n=2\times5.77=11.54$。

(4) 口径选定

由表 4-2-1 中选 $C_{100}=12$，对应的调节阀口径 $D_g=d_g=32$ mm。

(5) 管件形状修正

因为 $D_1/D_g=50/32=1.6$，所以对单座阀，可不必作此项修正。

(6) 调节阀相对开度验算

对于等百分比特性的调节阀，其正常流量和最大流量时的相对开度分别为

$l=1+\frac{1}{\lg R}\lg\frac{C_n}{C_{100}}=1+\frac{1}{\lg30}\lg\frac{5.77}{12}=78\%$，$l_{max}=1+\frac{1}{\lg R}\lg\frac{C_{max}}{C_{100}}=1+\frac{1}{\lg30}\lg\frac{11.54}{12}=98.8\%$，基本满足要求，但最大流量时的相对开度接近100%，有些偏大，90%以内为宜。

(7) 调节阀可调比验算

假设调节阀上下游均有恒压点，则

$$S_{100}=\frac{1}{1+\left(\frac{C_{100}}{C_n}\right)^2\left(\frac{1}{S_n}-1\right)}=\frac{1}{1+\left(\frac{12}{5.77}\right)^2\times\left(\frac{1}{0.48}-1\right)}=0.176,$$

$$R_s=R_i\sqrt{S_{100}}=30\times\sqrt{0.176}=12.6,$$

可满足 $Q_{max}/Q_{min}=10$ 的要求。

关于各种调节阀的特性比较，可参阅表 4-4-5。

表 4-4-5　各种调节阀特性比较一览表

比较项目	直通单座阀	直通双座阀	三通阀	角形阀	蝶　阀	隔膜阀	球　阀
额定流量系数 C_{100}	0.08～110	10～1600	8.5～1360	0.04～630	—	8～1200	10～1600
公称直径/mm	$\frac{1}{4}$″，$\frac{3}{4}$″～300	25～300	25～300	6～200	50～1600	15～20	25～300
公称压力/MPa	1.6、4.0、6.4、10、16	1.6、4.0、6.4	1.6、4.0、6.4	1.6、4.0、6.4、10、22、32	0.1、0.6、2.5、4.0、6.4	0.6～1.0	1.6、4.0、6.4、10、16
工作温度/℃	−20～+250 −60～+650 −60～+550 −60～+250	−20～+250 −60～+450 −60～+550 −60～+250	−20～+250 −60～+450 −60～+550	高压阀 −20～+250 普通阀 −20～+250 −60～+450 −60～+550	−20～+250 −20～+450 −60～+550		−20～+250 −60～+450 −60～+550 −60～+250

续表

比较项目		直通单座阀	直通双座阀	三通阀	角形阀	蝶 阀	隔膜阀	球 阀
材质	阀体	铸铁 HT_{20-40} 铸钢 2G25B 铸不锈钢 2G1Cr18Ni9			铸铁 HT_{20-40} 铸钢 2G25B 铸、锻不锈钢 (2G1Cr18Ni9)	铸铁 铸不锈钢	铸铁	铸铁 铸钢 铸不锈钢
	阀芯	1Cr18Ni9			1Cr18Ni9			1Cr18Ni9
流量特性		两位式、 直线、等 百分比	直线、等 百分比	直线、抛 物线	直线、抛 物线	转角<70°, 近似等百 分比	行程<60%, 近似直线	转角<90° 直线、等百 分比
可调比		30∶1	30∶1	10∶1	30∶1	10∶1	10∶1	30∶1
泄漏量 $C\times100$		<0.01	<0.1	<0.1	<0.01	<2.5	极微	<0.01
使用场合	一般	好	好	好	好	一般	不好	好
	高差压	不好	一般	不好	好	不好	不好	好
	高黏度	不好	不好	不好	好	一般	好	一般
	含悬浮物	不好	不好	不好	好	不好	好	好
	腐蚀流体	不好	不好	不好	不好	不好	好	不好
	有毒流体	不好	不好	不好	不好	不好	一般	不好
	闪蒸	不好	不好	不好	好	不好	不好	好
	真空	不好	不好	不好	不好	不好	一般	好
	汽蚀	不好	不好	不好	好	不好	不好	好

4.4.2 过程控制阀门的控制方法

本小节主要介绍过程控制工程中最常用的气动阀门和电动阀门的控制方法。

1. 气动阀门控制方法

对于以电磁阀为执行部件的气动开关阀，在 DCS 控制系统中，对其控制一般只需要 1 个 DO 信号和 2 个 DI 信号。其中，DO 信号用来控制气动开关阀的开关动作，如高电平为开阀、低电平为关阀；DI 信号作为反馈信号，反映阀门的全开状态和全关状态。当两个 DI 信号同时为高电平(既处于全开状态，又处于全关状态)时，说明阀门执行器出现了故障；当两个 DI 信号同时为低电平(既不是处于全开状态，也不是处于全关状态)时，说明阀门被卡住，需要进行处理，或者阀门执行器出现了故障。

对于以电-气阀门定位器为执行部件的气动调节阀，在 DCS 控制系统中，对其控制一般只需要 1 个 AO 信号即可，如控制器发出 4～20 mA(直流)电流信号。电-气阀门定位器接收到这一电流信号之后，首先将其转化成 20～100 kPa 的压力信号，驱动阀门动作，对应于阀门的全关到全开。由于 4～20 mA(直流)电流信号与阀门的 0～90°转角(或零到满程)之间一般具有良好的线性对应关系，所以往往不再需要配置阀位反馈信号，即省去 1 个 AI 信号。

气动开关阀和气动调节阀在 DCS 控制系统中的控制信号连接示意图如图 4-4-3 所示。

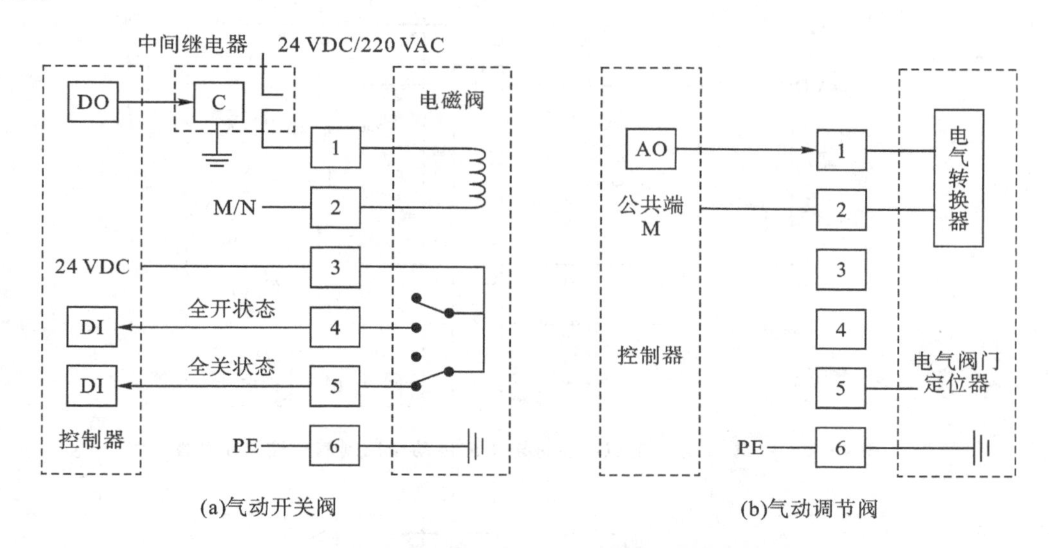

图 4-4-3 气动开关阀和气动调节阀控制信号连接示意图

2. 电动阀门控制方法

尽管电动控制阀门有开关阀和调节阀之分，但因其执行机构的组成几乎完全相同，所以控制方式也十分类似。

对于基于异步电机的普通电动开关阀和调节阀，一般只需要 2 个 DO 信号和 2 个 DI 信号。其中，DO 信号用于开阀和关阀，DI 信号作为反馈信号，同电磁阀一样，反映阀门的全开状态和全关状态。因此，这类执行机构通常称作“四开关”执行器。由于阀门的动作是脉冲驱动的，即每发 1 个正脉冲，阀门就正向旋转 1 单位角度，反之，每发 1 个负脉冲，阀门就反向旋转 1 单位角度，所以阀门的开度未知。为了获知阀门开度，需要通过电位器进行在线测量，这时需要 1 个 AI 信号。对于基于步进电机的高精度电动调节阀，其控制方式同上述基于异步电机的普通电动调节阀一样，只需要 2 个 DO 信号和 2 个 DI 信号，但一般都会配置 1 个 AI 信号(电压信号)，用于阀位反馈信号输入。这两类电动阀门控制信号连接示意图如图 4-4-4 所示。

对于基于伺服电机的高精度电动调节阀，一般接收 4～20 mA(直流)电流信号，对应的控制信号是 1 个 AO 信号和 1 个 AI 信号。其中 AO 信号用于控制阀门的开度，AI 信号用于阀位反馈信号输入，对应的控制信号连接示意图如图 4-4-5 所示。

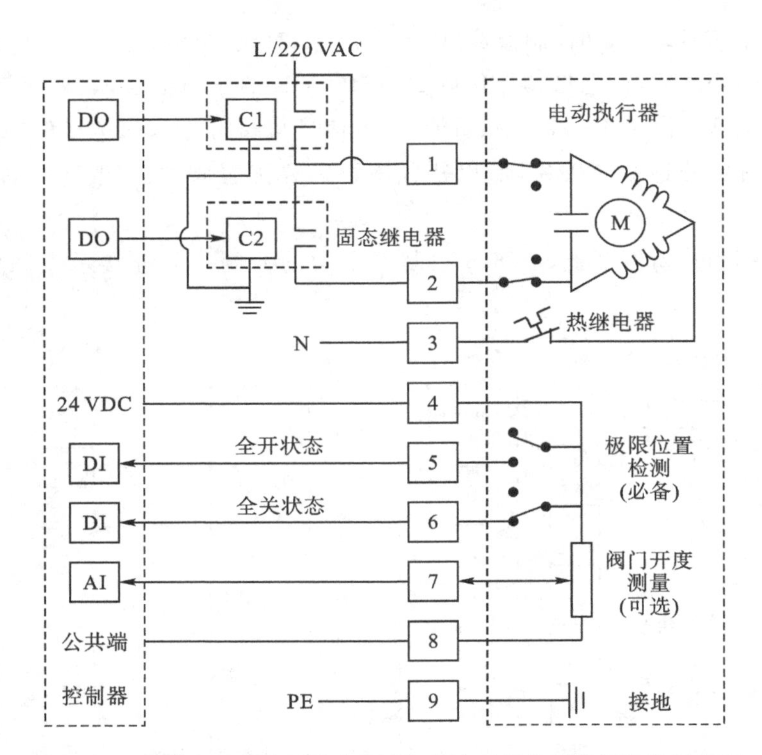

图 4-4-4 基于异步电机和步进电机的电动阀控制信号连接示意图

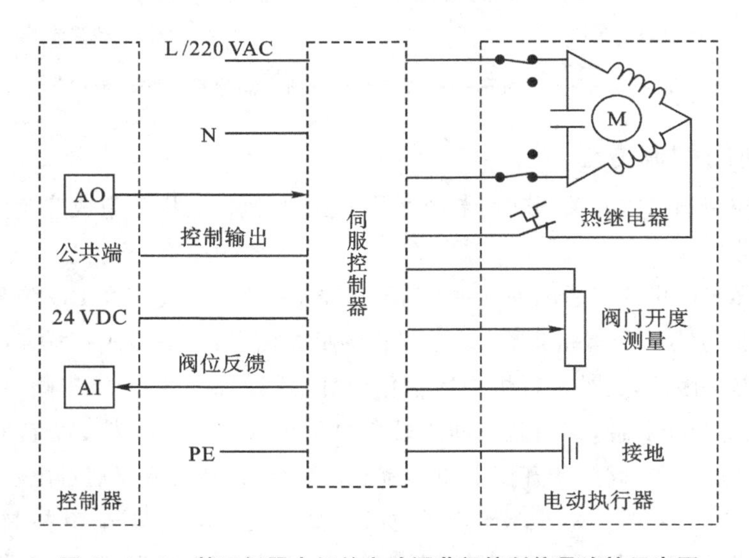

图 4-4-5 基于伺服电机的电动调节阀控制信号连接示意图

4.5 电机的运行原理及工作特性

过程控制实践中,电机是风机、泵及电动阀、电磁阀等执行机构的动力来源,因为其具有控制精准、安装接线方便等优点而得到广泛应用。对于需要精确定位控制的场合,常用步进电机和伺服电机配以相应的驱动器；对于需要准确控制转速的场合，常用的是交流异步电机配以变频器。DCS 系统只需要给驱动器或变频器控制信号，就可以控制电机运行；同时，DCS 获取运转状态信号以判断是否运转到位。本小节主要讲述直流电机、三相异步电机、单相异步电机、伺服电机和步进电机的工作原理，并以最常用的三相异步电机为例，讲述其常用的起动、调速和电气控制方法。尽管直流电机在过程控制实践中应用较少，但为了更好地理解三相异步电机的工作原理，这里依然对其工作原理做比较详细的介绍。

4.5.1　直流电机的运行原理及工作特性

1. 直流电机的基本结构和工作原理

直流电机的起动转矩大，调速性能优于交流电机。因此，在对调速性能和起动性能要求较高的生产机械上，大都使用直流电机进行拖动。然而，直流电机的制造工艺复杂，生产成本较高，维护较困难，可靠性较差。所以，在现代工业的拖动系统中，直流电机与交流电机“各得其所”。

直流电机的基本结构如图 4-5-1 所示。要实现机电能量转换，电路和磁场之间必须有相对运动，所以旋转电机必须具备静止部件和转动部件两大部分，且静止和转动部分之间要有一定的间隙（也称气隙）。直流电机的静止部分称为定子，作用是产生励磁磁场，由主磁极、换向极、机座和电刷装置等组成；转动部分称为转子（通常也称电枢），作用是产生电磁转矩和感应电动势，由电枢铁心和电枢绕组、换向器、轴及风扇等组成。

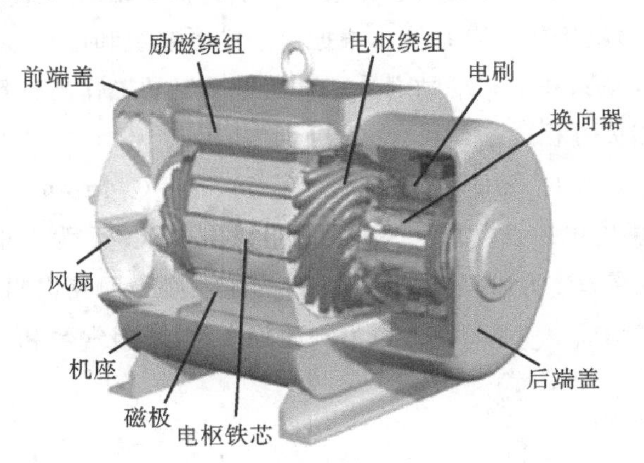

图 4-5-1　直流电机结构示意图

直流电机的工作原理是建立在毕-萨（毕奥-萨伐尔）电磁定律基础之上的，其基本工作原理如图 4-5-2 所示。图中，在电机轴上安装一对由互相绝缘的铜质金属片（也叫换向片）制成的换向器，换向器与电枢绝缘，并随电枢一起旋转。线圈边 ab 的 a 端与线圈边 cd 的 d 端分别接在换向器的两个换向片上，换向器又分别与两个固定不动的由石墨制成的电刷 A 和电刷 B 相接触。安装这种换向器以后，若将直流电压施加于电刷 A、B 两端，则直流电流经电刷流过电枢上的线圈 $abcd$，载流线圈 $abcd$ 在垂直的磁场中会产生一种电磁力，电磁力的方向可以用左手定则来判断，电枢便会在由电磁力产生的电磁转矩的作用下旋转起来。电枢一经转动，由于换向器配合电刷对电流的换向作用，直流电流交替地由线圈边 ab 和 dc 流入，使线圈边只要处于 N 极下，其中通过电流的方向总是由电刷 A 流入的方向，而在 S 极下时，总是从电刷 B 流出的方向。由此保证了每个磁极下线圈边中的电流始终是一个方向，这就可以使电机连续地旋转。

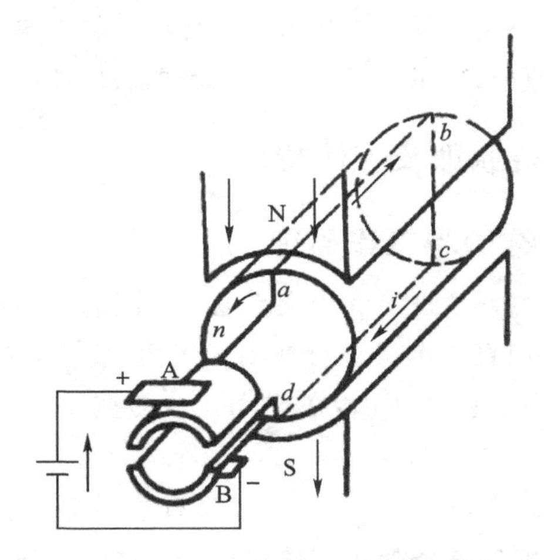

图 4－5－2　直流电机工作原理示意图

2. 直流电机的工作特性

直流电机运行时，定子励磁磁场由直流电源产生。就其磁场的激励情况而言，直流电机是一种定子和转子双边励磁的机电系统。根据定子励磁绕组和电枢线圈绕组供电方式的不同，直流电机有他励、串励、并励和复励之分。直流电动机的工作特性因励磁方式不同，差别很大。稳态运行时，相关方程式和计算公式有

$$U_a=E_a+R_aI_a, U_f=R_fI_f, E_a=C_e\Phi n, T_e=C_T\Phi I_a, \Phi=K_fI_f$$

其中，U_a 为电枢绕组供电电压；U_f 为定子励磁绕组供电电压；E_a 为电枢线圈感应电动势；T_e 为电磁转矩；Φ 为磁通量；R_a 为电枢回路电阻；R_f 为定子励磁回路电阻；I_a 为电枢回路电流；I_f 为定子励磁回路电流；C_e、C_T 和 K_f 分别为电动势常数、转矩常数和比例系数(对于一固定电机，它们皆为常数)。

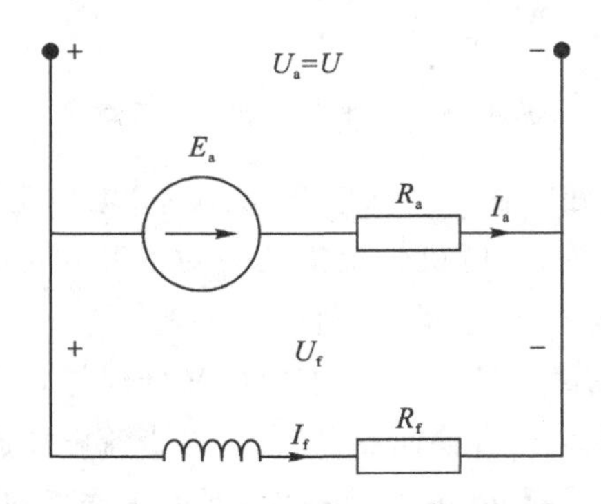

图 4－5－3　并励电机等效电路示意图

对于并励直流电动机，其等效电路示意图如图 4－5－3 所示。由于 $U_a=U_f=U$（其中 U 为供电电压），其转速特性表达式为

$$n=\frac{U_a}{C_e\Phi}-\frac{R_a}{C_e\Phi}I_a=\frac{U}{C_e\Phi}-\frac{R_a}{C_e\Phi}I_a=n_0-\beta I_a \qquad (4-5-1)$$

其中，$n_0=\frac{U}{C_e\Phi}=\frac{R_f}{C_eK_f}$为理想空载转速；$\beta=\frac{R_a}{C_e\Phi}$为转速特性的斜率。对应的转速特性、转矩特性和效率特性曲线如图 4－5－4 所示。图中 I_{aN} 为额定电枢电流。可以看出，通过通断电枢回路可以起停直流电机，通过调节电枢电流就可以调节直流电机的转速。

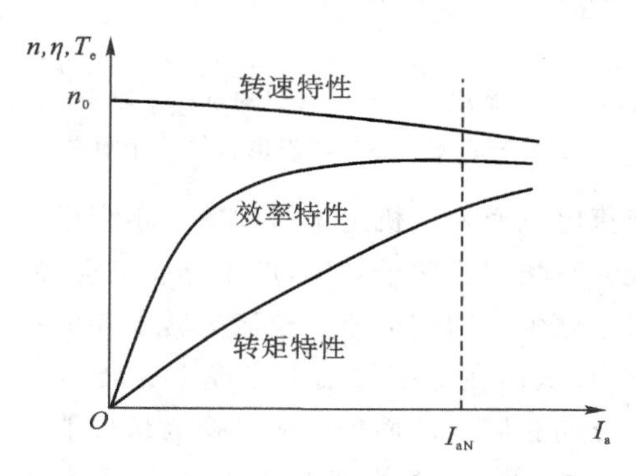

图 4－5－4 并励电机工作特性示意图

4.5.2 三相异步电机的运行原理及工作特性

直流电机是一种双边励磁电机，通过一种静止的磁场与以传导方式通入电枢绕组中的电流的相互作用来产生一种恒定方向的电磁转矩，而三相异步电机是一种单边励磁电机，通过一种定子旋转磁场与由这种旋转磁场借助于感应作用在转子绕组内所感应的电流的相互作用来产生电磁转矩。因此，三相异步电机实现机电能量转换的前提是怎样产生一种旋转磁场，即产生一种极性和大小不变且以一定转速旋转的磁场。

异步电动机在工农业、交通运输、国防工业以及其他各行各业中应用非常广泛。同其他种类电机相比，异步电机具有结构简单、制造方便、运行可靠、价格低廉等优点，特别是和同容量的直流电机相比，异步电机的重量约为直流电机的一半，而其价格仅为直流电机的 1/3。

1. 三相异步电机的基本结构和工作原理

工业上最常用的异步电机是三相鼠笼式异步电机。和直流电机一样，三相异步电机主要也由静止的定子和转动的转子两大部分组成，如图 4－5－5 所示。定子与转子之间有一个较小的气隙。其中，定子部分主要由定子铁心、定子绕组和机座组成，转子部分主要由转子铁心、转子绕组和转轴组成。定子铁芯内圆上分布有一定数量的槽，在槽中嵌放有三相对称绕组线圈（各相差 120°电角度），在转子铁芯里镶嵌有均匀分布的鼠笼形状的导电铜条或铝条（这也是鼠笼电机得名的原因），导条两端分别用铜环把它们连接成一个整体。

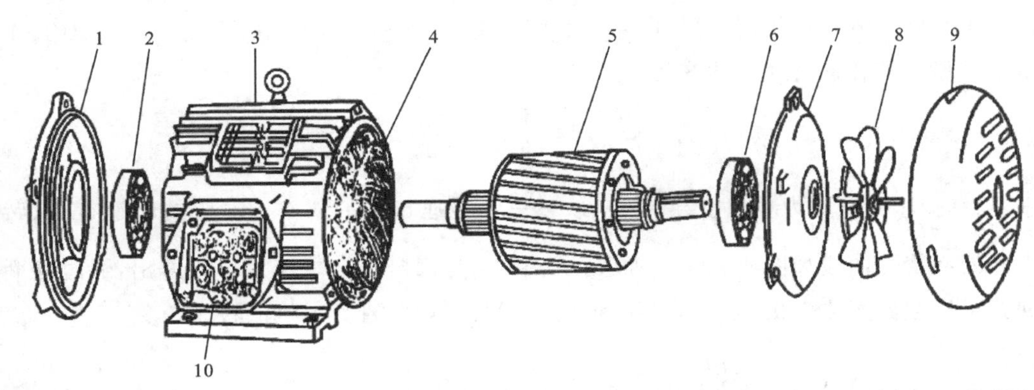

1—端盖;2—轴承;3—机座;4—定子绕组;5—转子;6—轴承;7—端盖;8—风扇;9—风罩;10—接线盒。

图 4-5-5　三相异步电机结构示意图

当对称的三相正弦交流电流通入电机定子对称的三相绕组时,便能产生一个大小不变、转速一定的旋转磁场。旋转磁场切割转子导体,产生感应电动势(故异步电机也称为感应电机),进而在转子闭合绕组中感生出感应电流。载流的转子导体在旋转磁场中又因切割交变磁场的磁力线而产生电磁力,从而在电机转轴上形成电磁转矩,驱动电机转子同向旋转(即电机旋转方向与旋转磁场方向相同),从而把电能转换为机械能。

下面通过如图 4-5-6 所示的一个小实验来进一步解释上述交流异步电机的工作原理。将一个可绕中心轴自由转动的金属框放置在蹄形永久磁铁的两磁极之间,永久磁铁架装在支架上,并装有手柄。摇动手柄使永久磁铁环绕金属框旋转,这时会看到金属框也随着磁铁的旋转而转动起来。事实上,金属框的转动就是由旋转磁场产生的电磁力驱动的。

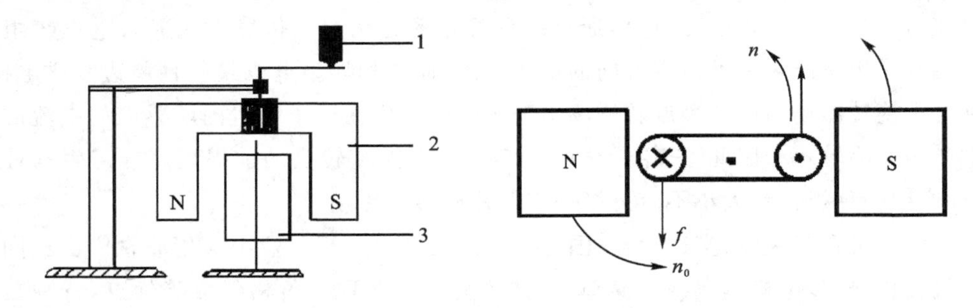

1—手柄;2—蹄形磁铁;3—金属。

图 4-5-6　旋转磁场对金属框的影响实验装置及原理示意图

2. 三相异步电机的转速与运行状态

由以上分析可知,异步电机的电磁转矩是由定子主磁通和转子电流相互作用产生的。在定子上的对称三相绕组中通以对称的三相交流电流,便能产生旋转磁动势及相应的旋转磁场,这种旋转磁场以一定转速(常称为同步转速 n_s,等同于直流电机的理想空载转速 n_0)切割闭合转子绕组,则在闭合转子绕组中感应出电动势及电流,该转子感应电流同样也产生一个感生磁场,这个磁场与定子旋转磁场相互作用,产生电磁转矩(转矩的大小由感生电流的大小来确定),驱动转子旋转。

一般情况下,异步电机的转子转速 n 不能达到定子旋转磁场的同步转速 n_s,总是略小于

n_s，这是由于异步电机转子导条上之所以能受到一种电磁转矩，关键在于导条与旋转磁场之间存在一种相对运动而发生电磁感应作用，并感应出电流，从而产生电磁力的缘故。如果异步电机转子转速 n 达到同步转速 n_s，则旋转磁场与转子导条之间不再有相对运动，因而不可能在导条内感应产生电动势，也不会产生电磁转矩来拖动机械负载。因此，异步电动机的转子转速 n 总是略小于旋转磁场的同步转速 n_s，即与旋转磁场“异步”地转动，异步电机也由此而命名。转速 n_s 与 n 之差称之为转差，转差 n_s-n 的存在是异步电机运行的必要条件。

三相异步电机的同步转速 n_s 与电源频率 f_1 成正比，与定子的极对数 P 成反比，具体为

$$n_s=\frac{60f_1}{P} \tag{4-5-2}$$

我国电源标准频率规定为 50 Hz，而电机的磁极对数为整数，因此，当 $P=1$ 时，$n_s=3000$ r/min，$P=2$ 时，$n_s=1500$ r/ min。

三相交流电机可分为三相异步电机和同步电机。二者的定子侧几乎无区别，主要区别表现为转子磁场的产生方式。同步电机是一种定子边用交流电流励磁以建立旋转磁场，转子边用直流电流励磁构成旋转磁极的双边励磁的交流电机，其工作原理就是旋转磁场以磁拉力拖着旋转磁极以同样的速度(同步转速 n_s)同向“同步”地旋转，定子和转子之间没有相对运动，所以谓之同步电机。当然，对于永磁同步电机，其转子本身就是一块永磁铁，不再需要通过直流电流进行励磁了。

同步电机的转速与所接电网的频率之间存在一种严格不变的关系，但异步电机并不存在此种关系。通常用转差率 s 来描述异步电机定子旋转磁场转速与转子闭合线圈转速之间的差异，其定义为上述转速差 n_s-n 与同步转速 n_s 之比，即

$$s=\frac{n_s-n}{n_s}\times 100\% \tag{4-5-3}$$

转差率 s 是异步电机的一个基本参量。一般情况下，异步电机的转差率变化不大，空载转差率在 0.5%以下，满载转差率在 5%以下。处于恒稳态的转差率与电机负载有关系。它受电源电压的影响，如果负载较低，则转差率较小，如果电机供电电压低于额定值，则转差率增大。

在电机运转过程中，转子电流频率 f_2 为电源频率 f_1 乘以转差率，即 $f_2=sf_1$，并称之为转差频率。当电动机启动时，转子电流频率处于最大值，等于定子电流频率。随着电机转速的增加，转子电流频率会逐步降低。

对于异步电机，改变电机的旋转方向可以通过改变电源的相序来实现，即交换通入电机的三相电压，接到电机端子中任意两相即可。

如果用一台原动机或者由其他转矩(如惯性转矩、重力所形成的转矩)去拖动异步电机，使它的转速超过同步转速，这时在异步电机中的电磁情况就会发生改变。因 $n>n_s$、$s<0$，旋转磁场切割转子导条的方向相反，导条中的感应电动势与电流方向都会反向。根据左手定则所决定的电磁力及电磁转矩方向都与旋转磁场和转子的旋转方向相反。这种电磁转矩是一种制动性质的转矩，如图 4-5-7(c)所示。这时原动机就对异步电机输入机械功率，通过电磁感应由定子向电网输送电功率，电机处于发电机状态。

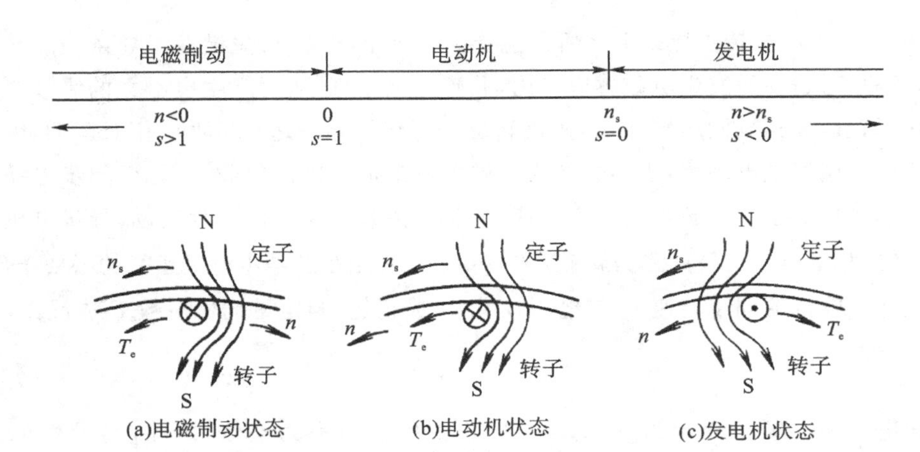

图 4-5-7　异步电动机的三种运行状态示意图

如果作用在异步电机转子的外转矩使转子逆着旋转磁场的方向旋转，即 $n<0$、$s>1$，如图 4-5-7(a)所示。此时转子导条中的感应电动势与电流方向仍和电动机一样，电磁转矩方向仍与旋转磁场方向一致，但与外转矩方向相反，即电磁转矩是制动性质。在这种情况下，一方面电机吸取机械功率，另一方面因转子导条中电流方向并未改变，对定子来说，电磁关系和电动机状态一样，定子绕组中电流方向仍和电动机状态相同。也就是说，电网还对电机输送电功率。因此，在这种情况下，异步电机同时从转子轴上输入机械功率、从定子绕组输入电功率，两部分功率一起变为电机内部的损耗。异步电机的这种运行状态称为“电磁制动”状态，又称“反接制动”状态。

3. 三相异步电机的工作特性

异步电机的工作特性是指在额定电压和额定频率运行情况下，电机的转速 n、定子电流 I_1、定子功率因数 $\cos\varphi_1$、电磁转矩 T_e、效率 η 等与输出功率 P_2 的关系。具体工作特性如图 4-5-8 所示。

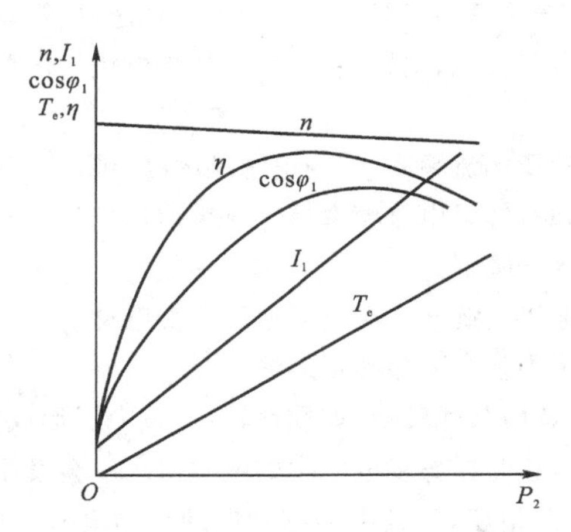

图 4-5-8　异步电机工作特性示意图

另外，三相异步电动机的电磁转矩 T_e 与转差率 s 之间的关系曲线如图 4-5-9 所示。转矩-转差率曲线为一条近似二次曲线，在某一转差率 s_m 时，转矩有一最大值 T_{eM}，称之为异步电机的最大转矩，转差率 s_m 称为临界转差率。

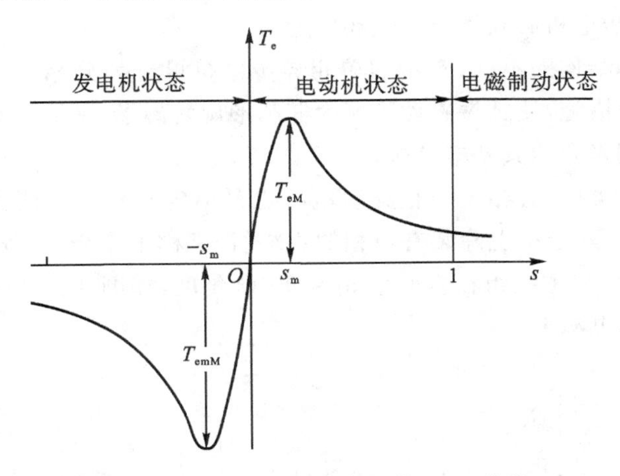

图 4-5-9　三项异步电机的 T_e-s 曲线

由上述分析可知，对于三相异步电机，通过改变供电电源频率 f_1，可以调节转子的转速；通过控制定子供电电流的通断，可以控制电机的起停。

4.5.3　单相异步电机的工作原理和起动方法

单相异步电机是指正常情况下用单相交流电源供电的异步电机。单相异步电机具有结构简单、成本低廉、噪声小等优点。由于只需要单相电源供电，使用方便，广泛应用于工业、农业和人民生活的各个方面，尤其以家用电器、电动工具、医疗器械等使用较多。与同容量的三相异步电机相比较，单相异步电机的体积较大，因此一般只做成小容量的。

单相异步电机的运行原理和三相异步电机基本相同，但有其自身的特点。单相异步电机通常在定子上有两相绕组，转子是普通笼型的。两相绕组在定子上的分布以及供电情况的不同，可以产生不同的起动特性和运行特性。

1. 单相异步电机的工作原理

对于一台三相异步电机，若其定子绕组仅一相供电，或者一相断开，其运行状态实质上就是单相异步电机的运行情况。

由于单相交流电流所建立的磁动势是一种脉振磁动势，可分解为两个幅值相等（等于脉振磁动势幅值的一半）、旋转转速相同但旋转方向相反的两个旋转磁动势。其中一个称为正转磁动势，另一个称为反转磁动势。这两个旋转磁动势分别产生正转和反转磁场，同时在转子绕组中分别感应产生相应的电动势和电流，从而产生使电机正转电磁转矩 T_{e+} 和反转电磁转矩 T_{e-}，这两个转矩可形成合成电磁转矩 T_e。当电机不转时，$T_e=0$，电机无起动转矩。若用外力拖动电机正向或反向转动，这时磁动势便由脉振磁动势变为椭圆形旋转磁动势，$T_e\neq0$，从而驱动电机正向或反向转动起来。去掉外力后，电机会继续加速转动，直到接近同步转速 n_s。换句话说，单相异步电机虽无起动转矩，但一经起动，便可连续旋转。

2. 单相异步电机的基本结构和起动方法

由以上分析可知，单相异步电机若能起动必须具备两个条件：①定子具有空间不同相位的两个绕组;②两个绕组中通入不同相位的交流电流。如何把定子绕组中的电流相位分开,即“分相”,是单相异步电机必须解决的首要问题。

根据起动方法和结构的不同,常用的单相异步电机可分为分相式和罩极式两大类。二者都是从结构上采取措施,使脉振磁动势变为椭圆形旋转磁场,从而起动电机。这里以分相式单相异步电机为例来介绍其基本结构。

同三相异步电机类似,分相式单相异步电机也是由定子和转子两大部分组成。转子采用笼型结构。不同的是,定子上除装有单相的主绕组(又称工作绕组)外,另外装有一个辅助绕组(又称起动绕组),与主绕组在空间上相差 90°电角度,如图 4-5-10 所示,主绕组和辅助绕组接在同一单相电源上。

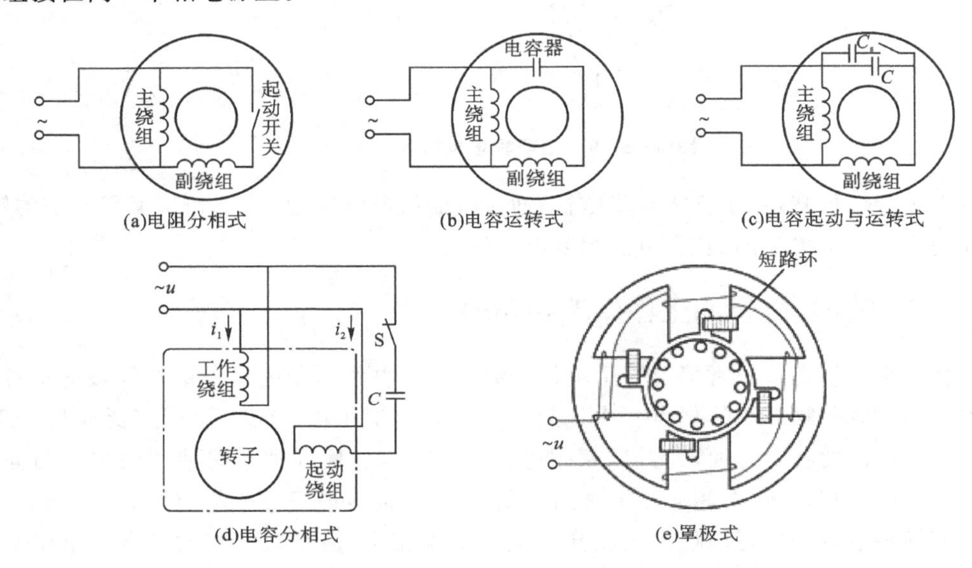

图 4-5-10 单项异步电机的绕组及基本类型

在辅助绕组中串入适当的电容或电阻,也可以是电感,使辅助绕组中电流的相位不同于主绕组中的电流相位,以获得空间上相差 90°而时间上相差一定电角度的两种脉振磁动势。这样就会在电动机内形成一种旋转磁动势,从而产生起动转矩。辅助绕组一般是按短时运行状态设计的,所以在电动机启动以后,为了避免辅助绕组过热,当转速到达一定值时,由离心开关 S 将辅助绕组与电源切断。这是利用辅助绕组使电机形成两相电机的起动方法,因此称为分相式单相异步电机。

根据形成电流相位差的方式不同,又可分为电阻分相、电容分相、电容运转和电容起动与运转等四种类型。

如果要改变分相式电机的转动方向,只需将辅助绕组与主绕组相并联的接线端子对调即可。

4.5.4 伺服电机的基本结构和工作原理

伺服电机也称作执行电机,是一种服从控制信号的要求而动作的电机,其作用是把输入的电信号转换成电机轴上的角位移或角速度。在信号到来之前,转子静止不动;有信号后,转子立即转动;信号消失,转子及时停转。由于这种“伺服”的性能,因此而得名。对伺服电机的基本要求是可控性好、稳定性高、适应性强、调速范围宽、无自转现象等。其中,可控性好是指信号消失以后,能立即自行停转;稳定性高是指转速随转矩的增加而均匀下降;适应性强是指反应快、灵敏。

伺服电机可分为以直流电源工作的直流伺服电机和以交流电源工作的交流伺服电机。直流伺服电机具有运行特性好,控制灵活、方便的优点,按励磁方式可分为电磁式和永磁式,其基本结构和工作原理与普通直流电动机相同。交流伺服电机结构简单,无电刷和换向器,不需要经常维护,而且效率高、响应快、速比大,在许多领域有取代直流伺服电机之势,可分为异步伺服电机和同步伺服电机。同步伺服电机种类众多、特色各异,可分为永磁式、磁阻式和磁滞式。

1. 交流伺服电机的基本结构和工作原理

交流伺服电机的基本结构与单相异步电机类似。定子上嵌有两相绕组:一相是励磁绕组,另一相是控制绕组,它们在空间互差 90°电角度,可以有相同或不同的匝数。转子有两种结构:一种是笼型转子,结构上同三相异步电机的笼型转子完全一样,只是转子导条采用了高电阻系数的材料,目的是消除自转现象;另一种是非磁性杯形转子,靠空心杯中所感应的涡流与主磁场相互作用而产生电磁转矩。

杯形转子交流伺服电机中,除了有一个与一般异步电机一样的定子外,还有一个内定子,如图 4-5-11 所示。内定子是一个由硅钢片叠成的圆柱体,通常在内定子上不放绕组,只是代替笼型转子铁心作为磁路的一部分,在内外定子之间有一个细长的、装在转轴上的杯形转子。杯形转子通常用非磁性材料(铝或铜)制成,可以在内、外定子间的气隙中自由旋转。电机靠杯形转子内感应涡流与主磁场作用而产生电磁转矩。杯形转子交流伺服电机的优点为转动惯量小、摩擦转矩小,因此适应性就强;另外运转平滑,无抖动现象。缺点是由于存在内定子,气隙较大,需要提供的励磁电流大,因而体积较大。

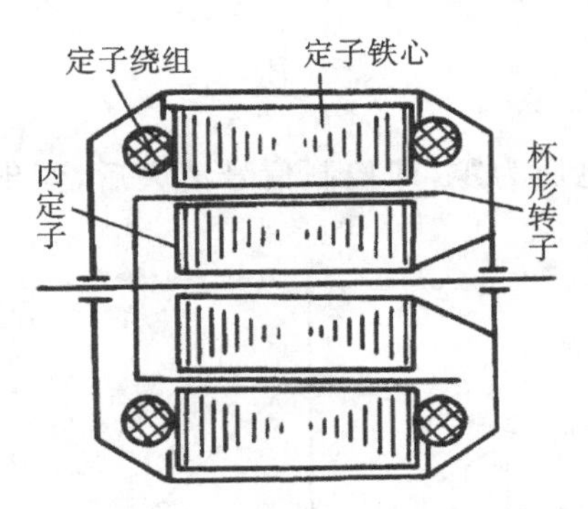

图 4-5-11　杯形转子交流伺服电机结构示意图

交流伺服电机的工作原理与单相异步电机相似,其工作原理示意图如图 4-5-12 所示。绕组 f 由定值交流电压励磁,称为励磁绕组,绕组 C 由伺服放大器供电而进行控制的,称为控制绕组。两个绕组在空间相差 90°电角度。励磁绕组固定地接到交流电源上,当控制绕组上的控制电压为零时,气隙内磁场为脉振磁场,电动机无起动转矩,转子不转;若有控制电压加在控制绕组上,且控制绕组内流过的电流和励磁绕组内的电流不同相,则在气隙内会建立一定大小的椭圆形旋转磁场。此时就电磁过程而言，其就是一台分相式的单相异步电机，因此电机有了起动转矩，转子便立即旋转。

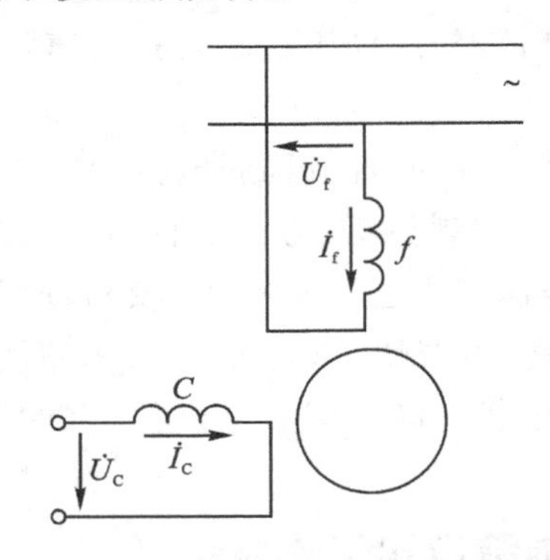

图 4-5-12　交流伺服电机结构示意图

对于单相异步电机而言，一经起动，即使在单相励磁情况下，也会继续转动。但对于伺服电机而言，希望其在受控起动后，一旦控制信号消失，即控制电压除去，电机能立即停转，避免出现“自转”失控现象。我们可以通过增大转子电阻的方法来改变伺服电机的机械特性，进而克服“自转”失控现象的发生。

为了消除这种“自转”现象，将交流伺服电机的转子电阻设计得较大，使电动机的合成机械特性在 $0 \leqslant s \leqslant 1$ 的范围内出现负转矩，一旦控制信号消失，电动机会立即停转。

在分析异步电机的机械特性时，已判明异步电机的最大转矩 T_{eM} 所对应的临界转差率 s_m 随转子折算电阻 R_2 的增加而变大。若 $R_2 \approx X_1 + X_2$，其中，X_1 和 X_2 分别为定子感抗和转子折算感抗，则正、反向的机械特性必呈现 $s_+ = 1, T_{e+} = T_{eM+}$；$s_- = 1, T_{e-} = T_{eM-}$。此时，正、反向机械特性以及合成机械特性如图 4-5-13 所示。从合成的机械特性可以看出，当单相励磁时，在电机运行范围内（$0 < s_+ < 1$）出现负转矩，即为制动转矩。如果使交流伺服电机的转子电阻满足如下条件

$$s_{m+} \approx \frac{R_2}{X_1 + X_2} \geqslant 1 \tag{4-5-4}$$

它在系统中运行时，当控制电压为零，即控制信号消失后，便出现制动转矩，转子能自行停转，从而避免“自转”失控现象。

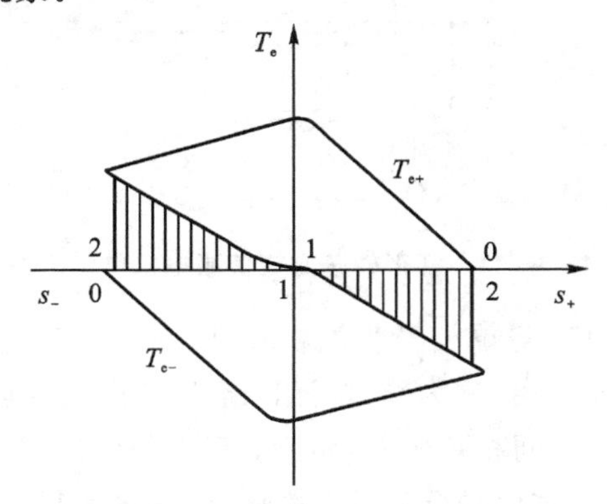

图 4-5-13　$s_+ = s_- = 1$ 单相励磁时的机械特性

伺服电机不仅需具有起动和停止的伺服性，而且还需具有转速大小和方向的可控性。改变控制电压的大小和相位，就可以控制伺服电机的转速和转向。交流伺服电机的控制方法有以下三种：①幅值控制，即保持控制电压的相位不变，仅改变其幅值来进行控制；②相位控制，即保持控制电压的幅值不变，仅改变其相位来进行控制；③幅-相控制，同时改变控制电压的幅值和相位来进行控制。

2. 直流伺服电机的基本结构和工作原理

直流伺服电机的结构与普通小型直流电机相同，不过由于直流伺服电机的功率不大，也可由永久磁铁制成磁极，省去励磁绕组。其励磁方式几乎只采取他励式（永磁式亦认为是他励式）。

直流伺服电机的工作原理和普通直流电机相同。只要在其励磁绕组中有电流通过且产生了磁通，当电枢绕组中通过电流时，这个电枢电流与磁通相互作用而产生转矩，就会使伺服电机投入工作。当这两个绕组其中的一个断电时，电机立即停转。因此它不像交流伺服电机那样有“自转”失控现象，所以直流伺服电机也是自动控制系统中一种很好的执行元件。

交流伺服电机的励磁绕组与控制绕组均安装在定子铁心上，从理论上讲，这两种绕组的作用互相对换时，电机的性能不会出现差异。但直流伺服电机的励磁绕组和电枢绕组分别装在定子和转子上，由直流电机的调速方法可知，改变电枢绕组端电压或改变励磁电流进行调速时，特性有所不同。因此，对于直流伺服电机，可由励磁绕组励磁，用电枢绕组进行控制；或由电枢绕组励磁，用励磁绕组进行控制。但这两种控制方式的特性是不一样的。分析可知，采用电枢控制时，直流伺服电机的机械特性和调节特性都是线性的，并且特性的线性关系与电枢电阻无关；采用磁场控制时，机械特性是线性的，但调节特性不是线性的。另外，由励磁绕组进行励磁时，因励磁绕组电阻较大，所消耗的功率较小；电枢电路的电感小，时间常数小，响应迅速。所以直流伺服电机多采用电枢控制方式。

4.5.5 步进电机的基本结构和工作原理

步进电机是“一步一步”地转动的一种电机。因其转矩性质和同步电机的电磁转矩性质一样，所以本质上也是一种磁阻同步电机或永磁同步电机。然而，步进电机是一种把电脉冲信号转换成机械角位移的控制电机。其电源输入是脉冲电压，输出为断续的角位移，通过控制施加在电机线圈上的电脉冲顺序、频率和数量，可以实现对步进电机的转向、速度和旋转角度的控制。步进电机每接收一个脉冲输入，电机相应地就转过一个固定角度，故而也称脉冲电机，常作为数字控制系统中的执行元件。因步进电机的转速不受电压波动和负载变化的影响，只与脉冲频率成正比，在许多需要精确控制的场合应用广泛，如数控、工制、数-模转换、计算机外围设备、工业自动化生产线、印刷机、遥控指示装置、航空系统等。

1. 步进电机的基本结构

步进电机从结构上来说，主要包括反应式、永磁式和复合式3种类型。其中，反应式步进电机依靠变化的磁阻产生磁阻转矩，因此又称为磁阻式步进电机，如图4-5-14(a)所示；

永磁式步进电机依靠永磁体和定子绕组之间所产生的电磁转矩工作，如图 4-5-14(b)所示；复合式步进电机则是反应式和永磁式的结合。目前应用最多的是反应式步进电动机。步进电机驱动电路的基本组成如图 4-5-15 所示。

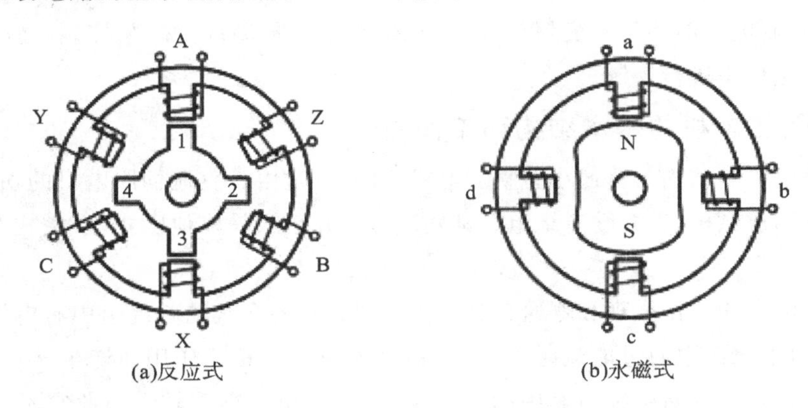

图 4-5-14　步进电机基本结构示意图

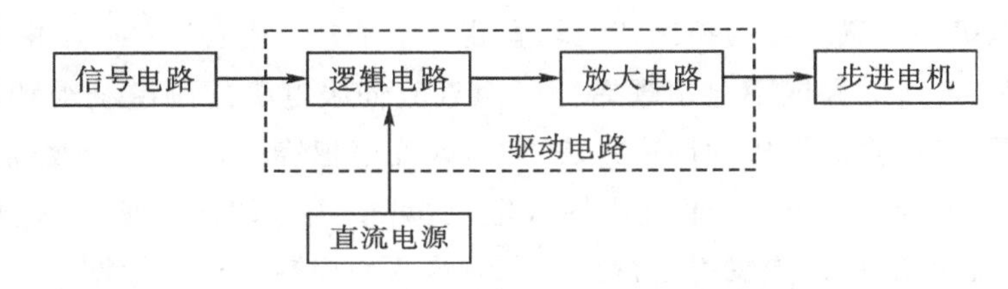

图 4-5-15　步进电机驱动电路的构成示意图

2. 步进电机的工作原理

这里以三相反应式步进电机为例说明其工作原理，如图 4-5-16 所示。一般说来，若相数为 m，则定子极数为 $2m$，所以定子有 6 个齿极。定子相对的两个齿极组成一组，每个齿极上都装有集中控制绕组。同一相的控制绕组可以串联也可以并联，只要它们产生的磁场极性相反。反应式步进电机的转子类似于凸极同步电机，这里讨论有 4 个齿极的情况。

当 A 相绕组通入直流电流 i_A 时，由于磁力线力图通过磁阻最小的路径，转子将受到磁阻转矩的作用而转动。当转子转到其轴线与 A 相绕组轴线相重合的位置时，磁阻转矩为零，转子停留在该位置，如图 4-5-16(a)所示。如果 A 相绕组不断电，转子将一直停留在这个平衡位置，称为“自锁”。要使转子继续转动，可以将 A 相绕组断电，而使 B 相绕组通电。这样，转子就会顺时针旋转 30°，到其轴线与 B 相绕组轴线相重合的位置，如图 4-5-16(b)所示。继续改变通电状态，使 B 相绕组断电，C 相绕组通电，转子将继续顺时针旋转 30°，如图 4-5-16(c)所示。如果三相定子绕组按照 A—C—B 顺序通电，则转子将按逆时针方向旋转。上述定子绕组的通电状态每切换一次称为“一拍”，其特点是每次只有一相绕组通电。每通入一个脉冲信号，转子转过一个角度，这个角度称为步距角。每经过三拍完成一次通电循环，所以称为“三相单三拍”通电方式。

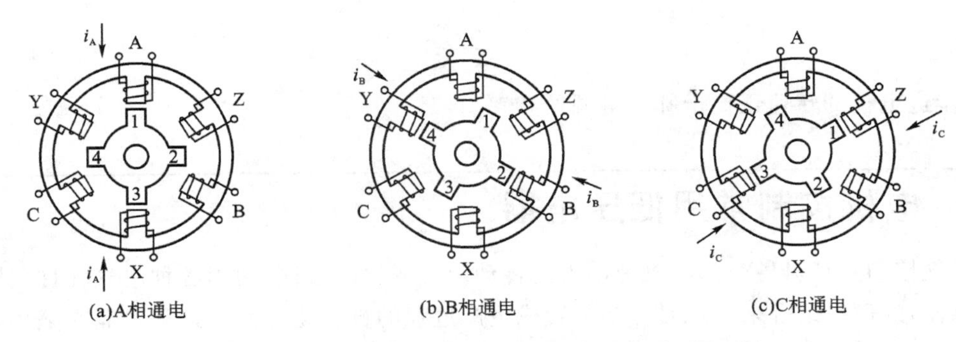

(a)A相通电　(b)B相通电　(c)C相通电

图 4-5-16　步进电机工作原理示意图(三相单三拍)

三相步进电机采用单三拍运行方式时，在绕组断、通电的间隙，转子有可能失去自锁能力，出现失步现象。另外，在转子频繁起动、加速、减速的步进过程中，由于受惯性的影响，转子在平衡位置附近有可能出现振荡现象。所以，三相步进电机单三拍运行方式容易出现失步和振荡，常采用图 4-5-17 所示的三相双三拍运行方式。

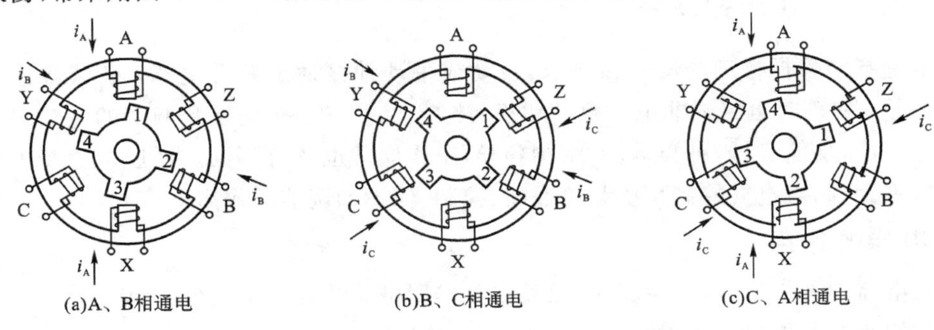

(a)A、B相通电　(b)B、C相通电　(c)C、A相通电

图 4-5-17　步进电机工作原理示意图(三相双三拍)

三相双三拍运行方式的通电顺序是 AB—BC—CA—AB。由于每拍都有两相绕组同时通电，如 A、B 两相通电时，转子齿极 1、3 受到定子磁极 A、X 的吸引，而 2、4 受到 B、Y 的吸引，转子在两者吸力相平衡的位置停止转动，如图 4-5-17(a)所示。下一拍 B、C 相通电时，转子将顺时针转过 30°，达到新的平衡位置，如图 4-5-16(b)所示。再下一拍 C、A 相通电时，转子将再顺时针转过 30°，达到新的平衡位置，如图 4-5-16(c)所示。可见这种运行方式的步距角也是 30°。采用三相双三拍通电方式时，在切换过程中总有一相绕组处于通电状态，转子齿极受到定子磁场控制，不易失步和振荡。

对于图 4-5-16 和图 4-5-17 所示的步进电机，其步距角都太大，不能满足控制精度的要求。为了减小步距角，可以将定、转子加工成多齿结构，如图 4-5-18 所示。设脉冲电源的频率为 f，转子齿数为 Z_r，转子转过一个齿距需要的脉冲数为 N，则每次转过的步距角为

$$\alpha_b = \frac{360^\circ}{Z_r N} \qquad (4-5-5)$$

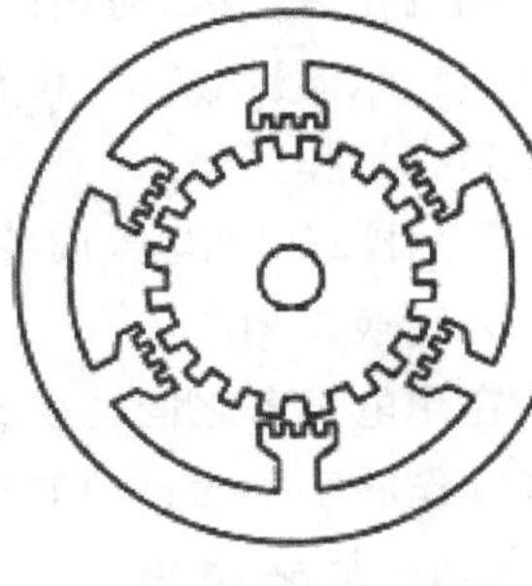

图 4-5-18　步进电机的多齿结构

因为步进电机转子旋转一周所需要的脉冲数为 $Z_r N$，所以步进电机每分钟的转速 n 为

$$n=\frac{60f}{Z_r N} \tag{4-5-6}$$

显然,步进电机的转速正比于脉冲电源的频率。

4.6 电机控制常用低压电器

电气控制是针对各类以电机为动力的传动装置或生产过程,利用各种电气元件(特别是低压电器)的逻辑组合来实现对传动装置或生产过程的自动化控制。过程控制实践中,电机通常借助电机控制中心(MCC,Motor Control Center)进行控制。MCC 的基本元件是低压电器(Low Voltage Apparatus),由低压电器构成电气控制系统,实现对电机起动、停止和调速等过程的自动控制。本小节主要介绍常用低压电器(如接触器、继电器、主令器、熔断器、低压开关电器等)的基本结构、功能及工作原理。

4.6.1 电器的作用和分类

电器是指能根据特定的信号和要求,自动或手动地接通或断开电路,断续或连续地改变电路参数,实现对电路或非电对象的切换、控制、保护、检测、变换和调节的电气设备。电器的用途广泛,功能多样,种类繁多,结构各异,工作原理也各有不同。低压电器是电气控制系统的基本元件,对电气控制系统起着通断、控制、保护和调节的作用。

1. 电器的作用

尽管电器的种类繁多,功能多样,但其主要作用可总结为如下 5 个方面。

1)控制与调节作用

通过切换电路的通断、电流的大小,实现对执行机械的启停、正反转及加速、减速等状态转换的作用,如泵的启停、阀门的开关、加热器的功率增加与减小。

2)保护作用

能根据设备的特点,对设备、环境以及人身安全实行自动保护,如电机的过热保护、电网的短路保护、漏电保护等。

3)测量作用

利用仪表、仪器对实际工作待测物理量(包括电量与非电量)转化与测量,如电流、电压、功率、转速、温度、压力、位移物理量的测量等。

4)指示作用

显示检测出的电气设备运行状况与电气电路工作情况,如显示电动机的工作、故障等状态。

5)转换作用

在用电设备之间转换或对低压电器、控制电路分时投入运行,以实现功能切换,如被控装置操作的手动与自动的转换、供电系统的市电与自备电源的切换等。

2. 电器的分类

1)按用途分类

电器按用途分类可以分为以下 5 种。

(1)执行电器，主要用于执行某种动作和传动功能，如电磁铁、电磁离合器等，近几年又出现了利用集成电路或电子元件构成的电子式电器，利用单片机构成的智能化电器，以及可直接与现场总线连接的具有通信功能的电器。

(2)控制电器，主要用于各种控制电路和控制系统，如接触器、继电器、转换开关、电磁阀等，要求其有一定的通断能力，操作频率要高，电气和机械寿命要长。

(3)主令电器，主要用于发送控制指令，如按钮、主令开关、行程开关和万能转换开关等，要求其操作频率高、抗冲击、电气和机械寿命要长。

(4)保护电器，主要用于对电路和电气设备进行安全保护，如熔断器、热继电器、安全继电器、电压继电器、电流继电器和避雷器等，要求其有一定的通断能力、反应灵敏、可靠性高。

(5)配电电器，主要用于供、配电系统，进行电能输送和分配，如刀开关、自动开关、隔离开关、转换开关及熔断器等，要求其分断能力强、限流效果好、动稳定性及热稳定性能好。

2)按电压等级分类

电器按电压等级分类可分为高压电器(High Voltage Apparatus)、低压电器(Low Voltage Apparatus)。常用低压电器是按照电器的工作电压等级进行划分的。通常将工作电压直流1200 V、交流1500 V以下的电气元件称为低压电器。低压电器被广泛地应用于工业电气和建筑电气控制系统中，它是实现继电接触器控制的主要电气元件。高于直流1200 V、交流1500 V的电气元件称为高压电器。

3)按工作方式分类

按工作方式分类，电器可分为手动操作电器、自动控制电器、手/自混合电器。

4)按电器组合分类

按电器组合分类，电器可分为单个电器、成套电器与自动化装置。

5)按有无触点分类

按有无触点分类，电器可分为有触点电器、无触点电器、混合式电器。

6)按使用场合分类

按使用场合分类，电器可分为一般工业用电器、特殊工矿用电器、农用电器、其他场合(如航空、船舶、热带、高原)用电器。

常用低压电器的主要种类及主要用途见表4-6-1。

表4-6-1　常用低压电器的主要种类和用途一览表

序号	类别	主要种类	主要用途
1	断路器	框架式断路器、塑料外壳式断路器、快速直流断路器、限流式断路器、漏电保护式断路器	电路的过负载、短路、欠电压、漏电保护，也可用于不需要频繁接通和断开的电路
2	接触器	交流接触器、直流接触器	用于远距离频繁控制负载，切断带负荷电路
3	继电器	电磁式继电器、时间继电器、温度继电器、热继电器、速度继电器、干簧继电器	用于控制电路中，将被控量转换成控制电路所需电量或开关信号

续表

序号	类别	主要种类	主要用途
4	熔断器	瓷插式熔断器、螺旋式熔断器、有填料封闭管式熔断器、无填料封闭管式熔断器、快速熔断器、自复式熔断器	电路的短路保护和过载保护
5	主令电器	控制按钮、位置开关、万能转换开关、主令控制器	发布控制命令，改变控制系统的工作状态
6	刀开关	胶盖闸刀开关、封闭式负荷开关、熔断器式刀开关	不频繁接通和分断电路
7	转换开关	组合开关、换向开关	电源切换，也可用于负荷通断或电路切换
8	控制器	凸轮控制器、平面控制器	控制回路的切换
9	起动器	电磁起动器、星/三角起动器、自耦减压起动器	电机的起动
10	电磁铁	制动电磁铁、起重电磁铁、牵引电磁铁	用于起重、牵引、制动等场合

4.6.2 接触器

1. 电磁式低压电器介绍

电磁式低压电器是电气控制系统中最典型、应用最广泛、类型众多的一种电器。它的工作原理和构造基本相同。就结构而言，电磁式低压电器一般都具有两个基本组成部分，即感测部分和执行部分。其中，感测部分接收外界输入的信号，并通过转换、放大、判断，做出有规律的反应，使执行部分动作，输出相应的指令，实现控制的目的；执行部分则是触点。

对于有触点的电磁式电器，感测部分大都是电磁机构，接触器、电磁式继电器等都属于这一类型。对于非电磁式的自动电器，感测部分因其工作原理不同而各有差异，但执行部分仍是触点，如熔断器、信号继电器等属于这一类型。

1)电磁机构

电磁机构是电磁式低压电器的感测元件，其主要作用是通过电磁感应原理将电能转换成机械能，带动触点动作，完成回路的接通或分断。

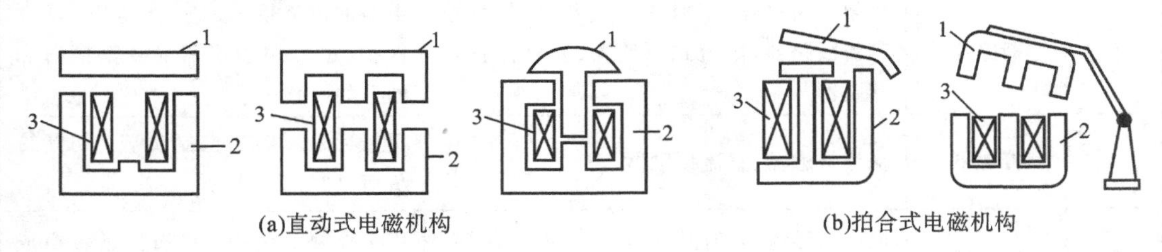

1—衔铁；2—铁芯；3—吸引线圈。

图 4-6-1 直动式和拍合式电磁机构示意图

一般而言，电磁机构由线圈、铁芯和衔铁等 3 部分组成，根据衔铁相对铁芯的运动方式，电磁机构可分为直动式和拍合式 2 种，拍合式又分为衔铁沿棱角转动和衔铁沿轴转动两种，如图 4－6－1 所示。直动式电磁机构多用于交流接触器和继电器中，衔铁沿棱角转动的拍合式电磁机构广泛应用于直流电器中。

电磁式电器分为直流和交流两类，都是利用电磁铁的原理制成。通常，直流电磁铁的铁芯是用整块钢材或工程纯铁制成，而交流电磁铁为了防止产生过大的涡流，其铁芯则是用硅钢片叠铆而成。

2）吸引线圈

吸引线圈的作用是将电能转换为电磁能，即产生磁通。按通入电流种类的不同，可分为直流型线圈和交流型线圈。直流型线圈一般做成无骨架、高而薄的瘦高型，使线圈与铁芯直接接触，易于散热。交流型线圈由于铁芯存在磁滞和涡流损耗，铁芯会发热，为了改善线圈和铁芯的散热情况，线圈设有骨架，使铁芯与线圈隔离，并将线圈制成短而厚的矮胖型。

根据线圈在电路中的连接形式，可分为串联线圈和并联线圈。串联线圈主要用于电流检测类电磁式电器中（如低压断路器中电磁脱扣器的线圈），然而大多数电磁式电器线圈都按照并联接入方式设计。为减少对电路电压分配的影响，串联线圈采用粗导线制造，匝数少，线圈的阻抗较小。并联线圈为减少电路的分流作用，需要较大的阻抗，一般线圈的导线细，匝数多。

3）灭弧系统

触点分断电路时，由于热电子发射和强电场的作用，使气体游离，从而在分断瞬间产生电弧。电弧的高温能将触点烧损，缩短电器的使用寿命，又延长了电路的分断时间。因此，应采用适当措施迅速熄灭电弧。低压控制电器常用的灭弧方法有电动力灭弧、磁吹灭弧和栅片灭弧。

4）电磁吸力

电磁式电器是根据电磁铁的基本原理设计的，电磁吸力是决定其能否可靠工作的一个重要参数。电磁机构工作时，线圈得电产生的磁通作用于衔铁，产生电磁吸力，并使衔铁产生机械位移；线圈失电，磁通消失，电磁力消失，衔铁在复位弹簧的作用下回到原位。因此作用在衔铁的力有两个，即电磁吸力和弹簧反力。电磁吸力由电磁机构产生，弹簧反力由复位弹簧和触点产生。铁芯吸合时要求电磁吸力大于反力，即衔铁位移的方向与电磁吸力方向相同，衔铁复位时情况则相反（此时线圈断电，只有剩磁产生的电磁吸力）。

2. 接触器结构组成

接触器是一种自动的电磁式电器，适用于远距离频繁接通或断开交直流主电路及大容量控制电路。其主要控制对象是电机，也可用于控制其他负载，如电焊机、电容器、电阻炉等。它不仅能实现远距离自动操作、欠电压释放保护和零电压保护功能，而且控制容量大，工作可靠，操作频率高，使用寿命长。

常用的接触器分为交流接触器和直流接触器两类。图 4－6－2 所示为 CJ20 交流接触器结构示意图，交流接触器由以下 4 个部分组成。

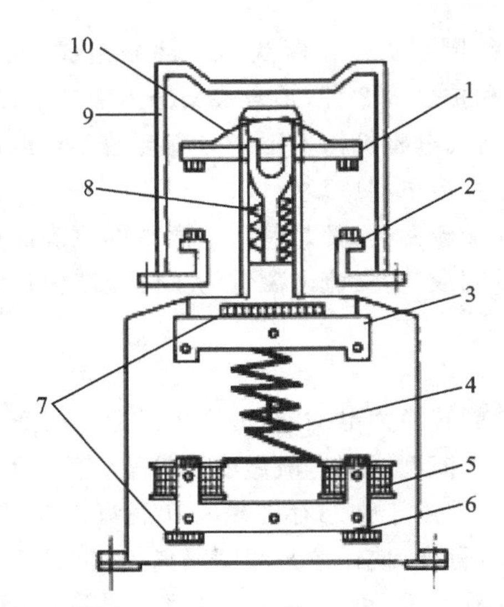

1—动触桥；2—静触点；3—衔铁；4—缓冲弹簧；5—电磁线圈；6—静铁芯；
7—垫毡；8—触点弹簧；9—灭弧罩；10—触点压力筑片。

图 4-6-2　CJ20 交流接触器结构示意图

1）电磁机构

电磁机构由电磁线圈、铁芯和衔铁组成，其功能是操作触点的闭合和断开。

2）触点系统

触点系统包括主触点和辅助触点。主触点用在通断电流较大的主电路中，一般由 3 对常开触点组成，体积较大。辅助触点用以通断小电流的控制电路，体积较小，它有“常开”“常闭”触点（“常开”“常闭”是指电磁系统未通电动作前触点的状态）。常开触点（又称动合触点）是指线圈未通电时，其动、静触点是处于断开状态的，当线圈通电后就闭合。常闭触点（又称动断触点）是指在线圈未通电时，其动、静触点是处于闭合状态的，当线圈通电后，则断开。线圈通电时，常闭触点先断开，常开触点后闭合；线圈断电时，常开触点先复位（断开），常闭触点后复位（闭合），其中间存在一个很短的时间间隔。分析电路时，应注意这个时间间隔。

3）灭弧系统

容量在 10 A 以上的接触器都有灭弧装置，常采用纵缝灭弧罩及栅片灭弧结构。

4）其他部分

其他部分包括弹簧、传动机构、接线柱及外壳等。

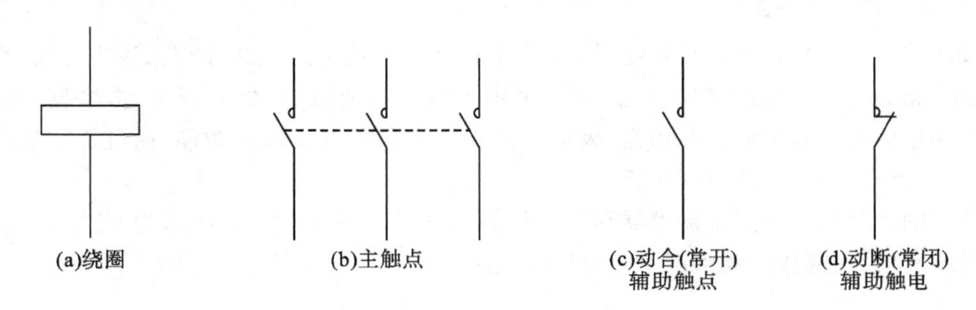

图 4-6-3　接触器图形符号

当交流接触器线圈通电后，在铁芯中产生磁通，由此在衔铁气隙处产生吸力，使衔铁向下运动（产生闭合作用），在衔铁带动下，使动断（常闭）触点断开，动合（常开）触点闭合。当线圈断电或电压显著降低时，吸力消失或减弱，衔铁在弹簧的作用下释放，各触点恢复原来位置。这就是接触器的工作原理。

接触器的图形符号如图 4-6-3 所示，文字符号为 KM。

直流接触器的结构和工作原理与交流接触器基本相同，仅有电磁机构方面不同。

4.6.3 继电器

1. 继电器的作用及分类

继电器是一种通过监测各种电量或非电量信号，接通或断开小电流控制电路的电器。它可以实现控制电路状态的改变。与接触器不同，继电器不能用来直接接通和分断负载电路，而主要用于电机或线路的保护以及生产过程自动化的控制。一般来说，继电器通过测量环节输入外部信号（如电压、电流等电量或温度、压力、速度等非电量）并传递给中间机构，将它与设定值进行比较，当达到设定值时（过量或欠量），中间机构就使执行机构产生输出动作，从而闭合或分断电路，达到控制电路的目的。继电器的种类很多，根据不同分类方法，有不同的分类。

(1)按用途分，可分为控制继电器、保护继电器。

(2)按动作原理分，可分为电磁式继电器、感应式继电器、热继电器、机械式继电器、电动式继电器、电子继电器。

(3)按输入信号分，可分为电压继电器、电流继电器、时间继电器、速度继电器、压力继电器、温度继电器。

(4)按动作时间分，可分为瞬时继电器、延时继电器。

在控制系统中，使用最多的是基于电磁原理而设计的电磁式继电器和热继电器。

2. 电磁式继电器

电磁式继电器的结构和工作原理与电磁式接触器相似，也是由电磁系统、触点系统和释放弹簧等组成，如图 4-6-4 所示。由于继电器用于控制电路，流过触点的电流比较小（一般在 5 A 以下），故不需要灭弧装置，其图形和文字符号如图 4-6-5 所示。

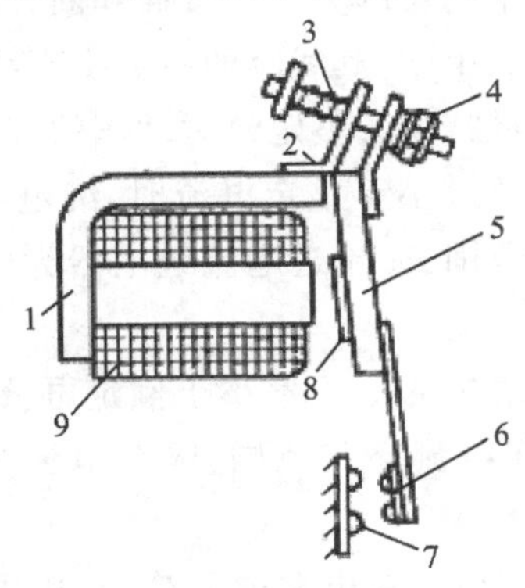

1—铁芯；2—旋转棱角；3—释放弹簧；4—调节螺母；5—衔铁；
6—动触点；7—静触点；8—非磁性垫片；9—线圈。

图 4-6-4 电磁式继电器结构示意图

图 4-6-5 电磁式继电器的图形和符号

1)电磁式继电器的工作特性

继电器的主要特性是输入-输出特性，又称继电特性，如图 4-6-6 所示。当继电器输入量 X 由 0 增至 X_2 以前，继电器输出量 Y 为 0。当输入量增加到 X_2 时，继电器吸合，输出量为 Y_1，若再增大 X，Y 保持不变。当 X 小到 X_1 时，继电器释放，输出量由 Y_1 到 0，X 再减小，Y 值均为 0。在图 4-6-6 中，X_2 称为继电器吸合值，欲使继电器吸合，输入量不得小于 X_2；X_1 称为继电器释放值，欲使继电器释放，输入量不得大于 X_1。

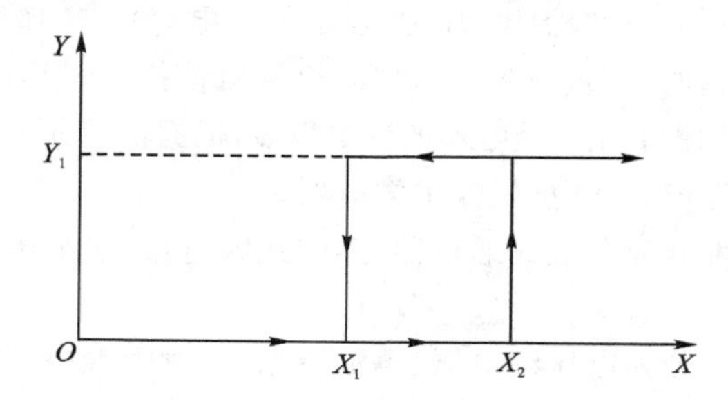

图 4-6-6 继电工作特性曲线

$K_f = X_1/X_2$ 称为继电器的返回系数，它是继电器重要参数之一，其值可通过调节释放弹簧的松紧程度或调整铁芯与衔铁间非磁性垫片的厚度来调节取值，一般是 0.1～0.4。这样，当继电器吸合后，输入量波动较大时不致引起误动作。

2)常用的电磁式继电器

常用的电磁式继电器有电流继电器、电压继电器、中间继电器和时间继电器。

(1)电流继电器。根据线圈中电流的大小而接通和断开电路的继电器称为电流继电器。使用时，电流继电器的线圈与负载串联，其线圈的匝数少而线径粗。当线圈电流高于整定值时动作的继电器称为过电流继电器，低于整定值时动作的继电器称为欠电流继电器。

对于过电流继电器，当线圈通过小于整定电流时，继电器不动作，只有超过整定电流时继电器才动作，其动作电流整定范围：交流过电流继电器为(110%～400%)I_N，直流过电流继电器为(70%～300%)I_N。

对于欠电流继电器，当线圈通过的电流不小于额定电流时，继电器吸合，只有电流低于整定值时，继电器才释放，其动作电流整定范围：吸合电流为(30%～65%)I_N，释放电流为(10%～20%)I_N。

图 4-6-7 所示为过电流、欠电流继电器图形符号，其文字符号为 KA。

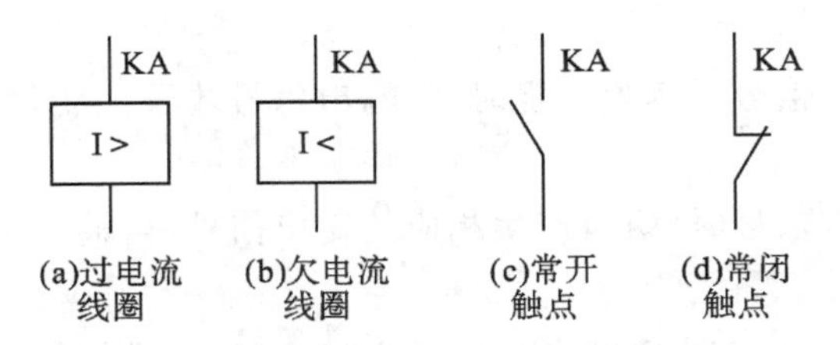

图 4-6-7　电流继电器图形符号

(2)电压继电器。电压继电器检测对象为线圈两端的电压变化信号。根据线圈两端电压的大小而接通或断开电路。实际工作中,电压继电器的线圈并联于被测电路中。根据实际应用的要求,电压继电器分过电压继电器、欠电压继电器和零电压继电器。

过电压继电器是当电压大于其整定值时动作的电压继电器，主要用于对电路或设备进行过电压保护,其整定值为(105%～120%)U_N。欠电压继电器是当电压降至某一规定范围时动作的电压继电器。零电压继电器是欠电压继电器的一种特殊形式,是当继电器的端电压降至或接近消失时才动作的电压继电器。欠电压继电器和零电压继电器在线路正常工作时,铁芯与衔铁是吸合的,当电压降至低于整定值时,衔铁释放,带动触点动作,对电路实现欠电压或零电压保护。欠电压继电器整定值为(40%～70%)U_N,零电压继电器整定值为(10%～35%)U_N。

电压继电器图形符号如图 4-6-8 所示,文字符号为 KV。

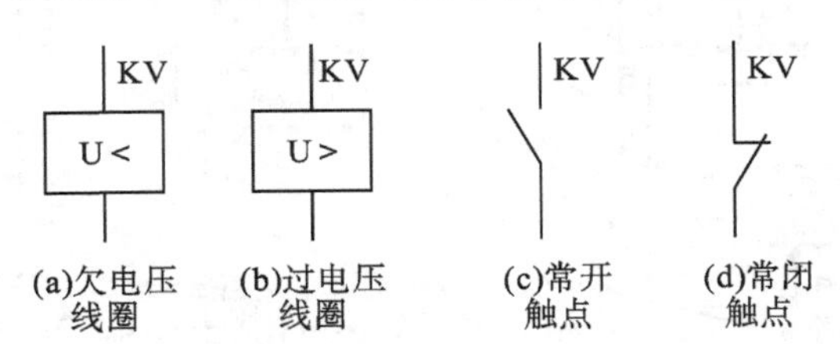

图 4-6-8　电压继电器图形符号

(3)中间继电器。中间继电器在控制电路中主要用来传递信号、扩大信号功率以及将一个输入信号变换成多个输出信号等。中间继电器的基本结构及工作原理与接触器完全相同。但中间继电器的触点对数多，且没有主辅之分，各对触点允许通过的电流大小相同，多数为 5 A。因此,对工作电流小于 5 A 的电气控制线路，可用中间继电器代替接触器实施控制。中间继电器的图形符号如图 4-6-9 所示,文字符号为 KA。

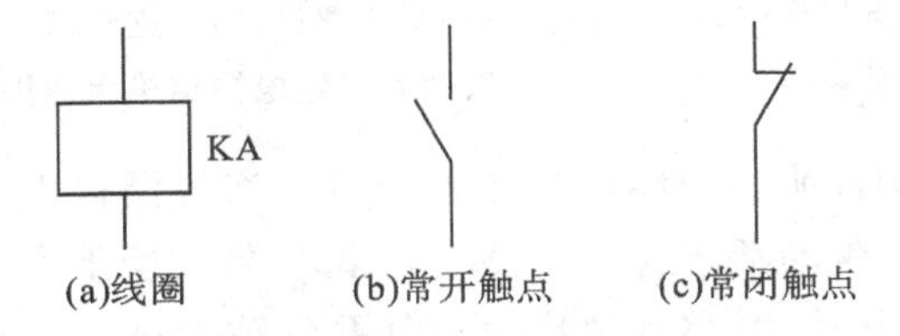

图 4-6-9　中间继电器图形符号

(4)时间继电器。从得到输入信号(线圈的通电或断电)开始,经过一定的延时后才输出信号(触点的闭合或断开)的继电器,称为时间继电器。时间继电器延时方式有两种,即通电延时和断电延时。

通电延时：接收输入信号后延迟一定时间，输出信号才发生变化；当输入信号消失后，输出瞬时复原。

断电延时：接收输入信号时，瞬时产生相应的输出信号；当输入信号消失后，延迟一定时间，输出才复原。

常用的时间继电器主要有电磁式、电动式、空气阻尼式、晶体管式等。其中，电磁式时间继电器的结构简单，价格低廉，但体积和重量较大，延时较短（如 JT3 型只有 0.3～5.5 s），且只能用于直流断电延时；电动式时间继电器的延时精度高，延时可调范围大（由几分钟到几小时），但结构复杂，价格贵。目前在电力拖动线路中，应用较多的是空气阻尼式时间继电器。近年来，晶体管式时间继电器的应用也日益广泛。

空气阻尼式时间继电器是利用空气阻尼作用而达到延时的目的。它由电磁机构、延时机构和触点组成。空气阻尼式时间继电器的电磁机构有交流、直流两种。延时方式有通电延时型和断电延时型（改变电磁机构位置、将电磁铁翻转 180°安装）。当动铁芯（衔铁）位于静铁芯和延时机构之间位置时，为通电延时型；当静铁芯位于动铁芯和延时机构之间位置时，为断电延时型。图 4－6－10 为 JS7－A 系列空气阻尼式时间继电器结构示意图。

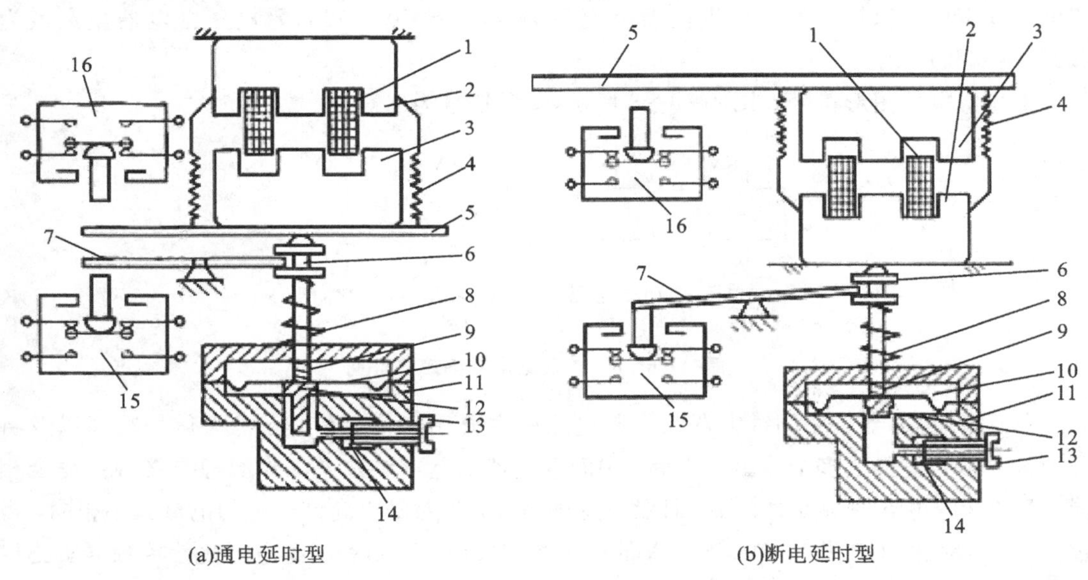

1—线圈；2—铁芯；3—衔铁；4—反力弹簧；5—推板；6—活塞杆；7—杠杆；8—塔形弹簧；9—弱弹簧；10—橡皮膜；11—空气室壁；12—活塞；13—调节螺钉；14—进气口；15、16—微动开关。

图 4－6－10 JS7－A 系列时间继电器结构示意图

现以通电延时型为例说明时间继电器工作原理。当线圈得电后，衔铁（动铁芯）吸合，活塞杆在塔形弹簧作用下带动活塞及橡皮膜向上移动，橡皮膜下方空气室空气变得稀薄，形成负压，活塞杆只能缓慢移动，其移动速度由进气孔气隙大小来决定。经一段时间延时后，活塞杆通过杠杆压动微动开关 15，使其触点动作，起到通电延时作用。

当线圈断电时，衔铁释放，橡皮膜下方空气室内的空气通过活塞肩部所形成的单向阀迅速排出，使活塞杆、杠杆、微动开关等迅速复位。由线圈得电到触点动作的一段时间即为时间继电器的延时时间，其大小可以通过调节螺钉调节进气孔气隙的大小来改变。

断电时间继电器的结构、工作原理与通电延时继电器相似，只是电磁铁安装方向不同，即当衔铁吸合时推动活塞复位，排出空气。当衔铁释放时活塞杆在弹簧作用下使活塞向下移动，实现断电延时。在线圈通电和断电时，微动开关 16 在推板的作用下瞬时动作，其触点即为时间继电器的瞬时触点。

时间继电器的图形符号如图 4-6-11 所示，文字符号为 KT。

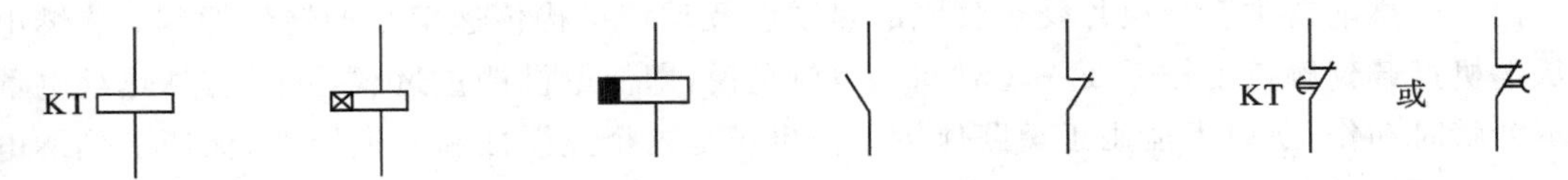

(a)线圈一般符号　(b)通电延时线圈　(c)断电延时线圈　(d)常开触点　(e)常闭触点　(f)延时断开瞬时闭合常闭触点

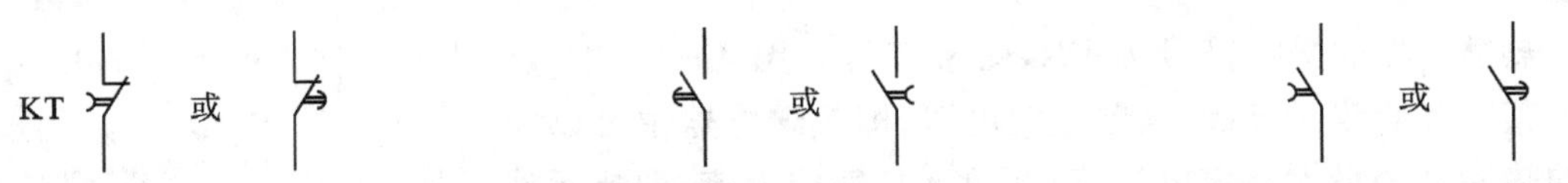

(g)瞬时断开延时闭合常闭触点　(h)延时闭合瞬时断开常开触点　(i)瞬时闭合延时断开常开触点

图 4-6-11　时间继电器图形符号

空气阻尼式时间继电器结构简单，价格低廉，延时范围为 0.4～180 s，但是延时误差较大，难以精确地整定延时时间，常用于延时精度要求不高的交流控制电路中。然而，随着 DCS 的广泛应用，时间继电器的功能已被软件程序所取代。

3. 热继电器

热继电器是利用电流的热效应原理工作的保护电器，其结构示意图如图 4-6-12 所示，主要由热元件、双金属片、动作机构、触点、调整装置及手动复位装置等组成，常用于电机的过载保护和断相保护。

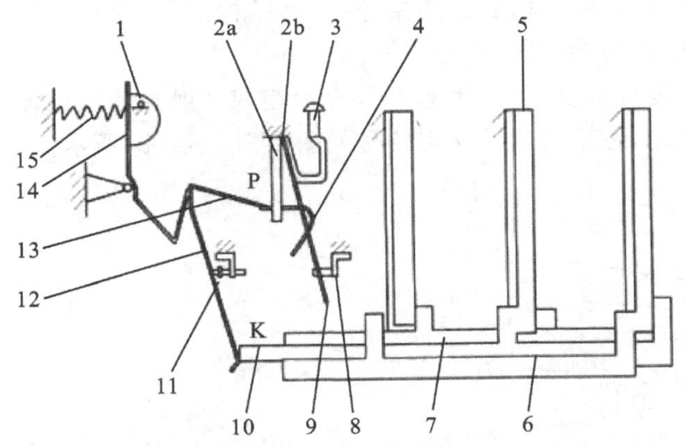

1—凸轮；2a、2b—簧片；3—手动复位按钮；4—弓簧；5—主双金属片；6—外导板；
7—内导板；8—静触点；9—动触点；10—杠杆；11—调节螺钉；12—补偿双金属片。

图 4-6-12　热继电器工作原理示意图

热继电器的热元件串接在电机定子绕组中，一对常闭触点串接在电机的控制电路中。当电机正常运行时，热元件中流过电流小，热元件产生的热量虽能使金属片弯曲，但不能使触点动作。当电机过载时，流过热元件的电流加大，产生的热量增加，使双金属片产生的弯曲位移增大，经过一定时间后，通过导板推动热继电器的触点动作，使常闭触点断开，切断电机控制电路，使电机主电路失电，电机得到保护。当故障排除后，按下手动复位按钮，使常闭触点重新闭合(复位)，可以重新启动电机。

由于热继电器主双金属片受热膨胀的热惯性及动作机构传递信号的惰性原因，热继电器从电机过载到触点动作需要一定时间。也就是说，即使电机严重过载甚至短路，热继电器也不会瞬时动作，所以不能用于短路保护。但也正是这个热惯性和机械惰性，保证了热继电器在电机启动或短时过载时不会动作，从而满足了电机的运行要求。

热继电器的文字符号为 FR，图形符号如图 4-6-13 所示。其主要参数：①热继电器额定电流，即热继电器中可以安装的热元件的最大整定电流值；②热元件额定电流，即热元件整定电流调节范围的最大值；③整定电流，即热元件能够长期通过而不致引起热继电器动作的最大电流值。通常热继电器的整定电流与电机的额定电流相当，一般取(95%～105%)I_N。

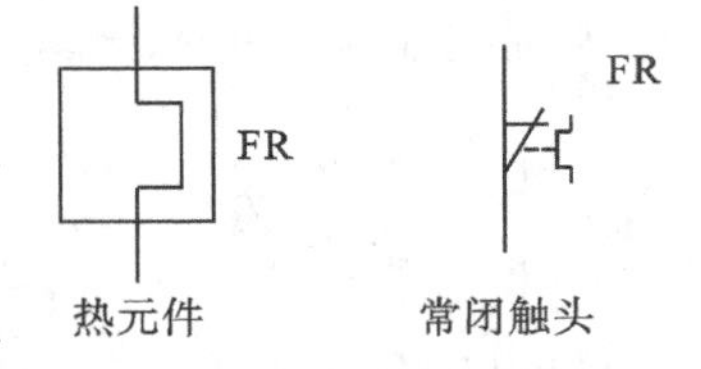

图 4-6-13 热继电器图形符号

4.6.4 主令器

主令器是用来接通和分断控制电路以发号施令的电器。主令器用于控制电路，不能直接分合主电路。主令器应用广泛，种类很多，这里介绍几种常用的主令器，如按钮、行程开关与接近开关、转换开关。

1. 按钮

按钮是一种手动且可以自动复位的主令器，其结构简单，使用广泛，在控制电路中用于手动发出控制信号以控制接触器、继电器等。

按钮由按钮帽、复位弹簧、桥式触点和外壳等组成。触点额定电流在 5 A 以下，其结构如图 4-6-14(a)所示，图形符号及文字符号如图 4-6-14(b)所示。

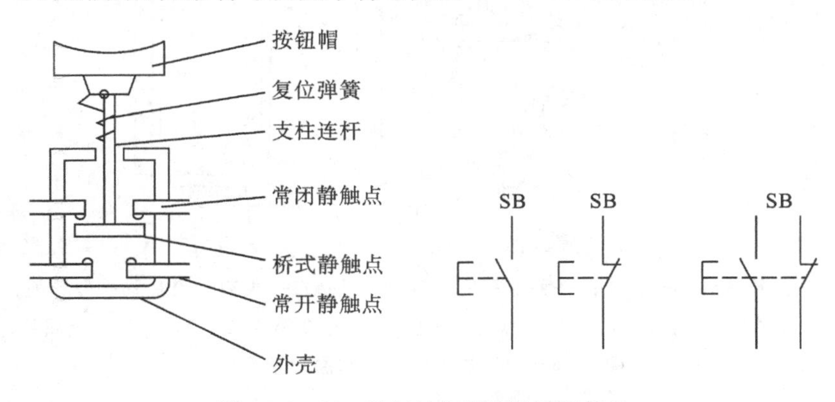

图 4-6-14 控制按钮结构及图形符号

按钮按用途和结构不同，分为起动按钮、停止按钮和复合按钮等。

起动按钮带有常开触点，手指按下按钮帽，常开触点闭合；手指松开，常开触点复位。起动按钮的按钮帽一般采用绿色。停止按钮带有常闭触点，手指按下按钮帽，常闭触点断开；手指松开，常闭触点复位。停止按钮的按钮帽一般采用红色。复合按钮带有常开触点和常闭触点，手指按下按钮帽，常闭触点先断开，常开触点后闭合；手指松开时，常开触点先复位，常闭触点后复位。

控制按钮可做成单式(一个按钮)、复式(两个按钮)和三联式(有 3 个按钮) 的形式。为便于识别各个按钮的作用，避免误操作，通常将按钮帽做成不同颜色以示区别，其颜色有红、绿、黄、蓝、白、黑等。

2. 行程开关与接近开关

1)行程开关

行程开关是依照生产机械的行程发出命令，以控制其运行方向或行程长短的主令电器。若将行程开关安装于生产机械行程终点处，以限制其行程，则称为限位开关或终点开关。

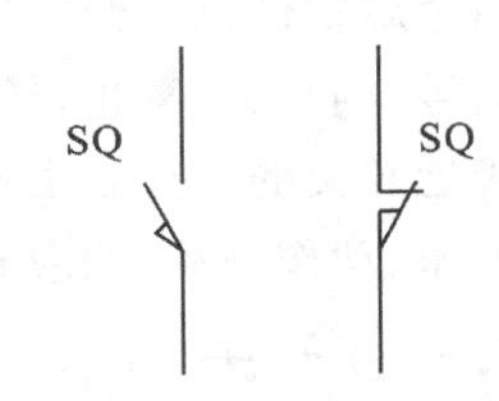

图 4-6-15 行程开关图形符号

行程开关结构分为直动式、滚轮式和微动式 3 种。行程开关的工作原理和按钮相同，区别是它不靠手的按压，而是利用生产机械运动部件的挡铁碰压而使触点动作。其图形符号如图 4-6-15 所示，文字符号为 SQ。

2)接近开关

接近开关又称无触点行程开关，是当运动的金属与开关接近到一定距离时发出接近信号，以不直接接触方式进行控制。接近开关不仅用于行程控制、限位保护等，还可用于高速计数、测速、检测零件尺寸、液面控制、检测金属体的存在等。按工作原理分，接近开关有高频振荡型、电容型、电磁感应型、永磁型与磁敏元件型等，其中高频振荡型最常用。

接近开关的图形符号及文字符号如图 4-6-16 所示。图 4-6-17 所示为 LJ2 系列电子式接近开关原理，它主要由振荡器、放大器和输出三部分组成。其基本工作原理：当有金属物体接近高频振荡器的线圈时，使振荡回路参数变化，振荡减弱直至终止而产生输出信号。图中三极管 VT1、振荡线圈 L 及电容 Cl、C2、C3 组成电容三点式高频振荡器，其输出由三极管 VT2 放大，经二极管 VD7、VD8 整流成直流信号，加至三极管 VT3 基极，使 VT3 导通，三极管 VT4 截止，从而使三极管 VT5 导通，三极管 VT6 截止，无输出信号。

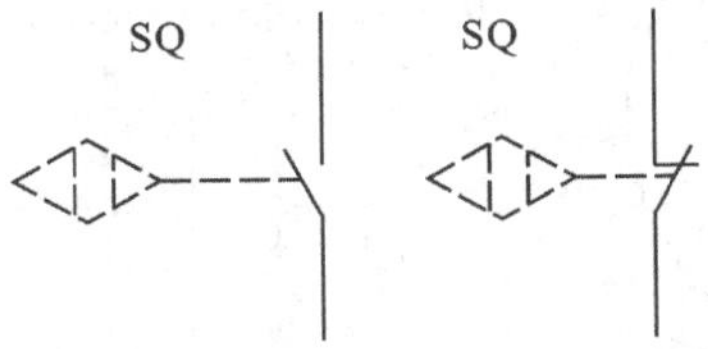

SQ SQ

图 4-6-16 接近开关图形符号

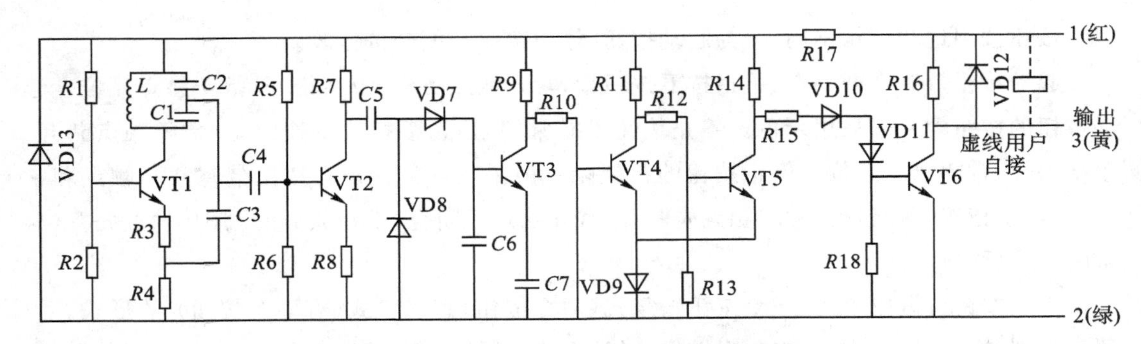

图 4-6-17 LJ2 系列电子式接近开关原理图

当金属物体靠近开关感应头时，振荡器减弱直至终止，此时 VD7、VD8 构成整流电路无输出信号，则 VT3 截止，VT4 导通，VT5 截止，VT6 导通，有信号输出。

接近开关的特点是工作稳定可靠，寿命长，重复定位精度高。其主要参数有动作行程、工作电压、动作频率、响应时间、输出形式以及触点电流容量等。

3. 转换开关

转换开关是一种多挡位、多触点、能够控制多回路的主令器。广泛应用于各种配电装置的电源隔离、电路转换、电机远距离控制等，也常作为电压表、电流表的换相开关，还可以用于控制小容量的电机。

转换开关目前主要有两大类，即万能转换开关和组合转换开关。它们的结构和工作原理相似，按结构分为普通型、开启型、防护型和组合型。按用途分为主令控制和控制电机两种。

转换开关一般采用组合式结构设计，由操作机构、定位装置和触点系统组成，并由各自的凸轮控制其通断。定位装置采用棘轮棘爪式结构，不同的棘轮和凸轮可组成不同的定位模式，即手柄在不同的转换角度时，触点的状态是不同的。

转换开关由多组相同结构的触点组件叠装而成，图 4-6-18 所示为 LW12 系列转换开关某一层的结构示意图。LW12 系列转换开关由操作机构、面板、手柄和数个触点底座等主要部件组成，用螺栓组成为一个整体。每层触点底座里装有最多 4 对触点，并由底座中间的凸轮进行控制。操作时手柄带动转轴和凸轮一起旋转，由于每层凸轮形状不同，当手柄转到不同位置时，通过凸轮的作用，可使触点按所需要的规律接通和分断。

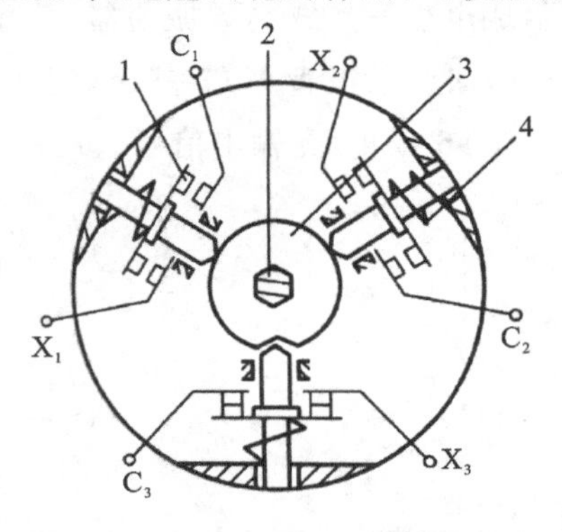

图 4-6-18 LW12 系列转换开关某层结构示意图

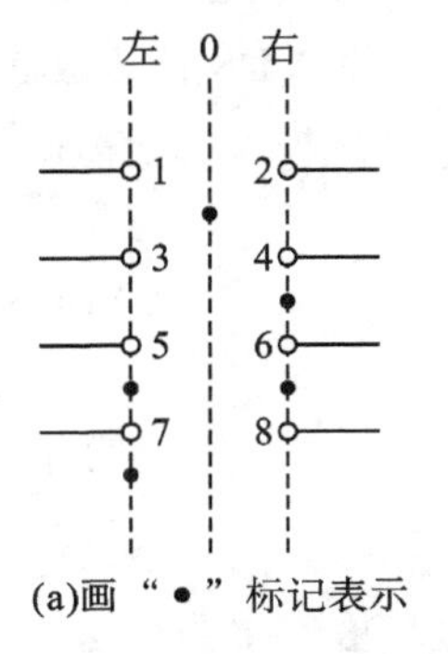

(a)画“•”标记表示

触点	位置		
—	左	0	右
1—2		×	
3—4			×
5—6	×		×
7—8	×		

(b)接通表表示

图 4-6-19 转换开关的图形符号

转换开关的触点在电路中的图形符号如图 4－6－19 所示。图形符号中“每一横线”代表一对触点，而用 3 条竖线分别代表手柄位置。哪一对触点接通就在代表该位置虚线上的触点下面用黑点表示。触点的通断也可用接通表来表示。表中的“×”表示触点闭合，空白表示触点断开。

4.6.5　熔断器

熔断器是在低压电路及电机控制线路中常用于短路保护的电器，使用时串联在被保护的电路中。当电路发生短路故障，通过熔断器的电流达到或超过某一规定值时，以其自身产生的热量使熔体熔断，从而自动分断电路，起到保护作用。它具有结构简单、价格便宜、动作可靠、使用维护方便等优点，因此得到广泛应用。其图形符号和文字符号如图 4－6－20 所示。

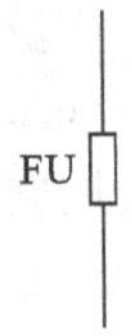

FU

图 4－6－20　熔断器图形符号

熔断器种类很多，常用的有以下几种。

1）插入式熔断器（无填料式）

插入式熔断器常用的有 RC1A 系列，主要用于低压分支路及中小容量的控制系统的短路保护，也可用于民用照明电路的短路保护。RC1A 系列结构简单，由瓷盖、底座、触点、熔丝等组成，价格低，熔体更换方便，但其分断能力低。

2）螺旋式熔断器

螺旋式熔断器有 RL1、RL2、RL6、RL7 等系列。其中 RL6、RL7 系列熔断器分别取代 RL1、RL2 系列，常用于配电线路及机床控制线路中作短路保护。螺旋式快速熔断器有 RLS2 等系列，常用作半导体元器件的保护。

螺旋式熔断器由瓷底座、熔管、瓷帽等组成。瓷管内装有熔体，并装满石英砂，将熔管置入底座内，旋紧瓷帽，电路就可以接通。瓷帽顶部有玻璃圆孔，其内部有熔断指示器。当熔体熔断时，指示器跳出。螺旋式熔断器具有较高的分断能力，限流性好，有明显的熔断指示，可不用工具就能安全更换熔体，在机床中被广泛采用。

3）无填料封闭管式熔断

常用无填料封闭管式熔断器有 RM1、RM10 等系列，主要用于作低压配电线路的过载和短路保护。

无填料封闭管式熔断器分断能力较低，限流特性较差，适合于线路容量不大的电网中，其最大优点是熔体可很方便拆换。

4）有填料封闭管式熔断

常用有填料封闭管式熔断器有 RT0、RT12、RT14、RT15 等系列，引进产品有德国 AEG 公司的 NT 系列，主要作为工业电气装置、配电设备的过载和短路保护，也可配套使用于熔断器组合电器中。RS0、RS3 系列可用作硅整流元件和晶闸管元件及其所组成的成套装置的过载和短路保护。

有填料封闭管式熔断器具有高的分断能力，保护特性稳定，限流特性好，使用安全，可用于各种电路和电气设备的过载和短路保护。其主要技术参数有额定电压、额定电流和极限分断电流。

4.6.6　低压开关电器

这里介绍几种常用的低压开关电器，如低压断路器、刀开关和组合开关。

1. 低压断路器

低压断路器可用来分配电能，不频繁地起动异步电机，对电源线路及电机等实行保护。当它们发生严重的过载或短路及欠电压等故障时，能自动切断电路，其功能相当于熔断器式断流器与过流、欠压、热继电器的组合，而且在分断故障电流后一般不需要更换零部件，因而获得了广泛的应用。

1)低压断路器的结构及工作原理

低压断路器由操作机构、触点、保护装置(各种脱扣器)、灭弧系统等组成，其工作原理如图 4-6-21 所示。

低压断路器的主触点是靠手动操作或电动合闸的，主触点闭合后，自由脱扣机构将主触点锁在合闸位置上。过电流脱扣器的线圈和热脱扣器的热元件与主电路串联，欠电压脱扣器的线圈和电源并联。当电路发生短路或严重过载时，过电流继电器的衔铁闭合，使自由脱扣器机构动作，主触点断开主电路。当电路过载时，热脱扣器的热元件发热使双金属片向上弯曲，推动自由脱扣机构动作。当电路欠电压时，欠电压脱扣器的衔铁释放，也使自由脱扣器机构动作。分磁脱扣器则作为远距离控制用，在正常工作时，其线圈是断电的，在需远距离控制时，按下起动按钮，使线圈得电，衔铁带动自由脱扣器机构动作，使主触点断开。

低压断路器的图形符号如图 4-6-22 所示，文字符号为 QF。

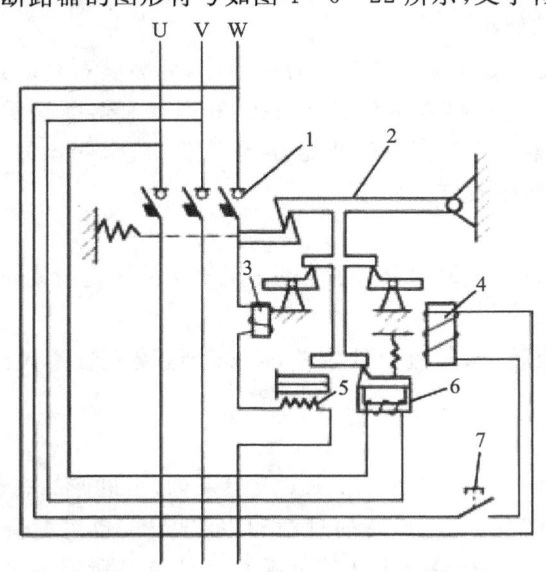

1—主触点；2—自由脱扣机构；3—过电流脱扣器；4—分磁脱扣器；5—热脱扣器；6—欠压脱扣器；7—按钮。

图 4-6-21　低压断路器的工作原理示意图

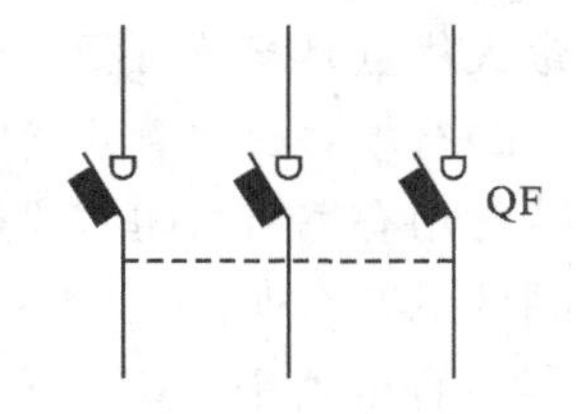

图 4-6-22　低压断路器图形符号

2)低压断路器的类型

常用的低压断路器有如下 4 类：万能式断路器、塑料外壳式断路器、模块化小型断路器和智能化断路器。

(1)万能式断路器:具有绝缘衬垫的框架结构底座,将所有的构件组装在一起,用于配电网络的保护。

(2)塑料外壳式断路器:具有用模压绝缘材料制成封闭外壳,将所有构件组装在一起。用作配电网络的保护和电机、照明电路及电热器等的控制开关。

(3)模块化小型断路器:由操作机构、热脱扣器、电磁脱扣器、触点系统、灭弧室等部件组成,所有部件都置于一个绝缘壳中。在结构上具有外形尺寸模块化(9 mm 的倍数)和安装导轨化的特点,该系列断路器可作为线路和交流电机等的电源控制开关及过载、短路等保护用。

(4)智能化断路器:传统断路器的保护功能是利用了热磁效应原理,然后通过机械系统的动作来实现。智能化断路器的特征是采用了以微处理器或单片机为核心的智能控制器(智能脱扣器)。它不仅具备普通断路器的各种保护功能,同时还具有实时显示电路中的各种电参数(电流、电压、功率因数等),对电路进行在线监视、测量、试验、自诊断、通信等功能,能够对各种保护功能的动作参数进行显示、设定和修改。将电路动作时的故障参数存储在非易失存储器中,以便查询。

2. 刀开关

刀开关是一种手动配电电器,主要用来手动接通或断开交、直流电路,通常只作为隔离开关使用,也可用于不频繁地接通与分断额定电流以下的负载,如小容量电机、电阻炉等。

刀开关按极数可分为单极、双极、三极,其结构主要由操作手柄、触刀、触点座和底座组成。依靠手动来实现触刀插入触点座与脱离触点座的控制。刀开关安装时,手柄要向上,不得倒装或平装,避免由于重力自由下落而引起误动作和合闸。接线时,电源线接上端,负载线接下端。刀开关文字符号为 QS,图形符号如图 4-6-23 所示。

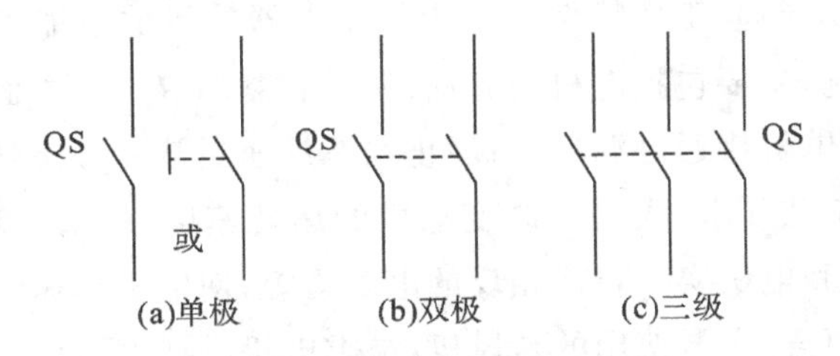

图 4-6-23 刀开关的图形符号

3. 组合开关

组合开关是一种多触点、多位置式、可控制多个回路的电器。一般用于电气设备中非频繁地通断电路、换接电源和负载,测量三相电压以及控制小容量电动机。

组合开关由动触点(动触片)、静触点(静触片)、转轴、手柄、定位机构及外壳等部分组成。其动、静触点(片)分别叠装于数层绝缘壳内,图 4-6-24 所示为 HZ10 组合开关结构示意图。当转动手柄时,每层的动触点(片)随方形转轴一起转动,从而实现对电路的通、断控制。

组合开关的图形符号如图 4-6-25 所示,文字符号为 QS,主要参数有额定电压、额定电流和极数。

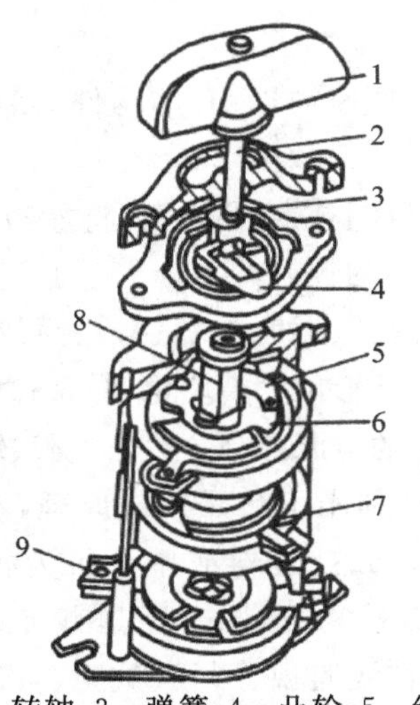

1—手柄；2—转轴；3—弹簧；4—凸轮；5—绝缘垫板；
6—动触点；7—静触点；8—接线柱；9—绝缘方轴。

图 4-6-24　HZ10 组合开关结构示意图

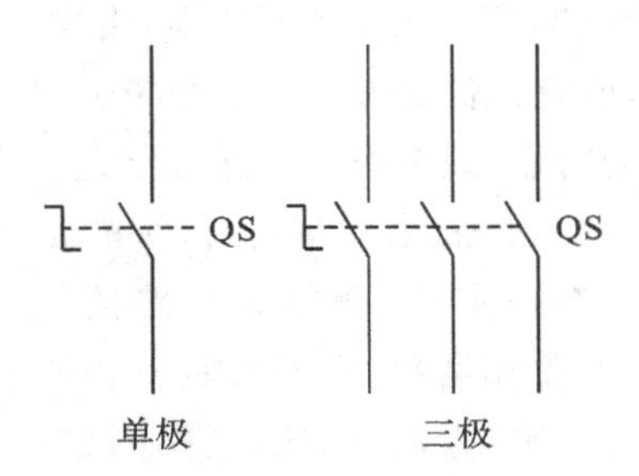

图 4-6-25　组合开关的图形符号

4.7　三相异步电机的控制方法

4.7.1　电机控制方法概述

1. 电机控制的内容及目的

前面讲述电机工作原理、工作特性和常用低压电器的目的是能正确地使用电机和控制电机。对于电机的控制，主要包括电机的起动、调速和制动等 3 个方面的内容。

所谓起动，就是指电机接通电源后，由静止状态加速到某一稳态转速的过程；所谓调速，就是根据生产机械的工艺要求，人为地改变电机的运转速度；所谓制动，就是在切断电机电源后，人为地产生一个和电机实际转向相反的电磁力矩，使电机迅速停转或减速。

就过程控制工程而言，大量使用的是风机/泵类电机，属于反抗性恒转矩负载类型，除了极少数特大功率电机（如造纸工业 APMP 木材制浆用磨浆机）外，当电机被切断电源后，通过制动负载自身的阻转矩，就可以使电机迅速停转，不再需要人为地产生一个制动转矩来加速电机停转。因此，电机控制的主要内容是电机的起动和调速。

控制起动的目的是减少过大的起动电流所引起的电网电压过大的波动，以减少对电网造成的冲击，影响电网上其他负载的正常工作。电机调速的目的是实现对过程参量更加精确地控制，同时达到节能的目的。

例如，图 4-7-1 描述了两种不同的液位控制方案。其中图 4-7-1(a)为早期的液位-阀门控制方案，检测液位，控制调节阀门的开度，从而达到控制浆池液位的目的。液位控制的精度取决于调节阀门的动作精度，图 4-7-1(b)为当前的液位-变频控制方案，检测液位，通过变频器来调节泵的转速，从而达到调节浆池液位的目的。液位控制的精度取决于变频器的调节精度。由于变频器的调节精度远高于调节阀门的动作精度，所以液位-变频控制方案优于液位-阀门控制方案。

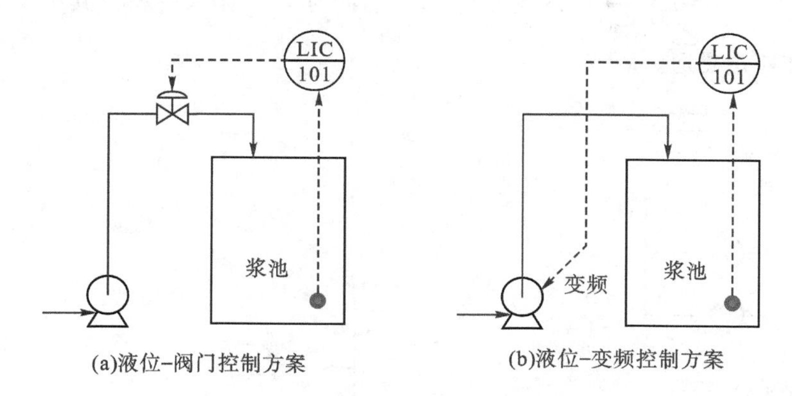

图 4-7-1　两种不同的液位控制方案

另外，对于液位-阀门控制方案，当浆池液位升高时，需要通过关小调节阀门开度来达到降低浆池液位的目的。在这个过程中，浆泵始终运行于工频状态，不够节能。而对于液位-变频控制方案，当浆池液位升高时，可以通过降低浆泵转速来达到稳定浆池液位的目的，同时因为浆泵的转速降低，能耗也随之降低，从而达到节能的运行目的。同时，液位-变频控制方案本身也省去了一台调节阀门，用户一次性投资成本也随之降低。尤其是在国产变频器的质量提升和成本降低的今天，这一方案的优势愈发明显。

2. 他励直流电机的控制方法

由于工业上最常用的直流电机为他励直流电机，这里将以他励直流电机为例，介绍其起动、调速和制动方法。但因直流电机在过程控制实践中应用较少，这里只做简要介绍，为读者阅读之便。

1）他励直流电机的机械特性

电机的机械特性是指其转速 n 与转矩 T_e 之间的关系，即 $n=f(T_e)$，是电机拖动理论的基础，分为固有机械特性和人为机械特性。直流电机的固有机械特性是指直流电机在电枢电压、励磁电压均为额定值，电枢外串电阻为零时所表现出的机械特性；直流电机的人为机械特性是指人为改变电机的参数（如电枢电压 U_a、励磁电流 I_f、电枢外接电阻 R）时所表现出的机械特性。

如图 4-7-2 所示为他励直流电机的电路接线示意图。在电枢回路中串入外接电阻 R，则由直流电机的转矩特性和转速特性可推导出他励直流电机机械特性的一般表达式，具体为

$$n=\frac{U_a-I_a(R_a+R)}{C_e\Phi}=\frac{U_a}{C_e\Phi}-\frac{R_a+R}{C_e\Phi}\cdot\frac{T_e}{C_T\Phi}=\frac{U_a}{C_e\Phi}-\frac{R_a+R}{C_eC_T\Phi^2}T_e=n_0-\beta T_e \qquad (4-7-1)$$

令 $R=0$，由式（4-7-1）可得他励直流电机的固有机械特性表达式

$$n=\frac{U_a}{C_e\Phi}-\frac{R_a}{C_eC_T\Phi^2}T_e \qquad (4-7-2)$$

对应的固有特性曲线如图 4-7-3 所示。可以看出：

(1) $T_e=0$ 时，$n=n_0=\dfrac{U_N}{C_e\Phi_N}$是理想空载转速，同时 $I_a=0$，$U_N=E_a$。其中，U_N 和 Φ_N 分别为额定电压和额定磁通。

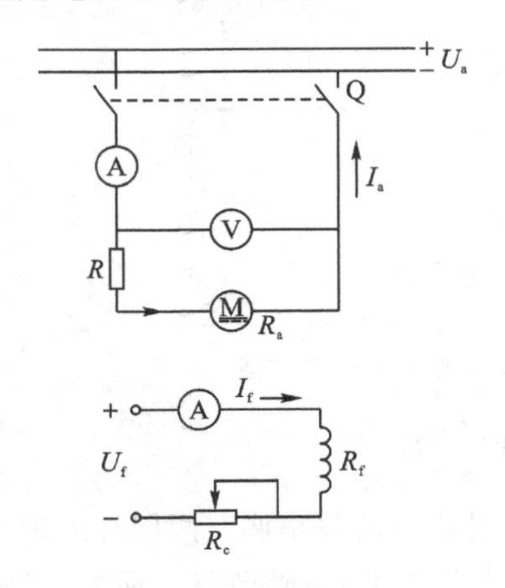

图 4-7-2　他励直流电机接线示意图

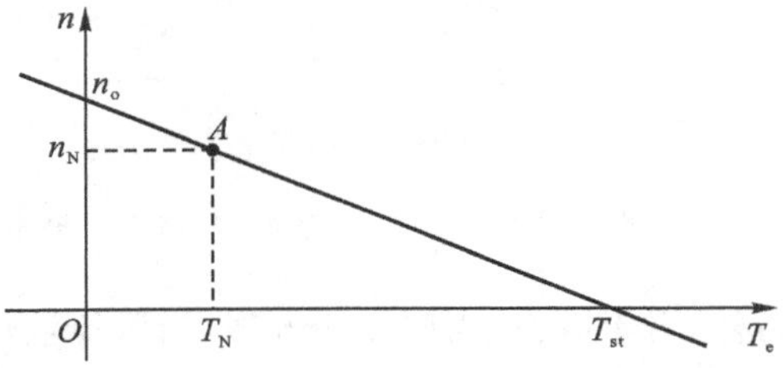

图 4-7-3　他励直流电动机的固有机械特性示意图

(2)机械特性呈下倾的直线，转速随转矩增大而减小。又由于下倾的斜率 β 较小，转速变化便较小。所以又称固有机械特性为硬特性。

(3)电机起动时 $n=0$，感应电动势 $E_a=C_e\Phi n=0$，这时电枢电流为起动电流 $I_a=\dfrac{U_N}{R_a}=I_{st}$，电磁转矩为起动转矩 $T_e=C_T\Phi_N I_a=T_{st}=C_T\Phi_N I_{st}$。又因为电枢电阻 R_a 很小，在额定电压 U_N 的作用下，起动电流 I_{st} 将非常大，远远超过电机所允许的最大电流，会烧坏换向器。因此，直流电机一般不允许全电压直接起动。

(4)若转矩 $T_e>T_{st}$，$n<0$，特性曲线在第四象限；若 $T_e<0$，$n>0$，则特性曲线在第二象限，电磁转矩与转速方向相反，形成制动转矩，电机处于发电状态。

当改变电动机的电枢电压 U_a、降低励磁电压或在励磁回路串接电阻、改变电枢回路串接电阻 R 的阻值时，他励直流电机的机械特性都会发生变化。具体的人为机械曲线可以根据式(4-7-1)绘制出来，这里将不再赘述。

2)他励直流电机的四象限运行

他励直流电机可以运行于四个象限，运行状态可分成电动状态和制动状态两大类。T_e 与 n 同向时为电动运行状态，T_e 与 n 反向时为制动运行状态。四象限运行机械特性如图 4-7-4 所示。实际的电力拖动系统，根据生产工艺要求，电机一般都要在两种以上的状态下运行，有时甚至要在四个象限中运行。

电动状态是电机运行最基本的工作状态。电机在第一象限各条机械特性上运行时，$T_e>0$，$n>0$，T_e 为拖动性电磁转矩，为正向电动运行状态。电机运行于第三象限各条机械特性上，$T_e<0$，$n<0$，T_e 仍为拖动性电磁转矩，为反向电动运行状态。正向起动应属于正向电动运行状态，反向起动应属于反向电动运行状态。在电动状态下，电机从电源吸收电功

率，向负载传递机械功率。

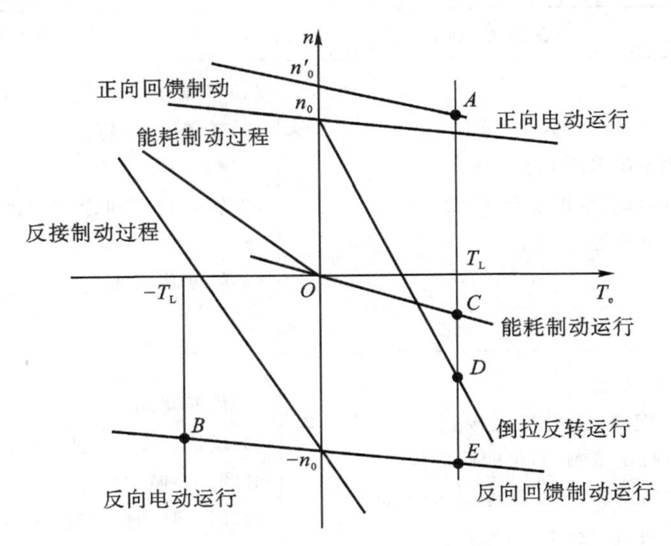

图 4-7-4　他励直流电机四象限运行的机械特性

制动的目的是使拖动系统停车，或使拖动系统减速。电机在制动状态下运行时，其电磁转矩 T_e 与转速 n 方向相反，此时 T_e 为制动性阻转矩，电机吸收机械能并转化为电能，该电能或消耗在电阻上，或回馈电网，电机的机械特性处在第二、第四象限。其中，第二象限中制动运行包括有能耗制动过程、反接制动过程、正向回馈制动运行等；第四象限中制动运行包括有能耗制动运行、倒拉反转运行、反向回馈制动运行等。

电动状态和制动状态是电机的两个基本运行状态，无论电机在各象限中的哪种运行状态，一般都包括稳态运行和加速/减速过程两种情况。

3)他励直流电机的起动调速和制动方法

这里仅仅列出起动、调速和制动等控制方法的名称，具体见表 4-7-1，详细内容请感兴趣的读者阅读电机拖动及运动控制方面的相关文献。

表 4-7-1　他励直流电机和三相异步电机常用控制方法一览表

控制类型	他励直流电机	三相异步电机
起动	基本要求：先加额定励磁电流，建立磁场，然后再加电枢电压 (1)直接起动 (2)电枢回路串电阻起动 (3)减压（电枢端电压）起动（如采用晶闸管整流器的启动方法和采用 PWM 脉宽调制器的启动方法）	(1)直接起动（小容量轻载笼型电机） (2)减压起动（Y-△换接起动、自耦补偿起动、串电阻/电抗起动、延边三角形起动）（中大容量轻载笼型电机） (3)软起动（中大容量轻载笼型电机） (4)转子串联电阻起动（中大容量重载绕线型电机） (5)转子串联频敏变阻器起动（中大容量重载绕线型电机）

续表

控制类型	他励直流电机	三相异步电机
调速	(1)电枢串电阻调速 (2)调电压(电枢端电压)调速 (3)弱磁调速	(1)转差功率消耗型调速(改变定子电压调速、转子电路串接电阻调速、电磁滑差离合器调速) (2)转差功率回馈型调速(串级调速/双馈调速) (3)转差功率不变型调速(变极调速、变频调速)
制动	(1)能耗制动 (2)反接制动(电枢反接制动,反抗性负载;倒拉反接制动,位能性负载) (3)回馈制动/再生发电制动(正向回馈制动,反向回馈制动)	(1)能耗制动 (2)反接制动(转速反向反接制动、定子两相对调反接制动) (3)回馈制动(正向回馈制动,反向回馈制动)

对于他励直流电机的调速方法,表 4-7-2 给出了不同调速方法的调速性能比较和应用场合。

表 4-7-2 他励直流电机调速方法性能比较一览表

调速方法	电枢串电阻调速	降电压调速	弱磁调速
调速方向	基速以下	基速以下	基速以上
调速范围(对 δ 一般要求时)	约 2	10～12	1.2～2(一般电动机) 3～4(特殊电动机)
相对稳定性	差	好	较好
平滑性	差	好	好
经济性	初投资少,电能损耗大	初投资多,电能损耗少	初投资较少,电能损耗少
应用场合	对调速要求不高的场合,适于恒转矩负载配合	对调速要求高的场合,适于恒转矩负载配合	一般与降压调速配合使用,适于恒功率负载配合

3. 三相异步电机的控制方法

工业上最常用的交流电机为三相异步电机,且应用最为普遍。同他励直流电机一样,其控制方法也可分为起动、调速和制动等三个类型。

1)三相异步电机的机械特性

三相异步电机的机械特性是指在定子电压、频率和参数固定的条件下,电磁转矩 T_e 与转速 n(或转差率 s)之间的函数关系。描述三相异步电机机械特性的表达式有三种:物理表达式、参数表达式和实用表达式。其中,实用表达式常用于进行电机机械特性的工程计算,

具体为

$$\frac{T_e}{T_{em}}=\frac{2}{\frac{s}{s_m}+\frac{s_m}{s}} \tag{4-7-3}$$

式中，T_{em}为最大电磁转矩；s_m 为 T_{em}对应的转差率。

同直流电机一样，三相异步电机的机械特性也可分为固有机械特性和人为机械特性两类。其中，固有机械特性是指在电压、频率均为额定值不变时，在定子、转子回路中不串入任何电路元件条件下的机械特性。其 $T-s$ 曲线（也即 $T-n$ 曲线）如图 4-7-5 所示。其中，曲线 1 为电源正相序时的机械特性曲线，此时异步电机处于正向电动运行状态；曲线 2 为电源负相序时的机械特性曲线，此时异步电机处于反向电动运行状态。从图 4-7-5 中看出三相异步电机的固有机械特性不再是一条直线，它具有以下特点：

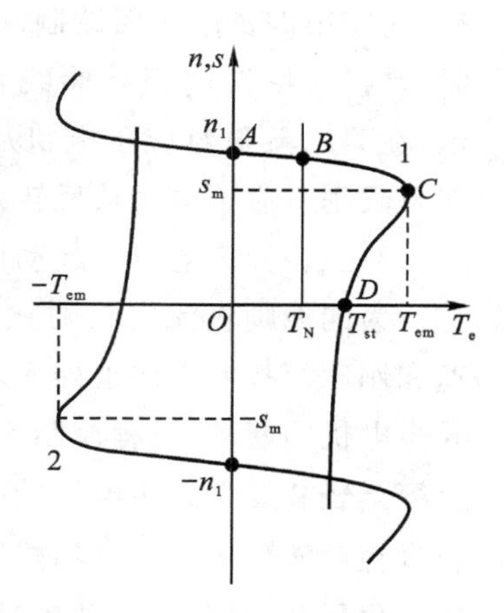

图 4-7-5 三相异步电机固有机械特性

（1）在 $0<s\leqslant1$，即 $n_1>n>0$ 的范围内，特性在第一象限，电磁转矩 T_e 和转速 n 都为正，从正方向规定判断，T_e 与 n 同向，n 与 n_1 同向，电机处于电动运行状态。

在第一象限电动状态的特性上，设 A 点 $n=n_1$，$T_e=0$，为理想空载运行点；B 点为额定运行点，电磁转矩与转速均为额定值 $n=n_N$，$T_e=T_N$；C 点是电磁转矩最大点，$s=s_m$，$T_e=T_m$；D 点是起动点，$n=0$，$T_e=T_{st}$（电机起动时，起动转矩 T_{st} 大于 1.1～1.2 倍的负载转矩就可以顺利起动）。

（2）在 $s<0$ 范围内，$n>n_1$，特性在第二象限，电磁转矩 T_e 为负，电磁功率也是负值，电机处于发电状态。机械特性在 $s<0$ 和 $s>0$ 两个范围内近似对称。

（3）在 $s>1$ 范围内，$n<0$，特性在第四象限，电磁转矩 T_e 为正，也是一种制动状态。

此外，异步电机的机械特性可看作由两部分组成：当负载转矩 $T_L<T_N$ 时，机械特性近似为直线，称为机械特性的直线部分，又可称为工作部分，因为电机不论带何种性质的负载均能稳定运行；当 $s>s_m$ 时，机械特性为一曲线，称为机械特性的曲线部分，有时又称为非工作部分。但所谓非工作部分是仅对恒转矩负载或恒功率负载而言的，因为电机这一特性段与这类负载转矩特性的配合，使电力拖动系统不能稳定运行，而对于泵类风机性负载，在这一特性段上系统却能稳定工作。

三相异步电机在改变电源电压、电源频率、定子极对数或增大定子、转子阻抗的情况下所得到的机械特性称为人为机械特性。由于三相异步电机的参数数量比较多，所以人为机械特性的表现形式也很多，如有降低定子端电压的人为机械特性、定子回路串三相对称电阻的人为机械特性、定子回路串三相对称电抗的人为机械特性、转子回路串三相对称电阻的人为机械特性等，限于篇幅，不再赘述。

2）三相异步电机的四象限运行

综上所述，异步电动机可以工作在电动运行状态，也可以工作在制动状态。这些运转状态处于机械特性的不同象限内。如图 4-7-6 所示，当电机正转时，固有特性曲线 1 与人为特性曲线 1′在第一象限为正向电动运行特性，第二象限为回馈制动特性，第四象限为反接制动特性；当电机反转时，固有特性曲线 2 与人为特性曲线 2′在第三象限为反向电动运行特性，第二象限为反接制动特性，而在第四象限为回馈制动特性。当电机能耗制动时，其机械特性用固有曲线特性 3 与人为特性 3′表示，在第二象限对应于电机从正转开始能耗制动，第四象限则对应于电机从反转开始的能耗制动。

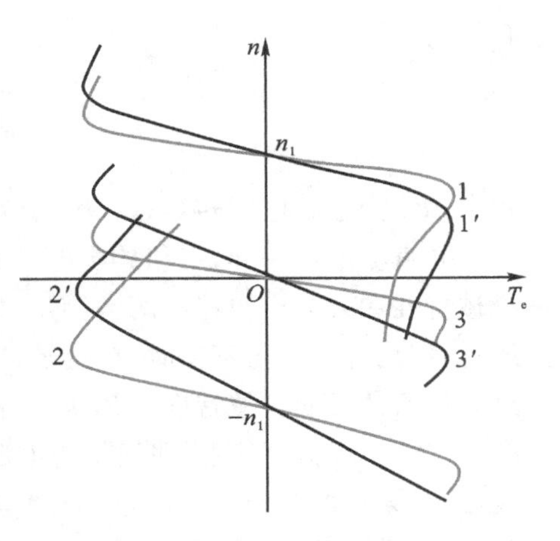

图 4-7-6 异步电机各种运行状态的四象限特性

3）三相异步电机的起动调速和制动方法

为同他励直流电机对比，三相异步电机起动、调速和制动等控制方法也列入表 4-7-1 中。对于三相异步电机的起动，过程控制实践中常用的方法有针对小容量轻载笼型异步电机的直接起动以及针对中、大容量轻载笼型异步电机的减压起动（含 Y-△换接起动、自耦补偿起动、串电阻/电抗起动、延边三角形起动）和软启动。对于三相异步电机的调速，最有发展和应用前景的是变频调速。这些内容将在下一小节做详细介绍。至于三相异步电机的制动，本书不再做进一步的阐述，详细内容请感兴趣的读者阅读电机拖动及运动控制方面的相关文献。

4.7.2 三相异步电机的起动方法

异步电机定子绕组接入电网后，转子从静止状态到稳定运行状态的过程，称为异步电机的起动。工程实践中，通常要求电机应具有足够大的起动转矩，以拖动负载较快地达到稳定运行状态，而起动电流又不要太大，以免引起电网电压过大的波动，影响电网上其他负载的正常工作。因此，衡量异步电机起动性能的主要指标是起动转矩倍数 $K_T=T_{st}/T_N$ 和起动电流倍数 $K_I=I_{st}/I_N$。

实际应用中，普通异步电机如不采取任何措施而直接接入电网起动时，往往起动电流 I_{st} 很大，而起动转矩 T_{st}不足。一般笼型转子异步电机的起动电流倍数 $K_I=4\sim7$，起动转矩倍数 $K_T=0.9\sim1.3$。过大的起动电流会降低电机寿命，致使变压器二次电压大幅度下降，减少电机本身的起动转矩，甚至使电机根本无法起动，同时还会影响同一供电网路中其他设备的正常工作。因此，异步电机在起动时存在以下两种矛盾：①起动电流大，而电网承受冲击电流的能力有限；②起动转矩小，而负载又要求有足够的转矩才能起动。对于不同容量的电机，以及不同类型的电机（如笼型异步电机、绕线转子异步电机），必须采用合适的起动方法，来减小对电网的冲击以及对其他用电设备的影响。

一般而言，对于小容量轻载笼型异步电机，可采用直接起动方法；对于中、大容量轻载笼型异步电机，常采用减压起动方法（如 Y-△换接起动、自耦补偿起动、串电阻/电抗起动、延边三角形起动）或软起动；对于小容量重载场合，一般选用起动转矩较高的特殊形式的笼型电机，如高转差率笼型异步电机、深槽式异步电机、双笼型异步电机，通过改进其内部的结构,以增大起动转矩,获得较好的起动性能;对于中、大容量重载绕线转子型异步电机,可以采用转子串联电阻起动方法和转子串联频敏变阻器方法。下面主要介绍过程控制工程实践中常用的针对笼型异步电机的直接起动方法、减压起动方法和软起动方法。

1. 直接起动

直接起动也叫全压起动,就是利用开关或接触器将电机的定子绕组直接接到具有额定电压的电网上的起动方式。其优点是操作简便、起动设备简单;缺点是起动电流大,会引起电网电压波动。现代设计的笼型异步电机,本身都允许直接起动。因此,对于笼型异步电机而言,直接起动方法的应用主要受电网容量的限制。

在一般情况下,只要直接起动时的起动电流在电网中引起的电压降不超过 10%～15%(对经常起动的电机取 10%,对不经常起动的电动机取 15%),就允许直接起动。因为按国家标准 GB755—2000 规定,三相异步电机的最大转矩应不低于 1.6 倍额定转矩,当电网电压降到额定电压的 85%时,最大转矩至少仍然有额定转矩的 1.156 倍($1.6\times0.85^2 T_N$),因此接在同一电网上的其他异步电机不至于因为转矩下降太多而停转。这里,如果异步电机满足如下要求,就可以允许直接起动。

$$K_I=\frac{I_{1st}}{I_{1N}}\leqslant\frac{1}{4}\left[3+\frac{\text{电源总容量(kV·A)}}{\text{起动电机容量(kV·A)}}\right] \tag{4-7-4}$$

如果不能满足上述要求,则必须采用降压起动方法,以限制起动电流。一般 7.5 kW 以下的异步电机允许直接起动,但工程实际中,20 kW 以下的异步电机一般都可采用直接起动方式。

直接起动的三相异步电机电气控制原理图如图 4-7-7 所示。主电路由隔离开关 QS、熔断器 FU、接触器 KM 的常开主触点,热继电器 FR 的热元件和电动机 M 组成。控制电路由远程/就地切换开关 SW、起动按钮 SB2、停止按钮 SB1、接触器 KM 线圈和常开辅助触点、热继电器 FR 的常闭触头、DCS 中间继电器 ZJ 的线圈和常开触点构成。下面来介绍控制线路的工作原理。

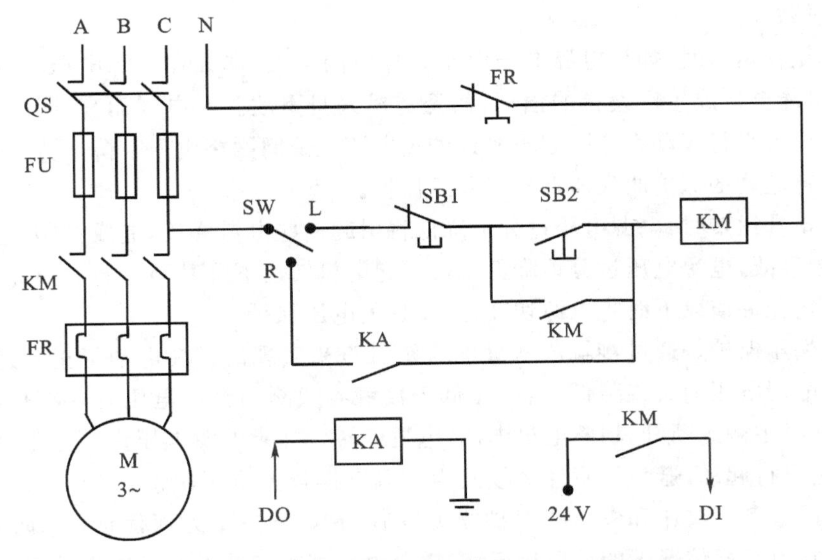

图 4-7-7　三相异步电机直接起动电气控制原理示意图

当切换开关 SW 切换至 L 端时，为就地控制状态，在现场或电机控制中心(MCC，Motor Control Center)进行手动起/停操作。当切换开关 SW 切换至 R 端时，为远程手/自动控制状态，在 DCS 控制室进行手动或自动控制。

当切换开关 SW 切换至 L 端，合上三相隔离开关 QS，按起动按钮 SB2，按触器 KM 的吸引线圈得电，3 对常开主触点闭合，将电机 M 接入电源，电机开始起动。同时，与 SB2 并联的 KM 的常开辅助触点闭合，即使松手断开 SB2，吸引线圈 KM 通过其辅助触点可以继续保持通电，维持吸合状态。凡是接触器(或继电器)利用自己的辅助触点来保持其线圈保持带电状体，称之为自锁(自保)。这个触点称为自锁(自保)触点。由于 KM 的自锁作用，当松开 SB2 后，电动机 M 仍能继续起动，最后达到稳定运转，与 24 V 电源相连接得辅助触点 KM 闭合，DCS 的 DI 通道被置 1，显示电机处于运行状态。若按下停止按钮 SB1，接触器 KM 的线圈失电，其主触点和辅助触点均断开，电机脱离电源，停止运转，与 24 V 电源相连接得辅助触点 KM 也随之断开，DCS 的 DI 通道被置 0，显示电机处于停止状态。这时，即使松开停止按钮，由于自锁触点断开，接触器 KM 线圈不会再通电，电机不会自行起动。只有再次按下起动按钮 SB2 时，电动机方能再次起动运转。

当切换开关 SW 切换至 R 端，电机的启停交由 DCS 方控制，这时无论是按下起动按钮 SB2 还是停止按钮 SB1，电机的运行状态都不会发生改变。当 DCS 发出起动信号(即 DO 置 1)，则中间继电器 KA 的吸引线圈得电，其常开触点 KA 动作，致使吸引线圈 KM 得电，3 对常开主触点闭合，电机运转；当 DCS 发出停止信号(即 DO 置 0)，则中间继电器 KA 的吸引线圈失电，其常开触点 KA 动作，致使吸引线圈 KM 失电，3 对常开主触点断开，电机运转。

图 4-7-7 中还设置有短路保护、过载保护、欠压和失压保护等线路保护功能。短路时，通过熔断器 FU 的熔体熔断切开主电路。过载保护通过热继电器 FR 来实现。由于热继电器的热惯性比较大，即使热元件上流过几倍额定电流的电流，热继电器也不会立即动作。因此在电机起动时间不太长的情况下，热继电器经得起电机起动电流的冲击而不会动作。只有在电机长期过载下 FR 才动作，断开控制电路，接触器 KM 失电，切断电机主电路，电机停转，实现过载保护。

当电机正在运行时，如果电源电压由于某种原因消失，那么在电源电压恢复时，电机将自行起动，可能会造成生产设备的损坏，甚至造成人身事故。对电网而言，同时有许多电机及其他用电设备自行起动也会引起不允许的过电流及瞬间网络电压下降。为了防止电压恢复时电机自行起动的保护叫失压保护或零压保护。

当电机正常运转时，电源电压过分地降低将引起一些电器释放，造成控制线路不正常工作，可能产生事故；电源电压过分地降低也会引起电机转速下降甚至停转。因此需要在电源电压降到一定允许值以下时将电源切断，这就是欠电压保护。

欠压和失压保护是通过接触器 KM 的自锁触点来实现的。在电动机正常运行中，由于某种原因使电网电压消失或降低，当电压低于接触器线圈的释放电压时，接触器释放，自锁触点断开，同时主触点断开，切断电机电源，电机停转。如果电源电压恢复正常，由于自锁解除，电机不会自行起动，避免了意外事故发生。只有操作人员再次按下 SB2 后，电机才能起动。控制线路具备了欠压和失压的保护能力以后，有如下三个方面优点：①防止电压严重下降时电机在重负载情况下的低压运行；②避免电机同时起动而造成电压的严重下降；③防止电源电压恢复时，电机突然起动运转，造成设备和人身事故。

2. 减压起动

若电动机容量较大，起动电流倍数不满足式(4－7－4)，则不能直接起动。此时，若仍是轻载起动，起动时的主要矛盾就是起动电流大而电网允许冲击电流有限之间的矛盾。对此，只有减小起动电流才能予以解决。对于笼型异步电机而言，减小起动电流的主要方法是减压起动，即通过降低笼型异步电机定子绕组的电压来实现电机起动的方法。

减压起动的目的是减小起动电流，但由于起动转矩与电源电压的二次方成正比，所以在减小起动电流的同时，起动转矩也减小了。这说明减压起动只适用于对起动转矩要求不高的场合。如驱动容量很大的离心泵、通风机等的电机的起动，往往采用减压起动。常用的减压起动方法有星形三角形(Y－△)换接起动、自耦减压起动、串电阻(抗)起动、延边三角形起动等。

1)星形三角形(Y－△)换接起动

Y－△换接起动方法只适用于正常运行时定子绕组接成三角形的电机，其每相绕组均引出两个出线端，三相共引出 6 个出线端。在起动时将定子绕组接成星形，起动完毕后再换接成三角形。这样，在起动时就把定子每相绕组上的电压降到正常工作电压的 $1/\sqrt{3}$。

Y－△换接起动可采用 Y－△起动器来实现，手动 Y－△起动器的结构形式很多，还有自动起动器可供选用，它们的降压起动原理是相同的。图 4－7－8 为 Y－△换接起动接线原理图，定子绕组的 6 个引出线分别接到换接开关 Q_2 上，起动时，定子绕组接成 Y 形，使各相电压降为额定相电压的 $1/\sqrt{3}$，待转速上升到额定转速的 85%～95%时，再将定子绕组接成△形，使各相绕组以额定电压运行。

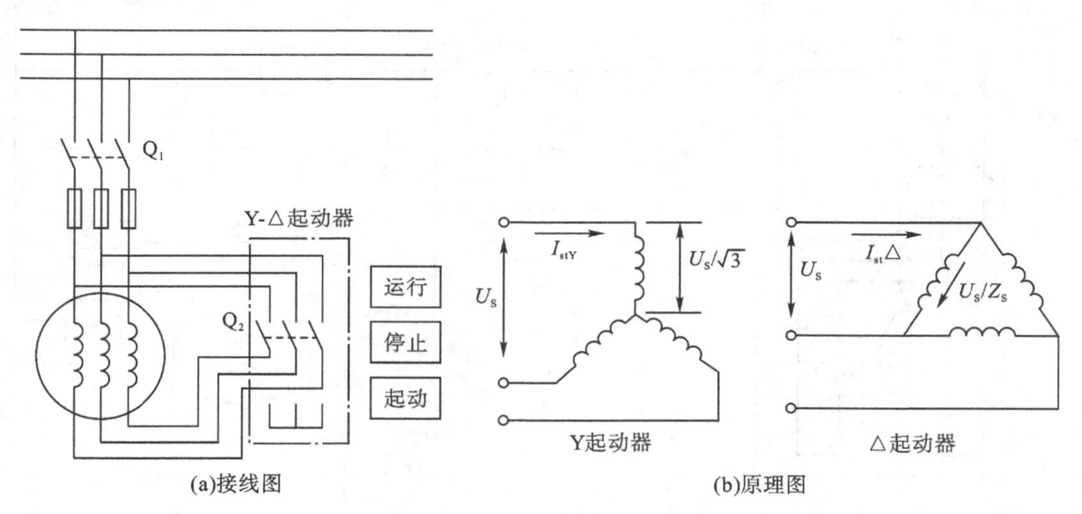

图 4－7－8　Y－△换接起动接线原理示意图

设起动时接成 Y 形的定子绕组的线电压为 U_S，该电压也就是电网电压，则相电压为 $U_S/\sqrt{3}$；这时线电流与相电流相等，则 Y 形起动电流为 $I_{stY}=U_S/(\sqrt{3}Z_S)$。三角形连接时，每相绕组的相电压与线电压相等为 U_S，线电流是相电流的$\sqrt{3}$倍，即△形起动电流为 $I_{st\triangle}=$

$\sqrt{3}U_S/Z_S$。所以有

$$\frac{I_{stY}}{I_{st\triangle}}=\frac{U_S/(\sqrt{3}Z_S)}{\sqrt{3}U_S/Z_S}=\frac{1}{3} \tag{4-7-5}$$

可见，联结成星形时的线电流只有联结成三角形直接起动时线电流的1/3。Y-△换接起动的优点是起动设备体积小、成本低、寿命长、检修方便、动作可靠。其缺点是起动电压只能降到全电压的1/3，不能按不同的负载选择不同的起动电压。由于起动转矩与电源电压的二次方成正比，这种起动方法的起动转矩也只有直接起动时起动转矩的1/3。因此，Y-△换接起动方法只适用于空载或轻载起动。

Y-△换接起动的电气控制原理(见图4-7-9)可描述如下：

(1)当切换开关SW切换至L端，按下起动按钮SB2，接触器KM1线圈得电，电机M接入电源；同时，时间继电器KT及接触器KM2线圈得电。

(2)接触器KM2线圈得电，其常开主触点闭合，电动机M定子绕组在星形连接下运行；KM2的常闭辅助触点断开，保证了接触器KM3不得电。

(3)时间继电器KT的常开触点延时到，闭合；常闭触点延时断开，切断KM2线圈电源，其主触点断开而常闭辅助触点闭合。

(4)接触器KM3线圈得电，其主触点闭合，电机M由星形起动切换为三角形运行。

(5)停车时，按下停止按钮SB1，各接触器释放，电机断电停车。

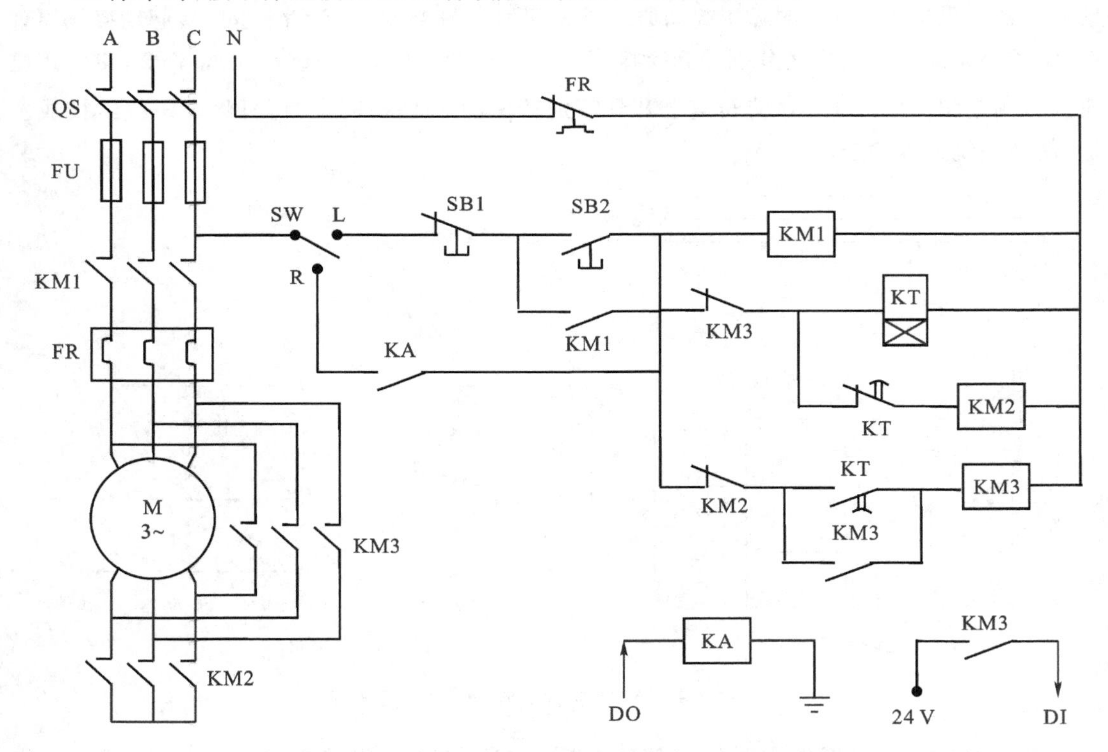

图4-7-9 三相异步电机Y-△换接起动电气控制原理示意图

线路在KM2与KM3之间设有辅助触点联锁，防止它们同时动作造成短路；此外，线路转入三角联接运行后，KM3的常闭触点断开，切除时间继电器KT、接触器KM2，避免KT、

KM2 线圈长时间运行而空耗电能，并延长其寿命。

当切换开关 SW 切换至 R 端，电机的启停就交由 DCS 方控制，具体起动和停止过程与远程直接启停思路类似，不但可以通过上图所示电气控制的方式来实现，也可以通过软件编程来实现，这里不再赘述。

2）自耦（变压器）减压起动

自耦（变压器）减压起动方法就是利用三相自耦变压器降低加到电机定子绕组上的电压，以减小起动电流的起动方法。采用自耦变压器减压起动时，自耦变压器的一次侧（高压边）接电网，二次侧（低压边）接到电机的定子绕组上，待其转速基本稳定时，再把电机直接接到电网上，同时将自耦变压器从电网上切除。

图 4－7－10(a)为自耦变压器的减压原理图，图中只画出了一相，U_1 及 I_1 分别表示自耦变压器一次侧（高压边）的电压和电流，也就是电网电压和电流；U_2 及 I_2 分别表示自耦变压器的二次侧（低压边）的电压和电流，也即电机定子电压 U_S 和电流 I_S；N_1 及 N_2 分别表示自耦变压器的一次绕组和二次绕组的匝数，于是有$\frac{U_2}{U_1}=\frac{I_1}{I_2}=\frac{N_2}{N_1}$。

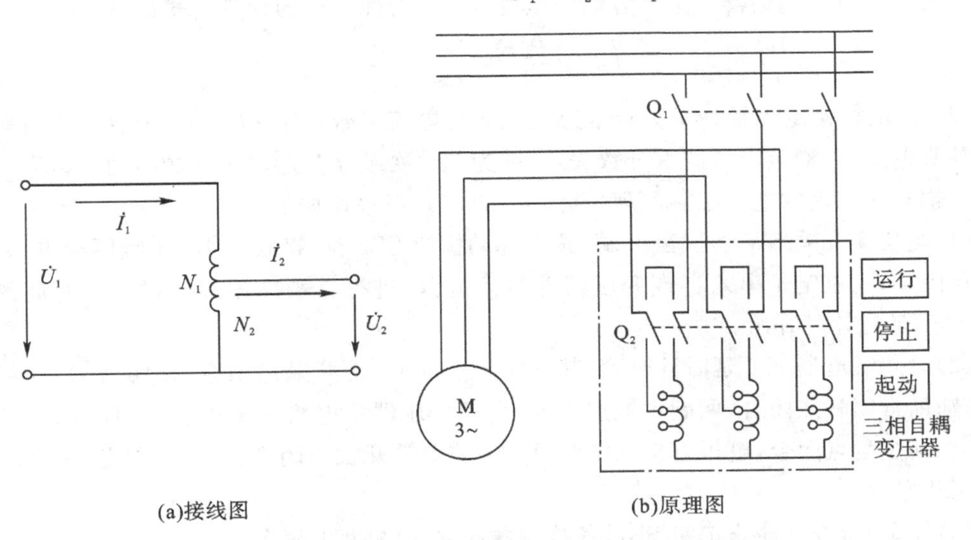

(a)接线图　　(b)原理图

图 4－7－10　异步电机自耦减压起动原理示意图

设 I_2 为定子绕组电压为 U_2 时的起动电流，I_{st} 为全电压 U_1 时的起动电流，则$\frac{I_2}{I_{st}}=\frac{U_2}{U_1}=\frac{N_2}{N_1}$。因此，有

$$\frac{I_1}{I_{st}}=\frac{N_2}{N_1}\cdot\frac{I_2}{I_{st}}=\left(\frac{N_2}{N_1}\right)^2 \tag{4-7-6}$$

式(4－7－6)表明：利用自耦变压器后，电机端电压 $U_S=U_2$ 降到 $(N_2/N_1)U_1$，定子电流 $I_S=I_2$ 也降到 $(N_2/N_1)I_{st}$，通过自耦变压器，使从电网上吸取的电流 I_1 降低为全电压起动电流 I_{st} 的 $(N_2/N_1)^2$。此外，由于 $U_S=(N_2/N_1)U_1$，而异步电机的电磁转矩 $T_e\propto U_S^2$，所以利用自耦变压器后，起动转矩也降到 $T_S=(N_2/N_1)T_{st}$（T_{st} 为全电压 U_1 时的起动转矩），即起动转矩与起动电流降低同样的倍数。

为满足不同负载的要求，自耦变压器的二次绕组一般有3个抽头，使其二次电压(低压边电压)分别为一次电压(高压边电压)的40%、60%和80%(或55%、64%和73%)，供选择使用。

图4-7-10(b)为采用自耦变压器减压起动的接线原理图。起动时，把开关Q_2投向“起动”位置，这时自耦变压器一次绕组加全电压，而电机定子绕组电压仅为抽头部分的电压值(二次电压)，电机作减压起动；待转速接近稳定(额定转速)时，把开关转换到“运行”位置，把自耦变压器切除，电机做全电压运行，起动结束。

自耦减压起动适用于容量较大的低压电机或正常运行时联成星形，不能采用Y-△换接起动的电机，其应用较广泛，有手动及自动多种控制模式。其优点是多个电压抽头可供不同负载下对起动转矩的不同要求而选择；缺点是起动设备体积大、质量大、价格高，并需要经常维护检修。

在过程控制实践中，一般可根据电机的额定电压和功率选择与电机功率相等的自耦减压变压器(起动器)定型产品。但起动器规定有一次或多次连续起动的最大起动时间t_{max}(对于不同类型的起动器$t_{max}=0.5\sim1$ min，或$t_{max}=2$ min)，在电机要求连续起动次数较多时，应选择较大容量的起动器。选择自耦变压器容量P_{TA}(kVA)的计算公式如下

$$P_{TA}\geqslant\frac{P_d K_I\ (U_{TA}\%)^2 mt}{t_{max}} \tag{4-7-7}$$

式中，P_d为电机额定容量(kVA)；K_I为电机起动电流倍数($K_I=I_{st}/I_N$)；$U_{TA}\%$为自耦变压器的抽头电压，以额定电压的百分数表示；m为起动次数；t为起动一次的时间(min)。

自耦减压起动的电气控制原理(见图4-7-11)可描述如下：

(1)当切换开关SW切换至L端，按下起动按钮SB2时，接触器KM1线圈得电，其两副主触点闭合，电机定子串入自耦变压器并接入电源，进行自耦减压起动；同时，时间继电器KT得电，延时计时开始。

(2)时间继电器KT延时计时到，其常闭触点断开，常开触点闭合；接触器KM1线圈失电，其辅助常闭触点闭合，两副主触点断开，自耦变压器从电机定子中切除；接触器KM2线圈得电，其主触点闭合，电机直接入电源，KM2辅助常开触点闭合自锁，电机起动完毕，工作于全压状态。

(3)停车时，按下停止按钮SB1，各接触器释放，电机断电停车。

图4-7-11中，分别串接在接触器KM1和KM2中的时间继电器触点起到互锁作用，使得接触器KM1和KM2的线圈不会同时得电，保证电机安全起动，并平稳运行。

当切换开关SW切换至R端，电机的启停就交由DCS方控制。

3)串电阻(抗)起动

所谓串电阻(抗)起动，即起动时，在电机定子电路中串接电阻或电抗，待电机转速基本稳定时，再将其从定子电路中切除。由于起动时，在串接电阻或电抗上减掉了一部分电压，所以加在电机定子绕组上的电压就降低了，相应地起动电流也减小了。

图4-7-12为异步电机串电阻(抗)起动原理图。图中Q_1为主开关，起隔离电源的作用，Q_2为换接开关。起动前，先将换接开关Q_2投向“起动”位置，将起动电阻(抗)串接到定子绕组电路中；起动时，闭合主开关Q_1，电机开始旋转，待转速接近稳定转速，再把换接开关Q_2投向“运行”位置，将电源电压直接加到定子绕组上，电机做全电压运行，起动过程结束。

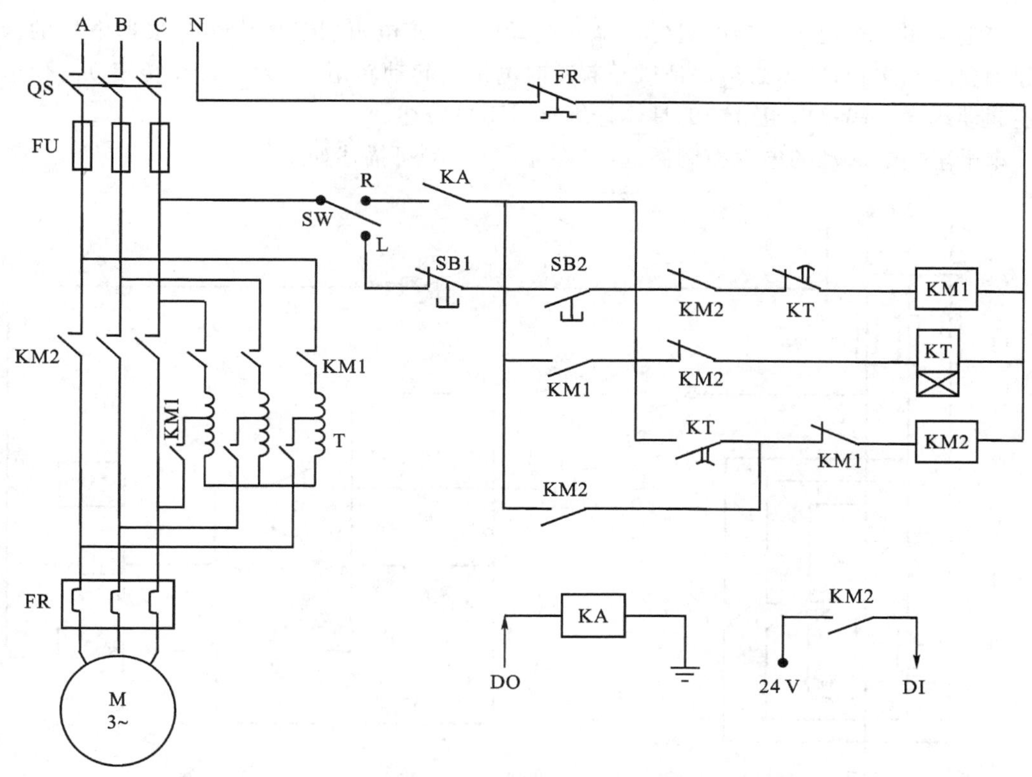

图 4-7-11　三相异步电机自耦减压起动电气控制原理示意图

这种起动方法的起动电流与降低了的电机端电压(定子绕组电压)成正比,起动转矩与端电压的二次方成正比。但该方法是利用起动电流在串接电阻(抗)上产生电压降,待转速升高、起动电流减小时,串接电阻(抗)上的电压降减小,电机上的端电压升高,转矩也与电压的二次方成比例增大。因此,这种起动方法适用于负载转矩与转速的二次方成比例变化的电力拖动系统,如泵、通风机等不需要大的起动转矩、而需要限制起动电流的场合。该起动方法的优点是起动电流冲击小,运行可靠,起动设备构造简单;缺点是起动时电能损耗较多。

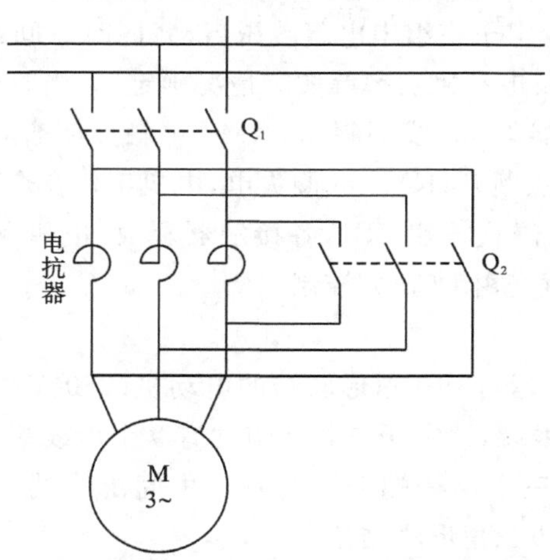

图 4-7-12　异步电机串接电阻(抗)起动原理示意图

笼型异步电机定子串接电阻(抗)减压起动时,串接电阻(抗)的大小应根据电机的参数及起动要求来选择计算,必须保证减压起动时电机的起动转矩 T_{st} 大于负载转矩 T_L,使电动机能起动起来。串接电阻(抗)的具体计算这里不再赘述。

串电阻(抗)起动的电气控制原理(见图 4-7-13)可描述如下。

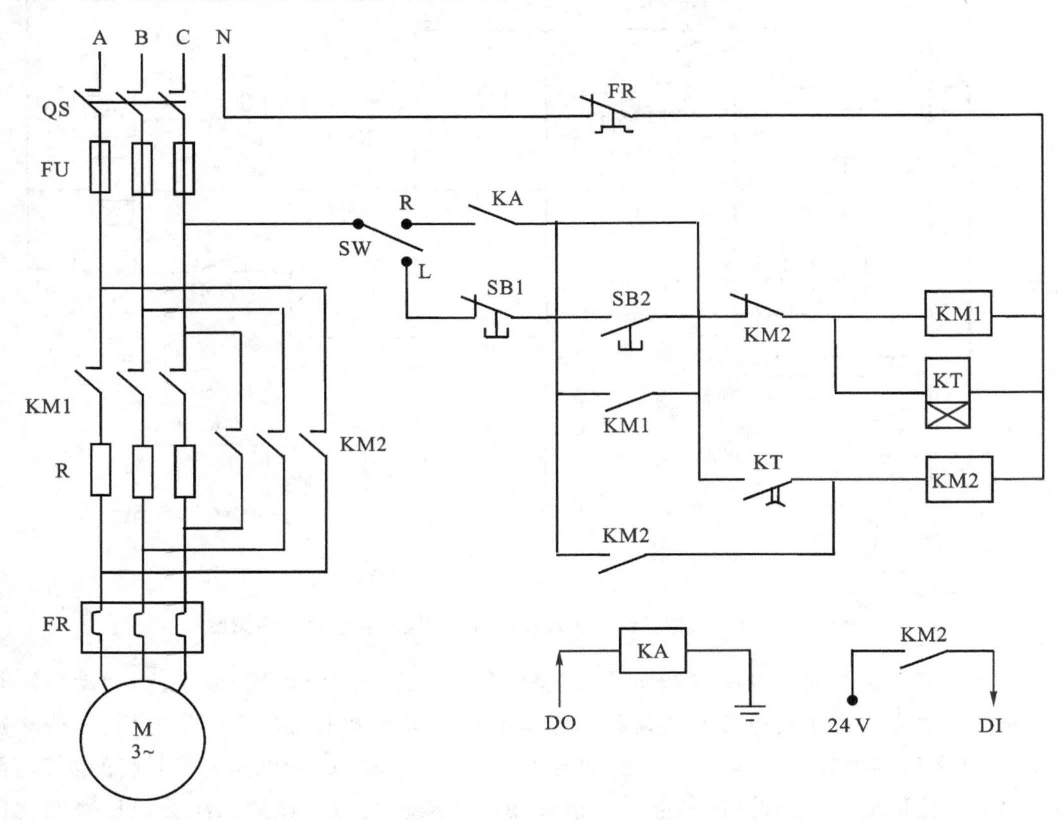

图 4-7-13 三相异步电机串电阻(抗)起动电气控制原理示意图

当切换开关 SW 切换至 L 端,合上隔离开关 QS,按下启动按钮 SB2 时,接触器 KM1 线圈通电,KM1 主触点闭合,定子绕组串电阻减压启动,同时时间继电器开始计时(计时时间的长短根据现场负载大小及电动机功率等实际情况确定)。当时间继电器计时时间到,触点动作,常开触点闭合,接触器 KM2 线圈得电,KM2 主触点闭合,电动机工作在全压运行状态,同时 KM2 辅助常闭触点断开,KM1 线圈失电,电机工作在全压运行状态,串电阻减压启动过程结束。停车时,按下停止按钮 SB1,各接触器释放,电机断电停车。当切换开关 SW 切换至 R 端,电机的启停就交由 DCS 方控制。

4)延边三角形起动

图 4-7-14(a)为正常运行时三角形联结的电动机(380 V/660 V)的定子三相绕组,每相绕组的中间引出一个出线端,故定子三相绕组共有 9 个出线端。如起动时将绕组的 1、2、3 三个出线端接电源;4、5、6 三个出线端分别与三个中间出线端 8、9、7 相连,如图 4-7-14(b)所示,即成了所谓的延边三角形联结法。

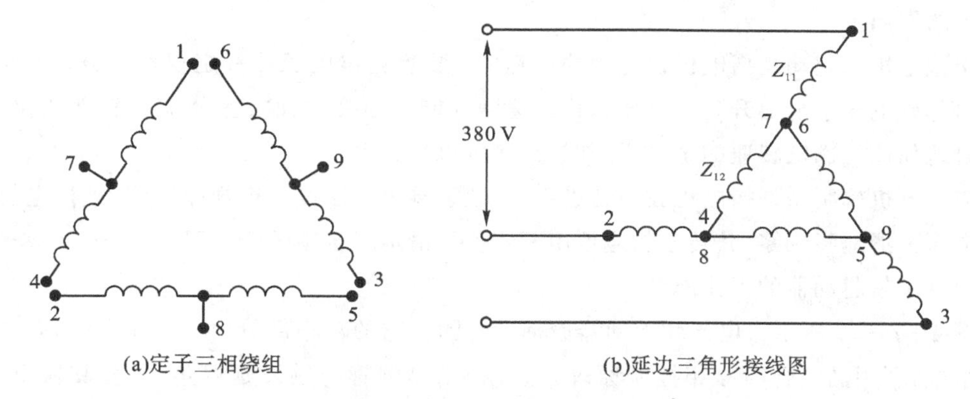

图 4-7-14　异步电机定子绕组联结成延边三角形原理示意图

如将延边三角形看成一部分是三角形联结(如图 4-7-14 中绕组的 4-7、6-9、5-8 三部分),另一部分是星形联结(如图 4-7-14 中的 1-7、2-8、3-9 三部分),那么联结成星形部分的绕组的比例越大,起动时电机的相电压降得就越多。根据实测,当抽头比例是 1∶1(即 $Z_{11}:Z_{12}=1:1$)时,电机堵转状态下测得的相电压为 264 V 左右;当抽头比例是 1∶2(即 $Z_{11}:Z_{12}=1:2$)时,相电压为 290 V。

三相绕组联结成延边三角形时,绕组的相电压低于电源电压,且降低值与绕组的中间引出端的抽头比例有关。因此,在起动过程中,将定子绕组联结成延边三角形,可使定子绕组的电压降低,也能减小起动电流。

采用延边三角形起动方法,起动时将定子绕组联结成延边三角形,起动结束时应将定子绕组改接成三角形联结,即在图中将三个中间出线端 7、8、9 空出来;1、2、3 三个出线端分别与 6、4、5 三个出线端相连后接电源。延边三角形起动器可采用手动或自动控制线路进行绕组改接。

延边三角形起动具有体积小、质量轻、允许经常起动等优点,而且采用不同的抽头比例,可以得到延边三角形联结法的不同相电压,其值比星形三角形换接起动时星形联结法的电压值高,因此其起动转矩比星形三角形换接起动时大,可用于重载起动。延边三角形起动法预期将获得进一步推广,并将逐步取代自耦降压起动方法,但其缺点是电机内部接线较为复杂。

3. 软起动

1)软起动和软制动

前面介绍的几种减压起动方法都属于有级起动方法,起动的平滑性不高。电机在切换过程中,会产生很高的电流尖峰,产生破坏性的动态转矩,引起的机械振动对电机转子、联轴器以及负载都是有害的。应用一些自动控制线路组成的软起动器可以实现笼型异步电机的无级平滑起动,这种起动方法称为软起动。

交流异步电机软起动技术成功地解决了电机启动时电流大、线路电压降大、电力损耗大以及对传动机械带来破坏性冲击力等问题。对被控电机而言,既能起到软起动,又能起到软制动的作用。

交流电机软起动是指电机在起动的过程中，装置输出电压按一定规律上升，被控电机电压由起始电压平滑地升到全电压，其转速随控制电压变化而发生相应的软性变化，即由零平滑地加速至额定转速的全过程，称为交流电机软起动。

交流电机软制动是指电机在制动过程中，装置输出电压按一定规律下降，被控电机电压由全电压平滑地降到零，其转速相应地由额定值平滑地减至零的全过程。

2)电子软起动器的工作原理

图 4-7-15 所示为电子软起动器原理示意图。它的功率部分由 3 对正/反向并联的晶闸管组成，利用晶闸管的移相控制原理，通过控制晶闸管的触发延迟角，改变其输出电压，使加在电机上的电压按某一规律慢慢达到全电压，电机转速也达到额定转速。

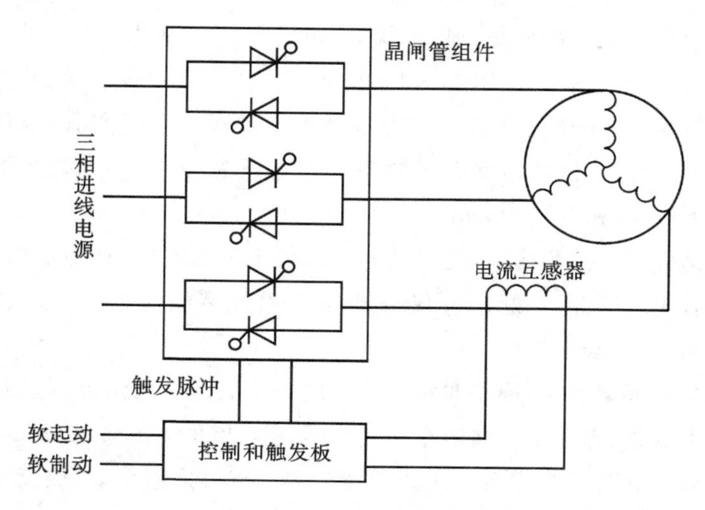

图 4-7-15 电子软起动器工作原理示意图

常见的电子软起动器分为旁路型、无旁路型和节能型三种。旁路型的特点：当电机转速达到额定转速时，用旁路接触器取代已经完成任务的软起动器，可降低晶闸管的热损耗。无旁路型的特点：当电机转速达到额定转速时，晶闸管的触发延迟角被推向零，晶闸管处于全导通状态，适用于频繁起动和停止的电机。节能型的特点：在无旁路型的基础上，完成起动之后，当电机的负荷较轻时，软起动器会自动降低电机定子端的电压，减少电机的励磁电流分量，提高功率因数。

带有旁路型软起动器的异步电机的主电路图如 4-7-16 所示。电机起动时，Q1 闭合，串联在电源线上的双向晶闸管 TR 的触发延迟角 α 都处于所设置的较大数值上，电机接线端上的电压较低(见图 4-7-17)。随着电机转速逐渐上升，调节双向晶闸管触发延迟角 α，使它逐渐下降到 0，与之相对应的电机接线端上的电压逐渐上升到额定值。这时继电器 K1 吸合，使得交流接触器 KM1 的线圈得电，交流接触器 KM1 的常开触点 KM1-1 闭合，常闭触点 KM1-2 断开。至此，异步电机的软起动过程结束，电机运行于全压状态。

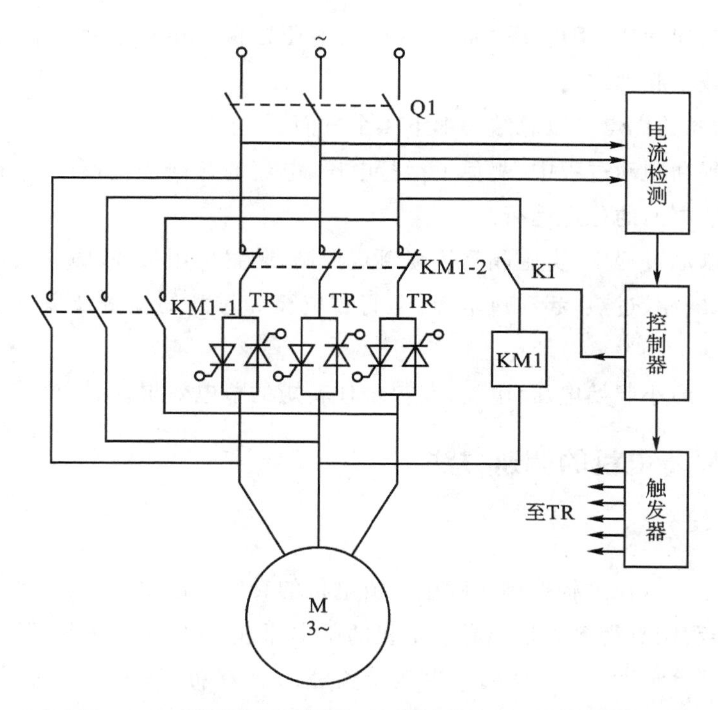

图4-7-16 带有旁路型软起动器的异步电机主电路示意图

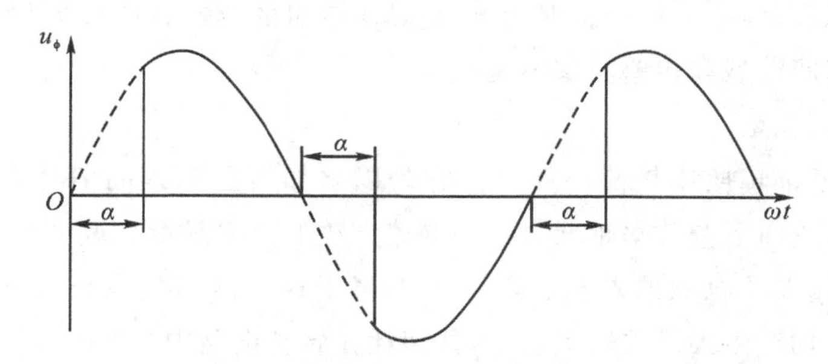

图4-7-17 双向晶闸管控制后的电源相电压波形示意图

3)电子软起动器的起动方法和优点

对于电子软起动器,通常有下面的五种起动方法:限流或恒流起动方法、斜坡电压起动法、转矩控制起动法、转矩加脉冲突跳控制起动法、电压控制起动法。

(1)限流或恒流起动方法:用电子软起动器实现起动时限制电机起动电流或保持恒定的起动电流,主要用于轻载软起动。

(2)斜坡电压起动法:用电子软起动器实现电机起动时定子电压由小到大斜坡线性上升,主要用于重载软起动。

(3)转矩控制起动法:用电子软起动器实现电机起动时起动转矩由小到大线性上升,起动的平滑性好,能够降低起动时对电网的冲击,是较好的重载软起动方法。

(4)转矩加脉冲突跳控制起动法:此方法与转矩控制起动法类似,其差别是起动瞬间加脉冲突跳转矩以克服电机的负载转矩,然后转矩平滑上升,也适用于重载软起动。

(5)电压控制起动法:用电子软起动器控制电压以保证电机起动时产生较大的起动转矩,是较好的轻载软起动方法。

电子软起动器的优点可以总结为如下 4 个方面:

(1)起动过程和制动过程中,避免了运行电压、电流的急剧变化,有益于被控制电机和传动机械,更有益于电网的稳定运行。

(2)起动和制动过程中,实施晶闸管无触点控制,装置使用长,故障事故率低且免检修。

(3)集相序、缺相、过热、起动过电流、运行过电流和过载的检测及保护于一身,节电、安全、功能强。

(4)能实现以最小起始电压(电流)获得最佳转矩的节电效果。

4.7.3 三相异步电机的调速方法

1. 调速方法分类

与直流电机类似,在过程控制实践中交流电机的转速也需要调节,但实现交流调速要比直流调速要复杂和困难得多。按照异步电机的基本原理,从定子传入转子的电磁功率 P_{em} 可分成两部分:一部分 $P_2=(1-s)P_{em}$,为拖动负载的有效功率;另一部分是转差功率 $P_s=sP_{em}$,与转差率成正比。从能量转换的角度看,转差功率是否增大,是消耗掉还是回收,显然是评价调速系统效率的一个指标。据此,可把异步电机的调速方法分为如下 3 类:转差功率消耗型、转差功率回馈型和转差功率不变型。

1)转差功率消耗型

全部转差功率都转换成热能消耗掉。它是以增加转差功率的消耗来换取转速的降低(恒转矩负载时),越向下调效率越低。这类调速方法的效率最低。改变定子电压调速、转子电路串接电阻调速以及电磁滑差离合器调速都属于这一类型的电机调速方法。其共同特点:在调速过程中均产生大量的转差功率,并消耗在转子电路中。

改变定子电压调速和转子电路串接电阻调速与其相应的起动方法的工作原理是一致的,只要在其机械特性上能获得一个稳定的工作点即可。其中,改变定子电压方法是一种比较简单的调速方法,过去主要利用自耦变压器或饱和电抗器串接在定子电路中实现调速,由于其设备庞大笨重,已很少使用,目前主要采用电力电子器件构成的交流调压器进行调速;转子电路串接电阻调速方法只适用于绕线式异步电机,转速只能往下调,且下调时机械特性变软,负载波动引起的转速波动较大,轻载时,转速调节范围很小。

电磁滑差离合器调速方法的核心部件是滑差电机。滑差电机又名“电磁调速异步电机”,由笼型异步电机、滑差离合器和控制装置三部分构成。其特点是在笼型异步电机轴上装有一个电磁滑差离合器,并由晶闸管控制装置控制滑差离合器励磁绕组的电流,改变这一电流,即可调节离合器的输出转速,平滑地调节滑差离合器的励磁电流,即可实现滑差离合器感应转子的无级调速。该调速方法的优点是结构简单、运行可靠、维护方便、加工容易、能平滑调速,用闭环系统可扩大笼型异步电机的调速范围。其缺点是必须增加滑差离合器设备，调速时效率低，在负载转矩小于额定转矩的10%时，可能会失控(即存在不可控区)。

2)转差功率回馈型

转差功率的一部分消耗掉，大部分则通过变流装置回馈电网或转化成机械能予以利用，转速越低时回收的功率越多，其效率比前者高。

串级调速就属于这一调速类型，其基本思想是在绕线型异步电机转子电路中串入一个电压和频率可控的交流附加电动势E_{add}来取代电阻，可以通过调节E_{add}的大小来改变转子电流I_2的数值，而电机产生的电磁转矩T_e也将随着I_2的变化而变化，使电力拖动系统原有的稳定运行条件$T_e=T_L$被打破，迫使电机变速。

另外，串级调速又称为双馈调速，因为它是利用异步电机的可逆性原理(即既可以从定子输入或输出功率，也可以从转子输入或输出转差功率)而工作的。同时从定子和转子向电机馈送功率，可以达到调速的目的。也就是说串级调速通过附加电动势E_{add}这样一种电源装置吸收转子上的转差功率，并回馈给电网，以实现高效平滑调速。串级调速可细分为次同步调速和超同步调速两种控制方式。

3)转差功率不变型

这类调速系统中，转差功率只有转子铜损(这部分消耗是不可避免的)，而且无论转速高低，转差功率基本不变，所以转差功率的消耗也基本不变且很小，因此效率最高。变极调速和变频调速就属于这一类型的电机调速方法。尤其是变频调速，因比较常用，下面将做详细介绍。

2. 变极调速方法

这一调速方法属于有级调速，适用于多速异步电机。由于一般异步电机正常运行时的转差率很小，电机的转速$n=n_1(1-s)$主要取决于同步转速n_1。从$n_1=60f_1/n_p$可知，在电源频率f_1保持不变的情况下，改变定子绕组的极对数n_p，即可改变电机的同步转速n_1，从而使电机的转速也随之改变，这就是变极调速的基本原理。

改变定子绕组的极对数，通常用改变定子绕组的联结方式来实现。常用的方法是倍极比反向变极法。其基本思想：若要使定子绕组的极对数改变一倍，只要改变定子绕组的连接方式，即将每相绕组分成两个“半相绕组”，通过改变其引出端的联结方式，使其中任一“半相绕组”中的电流反向，便可使定子绕组的极对数增大一倍(或减少一半)。

常用的改变定子绕组极对数的连接方法有两种：一种是定子绕组从单星形改接成双星形(即所谓Y/ YY改接法)，低速时为单星形(Y)，高速时为双星形(YY)，如图4-7-18(a)所示；另一种是从三角形改接成双星形(即所谓△/YY改接法)，低速时为三角形(△)，高速时 为双星形(YY)，如图4-7-18(b)所示。

但是，极对数的改变必然会引起三相绕组相序(电角度)的变化。为保持电机的转向不变，在改变极对数的同时，必须改变定子三相绕组的相序，即任意互换定子三相绕组的两个出线端。

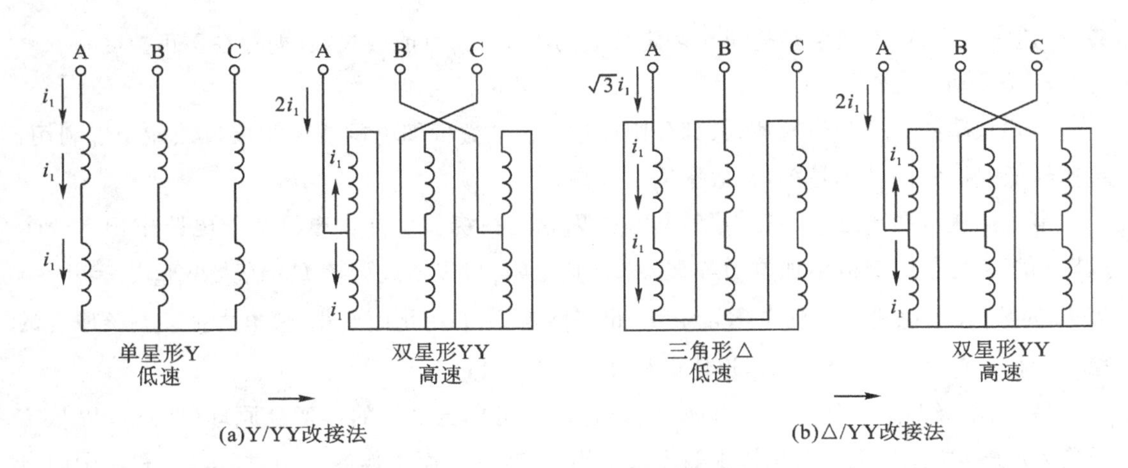

(a)Y/YY改接法　　(b)△/YY改接法

图 4-7-18　单绕组双速电机定子三相绕组连接方法改变示意图

另外，虽然 Y/YY 改接法和△/YY 改接法都能使定子绕组的极对数减少一半，转速增大一倍，但电机的负载能力的变化却不同，即在保持定子电流为额定值的条件下，调速前后电机轴上输出的转矩和功率的变化不同。其中，Y/YY 变极调速属于恒转矩调速，电机的输出转矩在改接前后基本保持不变，当转速增加一倍时，输出功率也增加一倍；△/YY 变极调速属于恒功率调速，电机的输出功率在改接前后基本保持不变，当转速增加一倍时，输出转矩则减小一半。它们对应的机械特性如图 4-7-19 所示。

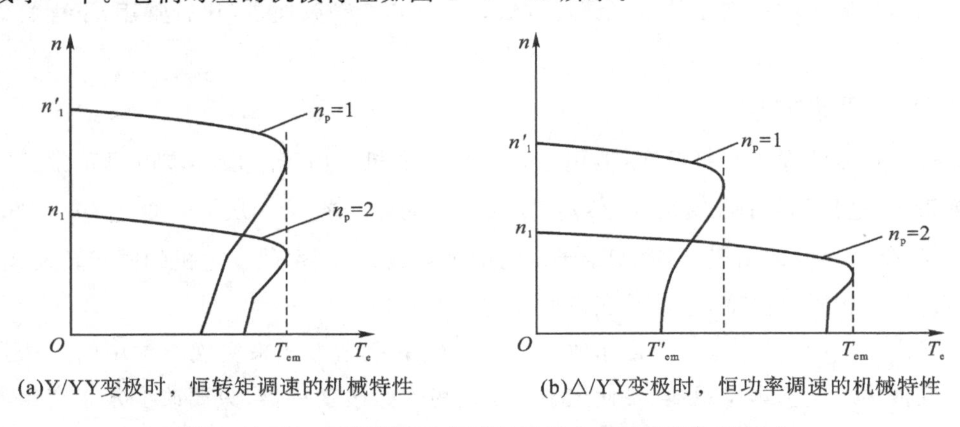

(a)Y/YY变极时，恒转矩调速的机械特性　　(b)△/YY变极时，恒功率调速的机械特性

图 4-7-19　三相异步电机变极调速人为机械特性示意图

变极调速方法简单可靠、成本低、效率高、机械特性硬，且既可适用于恒转矩调速，也可适用于恒功率调速，属于转差功率不变型调速方法，但变极调速是有级调速，不能实现均匀平滑的无级调速，且能实现的速度挡也不可能太多。此外，多速电机的尺寸一般比同容量的普通电动机稍大，运行性能也稍差一些，且接线头较多，并需要专门的换接开关，但总体上，它还是一种比较经济的调速方法。

3. 变频调速方法

1）变频调速基本原理及要求

根据异步电机的转速计算公式，$n=60f_1(1-s)/n_p$，当转差率 s 变化不大时，n 基本上正

比于电源频率 f_1，通过改变 f_1，就可平滑地改变异步电机的转速 n，这就是变频调速的基本原理。采用变频调速方法，可以得到很大的调速范围、很好的调速平滑性和有足够硬度的机械特性，是一种最有发展前途的调速方法。

在异步电机调速时，总希望保持主磁通 Φ_m 为额定值，这是因为磁通太弱，电机的铁心得不到充分利用，是一种浪费；而磁通太强，又会使铁心饱和，导致过大的励磁电流，甚至严重时会因绕组过热而损坏电机。对于直流电机，其励磁系统是独立的，只要对电枢反应的补偿合适，容易保持每极磁通 Φ 不变，而在异步电机中，磁通是定子和转子磁动势共同作用的结果，所以保持 Φ_m 不变的方法与直流电机的情况不同。

根据异步电机定子每相电动势有效值的公式 $E_s=4.44f_1N_1K_{w1}\Phi_m$，如果略去定子阻抗压降，则定子端电压 $U_S\approx E_S$，即有

$$U_S\approx E_S=4.44f_1N_1K_{w1}\Phi_m \tag{4-7-8}$$

上式表明，在变频调速时，若定子端电压不变，则随着频率 f_1 的升高，气隙磁通 Φ_m 将减小。又从转矩公式 $T_e=C_T\Phi_m I_r'\cos\varphi_2$ 可知，在 I_r' 相同的情况下，Φ_m 减小势必导致电机输出转矩下降，使电机的利用率恶化，同时电机的最大转矩也将减小，严重时会使电机堵转。

反之，若减小频率 f_1，则 Φ_m 将增加，使磁路饱和，励磁电流上升，导致铁损急剧增加，这也是不允许的。因此，在变频调速过程中，应同时改变定子电压和频率，以保持主磁通不变。而如何按比例改变电压和频率，这要分基频（额定频率）以下和基频以上两种情况来讨论。

2）基频以下和基频以上变频调速原理

（1）基频以下变频调速。根据式（4－7－8），要保持 Φ_m 不变，应使定子端电压 U_S 与频率 f_1 成比例地变化（称为恒压频比），即

$$\frac{U_S}{f_1}\approx\frac{E_S}{f_1}=\text{常数} \tag{4-7-9}$$

又因最大转矩 T_{em}

$$T_{em}\approx\frac{3n_pU_S^2}{8\pi f_1^2(L_S+L_{r0}')}=C\frac{U_S^2}{f_1^2}=K_TT_N \tag{4-7-10}$$

其中，$C=\frac{3n_p}{8\pi(L_S+L_{r0}')}$为常数。因此，据式（4－7－10），为了保证变频调速时电机过载能力不变，就要求变频前后的定子端电压、频率及转矩满足$\frac{U_S^2}{f_1^2T_N}=\frac{K_T}{C}=\frac{U_S'^2}{f_1'^2T_N'}$，即

$$\frac{U_S}{f_1}=\frac{U_S'}{f_1'}\sqrt{\frac{T_N}{T_N'}} \tag{4-7-11}$$

式（4－7－11）表示了在变频调速时，为了使异步电机的过载能力保持不变，定子端电压的变化规律。

对于恒转矩调速，因为 $T_N=T_N'$，由式（4－7－11）可得$\frac{U_S}{f_1}=\frac{U_S'}{f_1'}=$常数，即对于恒转矩负载，若采用恒压频比控制方式，既可保证电机的过载能力不变，又可满足主磁通 Φ_m 保持不变的要求。也就是说，变频调速非常适合恒转矩负载。恒压频比控制下异步电机的人为机械特性如图 4－7－20(a)所示。

对于恒功率调速，由于 $P_{em}=\dfrac{2\pi f_1}{n_p}T_N=\dfrac{2\pi f_1'}{n_p}T_N'$ 保持恒定，则 $f_1T_N=f_1'T_N'$，即 $T_N/T_N'=f_1'/f_1$。代入式(4－7－10)得

$$\frac{U_S}{U_S'}=\frac{\sqrt{f_1}}{\sqrt{f_1'}}\text{或}\frac{U_S}{\sqrt{f_1}}=\frac{U_S'}{\sqrt{f_1'}} \tag{4-7-12}$$

由此可见，在恒功率调速时，如按 $U_S/\sqrt{f_1}=$常数，控制定子电压的变化，能使电机的过载能力保持不变，但磁通将发生变化；若按 $U_S/f_1=$常数，控制定子电压的变化，则主磁通 Φ_m 将基本保持不变，但电机的过载能力将在调速过程中发生变化。

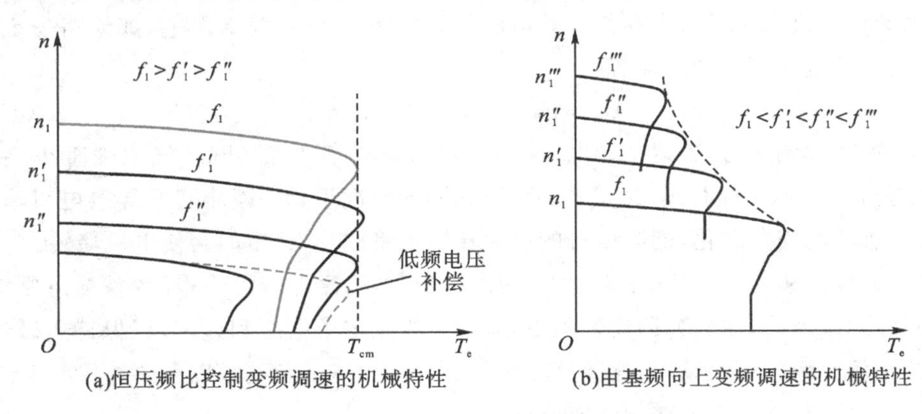

图 4－7－20　三相异步电机变频调速人为机械特性示意图

(2)基频以上变频调速。频率 f_1 从额定频率 f_{1N}往上增加，当 $f_1>f_{1N}$时，若仍保持 $U_S/f_1=$常数，势必使定子电压 U_S 超过额定电压 U_N，这是不允许的。这样，基频以上调速应采取保持定子电压不变的控制策略。通过增加频率 f_1，使主磁通 Φ_m 与 f_1 成反比地降低，这是一种类似于直流电机弱磁升速的调速方法。

保持定子电压 $U_S=U_N$，由式(4－3－17)可得最大转矩 $T_{em}\approx\dfrac{3n_pU_N^2}{8\pi f_1^2(L_S+L_{r0}')}=C'\dfrac{1}{f_1^2}$，其中 $C'=\dfrac{3n_pU_N^2}{8\pi(L_S+L_{r0}')}$为常数。也就是说，保持定子电压 U_S 不变，升高频率调速时，最大转矩 T_m 随频率 f_1 的升高而减小，对应的人为机械特性如图 4－3－45(b)所示。

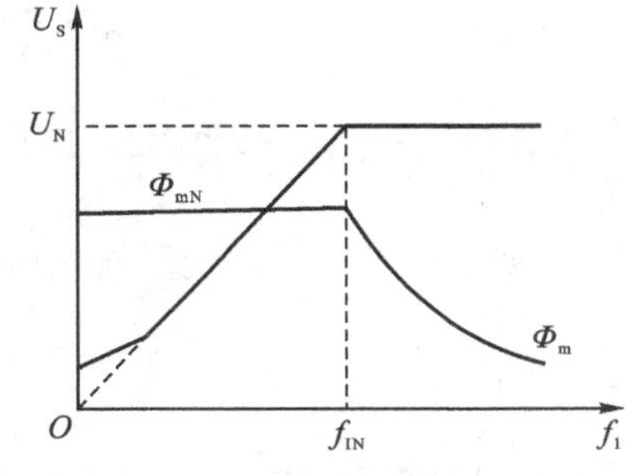

图 4－7－21　异步电机变频调速控制特性

基频以上变频调速时，异步电机的电磁功率可近似为 $P_{em}\approx 3U_N^2s/R_r'$。在变频调速过程中，若保持 U_S 不变，转差率 s 变化也很小，则可近似认为调速过程中 P_{em}是不变的，即在基频以上的变频调速，可近似为恒功率调速。

把基频以下和基频以上两种情况综合起来，可得到异步电机变频调速控制特性，如图 4－7－21 所示。

3）变频调速的实现装置——变频器

变频器是微计算机及现代电力电子技术高度发展的产物。微计算机是变频器的核心，电力电子器件构成了变频器的主电路。

（1）变频器工作原理和组成结构。市场上的变频器主要有ABB、西门子、施耐德、艾默生、三星、欧姆龙、安川等品牌。它们的工作原理都大同小异。基本上都是首先将三相对称工频交流电源电压用三相二极管桥式整流器整流成直流电压，经过大的电解电容器滤波（电压型），再使用三相桥式逆变器逆变成为频率和幅值都可变的对称三相交流电压。

从频率变换的形式来说，变频器分为交—交和交—直—交两种形式。交—交变频器可将工频交流电直接变换成频率、电压均可控制的交流电，称为直接式变频器。而交—直—交变频器则是先把工频交流电通过整流变成直流电，然后再把直流电变换成频率、电压均可控制的交流电，又称间接式变频器。

市售通用变频器多是交—直—交变频器，其基本结构如图4－7－22所示，由主回路（包括整流器、中间直流环节、逆变器）和控制回路组成，各部分的功能如下。

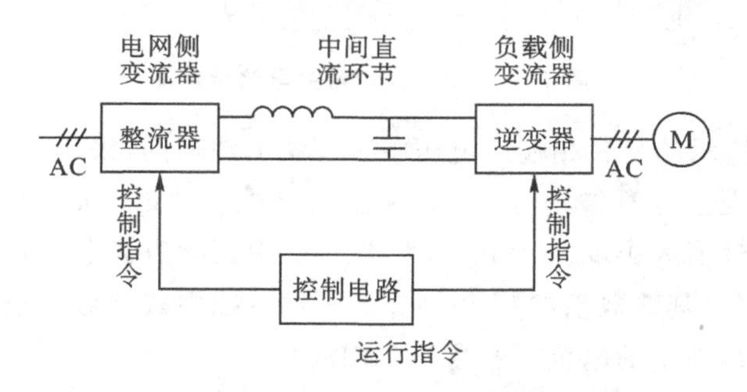

图4－7－22　交—直—交变频器基本结构示意图

①整流器：电网侧的变流器是整流器，它的作用是把三相（也可以是单相）交流电整流成直流电。

②直流中间电路：其作用是对整流电路的输出进行平滑，以保证逆变电路及控制电源得到质量较高的直流电源。

由于逆变器的负载多为异步电机，属于感性负载，无论电机处于电动状态还是发电制动状态，其功率因数总不会为1。因此，在中间直流环节和电机之间总会有无功功率的变换。这种无功能量要靠中间直流环节的储能元件（电容器或电抗器）来缓冲，所以又常称直流中间环节为中间直流储能环节。

③逆变器：负载侧的变流器为逆变器，其主要作用是在控制电路的控制下将直流平滑输出电路的直流电源转换为频率及电压都可以任意调节的交流电源。逆变电路的输出就是变频器的输出。逆变器的主要开关器件大多采用IGBT。由于采用了脉冲宽度调制（PWM）技术，不仅输出频率可以控制，输出电压的幅值也可以控制。

④控制电路：包括主控制电路、信号检测电路、门极驱动电路、外部接口电路及保护电路等几个部分，其主要任务是完成对逆变器的开关控制、整流器的电压控制及各种保护功能。

控制电路是变频器的核心部分，其性能的优劣决定了变频器的性能。

变频器的主电路如图 4－7－23 所示，三相对称交流电源电压经过二极管三相全桥整流电路整流成直流电压，经过滤波，再经过三相桥式逆变电路，将直流电压逆变成频率和电压幅值都可控的交流电压。实际变频器内部结构非常复杂，感兴趣的读者可以参阅相应变频器的操作说明手册。不过，如果采用 DCS 控制，一般只需要 1 个 DO＋1 个 DI＋1 个 AO 即可。其中，DO 用来起动/停止变频器，DI 用于显示变频器的运行状态，AO 用于控制变频器的转速输出。

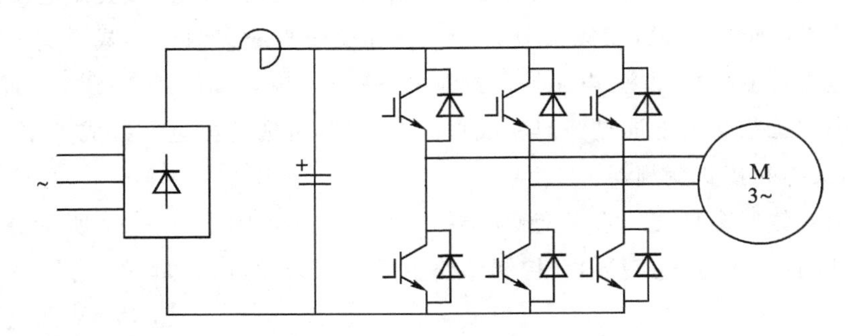

图 4－7－23　变频器主电路示意图

图 4－7－24 中所示的是三相输出电压中某一相的波形图，采用了 PWM 技术。其中，u_r 是参考电压信号，u_c 是三角载波信号，u_p 是输出的相电压波形。u_p 中含有的基波电压成分如图中虚线所示，其幅值大小取决于 u_r 的大小。u_p 中还含有高次谐波成分，高次谐波的频率为三角载波的频率及其整数倍的频率。由于实际系统中载波频率通常为数千赫兹，远远高于工频，所以电机绕组中的电抗很容易将它们滤除。

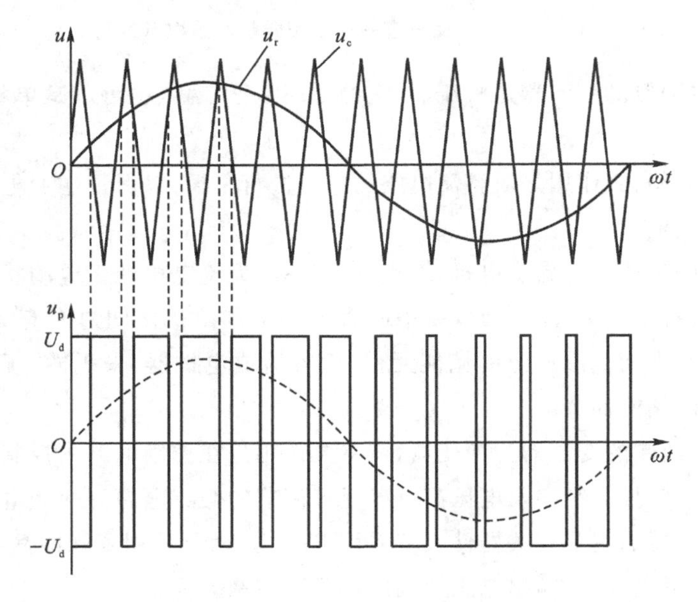

图 4－7－24　变频器主电路示意图

(2)按工作方式的变频器分类。变频器工作原理与变频器的工作方式有关,按工作方式可分如下3类。

①V/F控制变频器。V/F控制即电压与频率成比例变化的控制。由于变频器的主要负载是异步电机,改变频率,电机内部阻抗也改变。如前所述,仅改变频率,将会产生由弱励磁引起的转矩不足或由过励磁引起的磁饱和现象,导致电机的功率因数和效率显著下降。为了使电机的磁通保持一定,在较广泛的范围内调速运转时,电机的功率因数和效率不下降,这就需要控制电压与频率的比值,使之保持不变。采用这种方式控制的变频器通常称为普通功能变频器。

②转差频率控制变频器。转差频率控制是在V/F控制基础上增加转差控制,这是一种以电机的实际运行速度加上该速度下电机的转差频率来确定变频器的输出频率的一种控制方式。更重要的是,在V/F=常数的条件下,通过对转差频率的控制,可以实现对电机转矩的控制。采用转差频率控制的变频器通常属于多功能型变频器。

③矢量控制变频器。直流电机拥有优良调速性能的原因之一是其励磁电流及电枢电流可分别控制。矢量控制就是受其启发而设计的一种控制方式。在交流异步电机上实现这一控制方法,并达到与直流电机相同的控制性能。

在矢量控制方式下,供给异步电机的定子电流理论上可分成两部分:产生磁场的电流分量(磁场电流)和与磁场相垂直产生转矩的电流分量(转矩电流)。该磁场电流、转矩电流与直流电动机的励磁电流、电枢电流相当。在直流电机中,利用整流子和电刷机械换向,使两者保持垂直,并且可分别供电。对异步电动机来说,其定子电流在电机内部,利用电磁感应作用,可在电气上分解为磁场电流和垂直的转矩电流。采用矢量控制的变频器通常称为高功能变频器,已广泛用于生产实际中。

综上所述,三相异步电机变频调速具有优异的性能,调速范围大,调速的平滑性好,可实现无级调速;调速时异步电机的机械特性硬度不变,稳定性好;变频时定子电压U_S按不同规律变化,可实现恒转矩或恒功率调速,以适应不同负载的要求,是异步电机调速中最有发展前途的一种调速方法。

4.8　电机的选用

在过程控制实践中,我们不但要熟悉电机的类型、结构和工作原理、电机的起停、调速等控制方式,而且还要学会根据不同的应用场合正确地选用合适的电机。本小节首先介绍电机额定参数的意义、绝缘等级与工作制分类,然后分析连续、短时及断续周期3种工作制电动机的选择问题,最后讨论电机电流种类、型式、额定电压与额定转速的选择方法。

4.8.1　电机的型号和铭牌参数

每台电机的机座上都有一块金属铭牌,上面标注着电机使用应符合的规定数据。这些数据是由电机制造厂家按国家标准,参照使用材料的性能而确定的,称为额定值。电机按额定值运行时,安全可靠、性能优良。电机产品的型号一般采用大写印刷体的汉语拼音字母和阿拉伯数字组成。其中汉语拼音字母是根据电机的全名称选择有代表意义的汉字的第一拼音字母组成。

1. 直流电机的额定参数

国产直流电机的种类很多，根据不同用途可分成如下系列：

(1)ZT 系列，用于恒功率且调速范围广的拖动系统中的直流电动机；

(2)ZZJ 系列，冶金起重直流电动机；

(3)ZQ 系列，电力机车的直流牵引电动机；

(4)ZA 系列，用于矿井和有易爆气体场合的防爆安全性直流电动机；

(5)ZKJ 系列，冶金、矿山挖掘机用的直流电动机；

(6)Z_2系列，一般用途的中小型直流电机。

直流电机产品的型号含义如图 4-8-1 所示。

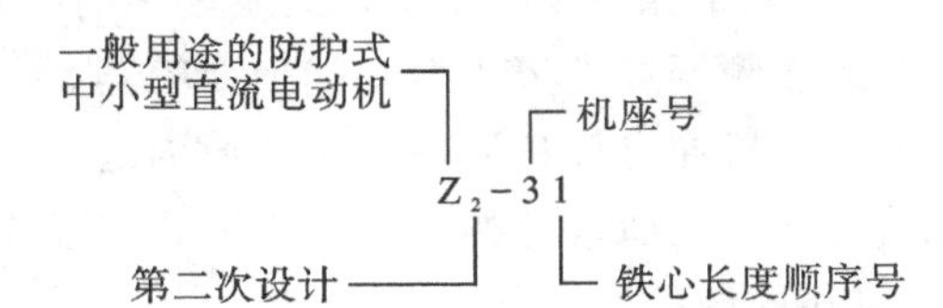

图 4-8-1 直流电机产品型号符号含义

直流电动机的额定值参数：额定功率 P_N(kW)、额定电压 U_N(V)、额定电流 I_N(A)、额定转速 n_N(r/min)、额定励磁电压 U_{fN}(V)，额定励磁电流 I_{fN}(A)和励磁方式等，其中直流电机的额定功率是指轴上输出的机械功率。

$$P_N=U_N I_N \eta_N=P_1 \eta_N \tag{4-8-1}$$

式中，η_N 为电机的额定效率。

直流电机轴上输出的额定转矩 T_N，其大小为电机输出的机械功率除以转子角速度的额定值，即

$$T_N=\frac{P_N}{\omega_N}=\frac{60P_N}{2\pi n_N}=9550\,\frac{P_N}{n_N}(\text{单位}:\text{N}\cdot\text{m}) \tag{4-8-2}$$

例 4-8-1 已知直流电动机的额定功率 $P_N=10$ kW，额定电压 $U_N=220$ V，额定效率 $\eta_N=85\%$，额定转速 $n_N=1500$ r/ min，求电机的输入功率，额定电流和额定输出转矩。

解 输入功率 $P_1=\frac{P_N}{\eta_N}=\frac{10}{85\%}$ kW$=11.76$ kW；额定电流 $I_N=\frac{P_1}{U_N}=\frac{11.76\times10^3}{220}$ A$=53.45$ A；额定输出转矩 $T_N=9550\frac{P_N}{n_N}=9550\frac{10}{1500}$ N·m$=63.67$ N·m。

2. 异步电机的额定参数

我国生产的异步电机种类很多，下面列出常见的产品系列：

(1)Y 系列，小型笼型全封闭自冷式三相异步电机，用于金属切削机床、通用机械、矿山机械、农业机械等，也可用于拖动静止负载或惯性较大的机械，如压缩机、传送带、磨床、锤击机、粉碎机、小型起重机、运输机械等；

(2)JQ2 和 JQO2 系列，高起动转矩异步电机，用在起动静止负载或惯性较大的机械上，JQ2 是防护式，JQO2 是封闭式；

(3)JS 系列，中型防护式三相笼型异步电机；

(4)JR 系列，防护式三相绕线异步电机，用在电源容量较小、不能用同容量笼型异步电机起动的生产机械上；

(5)JSL2 和 JRL2 系列，中型立式水泵用的三相异步电动机，其中 JSL2 是笼型，JRL2 是绕线转子型；

(6)JZ2 和 JZR2 系列，起重和冶金用的三相异步电机，JZ2 是笼型，JZR2 是绕线转子型；

(7)JD2 和 JDO2 系列，防护式和封闭式多速异步电机；

(8)BJO2 系列，防爆式笼型异步电动机；

(9)JPZ 系列，旁磁式制动异步电动机；

(10)JZZ 系列，锥形转子制动异步电机；

(11)JZT 系列，电磁调速异步电动机。

异步电机产品的型号含义如图 4-8-2 所示。

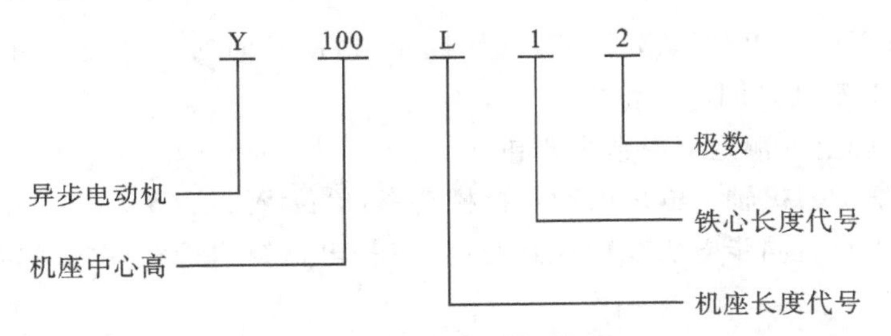

图 4-8-2　直流电机产品型号符号含义

异步电机的额定值参数包含下列内容：

(1)额定功率 P_N，电机在额定运行时轴上输出的机械功率，单位 kW；

(2)额定电压 U_N，额定运行状态下加在定子绕组上的线电压，单位 V；

(3)额定电流 I_N，电机在定子绕组上施加额定电压、轴上输出额定功率时，定子绕组中的线电流，单位 A；

(4)额定频率 f_1，我国规定工业用电的频率是 50 Hz，异步电机定子边的量加下标 1 表示，转子边的量加下标 2 表示；

(5)额定转速 n_N，电机定子施加额定频率的额定电压，且轴端输出额定功率时电机的转速，单位 r/min；

(6)额定功率因数 $\cos\varphi_N$，电机在额定负载时，定子边的功率因数；

(7)绝缘等级与温升，各种绝缘材料耐温的能力不一样，按照不同的耐热能力，绝缘材料可分为一定的等级；温升是指电机运行时高出周围环境的温度值，我国规定环境最高温度为 40 ℃。

此外，铭牌上还标明了工作方式、联结方法等。对绕线式异步电机，还要标明转子绕组的接法、转子绕组额定电动势 E_{2N}（指定子绕组施加额定电压、转子绕组开路时集电环之间的电动势）和转子的额定电流 I_{2N}。

下面说明如何根据电机的铭牌进行定子的接线。如果电机定子绕组有 6 根引出线，并已知其首、末端，分两种情况讨论：

(1)当电动机铭牌上标明“电压 380/220 V,接法 Y/△”时,这种情况下,究竟是接成 Y 还是△,要看电源电压的大小。如果电源电压为 380 V,则接成 Y 接法;电源电压为 220 V,则接成△接法;

(2)当电机铭牌上标明“电压 380 V,接法△”时,则只有△接法,但是在电机起动过程中,可以接成 Y 接法,接在 380 V 电源上,起动完毕,恢复△接法。对有些高压电机,往往定子绕组有三根引出线,只要电源电压符合电机铭牌电压,便可使用。

例 4-8-2 已知一台三相异步电机的额定功率 $P_N=4$ kW,额定电压 $U_N=380$ V,额定功率因数 $\cos\varphi_N=0.77$,额定效率 $\eta_N=0.84$,额定转速 $n_N=960$ r/min,求额定电流 I_N 为多少?

解 额定电流为 $I_N=\dfrac{P_N}{\sqrt{3}U_N\cos\varphi_N\eta_N}=\dfrac{4\times10^3}{\sqrt{3}\times380\times0.77\times0.84}\ \text{A}=9.4\ \text{A}$

3. 同步电机的额定参数

同步电机有 TD、TDL 等系列。TD 表示同步电机,后面的字母表示用途,如 TDL 是立式同步电机。TT 系列是同步补偿机。

同步电机铭牌上的额定值参数主要包括:

(1)额定功率 P_N,机轴上输出的额定机械功率,单位 W 或 kW;

(2)额定电压 U_N,同步电机在额定运行时,三相电枢绕组接线端的额定线电压,单位 V 或 kV;

(3)额定电流 I_N,同步电机在额定运行时,三相电枢绕组接线端输出或输入的额定线电流,单位 A;

(4)额定功率因数 $\cos\varphi_N$,同步电机在额定状态下运行时的功率因数;

(5)额定效率 η_N,同步电机带额定负载运行时,其输出的功率与输入的功率之比值。

此外,在铭牌上还标有额定频率 f_N、额定转速 n_N、额定励磁电流 I_{fN}和额定励磁电压 U_{fN}等。

上述各量之间存在一定的关系。对于额定功率有 $P_N=\sqrt{3}U_NI_N\cos\varphi_N\eta_N$;对于频率与转速则有 $n_N=\dfrac{60f_N}{n_P}$。

4.8.2 电机的绝缘等级和工作制分类

1. 电机的绝缘等级

电动机在运行中,由于损耗产生热量,使电动机的温度升高。电机所能容许达到的最高温度取决于电机所用绝缘材料的耐热程度,称为绝缘等级。不同的绝缘材料,其最高容许温度是不同的。电机中常用的绝缘材料,按其耐热能力,分为 Y、A、E、B、F、H 和 C 七级。它们的最高容许工作温度如表 4-1-1 所示。

如果电机的绝缘材料一直处于最高容许工作温度以下,则一般情况下可以保证绝缘材料有 20 年的使用寿命。若电机的温度超过绝缘材料的最高容许工作温度,则绝缘材料的使用寿命将减少。绝缘材料的最高容许工作温度就是电机的最高容许工作温度;绝缘材料的使用寿命，一般来讲也就是电机的使用寿命。

电机工作时，一方面因损耗而产生热量，使电机温度升高；另一方面，当电机温度高于环境温度时，还要通过冷却介质向周围环境散热。因此，电机的温度不仅与损耗有关，也与环境温度有关。电机某部分的温度与冷却介质的温度之差称为该部件的温升。当电机的绝缘材料确定后，部件的最高容许工作温度就确定了，此时温升限度就取决于冷却介质的温度。冷却介质的温度越高，容许的温升就越低。

电机的环境温度是随季节和使用地点而变化的，为了统一，国家标准 GB755—2008 规定，电机运行地点的环境温度不应超过 40 ℃。因此，电机的最高容许温升应等于绝缘材料的最高容许工作温度与 40 ℃的差值。但在确定电机温升的限值时，还需考虑电机的冷却方式和冷却介质、温度测定的方法（电阻法、温度计法、埋置检温计法等）、电机功率的大小以及统组类型等因素。根据 GB755—2008 的规定，对用空气间接冷却的电机，在采用电阻法测定温度时各种绝缘等级绕组的温升限制如表 4-1-1 所示。

2. 电机的工作制分类

电机工作时，负载持续时间的长短对电机的发热情况影响较大，对正确选择电机的功率也有影响。电机的工作制就是对电机承受负载情况的说明。国家标准把电机的工作制分为 S_1—S_{10} 共 10 类。下面介绍常用的 S_1、S_2 和 S_3 三种工作制。

1）连续工作制（S_1）

连续工作制是指电机在恒定负载下持续运行，其工作时间足以使电机的温升达到稳定温升 τ_{SS}。造纸机、纺织机等很多连续工作的生产机械都选用连续工作制电机。其典型负载图和温升曲线如图 4-8-3 所示。

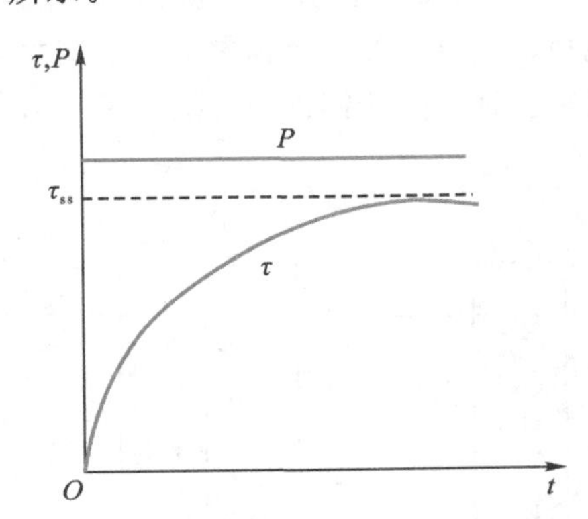

图 4-8-3　连续工作制电机负载及温升曲线

对于连续工作制电机，取使其稳定温升 τ_{SS} 恰好等于容许最高温升 τ_{max} 时的输出功率作为额定功率。

2）短时工作制（S_2）

短时工作制是指电机拖动恒定负载在给定的时间内运行，该运行时间不足以使电机达到稳定温升，随之即断电停转足够时间，使电机冷却到与冷却介质的温差在 2 ℃以内。典型负载图及温升曲线如图 4-8-4 所示，标准时限为 10 min、30 min、60 min、90 min。

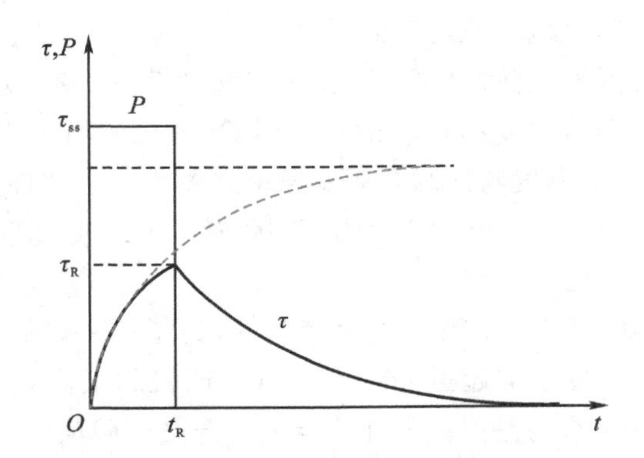

图 4-8-4 短时工作制电机负载及温升曲线

目前,我国用于短时工作制的三相异步电机有 YZ、YZR 系列冶金及起重用三相异步电机;YDF 系列电动阀门用三相异步电机。

为了充分利用电机,用于短时工作制的电机在规定的运行时间内应达到容许温升,并按照这个原则规定电机的额定功率,即按照电机拖动恒定负载运行,取在规定运行时间内实际达到的最高温升恰好等于容许最高温升 τ_{max} 时的输出功率作为电动机的额定功率。因此,规定为短时工作制的电机,其额定功率和工作时限必须同时标识在铭牌上。

3)断续周期工作制(S_3)

电机按一系列相同的工作周期运行,周期时间不大于 10 min,每一周期包括一段恒定负载运行时间 t_R 一段断电停机时间 t_S,但 t_R 及 t_S 都较短,t_R 时间内电机不能达到稳定温升,t_S 时间内温升未下跌到零,下一工作周期即已开始。这样,每经过一个周期 t_R+t_S,温升便有所上升,经过若干周期后,电机的温升即在一个稳定的小范围内波动。其典型负载图和温升曲线如图 4-8-5 所示。起重机、电梯、轧钢机辅助机械等使用的电动机均属这种工作制。

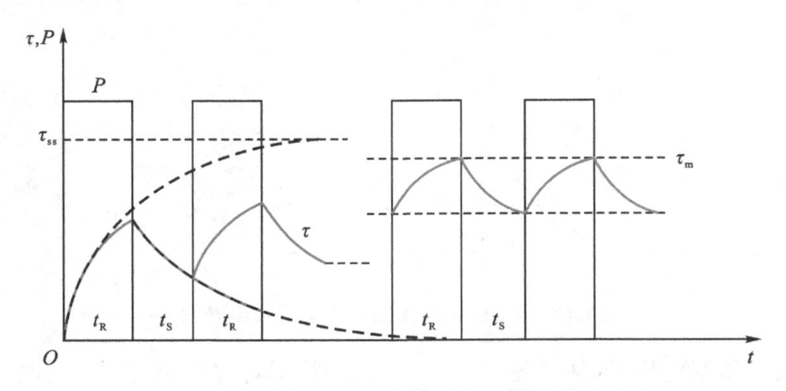

图 4-8-5 断续周期工作制电机负载及温升曲线

用于断续周期工作制的有 YZ、YZR 冶金及起重用三相异步电动机;JGZ 系列辊道用三相异步电动机等。

在断续周期工作制中,负载运行时间 t_R 与工作周期时间 t_R+t_S 之比称为负载持续率 FS,标准的负载持续率有 15%、25%、40%和 60%四种。

对于指定用于 S_3 工作制的电机,是把在规定的负载持续率下运行的实际最高温升 τ_m 恰好等于容许最高温升 τ_{max} 时的输出功率定为电动机的额定功率，所以应在铭牌上标识出与额定功率相应的负载持续率。

4.8.3　不同工作制下电机的功率选择

正确地选择电动机的额定功率十分重要。若额定功率选取偏小，则电机经常在过载状态下运行，会使它因过热而过早地损坏，还有可能承受不了冲击负载或造成起动困难。但额定功率选得过大也不合理，不仅会增加设备投资，而且由于电机经常在欠载下运行，其效率及功率因数等性能指标变差，既浪费电能，又会增加供电设备的容量，使综合经济效益下降。

确定电机额定功率时应主要考虑以下两个因素：一个是电机的发热及温升，另一个是电机的短时过载能力。对于笼型异步电机还应考虑起动能力。确定电机额定功率最基本的方法是依据机械负载变化的规律，绘制电机的负载图，然后根据电机的负载图计算电机的发热和温升曲线，从而确定电机的额定功率。所谓负载图，就是指功率或转矩与时间的关系图。

1. 连续工作制电机额定功率的选择

1）恒定负载连续工作制电动机额定功率的选择

在选择连续恒定负载的电机时，只要计算出负载所需功率 P_L，选择一台额定功率 P_N 略大于 P_L 的连续工作制电机即可，不必进行发热校核。对起动比较困难（静阻转矩大或带有较大的飞轮力矩）而采用笼型异步电机或同步电机的场合，应校验其起动能力。

2）周期性变化负载连续工作制电动机额定功率的选择

当电机拖动周期性变化负载时，其温升也必然做周期性波动。图 4－8－6 所示为一个周期的周期性变化负载下连续工作制电动机的负载图及温升曲线。电机的额定功率按下面几种等效法选择。

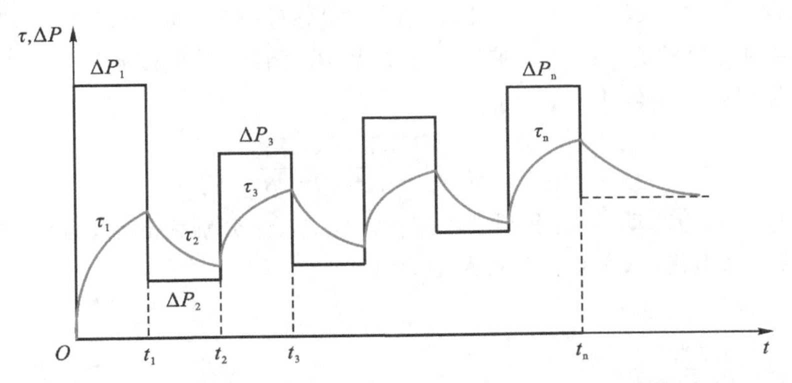

图 4－8－6　周期性变化负载下连续工作制电动机的负载图及温升曲线

（1）等效电流法：其基本原理是用一个不变的等效电流 I_{eq} 来代替实际变动的负载电流 I_L，在同一周期内，等效电流 I_{eq} 与负载电流 I_L 产生的热量相等。假定电机的铁耗和电阻不变，则损耗只和电流的二次方成正比，由此可得

$$I_{eq}=\sqrt{\frac{I_1^2t_1+I_2^2t_2+\cdots+I_n^2t_n}{t_1+t_2+\cdots t_n}} \qquad (4-8-3)$$

式中，t_n 为对应负载电流为 I_n 的工作时间。求出等效电流后，则所选电机的额定电流应不

小于等效电流。

(2)等效转矩法:如果电机的转矩与电流成正比,可将式(4-8-3)变为等效转矩的公式

$$T_{eq}=\sqrt{\frac{T_1^2t_1+T_2^2t_2+\cdots+T_n^2t_n}{t_1+t_2+\cdots t_n}} \tag{4-8-4}$$

求出等效转矩后,则所选的电机的额定转矩应不小于等效转矩。

(3)等效功率法:如果拖动系统的转速不变,可将等效转矩的公式变成等效功率的公式,即

$$P_{eq}=\sqrt{\frac{P_1^2t_1+P_2^2t_2+\cdots+P_n^2t_n}{t_1+t_2+\cdots t_n}} \tag{4-8-5}$$

选择的电机的额定功率不小于等效功率。注意,用等效法选择电机功率时,必须校验过载能力。

2. 短时工作制电机额定功率的选择

对于短时工作制的负载,应选用专用的短时工作制电机。在没有专用电机的情况下,也可以选用连续工作制电机或断续周期工作制电机。

1)选用短时工作制电机

短时工作制电机的额定功率与铭牌上给出的标准工作时间(10 min、30 min、60 min、90 min)相对应,如果短时工作制的负载功率恒定,并且工作时间与标准工作时间一致,这时只需选择具有相同标准工作时间的短时工作制电机,并使电机的额定功率稍大于负载功率即可。对于变化的负载,可用等效法算出工作时间内的等效功率来选择电机,同时还应进行过载能力与起动能力的校验。

如果在一个周期内,负载的变化包括起动、运行、制动和停歇等过程,如图4-8-7所示,其实际温升还要高一些,因此一般应把平均损耗、等效电流或功率等参数选得大一些。为此,可在式(4-8-3)、式(4-8-4)和式(4-8-5)分母中对应起动和制动的时间值上乘以一个系数 α,在对应停歇的时间值上乘以一个系数 β。例如,对应图4-8-7的电机工作过程,其等效电流可做如下修正

$$I_{eq}=\sqrt{\frac{I_{st}^2t_{st}+I_R^2t_R+I_{br}^2t_{br}}{\alpha t_{st}+t_R+\alpha t_{br}+\beta t_S}} \tag{4-8-6}$$

式中,I_{st}、I_R、I_{br} 分别为起动、运行和制动电流;t_{st}、t_R、t_{br}、t_S 分别为起动、运行、制动及停转时间。用等效法选择电机时,必须校验过载能力。

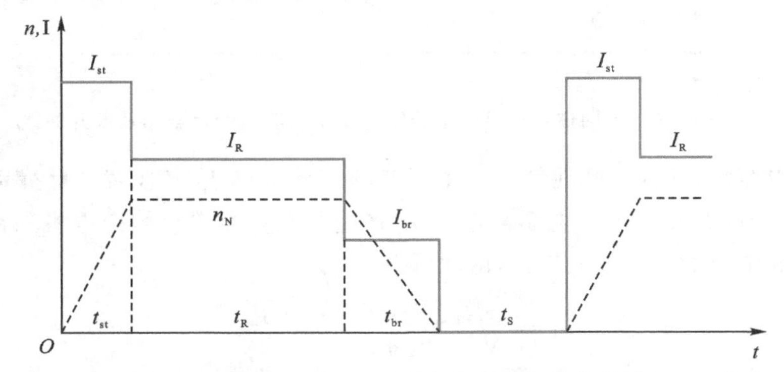

图4-8-7 周期性变化负载下连续工作制电动机的负载图及温升曲线

2)选用连续工作制电机

短时工作的生产机械，也可选用连续工作制的电机。这时，从发热的观点上看，电机的输出功率可以提高。为了充分利用电机，选择电机额定功率的原则应是在短时工作时间 t_R 内达到的温升 τ_R 恰好等于电机连续运行并输出额定功率时的稳定温升，即电机绝缘材料允许的最高温升。由此可得

$$P_N = P_L\sqrt{\frac{1-e^{-t_R/T}}{1+\alpha e^{-t_R/T}}} \tag{4-8-7}$$

式中，对于直流电机 $\alpha=1.0\sim1.5$，对于异步电机 $\alpha=0.5\sim0.7$。在一个工作周期 T 内，当工作时间 $t_R<(0.3\sim0.4)T$ 时，可取

$$P_N \geqslant \frac{P_L}{\lambda_m} \tag{4-8-8}$$

式中，λ_m 为过载能力。最后，还应校验电机的起动能力。

3)选用断续周期工作制电机

在没有合适的短时工作制电机时，可选用断续周期工作制电机。负载持续率 FS 与短时负载的工作时间 t_R 之间的对应关系为 $t_R=$ 30 min，相当于 $FS=15\%$；$t_R=60$ min，相当于 $FS=25\%$；$t_R=$ 90 min，相当于 $FS=40\%$。

3. 断续周期工作制电机额定功率的选择

断续周期工作制的电机，其额定功率与铭牌上标出的负载持续率相对应。如果负载图中的实际负载持续率 FS_R 与标准负载持续率 FS_N(15%、25%、40%、60%)相同，且负载恒定，则可直接按产品样本选择合适的电机。当 FS_R 与 FS_N 不同时，就需要把 FS_R 下的实际功率 P_R 换算成 FS_N 下的功率 P

$$P = P_R\sqrt{\frac{FS_R}{FS_N}} \tag{4-8-9}$$

选择电机的额定功率，应不小于 P。

若 $FS<10\%$，选短时工作制电机；若 $FS>70\%$时，选连续工作制电机。

4. 电机额定数据的选择

电机的选择，除确定电机的额定功率外，还需根据生产机械的技术要求、技术经济指标和工作环境等条件，合理地选择电动机的类型、外部结构形式、额定电压和额定转速。

1)电机类型的选择

选择电机类型的原则是在满足生产机械对过载能力、起动能力、调速性能指标及运行状态等各方面要求的前提下，优先选用结构简单、运行可靠、维护方便、价格便宜的电机。

(1)对起动、制动及调速无特殊要求的一般生产机械，如机床、水泵、风机等，应选用笼型异步电机；

(2)对需要分级调速的生产机械，如某些机床、电梯等，可选用多速异步电机；

(3)对起动、制动比较频繁，要求起动、制动转矩大，但对调速性能要求不高，调速范围不宽的生产机械，可选用绕线转子异步电机；

(4)当生产机械的功率较大又不需要调速时，多采用同步电动机；

(5)对要求调速范围宽、调速平滑，对拖动系统过渡过程有特殊要求的生产机械，可选用他励直流电动机。

2)电机额定电压的选择

电机的额定电压主要根据电机运行场合中配电电网的电压等级而定。我国中、小型三相异步电机的额定电压通常为 220 V、380 V、660 V、3000 V 和 6000 V。额定功率大于 100 kW的电机，选用 3000 V 和 6000 V；小型电机，选用 380 V；煤矿用的生产机械常采用 380/660 V 的电机。直流电机的额定电压一般为 110 V、220 V 和 440 V。

3)电机额定转速的选择

额定功率相同的电机，额定转速高时，其体积小，价格低，由于生产机械的转速有一定的要求，电动机转速越高，传动机构的传动比就越大，导致传动机构复杂，增加了设备成本和维修费用。因此，应综合考虑电机和生产机械两方面的各种因素后再确定较为合理的电机额定转速。

对连续运转的生产机械，可从设备初投资，占地面积和运行维护费用等方面考虑，确定几个不同的额定转速，进行比较，最后选定合适的传动比和电机的额定转速。

经常起动、制动和反转，但过渡过程时间对生产率影响不大的生产机械，主要根据过渡过程能量最小的条件来选择电机的额定转速。

电机经常起动、制动和反转，且过渡过程持续时间对生产率影响较大，则主要根据过渡过程时间最短的条件来选择电机的额定转速。

思考题与习题

1. 常用的过程控制执行器有哪两类？试述它们各自的特点和用途？
2. 调节阀门和开关阀门的主要区别是什么？试举例说明其应用场合。
3. 常用的控制阀门的调节机构有哪些？试述各自的特点和用途。
4. 常用的控制阀门的执行机构有哪些？试述各自的特点和用途。
5. 试述电磁阀的工作原理和种类。
6. 试述气动调节阀的工作原理和种类。
7. 试述电动调节阀的工作原理和种类。
8. 试说明气动阀门定位器的工作原理及其适用场合。
9. 调节阀流量系数 C 是什么含义？应如何根据 C 选择调节阀口径？
10. 调节阀的气开、气关形式是如何实现的？在使用时应根据什么原则来加以选择？
11. 什么是调节阀的结构特性、理想流量特性和工作流量特性？
12. 电动阀门的执行机构由哪几部分组成？试述其工作原理。基于异步电机的电动调节阀门执行机构与基于伺服电机或步进电机的电动调节阀门执行机构在工作原理方面有什么不同？
13. 调节阀门口径选择的计算步骤是什么？试举例说明。

14. 试述电动和气动阀门的控制方法。

15. 试述直流电机的基本结构和工作原理。

16. 直流电机电枢绕组导体中的电流是直流的，还是交流的？为什么？

17. 换向器和电刷在直流电机中各起什么作用？

18. 一台他励直流电机的额定数据为：$P_N=17$ kW，$U_N=220$ V，$n_N=1500$ r/min，$\eta_N=83\%$。计算额定电枢电流 I_N、额定转矩 T_N 和额定负载时的输入电功率 P_1。

19. 说明下列情况下空载电动势的变化：(1)每极磁通减少10%，其他不变；(2)励磁电流增大10%，其他不变；(3)电机转速增加20%，其他不变。

20. 为什么直流电机一般不允许直接起动？采用什么方法起动比较好？

21. 如何区别电机是处于电动状态还是制动状态？

22. 一台他励直流电机拖动一台电动车行驶，前进时电机转速为正。当电动车行驶在斜坡上时，负载的摩擦转矩比位能性转矩小，电动车在斜坡上前进和后退时电机可能工作在什么运行状态？请在机械特性上标出工作点。

23. 有一他励直流电机的额定数据为：$P_N=7.5$ kW，$U_N=220$ V，$I_N=40$ A，$n_N=1000$ r/min，$R_a=0.5\ \Omega$，$T_L=0.5T_N$，求电机的转速和电枢电流。

24. 为什么异步电机又称为感应电机？试述其基本工作原理。

25. 为什么异步电机不宜在空载或轻载下长期运行？

26. 异步电机运行时，若负载转矩不变而电源电压下降10%，对电机的同步转速 n_1、转子转速 n、主磁通 Φ_m、转子电流 I_r、转子回路功率因数 $\cos\varphi_2$、定子电流 I_s 等有何影响？如果负载转矩为额定负载转矩，长期低压运行，会有何后果？

27. 异步电机与同步电机在电磁转矩的形成上有什么相同之处？试从起动与运行诸方面对异步电机和同步电机的优缺点进行比较。

28. 已知异步电机电磁转矩 T_e 与转子电流 I_r 成正比，为什么异步电机在额定电压下起动时，起动电流倍数很大而起动转矩倍数并不大？

29. 异步电机电磁转矩与电源电压大小有什么关系？如果电源电压比额定电压下降30%，电机的最大转矩 T_{em} 和起动转矩 T_{st} 将变为多大？若电机拖动额定负载转矩不变，则电压下降后电机的转速 n、定子电流 I_s、转子电流 I_r 和主磁通 Φ_m 将有什么变化？

30. 笼型转子异步电机在什么条件下可以直接起动？不能直接起动时，为什么可以采用减压起动？减压起动对起动转矩有什么影响？

31. 采用自耦变压器减压起动时，起动电流与起动转矩降低的数值与自耦变压器一、二次侧匝数比有什么关系？

32. 当电源线电压为380 V时，若要采用Y/△换接起动，只有定子绕组额定电压为660/380 V的三相异步电机才能使用，为什么？

33. 异步电机软起动的基本原理是什么？软起动与传统减压起动相比，具有哪些优点？

34. 异步电机有哪几种调速方法？各有什么特点？

35. 异步电机变频调速的基本原理是什么？具有哪些优点？有几种常用的变频调速方式？

36. 一台三相 8 极异步电机额定值为 $P_N=50$ kW，$U_N=380$ V，$f_N=50$ Hz，额定负载时的转差率 $s=0.025$，过载能力 $\lambda=2$。求：(1)用转矩的实用公式求最大转矩对应的转差率；(2)转子的转速。

37. 电力拖动系统中电机的选择主要包括哪些内容？

38. 电机的 3 种工作方式是如何划分的？电机实际运行的工作方式和铭牌上标明的工作方式可能有哪些区别？

39. 选择电机额定功率时，一般应校验哪 3 个方面？

40. 低压电器的主要功能是什么？有哪些常用的低压电器？

41. 三相笼型异步电机在什么条件下可全压起动？试设计带有短路、过载、失压保护的三相笼型异步电机全压起动的主电路与控制电路。如果采用就地和 DCS 远程 2 种控制方式，试画出其电气控制电路图。

第 5 章　简单过程控制器设计

工业生产过程，如石油、化工、冶金、造纸、制药、水泥、酿造等往往由许多子过程串联或并联组成，生产工艺要求千变万化。但从控制的角度而言，这些子过程都可分解为单输入单输出(Single Input and Single Output，SISO)过程和多输入多输出过程(Multiple Input and Multiple Output，MIMO)两大类。本章讲述的简单过程控制器设计是针对 SISO 过程的控制器设计。

简单过程控制系统即单回路控制系统，一般是由一个被控对象、一块测量变送仪表、一只执行器和一台控制器组成的单闭环控制系统，采用反馈控制基本原理，使被控量保持恒定或者维持在很小范围内波动。简单过程控制系统结构简单，投资少，既易于调整和投运，又能满足许多工业生产过程的控制要求，应用十分广泛，尤其适用于被控过程的纯滞后和惯性小、负荷和扰动变化比较平缓，或者对控制品质要求不高的场合，约占工业控制系统的 80% 以上。

简单过程控制器即单回路控制器。由于只有一个控制器，在设计的过程中，既要考虑简单过程控制系统的跟踪性能(Tracking Performance)，又要兼顾其鲁棒性(Robustness)。本章主要讲述单回路数字控制器(Direct Digital Controller，DDC)设计的一般方法和比例-积分-微分(Proportional-Integral-Derivative，PID)控制器设计的基本知识，并对数字控制器(Digital Controller)设计过程中用到的 Z 变换和差分方程等基础数学知识给予简要介绍，以方便学生及读者自学。

5.1　数字控制器设计的基本方法

计算机技术用于工业过程控制导致数字控制系统的产生。控制系统可分为连续控制系统(Continuous Control System)和离散控制系统(Discrete Control System)两大类，在连续控制系统中，各处的信号都是时间的连续函数，我们称这种在时间上连续、在幅值上也连续的信号称为连续信号或模拟信号。在离散控制系统中，至少有一处或数处的信号不再是连续的模拟信号，而是在时间上离散的脉冲序列，称为离散信号或数字信号。离散信号通常是按照一定的时间间隔对连续的模拟信号进行采样而得到的信号，故又称采样信号。因此，离散控制系统也称为采样控制系统(Sampling Control System)。在采样控制系统中，当离散信号为数字量时，称该系统为数字控制系统(Digital Control System)。

同连续控制系统相比，离散控制系统或数字控制系统具有控制精度高、可靠性好、信噪比大等优点，而且用计算机实现的数字控制器具有很好的通用性，只要编写不同的数字算法程序，就可以实现不同的控制要求，同时还可以用一台计算机分时控制若干被控过程。因此，数字控制系统一经问世，很快便得到广泛应用。本节主要讲述数字控制系统中的采样与保持、Z变换和差分方程、数字控制器设计的一般过程等基本知识。

5.1.1　采样与保持

典型的数字控制系统的结构框图如图5-1-1所示。其中，$D(z)$为数字控制器，$G_p(s)$为被控对象，$G_h(s)$为保持器（Holder）。数字控制系统一般包含数字—模拟混合结构，因此需要设置数字量和模拟量相互转换的环节。给定输入信号$R(s)$、系统输出信号$C(s)$、偏差信号$E(s)$和保持后的控制信号$U(s)$均为模拟量，而数字控制器$D(z)$的输入和输出信号皆为数字量，因此在$D(z)$之前需要采样器（Sampler），将模拟量变成数字量，$D(z)$之后需要保持器，将数字量变成执行器可以接收的模拟量。

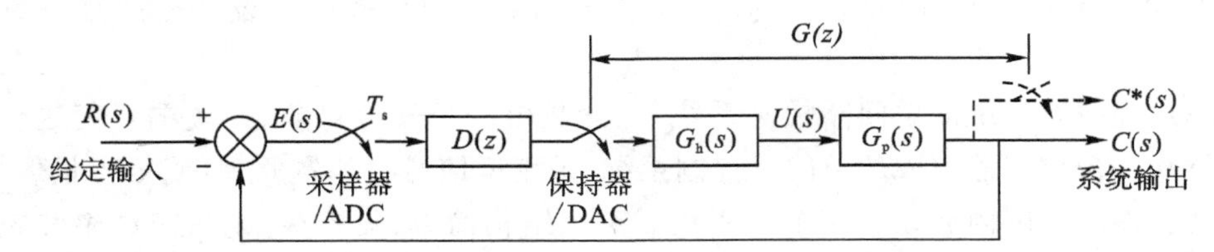

图5-1-1　典型数字控制系统结构框图

可以看出，采样器就是将连续信号变换成离散或数字信号的装置，也叫采样开关。按照一定的时间间隔对连续信号进行采样，将其变换为在时间上离散的脉冲序列的过程称之为采样过程。采样器可以用一个按一定周期闭合的开关来表示，其采样周期为T_s，每次闭合时间为ε。通常，ε远小于T_s，也远小于系统中连续部分的时间常数。因此，可以近似认为$\varepsilon\to 0$。

数字控制器$D(z)$要求接收的信号是数字信号，经数字控制运算后，其输出的信号也为数字信号。然而，当前绝大部分执行器接收的往往是模拟量信号，所以在数字控制信号送达执行器之前，需要先将之转化成模拟量信号。这个过程需要一种所谓的保持器来完成。在采样控制系统中应用的保持器实际上是一种低通滤波器，它是一种采用时域外推的装置，能够滤去控制信号中的高频分量，保留主频分量，无失真地恢复原连续信号。通常把采用恒值外推规律的保持器称为零阶保持器（Zero-order Holder），其传递函数为

$$G_h(s)=\frac{1-e^{-T_s s}}{s} \tag{5-1-1}$$

采用线性外推规律的保持器称为一阶保持器（First-order Holder），其传递函数为

$$G_h(s)=T_s(1+T_s s)\left(\frac{1-e^{-T_s s}}{T_s s}\right)^2 \tag{5-1-2}$$

相比较而言，尽管一阶保持器幅频特性的幅值较大，但其高频分量和相角滞后也较大，对系统的稳定性不利，加之一阶保持器的结构更加复杂，所以实际上广泛采用的是零阶保持器。

上述采样器和保持器原理上可以通过 R－L－C 网络来实现，但在数字控制系统中，实际上是分别通过模数转换器（Analogue to Digital Converter，ADC，简称 A/D 转换器）和数模转换器（Digital to Analogue Converter，ADC，简称 D/A 转换器）来实现的。为了能够无失真地复现 A/D 转换前的模拟量信号，对系统的最低采样频率有一定的要求，即必须满足香农采样定理。

在数字控制系统中，通常用计算机内部的时钟来设定采样周期，系统的信号传递过程，包括被控信号检测、A/D 转换、控制运算、D/A 转换、控制信号输出等操作，都在一个采样周期或控制周期内完成。

5.1.2　Z 变换与差分方程

数字控制器设计的数学基础是 Z 变化，这里仅介绍 Z 变化的定义、变换方法和基本性质等知识。

1. Z 变换的定义

连续函数 $f(t)$ 的拉普拉斯变换式为

$$F(s)=L[f(t)]=\int_0^{\infty} f(t)\mathrm{e}^{-st}\mathrm{d}t \tag{5-1-3}$$

设 $f(t)$ 的采样信号为 $f^*(t)$，则

$$f^*(t)=\sum_{n=0}^{\infty} f(nT_s)\delta(t-nT_s) \tag{5-1-4}$$

其拉普拉斯变换式为

$$F^*(s)=\sum_{n=0}^{\infty} f(nT_s)\mathrm{e}^{-nT_s s} \tag{5-1-5}$$

上式中 $\mathrm{e}^{-T_s s}$ 是 s 的超越函数，不便于直接运算。为此，这里引入一个新的复变量

$$z=\mathrm{e}^{T_s s} \tag{5-1-6}$$

将式(5－1－6)代入式(5－1－5)得

$$Z[f^*(t)]=F(z)=\sum_{n=0}^{\infty} f(nT_s)z^{-n} \tag{5-1-7}$$

式(5－1－7)被定义为采样函数 $f^*(t)$ 的 Z 变换，式(5－1－6)即为 Z 变换的定义式。

2. Z 变换的方法

下面介绍三种常用的求 Z 变换方法：级数求和法、部分分式法、留数计算法。

1）级数求和法

将离散函数 $f^*(t)$ 展开如下

$$f^*(t)=\sum_{n=0}^{\infty} f(nT_s)\delta(t-nT_s)=f(0)\delta(t)+f(T_s)\delta(t-T_s)+ f(2T_s)\delta(t-2T_s)+\cdots+f(nT_s)\delta(t-nT_s)+ \tag{5-1-8}$$

然后逐项进行拉普拉斯变换，可得

$$F^*(s)=f(0)\times 1+f(T_s)\mathrm{e}^{-T_s s}+f(2T_s)\mathrm{e}^{-2T_s s}+\cdots+f(nT_s)\mathrm{e}^{-nT_s s}+\cdots \tag{5-1-9}$$

将式(5－1－6)代入式(5－1－9)得

$$F(z)=f(0)\times 1+f(T_s)z^{-1}+f(2T_s)z^{-2}+\cdots+f(nT_s)z^{-n}+\cdots \tag{5-1-10}$$

上式是离散函数Z变换的展开形式，只要知道连续函数 $f(t)$ 在各个采样时刻的数值，即可按照式(5-1-10)求得其Z变换。对于一些常用函数，其开放形式的Z变换级数展开式还可以用闭合型函数来表示。一些常用函数的闭合形式的Z变换表见表5-1-1。

表5-1-1 常用函数的Z变换一览表

序号	时域函数 $f(t)$	拉普拉斯变换 $F(s)$	Z变换 $F(z)$
1	$\delta(t)$	1	1
2	$1(t)$	$\frac{1}{s}$	$\frac{z}{z-1}$
3	t	$\frac{1}{s^2}$	$\frac{zT_s}{(z-1)^2}$
4	$\frac{t^2}{2}$	$\frac{1}{s^3}$	$\frac{z(z+1)T_s^2}{2(z-1)^3}$
5	e^{-at}	$\frac{1}{s+a}$	$\frac{z}{z-e^{-aT_s}}$
6	te^{-at}	$\frac{1}{(s+a)^2}$	$\frac{zT_s e^{-aT_s}}{(z-e^{-aT_s})^2}$
7	$a^{t/T}$	$\frac{1}{s-(1/T)\ln a}$	$\frac{z}{z-a}(a>0)$
8	$\sin\omega t$	$\frac{\omega}{s^2+\omega^2}$	$\frac{z\sin\omega T_s}{z^2-2z\cos\omega T_s+1}$
9	$\cos\omega t$	$\frac{s}{s^2+\omega^2}$	$\frac{z^2-z\cos\omega T_s}{z^2-2z\cos\omega T_s+1}$
10	$1-e^{-at}$	$\frac{a}{s(s+a)}$	$\frac{z(1-e^{-aT_s})}{(z-1)(z-e^{-aT_s})}$
11	$e^{-at}\sin\omega t$	$\frac{\omega}{(s+a)^2+\omega^2}$	$\frac{ze^{-aT_s}\sin\omega T_s}{z^2-2ze^{-aT_s}\cos\omega T_s+e^{-2aT_s}}$
12	$e^{-at}\cos\omega t$	$\frac{s+a}{(s+a)^2+\omega^2}$	$\frac{z(z-e^{-aT_s}\cos\omega T_s)}{z^2-2ze^{-aT_s}\cos\omega T_s+e^{-2aT_s}}$

2)部分分式法

部分分式法的基本思想是将连续函数或其拉普拉斯变换式分解成常用的典型函数之和的形式，然后借助于Z变换的线性性质，再利用表5-1-1中的Z变换结果，求得该函数相应的Z变换式。

比如，当连续函数 $f(t)$ 可以表示为指数函数之和的形式，也就是说，其拉普拉斯变换式 $F(s)$ 可以展开成如下部分分式的形式，即

$$F(s)=\sum_{i=1}^{n}\frac{A_i}{s-p_i} \tag{5-1-11}$$

由上表5-1-1可知，$\frac{A_i}{s-p_i}$ 对应的时域函数为 $A_i e^{p_i t}$，其Z变换为 $A_i\frac{z}{z-e^{p_i T_s}}$。由此可得

$$F(z)=\sum_{i=1}^{n}\frac{A_i z}{z-e^{p_i T_s}} \tag{5-1-12}$$

3)留数计算法

设连续函数 $f(t)$ 的拉普拉斯变换式 $F(s)$ 及其全部极点 p_i 为已知，则可用留数计算法求其Z变换。具体为

$$F(z)=Z[f^*(t)]=\sum_{i=1}^{n}\text{res}[F(p_i)\frac{z}{z-e^{p_iT_s}}]=\sum_{i=1}^{n}R_i \tag{5-1-13}$$

式中，$R_i=\text{res}[F(p_i)\frac{z}{z-e^{p_iT_s}}]$ 为 $F(s)\frac{z}{z-e^{T_s s}}$ 在 $s=p_i$ 时之留数。

当 $F(s)$ 具有一阶极点 $s=p_1$ 时，其留数 R_1 为

$$R_1=\lim_{s\to p_1}(s-p_1)[F(s)\frac{z}{z-e^{T_s s}}] \tag{5-1-14}$$

若 $F(s)$ 具有 q 阶重复极点 $s=p$ 时，则相应的留数为

$$R=\frac{1}{(q-1)!}\lim_{s\to p}\frac{d^{q-1}}{ds^{q-1}}[(s-p)^qF(s)\frac{z}{z-e^{T_s s}}] \tag{5-1-15}$$

3. Z变换的基本定理

同拉普拉斯变换类似，Z变换也有线性定理等几个基本定理。熟悉了这些定理，可以更加简便地应用Z变换。为了节约篇幅，这里只给出定理的内容和结果，不再给予定理证明或推导过程。具体见表5-1-2。

表5-1-2　Z变换基本定理一览表

序号	定理名称	定理内容	定理说明
1	线性定理	$Z[\sum_{i=1}^{n}a_if_i(t)]=\sum_{i=1}^{n}a_iZ[f_i(t)]$	线性组合的Z变换等于Z变换的线性组合
2	滞后定理（负偏移定理）	$Z[f(t-kT_s)]=z^{-k}F(z)$	假设条件：当 $t<0$ 时，$f(t)=0$
3	初值定理	$f(0)=\lim_{t\to 0}f(t)=\lim_{z\to\infty}F(z)$	假设条件：$\lim_{z\to\infty}F(z)$ 存在
4	终值定理	$f(\infty)=\lim_{t\to\infty}f(t)=\lim_{n\to\infty}f(nT_s)$ $=\lim_{z\to 1}(1-z^{-1})F(z)=\lim_{z\to 1}(z-1)F(z)$	假设条件：$(1-z^{-1})F(z)$ 在以圆点为圆心的单位圆上和圆外均无极点
5	超前定理（正偏移定理）	$Z[f(t+kT_s)]=$ $z^kF(z)-z^k\sum_{n=0}^{k-1}f(nT_s)z^{-n}$	令 $F(z)=\sum_{n=0}^{\infty}f(nT_s)z^{-n}$
6	复数偏移定理	$Z[f(t)e^{\mp at}]=F(ze^{\pm aT_s})$	
7	卷积和定理	$C(z)=G(z)R(z)$；$C(z)=Z[c(nT_s)]$，$G(z)=Z[g(nT_s)]$，$R(z)=Z[r(nT_s)]$	令 $c(kT_s)=\sum_{n=0}^{k}g[(k-n)T_s]r(nT_s)$，$n<0$ 时，$c(nT_s)=g(nT_s)=r(nT_s)=0$

4. Z反变换

同拉普拉斯反变换类似，Z反变换可表示为

$$Z^{-1}[F(z)]=f^*(t) \tag{5-1-16}$$

下面介绍两种比较常用的 Z 反变换方法：长除法和部分分式法。至于 Z 反变换的留数计算法，因计算步骤比较复杂，感兴趣的读者可参阅相关书籍。

1)长除法

令 $F(z)$ 的一般表达式为

$$F(z)=\frac{b_0z^m+b_1z^{m-1}+\cdots+b_m}{a_0z^n+a_1z^{n-1}+\cdots+a_n},(m\leqslant n) \tag{5-1-17}$$

用 $F(z)$ 的分母去除分子，得到按 z^{-n} 降幂次序排列的级数展开式，即

$$F(z)=c_0+c_1z^{-1}+c_2z^{-2}+\cdots=\sum_{n=0}^{\infty}c_nz^{-n} \tag{5-1-18}$$

然后用 Z 反变换求出相应的离散函数的脉冲序列，即

$$f^*(t)=c_0\delta(t)+c_1\delta(t-T_s)+c_2\delta(t-2T_s)+\cdots+c_n\delta(t-nT_s)+\cdots \tag{5-1-19}$$

2)部分分式法

采用部分分式法求解函数的 Z 反变换是求 Z 变化的逆过程，可以得到离散函数的闭合形式。具体步骤：因 $F(z)$ 在分子中通常都含有 z，所以首先将 $F(z)$ 除以 z 后再展开为求和形式的部分分式；然后对照表 5-1-1，直接查得对应的离散函数；整理求和形式的中间结果，得到最终结果。

例如，求函数 $F(z)=\dfrac{z(1-e^{-T_s})}{(z-1)(z-e^{-T_s})}$ 的 Z 反变换式。

解 $\dfrac{F(z)}{z}=\dfrac{1-e^{-T_s}}{(z-1)(z-e^{-T_s})}=\dfrac{1}{z-1}-\dfrac{1}{z-e^{-T_s}}$，所以 $F(z)=\dfrac{z}{z-1}-\dfrac{z}{z-e^{-T_s}}$。根据表 5-1-1 可知，其对应的时间函数为 $f(t)=1-e^{-t}$ 或 $f^*(t)=\sum\limits_{n=0}^{\infty}(1-e^{-nT_s})\delta(t-nT_s)$。

5. 差分方程

线性连续系统的动态过程常用线性微分方程来描述，而线性离散系统的动态过程常用线性差分方程来描述。有了 Z 变换的基础知识之后，很容易通过数字控制系统的 Z 变换式得到其差分方程。

假如图 5-1-2 所示的数字控制器 $D(z)$ 的 Z 变换式如式(5-1-17)所示，即

$$D(z)=\frac{b_0z^m+b_1z^{m-1}+\cdots+b_m}{a_0z^n+a_1z^{n-1}+\cdots+a_n},(m\leqslant n) \tag{5-1-20}$$

对式(5-1-20)右侧的分子分母同除以 z^n，并结合脉冲传递函数的定义可得

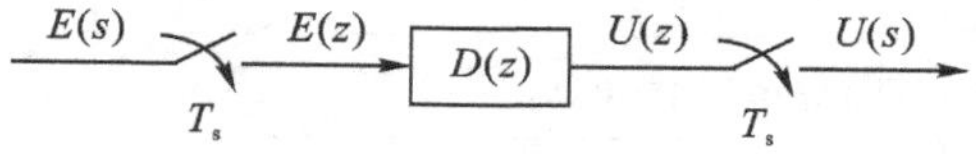

图 5-1-2 数字控制器 $D(z)$ 的信号流向图

$$D(z)=\frac{U(z)}{E(z)}=\frac{b_0z^{-(n-m)}+b_1z^{-(n-m+1)}+\cdots+b_mz^{-n}}{a_0+a_1z^{-1}+\cdots+a_nz^{-n}} \tag{5-1-21}$$

对式(5-1-21)通过十字交叉相乘并整理可得

$$a_0U(z)+a_1z^{-1}U(z)+\cdots+a_nz^{-n}U(z)=b_0z^{-(n-m)}E(z)+b_1z^{-(n-m+1)}E(z)+\cdots+b_mz^{-n}E(z) \tag{5-1-22}$$

由滞后定理可得

$$a_0u(k)+a_1u(k-1)+\cdots+a_nu(k-n)=b_0e(k-n+m)+b_1e(k-n+m-1)+\cdots+b_me(k-n) \tag{5-1-23}$$

式(5-1-23)即为数字控制器 $D(z)$ 的差分方程。其中，$u(k)$ 表示当前时刻的控制器输出，$u(k-1)$ 表示上一时刻的控制器输出，$e(k-n+m)$ 表示前 $(n-m)$ 时刻的偏差输入，其他变量含义以此类推。这样，就可以通过软件编程的方式来完成数字控制器的实现问题。

5.1.3　数字控制器设计的一般过程

对于图 5-1-1 所示的典型数字控制系统，假设其闭环脉冲传递函数用 $\Phi(z)$ 表示，并令保持器 $G_h(s)$ 为零阶保持器，即 $G_h(s)=\frac{1-e^{-T_s s}}{s}$。那么其数字控制器 $D(z)$ 设计的一般过程如下。

1)计算开环对象脉冲传递函数 $G(z)$

在图 5-1-1 中，因闭环系统输出信号 $C(s)$ 为连续信号，根据脉冲传递函数的定义，为了获得开环对象脉冲传递函数 $G(z)$，需要对 $C(s)$ 进行虚拟采样。于是可得

$$G(z)=Z[G_h(s)G_p(s)]=Z\left[\frac{1-e^{-T_s s}}{s}G_p(s)\right]=(1-z^{-1})Z\left[\frac{G_p(s)}{s}\right] \tag{5-1-24}$$

2)计算闭环对象脉冲传递函数 $\Phi(z)$

$$\Phi(z)=\frac{C(z)}{R(z)}=\frac{G(z)D(z)}{1+G(z)D(z)} \tag{5-1-25}$$

定义闭环误差传递函数 $\Phi_e(z)$ 为

$$\Phi_e(z)=\frac{E(z)}{R(z)}=\frac{R(z)-C(z)}{R(z)}=1-\Phi(z)=\frac{1}{1+G(z)D(z)} \tag{5-1-26}$$

所以

$$\Phi(z)+\Phi_e(z)=1 \tag{5-1-27}$$

式(5-1-27)是数字控制器设计时必须满足的一个约束条件。

3)数字控制器 $D(z)$ 的计算

由式(5-1-25)及式(5-1-27)可得

$$D(z)=\frac{\Phi(z)}{G(z)[1-\Phi(z)]}=\frac{\Phi(z)}{G(z)\Phi_e(z)}=\frac{1-\Phi_e(z)}{G(z)\Phi_e(z)} \tag{5-1-28}$$

对于一给定的被控过程，$G_p(s)$ 是确定的，假设也是已知的，那么 $G(z)$ 也将是确定的。由式(5-1-28)可知，如果 $\Phi(z)$ 或 $\Phi_e(z)$ 给定后，那么 $D(z)$ 就是确定的，可以通过式(5-1-28)计算得到。把 $D(z)$ 转化成关于控制输出和偏差输入之间的差分方程之后，便可以通过软件编程来实现了。这就是数字控制器的优点之一。后续的工作就是怎样确定 $\Phi(z)$ 或 $\Phi_e(z)$ 了。

在过程控制实践中，通常是根据应用场合对闭环系统动态及稳态性能指标的不同要求，如超调量、上升时间、调整时间、稳态误差等，来设计或构造 $\Phi(z)$ 或 $\Phi_e(z)$，从而来满足实际生产过程对控制系统的不同要求。因此，生产过程对控制系统的性能指标要求不同，$\Phi(z)$ 或

$\Phi_e(z)$就可能不同，所得到的数字控制器 $D(z)$也会随之发生变化。另外，通过式(5-1-28)也可以看出，数字控制器 $D(z)$的设计是基于模型的控制器设计，其实际控制效果除了与$\Phi(z)$或 $\Phi_e(z)$的确定方法有关之外，还与被控过程的建模精度密切相关。建模精度不够，就不可能获得良好的控制效果。因此，对数字控制器设计而言，被控过程数学建模非常重要。这也是数字控制器的缺点之一——依赖于过程数学模型。

5.1.4 最少拍控制器设计举例

本小节中，以一种具体的数字控制器——最少拍控制器的设计过程举例来加深读者对数字控制器一般设计过程的理解。

人们通常把采样过程中的一个采样周期称为一拍。若在典型输入信号的作用下，经过最少采样周期，闭环系统的采样误差减少到零，实现完全跟踪，则称此系统为最少拍系统，又称最快响应系统。下面，针对不同的被控对象 $G(z)$，来讨论最少拍控制器的设计过程。

1. $G(z)$在单位圆上和圆外无零、极点的情况

假设闭环系统输入信号分别为单位阶跃信号、单位斜坡信号和单位加速度信号，它们对应的 Z 变换式分别为

$$r(t)=1(t),R(z)=\frac{1}{1-z^{-1}} \tag{5-1-29}$$

$$r(t)=t,R(z)=\frac{T_s z^{-1}}{(1-z^{-1})^2} \tag{5-1-30}$$

$$r(t)=\frac{1}{2}t^2,R(z)=\frac{T_s^2 z^{-1}(1+z^{-1})}{2\ (1-z^{-1})^3} \tag{5-1-31}$$

由式(5-1-29)至式(5-1-31)可以得到典型输入信号 Z 变换的一般式为

$$R(z)=\frac{A(z)}{(1-z^{-1})^\nu} \tag{5-1-32}$$

其中 $A(z)$为不包含$(1-z^{-1})$的 z^{-1}的多项式。

将式(5-1-32)代入式(5-1-26)并整理得

$$E(z)=\frac{A(z)}{(1-z^{-1})^\nu}\Phi_e(z) \tag{5-1-33}$$

根据 Z 变换的终值定理，闭环系统的稳态误差终值为

$$e(\infty)=\lim_{t\to\infty}e(t)=\lim_{z\to1}(1-z^{-1})E(z)=\lim_{z\to1}(1-z^{-1})\frac{A(z)}{(1-z^{-1})^\nu}\Phi_e(z) \tag{5-1-34}$$

为了实现闭环系统稳态无静差，$\Phi_e(z)$应当包含$(1-z^{-1})^\nu$ 因子。于是，可以令

$$\Phi_e(z)=(1-z^{-1})^\nu F(z) \tag{5-1-35}$$

其中 $F(z)$为不包含$(1-z^{-1})$的 z^{-1}的多项式。显然，当 $F(z)=1$ 时，$\Phi_e(z)$中所包含的 z^{-1}的项数最少，这时采样控制系统的暂态过程可在最少拍内完成。表 5-1-3 列出了典型输入函数作用下最少拍控制系统的闭环脉冲传递函数、最少拍控制器表达式、暂态响应表达式及暂态过程时间等信息。

表 5-1-3　被控对象在单位圆上和圆外无零、极点时的最少拍控制器一览表

$r(r)$	$1(t)$	t	$\frac{1}{2}t^2$
$\Phi_e(z)$	$1-z^{-1}$	$(1-z^{-1})^2$	$(1-z^{-1})^3$
$\Phi(z)$	z^{-1}	$2z^{-1}-z^{-2}$	$3z^{-1}-3z^{-2}+z^{-3}$
$D(z)$	$\frac{z^{-1}}{(1-z^{-1})G(z)}$	$\frac{z^{-1}(2-z^{-1})}{(1-z^{-1})^2G(z)}$	$\frac{z^{-1}(3-3z^{-1}-z^{-2})}{(1-z^{-1})^3G(z)}$
$C(z)$	$z^{-1}+z^{-2}+\cdots+z^{-n}+\cdots$	$2T_sz^{-2}+3T_sz^{-3}+\cdots+nT_sz^{-n}+\cdots$	$1.5T_s^2z^{-2}+4.5T_s^2z^{-3}+\cdots+\frac{n^2}{2}T_s^2z^{-n}+\cdots$
暂态时间	T_s	$2T_s$	$3T_s$

2. $G(z)$在单位圆上和圆外有零、极点的情况

若 $G(z)$在单位圆上或单位圆外有零、极点，为了保证闭环采样系统稳定，闭环脉冲传递函数 $\Phi(z)$和 $\Phi_e(z)$都不应包含 Z 平面单位圆上或单位圆外的极点。此外，$G(z)$中所包含的单位圆上或单位圆外的零、极点也不希望用 $D(z)$来补偿，以免参数漂移对这种补偿带来不利影响。为此，这里引入一种常用且有效的过程控制器设计方法——零极点抵消方法（Zero-Pole Cancellation Method）来解决这一问题。

重写式(5-1-28)，$D(z)=\dfrac{\Phi(z)}{G(z)\Phi_e(z)}$，对于 $G(z)$单位圆上和单位圆外的零、极点，可以利用 $\Phi(z)$或 $\Phi_e(z)$的零点来抵消，具体的抵消规则如下：

(1)用 $\Phi_e(z)$的零点抵消 $G(z)$单位圆上和单位圆外的极点；

(2)用 $\Phi(z)$的零点抵消 $G(z)$单位圆上和单位圆外的零点；

(3)由于 $G(z)$常含有 z^{-1}的因子，为了使 $D(z)$在物理上能够实现，要求 $\Phi(z)$也含有 z^{-1}的因子；考虑到 $\Phi(z)+\Phi_e(z)=1$，所以 $\Phi_e(z)$应为包含常数项为 1 的 z^{-1}的多项式。

根据上述抵消规则，按照式(5-1-35)选择 $F(z)$时，就不能再取 $F(z)=1$ 了，应使 $F(z)$的零点能够补偿 $G(z)$在 Z 平面单位圆上和单位圆外的极点。这样做的结果是闭环系统的过渡过程时间要长于表 5-1-3 所给出的暂态响应时间。下面通过一个例子来展示上述控制器设计过程。

例 5-1-1　设单位负反馈采样控制系统中被控对象和零阶保持器的传递函数分别为 $G_p(s)=\dfrac{10}{s(0.1s+1)(0.05s+1)}$，采用零阶保持器 $G_h(s)=\dfrac{1-e^{-T_s s}}{s}$，$T_s=0.2$ s。试设计在单位阶跃输入信号 $r(t)=1(t)$下的最少拍控制器 $D(z)$，并求出闭环系统暂态响应 $c(z)$。

解　系统的开环脉冲传递函数为

$$G(z)=Z[G_h(s)G_p(s)]=\frac{0.762z^{-1}(1+0.0459z^{-1})(1+1.131z^{-1})}{(1-z^{-1})(1-0.135z^{-1})(1-0.0183z^{-1})}$$

上式表明，$G(z)$包含一个位于 Z 平面单位圆外的零点 $z=-1.131$ 和一个单位圆周上的极点 $z=1$。根据上述设计规则，可以令

$$\Phi(z)=a_1z^{-1}(1+1.131z^{-1}),\Phi_e(z)=(1-z^{-1})(1+a_2z^{-1})$$

其中，a_1 和 a_2 为待定系数。将上式代入式 (5-1-27)可得：$a_1=0.469$，$a_2=0.531$，$\Phi(z)=0.469z^{-1}(1+1.131z^{-1})$，$\Phi_e(z)=(1-z^{-1})(1+0.531z^{-1})$。于是，由式(5-1-28)可得

$$D(z)=\frac{0.615(1-0.0183z^{-1})(1-0.135z^{-1})}{(1+0.0459z^{-1})(1+0.531z^{-1})}$$

$$c(z)=\Phi(z)R(z)=0.469z^{-1}(1+1.131z^{-1})\frac{1}{1-z^{-1}}=0.469z^{-1}+z^{-2}+z^{-2}+\cdots+z^{-n}+\cdots$$

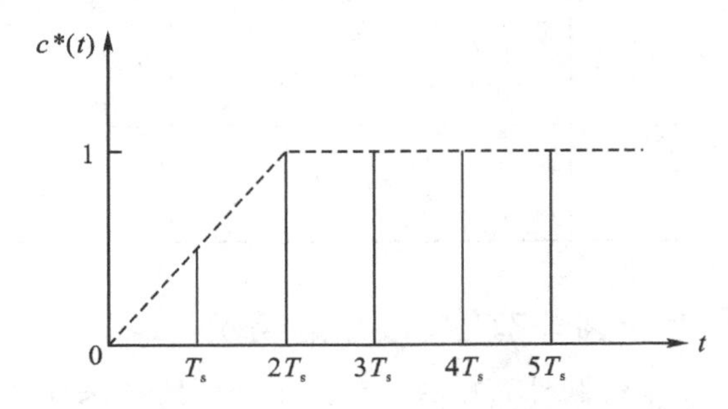

图 5-1-3　例 5-1-1 闭环系统的单位阶跃响应

可以看出，闭环系统不再是经过一拍达到稳态(见图 5-1-3)，而是延长至两拍。根本原因在于 $G(z)$包含一个位于 Z 平面单位圆外的零点。

一般而言，最少拍系统暂态响应时间的增大与 $G(z)$所含 Z 平面单位圆上和单位圆外零点、极点的个数成正比。

可以看出，最少拍控制器设计的优点是设计方法及控制器结构简单，系统响应速度快，过渡过程很短，能够在最短的时间里达到稳态。其缺点是对不同输入信号的适应性较差，根据一种典型输入信号进行校正而得到的最少拍控制系统往往不能很好地适应其他形式的输入信号，同时对参数的变化比较敏感，使得其应用受到很大的局限。但是，由于最少拍控制器设计过程引入了零极点抵消及结构构造等两种常用的控制器设计方法，设计思路比较严密，因此成为数字控制器设计的一种范例。

另外，上述最少拍控制器设计方法只能保证在采样点的稳态误差为零，而在采样点之间闭环系统的输出响应可能会出现波动(亦称纹波)，不仅会影响控制器的控制精度，而且会增加设备的机械磨损和系统功耗。研究表明，可以通过适当延长暂态响应时间(拍数)的方法来消除纹波。篇幅所限，这里不再赘述，感兴趣的读者可以参阅有关文献。

5.2　理想 PID 控制器设计

5.2.1　PID 控制器概述

在过程控制实践中，按照偏差的比例 P(Proportional)、积分 I(Integral)和微分 D(Derivative)进行控制的 PID 控制率(亦称 PID 控制器)是应用历史最久，生命力最强，应用最广的基本控制算法。它诞生于 20 世纪 30 年代，具有原理简单、易于实现、鲁棒性(Robustness)

强和适应面广等优点。在计算机用于生产过程之前，过程控制中采用的气动、液动和电动的PID控制器几乎一直占据主导地位。随着计算机的出现及其在过程控制中的应用，虽然过程控制系统在硬件、软件和控制理论等方面都发生了翻天覆地的变革，但PID控制控制策略却以其独特的魅力——比例反映现在，积分总结过去，微分预测将来而赢得过程控制界的高度青睐。

用计算机实现PID控制，不是简单地将PID控制规律数字化，而是将计算机的逻辑判断和运算功能相结合，使PID控制更加灵活多样，更能满足生产过程提出的各式各样的控制要求。过程控制中常用的一些经典控制算法，如前馈反馈控制、比值控制、选择控制、分程控制、串级控制、均匀控制、双重控制、时滞补偿控制和解耦控制等，往往都以一个或若干个PID为基础，构成复杂控制系统，实现对生产过程的准确控制。

另外，PID自身也在不断地进行改进，主要表现在PID自身的结构改进和控制器参数整定两个方面。在结构改进方面，出现了许多改进型PID控制器结构，如不完全微分PID、积分分离PID、遇限削弱积分PID、微分先行PID和带死区的PID等。在参数整定方面，除了一些简单的工程整定方法，如Cohen - Coon法（C - C法）、Ziegler - Nichols法（Z - N法）、衰减曲线法、改进Z - N法等之外，还有基于偏差积分指标最小的参数整定方法（如IE、ISE、IAE和ITAE）及PID参数自整定方法（如基于模型的方法和基于规则的方法）等。

当今的PID控制器已远远不是90年前的模样，逻辑控制、功能模块、选择器、限幅器和顺序器等都已融入PID控制器中，许多尖端控制策略，如超驰控制（Override control）、快速启停策略（Start - up and shut-down strategy）都能围绕着传统PID控制展开设计。即使是被誉为（20世纪）80年代“最有前途的高级过程控制算法”的模型预测控制（Model Predictive Control，MPC），其控制级也以PID为基本功能模块。同时，微处理器计算能力的提高赋予了PID参数自整定、增益调度和模型切换等功能，最终使其具有智能的特征。

5.2.2 模拟PID控制器表达式

1. 理想模拟PID控制器的时域和频域表达式

初期的PID控制器为模拟量PID控制器，可以用RC网络来搭建，一般具有两种形式：含有理想微分的PID控制器和含有实际微分的PID控制器。本小节主要讲述含有理想微分的模拟PID控制器，其基本结构框图如图5-2-1所示。

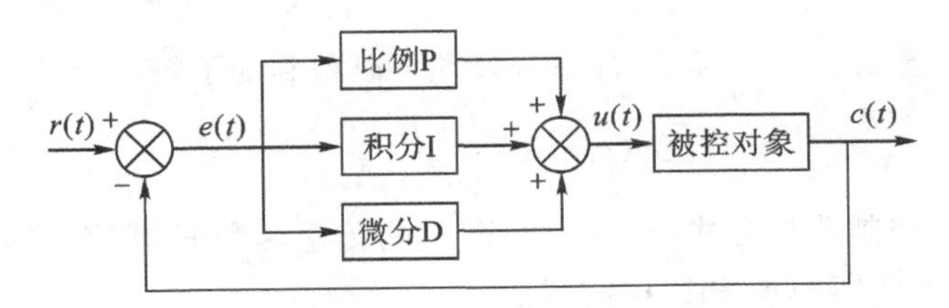

图5-2-1 模拟PID控制系统原理框图

图5-2-1所描述的简单控制系统由模拟PID控制器和被控对象两部分组成，可以看出，PID控制器的三个环节（比例环节P、积分环节I和微分环节D）并联在一起，共同产生控制作用。PID控制器根据设定值$r(t)$与实际检测值$c(t)$构成的控制偏差信号$e(t)$

$$e(t)=r(t)-c(t) \tag{5-2-1}$$

将偏差的比例、积分和微分通过线性组合构成控制量 $u(t)$，其时域控制规律表达式为

$$u(t)=K_{p}\left[e(t)+\frac{1}{T_{i}}\int_{0}^{t}e(t)\,dt+T_{d}\frac{de(t)}{dt}\right] \tag{5-2-2}$$

假设初始条件为零，即 $e(0)=0$，$u(0)=0$，对式(5-2-2)两边同时取拉普拉斯变换，便可得到理想模拟PID控制器的传递函数的频域表达式

$$G_{c}(s)=\frac{U(s)}{E(s)}=K_{p}\left(1+\frac{1}{T_{i}s}+T_{d}s\right) \tag{5-2-3}$$

式中，K_p 为比例系数；T_i 为积分时间常数；T_d 为微分时间常数。

对式(5-2-3)进行通分处理可得

$$G_{c}(s)=\frac{K_{p}}{T_{i}}\frac{T_{i}T_{d}s^{2}+T_{i}s+1}{s} \tag{5-2-4}$$

可以看出，式(5-2-4)分子的阶次高于分母的阶次，由自动控制理论基本知识可以知道，式(5-2-4)所描述的控制器在物理上是不可以实现的。也就是说，无法通过R-C网络来搭建。因此，把式(5-2-2)或式(5-2-3)所描述的PID控制器称作理想模拟PID控制器。

2. 实际模拟PID控制器的频域表达式

在实际应用中，实际模拟PID有如下三种形式。

(1)用近似微分器代替纯微分器

$$G_{c}(s)=K_{p}\left(1+\frac{1}{T_{i}s}+\frac{T_{d}s}{T_{f}s+1}\right),\ T_{f}=\left(\frac{1}{5}\sim\frac{1}{10}\right)T_{d} \tag{5-2-5}$$

式中，T_f 为滤波时间常数，其主要功能是通过引入一个一阶低通R-C滤波器将理想微分环节改造成近似微分环节，但对理想微分的功能不造成大的影响，所以 T_f 取值往往很小，甚至是微分时间常数 T_d 的1/10。

(2)引入惯性环节衰减高频特性

$$G_{c}(s)=K_{p}\left(1+\frac{1}{T_{i}s}+T_{d}s\right)\frac{1}{T_{f}s+1} \tag{5-2-6}$$

(3)采用校正环节代替微分作用

$$G_{c}(s)=K_{p}\left(1+\frac{1}{T_{i}s}\right)\frac{T_{d}s+1}{T_{f}s+1} \tag{5-2-7}$$

对式(5-2-5)至式(5-2-7)进行通分处理可以得到如下统一形式

$$G_{c}(s)=\frac{B_{2}s^{2}+B_{1}s+B_{0}}{A_{2}s^{2}+A_{1}s} \tag{5-2-8}$$

也就是说，只要一个控制器具有式(5-2-8)形式的传递函数式，那么就可以根据实际需要将之归为某种形式的实际模拟PID控制器。

5.2.3 模拟PID系列控制器调节特性

对于式(5-2-3)所描述的理想模拟PID控制器，其各环节的作用可描述如下。

(1)比例环节——反映现在，及时成比例地反映控制系统的偏差信号 $e(t)$；偏差一旦产

生，控制器立即产生控制作用以减小误差。

(2)积分环节——总结过去，主要用于消除静差，提高系统的稳态无差度；积分作用的强弱取决于积分时间常数 T_i 的大小，T_i 越小，积分作用越强，反之越弱。

(3)微分环节——预测将来，能反映偏差信号的变化趋势(变化速率)，并能在偏差信号值变得太大之前，在系统中引入一个有效的早期修正信号，从而加快系统的动作速度，减小调节时间。

根据 PID 各环节的作用特点，在控制工程实践中，常采用如下几种组合方式：比例控制器 P、比例积分控制器 PI、比例微分控制器 PD 和比例积分微分控制器 PID。

1. 比例控制器 P

比例控制器 P 是指控制器的输出 $u_p(t)$ 与输入 $e(t)$ 之间成正比例关系，即

$$u_p(t)=K_p e(t) \tag{5-2-9}$$

相应的控制器结构示意图如图 5-2-2 所示。

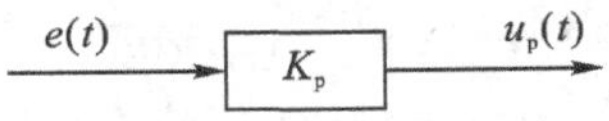

图 5-2-2　比例控制器 P

可以看出，当偏差输入 $e(t)\neq 0$ 时，比例控制器就会立即起作用，输出 $u_p(t)$ 就会发生变化，变化的大小与偏差输入 $e(t)$ 的数值成比例。因此，可以通过改变(调整) K_p 来获得合适的控制器输出 u_p(t)，以满足生产过程的需要。比例控制器的调节特性如图 5-2-3 所示。

图 5-2-3　比例控制器的调节特性

比例控制器 P 的优点是调节作用与偏差成正比，调节快速，调节效果显著，因此 PID 系列控制器中，比例作用是不可缺少的最基本的作用。但是，它也有一个致命的缺点，那就是存在稳态静差。下面结合图 5-2-4 所示的单位负反馈控制系统来分析 PID 控制系统的稳态误差问题。

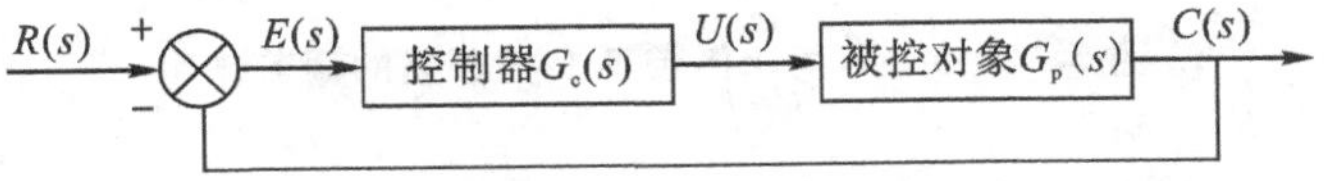

图 5-2-4　单位负反馈控制系统结构框图

由图 5-2-4 可以得到 $\dfrac{E(s)}{R(s)}=\dfrac{1}{1+G_c(s)G_p(s)}$，所以 $E(s)=\dfrac{1}{1+G_c(s)G_p(s)}R(s)$。根据

拉普拉斯变换的终值定理可得 $e(\infty)=\lim\limits_{t\to\infty}e(t)=\lim\limits_{s\to 0}sE(s)=\lim\limits_{s\to 0}s\dfrac{1}{1+G_c(s)G_p(s)}R(s)$。令 $r(t)=1(t)$，为单位阶跃输入信号，则 $R(s)=\dfrac{1}{s}$，于是有

$$e(\infty)=\lim_{s\to 0}\frac{1}{1+G_c(s)G_p(s)} \tag{5-2-10}$$

因此，闭环系统的稳态误差不但与被控对象的稳态特性有关，还与控制器的稳态特性有关。不妨令被控过程为一稳定过程，则有 $\lim\limits_{s\to 0}G_p(s)=G_p(0)=K$，其中 K 为被控对象开环增益；再令控制器 $G_c(s)$ 为理想 PID 控制器，根据式(5-2-10)可得

$$e(\infty)=\lim_{s\to 0}\frac{1}{1+KK_p(1+\frac{1}{T_i s}+T_d s)} \tag{5-2-11}$$

根据式(5-2-11)可以得到如下结论：

(1)当 $G_c(s)$ 为 P 或 PD 控制器时，$e(\infty)=\dfrac{1}{1+KK_p}\neq 0$，即 P/PD 调节为有差调节，减小闭环系统稳态误差的办法是增大比例系数 K_p，理论上，当 $K_p\to\infty$时，$e(\infty)\to 0$。

(2)当 $G_c(s)$ 为 PI 或 PID 控制器时，$e(\infty)=0$，即 PI/PID 为无差调节，可以彻底消除稳态误差，但实践证明，积分作用过强(T_i 越小)，闭环系统的超调量会变大，甚至导致闭环系统不稳定。

在工程实践中，常常用比例度 δ 来表示比例调节作用的强弱。比例度是控制器输入变化量 Δe 与输出变化量 Δu 的比值用百分比，即

$$\delta=\frac{\Delta e}{\Delta u}\times 100\%=\frac{\Delta e}{K_p\Delta e}\times 100\%=\frac{1}{K_p} \tag{5-2-12}$$

可以看出，K_p 越大，δ 就越小，比例控制器的调节范围就越窄。

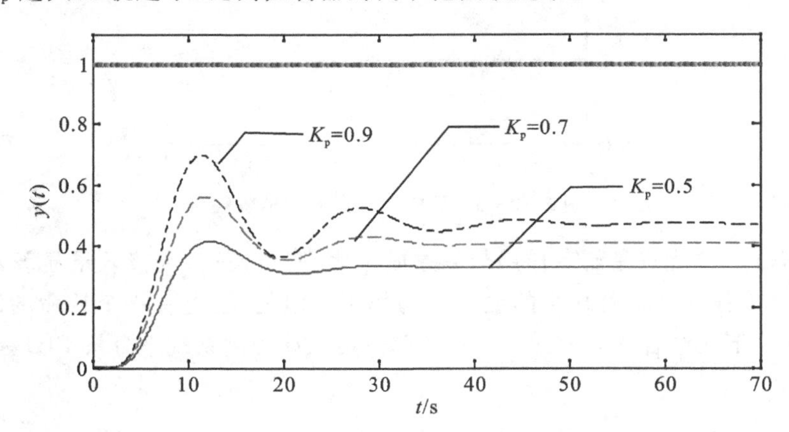

图 5-2-5　不同比例带下 P 控制器的调节作用

图 5-2-5 给出了控制器为 P、被控对象为 $G_p(s)=\dfrac{1}{(s+1)^8}$ 的单位负反馈控制系统的闭环相应曲线。可以看出，P 调节为有差调节，随着 K_p 的增大，闭环系统稳态误差会逐步减小，但系统稳定性会降低，出现衰减震荡现象。

2. 比例积分控制器 PI

比例环节的最大缺点是闭环系统存在稳态误差。通过上面的分析可知，引入积分调节作用可以消除稳态误差。这是 PID 控制器系列中 PI 控制器被广泛使用的根本原因。

积分环节调节作用的特性：其输出 $u_{\mathrm{i}}(t)$ 与偏差输入 $e(t)$ 的积分成正比，即

$$u_{\mathrm{i}}(t)=\frac{K_{\mathrm{p}}}{T_{\mathrm{i}}}\int_{0}^{t}e(t)\mathrm{d}t \tag{5-2-13}$$

因此，积分环节的调节作用不仅与偏差输入的大小有关，而且具有“积少成多”的特性，只要 $e(t)\neq0$，则积分调节的作用就不会消失，直到系统余差完全消除为止。改变积分时间常数 T_{i} 的大小可以调整积分调节作用的强弱，T_{i} 越小，积分作用就越强，就越有利于消除余差。但是过强的积分作用，也会使系统的振荡加剧，甚至导致闭环系统不稳定。积分控制器的结构示意图如图 5-2-6 所示。

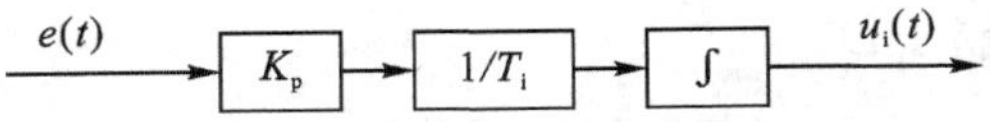

图 5-2-6　积分控制器 I

比例积分 PI 调节作用综合了比例调节迅速、效果显著的“粗调”作用和积分调节消除余差准确的“微调”作用，具体的时域表达式为

$$u_{\mathrm{pi}}(t)=K_{\mathrm{p}}\left(e(t)+\frac{1}{T_{\mathrm{i}}}\int_{0}^{t}e(t)\mathrm{d}t\right) \tag{5-2-14}$$

相应的 I/O 调节特性如图 5-2-7 所示。

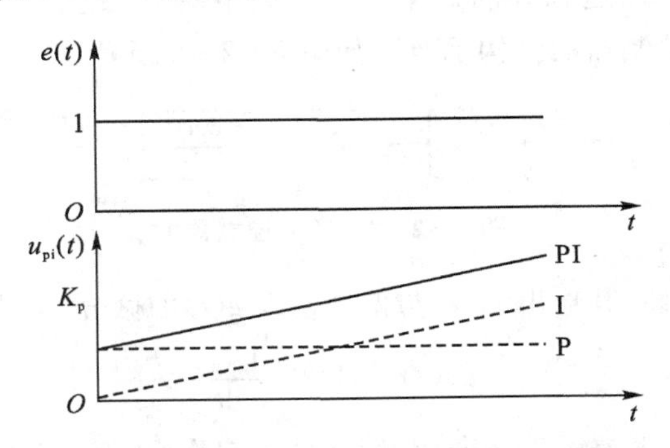

图 5-2-7　比例积分控制器的调节特性

由于 PI 控制器只有两个调节参数，现场参数整定工作相对轻松，对于滞后不大的应用场合又具有比较好的控制效果，所以深受现场工程师的喜爱，成为工业中最常用的一种 PID 系列控制器。应用时，可根据不同的对象，调整合适的 K_{p} 和 T_{i}，以获得理想的控制效果。

图 5-2-8 给出了控制器为 PI，被控对象为 $G_{\mathrm{p}}(s)=\frac{1}{(s+1)^{8}}$ 的单位负反馈控制系统的闭环响应曲线。可以看出，PI 控制器可以消除稳态静差，T_{i} 越小，积分作用越强，系统相应速度就越快，但闭环系统稳定性会降低；T_{i} 过大，积分作用太弱，系统相应速度很慢，进入稳态的时间会变长。因此，合适的积分作用的选取非常重要，需要兼顾闭环系统的响应速度和稳定性。

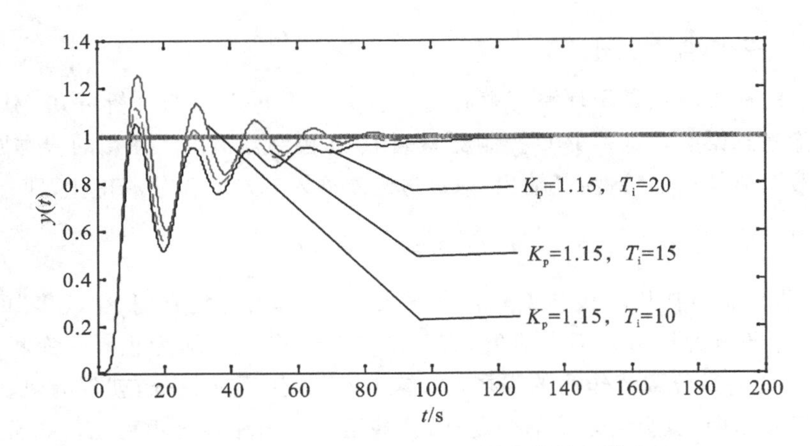

图 5-2-8 不同积分时常下 PI 控制器的调节作用

3. 比例微分控制器 PD

过程控制系统在克服误差的调节过程中，可能会出现振荡甚至失稳现象，其原因是被控过程存在较大的惯性或较大的滞后（尤其是容积滞后）。这时，控制器虽然具有抑制误差的作用，但其控制作用总是会落后于偏差的变化。解决的办法是设法使控制器抑制偏差的作用能够变得“超前”一些，按照偏差变化的速度进行控制。当偏差接近于零时，抑制偏差的作用也接近于零。这就是 PID 系列控制器中引入微分作用的原因。

微分调节作用主要用来克服被控对象的容积滞后和传输延时。用 P 或 PI 去控制具有滞后特性的对象，往往难以达到好的效果。微分调节具有“超前”功能，适于克服对象的滞后，并抑制干扰。微分控制器的结构示意图如图 5-2-9 所示。

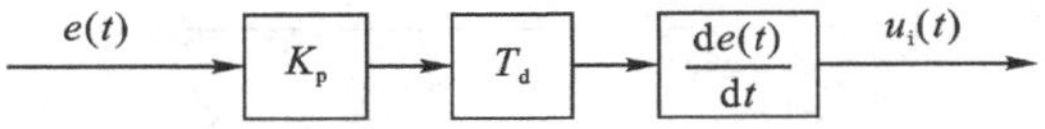

$e(t)$ → K_p → T_d → $\frac{de(t)}{dt}$ → $u_i(t)$

图 5-2-9 微分控制器 D

微分调节作用的特性：其输出 $u_i(t)$ 与偏差输入 $e(t)$ 的微分（变化速度）成正比，即

$$u_d(t)=K_p T_d \frac{de(t)}{dt} \tag{5-2-15}$$

可以看出，如果输入偏差不发生变化，则微分不起作用，但一旦输入偏差发生变化，则微分立即响应，且响应的初始幅度为$\frac{K_p T_d}{T_s}$，其中 T_s 为采样周期。所以，微分作用的强度与微分时间常数 T_d 成正比。

另外，当 T_d 一定时，因微分作用的强度与偏差输入的变化成正比，这里的偏差输入的变化可由多种因素引起，如设定值变化、检测值变化，干扰因素的影响等。因此，微分作用具有优秀的抗干扰性能，对于干扰频发的应用场所，引入微分作用可以提高控制系统的抗干扰能力。

再则，根据微分的定义，再借助于差分方程的概念，可以有

$$\frac{de(t)}{dt}\approx\frac{\Delta e(t)}{\Delta t}=\frac{e(k)-e(k-1)}{T_s}=\frac{e(k+1)-e(k)}{T_s} \tag{5-2-16}$$

若基于前向差分，那么微分作用具有“提前一步”的预测功能，也就是说，它可以根据当前的偏差变化趋势产生控制作用，抑制“下一步”输出的变化，因而有“预先控制”的性质。从这个角度而言，微分环节具有朴素的“预测”功能，俗称超前调节。

从前面的稳态误差分析可以看出，同P控制器一样，D控制器也是有差调节，闭环系统稳态误差终值为1(D控制器)或$\frac{1}{1+KK_p}$(PD控制器)。所以，为了能够改变微分作用的稳态误差，通常将P控制器和D控制器一起使用，构成比例微分PD控制器，具体的时域表达式为

$$u_{pd}(t)=K_p(e(t)+T_d\frac{de(t)}{dt}) \tag{5-2-17}$$

相应的I/O调节特性如图5-2-10所示。

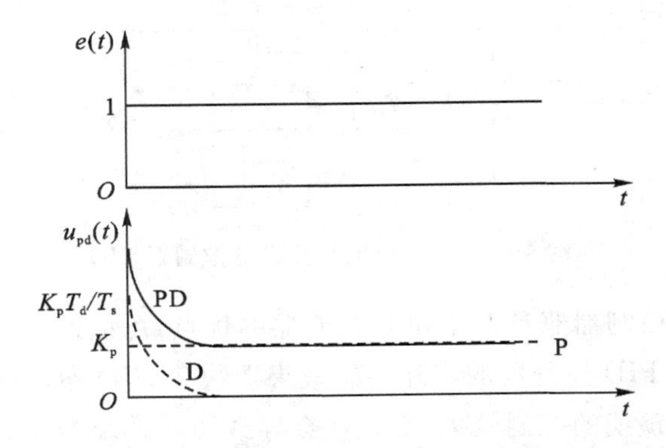

图5-2-10 比例微分控制器的调节特性

由于微分控制器具有预测控制功能，当偏差输入$e(t)$作阶跃变化时，输出会出现跳跃，加大了几倍的调节作用。因此，采用PD控制器，可以缩短调节时间。但是过强的微分作用也会导致震荡，甚至导致闭环系统不稳定。

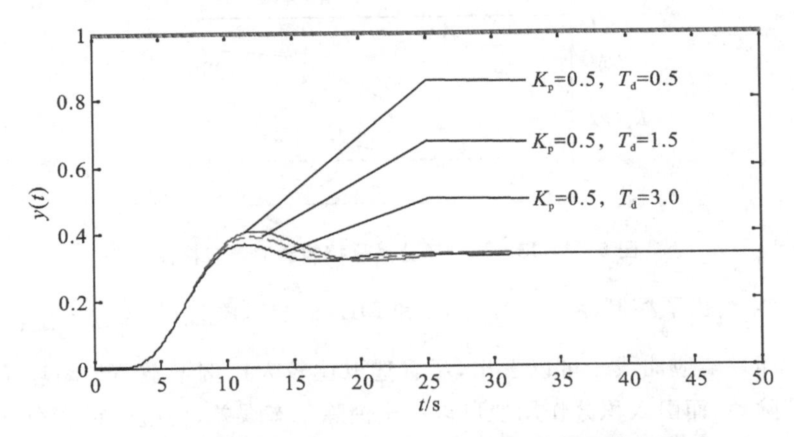

图5-2-11 不同微分时常下PD控制器的调节作用

图5-2-11给出了控制器为PD，被控对象为$G_p(s)=\frac{1}{(s+1)^8}$的单位负反馈控制系统的闭环响应曲线。可以看出，同P控制器一样，PD调节为有差调节，但是微分的引入可以缩

短闭环系统的动态调整时间，合适的微分作用既可以降低闭环系统的超调量，也可以使闭环系统比较平稳地进入稳态。因此，PD 控制器常常用于机器人机械臂的运动定位控制场合。

4. 比例积分微分控制器 PID

PID 控制器是由 P 控制器、I 控制器和 D 控制器三者的线性叠加，具有三者的优点。具体的时域表达式为

$$u(t)=K_{\mathrm{p}}\left(e(t)+\frac{1}{T_{\mathrm{i}}}\int_{0}^{t}e(t)\mathrm{d}t+T_{\mathrm{d}}\frac{\mathrm{d}e(t)}{\mathrm{d}t}\right) \tag{5-2-18}$$

自然，其 I/O 输出特性也是三者 I/O 输出特性的线性叠加。PID 控制器的结构示意图如图 5－2－12所示，具体的动态特性曲线如图 5－2－13 所示。

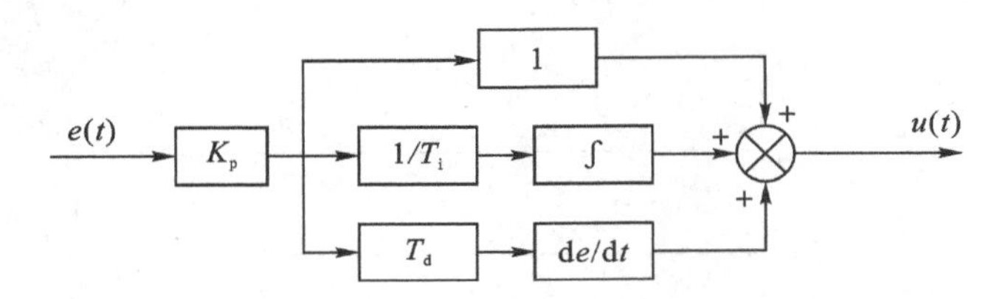

图 5－2－12 比例积分微分控制器 PID

理论上来讲，PID 控制器兼具 P、I 和 D 控制器的优点，可以适用于 P、I 和 D 控制器能够适用的任何场合，但是 PID 控制器的实际控制效果取决于 PID 参数的整定。如果参数整定不合适，不但不能获得预期的控制效果，而且还会导致闭环系统振荡，甚至不稳定。因此，工程实践中，PID 控制器结构一旦确定，工作重点就要放在 PID 的参数整定上。

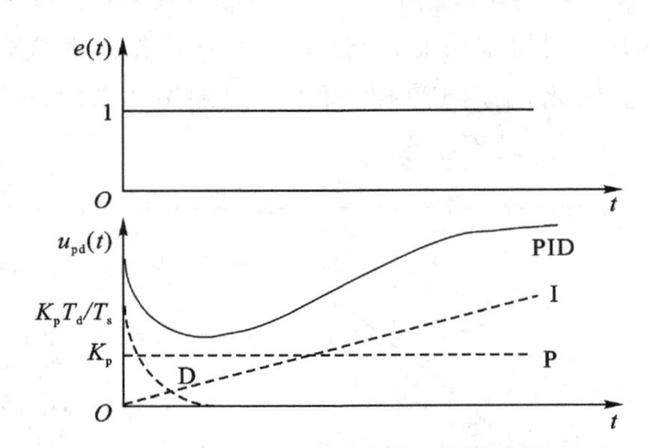

图 5－2－13 比例积分微分控制器的调节特性

图 5－2－14 给出了控制器分别为 P、PI 和 PID，被控对象为 $G_{\mathrm{p}}(s)=\dfrac{1}{(s+1)^{8}}$ 的单位负反馈控制系统的闭环响应曲线。可以看出，尽管选取比较大比例增益 K_{p}，闭环系统稳态误差也不能完全消除掉，而引入积分作用便可以完全消除稳态误差，但过强的积分作用会导致较大的超调量和较长的调整时间，参数选取合适的 PID 控制器能够集中 P、PI 和 PD 的优点，到达比较理想的控制效果。因此，对于 PID 控制器而言，控制器参数选取非常重要，直接关乎其控制效果。关于 PID 控制器的参数整定，将在稍后介绍。

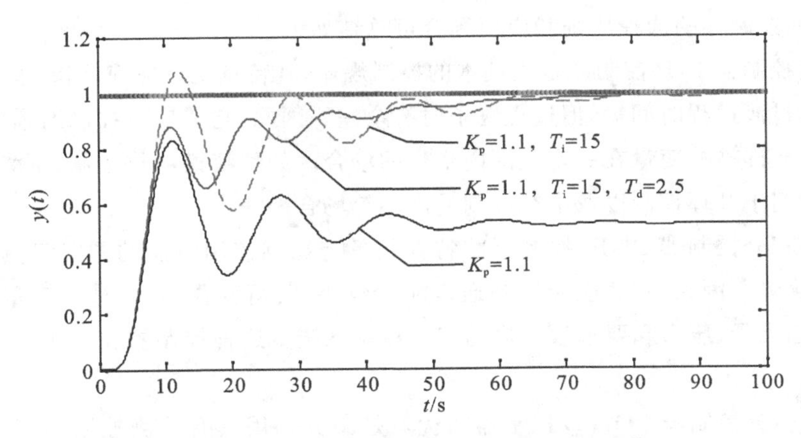

图 5-2-14　PID 系列控制器的调节作用比较

5. PID 系列控制器调节质量及选用条件

为了获得满意的控制效果，同时尽量减少现场工作量，PID 系列控制器的选型非常重要。设计具有不同调节规律的 PID 控制器，就是为了适应不同的调节对象。表 5-2-1 列出了常见 PID 控制器的特性及其选用条件，以方便读者学习掌握。

表 5-2-1　PID 控制器的调节特性及其选用条件

控制器名称	调节作用	数学表达式	适用对象特性			调节质量	适用被调参数
			纯滞后	负荷变化	时间常数		
P 控制器	与偏差的大小成正比	$u(t)=K_p e(t)$	小	小	较大	调节迅速且稳定，但有余差；比例度越大，余差越大	液位、压力、串级控制内环
PI 控制器	不但与偏差的大小成正比，而且与偏差时间的积分成正比	$u(t)=K_p\left(e(t)+\frac{1}{T_i}\int_0^t e(t)\mathrm{d}t\right)$	中等或小	稍大	大中或小	调节迅速，无余差；但积分作用太强时会使系统振荡，甚至不稳定	液位、压力、温度、流量、浓度等
PD 控制器	不但与偏差的大小成正比，而且与偏差变化速度成正比	$u(t)=K_p\left(e(t)+T_d\frac{\mathrm{d}e(t)}{\mathrm{d}t}\right)$	中等或较大，容积滞后	小	大	调节迅速，超调量较小，存在余差；微分作用太强时会使系统振荡，甚至不稳定	温度、机器人动作控制
PID 控制器	与偏差的大小、偏差对时间的积分，以及偏差的变化速度成正比	$u(t)=K_p\left(e(t)+\frac{1}{T_i}\int_0^t e(t)\mathrm{d}t+T_d\frac{\mathrm{d}e(t)}{\mathrm{d}t}\right)$	大中或小	大中或小	大中或小	调节迅速，无余差，超调量小，调节时间短，调节质量高	可用于各种对象，但一般用于要求高的温度对象

PID 系列控制器的选择原则和应用场合可总结如下。

(1)比例控制器 P:P 控制器是最基本的控制规律,其特点是反应速度快,控制及时,克服干扰能力强,过渡过程时间短,但过程终了时有余差。因此,它适应于控制通道滞后较小,负荷变化不大,允许被控变量在一定范围内变化的场合。如贮液槽液位控制、不太重要的压力控制等,也可用于开环控制以及串级控制的内环等场合。

(2)比例积分控制器 PI:PI 控制器的特点是具有比例控制特点的同时又具有积分作用消除余差的优势。因此,它适应于控制通道滞后较小、负荷变化不大、被控变量不允许有余差的场合。如流量、压力和要求较严格的液位控制系统。这种控制器在工程上使用最多、应用最广。

(3)比例微分控制器 PD:PD 控制器的优点是微分作用具有预测控制功能,且当偏差输入作阶跃变化时,输出会出现跳跃,加大了几倍的调节作用。因此 PD 控制器能够加快调节速度,可应用于温度控制等容积滞后(表现为大惯性)比较严重的场合。但是,引入过强的微分作用也会降低系统的稳定程度,增加振荡趋向,所以要谨慎选用,仔细整定 PD 控制器参数,提高闭环系统的响应速度,同时尽可能地回避其有差控制的缺点。不过,D 控制器还有一个优点是当偏差接近于零时,抑制偏差的作用也接近于零。因此 PD 控制器可以应用于运动控制,如机器人机械臂的动作定位控制,以加快机械臂的动作速度,同时减少机械臂的抖动。

(4)比例积分微分控制器 PID:由于微分作用使控制器的输出与偏差的变化速度成正比,对克服对象的容积滞后有显著效果,在比例的基础上加上微分作用可增加系统的稳定性,再加上积分作用可消除余差。因此,PID 控制器适应于负荷变化大、容量滞后较大、控制质量要求较高的控制系统,如温度控制、pH 控制等。但是,对纯滞后较小或噪声严重的系统,应尽量避免加入微分作用,否则将由于被控变量的快速变化引起控制变量的大幅度频繁振荡不止。

5.2.4 数字 PID 控制器表达式

1. 模拟 PID 控制器离散化

为了便于计算机实现 PID 控制算式,必须把微分方程式(5-2-18)改写成差分方程,实现模拟 PID 控制器的数字化。由于式(5-2-3)所描述的理想 PID 在物理上不可实现(控制器传递函数分子的阶次大于分母的阶次)5.1 节讲述的数字控制器设计的基本方法不再适用。为此,这里根据 PID 各环节的物理意义,做如下近似:

$$e(t) \approx e(k) \tag{5-2-19}$$

$$\int_0^t e(t)\mathrm{d}t \approx \sum_{j=0}^{k} e(j)T_s \tag{5-2-20}$$

$$\frac{\mathrm{d}e(t)}{\mathrm{d}t} \approx \frac{e(k)-e(k-1)}{T_s} \tag{5-2-21}$$

式中,T_s 为采样周期;k 为采样序列,$k=0,1,2,\cdots$;$e(k)$为第 k 次采样时刻输入的偏差值。

将式(5－2－19)至式(5－2－21)代入式(5－2－18)，可得差分方程

$$u(k)=K_{\mathrm{p}}\left\{e(k)+\frac{T_{\mathrm{s}}}{T_{\mathrm{i}}}\sum_{j=0}^{k}e(j)+\frac{T_{\mathrm{d}}}{T_{\mathrm{s}}}[e(k)-e(k-1)]\right\} \tag{5-2-22}$$

或

$$u(k)=K_{\mathrm{p}}e(k)+K_{\mathrm{i}}\sum_{j=0}^{k}e(j)+K_{\mathrm{d}}[e(k)-e(k-1)] \tag{5-2-23}$$

式中，$u(k)$为第 k 次采样时刻的计算机输出值；$K_{\mathrm{i}}=\frac{K_{\mathrm{p}}T_{\mathrm{s}}}{T_{\mathrm{i}}}$，为积分系数；$K_{\mathrm{d}}=\frac{K_{\mathrm{p}}T_{\mathrm{d}}}{T_{\mathrm{s}}}$，为微分系数。如果采样周期 T_{s} 与被控对象时间常数相比较是相对小的，那么上述近似是合理的，并且将与连续控制十分接近。由 Z 变换的性质：$Z[e(k-1)]=z^{-1}E(z)$，$Z[\sum_{j=0}^{k}e(j)]=E(z)/(1-z^{-1})$ 可得，式(5－2－22)的 Z 变换式为

$$U(z)=K_{\mathrm{p}}E(z)+K_{\mathrm{i}}E(z)/(1-z^{-1})+K_{\mathrm{d}}[E(z)-z^{-1}E(z)] \tag{5-2-24}$$

由式(5－2－24)可得数字 PID 的 Z 传递函数为

$$G_{\mathrm{C}}(z)=\frac{U(z)}{E(z)}=K_{\mathrm{p}}+K_{\mathrm{i}}/(1-z^{-1})+K_{\mathrm{d}}(1-z^{-1}) \tag{5-2-25}$$

或者

$$G_{\mathrm{C}}(z)=\frac{K_{\mathrm{p}}(1-z^{-1})+K_{\mathrm{i}}+K_{\mathrm{d}}(1-z^{-1})^{2}}{1-z^{-1}} \tag{5-2-26}$$

对应的控制器结构框图如图 5－2－15 所示。

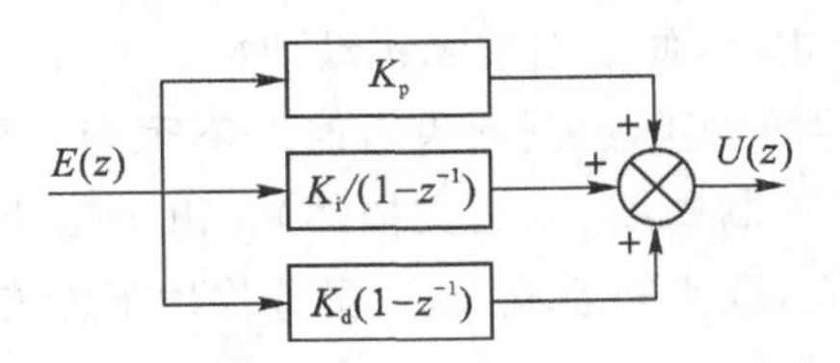

5－2－15　数字 PID 控制器结构框图

在模拟仪表调节器中难以实现理想微分 $\mathrm{d}e(t)/\mathrm{d}t$，而用计算机却可以实现它的差分方程式(5－2－21)或(5－2－22)，所以把式(5－2－21)或式(5－2－22)称为理想微分 PID 数字控制器。

2. 位置式 PID 控制器

模拟仪表调节器的调节动作是连续的，任何瞬间的输出控制量 $u(t)$都对应于执行机构(如调节阀)的位置。由式 (5－2－23)可知，数字 PID 控制器的输出控制量 $u(k)$也和阀门位置相对应，故称此式为位置式 PID 控制器。

需要指出的是，数字 PID 控制器的输出控制量 $u(k)$通常都送给 D/A 转换器，它首先将 $u(k)$保存起来，再把 $u(k)$变换成模拟量[如 4～20 mA(直流)或 0～10 V(直流)]，然后作用于执行机构，直到下一个控制时刻到来为止。因此 D/A 转换器具有零阶保持器的功能。

位置式 PID 控制器具有两个缺点：①由于全量输出，每次输出均与过去的状态有关，计算时需对 $e(k)$累加，运算工作量大；②由于 $u(k)$对应的是执行机构的实际位置，如果计算机

故障,$u(k)$的大幅度变化会引起执行机构位置的大幅度变化,生产实践不允许。为此,需要对式(5-2-23)进行改进。

3. 增量式 PID 控制器

由式(5-2-23),根据递推原理得

$$u(k-1)=K_pe(k-1)+K_i\sum_{j=0}^{k-1}e(j)+K_d[e(k-1)-e(k-2)] \quad (5-2-27)$$

用式(5-2-23)减式(5-2-27)得

$$\begin{aligned}\Delta u(k)=u(k)-u(k-1)&=K_p[e(k)-e(k-1)]+K_ie(k)+K_d[e(k)-2e(k-1)+e(k-2)]\\&=Ae(k)+Be(k-1)+Ce(k-2)\end{aligned} \quad (5-2-28)$$

式中,$A=K_p(1+\frac{T_s}{T_i}+\frac{T_d}{T_s})$,$B=-K_p(1+\frac{2T_d}{T_s})$,$C=K_p\frac{T_d}{T_s}$,它们都是与采样周期、比例系数、积分时间常数和微分时间常数有关的系数。由于式(5-2-28)中的$\Delta u(k)$对应于第k时刻执行机构(如步进电机)位置的增量,故称式(5-2-28)为增量式 PID 控制器。

在实际编程时,位置式 PID 控制器也可由式(5-2-28)得到

$$u(k)=u(k-1)+\Delta u(k)=u(k-1)+Ae(k)+Be(k-1)+Ce(k-2) \quad (5-2-29)$$

因此,增量式 PID 控制器和位置式 PID 控制器在实质上是一样的。但增量型算式有许多优越之处:①$\Delta u(k)$只与k、$k-1$和$k-2$时刻的偏差有关,节省了内存和运算时间;②每次只做$\Delta u(k)$计算,而与位置型算式中的积分项$\sum e(j)$相比,计算误差影响小;③若执行机构有积分能力(如步进电机),则每次只需输出增量$\Delta u(k)$,即执行机构的变化部分,误动作造成的影响小;④手/自动切换时冲击小,便于实现无扰动切换。

实际上,理想 PID 控制器的实际控制效果有时并不理想。原因之一:从阶跃响应来看,它的微分作用只能持续一个控制周期(见后文描述)。由于工业用执行机构(如气动或电动调节阀)的动作速度受到限制,致使偏差较大时,微分作用不能充分发挥。因此,在工程实践中,通常采用实际 PID 控制器算式。

5.3 改进型 PID 控制器

为了解决计算机控制中所遇到的一些实际问题,以便提高 PID 控制性能,需要对数字 PID 控制器进行某些改进。不同的改进算法具有不同的作用,适用于不同的控制场合。本小节主要讨论如何改进积分作用和微分作用,来提高 PID 控制器的调节性能。

5.3.1 改进微分作用的实际 PID 算法

在模拟仪表调节器中,PID 运算是靠硬件实现的,由于反馈电路本身特性的限制,无法实现理想的微分,其特性是实际微分 PID 控制。因此,在计算机直接数字控制系统中,通常采用以下 4 种实际微分 PID 控制器:①用近似微分器代替纯微分器;②采用校正环节代替微分作用;③引入惯性环节衰减高频特性;④微分先行 PID 控制器。微分项是 PID 数字控制器中响应最敏感的一项,应尽量减少数据误差和噪声,以消除不必要的扰动。

1. 用近似微分器代替纯微分器

该算式的传递函数为

$$G_C(s)=\frac{U(s)}{E(s)}=K_p(1+\frac{1}{T_i s}+\frac{T_d s}{T_f s+1}) \qquad (5-3-1)$$

其中，T_f 为滤波时间常数，一般取 $T_f=\left(\frac{1}{5}\sim\frac{1}{10}\right)T_d$。为了便于编写程序，可用框图 5-3-1 来表示式(5-3-1)。首先分别求出比例、积分和微分这三个框的输出差分方程式 $\Delta u_p(k)$、$\Delta u_i(k)$ 和 $\Delta u_d(k)$，然后再求出总输出 $\Delta u(k)$。这样，可得到实际编程所用的增量型差分方程式为

$$\begin{cases}\Delta u_p(k)=K_p[e(k)-e(k-1)]\\ \Delta u_i(k)=\dfrac{K_p T_s}{T_i}e(k)\\ u_d(k)=\dfrac{T_f}{T_f+T_s}u_d(k-1)+\dfrac{K_p T_d}{T_f+T_s}[e(k)-e(k-1)]\\ \Delta u_d(k)=u_d(k)-u_d(k-1)\\ \Delta u(k)=\Delta u_p(k)+\Delta u_i(k)+\Delta u_d(k)\\ u(k)=u(k-1)+\Delta u(k)\end{cases}$$

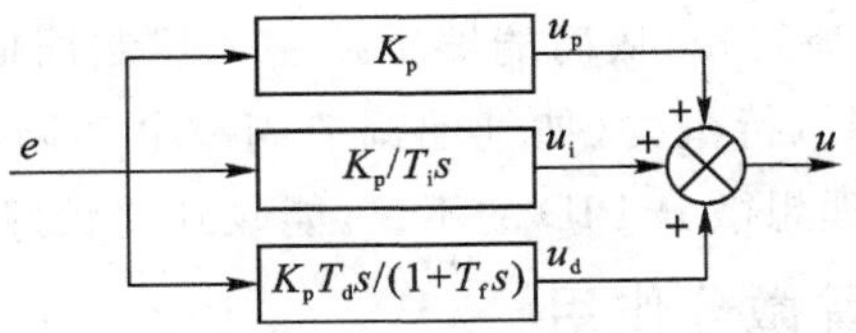

图 5-3-1　式(5-3-1)描述的实际微分 PID 控制器算式框图

微分环节的引入，改善了系统的动态特性，但对干扰也特别敏感。对于理想微分 PID 控制器，其微分作用可分析如下。

微分项 $u_d(k)$ 的差分方程式为

$$u_d(k)=K_d[e(k)-e(k-1)]$$

当 $e(k)$ 为单位阶跃输入时，$u_d(k)$ 的输出为

$$u_d(0)=K_d=\frac{K_p T_d}{T_s},u_d(1)=u_d(2)=\cdots=0$$

即微分环节仅在第一个周期内有输出，幅值为 $u_d(0)=K_d=\dfrac{K_p T_d}{T_s}$，以后均为零[见图 5-3-2(a)]。其缺点：①微分项的输出仅在第一个周期起激励作用，对于时间常数较大的系统，调节作用很小，不能达到超前控制误差的目的；②$u_d(k)$ 的幅值 K_d 一般较大，易造成计算机中数据溢出；③$u_d(k)$ 过大、过快的变化对执行机构也会造成不利的影响。

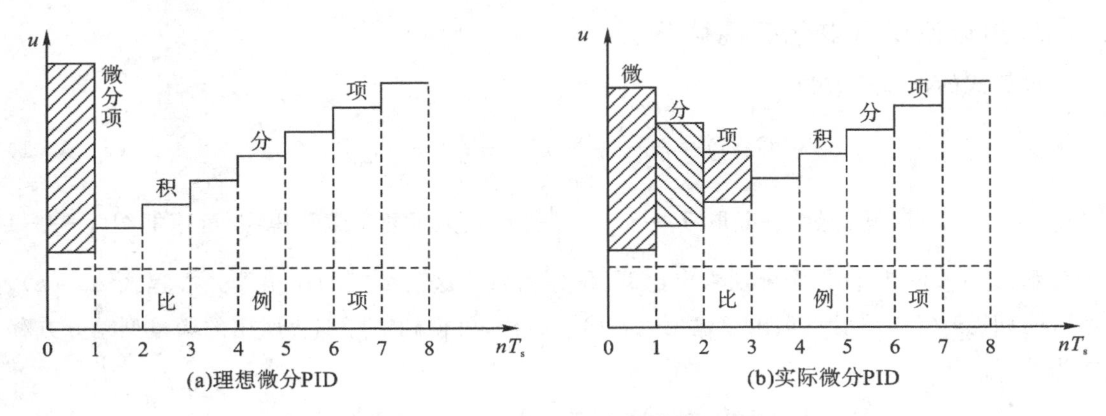

图 5-3-2 数字 PID 控制器的阶跃响应

对于式(5-3-1)所示的实际微分 PID 控制器，微分项 $u_d(k)$ 的差分方程式为

$$u_d(k)=K_d(1-\partial)[e(k)-e(k-1)]+\partial u_d(k-1),\partial=\frac{T_f}{T_f+T_s}$$

于是，当 $e(k)$ 为单位阶跃输入时，有

$$u_d(0)=K_d(1-\partial),u_d(1)=\partial u_d(0)=\partial K_d(1-\partial),\cdots,u_d(k)=\partial^k u_d(0)=\partial^k K_d(1-\partial)$$

因此，实际微分 PID 在引入滤波环节 $\frac{1}{T_f s+1}$ 后，微分输出在第一个采样周期内的脉冲高度下降，此后按 $\partial^k u_d(0)$ 的规律逐渐衰减，从而能够维持多个控制周期[见图 5-3-2(b)]。这就能更好地适应一般的工业用执行机构(如气动调节阀或电动调节阀)动作速度的要求，具有较理想的控制特性，克服了理想微分 PID 的不足，能收到比较好的控制效果。

2. 采用校正环节代替微分作用

该算式的传递函数为

$$G_C(s)=\frac{U(s)}{E(s)}=K_p\left(1+\frac{1}{T_i s}\right)\frac{T_d s+1}{T_f s+1} \qquad (5-3-2)$$

为了便于编写程序，可用框图 5-3-3 来表示式(5-3-2)。其中，微分作用输出的差分方程式为

$$u_d(k)=\frac{T_f}{T_f+T_s}u_d(k-1)+\frac{T_s+T_d}{T_f+T_s}e(k)-\frac{T_d}{T_f+T_s}e(k-1) \qquad (5-3-3)$$

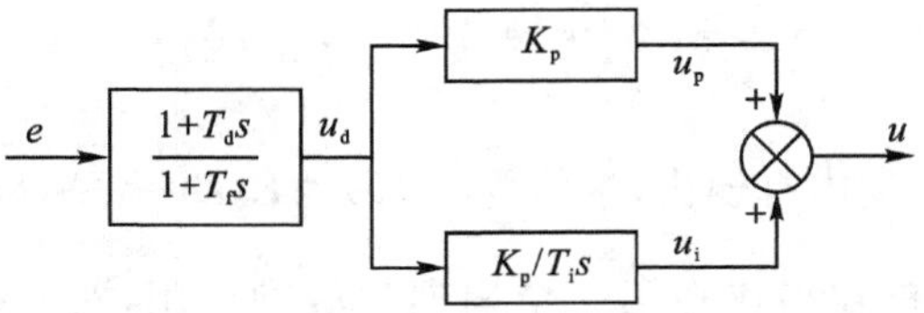

图 5-3-3 式(5-3-2)描述的实际微分 PID 控制器算式框图

积分作用输出差分方程式为

$$u_i(k)=u_i(k-1)+\frac{K_p T_s}{T_i}u_d(k) \qquad (5-3-4)$$

比例作用输出差分方程式为

$$u_p(k)=K_p u_d(k) \tag{5-3-5}$$

将式(5-3-4)和式(5-3-5)相加得位置型算式为

$$u(k)=u_p(k)+u_i(k)=K_p u_d(k)+u_i(k) \tag{5-3-6}$$

通过上述推导，可得式(5-3-2)的增量型递推差分方程式为

$$\begin{cases} u_d(k)=\dfrac{T_f}{T_f+T_s}u_d(k-1)+\dfrac{T_s+T_d}{T_f+T_s}e(k)-\dfrac{T_d}{T_f+T_s}e(k-1) \\ u_i(k)=u_i(k-1)+\dfrac{K_p T_s}{T_i}u_d(k) \\ \Delta u_d(k)=u_d(k)-u_d(k-1) \\ \Delta u_i(k)=u_i(k)-u_i(k-1) \\ \Delta u(k)=K_p\Delta u_d(k)+\Delta u_i(k) \\ u(k)=u(k-1)+\Delta u(k) \end{cases}$$

3. 引入惯性环节衰减高频特性

该算式的传递函数为

$$G_C(s)=\frac{U(s)}{E(s)}=K_p\left(1+\frac{1}{T_i s}+T_d s\right)\frac{1}{T_f s+1} \tag{5-3-7}$$

它实际上是式(5-2-3)所示理想微分 PID 控制器与一个一阶惯性环节$\dfrac{1}{T_f s+1}$串联组合。通过简单推导，可得式(5-3-7)的增量型递推差分方程式为

$$\begin{cases} \Delta u(k)=C_1\Delta u(k-1)+C_2 e(k)+C_3 e(k-1)+C_4 e(k-2) \\ u(k)=u(k-1)+\Delta u(k) \end{cases}$$

其中，$C_1=\dfrac{T_f}{T_f+T_s}$，$C_2=\dfrac{K_p T_s}{T_f+T_s}\left(1+\dfrac{T_s}{T_i}+\dfrac{T_d}{T_s}\right)$，$C_3=-\dfrac{K_p T_s}{T_f+T_s}\left(1+\dfrac{2T_d}{T_s}\right)$，$C_4=\dfrac{K_p T_d}{T_f+T_s}$。

实际微分 PID 控制器算式(5-3-2)中也含有一个一阶惯性环节，为了清楚起见，对式(5-3-2)做如下整理

$$\begin{aligned} G_C(s)&=\frac{U(s)}{E(s)}=K_p\left(1+\frac{1}{T_i s}\right)\frac{T_d s+1}{T_f s+1}=K_p(T_d s+1)\left(1+\frac{1}{T_i s}\right)\frac{1}{T_f s+1}=K_p\left(1+T_d s+\frac{1}{T_i s}+\frac{T_d}{T_i}\right)\frac{1}{T_f s+1} \\ &=K_p\frac{T_i+T_d}{T_i}\left(1+\frac{1}{(T_i+T_d)s}+\frac{T_i T_d}{T_i+T_d}s\right)\frac{1}{T_f s+1}=K_p^1\left(1+\frac{1}{T_i^1 s}+T_d^1 s\right)\frac{1}{T_f s+1} \end{aligned} \tag{5-3-8}$$

其中，$K_p^1=K_p\dfrac{T_i+T_d}{T_i}=K_pF$，$F=\dfrac{T_i+T_d}{T_i}=1+\dfrac{T_d}{T_i}$；$T_i^1=T_i+T_d=T_iF$；$T_d^1=\dfrac{T_iT_d}{T_i+T_d}=T_d\dfrac{1}{F}$。将式(5-3-8)与式(5-3-7)比较可知，这两种实际微分 PID 具有相同的结构形式，区别是K_p^1、T_i^1 和 T_d^1 这三个系数。人们称 F 为 K_p、T_i 和 T_d 的干扰系数。

理想微分 PID 数字控制器和实际微分 PID 数字控制器的阶跃响应如图 5-3-2 所示。比较这两种 PID 数字控制器的阶跃响应，可以得到如下结论。

(1)理想微分 PID 数字控制器的控制品质有时不够理想，究其原因是微分作用仅局限于第一个控制周期有一个大幅度的输出，一般的工业用执行机构无法在较短的控制周期内跟

踪较大的微分作用输出，而且理想微分还容易引进高频干扰。

(2)实际微分 PID 数字控制器的控制品质较好，究其原因是微分作用能够持续多个控制周期，使得一般的工业用执行机构能比较好地跟踪微分作用输出。由于实际微分 PID 算式中含有一阶惯性环节，具有数字滤波的能力，因而抗干扰能力也比较强。

由于上面所述的三种实际微分 PID 数字控制器都是针对微分项进行改进的，故通常也将它们称作不完全微分 PID 控制器。

4. 微分先行 PID 控制器

目的：避免给定值 $r(t)$ 升降时所引起的系统振荡，可明显改善系统的动态特性。

特点：只对输出量 $c(t)$ 进行微分，而对给定值 $r(t)$ 不作微分(原理框图见图 5-3-4)，因此也叫测量值微分 PID 控制器。这样，在改变给定值时，输出不会改变，而被控制量的变化通常总是比较缓和的。

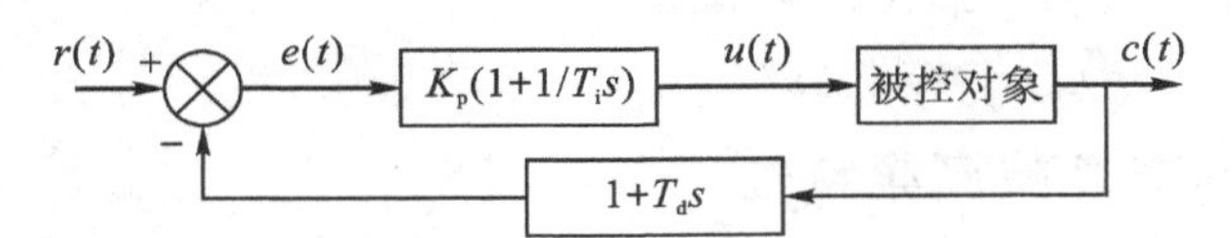

图 5-3-4 微分先行 PID 控制系统原理框图

适用对象：适用于给定值 $r(t)$ 频繁升降的场合。

说明：当控制系统的给定值 $r(t)$ 发生阶跃变化时，微分动作将导致控制量 $u(t)$ 的变化，这样不利于生产的稳定操作。微分先行 PID 就是针对给定值 $r(t)$ 会出现频繁变化的场合而提出的。考虑到在正、反作用下，偏差的计算方法不同，即

$$e(k)=c(k)-r(k)\text{(正作用)}$$

$$e(k)=r(k)-c(k)\text{(反作用)}$$

参照式(5-2-23)中的微分项：$u_d(k)=K_d[e(k)-2e(k-1)+e(k-2)]$，改进后的微分项算式为

$$u_d(k)=K_d[c(k)-2c(k-1)+c(k-2)]\text{(正作用)}$$

$$u_d(k)=-K_d[c(k)-2c(k-1)+c(k-2)]\text{(反作用)}$$

但是，必须注意，对串级控制的副调节器而言，因其给定值是主调节器的输出控制量，故上述仅对测量值微分的做法并不适用，仍应按原微分项算式对偏差进行微分。

5.3.2 改进积分作用的实际 PID 算法

在 PID 控制中，积分环节的作用是消除残差。但是，积分作用使用不当时，也会导致闭环系统震荡甚至不稳定。为了提高控制性能，对积分项可采取以下 4 种改进措施：积分分离 PID 算法、遇限削弱积分 PID 算法、梯形积分 PID 算法、消除积分不灵敏区 PID 算法。

1. 积分分离 PID 算法

目的：为了克服积分环节的引入导致系统超调量增大这一缺点，既保持积分作用，又减少超调量，使控制性能有很大改善。其控制算式可为

$$|e(k)|\begin{cases}>\beta & \text{取消积分作用，进行 PD 控制；}\\ \leqslant\beta & \text{引入积分作用，进行 PID 控制。}\end{cases}$$

即在被控变量开始跟踪而偏差较大时，暂时取消积分作用；一旦其接近设定值时，再引入积分作用，来消除余差。

原因：在一般的PID控制中，当有较大的扰动或大幅度增减设定值时，由于此时系统输出有很大偏差，以及系统有惯性和滞后，故在积分项的作用下，因PID运算的积分积累，致使计算所得控制量超过执行机构可能最大动作范围对应的极限控制量，最终引起系统较大的超调和长时间的波动，甚至引起系统的振荡。特别对于温度、成分等变化缓慢的过程，这一现象更为严重。

适用对象：适用于要求超调量小的应用场合。

说明：积分分离值β(见图5-3-5)应根据具体对象及要求确定。若β值过大，则达不到积分分离的目的；若β值过小，一旦被控量$c(t)$无法跳出积分分离区，只进行PD控制，将会出现残差，如图5-3-5曲线b所示。

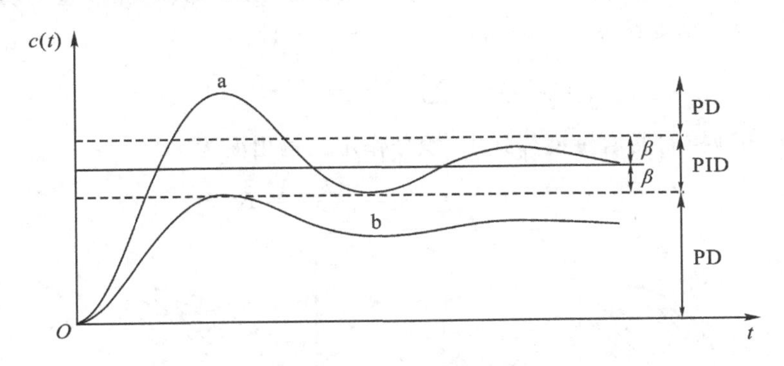

图5-3-5　积分分离曲线

为了实现积分分离，编程时必须从PID差分方程式中分离出积分项。例如，式(5-2-28)应改写成

$$\begin{cases}\Delta u_{\mathrm{pd}}(k)=K_{\mathrm{p}}[e(k)-e(k-1)]+K_{\mathrm{d}}[e(k)-2e(k-1)+e(k-2)]\\ \Delta u_{\mathrm{i}}(k)=K_{\mathrm{i}}e(k)\\ u(k)=u(k-1)+\Delta u_{pd}(k)+\Delta u_{\mathrm{i}}(k)\end{cases}$$

若积分分离，则取

$$\begin{cases}\Delta u_{\mathrm{pd}}(k)=K_{\mathrm{p}}[e(k)-e(k-1)]+K_{\mathrm{d}}[e(k)-2e(k-1)+e(k-2)]\\ u(k)=u(k-1)+\Delta u_{\mathrm{pd}}(k)\end{cases}$$

2. 遇限削弱积分PID算法

目的：避免控制量长时间停留在饱和区。

基本思想：当控制进入饱和区以后，便不再进行积分项的累加，只执行削弱积分项的运算。

具体做法：在计算$u(k)$时，先判断$u(k-1)$是否已经超出限制值，若

$$\begin{cases}u(k-1)>u_{\max} & \text{只累加负偏差；}\\ u(k-1)\leqslant u_{\min} & \text{只累加正偏差。}\end{cases}$$

说明：由于长时间存在偏差或偏差较大，计算出的控制量$u(k)$有可能溢出或小于零。

所谓溢出，就是计算机运算出的控制量 $u(k)$ 超出 D/A 所能表示的数值范围。例如，12 位 D/A 的数值范围为 000H 至 FFFH（H 表示十六进制）。一般执行机构有两个极限位置，如调节阀全开和全关。为了提高运算精度，通常采用双字节或浮点数计算 PID 差分方程式。如果执行机构已到极限位置、仍然不能消除偏差时，由于积分作用，尽管计算 PID 差分方程式所得的结果继续增大或减小，而执行机构已无相应的动作，这就称为积分饱和。当出现积分饱和时，势必使超调量增加，控制品质变坏。防止积分饱和的办法之一，就是对运算出的控制量 $u(k)$ 限幅，同时把积分作用切除掉。因此，遇限削弱积分 PID 算法有时也称为抗积分饱和 PID 算法。

3. 梯形积分 PID 算法

在将连续 PID 控制器进行离散化得到数字 PID 控制器时，对于积分项，通常采用的是矩形积分的方式。为了提高积分项的运算精度，以更好地发挥其消除残差的功能，可以将矩形积分改为梯形积分，如图 5-3-6 所示。梯形积分的计算式为

$$\int_0^t e(t)\mathrm{d}t = \sum_{j=1}^{k} \frac{e(j)+e(j-1)}{2} T_s$$

则对应的数字 PID 控制器增量型算式中，积分作用的输出变为

$$\Delta u_i(k) = \frac{e(k)+e(k-1)}{2} T_s$$

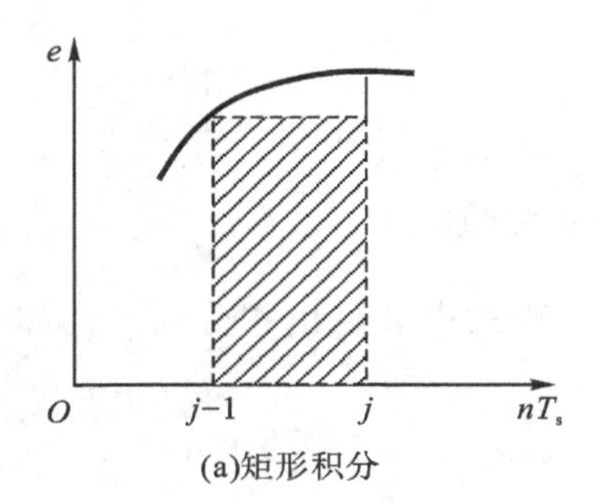

(a)矩形积分

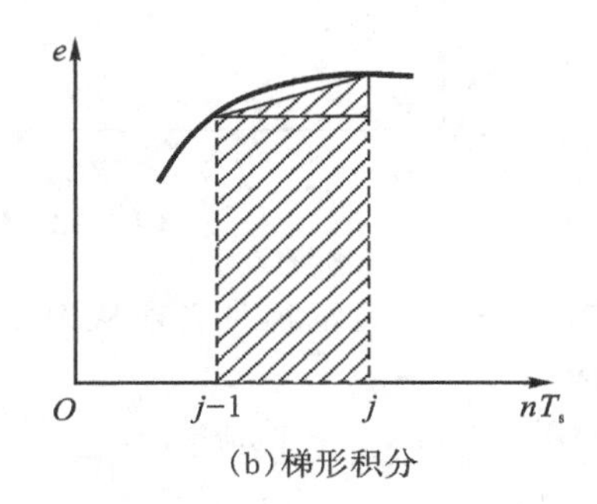

(b)梯形积分

图 5-3-6 两种积分方式

4. 消除积分不灵敏区 PID 算法

在数字 PID 控制器增量型算式中，积分作用的输出为

$$\Delta u_i(k) = K_p \frac{T_s}{T_i} e(k) \tag{5-3-9}$$

由于计算机字长的限制，当运算结果小于字长所能表示的精度时，计算机就作为"零"将此数丢掉。从式(5-3-9)可知，当计算机的运算字长较短、控制（或扫描）周期 T_s 较短、而积分时间 T_i 又较长时，$\Delta u_i(k)$ 容易出现小于字长所能表示的精度而丢失的现象，此时也就没有了积分作用，我们称之为积分不灵敏区。

例如某温度控制系统中，温度量程为 0 ℃至 1275 ℃，A/D 转换为 8 位，并采用单字节（8 位）定点运算，并设 $K_p=1$，$T_i=10$ s，$T_s=1$ s，$e(k)=50$ ℃。根据式(5-2-37)得

$$\Delta u_i(k) = K_p \frac{T_s}{T_i} e(k) = \frac{1}{10}\left(\frac{2^8-1}{1275} \times 50\right) = 1$$

这就说明：如果偏差 $e(k)<50$ ℃，则 $\Delta u_i(k)<1$，计算机就作为“零”将此数丢掉，控制器就没有积分作用。只有当 $e(k)\geqslant 50$ ℃时，才会有积分作用。这样，势必造成控制系统的残差。

为了消除积分不灵敏区，通常采用以下措施：①增加 A/D 转换位数，加长运算字长，这样可提高运算精度；②当积分项 $\Delta u_i(k)$ 连续出现小于输出精度 ε 的情况时，不要把它作为“零”舍掉，而是把它们一次次累加起来，即 $S_i=\sum_{j=1}^{k}\Delta u_i(j)$，直到累加值 S_i 大于 ε 时，才输出 S_i，同时将累加单元清零，其程序流程图如图 5－3－7 所示。

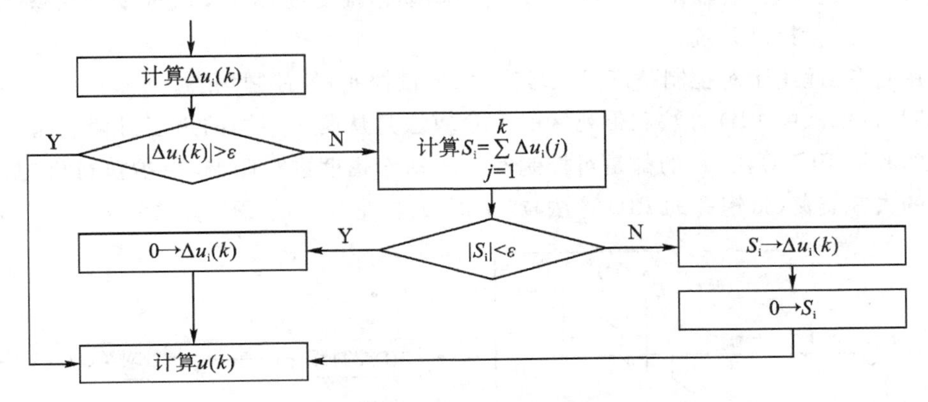

图 5－3－7　消除积分不灵敏区程序算法流程

5.3.3　其他改进型 PID 算法

前面讲述的实际 PID 控制算法是针对微分环节和积分环节进行改进的实际 PID 控制器，这里主要介绍针对偏差信号和响应曲线波动情况进行改进的实际 PID 控制器，主要有带死区的 PID 算法、带饱和的 PID 算法和变参数 PID 算法。

1. 带死区的 PID 算法

目的：避免执行机构的频繁动作或防止流量经常波动，消除由于频繁动作所引起的振荡。表达式为

$$e'(k)=\begin{cases}e(k) & \text{当}\,|e(k)|\geqslant e_{\min}\\ 0 & \text{当}\,|e(k)|<e_{\min}\end{cases}$$

其中，$e_{\min}$ 为不灵敏区宽度，由现场整定。$e_{\min}$ 过小，动作过于频繁，达不到稳定被控对象的目的；$e_{\min}$ 过大，系统将产生较大滞后。

实质：非线性控制系统。

适用对象：适用于对控制精度要求不高（如液位控制），允许在一定范围内波动的控制场合。

说明：前面讨论的改进型数字 PID 控制器都是从怎样提高控制精度的角度来考虑的。但在实际工程应用中，有时候不希望执行机构（如调节阀）频繁颤动，以延长执行机构使用寿命，并尽可能地避免因执行机构小幅度的频繁动作所引起的振荡，工程上常常采取设置死区的方式来达到该目的。

2. 带饱和的 PID 算法

目的：避免因偏差输入信号的大幅度波动而导致的执行机构的大幅度动作，消除由于大幅度动作所引起的振荡。表达式为

$$e'(k)=\begin{cases}e(k) & 当\,|e(k)|\leqslant e_{\max}\\ E & 当\,|e(k)|>e_{\max}\end{cases}$$

其中，$e_{\max}$为允许的最大偏差输入信号，由现场整定。$e_{\max}$过小，控制输出信号偏弱，动态时间变长；$e_{\max}$过大，控制输出信号过大，执行机构动作幅度过大，容易导致闭环系统振荡。

实质：非线性控制系统。

适用对象：适用于对控制精度要求较高(如流量控制)的控制场合。

说明：带饱和的 PID 算法和带死区的 PID 算法是从两个不同的角度对偏差输入信号进行限制的改进 PID 算法，目的都是对控制输出的动作幅度进行限制，保护执行机构，减少被控信号的大幅震荡(带饱和的 PID 算法)或小幅颤抖(带死区的 PID 算法)。

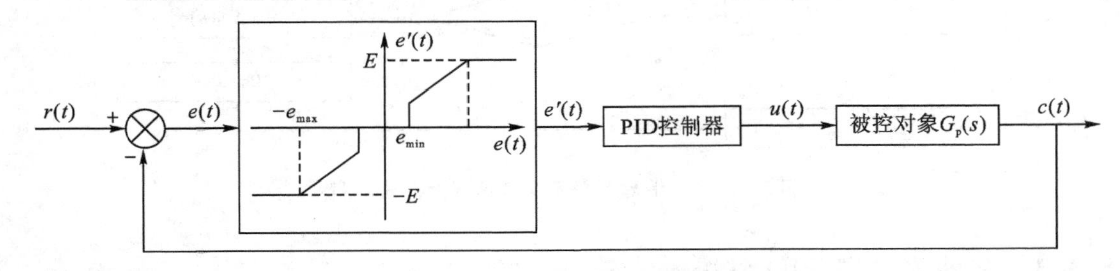

图 5-3-8 带死区和饱和的 PID 控制系统结构框图

在实际应用中，带死区的 PID 算法和带饱和的 PID 算法会同时使用，且中间部分的偏差输入信号的变换曲线斜率也可以不是 1，以调整控制输出信号的变化速度，达到快速响应的控制目的，闭环系统的控制框图如 5-3-8 所示。

3. 变参数 PID 算法

一般对象具有惯性或自平衡能力，被控量 $c(t)$对给定值改变和负荷改变的响应曲线如图 5-3-9 所示。针对被控对象的自平衡能力，可以分段采用 P、PI 控制。其优点是减少超调、缩短调节时间。下面分别叙述给定值和负荷改变时的变 PID 控制。

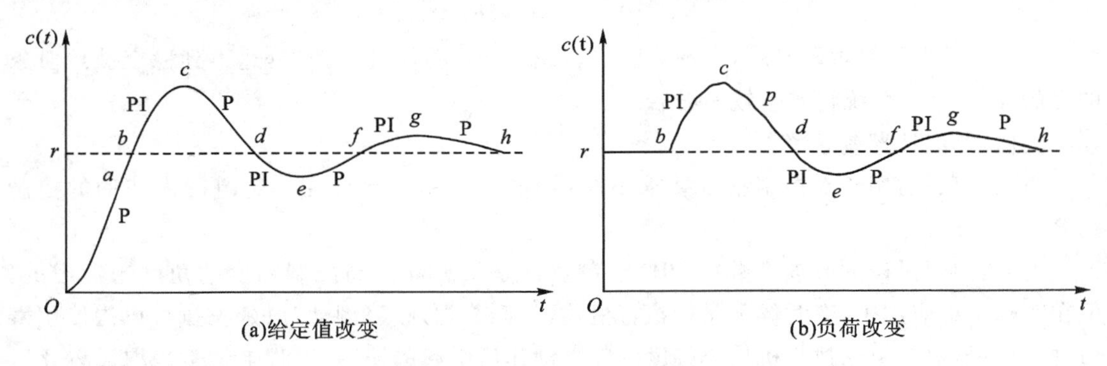

图 5-3-9 变 PID 控制分段曲线

1)给定值改变的变 PID 算法

Oab 段:该段是系统从稳态到动态、再向稳态转变的关键阶段。由于对象具有惯性,决定了此段曲线呈倾斜方向上升,并逐步接近新的给定值 r(稳态值),因而采用比例(P)控制。当被控量 $c(t)$上升到 a 点接近稳态而与给定值 r 的偏差为 ε 时,降低比例增益,使系统借助于惯性继续上升。这样,既有利于减少超调又不至于影响上升时间。也就是说,*Oab* 段采用变增益的比例(P)控制。

bc 段:该段被控量 $c(t)$远离给定值 r,向偏差增大的方向变化,到波峰 c 点偏差达到最大值。这段的控制作用应该尽力压低超调,除了采用比例(P)控制外,还要有积分(I)控制,以便通过对偏差积分而强化控制作用,使被控量 $c(t)$尽快回到给定值 r(稳态值)。

cd 段:该段被控量 $c(t)$靠近给定值 r,向偏差减小的方向变化,到达 d 点偏差为零。这段若再继续用积分(I)控制,势必造成控制作用太强,而出现过大的超调。因此,应取消积分(I)控制,仅保留比例(P)控制。

de 段:该段被控量 $c(t)$又远离给定值 r,偏差向反方向增大,到波谷 e 点偏差达到最大值。显然,这段类似于 *bc* 段,应采用比例(P)积分(I)控制。

ef 段:该段被控量 $c(t)$又趋向给定值 r,向偏差减小的方向变化,到达 f 点偏差为零。显然,这段类似于 *cd* 段,应采用比例(P)控制。

后面各段与前面类似,不再赘述。

2)负荷改变的变 PID 算法

被控量 $c(t)$对负荷改变的响应曲线如图 5-3-9(b)所示。与图 5-3-9(a)曲线比较,仅少了 *Oab* 段,其余各段类似,不再赘述。

为了实现上述分段变 PID 控制,首先要判断被控量 $c(t)$变化是给定值改变引起的、还是负荷改变引起的,然后再根据被控量 $c(t)$变化趋势来判断是远离给定值 r、还是靠近给定值 r,并决定采用 PI 控制或 P 控制。

5.4 PID 控制器的参数整定方法

PID 控制器的参数整定就是设置和调整 PID 参数,使控制系统的过渡过程达到满意的品质。数字 PID 控制系统同模拟 PID 控制系统一样,需要通过参数整定才能正常运行。所不同的是除了整定比例带 δ 或比例增益 K_p、积分时间 T_i、微分时间 T_d、滤波时间 T_f 之外,还需要确定系统的控制周期 T_C。

5.4.1 控制周期的选取

控制周期 T_C 的选取常常需要折中考虑。从系统控制品质的要求来看,希望 T_C 取值小一些,这样就接近于连续控制,不仅控制效果好,而且可以采用模拟 PID 控制参数的整定方法。从执行机构的特性要求来看,由于过程控制中通常采用电动调节阀或气动调节阀,它们的响应速度较低,如果 T_C 过短,那么执行机构来不及响应,仍然达不到控制目的,所以 T_C 不宜过短。从控制系统抗扰动和快速响应的要求出发,要求 T_C 短一些,但从计算工作量来看,则又希望 T_C 长一些,这样一台计算机可以控制更多的回路,保证每个回路有足够的时间来完成必要的运算。从计算机的成本考虑，也希望 T_C 长一些，这样计算机的运算速度和采集数据的速率也可以降低，从而降低硬件成本。

T_C 的选取还应考虑被控对象的时间常数 T 和纯滞后时间 L。当 $L=0$ 或 $L<0.5T$ 时，可选 T_C 介于 $0.1T$ 和 $0.2T$ 之间；当 $T>L\geqslant 0.5T$ 时，可选 T_C 等于或接近于 L。

必须注意，T_C 的选取应与 PID 控制参数的整定结合起来综合考虑。总之，选取 T_C 时，一般应考虑下列几个因素：

(1)控制周期应远小于被控对象扰动信号的周期；

(2)控制周期应比被控对象的时间常数少得多，否则无法反映瞬变过程；

(3)要考虑执行器的响应速度，如果执行器的响应速度比较慢，那么过短的控制周期将失去意义；

(4)要考虑对象所要求的调节品质，在计算机运算速度允许的情况下，控制周期短，调节品质好；

(5)要兼顾性能价格比，从控制性能来考虑，希望控制周期短，但要求计算机的运算速度以及 A/D 和 D/A 的转换速度要相应地提高，导致计算机的费用增加；

(6)要兼顾计算机所承担的工作量，如果控制的回路数多，计算量大，则控制周期要加长，反之可以缩短。

表 5-4-1 常见参量经验控制周期一览表

被控量	控制周期/s	备 注
流量	1～2	优先选用 1 s
压力	2～3	优先选用 2 s
液位	3～5	优先选用 3 s
温度	5～8	优先选用 5 s 或对象纯滞后时间 L
成分	10～20	优先选用 15 s

由上面的分析可以得知，控制周期受各种因素的影响，有些是相互矛盾的，必须视具体情况和主要要求作折中选择。在具体选择控制周期时，可参照表 5-4-1 所给的经验数据，再通过现场试验，确定合适的控制周期。但是，表 5-4-1 仅列出了几种常见参量经验控制周期的上限，随着计算机技术的进步及其成本的下降，一般可以选取较短的控制周期，使数字控制系统近似连续控制系统。

5.4.2 PID 控制器参数的工程整定方法

对于数字 PID 控制参数的整定，首先按模拟 PID 控制参数整定的方式来初步确定，然后再适当调整，并考虑控制周期 T_C 对整定参数的影响。由于模拟 PID 调节器应用历史悠久，已研究出多种参数整定方法，很多资料上都有详细论述，为便于读者查阅，这里仅对工程上常用的几种方法进行总结归纳，并针对数字控制的特点，稍做补充说明。

1. 参数整定的基本规则和经验试凑法

对于 PID 控制器的参数整定，通常假定被控对象的传递函数为

$$G_p(s)=\frac{K}{Ts+1}e^{-Ls}$$

式中，K 为广义对象稳态特性参数；T 为对象惯性时间常数；L 为对象纯滞后时间常数；KK_p 为闭环系统开环总增益；L/T 为广义对象动态参数。在数字 PID 参数整定的过程中，一般遵循如下基本规则。

(1)在其他条件相同时，K 大时，K_p 选小一些；K 小时，K_p 应选大一些。

(2)L/T 越大，系统就越不易稳定，K_p 应选小，并且常取 $T_i=2L$，$T_d=0.5L$。

(3)比例作用为基本的控制作用，一般先按纯比例作用进行闭环调试。事先选定适当的 K_p 值，并以此为基础，引入 T_i 和 T_d。

(4)积分作用的引入应尽量发挥其消除残差的功能，缩小其不利于稳定性的缺点。一般取 $T_i=2L$ 或 $T_i=(0.5\sim1)T_p$，其中 T_p 为振荡周期；引入积分作用后，K_p 应比单纯比例时减小 10%左右。

(5)微分作用的引入是为了解决过渡滞后对系统动态品质的不利影响，它对纯滞后是无能为力的。一般取 $T_d=(0.25\sim0.5)T_i$。T_d 过小，效果不显著；T_d 过大，会有较大的相位超前，且幅值比也增加较多，因此有时反而会导致稳定性下降。引入微分作用后，K_p 可比单纯比例作用时增加一些。

(6)对于含有高频噪声的过程，不宜引入微分作用，否则高频分量放大得太厉害，对过程控制品质不利。在有些流量控制系统，反而引入反微分作用，即取 $K_d<1$。

(7)对控制品质而言，稳定性要求是前提。通常取衰减比 n 作为稳定性指标，常取 $n=4:1$ 或 $n=10:1$。对于 PI 控制，除了衰减比之外，还可增加一指标：K_p/T_i 为最大值。由于 $U_I=\frac{K_p}{T_i}\int_0^t e(t)dt$。要达到无余差要求，$U_I$ 应稳定在某一个新的合适的值上，与 K_p 和 T_i 的数值无关；当 K_p/T_i 的值越大，要达到同样的 U_I 值，$\int_0^t e(t)dt$ 就越小，控制品质就越好。

(8)衰减比 n 的选取。对于随动控制系统，在设定值阶跃变化下的过渡过程中，其$[y(\infty)-y(0)]$的值较大，即使取较小的衰减比 $n=4:1$，超调的绝对量也较显著，宜取 $n=10:1$，它比 $n=4:1$ 有利；对于定值控制系统，其 $y(\infty)$与 $y(0)$相等或比较接近，稍微放松一些对稳定裕度的要求，可使 K_p 取得大一些，这样过渡过程可快一些，最大偏差也可小一些，对控制品质有利，常取 $n=4:1$。

在现场控制系统整定工作中，经验丰富的运行人员常常采用经验整定法，其实质上是一种试凑的方法。运行人员根据运行经验，先确定一组调节器参数，并将系统投入运行，然后人为加入阶跃扰动(通常为调节器的设定值扰动)，观察被调量或调节器输出的阶跃响应曲线，并依照调节器各参数对调节过程的影响，改变相应的整定参数值。一般先 K_p(或 δ)后 T_i 再 T_d，如此反复试验多次，直到获得满意的阶跃响应曲线为止。表 5-4-2 和表 5-4-3 分别就不同对象给出了调节器参数的经验数据以及设定值扰动下调节器各参数对调节过程的影响。

表 5-4-2 经验法调节器参数经验数据

被控对象	比例带 δ×100	积分时间 T_i/min	微分时间 T_d/min
温　度	20～60	3～10	0.5～3
压　力	30～70	0.4～3	—
流　量	40～100	0.1～1	—
液　位	20～80	—	—

表 5-4-3 设定值扰动下整定参数对调节过程的影响

性能指标	比例带 δ↓	积分时间 T_i↓	微分时间 T_d↑
最大动态偏差	↑	↑	↓
残　差	↓	—	—
衰减率	↓	↓	↑
振荡频率	↑	↑	↑

如果经验整定法使用得当，不但可以获得比较满意的调节器参数，取得很好的控制效果，而且能够节约时间，对生产影响小。缺点是要求运行人员具有比较丰富的参数整定经验。

2. 临界振荡法(Z-N 法)

该方法属于闭环整定方法，也叫齐格勒-尼柯尔斯(Ziegler-Nichols)法，简称 Z-N 法。参数整定的基本步骤：首先选用纯比例控制，将给定值 $r(t)$ 做阶跃扰动，从较小的比例 K_p 开始，逐步增大 K_p，直到被控量 $c(t)$ 出现如图 5-4-1 所示的临界振荡为止，记下此时的临界比例 K_u 和临界振荡周期 T_u；然后按照表 5-4-4 经验公式计算比例 K_p、积分时间 T_i 和微分时间 T_d。

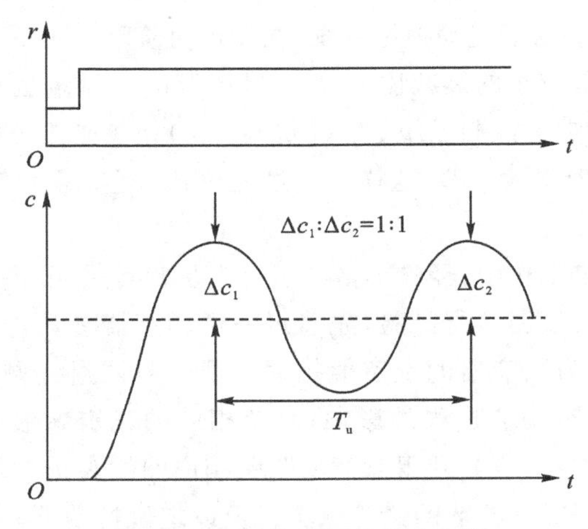

图 5-4-1 临界振荡实验曲线

表 5-4-4　临界震荡法整定 PID 参数一览表

控制规律	比例 K_p	积分时间 T_i	微分时间 T_d
P	$0.5K_u$	—	—
PI	$0.45K_u$	$0.85T_u$	—
PID	$0.6K_u$	$0.5T_u$	$0.125T_u$

3. 衰减曲线法(AC 法)

同 Z-N 法类似，衰减曲线法（AC 法，Attenuation Curve method）也属于闭环整定方法，只是不做等幅振荡，而是作衰减震荡，参数整定实验对生产过程的影响更小。参数整定的基本步骤：首先选用纯比例控制，将给定值 $r(t)$ 做阶跃扰动，从较小的比例 K_p 开始，逐步增大 K_p，直到被控量 $c(t)$ 出现如图 5-4-2 所示的 4∶1 衰减过程为止，记下此时的比例 K_v 和两相邻波峰之间的时间 T_v；然后按照表 5-4-5 经验公式计算比例 K_p、积分时间 T_i 和微分时间 T_d。

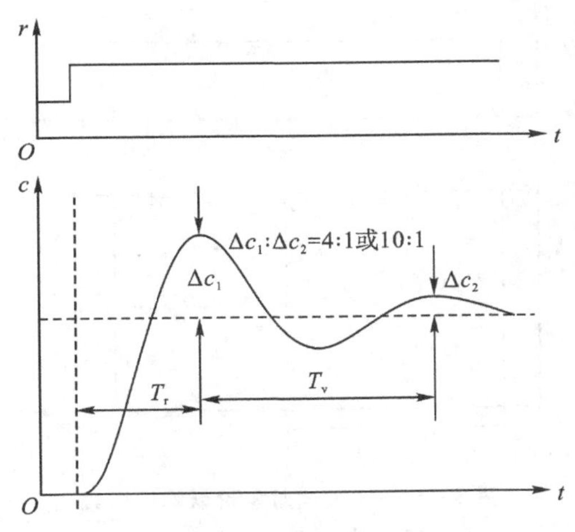

图 5-4-2　衰减振荡实验曲线

对于有些希望衰减得越快越好的过程，衰减曲线法也可以在衰减比为 10∶1 的情况下进行，但此时第二个波峰常不易分辨。从而难以测取两相邻波峰之间的时间 T_v。在这种情况下，可以测取扰动开始直到第一个波峰的上升时间 T_r 以及满足 10∶1 衰减过程的比例 K_v，然后按照表 5-4-5 经验公式计算比例 K_p、积分时间 T_i 和微分时间 T_d。

表 5-4-5　衰减曲线法整定 PID 参数一览表

衰减比	控制规律	比例 K_p	积分时间 T_i	微分时间 T_d
4∶1	P	$1.0K_v$	—	—
	PI	$0.83K_v$	$0.5T_v$	—
	PID	$1.25K_v$	$0.3T_v$	$0.1T_v$

续表

衰减比	控制规律	比例 K_p	积分时间 T_i	微分时间 T_d
10∶1	P	$1.0K_v$	—	—
	PI	$0.83K_v$	$2.0T_r$	—
	PID	$1.25K_v$	$1.2T_r$	$0.4T_r$

4. 动态特性法(C-C 法)

该方法属于开环整定方法，也叫柯恩-库恩法(Cohen-Coon 法，简称 C-C 法)，它根据开环广义过程的阶跃响应特性来进行 PID 参数的近似计算。参数整定的基本步骤：首先做被控对象的阶跃响应曲线，如图 5-4-3 所示，从该曲线上求得被控对象的纯滞后时间 L、时间常数 T 和开环增益 K；然后按照表 5-4-6 经验公式计算比例 K_p、积分时间 T_i 和微分时间 T_d。

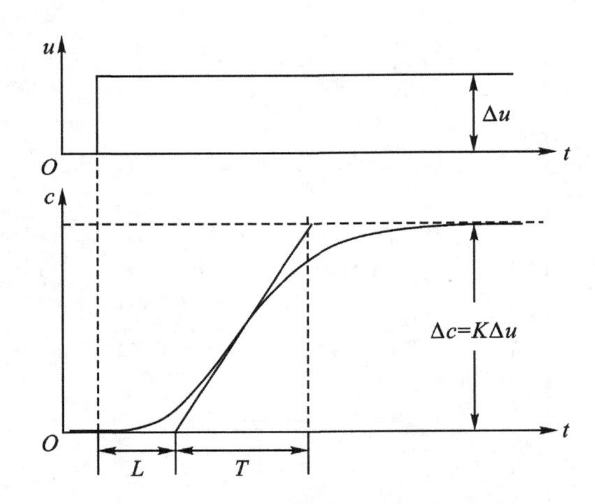

图 5-4-3　被控对象阶跃响应曲线

表 5-4-6　动态特性法整定 PID 参数一览表

控制规律	比例 K_p	积分时间 T_i	微分时间 T_d
P	$\frac{1}{a}(1+\frac{0.35\tau}{1-\tau})$	—	—
PI	$\frac{0.9}{a}(1+\frac{0.92\tau}{1-\tau})$	$\frac{3.3-3.0\tau}{1+1.2\tau}L$	—
PID	$\frac{1.35}{a}(1+\frac{0.18\tau}{1-\tau})$	$\frac{2.5-2.0\tau}{1-0.39\tau}L$	$\frac{0.37-0.37\tau}{1-0.81\tau}L$

注：表中，$a=K\frac{L}{T}$，$\tau=\frac{L}{L+T}$。

5. 基于偏差积分指标最小的参数整定法

由于计算机的运算速度快，这就为使用偏差积分指标整定 PID 控制器参数提供了可能。常用的偏差积分指标有

$$\text{ISE}=\min\int_0^{\infty}e^2(t)\mathrm{d}t;\ \text{IAE}=\min\int_0^{\infty}|e(t)|\mathrm{d}t;\ \text{ITAE}=\min\int_0^{\infty}t|e(t)|\mathrm{d}t$$

最佳整定参数应使这些积分指标最小，不同积分指标所对应的系统输出被控量响应曲线稍有差别。一般情况下，ISE 指标的超调量大，上升时间快；IAE 指标的超调量适中，上升时间稍快；ITAE 指标的超调量小，调整时间也短。

采用偏差积分指标，可以利用计算机寻找最佳的 PID 控制参数。多参数寻优已有成熟的方法，比如单纯形加速法、梯度法等。一种工程实用的基于偏差积分指标最小的 PID 参数整定计算公式为

$$K_p=\frac{A}{K}\left(\frac{L_c}{T}\right)^{-B};T_i=TC\left(\frac{L_c}{T}\right)^{D};T_d=TE\left(\frac{L_c}{T}\right)^{F}$$

其中，L_c、T 和 K 分别为被控对象的等效纯滞后时间、系统时间常数和开环增益，计算常数 A、B、C、D、E 和 F 的取值可通过查表 5-4-7 得到。

表 5-4-7　积分指标整定参数的计算参数一览表

积分指标	控制规律	A	B	C	D	E	F
ISE	P	1.411	0.917	—	—	—	—
IAE	P	0.902	0.985	—	—	—	—
ITAE	P	0.490	1.084	—	—	—	—
ISE	PI	1.305	0.959	2.033	0.739	—	—
IAE	PI	0.984	0.986	1.644	0.707	—	—
ITAE	PI	0.859	0.977	1.484	0.680	—	—
ISE	PID	1.495	0.945	0.917	0.771	0.560	1.006
IAE	PID	1.435	0.921	1.139	0.749	0.482	1.137
ITAE	PID	1.357	0.947	1.176	0.738	0.381	0.995

注：等效纯滞后时间 $L_c=L+0.5T_c$，即被控过程的纯滞后时间 L 加控制周期 T_c 的一半。

5.4.3　PID 控制器参数的自整定方法

上述 PID 控制器参数的工程整定方法基本上属于试验加试凑的人工整定法，这类整定工作不仅费时费事，而且往往需要熟练的技巧和工程经验。可是在生产实际中，当被控对象特性发生变化时，总是希望 PID 控制器参数能够实时地做相应调整，以免影响控制品质。而一般的 PID 控制器没有这种“自整定”或“自适应”能力，只能依靠人工重新整定参数。由于生产过程的连续性和复杂性，以及参数整定需要时间，人工实时重新整定参数是不可能的。然而，PID 控制器参数与系统控制品质是直接相关的，而控制品质意味着产品质量，产品质量又意味着经济效益。因此，PID 控制器参数的自整定方法成为过程控制的热门研究课题。

所谓参数自整定，就是在被控过程特性发生变化后，立即使 PID 控制器参数随之做相应调整，使得 PID 控制器具有一定的“自调整”或“自适应”的能力。目前，过程控制界在这方面做了大量研究工作，提出了多种参数自整定方法，并在工业上得到应用，取得了显著经济效

益。这里将 PID 控制器参数自整定方法系统地归纳为以下三类：模型参数法、特征参数法和专家整定法。

1. 模型参数法

所谓模型参数法，就是首先在线辨识被控对象的模型参数，然后用这些模型参数来自动调整 PID 控制器的参数。尽管常规 PID 控制器的鲁棒性很强，对被控对象的数学模型没有苛刻要求、甚至不要求，但是当被控对象模型参数发生变化时，还是需要重新调整 PID 控制器的参数。为此，人们研究了基于被控对象模型参数的自适应 PID 控制器，并在线辨识被控对象的模型参数。

设被控对象的模型为

$$A(z^{-1})C(k)=z^{-d}B(z^{-1})U(k)+V(k)$$

$$A(z^{-1})=1+a_1z^{-1}+a_2z^{-2}+\cdots+a_{n_a}z^{-n_a}$$

$$B(z^{-1})=1+b_1z^{-1}+b_2z^{-2}+\cdots+b_{n_b}z^{-n_b}$$

其中，$C(k)$、$U(k)$和 $V(k)$分别为被控对象的输出、输入和扰动噪声；z^{-1}为后移算子；d 为被控对象的纯时滞；n_a 和 n_b 分别为多项式 $A(z^{-1})$和 $B(z^{-1})$的阶数。一般情况下，d、n_a 和 n_b 为已知，但系数 $a_i(i=1,2,\cdots,n_a)$和 $b_i(i=1,2,\cdots,n_b)$为未知参数，需要在线辨识。

基于被控对象模型参数的自适应 PID 控制算法有多种，典型的有奥斯特隆姆(Astrom)和威顿马克(Wittenmark)研究出的极点配置自适应 PID 控制算法。

设控制算式为

$$U(k)=\frac{H(z^{-1})}{G(z^{-1})}C_s(k)-\frac{F(z^{-1})}{G(z^{-1})}C(k)$$

$$F(z^{-1})=f_0+f_1z^{-1}+f_2z^{-2}+\cdots+f_{n_f}z^{-n_f}$$

$$G(z^{-1})=1+g_1z^{-1}+g_2z^{-2}+\cdots+g_{n_g}z^{-n_g}$$

$$H(z^{-1})=h_0+h_1z^{-1}+h_2z^{-2}+\cdots+h_{n_h}z^{-n_h}$$

其中，$C_s(k)$为被控对象的参考输入信号，n_f、n_g 和 n_h 分别为多项式 $F(z^{-1})$、$G(z^{-1})$和 $H(z^{-1})$的阶数。设计者根据实际工况和性能指标要求给出所期望的闭环传递函数为

$$C(k)=\frac{X(z^{-1})}{W(z^{-1})}C_s(k)+\frac{S(z^{-1})}{W(z^{-1})}V(k)$$

$$X(z^{-1})=x_0+x_1z^{-1}+x_2z^{-2}+\cdots+x_{n_x}z^{-n_x}$$

$$W(z^{-1})=1+w_1z^{-1}+w_2z^{-2}+\cdots+w_{n_w}z^{-n_w}$$

$$S(z^{-1})=s_0+s_1z^{-1}+s_2z^{-2}+\cdots+s_{n_s}z^{-n_s}$$

其中，n_x、n_w 和 n_s 分别为多项式 $X(z^{-1})$、$W(z^{-1})$和 $S(z^{-1})$的阶数。通过一系列推导运算得到控制量 $U(k)$为

$$U(k)=\frac{\sum_{i=1}^{n_w}w_i[A(z^{-1})C_s(k)-A(z^{-1})C(k)]}{\sum_{i=0}^{n_b}b_iW(z^{-1})-\sum_{i=1}^{n_w}w_iB(z^{-1})}$$

其中包含被控对象的模型参数多项式 $A(z^{-1})$和 $B(z^{-1})$，以及所期望的闭环传递函数的多项式 $W(z^{-1})$。

基于被控对象模型参数的自适应 PID 控制算法的首要工作是在线辨识被控对象的模型参数，这就需要占用计算机较多的软、硬件资源，在工业应用中有时要受到一定的制约。

2. 特征参数法

所谓特征参数法，就是首先抽取被控对象的某些特征参数，然后以其为依据自动整定 PID 控制器参数。本方法的首要工作是在线辨识被控对象的某些特征参数，诸如临界增益 K_u 和临界周期 T_u（或临界振荡频率 $\omega_u = 2\pi/T_u$），占用计算机的软、硬件资源相对较少，在工业中应用比较方便。典型的方法有齐格勒-尼柯尔斯（Ziegler - Nichols）研究出的临界振荡法。K. J. Astrom 对该方法进行了改进，采用如图 5-4-4 所示的具有滞环的继电反馈控制系统，来辨识被控对象的特征参数。

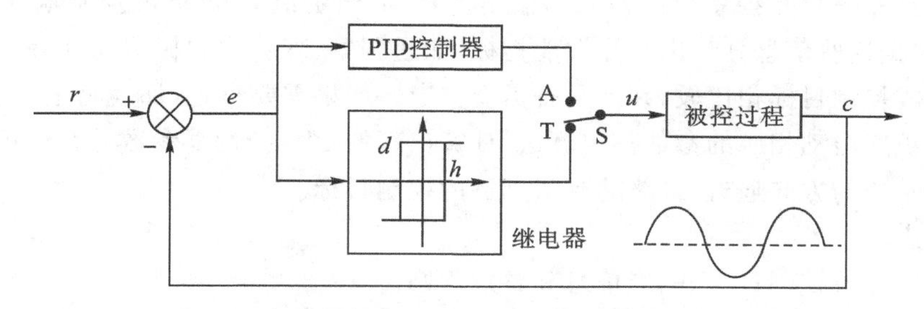

图 5-4-4　采用继电反馈的 PID 参数自整定控制系统

在图 5-4-4 中，继电器非线性特性的幅值为 d，滞环宽度为 h，继电器输出为周期性的对称方波。该方法的工作原理是首先通过人工控制使系统进入稳定工况，然后将整定开关 S 接通 T，获得极限环，使被控量 c 出现临界等幅振荡，振荡幅值为 a，振荡周期即为临界振荡周期 T_u，于是临界增益为 $K_u = \frac{4d}{\pi a}$；获得 T_u 和 K_u 后，然后再根据表 5-4-4 得到 PID 控制器的整定参数；最后将整定开关 S 接通 A，使 PID 控制器投入正常运行。

该方法简单，概念清楚，目前已出现了多种改进方法，如基于幅值裕度和相角裕度等鲁棒性能指标的参数整定方法。但是，有时会因噪声干扰而对被控量 c 的采样值带来误差，从而影响 T_u 和 K_u 的精度，甚至因系统干扰太大，不存在稳定的极限环。

3. 专家整定法

人工智能和自动控制相结合，形成了智能控制；专家系统和自动控制相结合，形成了专家控制。用人工智能中的模式识别和专家系统中的推理判断等方法来整定 PID 控制器参数，已取得了工业应用成果。

所谓专家整定方法，就是模仿人工整定参数的推理决策过程，来自动整定 PID 控制器参数。参数整定的基本思路是首先将人工整定的经验和技巧归纳为一系列整定规则，再对实时采集的被控对象的信息进行分析和判断，然后自动选择某个整定规则，并将被控对象的响应曲线与控制目标曲线相对比，反复调整比较，直到满足控制目标为止。

专家整定法的系统构成图如图 5-4-5 所示，在常规 PID 控制回路的基础上增加了知识库和推理机，知识库提供整定规则，推理机进行整定决策。

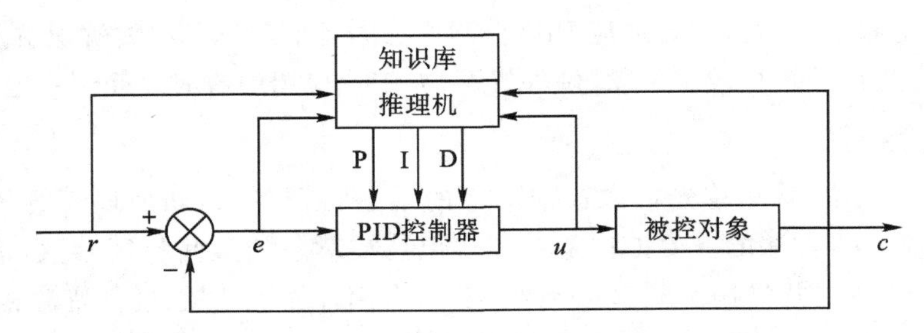

图 5-4-5　专家整定法的系统构成

1)推理机

推理机首先采集受控系统的输入和输出信息,如给定值 r、偏差 e、控制量 u 和被控量 c 等信息,再根据这些信息计算出实际性能指标,如超调量、衰减比和振荡周期等,并与所期望的性能指标或控制目标相比较,判断是否需要整定。如果需要整定,那就将上述信息提供给知识库。知识库启动相应的参数整定算法,计算出新的 PID 控制器参数并在线更新,使控制性能逐步向希望的方向逼近,最终达到所期待的控制目标。

2)知识库

知识库中存放控制目标、响应信息和整定规则。

(1)控制目标:这是供用户选择的参数整定的性能指标,常用的有表 5-4-8 所示的 5 种。其中 4∶1 衰减比使用最为普遍,如图 5-4-2 所示。该指标具有简单直观、便于整定等优点。另外,知识库中还存放着各种典型的被控量 c 的响应曲线供用户选择,如图 5-4-6 所示。用户在启动专家整定法之前,可以从表 5-4-8 中选择所期望的控制目标,或从图 5-4-6 中选择所期望的响应曲线。

表 5-4-8　控制目标类型一览表

类型	控制目标	评价公式
1	无超调	超调为 0
2	超调小(约 5%),调整时间短	$\mathrm{ITAE}=\min\int_0^\infty t\lvert e(t)\rvert\mathrm{d}t$
3	超调中(约 10%),上升时间稍快	$\mathrm{IAE}=\min\int_0^\infty \lvert e(t)\rvert\mathrm{d}t$
4	超调大(约 15%),上升时间快	$\mathrm{ISE}=\min\int_0^\infty e^2(t)\mathrm{d}t$
5	4∶1 衰减比	性能指标适中

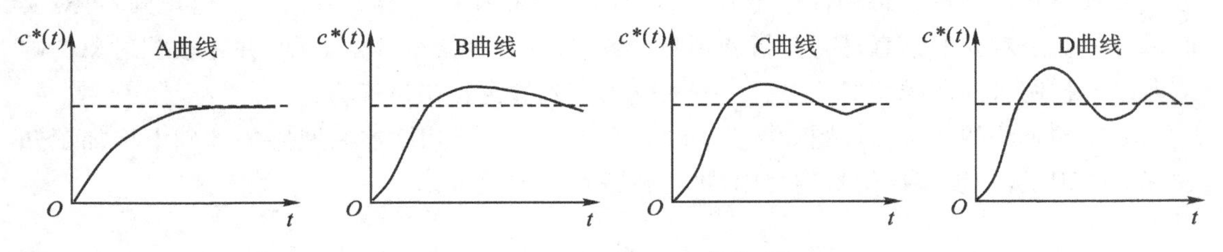

图 5-4-6　各种典型的响应曲线

(2)响应信息:这是推理机提供的关于受控系统的输入和输出信息。通过分析这些信息,确定引起工况改变的因素——是给定值变化引起的、还是负载变化或干扰引起的,以便选用不同的整定规则。另外,还可得到诸如超调量、衰减比和振荡周期等信息,并把这些信息存储起来,作为构成整定规则的重要因素之一。

(3)整定规则:这是模仿人工进行PID参数整定的推理决策过程,将人工整定的经验和技巧归纳为一系列整定规则。整定规则可以用公式、曲线或if… then…语句等形式表示出来。

整定公式按照控制目标类型进行分类,每类又可分为K_p、T_i和T_d三种,例如表5-4-8中控制目标类型1的整定公式为

$$K_p(k)=f_{1p}(\Delta c_1,\Psi,T_f)K_p(k-1)$$
$$T_i(k)=f_{1i}(\Delta c_1,\Psi,T_f)T_i(k-1)$$
$$T_d(k)=f_{1d}(\Delta c_1,\Psi,T_f)T_d(k-1)$$

式中,Δc_1为超调量;Ψ为衰减比;T_f为振荡周期;k和$k-1$分别代表当前整定时刻和前一整定时刻。

整定曲线如图5-4-7所示。将当前响应曲线与整定曲线比较,以确定如何整定参数。

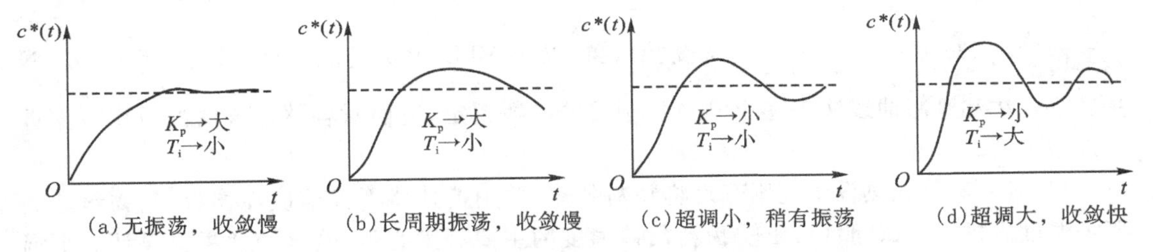

图5-4-7　各种整定曲线对应的PID参数改变方向

例如,对于图5-4-7(a),应使比例K_p增大,积分时间T_f减小。

思考题与习题

1. 什么是数字控制器?在数字控制系统中,采样器和保持器的作用是什么?试述数字控制器设计的一般过程。

2. 对于一个单回路数字控制系统,假设被控过程为$G_p(s)$,数字控制器为$D(z)$;设计目标(即闭环传递函数$\Phi(s)$)为$\Phi(s)=\frac{1}{T_b s+1}e^{-Ls}$,其中,$L=NT_s$,$N$为正整数,$T_s$为采样周期,采用零阶保持器$G_h(s)=\frac{1-e^{-T_s s}}{s}$。当$G_p(s)$分别取:(1)$G_{p1}(s)=\frac{K}{Ts+1}e^{-Ls}$;(2)$G_{p2}(s)=\frac{K}{(T_1 s+1)(T_2 s+1)}e^{-Ls}$时,试做如下工作:(1)设计$D(z)$,给出其具体的表达式;(2)若令$K=2.0$,$T=3.0$,$L=0.5$,$T_1=1.0$,$T_2=2.0$,$T_s=0.05$,试通过MATLAB绘制出单位响应仿真曲线。

3. 设单位负反馈采样控制系统中被控对象采用的传递函数为$G_p(s)=\frac{1}{s(s+1)}$,采用零

阶保持器 $G_h(s)=\frac{1-e^{-T_s s}}{s}$，$T_s=1$。试设计在单位阶跃输入信号 $r(t)=1(t)$ 下的最少拍控制器 $D(z)$，并给出闭环系统暂态响应 $c(z)$。

4. 理想比例积分微分 PID 控制器的时间域和频域表达式是什么？试述比例环节、积分环节和微分环节的主要作用。

5. 对于时间域理想 PID，请回答如下问题：(1)能像数字控制器设计一般方法那样获得其数字控制器表达式吗？请说明理由；(2)试对其进行离散化，给出理想数字 PID 的位置表达式和增量表达式；(3)试分析位置表达式和增量表达式各自的优缺点和适用场合。

6. 借助拉普拉斯变换终值定理来阐明比例调节和微分调节为有差调节，而积分调节为无差调节。

7. 在过程控制中，为什么要采用实际 PID 控制器？常用的实际 PID 有哪些？试述其优点及适用场合。

8. PID 参数整定的目的是什么？工程实践中有哪些常用的 PID 参数整定方法？试述其整定过程。

9. 常用的数字 PID 工程整定方法有哪些？试分别以(1) $G(s)=\frac{0.5}{2s+1}e^{-0.5s}$，(2) $G(s)=\frac{0.5}{2s+1}e^{-1.5s}$，(3) $G(s)=\frac{0.5}{2s+1}e^{-3.5s}$ 为受控对象，以 MATLAB 为仿真工具，采用经验法、Z-N 法、C-C 法和衰减曲线法来完成 PID 控制器的参数整定，进而对各整定方法的适用范围进行定型分析。

10. 有一蒸汽加热设备利用蒸汽将物料加热，并用搅拌器不停地搅拌物料，到物料达到所需温度后排出。试问：(1)影响物料出口温度的主要因素有哪些？(2)如果要设计一个温度控制系统，你认为被控量与控制量应选谁？为什么？

第 6 章　复杂过程控制器设计

第 5 章介绍的以单回路过程控制器构成的简单过程控制系统能够解决大量的定值控制问题，占全部过程控制回路的 80%以上。但是，生产的发展、工艺的革新、操作条件的严格要求、变量间的耦合关联等因素使得上述简单控制系统不再能够满足工业生产实际，需要复杂的过程控制系统来满足不断提高的控制品质要求。而且，当前各 DCS 产品中都配有多种复杂过程控制算法和模块。

本章主要讲述串级控制、比值控制、前馈控制、时滞过程控制、解耦控制、均匀控制、分程控制、选择控制、双重控制等常用复杂过程控制器的组成特点、工程设计原则及控制器设计过程等基本内容。

6.1　复杂过程控制算法的作用与特征

以单回路过程控制器构成的简单过程控制系统仅适用于比较简单的单输入单输出(Single Input and Single Output，SISO)生产过程的控制，不能解决多输入多输出(Multiple Input and Multiple Output，MIMO)生产过程的控制问题。即使对于简单的 SISO 生产过程，亦存在这样的情况：被控过程的动态特性决定了它很难控制(如过程的滞后常数很大或扰动量很大)，或被控过程的动态特性虽不复杂，但工艺对调节质量的要求很高或很特殊。在这些情况下，采用第 5 章介绍的以单回路过程控制器构成的简单过程控制系统就无法满足生产的要求。

此外，随着现代工业生产过程的发展，对产品的产量、质量、生产效率、节能减排、环境保护等都有了更高的要求，这使工业生产过程对操作条件的要求更加严格，对工艺参数的要求更加苛刻，从而对控制系统的精度和功能提出更高的要求。

为此，过程控制实践中，需要在单回路的基础上，采取一些其他措施组成比单回路系统“复杂”一些的控制系统，如本章后续章节即将介绍的前馈控制系统、串级控制等，来满足简单过程控制难以满足的控制功能和控制精度要求。

从结构上看，由复杂过程控制器构成的复杂过程控制系统常常由两个以上的控制回路构成，这些控制回路之间可以串联、并联或混联(如串并联)在一起，要用到两个及两个以上的传感器、控制器或执行器，以便完成复杂的或特殊的控制任务；或者尽管主控制回路中被控量、控制器和执行机构各有一个，但还有其他的过程测量值、运算器或补偿器构成辅助控制回路，这样通过主、辅控制回路来协同完成复杂控制功能。因此，复杂控制系统中往往有多个闭环回路，所以有时也称为多回路控制系统。

综上所述，当采用单回路过程控制系统不能满足工业生产要求时，就必须采用在结构上或在控制算法上更为“复杂”的过程控制系统。这类控制系统在本章中统称为复杂过程控制系统，以区别于简单过程控制系统。当然，由依据模糊控制、神经网络控制、预测控制等先进过程控制理论设计出的复杂过程控制器所构成的控制系统也属于复杂过程控制系统，但因其所需要的控制运算更加复杂，本书中将它们定义为先进过程控制系统，限于篇幅，不再涉及。感兴趣的读者可以自行参阅相关文献资料。

6.2 串级控制

6.2.1 串级控制的工作原理

串级控制是改善控制质量的有效方法之一，在过程控制中得到了广泛应用。下面以造纸过程中的定量控制为例，来介绍串级控制的工作原理。

纸张的生产是一个复杂的传热传质过程，对于长网造纸机而言，基本的工艺流程如图6－2－1所示。来自制浆过程的原浆，与回收的损纸和化学助剂混合，形成成浆，经过浓度调节成3％左右的中浓浆；将其泵入调浆箱(可以是抄前池或高位箱)与白水混合稀释成0.7％左右的低浓浆；再经除渣和筛选，加入造纸填料，送入流浆箱底部的堰板，喷射到聚酯网上；然后又经聚酯网尾部的吸水箱及伏辊脱水，纸页即已基本成型；再经压榨、烘干、压光和卷取便形成成品纸。

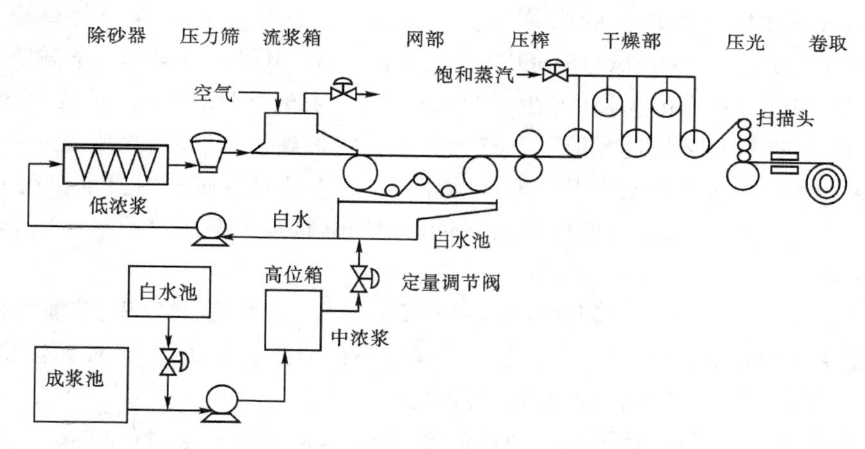

图6－2－1 长网造纸机工艺流程示意图

定量是评价纸张质量最重要的指标之一，用来表征单位面积纸张的重量(单位g/m^2)，是纸张质量控制的重要内容。然而，影响纸张定量的因素很多，如纸浆浓度、送入流浆箱的纸浆流量、纸张定量与水分间的相互影响和纸机周围环境及自身条件的变化等，诸多不利因素增加了纸张定量控制的难度。另外，定量控制回路还表现出大时滞特性，定量检测点(纸张卷取处)与执行机构(定量调节阀，高位箱出浆口管道上)之间的距离很长，滞后时间长，响应速度慢，直接通过检测定量、控制定量的方式难以收到良好的控制效果。为此，除了考虑定量与水分之间的解耦控制之外，通常还要采取串级控制，即以纸浆流量控制为内环、定量控制为外环的串级控制方案来实现对纸张定量的有效控制。具体的控制回路框图如图 6－2－2 所示。

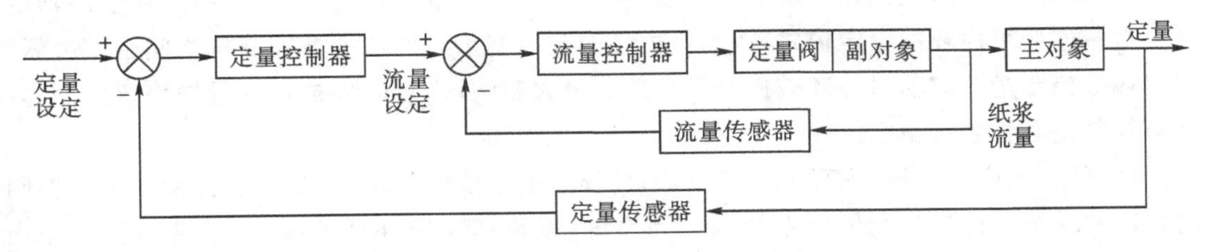

图 6－2－2　纸张定量串级控制结构框图

在图 6－2－2 中，纸浆流量控制回路用于检测、控制纸浆流量，以保持纸浆流量的稳定。一旦纸浆流量设定值发生变化，或者流量控制回路内出现扰动，那么流量控制器便迅速响应，产生控制作用，改变定量阀的开度，从而使流量检测值能够快速跟踪流量设定值，或者抑制流量回路内的干扰。当定量检测值或设定值发生变化时，定量控制器立即产生控制作用，改变流量控制内环的流量设定值，通过流量内环的调节作用，使定量阀动作，通过调节流量来达到调节纸张定量的目的。由于流量传感器和流量调节阀都安装在高位箱的出口管道上，间距一般在 2 m 以内，调节速度很快；而定量传感器与定量阀之间的距离很长，一般有数百米，因而响应存在很大延迟。因此，采用流量内环和定量外环相结合的串级控制，定量外环的慢反应波动可以通过流量内环的快响应调节来获得很好的控制。这就是串级控制的基本控制思想，对于响应速度比较慢的被控过程（这里称为主对象），寻找与其关系密切且响应速度快的关联对象（这里称为副对象）构成串级控制回路，通过副对象的快速响应来达到对响应速度慢的主对象有效控制的目的。

6.2.2　串级控制的基本特征和优点分析

令主、副对象的传递函数分别为 $G_{p1}(s)$ 和 $G_{p2}(s)$，对应的主、副控制器的传递函数分别为 $G_{c1}(s)$ 和 $G_{c2}(s)$，那么图 6－2－2 可以重画为图 6－2－3 所示的串级控制一般结构框图（主、副控制传感器的传递函数已分别等效进主、副对象中）。下面分析串级控制的基本特征和优点。

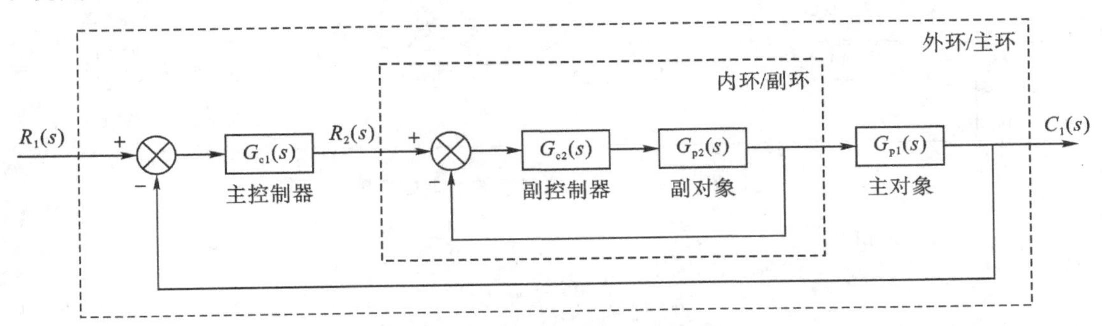

图 6－2－3　串级控制一般结构框图

1. 串级控制的基本特征

(1)串级控制由内、外两个环组成,外环控制器的输出是内环设定值的输入。与单回路控制相比,串级控制的一个显著区别:在结构上多了一个副回路,形成了两个闭环——外环和内环,或称为主环(主回路)或副环(副回路);外环和内环嵌套在一起,其中外环控制器的输出直接连接着内环的设定值输入,而且内环的被控制量与外环的被控制量之间密切关联,即内环被控制量的波动对外环被控制量会造成很大影响,一旦内环被控制量被稳定控制,外环被控制量必将趋于稳定。

(2)外环响应速度慢,内环响应速度快;外环是设定值控制,内环是伺服控制。串级控制的内环常常被设计成一个伺服系统或随动系统,以快速响应外环的波动,起到“粗调”作用(如纸浆流量内环,要求其响应速度快);外环常常被设计成一个定值控制系统,用来保证控制品质,起到“精调”作用(如定量外环,要求其波动必须被控制在某一质量指标范围内,确保一等品率)。

2. 串级控制的优点分析

尽管同单回路简单控制相比,串级控制仅增加了一个内环,但其对被控过程控制品质的改善是显著的。下面对其优点进行详细分析。

1)改善了被控过程的动态特性,提高了系统的工作频率

与单回路控制相比,串级控制用一个闭合的内环代替了原来的部分被控过程(见图 6-2-4)。若将内环看作一个广义的被控过程 $G_2(s)$,则串级控制就可简化为一等效单回路控制,$G_2(s)G_{p1}(s)$成为主控制器 $G_{c1}(s)$的等效被控过程传递函数。

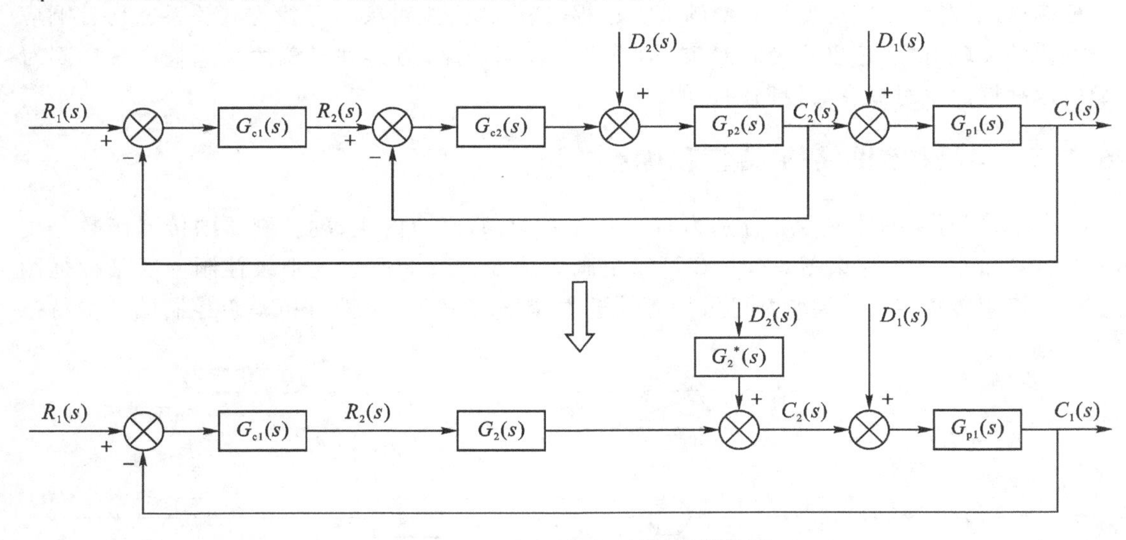

图 6-2-4 串级控制系统的等效框图

由图 6-2-4 可知

$$G_2(s)=\frac{G_{c2}(s)G_{p2}(s)}{1+G_{c2}(s)G_{p2}(s)} \tag{6-2-1}$$

通过方框图化简变换可知

$$G_2^*(s)=\frac{G_2(s)}{G_{c2}(s)}=\frac{G_{p2}(s)}{1+G_{c2}(s)G_{p2}(s)} \tag{6-2-2}$$

假设 $G_{p2}(s)=\frac{K_{p2}}{T_{p2}s+1}$，$G_{c2}(s)=K_{c2}$，代入式(6-2-1)可得 $G_2(s)=\frac{K_2}{T_2s+1}$，其中 $K_2=\frac{K_{c2}}{1+K_{c2}K_{p2}}K_{p2}$，$T_2=\frac{1}{1+K_{c2}K_{p2}}T_{p2}$。即 T_2 仅为 T_{p2} 的 $\frac{1}{1+K_{c2}K_{p2}}$，且随着 K_{c2} 的增大，T_2 变得更小。因此，对主控制器而言，其等效被控过程只剩下不包括在副回路之内的一部分被控过程，使等效被控过程的时间常数减小了，系统的响应速度加快，提高了系统的控制品质。

类似的推导可以发现，串级控制的工作频带明显宽于单回路控制，从而提高了系统的工作频率，改善了过程的动态特性，对大容量滞后(即大惯性)、大纯滞后过程具有较好的控制效果。

2)大大增强了对二次扰动的克服能力，对一次扰动也有较好的克服能力

对于一个控制系统而言，当在给定信号作用下，希望其输出量能复现输入量的变化，即 $\frac{C_1(s)}{R_1(s)}$ 越接近于"1"时，则系统的控制性能越好；当在扰动信号作用下，希望控制作用能迅速克服扰动的影响，即 $\frac{C_1(s)}{D_2(s)}$ 或 $\frac{C_1(s)}{D_1(s)}$ 越接近于"0"时，则系统的抗干扰能力就越强。其中，$D_1(s)$ 和 $D_2(s)$ 分别表示一次扰动和二次扰动。

对于图 6-2-4 所示的串级控制，其内环和外环的抗干扰能力可以分别表示为 $Q_{c2}(s)=\frac{C_1(s)/R_1(s)}{C_1(s)/D_2(s)}$ 和 $Q_{c1}(s)=\frac{C_1(s)/R_1(s)}{C_1(s)/D_1(s)}$。通过推导可知：$\frac{C_1(s)}{R_1(s)}=\frac{G_{c1}(s)G_2(s)G_{p1}(s)}{1+G_{c1}(s)G_2(s)G_{p1}(s)}$，$\frac{C_1(s)}{D_2(s)}=\frac{G_{p1}(s)G_2^*(s)}{1+G_{c1}(s)G_2(s)G_{p1}(s)}$，$\frac{C_1(s)}{D_1(s)}=\frac{G_{p1}(s)}{1+G_{c1}(s)G_2(s)G_{p1}(s)}$。结合式(6-2-1)和式(6-2-2)得

$$Q_{c2}(s)=\frac{G_{c1}(s)G_2(s)}{G_2^*(s)}=G_{c1}(s)G_{c2}(s) \tag{6-2-3}$$

$$Q_{c1}(s)=G_{c1}(s)G_2(s) \tag{6-2-4}$$

为与单回路控制进行比较，去掉图 6-2-4 中内环的反馈回路，并将内环控制器合并到外环控制器中去(用 $G_c(s)$ 表示)，则可得图 6-2-5 所示单回路控制等效框图。

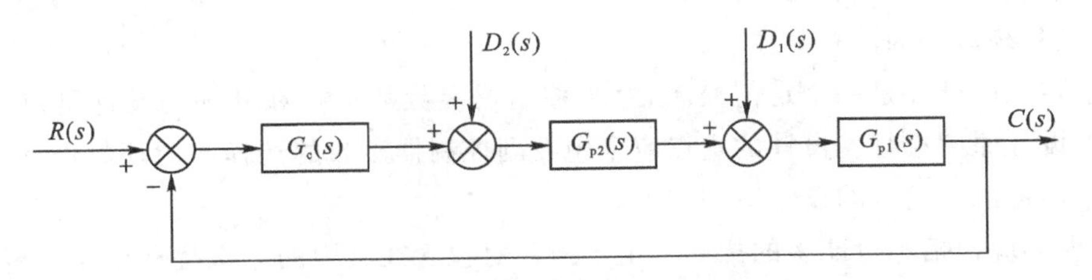

图 6-2-5 单回路控制等效框图

根据图 6-2-5 所示，可以得到闭环回路对扰动量 $D_2(s)$ 和 $D_1(s)$ 的抗干扰能力 $Q_{s2}(s)$ 和 $Q_{s1}(s)$ 可以分别表示为

$$Q_{s2}(s)=\frac{C(s)/R(s)}{C(s)/D_2(s)}=G_c(s) \tag{6-2-5}$$

$$Q_{s1}(s)=\frac{C(s)/R(s)}{C(s)/D_1(s)}=G_c(s)G_{p2}(s) \tag{6-2-6}$$

由式(6－2－3)至式(6－2－6)可得串级控制与单回路控制对二次和一次扰动的抵抗能力之比分别为

$$\frac{Q_{c2}(s)}{Q_{s2}(s)}=\frac{G_{c1}(s)G_{c2}(s)}{G_c(s)} \tag{6-2-7}$$

$$\frac{Q_{c1}(s)}{Q_{s1}(s)}=\frac{G_{c1}(s)G_2(s)}{G_c(s)G_{p2}(s)} \tag{6-2-8}$$

假设串级控制与单回路控制均采用比例调节器，且其比例放大倍数分别为 K_{c1}、K_{c2} 和 K_c，则由式(6－2－7)可得 $\frac{Q_{c2}(s)}{Q_{s2}(s)}=\frac{K_{c1}K_{c2}}{K_c}$。由于在一般情况下有 $K_{c1}K_{c2}\gg K_c$，所以有 $Q_{c2}(s)\gg Q_{s2}(s)$，即串级控制能迅速克服进入内环的二次扰动，从而大大减少了二次扰动的影响，提高控制质量。

再将式(6－2－1)代入式(6－2－8)得 $\frac{Q_{c1}(s)}{Q_{s1}(s)}=\frac{G_{c1}(s)G_{c2}(s)}{G_c(s)(1+G_{c2}(s)G_{p2}(s))}$。不妨设 $G_c(s)=G_{c1}(s)$，并注意到一般 $G_{c2}(s)$ 很大，则有 $\frac{Q_{c1}(s)}{Q_{s1}(s)}=\frac{G_{c2}(s)}{1+G_{c2}(s)G_{p2}(s)}\approx\frac{1}{G_{p2}(s)}$。考虑到一般 $G_{p2}(s)$ 小于 1，因此不等式 $Q_{c1}(s)>Q_{s1}(s)$ 成立，即串级控制抗一次扰动的能力会比单回路控制要强一些，也就是说对一次扰动也有较好的克服能力。

3)对副回路参数变化具有一定的自适应能力

在生产过程中，常含有非线性与未建模动态，工作点亦常随负荷与操作条件发生变化，使过程特性发生变化。对于包含在副回路内的非线性与参数、负荷变化，串级控制将具有一定的自适应能力。这一点通过上述串级控制对干扰信号抑制能力的分析便能理解。

6.2.3　串级控制的设计及参数整定

1. 串级控制的设计要点

对于串级控制的设计，一般需要对内环和外环分别进行设计，并重点考虑内、外环之间的匹配、控制规律的选择和正反作用等因素。

1)内、外环设计的注意事项

串级控制的外环是一个定值控制，对主控制器参数的选择和外环的设计可以按照单回路控制的设计原则进行。设计的重点应集中在副控制器参数的选择和内环的设计，以及内、外环关系的考虑。具体的设计原则如下。

(1)内环应包括尽可能多的扰动。由于内环对包含在其内的二次扰动以及非线性、参数和负荷变化有很强的抑制能力及一定的自适应能力，因此内环应包括生产过程中变化剧烈、频繁且幅度大的主要扰动。

然而，并不是说在内环中包括的扰动愈多愈好，而应该是合理为好。因为包括的扰动越多，其通道就越长，时间常数就越大，这样内环就会失去快速克服扰动的作用。此外，若所有扰动均包含在内环，则主控制器就失去了应有的作用，所以必须结合具体情况进行设计。

(2)应使内、外环的时间常数适当匹配。在选择副控制器参数、进行内环的设计时,必须注意内、外环时间常数的匹配问题。因为它是串级控制正常运行的主要条件,是保证安全生产、防止共振的根本措施。

原则上,内、外环时间常数之比应在1/10～1/3范围之内。如果内环的时间常数比外环小得多,这时虽副回路反应灵敏,控制作用快,但此时内环包含的扰动一般较少,对被控过程特性的改善也就减少了;相反,如果内环的时间常数接近于甚至大于外环的时间常数,这时内环虽对改善过程特性的效果较显著,但内环反映较迟钝,也不能及时有效地克服扰动。如果内、外环的时间常数比较接近,这时它们的动态联系十分密切。当一个参数发生振荡时,会使另一个参数也发生振荡,这就是所谓的"共振",不利于生产的正常进行。因此,串级控制内、外环时间常数的匹配是一个比较复杂的问题。在工程上,应根据具体过程的实际情况与控制要求来定。

2)内、外环控制器控制规律的选择

在串级控制中,主、副控制器所起的作用是不同的。主控制器起定值控制作用,副控制器起随动控制作用。这是选择控制规律的出发点。

主参数是工艺操作的主要指标,允许波动的范围比较小,一般要求无余差。因此,主控制器应选PI或PID控制规律。副参数的设置是为了保证主参数的控制质量,可以在一定范围内变化,允许有余差。因此,副控制器只要选P控制规律就可以了,一般不引入积分控制规律(若采用积分规律,会延长控制过程,减弱内环的快速作用),也不引入D控制规律(因为内环本身起着快速作用,再引入D规律会使执行器动作幅度过大,对控制不利)。

3)主、副控制器正反作用方式的确定

对于单回路控制,若使一个过程控制系统能正常工作,系统必须为负反馈。对于串级控制而言,主、副环控制器中正、反作用方式的选择原则是使整个控制系统构成负反馈系统,即其主通道各环节放大系数极性乘积必须为正值。其中,各环节放大系数极性的规定与单回路控制设计相同。

串级控制主、副控制器正、反作用方式确定是否正确,可做如下检验:当主参数变大时,主控制器输出应减小,即副控制器的给定值减小,因而副控制器输出减小,从而使执行器(如调节阀)的开度减小,主参数相应变小。

2. 串级控制的参数整定方法

在串级控制中,两个控制器串联起来控制一个执行器,显然这两个控制器之间是相互关联的。因此,串级控制主控制器与副控制器的参数整定亦是相互关联的,需要相互协调,反复整定才能取得最佳效果。另一方面,在整定主控制器时,必须知道副控制器的动态特性;在整定副控制器时,又必须知道主控制器的动态特性。可见串级控制中控制器参数的整定要比单回路控制复杂。

从整体上看,串级控制外环是设定值控制,要求主参数有较高的控制精度,其品质指标与单回路设定值控制是一样的。但内环是一个随动系统,只要求副参数能快速而准确地跟随主控制器的输出变化即可。在工程实践中,串级控制常用的整定方法有两步整定法和逐步逼近法两种。下面具体介绍这两种方法的参数整定过程。

1)两步整定法

对于主、副过程的时间常数相差较大的串级控制,由于串级控制内、外环的工作频率和操作周期相差很大,动态联系很小,可忽略不计。所以副控制器参数按单回路控制方法整定后,可以将内环作为外环的一个环节,按单回路控制的整定方法来整定主控制器的参数,而不再考虑主控制器参数变化对内环的影响。另外,在现代工业生产过程中,对于主参数的质量指标要求很高,而对副参数的质量指标没有严格要求。通常设置副参数的目的是进一步提高主参数的控制质量。在副控制器参数整定好后,再整定主控制器参数。这样,只要主参数的质量通过主控制器的参数整定得到保证,副参数的控制质量可以允许牺牲一些。

所谓两步整定法,就是第一步整定副控制器参数,第二步整定主控制器参数。具体的整定步骤如下:

(1)在工况稳定、外环闭合,主、副控制器都在纯比例作用的条件下,主控制器的比例度置于100%,用单回路控制的衰减(如4∶1)曲线法整定,求取副控制器的比例度δ_{2s}和操作周期T_{2s}。

(2)将副控制器的比例度置于求得的数值δ_{2s}上,把内环作为主回路的一个环节,用同样的方法整定外环,求取主控制器的比例度δ_{1s}和操作周期T_{1s}。

(3)根据求得的δ_{2s}、T_{2s}、δ_{1s}、T_{1s}数值,按单回路控制衰减曲线法整定公式计算主、副控制其器的比例增益K_p、积分时间T_i和微分时间T_d的数值。

(4)按先副后主、先比例后积分的整定程序,设置主、副控制器的参数,再观察过渡过程曲线,必要时进行适当调整,直到系统质量达到最佳为止。

2)逐步逼近法

对主、副过程的时间常数相差不大的串级控制,由于外环与内环的动态联系比较密切,系统整定必须反复进行,逐步逼近,一般采用逐步逼近法进行参数整定。

所谓逐步逼近法,就是在外环断开的情况下,求取副控制器的整定参数,然后将副控制器的参数设置在所求数值上,将串级控制外环闭合,以求取主控制器的整定参数值。然后将主控制器的参数设置在所求数值上,再进行整定,求出第二次副控制器的整定参数值。比较上述两次的整定参数值和控制质量,如果达到了控制品质指标,整定工作就此结束。否则,再按此法求取第二次主控制器的整定参数值,依次循环,直至求得合适的整定参数值。这样,每循环一次,其整定值与最佳参数更接近一步,故名逐步逼近法。具体整定步骤如下。

(1)外环断开,把内环作为一个单回路控制,并按照单回路控制的参数整定法(如衰减曲线法),求取副控制器的整定参数值$[G_{c2}(s)]^1$;

(2)将副控制器参数置于$[G_{c2}(s)]^1$上,把外环闭合,内环作为一个等效环节,这样主回路又成为一个单回路控制,再按单回路的参数整定法(如衰减曲线法)求取主控制器的整定参数值$[G_{c1}(s)]^1$。

(3)将主控制器参数置于$[G_{c1}(s)]^1$上,外环闭合,再按上述方法求取副控制器的整定参数值$[G_{c2}(s)]^2$。至此,完成了一次逼近循环,若控制质量已达到工艺要求,整定即告结束。

主、副控制器的参数整定值分别为$[G_{c1}(s)]^1$和$[G_{c2}(s)]^2$。否则，将副控制器的参数置于$[G_{c2}(s)]^2$上，再按上述方法求取主控制器整定参数值$[G_{c1}(s)]^2$。如此循环下去，逐步逼近，直到达到满意的质量指标要求为止。

采用逐步逼近法时，对于不同的过程控制系统和不同的品质指标要求，其逼近的循环次数是不同的，所以往往费时较多。

6.2.4　串级控制的工程应用举例

如前所述，串级控制对具有较大容量滞后（即大惯性）、较大纯滞后、多干扰及非线性特性过程都有比较好的控制效果。这里，分别举例说明其具体应用。

1. 用于克服被控过程较大的容量滞后

对于一些以温度等作为被控参数的过程，往往其容量滞后较大，即表现为较大的惯性，若采用单回路控制，其控制质量不能满足生产要求。这时，可以选用串级控制，以充分利用其改善过程的动态特性，提高其工作频率的特点。为此，可选择一个滞后较小的副参数，组成一个快速动作的内环，以减小等效过程的时间常数，加快响应速度，从而取得较好的控制质量。

对于图6-2-1所示的长网造纸机工艺流程示意图，同定量在线检测一样，其中的水分在线检测也是通过安装在压光部和卷取部之间的扫描架来实现的。水分的定义是单位面积纸张含水的量（定义为水重）与该纸张定量的比值，单位为%。因此通常也称为百分比水分。由于纸张干燥是通过烘缸传热传质来实现的，烘缸表面温度至关重要。贴浮在烘缸外壁的湿纸页，通过吸收来自烘缸外壁的热能，使其中的水分蒸发，纸页变干。湿纸页干燥的速度与烘缸外壁的温度密切相关，而烘缸外壁温度与通入烘缸内部的饱和蒸汽温度密切相关。因此，通过控制通入烘缸内部的饱和蒸汽温度就可以达到控制纸张水分的目的。然而，温度控制存在较大的容量滞后，若直接采用控制烘缸表面温度的方式来控制纸张水分是难以收到理想控制效果的。然而，由于进入烘缸的饱和蒸汽的压力与蒸汽温度之间存在严格的对应关系，而且压力控制响应速度很快。这样，就可以以饱和蒸汽压力控制为内环、水分控制为外环的串级控制方案来实现对纸张水分的有效控制。具体的控制回路框图如图6-2-6所示。

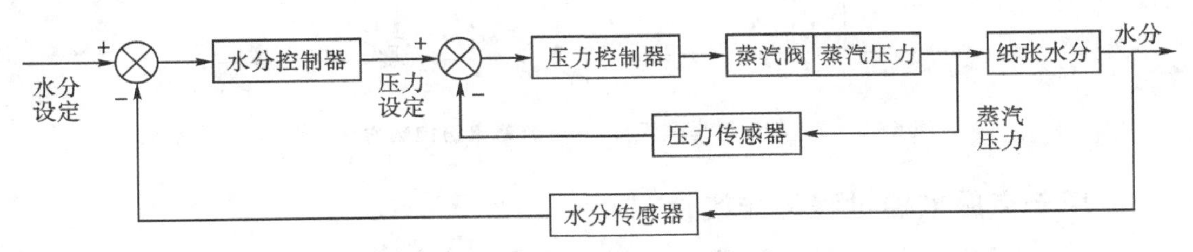

图6-2-6　纸张水分串级控制结构框图

2. 用于克服被控过程的纯滞后

当工业过程纯滞后时间较长时，有时可应用串级控制来改善其控制质量，即在离调节阀较近、纯滞后较小的地方选择一个副参数，构成一个纯滞后较小的副回路，把主要扰动包括在内环中。在其影响主参数前，由内环实现对主要扰动的及时控制，从而提高控制质量。

图 6-2-1 和图 6-2-2 所描述的纸张定量控制问题就是一个典型的大时滞过程控制问题。定量检测装置(扫描架)与定量控制装置(定量阀)之间的距离一般很长，表现出较大的纯滞后，直接采用检测定量控制纸浆流量的控制方式很难收到满意的控制效果。为此，选择与纸张定量有密切关系且响应速度快的纸浆流量为副对象，构成定量-流量串级控制，实现对纸张定量的有效控制，具体控制结构框图如图 6-2-2 所示。

3. 用于抑制变化剧烈而且幅度大的扰动

如前所述，串级控制的内环对于进入其中的扰动具有较强的抑制能力，所以在工业应用中，只要将变化剧烈且幅度大的扰动包括在串级控制副回路之内，就可以大大减少其对主参数的影响。

图 6-2-7 描述了某一精馏塔塔釜温度的串级控制。精馏塔是石油、化工生产过程中的主要工艺设备。对于由多组分组成的混合物，利用其各组分不同的挥发度，通过精馏操作，可以将其分离成较纯组分的产品。由于塔釜温度是保证产品分离纯度的重要工艺指标，需要对其进行精确控制。鉴于温度控制的容量滞后特点，采用塔釜温度-蒸汽压力串级控制方案来实现对精馏塔塔釜温度的串级控制。可是，在实际生产过程中，蒸汽压力变化剧烈，而且幅度大，如有时可能会从 0.5 MPa 突然降至 0.3 MPa，压力变化 40%，是精馏生产过程中的一个变化剧烈且幅度大的扰动量。为此，可选用变化幅度较小且响应速度快的蒸气流量为副参数，采用图 6-2-7 所示的塔釜温度-蒸汽流量串级控制方案实现精馏塔塔釜温度的精确控制。

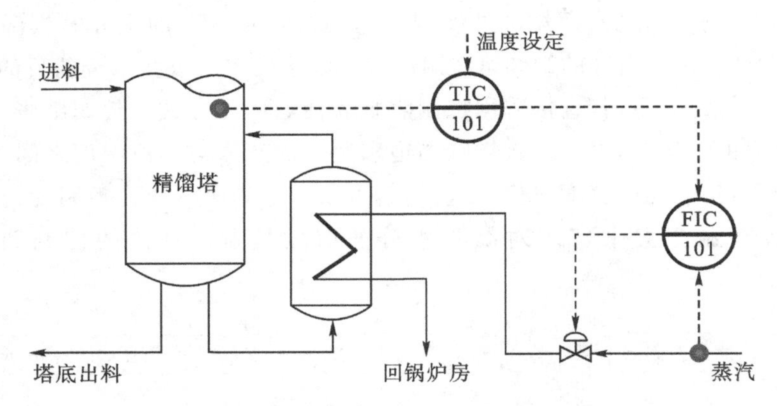

图 6-2-7 精馏塔塔釜温度-蒸汽流量串级控制方案示意图

4. 用于克服被控过程的非线性

在工业过程控制中，一般过程都有一定的非线性。当负荷变化时，过程特性会发生变化，会引起工作点的移动。这种特性的变化虽然可通过调节阀的特性来补偿，使广义过程的特性在整个工作范围内保持不变，然而这种补偿的局限性很大，不可能完全补偿，过程仍然有较大的非线性。此时，单回路控制往往不能满足生产工艺要求，如果采用串级控制，便能适应负荷和操作条件的变化，自动调整副控制器的给定值，从而改变调节阀的开度，使系统运行在新的工作点上。当然，这样做可能会使内环的衰减率有所变化，但对整个系统的稳定性影响却很小。

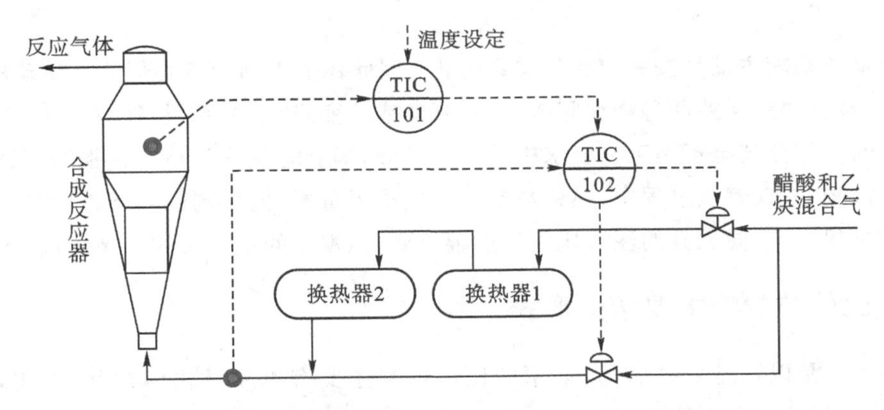

图 6－2－8　醋酸乙炔合成反应器温度串级控制方案示意图

例如图 6－2－8 所示的醋酸乙炔合成反应器，其中部温度是保证合成气质量的重要参数，工艺要求对其进行严格控制。在它的控制通道中包含两个换热器和一个合成反应器，具有明显的非线性，使整个过程特性随着负荷的变化而变化。如果选取合成反应器本体温度为主参数，合成反应器入口温度为副参数构成串级控制，把随负荷变化的那一部分非线性过程特性包含在副回路中。由于串级控制对于负荷变化具有一定的自适应能力，从而提高了控制质量。实践证明，系统的衰减率基本保持不变，主参数保持平衡，达到了工艺要求。

6.3　比值控制

6.3.1　比值控制的工作原理

连续生产过程中，有时需要保持两种物料的流量成一定的比例关系，一旦比例失调，将产生浪费，影响正常生产和产品质量，甚至造成恶果。而比例得当，则可以保证优质、高产和低耗 。例如，在造纸生产过程中，为了保证纸浆的浓度，必须自动控制纸浆量和水量按一定的比例混合；封闭压力筛的筛选过程中，粗浆和稀释水要按照一定的比例注入筛筐；在燃烧过程中，为了保证其燃烧的经济性，防止大气污染，需要自动保持燃料量与空气量按一定比例混合后送入炉膛；在制药生产过程中，为增强药效，需要对某种成分的药物加注入剂，生产工艺要求药物和注入剂混合后的含量，必须符合规定的比例。因此，严格控制物料配比，对于优质安全生产来说是十分重要的。

用来实现两个或两个以上的物料按一定比例关系控制以达到某种控制目的的控制策略称为比值控制。在需要保持比例关系的两种物料中，往往其中一种物料处于主导地位，称为主物料或主动量 q_1，而另一种物料按主物料进行配比，在控制过程中跟随主物料变化而变化，称为从物料或从动量 q_2。例如在燃烧过程中，空气是跟随燃料量的多少变化的，因此燃料为主动量，空气为从动量。

在实际的生产过程中，需保持比例关系的物料几乎全是流量。因此常将主物料称为主流量，从物料称为副流量，其比值用 K 表示，即

$$K=q_1/q_2 \tag{6-3-1}$$

由于从动量总是随主动量按一定比例关系变化，因此比值控制的核心部分是随动控制。

需要指出的是，保持两种物料间成一定的（变或不变）比例关系，往往仅是生产过程全部工艺要求的一部分甚至不是工艺要求中的主要部分，即有时仅仅只是一种控制手段，而不是最终目的。例如，在燃烧过程中，燃料与空气比例虽很重要，但控制的最终目的却是温度；在制药生产过程中，不同成分的注入比例虽然很重要，但控制的最终目的却是药效。

6.3.2 比值控制的主要结构形式

比值控制是以功能来命名的，常用的比值控制主要有单闭环比值控制、双闭环比值控制、变比值控制及复合比值控制。

1. 单闭环比值控制

单闭环比值控制结构示意图如图 6-3-1 所示，其中从流量 q_2 是一个闭环随动控制回路 FFIC-102，主流量 q_1 处于开环状态 FIA-101。q_1 经比值器 K 作为 q_2 的给定值，所以 q_2 能按一定比值 K 跟随 q_1 变化。当 q_1 不变而 q_2 受到扰动时，则可通过从流量闭合回路 FFIC-102 进行设定值控制，使 q_2 调回到 q_1 的给定值上，两者的流量在原数值上保持不变。

当 q_1 受到扰动时，即改变了 q_2 的给定值，使 q_2 跟随 q_1 变化，从而保证原设定的比值不变。当 q_1、q_2 同时受到扰动时，从流量回路 FFIC-102 在克服扰动的同时，又根据新的给定值，使主、从流量（q_1、q_2）在新的流量数值的基础上保持其原设定值的比值关系。可见该控制方案的优点是能确保 $q_2/q_1=K$ 不变，同时方案结构较简单，因此在工业生产过程自动化中得到广泛应用。

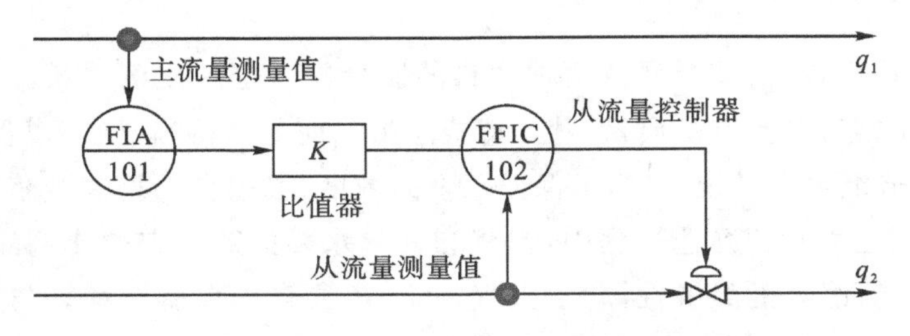

图 6-3-1 单闭环比值控制结构示意图

2. 双闭环比值控制

为了克服单闭环比值控制中 q_1 不受控制、易受干扰的不足，研究者开发了如图 6-3-2 所示的双闭环比值控制方案。它是由一个设定值控制的主流量回路和一个跟随主流量变化的从流量随动控制回路组成。主流量控制回路能克服主流量扰动，实现其定值控制；从流量控制回路能克服作用于从流量回路中的扰动，实现随动控制。当扰动消除后，主、从流量都回复到原设定值上，其比值不变。

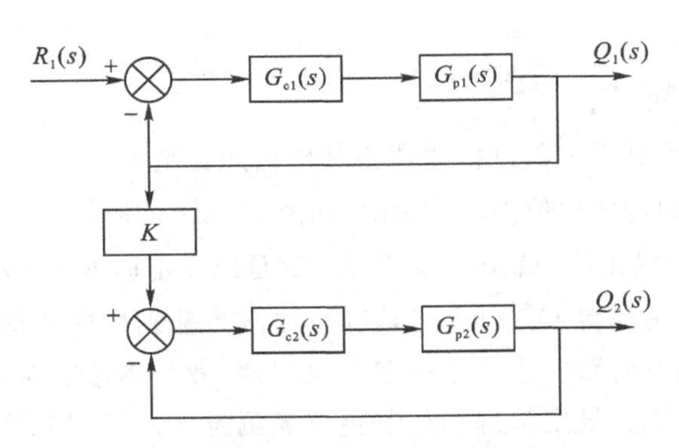

图 6-3-2　双闭环比值控制结构示意图

双闭环比值控制能实现主流量的抗扰动、设定值控制，使主、从流量均比较稳定，从而使总物料量也比较平稳。这样，控制系统总负荷也将是稳定的。双闭环比值控制的另一优点是升降负荷比较方便，只需缓慢改变主流量控制器的给定值，这样从流量自动跟踪升降，并保持原来比值不变。

应当指出，双闭环比值控制中的两个控制回路是通过比值器发生联系的，若除去比值器，则为两个独立的单回路控制。事实上，若采用两个独立的单控制回路，同样能实现它们之间的比值关系，还可省去一个比值器。但这样做只能保证静态比值关系。当需要实现动态比值关系时，比值器不能省。

3. 变比值控制

单闭环比值控制和双闭环比值控制可以实现两种物料流量间的定值控制，在系统运行过程中其比值系数被假定为一个常数，数值大小由工艺来确定。但在有些生产过程中，要求两种物料流量的比值随第三个参数的需要而变化，即变比值控制，如图 6-3-3 所示。其实质是一个以某种质量指标（常称为第三参数或主参数）为主变量、以两个参数流量比为副变量的串级控制系统。

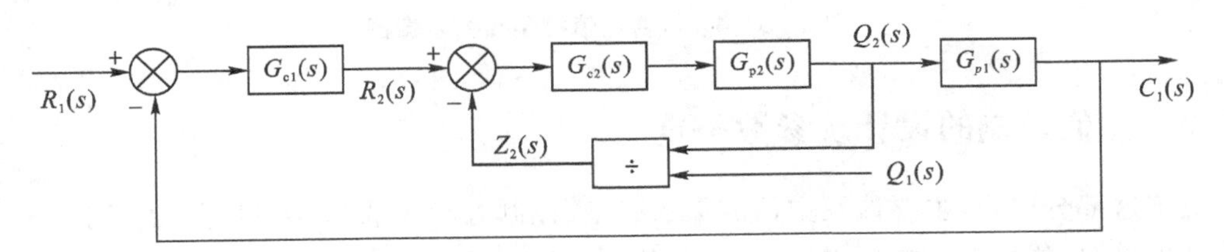

图 6-3-3　变比值控制结构示意图

在图 6-3-3 中，主流量 $Q_1(s)$ 与从流量 $Q_2(s)$ 的比值作为串级控制系统的副环的测量反馈信号。当主参数 $C_1(s)$ 稳定时，则主控制器的输出 $R_2(s)$ 也稳定，且与比值测量值相等，即 $R_2(s)=Z_2(s)$，此时副控制器的输出也稳定，产品质量合格。当 $Q_1(s)$、$Q_2(s)$ 出现扰动时，通过串级控制的内环保证比值一定，从而不影响或大大减小扰动对产品质量的影响。

在一些情况下，由于扰动信号的存在，即使 $Q_1(s)$ 与 $Q_2(s)$ 的比值不变，但由于 $Q_2(s)$ 发生了变化，致使主输出 $C_1(s)$ 偏离设定值 $R_1(s)$，此时主控制器 $G_{c1}(s)$ 起作用，使其输出 $R_2(s)$ 发生变化，从而改变副控制器 $G_{c2}(s)$ 的给定值，即修正了比值，通过反馈作用，使系统在新的比值上重新稳定。

4. 复合比值控制

以上讲述的比值控制方案都以检测值为基础构成比值控制，但在实际应用中还常常会出现以主设定值为基础构成比值控制的情况，如图 6-3-4 所示。图中，K_{11}和 K_{12}都是以设定值 $R_1(s)$为主流量构成比值控制的，K_{21}和 K_{22}都是以设定值 $R_2(s)$为主流量构成比值控制的；不同的是，$R_2(s)$与主流量 $Q_1(s)$之间是以检测值为基础构成比值控制的。这样做的优点：既能保证从流量能及时跟随主流量的实际检测值，做到迅速响应，又能保证整个系统始终运行在静态工作点（工艺设定值）附近，避免仪表测量误差累积对从流量控制质量的影响（尤其是多级比值控制场合），确保产品质量。

然而，以设定值为基础构成比值控制需要对控制工程实施提出两点要求：

（1）对工艺衡算的要求相对准确，一旦衡算出现偏差，可能会导致从流量回路带来很大影响，甚至会导致次品率的大幅提高。

（2）对控制回路的运行要求高，要求构成比值控制的各控制回路必须运行于“自动”状态，这样每个回路都自然运行在工作点附近，即使测量仪表存在一定的测量误差，从流量回路也不会因为测量误差的累积而偏离工艺预设的工作点。

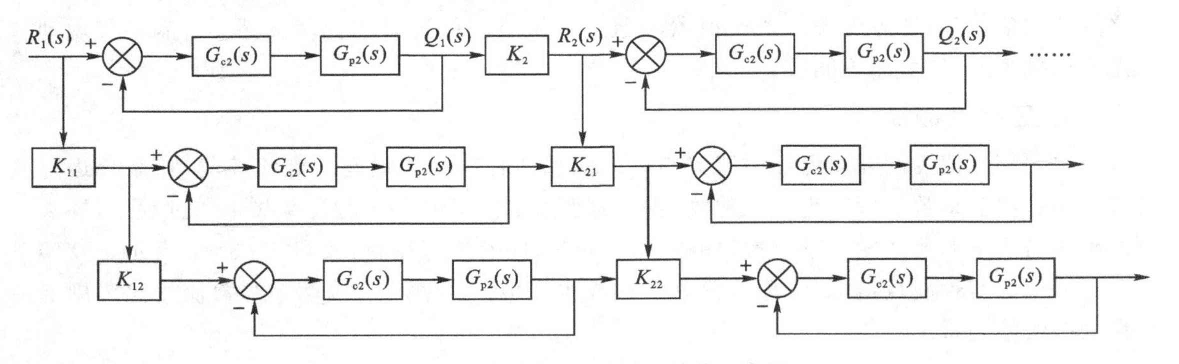

图 6-3-4　复合比值控制结构示意图

6.3.3　比值控制的设计及参数整定

对于这部分内容，主要涉及主从流量的确定、控制方案的选择、控制规律的确定、流量变送器的选择、比值控制方案的实施、比值系数的计算、比值控制系统的参数整定等内容。

1. 主、从流量的确定

设计比值控制系统时，需要先确定主、从流量。其原则是在生产过程中起主导作用或可测但不可控、且较昂贵的物料流量一般为主流量，其余的物料流量以它为准进行配比，为从流量。当然，当生产工艺有特殊要求时，主、从流量的确定应服从工艺需要。

2. 控制方案的选择

比值控制有多种控制方案，在具体选用时应分析各种方案的特点，根据不同的工艺状况、负荷变化、扰动性质、控制要求等进行合理选择。

3. 控制器控制规律的确定

比值控制器的控制规律要根据不同控制方案和控制要求来确定。例如，单闭环控制的从回路控制器选用PI控制规律，因为它将起比值控制和稳定从流量的作用；双闭环控制的主、从回路控制器均选用PI控制规律，因为它不仅要起比值控制作用，而且要起稳定各自的物料流量的作用；变比值控制可仿效串级控制器控制规律的选用原则；复合比值控制主、从回路控制器控制规律的选择同双闭环比值控制。

4. 正确选用流量计与变送器

流量测量与变送是实现比值控制的基础，必须正确选用。用差压流量计测量气体流量时，若环境温度和压力发生变化，其流量测量值将发生变化。所以对于温度、压力变化较大，控制质量要求较高的场合，必须引入温度、压力补偿装置对其进行补偿，以获得精确的流量测量信号。

5. 比值控制方案的实施

实施比值控制方案基本上有相乘方案和相除方案两大类，在工程上可采用比值器、乘法器和除法器等仪表来完成两个流量的配比问题。在计算机控制系统中，则可以通过简单的乘、除运算来实现。

6. 比值系数的计算

设计比值控制系统时，比值系数的计算是一个十分重要的问题。当控制方案确定后，必须把两个体积流量或重量之比值 K' 折算成比值器上的比值系数 K。

当变送器的输出信号与被测流量呈线性关系时，可用下式计算，即

$$K=K'\frac{q_{1\max}}{q_{2\max}} \tag{6-3-2}$$

式中，$q_{1\max}$ 为测量 q_1 所用变送器的最大量程；$q_{2\max}$ 为测量 q_2 所用变送器的最大量程。当变送器的输出信号与被测流量成平方关系时，可用下式计算，即

$$K=K'\frac{q_{1\max}^2}{q_{2\max}^2} \tag{6-3-3}$$

将计算出的比值 K 设置在原比值器上，比值控制系统就能按工艺要求正常运行。

7. 比值控制系统的参数整定

比值控制系统控制器参数整定是系统设计和应用中的一个十分重要的问题。对于定值控制（如双闭环比值控制中的主回路）可按单回路系统进行整定；对于随动系统（如单闭环比值控制、双闭环的从回路及变比值的变比值回路），要求从流量能快速、准确地跟随主流量变化，不宜过调，以整定在振荡与不振荡的边界为最佳。

6.3.4 比值控制的工程应用举例

比值控制在工业生产过程自动化中应用很广。这里以制浆过程粗浆筛选过程为例来介绍复合比值控制的应用。

筛选是制浆过程不可缺少的重要环节，其主要目的是选择性地除去来浆中的某些杂质成分，为后续工序服务。杂质主要有未蒸解的木片、木节、草节、粗大纤维等粗渣，以及砂石、

泡膜及塑料薄膜等杂质，经筛选后的良浆能更适用于以后纸和纸板的生产。

纸浆筛选系统一般由粗筛、一段细筛、锥形除砂器、二段细筛、尾筛和轻杂质槽等设备组成，基本的筛选工艺如图 6-3-5 所示。从喷放锅出来的蒸煮浆经真空洗浆机洗涤后，被打入洗后浆塔。洗后浆塔的成浆经方浆池泵入粗筛，进行初步筛选；良浆送往一道细筛进行精选，尾浆被送到尾筛进行残余纤维提取。一道细筛良浆经真空洗浆机(浓缩机)浓缩后，被送往筛后浆塔，等待漂白；其尾浆，连同尾筛尾浆一起，被送到锥形除砂器进行除砂，所得良浆进入二道细筛，进行再次精选。二道细筛良浆进入一道细筛，尾浆进入尾筛。各筛选设备的稀释水都由真空浓缩机提供。

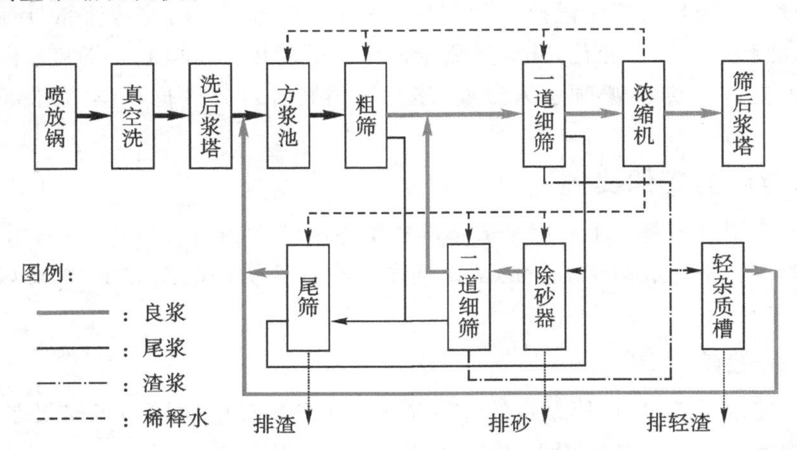

图 6-3-5 浆料筛选系统工艺流程示意图

为了保证杂质剔除率和降低纤维损失，各筛选设备的进浆、出浆和稀释水流量都必须按照设备筛选效率和产量进行严格配比和精确控制，需要采用大量比值加串联控制来保证生产过程的正常运行。因此，如果有一个回路，尤其是前级回路出现波动或信号检测误差偏大，后续回路便会出现较大波动，甚至振荡。所以，系统能否正常运行的关键是这些回路能否正常工作。为此，选用图 6-3-4 所示的复合比值控制方案。对于同一设备，如粗筛，其良浆出口流量、尾浆出口流量及稀释水注入量间的流量配比是以设定值为基准进行的(见图 6-3-4 的左侧部分)，这有利于增强系统的相对稳定性，保证生产过程按照既定目标执行。而粗筛和一道细筛之间的流量比值，则是以流量检测值为基准进行的(见图 6-3-4 的右侧部分)。

6.4 前馈控制

到目前为止，所讨论的控制(如单回路控制、串级控制)都是基于反馈的，只有被控量与给定值之间形成偏差后才会有控制作用，以消除偏差。这好比有火才救，有病才医。一般而言，被控参数产生偏差主要是由于扰动的存在，倘若能在扰动出现时就进行控制，而不是等到偏差发生后再进行控制，这样的控制方案一定可以更有效地消除扰动对被控参数的影响，尤其是对于频繁出现大扰动的场合。前馈控制就是基于这种思路提出来的。本节主要讲述前馈控制的工作原理、主要结构形式、工程设计及应用举例。

6.4.1　前馈控制的工作原理

在过程控制领域中，前馈和反馈是两类并列的控制方式。同反馈控制不同，前馈控制是以“不变性”原理为理论基础的一种控制方法，在原理上完全不同于反馈控制。所谓“不变性原理”，就是指控制系统的被控量与扰动量绝对无关或者在一定准确度下无关，也即被控量完全独立或基本独立。为了分析前馈控制的工作原理，首先回顾一下反馈控制的特点。

1. 反馈控制的特点

下面以图6-4-1所示的换热器温度控制为例来阐述反馈控制的特点。当扰动(如被加热的物料流量q、入口温度T_1或蒸汽压力p_s等的变化)发生后，将引起热流体出口温度T_2发生变化，使其偏离给定值T_{20}，随之通过温度反馈控制回路TIC-101的调节作用，通过调节阀的动作来改变加热用蒸汽的流量q_s，从而补偿扰动对被控量T_2的影响。

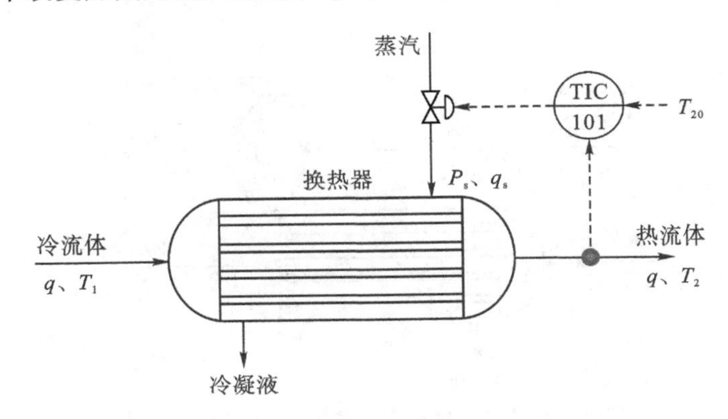

图6-4-1　换热器物料温度反馈控制原理示意图

根据上述分析，可归纳出反馈控制的一些主要特点，具体如下。

(1)反馈控制的本质是“基于偏差来消除偏差”。如果没有偏差出现，也就没有控制作用。

(2)无论扰动发生在哪里，总要等到引起被控量发生偏差后，调节器才动作，故调节器的动作总是落后于扰动作用的发生，是一种“不及时”的控制。

(3)反馈控制系统因构成闭环，故而存在一个稳定性的问题。即使组成闭环系统的每一个环节都是稳定的，闭环系统是否稳定，仍然需要做进一步的分析。

(4)引起被控量发生偏差的一切扰动，均被包围在闭环内，故反馈控制可消除多种扰动对被控量的影响。

(5)反馈控制系统中，控制器的控制规律通常是PID系列控制规律，并占据主导地位。

2. 前馈控制的原理与特点

前馈控制系统是基于不变性原理组成的自动控制系统，它能实现系统对全部扰动或部分扰动的不变性，实质上是一种按照扰动进行补偿的开环系统。这种补偿原理不仅仅用于对扰动的补偿，还可以推广应用于改善过程的动态特性，例如被控过程存在着大迟延环节或者非线性环节，常规 PID 控制往往难以驾驭。解决办法之一就是采用补偿原理，预先测出过程的动态特性，按照希望的易控过程特性设计出一个补偿器，控制器将把难控过程和补偿器看作一个新的过程进行控制。这里依然以换热器温度控制为例来阐述前馈控制的原理和特点。

假设换热器的物料流量 q 是影响被控量 T_2 的主要扰动。此时 q 变化频繁，变化幅值大，且对出口温度 T_2 的影响最为显著。为此，采用前馈控制方式，即通过流量变送器测量物料流量 q，并将流量变送器的输出信号送到前馈补偿器；前馈补偿器根据其输入信号，按照一定的运算规律计算出补偿量，发出补偿控制信号，改变调节阀开度，从而改变加热用蒸汽流量 q_s，以补偿物料流量 q 对被控温度 T_2 的影响。具体的补偿控制原理示意图如图 6－4－2 所示，其中 FIFC－101 为前馈补偿控制回路，ADD－101 为加法器，将前馈补偿控制回路 FIFC－101 和反馈控制回路 TIC－101 的控制输出进行加法运算，并将运算结果送给蒸汽流量调节阀门。

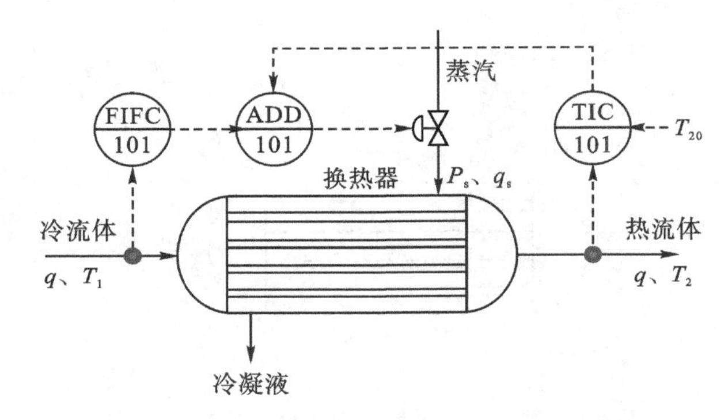

图 6－4－2　换热器物料温度前馈反馈控制原理示意图

根据上述分析可以看出，前馈控制的基本特点可归纳如下。

(1)前馈控制器是“基于扰动来消除扰动对被控量的影响”，故前馈控制又称为“扰动补偿”控制。

(2)扰动发生后，前馈控制器会“及时”动作，对抑制被控量因扰动引起的动、静态偏差非常有效。

(3)前馈控制属于开环控制，只要系统中各环节稳定，则控制系统必然稳定。

(4)只适合用来克服可测扰动(一般不可控)，且具有靶向性，对系统中的其他扰动无抑制作用，所以前馈控制具有“指定性补偿”的局限性。

(5)前馈控制器的控制规律取决于被控过程的特性，结构形式往往比较复杂。

3. 前馈控制器设计及其局限性

下面以图 6－4－2 所示的换热器物料温度前馈反馈控制为例来阐述前馈控制器的设计过程。令被控过程前向通道的传递函数为 $G_p(s)$，干扰通道的传递函数为 $G_d(s)$，前馈补偿控制器的传递函数为 $G_{ff}(s)$，反馈控制器的传递函数为 $G_c(s)$，则图 6－4－2 所示的换热器物料温度前馈反馈控制系统结构框图描述如图 6－4－3 所示。

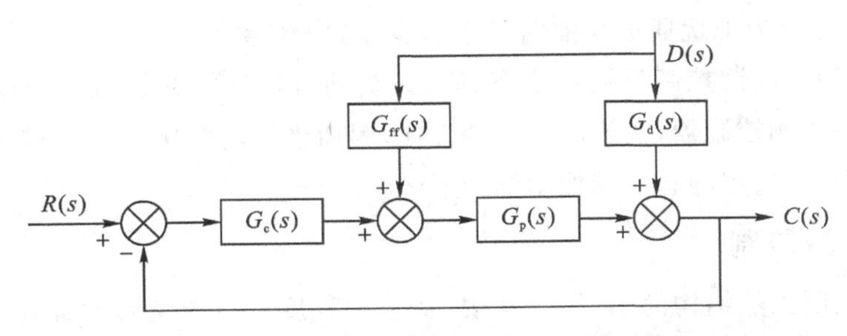

图6-4-3　前馈反馈复合控制结构示意图

根据不变性原理或扰动完全补偿思想，可测扰动$D(s)$通过扰动通道$G_d(s)$对输出$C(s)$造成的影响可以通过前馈补偿控制器$G_{ff}(s)$完全补偿掉，即$D(s)G_d(s)+D(s)G_{ff}(s)G_p(s)=0$，所以

$$G_{ff}(s)=-\frac{G_d(s)}{G_p(s)} \tag{6-4-1}$$

由于$G_p(s)$和$G_d(s)$的阶次不定，所以由式(6-4-1)获得的前馈补偿控制器在物理上不一定能够实现。为此，可以通过串联低通滤波器的方式来处理，即

$$G_{ff}(s)=-\frac{G_d(s)}{G_p(s)}\frac{1}{(T_f s+1)^n} \tag{6-4-2}$$

式中，T_f为滤波时间常数；n为滤波器阶次，其取值为$G_{ff}(s)$在物理上可实现为止。

尽管按照式(6-4-1)所设计的前馈补偿控制器对可测扰动有很好的抑制作用，但同时也存在很大的局限性，主要表现为如下两个方面。

(1)完全补偿难以实现。前馈控制只有在实现完全补偿的前提下才能使系统得到良好的动态品质，但因被控过程前向通道传递函数$G_p(s)$和干扰通道传递函数$G_d(s)$准确的数学模型难以获得，且被控过程常含有非线性特性，在不同的运行工况下其动态特性参数将产生明显的变化，原有的前馈模型就不再适应，因此无法实现动态上的完全补偿。

(2)只能克服可测扰动。实际生产过程中，往往同时存在着若干干扰，如果要对每一种扰动都实行前馈控制，就需要对每一个扰动至少使用一套传感器和一个前馈控制器，这将使系统庞大而复杂，从而会增加自动化设备的投资。另外尚有一些扰动量至今无法对其实现在线测量，若仅对某些可测扰动进行前馈控制，则无法消除其他扰动对被控参数的影响。这些因素均限制了前馈控制的应用范围。

6.4.2　前馈控制的主要结构形式

在实际过程控制中，前馈控制有多种结构形式，下面仅介绍四种典型的前馈控制方案：静态前馈控制、动态前馈控制、前馈反馈复合控制以及前馈串级复合控制。

1. 静态前馈控制

静态前馈控制是最简单的前馈控制结构，只要令图6-4-3中的前馈控制器传递函数(式(6-4-1))满足下式即可

$$G_{ff}(s)=-K_{ff}=-\frac{K_d}{K_p} \tag{6-4-3}$$

式中，K_d 和 K_p 分别为干扰通道与前向通道的静态放大倍数。

可以看出，静态前馈控制只能对稳态（静态）扰动有良好的补偿（控制）作用。由于静态前馈控制器为一比例控制器，实施起来十分方便，因而当扰动变化不大或对补偿（控制）要求不高的生产过程，可采用静态前馈控制结构形式。

2. 动态前馈控制

静态前馈控制虽然结构简单，易于实现，在一定程度上可改善过程品质，但在扰动作用下控制过程的动态偏差依然存在。对于扰动变化频繁和动态精度要求比较高的生产过程，静态前馈控制往往不能满足工艺要求，这时应采用动态前馈控制方案。

动态前馈控制结构即为图 6－4－3 所示的反馈控制之外的部分。其中前馈控制器的传递函数由式（6－4－1）决定。对比式（6－4－1）与式（6－4－3）可见，静态前馈是动态前馈的一种特例。

采用动态前馈控制后，由于它几乎每时每刻都在补偿扰动对被控量的影响，故能极大地提高被控过程的动态品质，是改善控制系统品质的有效手段。但动态前馈控制器结构往往比较复杂，而且系统运行参数整定也比较复杂。因此，只有当工艺上对控制精度要求极高、其他控制方案难以满足时，才考虑使用动态前馈控制。

3. 前馈反馈复合控制

为了克服前馈控制的局限性，工程上常常将前馈和反馈两者结合起来，共同来克服多个扰动对被控量的影响。这样，既发挥了前馈补偿作用及时克服主要扰动对被控量影响的优点，又保持了反馈控制能克服多个扰动影响的特点，同时也降低系统对前馈补偿控制器的要求，使其在工程上易于实现。这种前馈反馈复合控制系统在过程控制中已被广泛地应用，具体的控制结构示意图如图 6－4－3 所示，它是由一个反馈回路和一个开环补偿回路叠加而成的复合控制系统。

对于图 6－4－3 所示前馈反馈控制系统，输出 $C(s)$ 对扰动 $D(s)$ 的传递函数为

$$\frac{C(s)}{D(s)}=\frac{G_d(s)+G_{ff}(s)G_p(s)}{1+G_c(s)G_p(s)} \tag{6-4-4}$$

在单纯前馈补偿控制下，扰动 $D(s)$ 对被控量 $C(s)$ 的影响为

$$\frac{C(s)}{D(s)}=G_d(s)+G_{ff}(s)G_p(s) \tag{6-4-5}$$

比较式（6－4－4）和式（6－4－5）可知，采用了前馈反馈控制后，扰动 $D(s)$ 对被控量 $C(s)$ 的影响变为原来的 $\frac{1}{1+G_c(s)G_p(s)}$。因此，反馈回路的存在，不仅可以降低对前馈补偿控制器的精度要求，同时对因工况变动所引起的过程非线性特性参数的变化也具有一定的自适应能力。

4. 前馈串级复合控制

在过程控制中，有的生产过程常受到多个变化频繁而又剧烈的扰动影响，而生产过程对被控参数的控制精度和稳定性要求又很高，这时可考虑采用前馈串级控制方案（见图 6－4－4）。

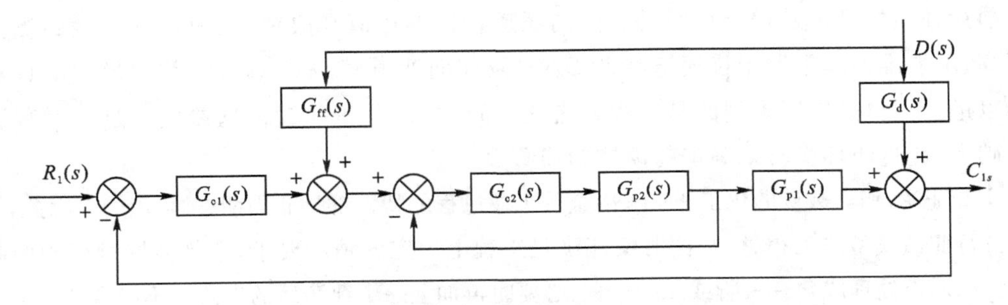

图 6-4-4　前馈串级复合控制结构示意图

对于串级控制系统，其对进入副回路的扰动有较强的抑制能力，而前馈补偿控制能克服进入主回路的主要扰动。另外，由于前馈补偿控制器的输出不直接施加在调节阀门上，而是作为副控制器的给定值，因而可降低对调节阀门特性的要求。实践证明，这种复合控制系统的动、静态品质指标均较高。

6.4.3　前馈控制的适用条件及参数整定

1. 前馈控制系统的适用条件

对于前馈补偿控制，其对适用场合的条件要求可以总结为如下两点。

(1)扰动量可测但不可控。这里的"可测"是指扰动量可以通过测量变送器在线地将其转换为前馈补偿控制器所能接收的信号。工程实践中，有些参数，如某些物料的化学组成、物理性质等至今尚无工业自动化仪表能对其进行在线测量，对这类干扰无法实现前馈补偿控制。这里的"不可控"指的是扰动量与控制量之间的相互独立性，即图 6-4-3 所示中的控制系统前向通道传递函数 $G_p(s)$ 与干扰通道传递函数 $G_d(s)$ 之间无关联，从而控制量无法改变扰动量的大小，即扰动量的不可控。

(2)被控过程必须是自衡过程。动态过程稳定性是控制系统能够正常运行的必要条件。线性反馈控制系统的稳定性理论同样适用于线性前馈控制系统的稳定性分析。由于前馈控制属于开环控制，所以在设计前馈控制系统时，对系统中每一个组成环节的稳定程度都必须予以足够的重视。

实际生产过程中往往存在非自衡特性，如汽鼓锅炉水位控制系统、伴有放热反应的化学反应过程等，通常不能单独使用前馈补偿控制方案。对于开环不稳定的过程，可以通过控制器的合理整定，使其组成的闭环系统在一定范围内稳定。事实上，对于前馈反馈或前馈串级控制系统，只要反馈系统或串级系统是稳定的，则相应的前馈反馈或前馈串级控制系统也一定是稳定的。这也是前馈复合控制系统在工业应用中常取代单纯前馈控制的重要原因之一。

2. 前馈控制器的参数整定

生产过程中的前馈控制一般均采用前馈反馈或前馈串级复合控制方案。复合控制系统中的参数整定要分别进行，可先按前述原则先整定好单回路反馈系统或串级系统。这里主要讨论前馈控制器的参数整定方法。

前馈补偿模型由过程干扰通道及前向通道特性的比值来决定，但因过程特性的测量精度不高，不能准确地掌握干扰通道特性 $G_d(s)$ 及前向通道模型 $G_p(s)$，故前馈模型的理论整定难以进行。目前广泛采用的是工程整定法，即在具体分析前馈模型参数对过渡过程影响的基础上，通过闭环实验来确定前馈控制器参数。

实践证明，相当数量的化工、热工、冶金等工业过程的特性都是非周期、过阻尼的。因此，为了便于进行前馈模型的工程整定，同时又能满足工程上一定的精度要求，常将被控过程的控制通道及扰动通道处理成含有一阶或二阶过程，必要时再加上一个纯滞后的形式。不妨令

$$G_p(s)=\frac{K_p}{T_p s+1}e^{-L_p s} \tag{6-4-6}$$

$$G_d(s)=\frac{K_d}{T_d s+1}e^{-L_d s} \tag{6-4-7}$$

将式(6-4-6)和式(6-4-7)代入式(6-4-1)可得

$$G_{ff}(s)=-\frac{K_d}{K_p}\frac{T_p s+1}{T_d s+1}e^{-(L_d-L_p)s}=-K_m\frac{T_p s+1}{T_d s+1}e^{-Ls} \tag{6-4-8}$$

式中，$K_m=\dfrac{K_d}{K_p}$为静态前馈系数；$L=L_d-L_p$，为干扰通道与前向通道纯滞后时间之差；$\dfrac{T_p s+1}{T_d s+1}$为一超前/滞后环节（当 $T_p>T_d$ 时具有超前特性，$T_p<T_d$ 时具有滞后特性）。下面具体阐述这些参数的确定方法。

(1)静态参数 K_m 的确定。K_m 是前馈补偿控制器中的一个重要参数，工程上通常采用图 6-4-5 所示的闭环测试系统进行该参数的工程整定。在整定好反馈控制系统 $G_c(s)$ 控制器（如 PID 控制器）的基础上，闭合开 S，得到闭环试验过程曲线（见图 6-4-6）。当扰动存在时，通过反馈控制，可以将扰动逐渐抑制[见图 6-4-6(a)]。如果加入前馈补偿，则扰动信号可以进一步得到抑制[见图 6-4-6(b)]。但当 K_m 偏小时，不能显著地改善系统的品质，此时表现为欠补偿；当 K_m 偏大时，虽然可以明显地降低被控过程的第一个峰值，但由于 K_m 偏大，造成静态前馈输出偏大，相当于对反馈控制系统又施加了一个扰动，且只有依靠反馈控制器加以克服，因而造成控制量下半周期的过调，使过渡过程长时间不能得到恢复，故 K_m 偏大也会降过渡过程的品质，此时称为过补偿。只有当 K_m 取得恰当数值时，过程品质才能取得明显的改善，可以取此时的 K_m 数值为整定值。

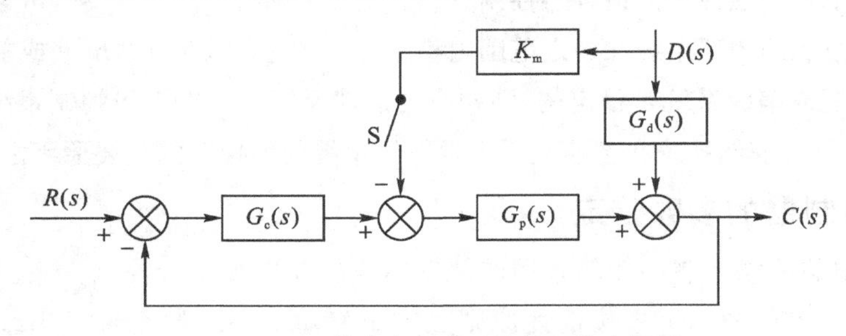

图 6-4-5 静态参数 K_m 的闭环整定框图

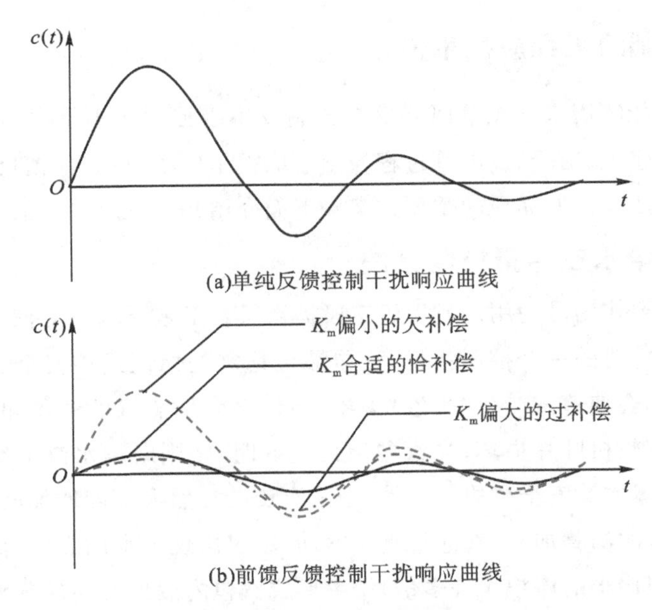

图 6-4-6　闭环整定法试验曲线

(2)动态参数 T_p 和 T_d 的确定。动态前馈参数 T_p 与 T_d 的整定框图如图 6-4-7 所示。首先,使系统处于静态前馈反馈方案下运行,分别整定好反馈控制下的控制器(如 PID)参数及静态前馈参数 K_m,然后闭合动态前馈反馈复合系统。具体的操作步骤如下:

先使前馈补偿控制器中的动态参数 $T_p=T_d$,在干扰信号 $d(t)$ 的阶跃扰动下,由被控量 $c(t)$ 的变化形状来判断 T_p 与 T_d 应调整的方向。实验时,先从过程欠补偿状态开始,逐步强化前馈补偿作用(增大 T_p 或减小 T_d),直到出现过补偿的趋势时,再稍微削弱一点前馈补偿作用,即适当地减小 T_p 或增大 T_d,以得到补偿效果满意的过渡过程,此时的 T_p 和 T_d 值即为前馈补偿控制器的动态整定参数。

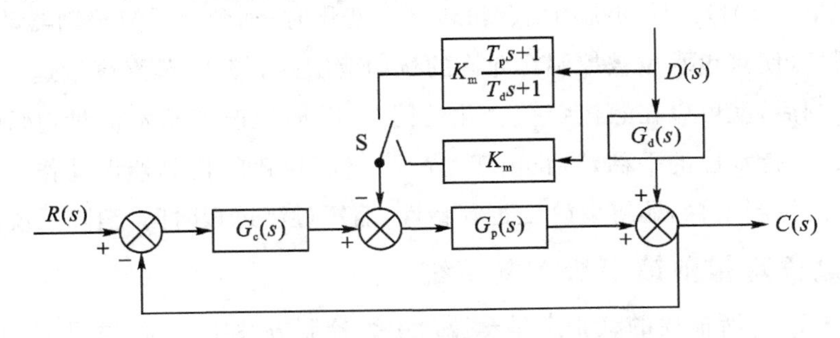

图 6-4-7　动态前馈参数整定框图

(3)过程时滞 L 的影响。L 值是过程扰动通道及前向通道纯时间滞后的差值($L=L_d-L_p$),它反映前馈补偿作用提前于扰动对被控参数影响的程度。当扰动通道与前向通道纯滞后时间相近时,相当于提前了前馈作用,增强了前馈的补偿效果。不过,过于提前的前馈作用又易引起控制过程发生反向过调的现象。

6.4.4 前馈控制的工程应用举例

由于前馈控制能够用来补充单回路反馈控制及串级控制所不易解决的一些控制问题，因而在石油、化工、轻工、冶金、发电等过程控制中取得了广泛应用，前馈反馈、前馈串级等复合控制策略已成为改善控制品质的重要方案。下面介绍几个较成熟的工业应用案例。

1. 锅炉汽包给水三冲量控制系统

蒸汽锅炉的主要作用是为用户或后续工段提供符合工艺要求的蒸汽。锅炉汽包液位是锅炉工作过程中最重要的一个控制指标，汽包液位稳定是保证锅炉安全运行的主要条件之一。汽包液位过高，会使蒸汽产生“带液”现象，不仅会降低蒸汽的产量和质量，而且还会使过热器结垢，或使汽轮机叶片损坏；当汽包液位过低时，轻则影响水汽平衡，重则烧干锅炉，严重时会造成锅炉爆炸等安全事故。另外，当蒸汽负荷突然大幅度增加时，汽包内蒸汽压力会瞬间下降，导致水的沸腾加剧，气泡量迅速增加，不仅出现于水的表面，而且出现于水面以下，由于气泡的体积比水的体积大许多倍，结果形成汽包内液位升高的现象。由于这种升高的液位不代表汽包内储液量的真实情况，所以称为“虚假液位”。

在工程实践中，常常会因为蒸汽负荷的波动和给水流量的变化而打破汽包内的平衡状态，对汽包液位造成干扰，最终导致“虚假液位”。一旦出现“虚假液位”，控制器会错误地认为测量值升高，从而关小给水调节阀，减小给水量，等到这种暂时汽化现象一旦平稳下来，由于蒸汽量的增加，给水量反而会进一步减少，从而导致实际汽包液位严重下降，甚至降到液位危险区，造成事故。

图 6-4-8 是上述锅炉汽包给水三冲量控制原理示意图。所谓“冲量”，即为引入控制系统中的测量信号。这里所说的“三冲量”即为汽包液位、给水流量和蒸汽流量。蒸汽流量作为前馈信号，汽包液位为主参数，给水流量为副参数构成前馈串级复合控制（FIFC-102、LIC-101 和 FIC-101）。任何扰动引起汽包液位变化时，都会使反馈控制器动作，以改变给水流量阀门开度，使汽包水位被控制在允许的波动范围内。针对蒸汽流量这一主要干扰，采用前馈补偿控制后，就可以在蒸汽负荷变化的同时，及时地改变给水流量，从而保证汽包中物料平衡关系，保持水位的平稳，防止由于“虚假水位”导致的控制器误动作。另外，蒸汽流量与给水流量的恰当配合，还可以改变过程特性，缩短过渡过程时间，消除系统的静态偏差。

2. 造纸过程定量前馈串级控制系统

本章图 6-2-2 所描述的纸张定量一流量串级控制方案中，正常情况下，通过流量内环能将外环的定量参量控制在工艺指标要求的范围之内。但是，若工艺流程前端超前池出口的纸浆浓度频繁发生幅度较大的波动时，仅靠上述定量-流量串级控制策略很难满足工艺指标要求。这时，就需要引入浓度前馈控制方案来及时补偿因为浓度波动而导致的纸张定量的波动，以弥补定量-流量串级控制方案的不足。具体的控制方案结构框图如图 6-4-9 所示。

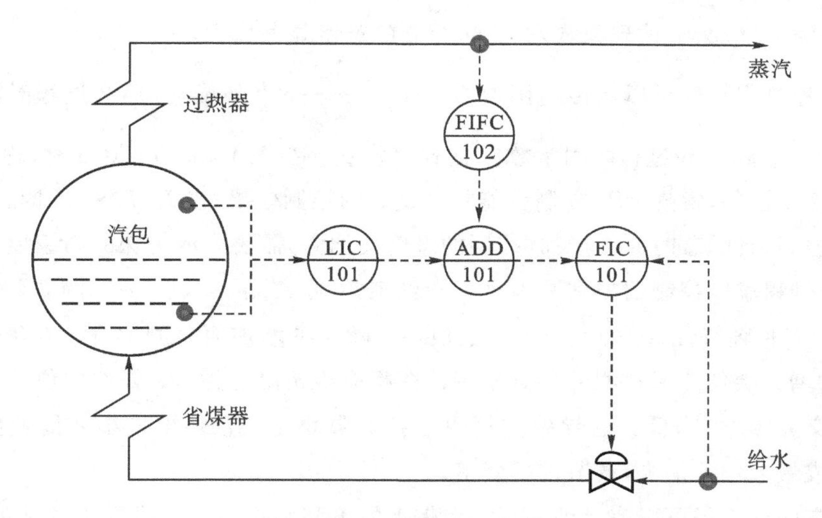

图 6-4-8　锅炉汽包水位前馈串级反馈控制原理示意图

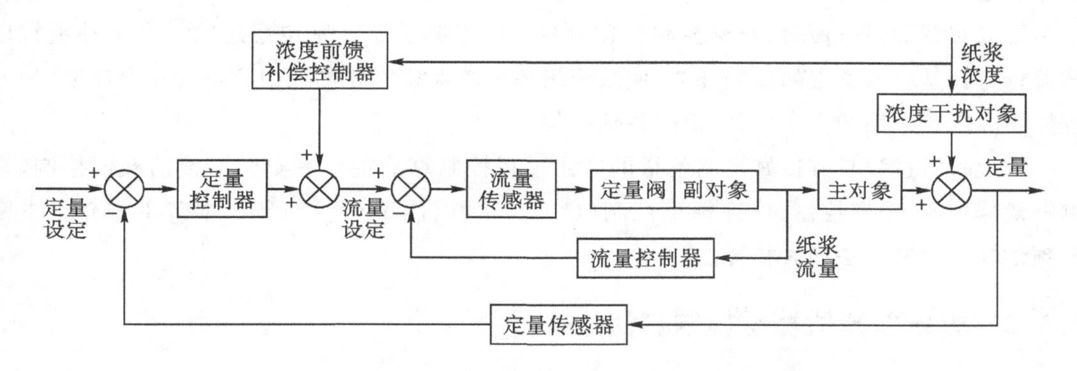

图 6-4-9　纸张定量浓度前馈串级控制结构框图

6.5　时滞过程控制

6.5.1　时滞现象及时滞过程控制算法

时滞现象常产生于化工、轻化、冶金、计算机网络通信和交通等系统中，它是传输时间（如地震波的传输、血管中激素的传送、化学过程中的流体流动及空间电磁波的辐射等）和计算次数（虚拟图像的表面处理、机器人对 TV 图片的分析、数字控制算法的输出计算及物质的化学成分分析等）的直接反映。就控制系统而言，时滞是指作用于被控过程上的输入信号或控制信号与在它们的作用下被控过程所产生的输出信号之间存在的时间上的延迟，其特点是当控制作用产生后，在滞后时间范围内，被控参量完全没有响应。

时滞常常是导致实际控制系统品质恶化甚至不稳定的主要因素。测量方面存在时滞，使控制器不能及时发觉被控变量的变化；控制方面存在时滞，使控制作用不能及时产生效应。随着时滞的增加，上述现象愈发明显，控制的难度显著增大。

假设被控过程特性可以用传递函数 $G_p(s)=\frac{K}{Ts+1}e^{-Ls}$ 来描述，那么过程时滞的大小可以用滞后时间常数 L 和过程时间常数 T 之比来衡量。当 $0.1<L/T\leqslant 0.3$ 时，称为一般时滞过程，比较容易控制，常规 PID 控制就能收到良好的控制效果；当 $L/T>0.5$ 时，称为大时滞过程，难以控制，且随着时滞的增加，控制的难度会加大，需要采取特殊的高级控制算法。

大时滞过程难以控制的根本原因可归于纯滞后项 e^{-Ls} 的存在。e^{-Ls} 的幅频特性 $A(j\omega)$ 始终等于 1，但相频特性 $\phi(j\omega)=-j\omega L$，数值一直随 ω 的增加而急剧上升。在绝大多数情况下，$\phi(j\omega)$ 的增大会使广义过程开环频率特性在相应于相位差为 $-\pi$ 处的幅值比增大，在 $-\pi$ 处的频率（交界频率）降低。这导致的后果是控制器增益 K_C 必须减小才能使闭环系统稳定，从而造成最大偏差加大，调节过程变慢。

通常，有两种途径可以克服纯滞后 e^{-Ls} 带来的不利影响。一种是采用预估的手段，由系统当前输出 $c(t)$ 来估计未来输出 $c(t+L)$。这在已知过程特性及当前控制输出 $u(t)$ 的条件下是可以实现的，解析预估补偿控制和预测控制就是基于这一基本思想的。另一种更常用的可行途径是引入适当的反馈环节，使系统闭环传递函数的分母项中不再含 e^{-Ls} 环节，如过程控制界广泛采用的史密斯（Smith）预估补偿器。

对大时滞过程具有良好控制效果的常用过程控制算法主要有史密斯预估补偿控制、观测补偿器控制、采样控制、内部模型控制（IMC）、达林（Dahlin）算法等。本节主要介绍史密斯预估补偿控制算法和大林算法。

6.5.2 史密斯预估补偿控制算法

1. 史密斯预估补偿基本原理

史密斯预估器实质上是一种模型补偿控制。它采用补偿原理，将过程对象的纯滞后环节从系统特征方程中消除，从而改善对时滞过程的控制效果。这一补偿控制方案 1957 年由史密斯（O. J. M. Smith）首次提出。

包含史密斯预估补偿器的闭环系统结构框图如图 6-5-1 所示。其中，$G_S(s)$ 为史密斯预估补偿器，$G_0(s)e^{-Ls}$ 代表实际过程，$G_c(s)$ 为主控制器，一般选择 PID 系列控制器。于是有

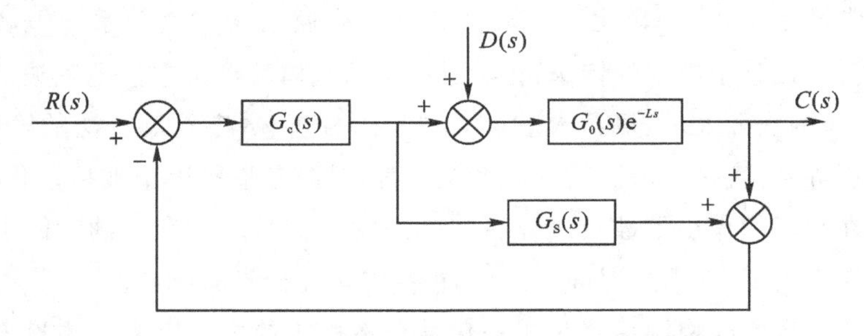

图 6-5-1 史密斯预估补偿器结构原理框图

$$\frac{C(s)}{R(s)}=\frac{G_c(s)G_0(s)e^{-Ls}}{1+G_c(s)G_S(s)+G_c(s)G_0(s)e^{-Ls}} \tag{6-5-1}$$

引入补偿环节 $G_S(s)$后，希望闭环系统传递函数的分母中不再含 e^{-Ls} 相，即要求闭环特征方程为

$$1+G_c(s)G_S(s)=0 \tag{6-5-2}$$

也就是说，要求

$$1+G_c(s)G_S(s)+G_c(s)G_0(s)e^{-Ls}=1+G_c(s)G_S(s)$$

即

$$G_S(s)=G_0(s)(1-e^{-Ls}) \tag{6-5-3}$$

将式(6-5-3)代入式 (6-5-1)便可得补偿后的闭环系统传递函数

$$\frac{C(s)}{R(s)}=\frac{G_c(s)G_0(s)}{1+G_c(s)G_0(s)}e^{-Ls} \tag{6-5-4}$$

式 (6-5-4)对应的闭环系统结构框图如图 6-5-2 所示。可以看出，在模型准确的条件下，经过史密斯预估补偿器之后，闭环系统输出(被控量)提前了 L 时刻(在经过纯滞后环节 e^{-Ls}之前)就反馈到了输入端，似乎纯滞后环节 e^{-Ls}“不再存在”一样。因此，闭环系统的响应是及时的，这样就消除了纯滞后的不利影响。

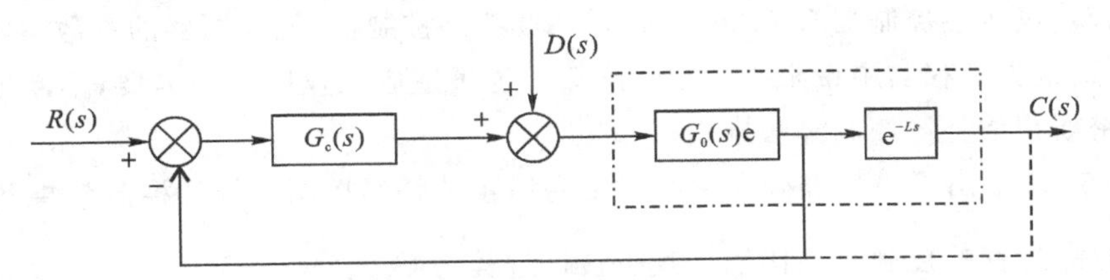

图 6-5-2　模型准确条件下的史密斯预估补偿器等效结构框图

但是，图 6-5-2 只是对式(6-5-4)的一个直观解释，被控过程 $G_0(s)e^{-Ls}$是一个整体，是无法被“劈开”的。将式(6-5-3)代入图 6-5-1 并进行结构图变换，可以得到史密斯预估补偿器的结构方框图(见图 6-5-3)。注意，图中 $G_0^*(s)e^{-L^*s}$表示过程模型，在理想情况下，它等同于实际过程 $G_0(s)e^{-Ls}$。

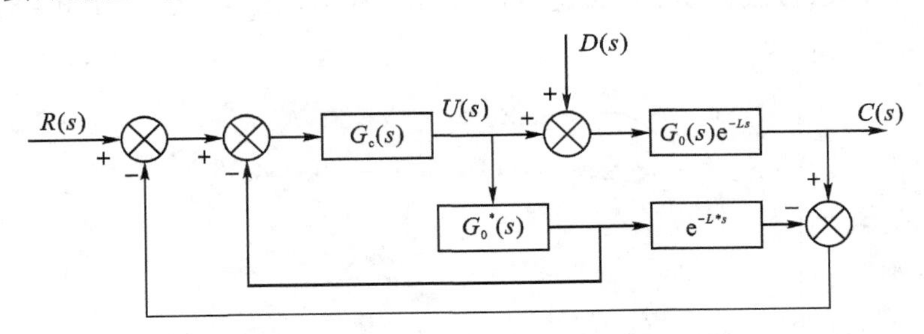

图 6-5-3　史密斯预估补偿器等效结构框图

由图 6-5-3 可知，原来与设定值 $R(s)$做比较的测量值是控制作用 $U(s)$通过 $G_0(s)e^{-Ls}$后的输出，即有 e^{-Ls} 的纯滞后。现在经 $G_S(s)$反馈补偿后，因 $G_S(s)$中包含 $G_0^*(s)$和

$G_0^*(s)e^{-L^*s}$两项，模型准确时，后一项正好与原来测量值 $C(s)$抵消，图 6－5－3 中的外环“不复存在”，剩下的只有 $U(s)$通过模型 $G_0^*(s)$后的输出，所以消除了纯滞后的不利影响。

2. 史密斯预估补偿器的优缺点分析

由上述分析可知，史密斯预估补偿器的最大优点是克服了纯滞后 e^{-Ls} 对闭环系统的影响，加快了闭环系统的响应速度。同时，预估补偿器结构简单，设计思路清晰，易于被工程技术人员理解和接受。

但是，由图 6－5－3 可知，从 $R(s)$及 $D(s)$到 $C(s)$的闭环传递函数分别为

$$\frac{C(s)}{R(s)}=\frac{G_c(s)G_0(s)e^{-Ls}}{1+G_c(s)G_0^*(s)+G_c(s)[G_0(s)e^{-Ls}-G_0^*(s)e^{-L^*s}]} \tag{6-5-5}$$

$$\frac{Y(s)}{D(s)}=\frac{G_0(s)e^{-Ls}[1+G_c(s)G_0^*(s)(1-e^{-L^*s})]}{1+G_c(s)G_0^*(s)+G_c(s)[G_0(s)e^{-Ls}-G_0^*(s)e^{-L^*s}]} \tag{6-5-6}$$

因此，史密斯预估补偿闭环系统的特征方程为

$$1+G_c(s)G_0^*(s)+G_c(s)[G_0(s)e^{-Ls}-G_0^*(s)e^{-L^*s}]=0 \tag{6-5-7}$$

所以史密斯预估补偿器实现完全补偿的条件是

$$G_0^*(s)=G_0(s),L^*=L \tag{6-5-8}$$

这个条件是非常苛刻的。这也是史密斯预估补偿器的缺点之一。史密斯预估补偿器的另一缺点是尽管建议将主控制器 $G_c(s)$设计成为 PID 系列控制器，但控制器的参数整定却没有固定的规则，这也为工程实施带来了一定的麻烦。为了适应工业应用的需要，不断地有一些改进型的史密斯预估补偿控制算法推出。

图 6－5－4 给出了模型准确和失配时史密斯预估补偿控制系统的控制效果及与 PID 控制器对大时滞过程的控制效果比较。其中被控过程为 $G_p(s)=\frac{1}{(s+1)^2}e^{-6s}$，PID 控制器参数整定采用 Z－N 法(ZN－PID)，对应的参数数值分别为 $K_p=0.699$，$T_i=7.9$，$T_d=1.975$。对于史密斯预估补偿控制系统，主控制器依然采用 Z－N 法整定的 PID(ZN－Smith)，失配模型假设为 $G_p^*(s)=\frac{1.2}{(0.8s+1)^2}e^{-7.2s}$，即纯滞后时间常数 L 增大 10%，系统时间常数 T 减小 10%，开环增益增大 10%，也就是说参数摄动非常恶劣。仿真时，设定值取单位阶跃输入信号，在 $t=0$ s 时加入；负载扰动取幅度为 50% 的负单位阶跃信号，在 $t=100$ s 时加入。

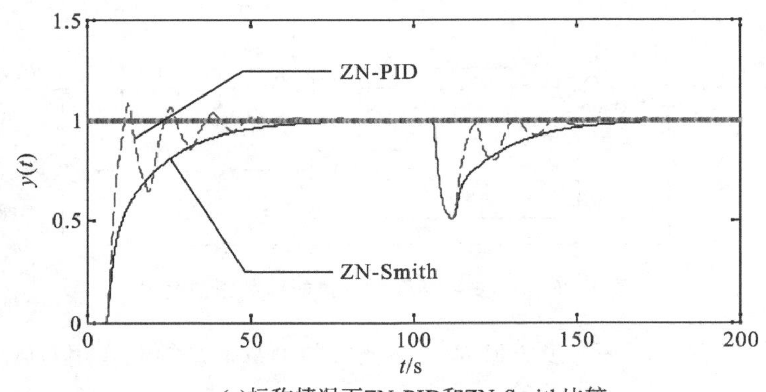

(a)标称情况下ZN-PID和ZN-Smith比较

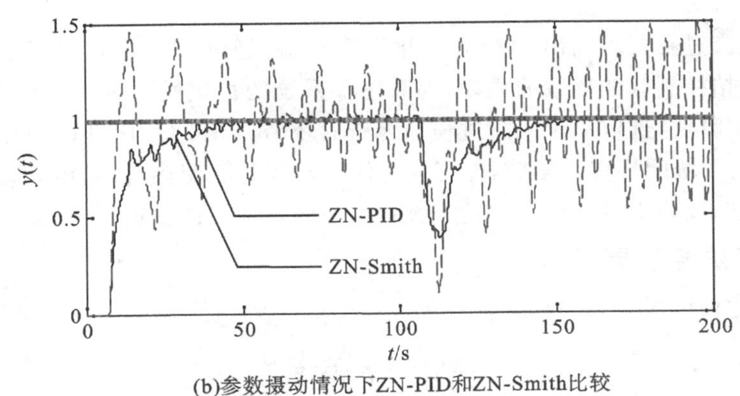

(b)参数摄动情况下ZN-PID和ZN-Smith比较

图 6-5-4　史密斯预估补偿器对大时滞过程的控制效果

3. 史密斯预估补偿器设计注意事项

(1)不能将图 6-5-2 或图 6-5-3 理解为从 $G_0^*(s)$或 $G_0(s)$环节后面取出测量信号，因为实际过程中该信号不可能通过测量得到，实际可测量的仅仅是过程的输出 $C(s)$和控制变量 $U(s)$。

(2)史密斯预估补偿控制是预估了控制变量对过程输出将产生的延迟影响，所以称之为史密斯预估器。但预估是基于过程模型已知的情况下进行的，所以实现史密斯预估补偿必须已知过程动态模型，即已知过程的传递函数和纯滞后时间，而且在模型与真实过程一致时才有效。

(3)对于大多数过程控制，过程模型只能近似地代表真实过程。因此，利用 $G_0^*(s)$和 L^* 来设计史密斯预估器会有一定的误差存在。模型误差越大，即 $G_0^*(s)-G_0(s)$和 L^*-L 的值越大，补偿效果越差；由于纯滞后为指数函数，故 e^{-L^*s}的误差比 $G_0^*(s)$的误差影响更大，即 L^* 的精度比 $G_0^*(s)$的精度更关键。

(4)某些过程的纯滞后是由物料流动引起的，由于物料的流量常常是不断变化的，所以纯滞后时间也是变化的。如果史密斯预估补偿器是按某一工作点设计的，那么当 L 变化时，补偿效果会明显降低。

6.5.3　大林算法

1. 大林算法基本设计思想

大林算法(Dahlin Algorithm)的设计源于对第 5 章讲述的最小拍控制算法的改进。最小拍控制算法是要求闭环系统响应具有有限的调整时间、最小的上升时间和无稳态余差的差拍控制算法。当按设定值设计时，最小拍控制要求闭环系统输出 $C(z)$以最少的拍数(即最少的采样周期)跟踪上设定值 $R(z)$的变化，即要求响应速度最快。对于时滞系统，当设定值做阶跃变化时，最小拍设计要求$\dfrac{C(z)}{R(z)}=z^{-(d+1)}$，相应于$\dfrac{C(s)}{R(s)}=e^{-Ls}$，$L=dT_s$，$T_s$ 为采样周期。也就是说，要求从 $d+1$ 拍起，一步使输出 $C(z)$达到设定值 $R(z)$。对大多数工业生产过程来说，这是相当高的要求。因为工业过程都存在惯性，很难在极短的一个采样周期内使输出达到设定值。

实际上，生产过程要求输出 $c(t)$ 的变化平稳一些，经过一个过渡过程平稳地达到设定值，以减少最小拍控制算法导致的跳动，提高闭环系统的稳定性。基于这种思想，1968 年大林提出一种控制算法，选取一个一阶过程加纯滞后环节(First Order Plus Dead Time，FOPDT)作为要求的系统闭环传递函数，即当设定值 $r(t)$ 作阶跃变化时，输出 $c(t)$ 经过延迟一段时间后，按指数曲线趋于设定值。这就是大林算法的基本设计思想。

2. 大林算法控制器设计

假设被控过程可用 FOPDT 模型

$$G_{31}(s)=\frac{K}{Ts+1}e^{-Ls} \tag{6-5-9}$$

来描述，而且 $L/T>0.5$。令 $G_h(s)=\frac{1-e^{-T_s S}}{s}$ 为零阶保持器，T_s 为采样周期。大林算法的设计目标为

$$\Phi(s)=\frac{1}{T_b s+1}e^{-LS} \tag{6-5-10}$$

式中，$\Phi(s)$ 为闭环系统传递函数；T_b 为期望的闭环系统时间常数。令 $L=NT_s$，$N=0,1,2,\cdots$。那么对式(6-5-9)取 Z 变换得

$$G(z)=Z[G_h(s)G_{31}(s)]=\frac{Kz^{-N-1}(1-e^{-T_s/T})}{1-e^{-T_s/T}z^{-1}} \tag{6-5-11}$$

闭环系统脉冲传递函数 $\Phi(z)$ 为

$$\Phi(z)=Z[G_h(s)\Phi(s)]=\frac{z^{-N-1}(1-e^{-T_s/T_b})}{1-e^{-T_s/T_b}z^{-1}} \tag{6-5-12}$$

因为控制器 $D(z)$ 为

$$D(z)=\frac{\Phi(z)}{G(z)[1-\Phi(z)]} \tag{6-5-13}$$

将式(6-5-11)和式(6-5-12)代入式(6-5-13)得

$$D(z)=\frac{(1-e_1z^{-1})(1-e_b)}{K(1-e_1)[1-e_bz^{-1}-(1-e_b)z^{-N-1}]} \tag{6-5-14}$$

式中，$e_1=e^{-T_s/T}$，$e_b=e^{-T_s/T_b}$。

若被控过程为二阶过程加纯滞后环节(Second Order Plus Dead Time，SOPDT)，即

$$G_4(s)=\frac{K}{(T_1s+1)(T_2s+1)}e^{-Ls} \tag{6-5-15}$$

根据类似的设计过程，可以得到相应的大林算法控制器为

$$D(z)=\frac{(1-b)(1-a_1z^{-1})(1-a_2z^{-1})}{K(c_3+c_4z^{-1})[1-bz^{-1}-(1-b)z^{-(d+1)}]} \tag{6-5-16}$$

式中，$b=e^{-T_s/T_b}$，$a_1=e^{-T_s/T_1}$，$a_2=e^{-T_s/T_2}$，$c_3=1+\frac{T_1a_1-T_2a_2}{T_2-T_1}$，$c_4=a_1a_2+\frac{T_1a_2-T_2a_1}{T_2-T_1}$。

3. 大林算法控制器参数整定

当采样周期确定之后，大林算法的控制参数就只有闭环响应时间 T_b 了，它决定着闭环动态系统的响应速度，可作为控制系统的整定参数，所以参数整定非常方便。T_b 值大，闭环

响应慢，响应曲线比较平滑；T_b 值小，闭环响应较快，但会产生振荡现象。同时，在参数摄动情况下，T_b 也能反映闭环系统的鲁棒性。当 T_b 取值较大使得 $e_b=e^{-T_s/T_b}$ 接近于 1 时，系统能获得高的鲁棒性，但闭环响应会变得相当迟钝；当 T_b 取值较小使得 $e_b=e^{-T_s/T_b}$ 接近于 0 时，能改变闭环动态响应，但系统对于模型误差的敏感性增加。

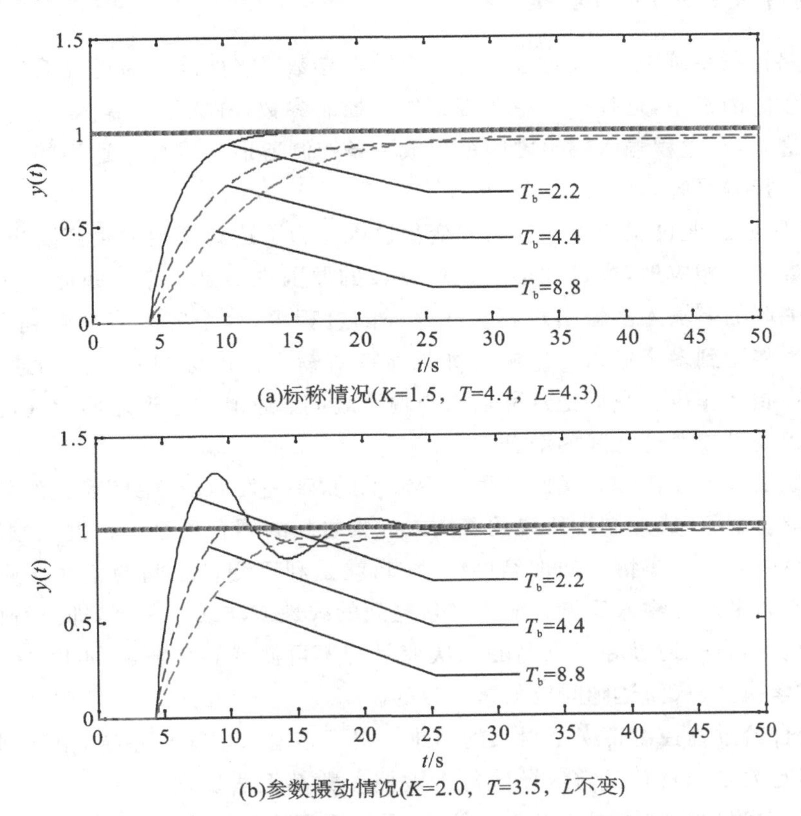

图 6-5-5　不同期望闭环系统时间常数下的大林算法控制效果

图 6-5-5 描述了期望闭环系统时间常数 T_b 取不同数值时的闭环响应曲线，其中被控过程的传递函数为 $G_{31}(s)=\dfrac{1.5}{4.4s+1}e^{-4.3s}$，采样周期 $T_s=0.1$ s，T_b 分别取 2.2 s、4.4 s 和 8.8 s，相应的大林算法控制器表达式分别为 $D_1(z)=\dfrac{0.0444-0.0434z^{-1}}{0.0337-0.0322z^{-1}-0.0015z^{-44}}$、$D_2(z)=\dfrac{0.0225-0.022z^{-1}}{0.0337-0.0329z^{-1}-0.000757z^{-44}}$、$D_3(z)=\dfrac{0.0113-0.011z^{-1}}{0.0337-0.0333z^{-1}-0.000381z^{-44}}$。可以看出：$T_b$ 越小，闭环系统响应速度越快，但鲁棒性变差；T_b 取大，闭环系统响应速度变慢，甚至会出现稳态误差，但鲁棒性会好一些。因此，在工程应用中，一般选取 $T_b>T$，甚至 $T_b\gg T$。这样，不但能使闭环系统响应比较平滑，而且能够消除控制器输出的“振铃”现象（即数字控制器的输出以 1/2 的采样频率大幅度上下摆动的现象）。

6.6 解耦控制

6.6.1 耦合现象及解耦原理

在单回路控制系统中，假设过程只有一个被控参数，它被确定为过程输出，在众多影响这个被控参数的因素中，选择一个主要因素作为控制参数，称为过程输入，而把其他因素都看成扰动。这样，在过程输入输出之间就形成一条控制通道。再加入适当的控制器后，就成为一个单回路控制系统。

然而，实际的工业过程是一个复杂的变化过程。为了达到指定的生产要求，往往需要控制多个过程参数。相应地，决定和影响这些参数的原因也不是一个。因此大多数工业过程是一个相互关联的多输入多输出过程。在这样的过程中，一个输入将影响到多个输出，同时一个输出也将受到多个输入的影响。如果将一对输入输出称为一个控制通道，则在各通道之间就存在相互作用。我们把这种输入与输出之间、通道与通道之间存在的复杂的因果关系称为过程变量或通道之间的耦合。

耦合现象是普遍存在的。我们在生活中常说的“牵一发而动全身”表达的就是自然界中大量存在的耦合现象，或控制中所说的参数或因素之间的耦合关系。在控制领域，我们可以利用耦合关系来做一些事情。如神经网络建模，就是利用变量之间的关联性质及神经网络的万能逼近能力来描述输入变量和输出变量之间的线性或非线性关系，即过程的动态特性。再如软测量技术，也是通过寻找可测的二次变量与不可测或难以测量的主导变量之间的关系(软测量数学模型)从而达到间接测量的目的。

然而，耦合给过程控制带来了很大的困难。对于多输入多输出系统，由于回路之间可能相互影响、相互关联，即相互耦合，导致每个被控参数都无法稳定。图 6-6-1 描述了一个耦合严重的压力流量控制过程。当压力偏低、通过压力控制回路 PIC-101 来开大压力调节阀 A 时，流量也将增加；于是，通过流量控制回路 FIC-101 来关小流量调节阀 B 时，又将使压力上升。这两个控制回路相互关联或相互耦合，究其原因是被控过程的模型中除了主控通道传递函数 $G_{11}(s)$和 $G_{22}(s)$外，还有耦合通道传递函数 $G_{21}(s)$和 $G_{12}(s)$，如图 6-6-1 所示。为此，必须采取一定的措施，如在控制器与被控过程之间设置解耦器，来消除控制回路之间的关联。这种通过设计解耦器来消除耦合通道之间的耦合关系的控制方法就叫做解耦控制。

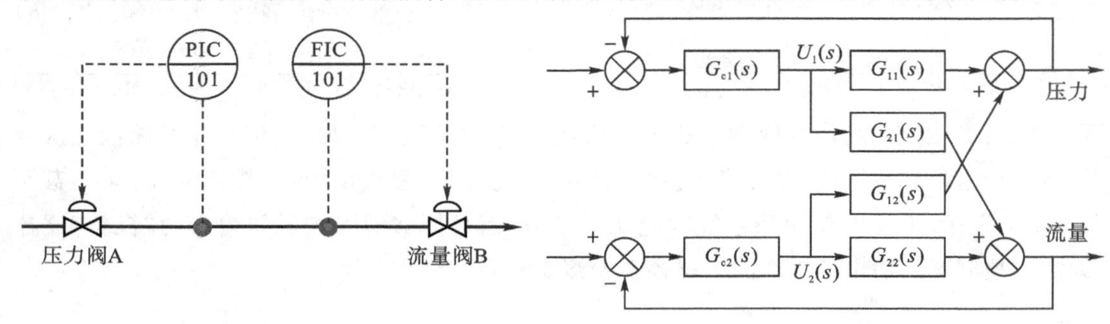

图 6-6-1 压力流量耦合过程控制示意图

由于单回路控制是最简单的控制方案，因此解决多变量耦合过程控制的最好办法是设法消除变量之间不希望的耦合，形成各个独立的单输入单输出控制通道。也就是说，对于式(6－6－1)所示的多变量耦合过程：

$$G_p(s)=\frac{C(s)}{U(s)}=\begin{bmatrix} G_{11}(s) & G_{12}(s) & \cdots & G_{1m}(s) \\ G_{21}(s) & G_{22}(s) & \cdots & G_{2m}(s) \\ \vdots & \vdots & & \vdots \\ G_{n1}(s) & G_{n2}(s) & \cdots & G_{nm}(s) \end{bmatrix} \tag{6-6-1}$$

通过串接一解耦控制网络 $D(s)$，将式(6－6－1)中的耦合通道传递函数(非主对角线上的元素分量)全部置为零。即

$$G_p(s)D(s)=\begin{bmatrix} G_{11}(s) & 0 & \cdots & 0 \\ 0 & G_{22}(s) & \cdots & 0 \\ \vdots & \vdots & & \vdots \\ 0 & 0 & \cdots & G_{nm}(s) \end{bmatrix} \tag{6-6-2}$$

6.6.2　常用的解耦控制算法

解耦的方法很多，但思路最简洁的解耦方法就是上述的串接补偿解耦法，即在被控过程前串接一个补偿网络(或称为解耦网络)$D(s)$，使所得增广过程 $G_g(s)$ 的通道之间不再存在耦合，即成为式(6－6－2)所示的对角线矩阵。常用的串接补偿解耦方法有对角矩阵解耦、单位矩阵解耦和前馈补偿解耦。一个 2×2 的串接补偿解耦控制系统组成结构示意图如图 6－6－2所示。为讲述方便，后面的讲述都以 2×2 耦合过程为例来展开。

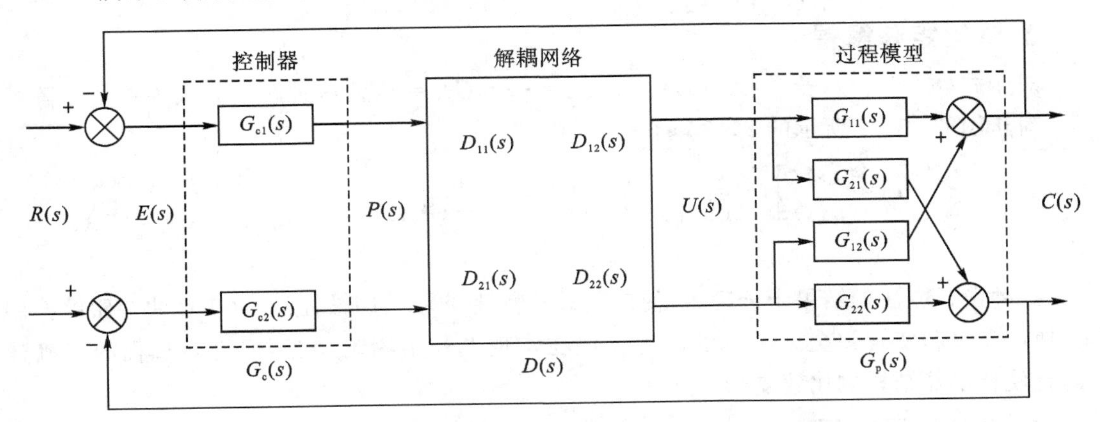

图 6－6－2　2×2 串接补偿解耦控制系统结构示意图

需要说明的是解耦设计可以针对静态过程进行，也可以针对动态过程进行，分别称为静态解耦和动态解耦。其中，静态解耦只要求过程变量达到稳态时实现变量间的解耦，讨论中可将传递函数简化为比例系数；动态解耦则要求不论在过渡过程还是稳态场合，都能实现变量间的解耦。为简便起见，讨论将从静态解耦开始，所用的方法同样可用于动态解耦，并得出相应的结论。

1. 对角矩阵解耦

对于图 6-6-2 所示的耦合过程，可以得到：$C(s)=G_{p}(s)D(s)P(s)$。令

$$G_{g}(s)=G_{p}(s)D(s)=\begin{bmatrix} G_{g11}(s) & 0 & \cdots & 0 \\ 0 & G_{g22}(s) & \cdots & 0 \\ \vdots & \vdots & & \vdots \\ 0 & 0 & \cdots & G_{gnn}(s) \end{bmatrix} \tag{6-6-3}$$

则 $D(s)=G_{p}^{-1}(s)G_{g}(s)=\begin{bmatrix} G_{11}(s) & G_{12}(s) & \cdots & G_{1n}(s) \\ G_{21}(s) & G_{22}(s) & \cdots & G_{2n}(s) \\ \vdots & \vdots & & \vdots \\ G_{n1}(s) & G_{n2}(s) & \cdots & G_{nn}(s) \end{bmatrix}^{-1}\begin{bmatrix} G_{g11}(s) & 0 & \cdots & 0 \\ 0 & G_{g22}(s) & \cdots & 0 \\ \vdots & \vdots & & \vdots \\ 0 & 0 & \cdots & G_{gnn}(s) \end{bmatrix}$。

若令 $G_{g11}(s)=G_{11}(s)$、$G_{g22}(s)=G_{22}(s)$、…、$G_{gnn}(s)=G_{nn}(s)$，则这种解耦方式为对角矩阵解耦。

对于图 6-6-2 所示的 2×2 耦合过程，则有

$$D(s)=\begin{bmatrix} G_{11}(s) & G_{12}(s) \\ G_{21}(s) & G_{22}(s) \end{bmatrix}^{-1}\begin{bmatrix} G_{11}(s) & 0 \\ 0 & G_{22}(s) \end{bmatrix}=\frac{1}{G_{11}(s)G_{22}(s)-G_{12}(s)G_{21}(s)}\begin{bmatrix} G_{22}(s) & -G_{12}(s) \\ -G_{21}(s) & G_{11}(s) \end{bmatrix}$$

$$\begin{bmatrix} G_{11}(s) & 0 \\ 0 & G_{22}(s) \end{bmatrix}=\frac{1}{G_{11}(s)G_{22}(s)-G_{12}(s)G_{21}(s)}\begin{bmatrix} G_{11}(s)G_{22}(s) & -G_{12}(s)G_{22}(s) \\ -G_{21}(s)G_{11}(s) & G_{11}(s)G_{22}(s) \end{bmatrix} \tag{6-6-4}$$

由式(6-6-4)可知，虽然解耦结果保留了原过程的特性，但所得补偿器结构复杂，阶次增加。

2. 单位矩阵解耦

对于式(6-6-3)，若令 $G_{g11}(s)=G_{g22}(s)=\cdots=G_{gnn}=1$，则这种解耦方式为单位矩阵解耦。对于图 6-6-2 所示的 2×2 耦合过程，则有

$$D(s)=\begin{bmatrix} G_{11}(s) & G_{12}(s) \\ G_{21}(s) & G_{22}(s) \end{bmatrix}^{-1}\begin{bmatrix} 1 & 0 \\ 0 & 1 \end{bmatrix}=\frac{1}{G_{11}(s)G_{22}(s)-G_{12}(s)G_{21}(s)}\begin{bmatrix} G_{22}(s) & -G_{12}(s) \\ -G_{21}(s) & G_{11}(s) \end{bmatrix} \tag{6-6-5}$$

这种设计方法的结果十分理想，使广义对象特性变为 1，即被控量 1∶1 地快速跟踪控制量，使广义过程实现完全无时延的跟踪。但在实现上却很困难，它不但需要过程的精确建模，且使补偿器结构也比较复杂。

3. 前馈补偿解耦

前馈补偿解耦就是利用前馈补偿的原理进行解耦的，它把耦合通道当作可测扰动、按照前馈补偿的方式进行处理。同样适用于解耦控制系统。2×2 前馈补偿解耦控制系统结构示意图如图 6-6-3 所示。

图 6-6-3 中，$F_{21}(s)$ 和 $F_{12}(s)$ 可看作是前馈补偿器，$G_{21}(s)$ 和 $G_{12}(s)$ 可看作是扰动通道，$G_{11}(s)$ 和 $G_{22}(s)$ 是主控通道。根据前馈控制的“不变性”原理，应使下面两式等于 0，即

$$\frac{Y_{2}(s)}{V_{1}(s)}=G_{21}(s)+F_{21}(s)G_{22}(s)=0,\ \frac{Y_{1}(s)}{V_{2}(s)}=G_{12}(s)+F_{12}(s)G_{11}(s)=0 \tag{6-6-6}$$

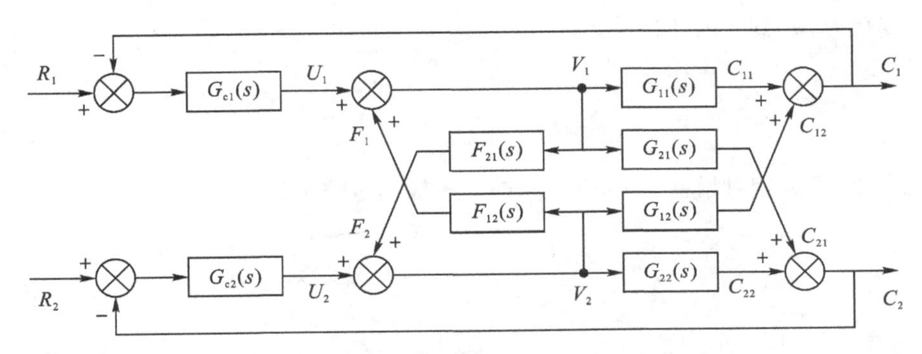

图 6-6-3　2×2 前馈补偿解耦控制系统结构示意图

解上面两式便可得前馈解耦器 $F_{21}(s)$和 $F_{12}(s)$的算式为

$$F_{21}(s)=-\frac{G_{21}(s)}{G_{22}(s)},F_{12}(s)=-\frac{G_{12}(s)}{G_{11}(s)} \tag{6-6-7}$$

具体的实现原理与前馈补偿控制完全一致。

6.6.3　耦合程度的判定方法

在工程实践中，实现复杂过程的解耦，通常有如下三个层次的解决办法：①突出主要被控参数，忽略次要被控参数，将过程简化为单参数过程；②寻求输出输入间的最佳匹配，选择因果关系最强的输入输出，逐对构成各个控制通道，弱化各控制通道之间、即变量之间的耦合；③本节阐述的解耦控制方法，即设计一个补偿器 $D(s)$，与原过程 $G_p(s)$构成一个广义过程 $G_g(s)$，使 $G_g(s)$成为对角线阵。

上述第一种方法最简单，但只适用于简单过程或控制要求不高的场合；第二种方法考虑到变量之间的耦合，但这种配对只有在存在弱耦合的情况下才能找到合理的输入输出间的组合；第三种方法原则上适用于一般情况，但要找到适当的补偿器并能实现，补偿器结构往往比较复杂。因此要视不同要求和场合选用不同方法。那么，判断采取合适解耦方法的依据是什么呢？这里介绍一种所谓的“相对增益矩阵”的判定方法。

1. 相对增益矩阵的定义

多输入多输出过程中变量之间的耦合程度可用相对增益表示。设过程输入 $\boldsymbol{U}=[u_1\ u_2\cdots u_n]^{\mathrm{T}}$，输出 $\boldsymbol{C}=[c_1\ c_2\cdots c_n]^{\mathrm{T}}$，令

$$p_{ij}=\frac{\partial c_i}{\partial u_j}\Big|_{u_r=Const}\quad (r\neq j) \tag{6-6-8}$$

此式表示在 $u_r(r\neq j)$不变时，输出 c_i对输入 u_j 的传递关系或静态放大系数，这里称为通道 u_j 到 c_i第一放大系数，表示在过程其他输入 u_r 不变的条件下，u_j 到 c_i的传递关系，也就是只有 u_j 输入作用对 c_i的影响。

又令

$$q_{ij}=\frac{\partial c_i}{\partial u_j}\Big|_{c_r=Const}\quad (r\neq j) \tag{6-6-9}$$

此式表示在所有 $c_r(r\neq i)$不变时，输出 c_i 对输入 u_j 的传递关系或静态放大系数，称为通道 u_j 到 c_i第二放大系数，表示在过程其他输出 c_r 不变的条件下，u_j 到 c_i的传递关系，也就是在

$u_r(r\neq j)$变化时，u_j 到 c_i的传递关系。

再令

$$\lambda_{ij}=\frac{p_{ij}}{q_{ij}} \tag{6-6-10}$$

称为 u_j 到 c_i通道的相对增益。对 $n\times n$ 多输入多输出过程可得

$$\boldsymbol{\Lambda}=(\lambda_{ij})_{n\times n}=\begin{bmatrix}\lambda_{11} & \lambda_{12} & \cdots & \lambda_{1n}\\ \lambda_{21} & \lambda_{22} & \cdots & \lambda_{2n}\\ \vdots & \vdots & & \vdots\\ \lambda_{n1} & \lambda_{n2} & \cdots & \lambda_{nn}\end{bmatrix} \tag{6-6-11}$$

称为过程的相对增益矩阵，它的元素 λ_{ij} 就表示 u_j 到 c_i通道的相对增益，反映了变量之间即通道之间的耦合程度。对于相对增益 λ_{ij}，我们做如下讨论：

(1)若 $\lambda_{ij}=1$，表示在其他输入 $u_r(r\neq j)$ 不变和变化两种条件下，u_j 到 c_i的传递不变。也就是说，输入 u_j 到 c_i的通道不受其他输入的影响，因此该通道的配对选择是正确的。

(2)若 $\lambda_{ij}=0$，表示 $p_{ij}=0$，即 u_j 对 c_i没有影响，不能控制 c_i的变化，因此该通道的配对选择是错误的。

(3)若 $0<\lambda_{ij}<1$，表示 u_j 到 c_i的通道与其他通道之间有强弱不等的耦合。

(4)若 $\lambda_{ij}>1$，表示耦合减弱了 u_j 对 c_i的控制作用。

(5)若 $\lambda_{ij}<0$，表示耦合的存在使 u_j 对 c_i的控制作用改变了方向和极性，从而有可能造成正反馈而引起控制系统的不稳定。

由上述定性分析可知道，相对增益的值反映了某个控制通道的作用强弱和其他通道对它的耦合的强弱，因此可作为选择控制通道和决定采用何种解耦措施的依据。

2. 相对增益矩阵的求法

相对增益矩阵有多种求法，如实验法、解析法和间接法等，下面以图 6-6-2 所示的 2×2 过程，来介绍相对增益矩阵的解析法求解过程。由图 6-2-2 可知：$\boldsymbol{G}_p(s)=\begin{bmatrix}G_{11}(s) & G_{12}(s)\\ G_{21}(s) & G_{22}(s)\end{bmatrix}$。若只考虑静态放大系数(即开环增益)，则有 $\boldsymbol{G}_p(s)=\begin{bmatrix}k_{11} & k_{12}\\ k_{21} & k_{22}\end{bmatrix}$。由此可得

$$\begin{cases}c_1=k_{11}u_1+k_{12}u_2\\ c_2=k_{21}u_1+k_{22}u_2\end{cases} \tag{6-6-12}$$

可以求得

$$p_{11}=\frac{\partial c_1}{\partial u_1}\bigg|_{u_2=Const}=k_{11} \tag{6-6-13}$$

改写式(6-6-12)可得 $c_1=k_{11}u_1+\dfrac{c_2-k_{21}u_1}{k_{22}}k_{12}$。于是

$$q_{11}=\frac{\partial c_1}{\partial u_1}\bigg|_{c_2=Const}=k_{11}-\frac{k_{12}k_{21}}{k_{22}}=\frac{k_{11}k_{22}-k_{12}k_{21}}{k_{22}} \tag{6-6-14}$$

因此，由式(6-6-13)和式(6-6-14)可得 $\lambda_{11}=\dfrac{p_{11}}{q_{11}}=\dfrac{k_{11}k_{22}}{k_{11}k_{22}-k_{12}k_{21}}$。同理可求得 $\lambda_{12}=\dfrac{p_{12}}{q_{12}}=$

$\frac{-k_{12}k_{21}}{k_{11}k_{22}-k_{12}k_{21}}$，$\lambda_{21}=\frac{p_{21}}{q_{21}}=\frac{-k_{12}k_{21}}{k_{11}k_{22}-k_{12}k_{21}}$，$\lambda_{22}=\frac{p_{22}}{q_{22}}=\frac{k_{11}k_{22}}{k_{11}k_{22}-k_{12}k_{21}}$。所以，

$$\boldsymbol{\Lambda}=(\lambda_{ij})_{2\times 2}=\begin{bmatrix}\lambda_{11} & \lambda_{12}\\ \lambda_{21} & \lambda_{22}\end{bmatrix}=\begin{bmatrix}\frac{k_{11}k_{22}}{k_{11}k_{22}-k_{12}k_{21}} & \frac{-k_{12}k_{21}}{k_{11}k_{22}-k_{12}k_{21}}\\ \frac{-k_{12}k_{21}}{k_{11}k_{22}-k_{12}k_{21}} & \frac{k_{11}k_{22}}{k_{11}k_{22}-k_{12}k_{21}}\end{bmatrix} \tag{6-6-15}$$

3. 相对增益矩阵的性质

由式(6-6-15)可以得到相对增益矩阵的一个重要性质：相对矩阵 $\boldsymbol{\Lambda}$ 的任一行（或任一列）的元素的值之和为 1，即 $\lambda_{i1}+\lambda_{i2}+\cdots+\lambda_{in}=1$，且 $\lambda_{1j}+\lambda_{2j}+\cdots+\lambda_{nj}=1$。该性质的意义之一是可以简化相对增益矩阵的计算。例如，对于一个 2×2 的 $\boldsymbol{\Lambda}$ 矩阵，只要求出一个独立的 λ_{ij} 值，其他三个值可由此性质推出。对于一个 3×3 的 $\boldsymbol{\Lambda}$ 矩阵，也只要求出四个独立的 λ_{ij} 值，即可推出其余的 5 个 λ_{ij} 值，显然大大减少了计算工作量。

这个性质的更重要的意义是它能帮助分析过程通道间的耦合情况。根据前述相对增益矩阵的定义及其性质分析，可得到以下结论：

(1)若 $\boldsymbol{\Lambda}$ 矩阵的对角元为 1，其他元为 0，则过程通道之间没有耦合，每个通道都可构成单回路控制，且回路配对正确。

(2)若 $\boldsymbol{\Lambda}$ 矩阵非对角元为 1，而对角元为 0，则表示过程控制通道配对选错，可更换输入输出间的配对关系，得到无耦合过程。

(3)若 $\boldsymbol{\Lambda}$ 矩阵的元都在[0, 1]区间内，表示过程控制通道之间存在耦合。λ_{ij} 越接近于 1，表示 u_j 到 c_i 的通道受耦合的影响越小，构成单回路控制效果越好。

(4)若 $\boldsymbol{\Lambda}$ 矩阵同一行或列的元值相等，或同一行或同一列的入值都比较接近，表示通道之间的耦合最强，要设计成单回路控制，必须采取专门的解耦补偿措施；

(5)若 $\boldsymbol{\Lambda}$ 矩阵中某元的值大于 1，则同一行或列中必有 $\lambda_{ij}<0$ 的元存在，表示过程变量或通道之间存在不稳定耦合，在设计解耦或控制回路时，必须采取镇定措施。

因此，不但可以通过 $\boldsymbol{\Lambda}$ 矩阵来判断通道之间的耦合情况，同时还可以根据 $\boldsymbol{\Lambda}$ 矩阵中 λ_{ij} 数值的大小来进行通道的配对。

6.6.4　解耦控制的工程应用举例

这里以一个混合配料过程(见图 6-6-4)为例来阐述相对增益矩阵的计算、控制回路的配对及解耦设计。

在图 6-6-4 中，两种原料分别以流量 q_A 和 q_B 流入并混合，阀门开度控制量分别为 u_1 和 u_2，要求控制其总流量 q 和混合后的浓度 C。

由物料平衡原理和浓度(成分)的定义可得

$$q=q_A+q_B=u_1+u_2 \tag{6-6-16}$$

$$C=\frac{q_A}{q_A+q_B}=\frac{u_1}{u_1+u_2}=\frac{q_A}{q} \tag{6-6-17}$$

于是，根据第一放大倍数的定义可得

$$p_{11}=\frac{\partial C}{\partial u_1}\bigg|_{u_2=Const}=\frac{u_2}{(u_1+u_2)^2}=\frac{1-C}{q} \tag{6-6-18}$$

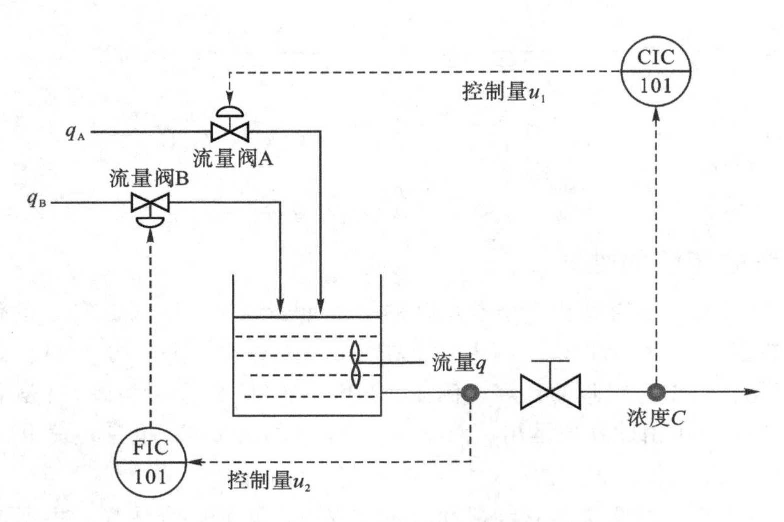

图 6-6-4　浓度流量耦合系统示意图

将式(6-6-16)带入式(6-6-17)，根据第二放大倍数的定义可得

$$q_{11}=\frac{\partial C}{\partial u_1}\Big|_{q=Const}=\frac{1}{q} \tag{6-6-19}$$

所以，有 $\lambda_{11}=\frac{p_{11}}{q_{11}}=1-C=\lambda_{22}$，$\lambda_{12}=\lambda_{21}=1-\lambda_{11}=C$。于是可得如下相对增益矩阵

$$\boldsymbol{\Lambda}=\begin{bmatrix}\lambda_{11} & \lambda_{12}\\ \lambda_{21} & \lambda_{22}\end{bmatrix}=\begin{matrix} C\\ q\end{matrix}\overset{\begin{matrix}u_1 & \quad u_2\end{matrix}}{\begin{bmatrix}1-C & C\\ C & 1-C\end{bmatrix}} \tag{6-6-20}$$

式(6-6-20)表明，相对增益 λ_{ij} 与浓度 C 有关。若 $C=0.5$，则 $\lambda_{ij}=0.5$，即无论怎样做配对选择，两个通道之间都存在强耦合；若 $C=0.4$，则有 $\boldsymbol{\Lambda}=\begin{bmatrix}0.6 & 0.4\\ 0.4 & 0.6\end{bmatrix}$，即 u_1 与 C 配对、u_2 与 q 配对是正确的，且需要做解耦处理；$C=0.1$，则有 $\boldsymbol{\Lambda}=\begin{bmatrix}0.9 & 0.1\\ 0.1 & 0.9\end{bmatrix}$，即通道之间的耦合作用比较小，不需要做解耦处理；若 $C=0.6$，则有 $\boldsymbol{\Lambda}=\begin{bmatrix}0.4 & 0.6\\ 0.6 & 0.4\end{bmatrix}$，则上述配对不再正确，需要先进行配对调整，再做解耦处理。

假设上述混合过程需要做解耦处理，且耦合过程传递函数为 $\boldsymbol{G}_{\mathrm{p}}(s)=\begin{bmatrix}\frac{k_{11}}{Ts+1} & \frac{k_{12}}{Ts+1}\\ \frac{k_{21}}{Ts+1} & \frac{k_{22}}{Ts+1}\end{bmatrix}$，则 $\boldsymbol{G}_{\mathrm{p}}^{-1}(s)=\frac{Ts+1}{k_{11}k_{22}-k_{12}k_{21}}\begin{bmatrix}k_{22} & -k_{12}\\ -k_{21} & k_{11}\end{bmatrix}$。若分别采用6.6.2小节中所介绍的对角矩阵解耦、单位矩阵解耦和前馈补偿解耦方法进行解耦，所得的解耦补偿网络或解耦补偿器分别为

$$\boldsymbol{D}_{\mathrm{d}}(s)=\boldsymbol{G}_{\mathrm{p}}^{-1}(s)\begin{bmatrix}\frac{k_{11}}{Ts+1} & 0\\ 0 & \frac{k_{22}}{Ts+1}\end{bmatrix}=\frac{Ts+1}{k_{11}k_{22}-k_{12}k_{21}}\begin{bmatrix}k_{22} & -k_{12}\\ -k_{21} & k_{11}\end{bmatrix}\begin{bmatrix}\frac{k_{11}}{Ts+1} & 0\\ 0 & \frac{k_{22}}{Ts+1}\end{bmatrix}$$

$$=\frac{1}{k_{11}k_{22}-k_{12}k_{21}}\begin{bmatrix}k_{11}k_{22} & -k_{12}k_{22}\\ -k_{11}k_{21} & k_{11}k_{22}\end{bmatrix} \tag{6-6-21}$$

$$\boldsymbol{D}_{\mathrm{u}}(s)=\boldsymbol{G}_p^{-1}(s)\begin{bmatrix}1 & 0\\ 0 & 1\end{bmatrix}=\frac{Ts+1}{k_{11}k_{22}-k_{12}k_{21}}\begin{bmatrix}k_{22} & -k_{12}\\ -k_{21} & k_{11}\end{bmatrix} \tag{6-6-22}$$

$$F_{21}(s)=-\frac{G_{21}(s)}{G_{22}(s)}=-\frac{k_{21}}{k_{22}},F_{12}(s)=-\frac{G_{12}(s)}{G_{11}(s)}=-\frac{k_{12}}{k_{11}} \tag{6-6-23}$$

比较式(6-6-21)至式(6-6-23)可以看出,选用不同的解耦设计方法,要求有不同的补偿器。若要得到单位矩阵过程,补偿器则要选用微分电路,实现比较困难;若要得到特定对角矩阵,将用到高阶补偿器(当耦合对象开环极点不同时);相对而言,前馈补偿器的设计和结构比较简单。然而,实际过程不会像本例这么简单,因此补偿器的结构将会复杂得多,往往有必要做简化处理。

6.7 分程控制

对于单回路控制和串级控制等控制系统,在正常生产情况下,组成系统的各个部分,如传感器、控制器、执行器等,一般都工作在一个较小的工作区域内。为了使系统工作范围扩大或在系统受到大扰动甚至事故状态下仍能安全生产,过程控制界开发了分程和选择控制策略,通过有选择的非线性切换使不同的部件工作在不同区域内,从而实现工作范围的扩大。本节及下一节将分别介绍分程控制和选择控制的工作原理、设计原则及应用举例等内容。

6.7.1 分程控制的工作原理

单回路控制由一个控制器的输出带动一个调节阀动作。在生产过程中,有时为了满足被控参数宽范围的工艺要求,需要改变几个控制参数。这种由一个控制器的输出信号分段分别去控制两个或两个以上调节阀动作的控制策略称为分程控制。其原理框图如图6-7-1所示。

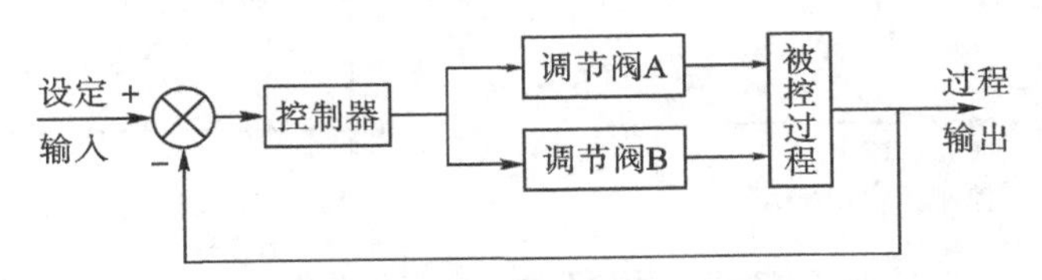

图6-7-1 分程控制原理框图

在图6-7-1所示中,假设调节阀A在控制器输出信号20 kPa～60 kPa范围内工作,调节阀B在60 kPa～100 kPa范围内工作,则控制器的控制信号输出范围或被控过程的压力调节范围就可以扩大到20 kPa～100 kPa。这样,将两个调节阀当作一个调节阀使用,可以扩大调节范围,改善调节特性,提高控制精度。

再用一个具体的例子来说明分程控制的调节优点。假设图6-7-1所示中两只阀门的最大流通能力分别为$C_{\mathrm{Amax}}=40\ \mathrm{m^3/h}$,$C_{\mathrm{Bmax}}=100\ \mathrm{m^3/h}$,可调范围(阀门最大流通能力与最小流通能力之比)均为 30,即 $R_A=R_B=30$。则小阀门(阀门 A)的最小流通能力为 $C_{Amin}=\frac{C_{Amax}}{R_A}=\frac{40}{30}\ m^3/h=1.34\ m^3/h$。分程控制把两个调节阀门当作一个调节阀门来使用,假设大阀(阀门 B)的泄漏量为零,则分程控制系统的最小流通能力为阀门 A 的最小流通能力,即为 1.34;最大流通能力为两个阀门的最大流通能力之和,即 $C_{Amax}+C_{Bmax}=140\ m^3/h$,可调范围为$R=\frac{C_{Amax}+C_{Bmax}}{C_{Amin}}=\frac{40+100}{1.34}=104.48$,即是原可调范围的 104.48/30=3.48 倍。由于每只阀门的动作精度没有改变,所以合起来的动作精度仍然不变,但调节范围却增大了 2.48 倍。若要采用一只流通能力为 140 m^3/h 的调节阀门,因阀门的流通截面积增大,动作单位角度的流通截面积改变也会相应增大,阀门动作精度必然会降低,从而导致控制精度的降低。由此可见,通过分程控制,可以改善执行器的工作特性,增大其调节范围,提高闭环控制精度。

6.7.2 分程控制的主要结构形式

分程控制是通过气动阀门定位器或电动阀门执行器来实现的,为了编程方便,工程实践中通常选择气动调节阀门作为执行器。在分程控制回路中,将控制器的输出信号(如 4~20 mA电流信号)分成几段,不同区段的信号来驱动相应的执行器(气动调节阀门),使调节阀门全行程动作。例如,对于图 6-7-1 所示的分程控制系统,当控制器的输出信号范围为 4~12 mA 时,阀门 A 做全程动作,阀门 B 不动作(维持原状态);当控制器的输出信号范围为 12~20 mA 时,阀门 B 做全程动作,阀门 A 不再动作(维持原状态)。具体的动作特性如图 6-7-2 和图 6-7-3 所示。

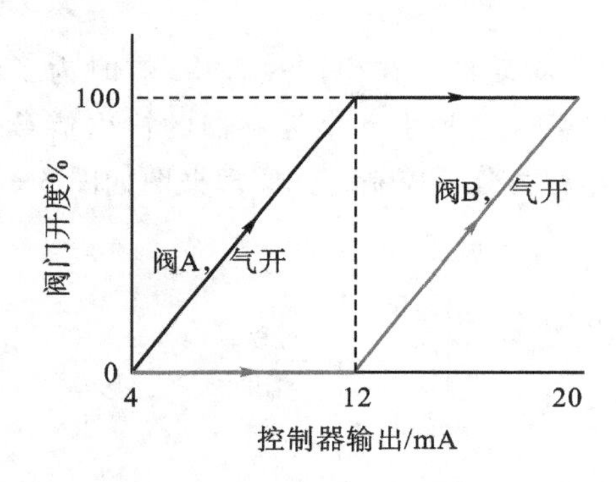

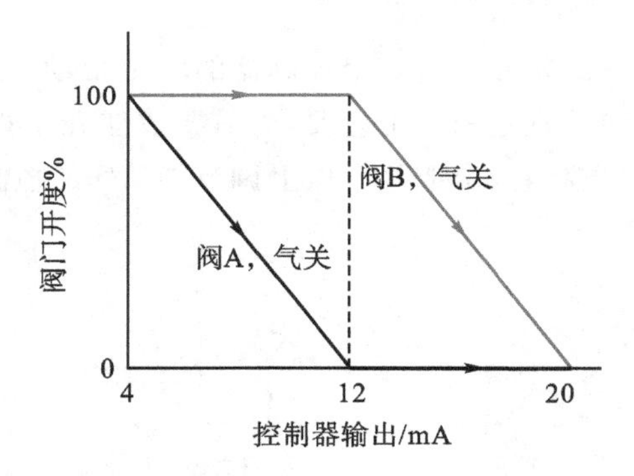

图 6-7-2 同向分程控制阀门动作示意图

分程控制根据调节阀的气开、气关形式和分程信号区段不同,可分为两类:一类是调节阀同向动作的分程控制,即随着调节阀输入信号的增加或减小,调节阀的开度均逐渐开大或均逐渐关小,动作曲线如图 6-7-2 所示;另一类是调节阀异向动作的分程控制,即随调节阀输入信号的增加或减小,调节阀开度按一只逐渐开大、另一只逐渐关小的方向动作,动作曲线如图 6-7-3 所示。分程控制中调节阀同向或异向动作的选择完全由生产工艺安全的原则决定。

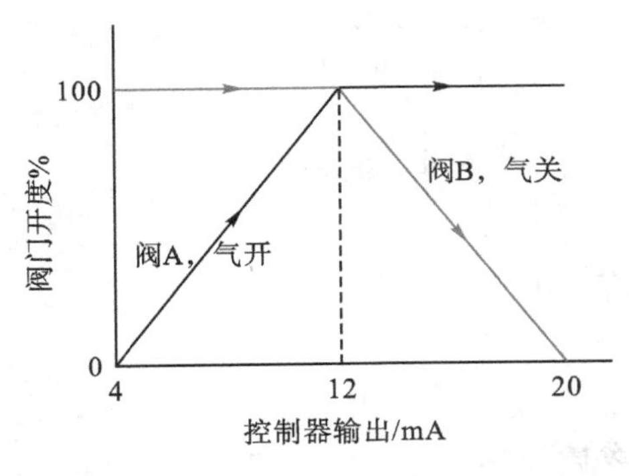

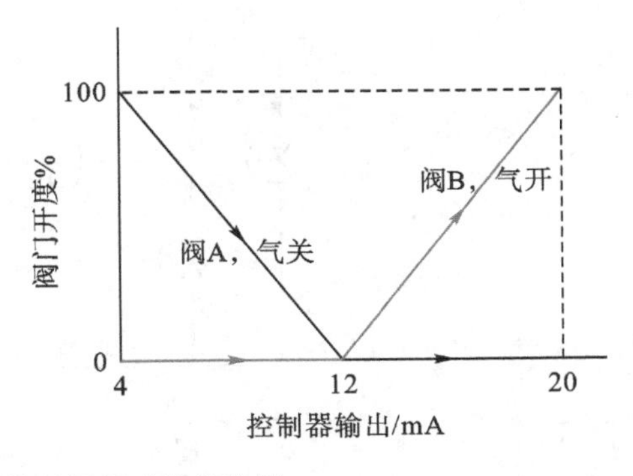

图 6-7-3　异向分程控制阀门动作示意图

需要强调的是，在分程控制中，实际上是把两个调节阀作为一个调节阀使用，因此要求从一个阀向另一个阀过渡时，其流量变化要平滑。但由于两个阀的放大系数不同，在分程点上常会引起流量特性的突变，尤其是大、小阀并联工作时，更需注意。当两只阀门均为线性阀时，其突变情况非常严重；当均采用对数阀时，突变情况要好一些。由此可知，在分程控制中，调节阀流量特性的选择非常重要。为使总的流量特性比较平滑，一般应考虑如下措施：

(1)尽量选用对数调节阀，除非调节阀范围扩展不大时(此时两个调节阀的流通能力很接近)，可选用线性阀。

(2)采用分程信号重叠法，使两个阀有一区段重叠的调节器输出信号，这样不等到小阀全开，大阀就已渐开。

调节阀的泄漏问题是实现分程控制的一个很重要的问题。选用的调节阀应不泄漏或泄漏量极小，尤其是大、小阀并联工作时，若大阀泄漏量过大，小阀将不能充分发挥其控制作用，甚至起不到控制作用。

分程控制本质上是单回路控制，有关控制器调节规律的选择及其参数整定可参照单回路控制系统设计。但是分程控制中的两个控制通道特性不会完全相同，所以只能兼顾两种情况，选取一组比较合适的整定参数。

6.7.3　分程控制的工程应用举例

分程控制能扩大调节阀的可调范围，提高控制质量，同时能解决生产过程中的一些特殊问题，所以在工程实践中得到广泛应用。

1. 用于节能控制

如在某生产过程中，冷物料通过热交换器用热水(工业废水)和蒸汽对其进行加热，当用热水加热不能满足出口温度要求时，则再同时使用蒸汽加热，从而减少能源消耗，提高经济效益。为此，设计了图 6-7-4 所示的温度分程控制系统。

在该系统中，蒸汽阀和热水阀均选气开式，调节器为反作用。在正常情况下，调节器输出信号使热水阀工作，此时蒸汽阀全关，以节省蒸汽；当扰动使出口温度下降，热水阀全开仍不能满足出口温度要求时，调节阀输出信号同时使蒸汽阀打开，以满足出口温度的工艺要求。

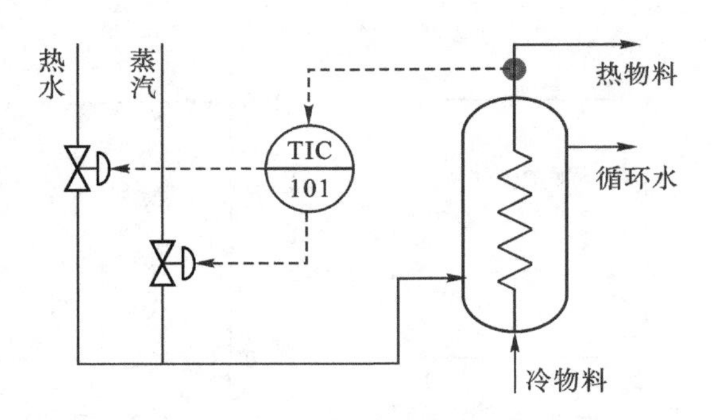

图 6－7－4　温度分程控制系统

2. 用于扩大调节阀的可调范围,提高控制精度

随着造纸机幅宽的增大和车速的提高,上浆流量要求越来越大。一般而言,增大上浆流量的方法有两个:一是提高高位箱的高度,以提高浆的流速,但因厂房高度所限,这一方案对上浆流量的提升有限,且随着高位箱高度的增加,上浆泵扬程变大,导致能耗增大;二是增大高位箱出口管道管径,这个方法对提升流量非常有效,但因流量阀调节范围和调节精度所限,管径越大,调节精度就越低,从而导致控制精度降低。

为此,设计图 6－7－5 所示的流量分程控制方案。阀 A 和阀 B 均采用动作速度快的电动调节阀,且 A、B 阀口径可以相同,也可以一大一小(如 A 大 B 小)。系统运行时候,根据工艺所需流量的大小,先保持 B 阀关闭,通过调节 A 阀来调节流量;如果 A 阀全开后还不能满足流量要求,则保持 A 阀处于全开状态,通过调节 B 阀来调节流量。这样,不但扩大了流量阀的可调节范围,而且不降低调节精度,从而保证了控制品质。

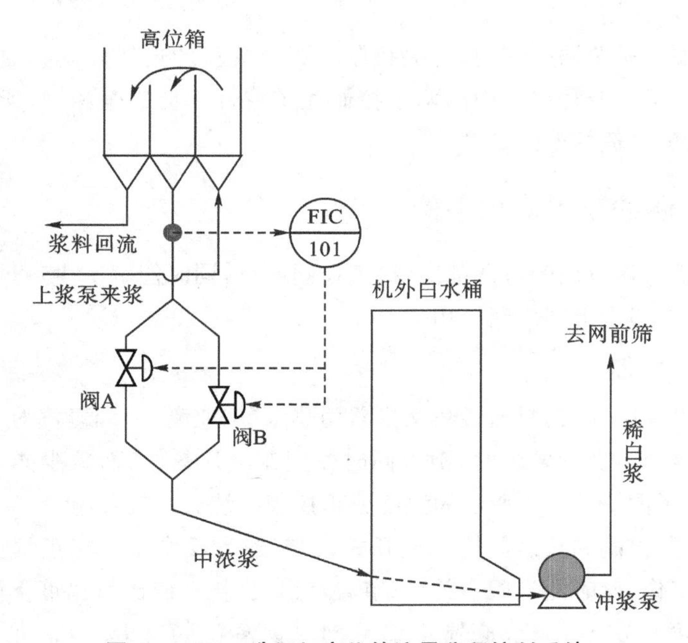

图 6－7－5　造纸机高位箱流量分程控制系统

3. 用于保证生产过程的安全稳定

在有些生产过程中，许多存放着石油化工原料或产品的储罐都建在室外，为了保证使这些原料或产品与空气隔绝，以免被氧化变质或引起爆炸危险，常采用罐顶充氮气的方法（氮封工艺技术，见图 6-7-6）与外界空气隔绝，一般要求储罐内的氮气压力呈微正压。当储罐内的原料或产品增减时，将引起罐顶压力的升降，故必须及时进行控制，否则将引起储罐变形，甚至破裂，造成浪费或引起燃烧、爆炸等危险事故。所以，当储罐内原料或产品增加、液位升高时，应及时使罐内氮气适量排空，并停止充氮气，即阀 A 逐渐关闭，阀 B 逐渐打开；反之，当储罐内原料或产品减少、液位下降时，为保证罐内氮气呈微正压的工艺要求，应及时停止氮气排空，并向储罐充氮气，即阀 B 逐渐关闭，阀 A 逐渐打开。为此，设计与应用了图 6-7-6 所示的分程控制系统。为了减少氮气消耗，可以设置阀 A 和阀 B 同时关闭的状态，即当罐内压力处于合适状态范围时，既不排气，也不充气。

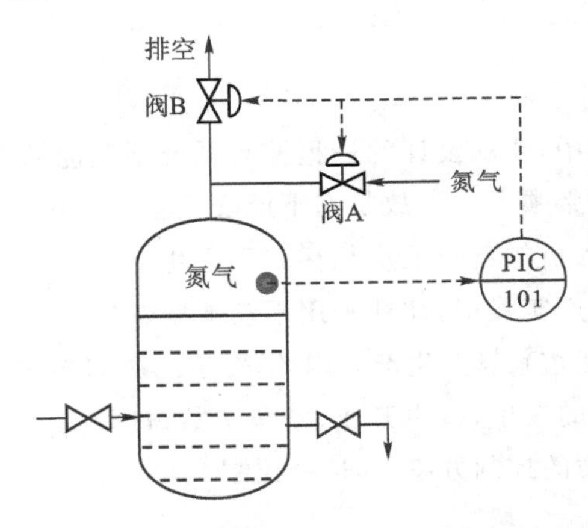

图 6-7-6　储罐氮封压力分程控制系统

4. 用于不同工况下的控制

在化工生产中，有时需要加热，有时又需要移走热量，为此配有蒸汽和冷水两种传热介质，设计分程控制，以满足生产工艺要求。

如釜式间歇反应器的温度控制。在配置好反应物料后，开始需要加热升温，以引发反应。当反应开始趋于剧烈时，由于放出大量热量，若不及时移走热量，温度会越来越高引起事故，所以需要冷却降温。为了满足工艺要求，设计图 6-7-7 所示分程控制方案。

在图 6-7-7 所示分程控制系统中，蒸汽阀为气开式，冷水阀为气关式，温度调节器为反作用式。其工作过程为起始温度低于给定值，调节器输出信号增大，打开蒸汽阀，通过夹套对反应釜加热升温，引发化学反应；当反应温度升高超过给定值时，调节器输出信号减小，逐渐关小蒸汽阀，接着开大冷水阀以移走热量，使温度满足工艺要求。

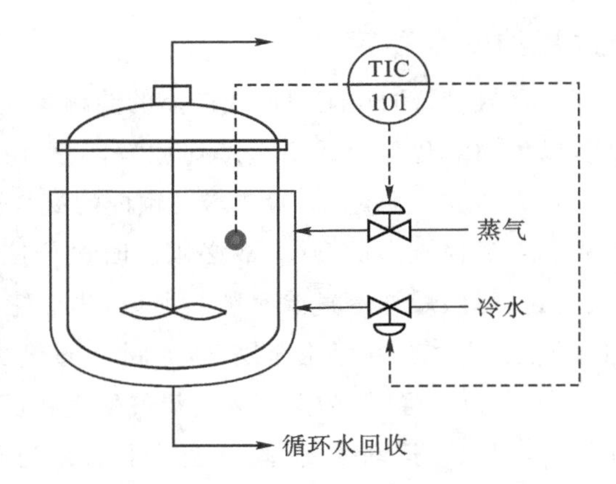

图 6-7-7 储罐氮封压力分程控制系统

6.8 选择控制

在现代工业生产过程中，要求设计的过程控制系统不但能够在正常工况下克服外来扰动，实现平稳操作，而且还必须考虑事故状态下能安全生产。由于实际生产限制条件多，逻辑关系又比较复杂，操作人员的自身反应往往跟不上生产变化速度，在突发事件、故障状态下难以确保生产安全。生产实践中，往往采用手动或联锁停车保护的方法。但停车后少则数小时，多则数十小时才能重新恢复生产。因此，对生产影响太大，造成经济上的严重损失。为了有效地防止生产事故的发生，减少开车、停车次数，过程控制界开发了一种能适应短期内生产异常、改善控制品质的控制方案，即选择控制。

6.8.1 选择控制的工作原理

选择控制是把由生产过程中的限制条件所构成的逻辑关系叠加到正常的自动控制系统上的一种组合控制方法。例如，在一个过程控制系统中，设有两个或两个以上的控制器（或两个及两个以上的传感器），通过高、低值选择器选出能适应生产安全状况的控制信号，实现对生产过程的自动控制。当生产过程趋近于危险极限区，但还未进入危险区时，一个用于控制不安全情况的控制方案通过高、低选择器将取代正常生产情况下工作的控制方案（正常控制器处于开环状态），直至使生产过程重新恢复正常。然后，又通过选择器使原来的控制方案重新恢复工作。因此，选择控制系统又被称为自动保护系统，或称为软保护系统。

选择控制将逻辑控制与常规控制结合起来，增强了系统的控制能力，可以完成非线性控制、安全控制和自动开停车等控制功能，又称取代控制、超驰控制和保护控制等。

需要强调的是，分程控制是一个控制器（或传感器）对多个执行器，通过一定的约束机制，同一时刻只有一个执行器动作；而选择控制是多个控制器（或传感器）对一个执行器，通过一定的约束机制，同一时刻只有一个控制器（或传感器）的输入信号被接入执行器。

6.8.2　选择控制的主要结构形式

选择控制是为使控制系统既能在正常工况下工作，又能在一些特定工况下工作而设计的。因此，选择控制应具备：①生产操作上有一定的选择规律；②组成控制系统的各个环节中必须包含具有选择功能的选择单元，即选择器。

选择器可以接在两个或多个调节器的输出端，对控制信号进行选择，也可以接在几个传感器的输出端，对测量信号进行选择，以适应不同生产过程的需要。根据选择器在系统结构中的位置不同，选择控制可分为两种：对控制信号进行选择的选择控制和对检测信号进行选择的选择控制。

1. 对控制信号进行选择的选择控制

这类选择控制的选择器位于控制器的输出端，对控制器输出信号进行选择，如图 6－8－1 所示。这种选择控制的主要特点是两个控制器共用一个执行器。在生产正常情况下，两个控制器的输出信号同时送至选择器，选出正常调节器输出的控制信号送给调节阀，实现对生产过程的自动控制。当生产不正常时，通过选择器由取代控制器取代正常控制器的工作，直到生产情况恢复正常。然后再通过选择器的自动切换，仍由原正常控制器来控制生产的正常进行。这种选择控制方案，在现代工业生产过程中得到了广泛应用。

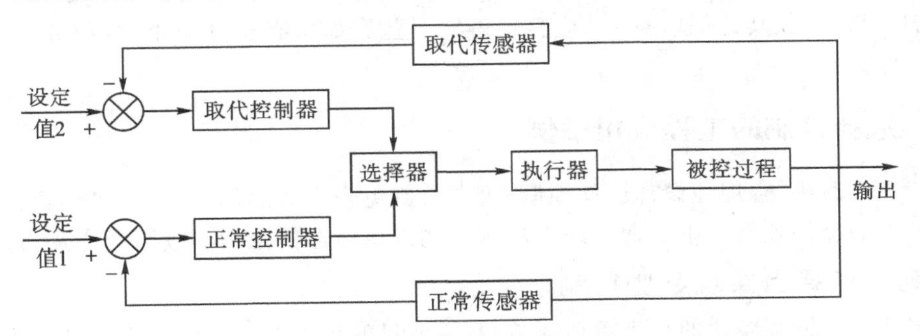

图 6－8－1　对控制信号进行选择的选择控制原理框图

2. 对检测信号进行选择的选择控制

这类选择控制的选择器位于控制器之前，对传感器的输出信号进行选择，如图 6－8－2 所示。这种选择控制的主要特点是几个传感器合用一个控制器。通常，选择的目的有两个：一是选出最高或最低测量值，二是选出可靠测量值。

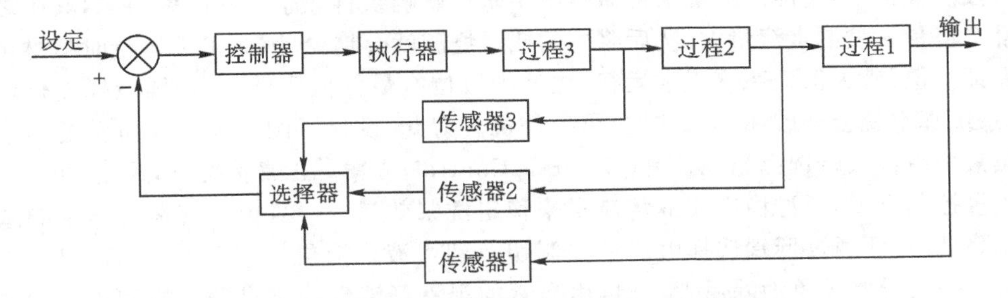

图 6－8－2　对检测信号进行选择的选择控制原理框图

如固定床反应器中，为了防止温度过高烧坏催化剂，在反应器的固定催化剂床层内的不同位置上，装设了几个温度检测点，各点温度检测信号通过高值选择器，选出其中最高的温度检测信号作为测量值，进行温度自动控制，从而保证反应器催化剂层的安全。

事实上，选择控制可等效为两个(或更多个)单回路控制。选择控制设计的关键(其与单回路控制设计的主要不同点)是在选择器的设计选型以及多个控制器控制规律的确定上。下面具体阐述选择器的选取和控制器的设计。

(1)选择器的选型。选择器有高值选择器(HPS，High Point Selecting)与低值选择器(LPS，Low Point Selecting)。前者容许较大信号通过，后者容许较小信号通过。在选择器具体选型时，根据生产处于不正常情况下，取代控制器的输出信号为高值或为低值来确定选择器的类型。如果取代控制器输出信号为高值时，则选用高值选择器；如果取代控制器输出信号为低值时，则选用低值选择器。

(2)控制器控制规律的确定。对于正常控制器，由于控制精度要求较高，同时要保证产品的质量，所以应选用 PI 控制规律；如果过程的容量滞后较大，可以选用 PID 控制规律；对于取代控制器，由于在正常生产中开环备用，仅要求在生产将出问题时，能迅速及时采取措施，以防事故发生，故一般选用 P 控制规律即可。

(3)控制器参数整定。选择控制的控制器参数整定时，可按单回路控制的整定方法进行整定。但是，取代控制方案投入工作时，取代控制器必须发出较强的控制信号，产生及时的自动保护作用，所以其比例增益 K_p 应整定得大一些。如果有积分作用时，积分作用也应整定得弱一点。

6.8.3 选择控制的工程应用举例

在工程实践中，合理地设计选择控制，可有效避免安全事故的发生，减少停机次数，为企业带来可观的经济效益。下面通过两个应用案例来阐述选择控制的应用场合及功效。

1. 利用选择器实现超驰控制

纸浆洗涤是纸浆净化的一个重要环节，其主要目的是①把纸浆中的黑液洗涤干净，利于后续工序的顺利进行；②尽可能地获得高浓度黑液，降低碱回收工段处理黑液的成本。为此，常采用真空洗浆机进行浆料洗涤，以提升洗涤效果(见图 6-8-3)。

为了将浆料洗净且节约用水，工艺上常将 3～4 台真空洗浆机串联、采用逆流洗涤的原理进行浆料洗涤，即粗浆从 1＃到 4＃正向流动，而洗涤用水从 4＃到 1＃反方向流动，4＃洗浆机补充清水作为喷淋用水，而 1＃到 3＃则用从本段洗浆机通过真空抽吸得来的黑液(保存在本段黑液桶中)给前一级洗浆机做喷淋用水。影响浆料洗净度的因素很多，其中之一就是喷淋水流量。喷淋水流量大，洗后浆中的残留烧碱就会越少，因此正常运行时喷淋水流量需要保证。但是，为保证系统正常运行，黑液桶液位有最低值要求，一旦黑液桶液位低于最低值，系统真空就会被破坏，严重时会导致停机。为此，设计了图 6-8-3 所示的喷淋水流量和黑液桶液位低端选择超驰控制(Override Control)方案。正常情况下，采用 FIC-101 喷淋水流量控制方案，通过稳定喷淋水流量来稳定洗浆效果。一旦因系统运行异常导致黑液桶液位降低时，便通过低端选择由流量控制切换到黑液桶液位控制 LIC-101，以维持系统不停机。一旦异常现象消除后，系统再由异常的黑液桶液位控制自动切换到正常的喷淋水流量控制。

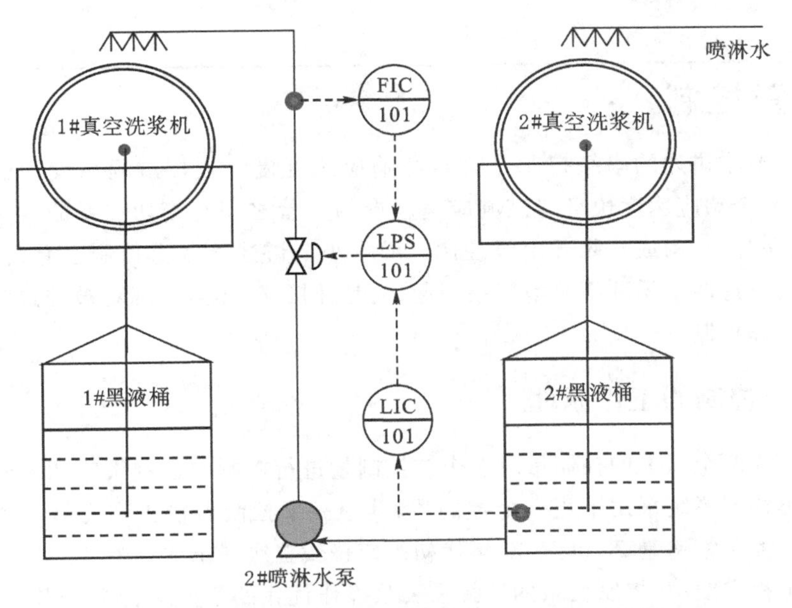

图 6-8-3　纸浆洗涤过程流量液位低端控制系统

2. 利用选择器实现非线性控制

工程实践中，可利用选择器对信号进行限幅，实现非线性函数关系。例如，在精馏塔进料量对加热量的前馈控制中，精馏塔的约束条件是防止漏液和液泛。漏液是指在精馏操作过程中，由于气相负荷过低，上升的气相不足以托住塔板上下降的液相，从而造成上层塔板上的液相直接通过塔板漏到下层塔板，而不是通过溢流堰溢出。液泛是指在精馏塔中由于各种原因造成液相堆积超过其所处空间范围，一般可分为降液管液泛和雾沫夹带液泛。其中，降液管液泛是指降液管内的液相堆积至上一层塔板；雾沫夹带液泛是指塔板上开孔空间的气相流速达到一定速度，使得塔板上的液相伴随着上升的气相进入上一层塔板。

为了防止精馏塔的漏液和液泛现象发生，需要对其加热量进行控制。加热量不允许太少，太少会造成漏液；加热量也不允许过多，过多会造成液泛。为此，加入高、低限幅器(分别用高选器和低选器来实现)，组成图 6-8-4 所示的非线性控制规律。

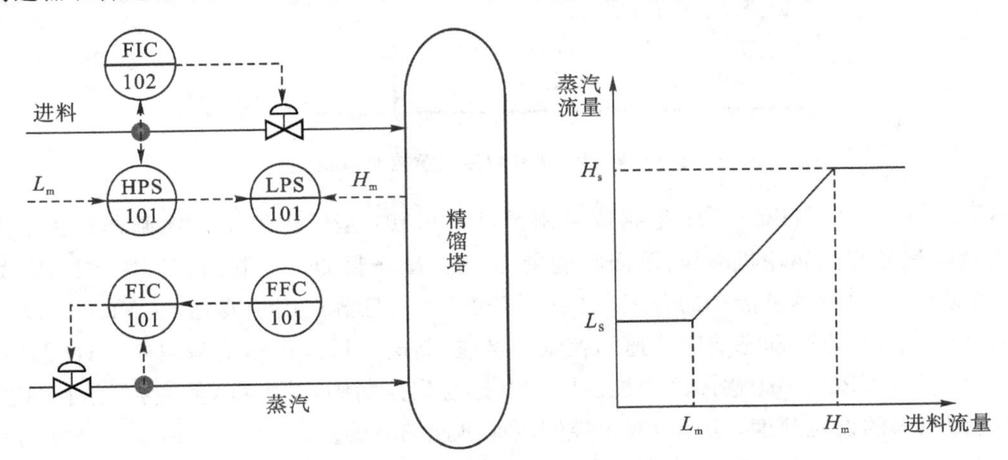

图 6-8-4　精馏塔加热量分程控制系统

6.9 双重控制

本章 6.2 节中讲述的串级控制是为自身响应速度慢的被控过程而设计的一种控制策略，通过寻找一个响应速度快且与该响应速度慢的参量之间有密切关系的参量为二次参量作内环，自己做外环，构成双闭环串级控制。而本小节讲述的双重控制也有两个闭环，同串级控制不同的是这两个闭环不是串接在一起，而是并接在一起，实现对被控过程参量变化的快速响应和准确控制。

6.9.1 双重控制的工作原理

采用两个或两个以上的控制量对一个被控制量进行控制的控制策略叫做双重控制或多重控制。这类控制系统采用不止一个控制器，其中一个控制器输出作为另一个控制器的测量信号。这一控制策略是 20 世纪 60 年代初由卢普伐首次提出的。

在控制工程实践中，控制变量的选择需要从操作优化的角度进行综合考虑，既要考虑工艺的合理和经济，又要考虑控制性能的快速性。而两者又常常在一个生产过程中同时存在。双重控制系统是综合这些控制变量的各自优点，克服各自弱点进行优化控制的。

例如图 6-9-1 所示的蒸汽减压双重控制系统，高压蒸汽通过两种方式减压为低压蒸汽：①直接通过减压阀 V1 的减压方式具有快速的动态响应，控制效果很好，但能量消耗在减压阀上，经济性较差；②通过蒸汽涡轮机回收能量，具有较好的工艺合理性，蒸汽能量得到回收，但动态响应迟缓。从操作优化的观点出发，图 6-9-1 所示的双重控制方案结合了上述两种控制方法的优点。

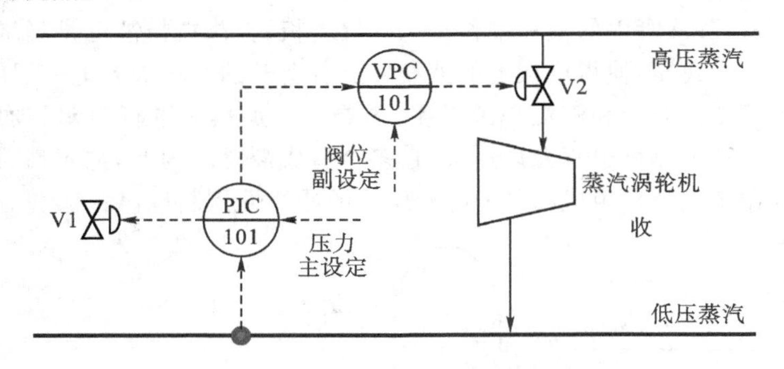

图 6-9-1 蒸汽减压双重控制系统

图 6-9-1 中，VPC-101 是阀位控制器，PIC-101 是低压侧压力控制器。正常工况下，大量蒸汽经蒸汽涡轮机减压，既回收能量，又达到减压目的。控制阀 V1(主控制阀)处于快速响应状态，保持尽可能小的开度(如 10%开度)。一旦蒸汽用量变化，在 PIC-101 出现偏差的开始阶段，通过动态响应快速的控制变量(控制阀 V1)来迅速消除偏差，与此同时，通过阀位控制器 VPC-101 逐渐改变控制阀 V2(称为副控制阀)的开度，使主控制阀 V1 平缓地回复到原来的设定开度。因此，双重控制既能迅速消除偏差，又能最终回复到较好的稳态性能指标。

6.9.2　双重控制的结构形式及工程设计

1. 双重控制的结构形式

双重控制原理框图如图 6－9－2 所示，与串级控制相比，双重控制主控制器的输出值作为副控制器的测量值，而串级控制中主控制器的输出值作为副控制器的设定值。串级控制中两个控制回路是串联的，而双重控制中两个控制回路是并联的，因此，后者被称为双重控制。两者都具有“急则治标，缓则治本”的控制功能，但解决的问题却不同。

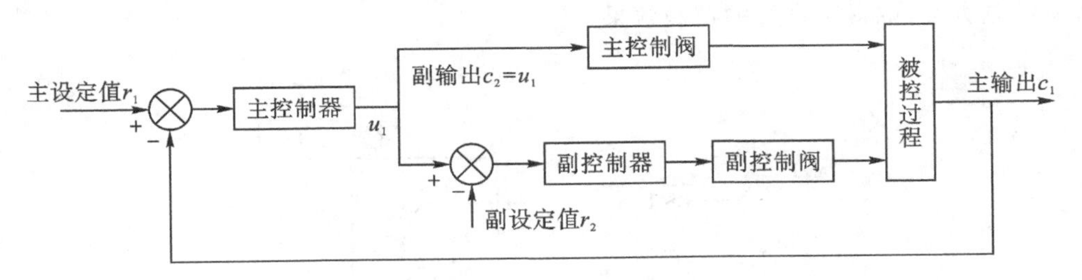

图 6－9－2　双重控制原理框图

可以看出，双重控制能够做到动态稳态结合、快慢结合，“急则治标、缓则治本”。这里的“快”指动态特性好，“慢”指稳态性能好。由于双重控制回路的存在，使其能先用主控制器的调节作用，将主被控变量 c_1 尽快地恢复到设定值 r_1，保证控制系统有良好的动态响应，达到“急则治标”的功效。在偏差减小的同时，双重控制又充分发挥副控制器的调节作用，从根本上消除偏差，使副被控变量 c_2 恢复到副设定值 r_2，使控制系统具有较好的稳态性能，达到“缓则治本”的目的。因此，双重控制能较好地解决动态和稳态之间的矛盾，达到操作优化的目标。

2. 双重控制的工程设计

这里主要讨论主副控制变量的选择、主副控制器的选择、控制系统投运和参数整定。

(1)主、副控制变量的选择。双重控制通常有两个或两个以上的控制变量，其中，一个控制变量具有较好的稳态性能，工艺合理，另一个控制变量具有较快的动态响应。因此，主控制变量应选择具有较快动态响应的控制变量，副控制变量则选择稳态性能较好的控制变量。

(2)主、副控制器的选择。双重控制的主、副控制器均起定值控制作用，为了消除余差，主、副控制器均应选择具有积分控制作用的控制器，通常不加入微分控制作用。当快响应被控对象的时间常数较大时，为加速主对象的响应，可适当加入微分。对于副控制器，由于起缓慢的调节作用，因此也可选用纯积分的控制器。

(3)双重控制系统的投运和参数整定。双重控制的投运与简单控制回路投运相同。在手动、自动切换时应该做到无扰动切换。投运方式是先主后副，即先使快响应控制回路切入自动，然后再切入慢响应控制回路。

主控制器参数整定与快响应控制回路的参数整定相似，要求具有快的动态响应；副控制器参数整定以缓慢变化，不造成对系统的扰动为目标，因此，可采用宽比例度(小比例增益)和大积分时间，甚至可采用纯积分作用。

6.9.3 双重控制的工程应用举例

工艺上适用双重控制的场合很多,即可用于某些节能控制场合,也可用于处理具有较大滞后的生产过程。下面以喷雾干燥为例来阐述双重控制的应用。

在食品加工、化工等工业中应用的喷雾干燥双重控制方案如图 6-9-3 所示。浆料经阀 V 后从喷头喷淋下来,与热风接触换热,进料被干燥并从干燥塔底部排出,干燥的程度由间接指标温度来控制。为了获得高精度的温度控制及尽可能节省蒸汽的消耗量,采用图示的双重控制方案,取得了良好的控制效果。

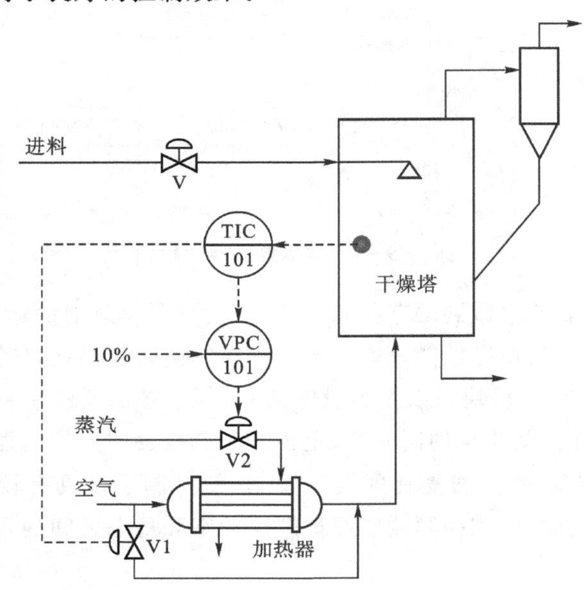

图 6-9-3 喷雾干燥双重控制系统

喷雾干燥过程中控制变量的选择十分重要。图 6-9-3 中,进料量因受前段工序来料的影响,一般不能控制;V1 是旁路冷风量控制阀,它具有快速响应特性,但经济性较差,V2 是蒸汽量控制阀,它具有工艺合理的优点,但动态响应慢。图中,将调节 V1 和 V2 的优点结合起来,当温度有偏差时,先改变旁路风量,使温度快速恢复到设定。同时,代表阀位的信号作为 VPC 的测量值,直接说明蒸汽流量是否合适。在 VPC 的调节下,蒸汽流量逐渐改变,以适应热量平衡的需要。因此,扰动的影响最终可通过改变载热体流量来克服。

总体来说,双重控制的适用场合可总结如下:

(1)存在使原料或能量最省的控制变量,但其在动态响应方面不够理想。

(2)为了节省能耗或其他原因,某个调节阀须保持一定(或较大)的开度时。

(3)控制系统原来的控制通道滞后较大,同时又存在另一个响应较快,但在静态上不够合理的控制变量。

6.10　均匀控制

6.10.1　均匀控制的工作原理

在连续生产过程中，为了节约设备投资和紧凑生产装置，往往设法减少中间贮罐。这样，前一设备的出料往往就是后一设备的进料，且大多情况下要求前一设备料位稳定，后一设备进料平稳(见图6-10-1)。

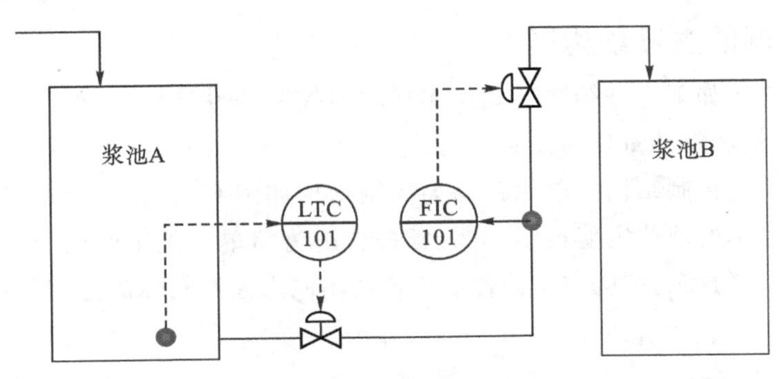

图6-10-1　浓度流量耦合系统示意图

此时，若采用液位定值控制，液位稳定可以得到保证，但流量扰动较大；若采用流量定值控制，流量稳定可以得到保证，但液位会有大幅度的波动。这就产生了矛盾。为协调此类矛盾，设计了均匀控制(Averaging Control)策略。

从表面上看或从结构上看，均匀控制与普通的单回路控制没有区别，但其区别表现在控制目标上。其目的是使前后设备或容器在物料供求上到达相互协调，统筹兼顾。单回路控制要求被控变量保持平稳，而均匀控制则要求控制变量与被控变量都要保持平稳，即使有变化，也是在一个范围内缓慢而均匀地变化。例如，对于一个浆池或水池，通常要兼顾液位和流量两个参量，容器液位的平稳是保持物料平衡的需要，流出或进入物料流量的平稳是为了使负荷能接近恒定。为此，可以选择均匀控制，既允许表征前后供求矛盾的液位和流量两个参量都在一定范围内变化，又保证它们的变化不过于剧烈，从而保证生产的稳定进行。

均匀控制的设计思想是将前后有供求矛盾的两个物理量控制(如液位控制和流量控制)统一在一个控制系统中，从系统内部解决这两种工艺参数供求之间的矛盾，即使图6-10-1中浆池A的液位在允许的范围内波动的同时，也使流出浆池A的浆料流量平稳缓慢地变化。

总体来说，均匀控制有如下特点：

(1)结构上无特殊性。同样一个单回路液位控制回路，由于控制作用强弱不一，既可以是单回路定值控制，也可以是均匀控制。只不过均匀控制是靠降低控制回路的灵敏度而不是靠结构变化获得的。

(2)参数有变化，但是缓慢地变化。因为均匀控制是前后设备物料供求之间的均匀，所以表征两个物料的参数都不应是某一固定值。那种试图把两个参数都稳定不变的想法绝非均匀控制的目的。无需将两个参数平均分配，而是视前后设备的特性及重要性等因素来确定其主次。

(3)参数在限定范围内变化。在均匀控制系统中，被控变量是非单一、非定值的，允许它们在一定范围内变化，但前级容器(如浆池)的液位变化有一个规定的上、下限。同样，后级容器的进料流量也不能超过它所能承受的最大负荷和最低处理量，否则不能保证容器的正常工作。

6.10.2 均匀控制的主要结构形式及工程设计

1. 均匀控制的主要结构形式

通常，可以采用如下 3 种结构形式来实现均匀控制的设计思想：单回路均匀控制结构、串级均匀控制结构和双冲量均匀控制结构。

(1)单回路均匀控制结构。单回路均匀控制结构如图 6-10-2 所示，从控制方案外表上看，它像一个简单的液位定值控制，并且常被误解为简单液位定值控制系统，使设计思想得不到体现。该均匀控制结构与定值控制系统的不同点是控制器的控制规律选择和参数整定思想不同。

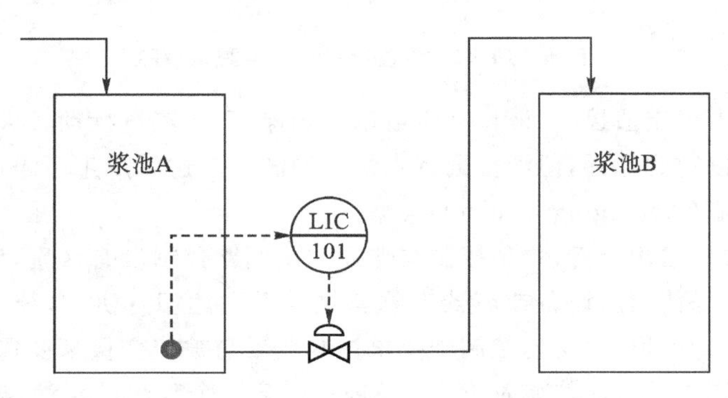

图 6-10-2 简单均匀控制结构示意图

在均匀控制方案中，一般不选择微分作用，有时还可能需要选择反微分作用。在参数整定上，一般比例度要大于 100%(即比例增益选择较小)，并且积分时间要长一些。这样液位仍会变化，但变化不会太剧烈。同时，控制器输出很和缓，阀位变化不大，流量波动也相当小。这样就实现了均匀控制的要求。

(2)串级均匀控制结构。图 6-10-3 为一精馏塔底液位与塔底流量的串级均匀控制回路。从外表上看，它与典型的串级控制回路没有区别，但是它的目的是实现均匀控制。

图中副回路流量控制的目的是消除流量阀前后压力干扰及自衡作用对流量的影响。因此，副回路与串级控制中副回路一样，副控制器参数整定的要求与串级控制对副回路的要求相同。而主控制器即液位控制器，则与简单均匀控制器的参数整定相同，以满足均匀控制的要求，使液位与流量均可保证在较小的幅度内缓慢变化。

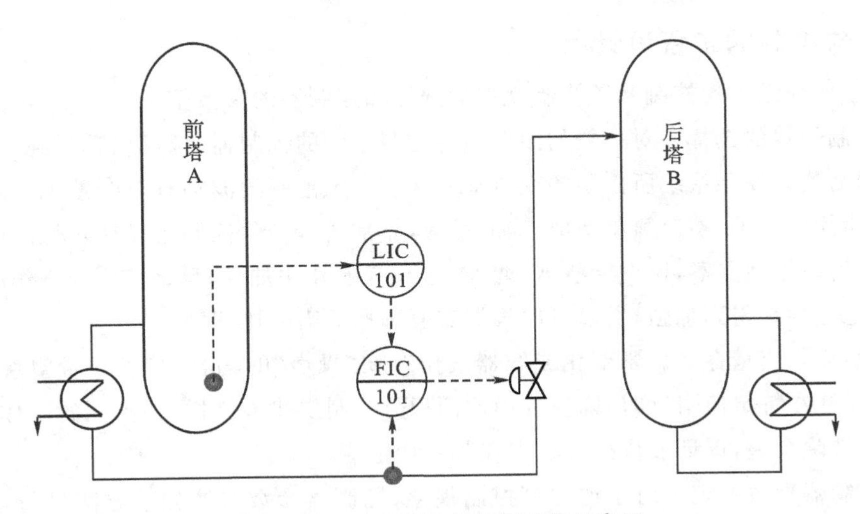

图 6-10-3 串级均匀控制结构示意图

当物料为气体时，前后设备的均匀控制是前者的气体压力与后面设备的进气流量之间的均匀，它既保证了前设备压力的稳定，又保证了后设备进料的平稳。

(3)双冲量均匀控制结构。这种均匀控制结构是串级控制的变形(见图 6-10-4)，它将两个需兼顾的被控变量的差(或和)作为被控变量。当液位偏高或流量偏低时，都应开大控制阀，因此，应取液位和流量信号之差作为测量值。正常情况下，该差值可能为零、负值或正值，因此，在加法器 ADD-101 中引入偏置值，用于降低零位，使正常情况下加法器的输出在量程的中间值。为调整两个信号的权重，可做如下处理：

$$I_c = c_1 I_L - c_2 I_F + I_B \tag{6-10-1}$$

式中，I_c 是流量控制器的测量信号；I_L 是液位传感器的输出电流；I_F 是流量传感器输出电流；I_B 是偏置值；c_1 和 c_2 是加权系数，它们在电动加法器中可方便地实现。

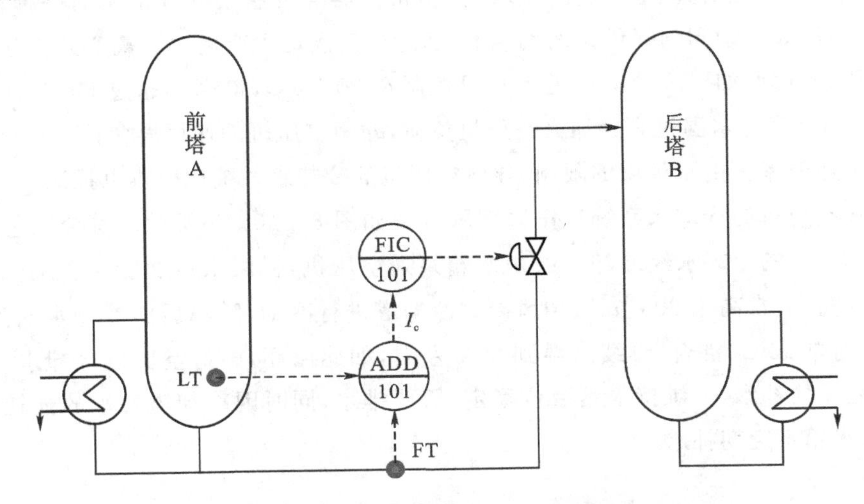

图 6-10-4 双冲量均匀控制结构示意图

2. 均匀控制的工程设计

这里主要介绍均匀控制系统控制规律的选择和控制器的参数整定。

(1)控制规律的选择。对一般的简单均匀控制系统的控制器，都可以选择纯比例控制规律，这是因为均匀控制系统所控制的变量都允许有一定范围的波动且对余差无要求，而纯比例控制规律简单明了，整定简单便捷，响应迅速，非常适合均匀控制的设计思想。例如，对于液位-流量均匀控制方案，比例增益 K_P 增加，液位控制作用加强，反之液位控制作用减弱，而流量控制稳定性却得到加强，所以可以根据需要选择适当的比例度。

对一些输入流量存在急剧变化或容器液位存在“噪声”的场合，特别是希望液位正常稳定工况时保持在特定值附近时，则应选用比例积分控制规律。这样，在不同的工作负荷情况下，都可以消除余差，保证液位最终稳定在某一特定值。

(2)控制器参数整定。对于纯比例控制规律，控制器参数可按如下方法进行整定：①先将比例度(比例增益的倒数)放置在不会引起液位超值但相对较大的数值，如 $\delta=200\%$左右；②观察趋势，若液位的最大波动小于允许的范围，则可增加比例度；③当发现液位的最大波动大于允许范围，则减小比例度；④反复调整比例度，直至液位的波动小于且接近于允许范围时为止，一般情况 δ 取 100%～200%。

对于纯比例控制规律，控制器参数可按如下方法进行整定：①按纯比例控制方式进行整定，得到所适用的比例度 δ 值；②适当加大比例度值，然后，投入积分作用；由大至小逐渐调整积分时间常数，直到记录趋势出现缓慢的周期性衰减振荡为止，大多数情况积分时间常数 T_i 在几分钟到十几分钟。

6.10.3 均匀控制的工程应用举例

下面以空压机冷却水循环系统中的温度和液位控制为例，介绍均匀控制在其中的应用。

离心式空压机是冶金、电力、轻工、家电、精密仪器等行业及领域常用的一种动力设备，能为运转设备，如气动阀门提供无油无水的压缩空气，满足生产需要。离心式空压机要求的外部条件比较苛刻，如要求冷却水进水水温控制在 20±5℃，最高不超过 30℃，而进出水的水温差须大于 9℃。水温过高会加大空压机负荷，缩短空压机的使用寿命；水温过低，会降低空压机的工作效率。由于环境的限制，导致空压机的冷却水系统比较难以控制。

离心式空压机的冷却水系统工作原理示意图如图 6-10-5 所示。符合工艺要求条件(如冷却水温度)的冷却水经冷却水泵由水箱泵入空压机，提供水冷功能。空压机排出的冷却水温度升高(通常高于 30℃)，采用风冷式冷却塔进行冷却，降温后的冷却水回到水箱，同进水(水温通常 15℃)混合，继续降温到 20℃左右，如此循环，维持空压机冷却水温度稳定。冷却水降温需要补水，为维持水箱液位稳定，需要排水，同时因冷却塔对水的损耗及其他因素，也要求水箱不定期补水。

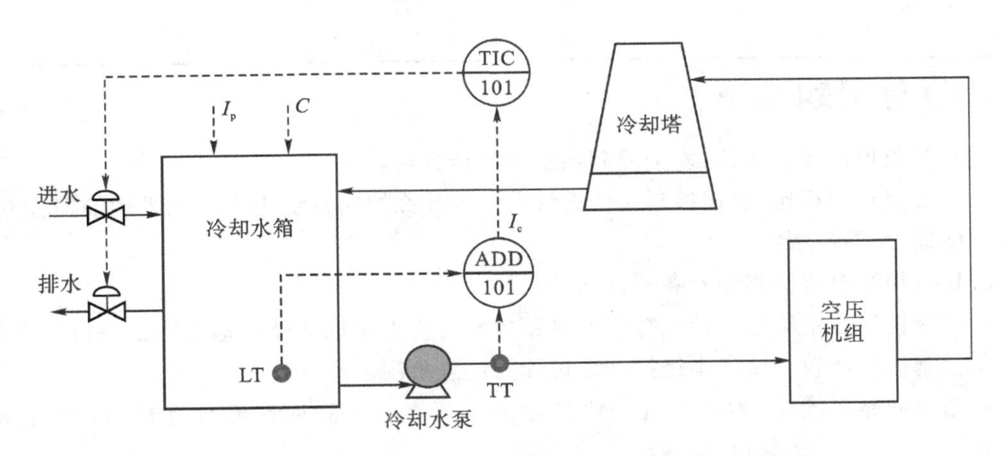

图 6-10-5 离心式空压机冷却水系统均匀控制原理示意图

由以上分析可知，影响空压机冷却水系统正常工作的干扰量主要有两个：冷却水箱液位和冷却水温度，且这两个物理量在工程实践中存在着控制上的矛盾。保持冷却水箱水位稳定，会造成冷却水温度过高，易造成空压机停车；保持水箱水温稳定，会造成水箱水位过高，易引起溢水浪费，也可能造成水位过低，引起缺水停车。工艺上要求水位和水温都有一定程度的波动，并且波动比较缓和。为此，可以采用图 6-10-5 所示的液位-温度双冲量均匀控制方案来实现。图中加法器 ADD-101 的输出计算表达式为

$$I_c = c_1 I_L - c_2 I_T + I_P + C \tag{6-10-2}$$

式中，I_c 是加法器输出，即温度控制器的测量信号；I_L 是液位传感器的输出电流；I_T 是温度传感器输出电流；c_1 和 c_2 是加权系数；I_P 为气动定值器输出的风压电流数值，C 为加法器的弹簧系数。

通过调整弹簧系数 C 使加法器输出 I_c 在一给定的范围内变化。在稳定状态下，由于液位信号与温度信号在气动加法器内符号相反，而且相抵消，调整 I_P 或 C，使加法器输出等于控制回路 TIC-101 的设定值 I_{SP}，这时控制阀将处于某一开度，且生产正常进行。

假设在某一时刻因扰动（如水压升高）而使液位升高，则液位变送器测量值 I_L 增加，加法器输出 I_c 大于 I_{SP}。假设温度控制器 TIC-101 确定为正作用控制方式，进水阀和排水阀均确定为气关式。此时控制器输出增加，进水阀门关小，排水阀门也关小。这就使得温度变送器输出 I_T 增大，经加法器运算后，抵消液位上升后增大的输出信号 I_L，使加法器的输出 I_c 向 I_{SP}靠拢，控制结果使气动加法器的输出 I_c 又回到 I_{SP}附近，控制阀处于一个新的开度上。

而当因干扰作用使水温升高，则温度变送器输出 I_T 增加，从而使 I_c 小于 I_{SP}，那么温度控制器 TIC-101 输出减小，进水阀门开大，排水阀门也相应开大，这会使液位变送器输出 I_L 变大，经加法器运算，抵消因水温上升后增大了的输出信号 I_T，使加法器的输出再次向 I_{SP}靠拢，控制结果也能使气动加法器输出恢复到 I_{SP}附近，控制阀处于一个新的开度上。这样液位和水温经过缓慢变化后都有所增加或减少，但均在工艺允许的范围内变化，从而达到均匀控制的目的。

思考题与习题

1. 与简单控制系统相比，复杂控制系统有些什么特点？

2. 与反馈控制相比，前馈控制有什么特点？为什么控制系统中不单纯采用前馈控制，而是采用前馈-反馈控制？

3. 比值控制有哪些类型？各有什么特点？

4. 串级控制在结构上有什么特征？其最主要的优点体现在什么地方？试通过一个例子与简单控制进行比较。试述串级控制器设计的注意事项。

5. 与单回路系统比，为什么说串级控制由于存在一个副回路而具有较强抑制扰动的能力？

6. 什么是时滞现象？为什么大时滞过程是一个难以控制的过程？它对控制系统的控制品质影响如何？

7. 简述史密斯预估补偿器的基本思想是什么？试述其设计过程。

8. 简述史密斯预估补偿器和大林算法在控制器设计思想上有什么区别？各有什么优点和缺点？

9. 什么是耦合现象？对于控制系统而言，怎样利用耦合？怎样消除耦合？简述解耦的基本方法。

10. 什么是相对增益矩阵？怎样利用相对增益矩阵来分析被控过程变量之间的耦合程度？

11. 什么是分程控制？它区别于一般的简单单回路控制的最大特点是什么？分程控制应用于哪些场合？请分别举例说明其控制过程。

12. 选择性控制有些什么类型？各有什么特点？

13. 为什么要采用均匀控制？均匀控制方案与一般的控制方案有什么不同？为什么说均匀控制系统的核心问题是控制器参数的整定问题？

14. 试比较串级控制系统与双重控制系统的异同。

15. 何时采用推断控制？软测量技术主要由哪几部分组成？试述软测量技术的实施过程。

第 7 章　先进过程控制系统

对于一个单一的控制回路，其主要构成要素是传感器、控制器和执行器，我们常称之为控制回路的三要素。而对于一条生产线，可能包含着几十个，甚至成百上千个控制回路，如石油精制生产线、制浆造纸生产线、火力发电生产线等。若要确保生产线正常运行，并实现节能、环保、提质、增效、降本、降耗的生产要求，必须将组成控制回路的各要素集成到一个以计算机为核心的控制系统中去，通过这一计算机控制系统的正常运行来达到上述生产要求。随着"4C 技术"(Computer、Control、Communication、CRT)的发展，工业自动化技术由局部自动化发展到全局自动化，计算机控制系统也相应地由简单控制系统发展到复杂控制系统。本章主要讲述过程工业当前流行的几类控制系统的结构特征、基本架构和代表性产品，并简要介绍计算机控制系统的未来发展方向。主要内容包括集散控制系统(Distributed Control System，DCS)、现场总线控制系统(Fieldbus Control System，FCS)、计算机集成过程系统(Computer Integrated Process System，CIPS)和工业 4.0。

7.1　早期仪表控制系统和计算机集中控制系统

在工业计算机用于过程控制实践之前，由常规模拟仪表与气动或电动执行器相配合，构成仪表分散控制系统、仪表集中控制系统。随着工业计算机的产生及其在工业领域的应用，计算机过程控制系统便应运而生。按照出现的时间先后顺序及结构特征来划分，主要可分为基于 PC 总线板卡与工控机的集中式计算机控制系统、基于数字调节器的分散式计算机控制系统、基于 PLC 的计算机控制系统、集散控制系统 DCS、现场总线控制系统 FCS、计算机集成过程系统 CIPS。人们在分析比较了常规模拟仪表控制和计算机集中控制的优、缺点之后，研制出了计算机集散控制系统 DCS。本节主要介绍仪表分散控制系统、仪表集中控制系统和计算机集中控制系统的相关知识，其他的计算机控制系统将在本章后续各节中进行介绍。

7.1.1　仪表分散控制系统

正如上面所说，对于一个控制回路，其构成的三要素是传感器、控制器和执行器，如图 7-1-1 所示。图中，SV 表示回路设定值，PV 表示过程控制值，MV 表示控制信号数值。

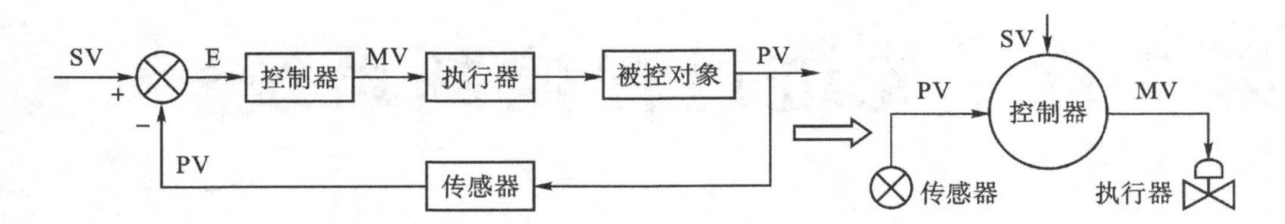

图 7-1-1 常规仪表控制回路三要素

20 世纪 50 年代以前的基地式气动仪表就是把上述控制三要素就地安装在生产装置上，在结构上形成一种地理位置分散的控制系统，如图 7-1-2 所示。该图中孔板(传感器)将检测到的反映流体流量的差压信号送到气动控制器，气动控制器输出气动控制信号控制气动调节阀(执行器)，实现单回路控制。

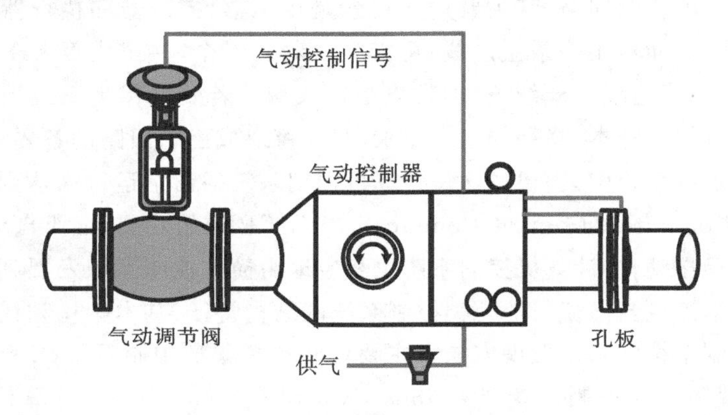

图 7-1-2 仪表分散控制系统结构组成示意图

这类控制系统按地理位置分散于生产现场，自成体系，实现一种自治式的彻底分散控制。其优点是危险分散，一台仪表故障只影响一个控制点；其缺点是只能实现简单的控制，操作工奔跑于生产现场巡回检查，不便于集中操作管理，而且只适用于几个控制回路的小型系统。

7.1.2 仪表集中控制系统

在 20 世纪 50 年代后期，出现了气动单元组合仪表，随着晶体管和集成电路技术的发展，又出现了电动单元组合仪表[0～10 mA(直流)和 4～20 mA(直流)信号]和组件组装式仪表。在这一阶段，控制器、指示器、记录仪等仪表集中安装于中央控制室，传感器和执行器分散安装于生产现场，实现了控制三要素的分离，如图 7-1-3 所示。

这类控制系统的优点是便于集中控制、监视、操作和管理，而且危险分散，一台仪表故障只影响一个控制回路。其缺点是由于控制三要素的分离，安装成本高，需要消耗大量的管线和电线，调试麻烦，维护困难，只适用于中小型系统。

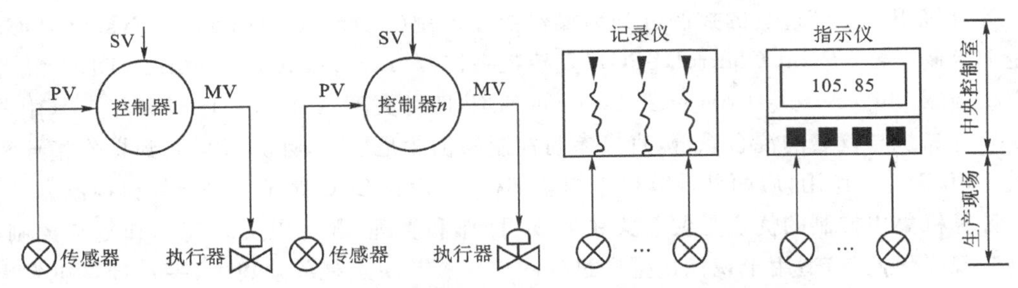

图 7-1-3　仪表集中控制系统结构组成示意图

7.1.3　计算机集中控制系统

几十年来，尽管仪表制造业不断采用新技术对仪表性能和结构进行改进，但要满足现代化生产过程控制的要求仍然存在一些难以克服的问题。比如，在控制功能方面，由于一台常规模拟仪表只能执行单一功能，为了适应不同的控制要求，往往需要配置多种型号的仪表，对于某些工艺过程复杂、需要采用复杂控制方案，常规模拟仪表由于受到其功能方面的限制而难以满足要求；在操作监视方面，如果采用常规模拟仪表对现代化大型装置进行集中控制，那么在中央控制室内的仪表盘上将需要安装成百上千台仪表，致使仪表盘很长，控制室面积很大。而且生产规模越大，需要协调的环节就越多，关联因素也就越复杂。这就要求操作人员必须先从仪表盘上逐台读取各类仪表显示的数据之后才能了解生产的全过程，经过分析和判断后再去操作有关仪表，以便保证生产过程稳定运行。显然，这样的监视和操作是相当困难的，而且有局限性，难以满足现代化大生产的控制要求。

为了弥补常规模拟仪表的上述不足，并适应现代化大生产的控制要求，20 世纪 60 年代，人们开始将计算机用于生产过程控制。由于当时计算机价格昂贵，为了充分发挥计算机的功能，一台计算机承担一套或多套生产装置的信号输入和输出、运算和控制、操作监视和打印制表等多项任务，实现几十个甚至上百个回路的控制，并包括全厂的信息管理，如图 7-1-4 所示。

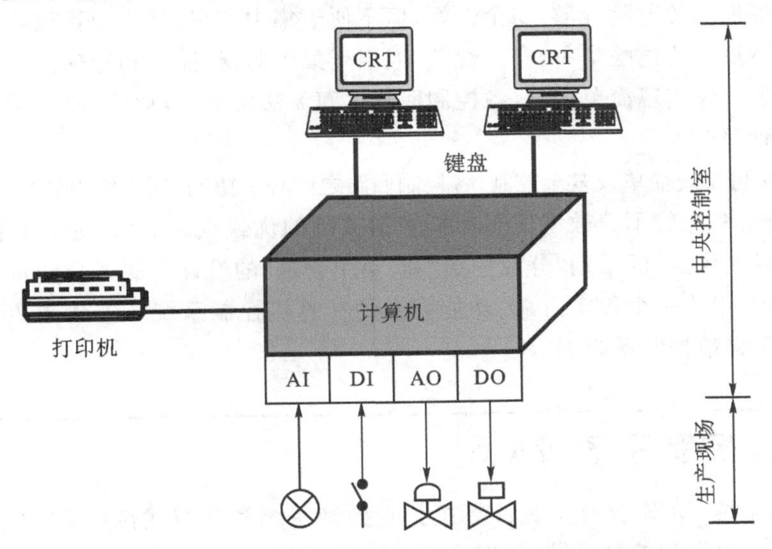

图 7-1-4　计算机集中控制系统结构组成示意图

计算机用于生产过程的控制可分为操作指导控制(Operation Guidance System,OGS)、设定值控制(Set - Point Control,SPC)、直接数字控制(Direct Digital Control,DDC)和监督计算机控制(Supervisory Computer Control,SCC)四种类型,如图 7 - 1 - 5 所示。其中前两种属于计算机与仪表的混合系统,直接参与控制的仍然是仪表,计算机只起到操作指导和改变设定值(SV)的作用,后两种计算机承担全部任务,而且 SCC 属于二级计算机控制。

计算机集中控制的优点是便于集中监视、操作和管理,既可以实现简单和复杂控制,还可以实现优化控制,适用于现代化生产过程的控制。其缺点是危险集中,一旦计算机发生故障,影响面比较广,轻者波及 1 台或几台生产设备,重者使全厂瘫痪。如果采用双机冗余,则可提高可靠性,但成本太高,难以推广应用。

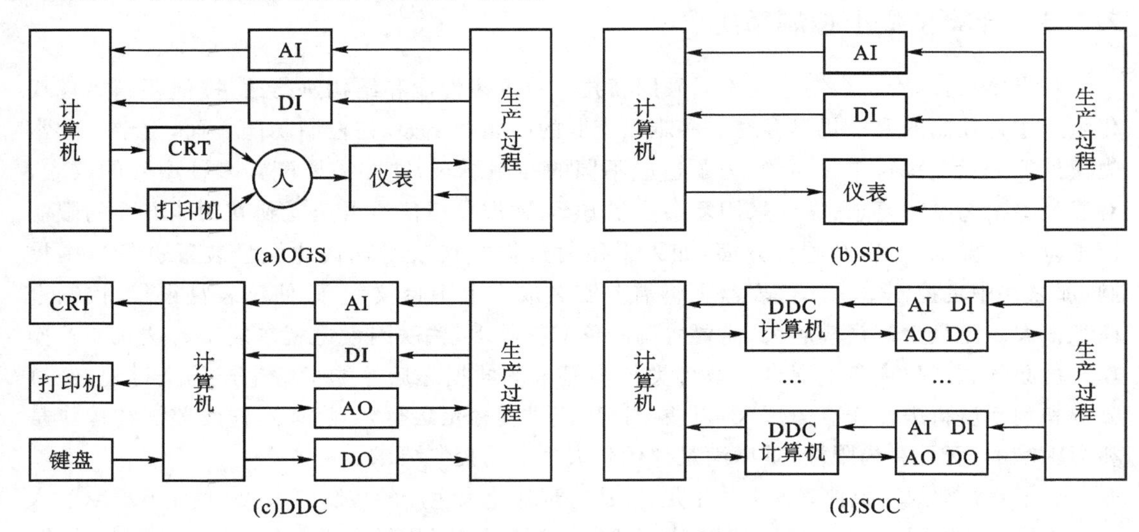

图 7 - 1 - 5　计算机集中控制的四种类型

至此,我们讨论了 3 种控制系统,可归纳为分散型和集中型两类,其优缺点可总结如下:

(1)分散型控制的危险分散,安全性好,但不便于集中监视、操作和管理。

(2)集中型控制的危险集中,安全性差,但便于集中监视、操作和管理。

(3)模拟仪表仅实现简单控制,各控制回路之间无法协调,难以实现中、大型系统的集中监视、操作和管理。

(4)计算机可实现简单及复杂控制,各控制回路之间统一协调,便于集中监视、操作和管理。

人们在分析和比较了分散型控制和集中型控制的优缺点之后,认为有必要将两者结合起来,吸取两者的优点,即采用"分散控制"和"集中管理"的设计思想、"分而自治"和"综合协调"的设计原则,组成一个稳定可靠、功能强大的计算机控制系统。于是在 20 世纪 70 年代中期,就诞生了集散控制系统 DCS。

7.2　集散控制系统(DCS)

集散控制系统(DCS)又称多级计算机分布控制系统和分布式控制系统,它是以微处理器为基础的集中分散型控制系统,根据分级设计的基本思想,实现功能上分离,位置上分散,以达到“分散控制为主，集中管理为辅”的控制目的。由于它不仅具有连续控制和逻辑控制的功能，而且具有顺序控制和批量控制的功能，因此它既可用于连续过程工业，也可用于连续和离散混合的间隙过程工业。在计算机集成过程系统 CIPS 中，DCS 也是基础，通过其开放式网络与上层管理网络相连，实现控制与管理的信息集成，进而实现企业的生产、控制和管理的集成，以获得企业的全局优化。本节主要介绍 DCS 产生和发展历程、结构特征、基本架构、常用 DCS 及应用案例。

7.2.1　DCS 的产生和本质特征

DCS 是计算机（Computer）、通信（Communication）、屏幕显示（Cathode Ray Tube，CRT）和控制（Control）（简称“4C”）技术发展的产物，它的发展也与“4C”技术的发展密切相关。

20 世纪 70 年代初期，大规模集成电路技术的发展、微型计算机的出现，它们在性能和价格上的优势为研制 DCS 创造了条件；通信网络技术的发展，也为多台计算机互连奠定了基础；CRT 屏幕显示技术为人们提供了完善的人机界面，可进行集中监视、操作和管理。这 3 条为研制 DCS 提供了外部条件。另外，随着生产规模的不断扩大，生产工艺日趋复杂，对生产过程控制不断提出新要求，常规模拟仪表控制和计算机集中控制系统已不能满足现代化生产的需求，这些是促使人们研制 DCS 的内在动力。经过数年的努力，人们于 20 世纪 70 年代中期研制出了 DCS，并成功地应用于连续过程控制。

DCS 的本质特征是“分散控制”和“集中管理”。所谓“分散控制”，就是用多台微型计算机，分散应用于生产过程控制，每台计算机独立完成信号输入输出和控制运算，实现几个甚至几十个回路的控制。这样，一套生产装置需要 1 台或几台计算机协调工作，从而解决了原有计算机集中控制带来的危险集中以及常规模拟仪表控制功能单一的局限性。这是一种将控制功能分散从而获得“危险分散”的设计思想。所谓“集中管理”，就是通过通信网络技术把多台用于设备控制和操作管理的计算机集成起来，构成网络系统，形成整个生产过程信息的数据共享和集中管理，实现控制与管理的信息集成，同时在多台计算机上集中监视、操作和管理。

DCS 的结构原形如图 7-2-1 所示。其中控制站（Control Station，CS）进行过程信号的输入输出和控制运算，实现 DDC 功能；操作员站（Operator Station，OS）供工艺操作员对生产过程进行监视、操作和管理；工程师站（Engineer Station，ES）供控制工程师按工艺要求设计控制系统，按操作要求设计人机界面（Man-Machine Interface，MMI），并对 DCS 硬件和软件进行维护和管理；监控计算机站（Supervisory Computer Station，SCS）实现优化控制、自适应控制和预测控制等一系列先进控制算法，完成 SCC 功能；计算机网关（Computer Gateway，CG）完成 DCS 控制网络（Control Network，CNET）与其他网络的连接，实现网络互联与开放。由于 DCS 采用了网络技术和数据库技术，一方面，每台计算机自成体系，独立完成一部分工作；另一方面，各台计算机之间又相互协调，综合完成复杂的工作，从而实现了分而自治和综合协调的设计原则。

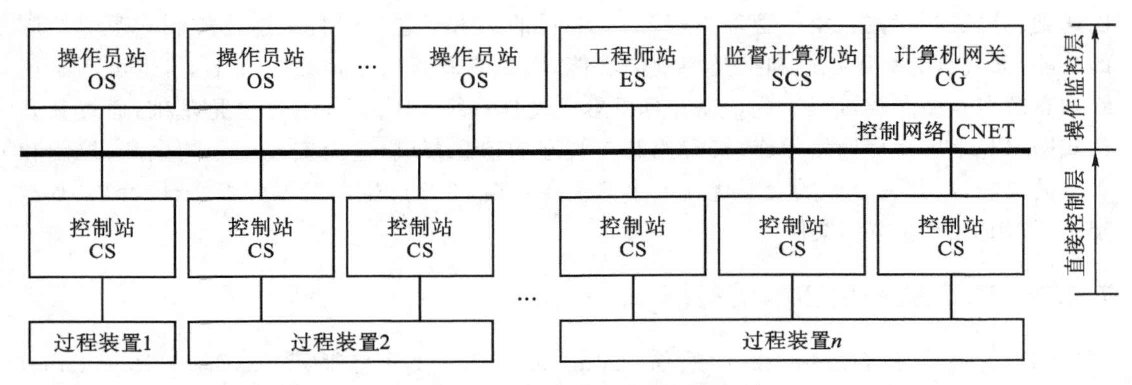

图 7-2-1 DCS 结构原理示意图

自 20 世纪 70 年代中期由美国霍尼威尔(Honeywell)公司推出第一套 DCS——TDC 2000(Total Distributed Control 2000)以来,DCS 已在工业控制领域得到了广泛应用,并成为过程工业自动控制的主流。随着计算机技术的发展,网络技术已经使其不仅主要用于分散控制,而且向着集中管理的方向发展。系统的开放不仅使不同制造厂商的 DCS 产品可以互相连接,而且使得它们可以方便地进行数据的交换,也使得第三方的软件可以方便地在现有的 DCS 上应用。因此,DCS 早已在原有的概念上有了新的含义。

7.2.2 DCS 的发展历程和优点

1. DCS 的发展历程

自 20 世纪 70 年代中期 DCS 诞生至今,已更新换代了 4 代——以分散控制为主的第一代、以全系统信息管理为主的第二代、以通信管理和控制软件更加丰富完善的第三代、以现场总线取代模拟量通信的第四代,即现场总线控制系统(Fieldbus Control System,FCS)。

1)第一代 DCS(1975—1980 年)

微处理器的发展导致了第一代 DCS 的产生。1975 年美国霍尼威尔(Honeywell)公司生产出 TDC 2000(Total Distributed Control 2000),这是一种具有多微处理器的集中分散控制系统,实现了集中监视、操作和管理以及分散输入、输出、运算和控制,从而实现了控制的危险分散,克服了计算机集中控制系统的一个致命弱点。TDC2000 标志着 DCS 的诞生,让人们看到了将计算机用于生产过程、进行分散控制和集中管理的前景。

(1)技术特征。第一代 DCS 以实现分散控制为主,其技术特征如下。

①采用以微处理器为基础的过程控制单元(Process Control Unit,PCU)实现了分散控制,有各种控制功能要求的算法,通过组态(Configuration)独立完成回路控制;具有自诊断功能,在硬件制造和软件设计中应用可靠性技术;在信号处理时,采取抗干扰措施,它的成功使分散控制系统在过程控制中确立了地位。

所谓组态,就是按照控制要求选择软功能模块组成控制回路,也称为软接线或填表。如要组成一个 PID 控制回路,则需要选择输入模块、PID 控制模块和输出模块等,再按要求依次连接,并填写有关参数即可构成。

②采用带 CRT 屏幕显示器的操作员站与过程控制单元的分离,实现集中监视、集中操

作和集中管理，系统信息综合管理与现场控制相分离，这就是人们通常所说的“集中分散综合控制系统”——DCS 的由来，这是 DCS 的重要标志。

③采用较先进的冗余通信系统，用同轴电缆作传输媒质，将过程控制单元的信息送到操作站和上位计算机，从而实现了分散控制和集中管理。

(2)基本结构。第一代 DCS 的基本结构如图 7-2-2 所示，系统主要由过程控制单元(PCU)、数据采集单元(Data Acquisition Unit，DAU)、操作员站(OS)和数据高速通路(Data High Way，DHW)4 部分组成。

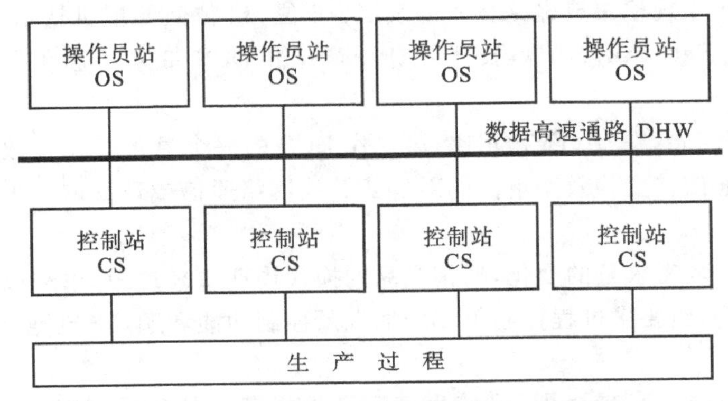

图 7-2-2　第一代 DCS 基本结构示意图

①过程控制单元(PCU)。PCU 是由 8 位微处理器(CPU)、存储器(RAM、ROM)、输入/输出、通信接口和电源等组成，以连续控制为主，允许组成 4 个或 8 个 PID 控制回路，控制周期为 1～2 s，可自主地完成 PID 控制功能，实现分散控制。

PCU 内部有多种软功能模块供用户组成控制回路，如输入模块、输出模块、PID 控制模块、运算模块和报警模块等。这些软功能模块也被称为内部仪表，如调节器、指示器、手动操作器和运算器等内部仪表。由于沿用了人们早已习惯了的模拟仪表的名称，这样既照顾了人们的传统习惯，又便于用户掌握新技术。

②数据采集单元(DAU)。DAU 的组成类似于 PCU，但无控制和信号输出功能。其主要功能是采集非控制变量，进行数据处理后送往数据高速通路(DHW)，以便在操作员站(OS)上显示。

③操作员站(OS)。OS 是由 16 位处理器、存储器、CRT、键盘、打印机、磁盘或磁带、通信接口和电源等组成，供工艺操作员对生产过程进行集中监视、操作和管理，供控制工程师进行控制系统组态。

第一代 DCS 只能离线组态，即先在 OS 上进行控制系统组态，再向 PCU 下装组态文件，此时 PCU 必须停止正常的工作，待下装完毕后重新启动才能正常运行。这种离线组态方式不利于现场调试和在线修改。

④数据高速通路(DHW)。DHW 是串行通信线，是连接 PCU、DAU 和 OS 的纽带，是实现分散控制和集中管理的关键。DHW 由通信电缆和通信软件组成，采用 DCS 生产厂家自定义的通信协议(即专用协议)，传输介质为双绞线，传输速率为几十 Kb/s，传输距离为几十米。

这一时期的典型产品有 TDC2000(Honeywell 公司)、SPECTRUM(Foxboro 公司)、CENTUM(Yokogawa 公司)、NETWORK-90(Bailey 公司)、Teleperm M(Siemens 公司)、MOD3(Taylor 公司)和 P-4000(Kenter 公司)等。

20 世纪 70 年代是 DCS 的初创期,尽管当时的 DCS 在技术性能上尚有明显的局限性,但还是让人们看到了 DCS 用于过程控制的曙光。

2)第二代 DCS(1980—1985 年)

局域网络技术的发展导致以全系统信息管理为主的第二代集散控制系统的产生。20 世纪 80 年代,由于大规模集成电路技术的发展,16 位、32 位微处理机技术的成熟,特别是局域网(Local Area Network,LAN)技术用于 DCS,给 DCS 带来了新的面貌,形成了第二代 DCS。

(1)技术特征。同第一代 DCS 相比,第二代 DCS 的一个显著变化是数据通信系统由主从式的星型网络通信转变为效率更高的对等式总线网络通信或环型网络通信。其技术特征如下。

①随着世界市场需求量的变化,畅销产品的换代周期愈来愈短,单纯以连续过程控制为主已不能适应市场,而要求过程控制单元增加批量控制功能和顺序控制功能,从而推出多功能过程控制单元。

②随着产品竞争越来越激烈,迫使生产厂必须提高产品质量、品种,降低成本,提高效益,故要求优化管理和质量管理。在操作员站及过程控制单元采用 16 位微处理器,使得系统性能增强,工厂级数据向过程级分散,高分辨率的 CRT,更强的图面显示、报表生成和管理能力等,从而推出增强功能操作站。

③随着生产过程要求控制系统的规模多样化,老企业的装置控制系统改造项目越来越多,要求强化系统的功能,通过软件扩展和组织规模不同的系统。例如,TDC 3000 在其局部控制网络 LAN 上挂接了历史模块(HM)、应用模块(AM)和计算机模块(CM)等,使系统功能强化。

④随着计算机局域网络 LAN 技术的发展,市场需求 DCS 系统强化全系统信息管理,加强通信系统,实现系统无主站的 $n:n$ 通信。网络上各设备也处于“平等”的地位。由于通信系统的完善与进步,使得其更有利于控制站、操作站、可编程逻辑控制器和计算机互连,便于多机资源共享和分散控制。

(2)基本结构。第二代 DCS 的基本结构如图 7-2-3 所示,主要由过程控制站(Process Control Station,PCS)、操作员站(OS)、工程师站(ES)、监控计算机站(SCS)、局域网(LAN)和网间连接器(Gate Way,GW)组成。

①过程控制站(PCS)。PCS 为 16 位微处理机,其性能和功能比第一代 DCS 的过程控制单元(PCU)有了很大的提高和扩展,不仅有连续控制功能,可以组成 16 个或 32 个 PID 控制回路,而且有逻辑控制、顺序控制和批量控制功能。这 4 类控制功能完全满足了过程控制的需要。由于计算机运算速度和数据采集速度加快,从而使控制周期缩短为 0.5～1 s。另外,计算机处理量加大,也使软功能模块的种类和数量都有所增加,进一步提高了控制水平。为了提高可靠性,采用了冗余 CPU 和冗余电源,增加了在线热备份等功能。

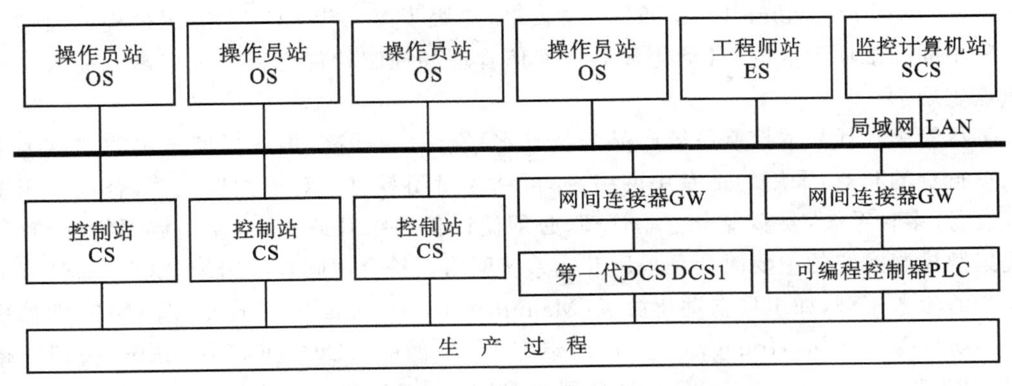

图 7-2-3　第二代 DCS 基本结构示意图

②操作员站(OS)。OS 为 16 位或 32 位微处理机或小型机，配备彩色 CRT、拷贝机和打印机、专用操作员键盘。大量图文并茂、形象逼真的彩色画面、图表和声光报警等人机界面使操作员对生产过程的监视、操作和管理有如身临其境之感。

③工程师站(ES)。ES 为 16 位或 32 位微处理机，供给算计工程师生成 DCS，维护和诊断 DCS；供控制工程师进行控制系统组态，制作人机界面，特殊软件编程等。某些 DCS，用操作员站兼做工程师站。

第二代 DCS 的 ES 既可用作离线组态，也可用作在线组态。所谓在线组态，就是物理上构成如图 7-2-3 所示的完整系统，并处于正常运行状态，此时可在 ES 上进行控制系统组态，组态完毕再向 PCS 下装组态文件，并不影响 PCS 的正常运行。

④监控计算机站(SCS)。SCS 为 16 位或 32 位微处理机，作为 PCS 的上位机，除了完成各 PCS 之间的协调之外，还可实现 PCS 无法完成的复杂控制算法，提高控制性能。

⑤局域网(LAN)。第二代 DCS 采用 LAN 进行 PCS 与 OS、ES 或 SCS 之间的信息传递。传输介质为同轴电缆，传输速率为 1 Mb/s～5 Mb/s，传输距离为 1 km～10 km。由于 LAN 传输速率高，并且有丰富的网络软件，从而提高了 DCS 的整体性能，扩展了集中管理的能力。LAN 是第二代 DCS 的最大进步。

⑥网间连接器(GW)。第二代 DCS 通过 GW 连接在 LAN 上，成为 LAN 的一个节点。另外，由可编程逻辑控制器(Programmable Logical Controller，PLC)组成的子系统也可通过 GW 挂在 LAN 上。这样，不仅扩展了 DCS 的性能，也提高了其兼容性。

20 世纪 80 年代是 DCS 的成熟期，在过程工业中得到很大普及和广泛应用。这一时期的典型产品有 TDC3000(Honeywell 公司)、CENTUM-XL(Yokogawa 公司)、MOD300(Taylor 公司)、I/A S(Foxboro 公司)、INFI-90(Bailey 公司)、WDPF(西屋公司)和 Master(ABB 公司)等。

3)第三代 DCS(1985—1990 年)

开放系统的发展使集散控制系统进入了第三代。20 世纪 90 年代为 DCS 的更新发展期，无论是硬件还是软件，都采用了一系列高新技术，几乎与"4C"技术的发展同步，使 DCS 向更高层次发展，出现了第三代 DCS。

(1)技术特征。第三代 DCS 采用局部网络技术和国际标准化组织的开放系统互联

(Open System Interconnection,OSI)参考模型,克服了第二代 DCS 在应用过程中因难于互联多种不同标准而形成的“自动化孤岛”,通信管理和控制软件变得更加丰富和完善。其技术重点表现为

①尽管第二代集散控制系统产品的技术水平已经相当高,但各厂商推出的产品为了竞争保护自身的利益,采用的是专用网络,亦可称为封闭系统。对于大型工厂,企业采用多个厂家设备,多种系统,要实现全企业管理,必须使通信网络开放互连,使局域网络标准化,第三代集散控制系统的主要改变是采用开放系统网络。符合国际标准组织 ISO 的 OSI 开放系统互联的参考模型,如工厂自动化协议(Manufacture Automation Protocal,MAP)即被这一代产品所接受。例如,Honeywell 公司的带有 UCN 网的 TDC3000,Yokogawa 公司的带有 SV-NET 网的 Centum-XL,Bailey 公司的 INFI-90,Foxboro 公司采用 10 Mb/s 宽带网与 5 Mb/s 载带网的 I/A S 系统。

②为了满足不同用户要求,适应中、小规模的连续、间歇、批量操作的生产装置及电气传动控制的需要,各制造厂又开发了中、小规模的集散系统,受到用户欢迎。

③操作站采用了 32 位微处理器。信息处理量迅速扩大,处理加工信息的质量提高;采用触摸式屏幕,球标器及鼠标器;运用窗口技术及智能显示技术;操作完全图形化,内容丰富、直观、画面显示的响应速度加快,画面上还开有各种超级窗口,便于操作和指导,完全实现 CRT 化操作。

④操作系统软件通常采用实时多用户多任务的操作系统,符合国际上通用标准,操作系统可以支持 Basic、Fortran、C 语言、梯形逻辑语言和一些专用控制语言。组态软件提供了输入输出、选择、计算、逻辑、转换、报警、限幅、顺序、控制等软件模块,利用这些模块可连成各种不同回路,组态采用方便的菜单或填空方式。控制算法软件近百种,实现连续控制、顺序控制和梯形逻辑控制,还能实现 PID 参数自整定和自适应控制等。操作站配有作图、数据库管理、表报生成、质量管理曲线生成、文件传递、文件变换,数字变换等软件。系统软件更加丰富和完善。

(2)基本结构。第三代 DCS 的基本结构如图 7-2-4 所示,类似于第二代 DCS,但其硬件和软件作了多项革新,采用了 20 世纪 90 年代最新的计算机技术。

①过程控制站(PCS)。PCS 分为两级:第一级为过程控制单元(PCU),采用 32 位微处理机;第二级为输入输出单元(IOU),每块 I/O 板采用 8 位或 16 位单片机;PCU 与 IOU 之间通过输入输出总线(IOBus)连接,每块 I/O 板为 IOBus 上的一个节点,并可以将 IOU 直接安装在生产现场。IOBus 传输介质为双绞线或同轴电缆,传输距离为 100～1000 m,传输速率为 100 Kb/s 1000 Kb/s。为了提高可靠性,采用冗余的 PCU、I/O 板、IOBus 和电源。另外,PCS 不仅扩展了功能,而且增加了先进控制算法,并采用了 PID 参数自整定技术。

②操作员站(OS)。OS 采用 32 位高档微处理机、高分辨率彩色 CRT、触摸屏幕和多窗口显示,并采用语音合成和工业电视(Industry Television,ITV)等多媒体技术,使其操作更为简单,响应速度更快,更具现场效应。

③工程师站(ES)。ES 组态一改传统的填表方式,而采用形象直观的结构图连接方式和多窗口技术,并采用 CAD 和仿真调试技术,使其组态更为简便,更为形象、直观,提高了设计效率。

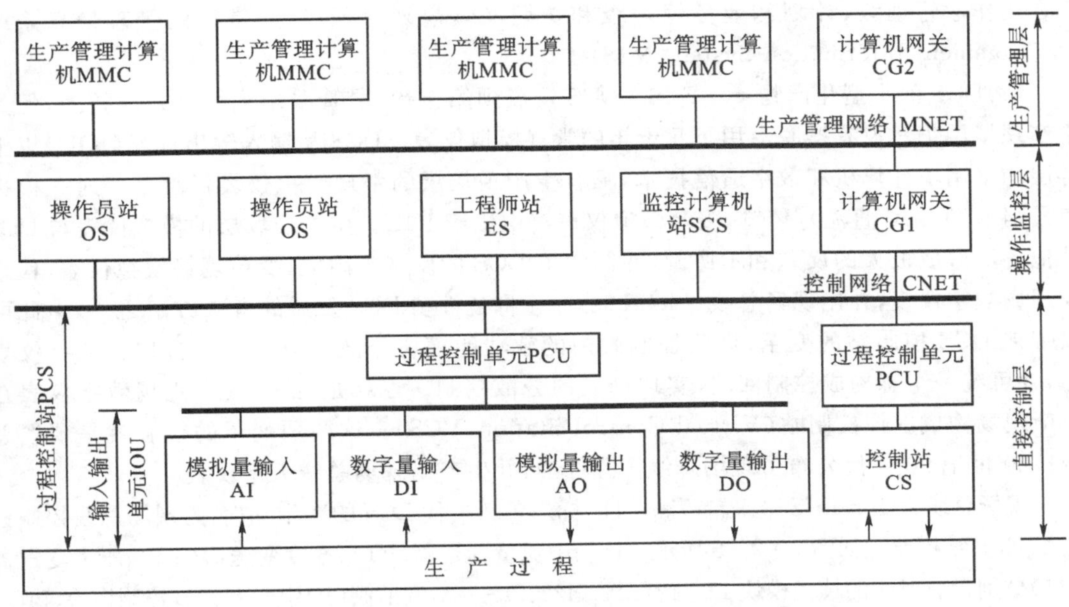

图7-2-4 第三代DCS基本结构示意图

④监控计算机站(SCS)。SCS为32位或64位小型计算机,除了作为PCS的上位机进行各PCS之间的协调之外,还用来建立生产过程数学模型和专家系统,实现自适应控制、预测控制、推理控制、故障诊断和生产过程优化控制等。

⑤开放式系统。第一、第二代DCS基本上为封闭系统,不同系统之间无法互连。第三代DCS局域网(LAN)遵循开放系统互连(OSI)参考模型的7层通信协议,符合国际标准。向上与生产管理网络(Manufactory Management Network,MNET)互连,生产管理计算机(Manufactory Management Computer,MMC)再通过MNET互连;向下支持现场总线,即现场总线仪表可与PCS或IOBus互连。第三代DCS已成为CIMS或CIPS的基础层,很容易构成信息集成系统。

20世纪90年代为DCS的发展期,DCS在工业生产的各个行业得到普及,显著提高了工业生产过程的自动化程度,极大地推动了过程工业的发展,显著降低了工人的劳动强度。这一时期的典型产品有TPS(Honeywell公司)、CENTUM-CS(Yokogawa公司)、Delta V(Rosemount公司)等。

4)第四代DCS——FCS(1990年以后)

20世纪90年代现场总线技术和管理软件的发展使得集散控制系统开始向着两个方向发展:一个是向着大型化的CIPS方向发展,另一个是向着小型及微型化、现场变送器智能化、现场总线标准化的方向发展,即现场总线控制系统FCS。

(1)DCS的大型化产物——CIPS。一般的CIPS系统可划分为六级子系统:第一级为现场级,包括各种现场设备,如传感器和执行机构;第二级为设备控制级,它接收各种参数的检测信号,按照要求的控制规律实现各种操作控制;第三级为过程控制级,完成各种数学模型的建立,过程数据的采集处理。这三级属于生产控制级,也称为EIC综合控制系统(电气控制、仪表控制和计算机系统),是狭义上的集散控制系统DCS。由此向上的四、五、六级分别为在线作业管理级、计划和业务管理级和长期经营规划管理级，即常说的管理信息系统(Management Information System，MIS)。

(2)DCS的小型化产物——FCS。DCS发展到第三代，尽管采用了一系列新技术，但是生产现场层仍然没有摆脱沿用了几十年的常规模拟仪表。DCS从输入输出单元(IOU)以上各层均采用了计算机和数字通信技术，唯有生产现场层的常规模拟仪表仍然是一对一模拟信号[4～20 mA(直流)]传输，多台模拟仪表集中接于IOU。生产现场层的模拟仪表与DCS其他各层形成极大的反差和不协调，并制约了DCS的发展。因此，变革现场模拟仪表，代之为现场数字仪表，并用现场总线(Fieldbus)互连将是推动DCS发展的有效方法之一，由此可以带来DCS控制站的变革，即将控制站内的软功能模块分散地分布在各台现场数字仪表中，并可统一组态构成控制回路，实现彻底的分散控制。也就是说，由多台现场数字仪表在生产现场构成虚拟控制站(Virtual Control Station，VCS)。这两项变革的核心就是现场总线。20世纪90年代公布了现场总线国际标准，并生产出现场总线数字仪表。

现场总线为变革DCS带来希望和可能，标志着新一代DCS的产生，取名为现场总线控制系统FCS，其结构原理如图7-2-5所示。该图中流量变送器(FT)、温度变送器(TT)、压力变送器(PT)分别含有对应的输入模块FI-121、TI-122、PI-123，调节阀(V)中含有PID控制模块(PID-124)和输出模块(FO-125)，用这些功能模块就可以在现场总线上构成PID控制回路。

现场总线接口(Fieldbus Interface，FBI)下接现场总线，上接局域网(LAN)，即FBI作为现场总线与局域网之间的网络接口。将图7-2-5同图7-2-4比较可知，FCS革新了DCS的现场控制站及现场模拟仪表，用现场总线将现场数字仪表互连在一起，构成控制回路，形成现场控制层，即FCS用现场控制层取代了DCS的直接控制层。操作监控层及其以上各层仍然同DCS。这样，FCS系统中传输的信号实现了全数字化，结束了DCS中模拟信号和数字信号并存的状态。

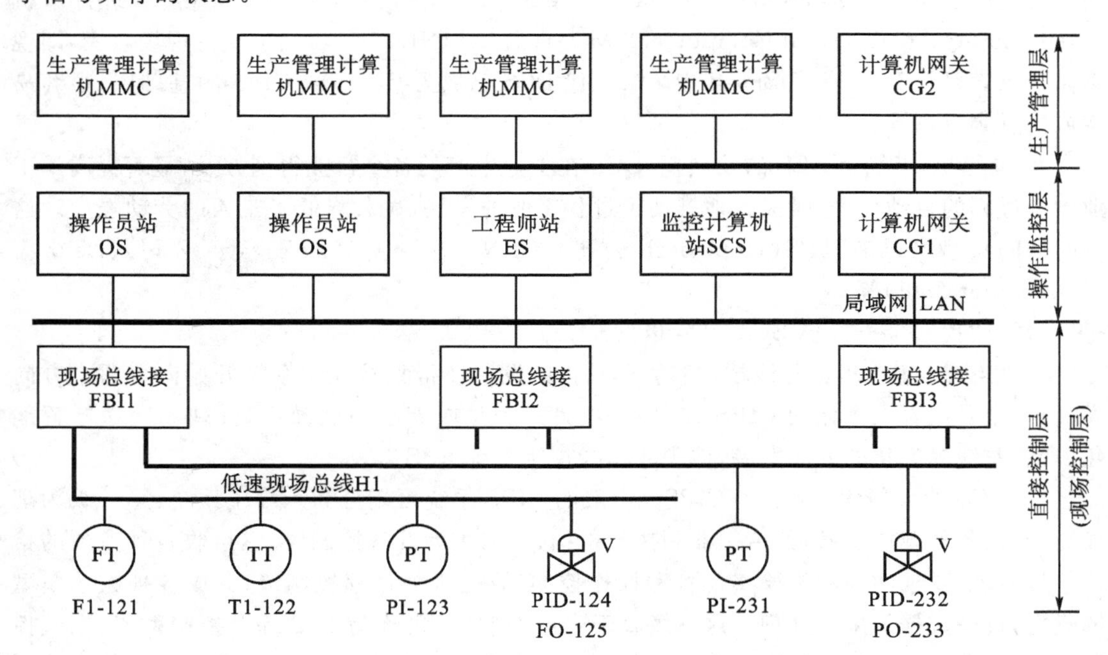

图7-2-5 新一代DCS(FCS)基本结构示意图

2. DCS 的优点

DCS 自问世以来，随着“4C”技术的发展而发展，一直处于上升发展状态，广泛地应用于工业控制的各个领域。究其原因是 DCS 具有一系列特点和优点，主要表现在以下 6 个方面：分散型和集中性、自制性和协调性、灵活性和扩展性、先进性和集成性、可靠性和适应性、友好性和新颖性。

1)分散型和集中性

DCS 分散性的含义是广义的，不单是分散控制，还有地域分散、设备分散、功能分散和危险分散的含义。分散的目的是使危险分散，进而提高系统的可靠性和安全性。DCS 硬件积木化和软件模块化是分散性的具体体现，因此可以因地制宜地分散配置系统。DCS 纵向分层次结构，可分为直接控制层、操作监控层和生产管理层，如图 7－2－5 所示。DCS 横向分子系统结构，如直接控制层中一台过程控制站(PCS)可看作一个子系统，操作监控层中的一台操作员站(OS)也可看作一个子系统。

DCS 的集中性是指集中监视、集中操作和集中管理。DCS 的通信网络和分布式数据库是集中性的具体体现。用通信网络把物理上分散的设备构成统一的整体，用分布式数据库实现全系统的信息集成，进而达到信息共享。因此，可以同时在多台操作员站上实现集中监视、集中操作和集中管理。当然，操作员站的地理位置不必要求集中。

2)自制性和协调性

DCS 的自治性是指系统中的各台计算机均可独立地工作。例如，过程控制站能自主地进行信号输入、运算、控制和输出；操作员站能自主地实现监视、操作和管理；工程师站的组态功能更为独立，既可在线组态，也可离线组态，甚至可以在与组态软件兼容的其他计算机上组态，形成组态文件后再装入 DCS 运行。

DCS 的协调性是指系统中的各台计算机通过通信网络互连在一起，相互传送信息，相互协调工作，以实现系统的总体功能。

DCS 的分散和集中、自治和协调不是相互对立，而是相互补充。DCS 的分散是相互协调的分散，各台分散的自主设备是在统一集中管理和协调下各自分散、独立地工作，构成统一的有机整体。正因为有了这种分散和集中的设计思想、自治和协调的设计原则，才使 DCS 获得进一步发展，并得到广泛应用。

3)灵活性和扩展性

DCS 采用积木式结构，类似儿童搭积木那样，可灵活地配置成小、中、大各类系统。另外，还可以根据企业的财力或生产要求，逐步扩展系统，改变系统的配置。

DCS 的软件采用模块式结构，提供各类功能模块，可通过灵活地组态构成复杂程度不同的各类控制系统。另外，还可根据生产工艺和流程的改变，随时修改控制方案，在系统容量允许范围内，只需通过组态就可构成新的控制方案，而不需要改变硬件配置。

4)先进性和集成性

DCS 综合了“4C”技术，并随着“4C”技术的发展而发展。也就是说，DCS 硬件上采用先进的计算机、通信网络和屏幕显示技术，软件上采用先进的操作系统、数据库、网络管理和算法语言，算法上采用自适应、预测、推理、优化等先进控制算法，建立生产过程数学模型和专家系统。

DCS自问世以来，更新换代比较快，几乎一年一个样。当出现新型DCS时，老DCS作为新DCS的一个子系统继续工作，新、老DCS之间还可互相传递信息。这种DCS的继承性给用户消除了后顾之忧，不会因为新、老DCS之间的不兼容给用户带来经济上的损失。

5)可靠性和适应性

DCS的分散性带来系统的危险分散，提高了系统的可靠性。DCS采用了一系列冗余技术，如控制站主机、I/O板、通信网络和电源等均可双重化，而且采用热备份工作方式，自动检查故障，一旦出现故障立即自动切换。DCS安装了一系列故障诊断与维护软件，实时检查系统的硬件和软件故障，并采用故障屏蔽技术，使故障影响尽可能地小。

DCS采用高性能的电子器件、先进的生产工艺和各项抗干扰技术，可使DCS能够适应恶劣的工作环境。DCS设备的安装位置可适应生产装置的地理位置，尽可能地满足生产的需要。DCS的各项功能可适应现代化大生产的控制和管理需求。

6)友好性和新颖性

DCS的操作员站采用彩色CRT和交互式图形画面，为操作人员提供了友好的人机界面(MMI)。常用的画面有总貌、组、点、趋势、报警、操作指导和流程图画面等。由于采用了图形窗口、专用键盘、鼠标器或球标器等，使得操作变得非常简便。

DCS的新颖性主要表现在MMI上，采用动态画面、工业电视、合成语音等多媒体技术，图文并茂，形象直观，使操作人员有如身临其境之感。

7.2.3 DCS的体系结构

自1975年DCS诞生以来，一直在不断地发展和更新。尽管不同DCS产品在硬件的互换性、软件的兼容性、操作的一致性上很难达到统一，但从其基本构成方式和构成要素来分析，仍然具有相同或相似的体系结构。

1. DCS的基本组成

尽管集散控制系统的种类和制造厂商繁多(如Siemens、Honeywell、Tayler、Foxboro、Yokogawa、AB、ABB等)，控制系统软、硬件功能不断完善和加强，但从系统的结构分析，它们都是由过程控制站、操作管理站和通信系统三部分组成。这三部分之间的关系如图7-2-6所示。它们由若干台微处理器或微机分别承担部分任务，并通过高速数据通道把各个分散点的信息集中起来，进行集中的监视和操作，并实现复杂的控制和优化。

1)过程控制站

过程控制站由分散过程控制装置组成，是DCS与生产过程之间的界面，它的主要功能是分散的过程控制。生产过程的各种过程变量通过分散过程控制装置转化为操作监视的数据，而操作的各种信息也通过分散过程控制装置送到执行机构。在分散过程控制装置内，进行模拟量与数字量的相互转换，完成控制算法的各种运算，对输入与输出量进行有关的软件滤波及其他的一些运算。其结构具有如下特征：

(1)需适应恶劣的工业生产过程环境。分散过程控制装置的一部分设备的安装现场所处的环境差，因此，要求分散过程控制装置能适应环境的温、湿度变化，适应电网电压波动的变化，适应工业环境中电磁干扰的影响，适应环境介质的影响。

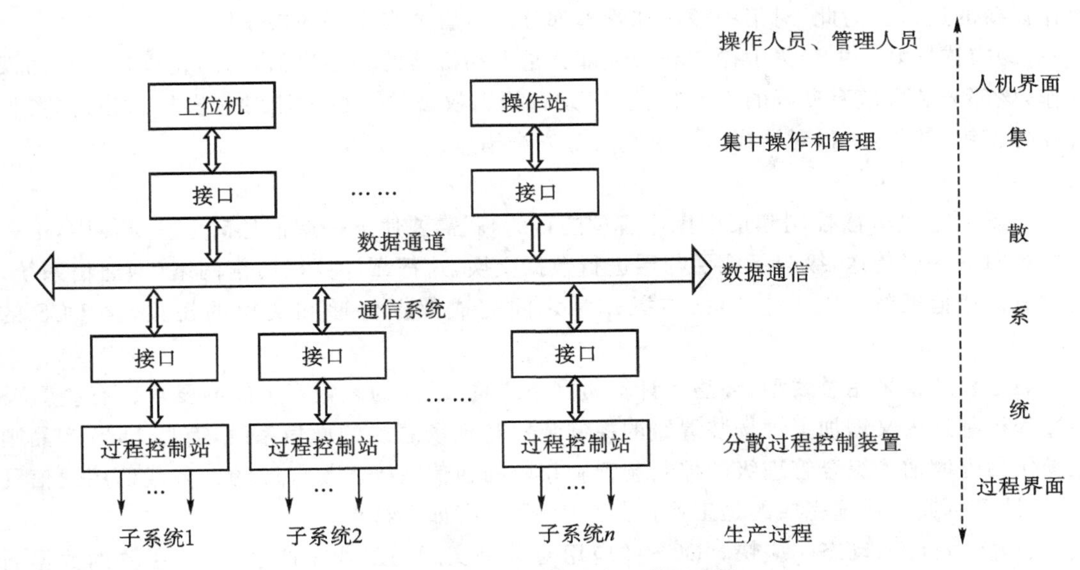

图 7-2-6　DCS 的基本组成示意图

(2)分散控制。分散过程控制装置体现了控制分散的系统构成。它把地域分散的过程控制装置用分散的控制实现,它的控制功能也分为常规控制、顺序控制和批量控制等;它把监视和控制分离,把危险分散,使得 DCS 的可靠性提高。

(3)实时性。分散过程控制装置直接与过程进行联系,为能准确反映过程参数的变化,它应具有实时性强的特点。从装置来看,它要有快的时钟频率,足够的字长;从软件来看,运算的程序应精练、实时和多任务作业。

(4)独立性。相对整个 DCS,分散过程装置具有较强的独立性。在上一级设备出现故障或与上一级通信失败的情况下,它还能正常运行,从而使过程控制和操作得以进行。因此,对它的可靠性要求也相对更高。

目前的分散过程控制装置由多回路控制器、多功能控制器、可编程序逻辑控制器及数据采集装置等组成。它相当于现场控制级和过程控制装置级,实现与过程的连接。

2)操作管理站

操作管理站由操作管理装置,如由操作台、管理机和外部设备(如打印机、拷贝机)等组成,是操作人员与 DCS 之间的界面,相当于车间操作管理级和全厂优化和调度管理级,实现人机接口(MMI)。它的主要功能是集中各分散过程控制装置送来的信息,通过监视和操作,把操作和命令下送各分散控制装置。信息用于分析、研究、打印、存储并作为确定生产计划、调度的依据。其基本特征如下。

(1)信息量大。它需要汇总各分散过程控制装置的信息以及下送的信息,对此,从硬件来看,它具有较大的存储容量,允许有较多的显示画面;从软件来看,应采用数据库、压缩技术、分布式数据库技术及并行处理技术等。

(2)易操作性。集中操作和管理部分的装置是操作人员、管理人员直接与系统联系的界面,它们通过 CRT、打印机等装置了解过程运行情况并发出指令。因此,除了部分现场手动操作设备外,操作人员和管理人员都通过装置提供的输入设备,如键盘、鼠标器、球标器等来操作设备的运行。为此,对集中操作和管理部分的装置要有良好的操作性。

(3)容错性好。由于集中操作和管理部分是人和机器的联系界面,为防止操作人员的误操作,该部分装置应有良好的容错特性,即只有相当权威的人员才能对它操作。为此,要设置硬件密钥、软件加密,对误操作不予响应等安全措施。

3)通信网络

DCS要达到分散控制和集中操作管理的目的,就需要使下一层信息向上一层集中,上一层指令向下一层传送,级与级或层与层进行数据交换,这都靠计算机通信网络(即通信系统)来完成。通信系统是过程控制站与操作站之间完成数据传递和交换的桥梁,是DCS的中枢。

通信系统常采用总线型、环型等计算机网络结构,不同的装置有不同的要求。有些DCS在过程控制站内又增加了现场装置级的控制装置和现场总线的通信系统,有些DCS产品则在操作站内增加了综合管理级的控制装置和相应的通信系统。与一般的办公或商用通信网不同,计算机通信系统完成的是工业控制与管理,具有如下特点。

(1)实时性好,动态响应快。DCS的应用对象是实际的工业生产过程,它主要的数据通信信息是实时的过程信息和操作管理信息,所以网络要有良好的实时性和快速的响应性。一般响应时间在0.01～0.5 s,快速响应要求的开关、阀门或电机的运转都在毫秒级,高优先级信息对网络存取时间也不超过10 ms。

(2)可靠性高。对于通信网络来说,任何暂时中断和故障都会造成巨大的损失,为此,相应的通信网络应该有极高的可靠性。通常,DCS是采用冗余技术,如双网备份方式,当发送站发出信息后的规定时间内未收到接收站的响应时,除了采用重发等差错控制外,也采用立即切入备用通信系统的方法,以提高可靠性。

(3)适应恶劣的工业现场环境。DCS运行于工业环境中,必须能适应于各种电磁干扰、电源干扰、雷击干扰等恶劣的工业现场环境。现场总线更是直接敷设在工业现场,因此,DCS采用的通信网络应该有强抗扰性,如采用宽带调制技术,减少低频干扰;采用光电隔离技术,减少电磁干扰;采用差错控制技术,降低数据传输的误码率等。

(4)开放系统互连和互操作性。大多数DCS的通信网络是有各自专利的,但为了便于用户的使用,能实现不同厂家的DCS互相通信(开放),对网络通信协议的标准化受到普遍重视,国际标准化组织(ISO)提出一个开放系统互连(OSI)体系结构,它定义异种计算机链接在一起的结构框架,采用网桥实现互连。

开放系统的互连,使其他网络的优级软件能够很方便地在系统所提供的平台上运行,能够在数据互通基础上协同工作,共享资源,使系统的互操作性、信息资源管理的灵活性和更大的可选择性得到增强。

2. DCS的产品结构类型、技术特征及共同特点

1)DCS的产品结构类型

根据分散过程控制装置、集中操作和管理装置及通信系统的不同结构,集散控制系统大致可分为以下几类。

(1)DCS供应商提供的产品结构类型

①模块化控制站+与MAP兼容的宽带、载带局域网+信息综合管理系统。这是一类

最新结构的DCS，通过宽带和载带网络，可在很广的地域内应用。通过现场总线，系统可与现场智能仪表通信和操作，从而形成真正的开放互连、具有互操作性的系统。这是第三代DCS的典型结构，也是当今DCS的主流结构。TDC300系统，I/A系统和CENTUM - XL系统皆属此类。

②分散过程控制站＋局域网＋信息管理系统。由于采用局域网技术，使通信性能提高，联网能力增强。这是第二代DCS的典型结构。

③分散过程控制站＋高速数据通路＋操作站＋上位机。这是第一代DCS的典型结构。如TDC2000系统，经过对操作站、过程控制站、通信系统性能的改进和扩展，系统的性能已有较大提高。

④可编程逻辑控制器PLC＋通信系统＋操作管理站。这是一种在制造业广泛应用的DCS结构，尤其适用于有大量顺序控制的工业生产过程。DCS制造商为使DCS能适应顺序控制实时性强的特点，现已有不少产品可以下挂接各种厂家的PLC，组成PLC＋DCS的形式，应用于有实时要求的顺序控制和较多回路的连续控制场合。

⑤单回路控制器＋通信系统＋操作管理站。这是一种适用于中、小企业的小型DCS结构。它用单回路控制器(或双回路、四回路控制器)作为盘装仪表，信息的监视由操作管理站或仪表面板实施，有较大灵活性和较高性价比。

(2)实际应用中的DCS结构类型。在实际应用中，采用微处理器、工业级微机组成集散控制系统的结构如下：

①工业级微机＋通信系统＋操作管理机。工业级微机用作为多功能多回路的分散过程控制装置，相应的软件也已有软件厂商开发。

②单回路控制器＋通信系统＋工业级微机。工业级微机作为操作管理站使用，它的通用性较强，软件可自行开发，相应的管理、操作软件也有产品可购买。

③PLC＋通信系统＋工业级微机。与②相类似，适用于顺序控制为主的场合。

④工业级微机＋通信系统＋工业级微机。工业级微机各有不同的功能，前者作为分散过程控制装置，后者作为操作管理，相应的机型、容量等也可有所不同。

⑤智能前端＋通信系统＋工业级微机。这是一种简易而较通用的集散控制小系统的结构，偶有应用。

前五类通常是DCS制造厂商的专利产品，后五类大多是由通用产品组合而成的。但不管哪一类型，DCS都应有三大基本组成，这是与微机控制系统相区别的，只是具体产品的硬件组成和软件有所不同，形成各自特色，以其自身优势占领市场。

2)DCS的技术特征

DCS因其一些优良特性而被广泛应用，成为过程控制的主流。与常规模拟仪表相比，它具有连接方便，采用软连接方法进行连接，容易改变；显示方式灵活，显示内容多样；数据存储量大等优点。与计算机集中控制系统比较，它具有操作监督方便、危险分散、功能分散等优点。它始终围绕着功能结构灵活的分散性和安全运行维护的可靠性，紧跟时代的发展成为前沿技术。其主要技术特征表现在分级递阶结构、分散控制、局域通信网络和高可靠性等4个方面。

(1)分级递阶结构。采用这种结构是从系统工程出发，考虑系统的功能分散、危险分散，提高可靠性，强化系统应用灵活性，降低投资成本，便于维修和技术更新及系统最优化选择而得出的。

分级递阶结构方案如图 7-2-7 所示，它在垂直方向和水平方向都是分级的。最简单的集散控制系统至少在垂直方向上分为二级：操作管理级和过程控制级。在水平方向上各过程控制级之间是相互协调的分级，它们把现场数据向上送达操作管理级，同时接受操作管理级的下发指令，各个水平级之间也进行数据交换。

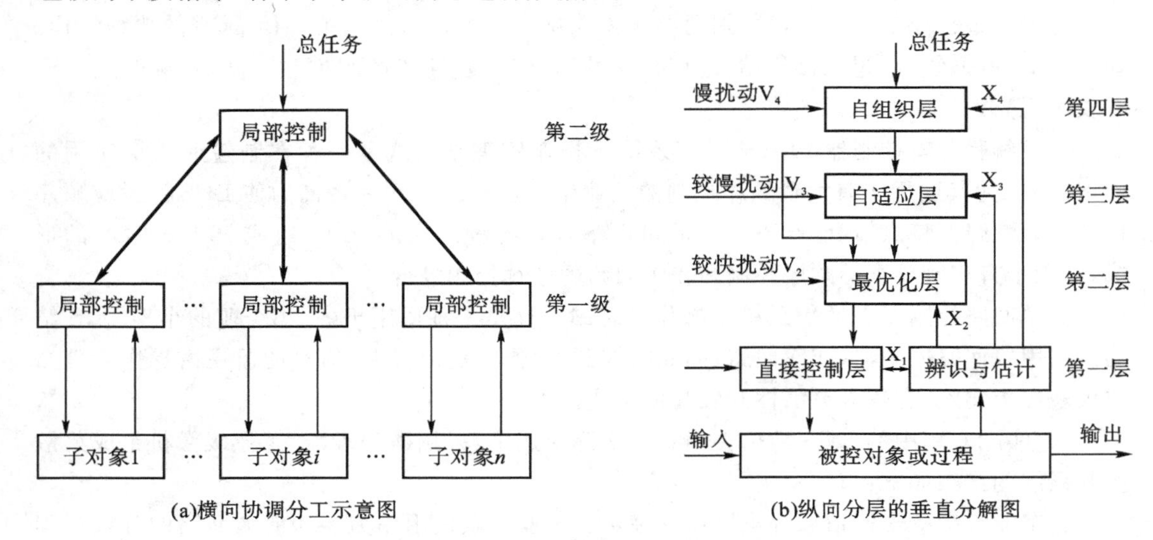

图 7-2-7 DCS 的分级递阶结构示意图

集散控制系统的规模越大，系统的垂直和水平级的范围也越广。常见的 CIMS 是 DCS 的一种垂直方向和水平方向的扩展。从广义的角度讲，CIMS 是在管理级扩展的集散系统，它把操作的优化、自学习和自适应的各垂直级与 DCS 集成起来，把计划、销售、管理和控制等各水平级综合在一起，因而有了新的内容和含义。目前，大多 DCS 的管理级仅限于操作管理。但从系统构成来看，分级递阶是其基本特征。

分级递阶系统的优点是各个分级具有各自的分工范围，相互之间有协调。通常，这种协调是通过上一分级来完成的[见图 7-2-7(a)])。上下各分级的关系通常是下面的分级把该级及其下层的分级数据送到上一级，由上一级根据生产的要求进行协调，并给出相应的指令(即数据)，通过数据通信系统把数据送到下层的有关分级。

包括 DCS 在内的 CIMS 或 CIPS 在垂直方向上可分为四层[见图 7-2-7(b)]。第一层为过程控制级，根据上层决策直接控制过程或对象的状态，即 DDC 控制。以高级控制为出发点的参数辨识与状态估计也属于第一层任务。第二层为优化控制级，根据上层给定的目标函数与约束条件或依据系统辨识的数学模型得出的优化控制策略，对过程控制级的给定点进行设定或整定控制器(如 PID)参数。第三层为自适应控制级，根据运行经验补偿工况变化对控制规律的影响，以及元器件老化等因素的影响，始终维持系统处于最佳或最优运行状态。第四层为自组织级或工厂管理级。其任务是决策、计划管理、调度与协调，根据系统的总任务或总目标，规定各级任务并决策协调各级的任务。

(2)分散控制。分散的含义不单是分散控制，还包含了其他意义，如人员分散、地域分散、功能分散、危险分散和操作分散等。分散的目的是克服计算机集中控制危险集中、可靠性低的缺点。

分散的基础是被分散的系统是各自独立的自治系统。分级递阶结构就是各自完成各自功能，相互协调，各种条件相互制约。在DCS中，分散内涵是十分广泛的，包括分散数据库、分散控制功能、分散通信、分散供电、分散负荷等。但系统的分散是相互协调的分散，也称为分布。因此，在分散中有集中的数据管理、集中的控制目标、集中的通信管理等，为分散作协调和管理。各个分散的自治系统是在统一集中管理和协调下各自分散工作的。

DCS的分散控制具有非常丰富的功能软件包，它能提供控制运算模块、控制程序软件包、过程监视软件包、显示程序包、信息检索和打印程序包等。

(3)局域通信网络。DCS的数据通信网络是典型的局域通信网络。当今的集散控制系统都采用工业局域网络技术进行通信，传输实时控制信息，进行全系统信息综合管理，对分散的过程控制单元、人机接口单元进行控制、操作和管理。信息传输速率可达5 Mb/s～10 Mb/s，响应时间仅为数百ms，误码率低于10^{-8}～10^{-10}。大多数集散控制系统的通信网络采用光纤传输媒质，通信的可靠性和安全性大大提高。通信协议向国际标准化方向前进，达到ISO开放系统互联模型标准。采用先进局域网络技术是集散控制系统优于常规仪表控制系统和计算机集中控制系统的最大特点之一。

(4)高可靠性。可靠性一般是指系统的一部分(单机)发生故障时，能否继续维持系统全部或部分功能，即部分发生故障时，利用未发生故障部分仍可使系统运行继续下去，并且还能迅速地发现故障，立即或很快地修复。它通常用平均无故障间隔时间(Mean Time Between Failure，MTBF)和平均故障修复时间(Mean Time to Repair，MTTR)来表征。高可靠性是集散控制系统发展的关键，没有可靠性就没有集散控制系统。目前，大多数集散控制系统的MTBF达5万小时，超过5.5年，而MTTR一般只有5分钟。

保证可靠性首先采用分散结构设计及硬件优化设计。把系统整体设计分解为若干子系统模块，如控制器模块、历史数据模块、打印模块、报警模块等，软件设计各自独立，又资源共享。电路优化设计采用大规模和超大规模的集成电路芯片，尽可能减少焊接点，还可以使系统发生局部故障时能降级控制，直到手动操作。

保证高可靠性，另一个不可缺少的技术就是冗余技术。冗余技术也是表征集散控制系统的特点之一。系统中各级人机接口、控制单元、过程接口、电源、I/O接口等都采用冗余化配置，冗余度为双重冗余和多重化(n∶1)冗余。信息处理器、通信接口、内部通信总线、系统通信网络都采用冗余化措施，保证高可靠性。另外，系统内还设有故障诊断、自检专家系统。一个简单的故障诊断专家系统流程图如图7-2-8所示。

故障自检、自诊断技术包括符号检测、动作间隔和响应时间的监视，微处理器及接口和通道的诊断。故障信息的积累和故障判断技术将人工智能知识引入到系统故障识别，利用专家知识、经验和思维方式合理地做出各种判断和决策。

此外，采用标准化软件也可以提高软件运行的可靠性。目前，新一代集散控制系统在硬件上大多采用32位CPU芯片，如Motorola公司的MC68020和MC68030、Intel公司的

80386、80486，软件上则采用著名的多用户分时操作系统，如 UNIX、XENIX、LINUX，采用 Windows 编辑技术软件和关系数据库等。随着系统开放性的增强，还可以移植其他软件公司的优秀软件。

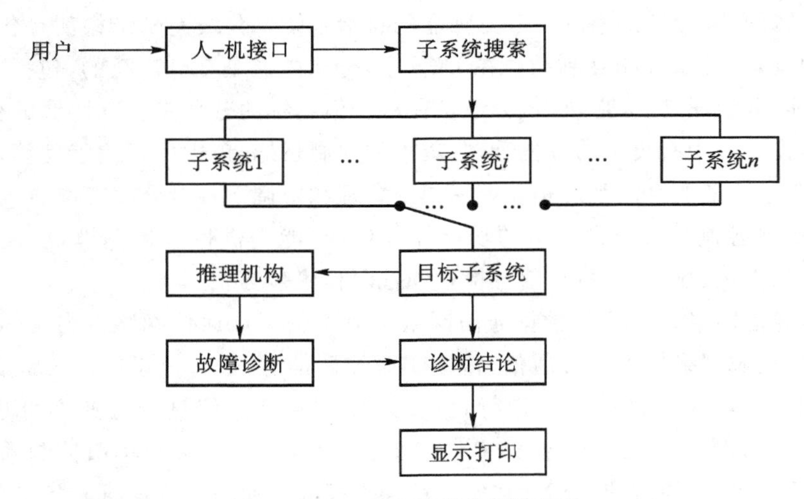

图 7-2-8 故障诊断专家流程图

3)DCS 的共同特点

自 1975 年美国 Honeywell 公司推出第一套集散控制系统 TDC2000 以来，集散控制系统已经经历了三代，并向着 FCS 和 CIPS 方向发展。目前，散控制系统主要有以下共同特点：

(1)标准化的通信网络。作为开放系统网络，符合标准的通信协议和规程。集散控制系统已采用的国际通信标准有 IEEE802 局部网络通信标准、PROWAY 过程控制数据通信协议和 MAP 制造自动化协议。这些标准使集散控制系统具有强的可操作性，可以互相联接，共享系统资源，运行第三方的软件等。

(2)通用的软、硬件。早期的集散控制系统厂家为了技术保密而自行设计开发生产，各集散控制系统间不能互联，用户需储备大量备品备件，极不方便。目前，各集散控制系统厂家纷纷采用专业厂家的标准化、通用化、系列化、商品化的产品。如在硬件方面，实现了机架、板件的标准化，降低了系统的价格，大大减轻了用户备品备件的压力和费用；在软件方面，集散控制系统已经被移植到 Windows 网络平台，加速了集散控制系统功能软件的开发，使其功能更加完善和强大。

(3)完善的控制功能。集散控制系统依靠运算单元和控制单元的灵活组态，可实现多样化的控制策略，如 PID 系列算法、串级、比值、均匀、前馈、选择、解耦、史密斯(Smith)预估等常规控制以及状态反馈、预测控制、自适应控制、推断控制、智能控制等高级控制算法。

(4)安全性能进一步提高。集散控制系统除采用高可靠性的软硬件以及通信网络、控制站等冗余措施外，还使用了故障检测与诊断工程软件，可对生产工况进行监测，从而及早发现故障，及时采取措施，进一步提高了生产的安全性。

3. DCS 的体系结构

DCS 的体系结构表现在层次结构、硬件结构、软件结构和网络结构等 4 个方面。

1)DCS 的层次结构

DCS 按功能分层的层次结构充分体现了其分散控制和集中管理的设计思想。DCS 自下而上依次分为直接控制层、操作监控层、生产管理层和决策管理层,如图 7-2-9 所示。下面分别介绍各层的构成和功能。

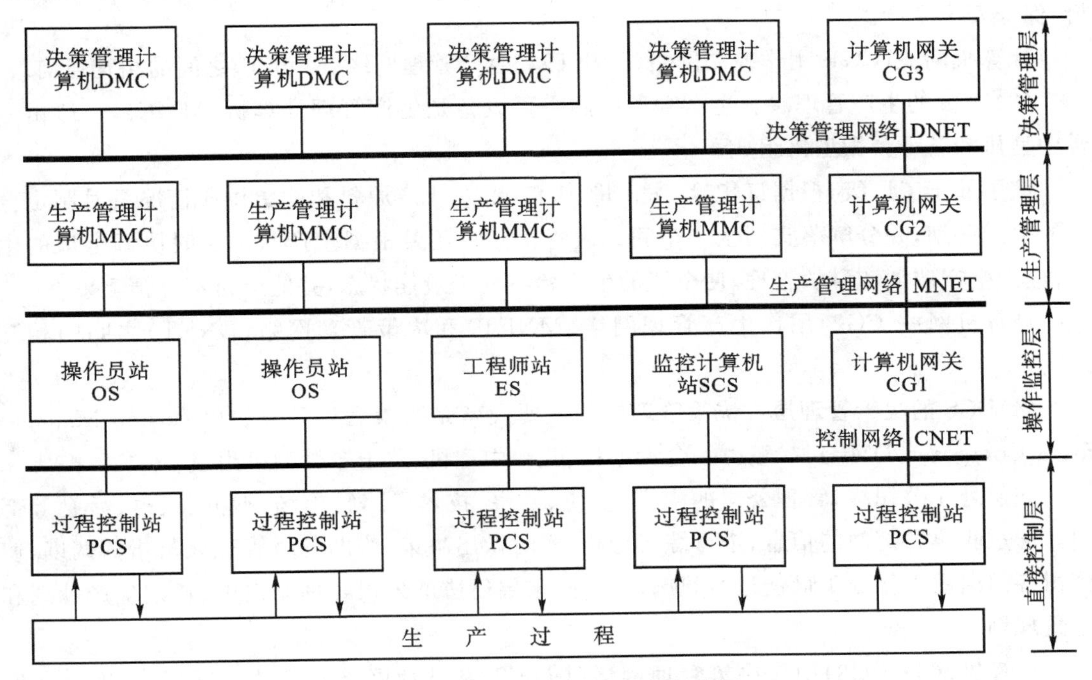

图 7-2-9　DCS 的层次结构示意图

(1)DCS 的直接控制层。直接控制层是 DCS 的基础,其主要设备是过程控制站(PCS)。PCS 主要由输入输出单元(IOU)和过程控制单元(PCU)两部分组成。

IOU 直接与生产过程的信号传感器、变送器和执行机构连接,其功能有二:一是采集反映生产状况的过程变量(如温度、压力、流量、料位、成分)和状态变量(如开关或按钮的通或断、设备的启或停),并进行数据处理;二是向生产现场的执行器传送模拟量操作信号(4～20 mA DC)和数字量操作信号(开或关、启或停)。

PCU 下与 IOU 连接,上与控制网络(CNET)连接,其功能有三:一是直接数字控制(DDC),即连续控制、逻辑控制、顺序控制和批量控制等;二是与 CNET 通信,以便操作监控层对生产过程进行监视和操作;三是进行安全冗余处理,一旦发现 PCS 硬件或软件故障,就立即切换到备用件,保证系统不间断地安全运行。

(2)DCS 的操作监控层。操作监控层是 DCS 的中心,其主要设备是操作员站、工程师站、监控计算机站和计算机网关。

操作员站(OS)为 32 位或 64 位微处理机或小型机,并配备彩色 CRT、操作员专用键盘和打印机等外部设备,供工艺操作员对生产过程进行监视、操作和管理,具备图文并茂、形象逼真、动态效应的人机界面(MMI)。

工程师站(ES)为32位或64位微处理机,或由操作员站兼用,供计算机工程师对DCS进行系统生成和诊断维护,供控制工程师进行控制回路组态、人机界面绘制、报表制作和特殊应用软件编制。

监控计算机站(SCS)为32位或64位小型机,用来建立生产过程的数学模型,实施高等过程控制策略,实现装置级的优化控制和协调控制,并对生产过程进行故障诊断、预报和分析,保证安全生产。

计算机网关(CG1)用作控制网络(CNET)和生产管理网络(MNET)之间的相互通信。

(3)DCS的生产管理层。生产管理层的主要设备是生产管理计算机(MMC),一般由一台中型机和若干台微型机组成。

该层处于工厂级,根据订货量、库存量、生产能力、生产原料和能源供应情况及时制定全厂的生产计划,并分解落实到生产车间或装置;另外,还要根据生产状况及时协调全厂的生产,进行生产调度和科学管理,使全厂的生产始终处于最佳状态,并能应付不可预测事件。

计算机网关(CG2)用作生产管理网络(MNET)和决策管理网络(DNET)之间的相互通信。

(4)DCS的决策管理层。决策管理层的主要设备是决策管理计算机(Decision Management Computer,DMC),一般由一台大型机、几台中型机、若干台微型机组成。

该层处于公司级,管理公司的生产、供应、销售、技术、计划、市场、财务、人事、后勤等部门。通过收集各部门的信息,进行综合分析,实时做出决策,协助各级管理人员指挥调度,使公司各部门的工作处于最佳运行状态。另外,该层还协助公司经理制定中、长期生产计划和远景规划。

计算机网关(CG3)用作决策管理网络(DNET)和其他网络之间的相互通信,即企业网和公共网络之间的信息通道。

目前世界上有多种DCS产品,具有定型产品供用户选择的一般仅限于直接控制层和操作监控层。其原因是下面两层有固定的输入、输出、控制、操作和监控模式,而上面两层的体系结构因企业而异,生产管理与决策管理方式也因企业而异,因而上面两层要针对各企业的要求分别设计和配置系统。

2)DCS的硬件结构

DCS硬件采用积木式结构,可灵活地配置成小型、中型和大型等各种不同规模的系统。另外,还可以根据企业的财力或生产要求,逐步扩展系统和增加功能。

DCS控制网络(CNET)上的各类节点数量,即过程控制站(PCS)、操作员站(OS)、工程师站(ES)和监控计算机站(SCS)的数量,可按生产要求和用户需求而灵活地配置,如图7-2-10所示。同时,还可以灵活地配置每个节点的硬件资源,如内存容量、硬盘容量和外部设备种类等。

(1)DCS控制站的硬件结构。控制站(CS)或过程控制站(PCS)主要由输入输出单元(IOU)、过程控制单元(PCU)和电源三部分组成,如图7-2-10所示。

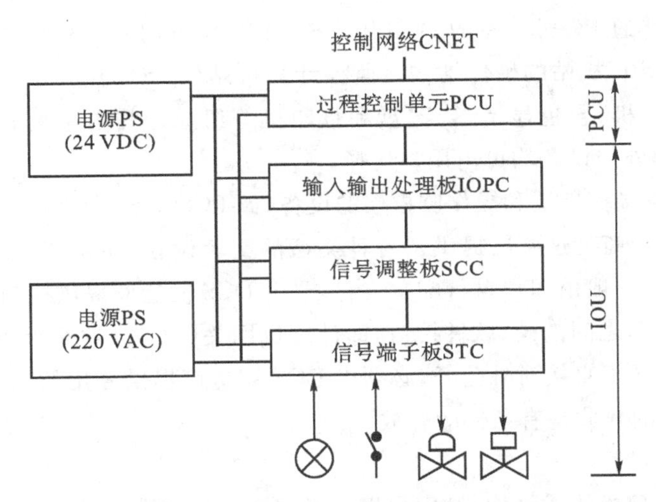

图7-2-10　过程控制站(PCS)的硬件构成示意图

IOU是PCS的基础，由各种类型的输入输出处理板（Input/Output Processing Card，IOPC）组成，如模拟量输入板[4～20 mA（直流），0～10 V（直流）]、热电偶输入板、热电阻输入板、脉冲量输入板、数字量输入板、模拟量输出板[4～20 mA（直流）]、数字量输出板和串行通信接口板等。这些输入输出处理板的类型和数量可按生产过程信号类型和数量来配置。另外，与每块输入输出处理板配套的还有信号调整板（Signal Conditioner Card，SCC）和信号端子板（Signal Terminal Card，STC）。其中，SCC用作信号隔离、放大或驱动，STC用作信号接线。上述IOPC、SCC和STC的物理划分因DCS而异，有的划分为三块板结构；有的划分为两块板结构，即IOPC和SCC合并，外加一块STC；有的将IOPC、SCC和STC三者合并成一块物理模件，并附有接线端子。

PCU是PCS的核心，并且是PCS的基本配置，主要由控制处理器板、输入输出接口处理器板、通信处理器板、冗余处理器板等组成。控制处理器板的功能是运算、控制和实时数据处理；输入输出接口处理器板是PCU与IOP之间的接口；通信处理器板是PCS与控制网络（CNET）的通信网卡，实现PCS与CNET之间的信息交换；当PCS采用冗余PCU和IOU时，冗余处理板用来实现PCU和IOU中的故障分析与切换功能。上述4块板的物理划分因DCS而异，可以分为4块、3块、2块，甚至可以合并为1块。

(2)DCS操作员站的硬件结构。操作员站（OS）为32位或64位微处理机或小型机，主要由主机、彩色显示器（CRT）、操作员专用键盘和打印机等组成。其中主机的内存容量、硬盘容量可由用户选择，彩色显示器可选触屏式或非触屏式，分辨率也可选择（1280×1024像素）。一般用工业PC机（IPC）或工作站做OS的主机，个别DCS制造商配专用OS主机，前者是发展趋势，这样可增强操作员站的通用性及灵活性。

(3)DCS工程师站的硬件结构。工程师站（ES）为32位或64位为处理机，主要由主机、彩色显示器、键盘和打印机等组成。一般用工业PC机或工作站作ES主机，个别DCS制造商配专用ES主机。工程师站既可用作离线组态，也可用作在线维护和诊断。如果用作离线组态，则可以选用普通 PC 机。有的 DCS 用 OS 兼作 ES，此时只需用普通键盘。

(4)DCS 监控计算机站的硬件结构。监控计算机站(SCS)为 32 位或 64 位小型机和高档微型机，主要由主机、彩色显示器、键盘和打印机等组成。其中主机的内存容量、硬盘容量、CD 或磁带机等外部设备均可由用户选择。

一般 DCS 的直接控制层和操作监控层的设备(如 PCS、OS、ES、SCS)都有定型产品供用户选择，即 DCS 制造商为这两层提供了各种类型的配套设备，而生产管理层和决策管理层的设备无定型产品，一般由用户自行配置，当然要由 DCS 制造商提供控制网络(CNET)与生产管理网络(MNET)之间的硬、软件接口，即计算机网关(CG)。这是因为一般 DCS 的直接控制层和操作监控层不直接对外公开，必须由 DCS 制造商提供专用的接口才能与外界交换信息，所以说 DCS 的开放是有条件的开放。

3)DCS 的软件结构

DCS 的软件采用模块式结构，给用户提供了一个十分友好、简便的使用环境。在组态软件支持下，通过调用功能模块可快速地构成所需的控制回路；在绘图软件支持下，通过调用绘图工具和标准图素，可简便地绘制出人机界面(MMI)。

(1)DCS 控制站的软件结构。控制站(CS)或过程控制站(PCS)用户软件的表现形式是各类功能模块，如输入模块、输出模块、控制模块、运算模块和程序模块等。在工程师站组态软件的支持下，用这些功能模块构成所需的控制回路。例如，若要构成单回路 PID 控制，只需调用一个模拟量输入模块(AI)、一个 PID 控制模块(PID)和一个模拟量输出模块(AO)，如图 7－2－11 所示。

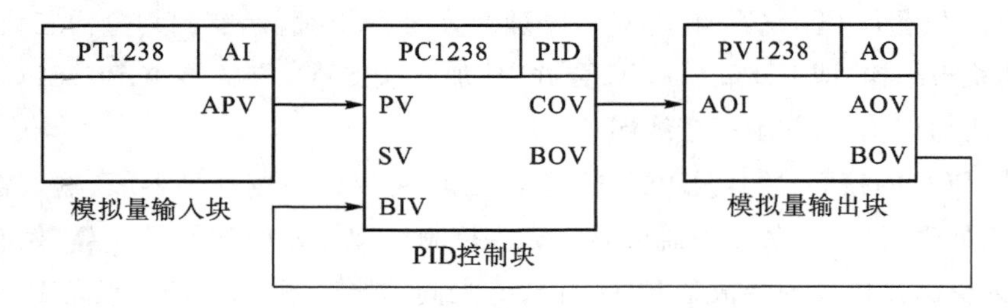

图 7－2－11 DCS 中单回路 PID 控制组态示意图

PCS 的输入输出单元(IOU)中，每个信号输入点对应一个输入模块，如模拟量输入模块、数字量输入模块；每个信号输出点对应一个输出模块，如模拟量输出模块、数字量输出模块。在工程师站组态软件的支持下，对每个信号点组态，定义工位号(Tag Name)、信号类型[如 4～20 mA(直流)电流、热电偶、热电阻、0～10 V(直流)电压等]、工程单位(如℃、m^3/h 等)和量程等，即可在过程控制单元(PCU)中建立相应的输入、输出模块。

在 PCS 的过程控制单元(PCU)中，还为用户准备了运算模块和控制模块。常用的运算模块有加、减、乘、除、求平方根、一阶惯性、超前滞后和纯滞后补偿等。控制模块又可分为连续控制模块、逻辑控制模块和顺序控制模块 3 类，每类又有多种控制算法，如连续控制模块中有 PID 控制模块，可以构成单回路、前馈、串级、比值、选择等控制回路，逻辑控制模块中有与(AND)、或(OR)、非(NOT)、异或(XOR)等算法模块。

PCS 中的各类功能模块也被称作点(Point)或内部仪表,如在 TDC3000 或 TPS 中被称作点,而在 CENTUM 中又被称作内部仪表,至今仍无统一的名称,也有人形象地称其为软点、软模块或软仪表。

(2)DCS 操作员站的软件结构。操作员(CS)是 DCS 的人机界面(MMI),其用户软件的表现形式是为用户提供了丰富多彩、图文并茂、形象直观的动态画面。一般有如下几类画面:总貌、组、点、趋势和报警等通用操作画面;工艺流程图、操作指导和操作面板等专用操作画面;操作员操作、过程点报警和事故追忆日志等历史信息画面;系统设备状态和功能模块汇总等系统信息画面。同时还提供各类报表、日志、记录和报告的打印功能,以及语音合成和工业电视(ITV)等多媒体功能。

总貌(Overview)画面汇集了数十个或数百个点的状态,用文字、颜色和符号等来简要形象地描述每个点的工作状态,如用红色“A”闪烁表示被控量(PV)处于上限或下限报警(Alarm)状态,用红色“M”表示控制回路处于手动(Man)状态,用黄色“F”表示信号处于故障(Fail)状态。操作员通过总貌画面了解重要控制回路和关键信号点的工作状态,以便及时处理有关事件。

组(Group)画面汇集了过程参量(点)的主要参数,并用数字、文字、光柱、颜色和符号等形象地描述。例如,用红、绿、黄光柱分别表示被控量(PV)、设定值(SV)和控制量(MV),并用红、绿、黄数字表示相应的数值;用文字表示 PID 控制回路的状态,如 AUTO(自动)、MAN(手动)、CAS(串级)等;用红色方框表示开关点为 ON(接通)状态,用绿色方框表示开关点为 OFF(断开)状态。操作员通过组画面可以实施主要的操作,如改变给定值(SV),改变控制回路的状态(MAN、AUTO、CAS),在手动(Man)状态下改变控制量(MV)。

点(Point)画面给出了该点的全部参数,又称细目(Detail)画面。例如,PID 控制回路点画面参数有 PV、SV、MV、AUTO(MAN 或 CAS)、比例带(P)、积分时间(I)、微分时间(D)等,以及 PV、SV 和 MV 这三条曲线。操作员通过点画面可调整该点的每个参数,比如调整比例带、积分时间和微分时间,所以点画面也称调整画面。

流程图(Flow Diagram)画面由各种图素、文字和数据等组合而成,用来模拟实际的物理装置、设备、管线、仪表和控制回路等。除静止画面外,还有颜色、图形、文字和数字等连续变化的动态画面,给人以直观形象和身临其境之感。操作员通过流程图画面可实施各种操作,如设备的启或停、阀门的开或关、PID 控制回路的有关操作。

(3)DCS 工程师站的软件结构。工程师站(ES)用户软件包括组态软件、绘图软件和编程软件三类。其主要功能是组态,一般分为操作监控层设备组态、直接控制层设备组态、直接控制层功能组态和操作监控层功能组态四部分。通过组态,生成 DCS 系统和控制系统,建立操作、监控和管理环境。

DCS 的设备组态是登记控制网络上各节点的网络地址、硬件和软件配置。例如,登记控制网络上过程控制站(PCS)、操作员站(OS)、工程师站(ES)、监控计算机站(SCS)和计算机网关(GW)的网络地址;登记 PCS 的输入输出单元(IOU)中每块输入板卡和输出板卡的地址(卡笼号和卡槽号)以及是否冗余;登记 PCS 的过程控制单元(PCU)是否冗余,并分配运算模块和控制模块数量;登记 OS 的操作权限、是否触摸屏(CRT)、打印机编号等。

DCS 的功能组态内容十分丰富,包括建立输入模块、输出模块、运算模块和控制模块,并按工艺要求构成所需的连续控制回路(如单回路、前馈、串级、比值等)和逻辑控制回路。功能模块的组态采用简便的结构图连接方式,以及窗口选择或填表方式。

通用画面是指总貌、组、点、趋势和报警画面等。这些画面的格式已经固定,组态时用户只需给出每幅画面上功能模块或参数的名称,如组画面上显示的功能模块的名称(或工位号),趋势画面上显示曲线的参数名称等。组态时只需按要求填表或填空便可构成相应画面。

专用画面是指工艺流程图、操作指导、操作面板、报表和报告等,采用绘图软件制作专用画面。该软件提供了多种图素(罐、塔、釜、换热器、泵、电机、阀、管线、仪表等)供用户选用,并可任意缩放或旋转。

DCS 提供两类编程语言:一类是专用控制语言(Control Language,CL),提供了各种基于过程的语句,直接面向过程并使用过程变量,因此编程简单;另一类是通用的高级算法语言,如 VC、VB 等,并提供共享 DCS 数据库的接口。

ES 在系统软件的支持下,把组态形成的目标文件下装到过程控制站(PCS),把通用画面和专用画面的目标文件下装到操作员站(OS)。

(4)DCS 监控计算机站的软件结构。监控计算机站(SCS)用户软件的表现形式是应用软件包,如自适应控制、预测控制、推理控制、优化控制、专家系统和故障诊断等软件包,用来实施高等过程控制策略,实现装置级的优化控制和协调控制,并对生产过程进行故障诊断、事故预报和处理。这些软件包的使用界面十分友好,提供了各种帮助和人机对话,易学易用。

SCS 配置了高级算法语言和数据库,供用户自行开发应用程序。由于 SCS 作为控制网络(CNET)上的一个节点,用户用算法语言(如 C 语言)编应用程序时可以直接使用过程控制站(PCS)中的各种过程变量。

4)DCS 的网络结构

DCS 采用层次化网络结构,从下至上依次分为控制网络(CNET)、生产管理网络(MNET)和决策管理网络(DNET)。另外,过程控制站(PCS)内采用输入输出总线(IO-Bus)。

(1)DCS 的输入输出总线。PCS 的输入输出单元(IOU)有各种类型的信号输入和输出板,如模拟量输入(AI)、数字量输入(DI)、模拟量输出(AO)、数字量输出(DO)、脉冲量输入(Pulse Input,PI)、串行设备接口(Serial Device Interface,SDI)板和现场总线变送器接口(Fieldbus Transmitter Interface,FTI)板等。其中 AI 板输入又分为电流信号[4～20 mA(直流)]、电压信号[0～10 V(直流)]、热电偶(Thermocouple,TC)、热电组(Resistive Temperature Device,RTD)等类型。这些信号板和过程控制单元(PCU)之间通过串行输入输出总线(IOBus)互联,如图 7-2-12 所示。

每块输入或输出板除了进行信号变换(A/D、D/A)和数据处理外,还通过 IOBus 与

PCU交换信息。由于采用IOBus,IOU可以远离PCU,直接安装在生产现场,这样既节省信号线,又便于安装调试。

IOBus一般选用RS-232、RS-422和RS-485等通信标准,也可以选用现场总线,如FF、Profibus、LON和CAN等。其传输距离为100~1000 m。若要传输更远的距离,则可以采用总线驱动器或中继器。

由于信号输入和输出是PCS的基础,为了提高安全可靠性,一般采用冗余IOBus,自动检测通信故障并自动切换到备用通信线。

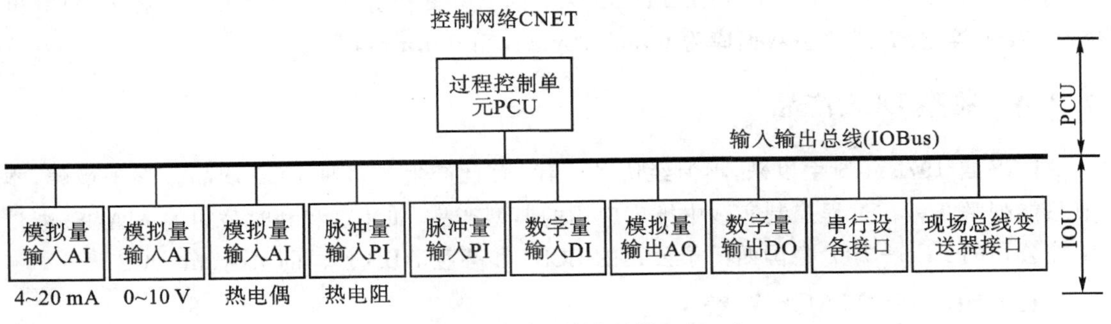

图7-2-12 输入输出总线(IOBus)

(2)DCS的控制网络。CNET是DCS的中枢,应具有良好的实时性、极高的安全性、对恶劣环境的适应性、网络互连和网络开放性、响应速度快等特点。

控制网络选用局域网、符合国际标准化组织(ISO)提出的开放系统互连(OSI)7层参考模型,以及电气电子工程师协会(IEEE)提出的IEEE 802局域网标准,如IEEE802.3(CS-MA/CD)、IEEE802.4(令牌总线)、IEEE802.5(令牌环)。

控制网络协议选用国际流行的局域网协议,如以太网(Ethernet)、制造自动化协议(Manufacturing Automation Protocal,MAP)和TCP/IP等。工业以太网和MAP尤其适用于DCS。

MAP是一种适合于工业控制领域的网络互连协议,并参照了ISO和IEEE 802的有关标准,与OSI参考模型的7层对应,它依据IEEE802.4(令牌总线)标准进行信息管理,传输速率为10 Mb/s,传输介质为同轴电缆。在MAP的发展过程中,先后形成了FULLMAP(全MAP)、EPAMAP(增强性能结构MAP)和MINIMAP(小MAP)3种结构。其中,全MAP参照OSI 7层协议,考虑其实时性,适用于管理层的通信;小MAP取消了全MAP的一些中间层,只保留了物理层、数据链路层和应用层,从而提高了实时响应性,适用于控制设备间的通信;EPAMAP则是以上两种结构的折中,一边可以采用全MAP,另一边支持小MAP。

控制网络传输介质为同轴电缆或光缆,传输速率为1 Mb/s~10 Mb/s,传输距离为1~5 km。

(3)DCS的生产管理网络。MNET处于工厂级,覆盖一个厂区的各个网络节点。一般选用局域网(LAN),采用国际流行的局域网协议(如Ethernet、TCP/IP),传输距离为

5 km～10 km，传输速度为 5～10 Mb/s，传输介质为同轴电缆或光缆，网络结构模式为客户机/服务器(Client/Server)模式，操作系统为 UNIX 和 Windows 等，分布式关系数据库为 Oracle、Sybase 和 Informix 等，分布式实时数据库为 InfoPLUS、ONSPEC 和 PI 等。

(4)DCS 的决策管理网络。DNET 处于公司级，覆盖全公司的各个网络节点。一般选用局域网(LAN)或区域网(Metropolitan Area Network)，采用局域网协议(如 Ethernet、TCP/IP)或光缆分布数据接口(Fiber Distributed Data Interface，FDDI)，传输距离为 10 km～50 km，传输速度为 10～100 Mb/s，传输介质为同轴电缆、光缆、电话线或无线，网络结构模式为客户机/服务器(Client/Server)模式，操作系统为 UNIX、VAX/VMS 和 Net Ware 等，分布式关系数据库为 Oracle、Sybase 和 Informix 等。

7.2.4 典型 DCS 产品

DCS 自 1975 年诞生以来，不但经历了 4 代，而且产生了多种 DCS 产品。限于篇幅，本节只能列举几种在过程控制实践中推广应用的典型产品，如北京和利时公司的 MACS、浙江中控公司的 ECS-700、德国西门子公司的 PCS7 和芬兰 ABB 公司的 Advant OCS。

1. HollySys MACS 系统

MACS(Meeting All Customers Satisfaction)是北京和利时公司(HollySys)开发的分层分布式的大型综合控制系统产品，用以完成大中型分布式控制、大型数据采集监控，具有数据采集、控制运算、控制输出、设备和状态监视、报警监视、远程通信、实时数据处理和显示、历史数据管理、日志记录、事故顺序识别、事故追忆、图形显示、控制调节、报表打印、高级计算，以及所有这些信息的组态、调试、打印、下装、诊断等功能。该系统采用了目前世界上先进的现场总线技术(ProfiBus-DP 总线)，对控制系统实现计算机监控，具有可靠性高，适用性强等优点，是一个完善、经济、可靠的控制系统。

实际上，MACS 的前称是 HS2000。HS2000 是在总结原电子工业部六所数十年的控制系统工程经验和吸收国际上著名 DCS 的优点，并与国内广大用户进行深入探讨的基础上，由 HS-DCS-1000 系统升级、完善而推出的新一代国产 DCS。MACS 继承了 HS2000 的优点，是 HS2000 进一步升级完善的产物，广泛应用于电力、石化、冶金、造纸等行业。目前，和利时公司正在推出更新的 SmartPro 系统，为工厂自动控制和企业管理提供全面解决方案。

MACS 系统的体系结构如图 7-2-13 所示。它是由通信网络、管理网网关、通信控制站、现场控制站、系统服务器、工程师站、操作员站、高级计算站等组成。冗余的系统网络(System Network，SNET)和管理网络(MNET)之间通过冗余服务器连接，这两条 Ethernet 网的通信速率是 10/100 Mb/s。现场控制站挂在 SNET 上，工程师站和操作员站挂在 MNET 上。现场控制站由冗余主控单元(Main Control Unit，MCU)和输入输出单元(IOU)两部分组成，二者之间通过冗余控制网络(CNET)连接。

MACS 的软件体系分为工程师站(ES)组态软件、操作站(OS)实时监控软件及现场控制站(PCS)软件三大部分(见图 7-2-14)。三部分软件分别运行于系统的不同层次的硬件平台上，并通过系统网络及网络通信软件彼此互相配合，互为协调，交换各种数据及管理、控制信息，完成整个 DCS 系统的各种功能。

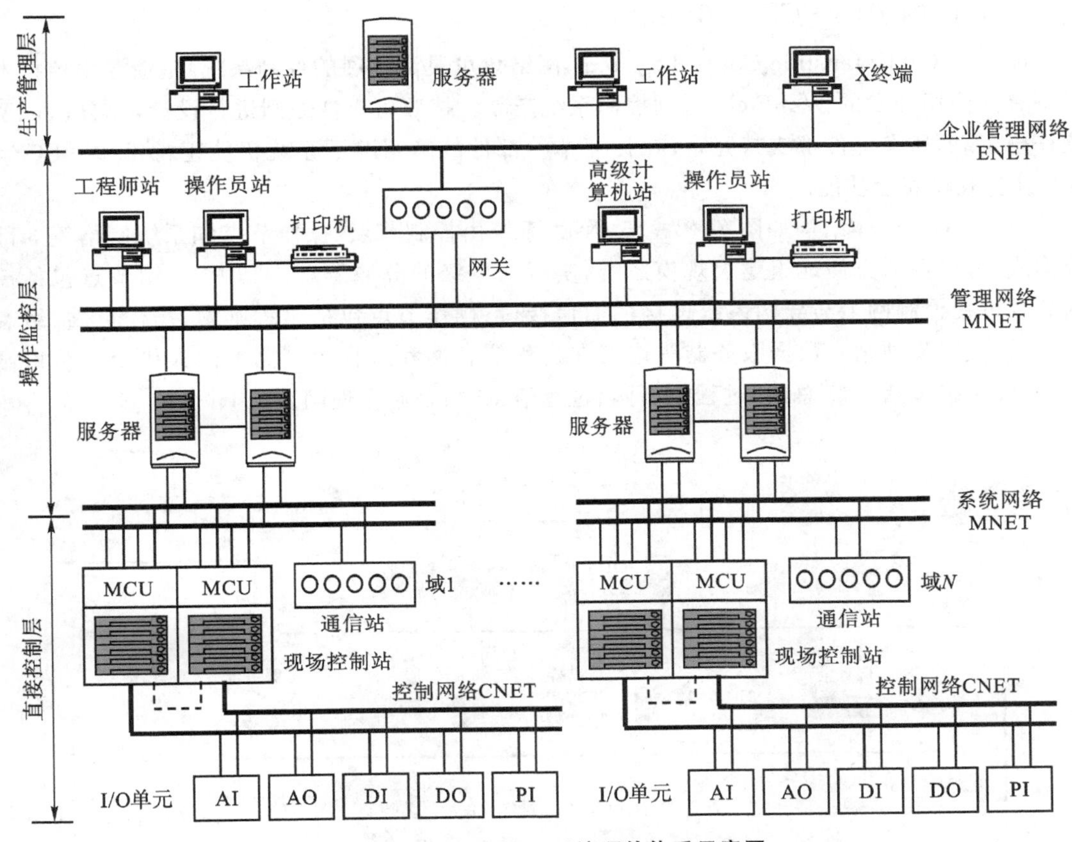

图7-2-13　MACS系统硬件体系示意图

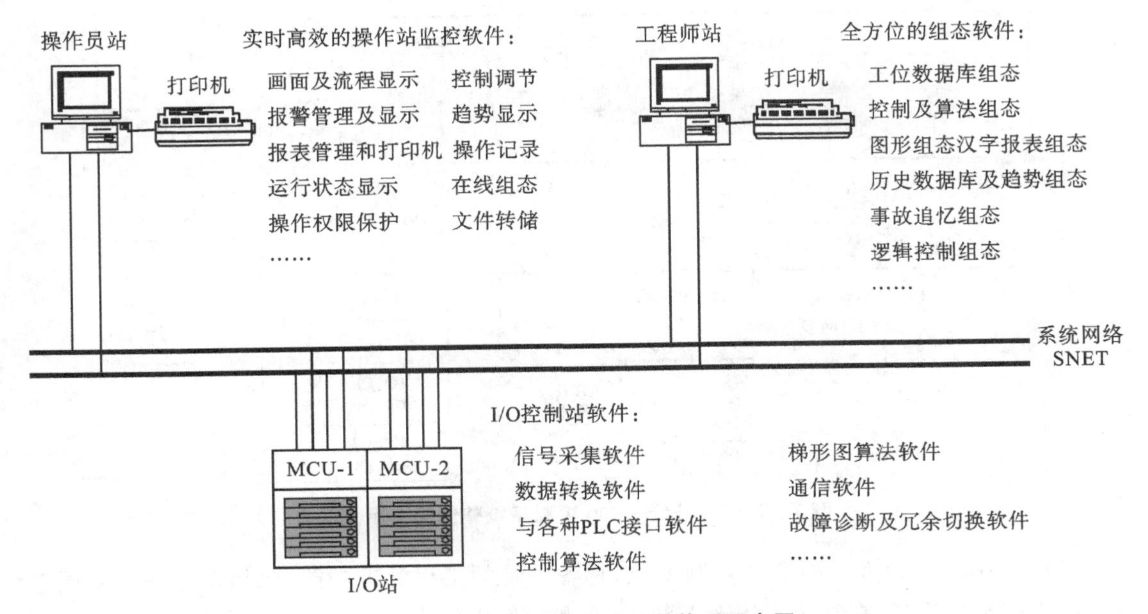

图7-2-14　MACS系统软件体系示意图

2. 浙江中控的 ECS－700 系统

ECS－700(Extensible Control System,网络化可灵活扩展的控制系统)是浙江中控技术股份有限公司开发的 WebField 系列控制系统产品。按照可靠性原则进行设计,充分保证系统安全可靠,所有部件都支持冗余,在任何单一部件故障情况下系统仍能正常工作。ECS－700 具备故障安全功能。

ECS－700 整体结构如图 7－2－15 所示,系统由控制节点、操作节点和系统网络等 3 部分构成,可以灵活方便地组建大规模系统,实行全厂级的分域管理。其中,控制节点包括控制站及过程控制网上与异构系统连接的通信接口;操作节点包括工程师站、操作员站、组态服务器(主工程师站)、数据服务器等连接在过程信息网和过程控制网上的人机会话接口站点;系统网络包括 I/O 总线、过程控制网、过程信息网、企业管理网。

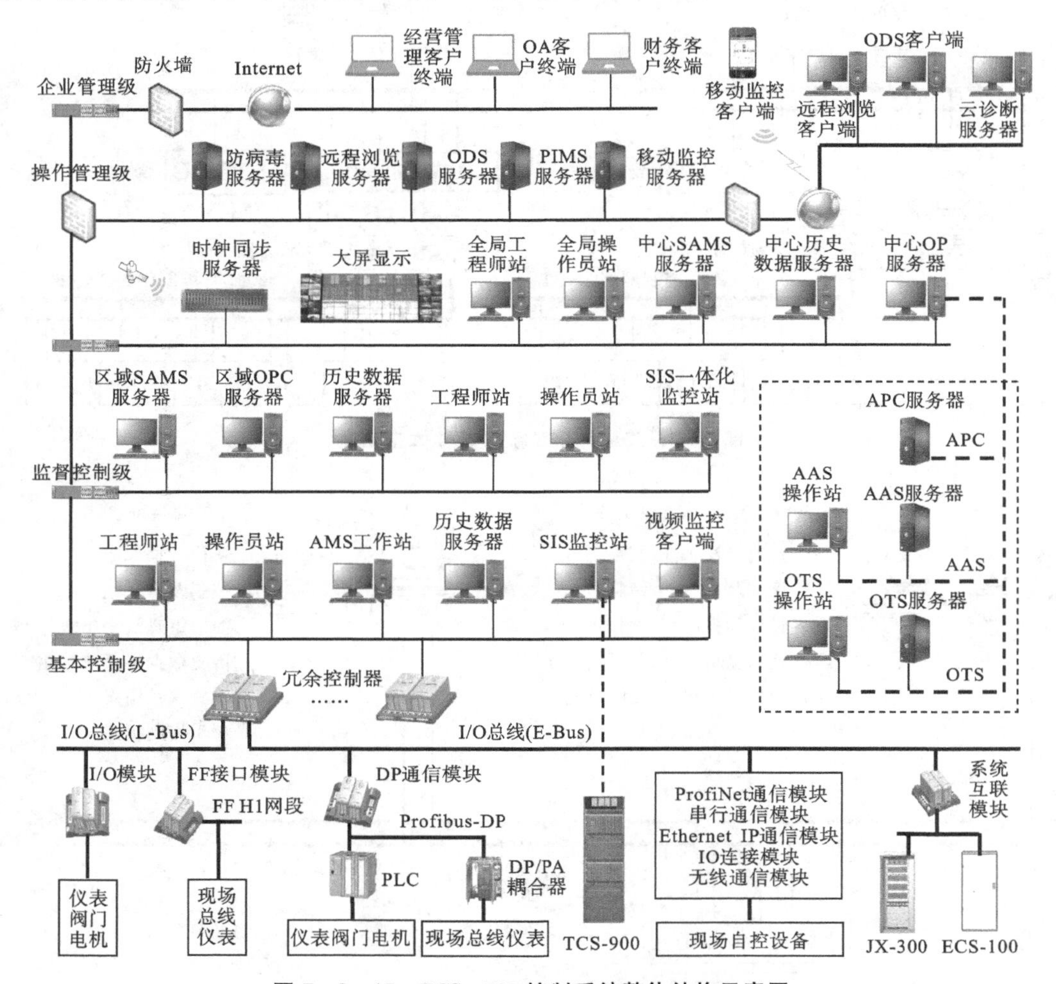

图 7－2－15 ECS－700 控制系统整体结构示意图

ECS－700 作为大规模联合控制系统,具备完善的工程管理功能,包括多工程师协同工作、组态完整性管理、在线单点组态下载、组态和操作权限管理等,并提供相关操作记录的历史追溯。它融合了最新的现场总线技术和网络技术,支持 PROFIBUS、ProfiNet、MODB-

US、FF、HART 等国际标准现场总线的接入和多种异构系统的综合集成。它支持 60 个控制域和 128 个操作域，每个控制域支持 60 个控制站，每个操作域支持 60 个操作站，单域支持位号数量为 65000 点。系统可以跨域进行控制站间的通信，每个控制站不仅可以接收本控制域内其他控制站的通信数据，还可接收其他 15 个控制域内控制站的通信数据。

ECS－700 主控制器 FCU712－S，FCU－713－S 内置有 3 个 CPU 协同处理器，控制器一般冗余配置，为 1∶1 的热备冗余，双机切换时间小于一个扫描周期。控制器基本扫描周期为 100 ms，用户程序运行周期可为 1 倍、2 倍、5 倍、10 倍的扫描周期，最快扫描周期为 20 ms。过程控制网络速率和扩展 IO 总线速率为 100 Mb/s。一对控制器支持的 IO 容量为 4000 点，最多可扩展 7 对通信模块(含 I/O 连接模块、PROFIBUS 模块和串行通信模块等)。每对 I/O 连接模块最多可带 4 个机架，每个机架最多可带 16 个 I/O 模块。系统提供控制器、I/O 模块、通信模块通道级故障诊断功能，支持热拔插，具备故障安全功能，确保输出安全可靠，掉电数据保存等功能。

ECS－700 系统软件为 VisualField，包含 VFSysBuilder 系统结构组态软件、VFExplorer 编程软件、HMI 设计软件和 VFLaunch 监控软件。此外还具有如下增值软件：

(1) VxNetsight 全网诊断软件，可以实时地观测到每个网段，甚至每个网口上的数据负荷，以及各个节点的上线、故障、恢复情况。

(2) VxIVideo 工业视频监控软件，可实现监控视频与控制系统集成联动功能。

(3) AAS 高级报警管理软件，可以对工厂工艺过程和控制系统的报警信息进行采集、分析、管理及优化的系统，协助工艺操作员发现工艺过程及控制系统出现的应关注并响应的报警，采集报警信息以支持事件记录、统计分析、报警管理、优化改进等工作。

(4) 批量管理 Batch 软件，通过它可规划、组态、控制和记录批生产过程，帮助用户轻松实现订单化、柔性化和高效的批生产管控需求。

(5) 虚拟仿真技术 OTS 软件，可以将虚拟三维工厂、二维 DCS 操作画面和实体工厂相结合，实现内操和外操的紧密结合，快速便捷获取数字工厂设计信息，提升工厂操作、运维与巡检的安全性和智能化，可以应用于员工培训，安全生产和优化生产等领域。

3. SIMATIC PCS7 系统

SIMATIC PCS7 是西门子新型过程控制系统，为过程工业现代化、低成本、面向未来的解决方案提供了开放的开发平台。现代化的设计和体系结构保证了应用系统的高效率设计和经济运行，内容包括规划、工程实施、开车、培训、运行、维护，以及未来的扩展。PCS7 具有过程控制系统的所有特性和功能，辅以最新的 SIMATIC 技术，可以非常方便地满足所有对性能、可靠性、简单性、运行安全性等方面的需求。基于全集成自动化的概念，PCS7 不仅能实现过程领域的控制任务，还适用于这些领域所有辅助过程的完全自动化。因此，PCS7 可称为一种实现生产企业完全自动化的标准平台，将企业所有过程高效率地、全范围地集成到完整的企业环境中。PCS7 为流程工业提供全面的自动化解决方案，可以最大限度地减少停机时间、减少备品备件、减少接口，为工厂提供智能化服务。

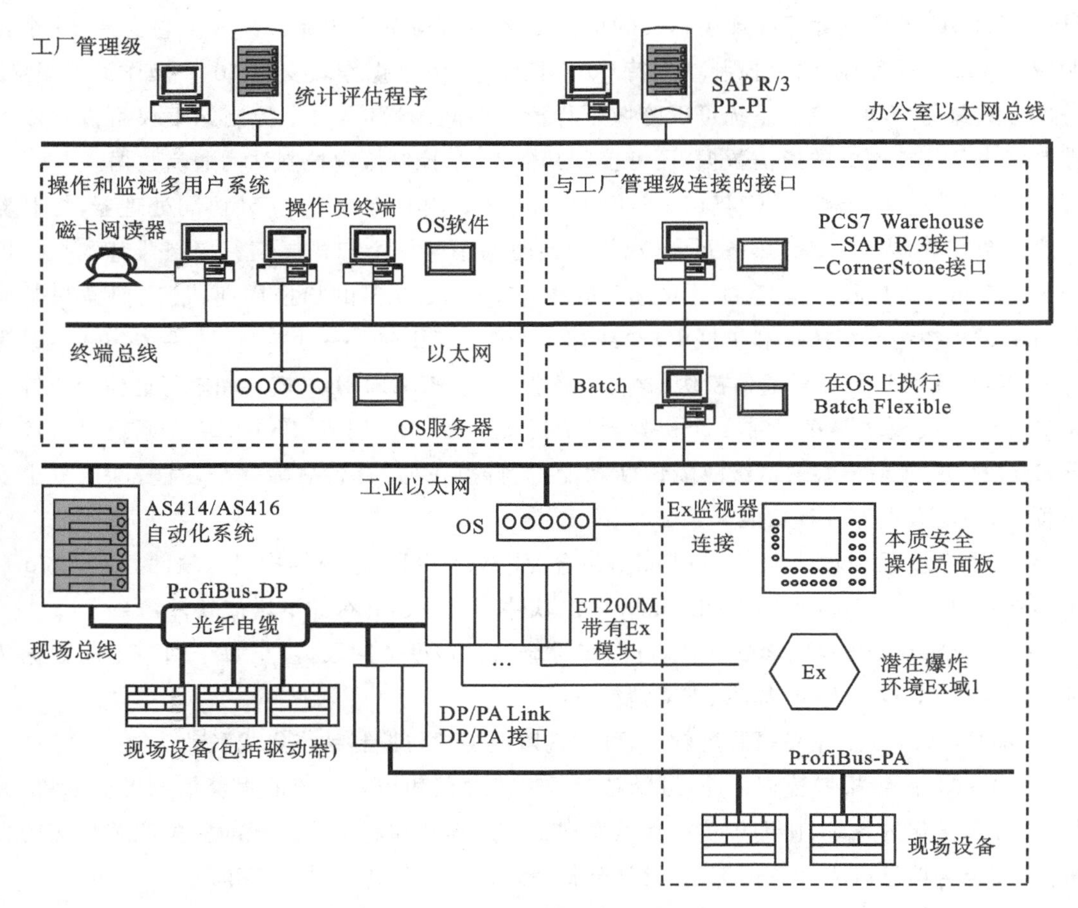

图 7-2-16 SIMATIC PCS7 系统结构示意图

PCS7 将制造工业用的基于 PLC 自动化解决方案的各种优点(如低成本的硬件和适宜的分级系统)与过程工业用的基于过程控制系统的优点(如可靠的过程控制、用户友好的操作员控制及监视以及功能强大的工程工具)相结合,采用标准的 SIMATIC 部件进行配置,构成一个功能强大的过程控制系统。

尽管 PCS7 的功能非常强大,但作为一种面向过程的 DCS,具有 DCS 的典型特征,其硬件体系也主要由分散过程控制装置、集中管理操作系统和通信网络三大块组成。其系统结构示意图如图 7-2-16 所示。

4. Advant OCS 系统

Advant OCS(Open Control System)是芬兰 ABB 公司的新一代产品,它秉承了分布式控制系统的结构特点,并结合了开放系统互连(OSI)的网络体系结构思想而成为新一代先进的控制系统。它是一个开放的、集成的工业自动化 DCS。

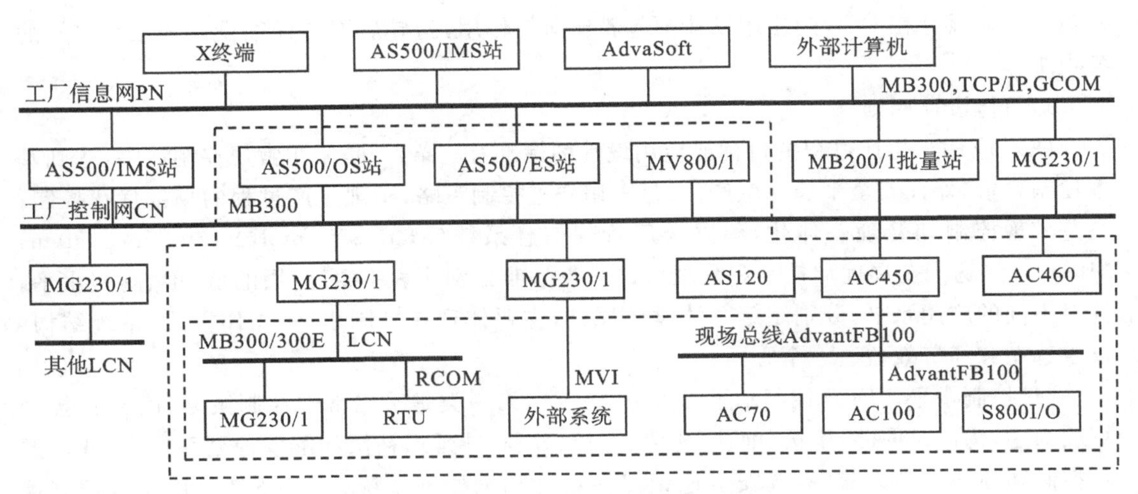

图7-2-17 Advant OCS系统构成示意图

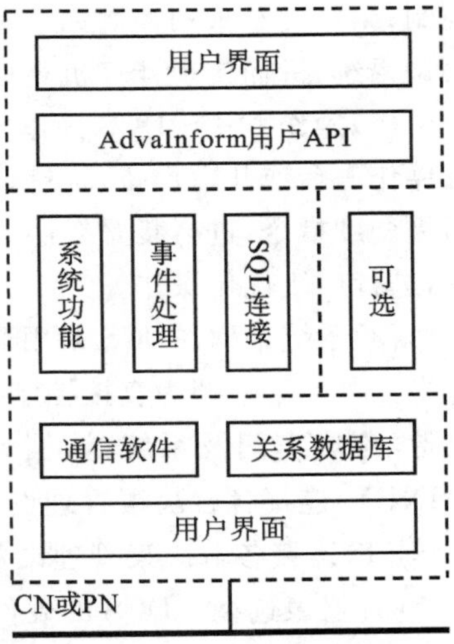

Advant OCS典型的系统构成如图7-2-17所示，主要包括通信系统、分散过程控制装置和操作管理站三大部分。

Advant OCS的软件体系也包含三大类：操作管理站软件、过程控制站软件和通信软件。

操作管理站软件包括人机界面组态软件和信息管理站软件。其中，信息管理站安装的AdvaInform软件系统的结构图如图7-2-18所示。在AdvaInform软件中，包括Oracle实时数据管理系统软件、SQL网络管理软件、TCP/IP网络管理软件、Oracle Forms实时板应用软件和SQL Plus实时应用软件等。

用户界面
AdvaInform用户API
系统功能
事件处理
SQL连接
可选
通信软件
关系数据库
用户界面
CN或PN

图7-2-18 AdvaInform软件结构

7.2.5 DCS的应用设计

DCS目前已经在过程工业的各个领域得到广泛应用，并已成为过程工业的主流控制系统。但是，DCS的功能能否正常发挥取决于DCS应用设计的水平。DCS应用设计的主要内容包括：总体设计、DCS的选型和订购、工程设计、组态调试、安装调试、现场投运、整理文档和工程验收。也就是说，DCS应用设计并不涉及DCS自身硬件和软件的设计，而是讨论怎样才能把DCS应用于生产过程，充分发挥其功能，以满足控制和管理的要求。一般说来，DCS的应用工作流程依次为可行性研究、初步设计、详细设计、工程实施和工程验收。其中，可行性研究是立项的依据，初步设计是订货的依据，详细设计是施工的依据，工程实施是验收的依据，工程验收是结束的标志。

1. DCS应用的总体设计

总体设计是DCS应用工程的第一步，其主要内容是制订总体设计原则、统计测控信号点、确定控制管理方案、规划系统总体配置、DCS性能评估、DCS设备订货、预估投资和经济效益。总体设计在 DCS 的应用设计中起着导向的作用,指导后面的详细设计和工程实施的各项工作。

1)总体设计原则

DCS 应用于生产过程的目标或应用设计的标准有三条:一是采用常规控制策略,达到基本控制要求,保证安全平稳地生产;二是采用先进控制策略,实现生产过程的局部优化控制;三是实现控制和管理一体化,建立全厂管理信息系统(Management Information System, MIS),最终达到全局优化控制和管理。这三条标准分别代表 DCS 应用的低、中、高档水平。针对不同的应用水平,分别制定总体设计原则,主要体现在控制水平、操作方式、系统结构、仪表选型和经济效益这五个方面。

(1)控制水平。DCS 控制水平可以分为三类,第一类是采用常规控制策略,以 PID 控制算法为主,构成单回路、串级、前馈、比值、选择、分程、纯延迟补偿和解偶控制系统等,并以逻辑控制和顺序控制为辅,构成安全连锁保护系统和批处理系统;第二类是采用先进控制策略,实现自适应控制、预测控制、推理控制和神经网络控制等,实现装置级的优化控制和协调控制;第三类是采用控制和管理一体化策略,实现专家智能控制,建立全局优化控制和管理协调系统,进而实现计算机集成过程系统(CIPS)。

(2)操作方式。DCS 操作方式可以分为三种,第一种是设备级独立操作方式,操作员自主操作一台或几台设备,维持设备正常运行;第二种是装置级协调操作方式,操作员接收车间级调度指令,进行装置级协调操作;第三种是厂级综合操作方式,操作员接受厂级调度指令,进行厂级优化操作。

(3)系统结构。DCS 采用通信网络式的层次结构,如图 7-2-9 所示,其系统结构可以分为三档。第一档为直接控制层和操作监控层,用控制网络(CNET)连接各台控制和管理设备,构成车间及系统,该档是基本的系统结构;第二档再增加生产管理层,用管理网络(MNET)连接各台决策管理设备,构成公司级系统。第三档再增加决策管理层,用决策网络(DNET)连接各台决策管理设备,构成公司级系统。

(4)仪表选型。DCS 的硬件、软件和层次结构的配置决定了控制水平、操作方式和系统结构,除此之外,还有与其配套的现场仪表(如变送器、执行器)的选型,可以分为两种类型:一种是常规模拟仪表,其传输信号为 4~20 mA(直流);另一种是现场总线数字仪表,采用数字信号传输方式(如 H1 标准仪表)。目前常规模拟仪表和现场总线数字仪表并存。在 DCS 的应用系统中,可以选用前者,也可以选用后者,或者两者都选用构成混合系统。

上述四项设计原则针对低、中、高三个级别,设计者要依据生产过程对控制和管理的要求,切合实际地选其中一种,另外还要兼顾到投资和经济利益。

总体设计原则的制定要从生产实际出发,考虑到用户人员素质、技术水平、管理能力和经济实力,切勿盲目追求“高、新、尖”,应遵循“能简不用繁”的原则;另外还要预估投资和效益,保证投入产出比最优,回报率最高。

(5)经济效益。DCS 应用项目投资包括 DCS 硬件和软件费、技术服务费、工程服务费和工程配套费,其中工程配套费包括现场仪表、控制室、安装调试等项费用。

由于 DCS 应用于生产过程,提高了控制品质和操作水平,实现了控制和管理一体化,必将给企业和社会带来利益,包括经济效益和社会效益。其中经济效益分为产量增加、质量提高、能耗降低所带来的直接经济效益；社会效益分为改善工作条件、保证安全生产、减少环境污染等。

通过预估 DCS 项目投资和经济效益，计算投入产出比及经济回报率，以便调整系统总体结构和设备配置。

2)系统设备的配置

根据生产过程对控制和管理的要求和总体设计原则，分别对 DCS 的直接控制层、操作监控层、生产管理层和决策管理层进行功能设计，提出具体指标，并确定各层的设备配置。

(1)直接控制层设备配置。直接控制层的主要设备是控制站，其应用功能是输入、输出、运算和控制，设计者针对这四项功能提出设计要求，以便确定控制站的配置。

①输入输出信号点统计。设计者认真分析生产工艺流程，统计测控信号，按信号类型、监视及控制类型以列表的形式统计输入输出信号点，如表 7-2-1 所示。

表 7-2-1　输入输出信号分类统计表

信号类型		控制		监视		合计	备注
		冗余	非冗余	冗余	非冗余		
AI	4～20 mA(2 线制)						
	4～20 mA(4 线制)						
	0～10 V(直流)						
	热电耦(TC)						
	热电阻(RTD)						
	脉冲输入(PI)						
	数字仪表(FB)						
AO	4～20 mA						
DI	干接点						
	电　平						
DO	24 V/1A(直流)						
	220 V/3A(交流)						
SI	RS-232						
	RS-422						
	RS-485						
特殊	输　入						
	输　出						
合计							

一般将输入输出信号分为模拟量输入(AI)、模拟量输出(AO)、数字量输入(DI)、数字量输出(DO)、串行接口(SI)、特殊输入和输出信号。其中模拟量输入又分为2线制4～20 mA[外供电,即由DCS提供24 V(直流)电源]、4线制4～20 mA(自供电,即测量仪表自带电源)、热电偶(TC)、热电阻(RTD)、脉冲输入(PI)、现场总线(FB)数字仪表;数字量输入(DI)又分为无源干接点和有源电平;数字量输出(DO)节点负载又分为24 V/1A(直流)和220 V/3A(交流);串行接口(SI)种类比较多,常用的有RS-232、RS-422、RS-485等,另外还有各种PLC设备的串行接口;特殊输入和输出型号要单独统计,并给出具体性能指标及要求。

另外,还要区分冗余或非冗余,因为DCS要为冗余信号配置两块信号处理板。例如,8点非冗余AI信号只需配1块AI板,8点冗余AI信号配置块信号必须配两块AI板。工程设计中一般按生产装置或设备来配置控制站,此时就要按装置或设备统计输入输出信号点。

不过,随着仪表的规范化,I/O信号一般都规范成AI[两线制和四线制,4～20 mA(直流)]、AO[4～20 mA(直流)]、DI[24 V(直流)]和DO[24 V(直流)],所以信号统计起来变得相对简单了。当然,采用总线通信(如ModBus)通信方式的I/O信号除外。

②功能模块设计。控制站的功能模块设计可分为输入模块、输出模块、运算模块、连续控制模块、逻辑控制模块、顺序控制模块和程序模块7类,其中输入模块和输出模块的个数与每个模块所容纳的点数有关,如西门子PLC的1个AI模块通常可接入8个模拟量输入信号,1个AO模块通常可接入4个或8个模拟量输出信号,1个DI模块通常可接入16个或32个数字量输入信号,1个DO模块通常可接入16个或32个数字量输出信号。后5类模块的个数取决于控制回路或控制策略,所以首先必须根据生产工艺过程对控制管理的要求,设计控制回路或控制策略,然后才能统计所用模块的个数。对于特殊的控制算法,可能无法用控制站所提供的功能模块来实现,那就必须用控制语言(CL)编程,设计者要提出程序的大小规模。

③控制站的配置。控制站主要由过程控制单元(PCU)、输入输出单元(IOU)和电源3部分组成,其中PCU和电源一般需要冗余配置,IOU中的各种I/O模板可以冗余或非冗余,这取决于输入和输出信号分类统计表(即用户的实际要求或客观需要)。

为了便于将来扩充I/O信号点,配置I/O模板时要注意两条:一是I/O信号统计点数增加10%的备用量;二是I/O模板插槽预留20%备用空间。

控制站是DCS的基础,其可靠性尤为重要,为确保控制站安全稳定地工作,配置控制站时要注意三条:一是处理容量或CPU负荷一般不超过70%;二是通信容量一般不超过60%;三是电源负荷不超过50%。

工程设计中一般按生产装置或设备来配置控制站,而且控制站是就地安装,这样便于安装接线、节省资金。

(2)操作监控层设备配置。操作监控层的主要设备是工程师站(ES)、操作员站(OS)和监控计算机站(SCS)。根据生产装置或设备规模的大小,一般配置一台工程师站、若干台操作员站,如果有先进控制和协调控制,那就要配置监控计算机站。

操作员站提供各类操作画面,每台操作员站处理画面和容量是有限的,设计者按画面种类和数量统计决定配置几台操作员站。另外还要考虑每个操作员负责多少个控制回路,每台操作员站操作的控制回路个数不宜过多,否则操作员过于频繁操作,既劳累又易出错。也就是说，根据画面数量和控制回路个数，决定配置几台操作员站。

工程师站至少有一台用于组态和调试。在 DCS 现场投运调试阶段，可能经常要对组态内容作少量的修改，频繁使用工程师站。为了加快调试进度，通常在操作员站上再装载工程师站组态软件，使其同时具有操作员站和工程师站两种功能。

对工程师站、操作员站、监控计算机站的硬件和软件提出具体配置要求，例如，CPU 型号及主频、内存容量、硬盘容量、光盘倍速、通信网络接口、操作系统及其配置软件。

打印机的配置取决于打印信息的类型，一般报表打印和事故打印分别用两台不同的打印机。事故打印为随时打印，一般选用针式打印机，因其用折叠式打印纸，可以连续用纸，而且便于保存打印资料。报表打印为定时打印，可以选用针式打印机和激光打印机。

(3)生产管理层和决策管理层设备配置。DCS 体系结构从下到上分为直接控制层、操作监控层、生产管理层和决策管理层。一般 DCS 的直接控制层和操作控制层都有定型产品供用户自由选择，而生产管理层和决策管理层的设备无定型产品。这是因为管理没有统一的模式，所以必须由用户自行设计这两个管理层的结构。

DCS 制造厂提供控制网络(CNET)与生产管理网络(MNET)之间的硬件、软件接口，再由用户根据管理需要配置生产管理层和决策管理层的设备，建立计算机集成过程系统(CIPS)。

3)DCS 的性能评估

国内外市场上的 DCS 产品很多，各 DCS 产品的设计意图和应用领域不尽相同。因此，不同 DCS 产品在性能和结构上各有所长。作为一个 DCS 的用户，其任务不是设计 DCS，而是从国内外市场上选择一种 DCS 产品来满足生产过程对控制和管理的要求。这就要求用户首先对各种 DCS 产品进行性能评估，然后从中选择一种性能价格比最优的产品。

DCS 是多种硬件和软件的系统集成产品，并不是一台独立的仪表或设备，因此需要从系统的各个方面综合评估。这是一项复杂的工作，涉及的内容较多，既有 DCS 产品的性能，也有 DCS 制造厂或销售商的信誉和技术服务。一般可将 DCS 性能评估分为可靠性、实用性、先进性、成熟性、适应性、开放性、继承性、维修性、可信性和经济性这 10 个方面。

(1)可靠性。可靠性是 DCS 性能的第一要素，是 DCS 产品的综合性能指标。一个产品失去了可靠性，其余一切优越性都将化为泡影。DCS 是集成系统，产品故障不仅影响自身，更重要的是影响生产过程，危及生产设备和人身安全。DCS 应用于连续生产过程(如炼油厂、化工厂、发电厂)，必须长期(1 年或 2 年)不间断地运行，否则就会带来重大损失。因此，可靠性评估要放在所有评估内容的首位，而且要有“一票否决权”，即可靠性差的 DCS 绝不能用于连续生产过程。

可靠性是指产品在规定的条件下和规定的时间内完成规定功能的能力。可靠性定义是一个定性的概念，为了科学地研究可靠性，可用一些定量的指标。例如，平均故障间隔时间(Mean Time Between Failure，MTBF)、平均无故障时间(Mean Time To Failure，MTTF)、平均修复时间(Mean Time To Repair，MTTR)、可靠度(Reliability)、利用率(Availability)等指标。

可靠性是系统指标具有综合性、时间性和统计性的特点。所谓综合性，是指从整体上评价系统完成预定功能的能力；所谓时间性，是指在使用期内，随着时间的推移和使用条件的变化，维持出厂验收时所达到的一切功能的能力；所谓统计性，是指用大量统计数据，按照一定的统计规律才能求出的系统性能指标。

由于可靠性有上述特点，定量指标不宜度量，定性指标难于验证，这就给可靠性评估带来一定困难。一般从用户的观点来评估可靠性，主要内容如下：

①产品的可靠性认证。为保证产品的可靠性，必须有一系列完善的、严格的、科学的管理措施。国际上广泛推行ISO9000质量体系认证，凡是通过这种考核认证的企业，其产品的可靠性一般可以保证。另外，还要委托国际权威性机构或组织对DCS产品进行测试，例如，防爆性能测试、电磁干扰性能测试，并取得测试合格证书。

②系统不易发生故障。系统各部件有较高的平均故障时间（MTBF）或平均无故障时间（MTTF），可以修复的故障用MTBF指标，无法修复的故障用MTTF指标。

③系统不受故障影响。系统采取了有效的冗余措施，例如，通信系统冗余、控制站内过程控制单元（PCU）或控制器冗余、重要的I/O信号模板冗余、电源冗余、操作员站互为备用。这些冗余是处于热备份状态，自动检测故障，并自动进行无扰动切换，而且不影响系统正常运行。上述冗余是可选的，如重要的I/O信号模板冗余，而一般的I/O信号模板不冗余。

④迅速排除故障。系统具有故障诊断、故障定位和故障报警功能，系统部件采用模板式或模块式结构，并可以带电拔插，简单快速地更换模板或模块。也就是说，系统出现故障后，平均修复时间（MTTR）短。

⑤实际应用调查。通过对DCS用户的实际应用调查、使用效果和用户评价，人们对某个DCS产品有个定性评述和总体评价。

（2）实用性。实用性是指产品的基本技术性能，是产品必须具备的一般性能，分别对控制站、操作员站、工程师站、监控计算机和通信网络评估基本的实用性能。

①控制站的实用性能。I/O模板或模块的种类、精度、隔离和防爆：I/O模板或模块的种类要齐全，使用于连续生产过程常用的I/O信号（AI、AO、DI、DO、SI）。精度是指信号的处理精度，如A/D和D/A的位数、放大器的精度和漂移。隔离有两种，一是指I/O模板或模块与现场测控仪表隔离，二是I/O模板或模块上各个信号点之间互相隔离，例如某AT模板有8点信号输入，这8点之间互相隔离，其中任意一点故障不会影响其余点。防爆是指I/O模板或模块符合本质安全标准，可以用于易燃易爆的危险现场。

功能模块的种类和数量：功能模块的种类要齐全，除了基本的输入模块和输入模块之外，还必须有运算模块、连续控制模块、逻辑控制模块、顺序控制模块和程序模块等。功能模块的数量代表了控制站的处理容量，另外还有运算周期，即每个模块的最短运算间隔。

冗余：控制站是DCS的基础，直接与生产过程连接。由于其工作环境恶劣，安全运行随时受到威胁。为此，控制站必须具有冗余措施，如控制器冗余、电源冗余、通信冗余、I/O冗余。

②操作员站的实用性能。操作画面的种类和响应：画面种类要齐全，一般要有通用操作画面、专用操作画面、历史信息画面和系统信息画面。后两种信息画面所保存的历史时间要长、采样间隔要短。画面响应有两个指标：一是画面切换时间要短，即从一幅画面切换到另一幅画面的时间要短；二是画面刷新周期要短，即画面上动态数据的更新周期要短。

操作方式：专用键盘、鼠标或球标、屏幕虚拟键盘、窗口及移屏或卷屏，具备操作的友好性、简便性和快速性。

③工程师站的使用性能。组态方式：一般采用形象直观的功能模块图形组态方式，并配有窗口选项和表格填空。既可以离线组态，又可以在线组态。

绘图软件：提供多种绘图工具，标准图素，动态控件，语音及多媒体功能，并提供多窗口及工业电视(ITV)合成功能。

编程软件：既有DCS提供的专用控制语言(CL)，也支持通用的高级算法语言，并提供使用DCS中过程变量和实时数据库的接口。

④监控计算机站的使用性能。先进控制软件：提供自适应控制、预测控制、推理控制、最优控制和专家控制等应用软件包，或专项先进控制软件包。

高级算法语言：提供面向过程的高级算法语言，供用户开发应用程序。

⑤通信网络的实用性能。标准通信网络：采用符合国际标准的局域网络及通信协议，例如IEEE802.3，IEEE 802.4，IEEE 802.5。

冗余通信网络：采用冗余传输介质、冗余通信处理机和冗余通信接口，并具有自动故障诊断及无扰动切换功能。

开放通信网络：可以方便地与各种通信网络互连，共享网络资源。

(3)先进性。DCS综合了计算机、通信、屏幕显示和控制这四项技术，简称“4C”技术。DCS随着“4C”技术的发展而不断更新，几乎是同步发展。

先进性是有时间性的。众所周知，上述“4C”技术发展迅速，DCS技术也随之发展迅速，更新期为1～2年，有的甚至更短。在评估先进性时，要有时代的观点和发展的眼光，紧随先进技术发展的新潮流。

(4)成熟性。成熟性是指成熟产品和成熟技术，成熟性和先进性是一对矛盾。一般而言，新技术诞生时间短，实际应用考验少，难免有不足之处，有待不断改进。成熟技术的应用时间长，经过千锤百炼，使用者放心，但技术先进性却相对差一些。

成熟产品是指在国内外占有一定的市场或用户，已有应用业绩，得到用户认可的产品。

成熟技术是指在硬件和软件等方面采用了一系列早已被人们认可的技术，产品遵循渐进的发展原则，逐步更新换代。

先进技术经过实际应用考验，不断改进成为成熟技术。成熟技术使用一段时间后，也将被先进技术所替代。因此，人们要正确地评估成熟性和先进性，在评估成熟性时要注意技术是否已过时，是否将被淘汰；反之，评估先进性时要考虑是否经过实际应用，使用效果如何，绝不能买试制产品或实验产品。

(5)适应性。工业环境恶劣，既有各种电磁干扰、各种酸碱盐等腐蚀性有害物质，又有高温低温、潮湿和粉尘，另外有可燃性有害物质，形成易燃易爆环境。

DCS必须适应这样恶劣的工业环境，尤其是就地安装的控制站或输入输出单元，必须采取一系列抗干扰、耐高低温、防腐、防湿、防尘和防爆措施，使其具备本质安全。

系统结构分散，便于灵活配置成小、中、大系统，并适应就地安装调试。

操作员站和工程师站的主机适应多种机型，除了DCS制造商配置的专用主机外，还能适应PC机或工作站，而且操作员站可用工程师站。

(6)开放性。开放性是指系统硬件、软件和通信网络具有对外开放的接口，可方便地与外界各种设备、软件及通信网络互连，实现数据共享。开放性是通用性的体现。

操作员站、工程师站和监控计算机站的硬件采用通用的PC机、工作站或小型机，软件采用通用的操作系统、数据库和高级算法语言，从而为用户提供一个通用的硬件和软件平台。

控制站对外提供各类设备的通信接口，可方便地与各种可编程控制器(PLC)、现场总线仪表、数字设备互连。

(7)继承性。DCS是高新技术产品，更新期短，一般为1～2年，有的甚至更短。换言之，DCS产品更新换代比较快。为了保护DCS用户的利益，应具备新、老产品兼容和软件版本升级功能，这就是DCS产品继承性的体现。其优点是用户不仅能不断用到新产品，而且能新、老产品共存，既扩展了系统，又保护了用户原有的投资。

(8)维修性。维修性包括维修的快速性、安全性、简便性和经济性。

维修的快速性：首先系统具有故障诊断、故障定位和故障报警的功能，其次各种功能模板或模块可以带电插拔，从而使平均修复时间(MTTR)短。

维修的安全性：系统不仅能诊断出故障，而且能进行故障屏蔽，使故障影响面极小化。另外，更换模拟量输出(AO)和数字量输出(DO)模板时，维持输出不变，从而保证执行机构不受影响，实现无扰动更换输出模板。

维修的简便性：系统硬件采用积木式结构，每个功能模板或模块均为带电拔插，并具有工作状态指示。一旦相应的故障指示灯亮或CRT显示故障点，立即通知操作员更换，而且不需要特殊维修工具或仪器。另外，功能模板或模块为"即插即用"的方式，不会影响系统正常运行。

维修的经济性：DCS制造商提供价格合理的备品备件，并定期为产品进行在线或离线测试检查，更换性能降低的功能模板或模块。

(9)可信性。可信性是指DCS制造商的企业信誉、产品信誉、技术服务、工程服务、售后服务和备品备件。

企业信誉：企业履行合同、信守承诺和准时交货，企业呈上升发展趋势，DCS产品销售额逐年增加。

产品信誉：这是指产品的市场占有率、应用业绩、用户评价、行业评比。

技术服务：为用户提供系统的技术培训，并具有设备齐全的培训实验中心，不仅有全套的产品技术资料，而且有通俗易懂的培训教材，以及高水平的培训教师。

工程服务：为用户提供设备现场安装指导和性能测试，指导用户进行组态，调试和运行。另外，有一批工程经验丰富的技术员。

备品备件：随时供应种类齐全的备品备件，不仅供货及时，而且供货期长，使用户有安全感。

(10)经济性。经济性包括直接投资、间接投资、服务价格和备品备件价格。

直接投资：一次性订购DCS硬件和软件的价格，并考虑系统性能价格比，在系统性能满足使用要求，几种产品性能相当的条件下，当然是选择价格低的产品。

间接投资：在DCS的直接投资外，用户还需增加额外投资。例如，测量温度的热电偶和热电阻信号本应直接接到相应的温度变送器，这就属于额外增加的间接投资。如果有A，B两种DCS产品，A的直接投资小于B，A有间接投资，B无间接投资，结果A的总投资反而大于B,显然选A不合理。

服务价格:除上述直接投资和间接投资外,系统的技术服务、工程服务和售后服务价格要合理。

备品备件价格:除订购DCS产品时提供必要的备品备件外,常年供应的备品备件价格要合理。

以上讨论了对DCS产品进行性能评估的10个方面,其目的就是从中选择一种性能价格比最优的DCS产品,应用于生产过程,并满足其控制和管理的要求。

2. DCS应用的工程设计

工程设计的主要内容有仪表设备安装设计、输入输出点表设计、控制回路设计和操作画面设计。其中,仪表设备安装设计的内容是机械安装及电气接线,输入输出点表设计的内容是定义I/O点工位号、参数和特性,控制回路设计的内容是定义运算模块和控制模块的工位号、输入/输出端、参数和特性,操作画面设计的内容是确定每幅画面所包含的设备、测量点、控制点、操作点、动画点和画面之间的调用方式。

1)仪表设备的安装设计

现场仪表和控制室内设备的安装设计分为机械安装及电气接线两部分。

现场仪表的安装设计分为变送器、执行器、辅助设备的机械安装及电气接线。其中机械安装是指现场仪表的固定;电气接线又分为信号和电源接线。

控制室内的设备的安装设计分为控制站、操作员站、工程师站、监控计算机站和通信网络设备的机械安装及电气接线,其中机械安装是指设备机柜和操作台的定位,电气接线分为信号、通信和电源接线。

现场仪表和控制站内输入输出模板之间连接信号接线。例如,现场压力变送器的信号线要连接到控制站内模拟量(AI)板的输入端;反之,控制站内模拟量输出(AO)板的输出端又要连接到现场执行器的信号端。现场执行器又分为电动和气动调节阀,其中电动调节阀除了有接收AO板的输出信号接线外,还有驱动器的交流电源(220 VAC)接线;气动调节阀除了有电气阀门定位器接收AO板的输出信号接线外,还有仪表气源管线。

2)工位号的选取

工程设计用工程图、表格、文档来描述设计内容及设计目的,设计中有各种现场仪表、传感器和执行器,并以输入模块和输出模块的形式出现,另外还有连续控制模块、逻辑控制模块、顺序控制模块和程序模块,每个模块必须有唯一的名字和工位号。

一般DCS规定工位号字符数最多为8个或16个。为了便于记忆和区分,工位号的字符选取要有规律。例如,首字符按测控点参数类型取,分别用T、P、F、L、A、S表示温度、压力、流量、料位、成分、开关;第2个字符的选取也有规律,用T表示变送器、用R表示热电阻、用E表示热电偶、用C表示控制器、用V表示调节阀或执行机构;第3个字符表示装置号,第4、5个字符表示设备号,第6、第7个字符表示序列号,第8个字符备用或做特殊标志。

工位号也可以按控制回路来选取,例如,构成单回路的三个功能模块的工位号分别为FT32145、FC32145、FV32145,其含义一目了然,这是流量(F)控制回路,用流量变送器(T)测量的流量信号对应的模拟量输入模块为FT32145,流量PID控制(C)模块为FC32145,流量调节阀(V)对应的模拟量输出模块为FV32145。

3)输入输出点表的设计

与现场仪表、传感器和执行器对应的输入输出点表或输入输出模块表设计的主要内容有定义工位号、量程、单位、参数、特性和描述等,其目的是用作相应的输入输出模块的组态,所以要按照组态要求逐项填写点表,并附加文档说明。输入点又分为模拟量输入(AI)和数字量输入(DI),输出点又分为模拟量输出(AO)和数字量输出(DO)。

(1)模拟量输入(AI)点表。AI类型分为电流输入(4~20 mA或0~10 mA)、电压输入[0~10 V(直流)]、热电偶或热电阻、脉冲等,必须按点类型分别设计点表。这些点表的公共内容有工位号、地址(板号和点号)、量程、单位、报警限值、描述符等,每类点还有特性参数。例如,热电偶点要指明热电偶类型(如B、S、R、K、E、J、T),热电阻点要指明热电阻类型(如Pt100、Cu50)。

(2)数字量输入(DI)点表。DI点表的主要内容有工位号、正/反方向、信号类型、描述符等,其中信号类型分为状态、锁存和累加。

(3)模拟量输出(AO)点表。AO点表的主要内容有工位号、正/反方向、线性或非线性、描述符等,其中非线性要给出折线段点坐标。

(4)数字量输出(DO)点表。DO点表的主要内容有工位号、正/反方向、状态或脉宽调制输出、描述符等,其中脉宽调制要给出控制周期 T_C。

4)控制回路的设计

控制回路由输入模块、输出模块、运算模块和控制模块组成。控制回路设计的主要内容是定义运算模块和控制模块的工位号、输入/输出端、参数、特性和描述等,并要按照图形方式组态要求画控制回路结构图,另外还要有参数表格和文档说明。

(1)运算模块组态表。根据控制原理图列出运算模块清单,每个运算模块建立一张组态表,主要内容有工位号、算法码、输入端信号名、参数和特性等。

(2)控制模块组态表。控制模块分为连续控制模块、逻辑控制模块和顺序控制模块三类,在设计控制回路时这三类模块之间有无联系取决于生产过程对控制和管理的要求。不管有无联系,DCS组态软件为这三类模块提供了组态界面,所以要分别进行设计,设计过程中可以考虑相互之间的联系。

连续控制模块以PID控制模块为主,可以构成单回路、串级、前馈、比值、选择、分程、纯迟延补偿和解耦控制回路等。首先将这些回路以功能块图连线的图形方式设计,然后再为每个模块设计组态参数表。例如,PID控制模块参数表的内容有工位号、量程、单位、比例增益、积分时间、微分时间、正/反作用等。

逻辑控制模块分为逻辑图模块和梯形图模块两种表示方式。设计者选取哪一种,取决于DCS所提供的组态方式。如果逻辑控制原理图为梯形图方式,那么转成逻辑图模块也是十分容易的。梯形图模块元素有接点、线圈、功能元件和模拟开关,其中功能元件和模拟开关要有相应的组态参数和文字说明,这样才能完整地表达设计者的意图。

5)操作画面的设计

操作画面的设计过程:首先按照工艺流程、操作和管理规程划分每幅画面所包含的设备、测量点、控制点、操作点和动画点等,以及画面之间的联系和调用;然后在方格纸上按比例画出草图,并附加文字说明描述画面的功能、背景颜色和图片颜色等;最后汇集工艺、设备、操作、管理和控制方面的技术人员讨论。

操作画面的功能划分取决于工艺流程、操作和管理规程。例如,造纸工业制浆过程的封闭筛选系统由粗筛、一道细筛、锥形除渣器、二道细筛、轻杂质槽和尾筛等六大主题设备组成,具体工艺流程见图 7-2-19。

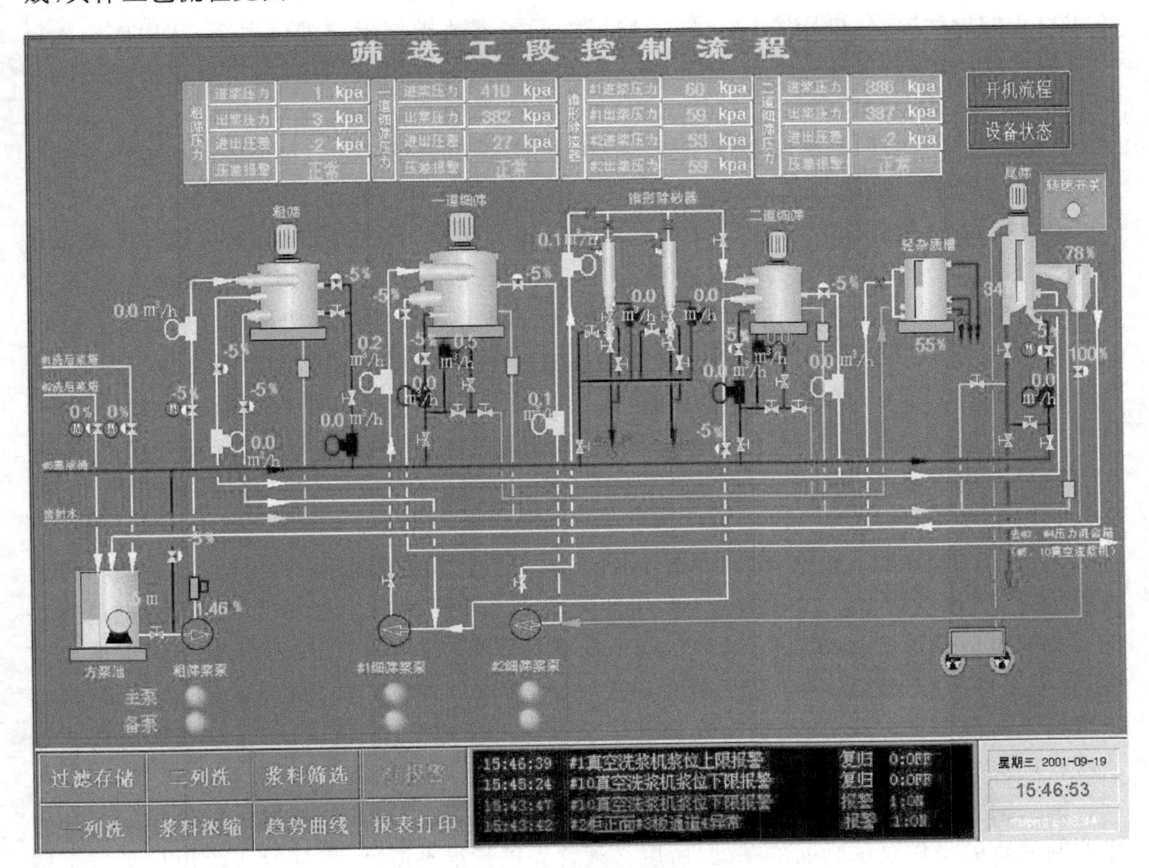

图 7-2-19　浆料筛选工段图形操作画面

在图 7-2-19 中,数值变化表示对应工艺参数或过程阀门的变化情况,方框内的数据表示各筛子的进出口实际压力和进出口压差。对于粗筛压力框,当进出口压差小于 40 kPa 时,压差报警项显示绿色“正常”;当进出口压差大于 40 kPa 但小于 50 kPa 时,压差报警项显示红色“高报警”,并闪烁;当进出口压差大于 50 kPa,压差报警项显示红色“高高报警”,并闪烁,操作人员应引起注意并采取保护措施。图中的绿色表示相应设备处于全关或停止状态,工艺参数处于正常之中;红色表示相应设备处于全开或运行状态工艺,工艺参数处于异常之中;闪烁表示相应设备处于故障状态,工艺参数处于异常之中。

3. DCS 应用的组态调试

DCS 应用的工程调试的内容很多,按调试类型可以分为硬件调试和软件调试,按调试方式可以分为离线调试和在线调试。其中,硬件调试包括系统设备调试、现场仪表调试和执行机构调试;软件调试主要是组态调试(先组态后调试),可以分为输入输出点的组态调试、控制回路的组态调试和操作画面的组态调试。

1)输入输出点的组态调试

输入点分为模拟量(AI)和数字量输入(DI),输出点分为模拟量输出(AO)和数字量输出(DO)。尽管输入输出点的组态调试方式因 DCS 而异,但其工作顺序仍然是,首先依据输入输出点表的设计内容,再按照 DCS 输入输出组态要求及操作步骤进行组态,并生成输入模块和输出模块;然后再逐点进行调试,输入点在接线端加载输入信号,输出点在接线端测量输出信号。

一般情况下,人们总是按 I/O 模板进行组态调试,因为模板上的每个输入或输出点对应 DCS 内的一个输入或输出模块。

例如,某 AI 输入板有 8 路 4～20 mA(直流)输入信号,首先逐点组态,生成 8 个模拟量输入模块,然后逐点调试。如某点量程为 0～200 kPa,在接线端依次加载 4 mA、8 mA、12 mA、16 mA、20 mA 输入信号,那么在 CRT 屏幕上该模块的过程变量应分别显示 0 kPa、50 kPa、100 kPa、150 kPa、200 kPa。当然会有输入误差,但必须在精度范围之内。反之,某 AO 输出板有 4 路 4～20 mA DC 输出信号,首先逐点组态,生成 4 个模拟量输出模块,然后逐点调试。如某点量程为 0～100%,在 CRT 屏幕上将该模块置为手动或调试方式,并在输出变量处依次设置 0、25%、50%、75%、100%,那么该模块对应的输出接线端应有 4 mA、8 mA、12 mA、16 mA、20 mA 的输出信号。当然会有输出误差,但必须在精度范围之内。

再例如,某 DI 输入板有 32 点无源干接点输入信号,首先逐点组态,生成 32 个数字量输入模块,然后逐点调试。如果在接线端用开关试验通或断状态,那么在 CRT 屏幕上该模块的过程变量应分别显示 ON 或 OFF 状态。反之,某 DO 输出板有 32 点无源干接点输出信号,首先逐点组态,生成 32 个数字量输出模块,然后逐点调试。如某在 CRT 屏幕上将该模块置为手动或调试方式,并在输出变量处依次设置 ON 或 OFF 状态,那么该模块对应的输出接线端应有继电器接点的通或断信号。

输入输出点是 DCS 控制站与生产过程的信号接口,输入输出点或输入输出模块也是构成控制回路的操作显示画面的基础,所以必须首先进行组态调试,保证输入输出信号符合精度要求。

2)控制回路的组态调试

控制回路由输入模块、运算模块、控制模块和输出模块组成,一般采用图形方式组态,并附有窗口及填表功能。尽管控制回路的组态调试方式因 DCS 而异,但其工作顺序仍然是,首先依据控制回路的设计内容,再按照 DCS 的组态要求及操作步骤进行组态,并生成控制回路组态文件;然后对控制回路进行调试,其调试步骤因控制回路而异,有的简单而有的却很复杂。

控制回路除了上述输入模块和输出模块外,主要是对运算模块、连续控制模块和逻辑控制模块组态,逻辑控制模块的组态方式为逻辑图模块或梯形图模块。一般情况下,输入模块、运算模块、连续控制模块和输出模块统一采用模块连线的图形组态方式,构成连续控制回路。对于连续控制和逻辑控制的综合系统,组态时对逻辑控制部分单独组态,对连续控制部分组态时要用到逻辑变量,通过逻辑变量使这两部分之间建立联系。

控制回路的调试比较复杂,因回路而异,并无统一模式。如果 DCS 提供仿真调试软件,则可以离线调试；否则，只能在生产过程试运行时逐个回路调试，那时生产设备处于工作状态，调试者的责任重大，并带有一定的危险性，所以调试前必须认真分析并制定完备的调试方案，确保人身安全和设备安全。

3）操作画面的组态调试

操作画面的组态调试主要是针对专用操作画面，这些画面是用户按照工艺流程、操作和管理规程自行绘制的动态画面。在 DCS 绘图软件的支持下，按照设计要求绘制动态画面，如图 7-2-20 所示。

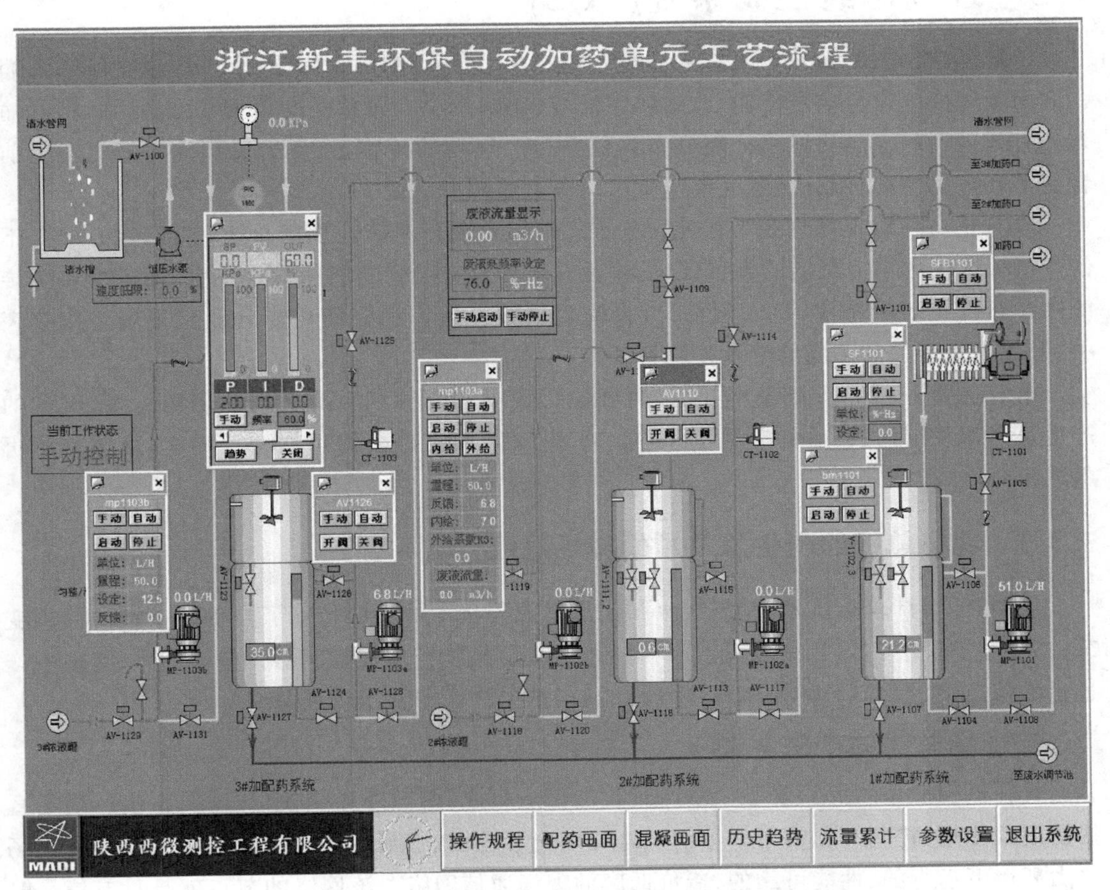

图 7-2-20　废水处理过程自动加药单元工艺流程画面

操作画面的组态工作量比较大，而且占用了 DCS 组态工作的大部分时间。有人把操作画面的组态比喻为计算机绘画，不仅要有立体感和色彩搭配协调，而且要有生产过程信号的动态显示点和操作控制点。

操作画面的组态过程，首先绘制图片、子图和动态控件，以供绘图时调用；然后绘制静态背景、设备和管线，并附加文字说明；最后添加动态显示点、操作控制点、窗口、曲线、动画、仪表面板、操作面板、操作开关或按键、画面调用键，等等。

操作画面的组态软件分为通用绘图软件和专用绘图软件两类。其中通用绘图软件是指用于 PC 机的 Windows 操作系统配套的绘图软件，该软件可以用来绘制静态图片或子图；专用绘图软件是 DCS 系统软件配套的绘图软件，该软件可以调用 DCS 实时数据库中的生产过程变量和功能模块参数，并与图形配合形成动态画面。

操作画面的调试比较简单，只需逐个核实画面效果与设计要求是否相符。例如，动态显示点的数值或状态、操作控制点的操作、窗口调用、曲线显示、动画演示及操作键等与设计要求是否一致，能否满足操作和管理的需要。

7.3　现场总线控制系统(FCS)

传统模拟仪表的输入输出信号传输方式(4～20 mA)制约了 DDC 和 DCS 的发展，人们一方面希望变革模拟信号传输，改为数字信号传输；另一方面希望变革 DCS 控制站，将其输入、输出、运算和控制功能块分散分布到位于生产现场的传感器、变送器和执行器之中。前者变革产生了现场总线，后者变革产生了现场总线控制系统 FCS。

FCS 是一种以现场总线为基础的分布式网络自动化系统。现场总线和 FCS 的产生，不仅变革了传统的单一功能的模拟仪表，将其升级为具有综合功能的数字仪表，而且变革了传统的计算机控制系统(如 DDC、DCS)，将输入、输出、运算和控制功能分散到现场总线仪表中，形成了全数字的彻底的分散控制系统。

本节主要讲述 FCS 的基本知识，内容包括现场总线的产生及常用的现场总线、FCS 的产生及其体系结构、FCS 的应用设计等。对于 DCS 中已经介绍过的相关内容，本节将不再赘述。

7.3.1　现场总线的产生及常用的现场总线

控制技术、计算机技术、网络技术和信息集成等技术的发展带来了自动化领域的深刻变革，产生了 FCS。FCS 用现场总线将传感器、变送器、执行器和控制器集成于一体，实现生产过程的信息集成。FCS 的基础是现场总线，FCS 的产生得益于现场总线。

1. 现场总线的产生背景

计算机控制系统要实现整个生产过程的信息集成，要与外界交换信息，要在生产现场直接构成集测量、控制和通信于一体的综合自动化系统，就必须设计出一种能在工业生产现场恶劣环境下运行的、性能可靠的、造价低廉的现场通信网络。该网络的节点就是具有信号输入、输出、运算、控制和通信功能的各种现场仪表或现场设备，并在生产现场直接构成分布式网络自动化系统，实现生产现场与外界的信息交换。现场总线就是在这种背景下产生的。

现场总线是用于过程自动化和制造自动化底层的现场仪表或现场设备互连的通信网络，这些仪表或设备具有输入、输出、运算、控制和通信功能，并直接在现场总线上构成分散的控制回路。

早在 20 世纪 80 年代中期，人们就开始研究制定现场总线标准，其目的是将现场模拟仪表改为现场数字仪表，将模拟信号传输改为数字信号传输，将单一功能的模拟仪表改为综合功能的数字仪表。

现场总线的产生可归因于如下 4 个方面的因素：①传统模拟仪表的缺点；②现场总线数

字仪表的优点；③微处理器技术、通信网络技术和集成电路技术的发展；④用户需求和市场竞争。

1)传统模拟仪表的缺点

(1)一对一结构：1台仪表，1对传输线，单向传输1个信号。这种一对一结构造成接线庞杂，工程周期长，安装费用高，维护困难。

(2)功能单一：仅具备信号检测和变换功能。

(3)可靠性差：模拟信号传输不仅精度低，而且易受干扰。为此，人们采用了各种抗干扰和提高精度的措施，结果是导致一次性投资成本的增加。

(4)失控状态：操作员在控制室既不了解现场模拟仪表工作状况，也不能对其进行参数调整，更不能预测故障，导致操作员对其处于"失控"状态。

(5)互换性差：尽管模拟仪表统一了信号标准[4～20 mA(直流)]，但大部分技术参数仍由制造厂自定，致使不同厂家的同类仪表无法互换。这就导致用户依赖制造厂，无法使用性能价格比最优的配套仪表，甚至出现了个别制造商垄断市场的现象。

2)现场总线数字仪表的优点

(1)一对N结构：1对传输线，N台仪表，双向传输多个信号。这种一对N结构使得接线简单，工程周期短，安装费用低，维护容易。

(2)综合功能：现场仪表既有检测、变换和补偿功能，又有控制和运算功能。

(3)可靠性高：数字信号传输不但精度高，而且抗干扰性强。

(4)可控状态：操作员在控制室既能了解现场总线仪表的工作状况，也能对其进行参数调整，使其处于操作员监控状态，提高了可控性和维护性。

(5)互换性好：用户可以自由选择不同厂家的同类仪表互换连接，使得用户可以选用性能价格比最优的现场仪表。

(6)互操作性：用户把不同制造商的各种品牌的仪表集成在一起，进行统一组态，构成所需的控制回路，实现"即接即用"。

(7)分散控制：控制功能分散在现场仪表中，通过现场仪表就可以构成控制回路，实现了彻底的分散控制。提高了系统的可靠性、自治性和灵活性。

3)微处理器技术、通信网络技术和集成电路技术的发展

每台现场仪表或现场设备就是一台微处理器，既有CPU、内存和通信等数字信号处理，还有非电量信号检测、变换和放大等模拟信号处理。

由于必须把现场仪表或现场设备安装在生产现场，而且工作环境十分恶劣，对于易燃易爆场所，必须提供总线供电的本质安全，这就要求微处理机体积小、功能全、性能好、可靠性高和耗电少。

另外，现场通信网络分布于生产现场，网络节点具有互换性和互操作性，并由网络节点构成虚拟控制站，这就要求采用先进的网络技术和分布式数据库技术。

所以说，现场总线的出现得益于微处理器技术、通信网络技术和集成电路技术的发展。

4)用户需求和市场竞争

由于传统模拟仪表存在诸多缺点，传统DDC和DCS也无法摆脱模拟仪表的束缚，致使其性能无法充分发挥，体系结构也无法更新，成本无法下降，市场受到制约，出现了用户和制

造商都不满意的僵局。而现场总线又具有许多优点,这就促使仪表和DCS制造商研究现场总线技术,并开发相应的现场总线仪表,满足市场需要。

科学技术的飞速发展,全球市场的逐渐形成,导致了市场竞争的加剧。其中工业产品的竞争尤为突出,因为工业产品的技术含量高,更新换代快。为了适应全球市场的竞争,必须加快新产品的开发,按市场需求缩短产品的研发时间,提高产品的质量,降低产品的成本,简化产品的维护,完善产品的服务,才能在剧烈的市场竞争之中立于不败之地。现场总线就是在这样的市场竞争环境下产生的。

2. 现场总线的产生历程和常用现场总线

1)现场总线的产生历程

早在20世纪80年代中期,人们就开始研究制定现场总线标准。国际标准的制定过程,首先是企业标准,然后过渡到企业集团标准,最后提交给具有世界性影响的权威学术组织批准。

在现场总线国际标准的制定过程中,由于各大公司或企业集团,极力维护自身的利益,互不相让,致使现场总线标准化工作进展缓慢。所谓国际标准,它是由很多国家或组织参加的,具有世界性影响的权威学术组织批准的,并且为参加者自愿接受的标准。国际标准制定的过程,往往要经过多次反复并花费较长的时间。其产生历程如图7-3-1所示。

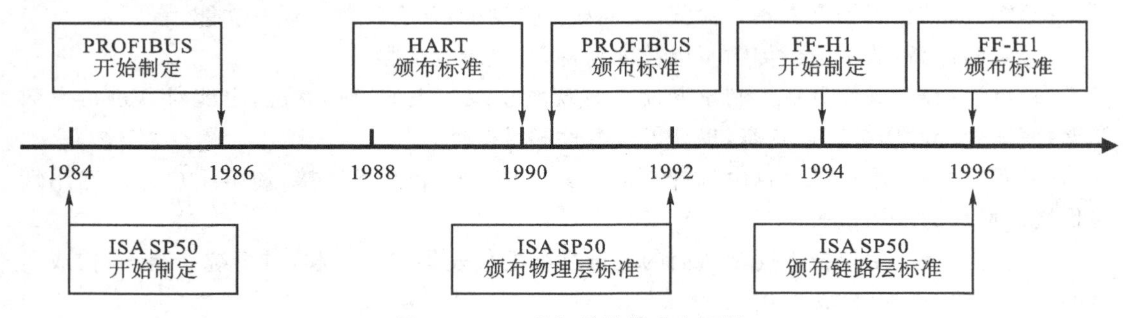

图7-3-1 现场总线的产生历程

2)常用的现场总线

(1)ISA/SP50。1984年,美国仪表学会(Instrument Society of America,ISA)下属的标准与实施(Standard and Practice)工作组,简称ISA/SP50开始制定现场总线标准。1992年,国际电工委员会(International Electrotechnical commission,IEC)批准了SP50物理层标准。

(2)PROFIBUS。1986年,以Siemens公司为首研究制定过程现场总线(Process Field Bus)标准,简称PROFIBUS。1990年,完成PROFIBUS标准制定,成为德国标准DIN19245。1994年,PROFIBUS用户组织又推出了用于过程自动化的现场总线PROFIBUS-PA(Process Automation),通过总线供电,提供本质安全。

(3)ISP/ISPF。1992年,由Foxboro、Rosemount、ABB等公司联合,成立了ISP(Interoperable System Project,可互操作系统规划)组织,研究制定现场总线标准。1993年,成立ISP基金会ISPF(ISP Foundation)。

(4)World FIP。1993年,以Alstom公司为首研究制定World FIP(Factory Instrumentation Protocol,工厂仪表协议)现场总线,并成为法国标准,还成立了 World FIP 组织。

(5)HART。1986 年,由 Rosemount 公司提出可寻址远程变送器数据通路(Highway Addressable Remote Transducer, HART)通信协议,它是在 4～20 mA(直流)模拟信号上叠加频率调制键控(Frequency Shift Keying,FSK),既可用作 4～20 mA(直流)模拟仪表,又可用作数字通信仪表。显然,这是现场总线的过渡性协议。

(6)FF。1994 年 ISPF 和 World FIP 北美部分联合成立了现场总线基金会(Fieldbus Foundation,FF),制定基金会现场总线(Foundation Fieldbus,FF)。该基金会中聚集了世界著名仪表、DCS 和自动化设备制造商、研究机构和最终用户,推动了现场总线标准的制定和产品开发,并于 1996 年 1 季度颁布了低速现场总线 H1 的标准,并安装了示范系统,将不同厂商的符合 FF 规范的现场仪表互连,并统一组态构成控制系统,使 H1 开始进入实用阶段。

3)现场总线的类型

目前世界上有多种现场总线标准,多个现场总线的企业集团、国家和国际性组织。每种现场总线都有各自的特点,在某些应用领域显示了自己的优势,具有较强的生命力和较大的市场。

国际电工委员会(IEC)对现场总线国际标准(IEC61158)的制定可谓是历尽艰难,这是迄今为止制定时间最长、投票次数最多、意见分歧最大的国际标准之一。该标准的制定历经 12 年,先后经过 9 次投票表决,两次提交 IEC 执委会审议,并经历了和谐、冲突、中断、协调、多方加入等几个阶段。IEC 于 2000 年 1 月 4 日公布,IEC61158 正式成为国际标准。

IEC61158 包含以下 8 种现场总线类型:

类型 1　IEC 技术报告

类型 2　Control Net

类型 3　PROFIBUS

类型 4　P-NET

类型 5　FF

类型 6　Swift Net

类型 7　World FIP

类型 8　Inter bus

上面仅列举了几个有影响的现场总线组织,与此同时,某些公司还陆续开发出有影响的现场总线,并得到其他公司、厂商、用户以及国际组织的支持。例如,德国 Bosch 公司推出的 CAN(Control Area Network),美国 Echelon 公司推出的 LON(Local Operating Network)及其 LonWorks 技术,美国采暖、制冷和空调工程师协会 ASHRAE(American Society of Heating Refrigerating and Air-conditioning Engineers)推出的 BACnet (a data communication protocol for Building Automation Control and Network)。

大千世界,众多行业,需求各异,各类现场总线都会找到自己的应用领域,不可能某种总线一统天下。现实情况是多种现场总线标准并存,出现了同一生产现场有几种现场总线互连的局面。

7.3.2 FCS的产生及优点

1. FCS的产生和变革

1)FCS的产生

FCS是伴随着现场总线和现场总线仪表的出现而产生的,现场总线的节点是安装于生产现场或生产设备的现场总线仪表(如传感器、变送器、执行器),这些仪表具有输入、输出、运算、控制和通信功能。常用的现场总线仪表有温度、压力、流量、物位、成分等变送器或传感器,电动、气动调节阀或执行器。

现场总线仪表与传统模拟仪表的外貌几乎一样,但其功能已发生变化,不仅有信号变换功能,而且有运算、控制和通信等综合功能。例如,温度变送器不仅有温度信号变换、补偿和校验功能,而且还有 PID 控制和运算等功能。调节阀的基本功能是信号驱动和执行,另外还有 PID 控制、输出特性补偿和自诊断等功能。这些仪表采用数字信号传输,内部有类似于 DCS 控制站的输入、输出、运算和控制功能块,用这些功能块可以在现场总线上组成控制回路。

例如,在 PC 或工业 PC(IPC)主机板上插一块现场总线板卡,其接口引出两根现场总线,再连接现场总线仪表、电源及电源阻抗调整器,如图 7-3-2 所示。该图中压力变送器内有模拟量输入功能块 PT123,调节阀内有 PID 控制功能块 PC123 和模拟量输出功能块 PV123。在操作员站的组态软件支持下,对这 3 个功能块进行组态,形成组态文件,再下装到现场总线仪表(压力变送器、调节阀)中运行,在现场总线上构成压力控制回路。现场总线上的操作员站既有工程师站的组态功能,又兼有操作员站的工艺操作功能。

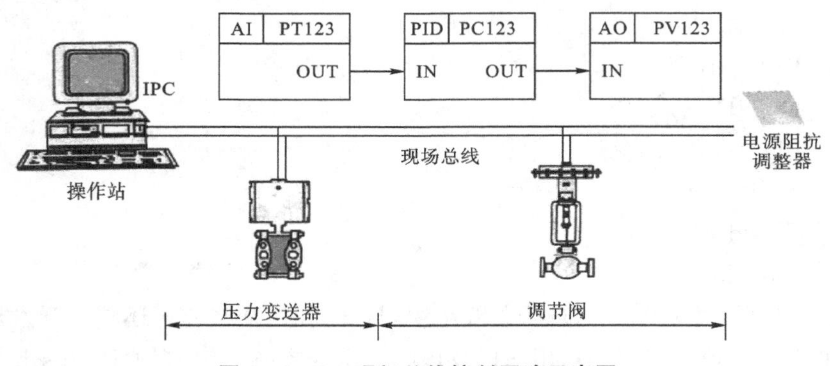

图 7-3-2 现场总线控制回路示意图

现场总线仪表有类似于 DCS 控制站的输入、输出、运算和控制功能块,用这些功能块可以直接在现场总线上组成分散的控制回路,如图 7-3-2 所示。多段现场总线组成现场总线网络(FNET),并构成现场网络自动化系统,即在生产现场形成 FCS 的现场控制层,具有类似 DCS 直接控制层的功能,如图 7-3-3 所示。也可以说,将 DCS 控制站的功能化整为零,分散分布到现场总线仪表中,在现场总线上形成 FCS。

总之,现场总线的产生导致传统的自动化仪表和传统的计算机控制系统(DDC、DCS、PLC)在产品的体系结构和功能,系统的设计、安装和调试方法等方面产生较大的变革,将传统的模拟仪表变为数字仪表,并将单一的信号检测功能变为集检测、运算、控制和通信于一体的综合功能。因现场总线的产生，不仅出现了具有综合功能的数字通信仪表，而且导致了 FCS 的产生。

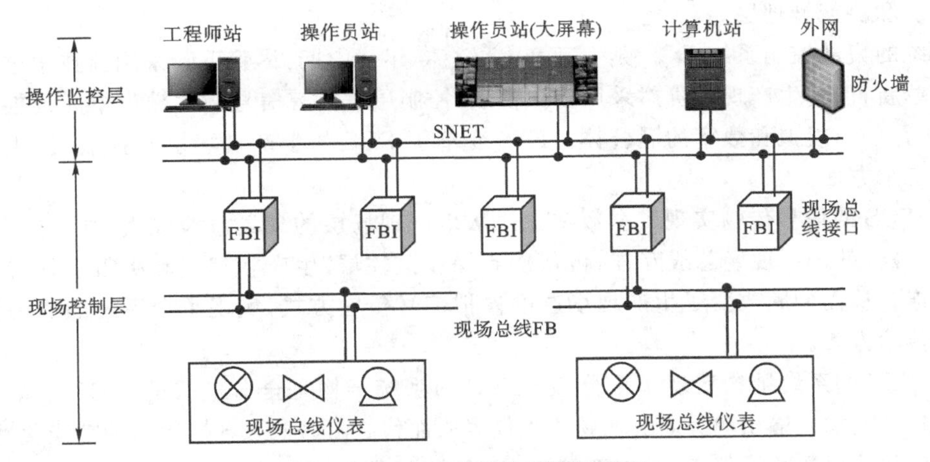

图 7-3-3　FCS 结构原型示意图

为了兼容 DCS 的控制站，通常在控制站内插入现场总线板卡或现场总线模块，形成 DCS 和 FCS 混合结构，如图 7-3-4 所示。

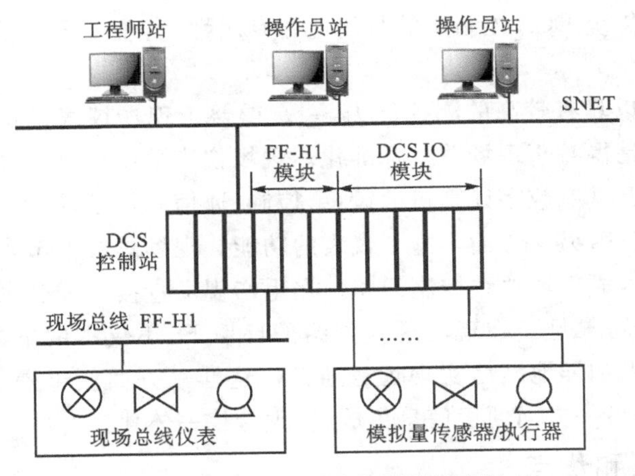

图 7-3-4　FCS 结构原型示意图

在图 7-3-4 控制站内槽位 5～10 插 DCS 常规 I/O 模块，例如槽位 6 模拟量输入(AI)模块连接 3 台变送器为常规模拟仪表信号(4～20 mA)，槽位 9 模拟量输出(AO)模块连接两台调节阀为常规模拟仪表信号(4～20 mA)。槽位 1 和槽位 2 为主控单元(MCU)，槽位 5～10 为输入输出单元(IOU)，通过 MCU 和 IOU 构成控制回路或控制策略。槽位 3 和槽位 4 插现场总线 FF－H1 模块，其接口引出现场总线 FF－H1 连接 5 台现场总线仪表，在 FF－H1 上构成控制回路或控制策略，而与 DCS 控制站的 MCU 和 IOU 无关。这种混合系统是从 DCS 向 FCS 过渡的一种存在形式，有利于两种系统的兼容并存，逐步过渡到图 7-3-3 所示的纯 FCS。

2)FCS对DCS的变革

FCS仅变革了DCS的直接控制层和生产现场层,FCS有与DCS相同的操作监控层、生产管理层和决策管理层。

传统的集散控制系统DCS诞生于20世纪70年代中期,尽管不断采用新技术进行了一系列的革新,但其生产现场仍然采用模拟仪表,控制层需要有信号输入输出单元及控制站主机,仍然是一个模拟和数字的混合体。FCS变革了DCS的生产现场层及控制层,主要表现在以下三个方面。

(1)FCS的信号传输实现了全数字化。从生产现场层的现场总线仪表(如传感器、变送器和执行器)就采用现场总线互连,再依次到操作监控层、生产管理层和决策管理层为通信网络互连。从而彻底改变了生产现场层的模拟信号传输方式,实现了全系统的通信网络数字信号传输方式。

(2)FCS的系统结构实现了全分散。FCS的系统结构是全分散式的,FCS废弃了DCS的控制站及其输入输出单元,由现场总线仪表取而代之,即把DCS控制站的功能化整为零,分散地分配给现场总线仪表,其内部有输入、输出、运算和控制功能块,直接在现场总线上构成控制回路,实现了彻底的分散控制。

(3)FCS的现场仪表或现场设备具有互操作性。FCS的现场总线仪表具有互操作性,不同制造商的现场仪表或现场设备既可以互连或互换,也可以统一组态,共享功能块及其数据,从而彻底改变了传统DCS控制层的封闭性和专用性,实现了现场仪表或现场设备的“即接即用”和信息共享。

总之,FCS之所以具有较高的测控能力,一是得益于现场仪表微机化,二是得益于现场仪表的通信功能,三是得益于现场总线标准化。现场仪表采用微处理器,使其不仅具有信号变换的基本功能,而且具有数字计算机的运算、控制、通信和诊断功能。这样,一方面提高了信号测量和传输的精度,另一方面丰富了仪表的功能。现场总线的节点是现场仪表,利用现场仪表的互操作性,构成现场总线控制回路。在生产现场直接形成分散的控制系统,提高了控制系统的实时性和可靠性。在现场通信网络的环境下,不仅本网络内各条总线段之间可以互相通信,而且可以和异地网络实现远程通信。这样一方面便于操作人员实时监视生产过程,提高运行水平,另一方面便于信息集成,实现管控一体化。

2. FCS的特点和优点

FCS打破了传统的模拟仪表控制系统和计算机控制系统(如DDC、DCS)的结构形式,具有其独特的优点,主要表现在如下7个方面:分散性、开放性、互操作性、适应性、经济性、简易性和可靠性。

1)系统的分散性

现场总线仪表具有信号输入、输出、运算和控制功能,并有相应的功能块。利用其互操作性,不同仪表内的功能块可以统一组态,构成所需的控制回路,如图7-3-5所示。通过现场总线共享功能块及其信息,在生产现场直接构成多个分散的控制回路。也就是说,新一代FCS已将传统DCS的控制站功能化整为零,分散分布到各个现场总线仪表之中,在现场总线上构成分散的控制回路,实现了彻底的分散控制。而传统的DCS只有分散的控制站,没有分散的控制回路;控制站具有信号输入、输出、运算和控制功能,并有相应的功能块,用这些功能块在控制站内构成控制回路。

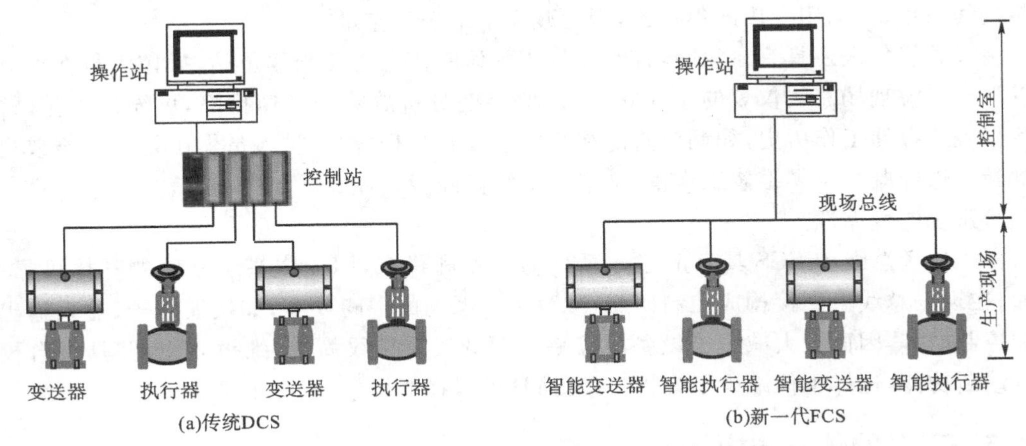

图 7-3-5　传统 DCS 与新一代 FCS 结构对比

2)系统的开放性

系统的开放性是指它可以与世界上任何一个遵守相同标准的其他设备或系统连接。开放是指通信协议的公开,现场总线已形成国际标准。为了保证系统的开放性,一方面现场总线的开发商应严格遵守通信协议标准,保证产品的一致性;另一方面现场总线的国际组织应对开发商的产品进行一致性和互操作性测试,严格认证注册程序,最终发布产品合格证。

现场总线的操作站可以选用一般的 PC 机或工业 PC 机,PC 机中有相应的现场总线网卡。由于现场总线的相应软件基于 PC 机的 Windows 软件平台,与 Windows 配套的软件非常丰富,因此为 FCS 的开放提供了十分便利的环境。

3)产品的互操作性

现场总线的开发商严格遵守通信协议标准,现场总线的国际组织对开发商的产品进行严格认证注册,这样就保证了产品的一致性、互换性和互操作性。产品的一致性满足了用户对不同制造商产品的互换要求,产品的互操作性满足了用户在现场总线上可以自由集成不同制造商产品的要求。只有实现互操作性,用户才能在现场总线上共享功能块,自由地用不同现场总线仪表内的功能块统一组态,在现场总线上灵活地构成所需的控制回路。

4)环境的适应性

FCS 的基础是现场总线及其仪表。由于它们直接安装在生产现场,工作环境十分恶劣,对于易燃易爆场所,还必须保证总线供电的本质安全。现场总线仪表是专为这样的恶劣环境和苛刻要求而设计的,采用高性能的集成电路芯片和专用的微处理器,具有较强的抗干扰能力,并可满足本质安全防爆要求。

5)使用的经济性

现场总线设备的接线十分简单,双绞线上可以挂接多台设备。这样一方面减少了接线设计的工作量,另一方面可以节省电缆、端子、线盒和桥架等。一般采用总线型和树型拓扑结构,电缆的敷设采用主干和分支相结合的方式,并采用专用的集线器。

6)维护的简易性

现场总线仪表具有自校验功能,可自动校正零点和量程。由于量程十分宽,操作人员在控制室通过操作员站就可以随时修改仪表的量程，因而维护简单方便。另外，现场总线仪表安装接线简单，并采用专用的集线器，因而减少了维护工作量。

现场总线仪表还具有自诊断功能，并将相关诊断信息送往操作员站，操作人员在控制室可以随时了解现场总线仪表的工作状态，以便早期分析故障并快速排除，可缩短维护时间。某些仪表还存储工作历史，如调节阀的往复次数及其行程，供维护人员做出是否检修或更换的判断。这样既减少了维修工作量，又节省了维修经费。

7）系统的可靠性

由于现场总线和FCS具有上述一系列的特点和优点，因而提高了系统的整体可靠性。例如，在现场总线上直接构成控制回路，减少了一系列的中间环节，如接线端子、输入输出单元和控制站等，因而大大减少了设备故障率。现场安装接线简单，维护方便，并具有自校验和自诊断功能，这样不仅减少了维护时间，而且可以在线检修，避免了系统停运。

7.3.3 FCS的体系结构

FCS变革了DCS直接控制层的控制站和生产现场层的模拟仪表，保留了DCS的操作监控层、生产管理层和决策管理层，其体系结构类似于DCS。本小节从FCS的层次结构、硬件结构、网络结构和软件结构来描述其体系结构。

1. FCS的层次结构

FCS最基本的层次结构构成是现场控制层和操作监控层，另外可以扩展生产管理层和决策管理层，构成管控一体化系统，如图7-3-6所示。其中现场控制层是FCS所特有的，另外3层和DCS相同。

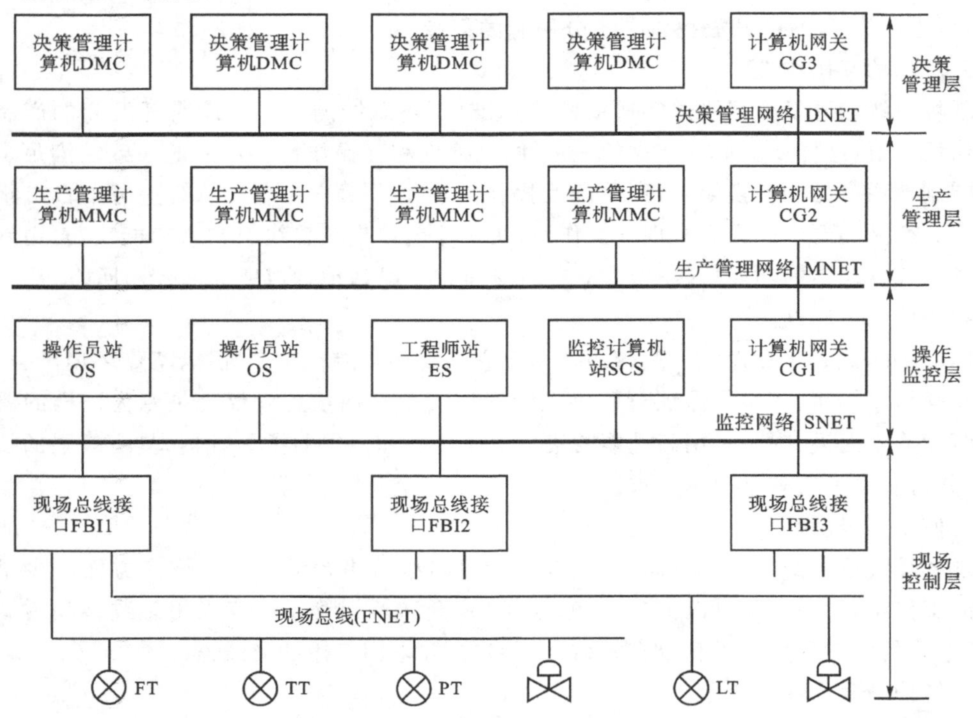

图7-3-6 FCS管控一体化系统结构示意图

1)现场控制层

现场控制层是 FCS 的基础,其主要设备是现场总线仪表(如传感器、变送器、执行器)和现场总线接口(Field - Bus Interface,FBI)。另外还有现场总线仪表电源、电源阻抗调整器和本质安全栅等。

现场总线仪表的功能是输入、输出、运算、控制和通信,并提供功能块,以便在现场总线上构成控制回路。现场总线接口的功能是下接多条现场总线,形成现场总线网络(FNET),上接监控网络(SNET)。

2)操作监控层

操作监控层是 FCS 的中心,其主要设备是操作员站(OS)、工程师站(ES)、监控计算机站(SCS)和计算机网关(CG1)。

操作员站供工艺操作员对生产过程进行监视、操作和管理,具备图文并茂、形象逼真、动态效应的人机界面(MMI)。工程师站供计算机工程师对 FCS 进行系统生成和诊断维护,供控制工程师进行控制回路组态、人机界面绘制、报表制作和特殊应用软件编制。监控计算机站实施高等过程控制策略,实现装置级的优化控制和协调控制,并可以对生产过程进行故障诊断、预报和分析,保证安全生产。计算机网关(CG1)用作监控网络(SNET)和生产管理网络(MNET)之间相互通信。

3)生产管理层

生产管理层是 FCS 的扩展层,主要设备是生产管理计算机(MMC),一般由一台中型机和若干台微型机组成。

该层处于工厂级,根据订货量、库存量、生产能力、生产原料和能源供应情况及时制定全厂的生产计划,并分解落实到生产车间或装置;另外还要根据生产状况及时协调全厂的生产,进行生产调度和科学管理,使全厂的生产始终处于最佳状态,并能应付不可预测的事件。计算机网关(CG2)用作生产管理网络(MNET)和决策管理网络(DNET)之间相互通信。

4)决策管理层

决策管理层也是 FCS 的扩展层,主要设备是决策管理计算机(DMC),一般由一台大型机、几台中型机、若干台微型机组成。

该层处于公司级,管理公司的生产、供应、销售、技术、计划、市场、财务、人事、后勤等部门。通过收集各部门的信息,进行综合分析,实时做出决策,协助各级管理人员指挥调度,使公司各部门的工作处于最佳运行状态。另外还协助公司经理制定中长期生产计划和远景规划。计算机网关(CG3)用作决策管理网络(DNET)和其他网络之间相互通信,即企业网络和公共网络之间的信息通道。

2. FCS 的硬件结构

同 DCS 一样,FCS 的硬件采用积木式结构,可灵活地配置成小、中、大系统。现场总线的段数及现场总线仪表或设备的数量可按信号输入、输出、运算和控制要求配置。监控网络上的操作员站、工程师站和监控计算机站的数量可按操作监控要求配置。

1)现场仪表的硬件结构

常用的现场总线仪表有变送器和执行器。其中变送器有温度、压力、液位、流量和成分分析等,执行器有电动和气动调节阀等。这些变送器、执行器的外观和基本构成与常规模拟仪表一样，只是在常规模拟仪表的基础上增加了与现场总线有关的硬件和软件，即增加了信号处理、运算控制、总线协议及通信接口。

2)操作员站的硬件结构

操作员站可以是微处理器或小型机，主要由主机、显示器、普通键盘或操作员专用键盘、打印机等组成。其中主机一般选用工业 PC 机 IPC。

3)工程师站的硬件结构

操作员站可以是微处理器或小型机，主要由主机、显示器、键盘、打印机等组成。工程师站既可用作离线组态，也可用作在线组态、维护和诊断。如果用作离线组态，则可选用普通 PC 机；如果用作在线组态，则要选用 IPC。一般 FCS 用操作员站兼做工程师站。

4)监控计算机站的硬件结构

监控计算机站为小型机和高档微型机，主要由主机、显示器、键盘、打印机等组成。其主机的内存容量和硬盘容量等外部设备均可由用户选择。

3. FCS 的网络结构

FCS 采用层次化网络结构，基本构成为现场总线网络(FNET)和监控网络(SNET)，根据控制和管理一体化的需要，可以扩展生产管理网络(MNET)和决策管理网络(DNET)。

1)现场总线网络(FNET)

现场总线网络是 FCS 的基础，由多条现场总线段构成，支持总线型和树型等网络拓扑结构，传输速率几十 Kb/s 到几 Mb/s，常用的传输介质为双绞线。

目前有多种现场总线，每种现场总线都有最为合适的应用领域。例如，FF - H1 总线适用于过程控制领域，它不仅定义了通信协议，而且定义了输入、输出、控制和运算功能块，从使用的观点来看这些功能块，类似于 DCS 控制站的功能块。例如，Profibus 总线有 3 个互相兼容的协议 FMS、DP 和 PA，其中 FMS 和 DP 适用于制造自动化，PA 适用于过程自动化。

2)监控网络(SNET)

监控网络是 FCS 的中枢，具有良好的实时性、快速的响应性、极高的安全性、恶劣环境的适应性、网络的互联性和网络的开放性等特点。

监控网络选用局域网(LAN)，符合国际标准化组织(ISO)提出的开放系统互连(OSI)7层参考模型，以及电气电子工程师协会(IEEE)提出的 IEEE 802 局域网标准，如 IEEE 802.3(CSMA/CD)、IEEE 802.4(令牌总线)、IEEE 802.5(令牌环)。

监控网络传输介质为同轴电缆或光缆，传输速率为 1～10 Mb/s，传输距离为 1～5 km，常用的有工业 Ethernet(以太网)。

3)生产管理网络(MNET)

生产管理网络处于工厂级，覆盖一个厂区的各个网络节点。一般选用局域网，采用国际流行的局域网协议(如 Ethernet、TCP/IP)，传输距离为 5～10 km，传输速率为 10～100 Mb/s，传输介质为同轴电缆或光缆，计算模式为客户机/服务器 C/S(Client/Server)模式。

4)决策管理网络(DNET)

决策管理网络处于公司级，覆盖全公司的各个网络节点。一般选用局域网或区域网(Metropolitan Area Network)，采用国际流行的局域网协议(如 Ethernet，TCP/IP)或光缆分布数据接口 FDDI(Fiber Distributed Data Interface)，传输距离为 10～50 km，传输速率为

100～1000 Mb/s，传输介质为同轴电缆、光缆、电话线或无线，计算模式为C/S模式。

4. FCS的软件结构

FCS软件采用模块式结构，给用户提供了一个十分友好、简便的使用环境。在组态软件的支持下，通过调用现场总线仪表内部的功能块，可以在现场总线上构成所需的控制回路。在绘图软件的支持下，通过调用绘图工具和标准图素，可以简便地绘制出人机界面。

1）现场仪表的软件结构

现场总线的节点是现场仪表或现场设备，其软件可分为通信协议软件和应用软件两部分。应用软件的用户表现形式为各类功能块，如输入块、输出块、控制块和运算块。在组态软件的支持下，用这些功能块在现场总线上构成所需的控制回路。

2）操作员站的软件结构

操作员站是FCS的人机界面，其软件的用户表现形式是为用户提供了丰富多彩、图文并茂、形象直观的动态画面。一般有总貌、组、点、历史趋势和报警等通用操作画面、工艺流程图、操作指导和操作面板等专用操作画面。另外，还有操作员操作、过程点报警、设备状态、系统故障和事故追忆等历史信息画面。

3）工程师站的软件结构

工程师站的功能是组态、绘图和编程，并有相应的组态软件、绘图软件和编程软件。在组态软件的支持下，对现场总线仪表内的功能块进行组态，并将组态文件下载到现场总线仪表中，以便在现场总线上构成所需的控制回路。在绘图软件的支持下，绘制各类操作监视画面，并将画面文件传送到操作员站运行。对于特殊的控制回路，无法用现场总线仪表内的功能块来实现，那就用编程软件开发应用程序，并在操作员站或工程师站上运行。

4）监控计算机站的软件结构

监控计算机站软件的用户表现形式是应用软件包，如自适应控制、预测控制、优化控制和故障诊断等软件包，用来实施高等过程控制策略，实现装置级的优化控制和协调控制，并对生产过程进行故障诊断、事故预报和处理。

监控计算机站配置有高级算法语言和数据库，供用户自行开发应用程序。由于监控计算机站作为监控网络上一个节点，用户用算法语言（如C语言）编写应用程序时可以直接使用现场总线仪表中各种过程变量。

7.3.4 FCS的现场总线

FCS的基础是现场总线，现场总线的节点是现场总线仪表或现场设备，这些仪表或设备不仅具有通信功能，而且具有信号输入和输出以及应用控制和运算功能。这些输入、输出、控制和运算功能以功能块的形式呈现在用户面前，在组态软件的支持下用这些输入、输出、控制和运算功能块可以构成控制回路。因此，现场总线不仅要规定通信标准，而且还要规定控制标准或功能块标准。

目前是多种现场总线并存，各有其特定的总线协议或标准规范。本节将现场总线分为低速现场总线、中速现场总线和高速现场总线3类，并分别进行介绍。对于低速现场总线，介绍FF－H1（Foundation Field bus）、HART（Highway Addressable Remote Transducer)；对于中速现场总线，仅介绍 PROFIBUS（Process Field Bus）、CAN（Controller Area Network）；对于高速现场总线，仅介绍 FF-HSE（High Speed Ethernet）。另外还介绍它们所依托的模型基础——OSI（Open System Interconnection）参考模型。

1. 现场总线的模型基础——OSI 参考模型

为实现开放系统互连所建立的分层模型，简称 OSI 参考模型。它是由国际标准化组织（International Standardization Organization，ISO）中的“开放系统互连”分技术委员会提出的，已成为正式国际标准。提出该模型的目的是为不同种类计算机互连提供一个共同的基础和标准框架，并为保持相关标准的一致性和兼容性提供共同的参考。OSI 参考模型是在博采众长的基础上形成的系统互连技术的产物，它不仅促进了数据通信的发展，而且还导致了整个计算机网络的发展。

OSI 参考模型是计算机网络体系结构发展的产物，它的基本内容是开放系统通信功能的分层结构。这个模型把开放系统的通信功能划分为七个层次。从邻接物理媒体的层次开始，分别赋以 1、2、…、7 层的顺序编号，相应地称之为物理层、数据链路层、网络层、传输层、会话层、表示层和应用层。分层的原则是将相似的功能集中在同一层内，功能差别较大时则分层处理，每层只对相邻的上、下层定义接口。

OSI 参考模型如图 7-3-7 所示。其每一层的功能是独立的，它利用下一层提供的服务来为上一层提供服务。这里所谓的“服务”就是下一层向上一层提供的通信功能和层间会话规定，一般用通信服务原语来实现。两个开放系统中的同等层之间的通信规则和约定称之为协议。通常，第 1～第 3 层功能称为低层功能（LLF），即通信传送功能，这是网络与终端均需具备的功能；第 4～第 7 层功能称为高层功能（HLF），即通信处理功能。各层的具体功能描述如下。

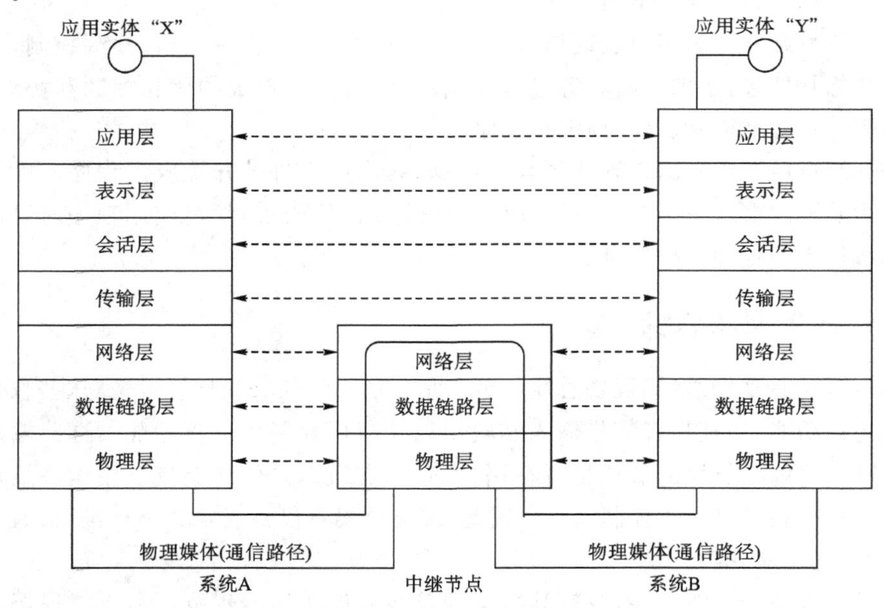

图 7-3-7 OSI 参考模型示意图

1)第 1 层——物理层

物理层并不是指物理媒体本身,它是开放系统中利用物理媒体实现物理连接的功能描述和执行连接的规程。物理层提供用于建立、保持和断开物理连接的机械、电气、功能和过程条件。简而言之,物理层提供数据流在物理媒体上的传输手段。

2)第 2 层——数据链路层

数据链路层用于建立、维持和拆除链路连接。并实现无差错传输的功能。在点到点或一点到多点的链路上,保证信息的可靠传递。该层对相邻的连接通路进行差错控制、数据成帧、同步控制。

3)第 3 层——网络层

网络层规定了网络连接的建立、维持和拆除的协议。它的主要功能是利用数据链路层所提供的相邻节点间的无差错数据传输功能,通过路由选择和中继功能,实现两个系统之间的连接。在计算机网络系统中,网络层还具有多路复用的功能。

4)第 4 层——传输层

传输层完成开放系统之间的数据传送控制。主要功能是开放系统之间数据的收发确认。同时,还用于弥补各种通信网络的质量差异,对经过下三层之后仍然存在的传输差错进行恢复,进一步提高可靠性。另外,还通过复用、分段和组合、连接和分离、分流和合流等技术措施,提高吞吐量和通信服务质量。

5)第 5 层——会话层

会话层依靠传输层以下的通信功能使数据传送功能在开放系统间有效地进行。其主要功能是按照在应用进程之间的约定,按照正确的顺序收、发数据,进行各种形式的对话。控制方式可以归纳为以下两类:一是在会话应用中实现接收处理和发送处理的逐次交替变换。由于某一时刻只有一端发送数据,因此需要有交替改变发送端的传送控制;二是在类似文件传送等单方向传送大量数据的情况下,为了防备应用处理中出现意外,在传送数据的过程中需要给数据打上标记,当出现意外时,可以由打标记处重发。例如可以将长文件分页发送,当收到上页的接收证实后,再发下页的内容。

6)第 6 层——表示层

表示层的主要功能是把应用层提供的信息变换为能够共同理解的形式,提供字符代码、数据格式、控制信息格式、加密等的统一表示。表示层仅对应用层信息内容的形式进行变换,而不改变其内容本身。

7)第 7 层——应用层

应用层是 OSI 参考模型的最高层。其功能是实现应用进程,如各种用户程序之间的信息交换。同时,还具有一系列业务处理所需要的服务功能。

2. 低速现场总线

低速现场总线的通信速率一般是几十到几百 Kb/s,用于现场传感器、变送器、执行器和开关器件等。常用的低速现场总线有 FF-H1、HART 和 ASI 这 3 种。

1)基金会现场总线 FF-H1

现场总线基金会(Field bus Foundation,FF)发布了基金会现场总线(Foundation Fieldbus,FF)。FF 规定了低速现场总线 FF-H1 和高速现场总线 FF-HSE(High Speed Ethernet,高速以太网)两个标准。其中,FF－H1 的传输速率为 31.25 Kb/s,它是为适应生产自动化,尤其是过程自动化而设计的,综合了通信技术和控制技术。FF－H1 不仅规定了通信标准,而且规定了功能块标准,在组态软件支持下,用户直接以图形方式选用功能块来组建所需的控制回路。

(1)FF－H1 的通信模型。FF－H1 作为现场控制网络,对通信的实时性、可靠性、安全性有很高的要求,因此它省略了 OSI 中间的第 3～第 6 层(见图 7－3－8),另外增加了用户层。用户层的引入,使得现场总线仪表或现场设备的功能以功能块的形式呈现在用户面前,在组态软件的支持下,用户直接以图形方式选用功能块来组建所需的应用控制回路。因此,FF 不仅是通信标准,而且是控制标准。

FF－H1 的层次模型参照了 OSI 参考模型的第 1、第 2、第 7 层,保证了 FF－H1 的共性,另外针对自身的特点,又增加了用户层,保证了 FF－H1 的个性。其中,物理层(PHY)与传输介质(电缆、光缆等)相连接,规定了如何发送信号和接收信号;数据链路层(DLL)规定了现场总线仪表或设备如何共享网络,怎样进行通信调度和数据传输服务;应用层又分为两个子层:现场总线访问子层(Fieldbus Access Sub－layer,FAS)和现场总线报文规范子层(Fieldbus Message Specification,FMS),FAS 规定数据访问的关系模型和规范,在 DLL 和 FMS 之间提供服务,FMS 规定了标准的报文格式,为用户提供了所需的通信服务;用户层规定了标准的功能块(Function Block,FB)、对象字典(Object Dictionary,OD)和设备描述(Device Description,DD),供用户组成所需要的功能块应用,并实现网络管理和系统管理。

OSI参考模型		FF-H1通信模型	
		用户层	
应用层	7	现场总线报文规范子层 现场总线访问子层	(FMS) (FAS)
表示层	6	(省略3~6层)	
会话层	5		
传输层	4		
网络层	3		
数据链路层	2	数据链路层	(DLL)
物理层	1	物理层	(PHY)

图 7－3－8　FF－H1 通信模型和 OSI 参考模型示意图

在 FF－H1 通信模型的相应软件和硬件开发过程中,将数据链路层、应用层(FAS 和 FMS)、用户层的软功能集成为通信栈(Communication Stack),供软件开发商开发通信栈,通过软件编程来实现;另外再开发 FF－H1 专用集成电路(Application Specific Integrated Circuit,ASIC)及其相关硬件,用硬件来实现物理层和数据链路层的部分功能。这样,通过软件和硬件相结合来实现 FF－H1 的通信模型。

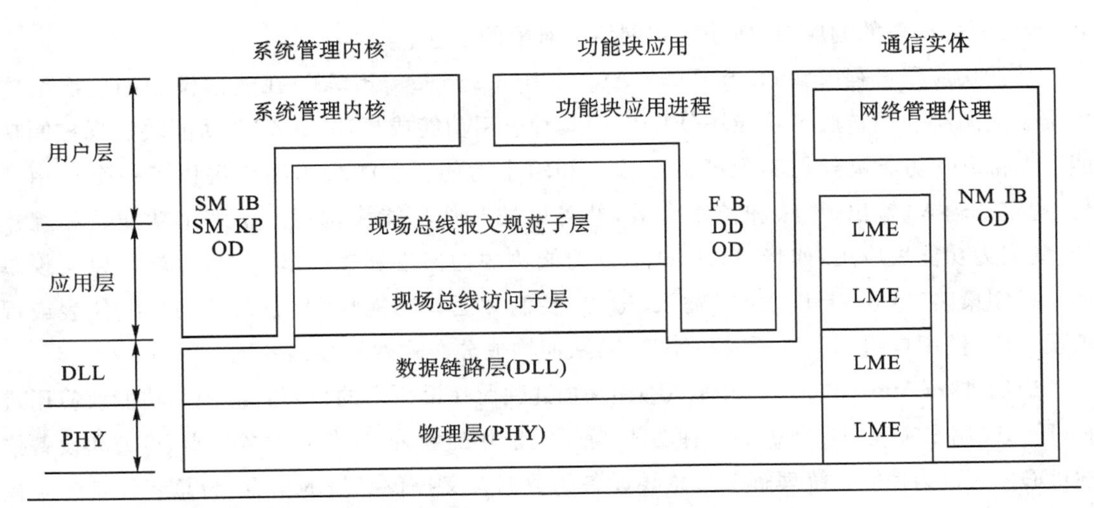

图 7-3-9　FF-Hl 通信模型的体系结构示意图

FF-H1 通信模型按体系结构和功能可分为 3 个组成部分：通信实体、系统管理内核和功能块应用，如图 7-3-9 所示。各部分之间通过虚拟通信关系(Virtual Communication Relationship，VCR)来传递信息，相当于逻辑通信信道。VCR 表示了两个或多个应用进程(Application Process，AP)之间的关系，VCR 是各应用进程之间的逻辑通信信道。

通信实体涵盖从物理层到用户层的所有各层，由各层协议和网络管理代理(Network Management Agent，NMA)共同组成。通信实体的任务是生成报文和提供报文传送服务，它是现场总线设备通信的核心部分。层协议的基本目标是构成虚拟通信关系(VCR)。网络管理代理(NMA)负责管理通信栈，并监督其运行。NMA 支持组态管理、运行管理和差错管理，这些管理信息保存在网络管理信息库(Network Management Information Base，NMIB)中。对象字典(OD)为总线设备的网络可视对象提供定义和描述。为了明确定义和理解对象，把数据类型、长度等描述信息保存在对象字典中。总线设备通过网络可以得到这些保存在 OD 中的网络可视对象的描述信息。

系统管理内核(System Management Kernel，SMK)是系统管理(System Management，SM)的实体，负责网络的协调、节点地址的分配、功能块的调度、执行功能的同步，同时也为网络上的设备提供服务。系统管理内核(SMK)把控制系统管理操作的信息组成对象，存储在系统管理信息库(System Management Information Base，SMIB)中，并可以通过网络来访问 SMIB。SMK 采用系统管理内核协议(SMK Protocol，SMKP)与远程 SMK 通信，另外，采用 FMS 访问 SMIBO SMK 提供对象字典(OD)服务，首先在网络上对所有设备广播对象名，然后等待设备的响应，从而获取到网络上对象的信息。

功能块应用进程（Function Block Application Process，FBAP）在通信模型的层次结构中位于应用层和用户层。功能块（FB）实现某种应用功能或算法，如 PID 功能块实现控制功能，AI 和 AO 功能块分别实现模拟量输入和输出功能。功能块为用户提供了一个通用结构，规定了输入、输出、算法和控制参数，并可以被其他功能块调用。由多个功能块相互连接，集成为功能块应用，如将 AI、PID、AO 功能块的输出端和输入端相连接，就可以实现单回路控制策略。FF－H1 规定了输入、输出、控制和运算功能块，分布在现场总线仪表或现场设备内，供用户组态实现所需控制策略，从而构成分布式网络控制系统。

应用进程（Application Process，AP）用来描述驻留在设备内的分布式应用。功能块应用进程（FBAP）用来实现用户所需的各种功能，除了功能块对象外，还包括对象字典（OD）和设备描述（DD）。DD 为控制系统理解来自总线设备的数据含义提供必需的信息，为总线设备的互操作性提供了基础，因而也可以看作总线设备的驱动程序，如同打印机的驱动程序那样。

（2）FF－H1 的报文结构。FF－H1 报文信息的形成过程如图 7－3－10 所示，遵循 IEC61158.2 标准。如某台总线设备要将数据通过现场总线发往其他设备，首先在用户层形成用户数据，每帧最多可发送 251 B 的用户数据，再把它们送往现场总线报文规范子层（FMS），然后依次送往现场总线访问子层（FAS）和数据链路层（DLL）；用户数据在 FMS、FAS 和 DLL 各层分别加上各层的协议控制信息（Protocol Control Information，PCI），而在 DLL 还加上帧校验信息；最后送往物理层（PHY）将数据打包，即加上帧前定界码和帧后结束码，再在帧前定界码之前加上用于时钟同步的前导码（或称之为同步码）。图 7－3－10 中还标明了各层所附的协议控制信息（PCI）的字节数，最终在 DLL 形成的 DLL 协议数据为 12～273B。信息帧形成之后仍不能发送，还要通过物理层转换成符合规范的物理信号，在网络系统的管理控制之下，发送到传输介质。

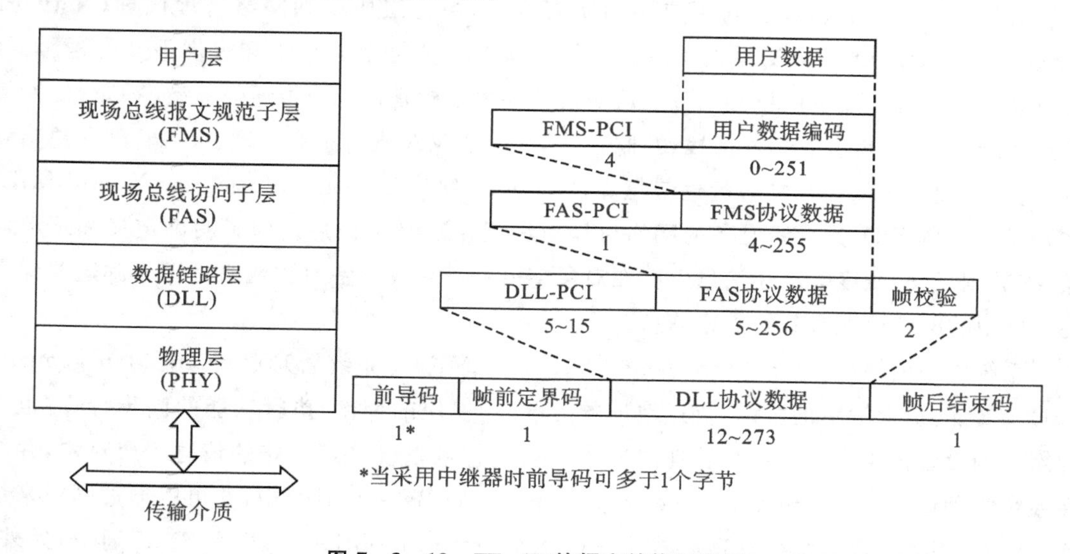

图 7－3－10 FF－H1 的报文结构示意图

2)HART 现场总线

HART(Highway Addressable Remote Transducer,可寻址远程变送器数据通路)总线使用 FSK(Frequency Shift Keying,频率调制键控)技术,即在 4～20 mA 模拟信号上叠加 FSK 数字信号,使得模拟信号和数字信号能够同时在双绞线上传输,而且互不干扰。HART 被国际电工委员会(IEC)列为 IEC 61158 Type 20 国际标准。

HART 总线采用 4～20 mA 模拟信号上叠加 FSK 数字信号的混合传输方式,用此总线开发的现场总线仪表,既可以当作模拟仪表来传输 4～20 mA 信号,也可以当作数字仪表来传输数字信号,属于从传统的模拟仪表向现代的数字仪表过渡的一种总线协议。HART 采用总线供电,可以满足本质安全防爆要求。

HART 总线的通信模型参照 OSI 参考模型的物理层 1、数据链路层 2 和应用层 7,并针对自身的特点作了简化改进。

HART 总线采用总线型网络拓扑结构,如图 7-3-11 所示。网络至少要有 1 台主设备(主站)、1 台现场总线仪表(从站)和 1 台总线供电电源。副主设备(主站)为手持式编程器,是总线的临时设备。安全栅为可选设备,根据生产现场是否要求防爆来选用。

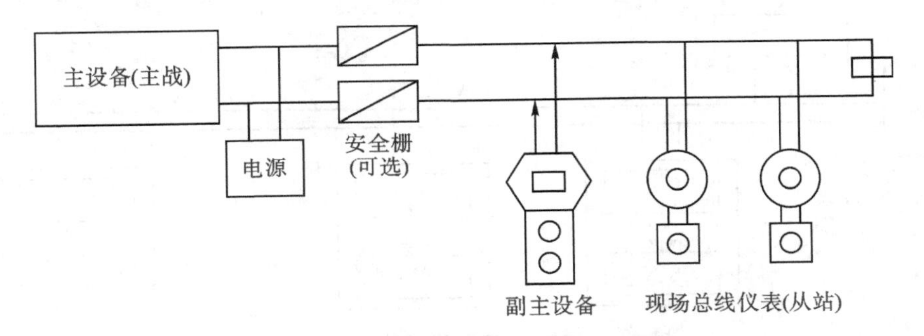

图 7-3-11 HART 总线的结构示意图

HART 总线设备有以下 3 类:①现场总线仪表(从站),它是最基本的从设备或从站,例如温度、压力、流量、料位和成分分析变送器,能对主设备或副主设备(主站)发出的命令做出响应;②主设备(主站),它是与现场总线仪表(从站)进行通信的主设备(主站),例如 DCS、PLC、计算机监控站等,在主从式或问答式通信中,首先由主站向从站发出请求命令,再由从站做出响应或回答;③副主设备(主站),它是总线的临时设备,例如手持式编程器。

3)ASI 现场总线

ASI(Actuator Sensor Interface,执行器传感器接口)现场总线主要用于具有开关特征的传感器和执行器,具有 V2.0、V2.1 和 V3.0 总线技术规范。传感器可以是各种位置接近开关,也可以是温度、压力、流量、液位开关等;执行器可以是各种开关阀门、继电器和接触器,也可以是声和光报警器等。ASI 被国际电工委员会(IEC)列为 IEC 62026—2 国际标准。

ASI 通信模型参照了 OSI 参考模型的物理层 1、数据链路层 2、网络层 3 和应用层 7,分别为传输物理层、传输控制层、执行控制层和主机接口层,省略了中间的第 4～6 层,如图 7-3-12 所示。用专用集成电路(ASIC)及其相关硬件和软件实现 ASI 通信模型。

OSI参考模型		ASI通信模型
应用层	7	主机接口层
表示层	6	(省略4~6层)
会话层	5	
传输层	4	
网络层	3	执行控制层
数据链路层	2	传输控制层
物理层	1	传输物理层

图 7-3-12　ASI 通信模型和 OSI 参考模型

ASI 总线段上只有 1 个主站、V2.0 通信协议最多可以有 31 个从站、V2.1 通信协议最多可以有 62 个从站、1 个电源，采用总线供电方式，如图 7-3-13 所示。ASI 总线采用主从通信方式，通信周期为 5 ms 或 10 ms。ASI 传输速率为 167 Kb/s。

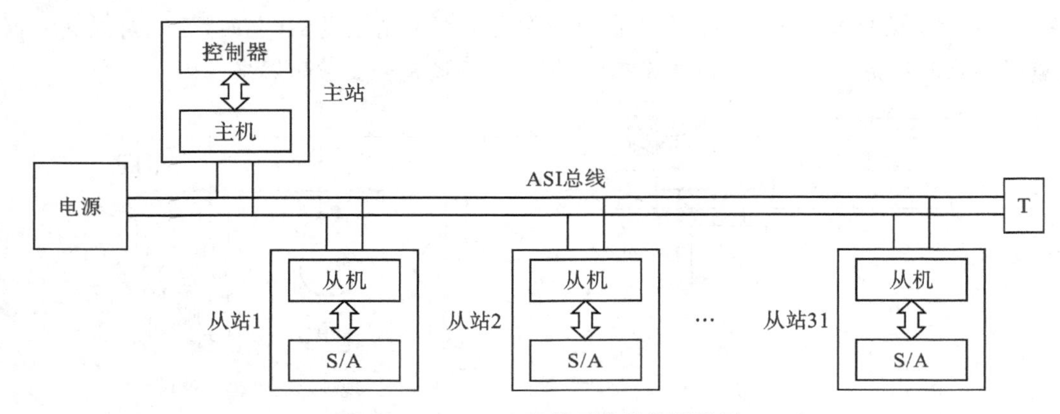

图 7-3-13　ASI 总线系统结构示意图

主站：是主机(master)和控制器的总称，主机是 ASI 的中心，实现 ASI 系统管理、网络初始化、从站地址识别、数据交换、参数设置和通信等。主站可以是 PC、PLC 、数字控制器(DC)、网关等。例如，将主机板插入 PC 的 PCI 总线槽内，用双口 RAM 交换数据，成为 PC 的一个 I/O 部件。网关作为主站时，网关既可以管理 ASI 总线，也可以把 ASI 总线连接到更高一层的网络。

从站：是从机(slave)、传感器(S)和执行器(A)的总称，实现 ASI 通信和 I/O 功能，每个从站最多可以有 4 个 I/O 接口，连接现场的 I/O(传感器/执行器)。ASI 总线采用主从通信方式，主机周期地呼叫各个从机，并接收从机的应答。主机也执行非周期的通信功能，例如进行参数设置、地址自动分配等操作。

对于 V2.0 总线技术规范，最多可以有 31 个从站。每个从站最多可以有 4 个开关量输入(传感器)/4 个开关量输出(执行器)，整个网络最多接 124 个开关量输入或 124 个开关量输出。主机依次对 31 个从机访问，一遍需要 5 ms。

对于 V2.1 总线技术规范，最多可以有 62 个从站。每个从站最多可以有 4 个开关量输入(传感器)/3 个开关量输出(执行器)，整个网络最多接 248 个开关量输入或 186 个开关量输出，无开关量 I/O 时可以接 124 个模拟量。主机依次对 62 个从机访问，一遍需要 10 ms。

安全 ASI(AS - Interface Safety at Work，ASI SaW)是基于 ASI 的安全通信总线，符合 IEC61508 SIL3 标准。它可以兼容相关的安全产品，例如急停开关、防护开关、限位开关、安全垫、安全光幕、安全激光扫描仪等，并将这些安全器件的状态信息传送到安全监测器。这些安全器件为 ASI 总线上的安全从站，一般器件为标准从站。因为在 ASI 总线初始化时，对安全监测器进行配置，告诉其总线上哪个是标准从站、哪个是安全从站，所以安全监测器可以过滤掉标准从站的信息，只接收来自安全从站的信息，一旦发现故障立即处理。

3. 中速现场总线

中速现场总线的通信速率一般是几百至几千 Kb/s，主要用于控制器，也可以用于现场传感器、变送器和执行器等，主要有 PROFIBUS、LON 和 CAN 这 3 种中速现场总线。

1)PROFIBUS 现场总线

(1)PROFIBUS 现场总线概述。PROFIBUS(Process Field Bus，过程现场总线)是为适应工厂自动化、过程自动化系统的技术需求而设计，其协议分为 PROFIBUS - FMS(Fieldbus Message Specification，现场总线报文规范)、PROFIBUS - DP (Decentralized Periphery，分散外围设备)、PROFIBUS - PA (Process Automation，过程自动化)、PROFIdrive、PROFIsafe、PROFInet 子集。

PROFIBUS - DP 和 PA 被 IEC 列为 IEC61158 Type3 国际标准，行规(Profile)分别被 IEC 列为 IEC61784 CPF - 3/1 和 CPF - 3/2 国际标准。PROFIBUS - DP 用于装置级和现场级的自动化，构成主站-从站通信系统，主站为控制站，从站为现场总线仪表或设备，通信速率为 9.6 Kb/s～12 Mb/s，属于中速现场总线。PROFIBUS - PA 用于现场级的过程自动化，通信速率为 31.25Kb/s，属于低速现场总线。

PROFInet 被 IEC 列为 IEC61158 Type 10 国际标准，行规(Profile)被 IEC 列为 IEC61784 CPF - 3/3 国际标准。

PROFIBUS - FMS 用于车间级的自动化，构成主站-主站通信系统，主站为监控站，进行监控操作和管理。PROFIBUS - FMS 市场份额非常小，已经逐渐被基于工业以太网的产品所替代，通信速率为 9.6 Kb/s～12 Mb/s，属于中速现场总线。

PROFIdrive 主要应用于运动控制系统，诸如各类变频器、伺服控制器之间的数据传输。PROFIdrive 有用于变速设备的行规 V2 版，用于驱动设备的行规 V3 版，用于 PROFInet 的行规 V4 版。

PROFIsafe 在标准 PROFIBUS 协议栈之上增加了 PROFIsafe 层(安全层)，主要应用于安全性、可靠性要求特别高的控制系统，诸如核电站、紧急停车设备 (Emergency Shutdown Device，ESD)、安全仪表系统(Safety Instrumented System，SIS)。

PROFInet 基于传统的以太网底层协议 IEEE802.3，并兼容了 PROFIBUS 现有应用。PROFInet 是高速以太网，作为企业主干网不仅可以集成 PROFIBUS 现场总线，而且可以集成其他现场总线，从而在整个企业内实现统一的控制与管理网络架构，将企业信息管理层与现场控制层有机地融合为一体。

(2)PROFIBUS - FMS/DP/PA 通信模型。PROFIBUS - FMS/DP/PA 参照了 OSI 参考模型的物理层 1、数据链路层 2 和应用层 7，另外增加了用户层，如图 7 - 3 - 14 所示。

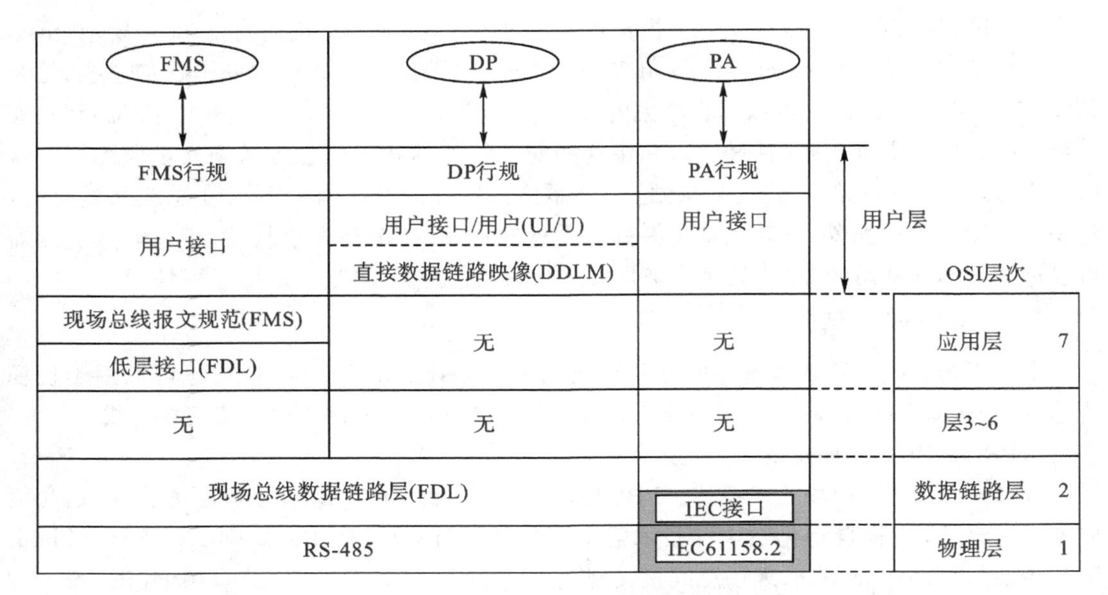

图 7-3-14 PROFIBUS-FMS/DP/PA 通信模型体系结构示意图

PROFIBUS-FMS 有应用层，而 PROFIBUS-DP 和 PROFIBUS-PA 无应用层；PROFIBUS-FMS 和 PROFIBUS-DP 有相同的现场总线数据链路层(Fieldbus Data Link layer,FDD)和物理层(Physical layer,PHY)，物理层采用 EIA-485(RS-485)标准，传输速率为 9.6 Kb/s～12 Mb/s，称之为物理层类型 1；PROFIBUS-PA 物理层采用IEC61158.2 标准，传输速率为 31.25 Kb/s，总线供电，称之为物理层类型 2，属于低速现场总线。

PROFIBUS-FMS 的应用层(Application layer,APP)又分为 LLI(Lower Layer Interface,低层接口)和 FMS(Fieldbus Massage Specification,现场总线报文规范)子层，在用户层中规定了用户接口和 FMS 行规(Profile)。

PROFIBUS-DP 的用户层又分为直接数据链路映像(Direct Data Link Map,DDLM)和用户接口/用户(User Interface/User,UI/U)，另外还规定了 DP 行规。

PROFIBUS-PA 的用户层有用户接口，并规定了 PA 行规。

(3)PROFIBUS-FMS/DP/PA 网络拓扑结构。PROFIBUS-FMS/DP 采用总线型和树型网络拓扑结构，如图 7-3-15 所示。具体结构如下：1 个中继器允许 2.4 km,62 个站；2 个中继器允许 3.6 km,92 个站；3 个中继器允许 4.8 km,122 个站。

在 PROFIBUS-FMS/DP 树型拓扑结构中，可以使用多于 3 个中继器，连接多于 122 个站。PROFIBUS-DP 总线设备分为主站(Master)和从站(Slave)两类，其中主站又分为一类主站和二类主站两种。

典型的一类主站有 PLC 和 PC 等，其功能是完成通信管理与控制。典型的二类主站有编程器、组态设备、管理设备和操作面板等，其功能是完成各站点的数据读写、系统配置、功能组态和故障诊断等。

典型的从站有分散式 I/O 设备、传感器、变送器、执行器等现场设备或现场总线仪表，此类设备由主站在线完成系统配置、参数修改和数据交换等功能。

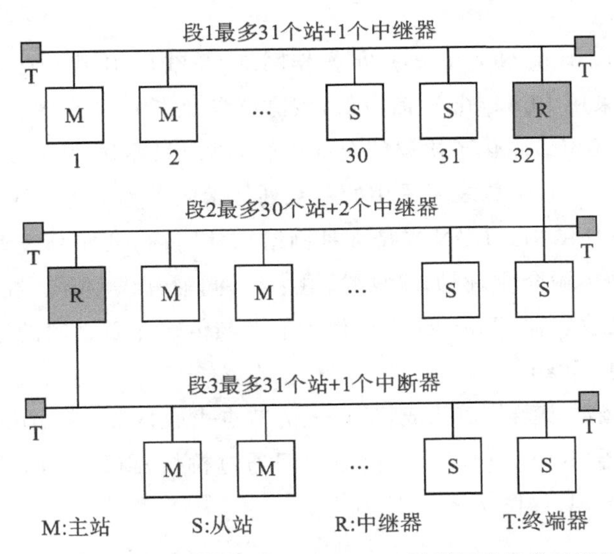

图7-3-15 PROFIBUS-FMS/DP总线型拓扑结构示意图

PROFIBUS-FMS/DP/PA混合系统包含DP主站和从站、FMS主站和从站，如图7-3-16所示。DP主站和FMS主站之间采用令牌环传输方式，DP一类主站和相应的从站之间的通信采用主从方式，FMS主站和从站之间的通信也采用主从方式。例如，DP一类主站M1-2与DP从站S5、S6之间，DP一类主站M1-3与DP从站S7、S8之间，FMS一类主站M1-4与FMS从站S9、S10之间，都采用主从通信方式，如图7-3-16中放射状虚箭头所示。DP二类主站(如M2-1)和从站之间无通信关系。

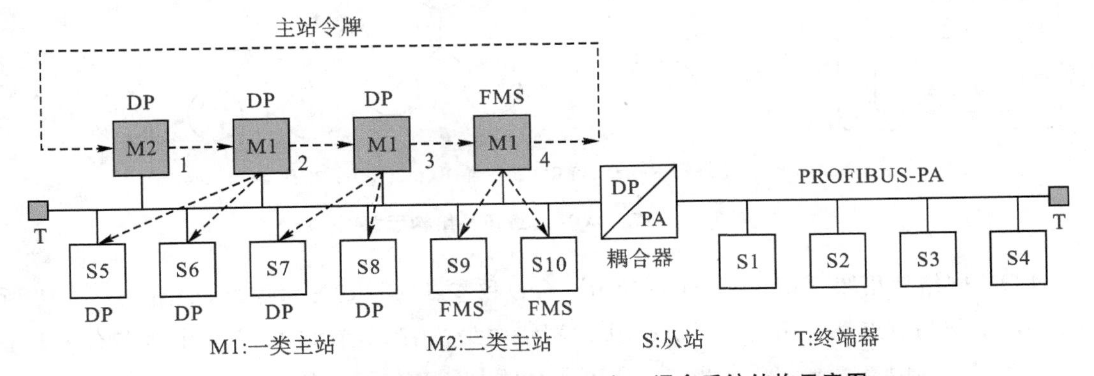

图7-3-16 PROFIBUS-FMS/DP/PA混合系统结构示意图

PROFIBUS-PA采用总线型拓扑结构，每段总线最长1900 m。无本质安全、总线供电或不供电情况下，每段总线连接2～32台设备；本质安全、总线供电情况下，每段总线连接设备数取决于对防爆电能的限制。两个站之间最多允许4个中继器(Repeater)，传输速率为31.25 Kb/s，允许最大的总线型拓扑结构如下：1个中继器允许3.8 km，62个站；2个中继器允许5.7 km，92个站；3个中继器允许7.6 km，122个站；4个中继器允许9.5 km，127个站。

PROFIBUS-DP和PA之间通过DP/PA耦合器(Coupler)互连，如图7-3-15所示。

2)LON 现场总线

LON(Local Operating Network,局部操作网络)总线可用于工业、交通、楼宇等领域的自动化。LON 总线采用 LonTalk 通信协议,该协议参照了 OSI 参考模型的全部 7 层,并用神经元芯片(Neuron Chip)固化了协议的全部内容,用户只需用 Neuron C 语言编写第 7 层(应用层)的应用程序。LON 总线所采用的一系列技术的总称为 LonWorks 技术。

(1)LON 网络拓扑结构。LON 支持多种网络拓扑结构,例如总线型、星型、环型和混合型。网络中支持多种传输介质,例如双绞线、电力线、同轴电缆、光缆、红外线和无线等,每种传输介质都有专用的收发器(Transceiver)作为节点与传输介质之间的通信接口。每一种传输介质称为一种信道(Channel)。

LON 网络由一条或多条信道构成,信道上的节点由收发器、Neuron 芯片和 I/O 电路组成,信道可以用中继器(Repeater)延长,信道之间通过桥接器(Bridge)或路由器(Router)互连。LON 网络拓扑结构,如图 7-3-17 所示。

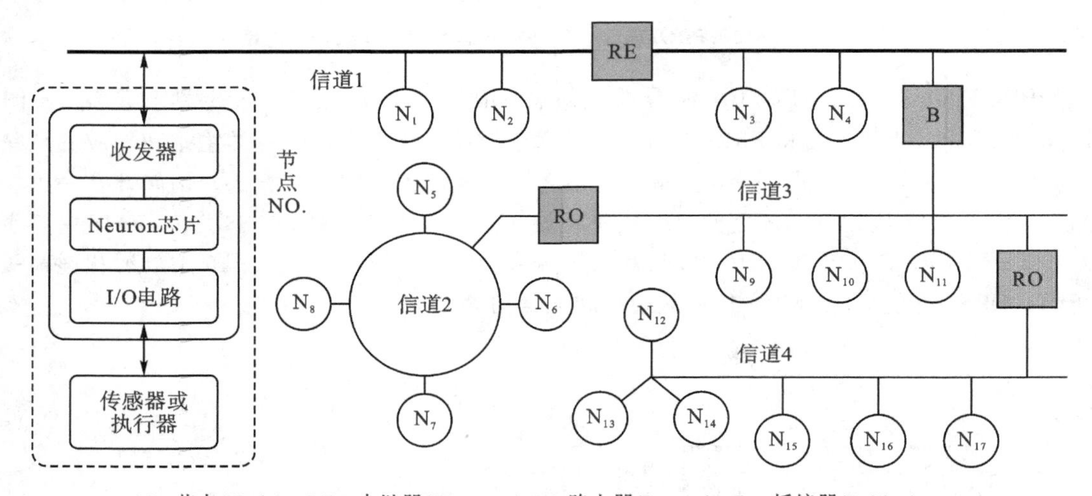

图 7-3-17 LON 网络拓扑结构示意图

LON 网络使用域(Domain)、子网(Sub-net)和节点(Node)三级编址,如图 7-3-18 所示。域、子网和节点都有相应的标识符 ID。网络中最多有 2^{48} 个域,每个域中最多有 255 个子网,每个子网中最多有 127 个节点。所以一个域中最多有 255×127 =32385 个节点,网络中最多有 2^{48} ×32385 个节点。每个节点必须有一个 Neuron 芯片,每个芯片在制造时被标记了唯一的 48 位标识符 ID,一般在安装和配置网络过程中使用该 ID。

域中所有节点形成一个虚拟网,只有同一域中的节点才可以互相通信。一个节点最多可以属于两个域,如图 7-3-18 中,节点 N_3 同属于域 D_1 和 D_2。LON 不支持域间通信,但属于两个域的节点可以作为域间的网关(Gateway)使用,通过该节点的应用程序进行数据包的传递,如图 7-3-18 中的节点 N_3。

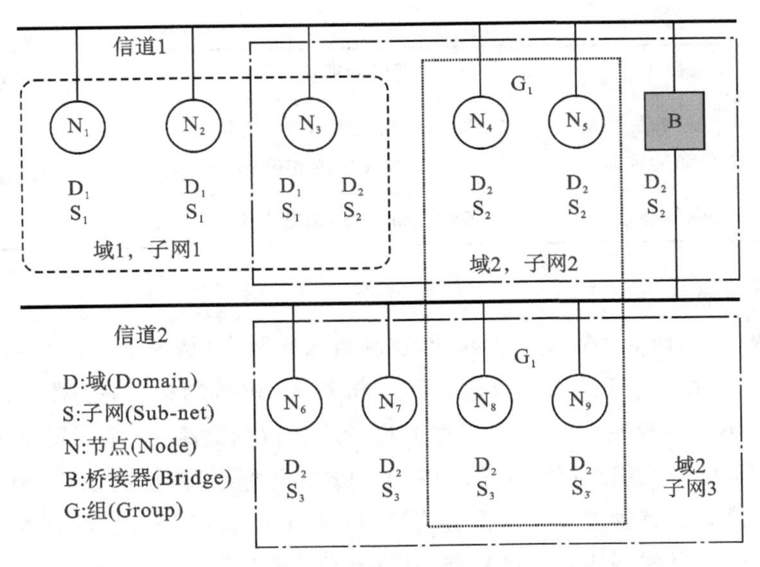

图 7-3-18　LON 网络中的域-子网-节点-组示意图

组(Group)是域中节点的逻辑集合，如图 7-3-18 所示。域 D_2 中节点 N_4、N_5、N_8 和 N_9 构成组 G_1。组的标识符 ID 为 1 个字节，所以一个域中最多有 256 个组。一个节点最多属于 15 个组。对于报文应答服务(Acknowledged Service)，一个组中可赋予最多 63 个节点；对于报文非应答服务(Unacknowledged Service)，却没有节点数限制。组结构可以实现一对多的网络变量和报文标签(Message Tag)的连接和传递。

②LON 通信协议。LON 通信协议亦被称为 LonTalk 通信协议。该协议参照了 OSI 参考模型的全部 7 层，并用 Neuron 芯片固化了 7 层协议的全部内容。该芯片内集成了 3 个 8 位 CPU，其中 CPU1 为 MAC(Medium Access Control，介质访问控制)处理器，执行协议中的第 1、2 层；CPU2 为网络(Network)处理器，执行协议中的第 3～6 层；CPU3 为应用(Application)处理器，执行协议中的第 7 层(应用层)；用户只需用 Neuron C 语言编写第 7 层(应用层)的应用程序。表 7-3-1 列出了 LON 总线协议的有关内容。

表 7-3-1　LON 总线协议相关内容一览表

协议层		目 的	提供的服务	处理器
7	应用层	网络应用	标准网络变量类型(SNVT)	应用处理器 CPU3
6	表示层	数据解释	网络变量(NV)，外来帧传送	网络处理器 CPU2
5	会话层	远程操作	请求/响应，证实，网络管理	
4	传送层	端对端传输	应答，非应答，单点，多点，证实，重复检测，排队	
3	网络层	路由选择	目标寻址，路由选择	

续表

协议层		目 的	提供的服务	处理器
2	链路层	帧构成介质访问控制	帧构成,数据编码,CRC 校验,P-P-CSMA,冲突检测和避免,优先级	MAC 处理器 CPU1
1	物理层	电气连接	传输介质接口,调制方案	

3)CAN 现场总线

CAN 总线(Controller Area Network,控制器区域网络)是为适应汽车内部设备之间通信而设计的汽车总线,逐步扩展至仪表、楼宇、机器人、机械制造、医疗器械、交通管理等领域。CAN 总线协议仅参照 OSI 参考模型的物理层和数据链路层,应用层由用户另行定义。CAN 总线被国际标准化组织(ISO)列为 ISO11898 国际标准,有规范 2.0A 和 2.0B。

CAN 通信模型只有物理层和数据链路层,并有相应的专用集成电路(ASIC),再与通用的微处理器连接,由其实现应用层的功能。CAN 总线有以下主要特点:

(1)CAN 总线协议不采用节点地址编码,而是对报文编码,采用 11 位或 29 位标识符 ID。ID 并不指出报文的目的地,但描述报文的含义,节点通过报文滤波决定是否与其有关,即接收该报文或发送相应报文。

(2)CAN 总线节点通过报文滤波实现点对点、一点对多点(群播)、一点对全部点(广播)传输方式。

(3)CAN 总线采用多主工作方式,总线上任一节点在任意时刻主动地向总线上其他节点发送报文,而且不分主从。

(4)CAN 总线节点报文分成不同的优先级,可以满足不同的实时要求,并且采用短帧发送,每帧数据 1~8 B,传输时间短,保证了实时性。

(5)CAN 总线采用非破坏性总线仲裁技术,当多个节点同时向总线上发送报文并发生冲突时,优先级低的节点主动退出发送,而优先级高的节点继续传输报文。

4. 高速现场总线

高速现场总线的通信速率一般是几十至几百 Mb/s,主要用于操作员站、工程师站和计算机站,也可以用于控制器、传感器、变送器和执行器。常用的高速现场总线有 FF-HSE、EPA 和 PROFInet。

1)FF-HSE 现场总线

FF-HSE(High Speed Ethernet,高速以太网)传输速率为 10/100 Mb/s,传输介质为多芯电缆或光纤,传输距离最长 100 m,可冗余配置。FF-HSE 被国际电工委员会(IEC)列为 IEC 61158 Type5 国际标准,行规(Profile)被 IEC 列为 IEC61784 CPF—1/2 国际标准。

FF-HSE 用作操作监控层的高速网络,FF-HSE 网络对上连接操作员站、工程师站、计算机站等;FF-HSE 网络对下连接链接设备(Linking Device,LD)、网关设备(Gateway Device,GD)、HSE 设备(HSE Device,HD),再由 LD 连接 FF-H1 网段、GD 连接非 FF 总线、HD 连接常规 I/O 设备或 PLC。链接设备(LD)将远端 FF－H1 网段的信息传到 FF－HSE 主干网的主机或主控室，在那里操作员可以对生产过程进行监视或操作。FF－HSE 和 FF－H1 共同构成完善的 FCS。FF－HSE 和 FF－H1 是通信技术和控制技术的融合，并将通信技术延伸到控制系统最底层，可以说是把控制与管理融为一体的理想网络。

FF－HSE 基于以太网，不仅有以太网的优点，而且支持 FF 协议的相关规范，诸如功能块(FB)、功能块应用进程(FBAP)、设备描述(DD)等，FF－HSE 是一种具有控制功能的综合网络。

(1)FF－HSE 通信模型。FF－HSE 通信模型的层次结构如表 7－3－2 所示，省略了 OSI 层参考模型中的第 5、6 层，另外增加了用户层。其中物理层和数据链路层采用 IEEE 802 局域网 LAN 协议标准，网络层采用 IP(Internet Protocol，互联网协议)，传输层采用 TCP(Transmission Control Protocol，传输控制协议)或 UDP(User Datagram Protocol，用户数据报文协议)，这 4 层体现了 FF－HSE 的共性。另外，应用层和用户层专为 FF－HSE 设计的，体现了 FF－HSE 的个性。正因为 FF－HSE 的层 1～4 有共性，所以它能够使用通用的网络互连设备，例如，集线器(Hub)、交换机(Switch)、网桥(Bridge)、路由器(Router)和防火墙(Firewall)等。

表 7－3－2　FF－HSE 和 FF－H1 现场总线通信模型

OSI 参考模型	FF－HSE	FF－H1
—	用户层	用户层
层 7：应用层	FDA、FMS 和 SM FDA 会话	FMS FAS
层 6 ：表示层	—	—
层 5 ：会话层	—	—
层 4：传输层	TCP 或 UDP	—
层 3：网络层	IP	—
层 2：数据链路层	以太网/IEEE 802.2	Hl DLL 面向连接及无连接
层 1：物理层	以太网/IEEE 802.3	Hl PHY 31.25Kb/s

(2)FF－HSE 网络拓扑结构。FF－HSE 采用总线型网络拓扑结构，FF－HSE 和 FF－H1 的网络结构如图 7－3－19 所示。该图中包含了 FF－HSE 子网和 FF－H1 网段，但是没有包括冗余的局域网 LAN 和冗余的设备。这种网络拓扑结构的特性如下：

①网络由一个或多个 FF－HSE 子网和一个或多个 FF－H1 网段相互连接组成；

②多个 FF－HSE 子网可以使用标准的路由器相互连接；

③FF－HSE 链接设备将一个或者多个 FF－H1 网段连接到 FF－HSE 子网上；

④非 FF 的 I/O 总线通过 FF－HSE I/O 网关连接到 FF－HSE 子网上；

⑤FF－HSE 现场设备直接连接到 FF－HSE 子网上；

⑥多个 FF－H1 网段使用 FF－H1 网桥相互连接。

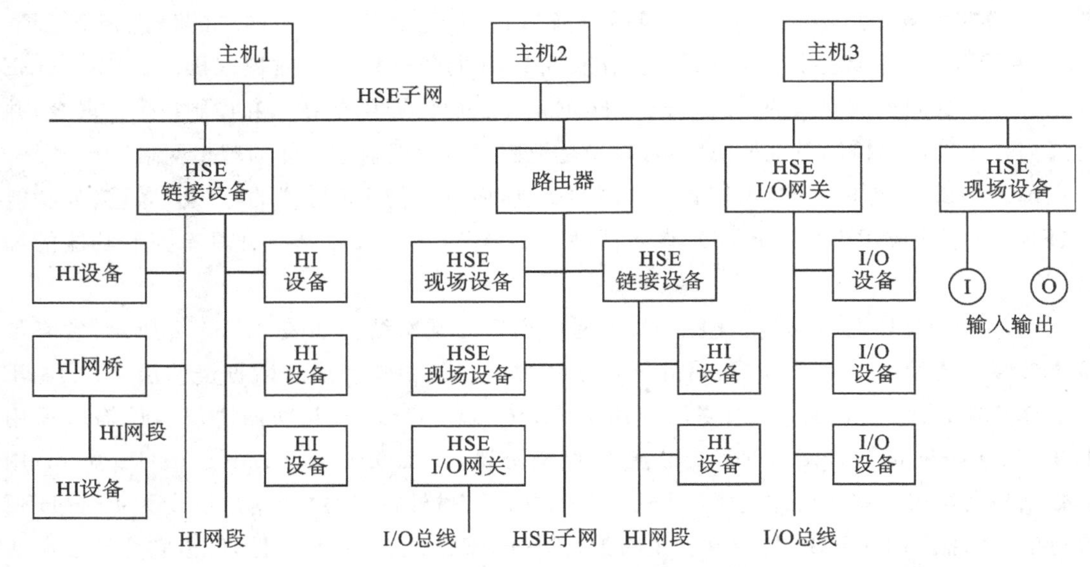

图 7-3-19 FF-HSE 和 FF-H1 网络拓扑结构示意图

一台或者多台 FF-HSE 设备，既可以直接连接到 FF-HSE 子网上，也可以先连接到交换机上，再由它连接到 FF-HSE 子网上。

通过 FF-HSE 网络构成 FCS，必须进行网络组态、设备组态、应用组态。网络组态的任务是生成网络拓扑、网络管理等。设备组态的任务是实现现场设备的地址分配、设备识别等。应用组态的任务是选用分布在不同设备中的功能块构成所需的控制回路或控制策略。

(3)FF-HSE 网络冗余技术。FF-HSE 网络冗余有两种方式：第一种是局域网（FF-HSE 子网）冗余，第二种是设备冗余。

FF-HSE 局域网冗余，如图 7-3-20 所示。图 7-3-20(a)是双局域网上连接双接口设备，即每台设备的 A、B 接口分别连接到局域网 A、B 上；图 7-3-20(b)是单局域网上连接双接口设备，即每台设备的 A、B 接口都连接到同一局域网上。前者的网络可靠性优于后者。

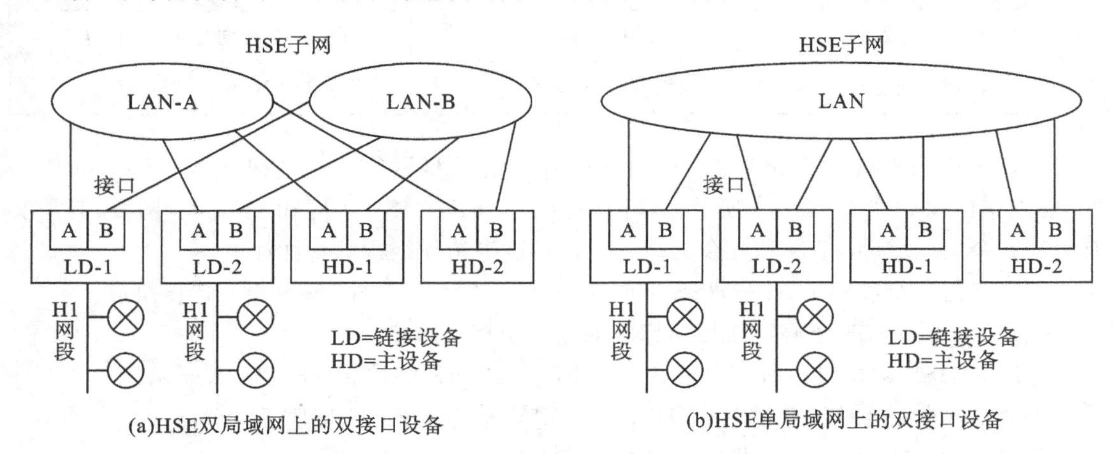

(a)HSE双局域网上的双接口设备

(b)HSE单局域网上的双接口设备

图 7-3-20 FF-HSE 的网络冗余结构示意图

2)EPA 现场总线

EPA(Ethernet for Plant Automation)是我国开发的高速现场总线，传输速率为10/100 Mb/s，既可用于上层的操作员站、工程师站和计算机站，也可用于中层的控制器，还可用于底层的传感器、变送器和执行器。EPA 被国际电工委员会(IEC)列为 IEC61158 Type14 国际标准。

(1)EPA 通信模型。EPA 通信模型的层次结构，如表 7－3－3 所示，省略了 OSI 参考模型中的第 5、6 层，另外增加了用户层。其中物理层和数据链路层采用 IEC 和 IEEE 有关协议，为了提高实时性，在数据链路层增加了 EPA 通信调度管理实体；网络层采用 IP，传输层采用 TCP 或 UDP，这 4 层体现了 EPA 的共性。另外，应用层和用户层是专为 EPA 设计的，体现了 EPA 的个性。

表 7－3－3　EPA 现场总线的通信模型

OSI 参考模型	EPA
—	用户层(功能块应用进程)
层 7:应用层	EPA 管理、EPA 服务
层 6 :表示层	—
层 5 :会话层	—
层 4:传输层	TCP、UDP
层 3:网络层	IP(ARP、RARP、JCMP、JGMP)
层 2:数据链路层	EPA 通信调度管理实体 ISO/IEC 8802－3/IEEE 802.11/ IEEE 802.15
层 1:物理层	ISO/IEC 8802－3/ IEEE 802.11/ IEEE 802.15

(2)EPA 网络拓扑结构。EPA 采用总线型网络拓扑结构，如图 7－3－21 所示，它分为现场设备层 L_1 和过程监控层 L_2。现场设备层 L_1 用于工业生产现场，连接传感器、变送器、执行器和控制器等现场设备或现场总线仪表；过程监控层 L_2 用于控制室，连接操作员站、工程师站和计算机站等监控设备或管理设备。

EPA 网络中的设备分为 EPA 主设备、EPA 现场设备、EPA 网关、EPA 无线设备、EPA 代理等。EPA 主设备是监控层 L_2 网段上的设备，诸如工程师站、操作员站和计算机站等，具有组态、监控和高级计算等功能。EPA 现场设备是现场设备层 L_1 网段上的设备，诸如变送器、执行器、现场控制器等，具有 I/O、控制和运算功能块，用来构成控制层回路或控制策略。EPA 网关将监控层 L_2 网段和现场设备层 L_1 网段连接起来，具有通信隔离、报文转发与控制功能。EPA 无线设备是可选设备，用来连接无线网与以太网。EPA 代理是可选设备，用来连接 EPA 网络与其他网络。

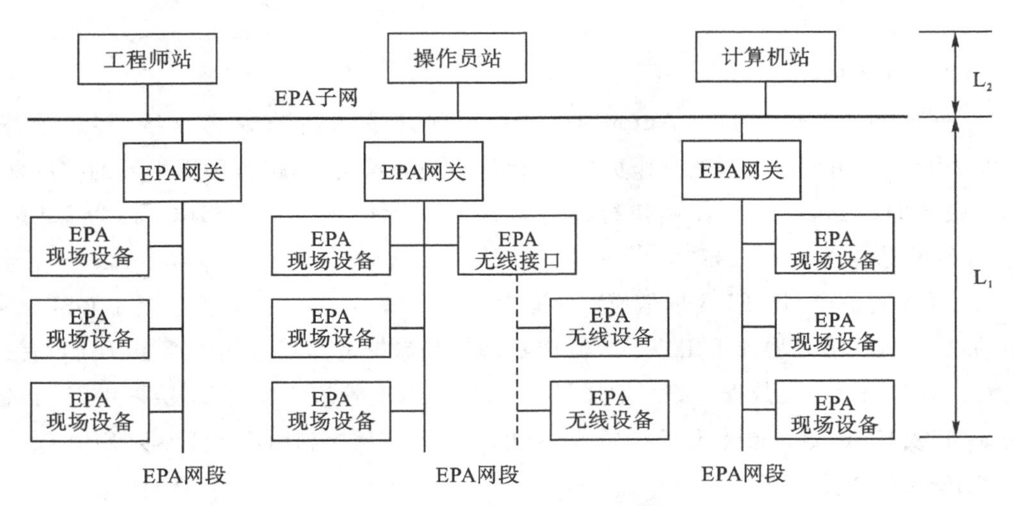

图 7-3-21 FF-HSE 的网络冗余结构示意图

3)PROFInet 现场总线

PROFInet 基于传统的以太网底层协议 IEEE 802.3,并兼容了 PROFIBUS 现有应用。PROFInet 是 PROFIBUS 的一个子集,并被 IEC 列为 IEC61158 Type10 国际标准,行规(Profile)被 1EC 列为 IEC61784 CPF-3/3 国际标准。

(1)PROFInet 通信模型。PROFInet 通信模型的物理层、数据链路层、网络层、传输层使用了现有的通信协议,并没有定义任何新的通信协议。诸如,物理层采用 IEEE 802.3,数据链路层采用 IEEE 802.2,网络层采用 IP,传输层采用 TCP 或 UDP。这 4 层体现了 PROFInet 的共性,如图 7-3-22 所示。应用层使用部分软件新技术,如 Microsoft 的 COM 技术,OPC.XML 技术和 Active X 技术等。

PROFInet 物理层的传输介质为电缆和光纤,每段电缆的最大长度为 100 m,每段多模光缆的最大长度为 2 km,每段单模光缆的最大长度为 14km。电缆的连接器为 RJ-45,具有 IP20 防护等级的 RJ-45 用于办公室,具有 IP65/IP67 防护等级的 RJ-45 用于条件恶劣的场所。

OSI参考模型	PROFInet通信模型		
7应用层	PROFInet应用层		
	标准通道	实时通道	
6表示层			
5会话层			
4传输层	TCP/UDP		
3网络层	IP		
2数据链路层	以太网	SRT	IRT
1物理层	以太网		

图 7-3-22 PROFInet 通信模型结构示意图

PROFInet 设计了 3 种不同时间性能等级的通信:

①用于非苛求时间数据的 TCP/UDP 和 IP 标准通信,如对参数赋值和组态,实时性要求小于 100 ms;

②用于时间要求严格的软实时(Soft Real Time,SRT),如生产过程自动化的数据,实时性要求小于10 ms;

③用于时间要求特别严格的等时同步实时(Isochronous Real Time,IRT),如运动控制应用的数据,实时性要求小于1 ms。

在同一根总线上可以实现上述TCP/IP、SRT、IRT三种时间性能等级的通信,如图7-3-22所示,从而确保自动化过程的快速响应时间和企业管理的一致性。

(2)PROFInet网络拓扑结构。PROFInet是高速以太网,传输速率100 Mb/s,拓扑结构为总线型、树型、星型和环型。作为企业主干网,不仅可以集成PROFIBUS现场总线,而且可以集成其他现场总线,在整个企业内实现统一的控制与管理网络架构,将企业信息管理层与现场控制层有机地融合为一体,从而实现一网到底。

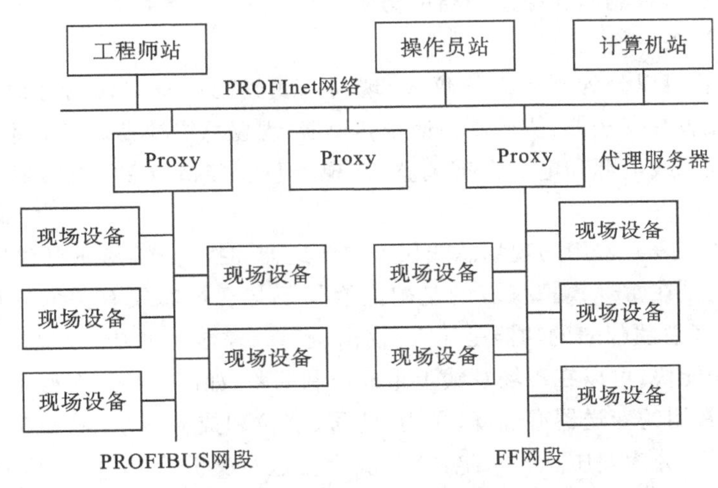

图7-3-23 PROFInet网络集成结构示意图

为了使PROFInet能够与其他现场总线的子系统或基于以太网的子系统方便地集成,PROFInet提供了一种通过代理服务器(Proxy)的集成,如图7-3-23所示。在PROFInet网络拓扑结构中,每个子系统作为一个网段连入交换机,即代理服务器是一个网段。例如,对PROFIBUS-DP网段的集成,代理服务器可以是PLC、基于PC的控制器等设备。对原有的PROFIBUS网段来说,代理服务器是PROFIBUS的主站,它协调PROFIBUS各从站的数据交换。而在PROFInet网络中,代理服务器是PROFInet的一个站点。

7.3.5 FCS的应用设计

FCS常应用于石油、化工、发电、冶金、轻工、制药和建材等过程工业的自动化,FCS功能的发挥取决于应用设计的水平。然而,FCS的应用设计并不涉及FCS本身硬件和软件的设计,而是讨论怎样配置FCS并将其应用于生产过程,充分发挥FCS的作用,以满足控制和管理的要求。

尽管FCS的应用设计内容有总体设计、工程设计、组态调试、安装调试、现场投运、整理文档和工程验收,FCS的应用设计流程依次为可行性研究、初步设计、详细设计、工程实施和工程验收,但由于FCS是在DCS的基础上发展过来的,它仅变革了DCS直接控制层的控制站和生产现场层的模拟仪表，保留了DCS的操作监控层、生产管理层和决策管理层；也就是说，FCS将DCS控制站的功能化整为零，分散分布到各台现场总线仪表之中，其硬件和软件的功能同样以功能块的形式呈现在用户面前。同时，在7.2.5节中，已经对操作监控层、生产管理层和决策管理层的应用设计进行了详细介绍。所以，本节仅对FCS的现场控制层进行重点介绍，然后阐述FCS的总体设计、工程设计和组态调试。

1. FCS的现场控制层介绍

现场控制层是FCS的底层，也是FCS的基础，主要由现场总线、现场总线仪表、现场总线辅助设备和现场总线接口组成。现场控制层的功能是输入、输出、运算、控制和通信，在现场总线上组成控制回路，构造分布式网络自动化系统。这里重点叙述现场总线的设备、现场总线仪表的应用块和现场总线控制回路的构成。

1）现场总线设备

现场总线设备可以分为现场总线仪表、现场总线辅助设备和现场总线接口3个部分。其中，现场总线仪表有变送器、执行器和信号转换器，现场总线辅助设备有本质安全栅、终端器、中继器、网桥、总线电源和电源阻抗调整器，现场总线接口有PC总线网卡、DCS总线网卡和总线交换器。

(1)现场总线仪表。常用的现场总线仪表有变送器和执行器，其外观和基本构成与常规模拟仪表一样，只是在常规模拟仪表的基础上增加了与现场总线有关的硬件和软件，如图7-3-3所示。现场总线仪表的功能是输入、输出、运算、控制和通信，并提供相应的输入、输出、运算和控制功能块，可以在现场总线上组成控制回路，如图7-3-2所示。

①变送器。常用的变送器有温度、压力、流量、液位和成分分析等，每类又有多个品种。例如，压力变送器又分为差压、表压、绝压等，温度变送器又分为热电偶、热电阻等。现场总线数字变送器是在传统的模拟变送器的基础上改进而成的，就其硬件来说，除了保留原有的仪表圆卡功能外，还增加了总线圆卡，如图7-3-24所示。

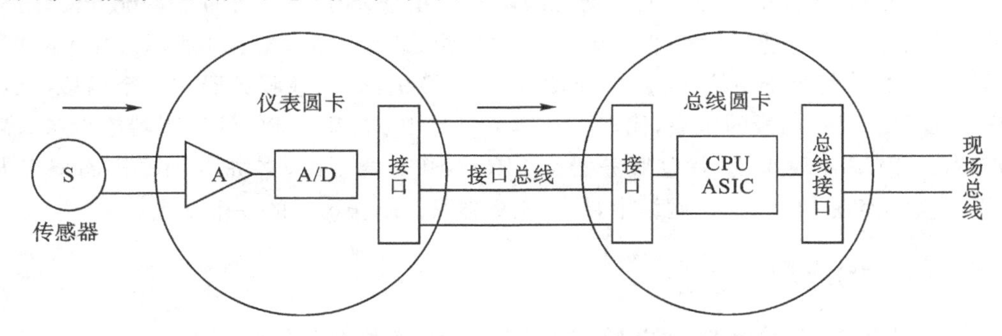

图7-3-24 现场总线数字变送器的硬件结构示意图

仪表圆卡的功能是传感器信号放大和转换，并通过接口总线与总线圆卡交换信息。其硬件结构类似于原仪表圆卡，另外增加了A/D转换以及接口电路。总线圆卡的功能是实现总线协议(如FF-H1、HART)，与仪表圆卡交换信息，通过总线接口与现场总线通信，提供变换块、资源块和功能块。其硬件结构采用专用集成电路芯片(ASIC)、CPU、总线接口电路、与仪表圆卡交换信息的接口电路等。

现场总线协议是通过硬件和软件来实现的。例如,FF－H1 应用层和用户层是通过总线圆卡内 CPU 软件编程来实现的,而物理层和数据链路层所需的总线信号驱动和发送、信号接收、传输数据的串/并或并/串转换、串行数据的编码和解码、信息帧的打包和解包、帧校验序列的产生和校验,则由专用集成电路芯片(ASIC)来实现。

②执行器。常用的执行器有电动调节阀、气动调节阀和风机、泵,每类又有多个品种。现场总线数字调节阀是在传统模拟调节阀基础上改进而成的,就其硬件来说,除了保留原有的仪表圆卡功能外,还增加了总线圆卡,如图 7－3－25 所示。

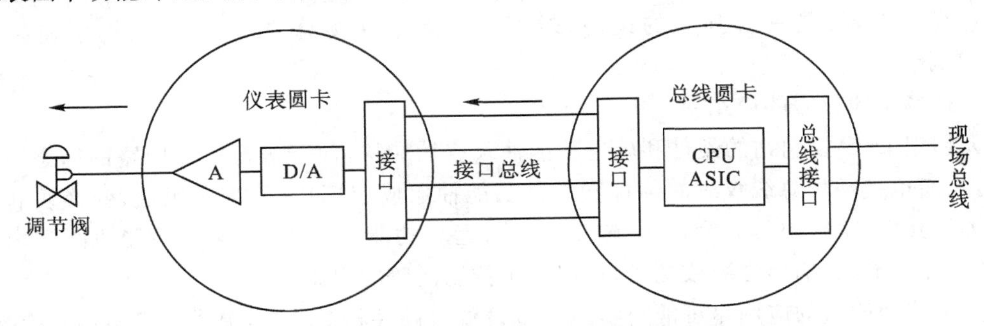

图 7－3－25　现场总线数字调节阀的硬件结构示意图

总线圆卡由专门的厂商开发,并通过一致性测试和认证机构注册(如 Fieldbus Foundation,现场总线基金会),才可以提供给仪表制造厂商使用。变送器或调节阀用总线圆卡的硬件和软件基本相同,所不同的仅仅是功能块的种类。

③信号转换器。信号转换器用于传统模拟仪表和现场总线数字仪表之间信号的转换,主要有两种:第一种是接收 4～20 mA 电流信号,再将其转换成现场总线(如 FF－H1)适用的信号;第二种是接收现场总线(如 FF－H1)的数字信号,再将其转换成 4～20 mA 电流信号。这两种转换器,适用于从传统模拟仪表逐步向现场总线数字仪表的过渡。

(2)现场总线辅助设备。现场总线辅助设备有总线电源、电源阻抗调整器、本质安全栅、终端器、中继器和网桥。

总线电源:用来为总线或现场仪表供电(如 24 V)。

电源阻抗调整器:对数字信号呈现高阻抗,防止数字信号被总线电源短路。

安全栅:它是安全场所与危险场所的隔离器,通常由信号处理单元、隔离单元、限能单元组成,主要功能为限流限压,保证现场总线仪表可得到的能量在安全范围内,使生产现场符合安全防爆标准。

终端器:用在传输电缆的首端和末端的阻抗匹配器,每段总线必须有两个终端器。终端器可以防止传输信号失真和总线两端产生信号波反射。终端器有外置式或内置式(即预置于设备内部)。

中继器:用来延长现场总线段。例如,FF－H1 总线段上的任意两台设备之间最多可以使用 4 台中继器。也就是说,FF－H1 总线段上两台设备间的最大距离是 1900×5＝9500 m(A 型屏蔽双绞线)。中继器是一台有源的总线供电设备或非总线供电设备。

网桥:用于连接不同传输速率的现场总线段,或将不同传输介质的网段连成网络。网桥具有多个接口,每个接口有一个物理层实体。网桥是一台有源的总线供电设备或非总线供电设备。

(3)现场总线接口。现场总线接口有三种结构形式:PC 总线网卡、DCS 总线网卡、总线交换器。

PC 总线网卡:插入操作站(例如工业 PC),其内部与 PC 的 CPU 总线连接,外部与现场总线连接,此时工业 PC 兼做操作员站或工程师站。

DCS 总线网卡:插入 DCS 控制站(CS),即插入控制站的输入输出单元(IOU)机箱内,这是 FCS 和 DCS 集成方式之一。

总线交换器:是一台独立的设备,对下提供多个现场总线接口,对上提供监控网络(SNET)接口。

2)现场总线仪表的应用块

人们把 DCS 控制站的硬件和软件功能抽象成功能块,便于进行控制回路的组态。与此类似,人们也把现场总线仪表的硬件和软件功能抽象成应用块,分为资源块、变换块和功能块 3 类。其中,功能块可分为输入、输出、控制、运算功能块 4 类,这 4 类功能块既有内部参数,也有外部输入、输出参数或端子,可以用于控制回路的组态。

为了使功能块的应用尽可能与实际 I/O 及仪表硬件相对独立,提供了资源块和变换块。资源块和变换块只有内部参数,而无外部输入、输出参数或端子,因而不能用于控制回路的组态,只能引用其内部参数。

(1)资源块。资源块(Resource Block)表达了现场总线仪表或设备的硬件对象及其相关运行 参数,描述了设备的特性,如设备类型、版本、制造商、硬件类型、存储器大小等。为了能使资源块能有效表达这些特性,规定了一组参数。

不过,资源块的参数全是内含参数,而且无输入和输出参数,因而资源块不能用于控制回路的组态。但是通过资源块,可以看到现场总线仪表或设备中与资源有关的硬件特性,便于管理设备。

(2)变换块。变换块(Transducer Block)描述了现场总线仪表或设备的 I/O 特性,如传感器和执行器的特性。变换块从传感器硬件读取数据或给执行器硬件发命令。定义了变换块,使功能块与传感器、执行器等 I/O 设备隔离开来。变换块是为功能块应用所定义的接口。图 7-3-26 展示了传感器、执行器、输入输出变换块、输入输出功能块之间的关系。为了能表达变换块的特性,也规定了一组参数。

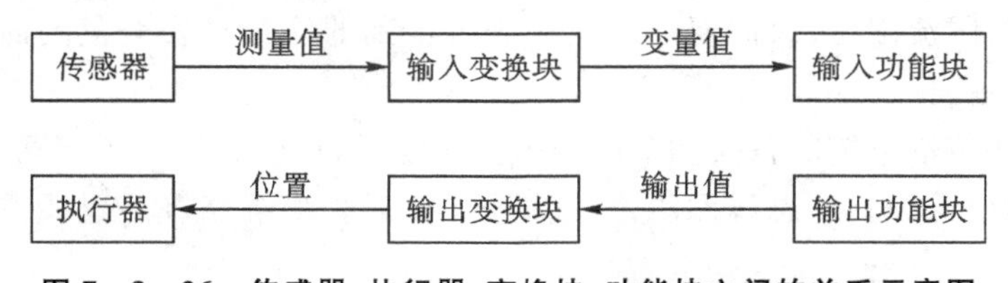

图 7-3-26 传感器、执行器、变换块、功能块之间的关系示意图

不过,变换块的参数也都是内含参数,而且无输入和输出参数,因而变换块也不能用于控制回路的组态。根据变换块所具有的参数和行为,可将其分为以下 3 类。

输入变换块:连接物理测量值或输入值,再处理这些测量值,并使其结果通过内部通道而被输入功能块所引用。

输出变换块：通过内部通道引用连接到输出功能块，并处理它们的目标输出参数，以调整物理执行器或物理输出。

显示变换块：连接本地接口设备，通过它的参数，允许本地接口访问其他功能块的参数。

(3)功能块。FCS 的功能块类似于 DCS 控制站中的各种输入、输出、控制和运算功能块。人们也将现场总线仪表或设备的输入、输出、控制和运算功能模型化为功能块，并规定了它们各自的输入、输出、算法、参数、事件和块图。对用户来说，只需了解软功能块的功能就可以组态，以构成控制回路，而不必关心硬设备。

①功能块的构成。功能块的构成要素有输入参数、输出参数、算法、内含参数、输入事件和输出事件，如图 7－3－27 所示。功能块构成要素的多少因类型而异，如输入块只有输出参数，控制块既有输入参数也有输出参数。功能块的输入和输出参数可以用于块与块之间的连接，内含参数只能被访问，而不能用于连接。功能块的连接关系有两种：一种是前面功能块的输出端连接到后面功能块的输入端，称为正向连接；另一种是后面功能块的输出端连接到前面功能块的输入端，称为反向连接。

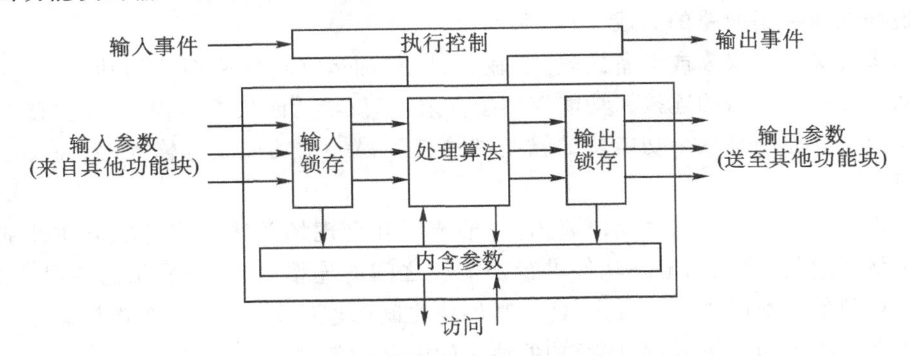

图 7－3－27　功能块构成示意图

功能块的输入参数采用输入锁存，保证在算法执行过程中所用的输入参数不变化。同样，功能块的输出参数采用输出锁存，只有在功能块执行完毕，才更新输出参数。

从功能块的构成可以看出，不管一个功能块内部执行哪一种算法，实现何种功能，其外部连接结构都是通用的。位于功能块图左、右两边的输入参数和输出参数是本功能块与其他功能块之间要交换的数据，其中输出参数是由输入参数、内含参数和算法共同作用的结果，也是本功能块的目标。功能块图上部的执行控制用于在某个外部事件的驱动下，触发本功能块的运行，并向外部传送本功能块的执行状态。

例如，生产过程控制中常用的 PID 控制算法就是一个标准的功能块。把被控参数的模拟量输入(AI)块的输出连接到 PID 控制块，就成为 PID 控制块的输入参数；再把 PID 控制块的控制量输出连接到模拟量输出(AO)块，就成为 AO 块的输入参数；PID 控制块的比例增益、积分时间、微分时间等所有不参与连接的参数则为本功能块的内涵参数。

采用这种功能块的通用结构，内部的处理算法与功能块的框架结构相对独立。使用者可以不必顾及功能与算法的具体实现过程。这样有助于实现不同功能块之间的连接，便于实现同种功能块算法版本的升级，也便于实现不同制造商产品的混合组态与调用。功能块的通用结构是实现开放系统、互操作性和网络自动化的基础。

②功能块的类型。根据功能块的参数和行为，可以分成以下4类功能块。输入功能块：通过内部通道对输入变换块的引用，访问物理测量值，再对该值进行处理，其结果作为一个连接到其他功能块的输出。另外，还包含仿真参数，其值和状态可以超越输入变换块，用于诊断和检验。

输出功能块：根据从其他功能块来的输入而动作，并通过内部通道引用，将其结果传输到输出变换块。另外，包含仿真参数，其值和状态可以超越输出变换块，用于诊断和检验。同时，支持反向计算输出参数，通过反向计算输入参数，可以知道较低层块的状态。

控制功能块：根据从其他功能块来的输入及算法执行，并产生一些计算结果，作为输出参数传输到其他功能块。另外，包含一些辅助输入参数，例如，PID控制块采用从其他块来的信息，以防止积分饱和，并提供无扰动切换。同时，支持反向计算输出参数，通过反向计算输入参数，可以知道较高层块的状态。

计算功能块：根据从其他功能块来的输入及算法执行，并产生一些计算结果，作为输出参数传输到其他功能块。

3)现场总线控制回路的构成

人们将现场总线仪表或设备的输入、输出、控制和运算功能模型化为功能块，控制回路的构成就是功能块之间的连接。功能块连接方式，不仅随功能块类型而异，而且随控制回路的构成而异。其原则是一个功能块的输出端连接到另一个功能块的输入端，而且必须数据类型相同。

功能块分布在各台现场总线仪表内，一般要用几台现场总线仪表的功能块才能构成一个控制回路。为此，首先用组态软件进行功能块之间的连接组态，形成组态文件；然后将组态文件下载到各台现场总线仪表中，建立功能块之间的连接关系；最后在现场总线上调度构成控制回路的各个功能块运行，进行功能块之间的参数传递。

(1)简单控制回路的构成。最简单的控制回路是单回路。例如，图7-3-28所示为构成液位单回路控制的现场总线仪表及其功能块，其中液位变送器有液位输入功能块LT123，调节阀的阀门定位器中有液位控制PID功能块LC123和阀位输出功能块LV123。这两台现场总线仪表通过现场总线构成液位控制回路，在生产现场实现了彻底的分散控制。

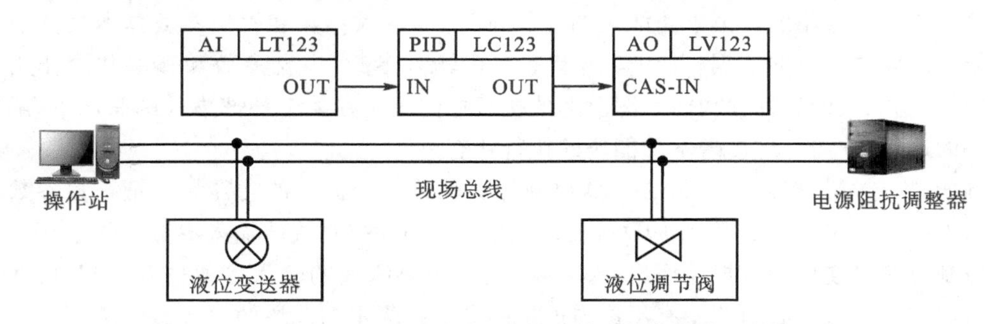

图7-3-28　现场总线单回路控制的功能块构成示意图

该液位控制回路的功能块连接方式，如图7-3-29所示。被控量(液位)的AI功能块LT123的输出端OUT连接到液位控制PID功能块LC123的输入端IN，PID功能块LC123的输出端OUT连接到AO功能块LV123的输入端CAS_IN。这些连接方式称为正向连接，即前一个功能块的输出端连接到后一个功能块的输入端；反之，后一个功能块的输出端连接到前一个功能块的输入端，称为反向连接，如 AO 功能块 LV123 的输出端 BKCAL_ OUT 连接到 PID 功能块 LC123 的输入端 BKCAL_ IN。该反向连接用于 PID 控制回路工作方式改变的无平衡无扰动切换。

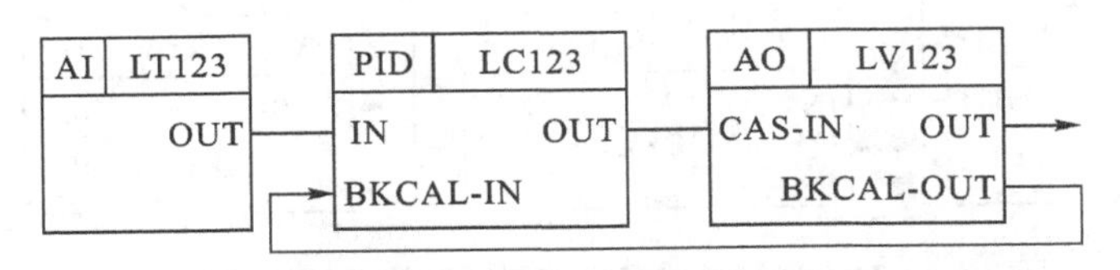

图 7－3－29　现场总线单回路控制的功能块连接示意图

由图 7－3－28 和图 7－3－29 可知，液位变送器中 AI 功能块 LT123 的输出 OUT 通过现场总线与调节阀的阀门定位器中 PID 功能块 LC123 的输入 IN 通信；在调节阀的阀门定位器内，PID 功能块 LC123 与 AO 功能块 LV123 之间的通信不占用现场总线。也就是说，该单回路控制中，占用现场总线通信的变量只有 AI 功能块 LT123 的输出 OUT。

(2)复杂控制回路的构成。复杂控制回路有串级、前馈、比值、选择、纯迟延补偿控制等，一般由两台或多台现场总线仪表的功能块构成。例如，图 7－3－30 为构成温度流量串级控制回路的现场总线仪表及其功能块，其中温度变送器有温度输入功能块 TT123 和 PID 控制功能块 TC123，流量变送器有流量输入功能块 FT123，调节阀的阀门定位器中有 PID 控制功能块 FC123 和阀位输出功能块 FV123。这 3 台现场总线仪表通过现场总线构成温度-流量串级控制回路，在生产现场实现了彻底的分散控制。

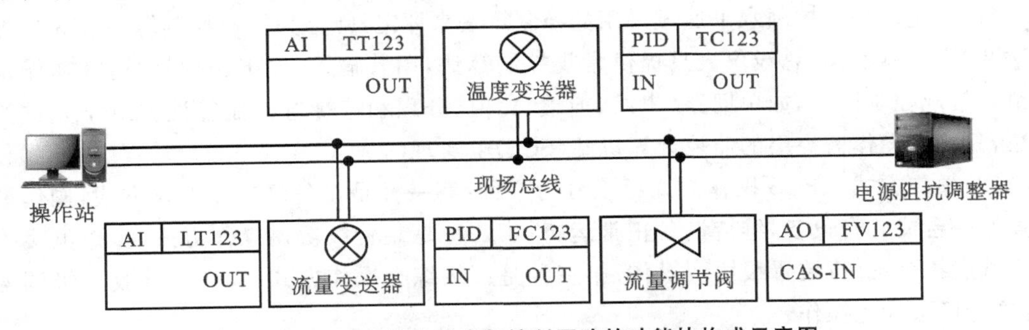

图 7－3－30　现场总线串级控制回路的功能块构成示意图

该温度流量串级控制回路的功能块连接方式，如图 7－3－31 所示。主被控量(温度)的 AI 功能块 TT123 的输出端 OUT 连接到温度控制 PID 功能块 TC123(主控制器)的输入端 IN，副被控量(流量)的 AI 功能块 FT123 的输出端 OUT 连接到流量控制 PID 功能块 FC123(副控制器)的输入端 IN，温度控制 PID 功能块 TC123 的输出端 OUT 连接到流量控制 PID 功能块 FC123 的设定值输入端 CAS_IN，流量控制 PID 功能块 FC123 的输出端 OUT 连接到 AO 功能块 FV123 的输入端 CAS_IN。这些连接方式为正向连接。另外，AO 功能块 FV123 的输出端 BKCAL_OUT 连接到 PID 功能块 FC123 的输入端 BKCAL_IN，PID 功能块 FC123 的输出端 BKCAL_OUT 连接到 PID 功能块 TC123 的输入端 BKCAL_ IN。这些反向连接用于 PID 控制回路工作方式改变的无平衡无扰动切换。

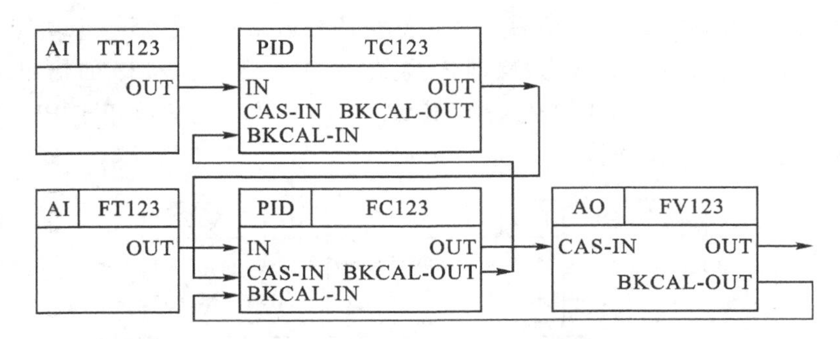

图 7-3-31 现场总线串级控制回路的功能块连接示意图

由图 7-3-30 和图 7-3-31 可知，该串级控制回路中，占用现场总线通信的变量有 3 个：TC123 的输出 OUT、FT123 的输出 OUT 和 FC123 的反向输出 BACK_OUT。

2. FCS 应用的总体设计

总体设计在 FCS 的应用设计中起着导向的作用，指导今后的详细设计和工程实施的各项工作。其内容是制定 FCS 总体设计原则、确定控制管理方案、统计测控信号点、规划系统设备配置。

1)FCS 应用设计的目标

FCS 应用设计的目标分为低、中、高 3 档，分别对应常规控制策略、先进控制策略、控制管理一体化 3 档。人们针对 FCS 不同的应用水平，分别制定总体设计原则，主要体现在控制水平、操作方式和系统结构这 3 个方面。

(1)控制水平。控制水平通过采用的控制算法来评定，常分为常规控制算法和先进控制算法两类。一般现场总线仪表只提供常规控制算法，用其输入、输出、控制和运算功能块只能组成常规控制回路，如单回路、串级、前馈、比值、分程和选择等控制算法。对于先进控制算法，只能在操作监控层的监控计算机站(SCS)上实现。

(2)操作方式。FCS 操作方式可以分为 3 种：第一种是设备级独立操作方式，操作员自主操作一台或几台设备，维持设备正常运行；第二种是装置级协调操作方式，操作员接收车间级调度指令，进行装置级协调操作；第三种是厂级综合操作方式，操作员接收厂级调度指令，进行厂级优化操作。

(3)系统结构。FCS 采用通信网络式的层次结构，一般可以分为 3 档：第一档为现场控制层和操作监控层，用监控网络(SNET)连接各台控制和管理设备，构成车间级系统，该档是基本的系统结构；第二档增加生产管理层，用管理网络(MNET)连接各台生产管理设备，构成厂级系统；第三档再增加决策管理层，用决策网络(DNET)连接各台决策管理设备，构成公司级系统。

2)FCS 系统设备的配置

根据总体设计原则和系统结构的要求，分别对 FCS 的现场控制层、操作监控层、生产管理层和决策管理层进行功能设计，提出具体指标，并确定各层的设备配置。

(1)现场控制层设备的配置。FCS 现场控制层的主要设备是现场总线仪表，另外还有现场总线辅助设备。其中现场总线仪表有变送器和执行器，现场总线辅助设备有总线电源及电源阻抗调整器、安全栅、终端器、中继器和网桥。

首先认真分析生产工艺流程，统计测控信号，设计控制回路，并细化到功能块；然后配置相应的现场总线仪表，如变送器和执行器，不仅要满足测控信号的要求，而且要满足构成控制回路所需的功能块的要求。

根据测控点信号的分布和控制回路的构成，为每个现场总线段配置变送器和执行器。遵循两条配置原则：一是构成控制回路的功能块在同一现场总线段上，即不跨越现场总线段组建控制回路，这样可以减少总线通信量并提高控制回路运行速度；二是满足现场总线段的物理层协议及网络拓扑结构规范。

(2)操作监控层设备的配置。FCS 操作监控层的主要设备有工程师站(ES)、操作员站(OS)、监控计算机站(SCS)和现场总线接口(FBI)设备。

根据生产装置和系统规模的大小，配置一台工程师站、若干台操作员站，一般用操作员站兼作工程师站。如果有先进控制和协调控制，那就要配置监控计算机站。

现场总线接口有总线网卡、总线模块和总线交换器三种结构形式。总线网卡插在操作员站或工程师站内，每块网卡提供一个或两个总线接口，每个接口对应一个现场总线段，如图 7-3-6 所示。总线模块插在 DCS 控制站内，每块提供一个或两个总线接口，每个接口对应一个现场总线段。总线交换器是一台独立的网络设备，对下提供多个现场总线接口，对上提供监控网络接口。

如果只有一个或两个现场总线段，也只有一台操作员站兼作工程师站，那就选用总线网卡。如果有多个现场总线段，并有多台操作员站或工程师站，那就选用总线模块或总线交换器。

(3)生产管理层和决策管理层设备的配置。一般 FCS 的现场控制层和操作监控层都有定型产品供用户自由选择，而生产管理层和决策管理层的设备无定型产品。这是因为管理没有统一的模式，所以必须由用户自行设计这两个管理层的结构。FCS 制造厂提供监控网络与生产管理网络之间的硬件、软件接口，再由用户根据管理需要配置生产管理层和决策管理层的设备，建立计算机集成制造系统 CIMS 或计算机集成过程系统 CIPS。

3. FCS 应用的工程设计

FCS 的基本构成是现场控制层和操作监控层，因此 FCS 应用的工程设计内容也集中在这两层。其中现场控制层的工程设计内容有现场总线的控制回路设计、现场总线的网络设计、现场总线的网络接线和现场总线的设备安装，操作监控层的工程设计内容有操作监控设备的安装和操作监控画面的设计。因多种现场总线并存，因此，存在不同的总线协议和应用设计规定。

1)现场总线控制回路的设计

现场总线仪表具有输入、输出、控制和运算功能，并以功能块的形式呈现在用户面前，用这些功能块可以在现场总线上组成常规控制回路，如单回路、串级、前馈、比值和选择控制等。

首先根据测控点信号的分布和控制回路的构成，并遵循组成控制回路的功能块在同一现场总线段上的原则，对每个现场总线段配置现场总线仪表(如变送器和执行器)；然后为现场总线仪表取仪表名，再为现场总线仪表内的功能块取功能块名；最后进行控制回路的组态设计。具体示例如图 7 - 3 - 30 和图 7 - 3 - 31 所示。

单回路控制中功能块的配置原则是,AI 功能块配置在变送器中,PID 功能块和 AO 功能块配置在调节阀的阀门定位器中。这样可以减轻现场总线的通信负荷,提高可靠性。例如,如图 7 - 3 - 28 和图 7 - 3 - 29 所示,该单回路控制中,占用现场总线通信的变量只有一个,即 LT123 的输出 OUT。

串级控制回路中功能块的配置原则是,主回路的 AI 功能块和 PID 功能块配置在主被控量变送器中,副回路的 AI 功能块配置在副被控量变送器中,副回路的 PID 功能块和 AO 功能块配置在调节阀的阀门定位器中。这样可以减轻现场总线的通信负荷,提高可靠性。例如,如图 7 - 3 - 30 和图 7 - 3 - 31 所示,该串级控制回路中,占用现场总线通信的变量有 3 个:TC123 的输出 OUT、FT123 的输出 OUT 和 FC123 的反向输出 BACK_OUT。

2)现场总线网络的设计

现场总线网络主要由现场总线仪表或设备、电缆、总线接口卡、电源、电源阻抗调理器、本质安全栅、终端器、中继器及附件组成。现场总线网络的设计内容主要包括现场总线网络的构成、配置和扩展等。

例如,图 7 - 3 - 32 描述了 FF - H1 总线网络典型结构的基本构成,主要设备有作为操作员站(兼工程师站)的总线网络主机(IPC)、符合 PC 标准和 H1 规范的 PC - H1 接口卡,现场总线仪表或设备(FD),总线供电电源(P)及电源阻抗调理器,连接在总线段首端和末端的终端器(T),双绞线以及接线端子等。

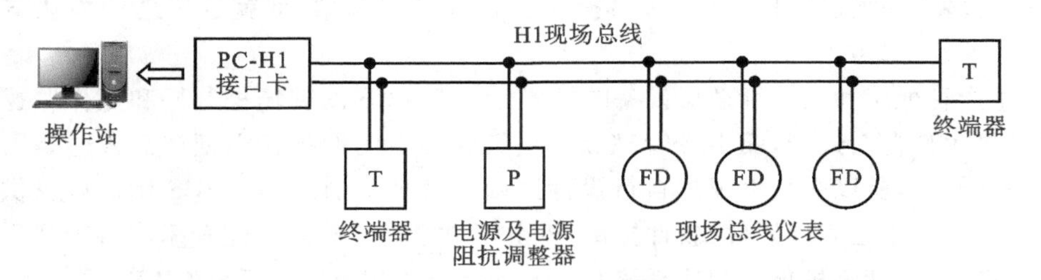

图 7 - 3 - 32 FF - H1 总线段典型结构的基本构成示意图

常用的现场总线仪表有变送器和执行器,这些仪表又分为两类,一类是总线供电式仪表,它需要从总线上获取工作电源,总线供电电源就是为这类仪表而准备的;另一类是自供电式仪表,它不需要从总线上获取工作电源。FF - H1 规定现场总线仪表或设备从总线上得到的电源电压不得低于 9 V,以保证仪表的正常工作。

总线接口卡之一,置于 PC 或 IPC 内的 PC - H1 接口卡,用来将 PC 和 H1 总线段连接起来,使 PC 成为 H1 总线的操作监控设备;总线接口卡之二,置于 DCS 控制站内的 CS - H1 接口卡,即插入控制站 CS 的输入输出(AI、AO、DI、DO)机箱内,用来将 DCS 控制站和 H1 总线段连接起来,这是 FCS 和 DCS 集成方式之一。

终端器安装在总线段的首端和末端,用来避免总线信号波反射和信号失真。终端器有外置式和内置式两类,其中外置式是独立部件,内置式安装在现场总线仪表或设备内。

中继器用来扩展 H1 总线段,H1 总线段上任意两台设备之间最多可以使用 4 台中继器。也就是说,H1 总线段上两台设备之间的最大距离是 1900×5=9500 m(A 型屏蔽双绞线)。

按照 FF－H1 规范,现场总线仪表或设备符合防爆标准,可以安装于危险区工作。为了将安全区和危险区隔离开,必须采用安全栅(Safety Barrier)。安全栅将向危险区送入的电源电压和电流限制在安全范围之内,并符合防爆标准。具有安全栅的 H1 总线段的结构,如图 7－3－33 所示。

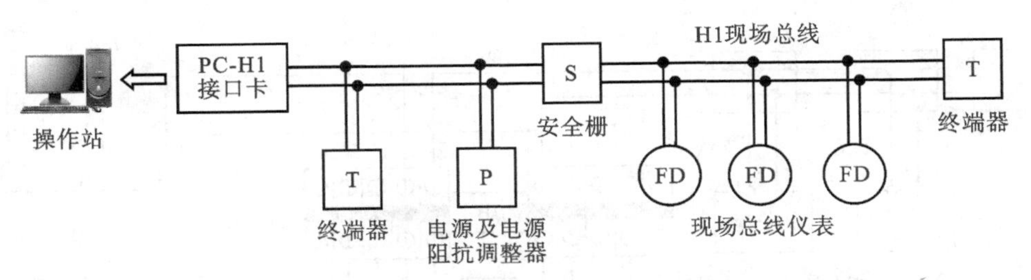

图 7－3－33　FF－H1 总线段本质安全结构的基本构成示意图

对于 FF－H1 总线,其网络配置应遵循的原则:一是组成控制回路的功能块在同一现场总线段上;二是采用总线供电式现场总线仪表或设备的供电电压不小于额定值(如 9 V)。为了确保供电电压,在配置 FF－H1 总线段时需要明确以下信息:①每台现场总线仪表或设备的功耗;②每台现场总线仪表或设备在总线段中的位置;③总线电源供电电压;④总线电源在总线段中的位置;⑤总线电缆的直流电阻(Ω/m)。

总线扩展应遵循一定的规则,或者说应受到某些限制,如干线长度、支线长度、支线上设备数等。不同类型的电缆对应不同的最大长度,如 A、B、C、D 型电缆分别对应 FF－H1 最大长度为 1900 m、1200 m、400 m、200 m。最大长度是指干线长加各支线长的总和。

3)现场总线网络的接线

根据现场总线网络的拓扑结构和规范进行网络接线或布线,另外还要注意接地、屏蔽和极性。常用的网络拓扑结构有总线型、菊花链型、树型、单点型,以及前 3 种的混合型,其中单点型很少采用。

(1)总线型拓扑结构的接线。总线型拓扑结构是一条干线电缆上分出若干条支线电缆,每条支线上接一台或几台现场总线仪表或现场设备(FD),如图 7－3－34 所示。其中接线盒用来从干线上分出支线,既可以用一般的螺钉接线端子,也可以用“T”形接线器。“T”形接线器不仅接线简便,而且有电源指示灯和短路保护指示灯。总线型适用于现场总线仪表或现场设备分散布置、干线较长、支线较短的情况。

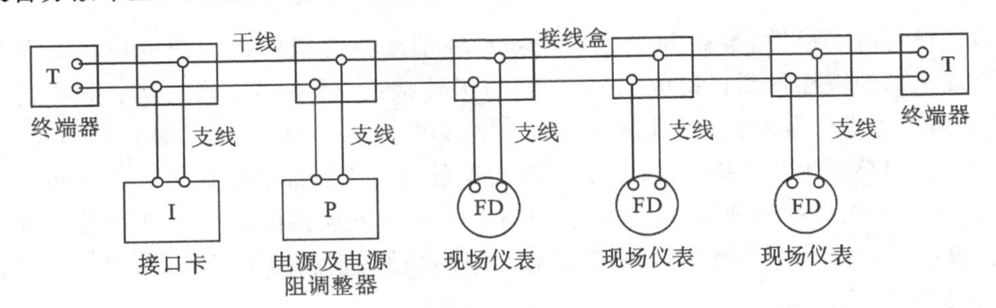

图 7－3－34　总线型拓扑结构的 T 形接线原理图

(2)树型拓扑结构的接线。树型拓扑结构是一条干线电缆上分出几个接线盒，每个接线盒连接几台现场总线仪表或现场设备，如图 7－3－35 所示。接线盒采用螺钉接线端子或集线器(Hub)进行集中接线。树型适用于现场总线仪表或现场设备相对集中的场合，例如某台装置上有若干台现场总线仪表，在此装置上安装一个接线盒或 Hub，把该装置上的若干台现场总线仪表或现场设备集中接于此接线盒或 Hub，以便于维护。

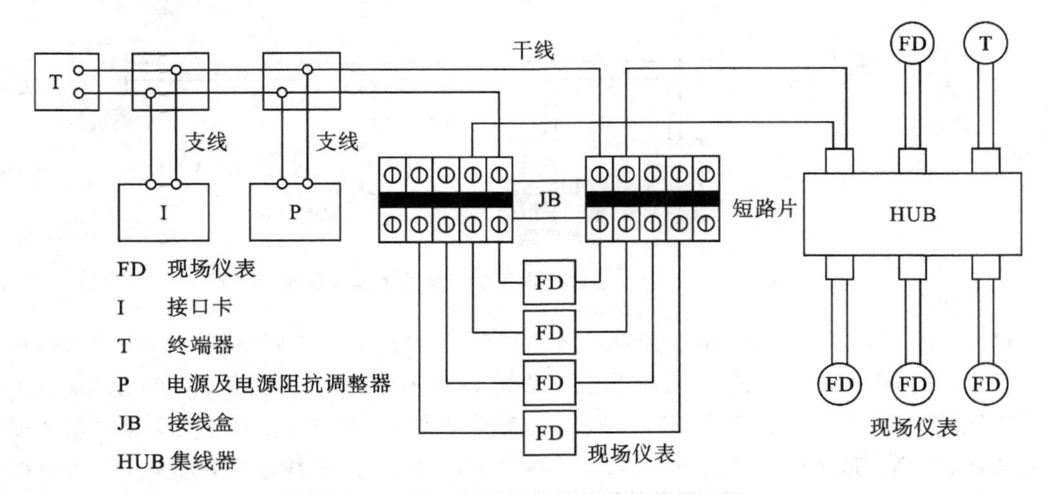

图 7－3－35　树型拓扑结构的接线原理图

(3)菊花链型拓扑结构的接线。菊花链型拓扑结构是一条干线电缆连续接出若干台现场总线仪表或现场设备，像穿珍珠那样，如图 7－3－36 所示。不用附加接线盒，直接用现场总线仪表或现场设备的接线端子。菊花链型相当于总线型的变种，即将总线型的支线缩短为零。菊花链型适用于现场总线仪表或现场设备相对集中的场合，从而简化了接线。

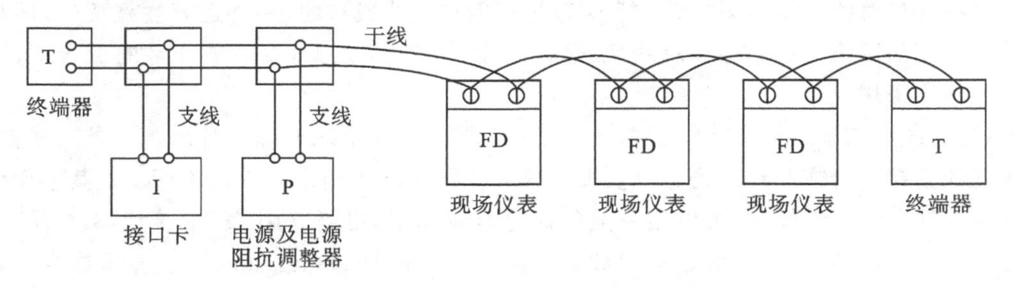

图 7－3－36　菊花链型拓扑结构的接线原理图

(4)现场总线的极性、屏蔽和接地。现场总线信号是有极性的。现场设备必须接线正确，才能按正确的极性得到正确的信号。否则，极性接反，就不能正确通信。如果建立现场总线网络需要考虑信号的极性，那就标出“＋”端和“－”端。所有“＋”端必须相互连接，同样，所有“－”端必须相互连接。此时，有极性的设备和接线器都必须标出“＋”端和“－”端。

但也有一种无极性的现场设备，可在网络上按任意方向接线。无极性设备往往是总线供电的，设备可以自动检测直流电压正/负极，并能自动修正总线信号极性，因此它可以正确地接收任何极性的信号。

为了确保正常通信，必须选用屏蔽电缆(如 A、B、D 型)。对于 C 型无屏蔽电缆，如果将它穿在金属管内，也可以起到屏蔽作用。当使用屏蔽电缆时，首先必须将各支线的屏蔽层与干线的屏蔽层连接起来，然后集中于一点接地。

现场总线电缆的屏蔽层必须集中于一点接地。对于本质安全系统，接地点必须符合防爆要求。现场总线的两根传输线中，不允许任何一根接地。尽管采用总线供电，一根线为电源“＋”极，另一根线为电源“－”极，也不允许将“－”极接地。

4)现场总线设备的安装

现场总线设备可分为变送器、执行器和辅助设备 3 类，每类又有多个品种。为了正确地安装设备，首先必须详细阅读产品说明书，然后按照设计要求实地安装设备。现场设备的安装可分为设备固定、管道连接和电气接线 3 个部分，并且类似于模拟仪表的安装。

关于变送器和执行器，在本书的第 3 章已给予详细介绍。而常用的辅助设备有总线电源、电源阻抗调理器、本质安全栅、终端器、中继器和信号转换器等。这类设备的安装要比变送器和执行器的安装简单。

5)操作监控层设备的安装

操作监控设备安装在控制室内，主要有操作员站、工程师站和监控计算机站，对生产过程进行集中监视、操作和控制。控制室内必须采用防静电活动地板，所有电缆、管线均敷设在活动地板下面，并尽可能采用地板汇线槽。通信电缆和动力线要分开敷设，避免交叉干扰。控制室照明要柔和，操作台、CRT 或 LCD 和键盘要符合人机工程学原理，给操作人员创造一个适宜的工作环境。另外，控制室要有安全消防设备。

操作员站、工程师站和监控计算机站一般为 IPC 或工作站。首先按照要求安装主机、CRT 或 LCD、键盘、打印机、电源等，然后安装通信网络。硬件安装完毕，接着安装软件。首先安装系统软件，如 Windows 操作系统以及相关软件；然后安装与现场总线有关的软件，如组态软件、操作监控软件和应用软件等。

4. FCS 应用的组态调试

FCS 应用调试包括硬件调试、软件调试和运行调试。其中硬件调试主要是指现场总线仪表和操作监控设备的调试；软件调试主要是指应用块、控制回路和操作监控画面的调试；运行调试主要是指工艺装置投入运行时边生产边调试，最终达到设计要求。

(1)应用块的组态调试。首先安装现场总线设备和操作监控设备，建立完整的现场总线硬件，如图 7-3-31 所示；然后在工程师站(兼操作员站)安装计算机系统软件和现场总线组态软件；最后通电运行，启动现场总线组态软件，对现场总线仪表中的资源块、变换块和功能块进行组态调试。其中功能块分为输入、输出、控制、运算功能块 4 类，这 4 类功能块既有内部参数，也有外部输入、输出端子，可以用于控制回路的组态。

(2)控制回路的组态调试。控制回路由现场总线仪表中的输入功能块、控制功能块、运算功能块、输出功能块组成，一般采用功能块图形方式组态，并附有窗口及填表功能。尽管控制回路的组态调试方式因 FCS 而异，但其工作顺序基本相同。首先依据控制回路的设计内容和 FCS 的组态要求及操作步骤进行组态，并生成控制回路组态文件，再装到现场总线仪表中；然后对控制回路进行调试。

控制回路的调试有的简单，有的复杂，因回路而异，并无统一模式。如果 FCS 提供仿真调试软件，则可以离线调试；否则，只能在生产装置试运行时逐个回路调试，那时生产设备处于工作状态，调试者的责任重大，并带有一定的危险性，所以调试前必须认真分析并制定完备的调试方案，确保人身安全和设备安全。

控制回路有多种调试手段。为了调试方便，可以设计控制回路调试画面，也可以在操作显示画面上调试。控制回路调试画面上有操作点和显示点，所有与回路有关的测控点都有显示；每个功能块也都是操作点，单击功能块可以调出对应的参数表，进行有关操作和参数设置。

(3)操作画面的组态调试。FCS操作画面的组态调试类似于DCS操作画面，主要内容包括：定义通用操作画面（总貌、组、趋势和报警画面等），绘制专用操作画面（工艺流程图、操作指导、操作面板、控制回路画面等），定义功能键，编制报表和趋势打印。这些组态内容，除专用操作画面外，其余画面和功能都是FCS系统固有的，只需简单定义即可使用。

FCS操作画面的组态调试主要是针对专用操作画面，这些画面是用户按照工艺流程、操作和管理规程自行绘制的动态画面。在FCS绘图软件的支持下，按照设计要求绘制动态画面。

FCS专用操作画面的组态过程：首先绘制图片、子图和动态控件，以供绘图时调用；然后绘制静态背景、设备和管线，并附加文字说明；最后添加动态显示点、操作控制点、窗口、曲线、动画、仪表面板、操作面板、操作开关或按键、画面调用键等。

FCS操作画面的组态软件分为通用绘图软件和专用绘图软件两类。其中通用绘图软件是指用于PC的Windows操作系统配套的绘图软件，该软件可以用来绘制静态图片或子图；专用绘图软件是FCS系统软件配套的绘图软件，该软件可以调用FCS实时数据库中的生产过程变量和功能块参数，并与图形配合形成动态画面。

FCS操作画面的调试比较简单，只需逐个核实画面效果与设计要求是否相符。例如，动态显示点的数值或状态、操作控制点的操作、窗口调用、曲线显示、动画演示、操作按键等与设计要求是否一致，能否满足操作和管理的需要。

5. FCS的应用设计实例

FCS应用于石油、化工、发电、冶金、轻工、制药和建材等过程工业的自动化，FCS的应用实例很多，本节以锅炉汽包水位三冲量控制为例，简要介绍FCS的应用。

某锅炉汽包水位三冲量控制系统中，主被控量为汽包水位(LT_1)、副被控量为给水流量(FT_2)，由于汽包水位有虚假水位现象，而引入蒸汽流量(FT_3)作为前馈量。其控制原理如图7-3-37所示，现场总线仪表及功能块构成如图7-3-38所示，控制回路的功能块组态连线如图7-3-39所示。

该汽包水位三冲量控制系统由汽包水位变送器、给水流量变送器、蒸汽流量变送器和给水调节阀这4台现场总线仪表组成。汽包水位变送器中有AI块和PID控制块LC_1，其功能块名分别为LT100和LC100。给水流量变送器中有AI块FT_2，其功能块名为FT200。蒸汽流量变送器中有AI块FT_3和前馈补偿运算块FFC，其功能块名分别为FT300和FFC30。给水调节阀中有PID控制块FC_2和AO块，其功能块名分别为FC200和FV200。用这4台现场总线仪表中的功能块组态形成的汽包水位三冲量控制回路，如图7-3-39所示。

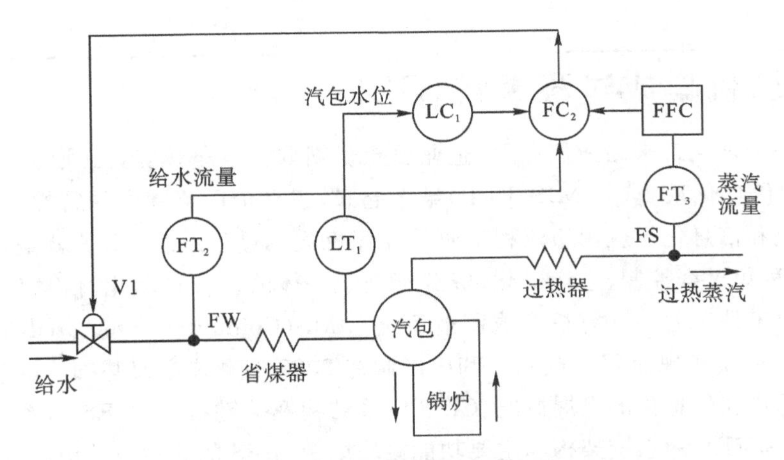

图 7-3-37　现场总线汽包水位控制原理示意图

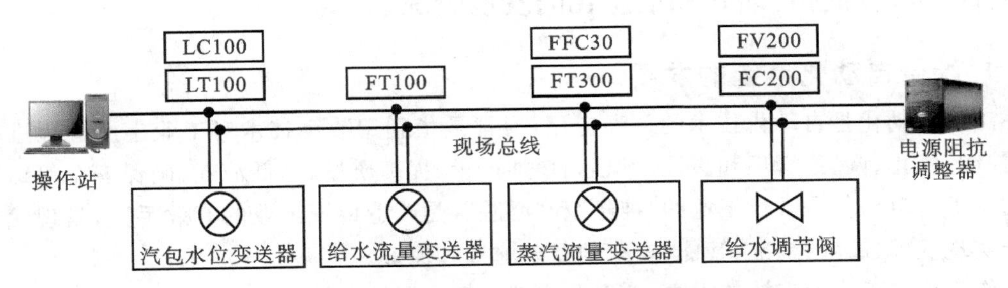

图 7-3-38　现场总线汽包水位控制的功能块构成示意图

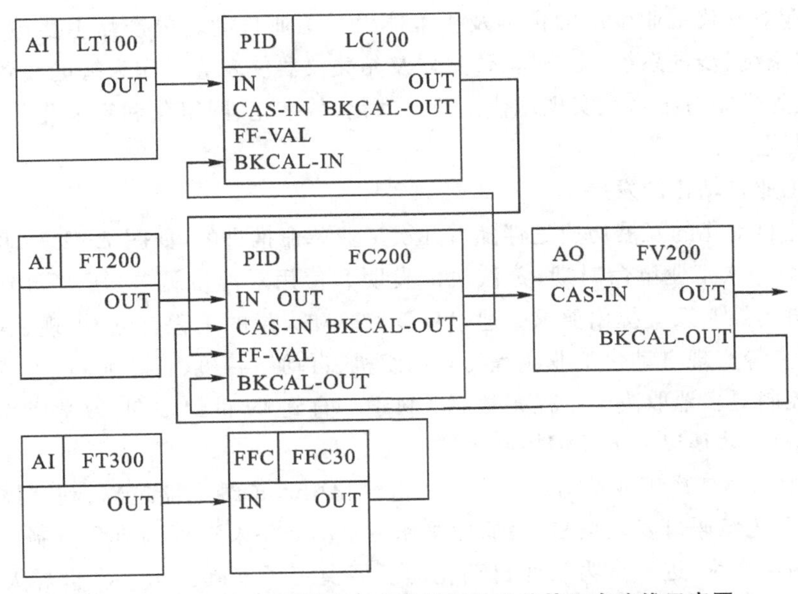

图 7-3-39　现场总线汽包水位控制的功能块组态连线示意图

7.4 计算机集成过程系统(CIPS)

随着经济全球化带来的激烈竞争,企业要想长期取得竞争优势,必须将自动化系统(如DCS、FCS)与信息化系统(如MIS、ERP)结合起来,建立全厂范围内的管控一体化系统,实现全厂自动化和信息化。应用于流程工业的计算机集成过程系统CIPS就是这一背景下的产物,它是一种集过程控制、生产优化、资源管理于一体的综合自动化、信息化、智能化控制系统。与离散事件工业的计算机集成制造系统CIMS(Computer Integrated Manufacturing System)相对应,是实现流程工业4.0和中国制造2025的系统框架基础。本节将主要讲述全厂综合自动化和信息化的发展概况、CIPS体系结构及关键技术、MES的系统架构和主要功能模块、BPS/ERP的系统架构和主要功能模块以及CIPS的应用设计等内容。

7.4.1 全厂综合自动化和信息化的发展概况

1. 综合自动化系统的发展

工业自动化是自动化技术的一种应用,通常是指利用数字技术对工业生产过程进行检测、控制、优化、调度、管理和决策,以达到增加产量、提高质量、降低消耗、确保安全等综合性目的。工业自动化是现代工业的“神经”和“心脏”,是改造传统工业的有效手段,是现代工业生产实现规模、高效、精准、智能、安全的重要前提和保证。

作为现代工业的支撑技术之一,工业自动化解决了生产效率与产品质量一致性的难题,其广泛应用大幅提升了生产效率,改善了劳动条件,保证了产品质量和标准化程度,并可以提高生产企业对现代工业生产的预测及决策能力。工业自动化的产品主要包括人机界面、控制器、伺服系统、步进系统、变频器、传感器及相关仪器仪表等。作为智能装备的重要组成部分,是发展先进制造技术和实现现代工业自动化、数字化、网络化和智能化的关键,被广泛应用于各个行业。

1)世界工业自动化的发展

世界工业自动化的发展历史是伴随着几次工业革命推进的,如图7-4-1所示。

17世纪第一次工业革命时期,蒸汽机的发明和使用对温度调节、压力调节、浮动调节、速度控制等自动控制系统提出要求。通过反复试验和大量的工程直觉,出现一些利用风能、水能、蒸汽动力等实现自动化工业流程的自动织机、自动纺纱机、自动面粉厂。不过,这一阶段的自动化控制更多地取决于工程直觉而非科学。直到19世纪中期,数学成为自动控制理论的形式化语言,才得以保证反馈控制系统的稳定性。

19世纪中期第二次工业革命爆发。工厂电气化引入了继电器逻辑,利用控制器记录仪表数据,通过彩色编码灯发送信号,最后由操作员手动开关来实现调节和控制。电气化大大提高了工厂的生产率,进一步为工业自动化的发展奠定了基础。第一次世界大战和第二次世界大战推动了大众传播和信号处理领域的重大进展,自动控制相关的微分方程、稳定性理论和系统理论、频域分析、随机分析等也得到了关键进展。

20世纪中期第三次工业革命(即信息技术革命)爆发。随着计算机、通信、微电子、电力电子、新材料等技术不断更新，自动控制变得更为便利，工业自动化技术得到快速普及和发展，几乎所有类型的制造和组装过程都开始广泛实施自动化。1952年世界第一台数控机床在美国诞生，工业自动化随工业化大生产应运而生。20世纪60至70年代在单机自动化的基础上，各种组合机床、组合生产线相继出现，软件数控系统也相应出现并应用。20世纪80年代以后，为适应工件的多品种和小批量生产，工业自动化向集成化、网络化、柔性化方向发展，代表性的应用系统为计算机集成制造系统CIMS和柔性制造系统（FMS，Flexible Manufacturing System）。

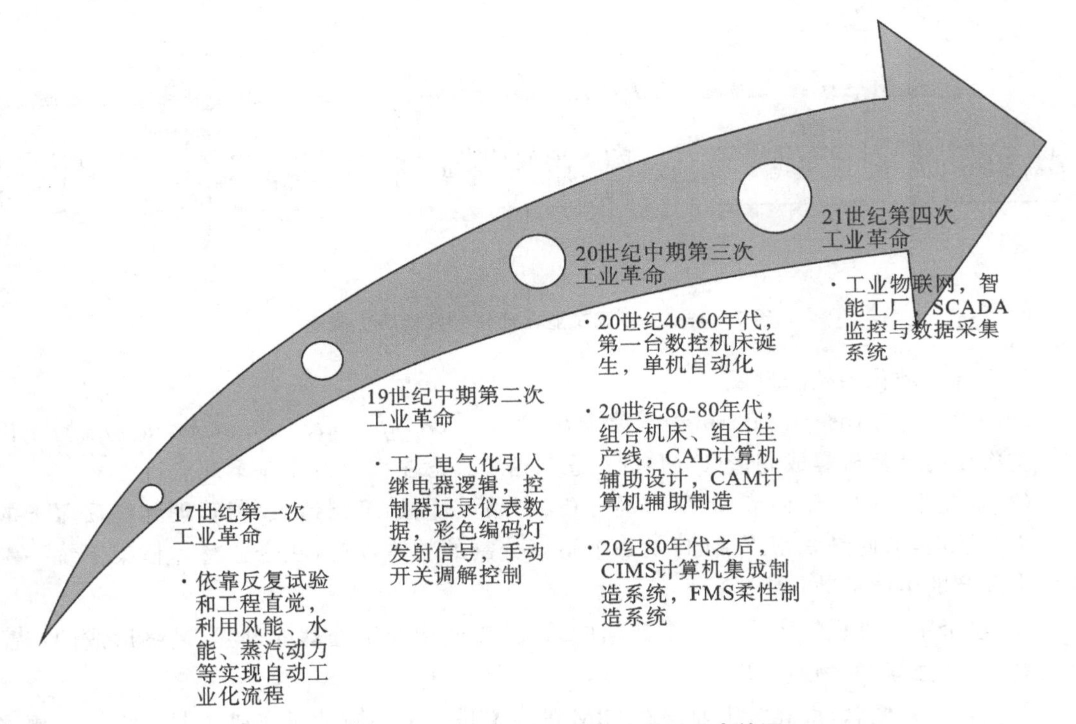

图7-4-1 世界工业自动化的发展历史简图

进入21世纪以来，以人工智能、机器人技术、电子信息技术、虚拟现实等为代表的第四次工业革命将工业自动化水平提升到了更高的水平，一些先进的工业化国家开始通过物联网的信息系统将生产中的供应、制造、销售信息数据化、智慧化，最后达到快速、有效、个人化的产品供应，即进入了所谓的“工业4.0”的智能制造时代。

2)我国工业自动化的发展

我国现代工业的发展起步于清末的洋务运动，当时创办了一批近代军事工业、民用工矿业和运输业，例如江南机器制造总局、福州船政局、开平矿务局等，促使了近代企业和民族资本主义的诞生。但是由于洋务运动时期的工厂基本全部购买国外现成的机器设备，聘用国外专业技术人员，且经过多年的动乱和战争，少之又少的工厂遭到摧毁，到新中国成立时，中国的现代工业基础近乎没有。

新中国成立后，在苏联的援建下，我国开始大力发展重工业，在能源、冶金、机械、化学和国防工业领域布局重点工程，通过近30年的艰苦奋斗，建成了种类齐全、完整、独立的工业体系，基本完成了工业化的原始积累，为此后的改革开放和工业化的发展奠定了基础。

我国工业自动化的发展过程是伴随着中国工业化的发展同步推进的，尤其是改革开放正好赶上以信息技术为代表的新一轮产业技术革命。信息技术具有高渗透性和高带动性，有力地加速了我国工业自动化的进程。

总的来说，我国工业自动化在改革开放以来大致以十年为周期，经历了“开端—攻坚—推广—深化—创新”五个发展阶段，如图 7-4-2 所示。限于篇幅，这里不再赘述，详细内容请参见刘焕彬教授主编的《轻化工过程自动化与信息化》等文献。

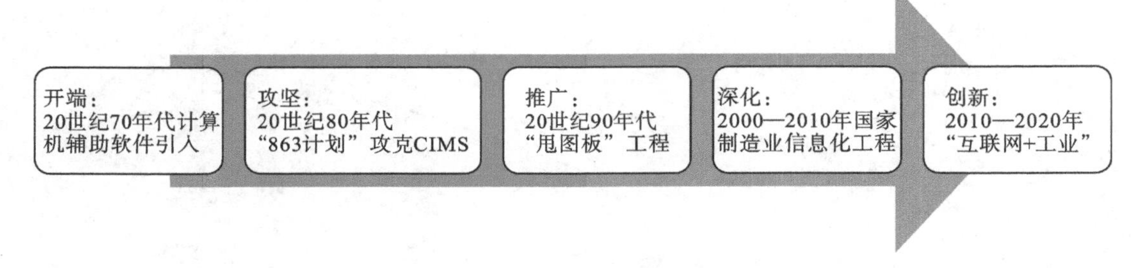

图 7-4-2 我国工业自动化的发展历史简图

3)综合自动化系统的发展

1973 年，美国 Joseph Harrington 博士在 *Computer Integrated Manufacturing* 博士论文中首次提出计算机集成制造(CIM)的概念。这个概念主要有两个基本观点：

(1)企业生产的各个环节，即从市场分析、产品设计、加工制造、经营管理到售后服务的全部生产活动，彼此是紧密连接的，是一个不可分割的整体，应该在企业整体框架下统一考虑各个环节的生产活动；

(2)整个生产过程的实质是一个数据的采集、传递和加工处理的过程，最终形成的产品可以看作是“数据”的物质表现。

围绕着这一概念，世界各工业国对 CIM 的定义进行了不断的研究和探索。1985 年德国经济委员会(AWF)推荐的定义为“CIM 是指在所有与生产有关的企业部门中集成地采用电子数据处理，包括在生产计划与控制(PPC)、计算机辅助设计(CAD)、计算机辅助工艺规划(CAPP)、计算机辅助制造(CAM)、计算机辅助质量管理(CAQ)之间信息技术上的协同工作，其中生产产品所必需的各种技术功能与管理功能应实现集成。”日本能率协会在 1991 年完成的研究报告中对 CIM 的定义为“为实现企业适应今后企业环境的经营策略，有必要从销售市场开始对开发、生产、物流、服务进行整体优化组合。CIM 是以信息为媒介，用计算机把企业活动中多种业务领域及其职能集成起来，追求整体效率的新型生产系统。”美国 IBM 公司 1990 年采用的关于 CIM 的定义为“应用信息技术提高组织的生产率和响应能力。”欧共体 CIM-OSA 课题委员会提出 CIM 的定义为“CIM 是信息技术和生产技术的综合应用，旨在提高制造型企业的生产率和响应能力，由此，企业的所有功能、信息、组织管理方面都是一个集成起来的整体的各个部分。”

我国“863/CIMS 主题专家组”通过近 20 年对这种思想的具体实践，根据中国国情把 CIM 及 CIMS 定义概括为①CIM 是一种组织、管理与运行企业生产的理念，借助计算机硬件和软件，综合运用现代管理技术、制造技术、信息技术、自动化技术、系统工程技术，将企业生产全过程中的有关人/组织、技术、经营管理三要素及其信息流、物流和价值流有机集成并优化运行，实现企业制造活动的计算机化、信息化、智能化、集成优化，以达到产品上市快、高质、低耗、服务好、环境清洁的目的，进而提高企业的柔性、健壮性、敏捷性，使企业赢得市场竞争；②CIMS 是一种基于 CIM 哲理构成的计算机化、信息化、智能化、集成优化的制造系统。

2. 综合自动化系统的体系结构

综合自动化体系结构能从系统的角度全面地描述一个企业如何从过去的经营方式转化为未来的方式，清楚地表达 CIM 从概念构思到系统实际完成的发展过程，是设计和实现 CIMS 的基础。目前，已经有多个已经开发或正在开发的面向企业全局的 CIM 体系结构，如欧共体 ESPRIT 项目 AMICE 研究组开发的 CIM－OSA，法国波尔大学开发的 GRAI－GIM 集成方法体系，美国普渡大学 CIM 委员会提出的 PURDUE 企业参考体系结构等，但尚无一种结构就必需的能力而言是完备的体系结构。

1）传统递阶体系结构

美国普渡大学在进行企业 CIM 参考体系结构的研究时指出，在企业的制造生产活动中仅有两类开发需求：信息类型的作业任务与物理制造活动。这些任务集中形成许多模块或功能单元，它们被连接成为信息流网络、物料及能量流网络，构成了两种集合：信息功能网络与制造功能网络。

普渡 CIM 参考模型体系结构（PERA）是基于上述出发点得以展开的。传统的 CIMS 体系结构按功能一般划分为五个层次，自上而下依次是决策层、管理层、调度层、监控层和控制层，如图 7－4－3 所示。

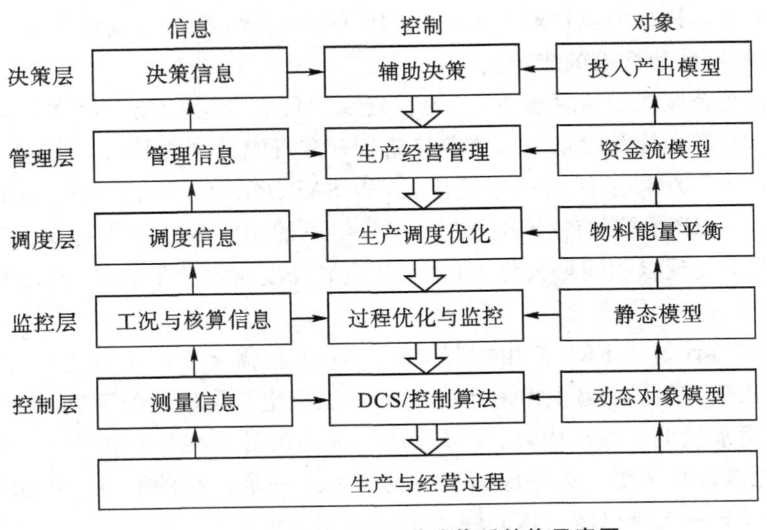

图 7－4－3　传统 CIMS 递阶体系结构示意图

（1）决策层：依据企业内部和外部信息对企业产品策略、中长期目标、发展规划和企业经营提出决策支持。

(2)管理层：系统功能又可细分为经营管理、生产管理和人力管理，对厂级、车间、各科室的生产和业务信息实现集成管理，并依据经营决策指令制定和落实年、季、月综合计划。生产计划是综合计划的核心，管理信息系统将月计划指令下达给生产调度系统。

(3)调度层：完成生产计划分解，将年、月生产计划分解成旬、周、五日、三日或日作业调度计划，同时根据生产的实际情况形成调度指令，即时地指挥生产，组织日常均衡生产和处理异常事件。

(4)监控层：根据调度指令完成过程优化操作、先进控制、故障诊断、过程仿真等功能。当调度指令变化时，使生产装置的过程操作在保证质量的前提下始终处于最佳工作点附近。

(5)控制层：实现对生产过程运行状态的检测、监视、常规控制和传统的先进控制。

传统 CIMS 体系结构体现了多级递阶控制思想和多层跨平台概念，各功能层次所涉及的内容、范围不同，因此执行的频率亦不同，赖于实现的系统平台亦不相同。每层级内有横向联系，每层级间有纵向联系。在信息视图上，信息向上浓缩，逐级抽象，以满足不同层级上对信息的不同需求。在控制视图上，命令向下传达，逐级具体，以完成不同层级上控制功能的具体职责。各层级的对象视图分别为各层级的控制提供策略依据。不同层级上的对象形态各异，但总的趋势是逐级向上，其抽象程度和宏观程度也逐级提高。

传统的 CIMS 递阶体系结构在 CIMS 的发展过程中起过很大的推动作用，但随着研究和开发的深入，在 CIMS 系统的设计和应用实践中遇到了较大的问题。这种体系结构将生产过程和管理过程明显分开，忽视了对于生产过程中物料、资源、能源及设备的在线控制与管理，层次多，结构复杂，对于环境变化的快速响应能力差，实现 CIMS 成本高，不便形成平台技术，难于推广。

在流程企业的生产经营活动中，除了底层的过程控制和顶层的经营决策外，中间层次是很难将生产行为与管理行为截然分开的。因此，在牵涉大量既有生产性质又有管理性质的信息时，根据五层结构模型就很难明确应该归于哪一层次，导致了流程工业 CIPS 研究与开发过程中概念的混乱和标准的难于统一。

另一方面，在企业的经营管理方面，为在宏观上使企业运行处于最优状态，必须从整体的高度制定计划，进行统筹管理。以企业战略管理和资源计划为核心的 ERP 系统赢得了越来越多企业的认可，获得了巨大的市场成功，如 SAP、Oracle、Baan、Peoplesoft 和 J. D. Edwards 等主要的 ERP 系统软件公司过去几年每年总的销售额达几十亿美元。但随着 ERP 应用深入，企业又发现以利润最大化为目标、从全局高度制定计划和进行管理时主要是基于生产过程的统计信息。

为了从供应链计划和 ERP 应用中获得最大的利益，需要实时了解生产过程的信息和实际性能。经营决策产生的各项计划在制定时不可能把生产和市场的不确定性及未来的变化趋势等未知因素准确地考虑在内，因此经营决策下达的计划在执行过程中常需要根据条件的变化，人为地修改和调整。这些成为企业竞争力进一步提高的瓶颈。但由于内在特性的限制，单纯的 ERP 系统难以解决该问题。

2)企业信息系统的功能模型

随着企业综合自动化系统的发展，要把企业经营决策、管理、计划、调度、过程优化、故障诊断、现场控制紧密联系在一起，进行综合信息处理，按市场需求，以尽可能低的资源、能量消耗，以最短的时间，开发并生产出新的产品供应市场，就必须将自动控制、办公自动化、经营管理、市场销售等各层次计算机（包括现场仪表内的微处理器）互连成网络，实现信息的沟通汇集与数据共享。

企业信息系统的功能模型及层次结构如图 7-4-4 所示。同传统 DCS 和 FCS 不同的是，它更强调实时数据库和关系数据库在综合自动化系统中的应用。其顶层为决策层，底层为现场控制层，自下而上中间各层分别为监控优化层、调度层、计划层、管理层。各功能模块在计算机网络数据库支持下运行。企业决策系统根据企业内、外部信息，对企业经营、产品策略的中长期目标与规划提出决策支持；管理系统对厂级、车间、科室的业务信息实现集成管理，并按照决策系统的指令形成逻辑策略；生产计划调度系统完成生产计划分解、生产调度、生产统计等功能，形成详细的生产计划、生产策略和过程策略；监控系统实现过程优化、高等控制、统计控制、故障诊断等功能；现场直接控制系统则完成生产过程的检测与常规控制功能。

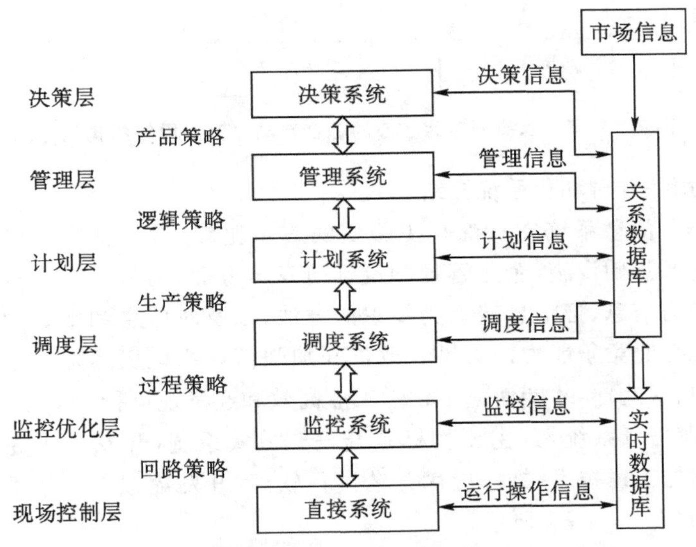

图 7-4-4　企业信息系统功能模型及层次结构示意图

3）以数据库为核心的综合自动化系统

图 7-4-5 为以数据库为核心的综合自动化系统网络结构示意图。该系统的物理结构以数据库为核心，任何终端都需通过企业内的控制局域网络和管理局域网络与数据库交换数据、信息和知识。

数据库由实时数据库和关系数据库组成，实时数据库主要用来存储工业现场数据、系统运行状况信息、先进控制和过程优化指令等；关系数据库主要用于企业 ERP 层的支持，并可存放实时数据库中的永久性数据。控制局域网络主要用于支持 PCS 层的操作，对于造纸企业中旧有的 DCS 系统和 PLC 系统，可以将生产过程控制中的变送器、执行器、控制器改为基于现场总线的开放型设备，使这些现场设备成为“物理上”开放，“逻辑上”程控的控制单元。管理局域网络对内与关系数据库连接，对外与 Internet 连接，是企业管理信息化的物理载体。

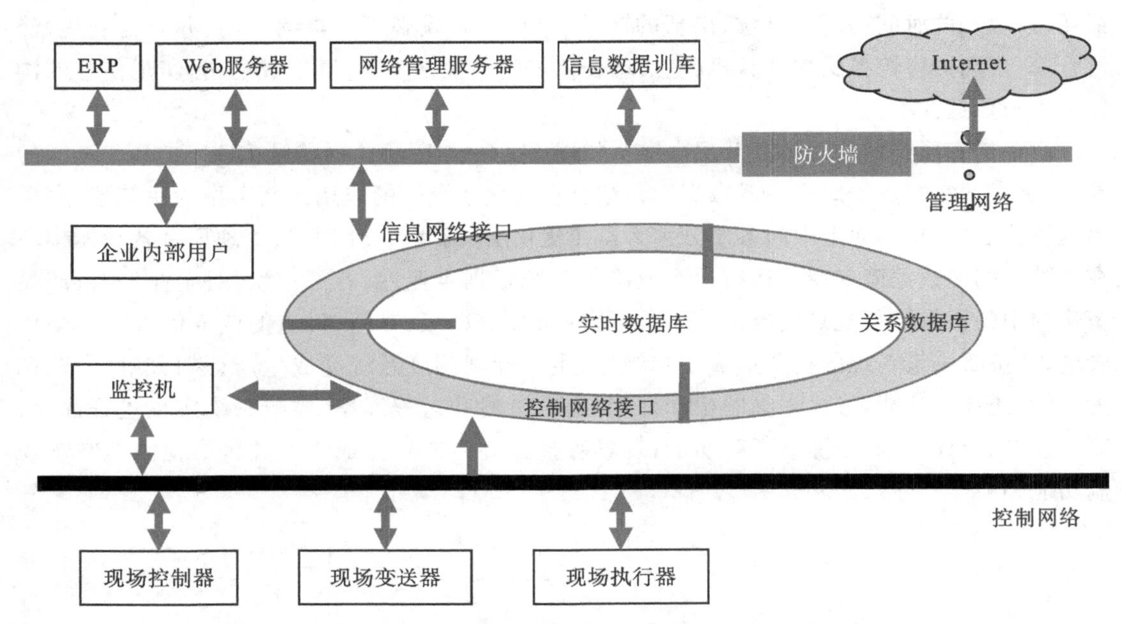

图 7-4-5 以数据库为核心的综合自动化系统网络结构示意图

4)化工企业用综合自动化系统介绍

目前为止,企业信息系统在石油化工领域的应用比较广泛,且相对成熟。对于石化企业,其信息系统涉及基础设施、企业管理和设计研发等方面,而且是资金投入的重点。一般认为:把数据转换为信息、把信息转换为知识的方法,以及对信息和知识的应用、管理、存储和传递,将是石化企业竞争能力的关键。改进和加强信息系统仍然是发达国家化学工业发展战略的核心。只有这样,才能使整个化学工业高效和经济地运行。

对于化工企业信息系统,其主要目标是开发开放式系统,开发企业资源管理和决策系统,开发过程科学与工程技术,推广应用工艺过程软件,开发虚拟工厂技术。化工企业信息集成系统的模式如表 7-4-1 所示。

表 7-4-1 化工企业信息集成系统模式表

层 次	名 称	功 能	技 术
第七层(最上层)	经营决策层	根据企业外部市场需求及变化,企业内部生产与经营现状,以最大经济效益为主要目标,快速制定和调整生产与经营总策略	模型仿真、专家系统、人工智能
第六层	排产计划层	将全年生产经营目标分解为季度、月度计划,并根据计划执行情况及市场需求变动情况,滚动修正各阶段计划	线性规划、非线性规划、专家系统、人工智能
第五层	生产调度层	将年、月生产计划分解成旬或周、五日、三日、日作业调度计划,并根据偶发性因素及时优化调度计划	线性规划、非线性规划、专家系统、现代管理科学

续表

层 次	名 称	功 能	技 术
第四层	生产操作监督与优化层	全面监测生产运行参数，监督运行效果，离线或在线统计稳态数据(收率、质量、能耗等)，指导优化操作	仿真模型、优化模型、实时、关系数据库
第三层	在线优化和先进控制层	使生产装置控制稳定、操作优化	稳态模拟、专家系统、优化模型、先进控制策略(多变量预估控制、约束控制等)
第二层	调节控制层	PID常规控制、复杂控制	PLC、DCS等
第一层(底层)	生产装置设备层	现场设备测量与控制执行	智能传感器、变送器、执行机构、在线质量分析仪

7.4.2 CIPS体系结构及关键技术

1986年，欧共体把计算机集成制造系统CIMS的概念拓展到流程工业，即出现了计算机集成过程系统CIPS。它是在获取生产流程所需全部信息的基础上，将分散的过程控制系统、生产调度系统和管理决策系统等有机地集成起来，综合运用自动化技术、信息技术、计算机技术、系统工程技术、生产加工技术和现代管理科学，从生产过程的全局出发，通过对生产活动所需的各种信息的集成，形成一个集控制、监测、优化、调度、管理、经营、决策等功能于一体，能适应各种生产环境和市场需求的、总体最优的、高质量、高效益、高柔性的现代化企业综合自动化系统，以达到提高企业经济效益、适应能力和竞争能力的目的。

CIPS将成为信息时代改造传统流程工业的必由之路。许多国外著名自动控制公司已经提出了全套CIM理念，如ABB公司的IndustrialIT，Siemens公司的Total Integration Automation(TIA)，Rockwell Automation公司的e-Manufacturing，Honeywell公司的PlantScopeR等。

工业企业生产过程包含许多复杂的化学和物理过程，技术密集、资金密集、规模大、流程长、过程复杂，具有连续化、生产规模大型化，对生产过程控制的实时性要求高等特性。为了克服生产过程中非线性、纯滞后、多变量、多扰动的影响，“安全、稳定、长周期、满负荷、优质”运行成为工业企业获取效益的首要保证。由于工业企业整个生产经营过程是物流、资金流、能量流、人力流、信息流和资金流的集合，因而这些因素也决定了CIPS的体系结构特征。

1. CIPS的总体架构

1990年，美国AMR(Advanced Manufacturing Research)提出的基于C/S架构的制造行业ERP/MES/PCS三层结构，已经成功用于半导体、液晶制品、石油化学、药品、食品、纺织、机械电子、造纸、钢铁等行业领域，取得了显著的经济效益。据美国MESA 1996年调查统计结果，在采用CIPS技术后，效果显著，生产周期时间缩短率35%，数据输入时间缩短率36%，在制品削减率32%，文书工作削减率67%，交货期缩短率22%，不合格产品减低率22%，文书丢失减少率55%。同时，随着信息技术和现代管理技术的发展，企业管理已开始从金字塔模式向扁平化模式转换，适合扁平化管理模式的 CIPS 成为工业自动化高技术的研究热点。

根据流程工业的特点，我国学者提出了基于 BPS/MES/PCS 三层结构的工业现代集成制造系统，使得流程工业 CIPS 中原本难以处理的具有生产与管理双重性质的信息问题得到了解决，同时适合扁平化管理模式。采用 BPS/MES/PCS 三层结构的 CIPS 将流程工业综合自动化系统分为以设备综合控制为核心的过程控制系统(PCS)、以财物分析/决策为核心的经营计划系统(Business Planning System，BPS)和以优化管理、优化运行为核心的制造执行系统(MES)，如图 7-4-6 所示。

BPS(ERP)、MES、PCS 都有各自的特点：最下层的控制系统聚焦于生产过程的设备，实时监控生产设备的运行状况，控制整个生产过程。中间层的制造执行系统着眼于整个生产过程管理，考虑生产过程的整体平衡，注重生产过程的运行管理，注重产品和批次，以分钟、小时为单位跟踪产品的制造过程。最上层的经营计划系统以产品的生产和销售为处理对象，聚焦于订货、交货期、成本和顾客的关系等，以月、周、日为单位。

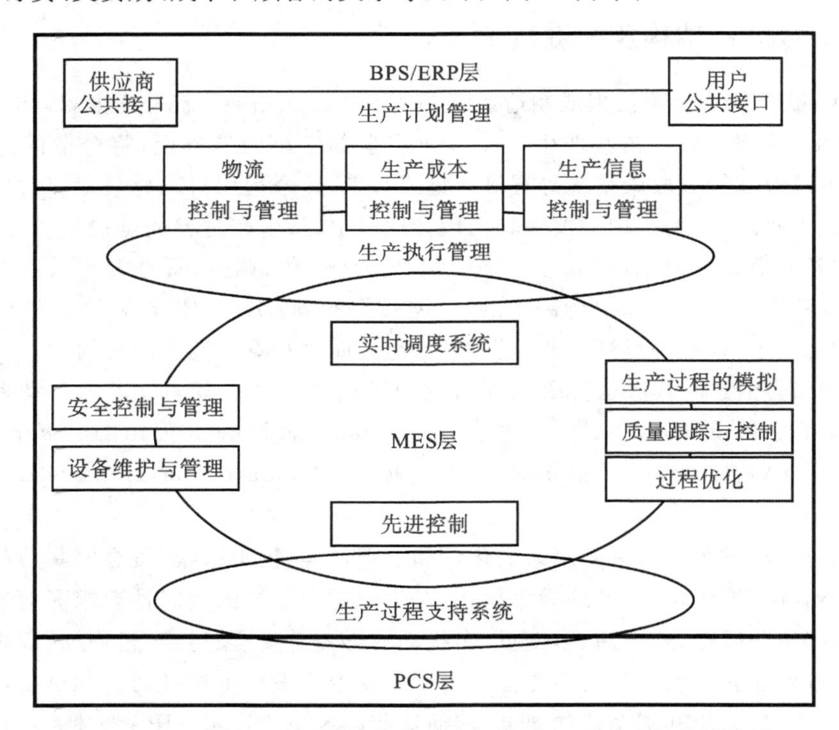

图 7-4-6　基于 BPS/MES/PCS 三层架构的 CIPS 体系结构示意图

2. CIPS 的关键技术

在 CIPS 中，常用的关键技术主要有生产过程优化调度技术、过程数据协调技术和过程先进控制技术。

1)生产过程优化调度技术

作为生产经营运作的核心部分，调度问题历来受到人们的关注，对调度的研究也一直处于热点之中。对于流程工业，生产是以管理和控制为核心的，生产调度是沟通生产过程控制和管理的纽带,是企业获取经济效益之所在。

生产调度通过接收上级发来的生产任务、生产目标的指定要求,结合实际生产能力,进行优化排产,均衡生产,合理调配物料和能源,提高“瓶颈”的通过能力,获取更高的生产能力。同时对生产情况进行评估,综合处理后反馈给上一级部门。

生产调度的任务就是合理分配有限资源,解决冲突,根据决策、管理及物料流、能量流的信息,确定生产负荷,完成生产状况的预测和计划工作并下达作业调度,组织日常均衡生产,对系统可能发生的故障进行预报和诊断,负责生产的指挥和处理异常事件。

生产调度的周期一般较短,通常为一旬、一周、一日等。为了方便调度,在实际调度中,往往对给定的调度周期进行时间离散化,按一个小时或一个班为时间间隔进行划分,有时也根据选定的时间间隔,把连续的过程划分为批量过程来处理。

生产企业的生产调度属于连续过程调度,通常分为生产调度与动力调度两部分。其中,生产调度负责各种生产原料及设备的供需平衡,动力调度负责全厂的水、电、汽等动力的供需平衡。从功能上讲,生产调度系统主要由静态调度、动态调度、动态监控和统计报告四大功能模块组成。调度需要解决不同生产装置、成品、半成品库存能力间的平衡问题,特别需要找出影响生产的“瓶颈”,充分发挥各个生产环节的潜能,求取企业最佳的经济效益。

由于生产调度利用时间、设备、劳力、能源等可用资源,并根据市场需求,得到最有效的生产方案,使经济效益或其他执行准则达到最优,所以从数学角度讲,调度是一个多目标、多约束的优化问题。生产调度的目标函数总是跟时间排序、资源安排或经济效益联系在一起的,常见的有最小生产时间、最小成本或最高利润、最少资源利用及最佳作业顺序等。解决调度问题的优化方法很多,如随机搜索方法、人工智能方法、仿真方法和基于模型的优化方法,另外还有如 Petri 网调度、应用多知识方式的调度、决策支持的调度、启发式优先权规则调度、混合优化方法等。

鉴于优化调度在生产企业中的重要作用,国外一些公司针对不同行业特点,开发了一系列成熟的调度软件,使企业能够处于最佳的生产和存储状态。这类软件的商品化为企业的资源优化、高层决策提供了有效的工具,在生产企业得到了大量的应用,典型的有 Aspen Tech 公司的 ORION 调度系统,Ingenious 公司的 Petrosched 以及 HSI 公司的 H/SCHED 调度系统等。

2)过程数据协调技术

由于过程的日常测量数据是工业企业 CIPS 关于过程状态的最基本的和唯一的信息源,保证信息真实性的数据协调技术,成为流程工业 CIPS 的关键。

企业生产过程中产生大量的数据,包括物料流率、组分、温度、压力等。由于安装测试仪表或进行测试的代价昂贵、测量技术不可行、条件苛刻不允许采样或仪表故障等原因,并非所有的变量都可以测量,从而造成了数据的不完整性。同时,测量过程中不可避免地带有误差,使得测量值不能精确地满足生产过程单元的物料、能量平衡等物理和化学规律。

测量数据的误差可分为随机误差和显著误差两大类。任何测量数据都带有随机误差,它是受随机因素的影响而产生的,服从一定的统计规律。而显著误差则是由于测量仪表失灵、操作不稳定或设备有泄漏等原因引起的。这些误差都使得测量数据不准确。显然,数据的不完整性和不准确性,使得许多过程优化、仿真和控制无法有效发挥作用,甚至造成决策的偏差。目前有许多建成或正在开发的企业综合自动化系统,都受到数据不完整性和不准确性的困扰。随着系统规模的不断扩大和复杂性的提高,这一问题将更加突出。因此要对生产过程数据进行协调,以提高数据的完整性和准确性。

数据协调是利用冗余信息,结合各种统计分析方法和生产过程机理,剔除原始数据中的显著误差,降低随机误差的影响,并设法估计出未测变量。数据协调问题通常描述为以数学模型为约束,如物料平衡模型、能量平衡模型等,以变量协调值和测量值之间的偏差最小为目标的优化问题。

在化工过程领域中,数据校正问题起源于20世纪60年代,最早由库恩(Kuehn)和戴维森(Dvaidson)于1961年提出。他们用拉格朗日乘子法求解了带线性约束的最小二乘问题,揭开了化工过程控制中数据校正的序幕。1965年,里普斯(Ripps)指出过失误差的存在会影响数据协调结果的正确性,此后显著误差检测成为数据校正的重要一部分。为简化计算,1969年,vaclvaek考虑了变量分类问题,将带未知量的约束方程加以整理,找出最大的只含已知量的组合。

除了最简单的线性约束外,由于生产过程对象的复杂性,还存在非线性约束的情况。特别是能量平衡方程中有温度和热焓的乘积,组分平衡方程中含流量和组分的乘积,这种带两个变量乘积的约束称为双线性约束。20世纪60至80年代是静态数据校正快速发展的时期,带线性约束的静态数据校正问题的求解方法逐渐完善,双线性约束的数据协调得到充分关注,经典过失误差检测方法趋于成熟。20世纪80年代后,数据校正问题向着去除高斯分布的基础假设和解决动态数据校正及非线性约束条件下的数据校正问题的方向发展。其他方面,关于传感器优化配置的研究才刚刚开始。

3)过程先进控制技术

先进控制是对那些不同于常规单回路控制,并具有比常规PID控制更好的控制效果的控制策略的统称,而非专指某种计算机控制算法,但至今对先进控制还没有严格的、统一的定义。尽管如此,先进控制的任务却是明确的,即用来处理那些采用常规控制效果不好,甚至无法控制的复杂工业过程控制的问题。

通过实施先进控制,可以改善过程动态控制的性能、减少过程变量的波动幅度,使之能更接近其优化目标值,从而将生产装置推向更接近其约束边界条件下运行,最终达到增强装置运行的稳定性和安全性、保证产品质量的均匀性、提高目标产品收率、增加装置处理量、降低运行成本、减少环境污染等目的。

先进控制的主要技术内容有如下几个方面:

(1)过程变量的采集与处理。利用大量的实测信息是先进控制的优势所在。由于来自工业现场的过程信息通常带有噪声和过失误差,因此,应对采集到的数据进行检验和调理。

(2)多变量动态过程模型辨识技术。先进控制一般都是基于模型的控制策略,获取过程的动态数学模型是实施先进控制的基础。对于复杂的工业过程,需要强有力的辨识软件,从而将来自现场装置试验得到的数据,经过辨识而获得控制用的多输入多输出(MIMO)动态数学模型。

(3)软测量技术,工艺计算模型。实际工业过程中,许多质量变量或关键变量是实时不可测的,这时可通过软测量技术和工艺计算模型,利用一些相关的可测信息来进行实时计算,如 FCCU 中粗汽油干点、反应热等的推断估计。

(4)先进控制策略。主要有预测控制、推断控制、统计过程控制、模糊控制、神经控制、非线性控制以及鲁棒控制等。到目前为止,应用非常成熟而效益极为显著的先进控制策略是多变量预测控制。其主要特点是直接将过程的关联性纳入控制算法中,能处理操纵变量与被控变量不相等的非方系统,处理对象检测仪表和执行器局部失效等的系统结构变化,参数整定简单、综合控制质量高,特别适用于处理有约束、纯滞后、反向特性和变目标函数等工业对象。

(5)故障检测、预报、诊断和处理。这是先进控制应用中确保系统可靠性的主要技术。

(6)工程化软件及项目开发服务。良好的先进控制工程化软件包和丰富的 APC 工程项目经验,是先进控制应用成功、达到预期效益的关键所在。

7.4.3 MES 的功能模型和主要功能模块

在计算机集成过程系统 CIPS 中,制造执行系统 MES 起着将从生产过程控制中产生的信息、从生产过程管理中产生的信息和从经营管理活动中产生的信息进行转换、加工、传递的作用,是生产过程控制与管理信息集成的重要桥梁和纽带。MES 要完成生产计划的调度与统计、生产过程成本控制、产品质量控制与管理、物流控制与管理、设备安全控制与管理、生产数据采集与处理等功能。作为综合自动化系统的中心环节,MES 在整个 CIPS 中起到承上启下的作用,是生产活动与管理活动信息的桥梁,是 CIPS 技术发展的关键。

1. MES 的产生与发展

1)MES 的产生背景

21 世纪的制造企业面临着日益激烈的国际竞争,要想赢得市场、赢得客户就必须全面提高企业的竞争力。许多企业通过实施 MRPII/ERP 来加强管理。然而上层生产计划管理受市场影响越来越大,明显感到计划跟不上变化。面对客户对交货期的苛刻要求,面对更多产品的改型,订单的不断调整,企业决策者认识到计划的制订要依赖于市场和实际的作业执行状态,而不能完全以物料和库存来控制生产。同时 MRPII/ERP 软件主要是针对资源计划,这些系统通常能处理昨天以前发生的事情(作历史分析),亦可预计并处理明天将要发生的事件,但对今天正在发生的事件却往往留下了不规范的缺口。而传统生产现场管理只是人工加表单的作业方式,这已无法满足今天复杂多变的竞争需要。因此如何找出任何影响产品品质和成本的问题,提高计划的实时性和灵活性,同时又能改善生产线的运行效率已成为每个制造企业所关心的问题。制造执行系统(MES)恰好能填补这一空白。

国际制造执行系统协会对 MES 的定义为“能通过信息的传递,对从订单下达开始到产品完成的整个产品生产过程进行优化的管理,对工厂发生的实时事件及时作出相应的反应和报告,并用当前准确的数据进行相应的指导和处理。”

在基于 PCS/MES/ERP 三层架构的 CIPS 中,MES 是处于计划层 ERP 和控制层 PCS 间的执行层,主要负责生产管理和调度执行。它通过控制包括物料、设备、人员、流程指令和设施在内的所有工厂资源来提高制造竞争力,提供了一种系统的在统一平台上集成诸如质量控制、文档管理、生产调度等功能的方式。

由于MES强调控制和协调，使现代制造业信息系统不仅有很好的计划系统，而且有能使计划落到实处的执行系统。因此短短几年间，MES在国外的企业中迅速推广开来，并给企业带来了巨大的经济效益。企业认识到只有将数据信息从产品级（基础自动化级）取出，穿过操作控制级送达管理级，通过连续信息流来实现企业信息全集成才能使企业在日益激烈的竞争中立于不败之地。

自20世纪80年代以后，伴随着消费者对产品的需求愈加多样化，制造业的生产方式开始由大批量的刚性生产转向多品种少批量的柔性生产。以计算机网络和大型数据库等IT技术和先进的通信技术的发展为依托，企业的信息系统也开始从局部的、事后处理方式转向全局指向的、实时处理方式。在制造管理领域出现了JIT(Just In Time，准时制生产方式)、LP(Lean Production，精益生产)、TOC(Theory of constraints，瓶颈理论)等新的理念和方法，并依此将基于订单的生产扶正，进行更科学的预测和制定更翔实、可行的计划。在企业级层面上，管理系统软件领域MRPⅡ以及OPT系统迅速普及，直到今天各类企业ERP系统仍如火如荼地进行。

在过程控制领域，PLC、DCS得到大量应用，这是取得高效的车间级流程管理的主要因素。虽然企业信息化的各个领域都有了长足的发展，但在工厂及企业范围信息集成的实践过程中，仍产生了下列问题。

(1)在计划过程中无法准确及时地把握生产实际状况；

(2)在生产过程中无法得到切实可行的作业计划做指导，工厂管理人员和操作人员难以在生产过程中跟踪产品的状态数据、不能有效地控制产品库存，而用户在交货之前无法了解订单的执行状况。

产生上述问题的主要原因仍然是生产管理业务系统与生产过程控制系统的相互分离，计划系统和过程控制系统之间的界限模糊、缺乏紧密的联系。针对这种状况，1990年11月，美国先进制造研究中心AMR首次提出MES的概念，为解决企业信息集成问题提供了一个被广为接受的思想。

2)MES的发展历程

从20世纪70年代后半期开始，出现了解决个别问题的单一功能的MES系统，如设备状态监控系统、质量管理系统，以及包括生产进度跟踪、生产统计等功能的生产管理系统等。当时，ERP层（称为MRP）和DCS层的工作也是分别进行的，因此产生了两个问题：一个是横向系统之间的信息孤岛；二是MRP、MRPⅡ和DCS两层之间形成缺损环或链接。

20世纪80年代中期，为了解决这两个课题，生产现场的信息系统开始发展，生产进度跟踪信息系统、质量信息系统、绩效信息系统、设备信息系统及其整合已形成共识。与此同时，原来的底层过程控制系统和上层的生产计划系统也得到发展。这时，产生了MES原型、即传统的MES(Traditional MES，T-MES)。主要是POP(Point of Production，生产现场管理)和SFC(Shop Floor Control，车间级控制系统)。

MES在20世纪90年代初期的重点是生产现场信息的整合。对离散工业和流程工业来说，MES有许多差异。就离散MES而言，由于其多品种、小批量、混合生产模式，如果只是依靠人工提高效率是有限的。而MES则担当了整合、支持现场工人的技能和智慧，充分发挥制造资源效率的功能。90年代中期，提出了MES标准化和功能组件化、模块化的思路。这时，许多MES软件实现了组件化，也方便了集成和整合，这样用户根据需要就可以灵活快速地构建自己的MES。因此，MES不只是工厂的单一信息系统，而是横向之间、纵向之间、系统之间集成的系统，即所谓经营系统，对于SCP、ERP、CRM、数据仓库等近年被关注的各种企业信息系统来说，只要包含工厂这个对象就离不了MES。

近10年来，新兴的业务类型不断涌现，对技术革新产生了巨大的推动力。为此，B2B以及供应链引起了极大的关注。尽管B2B和供应链属于业务层的解决方案，但如果想要充分地实现它们，还需要得到MES的强有力的支持。其结果是MES不能仅仅做成业务和过程之间的接口层，还需要建立大量可以完成公司关键业务的功能。这些功能无法彼此独立，也不能通过数据交换层简单地连接，而是必须依据业务和生产策略彼此协同。

2. MESA定义的MES功能模型

MES本身也是各种生产管理功能软件的集合。作为MES领域的专业组织，制造执行系统协会(MESA)于1997年提出了MES功能组件和集成模型，包括11个功能模块。同时，还规定只要具备11个功能模块之中的某一个或几个，就可归属于MES系列的单一功能产品。这11个功能模块的具体功能描述如下。

(1)资源分配及状态管理(Resource Allocation and Status)：管理机床、工具、人员物料、其他设备以及其他生产实体，满足生产计划的要求对其所作的预定和调度，用以保证生产的正常进行，提供资源使用情况的历史记录和实时状态信息，确保设备能够正确安装和运转。

(2)工序详细调度(Operations/Detail Scheduling)：提供与指定生产单元相关的优先级(Priorities)、属性(Attributes)、特征(Characteristics)以及处方(Recipes)等，通过基于有限能力的调度，通过考虑生产中的交错、重叠和并行操作来准确计算出设备上下料和调整时间，实现良好的作业顺序，最大限度减少生产过程中的准备时间。

(3)生产单元分配(Dispatching Production Units)：以作业、订单、批量、成批和工作单等形式管理生产单元间的工作流。通过调整车间已制订的生产进度，对返修品和废品进行处理，用缓冲管理的方法控制任意位置的在制品数量。当车间有事件发生时，要提供一定顺序的调度信息并按此进行相关的实时操作。

(4)过程管理(Process Management)：监控生产过程、自动纠正生产中的错误并向用户提供决策支持以提高生产效率。通过连续跟踪生产操作流程，在被监视和被控制的机器上实现一些比较底层的操作；通过报警功能，使车间人员能够及时察觉到出现了超出允许误差的加工过程；通过数据采集接口，实现智能设备与制造执行系统之间的数据交换。

(5)人力资源管理(Labor Management)：以分为单位提供每个人的状态。通过时间对比，出勤报告，行为跟踪及行为(包含资财及工具准备作业)为基础的费用为基准，实现对人力资源的间接行为的跟踪能力。

(6)维修管理(Maintenance Management)：为了提高生产和日程管理能力的设备和工具的维修行为的指示及跟踪，实现设备和工具的最佳利用效率。

(7)计划管理(Process Control)：监视生产，提供为进行中的作业向上的作业者的议事决定支援，或自动修改，这样的行为把焦点放在从内部起作用或从一个作用到下一个作业计划跟踪、监视、控制和内部作用的机械及装备；从外部包含为了让作业者和每个人知道允许的误差范围的计划变更的警报管理。

(8)文档控制(Document Control):控制、管理并传递与生产单元有关工作指令、配方、工程图纸、标准工艺规程、零件的数控加工程序、批量加工记录、工程更改通知以及各种转换操作间的通信记录,并提供了信息编辑及存储功能,将向操作者提供操作数据或向设备控制层提供生产配方等指令下达给操作层,同时包括对其他重要数据(例如与环境、健康和安全制度有关的数据以及 ISO 信息等)的控制与完整性维护。

(9)生产的跟踪及历史(Product Tracking and Genealogy):可以看出作业的位置和在什么地方完成作业,通过状态信息了解谁在作业,供应商的资财,关联序号,现在的生产条件,警报状态及再作业后跟生产联系的其他事项。

(10)性能分析(Performance Analysis):通过过去记录和预想结果的比较提供以分为单位报告实际的作业运行结果。执行分析结果包含资源活用,资源可用性,生产单元的周期,日程遵守,及标准遵守的测试值。具体化从测试作业因数的许多异样的功能收集的信息,这样的结果应该以报告的形式准备或可以在线提供对执行的实时评价。

(11)数据采集(Data Collection Acquisition):通过数据采集接口来获取并更新与生产管理功能相关的各种数据和参数,包括产品跟踪、维护产品历史记录以及其他参数。这些现场数据,可以从车间手工方式录入或由各种自动方式获取。

3. MES 的主要功能模块介绍

下面主要介绍 MES 中生产调度管理、设备管理、物料管理、质量管理、能源效率管理、生产追溯、生产统计/综合查询与决策等模块的基本功能。

1)生产调度管理

随着消费者对产品需求越来越多样化,企业的生产模式也逐步由少样大批量向多样小批量进行转变。面对这种转变,采用 MES 进行生产调度,可以缩短生产周期,快速响应生产需求。生产调度是企业运营的核心,也是企业生产的指挥中心。MES 生产调度搭配 ERP 系统,对生产计划、材料、人员等进行合理的安排与分配,将生产信息及时发送给企业车间,同时控制好生产调度的过程,准确地向企业车间提供实时生产数据与信息,有计划地编制企业车间生产的流程,在 MES 的作用下,促使企业生产管理向智能化、一体化方向发展。

企业车间 MES 生产调度,主要以车间的生产作业为依据,驱动功能的运行,也就是执行企业车间的作业计划,控制好企业车间的生产活动。MES 生产调度的层次框架是动态的,闭环的。企业在收到订单后,计划部门通过 MES 生产调度生成生产计划,企业车间在接收了生产计划后,将其下达的生产任务、产品的类型、产品的数量、产品的交期等信息,均会编制到车间作业的调度计划内,将生产的信息,分配到制造执行的模块中,按照生产计划,提供实时的改进方案,给与重新调度,促使企业车间的作业内容,能够按照 MES 生产调度进行生产。

MES 生产调度的层次架构设计,一般分为生产排序层和生产控制层。生产排序层包含生产计划安排、生产计划调整、产品出货安排等内容,而在生产控制层包括作业排序、作业控制、进度控制、E-SOP(电子作业指导书)切换、物料管理、设备调配、工时统计等内容。生产排序层和生产控制层在生产调度过程中相互交互、相互配合,使企业在最短的时间内,保质、保量地完成产品生产与出货。

MES 系统生产调度的主要功能包括:生产调度的订单下载、生产调度订单录入、生产调度工单维护、生产调度工单调度、生产调度齐套检查、生产调度排产结果发布。

2)设备管理

设备管理在企业生产过程中是一个相当重要的管理活动,是对设备寿命周期全过程的管理,包括选型、采购、验收、投产、使用、维护、改造、折旧、报废等设备全过程的管理工作。

设备全过程的信息化管理可以分成设备定位及固定资产管理(建立台账、财务卡号、报废管理等)、设备运行维护管理、设备资源优化管理等。设备管理在 MES 系统中的定位是设备的运行维护管理,检查、维护保养、预防性维修是 MES 系统中设备管理的主线。由于预防性维修往往是一个较大课题,为精简 MES 系统设备模块,达到简单高效运行的目的,只提取预防性维修的概念“隐患管理”,来保证设备模块的预防性。

设备运行维护管理框架主要包括:设备点检管理、设备常规保养管理、设备润滑管理、设备轮保轮修管理、设备维修过程管理、设备交班本管理、设备隐患反馈管理、设备巡检整改管理、设备运行效率管理、设备维护统计分析等管理模块。各个功能均需严格按照设备管理条例和生产管理要求进行设计与开发,在开发过程需进一步规范设备业务工作流程,保证设备运行维护严格有序地开展,这样才能保证设备的完好与正常生产运行。

MES 系统设备管理的主要功能包括:设备台账管理、设备日常提醒和预警、设备运维管理、设备 OEE 分析。

3)物料管理

MES 物料管理功能为生产车间的高效、有序生产制造活动提供有力的支持,保证生产所需的物料正常及时供给,同时能够通过 MES 物料管理功能对生产过程中的每个环节,从原辅料采购到最后成品入库、交货出库的整个过程中的物料运行状态进行及时统计、反馈,让管理人员的物料管理工作和企业的生产、物料管理更为高效。

在生产过程中,物料不是静止不动,一成不变的,它是通过不同的生产加工使产品在形状、性能等方面发生改变,从而增加自身的价值。因此,物料是不断地流动着和变化着的,这就从客观上要求我们必须以动态的思想去跟踪和管理物料的活动。但是,传统的物料管理却只停留在对物料的需求、采购及库存进行管理,这些管理仍属于静态管理范畴,无法做到对物料的全面状态进行掌握,而 MES 的特点正好弥补了这个缺点。

面向 MES 的物料管理具体表现为对原材料的入出库管理、对在制品的加工位置、状态信息、实物数量、质量数据以及生产过程相关的人、设备等信息的采集,由下而上实施掌握加工动态生产状态、任务进度,以及物料转移路线和质量随时监控等。

MES 物料管理可实现对物料的动态管理,其目的是通过有效的物料跟踪与管理,降低物料的储量,加速资金周转,以最低的物料库存保证生产过程连续、均衡,最终降低车间生产成本,并可随时了解物料的动态信息,做到心中有数,为产品的按时交货提供了保证。

MES 系统物料管理的主要功能包括:物料基础数据管理、物料需求管理、物料接收信息、物料发出信息、物料库存管理。

4)质量管理

传统的质量管理信息系统主要用于记录和管理企业中的质量数据,通常覆盖质量活动的全过程,但对制造过程的关注度不够。这类系统大多独立于制造过程,数据采集、查询和处理均在质量系统内部完成闭环,很少考虑与制造过程发生活动和数据交互。因此,仅能支持质量部门日常工作的无纸化操作，无法满足质量过程和制造过程之间的信息传递需求，也无法满足企业对质量活动执行效率和制造过程质量水平的追求。

对于制造行业来说，制造过程的质量决定了产品除设计因素外的绝大部分质量，是企业追求精益质量的核心环节之一。同时，MES 拥有制造过程所有静态和动态的数据，形成巨大的制造数据集合，为质量活动的设计、执行、评价和改进提供了丰富的数据基础。基于 MES 的质量管理信息系统，通过质量数据的自动实时采集、分析与反馈控制，以及质量信息资源的共享，建立一套以数字化为特征的企业车间质量管理体系，能够有效提高质量管理活动的执行效率，并使制造过程的质量反应能力和质量控制能力得到提高。

根据系统论和控制论的观点，质量管理是对生产过程的一种控制活动。根据 CAPP 中工序级质量特征的定义，形成工序级质量控制计划和过程控制目标。制造过程中，按照质量计划执行检验活动，通过各种仪器测量生产系统的质量表征值，与预定义的质量控制目标进行比较，将产生的质量处理结果反馈给质量过程。在数据筛选、加工处理的基础上，借助各种质量统计分析手段得出质量评估结果。质量分析结果一方面在质量系统内反馈为质量体系改进建议，另一方面反馈给生产系统，形成生产系统的质量改进。

图 7-4-7 是按照质量控制理论设计的基于 MES 的质量管理信息系统的基本框架，反映了质量管理信息系统内部的质量逻辑模式，也表达了质量管理信息系统与 MES 之间的逻辑关联。

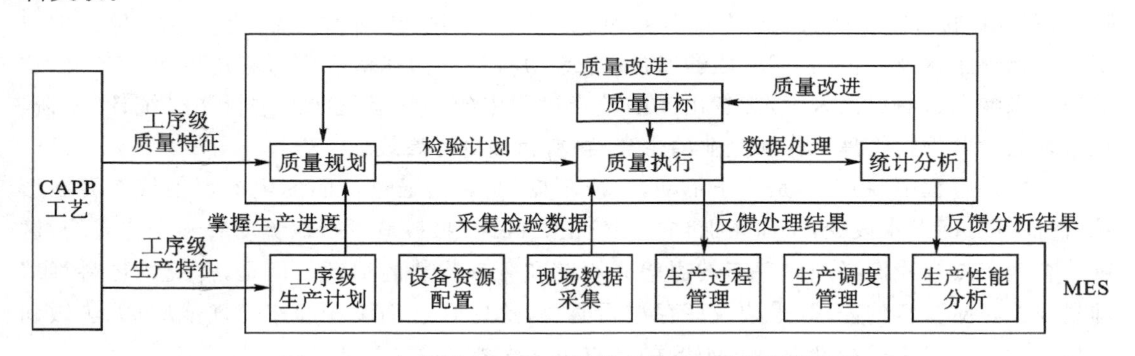

图 7-4-7 基于 MES 的质量管理信息系统框架示意图

质量管理是 MES 现场管理的重要组成部分，基于 MES 的质量管理信息系统实时分析从制造现场收集到的数据，及时控制每道工序的加工质量。质量统计分析结果的反馈为 MES 生产性能分析提供了可靠的质量报告，制造活动生产进度的获取也使质量计划的执行具有较好的预见性。

MES 系统质量管理的主要功能包括：质量检验规划、质量过程管理、质量统计分析。

5）能源效率管理

国民经济的发展对能源的需求也越来越高，能否高效合理地使用资源是判断企业是否具备综合竞争能力的重要指标之一，能耗管理在一定程度上影响企业的兴衰存亡。MES 系统的实施，能显著地提高企业的生产管理水平及效率，从而帮助企业实现节能减排的目标。

MES 系统在实际应用中具有数据采集的及时准确性，具体体现在以下几个方面：①及时性，通过装置 DCS 与实时数据库的同步方式，装置能耗数据采集的工作时间缩短，可以实现分钟级，采集工作时间的缩短能够实时监控装置能耗的变化情况。②准确性，在企业能源管理过程中，传统人工抄记与录入的方式完全被自动数据采集取代，自动数据采集方式的应用显著地降低了人工操作出现的失误及误差，能够更好地确保数据的准确性，并可通过采集到的数据对其进行比较分析，在对比中能够及时地发现仪表是否存在问题与故障。③全面性，在系统中同时集成了水、电、汽等主要介质数据，因此能够根据这些介质数据建立一个统一的能耗管理平台。

MES系统能源效率管理的主要功能包括：能源运行状况监测及可视化、能效分析、过程运行优化、实时能源成本核算。

6)生产追溯

对于追溯概念、理论和系统的研究和应用，已经广泛地在各行各业中展开。产品的可追溯性是利用在产品制造时的数据收集和报告水平来对产品的生产信息和流程进行追溯和搜索。生产控制也就是利用生产系统来添加产品的制造条件和要求，在实际的生产过程中进行管控、监督和检查。利用这些手段来减少生产时出现的问题和误差，从而增加企业的生产效率并提升生产绩效水平。

生产追溯是MES系统的一个重要特性，可追溯数据模型不仅可以完整记录生产过程数据，还可以扩展到质量追溯、采购追溯等方面，对企业制造过程控制和制造过程改进具有重要意义。

MES追溯管理系统主要是帮助企业进行产品生产基础数据整理、物料防错管理和产品整个生产销售流程的追溯管理，预防人为因素造成工艺漏装。MES防错追溯管理系统主要是使用统一的信息管理方法，在装配线上通过安装一维/二维条码、RFID等信息载体，通过扫描枪的实时扫描和数据对比，通过一体机或触摸屏识别装配件是否符合要求，并将装配过程中的实时数据发送到系统记录服务器。

MES系统生产追溯的主要功能包括：防错检查、质量数据追溯。

7)生产统计/综合查询与决策

MES采集生产运行数据、集成原料和产品的存储数据、集成设备状态信息，并将这些信息进行合并、汇总、规范、比较、分析等综合处理，一方面为生产计划与排产提供依据，另一方面也为ERP提供及时、可靠、准确的生产经营决策参考信息。

数据集成是实施MES的基础，将PCS层的生产运行、产品质量、原料和产品输送、动力能耗等数据进行汇总和处理，使下层生产过程的实时信息和上层企业资源管理等的各类信息都在MES层中融合，并通过信息集成形成优化控制、优化调度和优化决策等调度或指令。同时，数据集成模块也负责将上层系统中的一些数据(如优化值、设定值等)传送到PCS。

企业生产流程复杂，数据来源广，数据采集、存储方式多样，且底层各控制系统彼此封闭，所采用的网络、系统、数据库也存在很大的差异，如何实现异构网络、异构系统和异构数据库的数据综合集成是MES数据集成中最大的难点。

MES系统生产统计、综合查询与决策的主要功能包括：数据集成与综合查询、报表系统。

7.4.4 BPS/ERP的系统架构和主要功能模块

经营计划系统(BPS)/企业资源管理(ERP)是生产计划系统的核心内容。本小节主要介绍其发展过程、系统架构和主要功能模块。

1. 生产计划系统的发展概况

1)生产计划系统的概念及分类

生产计划是企业依据生产任务,对企业的资源做出统筹安排,拟定具体生产的产品类型、产品数量、产品质量以及计划进度的生产运营活动。生产计划一方面要对客户要求的三要素"交期、品质、成本"进行计划,另一方面则需要对生产的三要素"材料、人员、机器"的准备、分配以及使用进行计划。生产计划是企业生产运营管理的核心部分,有助于企业降低生产成本、提高客服水平、提高生产效率和减少库存。

生产计划的制定与企业众多部门之间具有重要的联系,包括销售部门、人力资源部门、采购部门、设备管理部门以及库存管理部门等。因此,生产计划制定依赖于所有部门之间的密切协作。

生产计划按照不同的层次可分为战略计划、经营计划以及作业计划。

(1)战略计划:主要由企业高层管理人员制定,对企业未来的发展方向具有重要决定作用,其涉及到产品发展方向、生产规模发展方向、技术水平的发展方向。战略计划的周期较长,一般为3~5年,属于长期生产计划。

(2)经营计划:指企业根据战略计划所设定的目标和任务,制定切实可行的生产计划,通过合理分配人力、物力以及财力,以达到战略计划的目标,并且最小化成本。经营计划通常比战略计划的周期更短,一般周期为1年。

(3)作业计划:指把企业的经营计划细分到各个车间、生产线以及班组等的详细计划,可以具体到月、周、日。

2)生产计划系统的发展

在计算机技术出现以前,已经出现了一些与生产计划有关的技术。例如,1917年出现了甘特图。在二战期间,出现了运用线性规划方法求解计划问题。到了20世纪60年代,物资需求计划(Material Requirement Planning,MRP)的出现极大地推动了生产计划技术的发展。到了20世纪70年代,为了及时调整需求和计划,出现了具有反馈功能的闭环MRP,把财务子系统和生产子系统结合为一体,采用计划一执行一反馈的管理逻辑,有效地对生产各项资源进行规划和控制。

虽然MRP计划解决了企业生产计划和控制的问题,实现了企业的物料信息集成,但在企业的整个生产运作过程,MRP无法正确反映从原材料的采购到产品的产出伴随的企业资金的流通过程。20世纪80年代末,人们又将生产活动中的主要环节销售、财务、成本、工程技术等与闭环MRP集成为一个系统,成为管理整个企业的一种综合性的制定计划的工具——制造资源计划(Manufacturing Resource Planning,MRP Ⅱ)。MRP Ⅱ以MRP为核心,涵盖了所有企业的生产制造活动的管理功能,通过对企业生产与资金运作过程的掌控,优化企业的生产成本，降低生产周期以及控制资金占用等。

随着科技的发展，企业的信息化集成程度要求更高，不但在生产制造活动上集成资源，各个供应链上的资源集成也变得迫切，这便导致了企业资源计划系统ERP的产生。ERP是在MRP Ⅱ的基础上发展而来的新一代企业信息系统，它建立在现代信息技术基础上，集信息技术与先进管理思想于一身，全面集成了企业的所有资源（如客户、销售、采购、市场、计划、生产、质量、财务、服务等），以系统化的管理思想，为企业员工及决策层提供决策手段的管理平台。ERP系统一般包含物资资源管理（物流）、人力资源管理（人流）、财务资源管理（财流）、信息资源管理（信息流）等管理功能，能对企业资源（包括人、财、物、信息、时间和空间等）进行综合平衡和优化管理，实现企业内部整个供应链的资源整合，提高企业的核心竞争力。

虽然ERP的功能齐全，但是它无法提供高精度的排产计划。高级计划与调度（Advanced Planning and Scheduling，APS）系统能很好地解决ERP在排产上的不足，APS作为专业的负责生产排产的软件越来越得到企业的重视。APS采用先进的信息技术以及优化算法，在满足企业的现有资源的约束以及生产管理的规则下，安排企业的生产活动，以优化某些企业关注的性能指标。随着市场需求的多样、品种的多样化以及定制化，企业的生产计划将面对严峻的挑战。要想交货准时、生产过程顺畅，就必须对应建立精确的生产计划与即时的生产过程监控。ERP将逐渐弱化为进销存＋财务＋后勤管理，生产计划系统将交由APS系统负责。

在智能制造不断发展的大趋势下，一方面，APS系统对于企业实现智能制造具有重要的推动作用，其作用将会得到更好体现。另一方面，APS将会面临更为复杂的制造环境，其所需要的功能也将更为复杂。故APS系统的发展将会迎来新的机遇，但也会面临更为严峻的挑战。

2. 生产计划的制定流程及系统架构

1）生产计划的制定流程

本节所提及的生产计划系统是指从主生产计划（Master Production Schedule，MPS）到车间作业计划之间的生产计划系统。生产计划的制定流程如图7－4－8所示，具体步骤如下：

第一步　根据总生产任务，制定MPS；

第二步　制定粗能力计划，验证MPS的可行性，当MPS不可行时，重新制定MPS或者增加资源能力，直到验证通过；

第三步　结合MPS与物料清单，制定物料需求计划；

第四步　制定细能力计划，验证物料需求计划的可行性，当物料需求计划不可行时，须重新制定物料需求计划或增加资源能力，直到物料需求计划通过细能力计划的验证；

第五步　根据物料需求计划，制定车间作业计划以及采购计划；

第六步　将车间作业计划下达到车间，执行与控制生产计划。

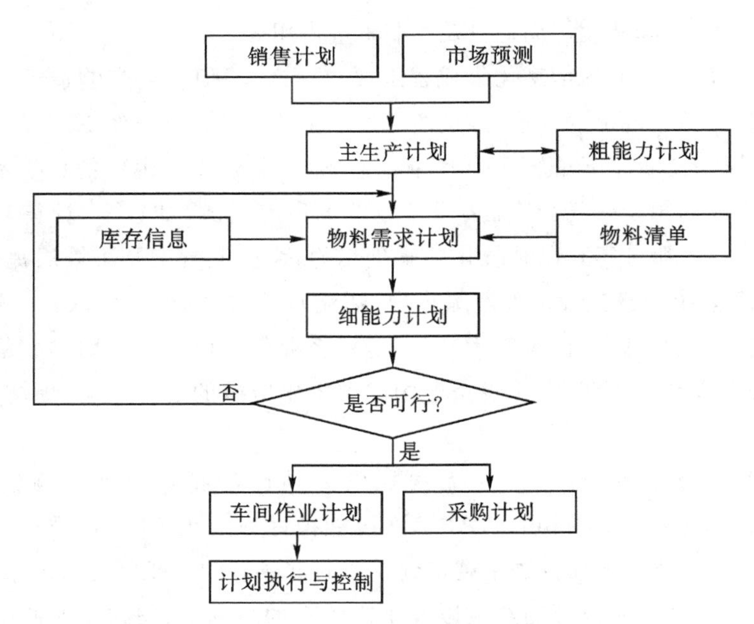

图 7-4-8　生产计划制定流程示意图

上述生产计划制定流程图中设计的各类计划的具体内容如下。

(1)MPS。MPS 的任务来源于销售订单(订单任务)以及市场预测(备货任务)。订单型生产企业的生产任务主要以订单任务为主,备货型生产企业则以备货任务为主,混合型生产企业则需协同订单任务和备货任务。MPS 将未来一段时间划分为多个时间段,并且确定每个时间段需要生产什么产品,生产多少以及在哪个时间段完成。

(2)粗能力计划。主生产计划是粗能力计划(Rough Cut Capacity Planning,RCCP)以及物料需求计划(Material Requirement Planning,MRP)测算的依据。RCCP 通过将关键工作中心的生产能力与 MPS 所需的生产能力进行对比,计算关键工作中心的生产能力是否能满足 MPS 所需的生产能力,从而判定 MPS 的可行性。MRP 以 MPS 为主要数据来源,结合库存信息数据以及物料清单(Bill of Materials,BOM)数据,制定每个时间段的需求的物料类型以及需求量。

(3)细能力计划。根据物料需求计划下达的计划任务,详细确定每个工作中心的工作负荷。细能力计划与粗能力计划的计算类似,只是细能力计划需要计算所有工作中心的工作负荷。细能力计划不仅能检验主生产计划与物料需求计划的可行性,还对工作中心能力的利用率有个大致的了解。因此,能力计划有助于企业直观地了解工作中心的负荷情况,发现工作中心超负荷运行或者利用率低的情况,进而帮助企业优化工作中心的利用率。

(4)车间作业计划。车间作业计划是物料需求计划的执行层,其根据物料需求计划中生产任务的进度,制定出具体的零部件产出数量、加工设备、人工使用、投产时间以及产出时间。其中,车间调度是车间作业计划最重要的一部分,其将众多的工作任务按一定的顺序安排到设备上进行加工,并且满足特定的约束条件,以使调度的目标最优化。作业调度的目标包括设备利用率、总延迟时间、平均流经时间等,可以优化其中一个目标,也可以同时优化多个目标。

(5)采购计划。根据物料需求计划所需的物料、需求量以及需求时间，制定相应物料的详细采购计划，内容包括采购物料、采购数量、需求日期。当采购计划不能满足物料需求计划时，需要重新调整物料需求计划，使得在满足物料需求计划的同时，采购计划的可行性也得到满足。

2)生产计划的系统架构

根据生产计划制定的流程，生产计划系统的架构如图 7-4-9 所示，主要包括三大部分：数据接口、基础数据管理模块与功能模块。数据接口主要用于对接企业的其他信息系统，以获取生产计划系统所需的数据，例如订单数据、库存数据、采购数据、物料清单数据以及产品工艺数据等。基础数据模块主要用于管理生产计划系统所需的数据，该部分的数据一部分来源于企业的其他信息系统，一部分来源于生产计划系统自身。

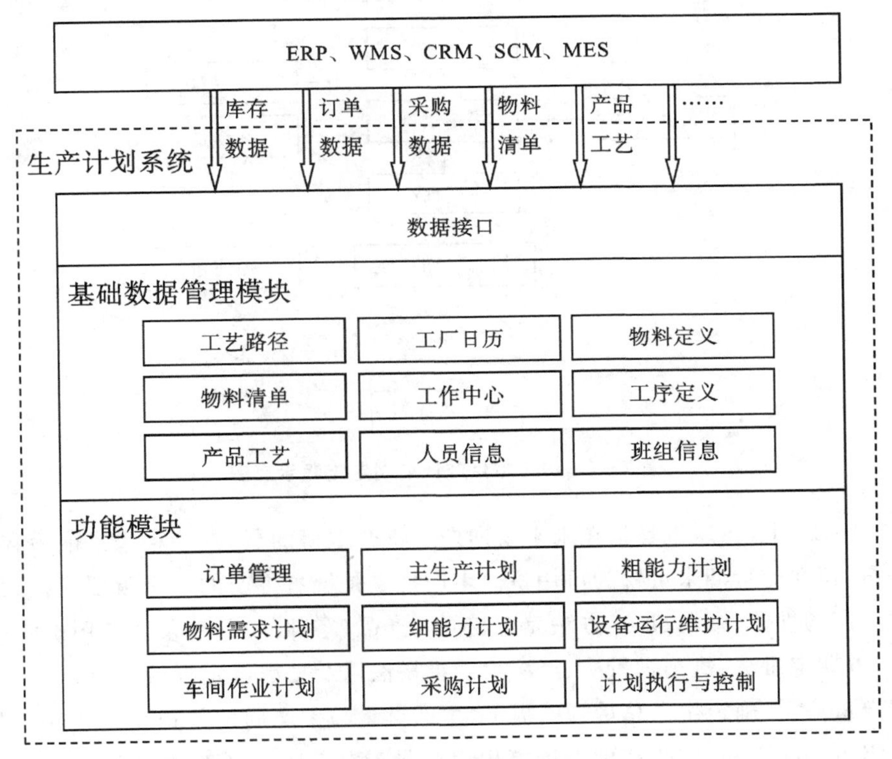

图 7-4-9　生产计划系统架构示意图

注：WMS(Warehouse Management System)为仓库管理系统。

3. 生产计划系统的主要功能模块介绍

MES 的主要功能模块主要有，主生产计划功能模块、粗能力计划功能模块、物料需求计划功能模块、细能力计划功能模块、车间作业计划功能模块、计划执行与控制功能模块、采购计划功能模块、基础数据及数据接口功能模块。

1)主生产计划功能模块

主生产计划的制定是整个生产计划系统的关键环节。一个有效的主生产计划能充分利用企业资源，协调企业生产和市场，实现企业经营计划所确定的计划目标，实现企业对客户的承诺。

主生产计划主要包括毛需求量、在途量、计划在库量、预计可用库存量、净需求、计划订单产出量以及计划订单投入量，其计算流程如图 7-4-10 所示。首先根据销售订单以及市场预测量计算得到总的毛需求量，毛需求量加上安全库存减去库存量与在途量再得到净需求量。在净需求量的基础上，通过经济生产批量或者其他生产批量计算方法计算得到生产批量。依据净需求量的时间以及生产批量，确定计划订单的产出时间与产出量。结合计划订单产出时间与提前期，可确定计划订单的投入时间，从而形成产品的主生产计划。

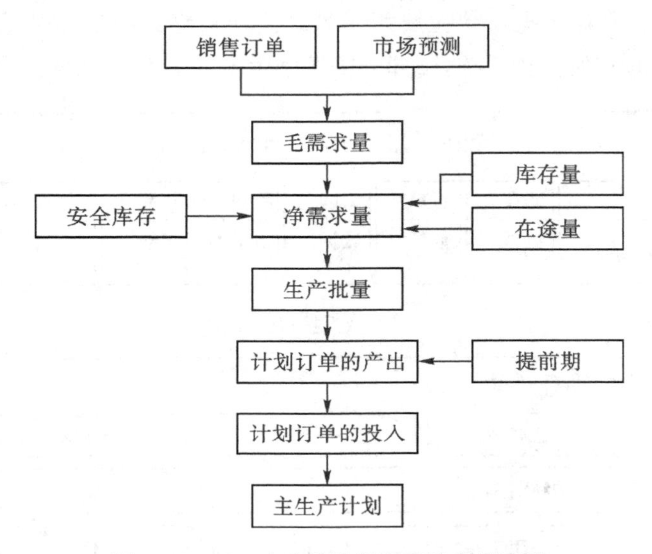

图 7-4-10 主生产计划制定流程示意图

图 7-4-10 中，在途量是指在未来某期期末将会取得的量，是一种未来的库存，目前是不可用的量，但在交货期末可视为可用量。生产批量是批量生产的一个重要指标，是一定时期内企业生产的性能、结构、加工方法完全相同的产品(零部件)的数量。常用确定生产批量的方法有，以期定量法、最小批量法、经济生产批量法以及按需确定批量法等。

以期定量法：在确定生产总量的前提下，生产批量与生产周期是相互关联的。以期定量法是先确定生产间隔期，在此基础上推算出生产批量。首先按照零件复杂程度、体积大小、价值高低确定各个零件的生产周期，然后根据生产总量推算出生产批量。

最小批量法：此方法从设备利用和生产率方面考虑批量的选择，要使选定的批量能够保证一次准备结束时间对批量加工时间的比值不大于给定的数值。

经济生产批量法：经济生产批量法计算最优的生产批量，使得生产调整成本与库存成本最小化。

按需确定批量法：按照需求确定生产批量，即需要多生产多少。

生产批量的优化对优化企业生产、优化库存以及降低成本具有重要的作用。一般说来，生产批量越大，更利于安排生产、降低生产成本以及增加经济效益。但是，生产批量过大也会造成在制品和半成品的积压，从而增加库存成本。这里的提前期指的是生产提前期，是每个任务投入开始到产出的全部时间，由准备时间、加工时间、等待时间和运输时间构成。

主生产计划制定后，需要采用粗能力计划进行验证，只有通过粗能力计划验证后的主生产计划才可下达。否则，需要修改主生产计划，直到通过粗能力计划的验证。

2)粗能力计划功能模块

粗能力计划的主要功能是验证主生产计划的可行性，主生产计划的制定是根据每个时间段的需求量制定的，其制定过程没有考虑工作中心的能力与负荷。粗能力计划是对关键工作中心进行能力与负荷平衡分析，以确定关键工作中心的能力是否能满足主生产计划的生产要求。粗能力计划常用的计算方法包括综合因子法、能力清单法以及资源负载法等。以能力清单法来计算粗能力计划的制定流程如图 7-4-11 所示。

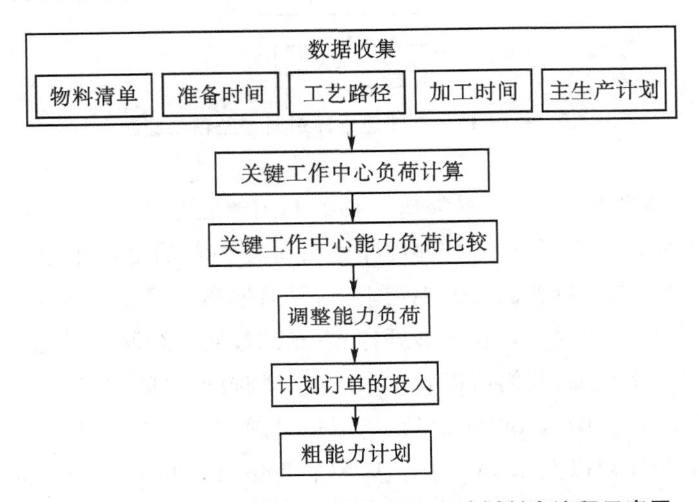

图 7-4-11 基于能力清单法的粗能力计划制定流程示意图

粗能力计划的主要输入数据包括主生产计划、物料清单、工艺路径、物料在关键工作中心的准备时间、物料在关键工作中心的加工时间等。首先结合物料清单、工艺路径、物料在关键工作中心的准备时间、物料在关键工作中心的加工时间等计算得出能力清单数据。将能力清单数据与主生产计划相结合，计算得出关键工作中心的负荷，通过将关键工作中心的负荷与其能力进行比较，发现负荷超出能力的关键工作中心，不断调整关键工作中心的负荷与能力，直到负荷与能力相平衡，形成最终的粗能力计划。

3)物料需求计划功能模块

美国生产与库存控制协会对物料需求计划的定义为物料需求计划是依据 MPS、物料清单、库存记录和已订未交订单等资料，经由计算而得到各种相关需求物料的需求状况，同时提出各种新订单补充的建议，以及修正各种已开出订单的一种实用技术。物料需求计划的制定流程如图 7-4-12 所示。

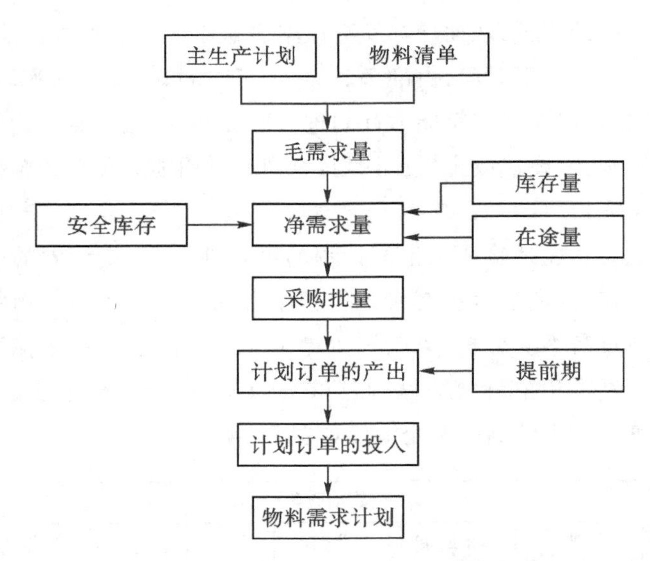

图 7-4-12 物料需求计划制定流程示意图

根据图 7-4-12 可以看出,物料需求计划的制定流程与主生产计划的制定流程类似。首先,根据 MPS 制定的生产任务与 BOM,计算出每种物料的毛需求量。即根据主生产计划、物料清单得到第一层级物料品目的毛需求量,再通过第一层级的物料品目计算出下一层级物料品目的毛需求量,依次一直往下展开计算,直到最低层级原材料毛坯或采购件为止。

根据产品的生产主计划,我们可以确定产品的计划投产时间以、计划产出时间以及在每个生产周期内的需求量。结合 BOM 的信息,可以计算出某一产品下所需要的物料以及需求的量。基于主生产计划以及 BOM 的信息,我们可以计算出某一产品的所需物料的需求时间以及需求量。再根据物料的提前期,可以进一步得到物料的计划投产时间。当物料是采购物料时,物料的计划投产时间与计划产出时间分别是物料的计划采购时间与计划到货时间。

通常,采购批量的确定主要有按需确定批量法、经济订购批量法、固定批量法、定期订购法、期间订购法、最小总费用法以及最小单位费用法。依据净需求量的时间以及采购批量,确定计划订单的到货时间与采购量。结合计划订单到货时间与提前期,可确定计划订单的采购时间。这里的计划订单投入量是指物料的采购量,计划订单产出量是指物料的采购到货量。物料需求计划所生成的计划订单,要通过细能力计划确认后,才能开始正式下达计划订单。

4)细能力计划功能模块

由于物料需求计划的制定没有考虑工作中心的能力限制,制定的物料需求计划不一定是可行的,因此物料需求计划的可行性需要通过细能力计划进行验证。细能力计划的制定流程如图 7-4-13 所示。

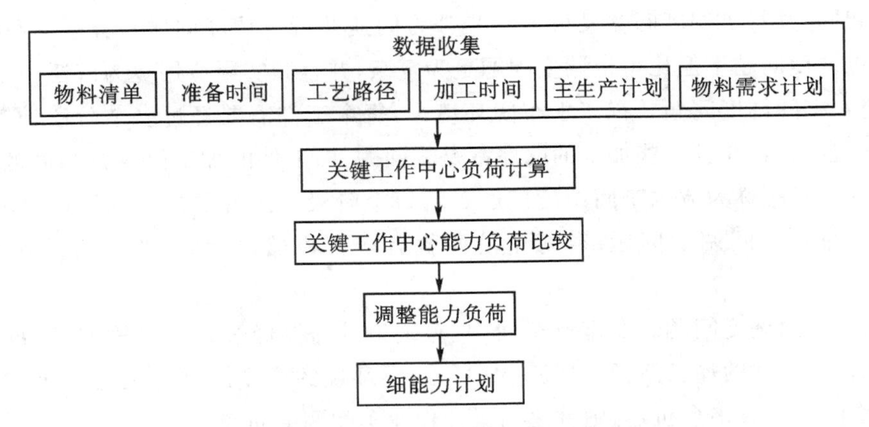

图7-4-13 细能力计划制定流程示意图

计算系能力计划的主要数据是物料需求计划和主生产计划。此外,BOM、物料在工作中心的生产准备时间、物料在工作中心的加工时间、工艺路径等数据也是细能力计划计算的必要数据。通过计算得出的所有工作中心的负荷与其能力进行比较,当发现存在负荷大于其能力的工作中心时,需要重新调整负荷或者其能力,最终使得所有的工作中的负荷小于其能力,形成可行的细能力计划。

与粗能力计划相比,细能力计划的主要特点有以下三点:①参与闭环MRP计算的时间点不一致,粗能力计划在主生产计划确定后即参与运算,而细能力计划是在物料需求计划运算完毕后才参与运算;②粗能力计划只计算关键工作中心的负荷,而细能力计划需要计算所有工作中心的负荷情况;③粗能力计划计算时间较短,而细能力计划计算时间长,不宜频繁计算、更改。

5)车间作业计划功能模块

车间作业计划是在MRP所产生的加工任务的基础上,按照交货期的前后和生产优先级选择原则以及车间的生产资源情况,如设备、人员、物料的可用性以及加工能力的大小,等等,将零部件的生产计划以订单的形式下达给适当的车间,安排零部件的生产数量、加工设备、人工使用、投入生产时间以及产出时间。

车间作业计划是人员、设备、任务以及其他资源的调度问题。车间作业调度要完成两个任务:资源分配,安排每个工件的加工设备;确定设备上所有工件加工顺序。车间作业调度问题是一类复杂的NP-hard难题,根据Conway提出的调度问题表示方法,车间作业调度问题可以表示为$n/m/A/B$,其中n表示的是工件数量,m表示的是设备数量,A表示的是车间类型,B表示的是优化目标。根据车间类型的不同,车间作业调度问题可分为以下几类。

(1)单机调度问题。它是最为简单的车间调度问题。在单机环境中,只有一台机器,所以只需确定工件在该机器上的加工顺序即可。但即便如此,解的数量也达到了$n!$的数量。随着工件数量的增加,求解也变得十分困难。单机调度问题虽然在现实中存在较少,但对其研究有助于其他调度问题的研究。

(2)并行机调度问题。它是单机的扩展。在并行机环境下,存在多台机器可选择。根据机器是否相同，并行机调度问题又可进一步分为同速并行机调度问题与异速并行机调度问题。并行机调度问题不但比单机调度问题更为复杂，并且其实际应用更为广泛。

(3)流水车间调度问题。在流水车间环境中，每个工件需要经过多个阶段加工，每个阶段都含有一台机器，并且这些加工的顺序都是相同的，即工件的加工路径是相同的。此类环境的生产调度问题称为流水车间调度问题。若每个阶段中工件的加工顺序都是相同的，则称之为置换流水车间调度问题；若每个阶段含有多台机器，则称之为柔性流水车间调度问题。

(4)作业车间调度问题。在作业车间中，每个工件需要经过多个阶段加工，每个阶段存在一台机器，而工件的加工路径可以不相同。此类环境的调度问题称之为作业车间调度问题。若每个阶段含有多台机器，则称之为柔性作业车间调度问题。

(5)开放车间调度问题。在开放车间中，对于加工的工件没有特定的加工路线约束，同一工件各个工序之间的加工顺序是任意的。

在车间调度问题中，不同的机器选择以及排序结果，对工件的产出时间、生产成本、生产效率、交期等具有重要的影响。如何决定最优机器分配与加工顺序是车间调度需要解决的问题。调度结果是否最优，需要通过性能目标(优化目标)进行判定。一种调度可能在某个目标上是最优的，但在另外一个目标上却不是最优的。因此，决定按什么目标进行调度是车间调度需要解决的首要问题。常用的优化目标有以下几种：

①总流经时间，工件的流经时间等于工件的结束时刻减去工件的释放时刻，总流经时间就是所有任务的流经时间之总和。

②最大流经时间，所有工件的流经时间的最大值，即为最大流经时间。

③平均流经时间，所有工件的平均流经时间，即为平均流经时间。

④最大延迟，指在所有工件中，交货延期时间最长的工件所延迟时间。

⑤平均延迟，所有工件的延期交货时间的平均值，即为平均延迟时间。

⑥总调整时间，当在同一工作中心的前后两个连续的工件加工参数不一致时，前一个工件完工时，需要重新调整参数才能进行下一个工件的加工。这种调整参数所需要的时间为调整时间，总调整时间指的是所有工件所产生的调整时间的总和。

⑦最大完工时间，完工时间指的是工件的结束时间，最大完工时间指的是所有工件中完工时间最长的时间。

⑧在制品库存，在制品指的是正在加工生产但尚未制造完成的产品，在制品库存指的是在制品所占用的库存。

⑨成本，指加工工件所产生的总成本，包括能耗成本、人力资源成本、物料成本、辅助材料成本、备品备件成本，等等。

⑩设备利用率，指设备实际使用时间占计划用时的百分比。

当确定优化目标之后，需要选择恰当的算法求解车间调度问题。目前，车间调度问题的求解主要包括精确求解方法以及近似求解方法，其常用的精确求解方法与近似求解方法如图 7-4-14 所示。

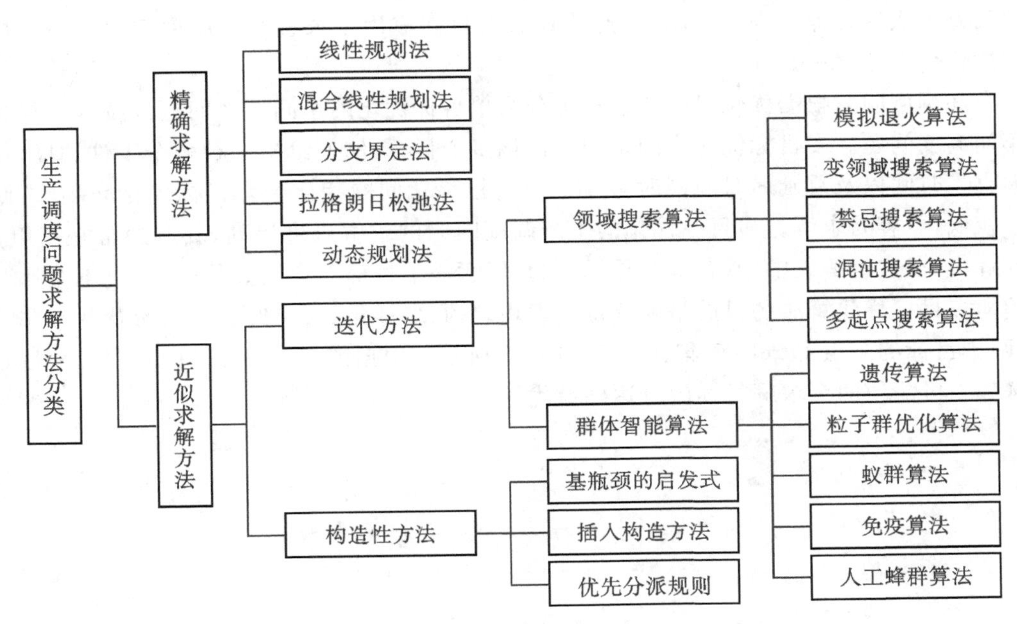

图7-4-14 车间调度问题的求解方法分类图

生产调度问题的难度会随着工件的数量以及工作中心的数量的增加而增加。随着问题规模的增加，精确求解方法难以在有效的时间内求得问题的可行解。近似求解方法则在牺牲一定精度的前提下，在有效的时间内求解得到较优的可行解。基于优先分派规则的方法速度上较快，易于实施，但难以达到最优解。目前很多排产软件都是基于优先分派规则求解车间调度问题。常用的优先分派规则有如下几种：

①先到优先规则：按照工件的达到顺序进行排序，先到的工件先安排加工。

②最短作业时间优先：按照加工时间进行排序，加工时间最短的工件最先安排加工，然后是第二短的，以此类推。

③交货期优先：按照交货期时间进行排序，交货期最早的工件先安排最先加工，交货期最晚工件安排最后加工。

④剩余松弛时间最短优先：剩余松弛时间指的是将在交货期前所有剩余的时间减去剩余的总加工时间所得的差值，剩余松弛时间越小则越可能产生延期交货，故按剩余松弛时间的长短进行排序，将剩余松弛时间短的安排在前面加工可减少延期交货。

⑤随机排序：完全随机排序。

⑥后到优先规则：与先到优先规则相反，将后到的工件安排在前面加工。

⑦紧迫系数：指是用交货期减去当前日期的差值再除以剩余的工作日数的值，紧迫系数越小，说明优先级越高，应该安排在前面加工。

群体智能优化算法是一类受人类智能、生物群体社会性或自然现象规律的启发而产生的种群搜索算法。其拥有较快的运算速度以及优化能力，已被广泛地使用在车间调度问题的求解上，并且取得了很不错的效果。常用的群体智能优化算法包括遗传算法、粒子群优化算法、蚁群算法、免疫算法以及人工蜂群算法，等等。由于遗传算法在问题编码及车间调度求解问题上表现得非常高效。因此,遗传算法是目前应用于求解车间调度问题的最为广泛的智能优化算法之一。

车间调度问题根据优化目标的数量可分为单目标优化的车间调度问题以及多目标优化的车间调度问题。多目标优化指的是同时优化多个目标,例如给出一种多个工件调度,使得最大完工时间以及总延迟时间同时最小。单目标优化问题相比于多目标优化问题,求解复杂性较低,更容易求解。多目标优化的生产调度问题的求解难度更高,其解通常是一组 Pareto 解集,在这组解集中,所有解都是平等的,任意一个解都不会比其他解好,也不会比其他解差。多目标优化算法的目的是要获得一组均匀的、多样化的、接近 Pareto 最优的解集。例如,两个目标的一组 Pareto 解集如图 7-4-15 所示。根据图 7-4-15 可知,图中的任意一个解都不可能使两个求解目标同时达到最优。

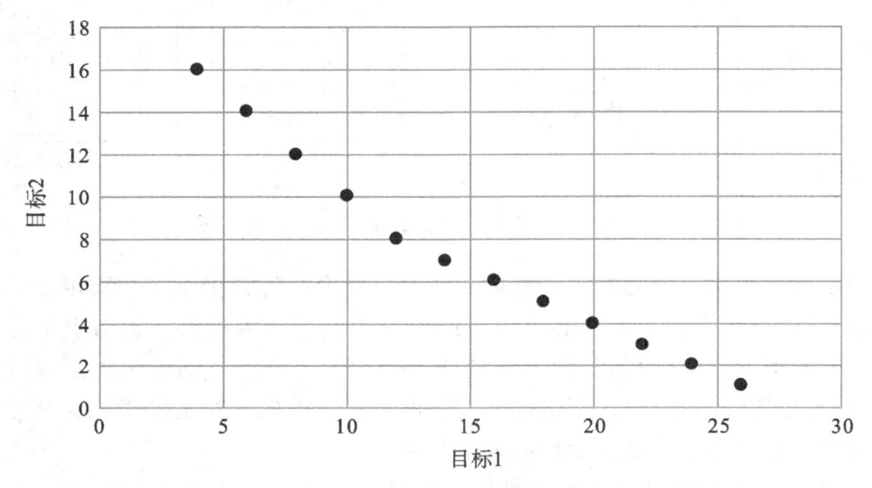

图 7-4-15 两个求解目标的 Pareto 解集示意图

求解多目标优化的车间调度问题的优化算法大体可以分为两类:基于分解方法的多目标优化算法和基于 Pareto 等级的多目标优化算法。基于分解方法的多目标优化算法基本思路是,采用分解方法将多目标优化问题分解成单目标优化问题,然后采用单目标优化方法优化分解得到的单目标优化子问题。常用的基于分解的多目标优化算法包括:目标加权法、约束法以及目标规划法。此外,MOEA/D 也是一种基于分解的多目标优化方法,MOEA/D 将多目标优化问题分解为多个单目标优化子问题,并且在每次迭代中同时优化分解得到的单目标优化子问题。

多目标优化问题的难点是评价解的优劣性,它是群体智能优化算法选择操作的基础。基于 Pareto 等级的多目标优化方法采用 Pareto 等级的方法来评价解的优劣性,通过对比解的 Pareto 等级确定解的优劣性,进而为选择操作提供依据。常用的基于 Pareto 等级的多目标优化算法有,NSGA-Ⅱ、SPEA2、PESA2 和 NSGA-Ⅲ等。

车间作业调度的结果需要下发到车间,指导车间的生产活动。派工单是指面向工作中心的加工说明文件,包含工作中心一段时间内的加工任务,以及加工任务的优先级,是车间作业调度结果的表现形式之一,也是指导车间生产的重要工具之一。派工单一般以表格的形式下发到工作中心,包括的字段主要有车间代码、工作中心代码、物料号、任务号、工序号、需求量以及加工进度等。

6)计划执行与控制功能模块

生产计划的制定是不断优化的过程。在当前条件下制定的生产计划也许是可行的,并且也是最优的,但在另一种条件下不一定是可行。计划执行与控制是一个动态控制与优化生产计划的过程。生产计划下发到车间后,车间按照制定的计划进行生产。在生产过程中,一方面需要将计划的执行进度不断地反馈到生产计划系统,生产计划系统根据计划执行的进度,判断计划的执行是否顺利,是否需要修正计划。另一方面,随着生产状况、生产任务以及物料等的变化,生产计划需要不断调整,并将新的计划下发到车间,车间重新执行新的计划。

传统的生产计划系统主要负责生产计划的制定,计划的执行与控制一般交由制造执行系统负责。但如果生产计划系统缺乏对计划进度的掌控,就难以形成闭环系统,进而造成计划制定与执行严重脱节、生产与计划不符的情况。直接的体现就是生产计划的变更,当产能、物料、人员发生变更时,计划的进度难以得到保证。由于车间现场与生产系统之间信息的阻断,计划的调整往往是车间人员按照自身的经验,并且调整计划时并不会对各个工序段之间进行协同。根据自身产能与自身的考核体系制定的计划变更往往会与生产系统指定的计划存在偏差,当这种偏差没有及时反馈到生产系统时,随着偏差的不断积累,生产计划系统制定的计划与车间执行的计划之间的差别将会越来越大。

随着智能制造的发展,生产计划系统与制造执行系统之间的融合对生产计划系统闭合管理的形成将会起到重要作用。生产计划系统将ERP系统的客户订单与市场预测得到的生产任务经过主生产计划、粗能力计划、物料需求计划、细能力计划以及车间作业计划等一系列的计算,形成针对车间的加工单与派工单。MES系统接收生产计划系统下发到车间的加工单和派工单,并且按照生产计划系统制定的计划进行生产。MES系统在接收到生产计划系统的生产计划后,记录每个生产任务的开始生产时间、结束生产时间、生产量、生产过程信息以及质量信息等,并且将计划进度信息反馈给生产计划系统,帮助生产计划系统实现闭环管理。

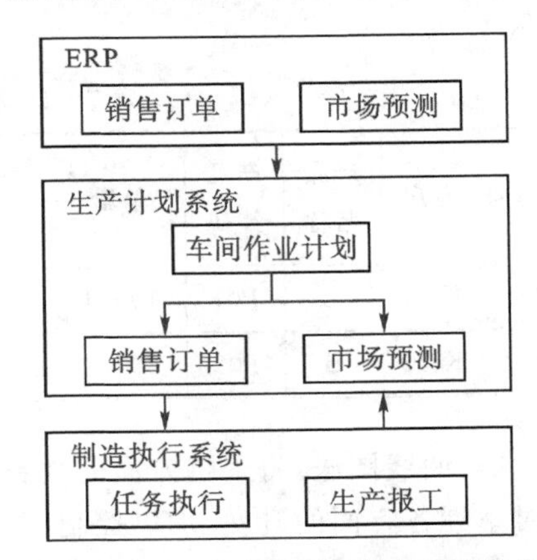

图7-4-16　生产计划系统与制造执行系统关系示意图

在任务到计划到生产执行的过程中,ERP、生产计划系统以及MES的关系如图7-4-16所示。生产计划的控制内容主要包括物料采购、制造过程管理、产量追踪、设备管理、质量检验、在库管理、出货管理、生产计划变更调整。生产计划的控制需要多个部门密切配合才能顺利进行,相关的部门包括市场部、项目部、工程部、质量管理部、采购部、仓库管理部、制造部、财务部以及会计部等。各个部门在生产计划控制中发挥的作用如下。

(1)市场部:对市场进行预测,提供需要生产的产品的信息,包括产品种类、质量要求、需求量以及需求时间。

(2)项目部:确保产品设计与开发的进度,提供准确的技术资料。

(3)工程部:确保生产工艺与作业标准完整性与准确性,确保设备的正常运行,确保工装夹具安装正确。

(4)质量管理部:提供完整的检验规范与标准,确保试验、检验设备与仪器的正常运行;安排相应的质量检验与控制计划,确保生产出的产品的质量得到保证。

(5)采购部:制定相应的物料采购计划,确保生产计划所需物料按时到货。

(6)仓库管理部:提供生产出来的产品所需的库存位置,提供物料的库存状况,确保物料及时配送到车间。

(7)制造部:统计生产过程数据,控制现场车间作业,保证生产的顺利进行,记录生产计划的执行进度情况;制造执行系统可有助于实现生产过程管理中的信息化及智能化,对于生产计划执行与控制具有重要的作用。

(8)财务部:提供生产所需的资金,对生产决策提供资金预算,提供生产经营分析的情报。

(9)会计部:提供生产成本的相关情报,为生产计划决策提供所需的相关成本信息。

生产计划进度管理是生产计划执行与控制中关键的内容,常用的进度控制方法包括看板管理、报表法、曲线图以及电脑系统等。

(1)看板管理:把看板作为取货指令、运输指令和生产指令,用以控制生产和微调计划;看板管理强调在必要的时间,按必要的数量,生产必要的产品,最大限度地运用资金;看板是实施准时化生产的主要管理手段,看板管理是准时化生产成功的重要保证,看板也仅仅是实现准时化生产的工具之一。

(2)报表法:采用表格的形式统计每个订单在一段时间内的生产量,典型的格式如表 7-4-2 所示。

表 7-4-2　典型的生产计划进度控制表

订单号	客户	产品名称	产品编码	订单量	进度							
					一	二	三	四	五	六	日	累计
D01	KH1	A	P01	100	10	15	20	—	—	—	—	45
D02	KH2	B	P02	200	20	25	30	—	—	—	—	75

(3)曲线图法:将采购方面的物料进度、生产上的进度、出货的进度等可绘制曲线图,可随时掌握各方面的进度,加以控制。

(4)电脑系统法:通过专业软件自动产生各类进度控制的表格和图表,如采购进度表、生产进度表等,对于进度控制就更为方便。

生产过程是瞬息万变的,计划的执行过程难以避免会遇到、会导致计划变更的因素,如插单、物料缺乏、设备故障以及订单取消等。当计划不可避免地需要更改时,依据计划变更控制流程更改计划,以适应新的生产任务。变更流程的内容应包括变更的提出、变更的批准、下发变更通知单、相关部门调整工作安排。其中,相关部门包括生产计划部、市场部、项目部、工程部、质量管理部、采购部、仓库管理部、制造部。各部门需要调整的工作安排大致包括如下几个方面。

(1)生产计划部:指重新计算主生产计划,进行粗能力平衡计算,重新计算物料需求计划以及细能力计划,修改车间作业计划以及生产进度,协调各部门的工作。更改计划的方法主要有全重排法和净改变法。全重排法是把主生产计划完全推翻重新制订。其优点是全部计划理顺一遍,避免差错。缺点是耗时较长。净改变法是只对订单中有变动的部分进行局部修改,优点是速度快,但难以达到最优的安排。

(2)市场部:根据生产计划部门提供的交期回复,修改出货计划或者销售计划;确认变更的计划是否满足各交期的要求,处理因此而产生的需与客户沟通的事宜,处理出货安排的各项事务。

(3)项目部:确保计划变更后的产品设计开发进度能满足生产要求,确保技术资料的完整性与及时性。

(4)工程部:确保计划变更后的生产工艺与作业标准更新的及时性与完整性,确认设备是否满足生产,确认工装夹具情况,确认技术变更情况。

(5)质量管理部:针对变更的计划,提供完整的检验规范与标准,确保试验、检验设备与仪器的正常运行,安排相应的质量检验与控制计划。

(6)采购部:制定相应的物料采购计划,确保物料的到货时间,处理计划变更后的物料处理事宜。

(7)仓库管理部:确保新计划所生产的产品所需的库存位置,确认物料的库存状况,负责因计划变更的现场物料的接收、保管及清退事宜,物料及时配送到车间保证新计划的物料需求。

(8)制造部:处理计划变更前后物料的盘点、清退等处理事宜,根据新的生产计划调整生产安排,确保人员以及设备能满足新的生产计划,保证新计划的顺利执行。

生产计划的变更对企业的经营管理来讲是个大问题,所以必须明确生产计划变更时各部门的职责,规定其权利和义务,减少计划的频繁变更。当生产计划不可避免地需要变更时,必须严格按照生产计划变更流程进行生产计划的变更。

7)采购计划功能模块

在生产型企业中,采购作为物料产生的起点,包含了从供应商到企业之间的物料、技术、信息、服务活动的全流程。采购计划是指企业管理人员在了解市场供求情况,认识企业生产经营活动过程中和掌握物料消耗规律的基础上对计划期内物料采购管理活动所做的预见性的安排和部署。

采购计划涉及需要考虑的事项包括是否采购、怎样采购、采购什么、采购多少以及何时采购。物料需求计划是采购计划的主要数据来源,采购部门根据物料需求计划制定采购计划,制定的采购计划须经过高层管理人员审批,审批通过的采购计划才能执行,否则需要重新制定。

制定的采购计划应该达到以下五个目的:①预计物料需求的时间与数量,防止供应中断,影响产销活动;②避免物料储存过多、积压资金以及占用堆积的空间;③配合企业生产计划与资金调度;④采购部门应事先准备,选择有利时机购入物料;⑤确定物料耗用标准,以便管制物料采购数量及成本。

采购方法是采购计划的核心内容之一,对于相同的物料需求计划,采用不同的采购方法对生产计划、库存管理、成本等的影响存在较大的差异。常用采购方法主要包括定量订货法和定期订货法。

1)定量订货法

定量订货法是指当库存下降到最低库存量(订货点)时,按照规定的订货量进行订货补充的一种库存控制方法。定量订货法的订货点与订货量都是事先确定的,并且是固定不变的,其原理图如图 7-4-17 所示。其中,Q_k 为订货点,Q_s 为安全库存,R 为物料需求速率,L 为订货提前期,Q 为订货批量。

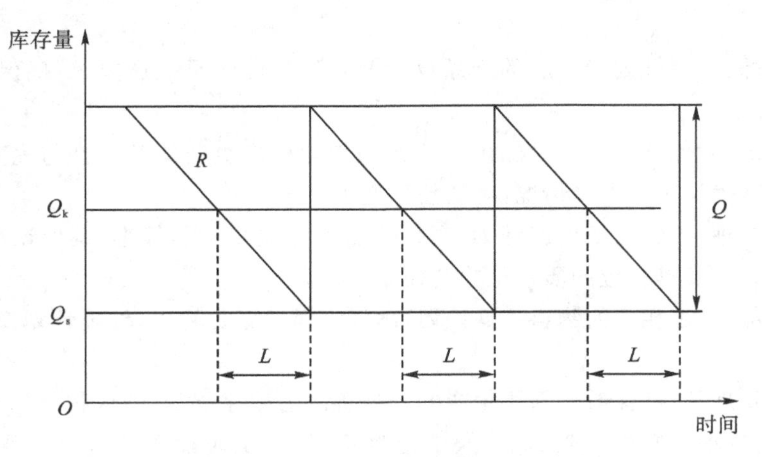

图 7-4-17 定量订货法工作原理示意图

定量订货法的两个关键参数分别为订货点与订货批量。订货点等于需求速率与订货提前期的乘积再加上安全库存量,其公式为 $Q_k = Q_s + R \times L$。

订货批量的确定主要采用的是经济订货批量法,其主要思路是确定最优的订货批量与订货周期,使得总成本最小化。总成本包括库存成本与订货成本。

定量订购法的优点:①订购点与订购批量一旦确定,定量订购法的实施将会变得很简单;②当订货量一定时,物料的收货、验收以及保管等工作可采用标准化的方法,可降低工作量,提高工作效率;③充分发挥了经济批量订货法的优势,可使生产切换成本与库存成本最小化。

定量订货法的缺点:①盘点的实时性要求高,会耗费大量的人力物力在库存的盘点上;②订货模式灵活性差,订货时间不能事先确定,对于人力、资金、工作等难以作出事前精确安排;③不适用于所用的物料采购。

2)定期订货法

定期订货法是按照事先确定的订货时间间隔,进行库存补充的库存控制策略。其思路是以一定的时间间隔盘查库存,当盘查的库存水平与目标的库存水平存在差额时,以差额为订货量进行库存补充,每次订货都将库存补充到最高库存量。定期订货法避免了定量订货法频繁盘查库存、灵活性差的缺点,其原理图如图 7-4-18 所示。其中,Q_m 为目标库存水平,Q_s 为安全库存,R 为需求速率,Q_k 为订货点,L 为订货提前期,T 为订货周期。

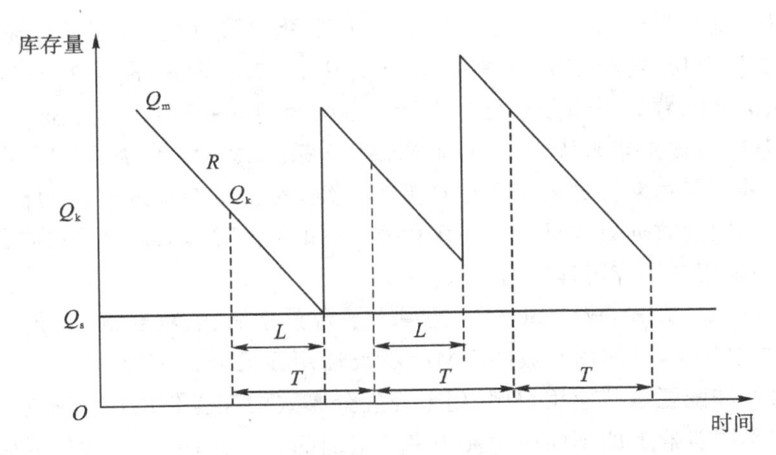

图7-4-18　定期订货法工作原理示意图

与定量订货法不同，定期订货法的订货点 Q_k 是变化的，而订货周期 T 是固定的。定期订货法的两个主要关键参数是订货周期 T 与目标库存水平 Q_m。其中，订货周期 T 可以根据自然日历习惯，如以月、季、年而定，也可以采用经济订货批量法确定，通过计算最优的库存成本和订货成本，确定最优的订货周期。目标库存水平 Q_m 取决于订货周期、订货提前期以及需求速率。Q_m 的计算步骤如下：①计算订货提前期与订货周期内消耗量 Q_1；②将 Q_1 加上现在库存量，最终得到 Q_m。当计算得到 Q_1 后，即可计算出订货量，订货量等于 Q_1 加上安全库存量再减去现有库存量、已订未到量以及已分配量。

定期订货法的优点：①可以一起出货，减少订货费用；②周期盘点比较彻底、精确，减少了工作量，仓储效率得到提高；③库存管理的计划性强，对于仓储计划的安排十分有利。

定期订货法的缺点：①安全库存量不能设置太少，需求偏差也较大，因此需要设置较大的安全库存来保证需求；②每次订货的批量不一致，无法制定合理经济订货批量，因此营运成本降不下来，经济性差；③只适合于物品分类中重点物品的库存控制。

定量订货法与定期订货法的区别主要包括以下四点。

(1)提出订购请求时点的标准不同。前者提出订购请求的时点标准是，当库存量下降到预定的订货点时，即提出订购请求；后者提出订购请求的时点标准是，按预先规定的订货间隔周期，到了该订货的时点，便立即提出请求订购。

(2)请求订购的商品批量不同。前者每次请购商品的批量相同，都是事先确定的经济批量；后者每到规定的请求订购期，订购的商品批量都不相同，可根据库存的实际情况计算后确定。

(3)库存商品管理控制的程度不同。前者要求仓库作业人员对库存商品进行严格控制和精心管理，经常检查、详细记录、认真盘点；而用后者时，对库存商品只要求进行一般的管理，简单地记录，不需要经常检查和盘点。

(4)适用的商品范围不同。前者适用于品种数量少，平均占用资金大的、需重点管理的A类商品；而后者适用于品种数量大、平均占用资金少的、只需一般管理的B类和C类商品。

8)基础数据及数据接口功能模块

生产计划系统的顺利运行需要大量的基础数据支撑，以保证生产计划系统的运行以及计划的准确性。基础数据的准确性是决定生产计划系统性能的关键因素。基础数据主要包括工艺路径、工厂日历、物料定义、物料清单、工作中心、工序定义、产品工艺、人员信息、班组信息等。大量的基础数据一部分来自生产计划系统自身，一部分来源于企业的其他信息系统，这部分的基础数据主要来源于 ERP 系统、MES 系统、WMS 系统、CRM 系统、SCM 系统等。如何集成外部信息系统的数据到生产计划系统，对于生产计划系统的性能具有重要的影响。各系统之间的数据集成可以存在多种方式，如采用 DB Link 的方式或者 Web Service 的方式，亦或是采用外挂应用程序的方式。

(1)Web Service 方式：Web Service 是一个平台独立的、低耦合的、自包含的、基于可编程的 Web 的应用程序，可使用开放的 XML(标准通用标记语言下的一个子集)标准来描述、发布、发现、协调和配置这些应用程序，用于开发分布式的互操作的应用程序。Web Service 能使得运行在不同机器上的不同应用无须借助附加的、专门的第三方软件或硬件，就可相互交换数据或集成。依据 Web Service 规范实施的应用之间，无论它们所使用的语言、平台或内部协议是什么，都可以相互交换数据。因此，Web Service 是生产计划系统与其他信息系统的接口的有效实现方式。

(2)DB Link 方式：DB Link 是数据库与数据库的连接方式，该种方式直接操作数据库，实现方式简单，但存在安全性差的问题。外挂应用程序则采用独立的应用程序实现生产计划系统与其他信息系统的数据交互，该种方法灵活性高，但可靠性较差。

根据基础数据的类型以及生产计划系统的要求，基础数据的精度、更新频率等的要求不一致。因此，导致生产计划系统与不同的信息系统的数据交互方式存在较大差异。在生产计划系统与 ERP 系统的数据交互中，大量的交互数据都以静态的方式进行，也就是数据一次性同步，同步后数据很少再重新更新。这些数据主要是一些固定的基础数据，如产品的资料数据、生产工艺数据以及 BOM 数据等。而生产计划系统与 MES 的数据交互大多采用动态的方式进行。MES 系统采集的数据是工厂现场的实时数据，MES 系统可以实时动态地更新数据，经过不断的迭代更新，使生产计划系统的基础数据越来越准确。此外，生产计划系统的计划数据可以实时发送给 MES 系统，帮助 MES 更好地管理生产过程。同时 MES 系统的报工数据也可以实时地反馈到生产计划系统，帮助生产计划系统实现实时的任务进度管理，提高交货期答复的实时性。因不同系统之间的集成方式的不同，会影响系统的性能，所以生产计划系统应充分考虑不同系统之间的集成方式。生产计划系统与其他系统之间的详细接口如表 7-4-3 所示。

表 7-4-3 生产计划系统与其他系统的接口

序号	名称	提供方	接收方	说明
1	BOM	ERP	生产计划系统	物料清单
2	产品资料	ERP	生产计划系统	产品资料
3	库存数据	WMS	生产计划系统	库存数据，包括成品、辅料等仓库数据
4	设备数据	MES	生产计划系统	设备的维修数据、设备的运行数据
5	线边仓数据	MES	生产计划系统	车间的线边仓数据，主要是辅料的数据

续表

序号	名称	提供方	接收方	说明
6	生产过程数据	MES	生产计划系统	生产过程的数据，如生产切换时间、能耗、生产成本等
7	报工数据	MES	生产计划系统	生产完工数据
8	批号	ERP	生产计划系统	ERP生产的生产批号
9	物料采购计划	生产计划系统	ERP	物料的采购计划，审批在ERP完成
10	交期回复	生产计划系统	ERP	回复每个订单的交期时间给ERP系统
11	生产工艺	ERP	生产计划系统	产品的生产工艺数据
12	生产计划	生产计划系统	MES	下达到车间的生产计划
13	辅料消耗数据	MES	生产计划系统	MES统计的辅料消耗数据对接到APS系统
14	产品质量数据	MES	生产计划系统	每个订单产品的质量数据对接到APS系统

7.4.5　CIPS的应用设计

CIPS是一个与周围环境有物质、能源和信息交换的开放型、大规模、多层次、多模式、多视图的复杂系统，任何单个领域或单元技术的理论和方法都无法概括CIPS所涉及的问题。尽管CIPS和CIMS都是CIM在不同领域的应用，在财务、采购、销售、资产和人力资源管理等方面基本相似，但由于流程工业与离散制造工业代表着两种不同的生产方式，这就决定了CIPS必定会有着一些与CIMS截然不同的特点。因此，研究与建设CIPS就不能单纯地照抄照搬现有CIMS和国外CIPS的经验和成果。从应用设计的角度来讲，二者还存在许多差别，具体如下。

1. CIPS与CIMS的主要区别

1）在生产计划方面的差别

CIPS的生产计划可以从生产过程中具有过程特征的任何环节开始而CIMS只能从生产过程的起点开始计划；CIPS采用过程结构和配方进行物料需求计划而CIMS采用物料清单进行物料需求计划；CIPS一般同时考虑生产能力和物料，而CIMS必须先进行物料需求计划，后进行能力需求计划；CIPS的生产主要面向库存，没有作业单的概念，作业计划中也没有可提供调节的时间，而CIMS的生产面向订单，依靠工作单传递信息，作业计划限定在一定时间范围之内。

2）在工程设计方面的差别

CIPS中，新产品开发过程不必与正常的生产管理、制造过程集成，可以不包括工程设计子系统。而CIMS由于产品工艺结构复杂、更新周期短，新产品开发和正常的生产制造过程中都有大量的变形设计任务，需要进行复杂的结构设计、工程分析、精密绘图、数控编程等，工程设计子系统是其不可缺少的重要子系统之一。

3)在信息处理方面的差别

CIPS要求实时在线采集大量的生产过程数据、工艺质量数据、设备状态数据等,要及时处理大量的动态数据,同时保存许多历史数据,并以图表、图形的形式予以显示,而CIMS在这方面的需求则相对较少。另一方面,CIPS的数据库主要由实时数据库与历史数据库组成,前者存放大量的体现生产过程状态的实时测量数据,如过程变量、设备状态、工艺参数等,实时性要求高,而CIMS的数据库则是主要以产品设计、制造、销售、维护整个生命周期中的静态数据为主,实时性要求不高。

4)在调度管理方面的差别

CIPS中要考虑产品配方、产品混合、物料平衡、污染防治等问题,需要进行主产品、副产品、协产品、废品、成品、半成品和回流物的管理,在生产过程中占有重要地位的动力和能源等辅助系统也要纳入CIMS的集成框架,而CIMS则不必考虑这些问题。

CIPS中生产过程的柔性是靠改变各装置间的物流分配和生产装置的工作点来实现的,必须要由先进的在线优化技术、控制技术来保证,而CIMS的生产柔性则是靠生产重组等技术来保证。

CIPS的质量管理系统与生产过程自动化系统、过程监控系统紧密相关,产品检验以抽样方式为主,采用统计质量控制,产品检验与生产过程控制、管理系统严格集成、密切配合,而CIMS的质量控制子系统则是其中相对独立的一部分。

5)在安全可靠性方面的差别

CIPS因生产的连续性和大型化,必须保证生产高效、安全、稳定运行,实现稳产、高产,才能获取最大的经济效益,因此安全可靠生产是流程工业的首要任务,必须实现全生产过程的动态监控,使其成为CIPS集成系统中不可缺少的一部分。而CIMS则偏重单个生产装置的监控,监控的目的是保证产品技术指标的一致性,并为实现柔性生产提供有用信息。

6)在经营决策方面的差别

CIPS主要通过稳产、高产、提高产品产量和质量、降低能耗和原料、减少污染来提高生产效率,增加经济效益。而CIMS则注重于通过单元自动化、企业柔性化等途径,达到降低产品成本、提高产品质量、增加产品品种,满足多变的市场需求,提高生产效率的目的。

由于流程工业生产过程的资本投入较离散制造业要大得多,因而CIPS需要更注重生产过程中资金流的管理。

7)在人的作用方面的差别

CIPS因生产的连续性,更强调基础自动化的重要性,生产加工自动化程度较高,人的作用主要是监视生产装置的运行、调节运行参数等,一般不需要直接参与加工。而CIMS的生产加工方式不同,自动化程度相对较低,许多情况下需要人直接参与加工,因此两者在人力资源的管理方面有明显区别。

8)在理论研究方面的差别

CIMS经过多年的研究和应用,已形成较为完善的理论体系和规范,而CIPS因起步较晚,体系结构、柔性生产、优化调度、集成模式和集成环境等方面都缺乏有效的理论指导,急需进行相关的理论研究。

2. CIPS 的设计目标

进入 20 世纪 90 年代后，CIMS/CIPS 在实施和发展过程中，不断吸取新概念、新思想、新技术，其内涵已经远远超越了计算机集成制造/过程系统，成为一种人/组织、管理与运营企业的理念。它将传统制造技术与现代信息技术、管理技术、自动化技术、系统工程技术等有机结合，借助计算机（软件、硬件），使企业产品全生命周期各阶段中的有关组织、经营管理、技术三要素及其信息流、物流、价值流有机集成并运行，实现企业的数字化、网络化、集成化、虚拟化、智能化、绿色化，是提高企业综合竞争力的有效途径，使企业赢得市场竞争主动权，以达到产品上市快、高质、低耗、服务好、环境清洁的目的，进而提高企业的柔性和鲁棒性。

一般认为，企业的综合竞争力主要通过以下要素（见图 7－4－19）来体现：产品成本（C）、产品质量（Q）、上市时间（T）、企业服务（S）、环境清洁（E）、知识创新（K）。

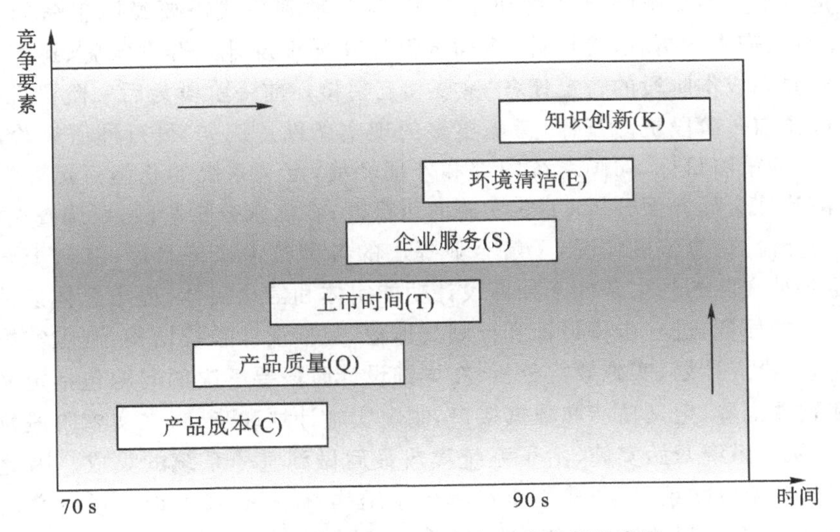

图 7－4－19　企业综合竞争力要素分析示意图

上市时间（T）：对离散工业来说，以时间为基准的竞争是突出的特点。而对于流程工业，一般工艺稳定，产品种类在一定时期变化不大。因此，这一要素主要体现在：根据用户的需求或气候的变化，尽可能快地调整工艺设备适应生产，并减少事故的发生。

质量（Q）：流程工业一般以大批量生产为主，面向工业级用户或大的分销商。产品的小批量、特性化要求难以实现。因此，产品质量要求主要体现在符合质量标准和环保标准等方面。

成本（C）：由于流程工业能耗大，消耗的原材料多，加之，其他竞争要素改善空间有限，降低成本已成为提高企业竞争力的重要手段。

服务（F）：服务属于非价格竞争的范畴，对于流程工业，售后服务主要体现在按时履行合同，准确地计量，使客户能更方便地订货与提货等。

环境清洁（E）：流程工业生产过程往往都会或多或少地排放许多污染物，特别是中小企业，污染还比较严重。随着国家环保政策的不断缩紧，以及现场操作人员对工作环境要求的不断提高，环境清洁越来越受到重视。

知识创新(K)：知识创新与以上四个因素相联紧密，将知识创新与工艺优化，设备改进及优化，过程的自动化与信息化结合起来，将有助于生产的平稳运行；另外，应提高企业的研发能力，开发附加值高的新品种。

根据以上的分析，可以确定 CIPS 设计的总体目标和子目标分别如下。

总目标：提高企业的经济效益和社会效益。

子目标：①跟踪市场变化，实时调整经营决策，并有效组织生产；②根据生产各环节的柔性，优化调度及排产；③实时故障诊断，减少非正常生产的状况；④打破“信息孤岛”的局部最优状态，实现全厂最优，甚至是供应链上合作伙伴的全局最优；⑤实时评估企业效益；⑥使生产过程向着安全、优质、稳定、均衡、低耗和少污染的目标靠近。

3. CIPS 的三维体系结构

CIPS 是一个大型复杂的综合自动化系统，从立项到建成需要经历生命周期的各个阶段：可行性论证、需求分析、系统设计(含初步设计和详细设计)、开发实施、运行维护等。在各个阶段，既要完成本阶段的特定任务，又要相互衔接。前一阶段为后一阶段准备必要的信息，后一阶段比前一阶段更为具体，考虑更多的现实条件。例如，可行性研究阶段的任务主要是了解系统的策略目标，勾画系统内部和外部环境，定义系统的总体目标和主要功能，并从技术、经济和社会等方面分析 CIPS 实施的可行性；在需求分析阶段，要调查企业中发生的各种物流、资金流、信息流的情况，了解企业提出的各种技术经济目标；在初步设计阶段，要考虑在满足各种实际的约束条件下如何设计功能实体和信息实体，提出总体设计计划，完成需求阶段提出的任务，进一步将目标和计划具体化，包括设计系统结构，制定实施计划，制定编码方案，作出投资计划、实施效益分析；在详细设计阶段要解决的问题包括定义系统规范，进行硬件和软件配置，定义功能和数据接口，制定实施计划和步骤；在实施阶段，要遵循自下而上的思想，从子系统开始实施，由子系统集成最后做到整个系统的集成。因此，应当把整个生命周期的各阶段联系起来，建立全过程体系结构，而不是孤立地用最终实现的“应用系统”的结构来代替全过程的体系结构。这一思想已被国内外研究体系结构的学术团体所普遍接受。

根据欧共体 ESPRIT 计划提出的 CIM - OSA 理论，可将 CIPS 看成是一个三维体系结构，分别描述推导过程、抽取过程和生成过程。结合我国连续过程工业的实际，我国学者提出了类似的 CIPS 三维体系结构，坐标轴分别是时间轴 Z、纵向轴 Y 和横向轴 X，构成企业 CIPS 的立体空间，如图 7 - 4 - 20 所示，对应的展开图模型如图 7 - 4 - 21 所示。

1)CIPS 体系结构的时间轴 Z

时间轴体现 CIPS 的整个生命周期，依照连续过程工业 CIPS 的生命周期的 5 个阶段，时间轴 Z 工作分布如下。

(1)可行性论证：在研究企业内外环境的基础上，根据实施 CIPS 目标所拟订的 CIPS 总体方案，对采取的技术，硬、软件配置及经费预算等进行四方面的论证，技术可行性、经济可行性、运行可行性和风险性。

(2)需求分析：调查企业中的各种物料流、资金流、信息流、工艺装置流的状况，了解企业提出的各项技术经济指标。

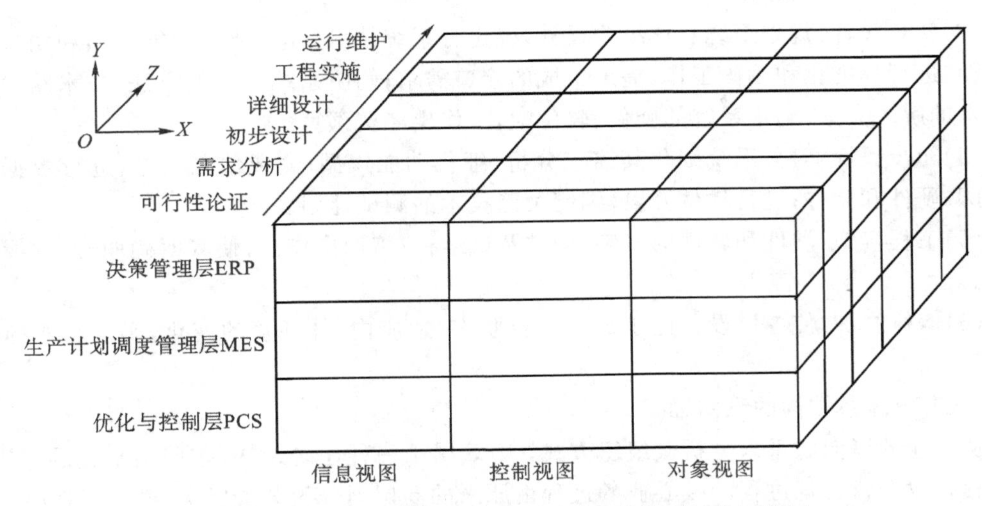

图 7-4-20　流程工业 CIPS 应用设计三维体系结构示意图

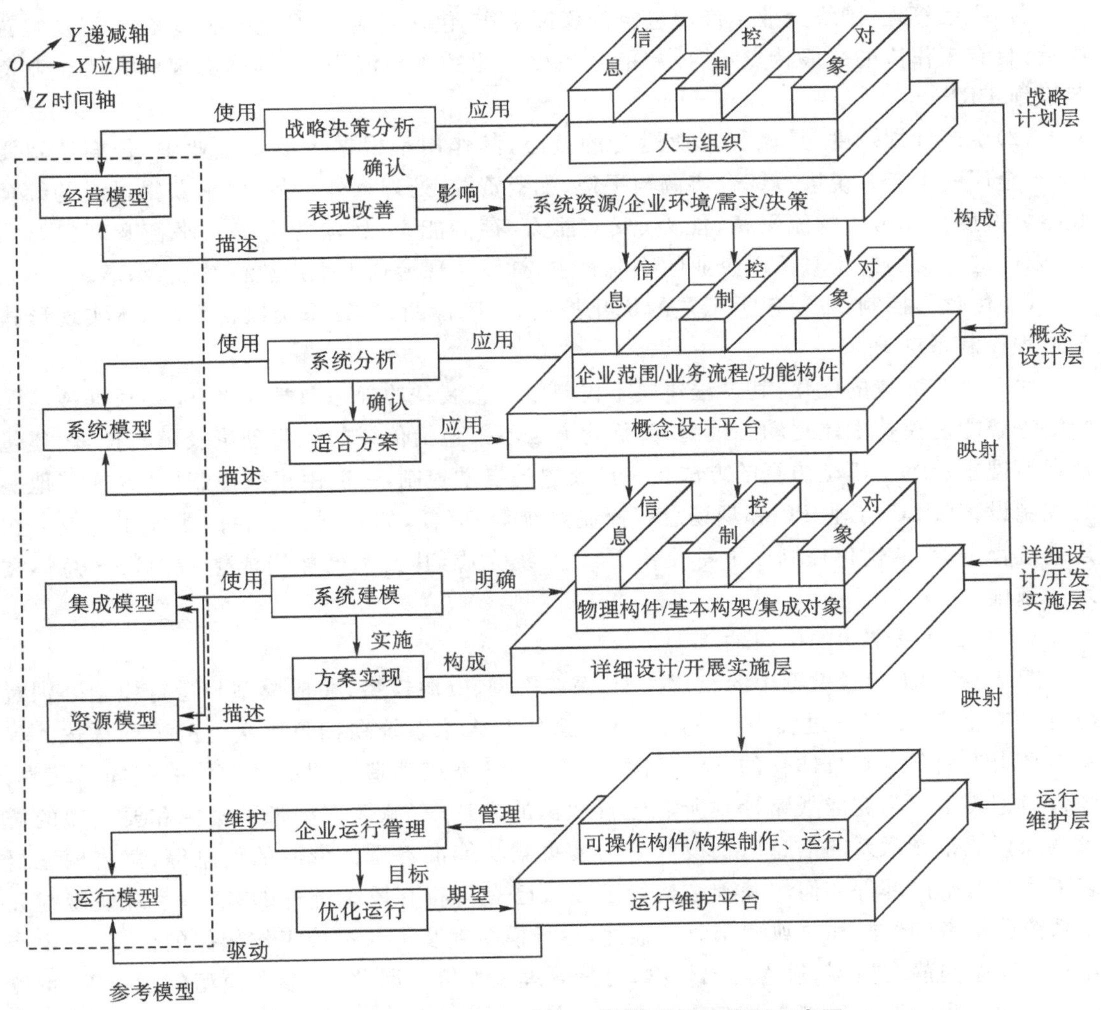

图 7-4-21　流程工业 CIPS 三维体系结构模型示意图

(3)初步设计:规划系统总体结构设计,确定分系统技术方案;建立功能模型和初步的信息模型,进行标准化和编码工作,提出集成的接口需求;阐明系统开发的方法、技术路线和关键技术的解决方案;确定系统的硬件、软件配置,作出经费预算。

(4)初步设计:对分系统细化其需求分析,细化功能模型;完成信息模型,进行数据库设计;订购硬件和软件;进行软件开发,编制关键技术的测试计划。

(5)工程实施:硬件和软件的安装、调试及试运行;培训操作点,使其明确职责,掌握操作技能。

(6)运行维护:使各层设备处于最佳运行状态,适应内、外环境的变化,实现企业的全局优化目标。

2)CIPS 体系结构的纵向轴 Y

从企业的纵向联系来分析其组织方式,CIPS 属于一种递阶结构,按照扁平化的原则,可将流程企业经营管理过程的核心业务过程由原来的 5 层划分为 3 个层次:决策管理层 ERP、生产计划调度管理层 MES 和优化与控制层 PCS,每一层次都是以工作流作为过程流模型。

(1)决策管理:围绕企业生产而进行的管理工作,包括供应、销售、财务、综合计划及经营决策,具有工作流的一般特点,其控制的对象以企业的资金流为主,具体实现形式为企业资源规划 ERP 。

(2)生产计划调度:是流程企业运行的核心,其作用是根据市场及企业中、长期计划要求,对全厂的生产系统进行综合协调与平衡,配置资源,处理意外事故,以求获得最大的综合效益。调度主要考虑物流平衡、能力(反应能力、存储能力、运输能力等)、平衡及环保要求等,因此这一层的控制对象以企业的物流为主,具体实现形式为生产执行系统 MES。

(3)优化与控制:主要包括工艺的优化控制、故障诊断、运行系统监视等,具体实现形式为过程控制系统 PCS 。

对于生产装置的优化,其过程建模不仅包括工艺装备的静态数学模型,还要根据神经元网络等智能建模技术建立动态模型,其优化方法不仅包括传统的优化理论及随机搜索,还包括智能搜索及基于模型仿真的方法。生产装置的自动控制,一般由集散控制 DCS 或其他实时控制设备(PLC、工业 PC 和现场总线控制系统等)完成,如此划分的目的是突出重点。在连续过程企业,从优化控制以下都是由 PCS 系统完成,其技术已相当成熟,是 CIPS 总体技术的基础。

3)CIPS 体系结构的横向轴 X

图 7-4-21 参考模型中的经营模型、系统模型、资源模型、集成模型与运行模型分别对应流程工业 CIPS 设计过程中各阶段对现有系统和未来系统在抽象层次上的不同描述。其关系是由上而下逐步具体化的,这与流程工业 CIPS 系统建造过程的方向恰好相同。其中,经营模型集中了为完成战略计划所需经营知识的表达;资源模型携带了资源和要实现的需求之间可能存在联系的信息以及设计者为实现某功能准备添加资源的信息等;集成模型封装了系统的不同部件如何用基础结构元素建成已有与将有系统部件的方法;系统模型封装了系统分析者的经验和对典型企业的描述;运行模型封装了与系统工作相关的信息,如生产过程的动态与静态模型、投入产出模型、订货管理模型等。因此,在参考模型的指导下,可以由上而下逐步建造流程工业 CIPS 系统。

从体系结构的横向分析(视图轴 X)来看,上述的每一级都可以看成是一个广义的控制系统,都具备组成控制系统的三要素:信息、控制与对象三大部分;若把各级的信息联结起来,便组成了信息视图;若把各级的控制联结起来,便组成了控制视图;若把各级的对象汇总起来,便组成了对象视图,如图 7-4-22 所示。

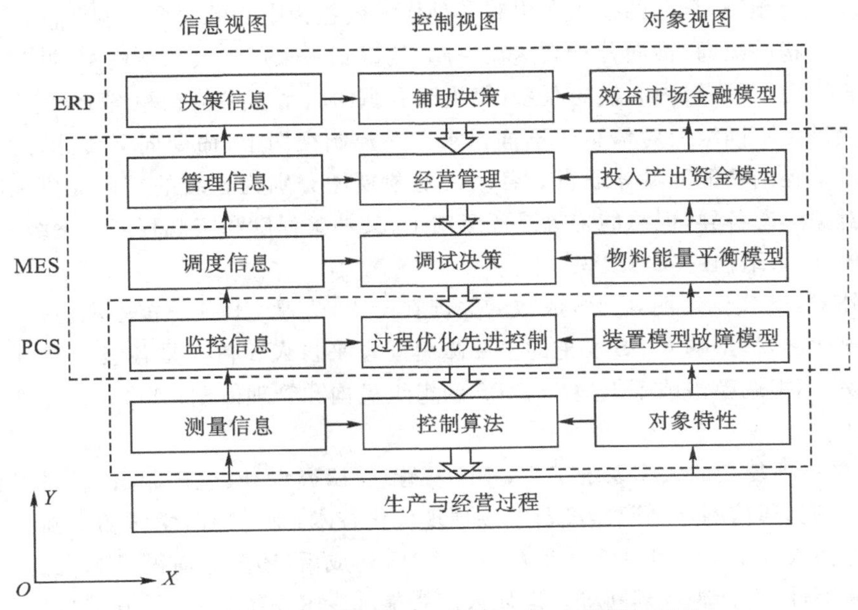

图 7-4-22　CIPS 体系结构的 X 轴、Y 轴联合视图

(1)信息视图:反映信息的各种属性、存储结构以及信息间的相互联系。最底层的参数测量信息经过浓缩处理后,上升到控制层,进一步加工后变成监控层的核算信息和工况信息,分别提供给车间管理,优化生产和事故监督预测之用,并经过统计汇总后上报至管理级和调度级,一些重要测量信息(如关键设备的运转情况,全厂主流程上的重要参数),也可直接由专用通道上达至调度级。管理与调度信息经过深度加工后,进入决策级,作为企业领导决策的主要依据。在决策级除了掌握来自企业内部的综合信息外,还要掌握外部信息,如市场信息、同行业信息等。

(2)控制视图:反映自动化系统的建造者对各级功能的分配及实现,针对企业要实施的功能或待解决的问题,在充分有效地利用各种信息的基础上提供各种方法和策略,因而是整个系统的核心部分。在最底层的单元控制典型的控制器,例如温度调节回路中的 PID 调节器,或是前馈、补偿去耦等复杂调节规律;在监控层把底层各控制系统作为广义对象,寻求生产装置的静态优化,而不考虑某个调节回路的动态特性如何;在调度层,提供优化调度策略,保持全厂的平衡生产;在管理层考虑全厂的资金、物流的运转与存储,供销渠道的畅通;在决策层则把整个工厂作为广义对象,寻求全厂的整体优化。控制视图中的各层间的联系,逻辑上是上级部门指挥下级部门,物理上则通过信息视图发生联系。

(3)对象视图:反映不同流程企业的各种不同特性,正确了解对象视图,是自动化系统能否成功的关键。不同级上对象视图差异是很大的。例如底层对象是各种流程装置的动态特性,通常用传递函数或频率特性描述。监控层上的优化控制,需要了解的对象是装置的数学模型,通常用线性回归模型或非线性模型来表达。在调度级,对象是与全厂的主要工艺流程相联系的物料平衡及能量平衡方程,主要设备特性及主要控制参数。在管理层对象是资金、物料的流通和分配过程,固定资产折旧和成本核算摊派过程。在高级决策层,对象是市场需求的动态变化及预测,全厂的投入产出和各种构成效益为中心的主要限制条件。

将体系结构的纵向、横向分析表达在一起,就得到一张矩阵式的结构图,见图 7-4-22。在这张联合视图上,每级内有横向联系,每级间有纵向联系。在信息视图上,信息向上浓缩,逐级抽象以满足不同级上对信息的不同需求。在控制视图上,命令向下传达,逐级具体,以完成不同级上控制功能的具体职责。各级的对象视图分别为各级的控制提供策略依据,不同级上的对象形态各异,但总的趋势是逐级向上,其抽象程度和宏观程度也逐级提高。

4)CIPS 体系结构的人与组织

国内外 CIPS 实例证明,CIPS 成败的关键在于人,人是 CIPS 的核心和主体。从我国连续工业的现状出发,影响 CIPS 实施的主要障碍同样来自人。首先是各级领导对 CIPS 缺乏正确的认识,不想调整当前不能适应 CIPS 的组织机构和管理体制;其次是企业中缺少 CIPS 的技术人才。

CIPS 是一项复杂的大型系统工程,集经营管理、研究设计、生产制造、质量保证于一体,涉及计算、控制、通信制造、管理、经营等多项现代化技术,是一项跨学科的高新技术课题,需要集中多方面人才的学识和智慧才能解决。CIPS 建成后,还要靠懂得 CIPS 的人来操作,处理突发异常事件,进行决策判断等。即使人工智能和专家系统的引入,其结果也是让机器围着人转,而不是人围着机器转。CIPS 不是搞无人工厂,而是集中人的智慧和才能,让“电脑”变成“人脑”。于是在硬件(Hardware)和软件(Software)之后,人们又提出了人件(Humanware)的概念。CIPS 第一层次的集成对象是硬件、软件和技术,高一层次的集成对象是经营、技术和人。CIPS 的关键技术是集成,CIPS 的核心是人,所以人是 CIPS 的中心轴。

由于 CIPS 概念在 20 世纪 80 年代初才被广泛接受,并随着发展引入了制造技术中的一些新概念,如并行工程、精简生产和敏捷制造等,因而, CIPS 本身正趋于不断地改进和完善中。对 CIPS 体系结构的研究也不断地被赋予了新的内涵。

对于面向全局的理想 CIPS 体系结构应具有以下性质:①不但要对信息集成所需的决策、调度和控制进行建模,同时对完成企业、工厂集成任务的工程和计划的结构和发展进行建模;②应兼备体系结构和方法体系;③方法体系还应包括可以在某种程度上描述和开发企业集成的计算机或其他支持工具;④体系结构与相关方法体系的模型、技术和工具形式化定义的语法和语义应是清楚的,且具有开放性和计算机可执行的形式。

4. CIPS 工程化开发方法、主要障碍及应对策略

1)CIPS 工程化开发方法

CIPS 工程化开发方法应按照生命周期法,将整个开发应用过程分为需求分析、系统设计、系统实施和系统运行与维护等阶段(见图 7-4-20),充分运用计算机辅助工具(如 CASE)、软硬件平台,在上文介绍的体系结构下开发和实施。具体的开发方法如图 7-4-23 所示。

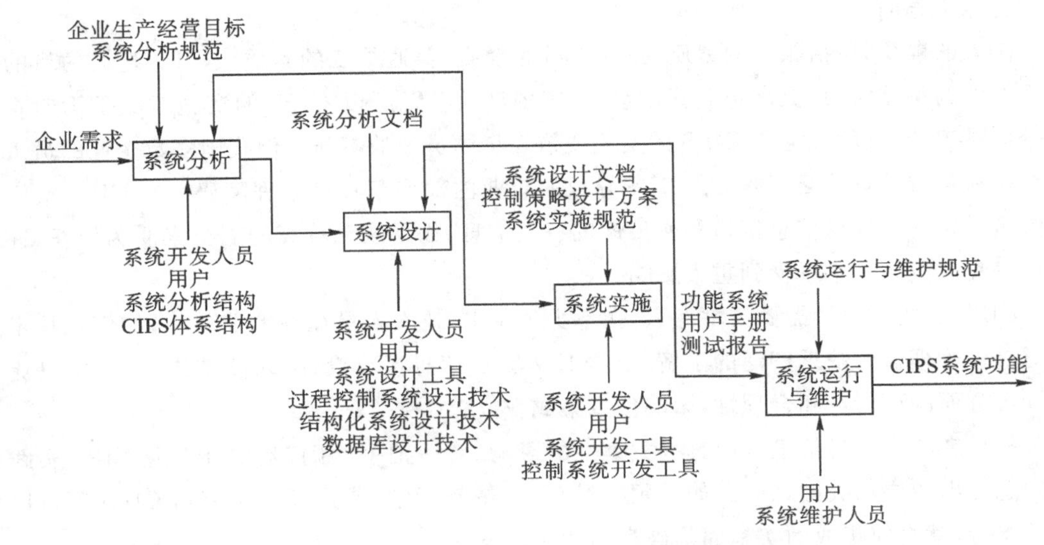

图 7-4-23 CIPS 的工程化开发方法示意图

2)CIPS 实施过程中的主要障碍

尽管成功实施 CIPS 可以带来许多效益,但是由于一些企业在实施 CIPS 的过程中存在许多问题,导致这些企业的 CIPS 应用工程未达到预期效果。总结起来,这些问题及其原因主要表现在如下几个方面。

(1)不稳定的企业组织战略和组织结构。尽管我国的企业改革已基本完成从扩权让利的政策调整阶段向制度创新阶段转化,但现代企业制度的建设不仅牵扯到企业所处的市场经济环境,而且深入到企业内部组织管理体制的变革。这对于大多数企业来讲是一个巨大的冲击,要求企业必须将现有的组织战略与组织结构做出相应的调整与变动。如果组织战略不定、组织结构不稳,将使信息接口难以确定,或严重影响接口的适用性和工作效率,无法实现 CIPS 的总体规划。CIPS 的框架结构将处于模糊状态,导致信息接口不明,当然信息集成也就难以达到。

(2)不均衡的企业整体管理素质和管理水平。企业的整体管理素质和管理水平,可以具体体现为如下几个方面:完整、科学、现代的管理思想和理论;规范化的业务流程;明确的职能分工;统一、标准化的报表格式和信息载体;清晰的业务接口;现代的、综合管理方法和手段等。

我国多数企业由于缺乏整体、系统的管理战略,因而体现管理素质和水平的上述诸项目在企业中的体现很不均衡,由此导致难以实现管理的集成,对信息集成实现也是巨大障碍。即使在这种不均衡的管理水平上建设 CIPS 并取得了局部成功,但是整个 CIPS 系统最终要么失败,要么低效益运转。

(3)具有最大制约性的人的因素。据调查,人的因素在 CIPS 实施的困难中占到 80%以上。因为 CIPS 的实施工程是一种高新技术的汇集工程,当然也就是汇集技术人才的工程,人员因素的客观约束必然成为 CIPS 实施中的障碍。具体来讲,人员因素对信息集成的影响表现在三个方面。

①人的素质,包括领导的素质、技术人员的素质、普通员工的素质。CIPS 建设的目的是增强企业的整体实力、提高企业管理水平、实现高效益。所以 CIPS 的实施对象是面向企业的全体员工的,这就决定了 CIPS 的实施要依靠全体员工的参与。但我国多数企业的员工对计算机和集成管理缺乏了解,对 CIPS 导致的企业内部变革具有心理障碍。在 CIPS 实施中又大量需要他们提供信息接口和所传递的有关信息,如果缺乏较高的人员素质为依托,往往使信息集成效果和水平受到重大影响。

CIPS 的实施设计需要技术专家,在不少企业中,技术人员往往专业单一,如信息技术人员对具体管理业务缺乏广泛的了解,这样必然影响信息接口设计、功能结构设计、信息流程设计等方面的可行性和合理性,影响信息集成。

领导者的素质对信息集成具有关键性的影响。"一把手原则"是中外企业 CIPS 实践中共同总结出的成功关键之一。如果领导对 CIPS 缺乏了解,或是领导没有给 CIPS 项目以强大的支持,就会使集成的实施面临破产的危险。

总体业讲,人的素质水平,即领导者素质、员工素质、技术人员素质决定了 CIPS 建设的水平和信息集成的水平。

②人员的协作。CIPS 的实施过程往往需要计算机专业与管理专业人员相互配合,其配合的效果如何也决定了信息集成的水平。在我国企业里,两种人员之间长期缺乏配合,技术专业人员往往从技术实现角度分析问题,而管理人员由于考虑业务需要而提出技术上不合理的要求。而 C1PS 实施又必须以他们的协作为基础,因此计算机专业人员与管理专业人员在配合工作中产生的矛盾也将严重影响信息集成效果。

③复合型人才的培养。CIPS 的实施要求必须具备一定数量的既懂管理、又懂计算机的复合知识结构的人才,复合人才有助于通过较小的知识壁垒而易于实现集成。但这类人才在我国企业中是十分匮乏的,从而复合型人才的培养是提高 CIPS 信息集成效果的必要性工作。

(4)资金与技术的约束。CIPS 的建设工程具有资金密集和技术密集的特点,CIPS 需要的巨额投资对一般企业来讲是难以承受的,因此我国的企业很难依靠自身的实力全面实施 CIPS。同时,CIPS 所要求具备的技术基础也使一般企业望尘莫及,而构成 CIPS 的各子系统因功能放大而产生的显著效益,又离不开高技术的依托。技术和资金又往往联系在一起,资金不足会使技术的投入受到约束,一旦技术出现问题,CIPS 的建设质量必然受到影响,信息集成的效果也将受损。会使 CIPS 实施周期过长,导致企业管理人员对 CIPS 的实施失去耐心和信心,从而影响他们在政策、资金和其他各方面给予 CIPS 实施的支持力度,为 CIPS 的成功带来障碍。

对我国大多企业来说,资金和技术问题确实是 CIPS 建设中的一大约束,从而影响到 CIPS 建设技术和信息集成技术的先进性。

(5)实施重点不明确。CIPS 强调的重点是集成,包括信息集成、过程集成、企业集成。其中,信息集成是针对设计、管理和加工制造中大量存在的自动化孤岛,解决其信息的正确、高效共享和交换;过程集成是实现企业产品全生命周期中各种业务过程的整体优化,是信息集成在广度和深度上的扩展和延伸,而且更多地考虑系统优化。我国现阶段 CIPS 强调的是信息集成技术,而不能过分地强调底层自动化的程度,而一些企业实施 CIPS 的问题之一就是企业过分强调底层自动化程度,过分强调单元技术的实现,而不是从集成管理的角度、从系统的观点来实施 CIPS,使得大量的资金投入没有取得相应的回报。

我国企业的 CIPS 建设大多采取分阶段投资战略,这样可以集中有限的人力、物力和财力,以便在有限的几个领域取得突破。但同时也带来严重的问题,即容易失去总体规划,或者由于建设周期长且总体规划缺乏动态可调整性,从而使规划落空。分阶段投资的结果是建成了一个个自动化孤岛。事实上,CIPS 之所以能产生显著的效益,关键在于自动化孤岛的有机集成;换言之,CIPS 最终要求这些"孤岛"能集成起来。

(6)缺乏正确的数据源基础。我国不少企业分阶段实施 CIPS 是以 MIS 或 ERP 为起点,主要是因为它们所需要的硬件设备投资相对较少,同时还可以直接改善管理水平和设计水平。

企业内的信息资源来源于三个类别:管理过程产生的管理信息;技术开发过程产生的技术信息;生产过程产生的生产信息。管理信息、技术信息二者与生产信息是密切相关的,甚至以生产信息为基础。我国企业不论从 MIS 还是从 ERP 入手进入 CIPS,都应考虑与生产信息的数据共享问题,否则缺乏数据源基础从而难以实现信息集成的优化效果。

(7)不注重分阶段实施的经验积累。前期经验对分阶段实施 CIPS 来讲是至关重要的,但我国不少企业在分阶段实施 CIPS 过程中缺少继承性,这正是因为缺乏总体规划所致。封闭的自动化孤岛的形成也是由此所致。前期的经验和成果在后期的建设中若得不到充分的继承和发展,必然影响 CIPS 整体系统的信息集成。

(8)缺少企业外部环境的协同。信息集成不仅要以企业内部各子系统之间业务联系为基础,而且还要满足上级主管部门的要求。当前我国企业普遍接受多重领导,各渠道主管部门不一致的信息要求将给企业信息集成形成强大的制约力量。因此,形成一个协调有序的宏观管理环境是企业信息得以有效集成的重要条件。

CIPS 对信息的集成,不仅要求实现企业内部信息的集成,还要实现企业外部环境信息的集成。由于企业的外部环境常处于不稳定的状态,这与外部信息集成所需要的稳定市场环境是互相矛盾的。

3)我国企业实施 CIPS 的应对策略

我国企业实施 CIPS 的策略要点可总结为如下几点。

(1)以我国国情为出发点。我国与发达国家国情的差距主要表现为技术水平和管理水平的落后,以及资金短缺和人才短缺。发达国家是在具备了较好的自动化单元技术的基础上谋求单元技术的集成效益,而我国自动化的水平却普遍处于低级状态。我国 CIPS 研究处于起步阶段,CIPS 本身还在不断地发展,新技术(如专家系统、优化系统等)、新理论(如 MRP、ERP 等)、新思想(如并行工程、敏捷制造、精益制造、拟实制造等)不断充实 CIPS 的内涵,要充分认识到 CIPS 实施的长期性和艰巨性。

(2)转换经营机制。增强企业活力是当前经济体制改革所要解决的主要问题。改革的目标是实现企业整体优化,CIPS可以为实现此目标提供一种可借鉴的途径。把企业当前遇到的问题从CIPS中找到突破口,用CIM思想为指导解决问题。换言之,CIPS只有与当前经济体制改革相结合,才能具备强大的生命力。CIPS是一个庞大的系统工程,实现信息集成不仅要克服集成技术、人机接口技术上的难点,而且要克服传统观念和管理基础的障碍。

(3)寻求跨单位合作。在CIPS尚未形成产业之前,实施CIPS不是一个企业所能胜任的,而是跨学科、跨专业、跨单位的合作。因此应当加强企业之间、企业与科研单位之间的交流,把实践中的问题在理论中找到依据和解决办法,同时把理论研究结合到现状之中找出其间的差距,为理论研究提出新课题,共同探索我国的CIPS道路。

(4)总体规划,分步实施。"总体规划,分步实施"战略体现了低成本实现的思想,总体规划下的分步实施,通过分阶段地取得效益,减少企业实施CIPS的风险,降低企业实施CIPS的经济压力。特别是分步实施,针对生产经营的关键问题进行重点突破,可以获得较大的经济效益。

(5)重视信息化与自动化之间的平衡。根据企业的实际情况,在总体规划时,提倡适度信息集成和适度自动化,即在管理决策层,信息集成以生产经营管理等关键信息为主,避免争上求全的倾向,在车间层,防止片面追求高度自动化,避免浪费。

(6)注重平台技术的应用。计算机软件是实现CIPS信息集成的关键。基于开放系统概念的开发平台技术,为应用系统软件设计提供了强有力的支持,能有效地解决CIPS中的软件瓶颈。运用平台技术,尤其是选用高档平台技术,将大大简化工作量和缩短开发周期,提高了软件系统的柔性和可维护性,大大降低实施CIPS的资金投入。

(7)控制先行,效益驱动。与离散工业不同,流程工业生产柔性小,效益主要来自稳定、优质、安全的生产。而保证平稳生产,离不开控制。因此,"控制先行、确有效益"往往是流程工业CIPS实施的重点。"重点突出,效益驱动",既能保证高的投入产出比,又能提高企业领导和职工实施CIPS工程的积极性和信心。

(8)重视人的因素。在实施过程中,必须重视人的因素,充分强调人在系统中的主导作用,提高协同工作的效率。另一方面,重视对人才的培养和员工计算机应用素质的培养,使人与自动化系统协调配合,充分发挥作用。CIPS实施还须结合管理体系的改进,以经营过程重构(BRP)理论为指导,规范企业管理,理顺工作流程,从而保证CIPS实施取得预期目标。

(9)挖掘深层信息,重视信息利用程度。CIPS信息集成,不仅仅包括企业各侧面现有信息的利用,还包括深层信息的挖掘利用。MIS系统已经记录了大量的原始数据,从这些横向(包括各部门)、纵向(包括各阶段)的数据中提炼出更为有效的决策信息,辅助领导决策管理,提高信息的利用程度,从而有助于企业的整体优化。

5. CIPS的效益评估

在实施流程工业CIPS过程中,还需对其进行可行性经济分析,可用"电子效益(e-benefits)"作为CIPS可行性经济分析的指标。

所谓电子效益，是指由于电子信息技术的应用而引发的效益。电子效益融合了社会效益和经济效益、阶段效益和总体效益、直接效益和战略效益。

电子效益在流程工业实施 CIPS 中的评价指标见表 7－4－4。由于每家流程企业都有其自身特点，因此很难统一各项指标的权重，企业需要根据内部和外部的状况确定权值。运用主观赋权法确定权重，虽然反映了决策者的主观判断，但却有易受决策者知识或经验缺乏影响的局限性。为使确定的指标权重更具有科学性和代表性，可通过增加决策者数量等方法来克服这一缺陷，使企业的电子效益更符合实际值。

表 7－4－4　电子效益在流程工业 CIPS 实施中的评价指标一览表

一级指标	二级指标	一级指标	二级指标
市场应变能力的提高	产品质量及产量的提高	直接财务收入	管理成本的下降
	生产柔性的提高		人力费用的减少
	企业决策科学性提高		……
	……	其他内部收益	员工工作条件的改善
企业信用的提高	产品与服务质量提高		企业内部形象的改善
	交货及支付准时率提高		……
	……	其他外部收益	原料及能源的节约
管理水平的提高	作业计划与业务流程优化		企业外部形象的改善
	信息处理效率与质量提高		减少环境污染
	管理体系结构扁平化		企业购买力的增强
	……		……
技术能力的提高	生产过程控制技术的提高		
	员工技术素质的提高		
	创新及经验积累的数字化		
	产品开发条件的改善		
	……		

7.5　工业 4.0 及信息物理系统

对于制造企业而言，其存在价值就是通过对社会资本、人才、设备、土地、技术以及市场等各种资源的组合配置，构筑企业的基本能力，以满足客户需求，即如何用更少的资源、更高的效率来创造出更好的产品。随着企业规模的扩大，产品的多样化，企业工作部门不再仅仅是各司其职，而是需要生产管理、能源管理、设备管理、经营管理互相融合，使企业变得更加复杂化。以信息化技术为代表的高新技术的迅速发展，为工业自动化的发展带来了新的契机，工业智能化技术使得企业逐步实现数字化、网络化和智能化，逐步迈入工业 4.0 的发展行列。本节主要讲述新一轮工业革命和工业 4.0 战略框架、工业 4.0 的核心和技术支撑、信息物理系统 CPS 和人信息物理系统 HCPS 基本组成和技术核心、工业互联网平台和我国智能制造的发展战略等基本内容。

7.5.1 新一轮工业革命和工业 4.0 战略框架

1. 新一轮工业革命的驱动力及其标志

1)新一轮工业革命的驱动力

新一轮科技革命引起的新一轮工业革命的驱动力主要体现在以下四个方面；

(1)新信息技术的飞速发展。过去 10 多年来，移动互联、云计算、大数据、物联网等新的信息技术几乎同时实现了群体性突破，呈现出指数级增长态势。

(2)数字化和网络化的普及应用。数字化和网络化应用的范围已经无所不及，使信息服务进入了普惠和网络时代。

(3)技术融合和系统集成式创新模式的出现。很多新技术、新产品可能并不是最新的创造，各种技术的组合集成就能形成一种创新。未来最大的机会来自于新兴技术和现有技术之间的相互作用和融合。系统决定成败，集成者得天下，这是成就新一轮工业革命的第三大驱动力。

(4)新一代人工智能技术的突破。近年来，人工智能在世界范围内高速发展，不仅有了量的大发展，更有质的根本性飞跃。人工智能及其学习能力和执行任务的复杂度正以指数级增长。在人工智能引领下的智能制造是新一轮工业革命的核心技术。

2)新一轮工业革命的标志

虽然不同学者和国家对新一轮的工业革命内涵、特征与发展途径有不同的表述，但都共同认为工业生产智能化(智能制造)是新一轮的工业革命的标志和核心内涵。人类从 18 世纪进入工业社会以来，在科学技术的推动下已经发生了三次工业革命。第一次工业革命是 18 世纪 60 年代至 19 世纪中期，水力和蒸汽机技术所带来的动力革命催生出了“蒸汽一代”机械产品，工业进入机器生产模式，进入了“工业 1.0”时代，其特点为工业生产机械化。第二次工业革命是 19 世纪后半期至 20 世纪初，发电与电机技术所带来的另一场动力革命，导致了电力驱动的大规模、大批量生产的流水线模式，工业进入了“工业 2.0”时代，其特点为工业生产电气化。第三次工业革命始于 20 世纪 60 年代的电子与信息技术，出现了基于可编程逻辑控制器 PLC 的生产工艺自动化，从此工业进入了“工业 3.0 时代”，其特点为工业生产实现自动化。从 20 世纪 90 年代后，进入工业自动化与信息化时代，有人称为“工业 3.5 时代”，为正在孕育着的第四次工业革命，即工业 4.0 时代的到来打下了良好的基础。工业 4.0 是互联网与现代制造业相结合的产物，是信息化与智能自动化深度融合的结果，是以人工智能、清洁能源、机器人技术、量子信息技术、虚拟现实以及生物技术为主的全新技术革命。可以说，工业 1.0 是机械化时代，工业 2.0 是电气化时代，工业 3.0 是自动化时代，工业 4.0 是信息化和智能化时代，如图 7-5-1 所示。

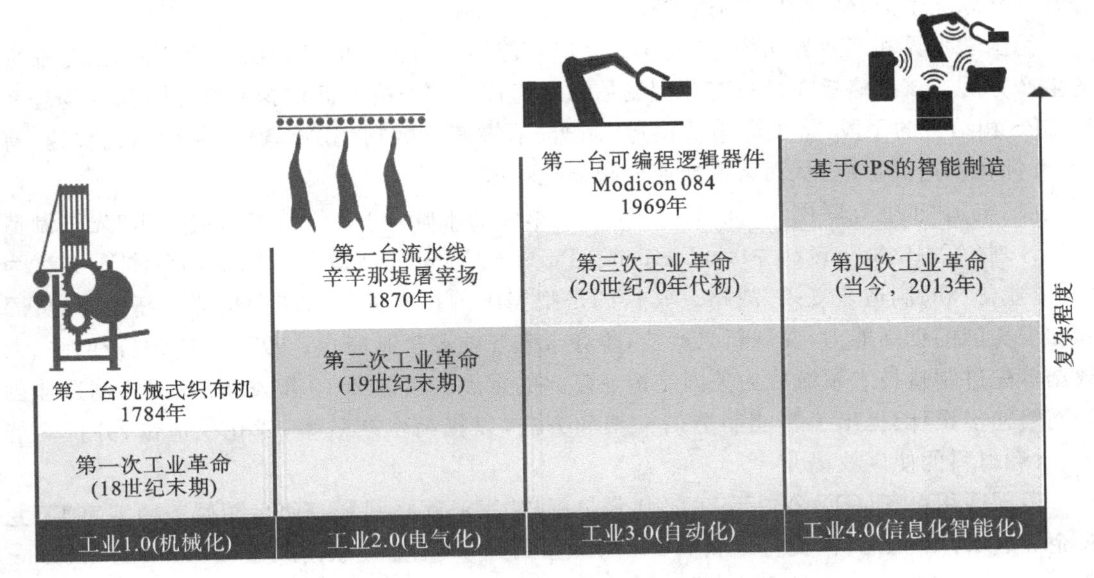

图7-5-1 工业自动化技术发展历程示意图

新一轮工业革命的标志体现在如下三个方面：德国的"工业 4.0"、美国的"工业互联网"和我国的"中国制造 2025"。另外还有日本的"精益制造 030"、英国的"绿色工业革命计划 2050"等。

(1)德国"工业 4.0"。工业 4.0 概念源于德国。2012 年德国政府发布了"工业 4.0(Industry4.0)"国家战略规划，在 2013 年的汉诺威工业博览会上正式推出。工业 4.0 可以理解为工厂的自动化，或者是未来工厂。其核心目的是提高德国工业的竞争力，在新一轮工业革命中占领先机。随后由德国政府列入《德国 2020 高技术战略》中所提出的十大未来项目之一，旨在提升制造业的智能化水平，建立具有适应性、资源效率及基因工程学的智慧工厂，在商业流程及价值流程中整合客户及商业伙伴。

作为一个重大研究项目，工业 4.0 由德国联邦教研部与联邦经济技术部联手资助，政府投入达 2 亿欧元。在德国工程院、弗劳恩霍夫协会、西门子公司等德国学术界和产业界的建议和推动下形成，并已上升为国家级战略。该战略已经得到德国科研机构和产业界的广泛认同，弗劳恩霍夫协会在其下属的 6～7 个生产领域的研究所引入工业 4.0 概念，西门子公司将这一概念引入其工业软件开发和生产控制系统。当前，工业 4.0 已迅速成为德国的另一个标签，并在全球范围内引发了新一轮的工业转型竞赛。

工业 4.0 概念包含了由集中式控制向分散式增强型控制的基本模式转变，目标是建立一个高度灵活的个性化和数字化的产品与服务生产模式。在这种模式下，传统的行业界限将消失，并会产生各种新的活动领域和合作形式。创造新价值的过程正在发生改变，产业链分工将被重组。德国拥有强大的设备和车间制造工业，在信息技术领域有较高的水平，在机械设备制造以及嵌入式控制系统制造方面，拥有全球领先地位。德国推行工业 4.0 的目标，就是希望通过工业 4.0 战略的实施，使其成为新一代工业生产技术(即信息物理系统 CPS，Cyber - Physical System)的供应国和主导市场，在继续保持国内制造业发展的前提下，再次提升其全球竞争力，确保其在制造工程工业上的领军地位。

德国学术界和产业界认为，工业 4.0 是以智能制造为主导的第四次工业革命，或革命性的生产方法。该战略旨在通过充分利用信息通信技术和网络空间虚拟系统——信息物理系统 CPS 相结合的手段，将生产中的供应、制造、销售信息数据化、智慧化，最后达到快速、有效、个性化的产品供应，从而将制造业向智能化转型。

(2)美国“工业互联网”。面对新一轮工业革命的来临，2012 年美国政府提出“先进制造伙伴计划(AMP，Advanced Manufacturing Partner)”“先进制造业国家战略计划”，又称为“再工业化”和“制造业复兴”战略。其目的是把美国的技术优势与产业优势重新配对，巩固和加强美国的创新能力，发展新兴产业，争夺未来产业竞争制高点。数字制造、宽带网络、大数据等先进制造技术领域成为美国制造业复兴的重点。美国 2013 年发布的《国家制造业创新网络初步设计》提出了智能制造的框架和方法，以提高生产效率，优化供应链，并提高能源、水和材料的使用效率。

美国通用电气(GE)公司于 2012 年最早提出“工业互联网”的概念，随后美国五家 IT 龙头企业(GE、IBM、思科、英特尔和 AT&T)联手组建了“工业互联网联盟(Industrial Internet Consortium，IIC)”，大力推广这一概念。因此，“工业互联网”成为美国版第四次工业革命的代名词。

工业互联网是一个庞大的物理世界，由机器、设备、集群和网络组成，能够在更深的层面与连接能力、大数据、数字分析相结合。工业互联网将整合了两大革命性转变之优势：其一是工业革命，伴随着工业革命，出现了无数台机器、设备、机组和工作站；其二则是更为强大的网络革命，在其影响之下，计算、信息与通信系统应运而生并不断发展。“工业互联网”的含义就是在工业领域实现数据流、硬件、软件的智能交互，实现系统、设备和资产运营的优化，希望借助网络和数据的力量提升整个工业的价值创造能力。

与制造业发达的德国提出的工业 4.0 的概念不同，工业 4.0 强调以实体制造业(“硬”制造业)为主线去实现智能化，软件和互联网经济发达的美国则更侧重于在“软”服务方面去推动新一轮工业革命，希望以互联网为主线激活制造业，实现智能化，保持制造业的长期竞争力，再次占据新工业的翘楚地位。

(3)“中国制造 2025”。2015 年 5 月我国政府不失时机地发布了《中国制造 2025》规划，根据我国是制造大国的特点，推出了具有本国特色的“中国制造 2025”。根据这个规划，我国向制造业强国进程分三个阶段：第一阶段，至 2025 年中国制造业数字化、网络化、智能化取得明显进展，可进入世界第二方阵，迈入制造强国行列；第二阶段，至 2035 年中国制造业将位居第二方阵前列，成为名副其实的制造强国；第三阶段，至 2045 年中国制造业可望进入第一方阵，成为具有全球引领影响力的制造强国。

“中国制造 2025”的战略要点可归纳为以下四点。

①一条主线：顺应“互联网＋”的发展趋势，以信息化与工业化深度融合的数字化、网络化、智能化制造为主线。加快推动新一代信息技术与制造技术融合发展，把智能制造作为两化深度融合的主攻方向，着力发展智能装备和智能产品，推进生产过程智能化，全面提升企业研发、生产、管理和服务的智能化水平。

②两个制造：智能制造和绿色制造。完成从制造业大国向制造业强国的转变，智能制造

是主攻方向。同时，推行绿色制造技术，生产出保护环境、提高资源效率的绿色产品。

③四个战略对策：创新驱动、质量为先、绿色发展、结构优化。

④重点发展十大领域：促进生产性服务业与制造业融合发展。制定《中国制造 2025》规划，以信息化与工业化深度融合为主线，引入“互联网＋”作为重要发展思路，是我国迎接第四次工业革命的行动纲领。因此，有人把《中国制造 2025》称为中国版的“工业 4.0”。

⑤九大任务：强化工业基础能力、深入推进制造业结构调整、推动工业化与信息化深度融合、提高国家制造业创新能力、加强质量和品牌建设、全面推行绿色制造、大力推动重点领域突破发展、积极发展服务型制造和生产性服务业、提高制造业国际化发展水平。

我国积极推进实施的“互联网＋”是有特定含义的专有名词。“互联网＋”的核心含义是用新一代信息技术与制造业深度融合作为发展思路和技术手段，部署全面推进实施制造强国战略，实现由制造大国向制造强国转型，打造中国制造升级版。实施“互联网＋”行动计划的目的是促进以物联网、大数据、数据挖掘、云计算为代表的新一代信息技术与现代制造业、生产性服务业的融合创新，发展壮大新兴业态，打造新的产业增长点，为大众创业、万众创新提供环境，为产业智能化提供支撑，增强新的经济发展动力，促进国民经济提质增效升级。

工业 4.0 的本质是全球新工业革命的标准之争，我国企业必须在工业 4.0 产业发展中抢先布局。中国制造 2025 与德国工业 4.0 已经实现合作对接，工业 4.0 已经进入中德合作新时代。中德双方签署的《中德合作行动纲要》中，有关工业 4.0 合作的内容共有 4 条，第一条就明确提出工业生产的数字化就是工业 4.0。这对未来中德经济发展具有重大意义。

2. 工业 4.0 的特点和战略框架

1）工业 4.0 的特点

从技术的角度而言，工业 4.0 就是通过数据流动自动化技术，从规模经济转向范围经济，以同质化规模化的成本，构建出异质化定制化的产业。其特点表现为如下 5 各方面。

（1）工业 4.0 是互联。工业 4.0 的核心是连接，技术基础是网络实体系统及物联网。它把设备、生产线、工厂、供应商、产品、客户紧密连在一起。互联网技术降低了产销之间的信息不对称，加速两者之间的相互联系和反馈，催生出消费者驱动的商业模式。工业 4.0 代表了“互联网＋制造业”的智能生产，孕育出大量的新型商业模式，真正能够实现“C2B2C”的商业模式。

（2）工业 4.0 是数据。当传感器无处不在，智能设备无处不在，智能终端无处不在，连接无处不在的时候，其必然的结果就是数据无处不在！工业 4.0 有一个关键点，就是“原材料（物质）”＝“信息”。具体来讲，就是工厂内采购来的原材料被“贴上”一个这样的标签：这是给 A 客户生产的 XX 产品、采用 YY 项工艺中的原材料。准确地说，就是智能工厂中使用了含有信息的“原材料”，实现了“原材料（物质）”＝“信息”，制造业终将成为信息产业的一部分。

（3）工业 4.0 是集成。工业 4.0 将无处不在的传感器、嵌入式终端系统、智能控制系统、通信设施通过 CPS 形成一个智能网络，使人与人、人与机器、机器与机器以及服务与服务之间能够互联，从而实现横向、纵向和端对端的高度集成。

（4）工业 4.0 是创新。工业 4.0 的实施过程是制造业创新发展的过程，制造技术、产品、模式、业态、组织等方面的创新将会层出不穷！

(5)工业 4.0 是转型。物联网和服务互联网将渗透到工业的各个环节,形成高度灵活、个性化、智能化的生产模式,推动生产方式向大规模、服务型制造、创新驱动方向转变。

2)工业 4.0 的战略框架——1438 模型

工业 4.0 的战略框架可以用图 7-5-2 所示的 1438 模型来描述,即 1 个网络、4 大主题、3 项集成、8 项计划。

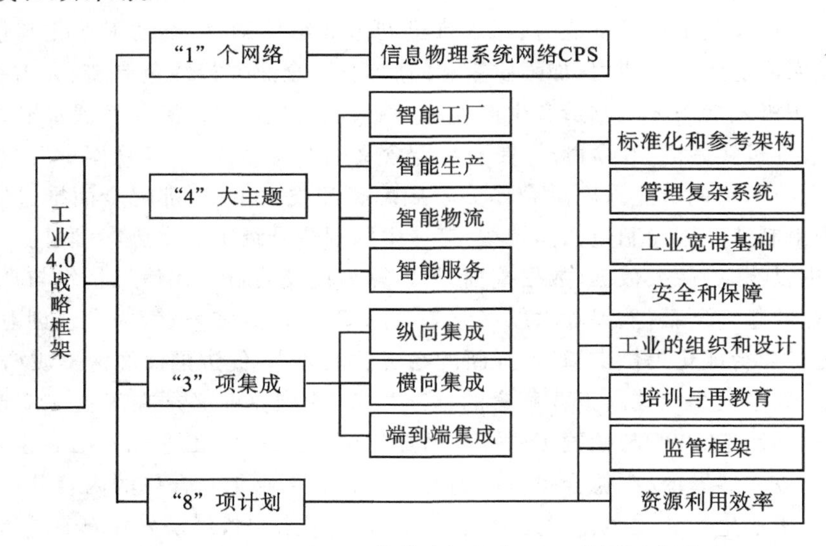

图 7-5-2 工业 4.0 的战略框架之 1438 模型示意图

由图 7-5-2 可以看出,德国工业 4.0 的战略要点,可归纳为以下 4 点。

(1)建设一个网络空间虚拟系统——信息物理系统 CPS。

(2)研究四大主题:智能工厂(Smart Factory)、智能生产(Smart Production)、智能物流(Smart Logistics)和智能服务(Smart Service)。

(3)实现三项集成:实现企业的横向集成、纵向集成与端对端的集成,实现人、设备与产品的实时连通、相互识别和有效交流。

(4)实施八项计划:标准化和参考(示范)架构、复杂系统的管理、一套综合的工业基础宽带设施、安全和保障、工业的组织和设计、培训和持续性的职业发展、法规制度、资源效率。目标是构建一个高度灵活的个性化和数字化的智能制造模式。

上述战略要点中,核心是信息物理系统网络 CPS 和 4 大主题。关于 CPS 将在后面专门介绍,这里重点介绍 4 大主题:智能工厂、智能生产、智能物流和智能服务。

(1)智能工厂是传统制造企业发展的一个新的阶段。智能工厂是现代工厂信息化发展的新阶段,是在数字化工厂的基础上,利用物联网技术和设备监控技术来加强信息管理和服务,清楚掌握产销流程,提高生产过程的可控率,减少生产线上人工的干预,及时正确地采集生产线数据,合理安排生产计划与生产进度,并辅以绿色制造手段,构建一个高效节能、绿色环保、环境舒适的人性化工厂。未来各个工厂将具备统一的机械、电器和通信标准,以物联网和服务互联网为基础,配备传感器、无线网络和 RFID 通信技术的智能控制设备,可以对生产过程进行智能化监控。

智能工厂可以自主运行,工厂之间的零部件与机器可以互相交流。它由软件操控,进行资源整合，发挥各环节的最大效率。智能工厂中的机器将全部由软件控制，工人只需要操作计算机就可以完成生产，进一步解放了工厂中的工人。整体看来，它就是一个拥有高度协同性的生产系统，包括实时监控、自动化管理、流程控制、能源监控等。收集及整合整个智能工厂的业务数据，通过大数据的分析整合，使其全产业链可视化，可达到生产最优化、流程最简化、效率最大化、成本最低化和质量最优化的目的。

(2)智能生产是由用户参与实现"定人定制"的过程。智能生产的车间可以实现大规模定制，对生产的柔性要求极高。鉴于此，生产环节要广泛应用人工智能技术，采用一体化的智能系统。智能化装备在生产过程中大展拳脚，工厂的工人和管理者可以通过网络对生产的每一个环节进行监控，实现智能化管理。

一体化的智能系统是由智能装备和人类专家组成的，在制造过程中进行智能化的活动，诸如分析、推理、判断、构思和决策等，通过人与智能装备的合力共事，去扩大、延伸和部分取代人类专家在制造过程中的脑力劳动。这一系统把制造自动化的概念更新，扩展到柔性化、智能化和高度集成化。与传统制造相比，智能生产具有自组织和超柔性、自律能力、自学习能力和自维护能力，以及人机一体化、虚拟现实等特性。

(3)智能物流以客户为中心，促进资源优化配置。根据客户的需求变化，灵活调节运输方式，应用条码、RFID、传感器、全球定位系统等先进的物联网技术，通过信息处理平台，实现货物运输过程的自动化运作和高效率优化管理，从而促进区域经济的发展和资源的优化配置，方便人的生活。智能物流主要通过互联网、物联网、物流网，整合物流资源，充分发挥现有物流资源供应方的效率，对于需求方，可快速获得服务匹配，得到物流支持。

(4)智能服务催生新的商业模式，促进企业向服务型制造转型。智能服务就是帮助企业收集并分析内部和外部相关数据，进而助其提升决策制定能力，加强财务管理，严格遵守有关法规，提高客户服务质量。智能产品＋状态感知控制＋大数据处理，将改变产品的现有销售和使用模式，增加了在线租用、自动配送和返还、优化保养和设备自动预警、自动维修等智能服务新模式，从而促进企业从传统制造业向服务型制造业转型。

智能服务通过以下方式促使企业进一步取得卓越绩效：①帮助企业找准新的创收机会，提升整个企业运营效率和信息透明度；②通过数据管理、数据挖掘、客户智能、客户关系管理以及企业资源规划技术来优化现有业务流程和投资回报策略；③促使企业的运营更加符合政府方针政策和法规；④通过内部和外部用户，实现策略、运营和战术层面的快速问题解决和决策制定。

7.5.2　工业4.0的核心和技术支撑

进入21世纪以来，随着制造业生产过程复杂性的提高和不确定性的增加，传统的制造业自动化技术的发展遇到了前所未有的挑战和机遇。挑战源于传统的以数学模型驱动的自动化技术难以满足生产发展的需求，成为发展的瓶颈。机遇在于21世纪移动互联、超级计算、大数据、云计算等新一代信息技术形成了群体性的跨越发展，新一代人工智能技术取得了战略性突破。人工智能技术与传统自动化技术的融合，将产生以人工智能模型驱动的自动化技术，人工智能技术和以人工智能模型驱动的自动化技术与先进制造技术的深度融合，形成了智能制造技术，是新一轮工业革命(第四次工业革命)的核心技术。

由德国政府和以西门子公司为代表的一批大型企业积极推动的“工业 4.0”，其特征与标志是以智能制造为主导，制造业为主线，充分利用新一代网络技术和网络空间虚拟系统（信息物理系统 CPS）相结合的手段，通过人、设备与产品的实时连通、相互识别和有效交流，构建智能工厂和智能生产，实现高度灵活的个性化和数字化的工业智能生产模式，以提高德国工业的竞争力，在新一轮工业革命中占领先机。因此，可以说，工业 4.0 的要解决的核心问题就是智能制造的实现问题。

1. 传统自动化技术发展的瓶颈

受以制造过程自动化为标志的第三次工业革命的推动，制造业中生产过程、生产管理和经营管理的常规、可预测、可编程任务可由自动化技术来完成，极大地提高了生产效率。但是，伴随着工业生产装备与技术的更新换代和市场需求的快速升级，制造企业面临的问题越来越复杂，对制造业自动化技术发展规律的认识和把握方面的要求也越来越高，需要不断深化对复杂系统和资源优化配置等不确定性的理解，研发解决各种不确定问题的新技术。当前，制造业全厂综合自动化技术的发展遇到了如下三个方面瓶颈。

1）生产过程自动控制技术方面的瓶颈问题

迄今，生产过程自动控制技术的目标主要集中在保证闭环控制回路稳定的条件下，使被控变量尽可能地跟踪控制系统的设定值，以稳定生产过程和产品质量。由于自动化技术的本质是数学模型驱动的控制技术，因此控制系统作用的优劣决定于对过程数学模型的理解与建立。从现代工业工程的角度看，自动控制的作用不仅仅是使控制系统的控制值（输出）很好地跟踪设定值使生产过程稳定，而且要控制整个生产过程运行实现运行优化，使反映产品生产过程质量和效率的运行指标尽可能高，反映原料和能源消耗的运行指标尽可能低。工业生产过程的这种运行优化需求，使实时优化和模型预测控制系统得到了应用。但是，实时优化和模型预测控制只能应用于可以建立过程数学模型的工业生产过程中，对于大多数难以准确地建立数学模型的工业过程则难于实现过程运行的优化需求。因此，生产过程数学建模技术和智能运行优化控制技术的研发成为自动化技术发展的瓶颈，因而受到广泛关注。

2）企业管理自动化技术方面的瓶颈问题

基于大规模的工业生产迫切需要，自动化技术从 20 世纪 60 年代开始应用于企业管理，使企业的管理高效化。迄今，企业资源计划 ERP，供应链管理 SCM 等企业层管理系统与技术已广泛应用。与此同时，车间层应用的专业化制造管理系统也发展为集成的制造执行系统 MES。ERP 和 MES 广泛应用于生产企业，显著提高了企业的竞争力。但是，ERP 和 MES 系统技术对复杂制造全流程中的工况识别、运行控制和决策，仍然要依靠人（知识工作者），还需要知识工作者根据生产数据、文本、图像等信息和经验进行工况识别、运行控制和决策，难以实现制造业工业产品个性定制的高效化和流程工业生产高效化与绿色化的需求。企业管理自动化技术发展的瓶颈，同样表现在反映生产过程工况识别、全厂运行控制和决策的数学模型难以建立这一方面。

3）企业资源配置方面的瓶颈问题

随着智能技术的逐渐成熟和市场需求的快速提升，企业资源配置效率面临的问题变得越来越复杂，优化资源配置的决策难度越来越大，主要表现为如下 4 个方面：①产品本身的复杂性，例如产品的设计、生产、维护难度越来越高；②生产过程的复杂性，制造是一个设计企业内外部多主体、多设备、多环节、多学科、多工艺、跨区域协同的复杂系统工程，随着产业分工的深化，产品逐渐趋向定制化和多样化，技术智能化快速发展，生产过程的复杂性不断提高；③市场需求的复杂性，随着人们生活水平的不断提高，人们开始追求差异化、定制化的产品和服务，因此企业需要思考如何构建定制化研发体系、定制化采购体系、定制化生产体系、定制化配送体系、定制化服务新体系；④供应链协同的复杂性，随着全球化的发展，企业制造分工日趋细化，产品供应链体系也随之越来越庞大，对企业的资源优化配置带来了巨大的不确定性，如果某一环节出现问题，则会影响整个企业的生存和发展，如何应用信息技术提高企业内外部环境的确定性以实现企业资源的优化配置目前是企业的主要目标。

2. 工业4.0的核心——智能制造

1)智能制造的概念与范式

广义而论，智能制造是一个大概念，是一个不断演进的大系统。它通过新一代信息技术与先进制造技术深度融合，运用贯穿于产品设计、制造、服务全生命周期各个环节及相应系统的优化集成技术，实现制造全过程的数字化、网络化、智能化，进而不断提升企业的产品质量、效益、服务水平，推动制造业向着创新、绿色、协调、开放、共享方向发展。

面对智能制造不断涌现出的新技术、新理念、新模式，智能制造在实践演化中形成了不同的范式。作为制造业和信息技术深度融合的产物，智能制造的诞生和演变是和信息化发展相伴而生的。相对应于信息化技术发展的三个阶段，智能制造在演进发展中，可总结、归纳和提升出三种智能制造的基本范式，如图7－5－3所示。

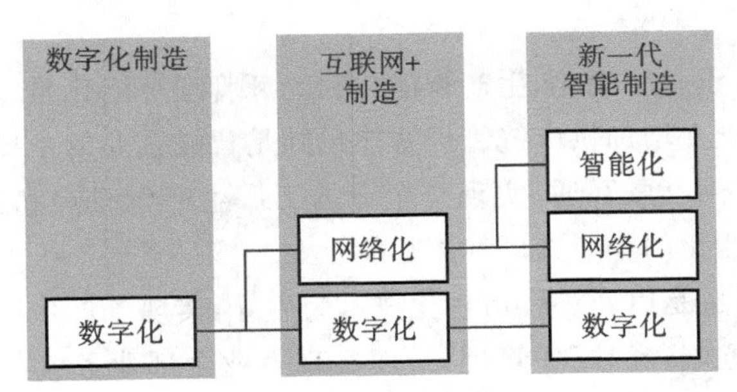

图7－5－3　智能制造的三种基本范式

(1)第一种智能制造范式称为数字化制造(智能制造1.0)。从20世纪中叶到90年代中期，以计算、感知、通信和控制为主要特征的信息化催生了数字化(自动化)制造。

(2)第二种智能制造范式称为数字化网络化制造(智能制造1.5)。从20世纪90年代中期开始，以互联网大规模普及应用为主要特征的信息化催生了数字化网络化制造，实质上是“互联网＋数字化制造”，又称为“互联网＋制造”。

(3)第三种智能制造范式称为数字化网络化智能化制造，又称为“新一代智能制造”(智能制造2.0)。进入新世纪后，工业互联网、大数据及人工智能实现群体突破和融合应用，以新一代人工智能技术为主要特征的信息化开创了制造业数字化网络化智能化制造的新阶段，是真正意义上的智能制造，将从根本上引领和推进新一轮工业革命。

智能制造的三个基本范式体现了智能制造发展的内在规律。三个基本范式各有自身阶段的特点和需要重点解决的问题，体现着先进信息技术与制造技术融合发展的阶段性特征。同时，三个基本范式在技术上相互交织、迭代升级，体现着智能制造发展的融合性特征。

2)智能制造的基本要素

实现企业智能化应具有三个基本的要素：①具有灵敏、准确的感知能力；②具有正确的思维判断能力；③具有行之有效的执行方法。

也就是说，智能企业必须具备三个基本功能：①能实时自动、灵敏准确地感知(测量)生产过程的各种变量和参数，并使之变为数据信息；②能根据相关数据信息自动思维判断，并给出处理方案，发送至相关执行部门；③能按照上述处理方案自动完成执行任务。在实施上述三种智能化功能过程中，信息化是必不可少的。信息化是为实现智能化目的和集成各种技术的重要技术手段，因此智能企业也可以说是以信息化为主导的一种制造和服务模式。

3)智能制造的基本内容

企业智能化目标：构建智能工厂，实现智能生产，达到成本最小、利润最大的生产目的。要实现企业智能化的目标，智能企业应包含如下四方面的内容和条件。

(1)设备智能化：具有感知、接受、自律和智能的生产设备。

(2)生产智能化：信息化与生产深度融合，实现生产操作、生产管理、管理决策三个层面全部业务流程闭环优化管理。

(3)能源管理智能化：实时感知、监测、预警和控制用能，实时优化能源效益。

(4)供应链管理智能化：构建网络式供应链，对由供应商、制造商、分销商及最终顾客构成的供应链系统中的物流、资金流、信息流进行计划协调、控制和优化，以降低物流成本，缩短制造周期。

上述四个内容中，设备智能化、生产智能化和能源管理智能化是组成智能工厂的主要内容。在智能工厂的基础上增加供应链管理智能化则是智能企业的主要内容。上述四个内容的运作信息，通过互联网互联互通，实现全企业的工厂生产(制造)和服务(经营)的智能化。实现了制造和经营智能化的企业方可称为智能企业。

综上所述，智能制造是以新一代信息化技术为主导，实现工厂生产操作、生产管理、管理决策三个层面全部业务流程的闭环管理，继而实现企业全部业务流程上下一体化和业务运作决策执行的优化和智能化。尽管智能制造的内涵在不断演进，但其所追求的根本目标是不变的：尽可能优化过程，以提高质量、增加效率、降低成本、增强企业竞争力。

3. 工业 4.0 的技术支撑

工业 4.0 的核心是连接，方向是智能制造，关键是大数据，未来所有工厂都将变为互联网工厂、智能工厂。推进工业 4.0，需要如图 7-5-4 所示的 9 大技术做支撑即：工业物联网技术、云计算技术、工业大数据技术、3D 打印技术、工业机器人技术、工业网络安全技术、知识工业自动化技术、虚拟现实技术和人工智能技术。

(1)工业物联网技术。工业物联网是智能制造体系和智能服务体系的深度融合，是工业系统产业链和价值链的整合和外延。它由美国通用公司提出，代表全球工业系统与智能传感技术、高级计算、大数据分析以及物联网技术的连接与融合，其核心三要素包括智能设备、先进数据分析工具和人与设备交互接口。

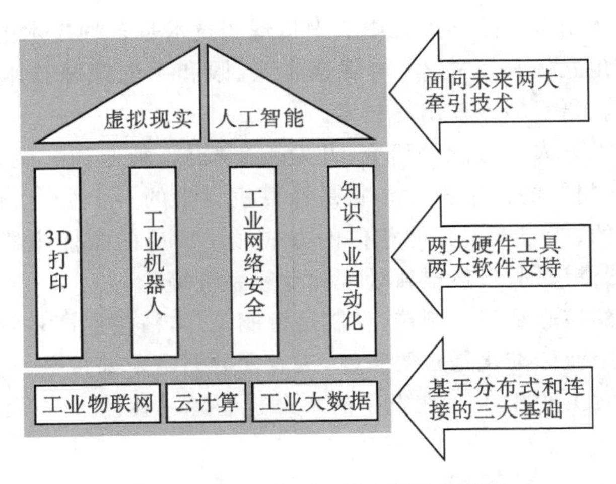

图 7-5-4　工业 4.0 的 9 种支撑技术

(2)云计算技术。云计算是互联网虚拟大脑的神经系统。在互联网虚拟大脑的构架中，互联网虚拟大脑的中枢神经系统将互联网的核心硬件层、核心软件层和互联网信息层统一起来，为互联网各虚拟神经系统提供支持和服务。云计算拥有强大的计算能力，每秒可运算 10 万亿次，可以模拟核爆炸、预测气候变化和市场发展趋势等复杂计算作业。

(3)工业大数据技术。工业大数据以新兴技术的发展为背景，通过工业传感器、无线射频识别、条形码、工业自动控制系统、企业资源计划、计算机辅助设计等数据来扩展工业数据量。它在工业生产线上高速运转，是机器所产生的一种非结构化数据。

(4)3D 打印技术。3D 打印是一种“增材制造”方式，通过数字化增加材料的方式进行制造。传统的机械加工方法是“减材制造”，锻造或铸造方法是“等材制造”。3D 打印的未来发展趋势：①线下设计与线上生产的高度融合；②创业生产的轻量化；③生产分包形式的多样化。

(5)工业机器人技术。工业机器人由主体、驱动系统和控制系统三个基本部分组成，具有可编程、拟人化、通用性的特点，是面向工业领域的多关节机械手或多自由度的机器装置，它能自动执行工作，是靠自身动力和控制能力来实现各种功能的一种机器。它可以接受人的指挥，也可以按照预先编排好的程序运行，现代工业机器人还可根据人工智能技术制定的规则来动作。

(6)工业网络安全技术。工业 4.0 时代，产业互联网接入的识别数量极为庞大，并且这些设备接入的复杂程度和管理难度，因分布式和跨行业的特点，将远远大于消费互联网。产业互联网的安全风险和安全压力将远远大于消费互联网。

(7)知识工业自动化技术。工业时代需要工业自动化，知识时代必须知识自动化。知识工业自动化技术在智慧社会、智能产业、智能制造以及工业 4.0、工业 5.0 中将起到核心的作用。从物理过程的自动化到虚拟空间的自动化是知识工业自动化的关键。实现知识自动化的主要方法和技术有智能控制、人工智能、机器学习、人机接口、基于大数据的管理等。

(8)虚拟现实技术。虚拟现实是一种可创建和体验虚拟世界的计算机仿真系统。它利用计算机生成一种模拟环境，通过多源信息融合和的交互式三维动态视景对实体行为进行系统仿真，使用户沉浸于该虚拟环境之中。虚拟现实技术是多种技术的综合，包括实时三维计算机图形技术，广角立体显示技术，对观察者头、眼和手的跟踪技术，以及触觉与力觉反馈、立体声、网络传输、语音输入输出等技术。

(9)人工智能技术。人工智能是研究、开发用于模拟、延伸和扩展人的智能理论、方法、技术及应用系统的一门新的技术科学。它是计算机科学的一个分支，它企图了解智能的实质，并生产出一种新的、能与人类智能相似的方式做出反应的智能机器，该领域的研究包括机器人、语言识别、图像识别、自然语言处理和专家系统等。

总之，工业 4.0 的核心是智能制造，精髓是智能工厂，精益生产是智能制造的基石，工业机器人是时代所趋，工业标准化是必要条件，工业大数据是未来黄金。关于这方面的科普知识可以阅读科普读物《工业 4.0：正在发生的未来》(作者赵胜，曾任硅谷创客资本 CEO 和华制国际 CEO)。

7.5.3 信息物理系统(CPS)

信息物理系统是支撑两化深度融合的一套综合技术体系。它借助硬件、软件、网络、工业云等一系列信息通信和自动控制技术，将物理实体和环境精准地映射到信息空间，并实时反馈，构建起一套连接信息空间与物理空间之间的闭环赋能体系，作用于生产制造全过程、全产业链、产品全生命周期，实现基于数据自动流动的状态感知、实时分析、科学决策和精准执行等智能制造功能。

1. CPS 的本质

CPS 本质上是一套数据自动流动的闭环赋能体系，是多领域、跨学科不同技术融合发展的结果。如图 7-5-5 所示，基于硬件、软件、网络、工业云等一系列工业和信息技术构建起的 CPS 系统，其最终目的是实现资源优化配置。实现这一目标的关键是靠数据的自动流动，在流动过程中数据经过不同的环节，在不同的环节以不同的形态(隐性数据、显性数据、信息、知识)展示出来，在形态不断变化的过程中逐渐向外部环境释放蕴藏在其背后的价值，为物理空间实体“赋予”实现一定范围内资源优化的“能力”。CPS 是自动控制系统、嵌入式系统在云计算、新型传感、通信、智能控制等新一代信息技术的迅速发展与推动下的扩展与延伸。

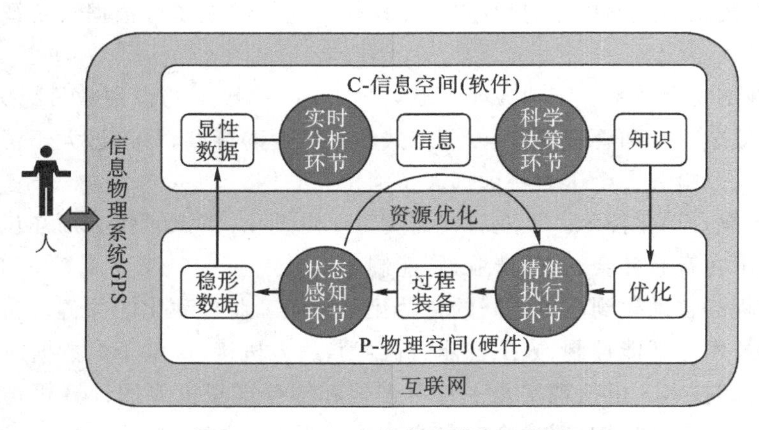

图 7-5-5 CPS 的本质描述示意图

CPS 强调的是信息空间与物理空间之间基于数据自动流动的闭环赋能体系，体系中数据的自动流动经过如下四个环节来实现。

1）状态感知环节——获取外界状态的数据

生产制造过程中蕴含着大量的隐性数据，这些数据暗含在实际过程中的方方面面，如物理实体的形态尺寸、生产运行机理、工艺条件、温度、液体流速、浓度、压差等。状态感知环节通过传感器、物联网等一些数据采集技术，将这些蕴含在物理实体背后的数据不断地传递到信息空间，使得数据不断“可见”，变为显性数据。状态感知环节是对数据的初级采集加工，是数据自动流动闭环的起点，也是数据自动流动的源动力。

2）实时分析环节——对显性数据进一步理解

这一环节是将感知的数据转化成认知的信息的过程，是对原始数据赋予意义的过程，也是发现物理实体状态在时空域和逻辑域的内在因果性或关联性关系的过程。由于大量的显性数据并不一定能够直观地体现物理实体的内在联系，这就需要经过实时分析环节，利用数据挖掘、机器学习、聚类分析等数据处理分析技术对数据进一步分析估计，使得数据不断“透明”，将显性化的数据进一步转化为直观、可理解的信息。此外，在这一过程中，人的介入也能够为分析提供有效的输入。

3）科学决策环节——对信息综合处理，转变成知识，形成最优决策

决策是根据所获得的数据和信息，通过积累的经验或数学模型对现实的评估和对未来的预测。在科学决策环节，CPS 能够权衡判断当前时刻获取的所有来自不同系统或不同环境下的信息，形成最优决策，对物理空间实体进行最优控制。分析决策并最终形成最优策略是 CPS 的核心关键环节。这个环节在生产系统不断运行中，对信息进一步分析与判断，使得信息真正地转变成知识，并且不断地迭代优化，形成系统运行、产品状态、企业发展所需的知识库。

4）精准执行环节——对决策的精准物理实现

在信息空间分析并形成的决策最终将会作用到物理空间，而物理空间的实体设备只能以数据的形式接受信息空间的决策。因此，执行的本质是将信息空间产生的决策转换成物理实体可以执行的命令，进行物理层面的实现。信息空间输出将更为优化的数据输入物理空间，使得物理空间设备的运行更加可靠，资源调度更加合理，实现企业高效运营，各环节智能协同效果逐步优化。

数据在 CPS 内自动流动的过程中逐步由隐性数据转化为显性数据，显性数据分析处理成为信息，信息最终通过综合决策判断转化为有效的知识，并固化在 CPS 中；同时产生的决策通过控制系统转化为优化的数据，作用到物理空间，使得物理空间的物理实体朝向资源配置更为优化的方向发展。这就是 CPS 运行和作用的本质。CPS 内的数据自动流动始终以资源优化为最终目标，且随着过程的不断运行和积累，优化水平是“螺旋式”上升的。

2. CPS 的层级体系架构

CPS 的层级体系架构是由一个最小单元体系架构（单元级 CPS 体系架构）开始，逐级扩展，依次给出系统级体系架构和系统之系统级（System of Systems，SoS 级）体系架构。

1)单元级 CPS 体系架构

单元级 CPS 体系架构是一个具备可感知、可计算、可交互、可延展、自决策功能的不可分割的 CPS 最小单元。其本质是通过软件对物理实体及环境进行状态感知、计算分析,并最终控制到物理实体,构建最基本的数据自动流动闭环,形成物理世界和信息世界的融合交互。一个智能部件、一个工业机器人或一个智能装备都可能是一个 CPS 最小单元。同时,为了与外界进行交互,单元级 CPS 还应具有通信功能。其体系架构示意图如图 7-5-6 所示。

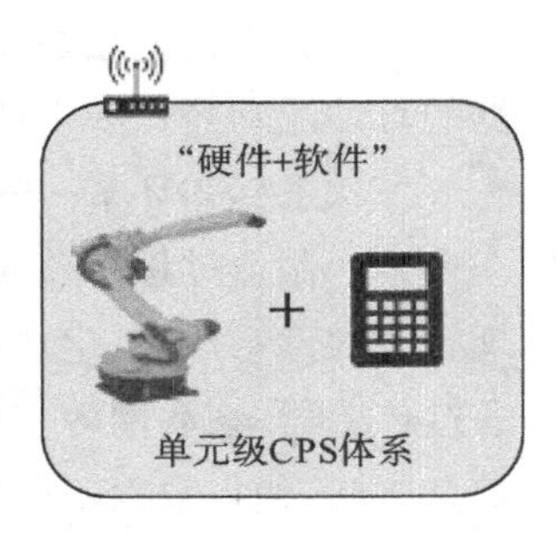

图 7-5-6 单元级 CPS 体系架构示意图

2)系统级 CPS 体系架构

在实际生产运行中,任何过程都是由多个人、机、物共同参与完成的,是多个智能装备(单元级 CPS)共同活动的结果,这些单元级 CPS 一起形成了一个系统。单元级 CPS 通过 CPS 总线形成生产系统,称为系统级 CPS,其体系架构如图 7-5-7 所示。

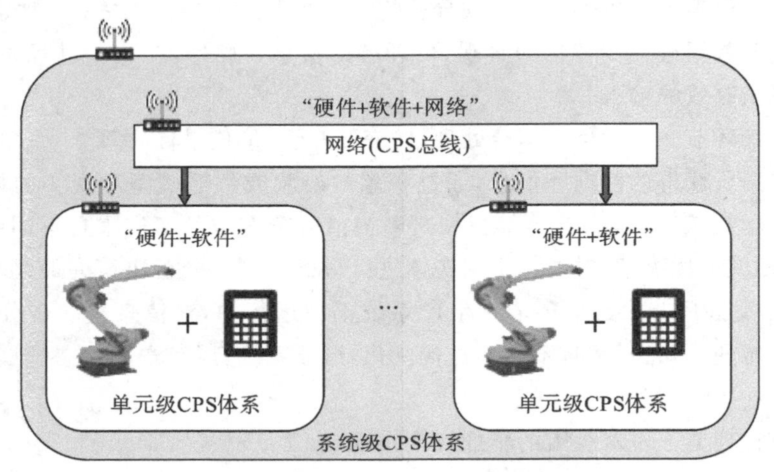

图 7-5-7 系统级 CPS 体系架构示意图

多个单元级 CPS 通过工业网络实现更大范围、更宽领域的数据自动流动,实现了多个单元级 CPS 的互联、互通和互操作,进一步提高制造资源优化配置的广度、深度和精度。系统级 CPS 基于多个单元级 CPS 的状态感知、信息交互、实时分析,实现了局部制造资源的自组织、自配置、自决策、自优化。在单元级 CPS 功能的基础上,系统级 CPS 还主要包含互联互通、即插即用、边缘网关、数据互操作、协同控制、监视与诊断等功能。其中,互连互通、边缘网关和数据互操作主要实现单元级 CPS 的异构集成;即插即用主要在系统级 CPS 实现组件管理,包括组件(单元级 CPS)的识别、配置、更新和删除等功能;协同控制是指对多个单元级 CPS 的联动和协同控制等;监视与诊断主要是对单元级 CPS 的状态实时监控和诊断其是否具备应有的能力。

3)系统之系统(SoS)级 CPS 体系架构

多个系统级 CPS 的有机组合构成 SoS 级 CPS。例如多个工序(系统的 CPS)形成一个车间级的 CPS,或者形成整个工厂的 CPS。通过单元级 CPS 和系统级 CPS 混合形成的

CPS，称为系统之系统级 CPS(System of System，SoS)。SoS 级 CPS 体系架构如图 7－5－8 所示。

在系统级 CPS 的基础上，通过构建 CPS 智能服务平台，联结多个系统级 CPS，实现多个系统级 CPS 之间的协同优化。在 SoS 层级上，多个系统级 CPS 构成了 SoS 级 CPS，如多条产线或多个工厂之间的协作，以实现产品生命周期全流程及企业全系统的整合。CPS 智能服务平台能够将多个系统级 CPS 工作状态统一监测，实时分析，集中管控。利用数据融合、分布式计算、大数据分析技术对多个系统级 CPS 的生产计划、运行状态、寿命估计统一监管，实现企业级远程监测诊、供应链协同、预防性维护，实现更大范围内的资源优化配置，避免资源浪费。

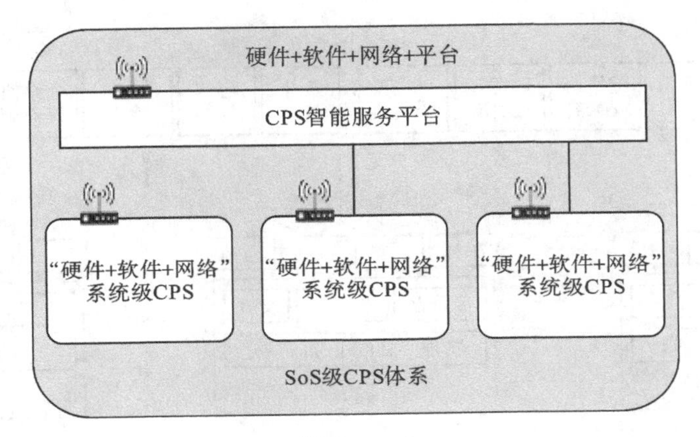

图 7－5－8

由于 SoS 级 CPS 所感知的数据种类更为繁多，因此 SoS 级需要新的处理模式进行数据融合分析，挖掘提取数据中的潜在价值，从而提供更强的决策力、洞察力、流程优化能力和资源控制能力。SoS 系统级 CPS 要有更强的数据存储和分布式处理计算服务能力，以及提供数据服务和智能服务的能力，如图 7－5－9 所示。

SoS 级 CPS 实现数据的汇聚，从而对内进行资产的优化，对外形成运营优化服务。其主要功能包括：数据存储、数据融合、分布式计算、大数据分析、数据服务，并在数据服务的基础上形成了资产性能管理和运营优化服务。

SoS 级 CPS 可以通过大数据平台，实现跨系统、跨平台的互联、互通和互操作，促成了多源异构数据的集成、交换和共享的闭环自动流动，在全局范围内实现信息全面感知、深度分析、科学决策和精准执行。这些数据部分存储在 CPS 智能服务平台，部分分散在各组成的组件内。对这些数据进行统一管理和融合，并对其进行分布式计算和大数据分析，使其能够提供数据服务，有效支撑高级应用。

资产性能管理主要包括企业资产优化、预防性维护、工厂资产管理、环境安全和远程监控诊断等方面。运营优化服务主要包括个性化定制、供应链协同、数字制造管控和远程运维管理。通过智能服务平台的数据服务，能够对 CPS 内的每一个组成部分进行操控，对各组成部分状态数据进行获取，对多个组成部分进行协同优化，达到资产和资源的优化配置和运行。

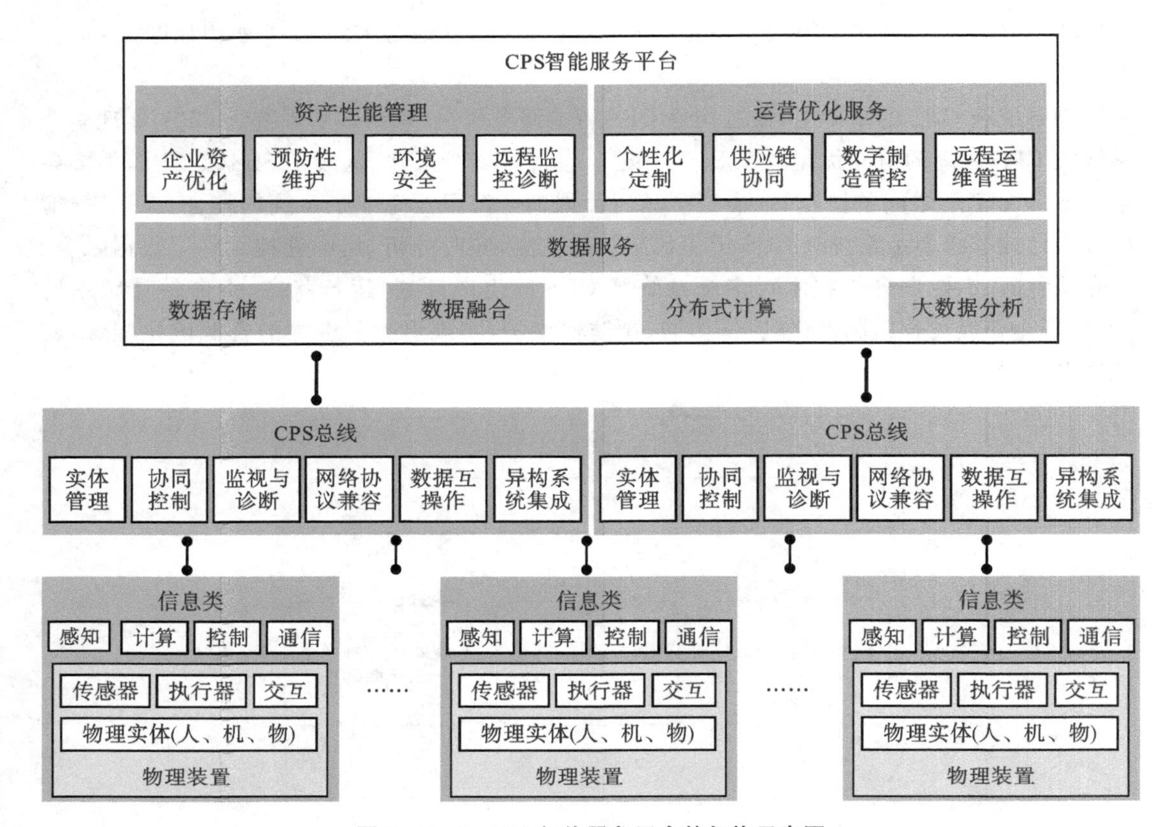

图 7－5－9 CPS 智能服务平台的架构示意图

3. CPS 的核心技术要素

SoS 级 CPS 由四大核心技术要素组成:“一硬”(感知和自动控制)、“一软”(工业软件)、“一网”(工业网络)、“一平台”(工业云和智能服务平台、工业互联网平台),如图 7－5－10 所示。

1)“一硬”技术——感知和自动控制技术

“一硬”技术即制造领域的本体技术,是指 CPS 中物理系统生产过程装备的通用制造技术、专用领域技术和自动控制技术的集合。智能制造的根本是制造,因此制造领域技术是面向智能制造的本体技术。同时,智能制造既涉及离散型制造和流程型制造,又覆盖产品全生命周期的各个环节,因此相应的制造领域技术极其广泛,并可从多个角度对其进行分类。核心是物理系统的感知和自动控制技术。CPS 使用的感知和自动控制技术主要包括智能感知技术和虚实融合控制技术,分别代表数据闭环流动的起点(感知)和终点(自动控制与执行)。

CPS 系统智能感知技术的关键是传感器技术。传感器是一种检测装置,能感受被测量的信息,并按一定规律变换为电信号或其他所需形式的信息输出,以满足信息的传输、处理、存储、显示、记录和控制等要求,是数据闭环流动的起点。研发效率高、成本低的数据采集技术和装置,把制造过程中设备、生产流程、能源等参数测量出来,并上传到网络平台上,是实现智能制造最基础的技术。

CPS 系统的自动控制是在数据采集、传输、存储、分析和挖掘的基础上做出的精准执行,表现为一系列动作或行为，如分布式控制系统 DCS、可编程逻辑控制器 PLC 及监督控制与数据采集系统 SCADA 等，是数据闭环流动的终点。

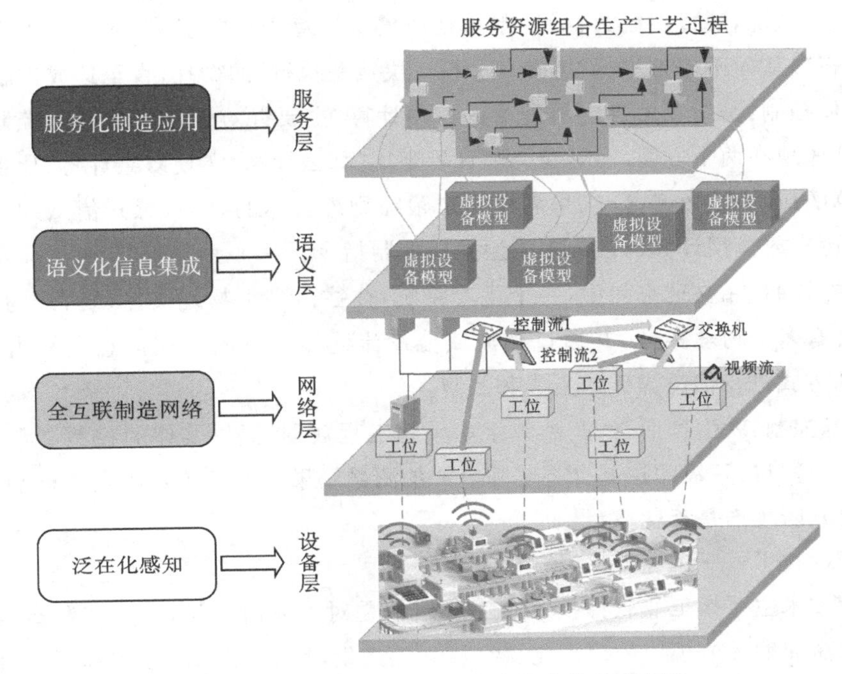

图 7-5-10　CPS 核心技术要素构成关系示意图

虚实融合控制是多层“感知—分析—决策—执行”的循环过程。它建立在实时状态感知的基础上，通过嵌入控制、虚体控制、集控控制和目标控制等控制技术向更高层次执行实时控制和反馈，如图 7-5-11 所示。

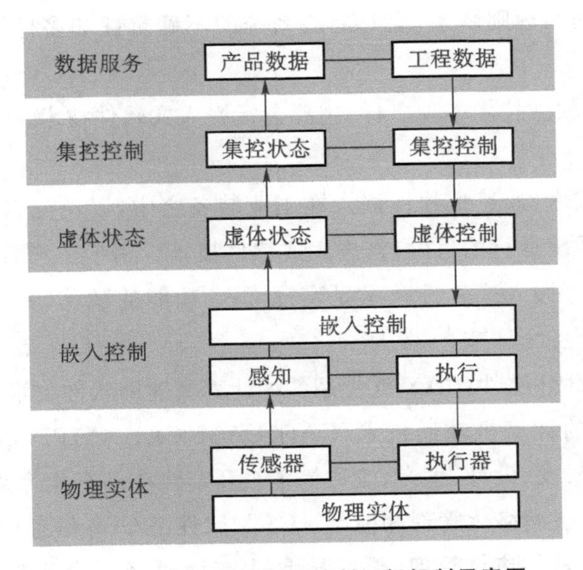

图 7-5-11　多层循环控制运行机制示意图

(1)嵌入控制:主要针对物理实体进行的控制。通过嵌入式软件,从传感器、仪器、仪表或在线测量设备采集被控对象和环境的参数信息以实现“感知”,通过数据处理“分析”被控过程和环境的状况,通过控制目标、控制规则或模型计算进行“决策”,向执行器发出控制指令进行“执行”,从而不停地进行“感知—分析—决策—执行”的循环,直至达成控制目标。

(2)虚体控制:是指在信息空间进行的控制计算,主要针对信息虚体进行控制。虚体控制的重要性体现在两个方面,一是在“大”计算环境(如云计算)实现复杂计算,比在嵌入式软硬件中计算的成本低、效率高;二是需要同步跟踪物理实体的状态(感知信息)时,通过控制目标、控制逻辑或模型计算向嵌入控制层发出控制指令。

(3)集控控制:在物理空间中,一个生产系统,往往由多个物理实体(装备)构成,比如一条生产线会有多个物理实体,并通过物流或能量流连接在一起。在信息空间内,主要通过CPS 总线的方式进行信息虚体的集成和控制。

(4)目标控制:就生产而言,产品数字孪生的工程数据、提供实体的控制参数、控制文件或控制指示,是“目标”级的控制。将实际生产的测量结果或追溯信息收集到产品数据,可通过即时比对判断生产是否达成目标。

2)“一软”技术——工业软件

“一软”技术主要指工业软件技术。工业软件是对工业研发设计、生产制造、经营管理、服务等全生命周期环节规律的模型化、代码化、工具化,是工业知识、技术积累和经验体系的载体,是实现工业数字化、网络化、智能化的核心。

简而言之,工业软件是算法的代码化,算法是对现实问题解决方案的抽象描述。仿真工具的核心是一套算法,排产计划的核心是一套算法,企业资源计划也是一套算法。工业软件定义了信息物理系统,其本质是要打造“状态—实时分析—科学决策—精准执行”的数据闭环,构筑数据自动流动的规则体系,应对制造系统的不确定性和多样性,实现制造资源的高效配置。

CPS 应用的工业软件技术多种多样,主要包括嵌入式软件技术、生产执行和管理等软件技术等。

(1)嵌入式软件技术:通过把软件嵌入在工业装备之中,以达到自动化、智能化控制、监测、管理各种设备和系统运行的目的,将嵌入式软件技术应用于生产设备,实现数据采集、控制、通信、显示等功能。嵌入式软件技术是实现 CPS 功能的载体,其紧密结合在 CPS 的控制、通信、计算、感知等各个环节。

(2)CAX/MES/ERP 软件:CAX 软件是各种计算机辅助软件技术之综合叫法。CAX 软件实际上是把多元化的计算机辅助技术(CAD、CAM、CAE、CAPP、CAS、CAT、CAI 等)集成起来,协同工作,从研发、设计、生产、流通等各个环节对产品全生命周期进行管理,实现生产和管理过程的智能化、网络化管理和控制。CAX 软件是 CPS 信息虚体的载体,通过 CAX 软件,CPS 的信息虚体从供应链管理、产品设计、生产管理、企业管理等多个维度,提升“物理世界”中的工厂/车间的生产效率,优化生产过程。

操作执行系统MES软件是满足大规模定制的需求、实现柔性排程和调度的关键，其主要操作对象是CPS信息虚体。通过对信息虚体的操控，以网络化和扁平化的形式对企业的生产计划进行"再计划"，"指令"生产设备"协同"或"同步"动作，对产品生产过程进行及时响应，使用当前确定的数据对生产过程进行及时调整、更改或干预等处理。同时信息虚体的相关数据通过MES收集整合，形成工厂的业务数据，通过工业大数据的分析整合，使其全产业链可视化，达到CPS使用后的企业生产最优化、流程最简化、效率最大化、成本最低化和质量最优化的目的。

企业资源计划ERP软件以市场和客户需求为导向，以实行企业内部和外部资源优化配置，消除生产经营过程中一切无效的劳动和资源，实现信息流、物流、资金流、价值流和业务流的有机集成和客户满意度提高为目标，以计划和控制为主线，以网络和信息技术为平台，集客户、市场、销售、采购、计划、生产、财务、质量、服务、信息集成和业务流程重组等功能于一体，是面向供应链管理的现代企业管理思想和方法的具体实现。

3)"一网"技术——工业网络

"一网"技术主要指工业网络技术。工业网络是连接工业生产系统和工业产品各要素的信息网络，通过工业现场总线、工业以太网、工业无线网络和异构网络集成等技术，实现工厂内各类装备、控制系统和信息系统的互联互通，以及物料、产品与人的无缝集成，并呈现扁平化、无线化、灵活组网的发展趋势。工业网络主要用于支撑工业数据的采集交换、集成处理、建模分析和反馈执行，是实现从单个机器、产线、车间到工厂的工业全系统互联互通的重要基础工具，是支撑数据流动的通道。物质（机械，如导线）连接、能量（物理场，如传感器）连接、信息（数字，如比特）连接，乃至意识（生物场，如思维）连接，为打造万物互联的世界提供了基础和前提。

CPS中的工业网络技术将颠覆传统的基于金字塔分层模型的自动化控制层级，取而代之的是基于分布式的全新范式，如图7-5-12所示。由于各种智能设备的引入，设备可以相互连接从而形成一个网络服务。每一个层面，都拥有更多的嵌入式智能和响应式控制的预测分析，都可以使用虚拟化控制和工程功能的云计算技术。与传统工业控制系统严格的基于分层的结构不同，高层次的CPS是由低层次CPS互连集成、灵活组合而成的。

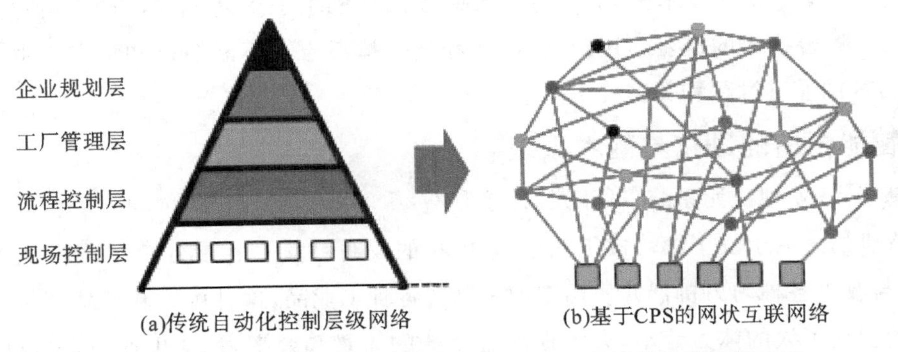

图7-5-12 传统自动化控制层级网络与CPS的网状互联网络比较

4)“一平台”技术——工业互联网平台

“一平台”技术主要指工业互联网平台技术。工业互联网平台是高度集成、开放和共享的数据服务平台，是跨系统、跨平台、跨领域的数据集散中心、数据存储中心、数据分析中心和数据共享中心。工业互联网平台通过云计算技术、大数据分析技术等进行数据的加工处理，形成对外提供数据服务的能力，并在数据服务基础上提供个性化和专业化智能服务。通过工业互联网平台，可以把设备、生产线、工厂、供应商、产品和客户紧密地连接融合起来，帮助制造业拉长产业链，形成跨设备、跨系统、跨厂区、跨地区的互联互通。

工业互联网平台推动专业软件库、应用模型库、产品知识库、测试评估库、案例专家库等基础数据和工具的开发集成和开放共享，实现生产全要素、全流程、全产业链、全生命周期管理的资源配置优化，以提升生产效率、创新模式业态，构建全新产业生态，使制造业的产品业务从封闭走向开放，从独立走向系统，将重组客户、供应商、销售商及企业内部组织的关系，重构生产体系中信息流、产品流、资金流的运行模式，重建产业价值链和竞争格局，有利于实现制造业和服务业之间的跨越发展，使工业经济各种要素资源能够高效共享。

目前常用的平台有阿里云平台、华为云、腾讯云等。

7.5.4 人信息物理系统(HCPS)

传统自动化技术的发展瓶颈在于它是基于数学模型驱动的自动化技术，破解方法是寻找新的数学模型建立方法和技术。进入21世纪以来，大数据驱动的人工智能技术取得了革命性进步，制造业面临着向智能化转型，生产过程自动化技术也将从以数学模型驱动的生产过程自动化向以大数据驱动的数据流动自动化和智能化方向转型，进而产生人工智能驱动的自动化技术。制造业从自动化向智能化方向发展和转型，自动化技术从以数学模型驱动向以人工智能驱动转型是第四次工业革命的核心推动力，大数据、移动互联网、云计算等为人工智能驱动的自动化技术开辟了新的途径。

从系统构成的角度看，智能制造系统是由人、信息系统和物理系统协同集成的人-信息-物理系统(Human - Cyber - Physical Systems，HCPS)。因此，智能制造的基本原理与技术体系的实质是集成最新技术去设计、构建和应用各种不同用途、不同层次的人-信息-物理系统 HCPS。随着技术的进步，HCPS 的内涵和技术体系也在不断演进和提高。本节将主要介绍 HCPS 的演进过程和关键技术。

1. 智能制造的进化与基本原理

1)基于人-物理二元系统(HPS)的传统制造

蒸汽机的发明引发了第一次工业革命，电机的发明引发了第二次工业革命，人类不断发明、创造与改进各种动力机器并使用它们来制造各种工业品，这种由人和机器所组成的制造系统大量替代了人的体力劳动，大大提高了制造的质量和效率，社会生产力得以极大提高。这些制造系统由人和物理系统(如机器)两大部分所组成，称为人-物理系统(Human - Physical Systems,HPS),如图 7-5-13 所示。其中,物理系统(P)是主体,工作任务是通过物理系统完成的,而人(H)是主宰和主导。人是物理系统的创造者,同时又是物理系统的使用者,完成工作任务所需的感知、学习认知、分析决策与控制操作等均由人来完成。

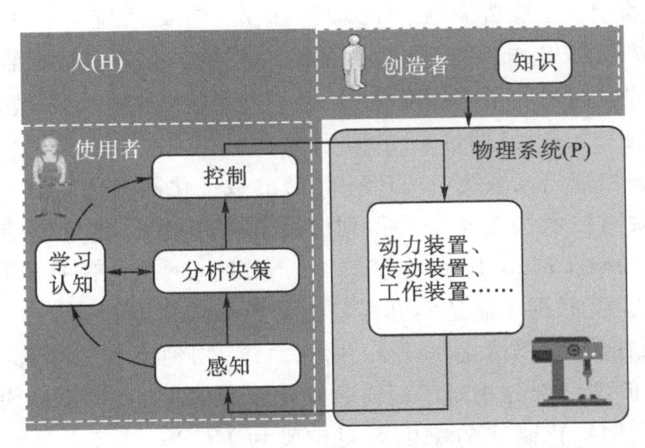

图 7-5-13 基于人-物理系统(HPS)的传统制造

2)基于人-信息-物理三元系统(HCPS-1.0)的数字化制造

20 世纪中叶以后,随着制造业对技术进步的强烈需求,以及计算机、通信和数字控制等信息化和自动化技术的发明和广泛应用,制造系统进入了数字化制造时代(又称工业自动化时代),以数字化、自动化为标志的信息革命引领和推动了第三次工业革命。

与传统制造相比,数字化制造最本质的变化是在人和物理系统之间增加了一个"C"(Cyber System,信息系统),从原来的"人-物理"二元系统发展成为"人-信息-物理"三元系统,从 HPS 进化成了 HCPS,如图 7-5-14 所示。

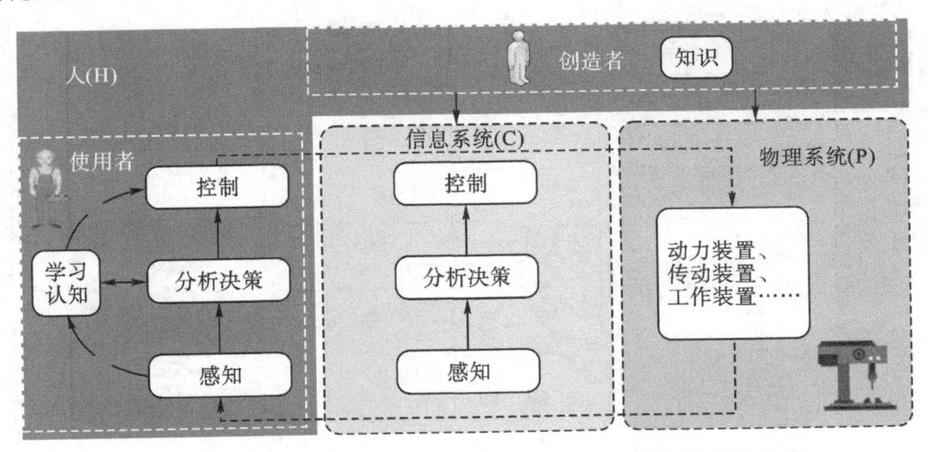

图 7-5-14 基于人-信息-物理系统(HCPS-1.0)的数字化制造

信息系统(C)由软件和硬件组成,其主要作用是对输入的信息进行各种计算分析,并代替操作者人(H)去控制物理系统(P)。数字化制造可定义为第一代智能制造(HCPS-1.0),与 HPS 相比,HCPS-1.0 通过集成人、信息系统和物理系统的各自优势,其计算分析、精确控制以及感知能力等都得到显著的提高,制造系统的自动化程度、工作效率、质量与稳定性以及解决复杂问题的能力等各方面均得以显著提升，不仅操作人员的体力劳动强度进一步降低，更重要的是，人类的部分脑力劳动也可由信息系统完成，知识的传播利用以及传承效率都得以有效提高。

由于信息系统的引入，制造系统同时增加了人-信息系统（HCS）和信息-物理系统（CPS）。德国工业界将CPS作为“工业4.0”的核心技术。此外，从“机器”的角度看，信息系统的引入也使机器的内涵发生了本质变化，机器不再是传统的一元系统，而变成了由信息系统与物理系统构成的二元系统，即信息-物理系统。

3）基于人-信息-物理三元系统（HCPS-1.5）的数字化网络化制造

20世纪末，互联网技术快速发展并得到广泛普及和应用，推动制造业从数字化制造向数字化网络化制造（Smart Manufacturing）转变。数字化网络化制造本质上是“互联网＋数字化制造”，可定义为“互联网＋制造”，亦可定义为第二代智能制造。

数字化网络化制造系统仍然是基于人、信息系统、物理系统三个部分组成的HCPS，如图7-5-15所示。但这三部分相对于面向数字化制造的HCPS-1.0均发生了根本性的变化，因此，面向数字化网络化制造的HCPS可定义为HCPS-1.5。最大的变化是互联网和云平台成为信息系统的重要组成部分，将信息系统各部分、物理系统各部分以及人连接在一起，是系统集成的工具。而且，信息互通与协同集成优化成为信息系统的重要内容。同时，HCPS-1.5中的人已经延伸成为由网络连接起来的共同进行价值创造的群体，涉及企业内部、供应链、销售服务链和客户，使制造业的产业模式从以产品为中心向以客户为中心转变，产业形态从生产型制造向生产服务型制造转变。

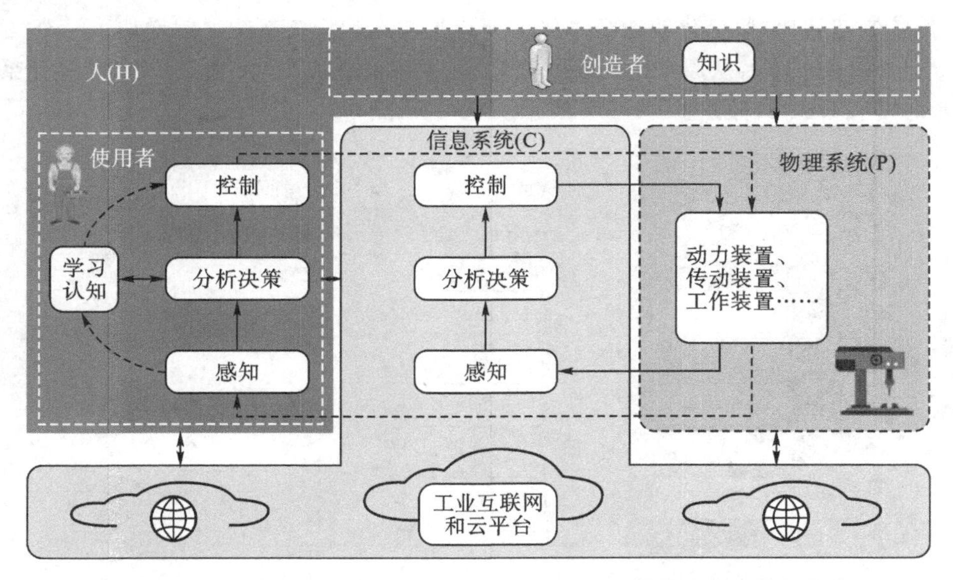

图7-5-15 基于人-信息-物理系统（HCPS-1.5）的数字化网络化制造

数字化网络化制造的实质是有效解决了“连接”这个重大问题：通过网络将相关的人、流程、数据和事物等连接起来，通过企业内、企业间的协同和各种资源的共享与集成优化，重塑制造业的价值链。

4)基于人-信息-物理三元系统(HCPS-2.0)的新一代智能制造

21 世纪以来,互联网、云计算、大数据等信息技术飞速发展并迅速地普及,形成了群体性跨越。这些历史性的技术进步,集中汇聚形成了新一代人工智能的战略性突破。

新一代人工智能技术与先进制造技术的深度融合,形成了新一代智能制造技术,成为新一轮工业革命的核心驱动力。新一代智能制造的突破和广泛应用将重塑制造业的技术体系、生产模式、产业形态,以人工智能为标志的信息革命引领和推动着第四次工业革命。

图 7-5-16 描述了面向新一代智能制造系统的 HCPS-2.0。HCPS-2.0 中最重要的变化发生在起主导作用的信息系统中增加了基于新一代人工智能技术的学习认知部分,不仅具有更加强大的感知、决策与控制的能力,更具有学习认知、产生知识的能力,即拥有真正意义上的"人工智能"。信息系统中的"知识库"是由人和信息系统自身的学习认知系统共同建立,它不仅包含人输入的各种知识,更重要的是包含着信息系统自身学习得到的知识,尤其是那些人类难以精确描述与处理的知识,知识库可以在使用过程中通过不断学习而不断积累、不断完善、不断优化。这样,人和信息系统的关系发生了根本性的变化,即从"授之以鱼"变成了"授之以渔"。

这种面向新一代智能制造的 HCPS-2.0 不仅可使制造知识的产生、利用、传承和积累效率都发生革命性变化,而且可大大提高处理制造系统不确定性、复杂性问题的能力,极大改善制造系统的建模与决策效果。

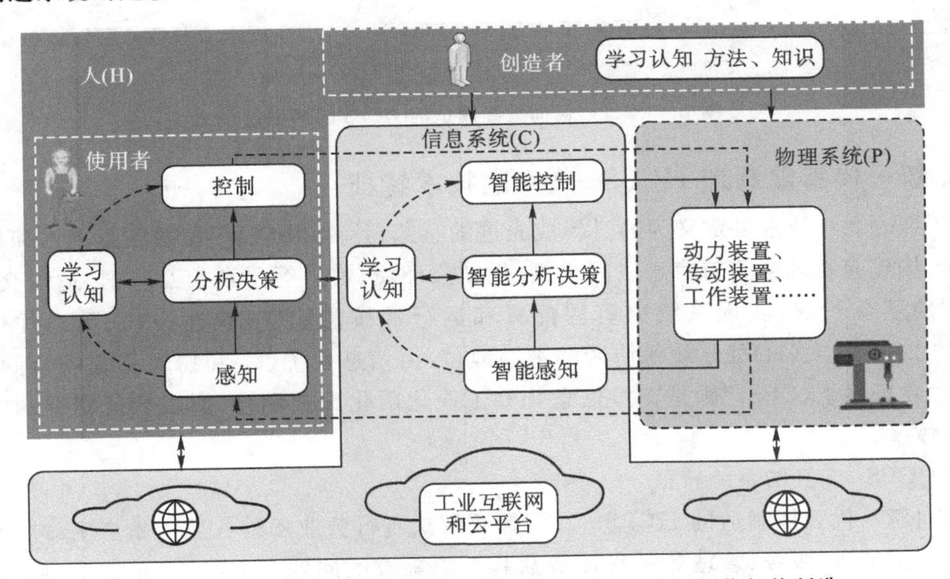

图 7-5-16　基于人-信息-物理系统(HCPS-2.0)的新一代智能制造

面向智能制造的 HCPS 随着相关技术的不断进步而不断发展,而且呈现出发展的层次性或阶段性(见图 7-5-17),从最早的 HPS 到 HCPS-1.0 再到 HCPS-1.5 和 HCPS-2.0,即从低级到高级、从局部到整体的发展趋势。

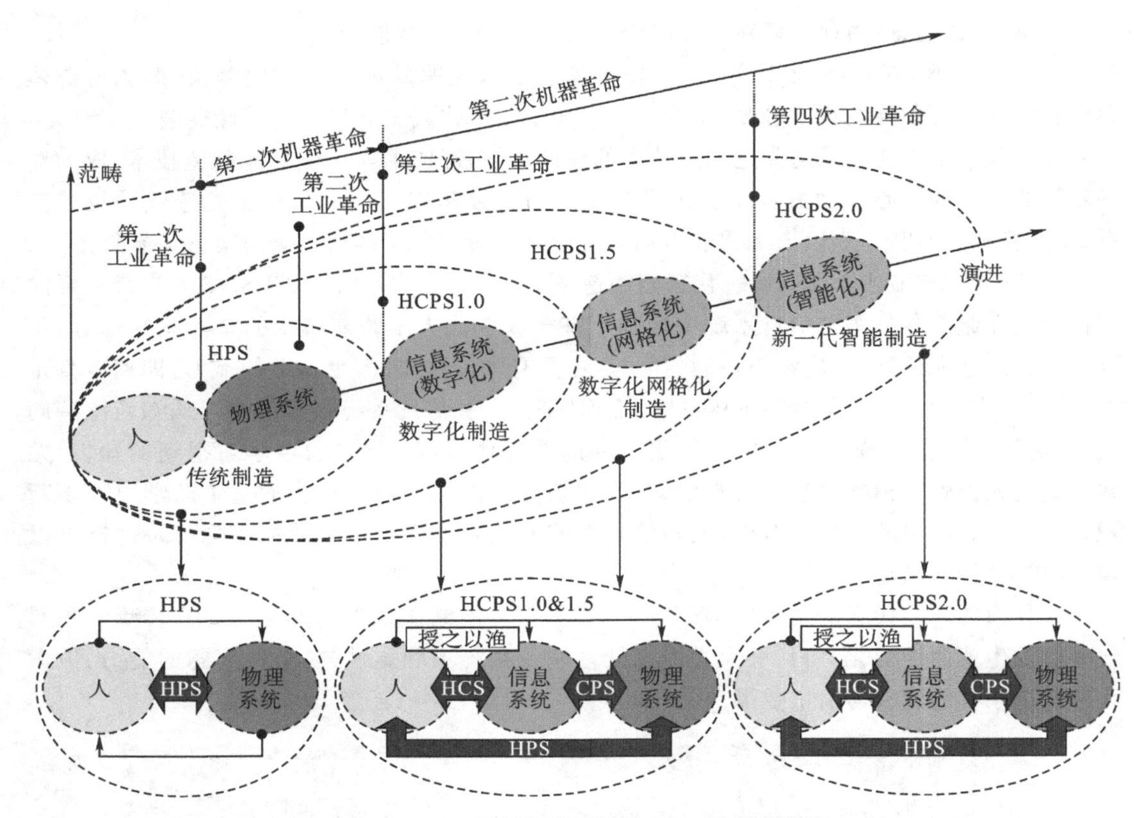

图 7-5-17　面向智能制造的 HCPS 的演进过程

2. 新一代智能制造 HCPS-2.0 的技术特征

HCPS-2.0 技术可定义为通过集成先进的感知、计算、通信、控制等信息技术和自动控制技术，构建起物理空间与信息空间中人、机、物、环境、信息等要素相互映射、适时交互、高效协同的复杂系统，实现系统内资源配置和运行的按需响应、快速迭代、动态优化。在 HCPS-2.0 中，人(H)处于统筹协调的中心地位，由信息系统(C)和物理系统(P)综合集成的“信息物理系统(CPS)”则是支撑信息化和工业化两化深度融合、实现智能制造的一套综合技术体系。

1)HCPS-2.0 的系统特征

面向新一代智能制造的 HCPS-2.0，需要解决各行各业各种各类产品全生命周期中的研发、生产、销售、服务、管理等所有环节及其系统集成的问题。因此，从总体上讲，HCPS-2.0 呈现出三大主要特征。

(1)HCPS-2.0 具有智能性。这是 HCPS-2.0 的最基本特征，系统能不断自主学习与调整，以使自身行为始终趋于最优。

(2)HCPS-2.0 是一个大系统。HCPS-2.0 系统由智能装备、智能生产及智能服务三大功能系统以及智能制造云和工业互联网两大支撑系统集合而成，如图 7-5-18 所示。其中，智能装备是主体，智能生产是主线，以智能服务为中心的产业模式变革是主题，工业互联网和智能制造云是支撑智能制造的基础。

(3)HCPS-2.0具有大集成特征。面向新一代智能制造的大系统可实现企业内部纵向集成，即研发、生产、销售、服务、管理过程等动态智能集成；可实现企业与企业之间的横向集成，即基于工业互联网与智能云平台，实现集成、共享、协作和优化；可实现制造业与金融业、上下游产业的深度融合，形成服务型制造业和生产性服务业共同发展的新业态；可实现智能制造与智能城市、智能交通等交融集成，共同形成智能生态大系统——智能社会。

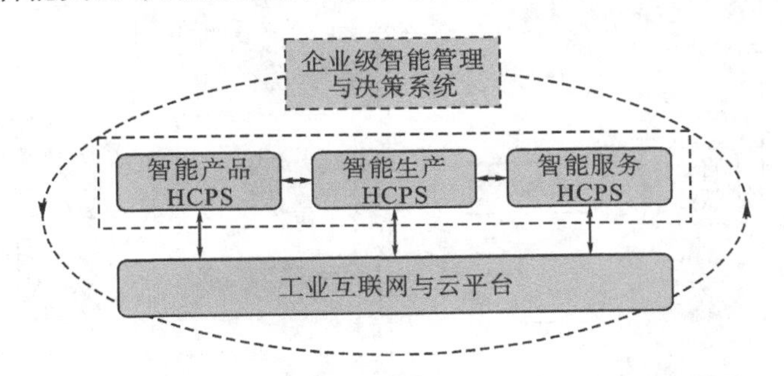

图7-5-18　HCPS—2.0的集成方案示意图

2)HCPS-2.0的技术特征

从技术本质看，HCPS-2.0主要是通过新一代人工智能技术赋予信息系统强大的“智能”，从而带来三个重大技术进步。

(1)HCPS-2.0具有解决不确定性和复杂性问题的能力，解决方法从过去强调因果关系的数学模型驱动的传统模式向强调关联关系的创新模式转变，向因果关系和关联关系深度融合的模式发展，从以数学模型驱动向以人工智能驱动转型，从根本上提高制造系统建模的能力，有效实现制造系统的优化。

(2)HCPS-2.0具有学习与认知能力，具备了生成知识并更好地运用知识的能力，将显著提升制造知识的产生、利用、传承和积累效率，提升知识作为核心要素的边际生产力。

(3)HCPS-2.0形成人机混合增强智能，使人的智慧与机器智能的各自优势得以发挥并相互启发地增长，释放人类智慧的创新潜能，提升制造业的创新能力。

由制造领域技术、机器智能技术组成的信息物理系统CPS，再通过人机协同技术与人组成HCPS-2.0。无论系统的用途如何，其关键技术均可划分为制造领域技术、机器智能技术、人机协同技术等三大方面，如图7-5-19所示描述了单元级HCPS的技术构成。由于智能制造面临的许多问题具有不确定性和复杂性，单纯的人类智能和机器智能都难以有效解决。人机协同的混合增强智能是新一代人工智能的典型特征，也是实现面向新一代智能制造的HCPS-2.0的核心关键技术，主要涉及认知层面的人机协同、控制层面的人机协同、决策层面的人机协同以及人机交互技术等几大方面。

在单元级物理信息系统CPS中加上人机协同技术便形成了单元级人物理信息系统HCPS，在系统级物理信息系统CPS中加上人机协同技术便形成了系统级人物理信息系统HCPS，在系统之系统级物理信息系统CPS中加上人机协同技术便形成了系统之系统级人物理信息系统HCPS。图7-5-20所示是基于HCPS2.0的新一代智能制造的多层次分层结构总体架构模型。

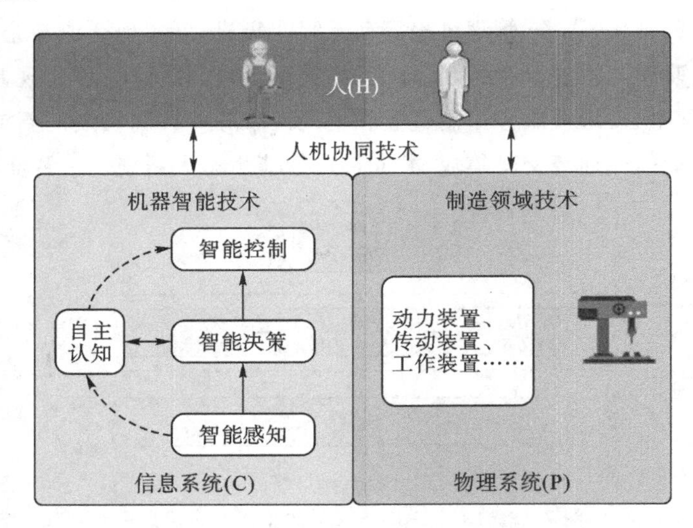

图 7-5-19 单元级 H+CPS 的技术构成示意图

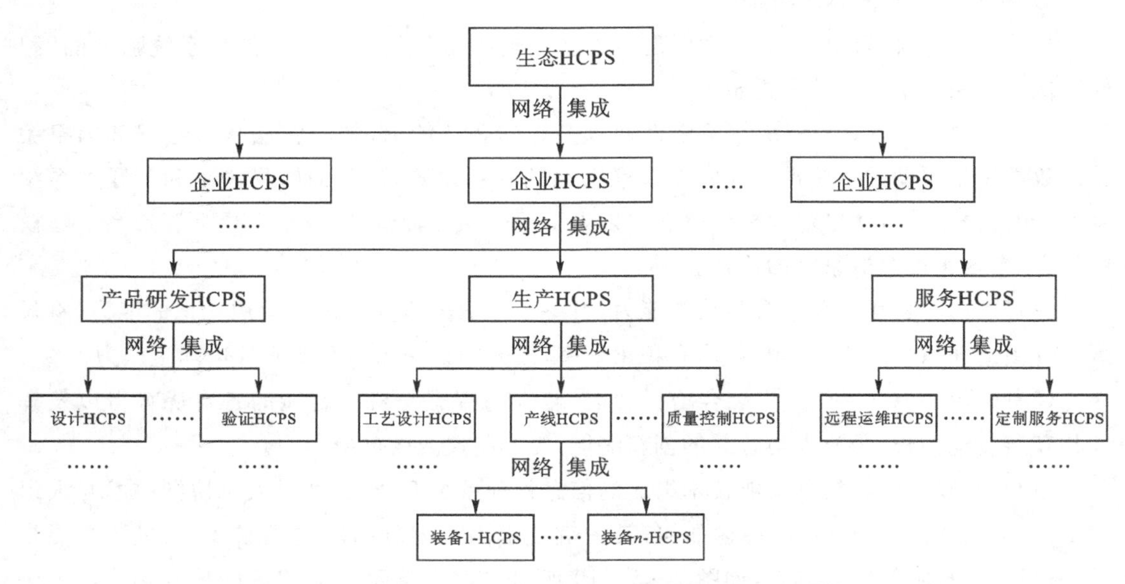

图 7-5-20 智能制造 HCPS2.0 分层结构模型示意图

3)HCPS-2.0 的共性赋能特征

HCPS-2.0 是有效解决制造业转型升级各种问题的一种新的普适性方案，可广泛应用于离散型制造和流程型制造的产品创新、生产创新、服务创新等制造价值链全过程创新，是提高制造业技术水平的共性赋能技术。HCPS-2.0 的共性赋能技术特征，主要包含以下两个要点。

(1)应用新一代人工智能技术对制造系统“赋能”。应用共性赋能技术对制造技术赋能，二者结合形成集成式创新的制造技术，对各行各业制造系统升级换代具有通用性、普适性。

前三次工业革命的共性赋能技术分别是蒸汽机技术、电机技术和数字化(自动化)技术，第四次工业革命的共性赋能技术将是人工智能技术，这些共性赋能技术与制造技术的深度融合，引领和推动制造业革命性转型升级。正因为如此，基于HCPS-2.0的智能制造是制造业创新发展的主攻方向，是制造业转型升级的主要路径，成为新的工业革命的核心驱动力。

(2)新一代人工智能技术需要与制造领域技术进行深度融合，才能产生与升华制造领域知识，成形新一代智能制造技术。制造是主体，赋能技术是为制造升级服务的，HCPS-2.0技术只有与制造领域技术深度融合，才能真正发挥作用。对于智能技术领域而言，是先进信息技术在制造业中的推广应用。对于各种各类制造业而言，是应用智能技术作为共性赋能技术对制造业进行集成式的创新升级。制造技术是主体技术，智能技术是赋能技术，两者要融合发展，才能发挥更大作用。

7.5.5 工业互联网平台

随着工业互联网逐步走向应用，各相关领域技术的不断发展并与制造业技术融合，工业互联网平台综合技术体系应运而生。工业互联网平台是实现智能制造的核心技术载体，是链接工业全系统、全产业链、全价值链、支撑工业智能化发展的关键基础设施，是新一代信息技术与制造业深度融合所形成的新兴业态和应用模式，是互联网从消费领域向生产领域、从虚拟经济向实体经济拓展的核心技术载体。

1. 工业互联网平台的本质内涵

1)工业互联网平台的产生

工业互联网平台是新一代信息通信技术与现代工业技术深度融合的产物，是一个综合技术体系。为了实现智能制造HCPS-2.0，不断发展的各领域技术与工业技术相互融合，工业互联网平台便应运而生，其相关技术如下。

(1)传感器、物联网、新型控制系统、智能装备等新产品和新技术的应用日益普及。

(2)制造体系隐性数据显性化步伐不断加快，工业数据全面高效、精确采集体系不断完善，基于信息技术和工业技术的数据集成深度、广度不断深化。

(3)5G、窄带物联网等网络技术及工业以太网、工业总线等通信协议的应用，为制造企业系统和设备数据的互联汇聚创造了条件，构建了低延时、高可靠、广覆盖的工业网络，实现了制造系统各类数据便捷、高效、低成本的汇聚大数据。

(4)人工智能技术的发展，实现了不同来源、不同结构工业数据的采集与集成、高效处理分析，进而帮助制造企业提升价值。

(5)云计算技术的发展正在重构软件架构体系和商业模式。高弹性、低成本的IT基础设施日益普及，软件部署由本地化逐渐向云端迁移，软件形态从单体式向微服务不断演变，为可重构、可移植、可伸缩的应用服务敏捷地开发和快速部署提供保障。

(6)各类新型工业App逐步推广应用，推动了制造资源优化配置。

2)工业互联网平台的本质

工业互联网平台基本的逻辑和本质是“数据＋模型＝服务”，如图7-5-21所示。

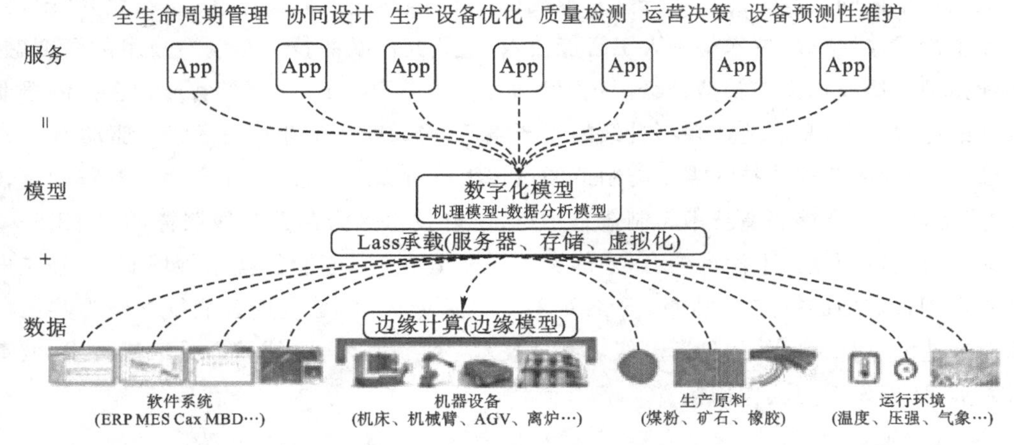

图 7-5-21 工业互联网平台的本质示意图(来源:安筱鹏《重构-数字化转型的逻辑》)

通过构建工业互联网平台,可为智能制造提供如下功能:

(1)构建精准、实时、高效的数据采集互联体系,建立面向工业大数据存储、集成、访问、分析、管理的开发环境和应用环境。解决如何采集制造系统海量数据,把来自机器设备、业务系统、产品模型、生产过程及运行环境中的海量数据汇聚到平台上,实现物理世界隐性数据的显性化,实现数据的及时性、完整性、准确性。

(2)支撑工业技术、经验、知识模型化、软件化、复用化,以数据的有序自动流动解决复杂制造系统面临的不确定性。将技术、知识、经验和方法以数字化模型的形式沉淀到平台上,形成各种软件化的模型(机理模型、数据分析模型等),基于这些数字化模型对各种数据进行分析、挖掘、展现,实现“数据一信息一知识一决策”的迭代,最终把正确的数据,以正确的方式,在正确的时间传递给正确的人和生产过程装备。

(3)全生命周期管理协同研发设计、生产优化、产品质量检测、企业运营决策、设备预测性维护,优化制造资源配置效率,形成资源富集、多方参与、合作共赢、协同演进的制造业生态。

“数据+模型=服务”这一逻辑并非工业互联网所独有的特质,而是贯穿于整个制造业信息化发展的全过程。伴随着数据采集的精度、广度速度的不断提升,模型准确性、软件化、智能化水平不断提高,“数据+模型”在不同的发展阶段以不同的载体所呈现,并提供不同层级的“服务”价值。基于“数据+模型=服务”的业务逻辑体现在单元级、系统级和系统之系统级三个级别。

(1)单元级:通过对设备运行过程中的电压、电流、转速等数据采集,基于经验规律及数学计算模型,能够实现对局部生产装备的智能化,提升这些经验规律及数学分析模型大都以传统I架构形式固化成独立的软件系统,面向工业现场人员提供设备运行状态优化服务。

(2)系统级:随着数据采集的范围逐渐扩大,企业CAD、CAE等研发设计及MES、ERP、CRM等业务系统的数据与生产运行状态数据逐渐实现互联互通,基于更加精确、高效的机理模型和数据分析模型,以数据自动流动解决企业生产过程中多种复杂不确定性,从而优化设计、仿真生产等环节的资源配置。

(3)系统之系统级(SoS级):当企业生产经营过程中的研发设计业务系统、设备运行等各类数据汇聚到基于工业互联网平台,同时接入来自互联网端各类客户行为、环境信息等数据,SoS级会基于平台沉淀多种工业App、微服务组件等更为全面、精准的工业知识,实现智能决策、产品全生命周期管理、协同制造等跨行业、跨领域、跨企业内部的制造资源优化配置。

2. 工业互联网平台的体系架构

工业互联网平台体系架构的核心要素包括四层体系架构:数据采集层(边缘层)、云基础设备层(IaaS)、管理服务层(工业PaaS)、应用服务层(工业App),如7-5-22所示。其中,数据采集(边缘层)是基础,基础设备层(IaaS)是支撑,工业平台层(PaaS)是核心,工业应用层(App)是关键。

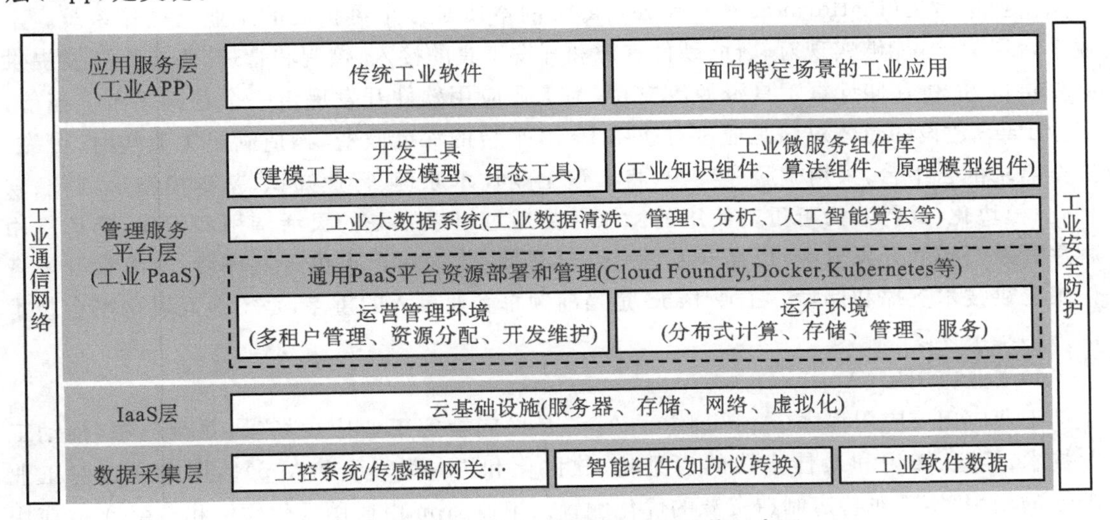

图7-5-22　工业互联网平台体系架构示意图

1)数据采集(边缘层)

数字采集是利用感知技术,对设备、过程等物理系统及人等要素信息进行实时高效采集和云端汇聚,构建实时、高效的数据采集体系,把数据采集上来。通过协议转换,将一部分实时性、短周期数据快速处理,处理结果直接返回到机器设备,将另一部分非实时、长周期数据传送到云端,通过云计算强大的数据运算能力和更快的处理速度进行综合利用分析,进一步优化形成工业现场决策数据。

目前,在工业数据采集领域,存在两个瓶颈:

(1)各种工业协议标准(例如各个自动化设备生产及集成商开发的工业协议)互不兼容,造成协议适配解析和数据互联互通困难。因此,需要研发通过协议兼容转换,实现多源设备、异构系统的数据可采集、可交互、可传输的技术去解决问题。

(2)工业数据采集实时性要求难以保证。生产线的高速运转,精密生产和控制等场景对数据采集的实时性要求不断提高,传统数据采集技术对于高精度、低时延的工业场景难以保证重要信息实时采集和上传,难于满足生产过程的实时监控需求。

因此,必须研发具有更快的实时响应速度和更灵活的部署方式,以适应实时性、短周期数据、本地决策的需求。例如,部署边缘计算模块,应用边缘计算等技术在设备层进行数据预处理,进而大幅提高数据采集和传输效率,降低网络接入、存储、计算等成本,提高现场控制反馈的及时性。

2)基础设备层(IaaS)

基础设备层(Infrastructure as a Service,IaaS)通过虚拟化技术将计算、存储、网络等资源在云端池化,IaaS可提供设备外包服务,通过云向用户提供可计量、弹性化的资源服务。IaaS是工业互联网平台运行的载体和基础,实现了工业大数据的存储、计算、分发。在这一领域,我国与发达国家处在同一起跑线,阿里、腾讯、华为等信息领军企业所拥有的云计算基础设施,已达到国际先进水平,形成了成熟的可提供完整解决方案的能力。

3)工业平台层(PaaS)

工业平台层(Platform as a Service,PaaS)的本质是一个可扩展的工业云操作系统。工业平台层PaaS能够实现对软件、硬件资源和开发工具的接入、控制和管理,为应用开发提供必要接口,提供存储计算工具资源等支持,为工业应用软件开发提供一个基础平台。当前,工业PaaS建设的总体思路是通过对通用PaaS平台的深度改造,构造满足工业实时、可靠、安全需求的云平台,采用微服务架构,将大量工业技术原理、行业知识、基础模型规则化、软件化、模块化,并封装为可重复使用的微服务。通过对微服务的灵活调用和配置,降低应用程序开发门槛和开发成本,提高开发、测试、部署效率,为用户提供开发环境,使海量开发者汇聚提供技术支撑和保障。工业PaaS是当前领军企业投入的重点,是工业互联网平台技术能力的集中体现。

4)工业应用层(App)

工业应用层应用程序(Application,App)是面向特定工业应用场景,整合资源,推动工业技术、经验、知识和最佳实践的模型化、软件化和再封装(工业App)。用户通过对工业App的调用,实现对特定制造资源的优化配置。工业App由通用云化软件和专用App应用构成,它面向企业客户提供各类软件和应用服务。工业App通过新商业模式,不断汇聚各方应用开发者开发的软件资源,成为行业领军企业和软件巨头构建、打造共生共赢生态系统的关键。

当前,工业App的发展重点在如下两个方面:

(1)传统的CAD、CAE、ERP、MES等研发设计工具和管理软件加快"云化"改造。"云化"迁移是当前软件产业发展的基本趋势,全球软件产品"云化"步伐不断加快。

(2)围绕多行业、多领域、多场景的云应用需求,开发专用App应用。大量开发者通过对工业PaaS层微服务的调用、组合、封装和二次开发,将工业技术、工艺知识和制造方法固化和软件化,开发形成了专用的App应用。

3. 工业互联网平台的关键技术体系

工业互联网平台关键技术体系由下述6项技术(见图7-5-23)集成而成:数据采集技术、PaaS通用功能技术、软件开发工具技术、微服务技术、建模与应用技术、信息安全技术。其中,软件开发工具、微服务、建模及应用等为核心技术。

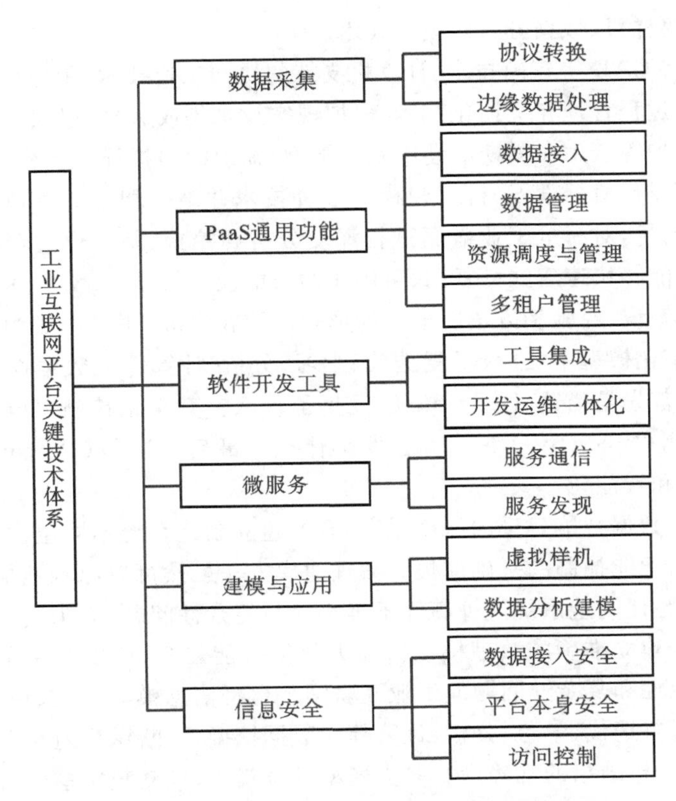

图 7-5-23 工业互联网平台关键技术体系构成示意图

1)应用软件开发工具

应用软件开发工具是构建工业互联网平台开发者生态的基础,各种开发工具的集成,降低了开发者利用工业互联网平台进行工业创新应用开发的门槛,主要涉及开发工具集成、开发运维一体化等方面的技术。应用软件开发工具集成是将应用软件开发环境迁移到云端,在云端集成,从而实现本地环境的轻量化,在云端支持C、C++、Python、Java、PHP等流行软件开发语言。应用软件开发运维一体化是通过在云端集成开发DevOps框架,并在云端应用拓扑、编排规范等技术,提供工业应用软件的开发、测试、维护的一体化服务,打通工业应用软件产品交付过程中的信息技术(IT)工具链。

2)工业微服务

工业微服务是工业互联网平台的核心,为用户提供面向工业特定场景的轻量化应用,主要涉及在微服务架构下的服务通信、服务发现等技术。服务通信是一个分布式系统,服务交互通过网络进行,实现同步模式或异步模式通信。服务发现机制是识别各个服务动态生成和变动的网络位置,主要包括客户端发现和服务端发现两种方式。

3)建模及应用

工业互联网平台最核心的要素组件是基于微服务架构的数字化模型。数字化模型将大量工业技术原理知识、基础工艺、模型工具等规则化、软件化、模块化,并封装为可重复使用的组件。建模应用是工业互联网平台具备工业实体虚拟映射和智能数据分析能力的关键,主要涉及虚拟建模样机、数据分析建模等技术。

虚拟样机是将CAD等建模技术、计算机支持的协同工作技术、用户界面设计、基于知识的推理技术、设计过程管理和文档化技术、虚拟现实技术集成起来，以实现复杂产品论证、设计、试验、制造、维护等全生命周期活动中基于模型/知识的虚拟样机构建与应用。数据分析建模是利用统计分析、机器学习、机理建模等多种技术并结合相应的领域专家经验知识，面向特定工业应用场景，对海量工业数据进行深度分析和挖掘，并提供可调用的特征工程、分析建模等工具包，能够快速建立可复用、可固化的智能应用模型。

在工业技术、知识、经验和方法以模型的形式沉淀在PaaS平台上成为数字化模型后，海量数据加载到数字化模型中，进行反复迭代、学习、分析、计算等大数据挖掘，可回答生产过程四个基本问题：首先是描述(Descriptive)发生了什么？其次是诊断(Diagnostic)为什么会发生？再次是预测(Predictive)下一步会发生什么？最后是决策(Decision)该怎么办？由此，驱动过程优化和智能化。

数理建模与大数据智能建模的深度融合，有效建立制造系统不同层次的模型，是实现制造系统优化决策与智能控制的基础前提。数理建模方法虽然可以深刻地揭示物理世界的客观规律，但却难以胜任制造系统这种高度不确定性与复杂性问题，因为这种高度不确定性与复杂性的系统难于建立准确的数理模型。而大数据智能建模，可以在一定程度上解决制造系统建模中不确定性和复杂性问题。工业互联网平台将信息模型沉淀、集成与统一构建，通过海量数据进行反复迭代、学习、分析、计算等大数据挖掘，不断深化对机理模型和数据模型的积累，不断提升分析结果的准确度。多类模型融合集成，推动数字孪生由概念走向落地。

为了推动发展智能制造，国家采取了三大措施：一是国家下决心打造可以和国际先进水平比肩的工业互联网平台。二是国家鼓励行业、企业实体开发行业通用、企业专用的App。国家搭建平台，行业实体企业努力开发适用的App。三是推动百万工业企业和大型设备数据上云，以此推动工业互联网商业模式形成、技术迭代、规模应用。这些措施的实施将为我国工业互联网平台建设和智能制造技术的发展打下坚实的基础。当前，华为、阿里、海尔、用友、浪潮、富士康等企业推出了自己的工业互联网平台。

7.5.6 我国智能制造的发展战略

面向新一代智能制造的HCPS2.0是由相关的人、信息系统以及物理系统有机组成的综合大系统。其中，物理(生产制造)系统是主体，是制造活动能量流与物质流的执行者，是制造活动的完成者；拥有人工智能的信息系统是主导，是制造活动信息流的核心，帮助人对物理系统进行必要的感知、认知、分析决策与控制，使物理系统以尽可能最优的方式运行；人是主宰，一方面，人是物理系统和信息系统的创造者，即使信息系统拥有强大的“智能”，这种“智能”也是人赋予的，另一方面，人是物理系统和信息系统的使用者和管理者，系统的最高决策和操控都必须由人牢牢把握。未来20年是中国制造业实现由大到强的关键时期，也是制造业发展质量变革、效率变革、动力变革的关键时期。《中国制造2025》制定了我国智能制造的发展战略。

1. 战略目标和发展路径

1)发展战略目标

未来 20 年,中国的智能制造发展战略目标总体分成 3 个阶段来实现。

第一阶段(到 2025 年):迈入制造强国行列。“互联网+制造”——数字化网络化制造在全国得到大规模推广应用,在发达地区和重点领域实现普及;同时,新一代智能制造在重点领域试点示范取得显著成果,并开始在部分企业推广应用。

第二阶段(到 2035 年):整体达到世界制造强国阵营中等水平。新一代智能制造在全国制造业实现大规模推广应用,中国智能制造技术和应用水平走在世界前列,实现中国制造业的转型升级。

第三阶段(到 2049 年):制造业大国地位更加巩固,综合实力进入世界制造强国前列,总体水平达到世界先进水平,部分领域处于世界领先水平,为 2045 年把中国建成世界领先的制造强国奠定坚实基础。

2)发展战略方针

未来,中国智能制造发展战略方针是坚持“需求牵引、创新驱动、因企制宜、产业升级”的战略方针,持续有力地推动中国制造业实现智能转型。

(1)需求牵引。需求是发展最为强大的牵引力,中国制造业高质量发展和供给侧结构性改革对制造业智能升级提出了强大需求。中国智能制造发展必须服务于制造强国建设的战略需求,服务于制造业转型升级的强烈需要。企业是经济发展的主体,也是智能制造的主体,发展智能制造必然要满足企业在数字化、网络化、智能化不同层面的产品、生产和服务需求,满足提质增效、可持续发展的需要。

(2)创新驱动。中国制造要实现智能转型,必须抓住新一代人工智能技术与制造业融合发展带来的新机遇,把发展智能制造作为中国制造业转型升级的主要路径,用创新不断实现新的超越,推动中国制造业从跟随、并行向引领迈进,实现“换道超车”、跨越发展。

(3)因企制宜。推动智能制造,必须坚持以企业为主体,以实现企业转型升级为中心任务。中国的企业参差不齐,实现智能转型不能搞“一刀切”,不能“贪大求洋”,各个企业特别是广大中小微企业,要结合企业发展实情,实事求是地探索适合自己转型升级的技术路径。要充分激发企业的内生动力,帮助和支持企业特别是广大中小企业的智能升级。

(4)产业升级。推动智能制造的目的在于产业升级,要着眼于广大企业、各个行业和整个制造产业。各级政府、科技界、学界、金融界要共同营造良好的生态环境,推动中国制造业整体实现发展质量变革、效率变革、动力变革,实现中国制造业全方位的现代化转型升级。

3)发展路径

未来,中国智能制造发展路径从下述三个方面展开。

(1)战略层面:总体规划—重点突破—分步实施—全面推进。国家层面抓好智能制造发展的顶层设计、总体规划,明确各阶段的战略目标和重点任务。有条件的经济发达地区、重点产业、重点企业,要加快重点突破,先行先试,发挥好引领、表率作用。分步实施,重点突破的范围逐步扩大,从企业(点),到城市(线),再到区域(面),梯次展开。在此基础上,在全国范围内根据不同情况,全面推进,达到普及。

(2)战术层面:采用“探索—试点—推广—普及”的有序推进模式。分步,循序渐进地推进，这样可操作性强，风险小，成功率高，是一条可持续的、有效的实施路径。

(3)组织层面：营造“用产学研金政”协同创新的生态系统，汇集各方力量，实施有组织的创新。

我国制造业真正达到智能化的目标，估计需要二三十年的时间才能实现，是一个战略目标逐渐清晰、功能不断迭代、技术不断创新、运用服务不断丰富、产业生态不断成熟的过程，需要循序渐进地去推进。

2. 转型路径与切入点

1)转型的路径

制造业智能化的转型可以分为数字化、网络化、智能化三步。

(1)数字化。数字化的作用是“感受”工业过程，采集海量数据。工业传感器是工业数据的“采集感官”，人工智能的基础是大量的数据，而工业传感器是获得多维工业数据的感官。除了设备状态信息以外，人工智能平台需要收集工作环境(如温度湿度)、原材料的良率、辅料的使用情况等相关信息，用以预测未来的趋势。这就需要部署更多类别和数量的传感器。如今，使用数量较多的传感器包括压力、位移、加速度、角速度、温度、湿度和气体传感器等。现在的工业传感器可以提供监视输出信号、为预测设备故障作数据支持，有助于确认库存中可用的原材料，可代替指示表更精确地读数以及在环境恶劣的情况下收集数据、亦可监测通过网关和云的数据传输、维护数据安全等。

(2)网络化。网络化的作用是实现数据高速传输、互联互通和云端计算。依托先进的工业级通信技术将数据传输至云端。和过去在车间内直接对数据进行简单的处理不同，企业需要把不同车间、不同工厂、不同时间的数据汇聚到工业云数据中心，进行复杂的数据计算，以提炼出有用的数学模型。这就对工业通信网络架构提出新要求，推动标准化通信协议及5G等新的技术在车间里应用的普及。

工业生产中产生的海量数据送到工业云平台数据中心，采用分布式架构进行数据挖掘，提炼有效生产改进信息，运用大数据及人工智能技术进行分析，提炼数字分析模型，以数据驱动智能生产能力，以数据驱动生态运营能力，汇聚协作企业、产品、用户等产业链资源，不断沉淀、复用、重构和输出，实现制造行业整体的资源优化配置。

(3)智能化。智能化的作用是实现三个维度的整体智能化。传统制造业工厂的内部存在信息系统(IT)和生产管理系统(OT)两个相对独立的两个子系统，IT系统负责生产管理规划，OT系统负责生产过程执行，这两个维度的信息不需要过多的互动。智能工厂则首先需要实现这两个维度的整合，打通设备、数据采集、企业IT系统、OT系统、云平台等不同层的信息壁垒，实现从车间到决策层数据流的纵向互联。另外，智能工厂还要打通供应链各个环节数据流，这些第三维度物流信息的收集，能够帮助行业提升效率，降低成本。打通产品生命周期全过程的数据流，实现三个维度的整体智能化，实现产品从设计、制造到服务，再到报废回收再利用整个生命周期的互联，实现数字化、网络化、智能化，是实现智能制造的整体目标。

简而言之，工业互联网平台应用以信息化为基础，呈现出三大发展层次：第一层次，基于平台的信息化应用，这类应用主要提供数据汇聚和描述基础，帮助管理者直观了解工厂运行状态，其更高价值的实现依赖于在此基础之上的更深层次数据挖掘分析；第二层次，基于平台大数据能力的深度优化,以“模型+深度数据分析”模式在设备运维、产品售后服务、能耗管理、质量管控、工艺调优等场景获得大量应用,并取得较为显著的经济效益;第三层次,基于平台协同能力的资源调配优化,无论是产业链、价值链的一体化优化、产品全生命周期的一体化优化、还是生产与管理的系统性优化,都需要建立在全流程的高度数字化、网络化和模型化基础上。基于平台进行深层次的全流程系统性优化尚处在局部的探索阶段。

2)转型的切入点与着力点

原材料、装备、消费品等行业由于所处产业链位置、行业结构生产特征、发展需求各有不同,各自的数字经济转型发展呈现了不同的行业特征。以造纸、陶瓷等为代表的传统轻化工产业,从传统制造向智能制造的着力点是强化制造环节的智能化水平,打造集约高效实时优化的生产新体系。围绕提质增效,轻化工产业在质量全过程管控、设备预防性管理、能源综合管理、供应链集成等方面不断提升智能化水平,不断探索基于数据的产业生态圈、产业链集成共享平台等新模式。表 7－5－1 表述了传统制造向智能制造模式转变的着力点的演变。

表 7－5－1　传统制造向智能制造模式转变的着力点演变一览表

转型内容	传统制造模式	智能制造模式
生产方式	生产者驱动(规模经济)	消费者驱动(范围经济)
动力机制	更低的成本、更好的质量、更高的效率	成本、质量、效率以及应对制造多样复杂系统的不确定性
管理模式	科学管理、精益管理模式	信息时代呼唤新一轮管理变革
系统体系	简单的制造系统,确定性是常态	复杂的生态系统,不确定性是常态
解决之道	生产装备与过程自动化(物理世界的自动化) 技术基础:自然科学,生产过程技术,传感器与自动控制技术,软件及集成能力	数据生成加工执行的自动化(信息世界的自动化) 技术基础:自然科学、管理科学、人工智能,自然科学,数据软件的综合集成,统一的工业互联网,从智能单机到智能工厂
产品形态	实体产品	实体数字孪生产品(实体+数字产品)

根据表 7－5－1 可知,传统制造向智能制造模式转变的解决之道,是从生产装备和过程的自动化向生产数据的生成、加工、执行的自动化转型。从传统制造业角度看,生产装备和过程的自动化是在解决大规模生产的问题。而从智能制造角度看,智能制造解决的是数据流动的自动化,只有实现数据的自动采集、自动传输、自动处理和自动执行,才能从根本上解决个性化定制等许多不确切因素的新生产方式面临的最基本的成本、质量、效果等问题。要解决数据的自动流动需要有统一的工业互联网和软件的集成,从单机智能化到全厂智能化,使生产系统体系从简单的制造系统向复杂的生产生态系统转变。

思考题与习题

1. 试述计算机控制系统发展的几个阶段及各阶段的主要特征。

2. 计算机控制系统的一般组成是什么？试述计算机控制系统的种类和特点。

3. DCS 的基本含义和本质特征是什么？试述 DCS 的发展阶段及各阶段的主要特征。

4. 试述 DCS 的基本结构，请结合流程工业的某一工段试设计一个简单的 DCS 控制系统方案，画出 DCS 结构简图。

5. DCS 的产品结构类型有哪些？试述各类型的基本特征。

6. 请描述常用 DCS 的层次结构、硬件结构、软件结构和网络结构。

7. 什么是现场总线？试述其产生背景和常用的现场总线。

8. OSI 参考模型由哪基层构成？试述各层的基本功能。

9. 低速、中速和高速现场总线是如何划分的？每类现场总线各包含哪些常用的现场总线？

10. 基金会现场总线采用什么样的通信模型？其网段的基本构成部件有哪些？

11. PROFIBUS 现场总线有哪几种类型？其通信模型有什么特点？试述其常用的拓扑结构。

12. 现场总线控制系统 FCS 有什么特点？FCS 对 DCS 做了哪些变革？以一个单回路控制系统为例，说明现场总线控制系统与其他控制系统在构成方面的异同点。

13. 现场总线控制系统 FCS 应用设计大致包含哪些内容？在进行应用设计时，应该重点注意哪些问题？

14. 什么是计算机集成过程系统 CIPS？它与计算机集成制造系统 CIMS 有什么联系和区别？

15. 试述综合自动化系统的层次结构和各层的基本功能。

16. 试给出基于 PCS/MES/ERP 三层架构的 CIPS 体系结构示意图，简述各层的基本功能和 CIPS 常用的关键技术。

17. 在 CIPS 中，MES 扮演的角色是什么？包含哪些常用的功能模块？试述各功能模块的大致功能。

18. BPS/ERP 的作用是什么？包含哪些常用的功能模块？试述各功能模块的大致功能。

19. CIPS 应用设计的设计目标是什么？围绕这一目标体系，应该采用什么样的三维体系结构？

20. 试述 CIPS 的工程化开发方法。

21. 以工业 4.0 为代表的新一轮工业革命的驱动力是什么？典型标志是什么？

22. 试述工业 4.0 的战略框架、核心和技术支撑。

23. 什么是信息物理系统 CPS？其本质是什么？

24. 试述 CPS 的体系架构和核心技术要素。

25. 什么是人信息物理系统 HCPS？与 CPS 相比，人在其中的作用是什么？

26. 在工业 4.0 中，工业互联网平台起到什么作用？试述其体系架构和涉及的关键技术。

27. 中国制造 2025 的核心思想是什么？我国发展智能制造为什么要采取“三步走”战略？

28. 在传统制造模式向智能制造模式转变的过程中，其演变的着力点表现在哪几个方面？结合自己所学知识，谈谈当代大学生应该怎样迎接和适应这种转变？

第 8 章　过程控制工程的实施

在前面的一些章节中，围绕过程控制的三要素，既讲述了过程控制实践中常用的检测仪表、执行器、简单过程控制器设计和复杂过程控制器设计，又讲述了这三要素赖以实现的平台——先进过程控制系统，但如何实施过程控制系统尚未论及。对于一个工程建设项目，按照项目建设进程，其基本建设可以分为三个大的阶段：计划阶段、设计阶段和建设阶段。其中，过程控制系统的设计是整个基本建设中不可或缺的重要组成部分。本章将详细介绍过程控制系统的工程实施技术，主要内容包括过程控制工程的实施过程概述、计算机控制系统的信号输入输出设计、控制系统的抗干扰技术和 OPC 技术等。

8.1　过程控制工程的实施过程

在过程控制系统现场施工之前，首先必须进行控制系统的设计，以保证控制系统能够完全满足工艺生产的要求，避免建成后返工。一般而言，过程控制系统的设计是指在了解和掌握生产过程特性和工艺生产对控制所提要求的基础上，通过分析综合，制定控制目标，确定控制方案，设计控制系统，继而进行控制系统的工程设计，并指导工程现场施工和调试等，最终实现对生产过程的有效控制。

过程控制系统设计的正确与否，直接会影响系统的正常投入和运行效果。因此要求过程控制专业人员必须根据生产过程的特点、工艺对象的特性和生产操作的规律进行合理设计，科学实施。只有正确运用过程控制理论，合理选用自动化技术工具并科学地开展工程实施，才能开发出技术先进、经济合理、符合生产要求的控制系统。

过程控制的目标和任务是通过对过程控制系统的设计与实施来完成的。其具体步骤如下：①根据工艺要求，设计控制回路，绘制带测控点的工艺流程图；②确定控制方案；③选择控制系统硬件设备；④控制系统软件组态与编程；⑤设计报警和联锁保护系统；⑥控制系统现场设备安装、调试和投运。

8.1.1　带测控点的工艺流程图的绘制

控制系统的设计是为工艺生产服务的，其一般目标是确保过程的稳定性、安全性和经济性。因此控制系统的设计与工艺流程设计、工艺设备设计及设备选型等有密切关系。

现代工业生产过程的类型很多，生产装置日趋复杂化、大型化。这就需要更复杂、更可靠的控制装置来保证生产过程的正常运行。因此，对于一个具体的过程控制系统，过程控制设计人员必须熟悉生产工艺流程、操作条件、设备性能、产品质量指标等，并与工艺人员一起研究各操作单元的特点及整个生产装置工艺流程特性，确定保证产品质量和生产安全的关键参数，绘制出带测控点的工艺流程图。

如前所述，一个常规的过程控制回路包括传感器(自动化仪表)、执行器(阀门或电机)和控制器(工控机、PLC、微处理器等)三部分内容。为了能够达到稳定性、安全性和经济性的控制目标，被控变量、控制变量的选取非常重要。同时，生产过程中还存在一些对生产过程或被控变量影响比较大、但又不方便直接控制或克服掉的过程变量，我们称之为扰动变量。

1. 被控变量的选取

在定性确定目标后，通常需要用工业过程的被控变量来定量地表示控制目标。选择被控变量是设计控制系统中的关键步骤，对于提高产品的质量和产量、稳定生产、节能环保、改善劳动条件等都是非常重要的。如果被控变量选择得不合适，则系统不能很好地控制，先进的生产设备和控制仪表就不能很好地发挥作用。被控变量也是工业过程的输出变量，选择的基本原则如下

(1)选择对控制目标起重要影响的输出变量作为被控变量。

(2)选择可直接控制目标质量的输出变量作为被控变量。

(3)在以上前提下，选择与控制变量之间的传递函数比较简单、动态和静态特性较好的输出变量作为被控变量。

(4)有些系统存在控制目标不可测的情况，则可选择其他能够可靠测量，且与控制目标有一定关系的输出变量作为辅助被控变量。

2. 控制变量的选取

当对象的被控变量确定后，接下来就是构成控制回路，选择合适的控制变量(也称为操作变量)，以便被控变量在扰动作用下发生变化时，能够通过对控制变量的调整，使得被控变量迅速地返回原来的设定值上，从而保证生产的正常进行。控制变量为可由操作者或控制机构调节的变量，选择的基本原则如下。

(1)选择对所选定的被控变量影响较大的输入变量作为控制变量。

(2)在以上前提下，选择变化范围较大的输入变量作为控制变量，以便易于控制。

(3)在(1)的基础上选择对被控变量作用效应较快的输入变量作为控制变量，使控制的动态响应较快。

(4)在复杂系统中，存在多个控制回路，即存在多个控制变量和多个被控变量。所选择的控制变量对相应的被控变量有直接影响，而对其他输出变量的影响应该尽可能小，以便使不同控制回路之间的影响比较小。

确定了系统的控制变量后，便可以将其他影响被控变量的所有因素称为扰动变量。

3. 带测控点的工艺流程图绘制举例

下面以长网造纸机带测控点的工艺流程图为例来阐述控制变量和被控变量的选取过程。

造纸机流送工段的主要功能是把抄前浆池中的成浆经高位箱(中低车速造纸机包含此

设备)、上浆泵(或冲浆泵)、多段除砂器(通常4段)、压力筛等设备将浆料泵送到流浆箱,实现纸浆成分的混合、稀释、纸浆的除渣以及浓度和流量的稳定,把纸料均匀而稳定地分布到成形网上,为纸幅的良好成形提供必要条件。其中,冲浆泵用来保证上浆量,除砂器和压力筛用来对上网浆进行净化,流浆箱用来均匀布浆,具体工艺流程如图8-1-1所示。

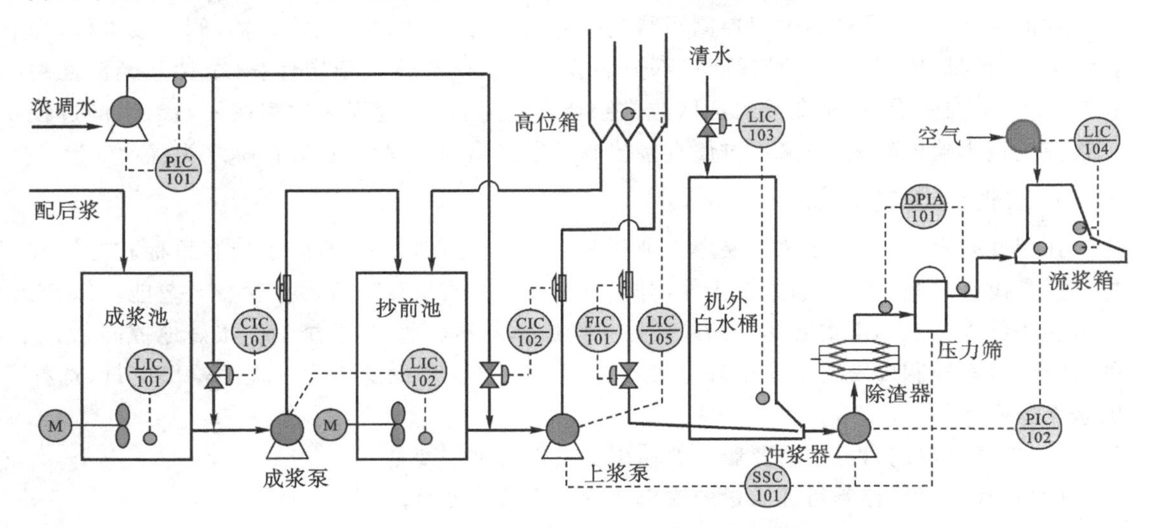

图8-1-1 流送工段带测控点的工艺流程示意图

对于流送系统,工艺上对控制提出如下要求:①在一定的纸机车速下,送上造纸机的纤维量(按绝干量计)应保持稳定,其偏差不应超过造纸机产品定量的允许偏差值;②保证纸浆中各种组成的配比稳定;③保证送上造纸机的纸浆浓度、酸碱度等工艺条件稳定;③供浆纤维量可按造纸机车速的变动或产品纸种定量要求进行调节;④保证纸浆的精选质量;⑤在一定的流速下保证纸浆上网的平均流速稳定,不产生过分的扰动、大的涡流和纤维沉降、絮聚,同时能使纸料在成形网上横向展开到适当的宽度,防止送到成形网上的浆流中产生横流。

根据上述控制要求,绘制出图8-2-1所示的带测控点的工艺流程图,对应的控制要点是中浓浆的绝干浆量控制、浆料筛选净化控制、时序连锁控制和气垫式流浆箱总压液位浆网速比解耦控制。

1)绝干浆量控制

绝干浆量控制是通过流量控制回路FIC-101和浓度控制回路CIC-102来实现的。其基本思想:首先保证上浆浓度的稳定,然后通过调节流量来调节绝干,从而保证成纸定量的稳定。为此,要求浓调水压力和抄前池液位保持稳定,这里分别通过压力变频控制回路PIC-101和液位变频控制回路LIC-102来实现。浓度控制回路CIC-101是一个辅助控制回路,起到“粗调”的作用,CIC-102起“精调”的作用。高位箱液位变频控制回路LIC-105也是为绝干浆量控制服务的,其目的是在保证微小溢流的前提下尽可能地节约上浆泵能耗。

2)时序连锁控制

在流送工段,常见的故障之一就是网前压力筛堵塞。导致堵塞的主要原因就是启停机时序混乱。为此,时序连锁控制非常重要。图8-2-1中的SSC-101回路即为启动停止时序连锁控制回路。开机时,要求逆物料流动的方向启动压力筛、冲浆泵和上浆泵;停机时,要求顺物料流动的方向停止上浆泵、冲浆泵和压力筛,从而防止物料在流送过程中出现堆积。

3)气垫式流浆箱控制

流浆箱是造纸机的关键部件,是连接“备浆流送”和“纸页成形”两部分的关键枢纽,决定着纸幅横幅定量的分布,影响纸幅成形的质量,被称为造纸机的“心脏”。其基本任务是为纸页成形提供良好的前提条件,即沿造纸机幅宽方向均匀地分布纸料,保证压力均布、速度均布、流量均布、浓度均布以及纤维定向的可控性和均匀性,并有效地分散纸浆纤维,防止纤维絮聚,按照工艺要求,提供和保持稳定的上浆压头和浆网速比。

对于常用的气垫式流浆箱,其主要控制参数是总压、浆位和浆网速比。控制总压的目的是获得均匀的从流浆箱喷到网上的纸浆流量和流速;控制浆位的目的是获得适当的纸浆流域,以减少横流和浓度的变化,产生和持续可控的湍流以限制纤维的絮聚;浆/网速比的引入可使控制系统能根据车速的变化自动调整其内部参数,获得合适的总压和浆位。具体的控制方案如图 8-1-2 所示,对应控制回路见图 8-1-1 中的压力控制回路 PIC-102 和液位控制回路 LIC-104。

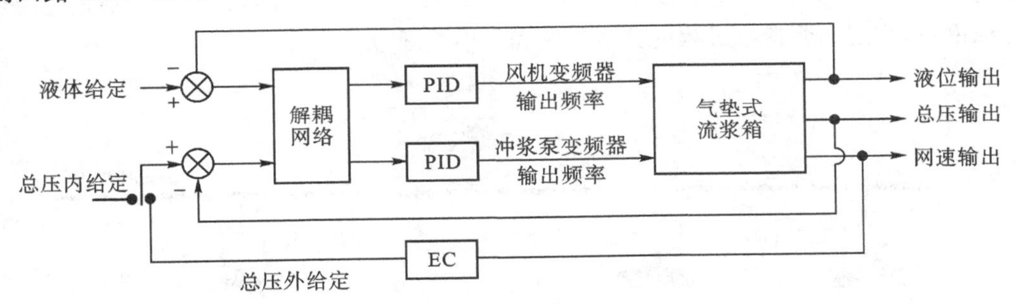

图 8-1-2　气垫式流浆箱控制方案示意图

8.1.2　控制方案的确定

工业过程的控制目标及输出变量和控制变量确定后,控制方案就可以确定了。控制方案应该包括控制结构和控制规律。控制方案的选取是控制系统设计中最重要的部分之一,它们决定了整个控制系统中信息所经过的运算处理,也就决定了控制系统的基本结构和基本组成, 所以对控制质量起决定性的影响。

1. 控制系统结构的选取

在控制系统结构上,从系统方面来说,要考虑选取常规仪表控制系统,还是分布式控制系统 DCS、现场总线控制系统 FCS 或计算机集成过程系统 CIPS;在系统回路上,是选取单回路简单控制系统,还是多回路复杂控制系统;在系统反馈方式上,是选取反馈控制系统、前馈控制系统,还是复合控制系统。这些都是控制系统结构需要考虑的范畴。但一般来讲,这里主要从控制系统架构的角度,结合实用性、经济性、完整性、先进性等要求,选取合适的控制系统构建方案。这部分内容在本书的第 7 章已经详细介绍了,包括 DCS、FCS、CIPS 和工业 4.0 的体系结构和应用设计问题。这里从经济实用的角度,以制浆造纸过程控制为应用背景,介绍一类以 PLC 为核心控制器构成 DCS/FCS/CIPS 的控制系统结构方案。

(1)基于 S7－300/400 PLC 的 DCS/FCS 方案构建

图 8－1－3 是以西门子 S7－300 和 S7－400 系列 PLC 为核心构建的 DCS/FCS 控制系统网络结构示意图。图中，根据造纸工艺特点，按工艺将控制系统划分为 3 个子系统：造纸机干部子系统、造纸机湿部子系统和制浆工段子系统。对于普遍使用的长网造纸机而言，造纸机干部子系统和造纸机湿部子系统工艺流程基本固定，测控回路变化比较小，测控点数量适中，所以这里选用西门子 S7－300 系列 PLC 作核心控制器，作为 DCS/FCS 的下位过程控制级(Process Control System，PCS)，CPU 模块(CPU315－2DP)与 I/O 模块之间通过 Profibus－DP 现场总线进行通信，构成远程控制站 ET－200M。对于制浆工段，制浆工艺不同，工艺流程差别很大，如木浆制浆线、草浆制浆线和废纸制浆线，工艺流程完全不同，所以测控回路也各不相同，而且测控点数量也比较庞大，这里选用西门子 S7－400 系列 PLC 作核心控制器，作为 DCS/FCS 的下位过程控制级 PCS，CPU 模块(CPU414－2DP)与 I/O 模块之间也通过 Profibus－DP 现场总线进行通信，构成远程控制站 ET－200M。各子系统的操作员站与各 CPU 之间通过 MPI/DP 网进行通信，工程师站通过工业以太网进行通信。通过上述三级网络，实现制浆造纸过程的分散控制和集中管理。

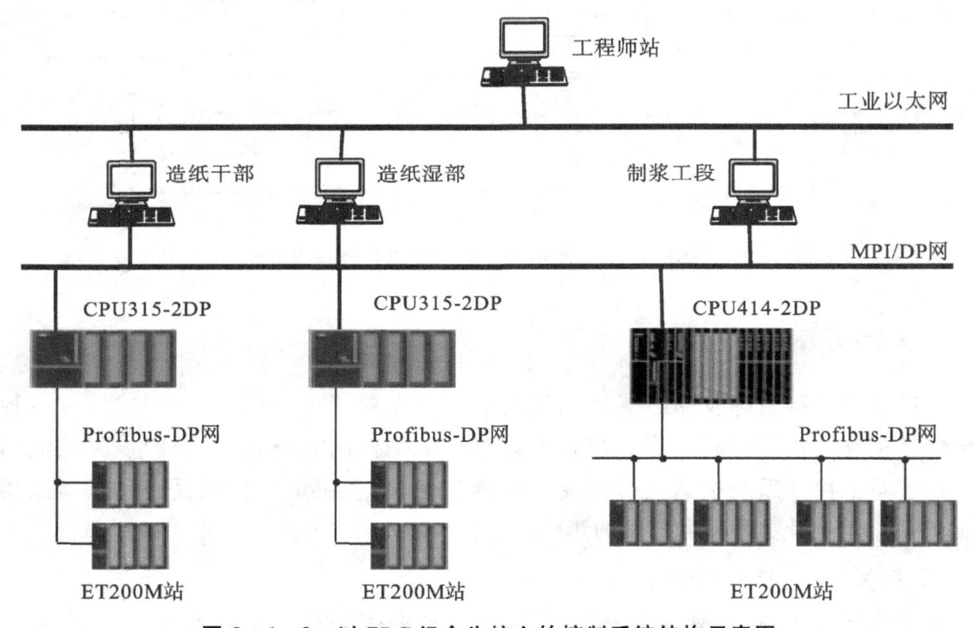

图 8－1－3 以 PLC 组合为核心的控制系统结构示意图

图 8－1－3 所示的 DCS/FCS 构建方案的优点是从真正意义上实现了分散控制和集中管理。3 个 CPU 各管一块领地，各司其职、各负其责，又通过工程师站实现了整条制浆造纸生产线的集中管理；便于多名软件开发人员同时并行工作，每个人相对独立地做自己分管的软件开发工作。缺点是系统集成商的软件开发工作量比较大，各 CPU 之间的信息交换通过 MPI/DP 网进行，软件开发人员需要从不同的 CPU 来获取数据实现集中管理，同时还需要设置访问权限来规范各工段操作人员的操作行为。

2）基于西门子 PCS7 的 DCS/FCS 方案构建

图 8-1-4 是以西门子 S7-400 高端 PLC 为核心构建的 DCS/FCS 控制系统网络结构示意图。与图 8-1-3 所示的控制系统相比，异同点主要有两个：一是采用了一款高端的 S7-400 系列 CPU（CPU416-2DP）取代 3 块中高端 CPU；软件开发平台由 Step7/WinCC 变为 PCS7。该构建方案的优点是所有过程信息集中到一个高端 CPU 中，信息处理速度快，易于集中管理；软件编程方便，大部分软件工作变成了组态工作，工作量相对减少。缺点是仅实现了远程过程控制站的分散，本质上依然是计算机集中控制系统，控制系统的可靠性依赖于 CPU 的可靠性，因此常采用双冗余 CPU，控制系统的成本明显变高，在投资成本预算不充裕、没有条件上冗余系统的场合，不建议采用本控制系统构建方案。

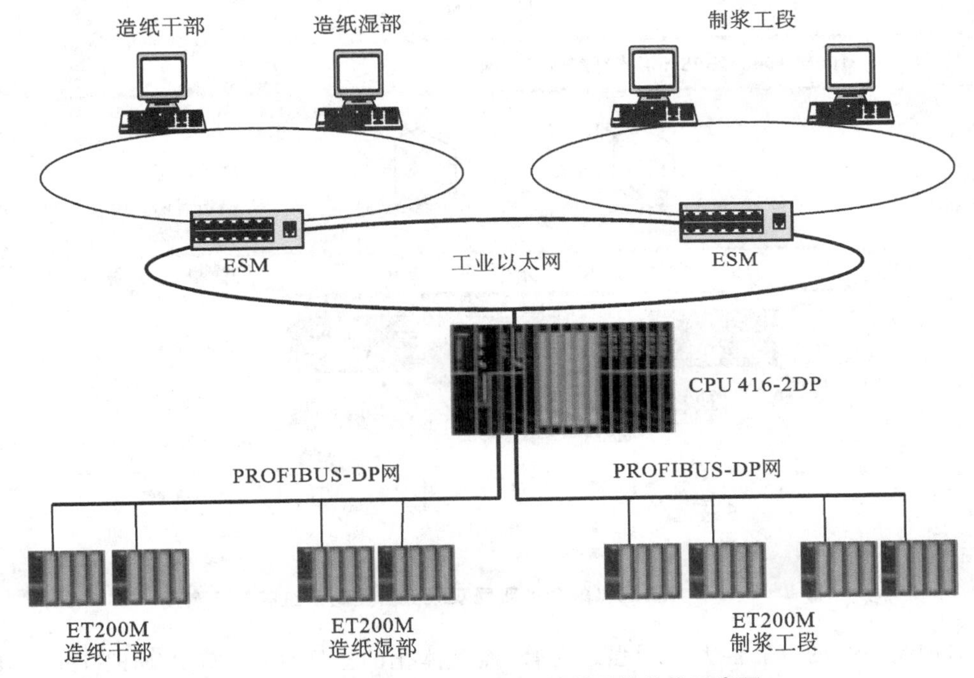

图 8-1-4　PCS7 工业以太网控制系统结构示意图

3）基于双网双服务器的 DCS/FCS/CIPS 方案构建

对于图 8-1-3 和图 8-1-4 所描述的控制系统虽然具有完善的控制功能，能够充分满足生产的各种要求，但仅局限于生产车间内部运行，缺少与外界的沟通和联系，成为“信息孤岛”，不利于企业向信息化方向的发展。

图 8-1-5 是以西门子 Smart410 PLC 为核心构建的与信息化融合的双网双服务器控制系统网络结构示意图。下位过程控制网络与图 8-1-3 并没有本质区别，仅仅是采用了西门子新一代 PLC（Smart410），可以在 PCS7 平台上完成应用软件组态和编程，但采用了两台低成本工控机构成冗余服务器，完成信息存取，为工业信息化打下了基础。因此，这一考虑了与信息化充分融合的控制系统网络成了当前过程控制的主流网络，不但经济实用，而且便于信息化扩展。双网双服务器控制系统的优点可总结为如下 3 个方面。

（1）配置了两个服务器，提高了系统的通信能力。对于图 8-1-3 和 8-1-4 所示的单网控制系统，因没有设置服务器，操作站 OS 直接从 CPU 读数据，在某一时刻，上下只能有一对组合交换数据，数据流容易发生拥堵，通信速度慢，OS 个数受限(1 个 CPU 最多带 8 台 OS)。而图 8-1-5 所示的双网双服务器控制系统，因设置有服务器，通过服务器一次性地从 CPU 中读出，缓存在服务器中，所有的 OS 都从服务器读取数据，信息传递快捷，数据流可有序高效运行，OS 个数不受限(1 个 CPU 最多带 32 台 OS)。

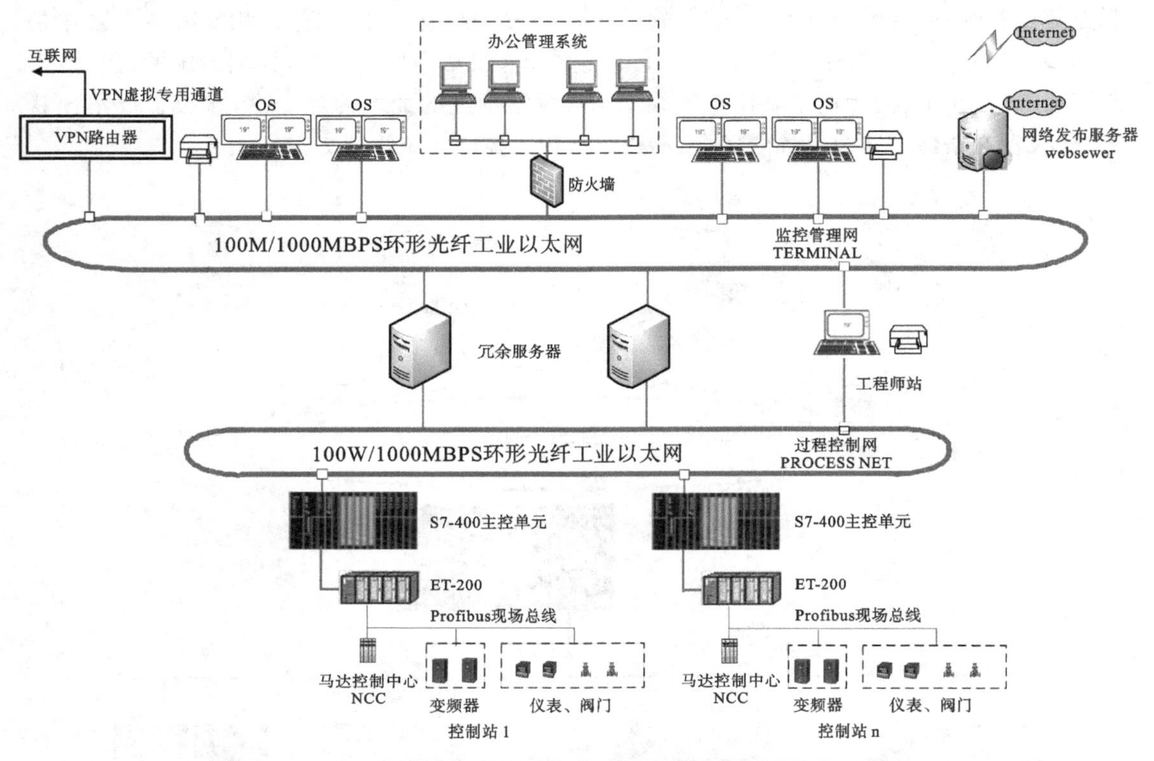

图 8-1-5 与信息化融合的双网双服务器控制系统结构示意图

(2)控制系统的可靠性大大增强。在管-控一体化的三层结构(ERP、MES、PCS)中，双服务器担负了系统数据中心的任务，减轻了二者的通信任务，便于二者更好地实现各自任务，减少了数据的碰撞。操作员站(OS)使用的电脑可靠性较低，有时会出现数据丢失，有些历史数据就无法恢复。设置双服务器后，历史数据都存储在服务器中，服务器是两台互为备用，备份相同的数据，彻底解决了历史数据丢失的问题。

(3)为企业实施智能制造打下坚实基础。服务器可作为与外部系统进行信息交流的桥梁，外部系统与本地 DCS 交互数据时，只需与服务器之间进行，从而使本地 DCS 系统可方便地向上扩展至 MES、ERP 层次。设置有远程用户连接(4G 路由器)，便于远程诊断。设置有防火墙，可防止办公电脑及上网设备中的病毒侵入自动化网，保证了现场设备安全。

图 8-1-3 和图 8-1-4 所示的单网无服务器控制系统和图 8-1-5 所示的双网双服务器控制系统之间的性能对比见表 8-1-1。

表8-1-1　单网无服务器控制系统与双网双服务器控制系统性能对比一览表

序号	对比内容	单网无服务器系统	双网双服务器系统
1	OS数量	8台(多于8台,特别慢)	32台,不受数量影响
2	通信传输	数据容易发生拥堵,多台OS访问PLC	数据传输流畅,PLC只需和服务器交换数据,OS只和服务器交换数据
3	上层通信	信息孤岛,各个OS数据不一致,不利于上层智能工厂的数据采集	冗余服务器设置,数据一致,提供给上层数据一致,利于两化融合(智能工厂,能源管理等)
4	远程服务	分别更改各个OS的组态	只需更改工程师站的组态,然后下载到PLC、服务器、客户机
5	冗余	OS出现故障后,OS立刻处理,才可以用	冗余处理,一个服务器出现故障后,另一台热切换到工作状态
6	安全性	OS直接连接PLC,不安全	OS只连接服务器,不连接PLC,安全

2. 控制策略的确定

在控制系统结构确定之后,就需要逐个考虑工艺流程中所涉及的每一个控制回路的设计问题。首先需要选择合适的控制算法,如简单PID控制、复杂控制或先进控制等算法,然后根据控制规律进行控制器的设计,即进行软件编程和参数整定。这部分内容已经在本书的第5章和第6章详细讲解,这里不再赘述。

8.1.3　控制系统硬件设备选择

根据过程控制的输入/输出变量及控制要求,可以选定控制系统硬件,具体包含控制器、检测变送仪表和执行器等部件。也就是说,依然围绕过程控制的三要素进行控制系统的硬件选择。具体选择原则就是保证控制目标和控制方案的实施。

1. 控制器的选择

控制器的选取与测控点数量和控制目标要求密切相关。对于简单的工业过程控制系统,可以选择单回路控制器或使用简单的显示调节仪作为控制器。对于比较复杂的系统,需要用到计算机控制系统。常用的计算机过程控制系统有单片机系统、工控机(或微型计算机)系统、DCS系统、PLC系统、FCS系统及CIPS系统等。

然而,由于当前的控制器产品种类繁多,琳琅满目,可选择的空间很大,即使是同一类型的控制系统,如DCS或PLC,也有不同的生产厂家。对于下位核心控制器,可以选择国外的系统,如Honeywell、Siemens、ABB、AB、OMRON、Mitsubishi、B&R等;也可选择国内系统,如北京和利时、浙江中控等。对于上位人机接口,可以选择工控机、商用机或触摸屏等。这部分内容,可详见本书第7章的相关小节。

2. 检测变送仪表的选择

在自动控制系统中,检测变送仪表的作用相当于人的感觉器官,它直接感受被测参数的变化，提取被测信息，并将其转换成标准信号供显示和作为控制的依据。如果说控制器的选择空间很大，那么检测变送仪表的选择更是品种繁多，且质量差异很大。设计过程控制系统时，应根据控制方案选择检测变送仪表，一般宜采用定型产品。其选型的基本原则如下。

1）可靠性原则

可靠性是指产品在一定的条件下，能长期而稳定地完成规定功能的能力。可靠性是检测变送仪表的最重要的选型原则。

2）实用性原则

实用性是指完成具体功能要求的能力和水平。根据工艺要求考虑实用性，既要保证功能的实现，又应考虑经济性，并非功能越强越好。

3）先进性原则

随着自动化技术的飞速发展，检测变送仪表的技术更新周期越来越短，而价格却越来越低。在可能的条件下，应该尽量采用先进的设备。

由过程控制的任务可知，系统中常遇到的被测参数有温度、压力、流量、物位和成分等，这些检测变送仪表的工作原理和类型可参看相关书籍及手册。本书第 3 章也详细介绍了这些检测变送仪表的测量原理和使用方法等相关内容。

3. 执行器的选择

过程控制用执行器大致可以分为风机/泵类和阀门类。对于风机/泵类，核心问题是电机的选择和控制问题，这里涉及电机学、运动控制、电气传动与控制等方面的知识，例如异步电机、伺服电机、步进电机等的选择问题，电机的起停方式和调速方法问题等，甚至还包括电气系统的配电问题（即马达控制中心 MCC，Motor Control Center）。对于阀门类，核心问题是阀门开关特性、气动阀门定位器或电动阀门定位器的选择以及阀门口径的计算。首先要根据应用场合选择使用气动阀门还是电动阀门，然后根据控制精度要求选择对应的定位器/执行器的动作精度，最后还要根据工艺要求计算管道口径，从而确定阀门的口径。上述这些内容在本书的第 4 章给予了很系统全面的介绍。

8.1.4 控制系统软件的组态与编程

组态与编程是自动化系统供应商或集成商的主要工作内容。在组态概念出现之前，控制系统硬件设备确定之后，其控制功能主要靠软件编程（如适用 Basic、Fortran、C、C＋＋等）来实现，工作量大，周期长，易犯错误，且对编程人员的综合素养要求较高。随着集散控制系统 DCS 的产生，组态软件也应运而生，应用软件的开发工作得到大大简化，对从业人员的素质要求也大大降低。组态与编程的结合，使得控制系统应用软件开发既方便又灵活，大大缩短了软件开发周期。

1. 组态和组态软件

伴随着集散型控制系统 DCS 的出现，“组态”（Configuration）的概念开始被生产过程自动化技术人员所熟知。“组态”是“配置”“设定”“设置”等意思，是指用户不需要编写计算机程序，通过类似“搭积木”的简单方式来完成自己所需要的软件功能。也就是说，组态是利用应用软件中提供的工具和方法来完成工程中某一具体任务的过程。与硬件生产相对照，组态与组装类似。如要组装一台电脑，事先提供了各种型号的主板、机箱、电源、CPU、显示器、硬盘、光驱等，我们的工作就是用这些部件拼凑成自己需要的电脑。当然，软件中的组态比硬件中的组装有更大的发挥空间，因为它一般要比硬件中的“部件”更多，而且每个软“部件”都很灵活，都有内部属性，通过改变属性可以改变其规格（如大小、性状、颜色等）。

组态软件，又称组态监控系统软件，是指数据采集与过程控制的专用软件，也是指在自动控制系统监控层级的软件平台和开发环境。“监控”（Supervisory Control）即“监视和控制”，是指通过计算机信号对自动化设备或过程进行监视、控制和管理。这些软件实际上是一种通过灵活的组态方式，为用户提供快速构建工业自动控制系统监控功能的通用层次的软件工具。它能从自动化过程和装备中采集各种信息，并将信息以图形化等更易于理解的方式进行显示，将重要的信息以各种手段传送到相关人员，对信息执行必要分析处理和存储，发出控制指令，广泛应用于机械、汽车、石油、化工、造纸、水处理以及过程控制等诸多领域。如果称组态为“二次开发”，那么组态软件就可称为“二次开发平台”。

组态软件通常被称作人机接口软件（HMI，Human and Machine Interface 或 MMI，Man and Machine Interface）或监视控制和数据采集软件（SCADA，Supervisory Control and Data Acquisition）。目前，组态软件发展迅猛，已经扩展到企业信息管理系统，管理和控制一体化，远程诊断和维护，以及在互联网上的一系列的数据整合。

组态软件是有专业性的。一种组态软件只能适合某种领域的应用。组态的概念最早出现在工业计算机控制中。如 DCS 组态、PLC 梯形图组态等。人机界面生成软件就叫工控组态软件。当前，常用的一些大型组态软件主要有，西门子的 WinCC、罗克韦尔的 Rockwell—SE、ABB 的 OptiMax、艾默生的 DeltaV、GE 的 Intouch 和 iFix、北京亚控的组态王（King-View）、大庆紫金桥的 RealInfo、巨控科技的 GiantView 等。

其实，在其他行业也有组态的概念，人们只是不这么叫而已。如 AutoCAD，PhotoShop，办公软件（PowerPoint、Word 等）都存在相似的操作，即用软件提供的工具来形成自己的作品，并以数据文件保存作品，而不是执行程序。组态形成的数据只有其制造工具或其他专用工具才能识别。但不同之处是工业控制中形成的组态结果用于实时监控。组态工具的解释引擎，要根据这些组态结果实时运行。从表面上看，组态工具的运行程序就是执行自己特定的任务。

组态软件支持各种工控设备和常见的通信协议，并且通常会提供分布式数据管理和网络功能。常用的组态软件都是 C\S 模式，但近年来因为图扑组态的崛起，B\S 架构的组态软件更受用户青睐。

虽然说组态能在不需要编写程序的条件下实现特定的应用，但为了提供一些灵活性，组态软件也提供了一些编程手段，如内置编译系统，提供类 BASIC 语言或 C 语言，有的甚至支持 VB 和 VC，通过脚本语言方式提供二次开发功能。

2. 编程和计算机编程语言

“编程”（Programming）是编写程序的中文简称，就是让计算机代为解决某个问题，对某个计算体系规定一定的运算方式，使计算体系按照该计算方式运行，并最终得到相应结果的过程。为了使计算机能够理解人的意图，就必须将需解决的问题的思路、方法和手段通过计算机能够理解的形式告诉计算机，使得计算机能够根据人的指令一步一步地去工作，完成某种特定的任务。这种人和计算体系之间交流的过程就是编程。

计算机编程语言是指计算机能够接受和处理的具有一定语法规则的语言，是人与计算机之间传递信息的媒介。因为它是用来进行程序设计的，所以又称程序设计语言或者编程语言。

计算机编程语言是一种特殊的语言。因为它用于人与计算机之间的信息传递，所以人和计算机都必须能“读懂”。具体地说，一方面，人们要使用计算机语言指挥计算机完成某种特作，就必须对这种工作进行特殊描述，所以它能够被人们读懂。另一方面，计算机必须按计算机语言描述来行动，从而完成其描述的特定工作，所以能够被计算机“读懂”。

计算机编程语言经历了机器语言、汇编语言和高级语言 3 个阶段。但是，只有用机器语言编制的源程序才能够被计算机直接理解和执行。用其他程序设计语言编写的程序，都必须先利用语言处理程序“翻译”成计算机所能识别的机器语言程序后，才能被计算机理解和执行。

8.1.5 安全仪表系统的设计

近年来，安全、环保等问题越来越受到重视，因而在工业过程设计中的各个方面都需要更加重视安全问题。图 8－1－6 给出了现代化工厂过程安全依赖于多保护层的一个典型的结构。保护层是按照当装置发生故障时所采取的操作顺序给出的，每一个保护层都包括一组设备和/或人的操作。在设计完备和操作良好的化工过程中，大多数故障可以被限制在第一或者第二保护层内。中间层用来防止严重事故，最外一层用于在极其严重的事故发生时减轻相关责任人的责任。对于更为严重的潜在危险，甚至需要设置更多层的保护。

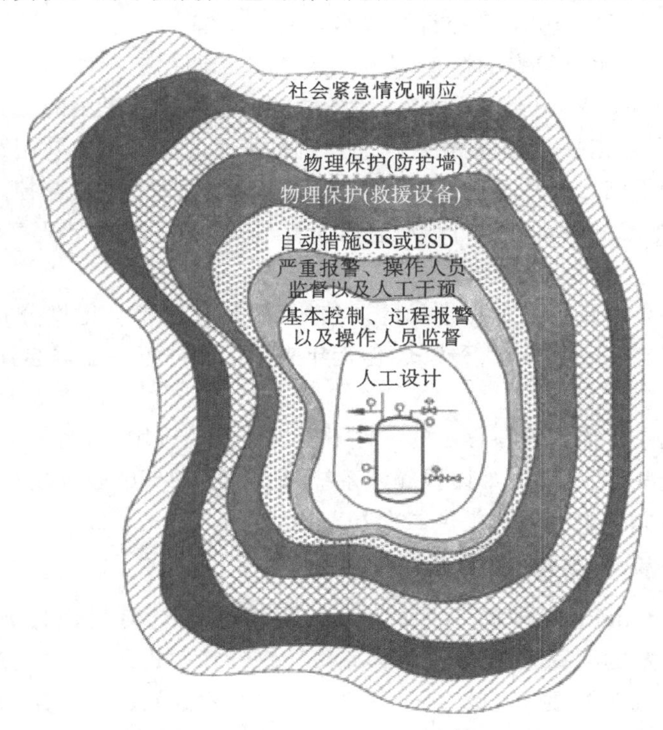

图 8－1－6 现代化工厂典型保护层示意图

在最内层，工艺过程设计自身提供了第一层保护，工艺过程本质安全设计是近年来的工艺过程设计所追求的一个目标，消除事故的最佳方法，就是通过在设计中消除或降低危险程度以取代外加的安全装置，从而降低事故发生的可能性和严重性。

随后的两层是由基本过程控制系统(Basic Process Control System，BPCS)和报警/运行监控或人工干预两层组成的。产生一个报警就意味着有一个测量环节超出了其特定的测量范围并需要进行检查。

第四层安全仪表系统(Safety Instrumented System，SIS)是广泛应用于石化、发电等流程工业、由仪表构成的一类与安全相关的自动安全保护系统，也称之为安全连锁系统。它是保证正常生产和人身、设备安全的必不可少的措施，已发展成为工业自动化的重要组成部分。

根据不同的应用场合，SIS 有不同的名称。如紧急停车系统(ESD，Emergency Shutdown Device)，用于紧急停车场合；火灾及烟气报警系统(FGS，Fire - Alarm and Gas - Detection System)，用于火灾、气体报警和保护；燃烧器管理系统(BMS，Burner Management System)，用于危险场合的燃烧控制，等等。当在过程自身和 BPCS 层不能处理所出现的紧急情况时，SIS 能够自动采取正确的操作。例如，如果化学反应器的温度产生高温报警，SIS 能够自动地关闭反应物供给泵；减压设备(如安全膜或减压阀)可以在产生超压力的情况下，通过排出气体或者蒸汽提供物理保护。

从图 8-1-6 可以看出，为了确保系统的安全，从工艺设计开始，直到社会紧急响应，都需要考虑整个工厂的安全保护问题。为此，本小节将介绍与控制系统有关的第一层到第四层的安全设计问题。

1. 工艺设计阶段的安全设计

在第一层工艺过程设计时，就要考虑所设计过程的可操作性和出现控制失灵的可能性。除了考虑测量、控制、执行机构各个控制设备的故障外，还应在工艺设计时留有一定的调节手段，来满足化工过程综合控制的要求，从而保证在不确定扰动因素下仍能维持稳定操作的本质安全设计。这是一个重要的期望设计目标。

另外，过程控制所应用的对象和系统往往会有一定的危险性，如容易产生爆炸或者产生燃烧而导致火灾。那么，在面对这样的对象或系统时，除要求在易燃易爆的环境中所使用的控制器和变送器必须满足一定的安全要求外，同时还要求在易燃易爆的环境和安全环境之间增加称之为安全栅的隔离装置。

2. 基本过程控制系统的角色

基本过程控制系统 BPCS 一般由反馈控制回路组成，它们控制的过程变量包括温度、压力、液位、流量、浓度、pH 值等过程参量。尽管在例行的生产线运行过程中，BPCS 可以提供满意的控制效果，但在非正常情况下，它仍可能存在不能满足生产要求的情况。例如，如果一个控制器输出饱和了(达到了最大或者最小值)，被控变量可能超出其允许区域。同样，控制回路中的某个部分失效或者发生了传感器、执行器或者数据通信的故障，都能导致过程运行进入一个不能接受的区域。因而在设计 BPCS 时，就要考虑到选择和设计的控制系统具有安全性，如合理地选调节阀的“气开”与“气关”类型、正反作用，合理地应用分程控制、选择控制等特殊控制系统，尽可能地保障过程运行安全。

另外，BPCS在设计时也应适当考虑越限报警和联锁保护问题。对于系统关键参数，应根据工艺要求规定其高/低报警限，当参数超出报警值时，应立即进行越限报警。报警的目的是当系统关键参数超出其上/下限时，能及时提醒操作人员密切注意监视生产状况，以便采取措施减少事故的发生。联锁保护是指当生产出现严重事故时，为保证人身和设备的安全，使各个设备按一定次序紧急停止运行。这些针对生产过程而设计的越限报警和联锁保护是保证生产安全性的主要措施。

3. 过程报警

第二和第三保护层属于唤起操作人员对非正常情况警觉的过程报警。图8-1-7给出了报警系统的通用方框图。当一个被测变量超出其设定的高限或低限时，系统就会自动产生报警信号。当一个或者多个报警开关被触发后，系统依据预先编程的逻辑采取正确而恰当的报警动作。在有报警产生时，逻辑模块启动最终控制器件或者报警器，报警器可以是可见的视觉信号或者能够听到的声音信号(如喇叭声或者蜂鸣声)。

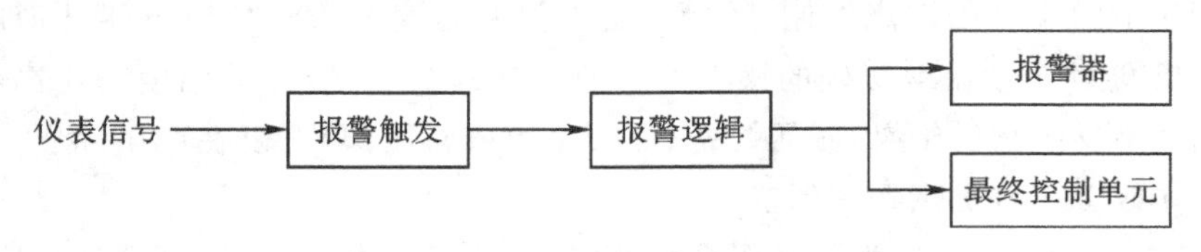

图8-1-7 报警系统通用方框图

例如，若有个反应器的温度超过其设定高限，那么计算机屏幕上会出现有闪烁的区域，并且用颜色区分报警的级别(例如，黄色表示不是十分严重的情况，而红色表示危险情况)。报警在操作员采取动作之前会持续，直到操作员按压“停止”按钮或“停止”键。如果报警预示着可能的灾难情况，则SIS会自动启动一套正确的动作以防止灾难的发生。对于化工过程系统，一般设置有如下5类报警系统。

第一类报警：设备状态报警，指示设备状态，例如一个泵是否开启，或者一个电机是否在运转。

第二类报警：测量异常报警，表示测量值超出了规定的区域。

第三类报警：自身带有传感器的报警开关(如流量开关)，该开关是被过程触发的而不是被传感器信号触发的。这类报警用于那些不需要知道实际值，而只需要知道它是否超过(或者低于)一个设定值的过程变量。

第四类报警：自身带有传感器的报警开关，并作为正常传感器故障时的后备设备。

第五类报警：安全仪表系统，这是一个十分重要而且广泛应用的系统，将在下一小节详细介绍。

图8-1-8给出了典型的第二类和第三类报警系统的结构。在第二类报警系统[见图8-1-8(a)]中，流量传感器(FT)信号传送到流量控制器(FIC-101)和流量开关(FSL-101指“流量—开关—低”)。当测量信号低于给定的低限时，流量开关发出报警信号，从而触发控制室内的报警器(FAL-101指“流量—报警—低”)。不同的是，图8-1-8(b)中给出的第三类报警系统流量开关是自启动的，因此不需要来自流量控制回路的流量传感器的信号。

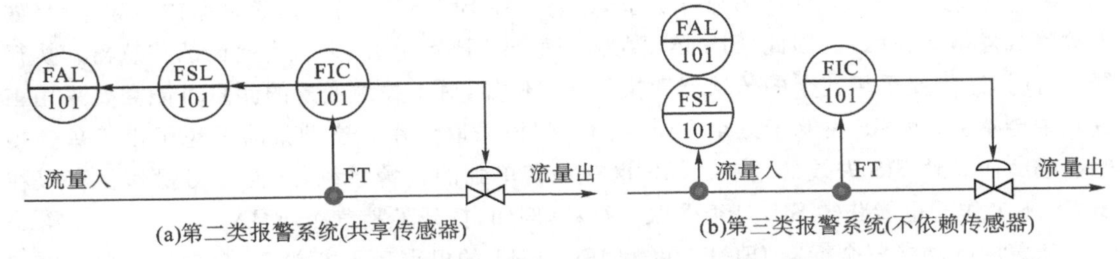

图8-1-8　第二类和第三类报警系统结构示意图

可以尝试对大量的过程变量给出严格的报警区域，但是这样做就必须忍受由其所引起的不必要的大量的报警。而且太多的报警与过少的报警一样都是有害的，其原因是多种多样的。首先，频繁的“令人厌烦的报警”会导致装置操作人员对于重要报警的反应能力降低；其次，当真正的紧急情况发生时，大量的次要报警会导致问题的根源难以判断；第三，报警之间的相互关系也需要考虑。因此，设计适当的报警管理系统是一个具有挑战性的任务。

近年来，控制界开始尝试通过智能分析实现对无效报警的抑制，并提供有价值的咨询信息，以便操作人员能注意到重要的报警信息，并快速实施纠正动作，形成一种所谓的信息报警管理系统(Information Alarming Management System，IAMS)。这类系统可提供如下功能。

(1)实现自动报警抑制：自动识别以下类型的扰动报警，并且通过DCS来抑制其重复报警。例如，抑制由于不正确的报警迟延设定所产生的长时间持续HI/LO(高限/低限)报警、由于不正确的PID设定产生的振动HI/LO报警、由于超过量程产生的输入超出范围报警，以及变送器异常产生的输入超出范围报警等。

(2)自动报警再通知：自动并且定期发出重要报警，以引起操作人员的注意。例如，长时间持续的真实HI/LO报警和由于断路产生的长时间持续的输入超出范围报警。

(3)自动报警预测：HH/LL(超高高限/超低低限)报警通常会触发连锁程序，从而引起紧急停车，使生产受到很大损失，因而需要在过程即将达到报警限前进行自动预测，并及时向操作人员发送报警，以便采取措施防止过程的HH/LL状态的发生。

(4)动态报警设定：当操作条件改变时，比如级别改变、负荷改变时，可以通过此系统及时调整报警阈值。

4. 安全仪表系统

图8-1-6中的SIS描述的是在BPCS处于紧急情况下所采取的必要措施的一种系统。当一个关键过程变量超出其操作区域许可的极限报警限时，SIS就会自动启动。它的启动将导致一系列剧烈的动作，例如，启动或者停止一个泵，或者停止一个过程单元的运行，甚至对一个生产装置或一个工厂进行紧急停车。因此，SIS只是作为最后的操作手段，以防止对人身或设备的伤害。

1)安全仪表系统SIS的设计思想

在设计SIS时，需要通过对被控过程进行定量风险分析，选择恰当的SIS所需要达到的安全完整性水平(Safety Integrity Level，SIL)，设计正确的SIS功能，以降低生产过程的风险水平，满足生产过程的安全需求。

SIS 系统的功能应与 BPCS 互相独立，以防止在 BPCS 不工作时，紧急保护不起作用(如因故障或停电等原因)。因此，SIS 必须在物理上与 BPCS 分开，并且有自己的传感器和执行器。有时，还需要采用冗余的传感器和执行器。例如，对于关键变量的测量可能需要采用三重冗余传感器，而 SIS 将基于三个测量值的中间值采取动作。这种策略避免了由于单一传感器故障而导致 SIS 失效的情况。SIS 也有一套单独的报警系统，从而使得操作员可以在 BPCS 不工作时也能获知 SIS 是否采取了行动(例如，打开了紧急冷却泵)。

随着国际功能安全标准 IEC61508 和 IEC61511 的提出和不断普及，合理设计出符合规范要求的 SIS 系统已迫不及待。如何严格遵循标准所提出的各项原则和要求，对 SIS 的安全完整性水平 SIL 进行准确评估，保证 SIS 在运行时能够达到要求的安全水平，已成为 SIS 系统设计的重要问题。

2)安全完整性水平 SIL 的确定方法

SIL 是用来描述安全仪表系统安全综合评价的完整性等级或可靠性等级，指在规定的条件及时间内，安全系统成功实现所要求的安全功能的概率。SIL 越高，安全系统实现所要求的安全功能失败的可能性就越低。

国际标准 IEC61511 中将 SIL 分为 SIL1、SIL2、SIL3 和 SIL4 共四个级别，最高是 SIL4，最低是 SIL1。SIL 的划分同危险与可操作性分析(HAZOP)的研究有着密切的联系，HAZOP 的研究结果为 SIS 的设置提供坚实的基础，SIL 评级前应先进行 HAZOP 研究。

HAZOP 是以系统工程为基础的一种可用于定性分析或定量评价的系统化的危险性评价方法，用于解决危险识别与安全操作两方面的问题，探明生产装置和工艺过程中的危险及其原因，寻求必要对策。它通过从工艺流程、状态及参数、操作顺序、安全措施等方面着手，分析生产过程工艺状态参数在变动控制中可能出现的偏差，以及这些变动与偏差对系统的影响及可能导致的后果，找到出现变动和偏差的原因，明确装置或系统内及生产过程中存在的主要危险、危害因素，找出装置在工艺设计、设备运行、操作以及安全措施等方面存在的不足，并针对变动与偏差的后果提出应采取的措施，为装置的安全运行与安全隐患整改提供指导。HAZOP 研究对装置所有的报警和连锁都进行相应的 SIL 评级。经过 SIL 评级后，可以确定哪些报警需要提高等级到安全连锁，哪些安全连锁有可能降低等级到报警，哪些报警有可能被取消。

在 IEC61508 规范中，推荐的 SIL 水平的确定方法有定量法、风险图定性法、危险事件严重性矩阵图定性法等，可以根据不同的情况采用不同的方法。其中，定性法是根据应用经验通过查各种图表的方式考虑事故的发生概率和事故危害程度来确定需要设计的 SIS 系统所需要达到的 SIL 水平。定量法则通过分析获得各种数据，最终用这些数据计算出所需要的 SIL 水平。

3)安全仪表系统 SIS 的实现方法

设计 SIS 是为了当报警系统发出有潜在危急情况时能自动响应，使生产过程保持安全状况。SIS 的自动响应是通过连锁、自动停车和启动相关系统等方式来实现的。

图 8-1-9 给出了两种简单的连锁系统。对于液体储存系统[见图 8-1-9(a)]，液体的液位必须保持在一个最低值之上，以避免由于出现气蚀现象而损坏抽出泵。如果液位低于设定的最小值，液位低限开关(LSL)便触发一个液位低报警信号进行报警，同时启动一个

电磁开关，关闭抽出泵。对于图 8-1-9(b)中的气体储存系统，由电磁开关操作的阀门通常是关闭的。但是如果储存罐中的碳氢化合物气体压力超出设定值，高压开关(PSH)激活一个高压报警信号进行报警，同时启动一个电磁开关，使得阀门全开，从而降低罐中的压力。对于连锁和其他安全系统，如果要求有测量信号，则可以使用变送器代替开关，而且变送器也更可靠。

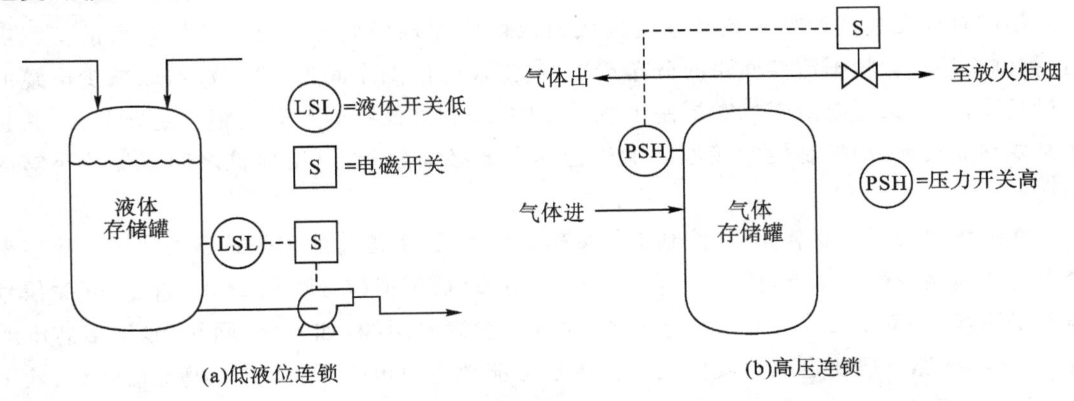

图 8-1-9　SIS 两种连锁结构示意图

另外一种常用的互锁结构是在控制器和控制阀门之间安放一个电磁开关。当报警被触发时，开关打开，把气动调节阀门的气动执行机构膜室内的空气放掉，使得气动调节阀门处于预先设计的气开或者气关位置，进而保障生产过程的安全。

如果存在一个潜在的十分严重的危险，SIS 可以自动地停止或者启动设备，以避免重大事故或重大损失发生。例如，如果一个泵过热或者润滑剂压力下降，那么它将被停止或者断开。同样地，如果一个放热反应开始“失控”，它可能需要快速加入降温材料，从而阻止反应。但是对于某些紧急情况，正确的响应是自动启动设备，而不是停止设备。例如，如果正常的设备意外停车了，那么可以启动备用发电机或者冷却水泵。

连锁系统传统上是作为“硬系统”而独立于控制硬件的(如采用继电器)。目前利用计算机或者可编程逻辑控制器 PLC 实现的连锁逻辑软件已经替代了传统的连锁系统。SIS 可由传感器、逻辑运算器、最终执行元件及相应软件等组成。通过传感器对过程变量进行检测，这些检测信号根据安全连锁的要求在逻辑运算器中进行处理，一旦过程变量达到预定条件，则将输出正确的信号到最终执行元件，使被控制过程转入安全状态，从而达到使装置能够安全停车并处于安全模式，避免灾难发生及对环境造成恶劣影响，保护人身安全的目的。

在依据 IEC61508 规范中推荐的 SIL 水平确定方法对某一具体的生产过程的 SIL 水平确定之后，再根据生产装置的具体特点、危险性及危害性等因素，以安全仪表功能的可靠性指标(如安全失效概率)为科学依据，来确定安全 PLC 的结构(二重化、三重化、四重化等)、现场仪表(传感器、逻辑运算器、最终执行元件)的安全控制方案和安全冗余的设计。

8.1.6　控制系统的现场实施

控制系统的现场实施非常重要，直接影响开机后的调试进度。比如控制室选址是否合适、布线是否合理、接线是否正确、供电是否安全、接地是否科学等都会影响开机调试能否顺利开展。

控制系统在发往生产现场之前，一般都完成了控制柜的内部设计、安装和功能测试。发往生产现场之后，最主要的工作是完成现场自动化仪表和阀门等自控设备的指导安装以及现场自控设备和控制柜之间的布线。为此，首先需要确定控制室的位置。对于大型工程项目，这部分工作在车间规划设计阶段一般都已完成，但是大多情况下都只是做了初步设计，控制柜的具体安放位置需要控制系统集成商或供应商现场敲定。对于规模较大的工程项目，控制柜往往会根据测控回路的分布情况、按工段分散到车间的不同位置，以减少电缆的敷设长度，进而减弱电磁干扰对控制系统的影响。同时，控制柜与电气柜一定要分开，并且务必要独立接地，即控制柜的接地与电气柜的接地必须分开，且接地桩之间要保持足够的距离。

在现场仪表阀门安装完毕、控制柜位置确定好之后，紧接着的工作就是布线了。控制系统设计的线路一般有 3 类：信号线[含 4～20 mA(直流)模拟信号线和 24 V(直流)开关信号线]、电源线[一般为 220 V(交流)]和通信线(一般为专用线，如光纤、网线、专用多芯电缆等)。这些线路一般要走地沟或桥架。为了尽可能地避免电磁干扰，对于模拟信号线，除了采用屏蔽电缆并正确接地之外，还要务必做信号线与电源线分开敷设。关于控制系统的供电和抗干扰问题，本章后续相关小节还会详细介绍。这部分内容特别重要，直接决定控制室与现场之间能否实现正常通信。

线路敷设完成之后，就可以开始接线和校线工作。对于控制系统集成商或供应商而言，接线工作往往是用户或第三方来完成，所以现场接线图尤为重要。控制系统集成商或供应商要确保提供的现场接线图准确无误，每一芯导线(一根导线往往含有多芯导线)的两端必须套有带标号(一般由字母和数字组成，如 LT－101、LV－101)的套管，为后续校线和故障排除提供方便。对于现场工程师而言，这一工作也特别重要，直接影响能否正常开机调试。校线完成之后，就意味着控制系统现场安装工作告一段落。

控制系统安装完毕后，就可以开始进行现场调试及试运行工作。按控制要求检查、整定和调整各自动化仪表及设备的工作状况和参数，依次将全部控制系统投入运行，并经过一段时间的试运行，以考验控制系统的正确性和合理性。

试运行阶段是系统设计与现场实施相互交叉的阶段。此阶段应该对现场人员进行必要的培训，不仅让他们掌握现场的操作，也使他们具备一定的理论知识。同时，也通过试运行来验证控制系统设计的正确性和有效性。从设计的角度出发，通过现场实施，可以得到控制系统实现中的反馈信息，发现设计中存在的问题，并加以改正。例如被控变量的调节和控制区间设置、控制器整定参数的修订、约束的设定、软测量计算的修正，以及模型的修正等，最终完成整个系统的设计工作。

8.2 计算机控制系统的信号输入输出设计

计算机控制系统的设计，除了数字控制算法的设计之外，还包括信号的输入输出设计及人机接口 MMI 设计。生产过程与计算机之间需要通过输入输出通道来实现二者之间的信号传输，计算机和操作员之间也需要通过人机接口实现二者之间的信息互通。这就涉及信号输出输入技术和人机接口技术。目前，市场上有专门的集成电路芯片、板卡或模块，一般用户只需要了解输入输出接口和人机接口方面的基本知识和使用方法就可以了。本节只是大致介绍计算机控制系统的信号输入输出硬件设备和数据处理的基本方法。

8.2.1 模拟量输入输出通道

反映生产过程工况的信号以及计算机作用于生产过程的信号，既有模拟量，也有数字量或开关量(见图 8-2-1)，计算机作用于生产过程的控制信号也是如此。对计算机来说，其输入输出都必须是数字信号。因此，输入输出通道的主要功能，一是将模拟信号转换成数字信号；二是将数字信号转换成模拟信号；三要解决对象输入信号与计算机之间的接口以及计算机输出信号与对象之间的接口。

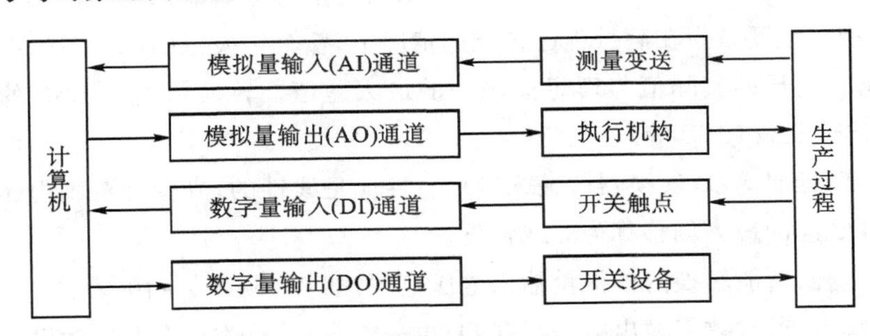

图 8-2-1 计算机过程输入输出通道

1. 模拟量输入通道

模拟量输入通道的任务是把被控对象的模拟量信号(如温度、压力、流量、料位和成分等)转换成计算机可以接收的数字量信号，其核心部件是模/数转换器，简称 A/D 或 ADC (Analog-to-Digital Converter)，所以通常也把模拟量输入通道简称为 A/D 通道。

1) A/D 转换器工作原理及性能指标

A/D 转换的一般过程：首先对输入的模拟量信号(如电压)进行取样，取样结束后进入保持时间，在这段时间内将取样的电压量化成数字量，并按一定的编码形式给出转换结果。常用的 A/D 转换器工作原理可分为逐位逼近式和双积分式两种。前者转换时间短(1 μs～100 μs)，适用于工业生产过程控制；后者转换时间长(1 ms～100 ms)，适用于实验室标准测试。

对于一个 n 位 A/D 转换器，其输出的二进制数字量 B 与模拟输入电压 V_I、正基准电压 V_{REF+}、负基准电压 V_{REF-} 的关系为

$$B=\frac{V_I-V_{REF-}}{V_{REF+}-V_{REF-}}\times 2^n \tag{8-2-1}$$

设 $n=8$，$V_{REF+}=+5$ V，$V_{REF-}=0$ V，那么 V_I 为 0 V、2.5 V 和 5 V 对应的二进制数字量 B 分别为 00H、80H 和 FFH。

A/D 转换器的主要性能指标有分辨率、转换时间、转换精度、线性度、转换量程和转换输出等。

(1)分辨率:通常用数字输出最低有效位(Least Significant Bit, LSB)所对应的模拟量输入电压值来表示。例如,A/D 转换位数 $n=8$,满量程输入 $V_{RH}=5$ V,则 LSB 对应于 5 V/(2^8-1)=19.6 mV。由于分辨率直接与转换位数 n 有关,所以一般也用其位数来表示分辨率,如 8 位,10 位,12 位,14 位,16 位 A/D 转换器。通常把小于 8 位的称为低分辨率,10～12 位的称为中分辨率,14～16 位的称为高分辨率。

(2)转换时间:从发出转换命令信号到接收到转换结束信号之间的时间间隔,即完成 n 位转换所需的时间。转换时间的倒数,即每秒能完成的转换次数,称为转换速率。通常把转换时间 1 ms～100 ms 的称为低速,1 μs～100 μs 的称为中速,10 ns～100 ns 的称为高速。

(3)转换精度:其中绝对精度是指满量程输出情况下模拟量输入电压的实际值与理想值之间的差值;相对精度是指在满量程已校准的情况下,整个转换范围内任一数字量输出所对应的模拟量输入电压的实际值与理想值之间的最大差值。转换精度用 LSB 的分数值来表示,如±1/2LSB、±1/4LSB 等。

(4)线性度:理想 A/D 转换器的输入输出特性应是线性的,满量程范围内转换的实际特性与理想特性之间的最大偏移称为非线性度。

(5)转换量程:所能转换的模拟量输入电压范围,如 0～5 V,0～10 V,−5～5 V 等。

(6)转换输出:通常数字输出电平与 TTL 电平兼容,并且为三态逻辑输出。

2)常用 A/D 转换芯片及转换器接口

A/D 转换器的品种很多,既有低分辨率和中分辨率的,也有高分辨率的;既有单极性电压输入的,也有双极性电压输入的;转换速度也有高、中、低之分。常用的 A/D 转换芯片有 8 位的 ADC0809 和 12 位的 AD574A。

ADC0809 采用逐位逼近式原理,在 A/D 转换器基本原理的基础上增加了 8 路输入模拟开关和开关选择电路(一般的 A/D 转换器无此电路,必须外接),分辨率为 8 位,转换时间为 100 μs,采用 28 脚双立直插式封装,其结构和引脚如图 8-2-2 所示,各引脚功能如下。

V_{I0}—V_{I7}(Analog Inputs):8 路 0～5 V(直流)模拟量输入端。

A, B, C(3-bit Address):3 位地址线输入端。

ALE(Address Latch Enable):允许地址锁存信号(输入,高电平有效),要求信号宽度为 100 ns～200 ns,上升沿锁存 3 位地址 A,B,C。

CLOCK:时钟脉冲输入端,标准频率 640 kHz。

START:启动信号(输入,高电平有效),要求信号宽度为 100 ns～200 ns,上升沿进行内部清零,下降沿开始内部 A/D 转换。

EOC(End Of Conversion):转换结束信号(输出,高电平有效),在 A/D 转换期间 EOC 为低电平,一旦转换结束就变为高电平,可用作 CPU 查询 A/D 转换是否结束的信号或向 CPU 申请中断的信号,ADC0809 的转换周期为 8×8 个时钟周期。

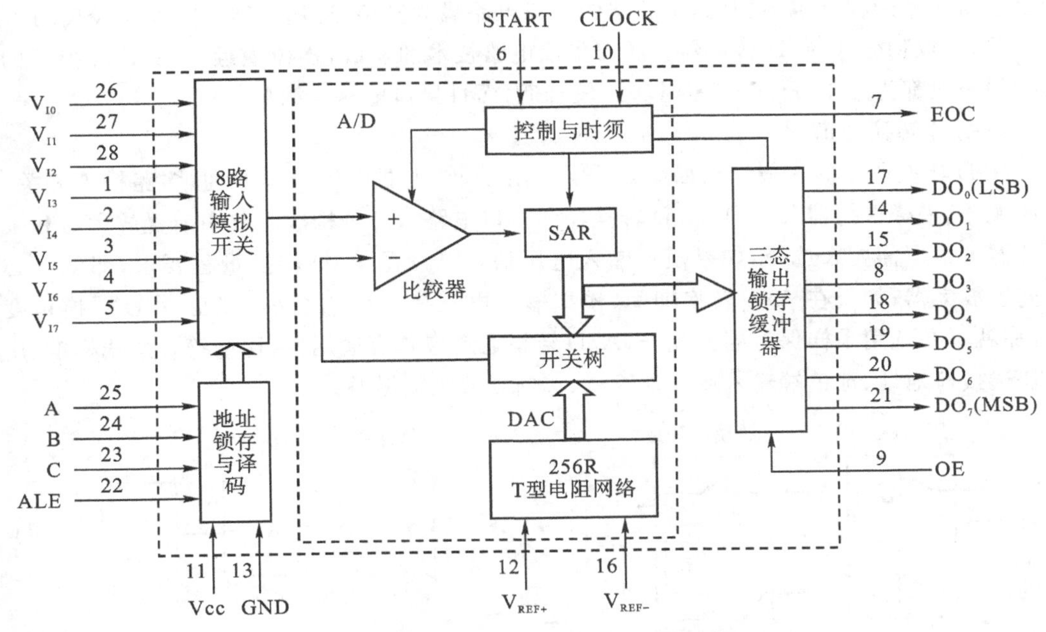

图 8-2-2 ADC0809 原理框图及引脚

DO_0—DO_7(Data Output):8 位转换数据输出端,三态输出锁存(逻辑 0 和 1,高阻态),可与 CPU 数据线直接相连,其中 DO_0 为最低有效位 LSB(Least Significant Bit),DO_7 为最高有效位 MSB(Most Significant Bit)。

OE(Output Enable):允许输出信号(输入,高电平有效),在 A/D 转换期间 DO_0—DO_7 呈高阻状态,一旦转换完毕,如果 OE 为高电平,则输出 DO_0—DO_7 的状态;

V_{REF+},V_{REF-}:基准电压源正、负端,标准+5 V(直流)。

V_{CC}:工作电压源端,+5 V(直流)。

GND:电源地端。

12 位 A/D 转换芯片 AD574A 也是采用逐位逼近式原理,分辨率为 12 位,转换时间为 25 μs,内部有时钟脉冲源和基准电压源,单路单极性或双极性电压输入,采用 28 脚双立直插式封装。限于篇幅,具体的结构原理和引脚功能不再赘述。

为了使 CPU 能启动 A/D 转换,并将转换结果传给 CPU,必须在两者之间设置接口与控制电路,即转换器接口。接口电路的构成既取决于 A/D 转换器本身的性能特点,又取决于采用何种方式读取 A/D 转换结果。例如,某些 A/D 转换器芯片内部无多路模拟开关,就需要外接,而 ADC0809 就不用,因为其内部已有多路模拟开关。常用的转换器接口芯片有 AD574A(12 位分辨率)等。一旦 A/D 转换结束,转换器接口就会发出转换结束信号,再由 CPU 根据此信号决定是否读取 A/D 转换器数据。

CPU 读取 A/D 转换数据的方法一般有三种:查询法、定时法和中断法。查询法是 CPU 通过查询转换结束信号 EOC 的状态来决定是否读取转换器数据;定时法就是 CPU 以固定的时间间隔(该时间间隔务必大于 A/D 转换所需的时间)来读取转换器数据;中断法是 A/D 转换完毕后,转换器通过向 CPU 申请中断来读取转换器数据。不同的数据读取方法对应的接口电路的复杂程度也不相同，中断法的接口电路最为复杂，适用于转换时间比较长的A/D转换器，如双积分式A/D转换器。随着集成电路技术的发展，逐位逼近式A/D转换器的转换时间一般都为几十μs，选用定时法比较合适，而且接口电路也简单。

3)A/D转换通道

A/D转换通道的一般结构如图8-2-3所示，它主要由信号预处理、多路模拟开关、前置放大器、采样保持器(S/H)、A/D转换器和接口电路六部分构成。其中前置放大器和采样保持器可根据需要来选择，如果模拟输入电压信号已满足A/D转换量程要求，那就不必再用前置放大器；如果在A/D转换期间，模拟输入电压信号变化微小，且在A/D转换精度之内，那就不必选用采样保持器。此外，A/D转换通道应具有通用性，比如符合总线标准、用户可任选接口地址、选单端输入或双端输入、选前置放大器增益。

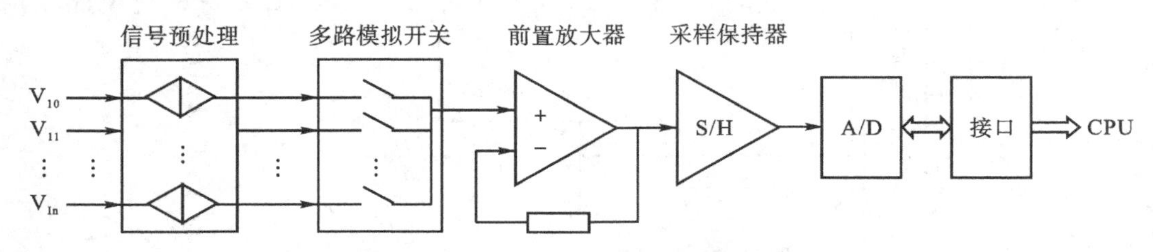

图8-2-3 A/D转换通道的结构框图

(1)信号预处理：信号预处理的功能是对来自传感器或变送器的信号进行处理，如将电流信号(4～20 mA或0～10 mA)经过电阻变为电压信号，将热电阻(Pt100或Cu50)的电阻信号经过桥路变为电压信号等。

(2)多路模拟开关：在计算机控制中，往往是几路甚至十几路被测信号共用一只A/D转换器，所以常利用多路模拟开关轮流切换各路被测信号，采用分时A/D转换方式。常用的多路模拟开关是CD4051，它由三根地址线A、B、C及一根控制线EN的状态来选择8个通路S_0—S_7之一。

(3)前置放大器：前置放大器的任务是将模拟输入小信号放大到A/D转换的量程范围之内[如0～5 V(直流)]。为了能适应多种小信号的放大需求，而专门设计了可变增益的放大器，增益的改变可以通过硬件跳线和软件编程两种方式来实现。

(4)A/D转换通道的隔离：因为A/D转换器的输入直接与被控对象相连，容易通过公共地线引入干扰，为了抗干扰，可采用光电耦合器使两者之间只有光的联系。一般可以采取如下两种隔离措施：一是对多路模拟开关(如CD4051)的控制信号和地址信号进行光电隔离，另一项是通过光电隔离放大器对进入采样保持器前的模拟量输入信号进行隔离和变换。

(5)A/D转换通道的设计：在A/D转换通道的设计过程中，首先要确定使用对象和性能指标，然后选用A/D转换器和接口电路，以及转换通道的构成。

A/D转换器位数的选择取决于系统测量的精度。通常要比信号传感器测量精度要求的最低分辨率高一位；另外还与使用对象有关，一般工业控制用8～12位，实验室测量用14～16位。确定A/D转换器位数的方法有以下两种：

①根据输入信号的动态范围来确定。设输入信号的最大值和最小值分别为$X_{max}=(2^n-1)\lambda[mV]$和$X_{min}=2^0\lambda[mV]$，式中$n$为A/D转换器的位数，$\lambda$为转换当量[mV/b]，则

动态范围为$\frac{X_{max}}{X_{min}}=2^n-1$。因此，A/D 转换器的位数应满足 $n\geqslant\log_2\left(1+\frac{X_{max}}{X_{min}}\right)$。

②根据输入信号的分辨率来确定。有时对 A/D 转换器的位数要求以分辨率形式给出，其定义为 $D=\frac{1}{2^n-1}$。例如，8 位的分辨率为 $D=\frac{1}{2^8-1}\approx0.0039215$，16 位的分辨率为 $D=\frac{1}{2^{16}-1}\approx0.0000152$。如果所要求的分辨率为 D_0，则位数应满足 $n\geqslant\log_2\left(1+\frac{1}{D_0}\right)$。

例如，某温度控制系统的温度范围为 0～200 ℃，设计要求分辨率为 0.005（相当于 1 ℃），则可求出 A/D 转换器的位数为 $n\geqslant\log_2\left(1+\frac{1}{D_0}\right)=\log_2\left(1+\frac{1}{0.005}\right)\approx7.65$。因此，取 A/D 转换器的精度为 8 位便可满足转换要求。

A/D 转换器的转换时间或转换速率的选择取决于使用对象，一般工业控制用中速，如基于逐位逼近原理的 ADC0809 或 AD574A；实验室测量用低速，数字通信或视频数字信号转换用高速。

采样保持器（Sampler/Holder，S/H）的选用取决于测量信号的变化频率，原则上直流信号或变化缓慢的信号可以不用采样保持器。根据 A/D 转换器的转换时间、分辨率和测量信号频率来决定是否选用采样保持器。例如，如果 A/D 转换时间是 100 ms、分辨率是 8 位，无采样保持器时，则允许测量信号变化频率为 0.12 Hz，如果是 12 位，则允许频率为 0.0077 Hz；如果 A/D 转换时间是 100 μs、分辨率是 8 位，无采样保持器时，则允许测量信号变化频率为 12 Hz，如果是 12 位，则允许频率为 0.77 Hz。

前置放大器可分为固定增益和可变增益两种，前者适用于信号范围固定的传感器，如 4～20 mA 的压力、流量变送器；后者适用于信号范围不固定的传感器，如 B、E、J、L、R、S 或 T 等类型的热电偶，每种热电势范围不同，相应的放大器增益也不一样。

2. 模拟量输出通道

模拟量输出通道的任务是把计算机输出的数字量信号转换成模拟电压或电流信号，以便去驱动相应的执行机构，达到控制目的，其核心部件是数/模转换器，简称 D/A 或 DAC（Digital - to - Analog Converter），所以通常也把模拟量输出通道简称为 D/A 通道。

1)D/A 转换器工作原理及性能指标。

D/A 转换器主要由四部分组成：R - 2R 权电阻网络、位切换开关 BS_i（$i=0, 1, \cdots, n-1$），运算放大器 A 和基准电压 V_{REF}。D/A 转换器输入的二进制数从低位到高位（$D_0\sim D_{n-1}$）分别控制对应的位切换开关（BS_0—BS_{n-1}），它们通过 R - 2R 权电阻网络，在各 2R 支路上产生与二进制数各位的权成比例的电流，再经运算放大器 A 相加，并按比例转换成模拟输出电压 V_O。D/A 转换器的输出电压 V_O 与输入二进制数 $D_0\sim D_{n-1}$ 之间的关系式为

$$D_O=-\frac{V_{REF}}{2^n}(D_0 2^0+D_1 2^1+\cdots+D_{n-1}2^{n-1})\tag{8-2-2}$$

其中，$D_i=0$ 或 1（$i=0,1,\cdots,n-1$），n 表示 D/A 转换器的位数。

D/A 转换器的主要性能指标有分辨率、稳定时间、转换精度和线性度等。

(1)分辨率：D/A 转换器的分辨率定义为基准电压 V_{REF} 与 2^n 之比值，其中 n 为 D/A 转换器的位数，如 8 位、10 位、12 位、14 位、16 位等。如果基准电压 V_{REF} 等于 5 V，那么 8 位 D/

A 的分辨率为 19.60 mV,12 位的分辨率为 1.22 mV。这就是与输入二进制数最低有效位 LSB 相当的模拟输出电压,简称 1LSB。

(2)稳定时间:输入二进制数变化量是满刻度时,输出达到离终值±1/2LSB 时所需的时间。对于输出是电流的 D/A 转换器来说,稳定时间约几 μs;而输出是电压的 D/A 转换器,其稳定时间主要取决于运算放大器的响应时间。

转换精度和线性度的指标与 A/D 转换器类似。

2)常用 D/A 转换芯片及转换器接口

D/A 转换器的品种很多,既有中分辨率的,也有高分辨率的;不仅有电流输出的,也有电压输出的。无论哪一种型号的 D/A 转换器,由于它们的基本功能是相同的,因此它们的引脚也类似,主要引脚有数字量输入端、模拟量输出端、控制信号端和电源端等。

D/A 转换器采用并行数据输入,其芯片内部一般有输入数据寄存器(个别芯片内部无输入数据寄存器,必须在外部设置),输出有电压和电流两种,对于电流输出的,必须外加运算放大器。常用的 D/A 转换芯片有 8 位的 DAC0832 和 12 位的 DAC1210。

D/A 转换芯片 DAC0832 的分辨率为 8 位,电流输出,稳定时间为 1 μs,采用 20 脚双立直插式封装,结构和引脚如图 8-2-4 所示。它主要由四部分组成:8 位输入寄存器、8 位 DAC 寄存器、采用 R-2R 权电阻网络的 8 位 D/A 转换器及输入控制电路。由于它有两个可以分别控制的数据寄存器,使用时有较大的灵活性,可以根据需要接成不同输入工作方式。另外,芯片内部有电阻 R_{fb},它可用作运算放大器的反馈电阻,以便于芯片直接与运算放大器连接。DAC0832 的各引脚功能如下:

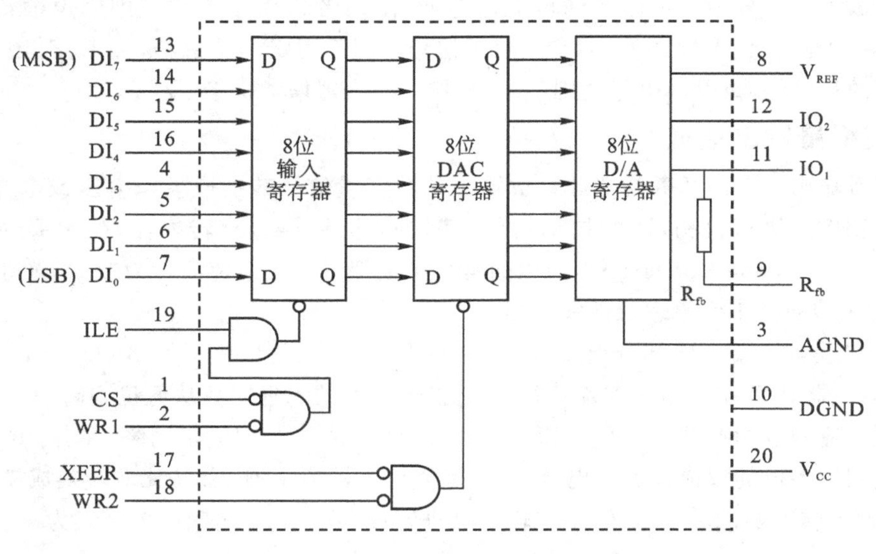

图 8-2-4 DAC0832 原理框图及引脚

DI_0—DI_7:数据输入线(Digital Inputs),其中 DI_0 为最低有效位 LSB,DI_7 为最高有效位 MSB。

$\overline{CS}$:片选信号(Chip Select),输入线,低电平有效。

$\overline{WR1}$:写信号 1(Write 1),输入线,低电平有效。

ILE：允许输入锁存信号(Input Latch Enable)，输入线，高电平有效。

当 ILE、CS 和 WR1 同时有效时，8 位输入寄存器 D 端输入数据被锁存于输出 Q 端。

$\overline{WR2}$：写信号 2(Write 2)，输入线，低电平有效。

$\overline{XFER}$：传送控制信号(Transfer Control Signal)，输入线，低电平有效。

当$\overline{WR2}$和$\overline{XFER}$同时有效时，8 位 DAC 寄存器将第一级 8 位输入寄存器的输出 Q 端状态锁存到第二级 8 位 DAC 寄存器的输出 Q 端，以便进行 D/A 转换。

I_{O1}：DAC 电流输出端 1，此输出信号作为运算放大器的差动输入信号之一。

I_{O2}：DAC 电流输出端 2，此输出信号作为运算放大器的另一个差动输入信号。

R_{fb}：该电阻可用作外部运算放大器的反馈电阻(Resistance of Feedback)，接于运算放大器的输出端。

V_{CC}：工作电压源端(Voltage Work)，输入线，5～15 V(直流)。

DGND：数字电路地线(Digital Ground)。

AGND：模拟电路地线(Analog Ground)。

为了使 CPU 能向 D/A 转换器传送数据，必须在两者之间设置接口电路。接口电路的主要功能是接口地址译码、产生片选信号或写信号；如果 D/A 芯片内部无输入寄存器，则要外加寄存器。D/A 转换接口的位数根据 D/A 转换器的位数来确定，常用的有 8 位和 12 位。

3)D/A 转换通道

D/A 转换通道主要由接口电路、D/A 转换器和输出电路组成，如图 8-2-5 所示。其中接口电路包括输入数据驱动和接口地址译码，输出电路分为电流输出和电压输出，另外还有 D/A 转换通道的隔离电路。

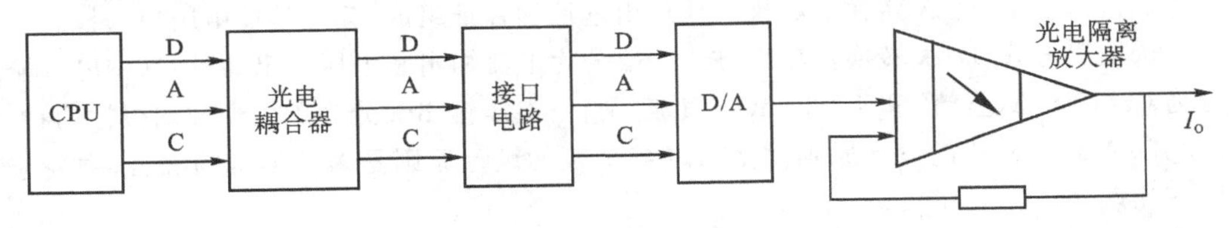

图 8-2-5　D/A 转换通道的结构框图

(1)输入数据驱动。D/A 转换器的输入数据 DI_0—DI_{n-1} 来自 CPU 的数据线 DI_0—DI_{n-1}，每块 D/A 转换板上有多片 D/A 转换器，为了减轻 CPU 数据线的负载，必须采用输入数据驱动电路，如 74LS244 等来保证 D/A 转换器(如 DAC0832)能正常接收来自 CPU 的数据信号。

(2)接口地址译码。一台计算机可能有多块输入输出模板，每块模板都应有自己的接口地址。一般接口地址由基址和片址组成。为了能够正确地将 CPU 的输出信号传送给预定的地址，必须通过地址译码器(如 74LS138)来进行译码，使相应端口有效。

(3)输出电路。D/A 转换器输出电路分为电流输出和电压输出两种。在过程计算机控制中，通常采用 0～10 mA 或 4～20 mA(直流)电流输出。D/A 转换器(如 DAC0832)的输出电流一般需要经过两级运算放大器放大并变换成电压信号，再经过三极管变换成电流信号后，向外输出。电压输出可分为单极性和双极性两种，其中单极性输出电压一般为 0～10 V(直流)，双极性输出电压一般为 －10 V～0～10 V(直流)。

(4)D/A 转换通道的隔离。由于 D/A 转换器输出直接与被控对象相连,容易通过公共地线引入干扰,必须采取隔离措施。通常也采用光电耦合器,使两者之间只有光的联系。利用光电耦合器的线性区,可使 D/A 转换器的输出电压经光电耦合器变换成输出电流[(如 0～10 mA 或 4～20 mA(直流)],这样就实现了模拟信号的隔离。

(5)D/A 转换通道的设计。D/A 转换通道的设计过程中,首先要确定使用对象和性能指标,然后选用 D/A 转换器、接口电路和输出电路。

①D/A 转换器位数的选择。D/A 转换器位数的选择取决于系统输出精度,通常要比执行机构精度要求的最低分辨率高一位;另外还与使用对象有关,一般工业控制用 8～12 位,实验室用 14～16 位。

D/A 转换器输出一般都通过功率放大器推动执行机构。设执行机构的最大输入值为 $U_{\max}$,灵敏度为 $U_{\min}$,参照模拟量输入转换器位数的计算方法,则 D/A 转换器的位数 n 应满足 $n \geqslant \log_2\left(1+\frac{U_{\max}}{U_{\min}}\right)$,即 D/A 转换器的输出应满足执行机构动态范围的要求。一般情况下,可选 D/A 位数小于或等于 A/D 位数。

②D/A 转换模板的通用性。这主要表现在如下三个方面:符合总线标准、用户可选接口地址和输出方式。

符合总线标准:计算机采用内部总线结构,每块电路模板都应符合总线标准,以便灵活组成完整的计算机系统。例如,用于工业 PC 的输入输出模板应符合工业标准体系结构(Industry Standard Architecture, ISA)和外围部件互连(Peripheral Component Interconnection, PCI)总线标准。

可选接口地址:D/A 转换器的接口地址由基址和片址组成,其中基址由用户选择。

可选输出方式:D/A 转换器输出方式一般分为电流输出和电压输出两种,其中电流输出又分为 0～10 mA(直流)和 4～20 mA(直流)两种;电压输出又分为单极性和双极性两种。

③D/A 转换模板的设计原则。D/A 转换模板的设计原则是多种因素的综合,主要应考虑以下几点。

安全性:尽量选用性能好的元器件,并采用光电隔离技术。

性能与经济的统一:在选择集成电路芯片时,应综合考虑转换速度、精度、工作环境温度和经济性等诸因素,选用的集成电路的类型和材料不同,价格差别就比较大。

通用性:为了便于使用,D/A 转换模板应符合总线标准,用户可选接口地址和输出方式。

8.2.2 数字量输入输出通道

1. 数字量输入通道

数字量输入通道的任务是把被控对象的开关状态信号(或数字信号)传送给计算机,简称 DI(Digital Input)通道。一般的 DI 信号有开关的接通或断开、触点的闭合或断开、数字信号的逻辑“1”电平或“0”电平。

1)DI 接口

DI 接口包括信号缓冲电路和接口地址译码。来自受控对象的开关输入信号 S_0—S_{n-1} 被接到缓冲器(如 74LS244)的接入端,当 CPU 执行输入指令时,接口地址译码电路产生片选信号$\overline{CS}$，将 S_0—S_{n-1} 的状态信号送到数据线 D_0—D_{n-1} 上，然后再送到 CPU 中。

2)DI 通道

DI 通道一般是由信号调整电路和输入接口电路构成，其核心是输入接口电路，如图 8－2－6所示。信号调整电路的功能有两个：一是克服开关或触点通断时的抖动，二是进行信号隔离。为了克服 DI 信号的抖动，可以采用滤波电路或单稳态触发器。DI 信号的隔离可以采用光电隔离技术。

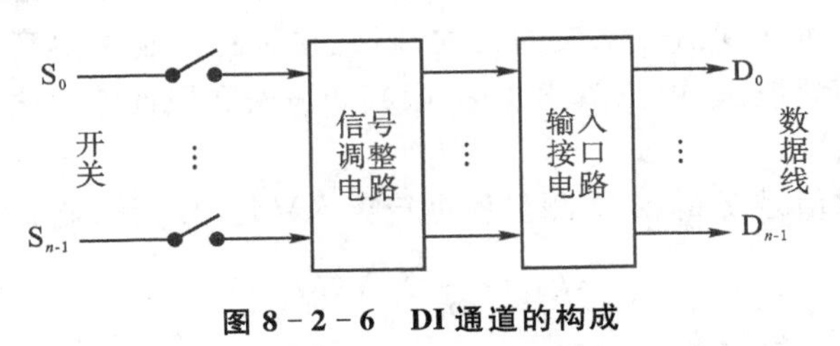

图 8－2－6　DI 通道的构成

2. 数字量输出通道

数字量输出通道的任务是把计算机输出的数字信号(或开关信号)传送给开关器件(如继电器或指示灯)，控制它们的通、断或亮、灭，简称 DO(Digital Output)通道。

1)DO 接口

DO 接口包括输出锁存器和接口地址译码。数据线 D_0—D_{n-1} 接到输出锁存器(如 74LS273)的接入端，当 CPU 执行输出指令时，接口地址译码电路产生写数据信号$\overline{WD}$，将 D_0—D_{n-1} 的状态信号送到锁存器的输出端 Q_0—Q_{n-1} 上，再经输出驱动电路送到开关器件。

2)DO 通道

DO 通道一般是由输出接口电路和输出驱动电路构成，其核心是输出接口电路，如图 8－2－7 所示。输出驱动电路的功能有两个：一是进行信号隔离；二是驱动开关器件。为了进行信号隔离，可以采用光电耦合器。驱动电路取决于开关器件，如一般继电器采用晶体管驱动电路。

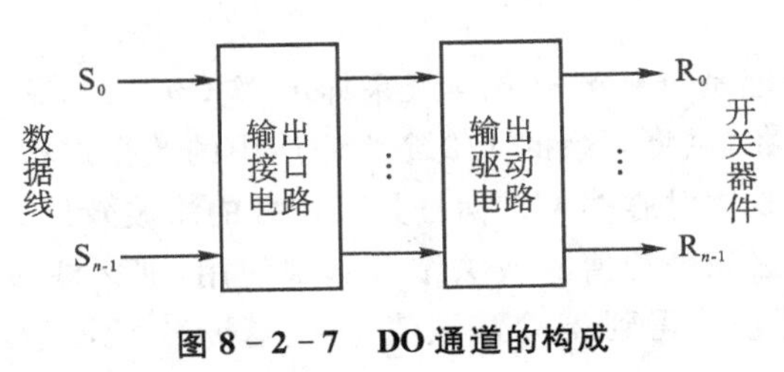

图 8－2－7　DO 通道的构成

8.2.3　输入数据处理

通过模拟量输入通道采集到的生产过程的各种物理参数(如温度、压力、流量、料位和成分等)的原始数据中可能混杂了干扰噪声，需要进行数字滤波；也可能与实际物理量之间呈非线性关系，需要进行线性化处理。为了能得到真实有效的数据，有必要对采集到的原始数据进行数字滤波和数据处理。

1. 数字滤波

为了抑制来自传感器或变送器的有用信号中混杂的各种频率的干扰信号，通常可以在信号入端口处附加 RC 滤波器。RC 滤波器能抑制高频干扰信号，但对低频干扰信号的滤波效果尚不理想。数字滤波是在计算机中用某种计算方法对输入信号进行数学处理，以减少干扰信号在有用信号中的比重，提高信号的真实性。它不但可以对极低频干扰信号进行滤波，以弥补 RC 滤波器的不足，而且不需要增加硬件设备，只需要根据预定的滤波算法编制相应的计算机程序即可达到信号滤波的目的，因此在过程控制中得到广泛应用。常用的数字滤波方法有平均值滤波法、中位值滤波法、限幅滤波法和惯性滤波法。

1)平均值滤波法

平均值滤波是对信号 Y 的 m 次测量值进行算术平均，作为时刻 k 的输出 $\overline{Y}(n)$，即

$$\overline{Y}(k)=\frac{1}{m}\sum_{i=0}^{m-1}Y(k-i) \tag{8-2-3}$$

m 值决定了信号的平滑度和灵敏度。随着 m 的增大，平滑度提高，灵敏度降低。在工程应用中，应视具体情况选取 m，以便得到满意的滤波效果。通常流量信号取 10 项，液位和压力信号取 5 项，温度、成分等缓慢变化的信号取两项甚至不平均。

平均值滤波法对每次采样值给出相同的加权系数，即 $1/m$，实际上某些场合需要增加新采样值在平均值中的比重，可采用加权平均值滤波法，滤波公式为

$$\overline{Y}(k)=\sum_{i=0}^{m-1}r_iY(k-i),\sum_{i=0}^{m-1}r_i=1,r_0>r_1>\cdots>r_{m-1}>0 \tag{8-2-4}$$

应视具体情况选取加权系数，并通过实际调试来确定。例如某纯滞后较大的被控对象，采用 4 次采样值加权平均的算式为

$$\overline{Y}(k)=r_0Y(k)+r_1Y(k-1)+r_2Y(k-2)+r_3Y(k-3)$$

式中，权系数为 $r_0=1/R,r_1=\mathrm{e}^{-L}/R,r_2=\mathrm{e}^{-2L}/R,r_1=\mathrm{e}^{-3L}/R,R=1+\mathrm{e}^{-L}+\mathrm{e}^{-2L}+\mathrm{e}^{-3L}$，$L$ 为被控对象的纯滞后时间。

平均值滤波法一般适用于具有周期性干扰噪声的信号，但对偶然出现的脉冲干扰信号的滤波效果尚不理想。

2)中位值滤波法

中位值滤波法的原理是对被测参数连续采样 m 次($m\geqslant3$)，并按大小顺序排序，从首尾各舍掉 1/3 个大数和小数，再将剩余的 1/3 个大小居中的数据进行算术平均，作为本次采样的有效数据。中位值滤波法对脉冲干扰信号具有良好的滤波效果。

如果将中位值滤波法和平均值滤波法结合起来使用，那么滤波效果会更好。即在每个采样周期，先用中位值滤波法得到 m 个滤波值，再对这 m 个滤波值进行算术平均，得到可用的被测参数。

3)限幅滤波法

由于大的随机干扰或采样器的不稳定，使得采样数据偏离实际值太远。为此，不仅采用上、下限限幅，即

$$\begin{cases}\text{如果 } Y(k)\geqslant Y_{\mathrm{H}},Y(k)=Y_{\mathrm{H}}\text{(上限值)}\\ \text{如果 } Y(k)\leqslant Y_{\mathrm{L}},Y(k)=Y_{\mathrm{L}}\text{(下限值)}\\ \text{如果 } Y_{\mathrm{L}}<Y(k)<Y_{\mathrm{H}},Y(k)=Y(k)\end{cases} \tag{8-2-5}$$

而且采用限速(亦称限制变化率),即

$$\begin{cases}\text{如果}\,|Y(k)-Y(k-1)|\leqslant\Delta Y_{max},Y(k)=Y(k)\\ \text{如果}\,|Y(k)-Y(k-1)|>\Delta Y_{max},Y(k)=Y(k-1)\end{cases}\qquad(8-2-6)$$

其中,$\Delta Y_{\max}$为两次相邻采样值之差的可能最大变化量,它的选取取决于采样周期 T_s 及被测参数 Y 应有的正常变化率。因此,一定要按照实际情况来确定 $\Delta Y_{\max}$、Y_H 及 Y_L,否则非但达不到滤波效果,反而会降低控制品质。

4)惯性滤波法

常用的 RC 滤波器的传递函数是$\dfrac{Y(s)}{X(s)}=\dfrac{1}{T_f s+1}$,其中 $T_f=RC$。它的滤波效果取决于滤波时间常数 T_f,因此 RC 滤波器不可能对极低频率的信号进行滤波。为此,人们模仿上式做成一阶惯性滤波器,亦称低通滤波器。

将上式写成差分方程得 $T_f\dfrac{Y(k)-Y(k-1)}{T_s}+Y(k)=X(k)$,稍加整理得

$$Y(k)=\frac{T_s}{T_s+T_f}X(k)+\frac{T_f}{T_s+T_f}Y(k-1)=(1-a)X(k)+aY(k-1)\qquad(8-2-7)$$

其中,$a=\dfrac{T_f}{T_s+T_f}$称为滤波系数,且 $0<a<1$,T_s 为采样周期,T_f 为滤波器时间常数。

根据惯性滤波器的频率特性,若滤波系数 a 越大,则带宽越窄,滤波频率也越低。因此,需要根据实际情况,适当选取 a 值,使得被测参数既不出现明显的纹波,反应又不太迟缓。

上面讨论的四种数字滤波方法,究竟如何选用,应视具体情况而定。平均值滤波法适用于周期性干扰,中位值滤波法和限幅滤波法适用于偶然的脉冲干扰,惯性滤波法适用于高频及低频的干扰信号,加权平均值滤波法适用于纯滞后较大的被控对象。如果同时采用几种滤波方法,一般先用中位值滤波法或限幅滤波法,然后再用平均值滤波法。需要注意的是,如果滤波方法应用不恰当,非但达不到滤波效果,反而会降低控制品质。

2. 数据处理

通过数字滤波得到比较真实的被测参数,有时还不能直接使用,还需做某些处理。例如,对孔板流量计差压 信号进行开平方运算、流量的温度和压力补偿、热电偶信号的线性化处理等。

1)线性化处理

来自被控对象的检测信号,同被测参数不一定呈线性关系。例如,差压变送器输出的孔板差压信号同实际流量之间呈平方根关系;热电偶的热电势同其测量温度呈非线性关系。可是,在计算机内参与运算和控制的二进制数,希望同被测参数之间呈线性关系,其目的是既便于运算又便于数字显示。为此,必须对非线性参数进行线性化处理。下面举两个例子进行分析。

例 8-2-1　孔板差压与流量

用孔板测量气体或液体的流量差压变送器输出的孔板差压信号 ΔP 同实际流量 F 之间成平方根关系,即

$$F=k\sqrt{\Delta P}$$

式中,k 是流量系数。为了计算平方根,可采用牛顿(Newton)迭代法。设 $Y=\sqrt{x}$,$x>0$,则

$$Y(n)=\frac{1}{2}\left[Y(n-1)+\frac{x}{Y(n-1)}\right]$$

或

$$Y(n)=Y(n-1)+\frac{1}{2}\left[\frac{x}{Y(n-1)}-Y(n-1)\right]$$

关于牛顿迭代的原理，以及初始值 Y(0)的选取请读者参考有关文献。

例 8-2-2 热电偶的热电势与温度

热电偶的热电势同所测温度之间也是非线性关系。例如，铁-康铜热电偶，在 0～400 ℃范围内，当允许误差小于±1 ℃时，可按式 $T=a_4E^4+a_3E^3+a_2E^2+a_1E$ 计算温度。式中，E 为热电势[mV]，T 为温度[℃]，$a_1=1.9750953\times10$，$a_2=-1.8542600\times10^{-1}$，$a_3=8.3683958\times10^{-3}$，$a_4=1.3280568\times10^{-4}$。

又例如，镍铬-镍铝热点偶，在 400～1000 ℃范围内时，可按式 $T=b_4E^4+b_3E^3+b_2E^2+b_1E+b_0$ 计算温度，其中，$b_0=-2.4707112\times10$，$b_1=2.9465633\times10$，$b_2=-3.1332620\times10^{-1}$，$b_3=6.5075717\times10^{-3}$，$b_4=-3.9663834\times10^{-5}$。

已知热电偶的热电势，按照上述公式计算温度，对于小型工业控制机来说，占用的计算量比较大。为了简单起见，可分段进行线性化，即用多段折线代替曲线。线性化过程是首先判断测量数据处于哪一折线段内，然后按相应段的线性化公式计算出线性值。折线段的分法并不是唯一的，可以视具体情况和要求来定。当然，折线段数越多，线性化精度就越高，软件开销也相应增加。

2)中间运算

来自被控过程的某些检测信号，与真实值有偏差，例如，用孔板测量气体的体积流量，当被测气体的温度和压力与设计孔板的基准温度和基准压力不同时，必须对用式 $F=k\sqrt{\Delta p}$ 计算出的流量 F 进行温度、压力补偿。一种简单的补偿公式为

$$F_0=\sqrt{\frac{T_0P_1}{T_1P_0}}$$

式中，T_0 为设计孔板的基准绝对温度(K)；P_0 为设计孔板的基准绝对压力；T_1 为被测气体的实际绝对温度(K)；P_1 为被测气体的实际绝对压力。

对于某些无法直接测量的参数，必须首先检测与其有关的参数，然后依据某种计算公式，才能间接求出它的真实数值。例如，精馏塔的内回流流量是可检测的外回流流量、塔顶气相温度与回流液温度之差的函数，即

$$F_1=F_2\left(1+\frac{C_p}{\lambda}\Delta T\right)$$

式中，F_1 为内回流流量；F_2 为外回流流量；C_p 为液体比热；λ 为液体汽化潜热；ΔT 为塔顶气相温度与回流液温度之差。

8.3 控制系统的抗干扰技术

所谓干扰，就是有用信号以外的噪声或造成计算机设备不能正常工作的破坏因素。工业控制计算机的工作环境恶劣，干扰频繁。干扰将影响计算机控制系统的可靠性和稳定性，

给系统调试增加了难度。干扰是客观存在的,研究干扰的目的是抑制干扰进入计算机。为此,必须分析干扰的来源,研究对于不同的干扰源采用哪些相应的行之有效的抑制或消除干扰的措施。除此以外,为了提高系统的抗干扰能力,应当重视接地技术和供电技术。

8.3.1 干扰的来源和传播途径

干扰的来源是多方面的,有时甚至是错综复杂的。对于计算机控制系统来说,干扰既可能来源于外部,也可能来源于内部。外部干扰是指那些与系统结构无关,由外界环境因素导致的干扰;而内部干扰则是由系统结构、制造工艺等所决定的。外部干扰主要来自空间电场或磁场的影响。例如,输电线和电气设备发出的电磁场,通信广播发射的无线电波,太阳或其他天体辐射出的电磁波,空中雷电,火花放电、弧光放电、辉光放电等放电现象,甚至是气温、温度等气象条件。内部干扰主要是分布电容、分布电感引起的耦合感应,电磁场辐射感应,长线传输的波反射,多点接地造成电位差引起的干扰,寄生振荡引起的干扰,甚至元器件产生的噪声干扰。从机理上看,外部干扰和内部干扰的物理性质相同,因而消除或抑制它们的方法没有本质的区别。

1. 干扰传播途径

在计算机控制系统的现场,往往有许多强电设备,它们的启动和工作过程将产生干扰电磁场,另外还有来自空间传播的电磁波和雷电的干扰,以及高压输电线周围交变电磁场的影响等。典型的计算机控制系统的干扰环境可以用图 8-3-1 来描述。干扰传播的途径主要有静电耦合、磁场耦合、公共阻抗耦合。

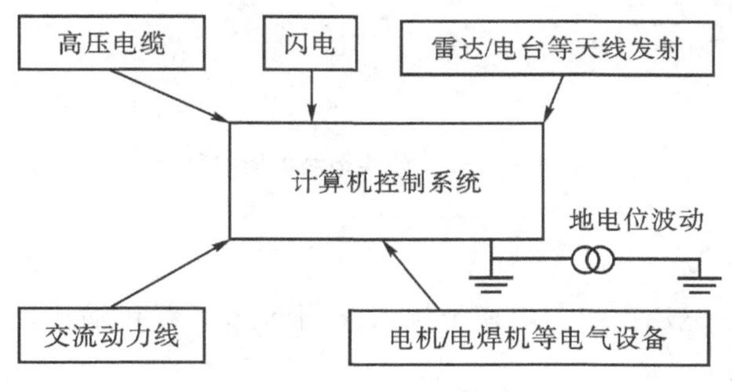

图 8-3-1 干扰环境

1)静电耦合

静电耦合是电场通过电容耦合途径窜入其他线路的。两根导线之间、电路板上个引线之间、变频器线匝之间和绕组之间都会构成电容。既然有分布电容存在,就可以对频率为 ω 的干扰信号提供 $1/\mathrm{j}\omega c$ 的电抗通道,电场干扰就可以取道窜入。

2)磁场耦合

空间磁场耦合是通过导体间互感耦合进来的。在任何载流导体周围空间中都会发生磁场,而交变磁场会对其周围闭合电路产生感应电势。在设备内部,线圈或变压器的漏磁会引起干扰;在设备外部,当两根导线平行架设时,也会产生干扰,这是由于感应电磁场引起的耦合。如假设某信号线与电压为 220 V(交流)、负荷为 10 kVA 输电线的距离为 1 m,并平行走线 10 m，两线之间互感为 4.2 μH，通过计算可以得到信号线上感应的干扰电压大约为 59.98 mV。

电磁场辐射也会造成干扰耦合。当高频电流流过导体时，在该导体周围产生向空间传播的电磁波。此时整个空间充满了从长波到微波范围的电磁波，一般称为无线电波干扰。这些干扰极易通过电源线和长信号线耦合到计算机中。另外，长信号线具有天线效应，即能辐射干扰波或接受干扰波。当作为接收天线时，它与电磁波的极化面有密切的关系。例如，在大功率的广播发射台周围，当垂直极化波的电场强度为 100 mV/m 时，长度为 10 cm 的垂直导体可以产生 5 mV 的感应电动势，这是一个可观的数字。

3)公共阻抗耦合

公共阻抗耦合发生在两个电路的电流流经一个公共阻抗时，一个电路在该阻抗上的电压降会影响到另一个电路。例如，在计算机中，总是通过汇流条将电源引入，又将返回信号引入地线。汇流条不可能是理想的，实际上它也有一定的电阻和电感。当流过较大的数字信号电流时，它的作用就像一根天线。同时，各汇流条之间具有电容，数字脉冲可以通过这个电容耦合过来。印刷电路板上的“地”，实质上就是公共回路线，由于它仍然有一定的电阻，各电路之间就通过它产生信号耦合，形成干扰。

如果系统的模拟信号和数字信号不是分开接地的，如图 8-3-2(a)、(b)所示，则数字信号就会耦合到模拟信号中去。图 8-3-2(c)中模拟信号和数字信号是分开接地的，两种信号分别流入大地，这样就可以避免干扰，因为大地是一个无限吸收体。

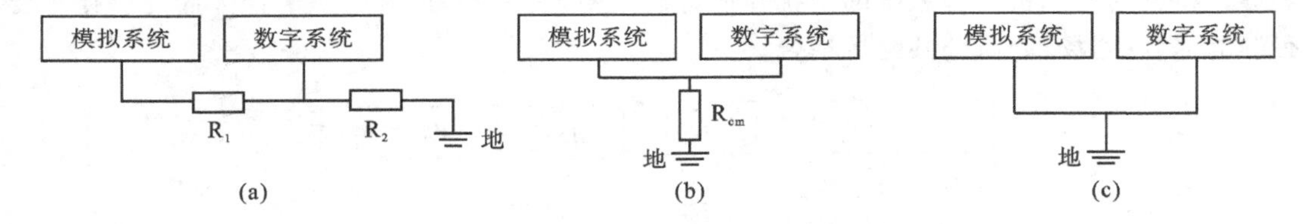

图 8-3-2　公共地线的阻抗耦合

2. 干扰表现形式

干扰的表现形式一般有 3 种：串模干扰、共模干扰和长线传输干扰。

1)串模干扰

所谓串模干扰，就是串联于信号源回路之中的干扰，也称横向干扰或正态干扰。其表现形式如图 8-3-3(a)所示，其中 V_s 为信号源，V_n 为叠加在 V_s 上的串模干扰。在图 8-3-3(b)中，如果邻近的导线(干扰线)中有交变电流 I_a 流过，那么由 I_a 产生的电磁干扰信号就会通过分布电容 C_1 和 C_2 的耦合，引入放大器的输入端。

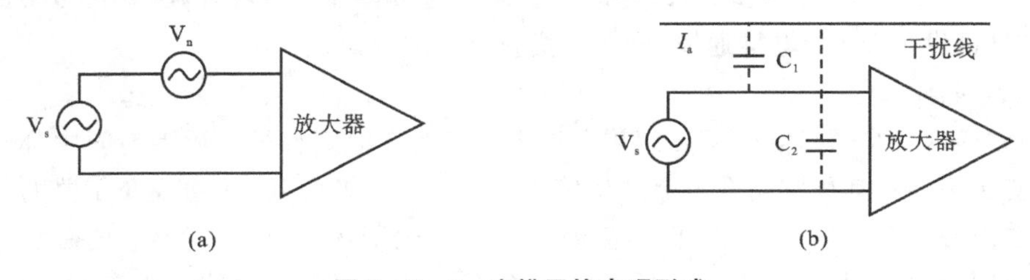

图 8-3-3　串模干扰表现形式

产生串模干扰的原因有分布电容的静电耦合、长线传输的互感、空间电磁场引起的磁场耦合以及 50 Hz 的工频干扰等。

2)共模干扰

在计算机控制系统中，计算机的地、信号放大器的地以及现场信号源的地之间，通常要相隔一段距离，少则几米、多则几十米以至几百米。在两地之间往往存在着一定的电位差 V_c，如图 8-3-4(a)所示。这个 V_c 对放大器产生的干扰，称为共模干扰，也称纵向干扰或共态干扰。其一般表现形式如图 8-3-4(b)所示，其中 V_s 为信号源，V_c 为共模电压。这种干扰可以是直流电压，也可以是交流电压，其幅值可达几伏甚至更高，取决于现场产生干扰的环境条件和计算机等设备的接地情况。

共模电压 V_c 对放大器的影响，实际上是转换成串模干扰的形式而加入放大器输入端的。

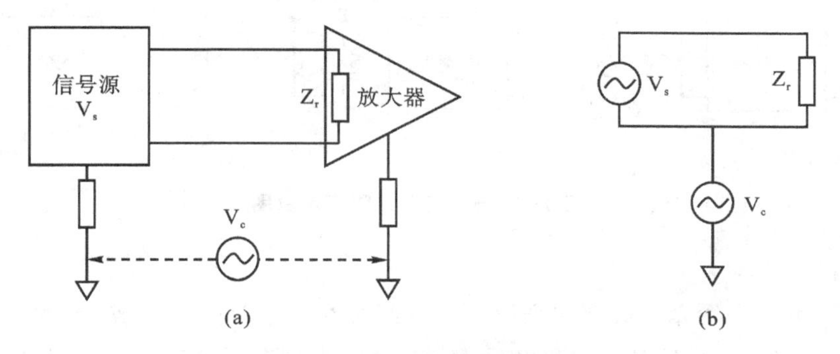

图 8-3-4　共模干扰表现形式

3)长线传输干扰

计算机控制系统是一个从生产现场的传感器到计算机，再到生产现场执行机构的大系统。由生产现场到计算机的连线往往长达几十米，甚至数百米。即使在中央控制室内，各种连线也有几米到十几米。由于计算机采用高速集成电路，致使长线的“长”是相对的。这里所谓的“长线”其长度并不长，取决于集成电路的运算速度。例如，对于毫微秒级的数字电路来说，1 米左右的连线就可以当作长线来看待；而对于十毫秒级的电路，几米长的连线才可以当作长线处理。

信号在长线中传输会遇到三个问题：一是长线传输易受到外界干扰；二是具有信号延时；三是高速变化的信号在长线中传输时，还会出现波反射现象。

当信号在长线中传输时，由于传输线的分布电容和分布电感的影响，信号会在传输线内部产生正向前进的电压波和电流波，称为入射波；另外，如果传输线的终端阻抗与传输线的波阻抗不匹配，那么当入射波到达终端时，便会引起反射；同样，反射波到达传输线始端时，如果始端阻抗也不匹配，也会引起新的反射。这种信号的多次反射现象，使信号波形严重地畸变，并且引起干扰脉冲。

8.3.2　干扰抑制方法

干扰是客观存在的，研究干扰的目的是抑制干扰进入计算机，采取各种预防措施尽量减少干扰对计算机控制系统的影响。

1. 共模干扰的抑制方法

共模干扰产生的主要原因是不同“地”之间存在共模电压，以及模拟信号系统对地的漏阻抗。因此，共模干扰的抑制措施主要有以下三种：变压器隔离，光电隔离和浮地屏蔽。

1）变压器隔离

利用变压器把模拟信号电路与数字信号电路隔离开来，也就是把模拟地与数字地断开，以使共模干扰电压 V_c不形成回路，从而抑制了共模干扰。另外，隔离前和隔离后应分别采用两组互相独立的电源，切断两部分的地线联系。

在图 8－3－5 中，被测信号 V_{s1} 经放大后，首先通过调制器变化成交流信号，经隔离变压器 B 传输到副边，然后用解调器再将它变换为直流信号 V_{s2}，再对 V_{s2}进行 A/D 变换。

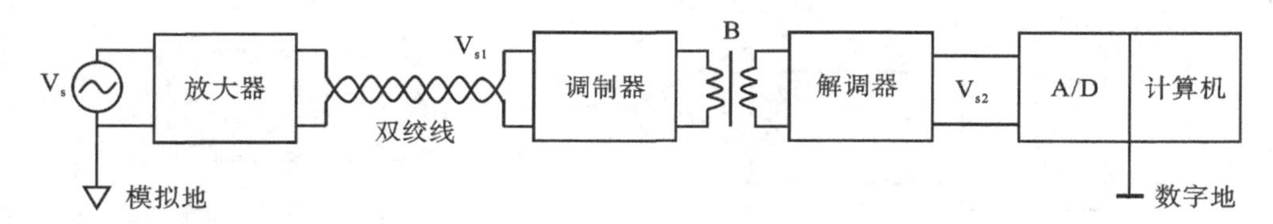

图 8－3－5　变压器隔离示意图

2）光电隔离

光电耦合器是由发光二极管和光敏三极管封装在一个管壳内组成的，发光二极管两端为信号输入端，光敏三极管的集电极和发射极作为光电耦合器的输出端，它们之间的信号传输是靠发光二极管在信号电压的控制下发光，传送给光敏三极管来完成的。

光电耦合器有以下几个特点：首先，由于是密封在一个管壳内，或者是模压塑料封装的，所以不会受到外界光的干扰；其次，由于是靠光传送信号，切断了各部件电路之间地线的联系；第三，发光二极管动态电阻非常小，而干扰源的内阻一般很大，能够传送到光电耦合器输入端的干扰信号就变得很小；第四，光电耦合器的传输比和晶体管的放大倍数相比，一般很小，远不如晶体管对干扰信号那样灵敏，而光电耦合器的发光二极管只有在通过一定的电流时才能发光，即使是在干扰电压幅值较高的情况下，由于没有足够的能量，仍不能使发光二极管发光，从而可以有效地抑制掉干扰信号。此外，光电耦合器提供了较好的带宽、较低的输入失调漂移和增益温度系数。因此，能够较好地满足工业过程控制信号传输速度的要求。

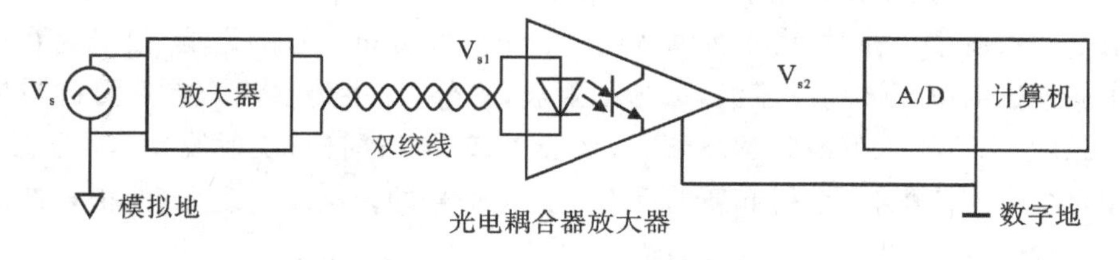

图 8－3－6　光电隔离示意图

在图 8－3－6 中，模拟信号 V_s 经放大后，再利用光电耦合器的线性区，直接对模拟信号进行光电耦合传送。由于光电耦合器的线性区一般只能在某一特定的范围内，因此，应保证被传信号的变化范围始终在线性区内。为了保证线性耦合，既要严格挑选光电耦合器，又要采取相应的非线性校正措施，否则将产生较大的误差。另外，光电隔离前后两部分电路应分别采用两组独立的电源。

光电隔离与变压器隔离相比，实现起来比较容易，成本低，体积也小。因此，计算机控制中光电隔离得到广泛的应用。

3)浮地屏蔽

在图 8-3-7(a)中，采用单层屏蔽双线采样(S_1，S_2)浮地隔离式放大器，或双层屏蔽三线采样(S_1，S_2，S_3)浮地隔离式放大器来抑制共模干扰电压。这种方式之所以具有较高的抗共模干扰能力，其实质在于提高了共模输入阻抗，减少了共模电压在输入回路中引起的共模电流，从而抑制共模干扰的来源，其等效电路如图 8-3-7(b)所示。

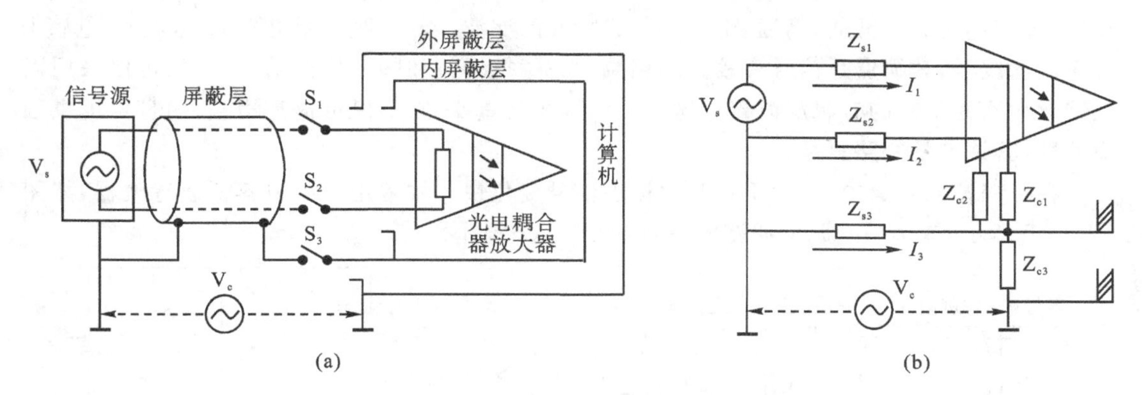

图 8-3-7　浮地三线切换示意图

在图 8-3-7(b)中，Z_{s1}、Z_{s2}为信号源内阻，Z_{s3}为信号线的屏蔽层电阻，Z_{c1}，Z_{c2}为放大器输入级对内屏蔽层的漏阻抗，Z_{c3}为内屏蔽层与外屏蔽层之间的漏阻抗。合理的设计应使 Z_{c1}，Z_{c2}，Z_{c3}达到数十 MΩ 以上，这样模拟地和数字地之间的共模电压 V_c就不会直接引入放大器，而是先经 Z_{s3}和 Z_{c3}产生共模电流 I_3。由于 Z_{s3}较小，故 I_3在 Z_{s3}上的压降 V_{s3}也很小，可把它看成一个已受到抑制的新的共模干扰源 V_{n1}，这样，进入放大器的共模干扰就被大大地衰减了。

2. 串模干扰的抑制方法

对串模干扰的抑制较为困难，因为干扰直接与信号串联，只能从干扰信号的特性和来源入手，分不同情况采取相应措施。

1)用双绞线作信号引线

串模干扰主要是来源于空间电磁场干扰，采用双绞线作信号线的目的是减少电磁感应，并且使各个小环路的感应电势互相呈反向抵消。用这种方法可使干扰抑制比达到几十 dB，其效果见表 8-3-1。为了从根本上消除产生串模干扰的原因，一方面对测量仪表进行良好的电磁屏蔽，另一方面应选用带有屏蔽层的双绞线作信号线，并应有良好的接地。

表 8-3-1 双绞线节距对串模干扰的抑制效果

节距/mm	干扰衰减比	屏蔽效果/dB
平行线	1∶1	0
100	14∶1	23
75	71∶1	37
50	112∶1	41
25	141∶1	43

2)滤波

采用滤波器抑制串模干扰是最常用的方法。根据串模干扰频率与被测信号频率的分布特性,决定选用具有低通、高通、带通等传递特性的滤波器。一般采用电阻 R、电容 C、电感 L 等无源滤波器,其缺点是信号有较大的衰减。为了把增益和频率特性结合起来,可以采用以反馈放大器为基础的有源滤波器。这对小信号尤其重要,它不仅可提高增益,而且可提供频率特性,其缺点是线路复杂。

在过程控制对象中,串模干扰都比被测信号变化快。故常用无源阻容低通滤波器,如图 8-3-8 所示,或采用有源低通滤波器,如图 8-3-9 所示。

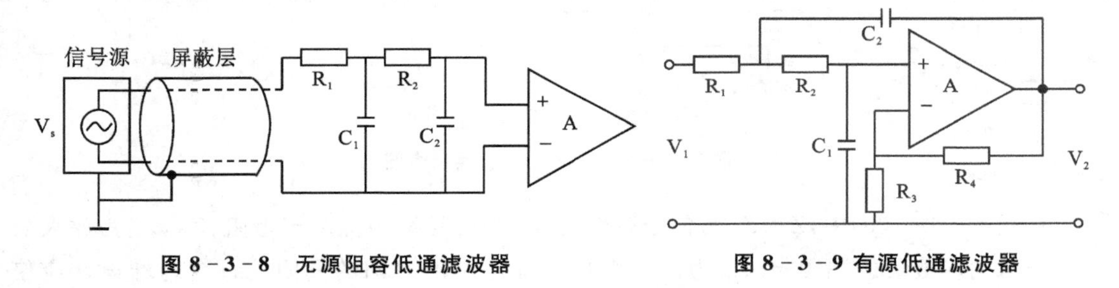

图 8-3-8 无源阻容低通滤波器　　图 8-3-9 有源低通滤波器

3. 长线传输干扰的抑制方法

采用终端阻抗匹配或始端阻抗匹配,可以消除长线传输中的波反射或者把它抑制到最低限度。

1)终端匹配法

为了进行阻抗匹配,必须事先知道传输线的波阻抗 R_P,波阻抗的测量如图 8-3-10 所示。调节可变电阻 R,并用示波器观察电路 A 的波形,当达到完全匹配时,即 $R=R_P$ 时,电路 A 输出的波形不畸变,反射波完全消失,这时的 R 值就是该传输线的波阻抗。

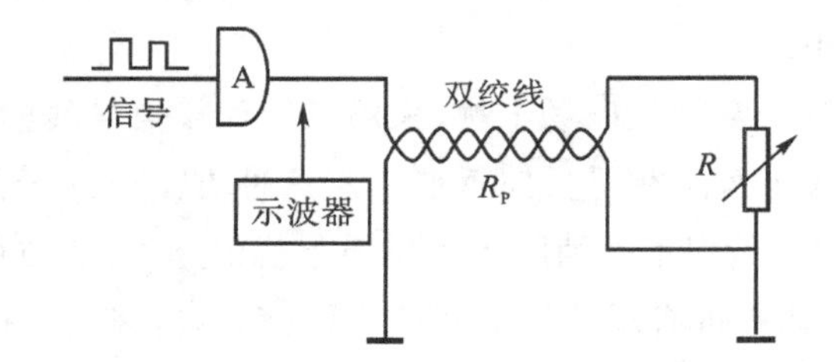

图 8-3-10 传输线波阻抗测量方法

为了避免外界干扰的影响，在计算机中常常采用双绞线和同轴电缆做信号线。双绞线的波阻抗一般在100～200 Ω，绞花愈密，波阻抗愈低。同轴电缆的波阻抗为50～100 Ω。根据传输线的基本理论，无损耗导线的阻抗 R_P 为 $R_p=\sqrt{L_0/C_0}$，其中，L_0 为单位长度的电感(H)，C_0 为单位长度的电容(F)。

最简单的终端匹配方法如图8-3-11(a)所示。如果传输线的波阻抗是 R_P，那么当 $R=R_P$ 时，便实现了终端匹配，消除了波反射。此时终端波形和始端波形的形状一致，只是时间上滞后。由于终端电阻变低，则加大负载，使波形的高电平下降，从而降低了高电平的抗干扰能力，但对波形的低电平没有影响。

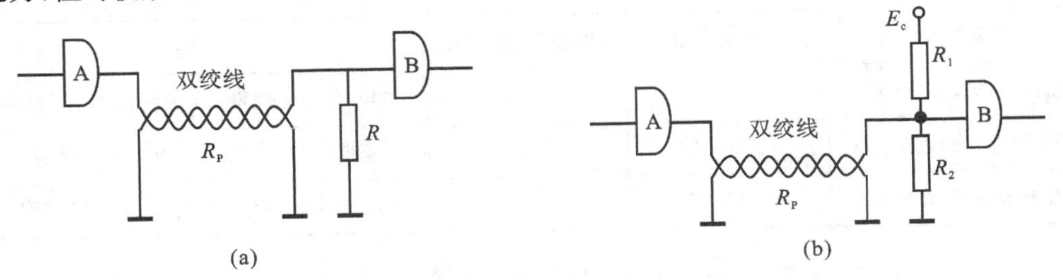

图8-3-11 终端匹配方法示意图

为了克服上述匹配方法的缺点，可采用图8-3-11(b)所示的终端匹配方法。其等效电阻 R 为 $R=R_1R_2/(R_1+R_2)$。适当调整 R_1 和 R_2 的阻值，可使 $R=R_P$。这种匹配方法也能消除波反射，优点是波形的高电平下降较少，缺点是低电平抬高，从而降低了低电平的抗干扰能力。为了同时兼顾高电平和低电平两种情况，可选取 $R_1=R_2=2R_P$，此时等效电阻 $R=R_P$。实践中宁可使高电平降低得稍多点，而让低电平抬高得少点，可通过适当选取电阻 R_1 和 R_2，使 $R_1>R_2$，达到此目的。当然还要保证等效电阻 $R=R_P$。

2)始端匹配法

在传输线始端串入电阻 R，如图8-3-12所示，也能基本上消除波反射，达到改善波形的目的。一般选择始端匹配电阻 R 为 $R=R_P-R_{SC}$，其中，R_{SC} 为电路A输出低电平时的输出阻抗。

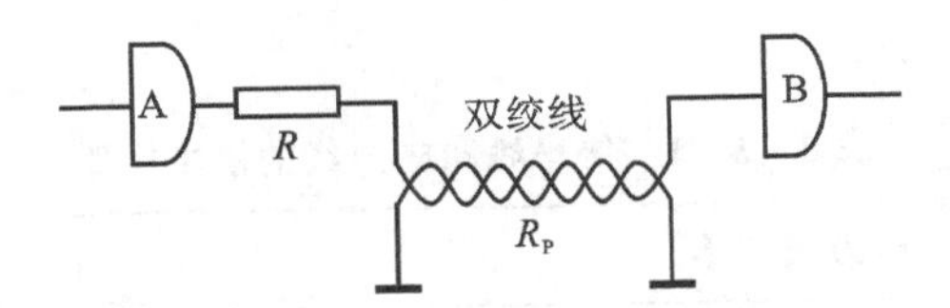

图8-3-12 始端匹配方法示意图

这种匹配方法的优点是波形的高电平不变，缺点是波形低电平会抬高。其原因是终端电路B的输入电流 I_{SC} 在始端匹配电阻 R 上的压降所造成的。显然，始端所带负载电路个数越多，则低电平抬高得越显著。

4. 信号线的选择和敷设

在计算机控制系统中，如果能合理地选择信号线，并在实际施工中又能正确地敷设信号线，那么可以抑制干扰；反之，将会给系统引入干扰，造成不良影响。

1)信号线的选择

对信号线的选择,一般应从实用、经济和抗干扰这三个方面考虑,且抗干扰能力则应放在首位。不同的使用现场,干扰情况不同,应选择不同的信号线。在不降低抗干扰能力的条件下,应尽量选用价格便宜,敷设方便的信号线。

(1)信号线类型的选择。对信号精度要求比较高,或干扰现象比较严重的现场,采用屏蔽信号线是提高抗干扰能力的可行途径。表 8-3-2 列出几种电缆主要的屏蔽结构及其屏蔽效果。

表 8-3-2 屏蔽信号线性能

屏蔽结构	干扰衰减比	屏蔽效果/dB	特点
铜网(密度 85%)	103:1	40.3	电缆的可挠性好(短距离敷设较好)
铜带叠卷(密度 90%)	376:1	51.5	带有焊药,便于接地(通用性好)
铝聚酯树酯带叠卷	6610:1	76.4	为便于接地,使用电缆沟(抗干扰效果好)

(2)信号线粗细的选择:从信号线价格、强度及施工方便等因素出发,信号线的截面积在 2.0 mm^2 以下为宜,一般采用 1.5 mm^2、1.0 mm^2、0.75 mm^2 三种。采用多股线电缆较好,其优点是可挠性好,适用于电缆沟有拐角和狭窄的地方。

2)信号线的敷设

选择了合适的信号线,还必须合理地进行敷设。否则,不仅达不到抗干扰的效果,反而会引起干扰。信号线的敷设要注意以下事项。

(1)模拟信号线与数字信号线不能合用同一股电缆,绝对避免信号线与电源线合用同一股电缆。

(2)屏蔽信号线的屏蔽层必须一端接地,同时要避免多点接地。

(3)信号线的敷设要尽量远离干扰源,比如避免敷设在大容量变压器、电动机等电气设备的近旁;如果有条件,将信号线单独穿管配线,在电缆沟内从上到下依次架设信号电缆、直流电源电缆、交流低压电缆、交流高压电缆。表 9-4 列出了信号线和交流电力线之间最少间距,供布线时参考。

表 8-3-3 信号线和电力线的最小间距

电力线容量		信号线和电力线的最小间距/cm
电压/V	电流/A	
125	10	12
250	50	18
440	200	24
5000	800	≥48

(4)信号电缆与电源电缆必须分开,并尽量避免平行敷设。如果由于现场条件有限,信

号电缆与电源电缆不得不敷设在一起时，则应满足以下条件：

①电缆沟内要设置隔板，且使隔板与大地连接，如图8－3－13(a)所示。

②电缆沟内用电缆架或在沟底自由敷设时，信号电缆与电源电缆间距一般应在15 cm以上，如图8－3－13(b)、(c)所示；如果电源电缆无屏蔽，交流电压220 V、电流10 A时，两者间距应在60 cm以上。

③电源电缆使用屏蔽罩，如图8－3－13(d)所示。

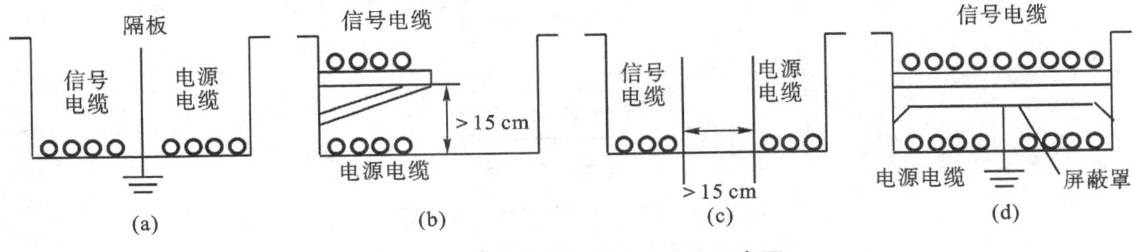

图8－3－13　信号线的敷设方法示意图

8.3.3　控制系统接地技术

接地技术对计算机控制系统是极为重要的，不恰当的接地会造成极其严重的干扰，而正确接地却是抑制干扰的有效措施之一。接地的目的有两条：一是抑制干扰，使计算机工作稳定；二是保护计算机、电气设备和操作人员的安全。通常接地可分为工作接地和保护接地两大类。保护接地主要是为了避免操作人员因设备的绝缘损坏或下降时遭受触电危险和保证设备的安全；而工作接地主要是为了保证控制系统稳定可靠地运行，防止地环路引起的干扰。本节所论述的偏重后者，首先分析地线系统，然后介绍接地方法及其工程实现。

1. 地线系统的分析

在计算机控制系统中，一般有以下几种地线：模拟地、数字地、逻辑地、安全地、系统地、交流地。

模拟地作为传感器、变送器、放大器、A/D和D/A转换器中模拟电路的零电位。模拟信号有精度要求，有时信号比较小，而且与生产现场连接。因此，必须认真地对待模拟地。

数字地作为计算机中各种数字电路的零电位，应该与模拟地分开，避免模拟信号受数字脉冲的干扰。

模拟地和数字地通过接地板连接在一起，统称为电源逻辑地，如图8－3－14所示。

安全地的目的是使设备机壳与大地等电位，以避免机壳带电而影响人身及设备安全。通常安全地又成为保护地或机壳地，机壳包括机架、外壳、屏蔽罩等。

系统地就是上述几种地的最终回流点，直接与大地相连，如图8－3－14所示。众所周知，地球是导体而且体积非常大，因而其静电容量也非常大，电位比较恒定，所以人们把它的电位作为基准电位，也就是零电位。

交流地是计算机交流供电电源地，即动力线地，它的地电位很不稳定。在交流地上任意两点之间，往往很容易就有几伏到几十伏的电位差存在。另外，交流地也很容易带来各种干扰。因此，交流地绝对不允许与上述几种地相连，而且交流电源变压器的绝缘性能要好，绝对避免漏电现象。

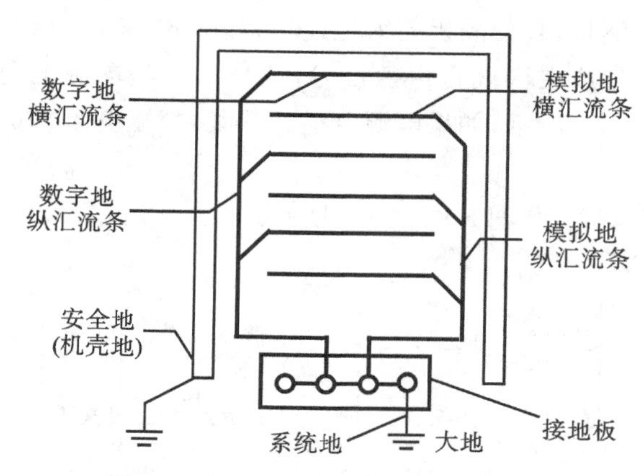

图 8-3-14 分别回流法接地示意图

在计算机控制系统中,对上述各种地的处理一般是采用分别回流法单点接地。模拟地、数字地、安全地(机壳地)的分别回流法如图 8-3-14 所示。回流线往往采用汇流条而不采用一般的导线。汇流条是由多层铜导体构成,截面呈矩形,各层之间有绝缘层。采用多层汇流条以减少自感,可减少干扰的窜入途径。在稍考究的系统中,分别使用横向及纵向汇流条,机柜内各层机架之间分别设置汇流条,以最大限度地减少公共阻抗的影响。在空间上将数字地汇流条与模拟地汇流条间隔开,以避免通过汇流条间电容产生耦合。安全地(机壳地)始终与信号地(模拟地、数字地)是浮离开的。这些地之间只在最后汇聚一点,并且常常通过铜接地板交汇,然后用线径不小于 30 mm 的多股软线焊接在接地极上后深埋地下。关于接地极的要求及工程实现情况请参考有关资料。

2. 输入系统的接地

在控制计算机的输入系统中,传感器、变送器和放大器通常采用屏蔽罩,而信号的传送往往使用屏蔽线。对于屏蔽层的接地要慎重,也应遵守单点接地原则。输入信号源有接地和浮地两种情况,接地电路也有两种情况。这样,不同的屏蔽接地方式会带来共同的抗干扰效果。

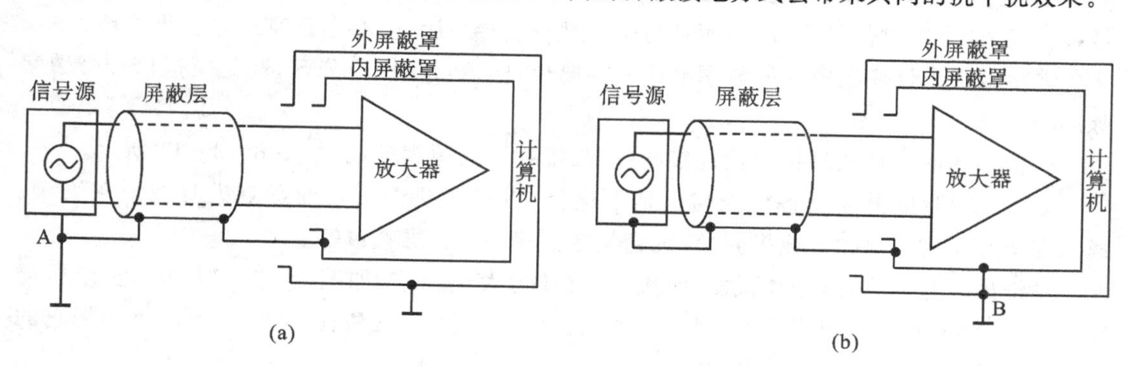

图 8-3-15 输入接地方式示意图

在图 8-3-15(a),信号源端接地,放大器端浮地,则屏蔽层应在信号源端接地(A 点)。而图 8-3-15(b)却相反,信号源浮地,放大器端接地,则屏蔽层应在放大器端接地(B 点)。

这样分情况接地是为了避免流过屏蔽层的电流，通过屏蔽层与信号线间的电容产生对信号线的干扰。一般输入信号比较小，而模拟信号又容易接受干扰。因此，对输入系统的接地和屏蔽应格外地重视。

高增益放大器常常用金属罩屏蔽起来，但屏蔽罩的接地要合理，否则将引起干扰。放大器的输入和输出端与屏蔽罩之间存在寄生电容，使放大器的输出端到输入端产生一条反馈通路，如不将此反馈消除，放大器可能产生振荡。解决的办法就是将屏蔽罩接到放大器的公共端，这样将寄生电容短路，从而消除了反馈通路。

3. 主机系统的接地

计算机本身接地，同样是为了防止干扰，提高可靠性。下面介绍几种主机接地方式。

1）全机一点接地

计算机的主机柜内采用图 8－3－14 所示的分别回流法接地方式。主机地与外部设备地连接后，采用一点接地，如图 8－3－16 所示。为了避免多点接地，各机柜用绝缘板垫起来。这种接地方式安全可靠，有一定的抗干扰能力，一般接地电阻选为 4～10 Ω。接地电阻越小越好，但接地电阻越小，接地极的施工就越困难。

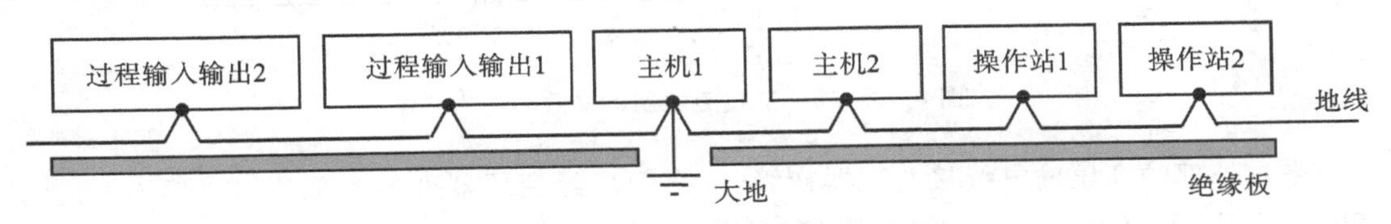

图 8－3－16　全机一点接地示意图

2）主机外壳接地及机芯浮空

为了提高计算机的抗干扰能力，将主机外壳作为屏蔽罩接地。而把机内器件架与外壳绝缘，绝缘电阻大于 50 MΩ，即机内信号地浮空，如图 8－3－17 所示。这种方法安全可靠，抗干扰能力强，但制造工艺复杂，一旦绝缘电阻降低就会引入干扰。

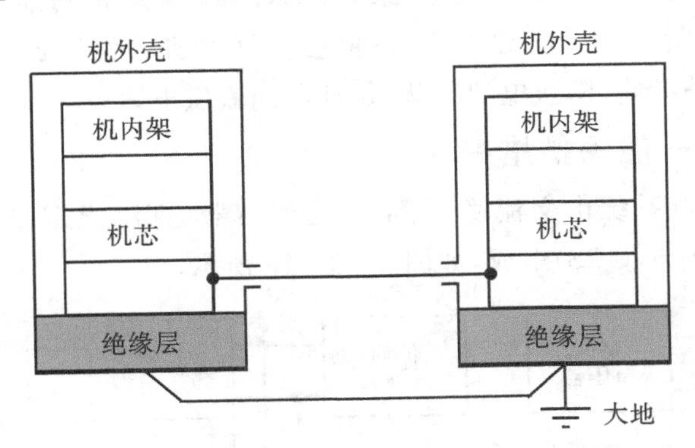

图 8－3－17　外壳接地机芯浮空示意图

3）多机系统的接地

在计算机网络系统中，多台计算机之间的相互通信，资源共享。如果接地不合理，将使整个网络系统无法正常工作。近距离的几台计算机安装在同一机房内，可采用类似图

8－3－16那样的多机一点接地方法；对于远距离的计算机网络，多台计算机之间的数据通信，应通过隔离的办法把地分开。

8.3.4 控制系统供电技术

计算机控制系统一般由交流电网供电[220 V(交流)，50 Hz]。在交流供电系统中，通常采用三相五线制供电方式，如图8－3－18所示。

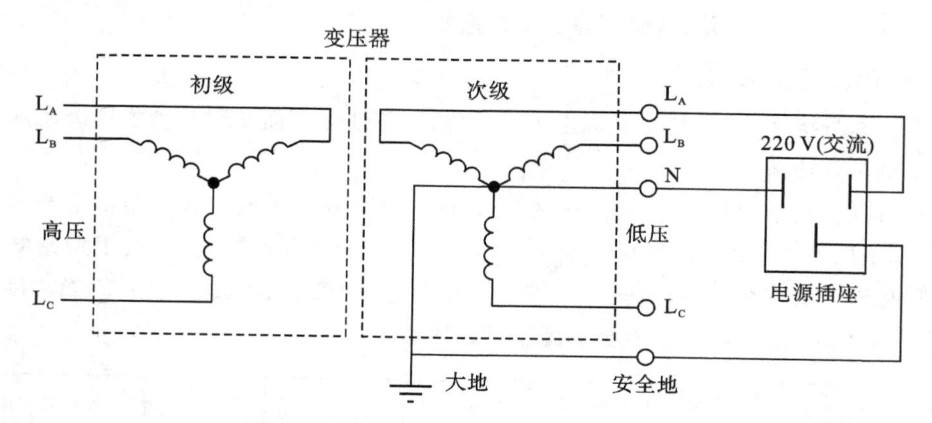

图8－3－18 三相五线制的交流供电方式

来自外部的高压输电线接变压器初级(一次侧)，经变压器变换为低压[380 V(交流)或220 V(交流)]，从变压器次级(二次侧)输出，供用户使用。变压器次级的高端称为火线(L_A、L_B、L_C)，次级的低端是中性点，称为中线(N)，它是电流预定的返回通路，或者说是系统正常情况下的返回通路，中线(N)接大地。为了防止用电设备漏电、保护设备及人身安全，应采用独立的安全地，从而形成三相五线制(L_A、L_B、L_C、N、安全地)供电方式。中线(N)接大地，安全地也接大地，两者互相独立。

交流供电网的干扰，频率的波动将直接影响到计算机系统的可靠性和稳定性。另外，计算机的供电不允许中断。如果电源中断，不但会使计算机丢失数据，而且会影响生产。因此，必须采用电源保护措施，防止电源干扰，保证不间断供电。

1. 供电系统的一般保护措施

计算机的一般供电系统由交流稳压器、低通滤波器、直流稳压器和不间断电源(Uninterrupted Power System，UPS)组成，如图8－3－19所示。

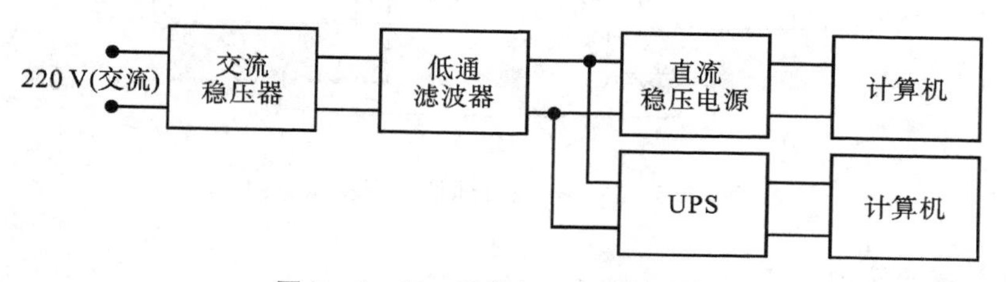

图8－3－19 计算机一般供电框图

1)交流稳压器

为了抑制供电网电压波动的影响而设置交流稳压器，保证220 V(交流)供电。一般交流稳压器中都有电感器和电容器滤波，对高频干扰有一定的抑制作用，不仅可以提高系统的稳定性和可靠性，而且可以对负载短路起到限流保护作用。

2)低通滤波器

交流电网频率为50 Hz，其中混杂了部分高频干扰信号。为此，采用低通滤波器让50 Hz的基波通过，而滤除高频干扰信号，从而改善供电质量。低通滤波器一般由电感器L和电容器C组成，可分为L型、π型和T型，如图8-3-20所示。一般来说，在低压大电流场合，应选用小电感器大电容器；在高压小电流场合，应选用大电感器小电容器。

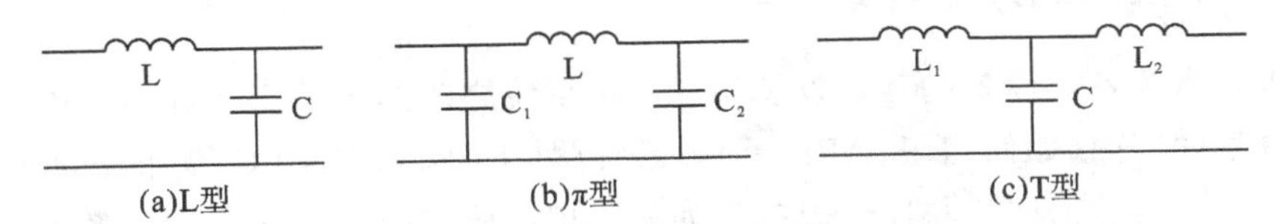

图8-3-20　低通滤波器原理图

3)直流稳压器

当计算机需要直流稳压器或直流稳压电源供电时[如24 V(直流)]，一般采用对电网电压的波动适应性强且抗干扰性能好的直流稳压电源。例如，直流开关电源是一种脉宽调制型电源，其脉冲频率高达20 kHz，不用传统的工频变压器，故具有体积小、重量轻、效率高的特点，对供电网电压波动的适应性强，对供电网上的高频干扰有较好的隔离。如果对直流电源要求精度很高，则可以采用DC－DC变换器，具有体重小、输入电压范围大、输出电压稳定等优点。

2. 电源异常的保护措施

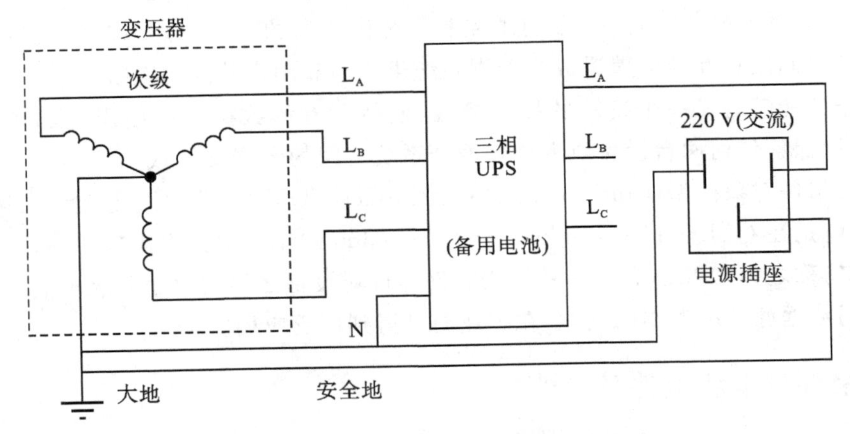

图8-3-21　三相五线制的UPS供电方式

计算机控制系统的供电不允许中断，尤其是用于下位过程控制的工控机及用于操作员站和工程师站的商用机，一旦中断，将会影响生产。为此，可采用不间断电源UPS，其内部有备用电池组，如图8-3-21所示。正常情况下由交流电网供电，同时给备用电池充电。如果交流供电中断，则由备用电池供电。UPS用电池组作为后备电源，供电时间有限，一般为30～20 min。为了确保供电安全，可以采用交流发电机或第二路交流供电线。

8.4　OPC技术的应用

OPC(OLE for Process Control)技术是一种约定应用软件与现场设备之间的数据存取规范，实现不同数据源之间信息互换的计算机网络通信技术，它的产生能很好地解决不同计算机控制系统之间因通信协议不同而造成的"自动化孤岛"问题。

8.4.1　OPC技术的产生背景

计算机网络为各类设备的互联以及各类应用系统之间的数据交换提供了硬件基础。但大量的来自不同厂商(如西门子、ABB等)和系统(如DCS、FCS、PLC等)的设备或应用系统都各自有着自己的数据格式与通信规范。如何实现如此繁杂的设备与应用系统之间的信息和数据的互通，是一个十分棘手的且必须解决的问题。

同时，由于生产规模的扩大和过程复杂程度的提高，工业控制软件设计也面临着巨大的挑战。首先，在传统的控制系统中，智能设备之间及智能设备与控制系统软件之间的信息共享是通过驱动程序来实现的，不同厂家的设备又使用不同的驱动程序，导致工业控制软件中包含了越来越多的底层通信模块。其次，由于相对特定应用的驱动程序一般不支持硬件特点的变化，这样使得工业控制软硬件的升级和维护极其不便。再三，在同一时刻，两个客户一般不能对同一个设备进行数据读写，因为它们拥有不同的、相互独立的驱动程序，同时对同一个设备进行操作，可能会引起存取冲突，甚至导致系统崩溃。这样，所谓的"自动化孤岛"问题便逐渐形成。"自动化孤岛"一方面为控制系统供应商垄断市场提供了手段，一旦用户选择了某个控制系统供应商，就对其产生了依赖关系；另一方面也阻碍了控制系统的发展，损伤了用户的利益，反过来也影响了控制系统供应商的产品应用领域。所以，寻求一个多控制系统之间信息互通的渠道成为控制系统供应商和用户共同的期盼。

设想假如能够定义一个统一的接口标准，使得所有的数据及通信规范都能自觉遵循。这样，就可以保证任何两台设备或者任何两个系统之间的数据交换成为可能。于是，一种基于微软公司组件对象模型(Component Object Model，COM)技术的工业自动化软件接口应运而生，它就是在OLE(Object Linking and Embedding)基础上开发出来的一种为过程控制专用的接口，称之为OPC。它是一种应用软件与现场设备之间的数据存取规范，能够很好地解决从不同数据源获取数据的问题，在工业界已得到广泛应用。

8.4.2　组件技术和组件对象模型

1. 组件技术

OPC作为过程控制中一个标准软件接口，在实现的过程中，一般采用组件技术。组件是可复用的软件模块，可以给操作系统、应用程序以及其他组件提供服务。组件技术是面向对象技术的一个发展。虽然从理论上说，面向对象技术能够支持软件的复用和集成，但在实际的软件设计开发中，面向对象技术只能实现源代码级的复用，而不支持软件模块的复用。所以组件技术要解决的首要问题是复用性，也即组件应具有通用的特性，它所提供的功能应被多种系统使用。可以说，推动组件技术发展的最大动力是软件复用功能。软件复用就是利用已有的软件成分来构建新的软件。组件技术解决的另一个重要问题是互操作性，即不同来源的组件能相互协调和通信，共同完成更复杂的功能。

组件的复用性和互操作性是相辅相成的。总体说来，组件技术的优点可总结为以下几点。

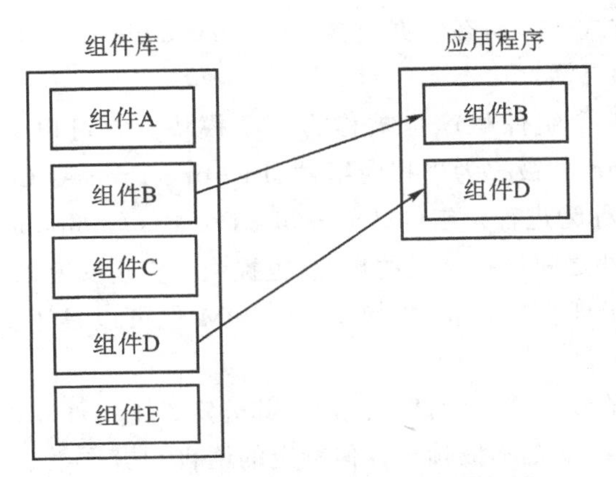

图 8－4－1 基于组件技术的应用程序开发

(1)组件技术可实现应用程序的快速开发，减少软件开发的时间和费用。应用程序的大部分可利用已有的组件来构建，如图 8－4－1 所示。这样，可减少开发的工作量，缩短开发周期，降低开发成本。购买组件的费用远少于传统的软件开发成本。

(2)组件技术易于实现应用程序的定制，满足不同用户的不同需求。一般情况下，根据需求替换、修改程序使用的一个或多个组件，就可实现应用定制。

(3)基于组件的应用程序的升级和维护更方便灵活。对基于组件应用程序的修改，通常是通过修改组件来实现的。当对应用程序进行升级或维护时，只需将一些组件用其新的版本替换即可，不再需要对整个应用程序进行全方位的修改。

(4)使用组件技术，可简化应用程序向分布式应用程序的转化过程。

目前，比较有影响的组件技术标准有 Microsoft 公司的组件对象模型/分布式组件对象模型(Component Object Model/Distributed Component Object Model，COM/DCOM)、对象管理组(Object Management Group，OMG)的公共对象请求代理体系结构(Common Object Request Broker Architecture，CORBA)和 Sun 公司的 JavaBeans。其中，COM/DCOM 的应用最为广泛。

2. 组件对象模型(COM)

按照组件化的程序设计思想，复杂的应用程序被设计成一些小的、功能单一的组件模块，这些组件模块可以运行在同一台机器上，也可以运行在不同的机器上。为了实现这样的应用软件，组件模块和组件模块之间需要一些极为细致的规范，只有组件模块遵守了这些共同的规范，然后系统才能正常运行。

为此,OMG 和 Microsoft 分别提出了 CORBA 和 COM 标准。CORBA 标准主要应用于 UNIX 操作系统平台上,而 COM 标准则主要应用于 Microsoft Windows 操作系统平台上。

COM 是关于如何建立组件以及如何通过组件构建应用程序的一个标准,是为了使应用程序更易于定制、更为灵活。COM 为 Windows 系统和应用程序提供了统一的、可扩充的、面向对象的通信协议。COM 在分布式计算领域中的扩展称为 DCOM,它提供了网络透明功能,能够支持在局域网、广域网,甚至 Internet 上不同计算机对象之间的通信。使用 DCOM,应用程序就可以在位置上达到分布性,从而满足客户和应用的需求。相对早期的客户及组件之间的通信方式——动态数据交换 DDE(Dynamic Data Exchange)而言,COM 更小、更快,也更加健壮和灵活。

在 COM 标准中,一个组件程序也被称为一个模块。它可以是一个动态链接库 DLL(Dynamic Linked Library),被称为进程内组件(In - of - Process Component),也可以是一个可执行程序 EXE,被称为进程外组件(Out - of - Process Component)。

COM 既提供了组件之间进行交互的规范,也提供了实现交互的环境。因为组件对象之间交互的规范不依赖于任何特定的语言,所以 COM 也可以是不同语言协作开发的一种标准。

COM 标准包括规范和实现两大部分。规范部分定义了组件和组件之间通信的机制,即二进制的接口标准。这些规范不依赖于任何特定的语言和操作系统,只要按照该规范,任何语言都可以使用。实现部分是 COM 库,COM 库为 COM 规范的具体实现提供了一些核心服务。COM 还实现了三个典型的操作系统组件结构:统一数据传输、持久存储(或称结构化存储)和智能命名。

COM 实现的是对象化的客户/服务器 C/S 结构(Client/Server)。COM 定义了两种基本的服务器:进程内服务器(本地机上的动态链接库)和进程外服务器(本地机上的可执行文件)。DCOM 中还有远程服务器(远程计算机上的动态链接库或可执行文件)。但无论服务器是什么类型,客户端都是以相同的方法创建对象的。

8.4.3 OPC 规范

1. OPC 规范的数据存取方式及优点

OPC 规范是一个工业标准,是在 Microsoft 公司的合作下,由全世界在自动化领域中处于领先地位的软、硬件提供商协作制定。OPC 标准早期是由 Fisher、Rosemount、Rockwell、Opto 22、Intellution 和 Intuitive Technology 等公司组成的“特别工作组”开发出来的一个基本的、可运行的 OPC 规范。第一阶段的标准在 1996 年 8 月发布,1997 年 2 月 Microsoft 公司推出 DCOM 技术,OPC 基金会对 OPC 规范又进行了进一步的修改,增加了数据访问等标准,从而使其成为一个被广泛采用的工业标准。

OPC 基金会的会员单位在世界范围内超过 270 个,包括了世界上几乎全部的工业自动化软、硬件提供商。ABB、霍尼韦尔(Honeywell)、西门子(Siemens)、横河(Yokogawa)、艾斯本(Aspen)等国际著名公司都是这个组织的成员。符合 OPC 规范的软、硬件已被广泛地应用,给工业自动化领域带来了勃勃生机。

OPC 是一个基于 COM 技术的接口标准，为工业自动化软件面向对象的开发提供了统一的标准。它提供了一种从不同数据源(包括硬件设备和应用软件)获得数据的标准方法。该方法定义了应用 Microsoft 操作系统在基于 PC 的客户机之间交换自动化实时数据的方法。采用这项标准后，硬件开发商将取代软件开发商为自己的硬件产品开发统一的 OPC 接口程序，而软件开发者可免除开发各种驱动程序的繁重工作，充分发挥自己的特长，把更多的精力投入到其核心产品的开发上。这样不但可避免开发的重复性，也提高了工业自动化软件与硬件、软件之间的互操作性以及控制系统的开放性。

OPC 采用客户/服务器结构，一个 OPC 客户程序同多个厂商提供的 OPC 服务器连接，并通过 OPC 服务器，从不同的数据源存取数据，如图 8-4-2 所示。

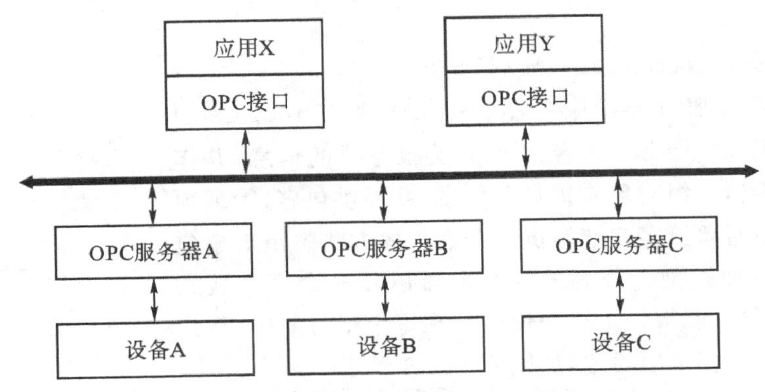

图 8-4-2　OPC 的客户/服务器结构示意图

采用 OPC 规范设计系统的优点可总结为如下 6 点。

(1)采用标准的 Windows 体系接口，硬件制造商为其设备提供的接口程序的数量减少到 1 个，软件制造商也仅需要开发一套通信接口程序。既有利于软硬件开发商，更有利于最终用户。

(2)OPC 规范以 OLE/DCOM 为技术基础，而 OLE/DCOM 支持 TCP/IP 等网络协议，因此可以将各个子系统从物理上分开，分布于网络的不同节点上。

(3)OPC 按照面向对象的原则，将一个应用程序(OPC 服务器)作为一个对象封装起来，只将接口方法暴露在外面，客户以统一的方式去调用这个方法，从而保证软件对客户的透明性，使得用户完全从底层开发中脱离出来。

(4)OPC 实现了远程调用，使得应用程序的分布与系统硬件的分布无关，便于系统硬件配置，使得系统的应用范围更广。

(5)采用 OPC 规范，便于系统的组态，将系统复杂性大大简化，可以大大缩短软件的开发周期，提高软件运行的可靠性和稳定性，便于系统的升级与维护。

(6)OPC 规范了接口函数，不管现场设备以何种形式存在，客户都以统一的方式去访问，从而实现系统的开放性，易于实现与其他系统的接口。

OPC 规范是一个包括了一整套接口、属性和方法的标准集，能够提供给用户，用于过程控制和工业自动化应用。Microsoft 的 OLE/COM 技术定义了各种不同的软件部件进行交互使用和分享数据的范式，从而使得 OPC 能够为用户提供一个通用接口，用于各种过程控制设备之间的通信，不论过程中采用什么软件和设备。

OPC 技术规范定义了一组接口规范，包括 OPC 自动化接口(Automation Interface)和 OPC 自定义接口(Custom Interface)。OPC 服务器通常支持两种类型的访问接口，它们分别为不同的编程语言环境提供访问机制。自动化接口通常是为基于脚本编程语言而定义的标准接口，可以使用 Visual Basic、Delphi、PowerBuilder 等编程语言来开发 OPC 服务器的客户应用。自定义接口是专门为 C++等高级编程语言而制定的标准接口。

2. 已发布的 OPC 服务器规范

OPC 技术规范定义的是 OPC 服务器程序和客户机程序之间的通信接口或通信方法。当前，已发布的 OPC 规范主要有数据存取、报警与事件处理、历史数据存取、批处理等服务器规范。

1)OPC 数据存取(Data Access)服务器

OPC 数据存取服务器由服务器(Server)、组(Group)和项(Item)等对象组成。服务器对象维护有关服务器的信息，并作为组对象的包容器。组对象维护自身信息，并提供包容、管理项对象的机制。组对象给客户端提供组织数据的方法。组对象包含公有和私有两种类型。公有的组对象可以被多个客户端共享，私有的组对象只能被一个客户使用。在每个组对象中，客户端可以定义一个或多个项对象，如图 8-4-3 所示。

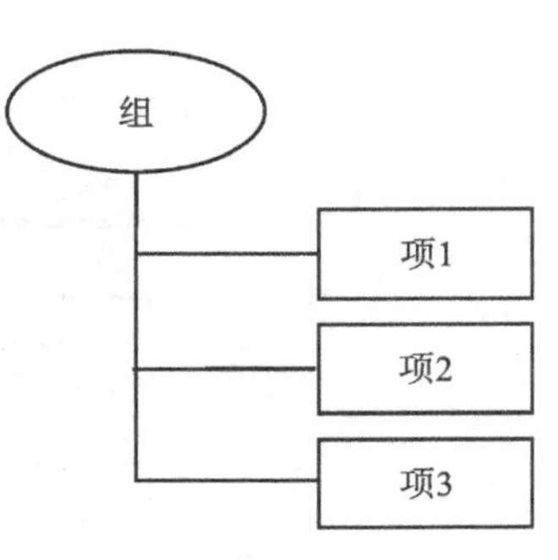

图 8-4-3 组与项的关系

在服务器中，项对象代表与数据源的连接。从自定义接口的角度，客户端并不把项作为对象操作，因此，没有给项对象定义外部接口。组对象包容项对象(可简单理解成项在组里面定义)，所有对项对象的操作都是通过组对象进行的。每个项对象有值、质量和时间标签。项对象并不是数据源，只是与数据源的连接。项对象可以被看作是数据的地址，而不能被认为是真实的数据源。

2)OPC 报警与事件处理(Alarm and Event Handling)服务器

OPC 报警与事件处理服务器提供一种机制：当发生指定事件或达到报警条件时，客户端可以得到通知。报警与事件处理服务器还提供服务，允许客户端测试服务器支持哪些事件和条件，以及获得其当前状态。报警与事件处理服务器的主要接口 IOPCEventServer 为客户端提供方法，使之能够：①测试 OPC 服务器支持的事件类型；②注册特定的事件，使得当这些事件发生时，OPC 客户端能得到通知，而且还能通过服务器定义这些事件的子集；③存取和操作 OPC 服务器实现的情况。作为对 IOPCEventServer 的补充，报警与事件处理服务器还提供一些可选接口，用来浏览服务器实现的情况，或者管理公有组。

3)OPC 历史数据存取(Historical Data Access)服务器

为了集成不同的应用，历史信息可以被看作是某种类型的数据。目前 OPC 规范支持的历史数据存取服务器有两种：简单趋势数据服务器、复合数据压缩和分析服务器。前者只简单存储和提供原始数据，数据类型与 OPC 数据存取服务器提供的相同，一般是[时间、值、质量]的三元组形式；后者除原始数据外，还提供压缩数据功能，同时具有数据统计和分析功能，如平均值、最小值和最大值等。服务器支持数据刷新并记录刷新历史。在保存真实历史数据的同时，服务器还保存注释。

4)OPC 批处理(Batch)服务器

OPC 批处理服务器提供从数据源存取一批数据的方法。实现批处理服务器时,可利用不同的数据源。实现的服务器可以是一个独立的 OPC 服务器,数据源是其他数据存取服务器;也可以是在已有的批处理服务器的基础上建立起来的关联 OPC 服务器。与批处理服务器相连的客户端是一些简单的应用程序,它们可能只是需要一批数据,也可能需要一些具有复杂格式的数据用于显示或发布。

目前的 OPC 规范中,还包括了安全规范。OPC 的安全参考模型与 Windows NT 的安全模型一致。OPC 规范中规定,实现安全机制,需要在现有的 OPC 服务器(包括数据存取服务器,报警与事件处理服务器等)的对象中,添加 IOPCSecurityNT 和 IOPCSecurityPrivate 接口。

8.4.4 OPC 的特点及其应用领域

OPC 技术的应用对工业控制系统的影响是基础性的和革命性的,主要表现在以下几个方面。

1)OPC 解决了设备驱动程序开发中的异构问题

随着计算机技术的不断发展及用户需求的不断提高,以集散控制系统 DCS 为主体的工业控制系统功能日趋强大,结构日益复杂,规模也越来越大,一套大型工业控制系统往往选用了几家甚至十几家不同公司的控制设备或系统集成为一个大的系统。但由于缺乏统一的标准,开发商必须对系统的每一种设备都编写相应的驱动程序。而且,当硬件设备升级修改时,驱动程序也必须跟随修改。同时,一个系统中如果运行不同公司的控制软件,也存在着互相冲突的风险。

有了 OPC 后,由于有了统一的接口标准,硬件厂商只需提供一套符合 OPC 技术的程序,软件开发人员也只需编写一个接口,而用户可以方便地进行设备的选型和功能的扩充,只要它们提供了 OPC 支持,所有的数据交换都通过 OPC 接口进行,而不论连接的控制系统或设备是哪个具体厂商提供。

2)OPC 解决了现场总线系统中异构网段之间数据交换的问题

当前,现场总线控制系统 FCS 仍然存在多种总线并存的局面,因此系统集成和异构控制网段之间的数据交换面临许多困难。有了 OPC 作为异构网段集成的中间件,只要每个总线段提供各自的 OPC 服务器,任一 OPC 客户端软件都可以通过一致的 OPC 接口访问这些 OPC 服务器,从而获取各个总线段的数据,并可以很好地实现异构总线段之间的数据交互。而且,当其中某个总线的协议版本做了升级,也只需对相对应总线的程序作升级修改。

3)OPC 可作为访问专有数据库的中间件

实际应用中,许多控制软件都采用专有的实时数据库或历史数据库,这些数据库由控制软件的开发商自主开发。对这类数据库的访问不像访问通用数据库那么容易,只能通过调用开发商提供的 API 函数或其他特殊的方式。然而不同开发商提供的 API 函数是不一样的,这就带来和硬件驱动器开发类似的问题:要访问不同监控软件的专有数据库,必须编写不同的代码。这显然十分繁琐。若采用 OPC,则能有效地解决这个问题。只要专有数据库的开发商在提供数据库的同时,也能提供一个访问该数据库的 OPC 服务器,那么当用户要访问时，只需按照 OPC 规范的要求编写 OPC 客户端程序，无需了解该专有数据库特定的接口要求。

4)OPC 便于集成不同的数据，为控制系统向管理系统升级提供了方便

网络化是控制系统发展的趋势之一，控制系统内部采用网络技术，控制系统与控制系统之间也用网络连接，组成更大的系统。而且，有时整个控制系统与企业的管理系统也用网络连接，控制系统只是整个企业网的一个子网。在实现这样的企业网络过程中，OPC 也将发挥重要作用。在企业的信息集成，包括现场设备与监控系统之间、监控系统内部各组件之间、监控系统与企业管理系统之间以及监控系统与 Internet 之间的信息集成，OPC 作为连接件，按一套标准的 COM 对象、方法和属性，提供了方便的信息流通和交换。无论是管理系统还是控制系统，无论是 PLC 还是 DCS 或 FCS，都可以通过 OPC 快速可靠地彼此交换信息，即 OPC 是整个企业网络的数据接口规范。因而，OPC 提升了控制系统的功能，增强了网络的功能，提高了企业管理的水平。

5)OPC 有助于催生更多更好的自动化产品

OPC 能够使控制软件与硬件分别设计、生产和发展，并有利于独立的第三方软件供应商的产生与发展，从而形成新的社会分工，有更多的竞争机制，为社会提供更多更好的产品。

OPC 技术在工业控制领域中的应用主要表现为如下 5 个方面。

1)数据采集

现在众多硬件厂商提供的产品均带有标准的 OPC 接口，OPC 实现了应用程序和工业控制设备之间高效、灵活的数据读写，可以编制符合标准 OPC 接口的客户端应用软件，完成数据的采集任务。

2)历史数据访问

OPC 提供了读取存储在过程数据存档文件、数据库或远程终端设备中的历史数据以及对其操作、编辑的方法。

3)报警和事件处理

OPC 提供了 OPC 服务器发生异常时，以及 OPC 服务器设定事件到来时向 OPC 客户发送通知的一种机制，通过使用 OPC 技术，能够更好地捕捉控制过程中的各种报警和事件，并给予相应的处理。

4)数据冗余技术

工控软件开发中，冗余技术是一项最为重要的技术，它是系统长期稳定工作的保障。OPC 技术的使用可以更加方便地实现软件冗余，而且具有较好的开放性和可互操作性。

5)远程数据访问

借助 Microsoft 的 DCOM(分散式组件对象模型)技术，OPC 实现了高性能的远程数据访问能力，从而使得工业控制软件之间的数据交换更加方便。

8.5 过程控制工程实施过程举例

这里依然以 8.1.1 节中提及的造纸过程流送工段为例来讲述过程控制工程的一般实施过程。

1)流送工段工艺流程描述及控制要点分析

造纸过程流送工段位于纸张抄造过程的前端，主要由成浆池、抄前池、高位箱、机外白水桶、压力筛和流浆箱等设备组成，主要作用是浆料的稀释、净化和纸页成形。具体的工艺流程(见图8-1-1)可描述如下：

配制好的中浓浆(浓度大约为2.8%)经成浆泵泵送到抄前池，其间通过浓调白水进行稀释；上浆泵再将抄前池来浆泵送到高位箱，其间再次通过浓调白水进行浆料稀释；高位箱的作用有二：一是为后续机外白水桶冲浆提供稳定的压头，为此高位箱设置有溢流挡板，溢流浆通过回流管道回送到抄前池；二是产生满足工艺要求的纸浆流速和流量，以满足造纸机的车速和产能要求；浓度为1.8%左右的高位箱来浆经机外白水桶稀释成浓度为0.2%～0.5%的稀白浆，经冲浆泵、除渣器、压力筛进入流浆箱，通过流浆箱唇口将稀白浆喷射到成形网上，形成湿纸页。

为了获得良好的纸页成形质量，流送工段的控制尤为重要。控制要点和难点可总结为如下几个方面：

(1)中浓浆浓度控制。一般而言，一道浓度控制回路对浓度波动的调节作用大约是0.5%。为此，在成浆池和高位箱之间设置了两道浓度控制。为了确保浓度控制的效果，还要确保浓调白水的压力稳定。

(2)绝干浆量控制。所谓绝干浆量，就是纸张中的水分被完全脱除后剩余的纸张质量。实验室中，浆纸张在100 ℃的热烘箱中烘烤30分钟后的纸张定量认定为该纸张的绝干浆量。由绝干浆量概念，可以得到：$D=FC$，其中D为绝干浆量，F为中浓浆流量，C为中浓浆浓度。所以，控制好绝干浆量的关键是控制好中浓浆的浓度和流量。

(3)流浆箱解耦控制。流浆箱是造纸机的关键部件，是连接“备浆流送”和“纸页成形”两部分的关键枢纽，决定着纸幅横幅定量的分布，影响纸幅成形的质量，被称为造纸机的“心脏”，其主要功能是布浆、匀浆和喷浆。对流浆箱实施控制的目的是为纸页成形提供良好的前提条件，即沿造纸机幅宽方向均匀地分布浆料，保证压力均布、速度均布、流量均布、浓度均布以及纤维定向的可控性和均匀性，以有效地分散纸浆纤维，防止纤维絮聚。为此，需要对流浆箱的总压和液位进行有效控制，以提供和保持稳定的上浆压头和浆网速比。然而，对于最常用的气垫式流浆箱而言，总压和液位是相互耦合的，需要通过解耦控制来消除二者之间的耦合。

(4)泵筛时序连锁控制。在流送工段，常见的故障之一就是网前压力筛堵塞。导致堵塞的主要原因就是启停机时序混乱。为此，时序连锁控制非常重要。开机时，要求逆物料流动的方向起动压力筛、冲浆泵和上浆泵；停机时，要求顺物料流动的方向停止上浆泵、冲浆泵和压力筛，从而防止物料在流送过程中出现堆积，进而导致压力筛堵塞。

2)流送工段控制方案

根据上述流送工段控制要点分析，结合工艺要求，特提出绝干浆量分步控制方案和流浆箱总压一液位解耦控制方案，主要控制回路包括：中浓浆浓度控制、浓调白水压力控制、中浓浆流量控制、浆/水池液位控制、流浆箱总压控制、流浆箱液位控制、泵筛时序连锁控制等。带测控点的工艺流程图如图8-5-1所示，各控制回路的基本功能描述见表8-5-1。

表 8-5-1 造纸机流送工段测控回路功能描述

序号	回路号	回路名称	回路功能描述
1	PIC-101	浓调白水恒压力变频控制	检测浓调水管道压力,调节浓调水加压泵转速,保持浓调水供水压力稳定
2	PIC-102	气垫式流浆箱总压变频控制	检测流浆箱底部压力,调节冲浆泵转速,保持流浆箱总压稳定
3	LIC-101	成浆池液位起停控制	检测成浆池液位,控制成浆池供浆泵的起停,将成浆池液位控制在允许的上下限范围内
4	LIC-102	抄前池液位变频控制	检测抄前池液位,调节成浆泵转速,保持抄前池液位稳定,为中浓浆浓度有效控制打好基础
5	LIC-103	机外白水桶液位控制	检测机外白水桶液位,调节清水补水阀开度,保持机外白水桶液位稳定,为稀白浆浓度稳定创造条件
6	LIC-104	气垫式流浆箱液位变频控制	检测流浆箱液位,调节罗茨风机转速,保持流浆箱液位稳定
7	LIC-105	高位箱液位开环变频控制	检测高位箱进浆侧液位,手动调节上浆泵转速,使得高位箱维持较小的溢流,节能的同时,为抄前池的浓度稳定创造条件
8	FIC-101	中浓浆流量调节	检测中浓浆流量,调节流量阀(定量阀)开度,使得中浓浆流量能快速跟随流量设定值,以配合成纸定量的大闭环控制
9	CIC-101	成浆池出口浓度初调	检测成浆池出口浆料浓度,调节浓调白水阀开度,使出口浆料浓度维持在工艺设定值
10	CIC-102	抄前池出口浓度精调	检测抄前池出口浆料浓度,调节浓调白水阀开度,使出口浆料浓度维持在工艺设定值
11	DPIA-101	压力筛进出口差压检测报警	检测压力筛进出口差压,根据其数值大小来判断压力筛的运行状况,及时做堵塞报警
12	SSC-101	上浆泵冲浆泵压力筛起停时序连锁控制	按照工艺要求对上浆泵、冲浆泵和压力筛的起停时序通过软件进行连锁约定,防止压力筛堵塞

为了完成对表 8-5-1 所列举回路的工程实现,从经济性和可靠性的角度考虑,可以采用图 8-1-3 所示的以 PLC 组合为核心的 DCS 控制系统方案。表 8-5-1 所列所有控制回路都放置在图中造纸湿部 PLC 中,与造纸干部 PLC 和制浆工段 PLC 保持独立,构成集散控制系统,实现对整个制浆造纸生产线实现分散控制和集中管理。

3)流送工段 DCS 控制系统配置

在上述控制方案的基础上,根据生产线产能要求,与设计单位和用户等相关部门商讨,确定管道直径、仪表厂家、阀门管径和厂家、变频器厂家和型号、控制器硬件设备厂家等信息，完成具体的测控回路、I/O 点数和统计，具体见表 8－5－2。

表 8－5－2　备浆流送部测控回路和 I/O 点统计一览表

序号	工位号	功能描述	设备规格型号	数量	AI	AO	DI	DO
1	PIC－101	浓调白水管道恒压力变频控制	WT2000 PT	1	1	0	0	0
		浓调白水泵变频器	ABB 11 kW	1	0	1	1	1
2	PIC－102	流浆箱压力变频控制	EJA210A PT	1	1	0	0	0
		冲浆泵变频器	ABB 55 kW	1	0	1	1	1
	VLT－102	流浆箱网速检测	WS1132 隔离模块	1	1	0	0	0
3	LIC－101	成浆池液位起停控制	WT2000 LT	1	1	0	0	0
			浆泵自备	1	0	0	1	1
4	LIC－102	抄前池液位变频控制	WT2000 LT	1	1	0	0	0
		成浆泵变频器	ABB 22 kW	1	0	1	1	1
5	LIC－103	机外白水桶液位控制	WT2000 LT	1	1	0	0	0
		电动 V 型调节球阀	浙江力诺 DN100	1	0	0	2	2
6	LIC－104	气垫式流浆箱液位变频控制	EJA210A LT	1	1	0	0	0
		DN65 罗茨风机 罗茨风机	SSR65 风机； 5.5 kW 变频器	1	0	1	1	1
7	LIC－105	高位箱液位开环变频控制	WT2000 PT	1	1	0	0	0
		上浆泵变频器	ABB 22 kW	1	0	1	1	1
8	FIC－101	高位箱出口中浓浆流量控制	AXF DN200	1	1	0	0	0
		电动 V 型调节球阀	浙江力诺 DN200	1	0	0	2	2
9	CIC－101	成浆池出口浓度控制	Metso 2%－6%	1	1	0	0	0
		电动 V 型调节球阀	浙江力诺 DN80	1	0	0	2	2
10	CIC－102	抄前池出口浓度控制	Metso 2%－6%	1	1	0	0	0
		电动 V 型调节球阀	浙江力诺 DN65	1	0	0	2	2
11	DPIA－101	压力筛进出口差压检测报警	WT2000DPT	1	1	0	0	0
12		流送工段启停控制 推进器/泵、压力筛等		7	0	0	7	7
	I/O 点小计			29	12	5	21	21

注：①变频器控制方式：DI×1/DO×1/AO×1；

②电机采用 DI×1/DO×1 的启动方式；

③液位变送器采用威尔泰 WT2000 系列，电磁流量计采用上海横河产品；

④具体的测控点和控制回路最终由用户方、我方及其他相关部门协商确定。

由表 8－5－2，可以统计出控制系统外围自控仪表（传感器）、阀门、变频器（执行器）设备清单，具体见表 8－5－3。

需要说明的是，这里仅仅考虑的是 DCS 过程控制系统，如果还要考虑动力设备（电机、泵等）的配电问题，那么还要统计工段内每台动力设备的相关信息，为 MCC（Motor Control Center）低压配电系统设计提供基础数据。

表 8－5－3 湿部自控仪表、阀门等设备清单

序号	设备名称	规格型号	数量	产地	备注
1	压力变送器（白水管道）	WT2000 PT	1	上海威尔泰	
	压力变送器（流浆箱）	EJA210A	1	上海横河	
2	差压变送器（压力筛）	WT2000DPT	1	上海威尔泰	
3	液位变送器（浆/水池）	WT2000 LT	4	上海威尔泰	
	液位变送器（流浆箱）	EJA210A	1	上海横河	
4	电磁流量计	AXF200 DN200	1	苏州横河	
5	浓度变送器	2%－6%	2	Metso/BTG	
6	不锈钢电动 V 型调节球阀	DN65	1	浙江力诺	
	不锈钢电动 V 型调节球阀	DN80	1	浙江力诺	
	不锈钢电动 V 型调节球阀	DN100	1	浙江力诺	
7	流量阀/定量阀（60s）	DN200	1	浙江力诺	
8	罗茨风机	SSR DN60	1	山东章丘	
9	罗茨风机变频器	ACS 5.5 kW	1	ABB 原装	
10	信号隔离模块	WS1230	1	北京威盛	
11	变频器（其他泵/电机用）		5	ABB 或台湾台达	用户自备
12	进入 DCS 的电机/泵		7		用户自备
合计			30		

如果选择西门子 S7—300 PLC 为 DCS 下位控制器，那么由表 8－5－2 可以统计出控制系统所需要配置的 I/O 点数和模块数，进而给出控制器设备清单，具体见表 8－5－4 和表8－5－5。

表 8-5-4　湿部 DCS 系统测控点分布及 I/O 模块统计一览表

序号	项目	AI	AO	DI	DO
1	制浆 I/O 点数	—	—	—	—
2	湿部 I/O 点数	12	5	21	21
	I/O 点裕量分配	4	3	12	12
3	I/O 点合计	16	8	32	32
4	I/O 模块数	2	1	1	1

表 8-5-5　湿部 DCS 控制柜、操作员站供货一览表

序号	名称	规格型号	产地	数量	备注
1	操作员站	P4 3.0G/4G/200G 液晶	Dell 公司	2	
2	控制系统	PS-307/5A	德国西门子	1	
		CPU315-2DP	德国西门子	1	
		闪存卡 953	德国西门子	1	
		CP-5611 通讯卡	德国西门子	2	
		总线连接器 972	德国西门子	6	
		AI 模块 SM-331	德国西门子	2	
		AO 模块 SM-332	德国西门子	1	
		DI 模块 SM-321	德国西门子	1	
		DO 模块 SM-322	德国西门子	1	
		前连接器	德国西门子	5	
		导轨	德国西门子	1	
		扩展模块 ET200M	德国西门子	2	
3	24V 稳压电源	PS-307/10 A	德国西门子	2	
4	UPS 电源	1500VA	山特公司	2	
5	24 V 开关电源	220 V(交流)/24 V(直流)	朝阳公司	1	
6	固态继电器	24 V/280(交流)	西　安	10	
7	中间继电器	24 V/10 A	欧姆龙	50	
		220 V/10 A	欧姆龙	50	
8	控制柜及附件	2200×800×600(仪表柜)	西微测控	1	

4)流送工段 DCS 控制系统控制柜及应用软件设计

上述工作完成之后,一方面可以提交给相关部门进行设备采购,另一方面就可以着手完成控制柜内部布线设计和应用软件设计(主要包括下位 PLC 应用程序编写、上位人机界面 HMI 绘制以及二者之间的信号通道连接)。限于篇幅,这里不再赘述。

思考题与习题

1. 过程控制工程实施的一般过程是什么? 试以一个范例为例进行阐述。

2. 什么是安全仪表系统? 它与常规 DCS 有何区别? 其基本设计思想是什么?

3. 计算机控制系统的输入输出信号有哪几种类型? 试述各种信号的检测原理。

4. 在计算机过程控制中,为什么要进行数据滤波和数据处理? 试列举常用的数据滤波和数据处理方法。

5. 试述工业现场经常遇到的工业干扰的主要来源及传播途径,举例说明抑制工业干扰的有效方法

6. 对于一个典型的计算机控制系统,一般有哪几种地线? 试举例说明正确接地的重要性。

7. 对计算机控制系统应该怎样进行供电? 一般要采取何种保护措施?

8. 什么是 OPC 技术? 在控制工程实施的过程中为什么要采用 OPC 技术?

参考文献

[1] 刘焕彬，沈文浩，汤伟，等．轻化工过程自动化与信息化[M]．3 版．北京：中国轻工业出版社，2021．

[2] 王锦标．计算机控制系统[M]．3 版．北京：清华大学出版社，2018．

[3] 汤天浩，谢卫，窦金生，等．电机与拖动基础[M]．3 版．北京：机械工业出版社，2017．

[4] 张晓江，顾绳谷，唐海源，等．电机及拖动基础[M]．5 版．北京：机械工业出版社，2016

[5] 蒋小辉，韩宏亮．电气控制与 PLC 技术[M]．北京：中国水利水电出版社，2017．

[6] 邵裕森，戴先中，路兆梅，等．过程控制工程[M]．2 版．北京：机械工业出版社，2000．

[7] 黄德先，王京春，金以慧．过程控制系统[M]．北京：机械工业出版社，2011．

[8] 俞金寿，孙自强．过程控制系统[M]．2 版．北京：机械工业出版社，2015．

[9] 方康玲，王新民，刘彦春，等．过程控制系统[M]．2 版．武汉：武汉理工大学出版社，2007．

[10] 李国勇，何小刚，杨丽娟，等．过程控制系统[M]．3 版．北京：电子工业出版社，2017．

[11] 牛培峰，张秀玲，罗小元，等．过程控制系统 [M]．北京：电子工业出版社，2011．

[12] 秦斌，王欣．流程工业计算机集成过程系统 CIPS [M]．长沙：国防科技大学出版社，2002．

[13] 陶永华，尹怡欣，葛芦生．新型 PTD 控制及其应用[M]．北京：机械工业出版社，1998．

[14] 刘焕彬，白瑞祥，胡幕伊，等．制浆造纸过程自动测量与控制[M]．2 版．北京：中国轻工业出版社，2009．

[15] 王孟效，孙瑜，汤伟，等．制浆造纸过程测控系统及工程[M]．北京：化学工业出版社，2003．

[16] 王喜文．工业 4.0：最后一次工业革命[M]．北京：电子工业出版社，2015．

[17] 张峰，田慧蓉，陶耀东，等．工业互联网典型安全解决方案案例[M]．工业互联网产业联盟，2018．

[18] 安筱鹏．重构：数字化转型的逻辑[M]．北京：电子工业出版社，2019．

[19] 李邓化，彭书华，许晓飞．智能检测技术及仪表[M]．2 版．北京：科学出版社，2012．

[20] 王化祥．自动检测技术[M]．3 版．北京：化学工业出版社，2018．

[21] 胡向东，等．传感器与检测技术[M]．3 版．北京：机械工业出版社，2018．

[22] 施汉昌，周小红，刘艳臣．污水处理在线监测仪器原理与应用[M]．2 版．北京：化学工业出版社，2013．

[23] 陈忧先，左锋，董爱华．化工测量及仪表[M]．3 版．北京：化学工业出版社，2010．